Jerzy Osiowski
Jerzy Szabatin

Podstawy teorii obwodów

Tom III

Wydanie drugie

WYDAWNICTWA NAUKOWO-TECHNICZNE
WARSZAWA

Redaktor ZUZANNA GRZEJSZCZAK

Opracowanie graficzne TADEUSZ PIETRZYK
Przygotowanie do druku EWA ECKHARDT, ANNA SZELĄG
Opracowanie techniczne ANNA SZELĄG

Wydawnictwa Naukowo-Techniczne
00-048 Warszawa, ul. Mazowiecka 2/4
tel. (0-22) 826 72 71, e-mail: wnt@wnt.pl
www.wnt.pl

ISBN 83-204-2912-9 całość
ISBN 83-204-2911-0 tom III

WNT. Warszawa 2006. Wyd. II
Ark. wyd. 43,4. Ark. druk. 40,0
Symbol Et/83909/WNT
Cieszyńska Drukarnia Wydawnicza

Spis treści

TOM III

Przedmowa do tomu trzeciego

W przedmowie do tomów pierwszego i drugiego, napisanej w listopadzie 1991 roku, wyraziliśmy nadzieję, że tom trzeci ukaże się niebawem. Z różnych przyczyn, których nie sposób tu omawiać, owo „niebawem" trwało trzy lata. Ale *finis coronat opus* i możemy wyrazić zadowolenie, że oto oddajemy do rąk Czytelnika trzecią część podręcznika, stanowiącą dopełnienie części poprzednich.

W cytowanej przedmowie przedstawiliśmy koncepcję podręcznika oraz nasz pogląd na dziedzinę, której podręcznik ten dotyczy. Uwagi tam zaprezentowane odnoszą się również do tomu trzeciego, nie będziemy ich zatem powtarzać. Wydaje się jednak celowe zwrócenie uwagi Czytelnika na pewną specyfikę ostatniego tomu i związane z nią różnice, jakie łatwo można dostrzec przy porównywaniu z tomami poprzednimi.

W pierwszych dwóch częściach główny nacisk został położony na warstwę pojęciową teorii obwodów, której opanowanie jest niezbędne do prawidłowego rozumienia całości materiału. Staraliśmy się także koncentrować uwagę Czytelnika na najważniejszych metodach teorii obwodów. Umożliwiają one rozwiązywanie szerokiej klasy raczej prostych zagadnień, ale stanowią również podstawę dla analizy problemów bardziej złożonych. Liczne przykłady miały za zadanie ułatwić Czytelnikowi przyswojenie wyłożonych treści i umożliwić samodzielne studiowanie.

Pierwsze dwa tomy podręcznika stanowią tematycznie pewną całość obejmującą podstawowy zakres pojęć i wiadomości, zaliczanych do współczesnego kanonu wiedzy z teorii obwodów. Tom trzeci zawiera raczej zagadnienia wybrane, będące jednak naturalnym uzupełnieniem problematyki tomów poprzednich. Wybór, jak zawsze w pewnej mierze arbitralny, odzwierciedla osobiste zainteresowania autorów. Jest jednak ściśle związany z tematyką wykładów, jakie przez wiele lat autorzy i ich koledzy prowadzili na Wydziale Elektroniki Politechniki Warszawskiej. Zdajemy sobie sprawę z tego, że wybór ten, a także sposób prezentowania poszczególnych tematów, może nie w pełni odpowiadać doświadczeniom innych wykładowców lub zwyczajom utrwalonym na innych wydziałach. Może także nie w pełni odpowiadać aktualnym trendom w metodyce kształcenia inżynierów elektroników. W wielu uczelniach dokonują się bowiem zasadnicze zmiany w organizacji procesu dydaktycznego, które mogą w istotny sposób wpływać na programy nauczania. Wyrażamy jednak przekonanie, że wiele spośród tematów omawianych w podręczniku stało się już w znacznym stopniu tematami „klasycznymi", które są i będą wykładane.

Mamy nadzieję, że podręcznik spełni założoną przez nas funkcję i będzie przydatny w procesie dydaktycznym prowadzonym na wielu uczelniach. Chcielibyśmy również, aby książka służyła pomocą wszystkim, którzy odczują potrzebę przypomnienia sobie lub ugruntowania wiadomości, być może, już zapomnianych. Czy cel ten osiągniemy – rozstrzygną sami Czytelnicy.

W porównaniu z tomami poprzednimi tom trzeci jest napisany nieco inaczej. Wynika to głównie stąd, iż obejmuje on w znacznej części problematykę wymagającą ujęcia bardziej sformalizowanego. Staraliśmy się przybliżyć Czytelnikowi tok rozumowania prowadzący do uzyskania zasadniczych rezultatów formułowanych często w postaci twierdzeń. Pomijaliśmy odpowiednie uzasadnienia tylko wówczas, gdy stopień ich komplikacji wydawał się nadmierny. Dążyliśmy do tego aby, nie rezygnując z niezbędnej ścisłości tekstu, zachować jego poglądowość i dostosować go do poziomu przygotowania Czytelnika-studenta, który przyswoił sobie podstawowe wiadomości z zakresu matematyki i teorii obwodów. Inną także funkcję spełniają w tomie trzecim przykłady, przeważnie ilustrujące tylko omawiane zagadnienia, ze znacznym ograniczeniem warstwy obliczeniowej. Podobnie jednak jak w tomach poprzednich na końcu każdego rozdziału są podane zadania do samodzielnego rozwiązania.

Wiele zagadnień, które omawiamy w książce w zakresie związanym z problematyką obwodową, jest rozpatrywanych szerzej w literaturze specjalistycznej. Stąd liczne odniesienia w tekście do pozycji literatury nie tylko z dziedziny teorii obwodów oraz – z konieczności – nie tylko w języku polskim. Wykaz cytowanej literatury jest więc dość obszerny i zawiera nie tylko pozycje podręcznikowe.

Pragniemy wyrazić podziękowania wszystkim osobom, których życzliwa krytyka przyczyniła się do istotnej poprawy tekstu. Szczególne słowa podziękowania kierujemy do Recenzenta książki prof. dr. hab. Mirona Niedźwieckiego. Jego niezwykle wnikliwa recenzja umożliwiła wyeliminowanie wielu błędów i pomyłek.

Dziękujemy także serdecznie kolegom z naszego Zakładu: prof. dr. hab. Jackowi Kudrewiczowi, dr. Markowi Nałęczowi, dr. Edwardowi Śliwie i prof. dr. hab. Jackowi Wojciechowskiemu za gruntowne zapoznanie się z fragmentami rękopisu i wniesienie wielu ważnych uwag, które skłoniły autorów do ponownych przemyśleń i, niekiedy, istotnych zmian tekstu. Prof. dr. hab. Anatolowi Gosiewskiemu dziękujemy za krytyczne spojrzenie, z punktu widzenia eksperta z zakresu automatyki i teorii sterowania, na sposób ujęcia niektórych zagadnień.

Słowa podziękowania składamy również redaktorowi naukowemu podręcznika Pani inż. Zuzannie Grzejszczak oraz pracownikom Wydawnictw Naukowo-Technicznych za sprawne opracowanie redakcyjne i techniczne książki.

Warszawa 11.04.1995 r.

Jerzy Osiowski
Jerzy Szabatin

Przedmowa do drugiego wydania

Drugie wydanie trzeciego tomu podręcznika „Podstawy teorii obwodów" ukazuje się jedenaście lat po pierwszym. Nie chcielibyśmy komentować tego faktu ani też przyczyn tak dużego odstępu czasu między wydaniami. Wyrażamy po prostu satysfakcję, że do drugiego wydania mimo wszystko doszło. Pozwala to mieć nadzieję, że książka nie zdezaktualizowała się i nadal będzie przydatna w procesie dydaktycznym. Może także stanowić pomoc dla Czytelnika pragnącego ugruntować wiadomości z różnych dziedzin, częściowo wykraczających poza ramy klasycznej teorii obwodów. Drugie wydanie stworzyło nam możliwość skorygowania błędów i pomyłek, zarówno merytorycznych, jak i edytorskich, których sporo znalazło się, niestety, w pierwszym wydaniu. Stopień skomplikowania tekstu może tylko częściowo usprawiedliwiać autorów. Odpowiedzialność za ich popełnienie leży niewątpliwie po ich stronie.

Wyrażamy nadzieję (choć być może jest ona przejawem naszej naiwności), że drugie wydanie jest już wolne od błędów i pomyłek. Jeśli tak jest istotnie, to duża w tym zasługa pana prof. dr. hab. inż. Jacka Kudrewicza, który zauważył kilka ważnych błędów, oraz pana dr. inż. Stefana Wąsowicza, który sprawdził rozwiązania zadań. Serdecznie Im za to dziękujemy.

Pragniemy również zwrócić uwagę Czytelnika, iż ze względu na wymagania procesu wydawniczego zmiany i poprawki staraliśmy się wprowadzić w sposób nie naruszający układu stron.

Słowa podziękowania kierujemy pod adresem pani mgr Elżbiety Beuermann, kierownika Redakcji Elektroniki i Informatyki WNT, za inicjatywę wznowienia trzeciego tomu i za bardzo sprawne doprowadzenie do jego wydania.

Warszawa 10 stycznia 2006 r.

Jerzy Osiowski
Jerzy Szabatin

Wykaz oznaczeń

(uzupełnienie do tomów I i II)

$\cup$ – suma zbiorów
$\times$ – iloczyn kartezjański
ϕ – zbiór pusty
$*$ – splot
$\mathbf{0}$ – macierz zerowa
$\mathbf{1}$ – macierz jednostkowa

a_1, a_2 – współczynniki tłumienia falowego
a_{kl} – parametry łańcuchowe czwórnika
adj $\boldsymbol{a}$ – macierz dołączona macierzy $\boldsymbol{a}$
arg $F(\mathrm{j}\omega)$ – widmo fazowe funkcji $f(t)$
$\boldsymbol{a}^T$ – macierz transponowana macierzy $\boldsymbol{a}$
$\boldsymbol{a}^*$ – macierz sprzężona do macierzy $\boldsymbol{a}$
$\boldsymbol{a}_H$ – część hermitowska macierzy $\boldsymbol{a}$
$\boldsymbol{a}_{SH}$ – część skośnie-hermitowska macierzy $\boldsymbol{a}$
$\boldsymbol{a}'$ – macierz rozszerzona względem macierzy $\boldsymbol{a}$
A_1, A_2 – zmienne padania
$A(\omega)$ – widmo amplitudowe; charakterystyka amplitudowa układu
$A^2(\omega)$ – gęstość widmowa (widmo) energii
$\boldsymbol{A}$ – macierz łańcuchowa czwórnika; macierz stanu
$\boldsymbol{A}$, $\boldsymbol{B}$, $\boldsymbol{C}$, $\boldsymbol{D}$ – macierze równań stanu układu SLS
$\boldsymbol{A}(t)$, $\boldsymbol{B}(t)$, $\boldsymbol{C}(t)$, $\boldsymbol{D}(t)$ – macierze równań stanu układu skupionego liniowego
b_1, b_2 – współczynniki przesunięcia falowego
b_{kl} – parametry łańcuchowe odwrotne czwórnika
B_1, B_2 – zmienne odbicia
$B_n(x)$ – wielomian Butterwortha stopnia n
$\boldsymbol{B}$ – macierz łańcuchowa odwrotna czwórnika
c – liczba składowych grafu
C – pojemność jednostkowa linii długiej
det $\boldsymbol{a}$ – wyznacznik macierzy $\boldsymbol{a}$
diag $[a_k]$ – macierz diagonalna o elementach a_k
D – droga w grafie
$\mathrm{e}^{\boldsymbol{A}t}$ – funkcja wykładnicza macierzy $\boldsymbol{A}$
$\boldsymbol{E}$ – wektor sił elektromotorycznych gałęziowych

$\boldsymbol{E}_o$ – wektor sił elektromotorycznych obwodowych
f_{kl} – parametry hybrydowe (mieszane) odwrotne czwórnika
$\bar{f}$, $F(s)$ – transformata Laplace'a funkcji $f(t)$
$f'_{dystr}(t)$ – pochodna dystrybucyjna funkcji $f(t)$
$\boldsymbol{f}$ – funkcja wektorowa
F – operacja realizowana przez układ transmisyjny
$F(\mathrm{j}\omega)$ – transformata Fouriera (gęstość widmowa, widmo) funkcji $f(t)$
$\boldsymbol{F}$ – macierz hybrydowa (mieszana) odwrotna czwórnika
$\mathscr{F}$, $\mathscr{F}^{-1}$ – przekształcenie Fouriera, odwrotne przekształcenie Fouriera
g – liczba krawędzi grafu
g, g_1, g_2 – współczynniki przenoszenia falowego czwórnika
G – graf; upływność (przewodność) jednostkowa linii długiej
G_0 – podgraf
$\bar{G}_0$ – dopełnienie podgrafu G_0
G_C – graf Coatesa
G_M – graf Masona
h_i – transmitancja połączenia w grafie Coatesa
h'_j – transmitancja 1-połączenia w grafie Coatesa
h_{kl} – parametry hybrydowe (mieszane) czwórnika
$h(t)$ – odpowiedź impulsowa układu
$\boldsymbol{h}(t)$ – macierz odpowiedzi impulsowych układu
H, $H(s)$, $H(\mathrm{j}\omega)$ – transmitancja czwórnika (układu)
H_i, H_u – transmitancja prądowa, napięciowa czwórnika
H_{iu} – transmitancja prądowo-napięciowa czwórnika
H_{ui} – transmitancja napięciowo-prądowa czwórnika
H' – transmitancja czwórnika dla przeciwnego kierunku transmisji (odwrotna)
H_u^{ef}, H_i^{ef} – efektywne wzmocnienie napięciowe, prądowe
H_p – wzmocnienie mocy
H_p^{ef} – efektywne wzmocnienie mocy
H_p^d – wzmocnienie mocy dysponowanej
$H(\mathrm{j}\omega)$ – charakterystyka amplitudowo-fazowa (transmitancja) układu
$H_0(s)$ – transmitancja układu otwartego
$\boldsymbol{H}$ – macierz hybrydowa (mieszana) czwórnika
$\boldsymbol{H}_n$ – macierz Hurwitza wielomianu stopnia n
$\boldsymbol{H}(s)$ – macierz transmitancji układu
i_k, I_k – prąd gałęziowy
i_{ok}, I_{ok} – prąd obwodowy
$i(x,t)$, $I(x)$, $\bar{i}(x,s)$ – prąd w linii długiej
$i^+(x,t)$, $I^+(x)$ – prąd fali docelowej
$i^-(x,t)$, $I^-(x)$ – prąd fali powrotnej
$\boldsymbol{i}$, $\boldsymbol{I}$ – wektor prądów gałęziowych
$\boldsymbol{i}_o$, $\boldsymbol{I}_o$ – wektor prądów obwodowych
I – incydencja
I_1 – prąd pierwotny czwórnika

I_2 – prąd wtórny czwórnika
I_{LC} – klasa immitancji dwójników LC
$\boldsymbol{J}$ – wektor wydajności prądowych gałęziowych
$\boldsymbol{J}_w$ – wektor wydajności prądowych węzłowych
K – kontur (cykl) w grafie
l – długość linii długiej
$\log H(j\omega)$ – logarytmiczna charakterystyka amplitudowo-fazowa układu
$\log A(\omega)$, G – logarytmiczna charakterystyka amplitudowa układu
L – indukcyjność jednostkowa linii długiej
$M(s)$ – wielomian charakterystyczny układu
$M(\lambda)$ – wielomian charakterystyczny macierzy
n – liczba cyklomatyczna grafu; rząd (wymiar) układu
$n_z(s)$, $n_o(s)$ – wielomiany charakterystyczne dwójnika SLS
$n_{zo}(s)$, $n_{oz}(s)$, $n_{oo}(s)$, $n_{zz}(s)$ – wielomiany charakterystyczne czwórnika
O – oczko grafu
O_N – oczko odniesienia
p – przekładnia impedancyjna
p_e – przekładnia energetyczna
P – pętla w grafie
P_k – transmitancja pętli
P_1^+, P_1^- – moc czynna padająca, odbita
$P(\omega)$ – charakterystyka rzeczywista układu
$\boldsymbol{P}$ – wektor Poyntinga
$\boldsymbol{q}$ – macierz przekrojów (rozcięć)
$\boldsymbol{q}_f$ – macierz f-przekrojów
$Q(\omega)$ – charakterystyka urojona
$\boldsymbol{Q}$ – pełna macierz przekrojów (rozcięć)
r, $\mathfrak{R}(G)$ – rząd grafu
$r(t)$ – odpowiedź jednostkowa układu
R – przekrój (rozcięcie) grafu; opór jednostkowy linii długiej
s_{kl} – parametry rozproszenia
s_{11} – unormowany współczynnik odbicia pierwotny
s_{22} – unormowany współczynnik odbicia wtórny
st $W(s)$ – stopień wielomianu
S – ścieżka w grafie; sieć elektryczna
$\boldsymbol{S}$ – macierz rozproszenia czwórnika (wielowrotnika)
T – drzewo grafu
T_i – transmitancja kaskady
$T_n(x)$ – wielomian Czebyszewa pierwszego rodzaju stopnia n
$\boldsymbol{T}$ – macierz tableau
u_k, U_k – napięcie gałęziowe
u_{wk}, U_{wk} – napięcie węzłowe
$u(x,t)$, $U(x)$, $\bar{u}(x,s)$ – napięcie w linii długiej
$u^+(x,t)$, $U^+(x)$ – napięcie fali docelowej

$u^-(x,t)$, $U^-(x)$ – napięcie fali powrotnej
$\boldsymbol{u}$, $\boldsymbol{U}$ – wektor napięć gałęziowych
$\boldsymbol{u}_w$, $\boldsymbol{U}_w$ – wektor napięć węzłowych
U_1 – napięcie pierwotne czwórnika
U_2 – napięcie wtórne czwórnika
v – prędkość fazowa
v_g – prędkość grupowa
$\boldsymbol{v}$ – wektor stanu
w – liczba wierzchołków grafu
$\boldsymbol{W}$ – wektor wymuszeń gałęziowych
x, $x(t)$, X – sygnał wejściowy
x_i – krawędź grafu
$\boldsymbol{x}$ – wektor wejść
X – zbiór krawędzi grafu
X_T – zbiór krawędzi drzewa T
X_Z – zbiór krawędzi zamykających
$\mathscr{X}$ – zbiór sygnałów wejściowych
$\|x\|$ – miara sygnału x
y, $y(t)$, Y – sygnał wyjściowy
y_k, Ⓚ – wierzchołek grafu
y_{kl} – parametry admitancyjne czwórnika
$\boldsymbol{y}$ – wektor wyjść
Y – zbiór wierzchołków grafu
Y_p – admitancja wejściowa pierwotna czwórnika
Y_w – admitancja wejściowa wtórna czwórnika
Y_{pz}, Y_{wz} – admitancje wejściowe zwarciowe czwórnika
Y_{pr}, Y_{wr} – admitancje wejściowe rozwarciowe czwórnika
Y_{RC} – klasa admitancji dwójników RC i impedancji dwójników RL
$\boldsymbol{Y}$ – macierz admitancji gałęziowych; macierz admitancyjna czwórnika (n-wrotnika)
$\boldsymbol{Y}_n$ – nieoznaczona macierz admitancyjna (węzłowa) trójnika
$\boldsymbol{Y}_w$ – macierz admitancji węzłowych
$\mathscr{Y}$ – zbiór sygnałów wyjściowych
z_{kl} – parametry impedancyjne czwórnika
Z – przeciwdrzewo (zamknięcie) grafu
Z_f – impedancja falowa linii długiej
Z_{f1}, Z_{f2}, Z_f – impedancje falowe czwórnika
Z_p – impedancja wejściowa pierwotna czwórnika
Z_w – impedancja wejściowa wtórna czwórnika
Z_{pz}, Z_{wz} – impedancje wejściowe zwarciowe czwórnika
Z_{pr}, Z_{wr} – impedancje wejściowe rozwarciowe czwórnika
Z_{we} – impedancja wejściowa linii długiej
Z_{RC} – klasa impedancji dwójników RC i admitancji dwójników RL
$\boldsymbol{Z}$ – macierz impedancji gałęziowych; macierz impedancyjna czwórnika (n-wrotnika)
$\boldsymbol{Z}_o$ – macierz impedancji obwodowych

α – współczynnik tłumienia linii długiej
α_i – liczba pętli w i-tym połączeniu grafu Coatesa
α_{ik} – transmitancja krawędzi
β – współczynnik przesunięcia linii długiej
γ – współczynnik przenoszenia falowego (propagacji) linii długiej
Γ_1 – współczynnik niedopasowania (odbicia) pierwotny czwórnika (linii długiej)
Γ_2 – współczynnik niedopasowania (odbicia) wtórny czwórnika (linii długiej)
$\delta_T(t)$ – dystrybucja grzebieniowa (sza)
$\boldsymbol{\delta}$ – macierz obwodowa (konturów)
$\boldsymbol{\delta}_f$ – macierz f-konturów
$\boldsymbol{\delta}_o$ – macierz oczkowa
Δ – wyznacznik grafu przepływowego
Δ_C – wyznacznik grafu Coatesa
ΔA – margines amplitudy
$\Delta\varphi$ – margines fazy
$\boldsymbol{\Delta}$ – pełna macierz obwodowa (konturów)
$\boldsymbol{\Delta}_o$ – pełna macierz oczkowa
ε – współczynnik falistości
λ_i – wartości własne macierzy
$\boldsymbol{\lambda}$ – macierz węzłowa (wierzchołkowa, incydencji)
$\boldsymbol{\Lambda}$ – pełna macierz węzłowa (wierzchołkowa, incydencji)
ρ – współczynnik fali stojącej
$\varphi(\lambda)$ – wielomian minimalny
$\varphi(\omega)$ – widmo fazowe; charakterystyka fazowa układu
ω_g – pulsacja graniczna

Rozdział 7

METODY SIECIOWE

O *metodach sieciowych* była już mowa kilkakrotnie. W punkcie 3.3.4 w tomie I, przy omawianiu metody analizy liniowych obwodów prądu stałego, przedstawiliśmy podstawowe zasady opisu sieciowego, odwołując się często do intuicji Czytelnika. Nasze rozważania doprowadziły do sformułowania i scharakteryzowania *metody prądów obwodowych* (p. 3.3.4-F) i *metody napięć węzłowych* (p. 3.3.4-G), a więc dwóch podstawowych metod opisu i analizy sieci SLS lub, inaczej, dwóch podstawowych *metod sieciowych*.

Rozważania z p. 3.3.4 ograniczały się do przypadku sieci prądu stałego i z założenia były przeprowadzone w sposób możliwie mało sformalizowany. Głównym ich celem było zapoznanie Czytelnika z koncepcją tych metod oraz stworzenie podstaw do właściwego ich rozumienia i stosowania w prostych przypadkach. Takie same założenia przyjęliśmy, omawiając krótko zastosowania metod sieciowych w przypadkach sieci SLS prądu sinusoidalnego (p. 4.4.5) oraz sieci SLS pobudzanych sygnałami dowolnymi określonymi dla $t \geqslant 0$ (p. 6.2.2, przykład 6.2-6 w tomie II).

Wielokrotnie podkreślaliśmy jednak (m.in. w formie licznych przypisów), że do metod sieciowych powrócimy w niniejszym tomie podając ich sformalizowany i w miarę kompletny opis. Sądzimy, że jest to celowe co najmniej z dwóch powodów:

– ujęcie „intuicyjne" prezentowane poprzednio staje się niewystarczające w przypadku nawet prostych obwodów, ale zawierających takie elementy, jak indukcyjności sprzężone, źródła sterowane lub transformatory idealne (a więc zbudowanych nie tylko z dwójników);

– ujęcie to staje się nieprzydatne w przypadku sieci „dużych", tj. o dużej liczbie węzłów i gałęzi, wymagających w praktyce stosowania komputerowych metod analizy, opartych na opisie sformalizowanym, łatwym do zalgorytmizowania i umożliwiającym użycie metod numerycznych.

Ścisłe ujęcie metod sieciowych wymaga posługiwania się pojęciami zaczerpniętymi z *teorii grafów*. Z tego względu rozważania nad metodami sieciowymi rozpoczniemy od przedstawienia elementów teorii grafów.

7.1. ELEMENTY TEORII GRAFÓW

Teoria grafów jest działem matematyki o bardzo licznych i różnorodnych zastosowaniach, m.in. w naukach ścisłych (fizyka, inne działy matematyki, np. topologia), w technice (elektrotechnika, informatyka, badania operacyjne, zagadnienia transportu), a także w naukach humanistycznych i społecznych. Za twórcę teorii grafów uważa się matematyka szwajcarskiego Leonharda Eulera (1707-1783), który pierwszy dowiódł za pomocą grafu, że słynny problem mostów w Królewcu nie ma rozwiązania (por. np. [5], str. 17).

Zastosowania teorii grafów, choć znane od dawna, rozwinęły się niezwykle szybko w drugiej połowie XX w. dzięki burzliwemu rozwojowi techniki komputerowej i związanymi z tym ogromnymi możliwościami obliczeniowymi.

Nasze rozważania ograniczymy do tych aspektów teorii grafów, które są przydatne w teorii obwodów. Czytelnika pragnącego szerzej zapoznać się z problematyką teorii grafów odsyłamy do literatury, np. [5], [16], [14].

7.1.1. Graf i pojęcia z nim związane

Przedstawimy teraz najważniejsze definicje i interpretacje związane z pojęciem grafu, niezbędne do dalszych rozważań.

A. Definicja grafu. Niech X oznacza zbiór elementów x_i zwanych *krawędziami* oraz niech Y oznacza zbiór elementów y_k zwanych *wierzchołkami*. Zakładamy, że zbiory X, Y są skończone, nie mają wspólnego elementu (tzn. są rozłączne) oraz że zbiór Y nie jest pusty, $Y \neq \phi$.

Grafem G nazywamy odwzorowanie:

$$G\colon \quad X \to Y \times Y \tag{7.1-1}$$

które każdej krawędzi przyporządkowuje jednoznacznie parę wierzchołków (y_j, y_k), $y_j, y_k \in Y$. Symbol $Y \times Y$ oznacza iloczyn kartezjański zbioru Y przez siebie.

Samo odwzorowanie określające graf nazywamy *incydencją* i oznaczamy symbolem I. Zamiast (7.1-1) piszemy również:

$$G\colon \quad X \xrightarrow{I} Y \times Y \tag{7.1-2}$$

lub:

$$G = \langle X, Y, I \rangle \tag{7.1-3}$$

Zapis (7.1-3) rozumiemy w ten sposób, że graf G jest określony przez trójkę wielkości: zbiór krawędzi X, zbiór wierzchołków Y oraz incydencję I.

B. Graf skierowany i graf nieskierowany. Graf pusty. Jeśli krawędzi $x_i \in X$ jest w grafie przyporządkowana para wierzchołków $(y_j, y_k) \in Y \times Y$, to zapisujemy to w postaci:

$$x_i \to (y_j, y_k) \tag{7.1-4}$$

i mówimy, że krawędź x_i jest *incydentna* z wierzchołkami y_j, y_k lub że wierzchołki y_j, y_k są połączone krawędzią x_i.

Jeśli w grafie G krawędzi $x_i \in X$ odpowiada para nieuporządkowana wierzchołków (y_j, y_k), to krawędź x_i nazywamy *krawędzią nieskierowaną*. Graf G, w którym wszystkie krawędzie są nieskierowane, nazywamy *grafem nieskierowanym*.

Jeśli w grafie G:

$$x_i \to (y_k, y_k) \tag{7.1-5}$$

to krawędź x_i nazywamy *pętlą własną wierzchołka* y_k.

Jeśli w grafie G krawędzi $x_i \in X$ odpowiada para uporządkowana wierzchołków (y_j, y_k), $y_j \neq y_k$, to krawędź x_i nazywamy *krawędzią skierowaną*. Graf G, w którym każda krawędź jest krawędzią skierowaną lub pętlą własną wierzchołka, nazywamy *grafem skierowanym* (*digrafem*).

W grafie skierowanym, przy założeniu $y_j \neq y_k$, zapis (7.1-4) oznacza, że krawędź x_i jest skierowana od wierzchołka y_j do wierzchołka y_k (odchodzi od wierzchołka y_j i dochodzi do wierzchołka y_k) lub, inaczej, że wierzchołek y_j jest *początkiem* krawędzi x_i, zaś wierzchołek y_k – jej *końcem*. Możemy zatem mówić o *zwrocie* krawędzi x_i.

Wierzchołek $y_k \in Y$, który nie jest incydentny z żadną krawędzią, nazywamy *wierzchołkiem izolowanym*. Graf, którego każdy wierzchołek $y_k \in Y$ jest wierzchołkiem izolowanym, nazywamy *grafem pustym* (wówczas $X = \phi$), co zapisujemy w postaci $G = \phi$.

C. Reprezentacja geometryczna grafu. Każdemu grafowi można przyporządkować jego *reprezentację geometryczną* (lub, inaczej, *reprezentację graficzną*), często w zastosowaniach utożsamianą z samym pojęciem grafu (występuje tu analogia np. do pojęcia funkcji ciągłej i jej wykresu).

Przyjmijmy, że każdemu wierzchołkowi $y_k \in Y$ grafu G przyporządkowujemy wzajemnie jednoznacznie punkt w trójwymiarowej przestrzeni euklidesowej. Jeśli zachodzi relacja (7.1-4), to krawędzi x_i przyporządkowujemy linię łączącą punkty odpowiadające wierzchołkom y_j, y_k i nie przechodzącą przez inne wierzchołki grafu[1]. Jeśli graf jest skierowany, to linie przedstawiające krawędzie opatrujemy strzałkami odpowiednio skierowanymi. W ten sposób powstaje reprezentacja geometryczna (graficzna) grafu, którą można przedstawić na rysunku.

---

[1] Taka linia jest homeomorficznym obrazem odcinka łączącego punkty odpowiadające wierzchołkom y_j, y_k.

Przykład 7.1-1. Rozpatrzmy graf G, dla którego:

$$X = \{x_1, x_2, x_3, x_4, x_5, x_6\}, \qquad Y = \{y_1, y_2, y_3, y_4\}$$

oraz:

$$\left.\begin{array}{lll} x_1 \to (y_1, y_4), & x_2 \to (y_2, y_4), & x_3 \to (y_3, y_4) \\ x_4 \to (y_3, y_1), & x_5 \to (y_1, y_2), & x_6 \to (y_2, y_3) \end{array}\right\} \tag{7.1-6}$$

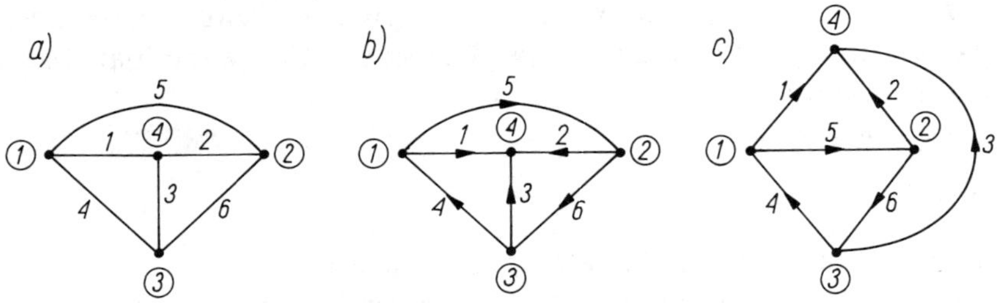

Rys. 7.1-1

Na rysunku 7.1-1a przedstawiono reprezentację geometryczną n i e s k i e r o w a n e g o grafu G określonego przez incydencję (7.1-6). Przyjmując, że graf G określony przez incydencję (7.1-6) jest grafem s k i e r o w a n y m, otrzymujemy reprezentację graficzną pokazaną na rys. 7.1-1b. Dla uproszczenia w obu przypadkach krawędzie oznaczono odpowiednimi liczbami naturalnymi (tzn. i zamiast x_i) i, podobnie, wierzchołki – odpowiednimi liczbami naturalnymi w kółkach (tzn. ⓚ zamiast y_k). Takiego uproszczonego sposobu oznaczania krawędzi i wierzchołków będziemy używać także w dalszych przykładach (wierzchołki będziemy oznaczać również dużymi literami, np. A, B, C, ...).

Zwracamy uwagę, że reprezentacja geometryczna grafu może być przedstawiona (rysowana) w rozmaity sposób. Na przykład, na rys. 7.1-1b,c pokazano różne reprezentacje geometryczne tego samego grafu skierowanego określonego przez incydencję (7.1-6). Wiąże się to z pojęciem *izomorfizmu grafów*.

Dwa grafy G i G' nazywamy *izomorficznymi*, jeśli istnieje wzajemnie jednoznaczna odpowiedniość między ich wierzchołkami oraz między ich krawędziami przy tej samej relacji incydencji. Oznacza to, że jeśli krawędź x jest incydentna z wierzchołkami A, B w grafie G, to odpowiadająca jej krawędź x' w grafie G' jest incydentna z wierzchołkami A', B', które odpowiadają wierzchołkom A, B. W szczególności zatem *różne reprezentacje geometryczne tego samego grafu są izomorficzne*.

W dalszych rozważaniach, jeśli nie będzie to prowadzić do niejasności, będziemy często rezygnować z odróżniania grafu od jego reprezentacji geometrycznej. Możemy zatem powiedzieć, że na rys. 7.1-1b jest przedstawiony graf G z przykładu 7.1-1, ale również, że ten sam graf jest przedstawiony na rys. 7.1-1c (grafy z rys. 7.1-1b i rys. 7.1-1c są izomorficzne).

Będziemy także mówić, że graf G *zawiera* wszystkie swoje krawędzie $x_i \in X$ i wszystkie wierzchołki $y_k \in Y$.

D. Grafy płaskie i niepłaskie. Graf G nazywamy *grafem płaskim* (*planarnym*), jeśli istnieje jego reprezentacja geometryczna na płaszczyźnie, tj. reprezentacja, którą można tak narysować na płaszczyźnie, aby punktami wspólnymi linii reprezentujących krawędzie były tylko wierzchołki (tzn. aby żadna para krawędzi nie przecinała się poza wierzchołkami). Graf z rys. 7.1-1 jest oczywiście grafem płaskim.

Przykład 7.1-2. Na rysunku 7.1-2a,b są przedstawione dwa grafy niepłaskie, zwane grafami Kuratowskiego[1]. Graf z rys. 7.1-2a, zwany *pierwszym grafem Kuratowskiego*, jest grafem niepłaskim o najmniejszej liczbie wierzchołków (równej 5). Graf z rys. 7.1-2b, tzw. *drugi graf Kuratowskiego* jest grafem niepłaskim o najmniejszej liczbie krawędzi (równej 9). Inna reprezentacja geometryczna drugiego grafu Kuratowskiego jest pokazana na rys. 7.1-2c.

Proponujemy Czytelnikowi sprawdzenie, że usunięcie dowolnej krawędzi z każdego z grafów z rys. 7.1-2 spowodowałoby, że graf ten stałby się grafem płaskim.

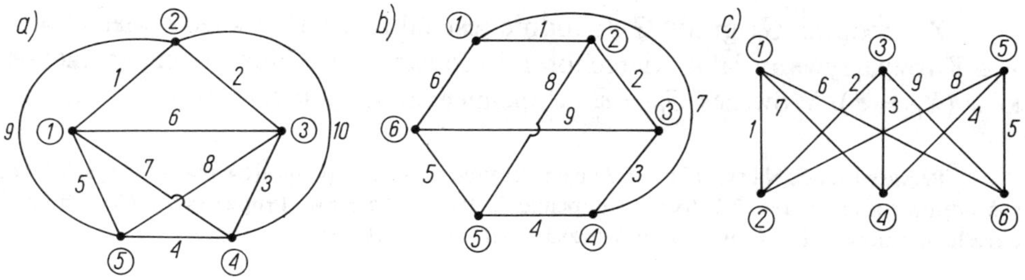

Rys. 7.1-2

W dalszym tekście, a zwłaszcza w przykładach, będziemy mieli z reguły do czynienia tylko z grafami płaskimi.

E. Podgraf i dopełnienie podgrafu. Rozważmy graf: $G = \langle X, Y, I \rangle$, $X \neq \phi$ i oznaczmy przez $X_0 \subseteq X$ pewien podzbiór krawędzi X. Krawędzie należące do zbioru X_0 są incydentne z wierzchołkami, których zbiór – oznaczamy go przez Y_0 – jest podzbiorem (właściwym lub niewłaściwym) zbioru Y, $Y_0 \subseteq Y$. Wówczas graf:

$$G_0 = \langle X_0, Y_0, I \rangle \tag{7.1-7}$$

nazywamy *podgrafem* grafu G, co notujemy jako:

$$G_0 \subseteq G \tag{7.1-8}$$

Niech $\bar{X}_0 = X - X_0$ oznacza różnicę zbiorów X i X_0. Ponadto załóżmy, że $\bar{X}_0 \neq \phi$. Krawędzie należące do zbioru $\bar{X}_0$ są incydentne z wierzchołkami,

[1] Kazimierz Kuratowski (1896-1980), wybitny matematyk polski, autor wielu podstawowych prac z topologii, teorii mnogości, teorii grafów i innych działów matematyki.

których zbiór – oznaczamy go przez $\bar{Y}_0$ – jest podzbiorem (właściwym lub niewłaściwym) zbioru Y, $\bar{Y}_0 \subseteq Y$. Wówczas graf:

$$\bar{G}_0 = \langle \bar{X}_0, \bar{Y}_0, I \rangle \tag{7.1-9}$$

nazywamy *dopełnieniem podgrafu* G_0.

Dopełnienie $\bar{G}_0$ podgrafu G_0 jest oczywiście także podgrafem grafu G:

$$\bar{G}_0 \subseteq G \tag{7.1-10}$$

a ponadto, przy przyjętych założeniach, dopełnienie $\bar{\bar{G}}_0$ dopełnienia $\bar{G}_0$ jest identyczne z podgrafem G_0:

$$\bar{\bar{G}}_0 = G_0 \tag{7.1-11}$$

Za podgraf G_0 grafu G dogodnie jest także uważać każdy wierzchołek $y_k \in Y$ rozpatrywany jako wierzchołek izolowany lub zbiór takich wierzchołków ($X_0 = \phi$). Wówczas $G_0 = \phi$ i dopełnieniem $\bar{G}_0$ jest cały graf $\bar{G}_0 = G$.

Przykład 7.1-3. Na rysunku 7.1-3a,c,e pokazano przykłady podgrafów grafu G z rys. 7.1-1b, zaś odpowiednio na rys. 7.1-3b,d,f – dopełnienia tych podgrafów. Proponujemy Czytelnikowi określenie zbiorów Y_0, $\bar{Y}_0$ w każdym z przedstawionych przykładów.

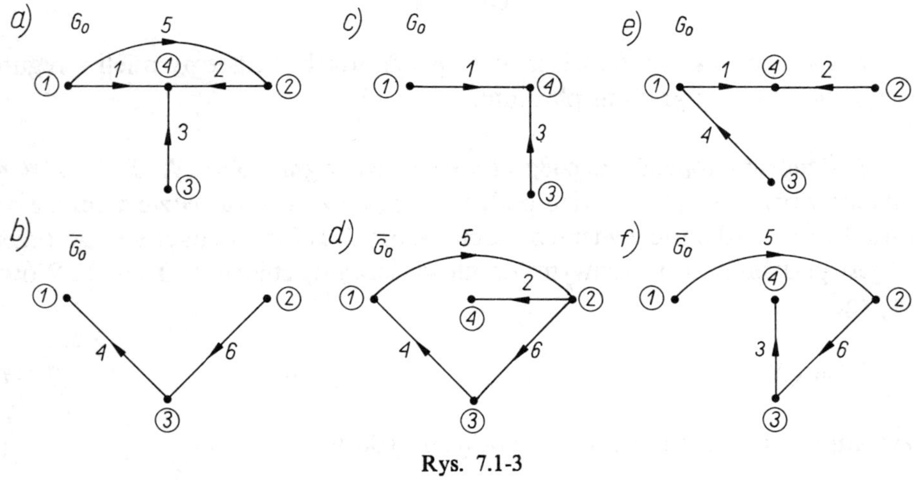

Rys. 7.1-3

F. Rząd wierzchołka. *Rzędem wierzchołka* w grafie nazywamy liczbę krawędzi incydentnych z tym wierzchołkiem. Jeśli wierzchołek ma pętle własne, to przy obliczaniu rzędu wierzchołka liczymy je podwójnie.

Przykład 7.1-4. Graf przedstawiony na rys. 7.1-4 (nie jest istotne, czy jest on skierowany, czy nieskierowany) zawiera 7 wierzchołków, których rzędy są odpowiednio równe: ① – 0, ② – 3, ③ – 4, ④ – 1, ⑤ – 5, ⑥ – 3, ⑦ – 4.

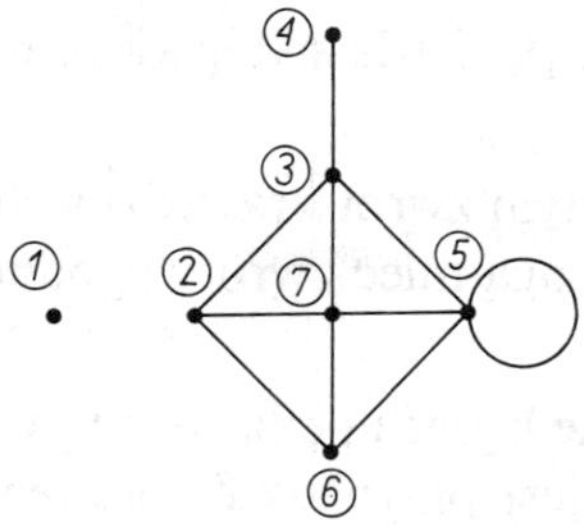

Rys. 7.1-4

Wierzchołek, którego rząd jest równy jeden, nazywamy *wierzchołkiem wiszącym* (np. wierzchołek ④ w grafie z rys. 7.1-4). Krawędź incydentną z wierzchołkiem wiszącym nazywamy *krawędzią wiszącą* (np. krawędź łącząca wierzchołki ③ i ④ w grafie z rys. 7.1-4).

Zwracamy uwagę, że rząd danego wierzchołka w grafie G może być inny niż rząd tego samego wierzchołka w jego podgrafie G_0 (zachęcamy Czytelnika do sprawdzenia tego faktu na przykładzie grafu z rys. 7.1-1b i podgrafów z rys. 7.1-3a).

G. Droga, kontur i oczko. *Drogą* D w grafie G (skierowanym lub nieskierowanym) nazywamy skończony ciąg wierzchołków i krawędzi grafu o postaci:

$$D = \{y_1, x_1, y_2, x_2, \ldots, y_n, x_n, y_{n+1}\} \qquad (7.1\text{-}12)$$

(stosujemy tu numerację w ramach ciągu tworzącego drogę), spełniający warunki:

1. Każda krawędź jest incydentna z występującymi obok niej wierzchołkami, tzn.[1]:

$$\bigwedge_{1 \leqslant i \leqslant n} x_i \to (y_i, y_{i+1}) \vee x_i \to (y_{i+1}, y_i) \qquad (7.1\text{-}13)$$

2. Wszystkie wierzchołki $y_1, y_2, \ldots, y_{n+1}$ są różne.

O drodze D określonej przez ciąg (7.1-12) mówimy, że łączy wierzchołki y_1 i y_{n+1}. Kolejność tych wierzchołków określa *zwrot* drogi D (y_1 jest *początkiem* drogi D, zaś y_{n+1} – jej *końcem*).

Z podanej definicji wynikają od razu niektóre ważne właściwości drogi w grafie.

1. Wszystkie krawędzie należące do drogi są różne. W przeciwnym przypadku w ciągu (7.1-12) musiałyby powtórzyć się wierzchołki, co byłoby sprzeczne z definicją.

[1] Jeśli graf jest nieskierowany, to drugi człon alternatywy (7.1-13) można opuścić.

2. Droga nie zawiera pętli własnych wierzchołków (z analogicznego powodu).

3. W grafie skierowanym zwrot krawędzi wchodzących w skład drogi jest nieistotny. Krawędzie te mogą mieć zwroty zgodne lub przeciwne w stosunku do zwrotu drogi.

4. Każda krawędź (nie będąca pętlą własną wierzchołka) wraz z incydentnymi z nią wierzchołkami jest przypadkiem szczególnym drogi.

Jeśli zmodyfikujemy definicję drogi przyjmując:

$$y_1 = y_{n+1} \tag{7.1-14}$$

przy pozostawieniu w mocy pozostałych warunków tej definicji, to tak określony ciąg:

$$D = \{y_1, x_1, y_2, x_2, \ldots, y_n, x_n, y_1\} \tag{7.1-15}$$

nazywamy *konturem* lub *cyklem* K w grafie G (skierowanym lub nieskierowanym).

W przypadku konturu K nie jest istotny wybór wierzchołka początkowego y_1. Wszystkie ciągi typu (7.1-15) różniące się tylko wierzchołkiem początkowym, tzn. zawierające dokładnie te same krawędzie z zachowaniem ich cyklicznej kolejności, określają ten sam kontur K. *Zwrot* konturu K jest wyznaczony przez cykliczną kolejność krawędzi występujących w ciągu (7.1-15).

Podobnie jak w przypadku drogi, z podanej definicji wynikają wprost następujące właściwości konturu w grafie.

1. Wszystkie krawędzie należące do konturu są różne.

2. Pętlę własną wierzchołka (wraz z tym wierzchołkiem) można uważać za przypadek szczególny konturu. Kontur taki nie ma określonego zwrotu.

3. Każdy kontur zawierający więcej niż jedną krawędź nie może zawierać pętli własnych wierzchołków.

4. W grafie skierowanym zwrot krawędzi wchodzących w skład konturu jest nieistotny. Krawędzie te mogą mieć zwroty zgodne lub przeciwne w stosunku do zwrotu konturu.

Drogę D i kontur K można rozpatrywać także jako p o d g r a f y grafu G: $D \subseteq G$, $K \subseteq G$, określone przez odpowiednie ciągi (7.1-12) lub (7.1-15), tzn. takie podgrafy, dla których podzbiór X_0 zawiera dokładnie te krawędzie, które wchodzą do tych ciągów. Dopuszczamy zatem dwoistość pojmowania drogi i konturu: albo jako ciągów o postaci (7.1-12) i, odpowiednio, (7.1-15) albo jako odpowiednich podgrafów.

Rozpatrując drogę i kontur jako podgrafy zauważamy, że:
– w konturze wszystkie wierzchołki są rzędu drugiego;
– w drodze wierzchołek początkowy i wierzchołek końcowy są rzędu pierwszego, pozostałe wierzchołki są rzędu drugiego.

Zauważamy również bez trudu, że drogę i kontur można jednoznacznie określić, podając tylko ciąg numerów krawędzi wchodzących w skład drogi lub konturu. Takiego uproszczonego sposobu zapisu dróg i konturów będziemy używać powszechnie w dalszym tekście.

Przykład 7.1-5. W grafie z rys. 7.1-1b można wyróżnić np. następujące drogi:

$$D_1 = \{1, 2\}, \quad D_2 = \{3, 2, 5\}, \quad D_3 = \{6, 4, 1\}, \quad D_4 = \{5\} \text{ itp.}$$

oraz kontury:

$$K_1 = \{1, 3, 4\}, \quad K_2 = \{5, 2, 1\}, \quad K_3 = \{5, 6, 3, 1\} \text{ itp.}$$

(zastosowaliśmy tu od razu uproszczony sposób zapisu).

Przykład 7.1-6. W grafie z rys. 7.1-1b wyznaczymy wszystkie kontury, przyjmując ich zwroty jako zgodne z ruchem wskazówek zegara. Otrzymujemy:

$$K_1 = \{1, 3, 4\}, \quad K_2 = \{5, 2, 1\}, \quad K_3 = \{6, 3, 2\}, \quad K_4 = \{4, 5, 6\},$$

$$K_5 = \{1, 2, 6, 4\}, \quad K_6 = \{1, 5, 6, 3\}, \quad K_7 = \{5, 2, 3, 4\}$$

Wymienione kontury występują oczywiście także w grafie z rys. 7.1-1c, jednakże ich zwroty nie we wszystkich przypadkach będą zgodne z ruchem wskazówek zegara (tj. z przyjętą orientacją płaszczyzny, na której został narysowany graf z rys. 7.1-1c). Wyciągamy stąd wniosek, że w przypadku różnych reprezentacji geometrycznych tego samego grafu płaskiego zwroty konturów mogą się różnić. W praktyce posługujemy się z reguły tylko jedną, określoną reprezentacją geometryczną grafu płaskiego i przyjmujemy, dla uproszczenia, zwroty wszystkich konturów jako zgodne z ustaloną orientacją płaszczyzny (np. zgodne z ruchem wskazówek zegara).

Przyjmując taką umowę dla grafu z rys. 7.1-1c otrzymujemy następujące kontury:

$$K_1, \quad K_2' = \{1, 2, 5\}, \quad K_3' = \{2, 3, 6\}, \quad K_4, \quad K_5, \quad K_6' = \{1, 3, 6, 5\}, \quad K_7$$

gdzie przez K_2', K_3' i K_6' oznaczyliśmy kontury o zwrotach przeciwnych do K_2, K_3 i K_6 (pozostałe oznaczenia są zachowane).

Rozpatrzmy raz jeszcze graf płaski G i jego reprezentację geometryczną na płaszczyźnie (np. przedstawioną na rys. 7.1-1b lub rys. 7.1-1c). Reprezentacja taka dzieli płaszczyznę na obszary, w których nie występują krawędzie grafu, a które są ograniczone krawędziami tworzącymi kontury.

Oczkiem O nazywamy taki kontur, którego reprezentacja geometryczna jest brzegiem obszaru ograniczonego nie zawierającego krawędzi[1)].

Oczkiem odniesienia O_N nazywamy taki kontur, którego reprezentacja geometryczna jest brzegiem obszaru nieograniczonego nie zawierającego krawędzi.

Z reguły zwrot oczek będziemy przyjmować jako zgodny z ruchem wskazówek zegara, zaś zwrot oczka odniesienia – jako przeciwny do ruchu wskazówek zegara. Jest rzeczą oczywistą, że *układ oczek zależy od wyboru reprezentacji geometrycznej grafu płaskiego.*

[1)] Zachodzi tu analogia do „oczka" sieci rybackiej.

Przykład 7.1-7. Przy przyjętej konwencji dotyczącej zwrotów oczkami w grafie z rys. 7.1-1b są kontury K_1, K_2 i K_3 (oznaczenia z przykładu 7.1-6), natomiast oczkiem odniesienia jest kontur $K_4' = \{6, 5, 4\}$.

Podobnie w grafie z rys. 7.1-1c oczkami są kontury K_2', K_3', K_4, zaś oczkiem odniesienia – kontur $K_1' = \{4, 3, 1\}$.

H. Ścieżka i pętla. W przypadku grafu skierowanego oprócz pojęć: drogi i konturu ważne znaczenie mają także pojęcia pokrewne: *ścieżki* i *pętli*.

Ścieżką S w grafie skierowanym *G* nazywamy taką drogę, której wszystkie krawędzie są skierowane zgodnie z jej zwrotem.

Pętlą P w grafie skierowanym *G* nazywamy taki kontur, którego wszystkie krawędzie są skierowane zgodnie z jego zwrotem.

Pętlę własną wierzchołka uważamy za przypadek szczególny pętli (o jednej tylko krawędzi i nie określonym zwrocie).

Przykład 7.1-8. W grafie z rys. 7.1-1b można wyróżnić następujące ścieżki, zawierające więcej niż jedną krawędź:

$$S_1 = \{5, 2\}, \quad S_2 = \{5, 6\}, \quad S_3 = \{5, 6, 3\}, \quad S_4 = \{6, 3\}, \quad S_5 = \{6, 4\},$$

$$S_6 = \{6, 4, 1\}, \quad S_7 = \{4, 1\}, \quad S_8 = \{4, 5\}, \quad S_9 = \{4, 5, 2\}$$

Czytelnik bez trudu zauważy, według jakiej reguły ścieżki te zostały wypisane.

Jedyną pętlą w tym grafie jest pętla:

$$P_1 = K_4 = \{4, 5, 6\}$$

Warto także zauważyć, że te same rezultaty otrzymalibyśmy, biorąc pod uwagę graf z rys. 7.1-1c.

Właściwość zaobserwowaną w przykładzie 7.1-8 można uogólnić formułując następujący wniosek:

Układ ścieżek i pętli w grafie skierowanym nie zależy od wyboru reprezentacji geometrycznej tego grafu.

I. Grafy spójne i rozłączne. Rozpatrzymy teraz niektóre zagadnienia związane z pojęciem *spójności* grafu.

Graf *G* nazywamy *grafem spójnym*, jeśli dla każdej pary wierzchołków $y_j, y_k \in Y$, $y_j \neq y_k$, istnieje droga *D* w grafie *G*, do której wierzchołki te należą, tzn.:

$$\bigwedge_{\substack{y_j, y_k \in Y \\ y_j \neq y_k}} \bigvee_{D \subset G} y_j, y_k \in D \tag{7.1-16}$$

Graf *G* nazywamy *grafem silnie spójnym* (*cyklicznie spójnym*), jeśli dla każdej pary wierzchołków $y_j, y_k \in Y$, $y_j \neq y_k$, istnieje kontur *K* w grafie *G*, do którego wierzchołki te należą, tzn.:

$$\bigwedge_{\substack{y_j, y_k \in Y \\ y_j \neq y_k}} \bigvee_{K \subset G} y_j, y_k \in K \tag{7.1-17}$$

Z podanych definicji wynika od razu, że *każdy graf silnie spójny jest grafem spójnym.*

Przykład 7.1-9. Graf z rys. 7.1-1 jest grafem silnie spójnym. Grafy przedstawione na rys. 7.1-3 (będące podgrafami grafu z rys. 7.1-1b) są grafami spójnymi, ale nie silnie spójnymi.

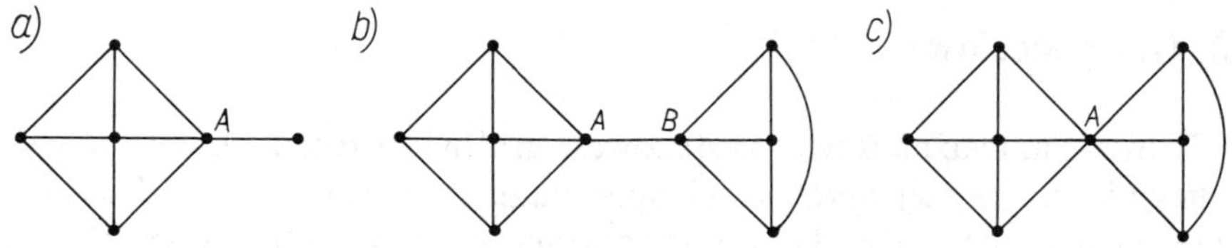

Rys. 7.1-5

Grafami spójnymi (ale nie silnie spójnymi) są także grafy przedstawione na rys. 7.1-5a,b,c (oznaczyliśmy na nich tylko niektóre wierzchołki – por. p. J oraz przykład 7.1-11).

Graf, który nie jest spójny, nazywamy *grafem rozłącznym* lub *niespójnym*. W grafie rozłącznym G można wyróżnić skończoną liczbę c ($c \geqslant 2$) spójnych, rozłącznych między sobą podgrafów $G_1, G_2, \ldots, G_c$ grafu G, takich, że każda krawędź $x_i \in X$ i każdy wierzchołek $y_k \in Y$ grafu G należą do dokładnie jednego podgrafu G_j. Podgrafy $G_1, G_2, \ldots, G_c$ nazywamy wówczas *składowymi grafu* G, zaś o grafie G mówimy, że zawiera (lub składa się z) c składowych i piszemy:

$$G = \{G_1, G_2, \ldots, G_c\} \tag{7.1-18}$$

Jeśli graf G zawiera wierzchołki izolowane, to każdy z nich uważamy za odrębną składową będącą grafem pustym.

Przykład 7.1-10. Graf z rys. 7.1-4 jest grafem rozłącznym zawierającym $c = 2$ składowe. Jedna z nich (wierzchołek izolowany ①) jest grafem pustym, druga – grafem spójnym (ale nie silnie spójnym).

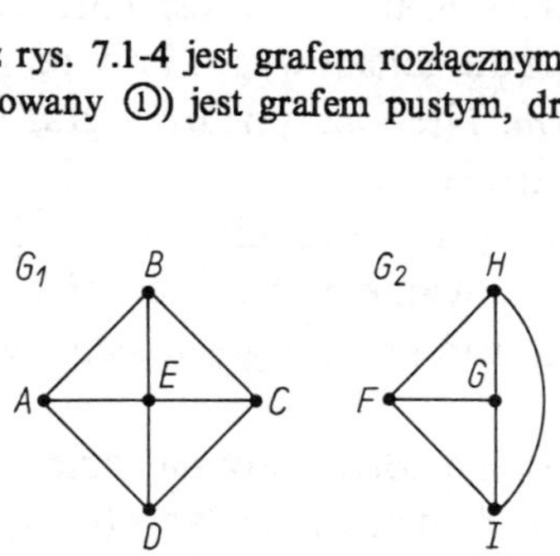

Rys. 7.1-6

Na rysunku 7.1-6 pokazano graf rozłączny $G = \{G_1, G_2\}$, którego obie składowe G_1, G_2 są grafami silnie spójnymi.

J. Wierzchołki przegubowe. Można łatwo zauważyć, że wierzchołki oznaczone literami A, B na rys. 7.1-5 odgrywają w grafie pewną szczególną rolę. Nazywamy je *wierzchołkami przegubowymi.*

Wierzchołek $y \in Y$ nazywamy *wierzchołkiem przegubowym* grafu G, jeśli istnieją w tym grafie takie dwa wierzchołki $y_1, y_2 \in Y$, że każda droga łącząca te wierzchołki zawiera wierzchołek y (por. zad. 7.1).

Czytelnik może bez trudu sprawdzić, że wierzchołki oznaczone literami A, B w grafach z rys. 7.1-5a,b,c są wierzchołkami przegubowymi tych grafów.

7.1.2. Grafy sieciowe

Jedno z najważniejszych zastosowań grafów w teorii obwodów wynika z intuicyjnie oczywistej możliwości opisywania struktury połączeń sieci elektrycznej za pomocą grafu. Taki graf reprezentujący strukturę sieci, tj. będący modelem geometrycznym układu gałęzi i węzłów sieci, nazywamy *grafem sieciowym.*

A. Pojęcie grafu sieciowego. Rozważmy sieć elektryczną o znanej strukturze połączeń, określonej przez incydencję jej gałęzi i węzłów (por. p. 3.3.4-B w tomie I). Utwórzmy graf, przyporządkowując każdej gałęzi sieci odpowiednią krawędź w grafie oraz każdemu węzłowi sieci – odpowiedni wierzchołek w grafie. Przymiotnik „odpowiedni" rozumiemy w ten sposób, że incydencja krawędzi i wierzchołków w grafie jest identyczna z incydencją gałęzi i węzłów w sieci. Utworzony w ten sposób graf jest *grafem sieciowym* lub, po prostu, grafem rozpatrywanej sieci elektrycznej.

W przypadku sieci mówimy o gałęziach i węzłach, w przypadku grafu – o krawędziach i wierzchołkach. Dla grafu sieciowego nie zachodzi najczęściej potrzeba formalnego rozróżniania tych pojęć, co stwarza w praktyce możliwość wymiennego używania nazw: *gałąź* i *krawędź* oraz *węzeł* i *wierzchołek.*

Każdej krawędzi (gałęzi) grafu sieciowego możemy przypisać zwrot zgodny z przyjętym zwrotem prądu gałęziowego. Przy tej umowie *każdy graf sieciowy jest grafem skierowanym.* Nie każdy jednak graf skierowany jest modelem geometrycznym struktury sieci elektrycznej, tzn. nie każdy graf skierowany jest grafem sieciowym. Postaramy się teraz nieco dokładniej wyjaśnić niektóre zagadnienia związane z modelowaniem struktury sieci za pomocą grafu, a tym samym lepiej scharakteryzować pojęcie grafu sieciowego.

B. Cechy grafu sieciowego. Będziemy na razie zakładać, że rozpatrywana sieć jest zbudowana tylko z elementów będących dwójnikami, tzn. nie zawiera elementów wielozaciskowych (indukcyjności sprzężonych, transformatorów idealnych, żyratorów, źródeł sterowanych lub wzmacniaczy operacyjnych). W takiej sieci nie występują sprzężenia między gałęziami sieci, jest to zatem *sieć bez sprzężeń.*

Rozpatrzmy kilka przypadków szczególnych.

1. Na rysunku 7.1-7a jest przedstawiona sieć SLS, której odpowiada graf sieciowy z rys. 7.1-1b. W tym przypadku jako gałęzie sieci potraktowaliśmy połączenia szeregowe elementów (np. gałąź 6 jest połączeniem szeregowym e_6, R_6, C_6). Dzięki temu graf z rys. 7.1-1b nie zawiera wierzchołków rzędu drugiego.

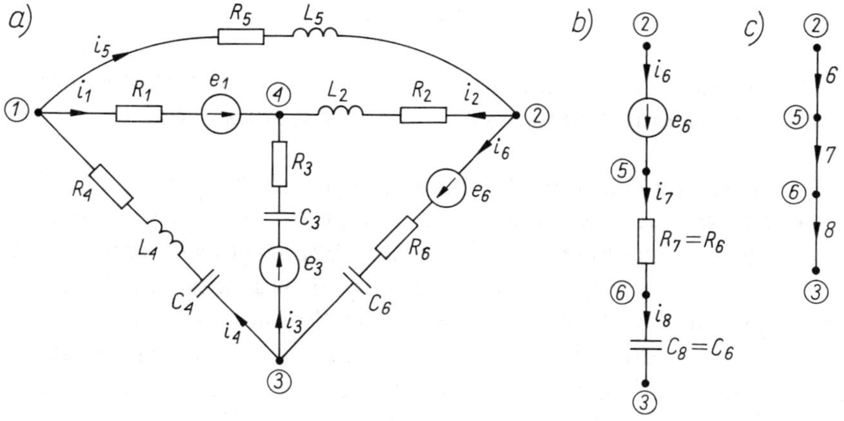

Rys. 7.1-7

Można by jednak postąpić inaczej i, na przykład, rozpatrywać **każdy** element sieci z rys. 7.1-7a jako osobną gałąź[1]. Przyjmijmy dla przykładu, że postępujemy tak w odniesieniu do gałęzi 6 (rys. 7.1-7b). Wówczas w grafie z rys. 7.1-1b krawędź 6 należałoby zastąpić podgrafem z rys. 7.1-7c, utworzonym przez *krawędzie szeregowe* (o numerach 6, 7, 8). W konsekwencji pojawiłyby się dwa dodatkowe wierzchołki (o numerach 5 i 6), oba rzędu drugiego.

Można także postąpić odwrotnie. Gdyby w grafie sieciowym występowały wierzchołki rzędu drugiego (nazywane niekiedy *wierzchołkami usuwalnymi*), to można by je wyeliminować przez zastąpienie krawędzi szeregowych jedną krawędzią.

2. Na rysunku 7.1-8a jest przedstawiona sieć o dwóch węzłach i trzech gałęziach. Jej graf sieciowy jest pokazany na rys. 7.1-8b. Występują w nim *krawędzie równoległe*, tj. krawędzie incydentne z tą samą parą wierzchołków. Jeśli interesują nas wszystkie prądy i_1, i_2, i_3, to struktura sieci powinna być przedstawiona w postaci grafu z rys. 7.1-8b. Jeśli jednak nie interesuje nas podział prądu i_1 na prądy i_2 oraz i_3, to rozpatrywaną sieć można przedstawić w postaci z rys. 7.1-8c, której odpowiada graf z rys. 7.1-8d. Zastępujemy w ten sposób krawędzie równoległe 2 i 3 (rys. 7.1-8b) jedną krawędzią 4 (rys. 7.1-8d).

---

[1] Taki sposób postępowania jest stosowany w komputerowych metodach analizy sieci, por. p. 7.3.8.

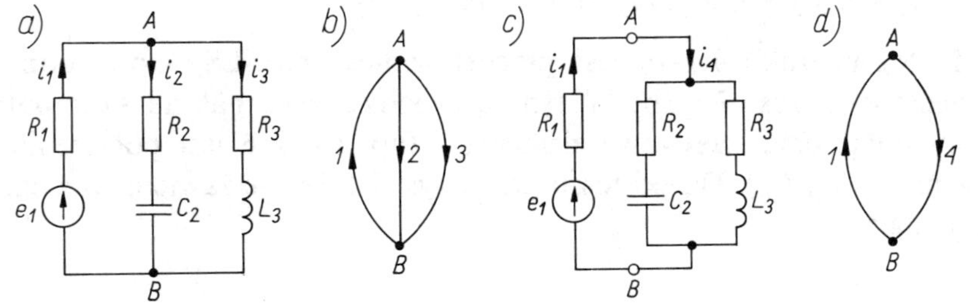

Rys. 7.1-8

Omówione w p. 1 i 2 przykłady wskazują na pewien stopień dowolności przy reprezentowaniu struktury sieci w postaci grafu sieciowego.

3. Rozważmy dowolny element sieci i potraktujmy go jako gałąź. Aby w elemencie tym mógł wystąpić niezerowy prąd, musi on wchodzić w skład pewnego obwodu zamkniętego lub, inaczej, odpowiadająca temu elementowi krawędź w grafie reprezentującym strukturę rozpatrywanej sieci musi należeć do pewnego konturu. W przeciwnym razie mielibyśmy do czynienia z sytuacją występującą np. w grafach z rys. 7.1-4 i 7.1-5a,b, które zawierają gałęzie (krawędzie) nie należące do żadnego konturu, a więc takie, w których nie może wystąpić niezerowy prąd. Warunek, aby każda krawędź grafu należała do pewnego konturu, spełnia oczywiście graf silnie spójny. Warunek ten może być jednak spełniony także w grafie nie będącym grafem silnie spójnym. Przykładem jest tu graf z rys. 7.1-5c. Każda jego krawędź należy do pewnego konturu, mimo że nie jest on grafem silnie spójnym. Jednakże, wobec założenia, że rozpatrywane sieci są sieciami bez sprzężeń między gałęziami, sieć reprezentowana przez graf z rys 7.1-5c rozpada się na dwie niezależne sieci o grafach przedstawionych na rys. 7.1-6. To co dzieje się w części G_1 nie ma bowiem żadnego wpływu na to co dzieje się w części G_2 i odwrotnie. Oba grafy G_1 i G_2 z rys. 7.1-6 są przy tym grafami silnie spójnymi.

4. Rozważając graf sieciowy reprezentujący strukturę pewnej sieci, można również wyeliminować przypadek, kiedy w grafie występują pętle własne wierzchołków.

Najprostszy układ, który można rozważać jako sieć, zawiera co najmniej dwa elementy (np. układ z rys. 7.1-9a). Jego strukturę można przedstawić w postaci grafu z rys. 7.1-9b, zawierającego dwa wierzchołki i dwie krawędzie, i nie traktować tego grafu jako pętlę własną (np. wierzchołka *B*) reprezentującą połączenie szeregowe elementów. Gdyby pętla własna grafu (np. pętla własna wierzchołka *B* w grafie z rys. 7.1-9c) reprezentowała pojedynczy element, oznaczałoby to, że jest on zwarty i jako element nieistotny może być wyeliminowany z sieci. Tym samym może być wyeliminowana odpowiadająca mu pętla własna w grafie. Gdyby natomiast pętla własna wierzchołka *B* w grafie z rys. 7.1-5c reprezentowała połączenie szeregowe dwóch elementów, to można

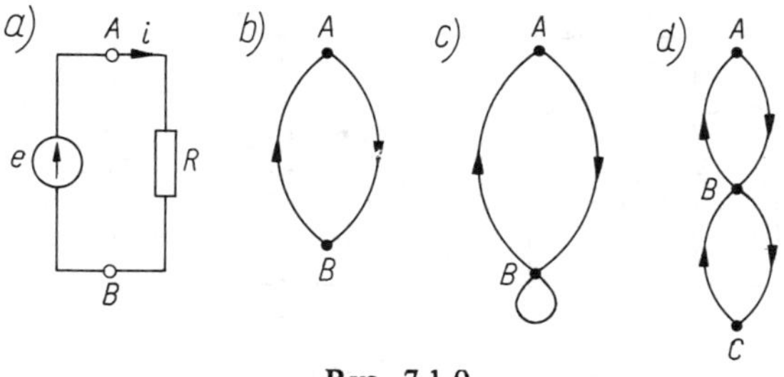

Rys. 7.1-9

by wprowadzić dodatkowy wierzchołek C i potraktować każdy element jako osobną gałąź, a więc i w tym przypadku wyeliminować pętlę własną.

Przedstawione rozważania umożliwiają sformułowanie warunków, jakie winien spełniać graf sieciowy sieci.

Graf sieciowy jest grafem skierowanym, silnie spójnym i nie zawierającym pętli własnych wierzchołków.

Struktura każdej sieci bez sprzężeń może być reprezentowana w postaci grafu sieciowego, a także każdy graf sieciowy reprezentuje strukturę pewnej sieci bez sprzężeń.

C. Sieć ze sprzężeniami. Rozpatrzymy teraz przypadek ogólny sieci, w której mogą występować także elementy wielozaciskowe. Istotną cechą takiej sieci jest możliwość występowania sprzężeń między jej gałęziami. Mówimy wówczas o *sieci ze sprzężeniami.*

W niektórych przypadkach graf reprezentujący strukturę sieci ze sprzężeniami może być grafem sieciowym, nie różniącym się niczym od grafu reprezentującego strukturę sieci bez sprzężeń. Tak byłoby w przypadku sieci z rys. 7.1-7, gdyby, na przykład, indukcyjności L_2 i L_5 były sprzężone między sobą lub gdyby którekolwiek ze źródeł było źródłem sterowanym, np. $e_6 = ri_1$. W obu tych przypadkach struktura sieci pozostałaby nie zmieniona i odpowiadałby jej graf sieciowy z rys. 7.1-1b.

Nie wyczerpuje to jednak wszystkich możliwych przypadków. Rozważmy dla przykładu sieć z rys. 7.1-10a zawierającą indukcyjności sprzężone lub sieć z rys. 7.1-10b zawierającą źródło sterowane. W przypadku sieci z rys. 7.1-10a oddziaływanie między częścią sieci zawierającą węzły A, B a częścią zawierającą węzły C, D jest spowodowane przez sprzężenie magnetyczne, natomiast w przypadku sieci z rys. 7.1-10b – przez efekt źródła sterowanego. Przy $M = 0$ bądź, odpowiednio, $r = 0$ oddziaływanie to nie występowałoby i mielibyśmy do czynienia z odseparowanymi od siebie układami.

Strukturę obu sieci z rys. 7.1-10 można przedstawić w postaci grafu z rys. 7.1-11a. W przypadku występowania sprzężenia ($M \neq 0$, $r \neq 0$) jest to j e d e n graf rozłączny składający się z $c = 2$ składowych będącymi grafami

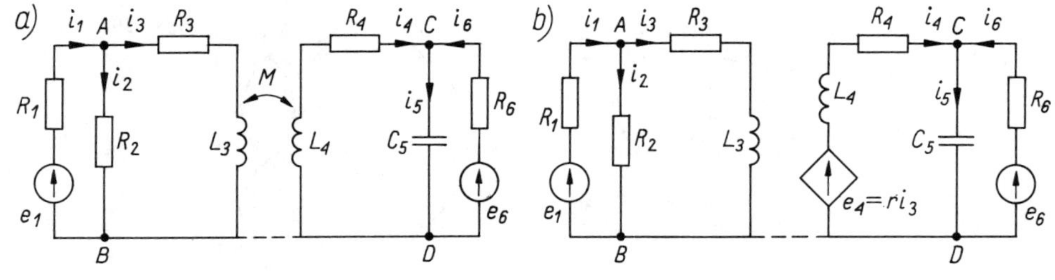

Rys. 7.1-10

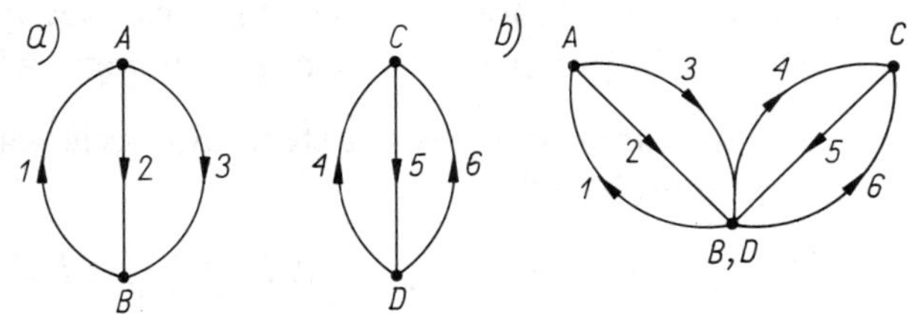

Rys. 7.1-11

sieciowymi. Prądy i napięcia w sieciach z rys. 7.1-10 pozostaną jednak nie zmienione, jeśli zewrzemy punkty B i D. Graf odpowiadający temu przypadkowi jest przedstawiony na rys. 7.1-11b. W obu jednak przypadkach struktura sieci jest taka sama, a różnica między grafami z rys. 7.1-11a,b ma charakter jedynie formalny. Możemy zatem sformułować następującą konkluzję.

Struktura każdej sieci ze sprzężeniami może być reprezentowana w postaci grafu sieciowego bądź grafu rozłącznego o składowych będących grafami sieciowymi.

7.1.3. Drzewo grafu i pojęcia pokrewne

Jednym z ważniejszych pojęć teorii grafów, mającym duże znaczenie zarówno w teorii, jak i w zastosowaniach praktycznych, jest pojęcie *drzewa* grafu.

A. Drzewo i przeciwdrzewo grafu spójnego. Niech $G = \langle X, Y, I \rangle$ będzie grafem spójnym bez pętli własnych wierzchołków, zawierającym w wierzchołków i g krawędzi.

Drzewem T grafu G nazywamy spójny podgraf grafu G zawierający wszystkie jego wierzchołki i nie zawierający żadnego konturu.

Oznaczmy przez X_T zbiór krawędzi drzewa T, $X_T \subseteq X$. Możemy wówczas napisać:

$$T = \langle X_T, Y, I \rangle \tag{7.1-19}$$

Oznaczmy przez:

$$X_Z = X - X_T \tag{7.1-20}$$

zbiór krawędzi grafu G nie należących do drzewa T. Krawędzie te będziemy nazywać *krawędziami zamykającymi* względem drzewa T.

Przeciwdrzewem lub *zamknięciem* Z względem drzewa T grafu G nazywamy dopełnienie drzewa T, tj. podgraf grafu G określony następująco:

$$Z = \bar{T} = \langle X_Z, Y_Z, I \rangle \tag{7.1-21}$$

gdzie $Y_Z \subseteq Y$ jest podzbiorem wierzchołków incydentnych z krawędziami zamykającymi. Dopełnieniem przeciwdrzewa Z jest oczywiście drzewo T (por. p. 7.1.1-E), tzn.:

$$\bar{Z} = T \tag{7.1-22}$$

Przykład 7.1-11. Rozpatrzmy ponownie graf z rys. 7.1-1b. Na rysunku 7.1-12a przedstawiono przykłady trzech drzew T_1, T_2, T_3 grafu G z rys. 7.1-1b (dla uproszczenia wierzchołki grafu G oznaczyliśmy dużymi literami). Odpowiadające tym drzewom przeciwdrzewa: $Z_1 = \bar{T}_1$, $Z_2 = \bar{T}_2$, $Z_3 = \bar{T}_3$, są pokazane na rys. 7.1-12b.

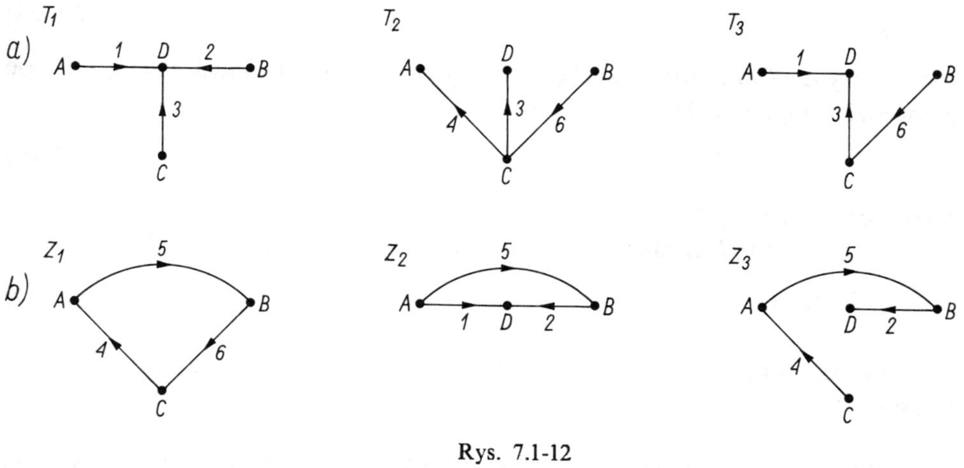

Rys. 7.1-12

Przeciwdrzewo może zawierać wszystkie wierzchołki grafu (tzn. $Y_Z = Y$; np. przeciwdrzewo Z_3) lub może zawierać tylko niektóre wierzchołki (np. przeciwdrzewa Z_1, Z_2). Zauważamy również, że przeciwdrzewo może być drzewem (np. przeciwdrzewo Z_3).

B. Rząd i liczba cyklomatyczna grafu spójnego. Z przykładu 7.1-12 można intuicyjnie wysnuć wnioski dotyczące liczby krawędzi każdego drzewa i liczby krawędzi każdego przeciwdrzewa (tj. krawędzi zamykających) danego grafu. W celu uściślenia nasuwających się wniosków przeprowadźmy następujące proste rozumowanie.

Ciągła linia łamana łącząca ze sobą $w \geqslant 2$ różnych punktów w przestrzeni (rys. 7.1-13) zawiera dokładnie $w - 1$ odcinków[1]. Gdyby liczba odcinków była mniejsza od $w - 1$, nie można byłoby połączyć ze sobą wszystkich punktów (utrata spójności). Gdyby liczba odcinków była większa od $w - 1$, linia byłaby zamknięta lub zawierałaby linie zamknięte (linie przerywane na rys. 7.1-13). Przy przyjętych w p. A założeniach wynikają stąd następujące ważne właściwości.

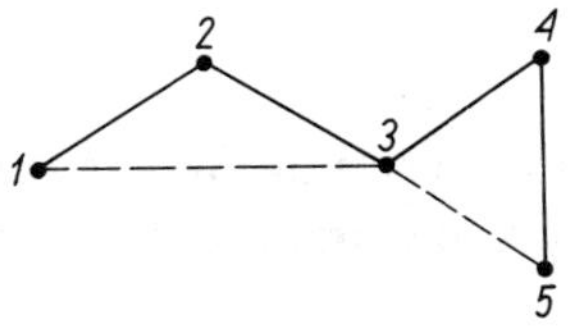

Rys. 7.1-13

Każdy spójny graf G zawiera co najmniej jedno drzewo.

Każde drzewo T grafu spójnego G zawiera dokładnie w − 1 krawędzi. Każde przeciwdrzewo Z zawiera dokładnie g − w + 1 krawędzi.

Liczbę r krawędzi każdego drzewa:

$$r = w - 1 \tag{7.1-23}$$

nazywamy *rzędem* grafu G; liczbę n krawędzi każdego przeciwdrzewa (tj. liczbę krawędzi zamykających):

$$n = g - w + 1 \tag{7.1-24}$$

nazywamy *liczbą cyklomatyczną* grafu G.

Rząd grafu G oznaczamy także symbolem $\mathfrak{R}(G)$, tzn.:

$$r = \mathfrak{R}(G) \tag{7.1-25}$$

Przykład 7.1-12. Dla grafu z rys. 7.1-1b mamy: $w = 4$, $g = 6$, a więc $r = 3$, $n = 3$ (por. przykład 7.1-11).

Rząd grafu spójnego G może być równy zeru, $r = 0$, wtedy i tylko wtedy, kiedy $w = 1$, tzn. kiedy graf jest pusty $X = \phi$ i zawiera dokładnie jeden wierzchołek. W pozostałych przypadkach $w > 1$ i $r > 0$.

Graf spójny G o w wierzchołkach zawiera co najmniej $w - 1$ krawędzi. Z równości (7.1-24) wynika zatem, że $n \geqslant 0$ oraz że $n = 0$ wtedy i tylko wtedy, kiedy $g = w - 1$. Przypadek: $g = w - 1$ przy $w \geqslant 2$ oznacza jednak, że graf G jest identyczny ze swoim jedynym drzewem T. Graf taki nie zawiera żadnego konturu i nie ma krawędzi zamykających.

---

[1] Proponujemy Czytelnikowi przeprowadzenie formalnego dowodu przez indukcję.

Graf silnie spójny zawiera co najmniej jeden kontur, a więc $n \geqslant 1$ i w konsekwencji $g \geqslant w$.

Liczba krawędzi g grafu silnie spójnego G jest nie mniejsza od liczby jego wierzchołków:

$$g \geqslant w \tag{7.1-26}$$

W szczególności zatem wszystkie grafy sieciowe mają właściwość wyrażoną nierównością (7.1-26).

C. Przypadek grafu rozłącznego. Omówione w p. A i B pojęcia można uogólnić na przypadek grafu rozłącznego.

Niech $G = \langle X, Y, I \rangle$ oznacza teraz graf rozłączny bez pętli własnych wierzchołków, składający się z c składowych $G_1, \ldots, G_c$ będących grafami spójnymi (p. 7.1.1-I), tzn.:

$$G = \{G_1, \ldots, G_c\}$$

Oznaczmy odpowiednio przez w_i, g_i liczby wierzchołków i krawędzi składowej G_i, $i = 1, \ldots, c$, oraz przez w, g – liczby wierzchołków i krawędzi grafu G. Mamy oczywiście:

$$w = \sum_{i=1}^{c} w_i, \qquad g = \sum_{i=1}^{c} g_i \tag{7.1-27}$$

Każda ze składowych G_i grafu G jest z założenia grafem spójnym bez pętli własnych wierzchołków. Zgodnie z wynikami p. A w grafie G_i można zatem wyróżnić co najmniej jedno drzewo T_i. Niech Z_i oznacza przeciwdrzewo względem drzewa T_i, tj. dopełnienie drzewa T_i w grafie G_i.

Drzewem T grafu rozłącznego G nazywamy każdy rozłączny podgraf grafu G, składający się z c składowych $T_1, \ldots, T_c$ będących drzewami składowych $G_1, \ldots, G_c$ grafu G:

$$T = \{T_1, \ldots, T_c\} \tag{7.1-28}$$

Tak określone drzewo grafu rozłącznego bywa również nazywane *lasem*.

Przeciwdrzewem lub *zamknięciem* Z grafu rozłącznego G względem drzewa T nazywamy rozłączny podgraf grafu G, składający się z c składowych $Z_1, \ldots, Z_c$ będących przeciwdrzewami względem drzew $T_1, \ldots, T_c$ składowych $G_1, \ldots, G_c$ grafu G:

$$Z = \{Z_1, \ldots, Z_c\} \tag{7.1-29}$$

Zgodnie z zależnościami (7.1-23) i (7.1-24) każde drzewo T_i oraz przeciwdrzewo Z_i składowej G_i zawierają, odpowiednio, $w_i - 1$ oraz $g_i - w_i + 1$ krawędzi. Drzewo T zawiera zatem:

$$\sum_{i=1}^{c} (w_i - 1) = w - c$$

krawędzi i, podobnie, przeciwdrzewo Z zawiera:

$$\sum_{i=1}^{c} (g_i - w_i + 1) = g - w + c$$

krawędzi. Analogicznie jak dla grafu spójnego liczbę r krawędzi drzewa:

$$r = w - c \tag{7.1-30}$$

nazywamy *rzędem* grafu rozłącznego G o c spójnych składowych. Liczbę n krawędzi każdego przeciwdrzewa, tj. liczbę krawędzi zamykających:

$$n = g - w + c \tag{7.1-31}$$

nazywamy *liczbą cyklomatyczną* grafu rozłącznego G o c spójnych składowych. Rząd grafu rozłącznego oznaczamy także symbolem (7.1-25).

Przykład 7.1-13. Graf $G = \{G_1, G_2\}$ przedstawiony na rys. 7.1-6 jest grafem rozłącznym składającym się z dwóch składowych G_1, G_2 ($c = 2$). Graf ten zawiera $w = 9$ wierzchołków i $g = 14$ krawędzi. Liczby wierzchołków i krawędzi składowych G_1, G_2 wynoszą odpowiednio: $w_1 = 5$, $g_1 = 8$ oraz $w_2 = 4$, $g_2 = 6$.

Na rysunku 7.1-14a jest przedstawione drzewo $T = \{T_1, T_2\}$ grafu G składające się z dwóch składowych T_1, T_2 będących drzewami składowych G_1, G_2 (proponujemy Czytelnikowi wyznaczenie innych drzew). Na rysunku 7.1-14b zostało pokazane przeciwdrzewo $Z = \{Z_1, Z_2\}$ względem drzewa T.

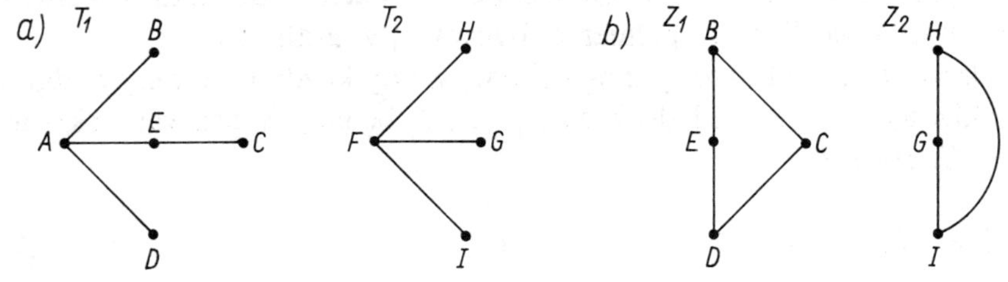

Rys. 7.1-14

Rząd r grafu G jest równy liczbie krawędzi drzewa T:

$$r = w - c = 7$$

Liczba cyklomatyczna n jest równa liczbie krawędzi przeciwdrzewa Z:

$$n = g - w + c = 7$$

Przykład 7.1-14. Proponujemy Czytelnikowi sprawdzenie, że graf rozłączny z rys. 7.1-11a ma rząd $r = 2$ i liczbę cyklomatyczną $n = 4$.

7.1.4. Przekroje grafu

Omówimy teraz jeszcze jedno ważne w zastosowaniach pojęcie *przekroju* grafu.

A. Definicja przekroju grafu. Załóżmy, że $G = \langle X, Y, I \rangle$ jest grafem spójnym lub rozłącznym, bez pętli własnych wierzchołków, zawierającym w wierzchołków, g krawędzi i c składowych (p. 7.1.1-I). W przypadku grafu spójnego mamy $c = 1$.

Przekrojem lub *rozcięciem* R nazywamy podzbiór zbioru X krawędzi grafu G, $R \subseteq X$, spełniający następujące warunki:

a) usunięcie ze zbioru X krawędzi należących do zbioru R powoduje zmniejszenie rzędu grafu dokładnie o jeden;

b) żaden właściwy podzbiór zbioru R nie ma właściwości a).

Warunek a) oznacza, że graf G' powstały z grafu G po usunięciu przekroju R, tj. graf:

$$G' = \langle X - R, Y, I \rangle \tag{7.1-32}$$

ma rząd równy $r - 1$, gdzie $r = w - c$ jest rzędem grafu G. Grafy G i G' mają jednak tę samą liczbę wierzchołków, a zatem, zgodnie z zależnością (7.1-30), graf G' ma o jedną składową więcej niż graf G. Jeśli zatem graf G jest grafem spójnym ($c = 1$), to graf G' jest grafem rozłącznym mającym dwie składowe.

Usunięcie przekroju R ze zbioru krawędzi grafu spójnego G powoduje powstanie grafu rozłącznego G' o dwóch składowych i tych samych wierzchołkach co graf G.

Jak zobaczymy (por. przykład 7.1-15), różne przekroje tego samego grafu G mogą zawierać różne liczby krawędzi. Zgodnie jednak z warunkiem b) liczba krawędzi każdego przekroju jest w tym sensie minimalna, że jej zmniejszenie spowodowałoby utratę właściwości a).

Przekrój R można rozpatrywać także jako p o d g r a f grafu G, którego zbiór krawędzi jest równy R. Z analogiczną dwoistością interpretacji spotkaliśmy się już w przypadku drogi i konturu (por. p. 7.1.1-G).

Przykład 7.1-15. Rozpatrzmy ponownie graf spójny przedstawiony na rys. 7.1-1b. Jego rząd jest równy $r = w - 1 = 3$. Przekrojami tego grafu są następujące zbiory krawędzi:

$$R_1 = \{1, 4, 5\}, \quad R_2 = \{2, 5, 6\}, \quad R_3 = \{3, 4, 6\}, \quad R_4 = \{1, 2, 3\},$$

$$R_5 = \{1, 3, 5, 6\}, \quad R_6 = \{2, 3, 4, 5\}, \quad R_7 = \{1, 2, 4, 6\}$$

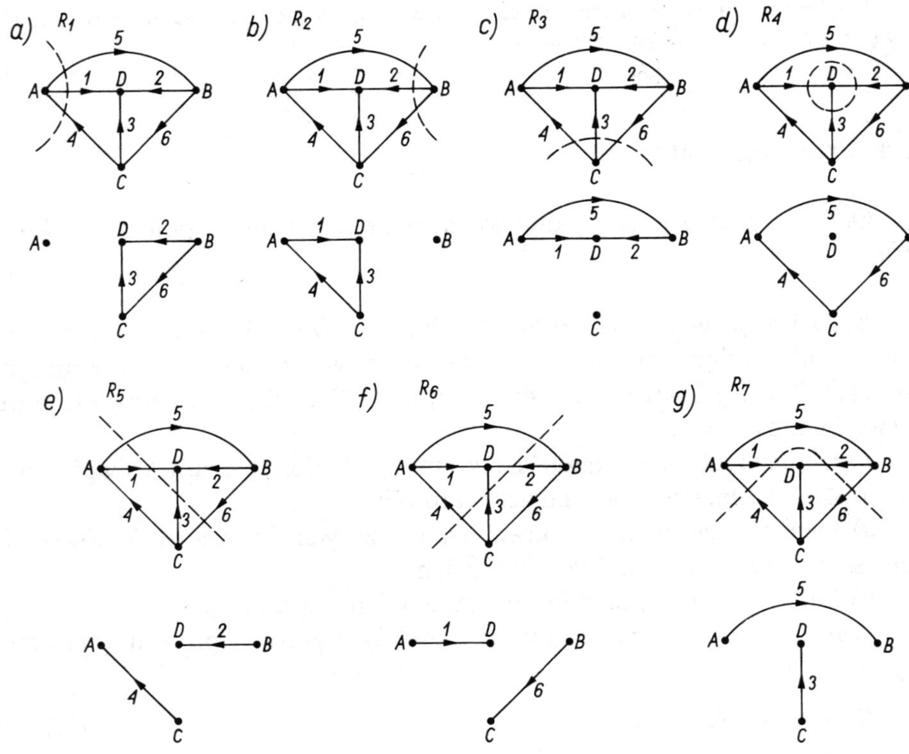

Rys. 7.1-15

Przekroje dogodnie jest oznaczać graficznie jak na rys. 7.1-15, gdzie linie przerywane przecinają krawędzie wchodzące w skład danego przekroju.

Pierwsze cztery przekroje R_1, R_2, R_3, R_4 zawierają po trzy krawędzie incydentne z kolejnymi wierzchołkami. Ich usunięcie dzieli graf G na dwie składowe, z których jedna jest wierzchołkiem izolowanym (grafem pustym). Pozostałe trzy przekroje R_5, R_6, R_7 zawierają po cztery krawędzie, a ich usunięcie dzieli graf G na dwie składowe, z których żadna nie jest grafem pustym.

Usunięcie przekroju R z grafu G powoduje jego podział na dwie składowe G'_1 i G'_2, $G' = \{G'_1, G'_2\}$, oraz odpowiedni podział zbioru wierzchołków Y na dwa rozłączne podzbiory Y_1 i Y_2 takie, że Y_1 jest zbiorem wierzchołków składowej G'_1, Y_2 jest zbiorem wierzchołków składowej G'_2 oraz:

$$Y = Y_1 \cup Y_2$$

Na przykład przekrój R_1 wyznacza podział zbioru wierzchołków Y na podzbiory: $Y_1 = \{A\}$, $Y_2 = \{B, C, D\}$, natomiast przekrój R_5 dzieli zbiór Y na podzbiory $Y_1 = \{A, C\}$, $Y_2 = \{B, D\}$.

Podział zbioru wierzchołków Y na podzbiory Y_1 i Y_2 umożliwia określenie *zwrotu* przekroju R przez ustalenie kolejności podzbiorów Y_1, Y_2. W przypadku grafu skierowanego umożliwia to także rozstrzygnięcie, czy dana krawędź wchodzi do przekroju ze zwrotem zgodnym, czy ze zwrotem przeciwnym. Na przykład, ustalając tę kolejność jako Y_1, Y_2 (tzn. od Y_1 do Y_2), w przekroju R_1 krawędzie 1, 5 mają zwroty zgodne ze zwrotem tego przekroju, natomiast krawędź 4 – zwrot przeciwny. Analogicznie, w przekroju R_5 krawędzie 1, 3, 5 mają zwroty zgodne ze zwrotem przekroju, natomiast krawędź 6 ma zwrot przeciwny.

Do kwestii zwrotu przekroju i zwrotu krawędzi należących do przekroju powrócimy w p. 7.2.3.

B. Przekrój a zbiór krawędzi incydentnych z wierzchołkiem. Rozważając graf z rys. 7.1-1b można łatwo zauważyć (por. przykład 7.1-15 i rys. 7.1-15), że zbiory krawędzi incydentnych z poszczególnymi wierzchołkami są przekrojami (przekroje R_1, R_2, R_3, R_4 z przykładu 7.1-15). Tak nie musi być jednak zawsze. Wystarczy np. sprawdzić (szczegóły pozostawiamy Czytelnikowi), że w przypadku grafów z rys. 7.1-5a,b,c zbiory krawędzi incydentnych z wierzchołkami oznaczonymi literą A nie są przekrojami. Kwestię tę rozstrzyga następująca właściwość (dowód pomijamy, por. np. [28], § 2.4).

Zbiór krawędzi incydentnych z wierzchołkiem grafu spójnego G jest przekrojem, jeśli wierzchołek ten nie jest wierzchołkiem przegubowym.

Wynika stąd od razu (por. p. 7.1.1-J), że w *grafie silnie spójnym zbiór krawędzi incydentnych z każdym wierzchołkiem jest przekrojem.*

7.1.5. Układy fundamentalne konturów i przekrojów

Pokażemy teraz, że przez wybór drzewa w grafie można określić zbiór konturów oraz zbiór przekrojów, zwane *układami fundamentalnymi* lub *układami podstawowymi* konturów i przekrojów. Jak zobaczymy w p. 7.2.2-C i p. 7.2.3-B, układy fundamentalne są *układami niezależnymi*, odgrywają zatem istotną rolę w metodach sieciowych analizy sieci elektrycznych.

A. Układ fundamentalny konturów. Załóżmy, że $G = \langle X, Y, I \rangle$ jest grafem silnie spójnym[1)], bez pętli własnych wierzchołków, zawierającym w wierzchołków i g krawędzi.

Wybierzmy drzewo T w grafie G. Przez wybór drzewa T określamy zbiór krawędzi zamykających (należących do przeciwdrzewa Z). Zgodnie z zależnością (7.1-24) zbiór ten ma liczność $n = g - w + 1$, $n \geqslant 1$.

Dołączenie do drzewa T jednej krawędzi zamykającej powoduje powstanie jednego konturu (rys. 7.1-16). Ciąg n konturów powstałych przez dołączenie do drzewa T kolejno po jednej krawędzi zamykającej nazywamy *układem fundamentalnym konturów* lub, w skrócie, *układem f-konturów* względem drzewa T.

Przykład 7.1-16. Na rysunku 7.1-12a były pokazane przykłady trzech drzew T_1, T_2, T_3 w grafie G z rys. 7.1-1b. Na rysunku 7.1-16a pokazano układ f-konturów względem drzewa T_1, utworzony przez dołączenie do drzewa T_1 kolejno krawędzi zamykających o numerach 4, 5, 6. Otrzymujemy w ten sposób kontury:

$$K_1^1 = \{4, 1, 3\}, \quad K_2^1 = \{5, 2, 1\}, \quad K_3^1 = \{6, 3, 2\}$$

1) Założenie to gwarantuje istnienie krawędzi zamykających względem każdego drzewa ($n \geqslant 1$) i odpowiada założeniom, jakie będziemy przyjmować w p. 7.2 przy opisie macierzowym grafów sieciowych. Rozważania przeprowadzone w tym punkcie pozostałyby jednak słuszne (z drobnymi modyfikacjami) przy słabszym założeniu spójności grafu G.

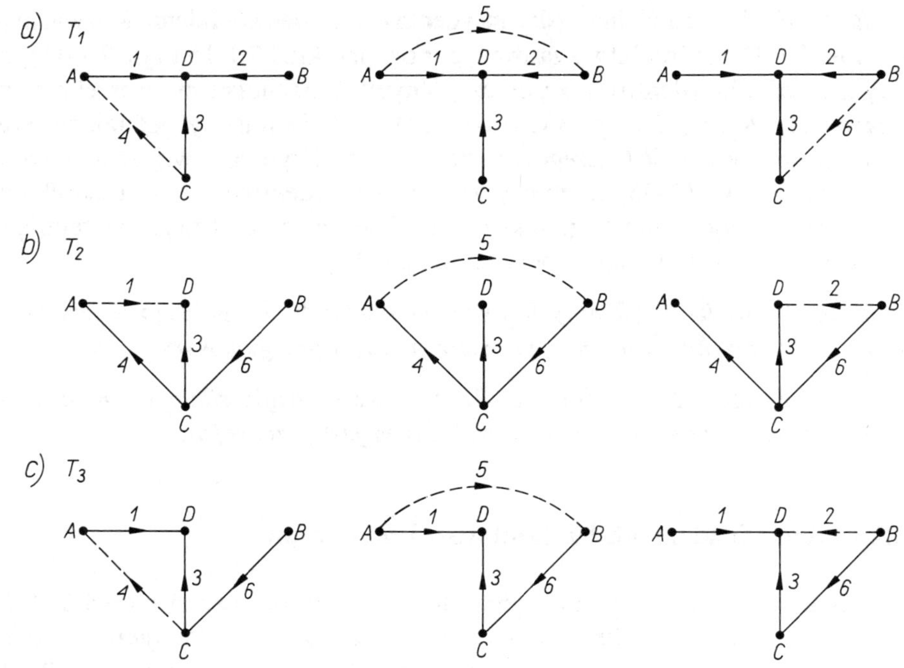

Rys. 7.1-16

Każdy z nich zawiera dokładnie jedną krawędź zamykającą względem drzewa T_1 oraz krawędzie tego drzewa.

Na rysunku 7.1-16b,c pokazano, odpowiednio, sposób tworzenia *f*-konturów względem drzewa T_2:

$$K_1^2 = \{1, 3, 4\}, \quad K_2^2 = \{5, 6, 4\}, \quad K_3^2 = \{2, 6, 3\}$$

oraz *f*-konturów względem drzewa T_3:

$$K_1^3 = \{4, 1, 3\}, \quad K_2^3 = \{5, 6, 3, 1\}, \quad K_3^3 = \{2, 6, 3\}$$

Zwroty wszystkich konturów przyjęliśmy jako zgodne z ruchem wskazówek zegara. Zauważamy, że *f*-kontury względem danego drzewa mogą zawierać różne liczby krawędzi.

B. Układ fundamentalny przekrojów. Przy tych samych założeniach jak w p. A rozważymy z kolei zbiór przekrojów grafu *G*, w którym wybraliśmy drzewo *T*. Każdy przekrój *R* musi zawierać co najmniej jedną krawędź należącą do drzewa *T* (por. zad. 7.2), w przeciwnym bowiem przypadku usunięcie z grafu zbioru krawędzi *R* nie zmniejszałoby rzędu grafu *G*, wbrew definicji przekroju.

Układem fundamentalnym przekrojów lub, w skrócie, *układem f-przekrojów* względem drzewa *T* nazywamy ciąg $w - 1$ przekrojów, z których każdy zawiera dokładnie jedną krawędź drzewa *T*.

Przykład 7.1-17. Rozpatrzmy ponownie graf G z rys. 7.1-1b oraz jego drzewa T_1, T_2, T_3 przedstawione na rys. 7.1-12a. Bez trudu wyznaczamy układy f-przekrojów względem tych drzew. Są one zaznaczone liniami przerywanymi odpowiednio na rys. 7.1-17a,b,c. Otrzymujemy kolejno: f-przekroje względem drzewa T_1 (rys. 7.1-17a):

$$R_1^1 = \{1, 4, 5\}, \quad R_2^1 = \{2, 5, 6\}, \quad R_3^1 = \{3, 4, 6\}$$

f-przekroje względem drzewa T_2 (rys. 7.1-17b):

$$R_1^2 = \{4, 1, 5\}, \quad R_2^2 = \{3, 1, 2\}, \quad R_3^2 = \{6, 2, 5\}$$

oraz f-przekroje względem drzewa T_3 (rys. 7.1-17c):

$$R_1^3 = \{1, 4, 5\}, \quad R_2^3 = \{3, 2, 4, 5\}, \quad R_3^3 = \{6, 2, 5\}$$

Zauważamy, że f-przekroje względem danego drzewa mogą zawierać różne liczby krawędzi.

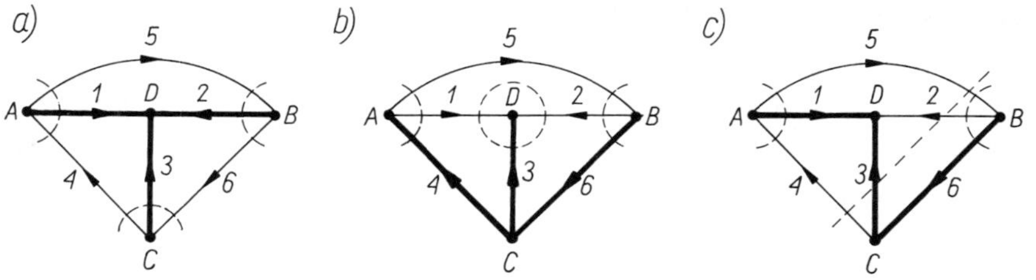

Rys. 7.1-17

Między f-przekrojami i f-konturami względem tego samego drzewa T istnieje związek, który można sformułować następująco (dowód pomijamy, por. np. [5], p. 4.4).

Niech $x \in X$ oznacza krawędź drzewa T grafu silnie spójnego G. Wówczas f-przekrój zawierający krawędź x składa się z krawędzi x oraz tych krawędzi zamykających względem drzewa T, które wchodzą w skład f-konturów zawierających krawędź x.

Zachęcamy Czytelnika do prześledzenia tej właściwości na przykładach f-konturów i f-przekrojów omówionych w przykładach 7.1-16 i 7.1-17.

7.2. OPIS ALGEBRAICZNY GRAFU SIECIOWEGO

Grafy oraz ich właściwości można charakteryzować wprowadzając opis macierzowy grafu i posługując się metodami algebraicznymi. Ujęcie takie jest szczególnie dogodne w zastosowaniach teorii grafów do opisu i analizy sieci elektrycznych. Umożliwia ono także łatwe posługiwanie się metodami numerycznymi i współczesną techniką komputerową przy formułowaniu i rozwiązywaniu wielu zagadnień wywodzących się z teorii grafów.

W rozważaniach tego punktu będziemy zakładać, że G oznacza graf sieciowy (p. 7.1.2-B) o g krawędziach i w wierzchołkach[1]. Strukturę grafu G można opisać za pomocą kilku rodzai macierzy zwanych ogólnie *macierzami strukturalnymi grafu G* lub, krócej *macierzami strukturalnymi*.

7.2.1. Macierze węzłowe

A. Pełna macierz węzłowa. Całkowitą informację charakteryzującą graf G można zapisać w postaci *pełnej macierzy węzłowej* Λ (zwanej także *pełną macierzą wierzchołkową* lub *pełną macierzą incydencji*):

$$\Lambda = [\lambda_{ik}]_{w \times g} \tag{7.2-1}$$

o wymiarach $w \times g$ i o elementach:

$$\lambda_{ik} = \begin{cases} 1 \\ -1 \\ 0 \end{cases} \tag{7.2-2}$$

przy czym:

$\lambda_{ik} = 1$, jeśli i-ty wierzchołek jest początkiem k-tej krawędzi;
$\lambda_{ik} = -1$, jeśli i-ty wierzchołek jest końcem k-tej krawędzi;
$\lambda_{ik} = 0$, jeśli i-ty wierzchołek nie jest incydentny z k-tą krawędzią.

Pełna macierz węzłowa jest zatem utworzona według schematu:

$$\Lambda = \underset{\text{wierzchołki}}{\left[\overset{\text{krawędzie}}{\qquad\qquad} \right]}_{w \times g} \tag{7.2-3}$$

i jest *algebraicznym zapisem incydencji I grafu skierowanego*: $G = \langle X, Y, I \rangle$.

Z definicji grafów izomorficznych (p. 7.1.1-C) oraz z określenia pełnej macierzy węzłowej Λ wynika, że *grafy izomorficzne G i G' mają tę samą macierz* Λ, przy tej samej numeracji krawędzi i wierzchołków. Wynika stąd także, że *macierz Λ nie zależy od wyboru reprezentacji geometrycznej grafu G.*

---

[1] Niektóre z problemów i właściwości omawianych w p. 7.2 można formułować także przy słabszych lub nieco innych założeniach. Założenie przyjęte przez nas odpowiada jednak naszym zainteresowaniom, tj. zastosowaniom do opisu i analizy sieci elektrycznych. Ewentualne odstępstwa od przyjętego założenia będą wyraźnie zaznaczone w tekście.

Przykład 7.2-1. Pełna macierz węzłowa grafu z rys. 7.1-1b ma postać:

$$\Lambda = \begin{matrix} & 1 & 2 & 3 & 4 & 5 & 6 \\ 1 & 1 & 0 & 0 & -1 & 1 & 0 \\ 2 & 0 & 1 & 0 & 0 & -1 & 1 \\ 3 & 0 & 0 & 1 & 1 & 0 & -1 \\ 4 & -1 & -1 & -1 & 0 & 0 & 0 \end{matrix} \qquad (7.2\text{-}4)$$

Dla ułatwienia zapisu macierzy (7.2-4) podaliśmy z boku i u góry numery wierzchołków i krawędzi. Można łatwo zauważyć, że zamiana numerów wierzchołków lub krawędzi w grafie powoduje przestawienie odpowiednich wierszy lub kolumn w macierzy Λ.

B. Rząd pełnej macierzy węzłowej. Z definicji grafu wynika, że każda krawędź jest incydentna dokładnie z dwoma wierzchołkami, przy czym w grafie skierowanym jeden z nich jest początkiem, drugi zaś końcem krawędzi. Wynika stąd następująca ważna właściwość.

W każdej kolumnie macierzy Λ występują dokładnie dwa elementy niezerowe 1 i -1, a więc ich suma jest równa zeru:

$$\bigwedge_{1 \leqslant k \leqslant g} \sum_{i=1}^{w} \lambda_{ik} = 0 \qquad (7.2\text{-}5)$$

Oznacza to także, że *każdy wiersz macierzy Λ jest kombinacją liniową wszystkich pozostałych wierszy*, a dokładniej – jest ich sumą wziętą ze znakiem minus.

Podamy teraz ważne twierdzenie określające rząd pełnej macierzy węzłowej Λ.

TWIERDZENIE 7.2-1

Rząd pełnej macierzy węzłowej Λ jest równy rzędowi grafu G, tzn. jest równy $r = w - 1$.

Szkic dowodu. Z właściwości (7.2-5) wynika, że rząd macierzy Λ nie może być większy od $w - 1$. Aby udowodnić, że jest on równy $w - 1$ skorzystamy ze znanej z algebry właściwości, zgodnie z którą rząd macierzy nie ulega zmianie, jeśli na macierzy dokonujemy tzw. przekształceń elementarnych (przestawiania kolumn i wierszy oraz dodawania do siebie kolumn i wierszy).

W grafie sieciowym każdy wierzchołek jest rzędu co najmniej drugiego, w każdym wierszu macierzy Λ znajdują się zatem co najmniej dwa elementy niezerowe. Jeśli na pozycji (1, 1) występował element zerowy, to przestawmy kolumnę 1 z inną kolumną, np. l_1, tak aby na pozycji (1, 1) występował element $+1$ lub -1. W nowej kolumnie pierwszej element niezerowy będzie występował również w innym wierszu, np. k_1, tzn. na pozycji $(k_1, 1)$. Dodajmy zatem pierwszy wiersz do wiersza k_1. Po tym przekształceniu kolumna pierwsza zawiera element niezerowy już tylko na pozycji (1, 1).

Rozpatrzmy drugi wiersz. Jeśli na pozycji (2, 2) występował element zerowy, to przestawmy kolumnę 2 z inną kolumną, np. l_2 $(l_2 > 2)$ tak, aby na pozycji (2, 2) znalazł się element niezerowy. Jeśli po tym przekształceniu w kolumnie 2 poniżej wiersza 2 znajduje się element niezerowy (np. w wierszu k_2, $k_2 > 2$), to do wiersza k_2 dodajemy wiersz 2 doprowadzając, podobnie jak poprzednio, do sytuacji, kiedy w kolumnie 2 poniżej elementu na pozycji (2, 2) występują już same zera. Przekształcenie to nie zmienia kolumny pierwszej.

Postępując dalej w analogiczny sposób, można z macierzy Λ otrzymać macierz przekształconą o postaci:

$$\begin{bmatrix} \pm 1 & \cdot & \cdot & \cdot & \cdot & \cdot & \cdot & \cdot & \cdot & \cdot & \cdot & \cdot \\ 0 & \pm 1 & \cdot & \cdot & \cdot & \cdot & \cdot & \cdot & \cdot & \cdot & \cdot & \cdot \\ 0 & 0 & \pm 1 & \cdot & \cdot & \cdot & \cdot & \cdot & \cdot & \cdot & \cdot & \cdot \\ \cdot & \cdot & \cdot & \cdot & \cdot & \cdot & \cdot & \cdot & \cdot & \cdot & \cdot & \cdot \\ \cdot & \cdot & \cdot & \cdot & \cdot & \cdot & \cdot & \cdot & \cdot & \cdot & \cdot & \cdot \\ 0 & 0 & 0 & 0 & \cdot & \cdot & 0 & \pm 1 & \cdot & \cdot & \cdot & \cdot \\ 0 & 0 & 0 & 0 & \cdot & \cdot & 0 & 0 & 0 & \cdot & \cdot & 0 \end{bmatrix}_{w \times g}$$

w której kropkami $\cdot$ oznaczono elementy o nieznanych wartościach. Macierz ta zawiera podmacierz główną o wymiarach $(w-1) \times (w-1)$, o niezerowych elementach równych $+1$ lub -1 na przekątnej głównej i o samych zerach poniżej tej przekątnej (macierz trójkątna). Jej wyznacznik jest równy iloczynowi elementów leżących na przekątnej głównej, jest zatem różny od zera. Stąd wynika już teza twierdzenia.

Uwaga. Można wykazać (por. np. [5], str. 188, [28], § 4.2), że twierdzenie 7.2-1 pozostaje słuszne dla dowolnego grafu spójnego bez pętli własnych.

C. Wierzchołki niezależne i macierz węzłowa. Z twierdzenia 7.2-1 oraz właściwości (7.2-5) wynika, że jeśli w macierzy Λ skreślimy dowolny wiersz, to otrzymana w ten sposób macierz:

$$\lambda = [\lambda_{ik}]_{r \times g} \tag{7.2-6}$$

jest rzędu $r = w - 1$. Macierz (7.2-6) nazywamy *macierzą węzłową* (*macierzą wierzchołkową* lub *macierzą incydencji*) grafu G. Wierzchołek odpowiadający skreślonemu wierszowi nazywamy *wierzchołkiem odniesienia*. Wiersze macierzy (7.2-6) są liniowo niezależne, a zatem wierzchołki odpowiadające tym wierszom możemy nazwać *wierzchołkami niezależnymi*. Dochodzimy zatem do następującej konkluzji.

Zbiór wierzchołków niezależnych otrzymujemy ze zbioru Y wszystkich wierzchołków grafu G przez eliminację dowolnie wybranego wierzchołka odniesienia.

Macierz węzłowa (7.2-6) jest zatem utworzona według schematu:

$$\lambda = \begin{matrix} & \text{krawędzie} \\ \text{wierzchołki niezależne} & \begin{bmatrix} & & & \\ & & & \\ & & & \end{bmatrix}_{r \times g} \end{matrix} \tag{7.2-7}$$

Macierz Λ można otrzymać z macierzy λ przez wstawienie dodatkowego wiersza (o numerze odpowiadającym wierzchołkowi odniesienia), będącego sumą ze znakiem minus wszystkich wierszy macierzy λ.

Przykład 7.2-2. Wybierając w grafie z rys. 7.1-1b wierzchołek 4 jako wierzchołek odniesienia, otrzymujemy:

$$\lambda = \begin{matrix} & \begin{matrix} 1 & 2 & 3 & 4 & 5 & 6 \end{matrix} \\ \begin{matrix} 1 \\ 2 \\ 3 \end{matrix} & \begin{bmatrix} 1 & 0 & 0 & -1 & 1 & 0 \\ 0 & 1 & 0 & 0 & -1 & 1 \\ 0 & 0 & 1 & 1 & 0 & -1 \end{bmatrix} \end{matrix} \tag{7.2-8}$$

Z właściwości wyrażonej nierównością (7.1-26) wynika, że $g > r$, a więc liczba kolumn macierzy λ jest zawsze większa od liczby wierszy. Powstaje zatem pytanie, jak wybrać r kolumn macierzy λ, aby utworzona w ten sposób podmacierz kwadratowa o wymiarach $r \times r$ była nieosobliwa.

TWIERDZENIE 7.2-2

Kwadratowa podmacierz o wymiarach $r \times r$ macierzy λ jest nieosobliwa wtedy i tylko wtedy, kiedy kolumny tej podmacierzy odpowiadają krawędziom drzewa grafu G.

Dowód, choć nietrudny, pomijamy (por. np. [5], str. 189). Proponujemy Czytelnikowi rozwiązanie zad. 7.3.

Przykład 7.2-3. Następujące podmacierze o wymiarach 3×3 macierzy λ określonej wzorem (7.2-8):

$$\begin{matrix} & \begin{matrix} 1 & 2 & 3 \end{matrix} \\ \begin{matrix} 1 \\ 2 \\ 3 \end{matrix} & \begin{bmatrix} 1 & 0 & 0 \\ 0 & 1 & 0 \\ 0 & 0 & 1 \end{bmatrix} \end{matrix}, \quad \begin{matrix} & \begin{matrix} 3 & 4 & 6 \end{matrix} \\ \begin{matrix} 1 \\ 2 \\ 3 \end{matrix} & \begin{bmatrix} 0 & -1 & 0 \\ 0 & 0 & 1 \\ 1 & 1 & -1 \end{bmatrix} \end{matrix}, \quad \begin{matrix} & \begin{matrix} 1 & 3 & 6 \end{matrix} \\ \begin{matrix} 1 \\ 2 \\ 3 \end{matrix} & \begin{bmatrix} 1 & 0 & 0 \\ 0 & 0 & 1 \\ 0 & 1 & -1 \end{bmatrix} \end{matrix}$$

są nieosobliwe. Jednocześnie zauważamy, że krawędzie grafu G z rys. 7.1-1b odpowiadające wybranym kolumnom (1, 2, 3), (3, 4, 6), (1, 3, 6) tworzą drzewa T_1, T_2, T_3 grafu G, przedstawione na rys. 7.1-12a.

Zachęcamy Czytelnika, aby znalazł wszystkie nieosobliwe podmacierze o wymiarach 3×3 macierzy (7.2-8) i narysował odpowiadające im drzewa (por. przykład 7.1-11).

7.2.2. Macierze obwodowe

Pokażemy teraz, w jaki sposób można zapisać za pomocą macierzy relację między krawędziami a konturami grafu.

A. Pełna macierz obwodowa. Przyjmijmy, że w grafie G wyznaczyliśmy wszystkie kontury, ustaliliśmy ich zwroty (tj. z każdej pary konturów różniących się tylko zwrotami wybraliśmy tylko jeden) i ponumerowaliśmy je od 1 do v.

Pełną macierzą obwodową $\boldsymbol{\Delta}$ (lub, inaczej, *pełną macierzą konturów*) grafu G nazywamy macierz:

$$\boldsymbol{\Delta} = [\delta_{ik}]_{v \times g} \tag{7.2-9}$$

o wymiarach $v \times g$ i o elementach:

$$\delta_{ik} = \begin{cases} 1 \\ -1 \\ 0 \end{cases} \tag{7.2-10}$$

przy czym:

$\delta_{ik} = 1$, jeśli i-ty kontur zawiera k-tą krawędź oraz zwroty krawędzi i konturu są zgodne;
$\delta_{ik} = -1$, jeśli i-ty kontur zawiera k-tą krawędź oraz zwroty krawędzi i konturu są przeciwne;
$\delta_{ik} = 0$, jeśli i-ty kontur nie zawiera k-tej krawędzi.

Pełna macierz obwodowa jest zatem utworzona według schematu:

$$\boldsymbol{\Delta} = \text{kontury}\overset{\text{krawędzie}}{\begin{bmatrix} & & \\ & & \end{bmatrix}}_{v \times g} \tag{7.2-11}$$

Przykład 7.2-4. Przyjmując numerację i zwroty konturów grafu z rys. 7.1-1b jak w przykładzie 7.1-6, zapisujemy pełną macierz obwodową tego grafu w postaci:

$$\boldsymbol{\Delta} = \begin{array}{c} \\ 1 \\ 2 \\ 3 \\ 4 \\ 5 \\ 6 \\ 7 \end{array} \begin{array}{c} \begin{array}{cccccc} 1 & 2 & 3 & 4 & 5 & 6 \end{array} \\ \begin{bmatrix} 1 & 0 & -1 & 1 & 0 & 0 \\ -1 & 1 & 0 & 0 & 1 & 0 \\ 0 & -1 & 1 & 0 & 0 & 1 \\ 0 & 0 & 0 & 1 & 1 & 1 \\ 1 & -1 & 0 & 1 & 0 & 1 \\ -1 & 0 & 1 & 0 & 1 & 1 \\ 0 & 1 & -1 & 1 & 1 & 0 \end{bmatrix} \end{array} \tag{7.2-12}$$

Podobnie jak w przykładzie 7.2-1, dla ułatwienia zapisu macierzy (7.2-12) podaliśmy z boku i u góry numery konturów i krawędzi.

Czytelnik może sprawdzić bez trudu, że macierz (7.2-12) zawiera wiersze liniowo zależne od pozostałych wierszy (np. czwarty wiersz jest sumą trzech pierwszych wierszy).

Uwaga. W przeciwieństwie do macierzy $\boldsymbol{A}$ pełna macierz obwodowa $\boldsymbol{\Delta}$ nie określa grafu G w sposób jednoznaczny. Można podać przykłady grafów (szczegóły pomijamy, por. np. [5], str. 191), nie będących grafami izomorficznymi, które mają tę samą macierz $\boldsymbol{\Delta}$.

B. Rząd pełnej macierzy obwodowej. Określenie liczby v wszystkich konturów w grafie, wyznaczenie tych konturów i zapisanie pełnej macierzy obwodowej $\boldsymbol{\Delta}$ może być w przypadku grafu o dużej liczbie krawędzi i wierzchołków bardzo uciążliwe. W praktyce nie jest to jednak konieczne z uwagi na to, iż macierz $\boldsymbol{\Delta}$ zawiera wiersze liniowo zależne od pozostałych, a więc pewien nadmiar informacji. Istotne znaczenie ma przy tym możliwość określenia rzędu macierzy $\boldsymbol{\Delta}$.

TWIERDZENIE 7.2-3

Rząd pełnej macierzy obwodowej $\boldsymbol{\Delta}$ jest równy liczbie cyklomatycznej grafu G, tzn. jest równy $n = g - w + 1$.

Szkic dowodu. Wykażemy najpierw, że macierz $\boldsymbol{\Delta}$ zawiera podmacierz, która ma rząd równy n. Wybierzmy w tym celu w grafie G drzewo T i utwórzmy układ f-konturów względem tego drzewa. Przenumerujmy przy tym krawędzie grafu G w następujący sposób. Numerem i, $1 \leqslant i \leqslant n$, oznaczymy tę krawędź zamykającą, która wchodzi w skład i-tego f-konturu (przyjmujemy zwrot tego konturu za zgodny ze zwrotem krawędzi zamykającej). Pozostałymi numerami: $n+1, n+2, \ldots, n+r = g$ oznaczmy krawędzie drzewa T. Przy takiej numeracji macierz $\boldsymbol{\Delta}$ zawiera podmacierz $\boldsymbol{\delta}_f$ o postaci:

$$\boldsymbol{\delta}_f = [\boldsymbol{\delta}_{1_{n\times n}}\ \boldsymbol{\delta}_{2_{n\times r}}] = \underset{f\text{-kontury}}{} \overset{\text{krawędzie zamykające} \qquad \text{krawędzie drzewa}}{\begin{bmatrix} 1 & 0 & 0 & \ldots & 0 & \cdot\ \cdot\ \cdot\ \cdot\ \cdot \\ 0 & 1 & 0 & \ldots & 0 & \cdot\ \cdot\ \cdot\ \cdot\ \cdot \\ 0 & 0 & 1 & \ldots & 0 & \cdot\ \cdot\ \cdot\ \cdot\ \cdot \\ \cdot & \cdot & \cdot & \ldots & \cdot & \cdot\ \cdot\ \cdot\ \cdot\ \cdot \\ \cdot & \cdot & \cdot & \ldots & \cdot & \cdot\ \cdot\ \cdot\ \cdot\ \cdot \\ 0 & 0 & 0 & \ldots & 1 & \cdot\ \cdot\ \cdot\ \cdot\ \cdot \end{bmatrix}_{n\times g}} = [\mathbf{1}_{n\times n}\ \boldsymbol{\delta}_{2_{n\times r}}] \qquad (7.2\text{-}13)$$

przy czym kropkami · oznaczono elementy równe 1, −1 albo 0. Macierz (7.2-13) o wymiarach $n \times g$ zawiera macierz jednostkową $\mathbf{1}_{n\times n}$ o wymiarach $n \times n$, jej rząd jest zatem równy n. Wynika stąd, że rząd macierzy $\boldsymbol{\Delta}$ jest nie mniejszy niż n.

Wykażemy teraz, że jest on także nie większy niż n. Przy tej samej numeracji krawędzi macierze $\boldsymbol{\Lambda}$ i $\boldsymbol{\Delta}$ grafu G spełniają równości (7.2-16)[1]. Zgodnie zatem ze znanym z algebry twierdzeniem Sylvestera[2] oraz twierdzeniem 7.2-1 mamy:

$$\text{rząd } \boldsymbol{\Delta} \leqslant g - \text{rząd } \boldsymbol{\Lambda} = g - w + 1$$

a więc rząd macierzy $\boldsymbol{\Delta}$ jest istotnie nie większy niż n i, w konsekwencji, jest on równy $n = g - w + 1$.

C. Kontury niezależne i macierz obwodowa. Z twierdzenia 7.2-3 wynika od razu następująca konkluzja:

W macierzy $\boldsymbol{\Delta}$ można tak wybrać n wierszy, aby były one liniowo niezależne. Każdy układ większej od n liczby wierszy macierzy $\boldsymbol{\Delta}$ jest układem liniowo zależnym.

Jeśli wiersze macierzy $\boldsymbol{\Delta}$ odpowiadające wybranym n konturom są liniowo niezależne, to taki układ n konturów nazywamy *układem konturów niezależnych*. Jak wynika z dowodu twierdzenia 7.2-3 *każdy układ konturów fundamentalnych jest układem konturów niezależnych*[3].

Ograniczając się tylko do konturów niezależnych otrzymujemy *macierz obwodową* $\boldsymbol{\delta}$ (lub, inaczej, *macierz konturów*) o postaci:

$$\boldsymbol{\delta} = [\delta_{ik}]_{n \times g} = \underset{\text{kontury niezależne}}{\left[\overset{\text{krawędzie}}{\quad\quad\quad\quad} \right]_{n \times g}} \tag{7.2-14}$$

która jest podmacierzą rzędu n macierzy $\boldsymbol{\Delta}$. Przypadkiem szczególnym macierzy (7.2-14) jest *macierz f-konturów* $\boldsymbol{\delta}_f$ odpowiadających drzewu T:

---

[1] Z konieczności powołujemy się tu na wynik, który będzie wykazany nieco później.

[2] Twierdzenie Sylvestera brzmi następująco (np. [5], str. 594, [28], §4.3):

Jeśli:

$$\boldsymbol{A} = [A_{ik}]_{a \times b}, \qquad \boldsymbol{B} = [B_{ik}]_{b \times c}$$

oraz:

$$\boldsymbol{AB} = \boldsymbol{0}$$

to:

$$\text{rząd } \boldsymbol{A} + \text{rząd } \boldsymbol{B} \leqslant b.$$

[3] Właściwość ta wynika także wprost z definicji układu f-konturów (p. 7.1.5-A). Każdy z f-konturów zawiera bowiem dokładnie jedną krawędź (jest nią odpowiednia krawędź zamykająca), której nie zawiera żaden inny f-kontur tego układu. Układ wierszy macierzy $\boldsymbol{\Delta}$ odpowiadający układowi f-konturów jest zatem układem wierszy liniowo niezależnych.

$$\boldsymbol{\delta}_f = \underset{f\text{-kontury}}{\overset{\text{krawędzie}}{\left[\quad\quad\right]}}_{n \times g} \tag{7.2-15}$$

która przy przyjęciu odpowiedniej numeracji krawędzi ma postać (7.2-13).

Przykład 7.2-5. Rozważmy raz jeszcze graf z rys. 7.1-1b, przyjmując numerację i zwroty konturów jak w przykładzie 7.1-6 (por. przykład 7.2-4). Wybierając kolejno drzewa T_1, T_2, T_3 jak w przykładzie 7.1-11 (rys. 7.1-12a), otrzymujemy odpowiadające tym drzewom układy *f*-konturów (przykład 7.1-16) i odpowiednie macierze obwodowe:

$$\boldsymbol{\delta}_{f_1} = \begin{matrix} & \scriptstyle 1 & \scriptstyle 2 & \scriptstyle 3 & \scriptstyle 4 & \scriptstyle 5 & \scriptstyle 6 \\ \scriptstyle 1 & 1 & 0 & -1 & 1 & 0 & 0 \\ \scriptstyle 2 & -1 & 1 & 0 & 0 & 1 & 0 \\ \scriptstyle 3 & 0 & -1 & 1 & 0 & 0 & 1 \end{matrix}, \quad \boldsymbol{\delta}_{f_2} = \begin{matrix} & \scriptstyle 1 & \scriptstyle 2 & \scriptstyle 3 & \scriptstyle 4 & \scriptstyle 5 & \scriptstyle 6 \\ \scriptstyle 1 & 1 & 0 & -1 & 1 & 0 & 0 \\ \scriptstyle 3 & 0 & -1 & 1 & 0 & 0 & 1 \\ \scriptstyle 4 & 0 & 0 & 0 & 1 & 1 & 1 \end{matrix},$$

$$\boldsymbol{\delta}_{f_3} = \begin{matrix} & \scriptstyle 1 & \scriptstyle 2 & \scriptstyle 3 & \scriptstyle 4 & \scriptstyle 5 & \scriptstyle 6 \\ \scriptstyle 1 & 1 & 0 & -1 & 1 & 0 & 0 \\ \scriptstyle 3 & 0 & -1 & 1 & 0 & 0 & 1 \\ \scriptstyle 6 & -1 & 0 & 1 & 0 & 1 & 1 \end{matrix}$$

będące podmacierzami rzędu $n = 3$ macierzy (7.2-12).

Jak zobaczymy w p. F, układem konturów niezależnych grafu płaskiego jest także *układ oczek* (p. 7.1.1-G). Odpowiadająca układowi oczek *macierz oczkowa* $\boldsymbol{\delta}_o$ jest zatem również przypadkiem szczególnym macierzy (7.2-14).

D. Związki między macierzami węzłowymi i macierzami obwodowymi. Podamy teraz ważne w zastosowaniach twierdzenie ustalające związki: między pełną macierzą węzłową $\boldsymbol{\Lambda}$ a pełną macierzą obwodową $\boldsymbol{\Delta}$ oraz macierzą węzłową $\boldsymbol{\lambda}$ a macierzą obwodową $\boldsymbol{\delta}$ tego samego grafu.

TWIERDZENIE 7.2-4

Jeśli kolumny macierzy $\boldsymbol{\Lambda}$ i $\boldsymbol{\Delta}$ odpowiadają tej samej numeracji krawędzi grafu G, to:

$$\boldsymbol{\Lambda}\boldsymbol{\Delta}^T = \mathbf{0}, \qquad \boldsymbol{\Delta}\boldsymbol{\Lambda}^T = \mathbf{0} \tag{7.2-16}$$

oraz:

$$\boldsymbol{\lambda}\boldsymbol{\delta}^T = \mathbf{0}, \qquad \boldsymbol{\delta}\boldsymbol{\lambda}^T = \mathbf{0} \tag{7.2-17}$$

a więc macierze te są ortogonalne.

Szkic dowodu. Rozpatrzmy iloczyn:

$$\boldsymbol{\Lambda}\boldsymbol{\Delta}^T = \underset{\text{wierzchołki}}{\overset{\text{krawędzie}}{\left[\; i \; - - - \;\right]}}_{w \times g} \; \underset{\text{krawędzie}}{\overset{\text{kontury}}{\left[\; \underset{k}{|} \;\right]}}_{g \times v} = [a_{ik}]_{w \times v} \tag{7.2-18}$$

oraz jego wyraz a_{ik} będący iloczynem i-tego wiersza pierwszej macierzy przez k-tą kolumnę drugiej macierzy. Wiersz i-ty zawiera niezerowe elementy (równe ± 1), odpowiadające krawędziom incydentnym z i-tym wierzchołkiem. Niech będą to krawędzie o numerach $\alpha_1, \ldots, \alpha_z$, $z \geqslant 2$ (rys. 7.2-1 – przyjęliśmy tu $z = 3$). Może teraz zajść jeden z dwóch przypadków:

a) Kontur k-ty nie zawiera żadnej z krawędzi $\alpha_1, \ldots, \alpha_z$. Wówczas oczywiście $a_{ik} = 0$.

b) Kontur k-ty zawiera którąś z krawędzi $\alpha_1, \ldots, \alpha_z$. Wówczas zawiera on dokładnie dwie krawędzie ze zbioru $\alpha_1, \ldots, \alpha_z$. Przyjmijmy, że są to np. krawędzie α_1 i α_2. Jeśli mają one jednakowe zwroty względem i-tego wierzchołka, to w wierszu i-tym pierwszej macierzy na pozycjach α_1, α_2 występują albo liczby 1, 1 albo -1, -1. Wówczas jednak krawędzie α_1, α_2 mają różne zwroty względem zwrotu k-tego konturu i w k-tej kolumnie drugiej macierzy na pozycjach α_1, α_2 występują albo liczby 1, -1 albo -1, 1. Podobnie, jeśli krawędzie α_1, α_2 mają różne zwroty względem i-tego wierzchołka (1, -1 albo -1, 1 w i-tym wierszu), to mają one jednakowe zwroty względem k-tego konturu. W obu tych przypadkach suma iloczynów elementów i-tego wiersza przez k-tą kolumnę we wzorze (7.2-18) jest równa zeru, a więc również i w przypadku b) mamy $a_{ik} = 0$.

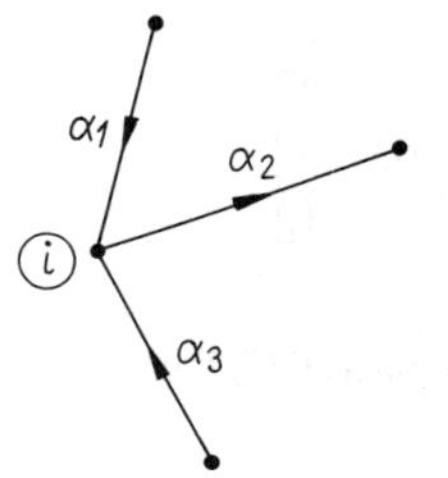

Rys. 7.2-1

Wynika stąd pierwsza równość (7.2-16). Dowody drugiej równości (7.2-16) oraz równości (7.2-17) są identyczne.

Rozumując analogicznie jak w dowodzie twierdzenia 7.2-4 można łatwo wykazać (proponujemy Czytelnikowi przeprowadzenie odpowiedniego wywodu) następującą właściwość, którą można uważać także za wniosek z twierdzenia 7.2-4.

Kolumny macierzy $\boldsymbol{A}$, a także kolumny macierzy $\boldsymbol{\lambda}$, odpowiadające krawędziom tworzącym kontur są liniowo zależne.

E. Nieosobliwe podmacierze macierzy obwodowej. Twierdzenie 7.2-2 (p. 7.2.1-C) rozstrzyga, kiedy kwadratowa podmacierz macierzy $\boldsymbol{\lambda}$ jest nieosobliwa. Odpowiedź na analogiczne pytanie w odniesieniu do macierzy $\boldsymbol{\delta}$ daje następujące:

TWIERDZENIE 7.2-5

Kwadratowa podmacierz o wymiarach $n \times n$ macierzy $\boldsymbol{\delta}$ jest wtedy i tylko wtedy nieosobliwa, kiedy kolumny tej podmacierzy odpowiadają krawędziom przeciwdrzewa grafu G.

Dowód tego twierdzenia można znaleźć np. w [14], str. 55.

Przykład 7.2-6. Przyjmując jako macierz δ macierz δ_{f_1} z przykładu 7.2-5 łatwo zauważamy, że np. następujące jej podmacierze:

$$\begin{array}{c} \\ 1 \\ 2 \\ 3 \end{array}\!\!\begin{array}{c} \begin{array}{ccc} 4 & 5 & 6 \end{array} \\ \begin{bmatrix} 1 & 0 & 0 \\ 0 & 1 & 0 \\ 0 & 0 & 1 \end{bmatrix} \end{array}, \quad \begin{array}{c} \\ 1 \\ 2 \\ 3 \end{array}\!\!\begin{array}{c} \begin{array}{ccc} 1 & 2 & 5 \end{array} \\ \begin{bmatrix} 1 & 0 & 0 \\ -1 & 1 & 1 \\ 0 & -1 & 0 \end{bmatrix} \end{array}, \quad \begin{array}{c} \\ 1 \\ 2 \\ 3 \end{array}\!\!\begin{array}{c} \begin{array}{ccc} 2 & 4 & 5 \end{array} \\ \begin{bmatrix} 0 & 1 & 0 \\ 1 & 0 & 1 \\ -1 & 0 & 0 \end{bmatrix} \end{array}$$

są nieosobliwe. Jednocześnie zauważamy, że kolumny tych podmacierzy odpowiadają krawędziom przeciwdrzew Z_1, Z_2, Z_3 względem drzew T_1, T_2, T_3 z rys. 7.1-12 (por. także rys. 7.1-16 i przykład 7.1-16).

F. Macierze oczkowe. Załóżmy teraz, że graf G jest grafem płaskim (p. 7.1.1-D). Rozpatrzmy jego reprezentację geometryczną na płaszczyźnie oraz wyodrębnijmy w niej układ oczek wraz z oczkiem odniesienia, przyjmując ich zwroty jak w p. 7.1.1-G.

Przy tych założeniach podamy kilka ważnych właściwości układu oczek oraz wynikających stąd właściwości macierzy obwodowej odpowiadającej oczkom.

1. *W grafie płaskim G można wyróżnić dokładnie $n = g - w + 1$ oczek, nie licząc oczka odniesienia.*

Szkic dowodu. Właściwość tę można łatwo wykazać przez indukcję. Sprawdźmy najpierw, że słuszna jest ona dla $n = 1$ (rys. 7.2-2a,b).

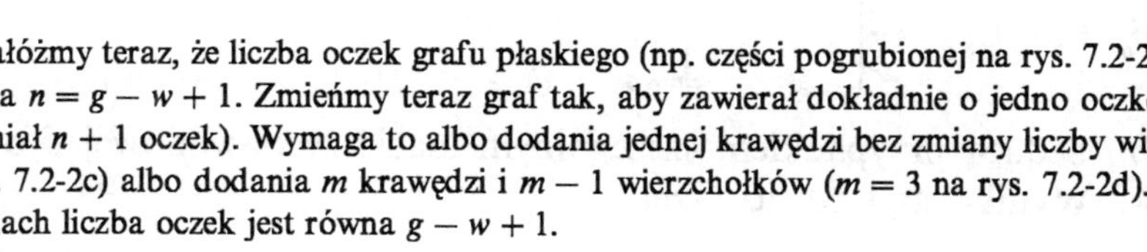

Rys. 7.2-2

Załóżmy teraz, że liczba oczek grafu płaskiego (np. części pogrubionej na rys. 7.2-2c lub d) jest równa $n = g - w + 1$. Zmieńmy teraz graf tak, aby zawierał dokładnie o jedno oczko więcej (tj. aby miał $n + 1$ oczek). Wymaga to albo dodania jednej krawędzi bez zmiany liczby wierzchołków (rys. 7.2-2c) albo dodania m krawędzi i $m - 1$ wierzchołków ($m = 3$ na rys. 7.2-2d). W obu przypadkach liczba oczek jest równa $g - w + 1$.

2. *W grafie płaskim każda krawędź należy dokładnie do dwóch oczek, wliczając w to oczko odniesienia. Zwrot krawędzi jest zgodny ze zwrotem jednego z tych oczek i przeciwny do zwrotu drugiego oczka.*

Właściwość ta wynika wprost z definicji oczka i oczka odniesienia oraz przyjętej konwencji dotyczącej ich zwrotów (p. 7.1.1-G).

Rozważmy z kolei *pełną macierz oczkową* $\boldsymbol{\Delta}_o$ o postaci:

$$\boldsymbol{\Delta}_o = [\delta_{ik}]_{(n+1)\times g} = \begin{matrix} \\ \text{oczka +} \\ \text{oczko odniesienia} \end{matrix} \overset{\text{krawędzie}}{\begin{bmatrix} & & \\ & & \\ & & \end{bmatrix}}_{(n+1)\times g} \tag{7.2-19}$$

będącą (z dokładnością do zwrotów niektórych konturów) podmacierzą pełnej macierzy obwodowej $\boldsymbol{\Delta}$ grafu płaskiego G. Macierz ta ma analogiczną strukturę jak pełna macierz węzłowa $\boldsymbol{\Lambda}$. W każdym jej wierszu występują co najmniej dwa elementy niezerowe, natomiast w każdej jej kolumnie występują d o k ł a d n i e dwa elementy niezerowe, przy czym (por. równość (7.2-5)):

$$\bigwedge_{1\leqslant k\leqslant g} \sum_{i=1}^{n+1} \delta_{ik} = 0 \tag{7.2-20}$$

Wynika stąd od razu, że *każdy wiersz macierzy* $\boldsymbol{\Delta}_o$ *jest kombinacją liniową wszystkich pozostałych wierszy*, a dokładniej jest ich sumą wziętą ze znakiem minus.

3. *Rząd pełnej macierzy oczkowej* $\boldsymbol{\Delta}_o$ *jest równy liczbie cyklomatycznej grafu G, tzn. jest równy* $n = g - w + 1$.

D o w ó d tego twierdzenia pomijamy, jest on bowiem analogiczny do dowodu twierdzenia 7.2-1. W obu przypadkach rozważane macierze ($\boldsymbol{\Lambda}$ i $\boldsymbol{\Delta}_o$) mają jednakowe właściwości o istotnym znaczeniu dla przebiegu rozumowania dowodowego.

Jeśli skreślimy w macierzy $\boldsymbol{\Delta}_o$ dowolny wiersz, otrzymamy macierz o wymiarach $n \times g$, której rząd jest równy n. Skreślając w macierzy $\boldsymbol{\Delta}_o$ wiersz odpowiadający oczku odniesienia, otrzymujemy *macierz oczkową* $\boldsymbol{\delta}_o$:

$$\boldsymbol{\delta}_o = [\delta_{ik}]_{n\times g} = \text{oczka} \overset{\text{krawędzie}}{\begin{bmatrix} & & \end{bmatrix}}_{n\times g} \tag{7.2-21}$$

rzędu n, będącą przypadkiem szczególnym macierzy obwodowej $\boldsymbol{\delta}$ o postaci (7.2-14). Wynika stąd od razu, że:

4. *Układ oczek grafu płaskiego (bez oczka odniesienia) jest układem konturów niezależnych.*

W przypadku grafu płaskiego G istnieją zatem dwa ogólne sposoby wyboru układu konturów niezależnych:

a) jako układu *f*-konturów odpowiadających wybranemu drzewu T;

b) jako układu oczek określonej reprezentacji graficznej grafu G.

Z tego drugiego sposobu korzystaliśmy już, opierając się na przesłankach czysto intuicyjnych, w rozdziale trzecim tomu I (p. 3.3.4-F). Zwracamy jednak uwagę, że sposób a) jest sposobem ogólnym, tj. można go stosować w przypadku dowolnego grafu sieciowego G, także grafu niepłaskiego.

Przykład 7.2-7. Przyjmując jako oczka w grafie z rys. 7.1-1b kontury K_1, K_2, K_3 (oznaczenia z przykładu 7.1-6) otrzymujemy macierz oczkową o postaci:

$$\delta_o = \begin{matrix} & 1 & 2 & 3 & 4 & 5 & 6 \\ 1 & 1 & 0 & -1 & 1 & 0 & 0 \\ 2 & -1 & 1 & 0 & 0 & 1 & 0 \\ 3 & 0 & -1 & 1 & 0 & 0 & 1 \end{matrix}$$

identycznej z macierzą δ_{f_1} z przykładu 7.2-5. W tym przypadku układ oczek jest bowiem identyczny z wybranym w przykładzie 7.1-16 układem f-konturów odpowiadających drzewu T_1 (rys. 7.1-12a i rys. 7.1-16a).

Można jednak podać przykłady (por. zad. 7.4) świadczące o tym, że układ oczek w grafie płaskim może nie być identyczny z żadnym z układów f-konturów.

7.2.3. Macierze przekrojów

W punkcie 7.1.4 omówiliśmy pojęcie *przekroju* (*rozcięcia*) grafu i podaliśmy podstawowe właściwości przekrojów. Pokażemy teraz jak można zapisać macierzowo relację między krawędziami a przekrojami grafu.

A. Pełna macierz przekrojów. Załóżmy, że w grafie G znaleźliśmy wszystkie przekroje, ustaliliśmy ich zwroty, z każdej pary przekrojów różniących się tylko zwrotami wybraliśmy tylko jeden (por. p. 7.1.4-A, przykład 7.1-15) i ponumerowaliśmy je od 1 do ρ.

Pełną macierzą przekrojów Q (lub, inaczej, *pełną macierzą rozcięć*) grafu G nazywamy macierz:

$$Q = [q_{ik}]_{\rho \times g} = \text{przekroje}\overset{\text{krawędzie}}{\left[\quad\quad\quad \right]}_{\rho \times g} \tag{7.2-22}$$

o wymiarach $\rho \times g$ i o elementach:

$$q_{ik} = \begin{cases} 1 \\ -1 \\ 0 \end{cases} \tag{7.2-23}$$

przy czym:

$q_{ik} = 1$, jeśli i-ty przekrój zawiera k-tą krawędź oraz zwroty krawędzi i przekroju są zgodne;

$q_{ik} = -1$, jeśli i-ty przekrój zawiera k-tą krawędź oraz zwroty krawędzi i przekroju są przeciwne;
$q_{ik} = 0$, jeśli i-ty przekrój nie zawiera k-tej krawędzi.

Przykład 7.2-8. W przykładzie 7.1-15 rozpatrywaliśmy wszystkie przekroje $R_1, \ldots, R_7$ grafu z rys. 7.1-1b (por. rys. 7.1-15). Pełną macierz przekrojów Q tego grafu, przy zachowaniu numeracji przekrojów jak w przykładzie 7.1-15, możemy zatem zapisać w postaci:

$$Q = \begin{array}{c} \\ 1 \\ 2 \\ 3 \\ 4 \\ 5 \\ 6 \\ 7 \end{array} \begin{array}{c} \begin{array}{cccccc} 1 & 2 & 3 & 4 & 5 & 6 \end{array} \\ \begin{bmatrix} 1 & 0 & 0 & -1 & 1 & 0 \\ 0 & 1 & 0 & 0 & -1 & 1 \\ 0 & 0 & 1 & 1 & 0 & -1 \\ -1 & -1 & -1 & 0 & 0 & 0 \\ 1 & 0 & 1 & 0 & 1 & -1 \\ 0 & -1 & -1 & -1 & 1 & 0 \\ 1 & 1 & 0 & -1 & 0 & 1 \end{bmatrix} \end{array} \tag{7.2-24}$$

Z zapisu macierzy (7.2-24) możemy wnioskować, jak zostały przez nas ustalone zwroty poszczególnych przekrojów. W pierwszych czterech przekrojach za dodatni przyjęliśmy zwrot od wierzchołka izolowanego do pozostałej części grafu. W pozostałych przekrojach przyjęliśmy zwrot od podgrafu zawierającego wierzchołek A do pozostałej części grafu (rys. 7.1-15).

Jak wynikało z rozważań p. 7.1.4-B, w grafie silnie spójnym (zgodnie z przyjętym założeniem rozważamy graf sieciowy, a więc silnie spójny) zbiór krawędzi incydentnych z każdym wierzchołkiem jest przekrojem. Porównując macierz Q i macierz Λ tego samego grafu, zauważamy zatem, że macierz Q zawiera wiersze występujące w macierzy Λ (pomnożone ew. przez -1 w zależności od przyjętych zwrotów przekrojów). Oznacza to, że:

Pełna macierz przekrojów Q zawiera w sobie jako podmacierz pełną macierz węzłową Λ (z dokładnością do pomnożenia niektórych wierszy macierzy Λ przez -1).

Przykład 7.2-9. Porównując macierze (7.2-4) i (7.2-24) tego samego grafu z rys. 7.1-1b, zauważamy, że macierz Λ określona wzorem (7.2-4) jest podmacierzą macierzy Q – wzór (7.2-24) – utworzoną przez jej cztery początkowe wiersze.

TWIERDZENIE 7.2-6

Rząd pełnej macierzy przekrojów Q jest równy rzędowi grafu G, tzn. jest równy $r = w - 1$.

Szkic dowodu. Podmacierzą macierzy Q jest macierz Λ mająca rząd równy $w - 1$ (twierdzenie 7.2-1). Rząd macierzy Q jest zatem nie mniejszy niż $w - 1$.

Na podstawie równości (7.2-31) i twierdzenia Sylvestera (por. przypis na str. 48) oraz zgodnie z twierdzeniem 7.2-3 otrzymujemy:

$$\text{rząd } Q \leqslant g - \text{rząd } \Lambda = g - (g - w + 1) = w - 1$$

a więc rząd macierzy Q jest jednocześnie nie większy niż $w - 1$.

B. Przekroje niezależne i macierz przekrojów. Z twierdzenia 7.2-6 wynika od razu następująca konkluzja:

W macierzy Q można tak wybrać r wierszy, aby były one liniowo niezależne. Każdy układ większej od r liczby wierszy macierzy Q jest układem liniowo zależnym.

Jeśli wiersze macierzy Q odpowiadające wybranym r przekrojom są liniowo niezależne, to taki układ r przekrojów nazywamy *układem przekrojów niezależnych.*

Układ f-przekrojów (p. 7.1.5-B) składa się z r przekrojów i ma tę cechę, że każdy f-przekrój zawiera jedną krawędź (jest nią odpowiednia krawędź drzewa), której nie zawiera żaden inny f-przekrój tego układu. Wynika stąd, że wiersze macierzy Q odpowiadające f-przekrojom są liniowo niezależne, a więc *każdy układ przekrojów fundamentalnych jest układem przekrojów niezależnych.* Jako zwrot f-przekroju przyjmuje się zwykle zwrot krawędzi drzewa, która należy do tego f-przekroju.

Ograniczając się tylko do przekrojów niezależnych otrzymujemy *macierz przekrojów* $\boldsymbol{q}$ (lub, inaczej, *macierz rozcięć*) o postaci:

$$\boldsymbol{q} = [q_{ik}]_{r\times g} = \text{przekroje niezależne}\left[\begin{array}{c} \text{krawędzie} \\ \\ \\ \end{array}\right]_{r\times g} \qquad (7.2\text{-}25)$$

która jest podmacierzą rzędu r macierzy Q. Przypadkiem szczególnym macierzy (7.2-25) jest *macierz f-przekrojów* $\boldsymbol{q}_f$ odpowiadających drzewu T:

$$\boldsymbol{q}_f = f\text{-przekroje}\left[\begin{array}{c} \text{krawędzie} \\ \\ \\ \end{array}\right]_{r\times g} \qquad (7.2\text{-}26)$$

Przy zachowaniu numeracji krawędzi takiej jak w macierzy (7.2-13) macierz f-przekrojów można przedstawić w postaci analogicznej do postaci (7.2-13) tj. w postaci:

$$q_f = f\text{-przekroje}\overset{\text{krawędzie zamykające}\qquad\qquad\text{krawędzie drzewa}}{\begin{bmatrix} \cdot & \cdot & \cdot & \cdot & \cdot & 1 & 0 & 0 & \dots & 0 \\ \cdot & \cdot & \cdot & \cdot & \cdot & 0 & 1 & 0 & \dots & 0 \\ \cdot & \cdot & \cdot & \cdot & \cdot & 0 & 0 & 1 & \dots & 0 \\ \cdot & \cdot & \cdot & \cdot & \cdot & \cdot & \cdot & \cdot & \cdot & \cdot \\ \cdot & \cdot & \cdot & \cdot & \cdot & \cdot & \cdot & \cdot & \cdot & \cdot \\ \cdot & \cdot & \cdot & \cdot & \cdot & 0 & 0 & 0 & \dots & 1 \end{bmatrix}_{r\times g}} = [q_{1_{r\times n}}\, 1_{r\times r}] \qquad (7.2\text{-}27)$$

przy czym kropkami · oznaczono elementy równe 1, −1 albo 0 (pominęliśmy tu szczegóły rozumowania w pełni analogicznego do przedstawionego w dowodzie twierdzenia 7.2-3).

Przykład 7.2-10. W grafie z rys. 7.1-1b wybierzmy układ f-przekrojów odpowiadający drzewu T_1 z rys. 7.1-12a. Są to przekroje R_1, R_2, R_3 z przykładu 7.1-15, zaznaczone na rys. 7.1-15a,b,c oraz na rys. 7.1-17a. Przyjmując za dodatni zwrot przekroju zgodny ze zwrotem krawędzi drzewa T_1, należącej do tego przekroju, otrzymujemy:

$$q_f = \begin{matrix} 1 \\ 2 \\ 3 \end{matrix} \overset{\begin{matrix} 1 & 2 & 3 & 4 & 5 & 6 \end{matrix}}{\begin{bmatrix} 1 & 0 & 0 & -1 & 1 & 0 \\ 0 & 1 & 0 & 0 & -1 & 1 \\ 0 & 0 & 1 & 1 & 0 & -1 \end{bmatrix}} \qquad (7.2\text{-}28)$$

przy czym macierz ta składa się z pierwszych trzech wierszy macierzy (7.2-24). Zauważmy także, iż macierz (7.2-28) jest równa macierzy (7.2-8), tzn.:

$$q_f = \lambda \qquad (7.2\text{-}29)$$

gdzie macierz λ jest macierzą węzłową grafu z rys. 7.1-1b przy przyjęciu wierzchołka 4 za wierzchołek odniesienia (por. przykłady 7.2-2 i 7.2-9). Zwracamy także uwagę, że przy przyjętej na rys. 7.1-1b numeracji krawędzi w macierzy (7.2-28) pierwsze trzy kolumny odpowiadają krawędziom drzewa T_1, pozostałe zaś trzy kolumny odpowiadają krawędziom zamykającym.

Zależność (7.2-29) nie jest przypadkowa. W ogólnym bowiem przypadku słuszna jest następująca właściwość (por. np. [28], §5.4, [14], str. 50):

Jeśli kolumny macierzy q i λ odpowiadają tej samej numeracji krawędzi grafu G, to istnieje taka nieosobliwa macierz D o wymiarach $r \times r$, że:

$$\lambda = Dq, \qquad q = D^{-1}\lambda \qquad (7.2\text{-}30)$$

Z właściwości tej, a także z rozważań p. A wynika ścisły związek między macierzami węzłowymi Λ, λ i macierzami przekrojów Q, q. Do kwestii tu poruszonych powrócimy w p. 7.2.4.

C. Związki między macierzami przekrojów i macierzami obwodowymi. Związki między macierzami przekrojów i macierzami obwodowymi określa następujące twierdzenie, w pełni analogiczne do twierdzenia 7.2-4.

TWIERDZENIE 7.2-7

Jeśli kolumny macierzy Q i Δ odpowiadają tej samej numeracji krawędzi grafu G, to:

$$Q\Delta^T = 0, \qquad \Delta Q^T = 0 \tag{7.2-31}$$

oraz:

$$q\delta^T = 0, \qquad \delta q^T = 0 \tag{7.2-32}$$

a więc macierze te są ortogonalne.

Szkic dowodu. Dowód twierdzenia 7.2-7 jest oparty na rozumowaniu analogicznym do przeprowadzonego w dowodzie twierdzenia 7.2-4. Ograniczymy się zatem do zwrócenia uwagi na najważniejsze jego elementy, pozostawiając Czytelnikowi uzupełnienie szczegółów.

Rozpatrzmy iloczyn:

$$Q\Delta^T = {}_{i}\underset{\text{przekroje}}{\left[\overset{\text{krawędzie}}{\;---\;}\right]}_{p\times g}\;\underset{\text{krawędzie}}{\left[\overset{\text{kontury}}{\underset{k}{\;|\;}}\right]}_{g\times v} = [b_{ik}]_{p\times v} \tag{7.2-33}$$

oraz jego wyraz b_{ik}. Wiersz i-ty macierzy Q zawiera niezerowe elementy, odpowiadające krawędziom należącym do i-tego przekroju. Niech będą to krawędzie o numerach $\alpha_1, \ldots, \alpha_z$, $z \geqslant 2$ (na rys. 7.2-3 przyjęliśmy $z = 4$). Może teraz zajść jeden z dwóch przypadków:

a) Kontur k-ty nie zawiera żadnej z krawędzi $\alpha_1, \ldots, \alpha_z$. Wówczas oczywiście $b_{ik} = 0$.

b) Kontur k-ty zawiera którąś z krawędzi $\alpha_1, \ldots, \alpha_z$. Wówczas musi on zawierać jeszcze jedną krawędź ze zbioru $\alpha_1, \ldots, \alpha_z$. Przyjmując, że są to np. krawędzie α_1 i α_2, bez trudu sprawdzamy, że zwroty względem przekroju i względem konturu będą takie, że suma iloczynów odpowiednich wyrazów i-tego wiersza i k-tej kolumny jest równa zeru, a więc $b_{ik} = 0$.

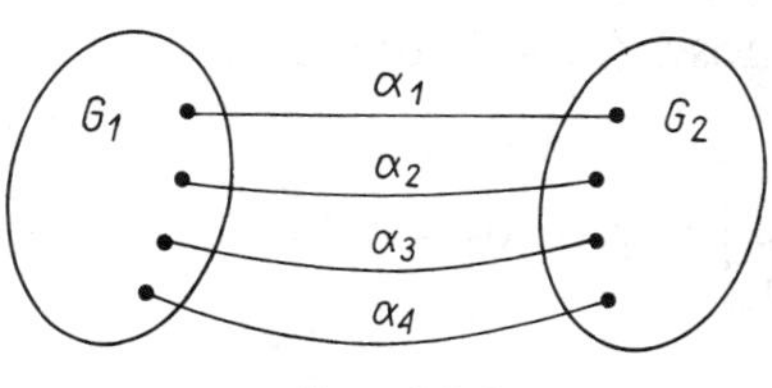

Rys. 7.2-3

W przypadku ogólniejszym k-ty kontur może zawierać parzystą liczbę krawędzi ze zbioru $\alpha_1, \ldots, \alpha_z$, tj. więcej niż jedną parę krawędzi należących do i-tego przekroju. Powtarzając rozumowanie dla każdej pary takich krawędzi, dochodzimy do tej samej konkluzji, tj. dowodzimy, iż $b_{ik} = 0$. Rozumowanie to pozostaje słuszne także w odniesieniu do drugiej równości (7.2-31) oraz równości (7.2-32).

Z przytoczonego rozumowania wynika wprost następujący wniosek:

Każdy kontur ma z każdym z przekrojów parzystą liczbę wspólnych krawędzi.

TWIERDZENIE 7.2-8

Kwadratowa podmacierz o wymiarach $r \times r$ macierzy $\boldsymbol{q}$ jest wtedy i tylko wtedy nieosobliwa, kiedy kolumny tej podmacierzy odpowiadają krawędziom drzewa grafu G.

Teza tego twierdzenia wynika wprost z twierdzenia 7.2-2 oraz zależności (7.2-30).

7.2.4. Związki między macierzami $\boldsymbol{\lambda}$, $\boldsymbol{\delta}_f$, $\boldsymbol{q}_f$

Podstawowe związki między macierzami: węzłową, obwodową i przekrojów wynikają z twierdzenia 7.2-4 i twierdzenia 7.2-7. Związki te uzyskują szczególnie prostą postać w przypadku posługiwania się macierzami $\boldsymbol{\delta}_f$ i $\boldsymbol{q}_f$ oraz odpowiedniego uporządkowania krawędzi.

Załóżmy, że graf G jest grafem sieciowym, w którym wybraliśmy drzewo T. Określone są zatem układy f-konturów i f-przekrojów odpowiadające temu drzewu. Ponumerujmy krawędzie w taki sposób, aby numery od 1 do n odpowiadały krawędziom przeciwdrzewa, dalsze zaś numery (od $n+1$ do $n+r=g$) – krawędziom drzewa. Macierze: $\boldsymbol{\lambda}$, $\boldsymbol{\delta}_f$ i $\boldsymbol{q}_f$ możemy wówczas przedstawić jako (por. wzory (7.2-13) i (7.2-27)):

$$\boldsymbol{\lambda} = [\boldsymbol{\lambda}_{1_{r\times n}} \quad \boldsymbol{\lambda}_{2_{r\times r}}] \tag{7.2-34}$$

$$\boldsymbol{\delta}_f = [\boldsymbol{1}_{n\times n} \quad \boldsymbol{\delta}_{2_{n\times r}}] \tag{7.2-35}$$

$$\boldsymbol{q}_f = [\boldsymbol{q}_{1_{r\times n}} \quad \boldsymbol{1}_{r\times r}] \tag{7.2-36}$$

przy czym zgodnie z twierdzeniem 7.2-2 macierz $\boldsymbol{\lambda}_2$ jest nieosobliwa.

Na podstawie równości (7.2-32) dostajemy:

$$\boldsymbol{q}_f\boldsymbol{\delta}_f^T = [\boldsymbol{q}_1 \quad \boldsymbol{1}]\begin{bmatrix}\boldsymbol{1}\\ \boldsymbol{\delta}_2^T\end{bmatrix} = \boldsymbol{q}_1 + \boldsymbol{\delta}_2^T = \boldsymbol{0}$$

a stąd:

$$\boldsymbol{q}_1 = -\boldsymbol{\delta}_2^T, \qquad \boldsymbol{\delta}_2 = -\boldsymbol{q}_1^T \tag{7.2-37}$$

Związki (7.2-37) umożliwiają wyznaczenie – na podstawie zależności (7.2-35) lub (7.2-36) – macierzy $\boldsymbol{\delta}_f$, gdy znana jest macierz $\boldsymbol{q}_f$, i odwrotnie.

Z zależności (7.2-17) wynika, że:

$$\boldsymbol{\lambda}\boldsymbol{\delta}_f^T = [\boldsymbol{\lambda}_1 \quad \boldsymbol{\lambda}_2]\begin{bmatrix}\boldsymbol{1}\\ \boldsymbol{\delta}_2^T\end{bmatrix} = \boldsymbol{\lambda}_1 + \boldsymbol{\lambda}_2\boldsymbol{\delta}_2^T = \boldsymbol{0}$$

a stąd:

$$\boldsymbol{\lambda}_1 = -\boldsymbol{\lambda}_2\boldsymbol{\delta}_2^T = \boldsymbol{\lambda}_2\boldsymbol{q}_1 \tag{7.2-38}$$

oraz, uwzględniając nieosobliwość macierz $\boldsymbol{\lambda}_2$:

$$\boldsymbol{q}_1 = \boldsymbol{\lambda}_2^{-1}\boldsymbol{\lambda}_1 \tag{7.2-39}$$

Zależność (7.2-39), łącznie z równościami (7.2-37), umożliwia wyznaczenie obu macierzy $\boldsymbol{\delta}_f$ i $\boldsymbol{q}_f$, gdy znana jest macierz $\boldsymbol{\lambda}$ o postaci (7.2-34).

Podstawiając związek (7.2-38) do wzoru (7.2-34) otrzymujemy:

$$\boldsymbol{\lambda} = [\boldsymbol{\lambda}_2\boldsymbol{q}_1 \quad \boldsymbol{\lambda}_2] = \boldsymbol{\lambda}_2[\boldsymbol{q}_1 \quad \mathbf{1}] = \boldsymbol{\lambda}_2\boldsymbol{q}_f \tag{7.2-40}$$

Porównując z równością (7.2-30) zauważamy, że jeśli $\boldsymbol{q} = \boldsymbol{q}_f$ to macierz $\boldsymbol{D}$ występująca we wzorach (7.2-30) ma postać:

$$\boldsymbol{D} = \boldsymbol{\lambda}_2 \tag{7.2-41}$$

Na zakończenie warto podkreślić, że dowolne macierze $\boldsymbol{\delta}$, $\boldsymbol{q}$ grafu G są liniowo zależne odpowiednio od macierzy $\boldsymbol{\delta}_f$, $\boldsymbol{q}_f$ tzn. istnieją takie nieosobliwe macierze $\boldsymbol{D}_1$ i $\boldsymbol{D}_2$, że:

$$\boldsymbol{\delta} = \boldsymbol{D}_1\boldsymbol{\delta}_f, \qquad \boldsymbol{q} = \boldsymbol{D}_2\boldsymbol{q}_f \tag{7.2-42}$$

Podane zależności mają znaczenie nie tylko teoretyczne. Znajdują one także zastosowania w analizie komputerowej sieci elektrycznych (por. np. [3], [23]).

7.3. METODY ANALIZY SIECI ELEKTRYCZNYCH

Przejdziemy teraz do omówienia najważniejszych *metod sieciowych* analizy sieci elektrycznych. Wykorzystanie rezultatów omówionych w p. 7.1 i p. 7.2 umożliwia sformalizowanie metod sieciowych, w tym także tych, których fragmenty w ujęciu intuicyjnym były kilkakrotnie już omawiane w tomach I i II. Sformalizowanie metod sieciowych ma cel podwójny: umożliwia ich sformułowanie w sposób ogólny oraz stwarza szerokie i niezwykle ważne w praktyce pole do zastosowań metod komputerowych w analizie sieci elektrycznych.

Rozważania zawarte w p. 7.3.1–7.3.3 odnoszą się do d o w o l n y c h sieci skupionych i dotyczą prądów i napięć w sieci jako funkcji czasu. W dalszych punktach ograniczymy się z konieczności do sieci SLS rozpatrywanych, dla uproszczenia, w dziedzinie zespolonej. W zakończeniu rozdziału (p. 7.3.8-D) zwrócimy uwagę na możliwości rozszerzenia zastosowań metod sieciowych na przypadki nie rozpatrzone w tej książce.

7.3.1. Równania równowagi i ich konsekwencje

Rozważmy skupioną sieć elektryczną, której struktura połączeń może być przedstawiona w postaci grafu sieciowego G (por. p. 7.1.2). Załóżmy, że w rozważanej sieci zostało wyróżnionych g gałęzi i w węzłów, które możemy identyfikować z g krawędziami i w wierzchołkami grafu G (por. p. 7.1.2-A). Każdej gałęzi sieci, np. gałęzi o numerze k, możemy przyporządkować *prąd gałęziowy* i_k oraz *napięcie gałęziowe* u_k (rys. 7.3-1), przy czym zwrot k-tej krawędzi w grafie G jest zgodny ze zwrotem prądu i_k.

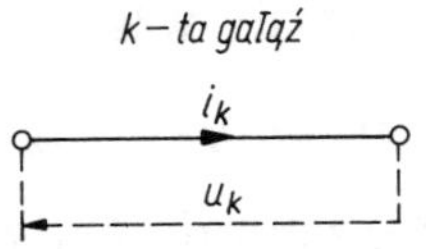

Rys. 7.3-1

Prądy i napięcia gałęziowe wszystkich gałęzi sieci tworzą zatem: *wektor prądów gałęziowych* $\boldsymbol{i}$ oraz *wektor napięć gałęziowych* $\boldsymbol{u}$:

$$\boldsymbol{i} = [i_1, i_2, \ldots, i_g]^T, \qquad \boldsymbol{u} = [u_1, u_2, \ldots, u_g]^T \tag{7.3-1}$$

A. Prawa Kirchhoffa. W rozważanej sieci muszą być oczywiście spełnione oba prawa Kirchhoffa (por. p. 1.5.1 w tomie I).

Prądowe prawo Kirchhoffa (PPK) orzeka, że w *każdym węźle sieci suma prądów gałęziowych gałęzi incydentnych z węzłem jest w każdej chwili równa zeru*. Jeżeli posłużymy się pełną macierzą węzłową $\boldsymbol{\Lambda}$ grafu G, określoną wzorami (7.2-1) i (7.2-2), to równania wynikające z prądowego prawa Kirchhoffa dla wszystkich w węzłów sieci można zapisać w postaci jednego równania macierzowego:

$$\boldsymbol{\Lambda i} = \boldsymbol{0} \tag{7.3-2}$$

Napięciowe prawo Kirchhoffa (NPK) orzeka, że *w każdym obwodzie zamkniętym sieci suma napięć gałęziowych gałęzi należących do obwodu jest w każdej chwili równa zeru*. Jeżeli uwzględnimy właściwości pełnej macierzy obwodowej $\boldsymbol{\Delta}$ grafu G, określonej wzorami (7.2-9) i (7.2-10), to równania wynikające z napięciowego prawa Kirchhoffa można zapisać dla wszystkich v obwodów (konturów) sieci w postaci jednego równania macierzowego:

$$\boldsymbol{\Delta u} = \boldsymbol{0} \tag{7.3-3}$$

Równania macierzowe (7.3-2) i (7.3-3) zawierają jednak nadmiarową liczbę równań. Twierdzenie 7.2-1 orzeka, że rząd macierzy $\boldsymbol{\Lambda}$ jest równy $r = w - 1$, macierz ta zawiera zatem tylko $w - 1$ wierszy liniowo niezależnych. W konsekwencji układ równań liniowych (7.3-2) zawiera również tylko $w - 1$ równań liniowo niezależnych i może być zapisany w postaci równoważnej:

$$\boldsymbol{\lambda i} = \boldsymbol{0} \tag{7.3-4}$$

gdzie $\boldsymbol{\lambda}$ jest macierzą węzłową grafu G, określoną wzorem (7.2-6).

Oznacza to, że *PPK jest spełnione dla wszystkich węzłów sieci wtedy i tylko wtedy, kiedy jest ono spełnione dla dowolnego układu węzłów niezależnych* (por. p. 7.2.1-C), tzn.:

$$\boldsymbol{\Lambda i} = \mathbf{0} \Leftrightarrow \boldsymbol{\lambda i} = \mathbf{0} \tag{7.3-5}$$

Podobnie można zredukować liczbę równań wchodzących w skład równania macierzowego (7.3-3). Zgodnie z twierdzeniem 7.2-3 rząd macierzy $\boldsymbol{\Delta}$ jest równy $n = g - w + 1$, macierz ta zawiera zatem tylko n wierszy niezależnych. Wśród równań wchodzących w skład równania macierzowego (7.3-3) mamy więc również tylko n równań liniowo niezależnych i równanie to może być zapisane w postaci równoważnej:

$$\boldsymbol{\delta u} = \mathbf{0} \tag{7.3-6}$$

gdzie $\boldsymbol{\delta}$ jest macierzą obwodową grafu G, określoną wzorem (7.2-14).

Oznacza to, że *NPK jest spełnione dla wszystkich obwodów sieci wtedy i tylko wtedy, kiedy jest ono spełnione dla dowolnego układu obwodów niezależnych* (por. p. 7.2.2-C), tzn.:

$$\boldsymbol{\Delta u} = \mathbf{0} \Leftrightarrow \boldsymbol{\delta u} = \mathbf{0} \tag{7.3-7}$$

B. Równania równowagi. Załóżmy, że w grafie sieciowym G odpowiadającym rozpatrywanej sieci wybraliśmy wierzchołek odniesienia, a więc układ wierzchołków niezależnych, oraz układ konturów niezależnych. Tym samym określiliśmy macierze $\boldsymbol{\lambda}$ i $\boldsymbol{\delta}$.

Równaniami równowagi lub *równaniami węzłów* rozpatrywanej sieci nazywamy równania:

$$\boldsymbol{\lambda i} = \mathbf{0}, \qquad \boldsymbol{\delta u} = \mathbf{0} \tag{7.3-8}$$

względem prądów i napięć gałęziowych (7.3-1), stanowiące warunki konieczne i dostateczne, aby w sieci były spełnione PPK i NPK.

Przykład 7.3-1. Rozważmy sieć z rys. 7.1-7a o $g = 6$ gałęziach i $w = 4$ węzłach. Jej graf sieciowy jest przedstawiony na rys. 7.1-1b. Wybierając węzeł 4 jako węzeł odniesienia, (por. przykład 7.2-2), otrzymujemy macierz $\boldsymbol{\lambda}$ o postaci (7.2-8). Równanie (7.3-4) przybiera postać:

$$\boldsymbol{\lambda i} = \begin{bmatrix} 1 & 0 & 0 & -1 & 1 & 0 \\ 0 & 1 & 0 & 0 & -1 & 1 \\ 0 & 0 & 1 & 1 & 0 & -1 \end{bmatrix} \begin{bmatrix} i_1 \\ i_2 \\ i_3 \\ i_4 \\ i_5 \\ i_6 \end{bmatrix} = \begin{bmatrix} i_1 - i_4 + i_5 \\ i_2 - i_5 + i_6 \\ i_3 + i_4 - i_6 \end{bmatrix} = \begin{bmatrix} 0 \\ 0 \\ 0 \end{bmatrix} \tag{7.3-9}$$

i stanowi układ równań wynikających z PPK dla węzłów niezależnych 1, 2, 3. Równanie dla węzła 4 dostajemy po dodaniu stronami (i pomnożeniu przez -1) równań dla węzłów niezależnych[1].

Wybierając w grafie z rys. 7.1-1b układ f-konturów odpowiadający drzewu T_1 (przykład 7.1-16 i rys. 7.1-16a), otrzymujemy macierz $\boldsymbol{\delta}$ o postaci:

$$\boldsymbol{\delta} = \begin{bmatrix} 1 & 0 & -1 & 1 & 0 & 0 \\ -1 & 1 & 0 & 0 & 1 & 0 \\ 0 & -1 & 1 & 0 & 0 & 1 \end{bmatrix} \tag{7.3-10}$$

Równanie (7.3-6) przybiera postać:

$$\boldsymbol{\delta u} = \begin{bmatrix} 1 & 0 & -1 & 1 & 0 & 0 \\ -1 & 1 & 0 & 0 & 1 & 0 \\ 0 & -1 & 1 & 0 & 0 & 1 \end{bmatrix} \begin{bmatrix} u_1 \\ u_2 \\ u_3 \\ u_4 \\ u_5 \\ u_6 \end{bmatrix} = \begin{bmatrix} u_1 - u_3 + u_4 \\ -u_1 + u_2 + u_5 \\ -u_2 + u_3 + u_6 \end{bmatrix} = \begin{bmatrix} 0 \\ 0 \\ 0 \end{bmatrix} \tag{7.3-11}$$

i stanowi układ równań wynikających z NPK dla obwodów niezależnych z rys. 7.1-16a. Równanie dla dowolnego innego obwodu sieci z rys. 7.1-7a otrzymujemy w postaci kombinacji liniowej równań dla obwodów niezależnych. Na przykład, równanie dla obwodu przedstawionego w środkowej części rys. 7.1-16c, tj. równanie:

$$-u_1 + u_3 + u_5 + u_6 = 0$$

otrzymujemy dodając stronami drugie i trzecie równanie układu (7.3-11).

Równania równowagi (7.3-8) mają istotne znaczenie dla metod sieciowych. Poświęcimy im teraz kilka uwag i komentarzy.

1. Równania równowagi (7.3-8), wynikające z praw Kirchhoffa, muszą być spełnione przez dowolną sieć skupioną, a więc niezależnie od rodzaju elementów skupionych, z których jest zbudowana sieć. Równania równowagi mają zawsze postać jednorodnych równań liniowych o stałych współczynnikach, bez względu na to, jakie elementy skupione występują w gałęziach sieci.

2. Równania równowagi (7.3-8) stanowią układ g równań liniowych, w których występuje $2g$ zmiennych: g prądów gałęziowych i g napięć gałęziowych. Dla kompletności opisu sieci względem tych zmiennych należy zatem sformułować jeszcze g równań, tzw. *równań gałęziowych* (por. p. 7.3.4), określających związki między prądami a napięciami gałęziowymi. Od tego, j a k i e są równania gałęziowe (j a k i e g o typu elementy występują w gałęziach sieci), zależą podstawowe cechy układu *równań sieciowych* opisujących rozważaną sieć (por. p. 2.1.5 w tomie I).

---

[1] Przy przyjętej w p. 7.2.1-A definicji (7.2-2) elementów λ_{ik} macierzy $\boldsymbol{\lambda}$, elementy iloczynu $\boldsymbol{\lambda i}$ są sumami prądów w y p ł y w a j ą c y c h z poszczególnych węzłów.

3. Powróćmy do właściwości sformułowanej w p. 7.2.3-B oraz związków (7.2-30) między macierzą $\boldsymbol{\lambda}$ a macierzą przekrojów niezależnych $\boldsymbol{q}$. Ze związków tych wynika od razu, że równanie (7.3-4) jest równoważne równaniu:

$$\boldsymbol{q}\boldsymbol{i} = \boldsymbol{0} \qquad (7.3\text{-}12)$$

Oznacza to, że spełnienie równania (7.3-12) jest również konieczne i dostateczne dla spełnienia PPK we wszystkich węzłach sieci. Jeśli zatem w danej sieci został wybrany układ przekrojów niezależnych oraz układ konturów niezależnych (np. w postaci *f*-przekrojów oraz *f*-konturów odpowiadających wybranemu drzewu), to równania równowagi tej sieci mogą być zapisane w postaci:

$$\boldsymbol{q}\boldsymbol{i} = \boldsymbol{0}, \qquad \boldsymbol{\delta}\boldsymbol{u} = \boldsymbol{0} \qquad (7.3\text{-}13)$$

równoważnej równaniom (7.3-8).

7.3.2. Przekształcenie obwodowe i przekształcenie węzłowe

Omówimy teraz możliwości modyfikacji równań równowagi związane z *przekształceniem obwodowym* i *przekształceniem węzłowym*. Przekształcenia te stanowią podstawę dwóch ważnych metod analizy sieci elektrycznych: *metody prądów obwodowych* i *metody napięć węzłowych*.

O metodach tych, a także o przekształceniu obwodowym i przekształceniu węzłowym, wspominaliśmy już w ujęciu intuicyjnym przy omawianiu metod analizy obwodów liniowych prądu stałego (p. 3.3.4-E, F, G w tomie I). Teraz postaramy się pogłębić i uogólnić poprzednie rozważania, posługując się opisem algebraicznym grafu sieciowego.

A. Przekształcenie obwodowe. Będziemy rozważać skupioną sieć elektryczną o grafie sieciowym G i o określonych macierzach $\boldsymbol{\lambda}$ i $\boldsymbol{\delta}$. Równania równowagi takiej sieci, wyrażające spełnienie w sieci PPK i NPK, mają zatem postać równań (7.3-8).

TWIERDZENIE 7.3-1

Równanie (7.3-4) *wyrażające prądowe prawo Kirchhoffa w sieci jest spełnione wtedy i tylko wtedy, kiedy istnieje taki wektor prądów*:

$$\boldsymbol{i}_o = [i_{o1}, i_{o2}, \ldots, i_{on}]^T \qquad (7.3\text{-}14)$$

o $n = g - w + 1$ *współrzędnych, że*:

$$\boldsymbol{i} = \boldsymbol{\delta}^T \boldsymbol{i}_o \qquad (7.3\text{-}15)$$

gdzie $\boldsymbol{i}$ *jest wektorem prądów gałęziowych.*

Wektor $\boldsymbol{i}_o$ nazywamy *wektorem prądów obwodowych*, a jego współrzędne i_{ok}, $1 \leqslant k \leqslant n$, *prądami obwodowymi*. Przekształcenie (7.3-15) nazywamy *przekształceniem obwodowym*.

Dowód. Dostateczność warunku (7.3-15) jest oczywista, wystarczy bowiem podstawić zależność (7.3-15) do równania (7.3-4) i skorzystać z pierwszego związku (7.2-17):

$$\boldsymbol{\lambda i} = \boldsymbol{\lambda \delta}^T \boldsymbol{i}_o = \boldsymbol{0 i}_o = \boldsymbol{0}$$

Aby wykazać konieczność warunku (7.3-15) załóżmy, że spełnione jest równanie (7.3-4). Skorzystajmy z możliwości przedstawienia macierzy $\boldsymbol{\delta}$ i $\boldsymbol{\lambda}$ w postaciach:

$$\boldsymbol{\delta} = [\boldsymbol{\delta}_{1_{n\times n}} \quad \boldsymbol{\delta}_{2_{n\times r}}], \qquad \boldsymbol{\lambda} = [\boldsymbol{\lambda}_{1_{r\times n}} \quad \boldsymbol{\lambda}_{2_{r\times r}}] \tag{7.3-16}$$

przy czym macierze $\boldsymbol{\delta}_1$ i $\boldsymbol{\lambda}_2$ są nieosobliwe (por. twierdzenia 7.2-2 i 7.2-5 oraz wzory (7.2-34) i (7.2-35)). Przedstawmy wektor prądów gałęziowych $\boldsymbol{i}$ w postaci:

$$\boldsymbol{i} = \begin{bmatrix} \boldsymbol{i}_{z_{n\times 1}} \\ \boldsymbol{i}_{d_{r\times 1}} \end{bmatrix}$$

gdzie $\boldsymbol{i}_z$ jest wektorem prądów gałęzi zamykających, natomiast $\boldsymbol{i}_d$ jest wektorem prądów gałęzi wybranego drzewa T. Z równania (7.3-4) otrzymujemy:

$$\boldsymbol{\lambda i} = [\boldsymbol{\lambda}_1 \quad \boldsymbol{\lambda}_2] \begin{bmatrix} \boldsymbol{i}_z \\ \boldsymbol{i}_d \end{bmatrix} = \boldsymbol{\lambda}_1 \boldsymbol{i}_z + \boldsymbol{\lambda}_2 \boldsymbol{i}_d = \boldsymbol{0}$$

a stąd:

$$\boldsymbol{i}_d = -\boldsymbol{\lambda}_2^{-1} \boldsymbol{\lambda}_1 \boldsymbol{i}_z \tag{7.3-17}$$

Z pierwszego związku (7.2-17) po podstawieniu (7.3-16) otrzymujemy:

$$\boldsymbol{\lambda}_1 \boldsymbol{\delta}_1^T + \boldsymbol{\lambda}_2 \boldsymbol{\delta}_2^T = \boldsymbol{0}$$

a stąd:

$$\boldsymbol{\lambda}_1 = -\boldsymbol{\lambda}_2 \boldsymbol{\delta}_2^T (\boldsymbol{\delta}_1^T)^{-1}$$

Podstawiając macierz $\boldsymbol{\lambda}_1$ do wzoru (7.3-17) dostajemy:

$$\boldsymbol{i}_d = \boldsymbol{\delta}_2^T (\boldsymbol{\delta}_1^T)^{-1} \boldsymbol{i}_z \tag{7.3-18}$$

Oznaczając:

$$\boldsymbol{i}_o \stackrel{\Delta}{=} (\boldsymbol{\delta}_1^T)^{-1} \boldsymbol{i}_z \tag{7.3-19}$$

otrzymujemy:

$$\boldsymbol{i}_z = \boldsymbol{\delta}_1^T \boldsymbol{i}_o, \qquad \boldsymbol{i}_d = \boldsymbol{\delta}_2^T \boldsymbol{i}_o \tag{7.3-20}$$

co prowadzi do zależności (7.3-15):

$$\boldsymbol{i} = \begin{bmatrix} \boldsymbol{i}_z \\ \boldsymbol{i}_d \end{bmatrix} = \begin{bmatrix} \boldsymbol{\delta}_1^T \\ \boldsymbol{\delta}_2^T \end{bmatrix} \boldsymbol{i}_o = \boldsymbol{\delta}^T \boldsymbol{i}_o$$

i, tym samym, kończy dowód.

Jeśli macierz $\boldsymbol{\delta} = \boldsymbol{\delta}_f$ jest macierzą *f*-konturów (o zwrotach zgodnych ze zwrotami gałęzi zamykających), to wówczas, zgodnie z zależnością (7.2-13):

$$\boldsymbol{\delta}_1 = \mathbf{1}, \qquad \boldsymbol{i}_o = \boldsymbol{i}_z \tag{7.3-21}$$

Można także wykazać (szczegóły pomijamy), że dla ustalonej macierzy $\boldsymbol{\delta}$ wektor $\boldsymbol{i}_o$ spełniający równanie (7.3-15) jest określony jednoznacznie.

B. Wnioski i interpretacje. Z twierdzenia 7.3-1 oraz z rozumowania przeprowadzonego w dowodzie tego twierdzenia wynikają ważne wnioski i interpretacje.

1. *Prądy w gałęziach drzewa T są kombinacjami liniowymi prądów w gałęziach zamykających* (w gałęziach przeciwdrzewa $Z = \bar{T}$) – wynika to wprost z zależności (7.3-18).

2. *Prądy obwodowe $\boldsymbol{i}_o$ są jednoznacznie związane z wybranym układem konturów niezależnych, określonym przez macierz $\boldsymbol{\delta}$* – wynika to np. z zależności (7.3-19).

3. *Dla ustalonego drzewa T prądy obwodowe $\boldsymbol{i}_o$ są wzajemnie jednoznacznie związane z prądami $\boldsymbol{i}_z$ w gałęziach zamykających i są im równe, jeśli kontury niezależne zostały wybrane jako f-kontury względem drzewa T, o zwrotach zgodnych ze zwrotami odpowiednich gałęzi zamykających.* Wynika to z zależności (7.3-19) i (7.3-21).

4. Prądy obwodowe są *prądami niezależnymi* w sieci. Jest ich n, gdzie n jest liczbą cyklomatyczną grafu sieci (p. 7.1.3-B), a ich znajomość wystarcza, zgodnie z zależnością (7.3-15), do wyznaczenia wszystkich g prądów gałęziowych w sieci.

5. *Równania równowagi* (7.3-8) *są równoważne równaniom*:

$$\boldsymbol{\delta u} = \mathbf{0}, \qquad \boldsymbol{i} = \boldsymbol{\delta}^T \boldsymbol{i}_o \tag{7.3-22}$$

w których występuje tylko macierz $\boldsymbol{\delta}$.

6. Wektor prądów obwodowych może być łatwo ustalony wprost na podstawie grafu sieci (por. p. 3.3.4-E, F w tomie I).

Rozważmy przypadek, gdy kontury niezależne zostały wybrane jako oczka, tzn. $\boldsymbol{\delta} = \boldsymbol{\delta}_o$ (por. p. 7.2.2-F). Z każdym oczkiem można związać pewien *prąd oczkowy* (na rys. 7.3-2 zaznaczono dwa takie prądy i_{ok} oraz i_{ol}) o następujących właściwościach:

– prąd i_j w gałęzi wspólnej oczka k i oczka odniesienia jest równy (ze znakiem „ + ” lub „ – ”) prądowi i_{ok};

– prąd i_m w gałęzi wspólnej oczka k i oczka l jest równy różnicy prądów i_{ok} oraz i_{ol}.

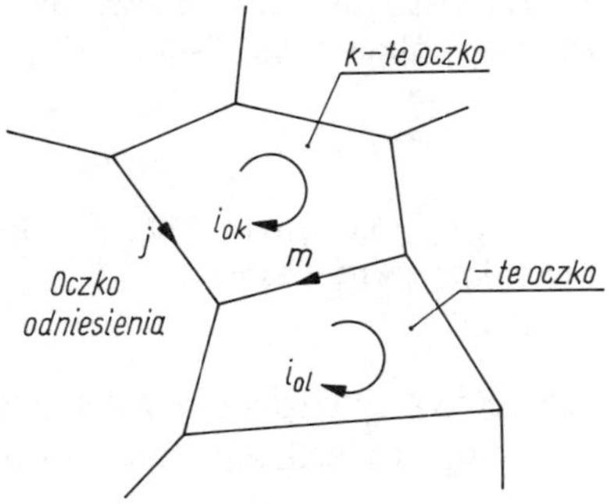

Rys. 7.3-2

Można wówczas łatwo sprawdzić (szczegóły pozostawiamy Czytelnikowi), że tak rozumiane *prądy oczkowe są prądami obwodowymi*, tzn. zachodzi zależność (7.3-15).

W podobny sposób można wprowadzić i interpretować wektor prądów obwodowych w przypadku ogólnym, gdy układ konturów niezależnych został wybrany jako układ *f*-konturów.

C. Przekształcenie węzłowe. Będziemy nadal rozważać skupioną sieć elektryczną przy założeniach sformułowanych w p. A.

TWIERDZENIE 7.3-2

Równanie (7.3-6) *wyrażające napięciowe prawo Kirchhoffa w sieci jest spełnione wtedy i tylko wtedy, kiedy istnieje taki wektor napięć:*

$$\boldsymbol{u}_w = [u_{w1}, u_{w2}, \ldots, u_{wr}]^T \tag{7.3-23}$$

o $r = w - 1$ *współrzędnych, że:*

$$\boldsymbol{u} = \boldsymbol{\lambda}^T \boldsymbol{u}_w \tag{7.3-24}$$

gdzie $\boldsymbol{u}$ *jest wektorem napięć gałęziowych.*

Wektor $\boldsymbol{u}_w$ nazywamy *wektorem napięć węzłowych*, a jego współrzędne u_{wk}, $1 \leqslant k \leqslant r$, *napięciami węzłowymi*. Przekształcenie (7.3-24) nazywamy *przekształceniem węzłowym*.

Dowód jest w pełni analogiczny do dowodu twierdzenia 7.3-1 i z tego względu podajemy go w skrócie.

Dostateczność wynika z drugiego związku (7.2-17):

$$\boldsymbol{\delta u} = \boldsymbol{\delta \lambda}^T \boldsymbol{u}_w = \boldsymbol{0 u}_w = \boldsymbol{0}$$

Konieczność. Korzystamy (jak w dowodzie twierdzenia 7.3-1) z możliwości przedstawienia macierzy $\boldsymbol{\delta}$ i $\boldsymbol{\lambda}$ w postaciach (7.3-16). Również wektor napięć gałęziowych $\boldsymbol{u}$ przedstawiamy w postaci:

$$\boldsymbol{u} = \begin{bmatrix} \boldsymbol{u}_{z_{n\times 1}} \\ \boldsymbol{u}_{d_{r\times 1}} \end{bmatrix}$$

gdzie $\boldsymbol{u}_z$ jest wektorem napięć gałęzi zamykających, natomiast $\boldsymbol{u}_d$ jest wektorem napięć gałęzi drzewa. Możemy napisać:

$$\boldsymbol{\delta u} = [\boldsymbol{\delta}_1 \quad \boldsymbol{\delta}_2] \begin{bmatrix} \boldsymbol{u}_z \\ \boldsymbol{u}_d \end{bmatrix} = \boldsymbol{\delta}_1 \boldsymbol{u}_z + \boldsymbol{\delta}_2 \boldsymbol{u}_d = \boldsymbol{0}$$

a stąd:

$$\boldsymbol{u}_z = -\boldsymbol{\delta}_1^{-1} \boldsymbol{\delta}_2 \boldsymbol{u}_d$$

oraz[1]:

$$\boldsymbol{u}_z = \boldsymbol{\lambda}_1^T (\boldsymbol{\lambda}_2^T)^{-1} \boldsymbol{u}_d \tag{7.3-25}$$

Oznaczając:

$$\boldsymbol{u}_w \stackrel{\Delta}{=} (\boldsymbol{\lambda}_2^T)^{-1} \boldsymbol{u}_d \tag{7.3-26}$$

otrzymujemy:

$$\boldsymbol{u} = \begin{bmatrix} \boldsymbol{u}_z \\ \boldsymbol{u}_d \end{bmatrix} = \begin{bmatrix} \boldsymbol{\lambda}_1^T \\ \boldsymbol{\lambda}_2^T \end{bmatrix} \boldsymbol{u}_w = \boldsymbol{\lambda}^T \boldsymbol{u}_w$$

co kończy dowód.

W przypadku szczególnym, gdy:

$$\boldsymbol{\lambda}_2 = \boldsymbol{1} \tag{7.3-27}$$

otrzymujemy:

$$\boldsymbol{u}_w = \boldsymbol{u}_d \tag{7.3-28}$$

Można także wykazać (szczegóły pozostawiamy Czytelnikowi), że dla ustalonej macierzy $\boldsymbol{\lambda}$ wektor $\boldsymbol{u}_w$ spełniający równanie (7.3-24) jest określony jednoznacznie.

D. Wnioski i interpretacje. Podobnie jak w przypadku twierdzenia 7.3-1 (p. A), także z twierdzenia 7.3-2 wynikają ważne wnioski i interpretacje.

1. *Napięcia gałęzi zamykających* (tj. napięcia przeciwdrzewa $Z = \bar{T}$) *są kombinacjami liniowymi napięć gałęzi drzewa T* – wynika to wprost z zależności (7.3-25).

2. *Napięcia węzłowe* $\boldsymbol{u}_w$ *są jednoznacznie związane z wybranym układem wierzchołków niezależnych, określonym przez macierz* $\boldsymbol{\lambda}$ – wynika to np. z zależności (7.3-26).

3. *Dla ustalonego drzewa T napięcia węzłowe* $\boldsymbol{u}_w$ *są wzajemnie jednoznacznie związane z napięciami gałęzi tego drzewa i są im równe w przypadku szczególnym* (7.3-27).

[1] Korzystamy z zależności: $\boldsymbol{\delta}_2 = -\boldsymbol{\delta}_1 \boldsymbol{\lambda}_1^T (\boldsymbol{\lambda}_2^T)^{-1}$ wynikającej wprost z równości: $\boldsymbol{\delta \lambda}^T = \boldsymbol{\delta}_1 \boldsymbol{\lambda}_1^T + \boldsymbol{\delta}_2 \boldsymbol{\lambda}_2^T = \boldsymbol{0}$ i nieosobliwości macierzy $\boldsymbol{\lambda}_2$.

4. Napięcia węzłowe są *napięciami niezależnymi* w sieci. Jest ich r, gdzie r jest rzędem grafu (p. 7.1.3-B), a ich znajomość wystarcza, zgodnie z zależnością (7.3-24), do wyznaczenia wszystkich g napięć gałęziowych w sieci.

5. *Równania równowagi* (7.3-8) *są równoważne równaniom*:

$$\boldsymbol{\lambda i} = \mathbf{0}, \qquad \boldsymbol{u} = \boldsymbol{\lambda}^T \boldsymbol{u}_w \tag{7.3-29}$$

w których występuje tylko macierz $\boldsymbol{\lambda}$.

6. Wektor napięć węzłowych może być łatwo ustalony wprost na podstawie grafu sieci (por. p. 3.3.4-E,G w tomie I).

Załóżmy, że wybraliśmy wierzchołek odniesienia i wyznaczyliśmy macierz $\boldsymbol{\lambda}$. Niech u_{wk}, $1 \leqslant k \leqslant r$, oznacza napięcie k-tego wierzchołka względem wierzchołka odniesienia (rys. 7.3-3a). Wówczas:

– napięcie u_j gałęzi incydentnej z wierzchołkiem k-tym i wierzchołkiem odniesienia jest równe (ze znakiem „+" lub „−") napięciu u_{wk} k-tego wierzchołka (rys. 7.3-3b);

– napięcie u_i gałęzi incydentnej z wierzchołkami, z których żaden nie jest wierzchołkiem odniesienia (np. wierzchołki o numerach k, l na rys. 7.3-3c) jest równe różnicy napięć u_{wk} oraz u_{wl}.

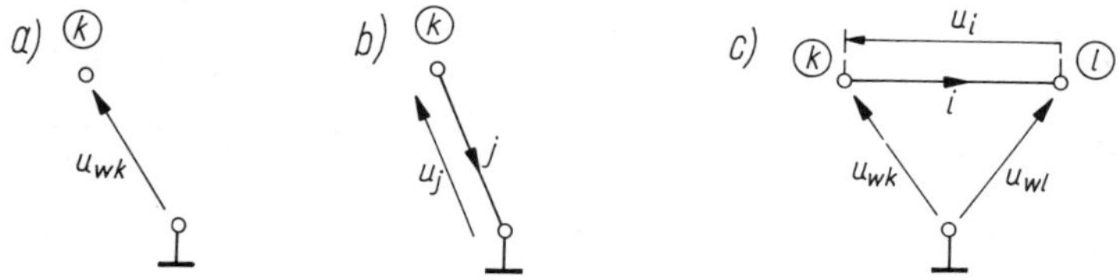

Rys. 7.3-3

Można łatwo sprawdzić (szczegóły pozostawiamy Czytelnikowi), że *napięcia* u_{wk} *poszczególnych wierzchołków względem wierzchołka odniesienia są napięciami węzłowymi*, tzn. zachodzi zależność (7.3-24).

E. Przykład. Dla ilustracji rozważań z p. A–D rozpatrzymy następujący przykład.

Przykład 7.3-2. Rozważmy raz jeszcze sieć z rys. 7.1-7a i jej graf z rys. 7.1-1b. Wybierzmy wierzchołek 4 jako wierzchołek odniesienia oraz układ f-konturów odpowiadający drzewu T_1 (przykład 7.1-17 i rys. 7.1-17a). Otrzymujemy wówczas (por. przykłady: 7.2-2, 7.2-5 i 7.3-1):

$$\boldsymbol{\lambda} = \begin{bmatrix} 1 & 0 & 0 & -1 & 1 & 0 \\ 0 & 1 & 0 & 0 & -1 & 1 \\ 0 & 0 & 1 & 1 & 0 & -1 \end{bmatrix}, \qquad \boldsymbol{\delta} = \begin{bmatrix} 1 & 0 & -1 & 1 & 0 & 0 \\ -1 & 1 & 0 & 0 & 1 & 0 \\ 0 & -1 & 1 & 0 & 0 & 1 \end{bmatrix} \tag{7.3-30}$$

Napięcia węzłowe u_{w1}, u_{w2}, u_{w3} oraz prądy obwodowe i_{o1}, i_{o2}, i_{o3} (identyczne z prądami oczkowymi) zostały zaznaczone na rys. 7.3-4a,b.

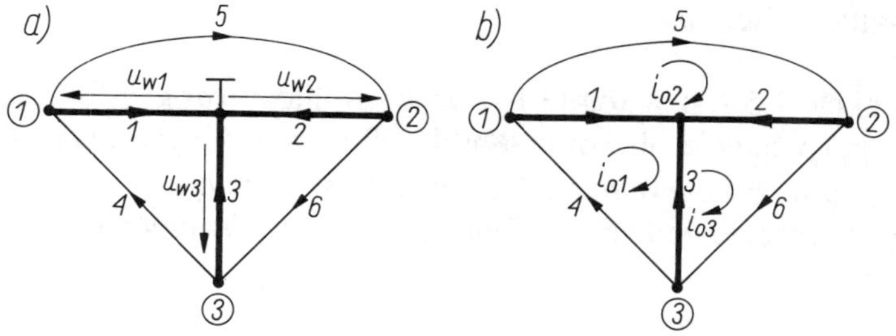

Rys. 7.3-4

Zgodnie z zależnościami (7.3-24) i (7.3-15) dostajemy:

$$u = \lambda^T u_w = \begin{bmatrix} 1 & 0 & 0 \\ 0 & 1 & 0 \\ 0 & 0 & 1 \\ -1 & 0 & 1 \\ 1 & -1 & 0 \\ 0 & 1 & -1 \end{bmatrix} \begin{bmatrix} u_{w1} \\ u_{w2} \\ u_{w3} \end{bmatrix} = \begin{bmatrix} u_{w1} \\ u_{w2} \\ u_{w3} \\ -u_{w1} + u_{w3} \\ u_{w1} - u_{w2} \\ u_{w2} - u_{w3} \end{bmatrix} = \begin{bmatrix} u_1 \\ u_2 \\ u_3 \\ u_4 \\ u_5 \\ u_6 \end{bmatrix}$$

$$i = \delta^T i_o = \begin{bmatrix} 1 & -1 & 0 \\ 0 & 1 & -1 \\ -1 & 0 & 1 \\ 1 & 0 & 0 \\ 0 & 1 & 0 \\ 0 & 0 & 1 \end{bmatrix} \begin{bmatrix} i_{o1} \\ i_{o2} \\ i_{o3} \end{bmatrix} = \begin{bmatrix} i_{o1} - i_{o2} \\ i_{o2} - i_{o3} \\ -i_{o1} + i_{o3} \\ i_{o1} \\ i_{o2} \\ i_{o3} \end{bmatrix} = \begin{bmatrix} i_1 \\ i_2 \\ i_3 \\ i_4 \\ i_5 \\ i_6 \end{bmatrix}$$

przy czym równości te możemy otrzymać również wprost z rys. 7.3-4.

Skorzystajmy teraz z możliwości przedstawienia macierzy (7.3-30) w postaciach (7.3-16). Dla wybranego drzewa T_1 możemy wówczas napisać[1]:

$$\lambda_2 = \begin{bmatrix} 1 & 0 & 0 \\ 0 & 1 & 0 \\ 0 & 0 & 1 \end{bmatrix} = \mathbf{1}, \qquad \delta_1 = \begin{bmatrix} 1 & 0 & 0 \\ 0 & 1 & 0 \\ 0 & 0 & 1 \end{bmatrix} = \mathbf{1}$$

a więc także:

$$(\lambda_2^T)^{-1} = \mathbf{1}, \qquad (\delta_1^T)^{-1} = \mathbf{1}$$

co pozwala określić wektory u_w oraz i_o na podstawie związków (7.3-26) i (7.3-19):

$$u_w = (\lambda_2^T)^{-1} u_d = u_d = \begin{bmatrix} u_1 \\ u_2 \\ u_3 \end{bmatrix} = \begin{bmatrix} u_{w1} \\ u_{w2} \\ u_{w3} \end{bmatrix}$$

$$i_o = (\delta_1^T)^{-1} i_z = i_z = \begin{bmatrix} i_4 \\ i_5 \\ i_6 \end{bmatrix} = \begin{bmatrix} i_{o1} \\ i_{o2} \\ i_{o3} \end{bmatrix}$$

[1] Podmacierz λ_2 tworzymy z kolumn λ odpowiadających krawędziom drzewa i, podobnie, podmacierz δ_1 tworzymy z kolumn δ odpowiadających krawędziom zamykającym (por. twierdzenia 7.2-2 i 7.2-5).

7.3.3. Zasada Tellegena

W punkcie 1.5.1-B w tomie I sformułowaliśmy *zasadę Tellegena* będącą konsekwencją spełnienia obu praw Kirchhoffa i wyrażającą, przy określonych założeniach, *zasadę zachowania energii* w sieci skupionej.

Podamy teraz dowód zasady Tellegena oraz omówimy niektóre uogólnienia tej zasady.

A. Sformułowanie i dowód zasady Tellegena. Niech $\boldsymbol{u}$, $\boldsymbol{i}$ będą wektorami napięć i prądów gałęziowych skupionej sieci elektrycznej S o g gałęziach. Zgodnie z przyjętą konwencją (por. rys. 7.3-1) wyrażenie $p_k = u_k i_k$ określa moc chwilową pobieraną przez k-tą gałąź. Moc p pobierana w danej chwili przez całą sieć jest sumą mocy pobieranych przez wszystkie jej gałęzie, tzn.:

$$p = p(t) = \sum_{k=1}^{g} p_k = \sum_{k=1}^{g} u_k i_k = \boldsymbol{u}^T \boldsymbol{i} = \boldsymbol{i}^T \boldsymbol{u}$$

Mamy ponadto (por. p. 1.1-G w tomie I):

$$w = w(t) = \int_{t_0}^{t} p\,\mathrm{d}t', \qquad p = \frac{\mathrm{d}w}{\mathrm{d}t}$$

gdzie w jest całkowitą energią pobraną przez całą sieć w przedziale czasu $\langle t_0, t\rangle$.

Prawo zachowania energii w sieci S wymaga, aby:

$$\bigwedge_{t} w(t) = \text{const} \tag{7.3-31}$$

co przy założeniu, że energia $w(t)$ jest funkcją różniczkowalną względem czasu t, jest równoważne warunkowi, aby:

$$\bigwedge_{t} p(t) = 0 \tag{7.3-32}$$

TWIERDZENIE 7.3-3 (zasada Tellegena)

W każdej skupionej sieci elektrycznej dla dowolnych wektorów $\boldsymbol{u}$, $\boldsymbol{i}$ *napięć i prądów gałęziowych spełniających równania równowagi* (7.3-8) *zachodzi równość*:

$$\boldsymbol{u}^T \boldsymbol{i} = \boldsymbol{i}^T \boldsymbol{u} = 0 \tag{7.3-33}$$

tzn.:

$$p = \sum_{k=1}^{g} u_k i_k = 0 \tag{7.3-34}$$

Dowód. Załóżmy, że rozważanej sieci odpowiada graf sieciowy, dla którego zostały określone macierze $\boldsymbol{\lambda}$ i $\boldsymbol{\delta}$. Równania równowagi, wyrażające spełnienie w sieci obu praw Kirchhoffa, mogą być zapisane bądź w postaci równań (7.3-22), bądź w postaci równań (7.3-29). W pierwszym przypadku mamy:

$$\boldsymbol{u}^T \boldsymbol{i} = \boldsymbol{u}^T \boldsymbol{\delta}^T \boldsymbol{i}_o = (\boldsymbol{\delta u})^T \boldsymbol{i}_o = \boldsymbol{0}^T \boldsymbol{i}_o = 0 \tag{7.3-35}$$

i analogicznie w drugim przypadku:

$$\boldsymbol{i}^T \boldsymbol{u} = \boldsymbol{i}^T \boldsymbol{\lambda}^T \boldsymbol{u}_w = (\boldsymbol{\lambda i})^T \boldsymbol{u}_w = \boldsymbol{0}^T \boldsymbol{u}_w = 0 \tag{7.3-36}$$

Zasada Tellegena orzeka zatem, że *w każdej chwili t w sieci S suma mocy oddawanych przez niektóre gałęzie sieci* $(p_k(t) < 0)$ *jest równa sumie mocy pobieranych przez pozostałe gałęzie* $(p_i(t) > 0)$.

B. Wnioski i uogólnienia. Z twierdzenia 7.3-3 i jego dowodu wynikają ważne wnioski i możliwości uogólnień (por. zad. 7.8).

1. Teza zasady Tellegena w postaci równości (7.3-34) jest konsekwencją spełnienia w sieci obu praw Kirchhoffa. Oznacza to, że *ze spełnienia w sieci S obu praw Kirchhoffa wynika spełnienie zasady Tellegena.*

2. Bez trudu można także wykazać, że *ze spełnienia w sieci S zasady Tellegena i jednego z praw Kirchhoffa wynika spełnienie pozostałego prawa Kirchhoffa.*

Na przykład, zakładając, że:

$$\boldsymbol{i}^T \boldsymbol{u} = 0, \qquad \boldsymbol{i} = \boldsymbol{\delta}^T \boldsymbol{i}_o$$

tj. przyjmując, że w sieci spełniona jest zasada Tellegena i PPK, otrzymujemy:

$$(\boldsymbol{\delta}^T \boldsymbol{i}_o)^T \boldsymbol{u} = \boldsymbol{i}_o^T \boldsymbol{\delta u} = 0$$

co, wobec niezależności wektora $\boldsymbol{i}_o$ (por. p. 7.3.2-B) prowadzi do wniosku, że $\boldsymbol{\delta u} = \boldsymbol{0}$, a więc że jest spełnione NPK.

3. Rozważmy sieć S o macierzach $\boldsymbol{\lambda}$ i $\boldsymbol{\delta}$ oraz dwa różne układy wektorów napięć i prądów gałęziowych: $\boldsymbol{u}^{(1)}$, $\boldsymbol{i}^{(1)}$ oraz $\boldsymbol{u}^{(2)}$, $\boldsymbol{i}^{(2)}$ spełniających PPK i NPK. Jak wynika z postaci równości (7.3-35) i (7.3-36) również w tym przypadku mamy:

$$\boldsymbol{u}^{(1)T} \boldsymbol{i}^{(2)} = \boldsymbol{i}^{(2)T} \boldsymbol{u}^{(1)} = 0 \tag{7.3-37}$$

$$\boldsymbol{u}^{(2)T} \boldsymbol{i}^{(1)} = \boldsymbol{i}^{(1)T} \boldsymbol{u}^{(2)} = 0 \tag{7.3-38}$$

4. Równościom (7.3-37) i (7.3-38) możemy nadać jeszcze ogólniejszy sens. Rozważmy dwie różne sieci S_1 i S_2, ale mające ten sam graf sieciowy, a więc

te same macierze $\boldsymbol{\lambda}$ i $\boldsymbol{\delta}$. Jeżeli przez $\boldsymbol{u}^{(1)}$, $\boldsymbol{i}^{(1)}$ oznaczymy napięcia i prądy gałęziowe w sieci S_1, przez $\boldsymbol{u}^{(2)}$, $\boldsymbol{i}^{(2)}$ – napięcia i prądy gałęziowe w sieci S_2, to zachodzą również równości (7.3-37) i (7.3-38), mimo iż występują w nich napięcia i prądy gałęziowe różnych sieci.

Właściwość ta jest podstawą tzw. *metody obwodów dołączonych*, znajdującej zastosowanie w *analizie wrażliwości* dużych sieci elektrycznych (por. np. [4], p. 15.3).

Zwracamy jednak uwagę, że lewe strony równości (7.3-37) i (7.3-38) tracą interpretację fizyczną (nie są już mocami) i równości te mają znaczenie tylko formalne.

7.3.4. Równania gałęziowe sieci SLS

W punkcie 7.3.1-B stwierdziliśmy, że równania równowagi (7.3-8) stanowią układ g równań liniowych, w których występuje $2g$ zmiennych: napięć i prądów gałęziowych w sieci o g gałęziach. Aby otrzymać pełny *opis sieciowy* rozważanej sieci, do równań równowagi należy dołączyć *równania gałęziowe*, stanowiące dodatkowy układ g równań wiążących ze sobą napięcia i prądy gałęziowe.

W najprostszym przypadku *sieci bez sprzężeń* (por. p. 7.1.2-B) równania gałęziowe mają postać związków wiążących ze sobą napięcie u_k z prądem i_k, $k = 1, \ldots, g$, z osobna dla poszczególnych gałęzi sieci. W *sieci ze sprzężeniami* (por. p. 7.1.2-C) równania te mają postać bardziej złożoną, wiążą bowiem ze sobą wektory $\boldsymbol{u}$, $\boldsymbol{i}$ dla całej rozpatrywanej sieci.

Jak już wspominaliśmy w tomie I, o klasie rozpatrywanej sieci decyduje rodzaj jej równań gałęziowych lub, inaczej, rodzaj elementów, z których sieć jest zbudowana (por. p. 2.1.5-A). Dalsze nasze rozważania ograniczymy do *sieci SLS*, tj. sieci zbudowanych z elementów SLS i źródeł niezależnych. Równania gałęziowe sieci SLS są zatem równaniami różniczkowymi (lub różniczkowo-całkowymi), zwyczajnymi, liniowymi, o stałych współczynnikach. Przy tych założeniach równania gałęziowe sieci SLS możemy formułować, stosując od razu opis zespolony i wykorzystując pojęcia impedancji i admitancji. Stosownie do zasady *izomorfizmu* równań zespolonych sieci SLS (por. p. 6.2.2-C w tomie II), dogodnie jest przy tym posługiwać się tzw. *oznaczeniami uniwersalnymi* (p. A). Umożliwia to jednolite ujęcie zagadnień sieci prądu stałego, sieci prądu sinusoidalnie zmiennego oraz sieci pracujących przy dowolnych pobudzaniach dla $t \geqslant 0$ i skupienie uwagi na charakterystyce metod sieciowych, niezależnie (w pewnym zakresie) od rodzaju występujących w sieci sygnałów[1)].

[1)] Przypomnijmy jednak, że mimo wielu zalet opis zespolony ma zakres zastosowań ograniczony do sieci SLS pracującej przy określonych pobudzeniach. Ogólny przypadek sieci skupionej wymaga opisu w dziedzinie czasu (por. p. 2.1.5 w tomie I). Do spraw związanych z opisem czasowym nawiążemy w rozdziale 12.

A. Oznaczenia uniwersalne. Omówiony w p. 6.2.2-C w tomie II izomorfizm zespolonych równań układów SLS przy pobudzaniu sinusoidalnym oraz przy pobudzaniu dowolnym dla $t \geqslant 0$ i zerowych warunkach początkowych umożliwia wprowadzenie oznaczeń uniwersalnych, przy których zostaje zachowana p o s t a ć równań układów SLS, bez względu na znaczenie występujących w tych równaniach symboli.

Rozpatrzymy trzy przypadki układów SLS:

a) układ prądu stałego – wszystkie prądy i napięcia są stałe dla $-\infty < t < +\infty$ (por. p. 3.2 w tomie I);

b) układ prądu sinusoidalnie zmiennego – wszystkie prądy i napięcia są dla $-\infty < t < +\infty$ sinusoidalnie zmienne z tą samą pulsacją ω, a równania zespolone układu są zapisywane przy użyciu metody amplitud zespolonych (por. rozdział 4 w tomie II);

c) układ pobudzany sygnałami dowolnymi dla $t \geqslant 0$ przy zerowych warunkach początkowych – równania zespolone układu są zapisywane przy użyciu metody przekształcenia Laplace'a (por. p. 6.2 w tomie II).

W przypadkach a) i b) zakładamy, że układ znajduje się w stanie ustalonym (por. p. 2.2.2 w tomie I).

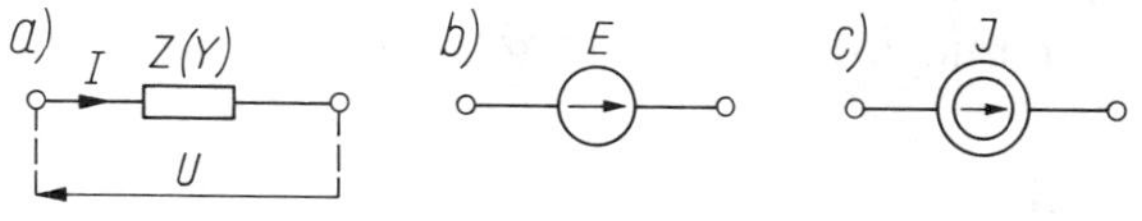

Rys. 7.3-5

Rozważmy dwójnik SLSB (rys. 7.3-5) i jego równania:

$$U = ZI, \qquad I = YU \tag{7.3-39}$$

zapisane przy użyciu oznaczeń uniwersalnych. W zależności od tego, z którym z trzech wymienionych przypadków mamy do czynienia, znaczenie symboli użytych w równaniach (7.3-39) jest następujące:

a) U, I – napięcie stałe i prąd stały; $Z = Z(0) = R$ jest oporem, zaś $Y = Y(0) = G$ jest przewodnością dwójnika[1)];

b) U, I – zespolone amplitudy napięcia $u = \mathrm{Re}[U e^{j\omega t}]$ i prądu $i = \mathrm{Re}[I e^{j\omega t}]$; $Z = Z(j\omega)$ jest impedancją (zespoloną), zaś $Y = Y(j\omega)$ jest admitancją (zespoloną) dwójnika (por. p. 4.3.3-A w tomie II);

c) U, I – transformaty Laplace'a napięcia $u = \mathscr{L}^{-1}[U]$ i prądu $i = \mathscr{L}^{-1}[I]$, przy czym: $U = U(s)$, $I = I(s)$[2)]; $Z = Z(s)$ jest impedancją (operatorową), zaś $Y = Y(s)$ jest admitancją (operatorową) dwójnika (por. p. 6.2.1-D w tomie II).

[1)] Układ prądu stałego można formalnie traktować jako przypadek graniczny układu prądu sinusoidalnie zmiennego przy $\omega = 0$.

[2)] Rezygnujemy tu ze stosowanego w rozdziale 6 tomu II oznaczenia transformat napięć i prądów symbolami $\bar{u}$, $\bar{i}$.

W przypadku źródeł idealnych (rys. 7.3-5b,c) symbole E, J oznaczają odpowiednio:

a) stałą siłę elektromotoryczną i stałą wydajność prądową;

b) zespolone amplitudy sinusoidalnej siły elektromotorycznej i sinusoidalnej wydajności prądowej;

c) transformaty Laplace'a siły elektromotorycznej i wydajności prądowej, określonych dla $t \geqslant 0$.

Biorąc pod uwagę, że równania wynikające z PPK i NPK mają identyczną postać dla każdej sieci skupionej, a więc także w przypadkach a), b), c), dochodzimy do następującego wniosku:

Równania układów SLS zapisane przy użyciu oznaczeń uniwersalnych:

$$U, \quad I, \quad E, \quad J, \quad Z, \quad Y \tag{7.3-40}$$

mają we wszystkich trzech rozważanych przypadkach identyczną postać.

Oznaczeniami uniwersalnymi (7.3-40) będziemy posługiwać się w następnych punktach tego rozdziału, a także w dalszych rozważaniach.

B. Równania gałęziowe sieci bez sprzężeń. Załóżmy, że każdą gałąź rozpatrywanej sieci możemy przedstawić w postaci z rys. 7.3-6a lub w postaci z rys. 7.3-6b. Równanie k-tej gałęzi może być wówczas zapisane w *postaci napięciowej*:

$$U_k = Z_k I_k - E_k \tag{7.3-41}$$

lub w *postaci prądowej*:

$$I_k = Y_k U_k + J_k \tag{7.3-42}$$

gdzie Z_k i Y_k są odpowiednio *impedancją gałęziową* i *admitancją gałęziową* oraz E_k i J_k są odpowiednio *siłą elektromotoryczną gałęziową* i *wydajnością prądową gałęziową*. Jeśli $Z_k \neq 0$ ($Y_k \neq 0$), to gałąź o postaci napięciowej (prądowej) może być zastąpiona gałęzią o postaci prądowej (napięciowej), przy czym:

$$Z_k Y_k = 1, \qquad E_k = J_k Z_k$$

Dwójniki z rys. 7.3-6a,b są wówczas dwójnikami równoważnymi. Przy $E_k = 0$ ($J_k = 0$) gałąź ma postać pokazaną na rys. 7.3-6c.

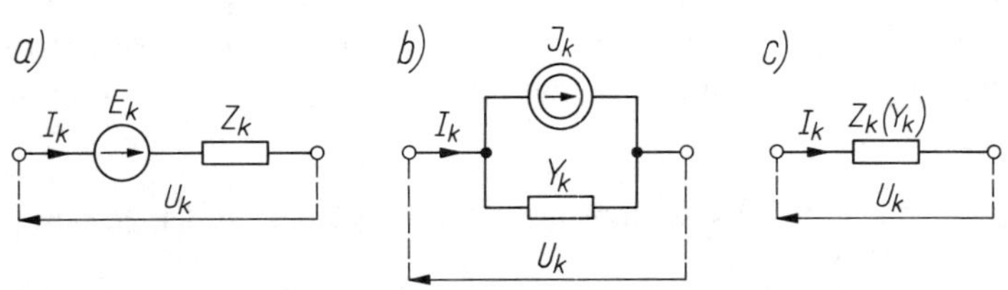

Rys. 7.3-6

Jeśli wszystkie gałęzie sieci można przedstawić w postaci napięciowej (rys. 7.3-6a), to równania gałęziowe całej sieci dadzą się zapisać w postaci:

$$\boldsymbol{U} = \boldsymbol{Z}\boldsymbol{I} - \boldsymbol{E} \tag{7.3-43}$$

gdzie:

$$\boldsymbol{Z} = \text{diag}\,[Z_k] \tag{7.3-44}$$

jest *macierzą impedancji gałęziowych* o wymiarach $g \times g$, zaś:

$$\boldsymbol{E} = [E_1, E_2, \ldots, E_g]^T \tag{7.3-45}$$

jest *wektorem sił elektromotorycznych gałęziowych*, przy czym zakładamy, że $\boldsymbol{E} \neq \boldsymbol{0}$.

Analogicznie, jeśli wszystkie gałęzie sieci można przedstawić w postaci prądowej (rys. 7.3-6b), to równania gałęziowe całej sieci można zapisać w postaci:

$$\boldsymbol{I} = \boldsymbol{Y}\boldsymbol{U} + \boldsymbol{J} \tag{7.3-46}$$

gdzie:

$$\boldsymbol{Y} = \text{diag}[Y_k] \tag{7.3-47}$$

jest *macierzą admitancji gałęziowych* o wymiarach $g \times g$, zaś:

$$\boldsymbol{J} = [J_1, J_2, \ldots, J_g]^T \tag{7.3-48}$$

jest wektorem *wydajności prądowych gałęziowych*, przy czym zakładamy, że $\boldsymbol{J} \neq \boldsymbol{0}$.

Jeśli macierz $\boldsymbol{Z}$ (macierz $\boldsymbol{Y}$) jest nieosobliwa, co w rozważanym przypadku sprowadza się do warunku $Z_k \neq 0$ ($Y_k \neq 0$) dla $k = 1, \ldots, g$, to:

$$\boldsymbol{Y} = \boldsymbol{Z}^{-1}, \qquad \boldsymbol{Z} = \boldsymbol{Y}^{-1} \tag{7.3-49}$$

i równania (7.3-43) i (7.3-46) stają się równoważne, przy czym:

$$\boldsymbol{J} = \boldsymbol{Y}\boldsymbol{E}, \qquad \boldsymbol{E} = \boldsymbol{Z}\boldsymbol{J} \tag{7.3-50}$$

Zależności (7.3-50) są słuszne w każdym przypadku, w którym istnieją macierze odwrotne (7.3-49) (por. przykład 7.3-5).

C. Równania gałęziowe sieci ze sprzężeniami. W sieci ze sprzężeniami napięcie lub prąd danej gałęzi może zależeć bezpośrednio od napięcia lub prądu innej (lub innych) gałęzi.

Rozpatrzymy teraz rodzaje sprzężeń między gałęziami sieci, przy których może być zachowana postać (7.3-43) lub postać (7.3-46) równań gałęziowych dla całej sieci.

1. **Sprzężenia magnetyczne** (przypadek ten nie dotyczy, ze względów oczywistych, sieci prądu stałego). Załóżmy, że w sieci występują gałęzie zawierające indukcyjności i że między tymi indukcyjnościami, np. w gałęziach o numerach k, l występuje sprzężenie magnetyczne. Przyjmujemy przy tym postać napięciową gałęzi (rys. 7.3-7a).

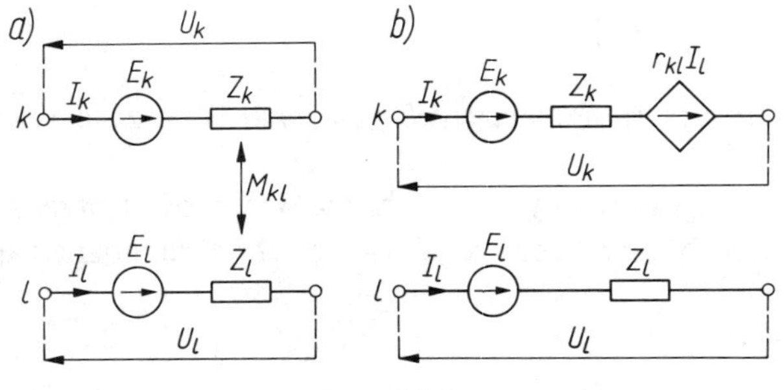

Rys. 7.3-7

Równania gałęzi sprzężonych z rys. 7.3-7a mają wówczas postać:

$$U_k = Z_k I_k + Z_{kl} I_l - E_k$$

$$U_l = Z_l I_l + Z_{lk} I_k - E_l$$

gdzie:

$$Z_{kl} = Z_{lk} = sM_{kl} = sM_{lk}$$

($s = j\omega$ dla sieci prądu sinusoidalnie zmiennego). Wynika stąd, że w przypadku występowania sprzężeń magnetycznych między dowolnymi gałęziami sieci równania gałęziowe zachowują postać (7.3-43) z tym, że macierz impedancji gałęziowych:

$$\boldsymbol{Z} = \text{diag}\,[Z_k] + \boldsymbol{Z_M} = \text{diag}\,[Z_k] + s\boldsymbol{M} \tag{7.3-51}$$

gdzie:

$$\boldsymbol{M} = \begin{bmatrix} 0 & M_{12} & M_{13} & \dots & M_{1g} \\ M_{21} & 0 & M_{23} & \dots & M_{2g} \\ \dots & \dots & \dots & \dots & \dots \\ \dots & \dots & \dots & \dots & \dots \\ M_{g1} & M_{g2} & M_{g3} & \dots & 0 \end{bmatrix}, \qquad M_{ik} = M_{ki} \in \mathscr{R} \tag{7.3-52}$$

Macierz $\boldsymbol{Z}$ przestaje być macierzą diagonalną, pozostaje jednak nadal macierzą symetryczną.

2. **Źródła napięciowe sterowane prądowo.** Zachowanie postaci (7.3-43) równań gałęziowych jest możliwe także w przypadku występowania w sieci źródeł napięciowych sterowanych prądowo. Dla gałęzi przedstawionych na rys. 7.3-7b mamy:

$$U_k = Z_k I_k + r_{kl} I_l - E_k$$

$$U_l = Z_l I_l - E_l$$

W przypadku występowania wielu ŹNSP macierz impedancji gałęziowych ma postać:

$$\boldsymbol{Z} = \mathrm{diag}\,[Z_k] + \boldsymbol{r} \tag{7.3-53}$$

gdzie:

$$\boldsymbol{r} = \begin{bmatrix} r_{11} & r_{12} & \cdots & r_{1g} \\ r_{21} & r_{22} & \cdots & r_{2g} \\ \cdots & \cdots & \cdots & \cdots \\ \cdots & \cdots & \cdots & \cdots \\ r_{g1} & r_{g2} & \cdots & r_{gg} \end{bmatrix}, \qquad r_{ik} \in \mathcal{R} \tag{7.3-54}$$

przy czym, ogólnie biorąc, $r_{ik} \neq r_{ki}$ (częsty przypadek $r_{ik} = 0$, $r_{ki} \neq 0$, a także $r_{kk} = 0$, co oznacza brak w k-tej gałęzi źródła sterowanego prądem tej samej gałęzi).

Macierz $\boldsymbol{Z}$ określona wzorem (7.3-53) jest w ogólnym przypadku macierzą niesymetryczną.

3. **Źródła prądowe sterowane napięciowo.** Analogicznie do przypadku 2, możliwe jest zachowanie postaci (7.3-46) równań gałęziowych również wtedy, kiedy w sieci występują źródła prądowe sterowane napięciowo oraz przyjęte są postacie prądowe gałęzi. Dla gałęzi przedstawionych na rys. 7.3-8 mamy:

$$I_k = Y_k U_k + g_{kl} U_l + J_k$$

$$I_l = Y_l U_l + J_l$$

W konsekwencji, w przypadku występowania wielu ŹPSN macierz admitancji gałęziowych ma postać:

$$\boldsymbol{Y} = \mathrm{diag}\,[Y_k] + \boldsymbol{g} \tag{7.3-55}$$

gdzie:

$$g = \begin{bmatrix} g_{11} & g_{12} & \cdots & g_{1g} \\ g_{21} & g_{22} & \cdots & g_{2g} \\ \cdots & \cdots & \cdots & \cdots \\ \cdots & \cdots & \cdots & \cdots \\ g_{g1} & g_{g2} & \cdots & g_{gg} \end{bmatrix}, \quad g_{ik} \neq g_{ki}, \quad g_{ik} \in \mathscr{R} \tag{7.3-56}$$

(komentarze jak w przypadku 2).

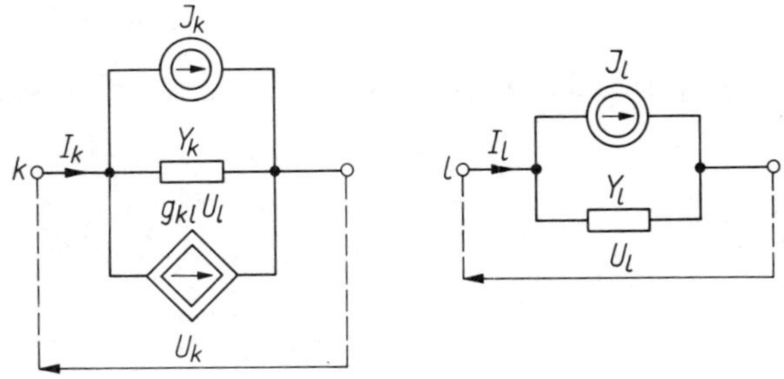

Rys. 7.3-8

Macierz Y określona wzorem (7.3-55) jest w ogólnym przypadku macierzą niesymetryczną.

4. **Żyratory.** Równania (1.7-33) w tomie I umożliwiają rozpatrywanie żyratora jako kombinacji dwóch ŹNSP lub dwóch ŹPSN (rys. 1.7-25). Występowanie w sieci sprzężeń wnoszonych przez żyratory daje się zatem sprowadzić do przypadku 2 lub 3 (szczegóły rozważań pomijamy).

D. Inne przypadki. Przypadki omówione w p. C nie wyczerpują wszystkich możliwych rodzajów sprzężeń między gałęziami. Występowanie w sieci takich elementów jak ŹNSN, ŹPSP lub transformatory idealne powoduje, że napięcie (prąd) danej gałęzi zależy od napięcia (prądu) innej gałęzi. Podobna sytuacja ma miejsce, jeśli w sieci występują WO.

We wszystkich tych przypadkach nie jest możliwe posługiwanie się równaniami gałęziowymi o postaci impedancyjnej (7.3-43) lub o postaci admitancyjnej (7.3-46). Podobne trudności występują wtedy, kiedy sieć zawiera jednocześnie elementy wymagające przedstawienia równań gałęziowych w postaci impedancyjnej (np. ŹNSP) i elementy wymagające przedstawienia tych równań w postaci admitancyjnej (np. ŹPSN). Dotyczy to także przypadku jednoczesnego występowania gałęzi zawierających tylko idealne źródła napięciowe ($Z_k = 0$ w równaniu (7.3-41)) i gałęzi zawierających tylko idealne źródła prądowe ($Y_k = 0$ w równaniu (7.3-42)). Konieczne staje się zatem wprowadzenie bardziej ogólnego modelu zależności między napięciami gałęziowymi i prądami gałęziowymi w całej sieci.

Do spraw tu poruszonych powrócimy w p. 7.3.8.

7.3.5. Metoda prądów obwodowych

O metodzie tej była już mowa w tomach I i II (p. 3.3.4-F i p. 4.4.5-A). Nie będziemy zatem powtarzać wszystkich objaśnień i interpretacji, ograniczając nasze rozważania do formalnego i ogólnego sformułowania metody.

A. Równania prądowe sieci. Załóżmy, że rozpatrujemy sieć SLS o grafie sieciowym G i ustalonych macierzach: węzłowej $\boldsymbol{\lambda}$ i obwodowej $\boldsymbol{\delta}$. Przyjmijmy ponadto, że równania gałęziowe sieci mogą być przedstawione w postaci impedancyjnej (7.3-43).

Przy tych założeniach z równań równowagi (7.3-8) możemy, po uwzględnieniu związków (7.3-43), wyeliminować wektor $\boldsymbol{U}$ napięć gałęziowych. Otrzymujemy wówczas równania:

$$\boldsymbol{\lambda I} = \boldsymbol{0}, \qquad \boldsymbol{\delta Z I} = \boldsymbol{E}_o \tag{7.3-57}$$

gdzie:

$$\boldsymbol{E}_o \overset{\Delta}{=} \boldsymbol{\delta E}, \qquad \boldsymbol{E}_o = [E_{o1}, E_{o2}, \ldots, E_{on}]^T \tag{7.3-58}$$

jest *wektorem sił elektromotorycznych obwodowych*. Współrzędna E_{ok} wektora $\boldsymbol{E}_o$ jest sumą algebraiczną sił elektromotorycznych gałęziowych gałęzi wchodzących w skład k-tego konturu (por. p. 3.3.4-F w tomie I i p. 4.4.5-A w tomie II).

Równania (7.3-57) stanowią układ g równań liniowych o g niewiadomych prądach gałęziowych I_k, $k = 1, \ldots, g$. Nazywamy je *równaniami prądowymi* sieci SLS.

Jak wynika z rozważań p. 7.3.2-B, liczba niewiadomych prądowych może być zredukowana w wyniku wprowadzenia przekształcenia obwodowego (p. 7.3.2-A).

B. Równania prądów obwodowych. Zgodnie z twierdzeniem 7.3-1 pierwsze równanie (7.3-57) jest równoważne równaniu (7.3-15). Równanie to zapisane za pomocą oznaczeń uniwersalnych przybiera postać:

$$\boldsymbol{I} = \boldsymbol{\delta}^T \boldsymbol{I}_o \tag{7.3-59}$$

Podstawiając równanie (7.3-59) do drugiego równania (7.3-57) otrzymujemy:

$$\boldsymbol{\delta Z \delta}^T \boldsymbol{I}_o = \boldsymbol{E}_o$$

lub:

$$\boldsymbol{Z}_o \boldsymbol{I}_o = \boldsymbol{E}_o \tag{7.3-60}$$

gdzie:

$$\boldsymbol{Z}_o \overset{\Delta}{=} \boldsymbol{\delta Z \delta}^T \tag{7.3-61}$$

jest *macierzą impedancji obwodowych*.

Równania (7.3-60) są *równaniami prądów obwodowych*, a ich sformułowanie stanowi istotę *metody prądów obwodowych*.

C. Komentarze i uzupełnienia. Przedstawimy teraz kilka uwag i komentarzy dotyczących uzyskanego rezultatu.

1. Równania prądów obwodowych (7.3-60) stanowią układ n równań liniowych o n niewiadomych – prądach obwodowych. Zgodnie z zależnością (7.1-24) liczba cyklomatyczna n jest mniejsza od liczby gałęzi g. *Układ równań* (7.3-60) *ma zatem mniejszą wymiarowość niż układ równań* (7.3-57). Prądy obwodowe $\boldsymbol{I}_o$ są prądami niezależnymi (p. 7.3.2-B), a więc wymiarowość układu równań sieci względem niewiadomych będących prądami nie może być mniejsza niż n. *Układ równań* (7.3-60) *jest zatem układem równań względem zmiennych prądowych o minimalnej wymiarowości.*

2. Macierz impedancji obwodowych:

$$\boldsymbol{Z}_o = [Z_{ik}]_{n \times n} \tag{7.3-62}$$

jest macierzą kwadratową o wymiarach $n \times n$. *Jeśli macierz impedancji gałęziowych* $\boldsymbol{Z}$ *jest macierzą symetryczną, to macierz impedancji obwodowych* $\boldsymbol{Z}_o$ *jest też macierzą symetryczną*. Wynika to wprost z zależności (7.3-61), gdyż przy warunku $\boldsymbol{Z}^T = \boldsymbol{Z}$ mamy:

$$\boldsymbol{Z}_o^T = (\boldsymbol{\delta Z \delta}^T)^T = \boldsymbol{\delta Z}^T \boldsymbol{\delta}^T = \boldsymbol{\delta Z \delta}^T = \boldsymbol{Z}_o$$

Jeśli macierz $\boldsymbol{Z}$ jest macierzą diagonalną (7.3-44), to elementy macierzy $\boldsymbol{Z}_o$ wyrażają się wzorami:

$$Z_{kk} = \sum_{j=1}^{g} \delta_{kj}^2 Z_j$$

$$Z_{ik} = Z_{ki} = \sum_{j=1}^{g} \delta_{ij} \delta_{kj} Z_j$$

Element Z_{kk} bywa nazywany *impedancją własną* k-tego konturu, zaś element $Z_{ik} = Z_{ki}$ – *impedancją wzajemną* i-tego i k-tego konturu. Jeśli kontury niezależne zostały wybrane jako oczka, to wielkości Z_{kk} oraz $Z_{ik} = Z_{ki}$ mają prostą interpretację i mogą być wyznaczone bezpośrednio na podstawie schematu sieci (interpretację tę omawialiśmy dwukrotnie w p. 3.3.4-F w tomie I i w p. 4.4.5-A w tomie II i nie będziemy jej tu powtarzać). Interpretacja ta przestaje jednak obowiązywać, jeśli macierz $\boldsymbol{Z}$ nie jest macierzą diagonalną (por. przykład 7.3-3).

3. Obliczenie prądów i napięć w sieci wymaga rozwiązania równań (7.3-60), tzn. wyznaczenia wektora prądów obwodowych:

$$\boldsymbol{I}_o = \boldsymbol{Z}_o^{-1} \boldsymbol{E}_o \tag{7.3-63}$$

co pod względem formalnym wymaga, aby macierz $\boldsymbol{Z}_o$ była nieosobliwa. Przypominamy jednak, że istnienie wektora $\boldsymbol{I}_o$ jest równoważne spełnieniu w sieci PPK (twierdzenie 7.3-1). *Nieistnienie rozwiązania* (7.3-63) *oznaczałoby zatem niespełnienie przez sieć równań równowagi.* Wyciągamy stąd wniosek, że *jeśli są spełnione równania równowagi* (7.3-8) *i równania gałęziowe* (7.3-43), *to rozwiązanie* (7.3-63) *istnieje*, tzn. macierz $\boldsymbol{Z}_o$ jest nieosobliwa.

Kwestia nieosobliwości macierzy $\boldsymbol{Z}_o$ wymaga jednak dodatkowego komentarza w przypadku, gdy:

$$\boldsymbol{Z}_o = \boldsymbol{Z}_o(s) \tag{7.3-64}$$

tj. w przypadku sieci prądu sinusoidalnie zmiennego ($s = j\omega$) lub sieci pobudzanej dowolnymi sygnałami dla $t \geqslant 0$ (przypadki b,c z p. 7.3.4-A).

Macierz (7.3-64) jest nieosobliwa, jeśli $\det\boldsymbol{Z}_o(s) \not\equiv 0$, co nie wyklucza sytuacji, kiedy:

$$\bigvee_{s_0} \det \boldsymbol{Z}_o(s_0) = 0 \tag{7.3-65}$$

Równość (7.3-65) oznacza, że przy szczególnym doborze wartości zmiennej s (np. pulsacji ω) naruszone zostają prawa Kirchhoffa (por. przykład 7.3-9).

7.3.6. Metoda napięć węzłowych

Podobnie jak w przypadku metody prądów obwodowych o metodzie napięć węzłowych była już mowa w tomach I i II (p. 3.3.4-G i p. 4.4.5-B). Także i tym razem nie będziemy powtarzać podanych poprzednio objaśnień i interpretacji, ograniczając nasze rozważania do formalnego i ogólnego sformułowania metody.

A. Równania napięciowe sieci. Zakładamy, jak w p. 7.3.5-A, że rozpatrujemy sieć SLS o ustalonych macierzach $\boldsymbol{\lambda}$ i $\boldsymbol{\delta}$. Przyjmujemy ponadto, że równania gałęziowe sieci mogą być przedstawione w postaci admitancyjnej (7.3-46).

Przy tych założeniach z równań równowagi (7.3-8) możemy wyeliminować wektor $\boldsymbol{I}$. Stosując oznaczenia uniwersalne, po podstawieniu równań (7.3-46) do pierwszego równania (7.3-8) otrzymujemy:

$$\boldsymbol{\lambda} \boldsymbol{Y} \boldsymbol{U} = \boldsymbol{J}_w, \qquad \boldsymbol{\delta} \boldsymbol{U} = \boldsymbol{0} \tag{7.3-66}$$

gdzie:

$$\boldsymbol{J}_w \overset{\Delta}{=} -\boldsymbol{\lambda} \boldsymbol{J}, \qquad \boldsymbol{J}_w = [J_{w1}, J_{w2}, \ldots, J_{wr}]^T \tag{7.3-67}$$

jest *wektorem wydajności prądowych węzłowych.* Współrzędna J_{wi} wektora $\boldsymbol{J}_w$ jest sumą algebraiczną wydajności prądowych gałęzi dochodzących[1)] do i-tego węzła (por. p. 3.3.4-G w tomie I i p. 4.4.5-B w tomie II).

Równania (7.3-66) stanowią układ g równań liniowych o g niewiadomych napięciach gałęziowych U_k, $k = 1, \ldots, g$. Nazywamy je *równaniami napięciowymi* sieci SLS.

Jak wiemy (por. p. 7.3.2-D), liczba niewiadomych napięciowych może być zredukowana przez wprowadzenie przekształcenia węzłowego (p. 7.3.2-C).

B. Równania napięć węzłowych. Drugie równanie (7.3-66) jest, zgodnie z twierdzeniem 7.3-2, równoważne równaniu:

$$\boldsymbol{U} = \boldsymbol{\lambda}^T \boldsymbol{U}_w \tag{7.3-68}$$

Podstawiając równanie (7.3-68) do pierwszego równania (7.3-66) otrzymujemy:

$$\boldsymbol{\lambda} \boldsymbol{Y} \boldsymbol{\lambda}^T \boldsymbol{U}_w = \boldsymbol{J}_w$$

lub:

$$\boldsymbol{Y}_w \boldsymbol{U}_w = \boldsymbol{J}_w \tag{7.3-69}$$

gdzie:

$$\boldsymbol{Y}_w \stackrel{\Delta}{=} \boldsymbol{\lambda} \boldsymbol{Y} \boldsymbol{\lambda}^T \tag{7.3-70}$$

jest *macierzą admitancji węzłowych.*

Równania (7.3-69) są *równaniami napięć węzłowych,* a ich sformułowanie stanowi istotę *metody napięć węzłowych.*

C. Komentarze i uzupełnienia. Tak jak w przypadku metody prądów obwodowych (p. 7.3.5-C), przedstawimy teraz kilka uwag i komentarzy.

1. Równania napięć węzłowych (7.3-69) stanowią układ r równań liniowych o r niewiadomych – napięciach węzłowych. Zgodnie z zależnościami (7.1-23) i (7.1-26) rząd grafu r jest mniejszy od liczby gałęzi g. *Układ równań* (7.3-69) *ma zatem mniejszą wymiarowość niż układ równań* (7.3-66). Napięcia węzłowe $\boldsymbol{U}_w$ są napięciami niezależnymi (p. 7.3.2-D), a więc wymiarowość układu równań sieci względem niewiadomych będących napięciami nie może być mniejsza niż r. *Układ równań* (7.3-69) *jest zatem układem równań względem zmiennych napięciowych o minimalnej wymiarowości.*

2. Macierz admitancji węzłowych:

$$\boldsymbol{Y}_w = [Y_{ik}]_{r \times r} \tag{7.3-71}$$

jest macierzą kwadratową o wymiarach $r \times r$. *Jeśli macierz admitancji gałęziowych* $\boldsymbol{Y}$ *jest macierzą symetryczną, to macierz admitancji węzłowych* $\boldsymbol{Y}_w$ *jest też macierzą symetryczną* (dowód jak w przypadku macierzy $\boldsymbol{Z}_o$).

[1)] Podkreślamy, że w równaniu (7.3-67) występuje macierz $\boldsymbol{\lambda}$ ze znakiem „–" (por. określenie elementów λ_{ik}, p. 7.2.1-A).

Jeśli macierz Y jest macierzą diagonalną (7.3-47), to elementy macierzy Y_w wyrażają się wzorami:

$$Y_{kk} = \sum_{j=1}^{g} \lambda_{kj}^2 Y_j$$

$$Y_{ik} = Y_{ki} = \sum_{j=1}^{g} \lambda_{ij} \lambda_{kj} Y_j$$

Element Y_{kk} bywa nazywany *admitancją własną* k-tego węzła, zaś element $Y_{ik} = Y_{ki}$ – *admitancją wzajemną* i-tego i k-tego węzła. Jeśli napięcia węzłowe zostały wybrane w sposób opisany w p. 7.3.2-D6, to wielkości Y_{kk} oraz $Y_{ik} = Y_{ki}$ mają prostą interpretację i mogą być wyznaczone wprost na podstawie schematu sieci (interpretację tę omawialiśmy dwukrotnie w p. 3.3.4-G w tomie I i w p. 4.4.5-B w tomie II). Interpretacja ta przestaje jednak obowiązywać, jeśli macierz Y nie jest macierzą diagonalną (por. przykład 7.3-4).

3. Obliczenie prądów i napięć w sieci wymaga rozwiązania równań (7.3-69), tzn. wyznaczenia wektora napięć węzłowych:

$$U_w = Y_w^{-1} J_w \tag{7.3-72}$$

co jest możliwe, gdy macierz Y_w jest nieosobliwa. Rozumowanie analogiczne do tego, jakie przeprowadziliśmy w odniesieniu do macierzy Z_o (p. 7.3.5-C), prowadzi wprost do wniosku, że *nieistnienie rozwiązania* (7.3-72) *oznaczałoby niespełnienie przez sieć równań równowagi.* Wynika stąd, że *jeśli są spełnione równania równowagi* (7.3-8) *i równania gałęziowe* (7.3-46), *to rozwiązanie* (7.3-72) *istnieje,* tzn. macierz Y_w jest nieosobliwa.

Uwagi dotyczące nieosobliwości macierzy impedancji obwodowych Z_o odnoszą się bez zmian do macierzy admitancji węzłowych Y_w w przypadku, gdy (por. p. 7.3.7-B):

$$Y_w = Y_w(s) \tag{7.3-73}$$

7.3.7. Przykłady i uzupełnienia

W tomach I i II podaliśmy już kilka przykładów zastosowania metody prądów obwodowych i metody napięć węzłowych do wyznaczania prądów i napięć w sieciach bez sprzężeń (przykłady: 3.3-12, 3.3-13 w tomie I oraz 4.4-8, 4.4-9 i 6.2-6 w tomie II). Przykładów tego typu nie będziemy więc powtarzać, zwracając uwagę na przypadki poprzednio nie rozpatrywane, wymagające podejścia ogólnego. Będziemy przy tym pomijać obliczenia numeryczne. Na tej podstawie postaramy się także sformułować uwagi i wnioski charakteryzujące omawiane metody.

A. Przykłady. Rozpatrzymy teraz kilka przykładów ilustrujących zastosowania rezultatów z p. 7.3.5 i p. 7.3.6.

Przykład 7.3-3. Rozważmy sieć prądu sinusoidalnie zmiennego przedstawioną na rys. 7.3-9. Załóżmy, że wierzchołek odniesienia i układ konturów niezależnych zostały wybrane jak w przykładzie 7.3-2 (rys. 7.3-4a,b). Macierze $\boldsymbol{\lambda}$ i $\boldsymbol{\delta}$ są zatem określone wzorami (7.3-30). Wyznaczymy równania prądów obwodowych (por. rys. 7.3-4b).

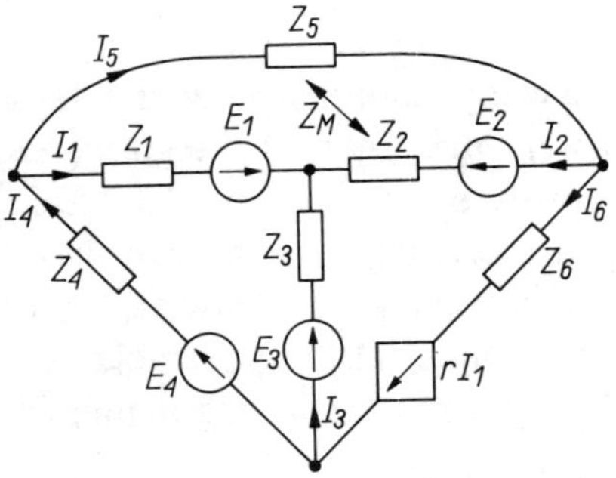

Rys. 7.3-9

Macierz impedancji gałęziowych na postać:

$$\boldsymbol{Z} = \begin{bmatrix} Z_1 & 0 & 0 & 0 & 0 & 0 \\ 0 & Z_2 & 0 & 0 & Z_M & 0 \\ 0 & 0 & Z_3 & 0 & 0 & 0 \\ 0 & 0 & 0 & Z_4 & 0 & 0 \\ 0 & Z_M & 0 & 0 & Z_5 & 0 \\ -r & 0 & 0 & 0 & 0 & Z_6 \end{bmatrix} \tag{7.3-74}$$

gdzie $Z_M = j\omega M$. Obliczamy macierz impedancji obwodowych zgodnie ze wzorem (7.3-61):

$$\boldsymbol{Z}_o = \boldsymbol{\delta Z \delta}^T = \begin{bmatrix} 1 & 0 & -1 & 1 & 0 & 0 \\ -1 & 1 & 0 & 0 & 1 & 0 \\ 0 & -1 & 1 & 0 & 0 & 1 \end{bmatrix} \begin{bmatrix} Z_1 & 0 & 0 & 0 & 0 & 0 \\ 0 & Z_2 & 0 & 0 & Z_M & 0 \\ 0 & 0 & Z_3 & 0 & 0 & 0 \\ 0 & 0 & 0 & Z_4 & 0 & 0 \\ 0 & Z_M & 0 & 0 & Z_5 & 0 \\ -r & 0 & 0 & 0 & 0 & Z_6 \end{bmatrix} \begin{bmatrix} 1 & -1 & 0 \\ 0 & 1 & -1 \\ -1 & 0 & 1 \\ 1 & 0 & 0 \\ 0 & 1 & 0 \\ 0 & 0 & 1 \end{bmatrix} =$$

$$= \begin{bmatrix} Z_1 & 0 & -Z_3 & Z_4 & 0 & 0 \\ -Z_1 & Z_2+Z_M & 0 & 0 & Z_5+Z_M & 0 \\ -r & -Z_2 & Z_3 & 0 & -Z_M & Z_6 \end{bmatrix} \begin{bmatrix} 1 & -1 & 0 \\ 0 & 1 & -1 \\ -1 & 0 & 1 \\ 1 & 0 & 0 \\ 0 & 1 & 0 \\ 0 & 0 & 1 \end{bmatrix} =$$

$$= \begin{bmatrix} Z_1+Z_3+Z_4 & -Z_1 & -Z_3 \\ -Z_1 & Z_1+Z_2+Z_5+2Z_M & -Z_2-Z_M \\ -Z_3-r & -Z_2-Z_M+r & Z_2+Z_3+Z_6 \end{bmatrix} \tag{7.3-75}$$

oraz wektor sił elektromotorycznych obwodowych (wzór (7.3-58)):

$$E_o = \delta E = \begin{bmatrix} 1 & 0 & -1 & 1 & 0 & 0 \\ -1 & 1 & 0 & 0 & 1 & 0 \\ 0 & -1 & 1 & 0 & 0 & 1 \end{bmatrix} \begin{bmatrix} E_1 \\ E_2 \\ E_3 \\ E_4 \\ 0 \\ 0 \end{bmatrix} = \begin{bmatrix} E_1 - E_3 + E_4 \\ -E_1 + E_2 \\ -E_2 + E_3 \end{bmatrix}$$

Wyznaczenie wektora prądów obwodowych I_o wymaga rozwiązania równań prądów obwodowych (7.3-60). Obliczenia numeryczne pomijamy (por. zad. 7.9).

Przykład 7.3-4. Przyjmując $r = 0$ (brak źródła sterowanego), wyznaczymy teraz równania napięć węzłowych sieci z przykładu 7.3-3 (rys. 7.3-9) przy poprzednich założeniach. Z uwagi na to, że występuje sprzężenie magnetyczne między gałęziami drugą i piątą, nie jest możliwe bezpośrednie zastąpienie gałęzi drugiej równoważnym źródłem prądowym, tj. przedstawienie jej w postaci prądowej z rys. 7.3-6b (można to natomiast zrobić w odniesieniu do gałęzi o numerach: 1, 3 i 4). Możliwe jest jednak doprowadzenie równań gałęziowych rozpatrywanej sieci do postaci admitancyjnej (7.3-46) przez obliczenie macierzy odwrotnej $Y = Z^{-1}$, gdzie Z jest macierzą (7.3-74) przy $r = 0$.

Po dokonaniu odpowiednich obliczeń otrzymujemy[1]:

$$Y = Z^{-1} = \begin{bmatrix} Y_1 & 0 & 0 & 0 & 0 & 0 \\ 0 & \alpha Y_2 & 0 & 0 & -\alpha Z_M Y_2 Y_5 & 0 \\ 0 & 0 & Y_3 & 0 & 0 & 0 \\ 0 & 0 & 0 & Y_4 & 0 & 0 \\ 0 & -\alpha Z_M Y_2 Y_5 & 0 & 0 & \alpha Y_5 & 0 \\ 0 & 0 & 0 & 0 & 0 & Y_6 \end{bmatrix}$$

gdzie:

$$\alpha \triangleq \frac{1}{1 - Z_M^2 Y_2 Y_5}, \qquad Y_k = \frac{1}{Z_k}, \qquad k = 1, \ldots, 6$$

[1] Proponujemy Czytelnikowi sprawdzenie, że przy obliczaniu macierzy odwrotnej względem macierzy o postaci (7.3-74) przy $r = 0$ (tj. w przypadku występowania jedynie sprzężeń magnetycznych między gałęziami) wystarczy wyznaczyć macierz odwrotną względem podmacierzy zawierającej tylko wiersze i kolumny odpowiadające gałęziom sprzężonym. W rozważanym przypadku mamy:

$$\begin{bmatrix} Z_2 & Z_M \\ Z_M & Z_5 \end{bmatrix}^{-1} = \frac{1}{Z_2 Z_5 - Z_M^2} \begin{bmatrix} Z_5 & -Z_M \\ -Z_M & Z_2 \end{bmatrix} =$$

$$= \frac{1}{1 - Z_M^2 Y_2 Y_5} \begin{bmatrix} Y_2 & -Z_M Y_2 Y_5 \\ -Z_M Y_2 Y_5 & Y_5 \end{bmatrix} \tag{a}$$

przy czym elementy tej podmacierzy należy wstawić w odpowiednie miejsce macierzy Z^{-1}. Wyznaczenie podmacierzy (a) jest możliwe przy założeniu $Z_2 Z_5 - Z_M^2 \neq 0$ (zalecamy Czytelnikowi zinterpretowanie tego wyniku).

Z zależności (7.3-70) możemy już teraz wyznaczyć macierz admitancji węzłowych:

$$Y_w = \lambda Y \lambda^T =$$

$$= \begin{bmatrix} 1 & 0 & 0 & -1 & 1 & 0 \\ 0 & 1 & 0 & 0 & -1 & 1 \\ 0 & 0 & 1 & 1 & 0 & -1 \end{bmatrix} \begin{bmatrix} Y_1 & 0 & 0 & 0 & 0 & 0 \\ 0 & \alpha Y_2 & 0 & 0 & -\alpha Z_M Y_2 Y_5 & 0 \\ 0 & 0 & Y_3 & 0 & 0 & 0 \\ 0 & 0 & 0 & Y_4 & 0 & 0 \\ 0 & -\alpha Z_M Y_2 Y_5 & 0 & 0 & \alpha Y_5 & 0 \\ 0 & 0 & 0 & 0 & 0 & Y_6 \end{bmatrix} \begin{bmatrix} 1 & 0 & 0 \\ 0 & 1 & 0 \\ 0 & 0 & 1 \\ -1 & 0 & 1 \\ 1 & -1 & 0 \\ 0 & 1 & -1 \end{bmatrix} =$$

$$= \begin{bmatrix} Y_1 + Y_4 + \alpha Y_5 & -\alpha(Y_5 + Z_M Y_2 Y_5) & -Y_4 \\ -\alpha(Y_5 + Z_M Y_2 Y_5) & Y_6 + \alpha(Y_2 + Y_5 + 2Z_M Y_2 Y_5) & -Y_6 \\ -Y_4 & -Y_6 & Y_3 + Y_4 + Y_6 \end{bmatrix}$$

Wektor wydajności prądowych gałęziowych $\boldsymbol{J}$ wyznaczamy z pierwszego wzoru (7.3-50):

$$\boldsymbol{J} = \boldsymbol{Y}\boldsymbol{E} = \begin{bmatrix} Y_1 & 0 & 0 & 0 & 0 & 0 \\ 0 & \alpha Y_2 & 0 & 0 & -\alpha Z_M Y_2 Y_5 & 0 \\ 0 & 0 & Y_3 & 0 & 0 & 0 \\ 0 & 0 & 0 & Y_4 & 0 & 0 \\ 0 & -\alpha Z_M Y_2 Y_5 & 0 & 0 & \alpha Y_5 & 0 \\ 0 & 0 & 0 & 0 & 0 & Y_6 \end{bmatrix} \begin{bmatrix} E_1 \\ E_2 \\ E_3 \\ E_4 \\ 0 \\ 0 \end{bmatrix} = \begin{bmatrix} J_1 \\ \alpha J_2 \\ J_3 \\ J_4 \\ -\alpha Z_M Y_5 J_2 \\ 0 \end{bmatrix}$$

gdzie oznaczono $J_k = Y_k E_k$, $k = 1, 2, 3, 4$. Stąd już bez trudu obliczamy wektor wydajności prądowych węzłowych:

$$\boldsymbol{J}_w = -\boldsymbol{\lambda}\boldsymbol{J} = \begin{bmatrix} -1 & 0 & 0 & 1 & -1 & 0 \\ 0 & -1 & 0 & 0 & 1 & -1 \\ 0 & 0 & -1 & -1 & 0 & 1 \end{bmatrix} \begin{bmatrix} J_1 \\ \alpha J_2 \\ J_3 \\ J_4 \\ -\alpha Z_M Y_5 J_2 \\ 0 \end{bmatrix} = \begin{bmatrix} -J_1 + J_4 + \alpha Z_M Y_5 J_2 \\ -\alpha J_2(1 + Z_M Y_5) \\ -J_3 - J_4 \end{bmatrix}$$

Wyznaczyliśmy zatem wszystkie macierze występujące w równaniach napięć węzłowych (7.3-69) rozpatrywanej sieci.

Można łatwo zauważyć, że wektory $\boldsymbol{J}$, $\boldsymbol{J}_w$ – mimo zachowania ich nazw – nie mają już bezpośredniej interpretacji układowej (por. p. 7.3.6-A). Zależność $\boldsymbol{J} = \boldsymbol{Y}\boldsymbol{E}$ można interpretować jako jednoczesne przekształcenie wszystkich źródeł napięciowych w sieci w źródła prądowe. Przy braku sprzężeń macierz $\boldsymbol{Y}$ jest macierzą diagonalną i takie przekształcenie jest możliwe dla każdej gałęzi z osobna (p. 7.3.4-B i rys. 7.3-6a,b).

Przykład 7.3-5. Rozważmy sieć przedstawioną na rys. 7.3-10a i jej graf pokazany na rys. 7.3-10b. Załóżmy, że w sieci działa jedno źródło niezależne o wydajności prądowej J_1 włączone w chwili $t = 0$ przy z e r o w y c h warunkach początkowych:

$$u_{C1}(0) = u_{C2}(0) = 0, \qquad i_{L3}(0) = i_{L5}(0) = 0$$

Symbole U, I, J oznaczają zatem odpowiednie transformaty Laplace'a (przypadek c z p. 7.3.4-A).

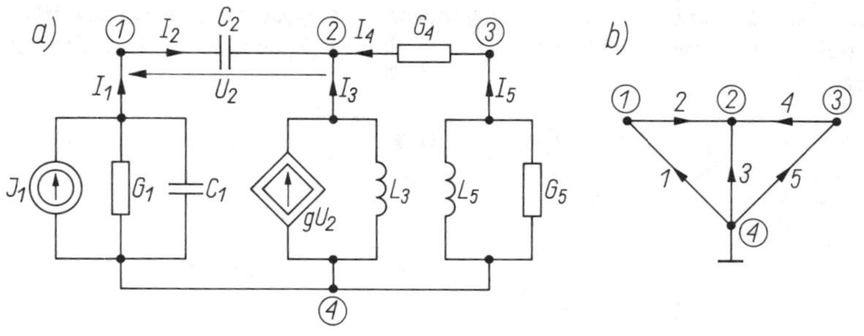

Rys. 7.3-10

Przy wyborze wierzchołka 4 jako wierzchołka odniesienia macierz $\boldsymbol{\lambda}$ ma postać:

$$\boldsymbol{\lambda} = \begin{bmatrix} -1 & 1 & 0 & 0 & 0 \\ 0 & -1 & -1 & -1 & 0 \\ 0 & 0 & 0 & 1 & -1 \end{bmatrix}$$

a zatem, zgodnie ze wzorem (7.3-70):

$$\boldsymbol{Y}_w = \begin{bmatrix} -1 & 1 & 0 & 0 & 0 \\ 0 & -1 & -1 & -1 & 0 \\ 0 & 0 & 0 & 1 & -1 \end{bmatrix} \begin{bmatrix} Y_1 & 0 & 0 & 0 & 0 \\ 0 & Y_2 & 0 & 0 & 0 \\ 0 & g & Y_3 & 0 & 0 \\ 0 & 0 & 0 & Y_4 & 0 \\ 0 & 0 & 0 & 0 & Y_5 \end{bmatrix} \begin{bmatrix} -1 & 0 & 0 \\ 1 & -1 & 0 \\ 0 & -1 & 0 \\ 0 & -1 & 1 \\ 0 & 0 & -1 \end{bmatrix} =$$

$$= \begin{bmatrix} Y_1 + Y_2 & -Y_2 & 0 \\ -Y_2 - g & Y_2 + Y_3 + Y_4 + g & -Y_4 \\ 0 & -Y_4 & Y_4 + Y_5 \end{bmatrix} \tag{7.3-76}$$

gdzie:

$$Y_1 = G_1 + sC_1, \quad Y_2 = sC_2, \quad Y_3 = \frac{1}{sL_3}, \quad Y_4 = G_4, \quad Y_5 = G_5 + \frac{1}{sL_5} \tag{7.3-77}$$

Równania napięć węzłowych mają postać równań (7.3-69), przy czym macierz $\boldsymbol{Y}_w$ jest określona wzorem (7.3-76) oraz:

$$\boldsymbol{J}_w = \begin{bmatrix} 1 & -1 & 0 & 0 & 0 \\ 0 & 1 & 1 & 1 & 0 \\ 0 & 0 & 0 & -1 & 1 \end{bmatrix} \begin{bmatrix} J_1 \\ 0 \\ 0 \\ 0 \\ 0 \end{bmatrix} = \begin{bmatrix} J_1 \\ 0 \\ 0 \end{bmatrix}, \qquad \boldsymbol{U}_w = \begin{bmatrix} -U_1 \\ -U_2 \\ -U_3 \end{bmatrix}$$

Przykład 7.3-6. Rozważmy ponownie sieć z przykładu 7.3-5, ale przy n i e z e r o w y c h warunkach początkowych:

$$u_{C1}(0) = u_{10}, \quad u_{C2}(0) = u_{20}, \quad u_{L3}(0) = i_{30}, \quad u_{L5}(0) = i_{50}$$

Jak wiadomo (por. p. 6.2.4 w tomie II), elementy inercyjne ze zgromadzoną energią początkową (z niezerowymi warunkami początkowymi) można zastąpić elementami z zerowymi warunkami początkowymi oraz dodatkowymi źródłami niezależnymi. Stosując schematy zastępcze ze źródłami prądowymi (rys. 6.2-19a i 6.2-20b w tomie II), możemy uwzględnić niezerowe warunki początkowe w sposób pokazany na rys. 7.3-11, przy czym admitancje Y_k, $k = 1, \ldots, 5$ są określone wzorami (7.3-77) oraz:

$$J_1^0 = C_1 u_{10}, \quad J_2^0 = C_2 u_{20}, \quad J_3^0 = \frac{i_{30}}{s}, \quad J_5^0 = \frac{i_{50}}{s}$$

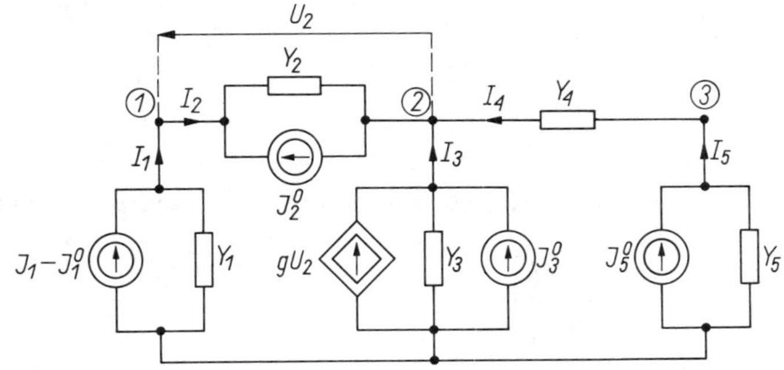

Rys. 7.3-11

W konsekwencji wektory: wydajności prądowych gałęziowych $\boldsymbol{J}$ i wydajności prądowych węzłowych $\boldsymbol{J}_w$ zmieniają się następująco:

$$\boldsymbol{J} = \begin{bmatrix} J_1 - J_1^0 \\ -J_2^0 \\ J_3^0 \\ 0 \\ J_5^0 \end{bmatrix}, \quad \boldsymbol{J}_w = -\boldsymbol{\lambda} \boldsymbol{J} = \begin{bmatrix} J_1 - J_1^0 + J_2^0 \\ -J_2^0 + J_3^0 \\ J_5^0 \end{bmatrix}$$

przy niezmienionej macierzy $\boldsymbol{Y}_w$ określonej wzorem (7.3-76).

B. Przykłady „patologiczne". Rozważymy teraz kilka dalszych przykładów, które nazwiemy umownie „patologicznymi". Chodzić w nich bowiem będzie o wskazanie sytuacji, w których macierz $\boldsymbol{Z}_o$ lub macierz $\boldsymbol{Y}_w$ może stać się macierzą osobliwą, a więc sytuacji, w których dochodzić może do naruszenia praw Kirchhoffa (por. p. 7.3.5-C i p. 7.3.6-C). Przykłady te umożliwią nam także sformułowanie w p. C kilku wniosków ogólnych.

Przykład 7.3-7. Rozważmy sieć prądu sinusoidalnie zmiennego przedstawioną na rys. 7.3-12a (jej graf sieciowy jest pokazany na rys. 7.3-12b). W sieci działają dwa źródła sterowane: ŹPSN o sile elektromotorycznej gU_2 oraz ŹPSP o wydajności prądowej αI_1. Z uwagi na zależność:

$$I_1 = j\omega C U_1$$

to ostatnie źródło możemy uważać za ŹPSN[1]:

$$\alpha I_1 = j\alpha\omega C U_1$$

[1] Taka procedura jest możliwa w przypadku, gdy gałąź sterująca nie jest sprzężona z innymi gałęziami. Może to jednak prowadzić do takiego modelu źródła sterowanego (tak jak w rozważanym przypadku), w którym współczynnik w równaniu źródła sterowanego jest zespolony (por. p. 1.7.2-G w tomie I).

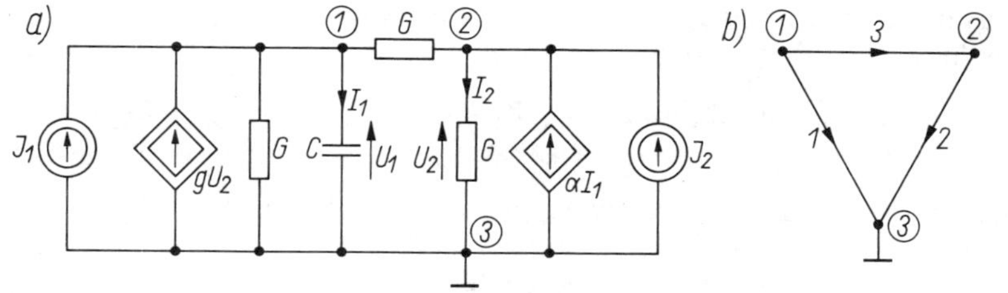

Rys. 7.3-12

Równania napięć węzłowych mają postać (szczegóły wyznaczenia tych równań pozostawiamy Czytelnikowi):

$$\begin{bmatrix} 2G + j\omega C & -G - g \\ -G - j\alpha\omega C & 2G \end{bmatrix} \begin{bmatrix} U_1 \\ U_2 \end{bmatrix} = \begin{bmatrix} J_1 \\ J_2 \end{bmatrix} \tag{7.3-78}$$

Wyznacznik macierzy $\boldsymbol{Y}_w$:

$$\det \boldsymbol{Y}_w(j\omega) = 2G(2G + j\omega C) - (G + g)(G + j\alpha\omega C) = 3G^2 - Gg + j\omega C(2G - \alpha G - \alpha g)$$

staje się tożsamościowo równy zeru:

$$\det \boldsymbol{Y}_w(j\omega) \equiv 0$$

jeśli współczynniki g, α źródeł sterowanych są odpowiednio dobrane i równe:

$$g = 3G, \qquad \alpha = \frac{1}{2} \tag{7.3-79}$$

Dla tych wartości współczynników g, α układ równań (7.3-78) nie ma zatem jednoznacznego rozwiązania. Proponujemy Czytelnikowi sprawdzenie, że przy:

$$J_1 + 2J_2 \neq 0 \tag{7.3-80}$$

układ ten nie ma rozwiązań, zaś przy:

$$J_1 + 2J_2 = 0$$

ma ich, formalnie rzecz biorąc, nieskończenie wiele. Zachęcamy także Czytelnika do sprawdzenia, że w przypadku, gdy zachodzą warunki (7.3-79) i (7.3-80), nie jest spełnione PPK dla wierzchołków 1 i 2 (NPK dla konturu utworzonego z gałęzi 1, 2, 3).

Przykład 7.3-8. Powróćmy do przykładu 7.3-3 (rys. 7.3-9). Zauważamy bez trudu, że metoda prądów obwodowych da się zastosować w przypadku, gdy np. $Z_1 = 0$ (w gałęzi 1 występuje tylko idealne źródło napięciowe), a nawet w przypadku, gdy $Z_1 = Z_3 = 0$, $Z_4 \neq 0$ (w obu tych przypadkach $\det \boldsymbol{Z}_o \not\equiv 0$).

Inaczej byłoby jednak, gdyby $Z_1 = Z_3 = Z_4 = 0$. W macierzy $\boldsymbol{Z}_o$ określonej wzorem (7.3-75) wystąpiłby wiersz złożony z samych zer i oczywiście $\det \boldsymbol{Z}_o \equiv 0$. Zauważmy, że w tym przypadku w sieci wystąpiłby kontur złożony z samych idealnych źródeł napięciowych, co przy warunku $E_1 - E_3 + E_4 \neq 0$ prowadziłoby do sprzeczności (naruszenie NPK).

W podobny sposób możemy rozumować w odniesieniu do przykładu 7.3-4 i metody napięć węzłowych. Przy braku sprzężenia magnetycznego: $Z_M = 0$, $\alpha = 1$, możliwy byłby przypadek: $Y_1 = 0$ (w gałęzi 1 występuje tylko idealne źródło prądowe), a nawet przypadek: $Y_1 = Y_2 = 0$, $Y_3 \neq 0$. Proponujemy Czytelnikowi sprawdzenie, że w przypadku $Y_1 = Y_2 = Y_3 = 0$ mamy jednak $\det \boldsymbol{Y}_w \equiv 0$ (naruszenie PPK dla wierzchołka odniesienia).

Do spraw tu poruszonych wrócimy w p. C.

Przykład 7.3-9. Rozważmy jeszcze raz sieć z przykładu 7.3-3 (rys. 7.3-9) przy następujących danych:

$$Z_1 = Z_3 = 0, \quad r = 0, \quad Z_4 = R, \quad Z_2 = Z_5 = \mathrm{j}\omega L, \quad Z_6 = -\mathrm{j}\frac{1}{\omega C}, \quad Z_M = \mathrm{j}\omega M$$

przy czym $|M| < L$. Wyznacznik macierzy $\boldsymbol{Z}_o$ przybiera wówczas postać:

$$\det \boldsymbol{Z}_o(\mathrm{j}\omega) = R \begin{vmatrix} \mathrm{j}2\omega(L+M) & -\mathrm{j}\omega(L+M) \\ -\mathrm{j}\omega(L+M) & \mathrm{j}\left(\omega L - \dfrac{1}{\omega C}\right) \end{vmatrix} =$$

$$= \omega R(L+M)\left[-2\left(\omega L - \frac{1}{\omega C}\right) + \omega(L+M)\right] =$$

$$= \omega R(L+M)\left[\frac{2}{\omega C} - \omega(L-M)\right]$$

Wynika stąd, że:

$$\det \boldsymbol{Z}_o(\mathrm{j}\omega_0) = 0$$

dla pulsacji:

$$\omega_0 = \sqrt{\frac{2}{C(L-M)}}$$

C. Wnioski. Sformułujemy teraz kilka wniosków podsumowujących dotychczasowe rozważania i omówimy niektóre zagadnienia uzupełniające.

1. W przykładzie 7.3-7 rozważaliśmy sieć zawierającą źródła sterowane. Do analogicznych rezultatów można by dojść rozważając sieci z oporami ujemnymi (por. zad. 7.12). Umożliwia to sformułowanie następującej konkluzji.

Sieć SLS zawierająca źródła sterowane lub/i opory ujemne może nie mieć rozwiązania lub mieć nieskończenie wiele rozwiązań.

Właściwości takich sieci zależą bowiem w istotny sposób od wartości liczbowych współczynników źródeł sterowanych i oporów ujemnych (por. np. przykłady 2.1-41 i 2.1-42 w tomie I).

2. Podobna sytuacja może wystąpić także w niektórych sieciach SLS prądu sinusoidalnie zmiennego zbudowanych z elementów *RLCM*. Chodzi tu, dokładniej, o takie sieci, które albo są sieciami bezstratnymi (nie zawierają oporów), albo zawierają kontury lub przekroje utworzone tylko przez źródła niezależne i elementy reaktancyjne (np. przekrój złożony z gałęzi 2, 5, 6 w przykładzie 7.3-9). W takich przypadkach, przy odpowiednio dobranej wartości pulsacji ω, może dojść do naruszenia praw Kirchhoffa wskutek rezonansowych właściwości wspomnianych fragmentów sieci (por. zad. 7.13).

3. *W sieci nie mogą występować kontury złożone tylko z gałęzi zawierających same idealne źródła napięciowe oraz przekroje złożone tylko z gałęzi zawierających same idealne źródła prądowe.* Każdy z tych przypadków prowadzi bowiem do naruszenia napięciowego lub prądowego prawa Kirchhoffa.

Z podobnym ograniczeniem możemy mieć do czynienia w przypadku sieci pobudzanych sygnałami określonymi dla $t \geqslant 0$ przy określonych warunkach początkowych. Jeśli w sieci wystąpiłby kontur złożony z samych pojemności lub pojemności i idealnych źródeł napięciowych (tzw. *kontur CE* – rys. 7.3-13a) bądź też wystąpiłby przekrój złożony z samych indukcyjności lub indukcyjności i idealnych źródeł prądowych (tzw. *przekrój LJ* – rys. 7.3-13b), to zadanie niezależnych warunków początkowych prowadziłoby do naruszenia w chwili początkowej $t = 0$ napięciowego lub, odpowiednio, prądowego prawa Kirchhoffa[1].

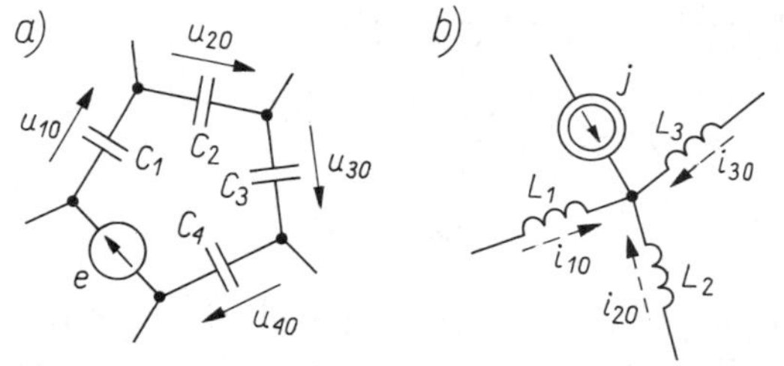

Rys. 7.3-13

D. Zasada ruchliwości źródeł. Powróćmy jeszcze do przykładów 7.3-3 oraz 7.3-4 i sieci z rys. 7.3-9 przy $r = 0$.

Załóżmy na przykład, że $Z_3 = 0$. Gałąź 3 zawiera wówczas tylko idealne źródło napięciowe E_3 (rys. 7.3-14a), co – jak wiemy – nie stanowi przeszkody w stosowaniu metody prądów obwodowych (por. przykład 7.3-8). Do analizy sieci z rys. 7.3-14a nie można natomiast zastosować metody napięć węzłowych (dlaczego?).

Możliwe jest jednak także inne postępowanie. Zauważmy, że ani macierz impedancji obwodowych (7.3-75) ani wektor sił elektromotorycznych obwodowych $\boldsymbol{E}_o$ nie ulegną zmianie, jeśli usuniemy źródło E_3 z gałęzi 3, wprowadzając dwa źródła E_3 w gałęziach 1 i 2 w sposób pokazany na rys. 7.3-14b. Można także pójść o krok dalej i usunąć gałąź 3 (tj. zewrzeć wierzchołki 3 i 4), otrzymując sieć z rys. 7.3-14c. We wszystkich tych przypadkach równania prądów obwodowych pozostają niezmienione, identyczne będą zatem wszystkie prądy obwodowe, a więc także wszystkie prądy gałęziowe (w zwartej gałęzi mamy $I_3 = I_{o3} - I_{o1}$).

[1] Problem ten poruszyliśmy już w tomie II wprowadzając pojęcia pojemności i indukcyjności niezależnych, tj. takich, dla których można zadać dowolne warunki początkowe (por. p. 6.1.3-F i rys. 6.1-22). Z problemem tym zetkniemy się również w rozdziale 12 (por. p. 12.1.2-B i rys. 12.1-2).

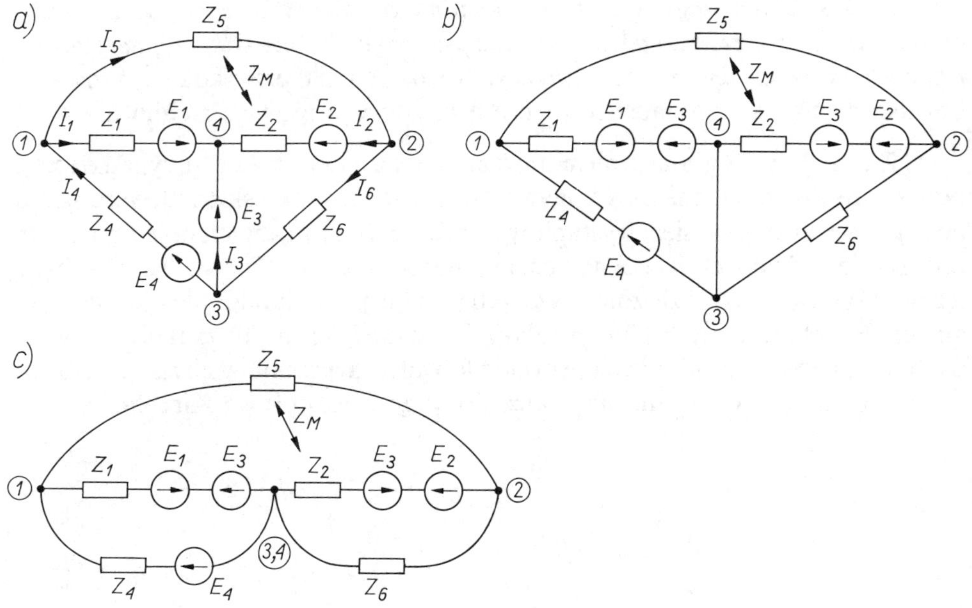

Rys. 7.3-14

Przedstawiony sposób postępowania ilustruje dokładniej rys. 7.3-15. W ogólnym przypadku postępowanie to polega na tym, że:

a) *gałąź AB zawierająca tylko idealne źródła napięciowe zostaje zwarta*;

b) *idealne źródło napięciowe E zostaje wprowadzone albo do wszystkich gałęzi incydentnych z wierzchołkiem A albo do wszystkich gałęzi incydentnych z wierzchołkiem B, z zachowaniem zwrotu* (rys. 7.3-15).

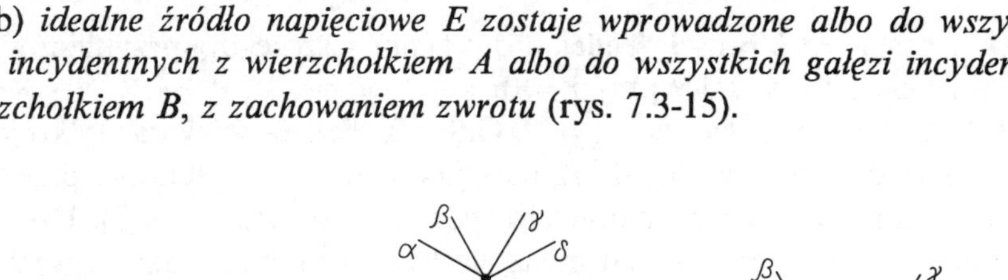

Rys. 7.3-15

Taki zabieg nie zmienia równań prądów obwodowych, a więc nie zmienia także ich rozwiązań.

Podobnie można postąpić także w przypadku gałęzi o postaci idealnego źródła prądowego. Rozpatrzmy ponownie przykład 7.3-4, przyjmując w nim dla uproszczenia $Z_M = 0$, $\alpha = 1$ oraz $Y_1 = 0$. Gałąź 1 zawiera wówczas tylko idealne źródło prądowe (rys. 7.3-16a), co nie stanowi przeszkody w stosowaniu metody napięć węzłowych (por. przykład 7.3-8). Do analizy sieci z rys. 7.3-16a nie można natomiast zastosować metody prądów obwodowych.

Można jednak postąpić następująco: usunąć źródło J_1 z gałęzi 1 (tzn. rozewrzeć gałąź 1) i wprowadzić jednocześnie źródło J_1 do gałęzi 2 i 5, jak pokazano na rys. 7.3-16b[1)]. Zauważamy przy tym, że w wyniku takiego zabiegu nie ulega zmianie ani macierz admitancji węzłowych $\boldsymbol{Y}_w$, ani wektor wydajności prądowych węzłowych $\boldsymbol{J}_w$ (przykład 7.3-4). W konsekwencji nie zmienione pozostają równania napięć węzłowych, a więc także napięcia węzłowe i wszystkie napięcia gałęziowe.

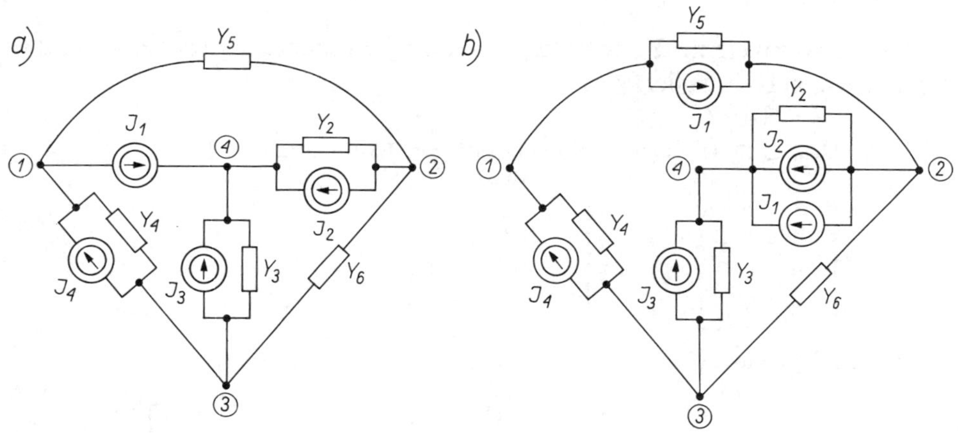

Rys. 7.3-16

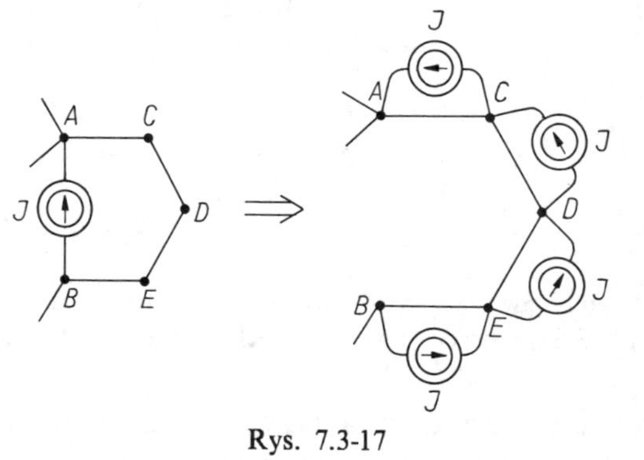

Rys. 7.3-17

Przedstawione postępowanie ilustruje dokładniej rys. 7.3-17. W ogólnym przypadku polega ono na tym, że:

a) *gałąź AB zawierająca tylko idealne źródła prądowe zostaje rozwarta*;

b) *idealne źródło prądowe J zostaje wprowadzone do wszystkich gałęzi tworzących z gałęzią AB kontur, z zachowaniem zwrotu* (rys. 7.3-17).

[1)] Można by również wprowadzić źródło J_1 do gałęzi 3 i 4 zamiast do gałęzi 2 i 5.

Taka operacja nie zmienia równań napięć węzłowych, a więc nie zmienia także ich rozwiązań.

Omówiony powyżej sposób usuwania z sieci gałęzi zawierających tylko źródła idealne jest nazywany *zasadą ruchliwości źródeł.*

E. Nieoznaczona macierz admitancyjna. W wielu zagadnieniach celowe jest rozpatrywanie obok macierzy admitancji węzłowych (7.3-70) także macierzy Y_n zwanej *nieoznaczoną macierzą admitancyjną* lub *nieoznaczoną macierzą węzłową*. Macierz Y_n jest określona następująco:

$$Y_n \stackrel{\Delta}{=} \Lambda Y \Lambda^T \tag{7.3-81}$$

i różni się od macierzy Y_w tylko tym, że do jej wyznaczenia użyliśmy, zamiast macierzy λ, pełnej macierzy węzłowej Λ.

Przykład 7.3-10. Dla sieci z przykładu 7.3-5 (rys. 7.3-10) mamy:

$$\Lambda = \begin{bmatrix} -1 & 1 & 0 & 0 & 0 \\ 0 & -1 & -1 & -1 & 0 \\ 0 & 0 & 0 & 1 & -1 \\ 1 & 0 & 1 & 0 & 1 \end{bmatrix}$$

i, analogicznie do wzoru (7.3-76):

$$Y_n = \begin{bmatrix} -1 & 1 & 0 & 0 & 0 \\ 0 & -1 & -1 & -1 & 0 \\ 0 & 0 & 0 & 1 & -1 \\ 1 & 0 & 1 & 0 & 1 \end{bmatrix} \begin{bmatrix} Y_1 & 0 & 0 & 0 & 0 \\ 0 & Y_2 & 0 & 0 & 0 \\ 0 & g & Y_3 & 0 & 0 \\ 0 & 0 & 0 & Y_4 & 0 \\ 0 & 0 & 0 & 0 & Y_5 \end{bmatrix} \begin{bmatrix} -1 & 0 & 0 & 1 \\ 1 & -1 & 0 & 0 \\ 0 & -1 & 0 & 1 \\ 0 & -1 & 1 & 0 \\ 0 & 0 & -1 & 1 \end{bmatrix} =$$

$$= \begin{bmatrix} Y_1 + Y_2 & -Y_2 & 0 & -Y_1 \\ -Y_2 - g & Y_2 + Y_3 + Y_4 + g & -Y_4 & -Y_3 \\ 0 & -Y_4 & Y_4 + Y_5 & -Y_5 \\ -Y_1 + g & -Y_3 - g & -Y_5 & Y_1 + Y_3 + Y_5 \end{bmatrix} \tag{7.3-82}$$

Proponujemy Czytelnikowi, aby przed przystąpieniem do czytania dalszego tekstu porównał macierze (7.3-76) i (7.3-82) i zwrócił uwagę na cechy charakterystyczne macierzy Y_n.

Właściwości nieoznaczonej macierzy admitancyjnej Y_n wynikają wprost z właściwości (7.2-5) macierzy Λ i sposobu tworzenia macierzy λ z macierzy Λ (por. p. 7.2.1-C). Właściwości te możemy sformułować następująco:

1. *Macierz Y_n określona wzorem* (7.3-81) *ma wymiary $w \times w$ i jest macierzą osobliwą*[1]:

$$\det Y_n = 0 \tag{7.3-83}$$

[1] Formalny dowód zależności (7.3-83) wynika od razu z zastosowania twierdzenia Bineta-Cauchy'ego (por. np. [5], str. 590) do iloczynu macierzy (7.3-81).

2. *Suma elementów każdego wiersza i suma elementów każdej kolumny macierzy Y_n jest równa zeru.*

3. *Macierz admitancji węzłowych Y_w odpowiadającą wyborowi wierzchołka k jako wierzchołka odniesienia otrzymujemy przez skreślenie w macierzy Y_n k-tego wiersza i k-tej kolumny.*

Nieoznaczona macierz admitancyjna Y_n może także występować w równaniach sieci SLS. Wprowadźmy wektory J_n i U_n związane z wektorem wydajności prądowych gałęziowych J i wektorem napięć gałęziowych U następującymi wzorami, analogicznymi do zależności (7.3-67) i (7.3-68):

$$J_n = -\Lambda J, \qquad U = \Lambda^T U_n \tag{7.3-84}$$

Podstawiając zależność (7.3-46) do równania równowagi:

$$\Lambda I = 0$$

otrzymujemy, analogicznie jak w p. 7.3.6-B, równanie:

$$Y_n U_n = J_n \tag{7.3-85}$$

gdzie Y_n jest nieoznaczoną macierzą admitancyjną określoną wzorem (7.3-81).

Jak wynika z porównania pierwszej zależności (7.3-84) z zależnością (7.3-67), w skład wektora J_n wchodzą wszystkie współrzędne wektora J_w (a więc wszystkie wydajności prądowe węzłowe węzłów niezależnych) oraz dodatkowa współrzędna, będąca wydajnością prądową węzłową węzła odniesienia. Podobnie wektor U_n zawiera napięcia węzłowe wszystkich węzłów sieci względem dodatkowego węzła odniesienia (może nim być węzeł zewnętrzny, dodatkowy względem rozważanej sieci – rys. 7.3-18). Utożsamienie dodatkowego węzła odniesienia z którymś, np. k-tym, węzłem sieci ($U_{nk} = 0$) powoduje, że pozostałe współrzędne wektora U_n stają się napięciami węzłowymi względem węzła k przyjętego za węzeł odniesienia. Skreślenie k-tego wiersza i k-tej kolumny w macierzy Y_n oraz skreślenie k-tych współrzędnych w wektorach U_n i J_n sprowadza wówczas równania (7.3-85) do równań napięć węzłowych (7.3-69).

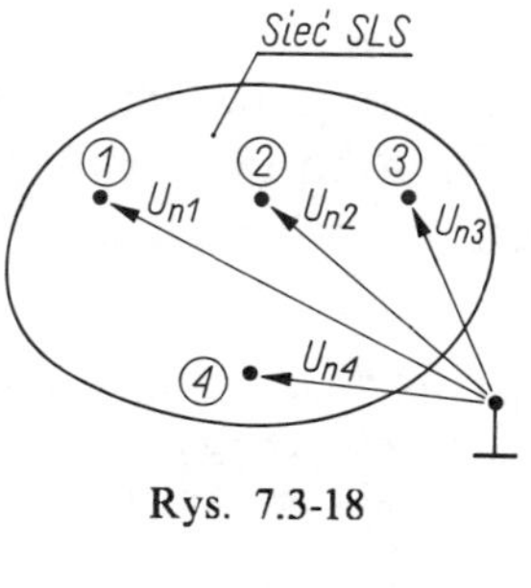

Rys. 7.3-18

Przykład 7.3-11. Załóżmy, że rys. 7.3-18 odpowiada sieci z rys. 7.3-10. Sieć tę możemy zatem opisać równaniami (7.3-85), gdzie macierz $\boldsymbol{Y}_n$ jest określona wzorem (7.3-82) oraz:

$$\boldsymbol{J}_n = [J_1, 0, 0, -J_1]^T, \qquad \boldsymbol{U}_n = [U_{n1}, U_{n2}, U_{n3}, U_{n4}]^T$$

Przyjmując $U_{n4} = 0$, mamy $U_{ni} = U_{wi} = -U_i$, $i = 1, 2, 3$. Skreślając w macierzy (7.3-82) czwarty wiersz i czwartą kolumnę oraz w wektorach $\boldsymbol{J}_n$ i $\boldsymbol{U}_n$ czwarte współrzędne dostajemy równania napięć węzłowych rozważane w przykładzie 7.3-5.

7.3.8. Inne metody sieciowe

W punkcie 7.3.4-D zwracaliśmy uwagę na te przypadki występujące w praktyce, w których nie jest możliwe przedstawienie równań gałęziowych całej sieci w postaci impedancyjnej (7.3-43) lub w postaci admitancyjnej (7.3-46) i, w konsekwencji, nie jest możliwe zastosowanie metody prądów obwodowych lub metody napięć węzłowych. Powstaje zatem konieczność wprowadzenia ogólnego modelu zależności między napięciami gałęziowymi a prądami gałęziowymi w całej sieci i zastosowanie innej niż obie omówione metody formułowania równań sieci.

W tym punkcie zajmiemy się omówieniem dwóch takich metod: *metody tableau* i *zmodyfikowanej metody napięć węzłowych* lub, krócej, *zmodyfikowanej metody węzłowej*. Metody te mają cechę ogólności, tzn. można je stosować do analizy każdej sieci SLS spełniającej warunki równowagi, a więc podlegającej prawom Kirchhoffa. Zysk na ogólności osiąga się jednak kosztem zwiększenia wymiarowości otrzymywanego układu równań sieci. Wzrost wymiarowości byłby trudny do akceptacji przy analizie „ręcznej", jest jednak w pełni akceptowalny przy analizie za pomocą metod komputerowych. Co więcej, w wielu przypadkach układy równań nawet o bardzo dużych wymiarach (zwłaszcza formułowane metodą tableau) nadają się znacznie lepiej do analizy komputerowej, niż mniejsze układy równań prądów obwodowych lub napięć węzłowych, wymagające wstępnej obróbki danych wejściowych.

A. Ogólna postać równań gałęziowych. Zauważmy, że równania gałęziowe dla całej sieci można zapisać w postaci jednego równania macierzowego:

$$\boldsymbol{MU} + \boldsymbol{NI} = \boldsymbol{W} \qquad (7.3\text{-}86)$$

gdzie: $\boldsymbol{U}$, $\boldsymbol{I}$ – wektory napięć i prądów gałęziowych, $\boldsymbol{W}$ – *wektor pobudzeń gałęziowych* (sił elektromotorycznych i/lub wydajności prądowych), zaś $\boldsymbol{M}$, $\boldsymbol{N}$ są macierzami kwadratowymi o wymiarach $g \times g$[1].

---

[1] W ogólnym przypadku (por. p. 7.3.4-A) mamy: $\boldsymbol{M} = \boldsymbol{M}(s)$, $\boldsymbol{N} = \boldsymbol{N}(s)$. Zwracamy także uwagę, że do wektora $\boldsymbol{W}$ wchodzą również zastępcze siły elektromotoryczne i/lub wydajności prądowe reprezentujące niezerowe warunki początkowe (por. przykład 7.3-6).

Równania (7.3-43) i (7.3-46) są przypadkami szczególnymi równań (7.3-86). Równania (7.3-43) otrzymujemy z równań (7.3-86), przyjmując: $\boldsymbol{M}=\mathbf{1}$, $\boldsymbol{N}=-\boldsymbol{Z}$, $\boldsymbol{W}=-\boldsymbol{E}$, natomiast równania (7.3-46) – przyjmując: $\boldsymbol{M}=-\boldsymbol{Y}$, $\boldsymbol{N}=\mathbf{1}$, $\boldsymbol{W}=\boldsymbol{J}$.

Przykład 7.3-12. Rozważmy idealny wzmacniacz operacyjny (rys. 7.3-19a) o równaniach (por. p. 3.6 w tomie I):

$$u_1 = 0, \qquad i_1 = 0$$

Równania te możemy zapisać w postaci:

$$\begin{bmatrix} 1 & 0 \\ 0 & 0 \end{bmatrix}\begin{bmatrix} u_1 \\ u_2 \end{bmatrix} + \begin{bmatrix} 0 & 0 \\ 1 & 0 \end{bmatrix}\begin{bmatrix} i_1 \\ i_2 \end{bmatrix} = \begin{bmatrix} 0 \\ 0 \end{bmatrix}$$

a więc:

$$\boldsymbol{M}=\begin{bmatrix} 1 & 0 \\ 0 & 0 \end{bmatrix}, \qquad \boldsymbol{N}=\begin{bmatrix} 0 & 0 \\ 1 & 0 \end{bmatrix}, \qquad \boldsymbol{W}=\begin{bmatrix} 0 \\ 0 \end{bmatrix}$$

Graf wzmacniacza operacyjnego z rys. 7.3-19a można przedstawić w postaci pokazanej na rys. 7.3-19b.

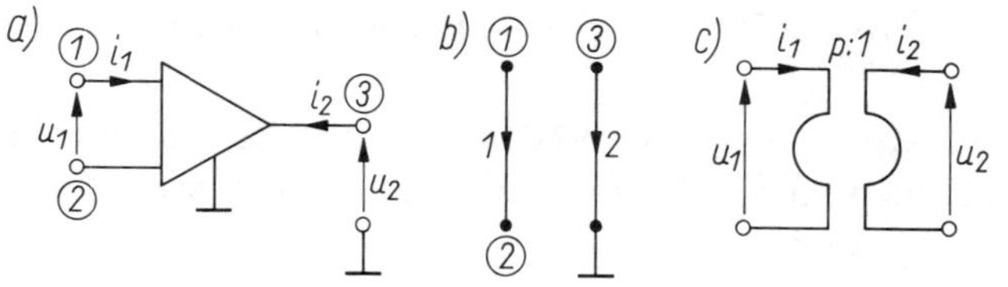

Rys. 7.3-19

Przykład 7.3-13. Równania transformatora idealnego z rys. 7.3-19c:

$$u_1 = p u_2, \qquad i_1 = -\frac{1}{p} i_2$$

można zapisać jako jedno równanie o postaci (7.3-86):

$$\begin{bmatrix} 1 & -p \\ 0 & 0 \end{bmatrix}\begin{bmatrix} u_1 \\ u_2 \end{bmatrix} + \begin{bmatrix} 0 & 0 \\ 1 & 1/p \end{bmatrix}\begin{bmatrix} i_1 \\ i_2 \end{bmatrix} = \begin{bmatrix} 0 \\ 0 \end{bmatrix}$$

a więc w tym przypadku:

$$\boldsymbol{M}=\begin{bmatrix} 1 & -p \\ 0 & 0 \end{bmatrix}, \qquad \boldsymbol{N}=\begin{bmatrix} 0 & 0 \\ 1 & 1/p \end{bmatrix}, \qquad \boldsymbol{W}=\begin{bmatrix} 0 \\ 0 \end{bmatrix}$$

Inne przykłady równań gałęziowych o postaci ogólnej (7.3-86) podamy w p. B.

B. Metoda tableau. Rozważmy następujący układ równań opisujący sieć SLS o macierzy węzłowej $\boldsymbol{\lambda}$:

$$\left.\begin{array}{ll} \boldsymbol{\lambda I} = \mathbf{0}, & \text{(PPK)} \\ \boldsymbol{U} - \boldsymbol{\lambda}^T \boldsymbol{U}_w = \mathbf{0}, & \text{(NPK)} \\ \boldsymbol{MU} + \boldsymbol{NI} = \boldsymbol{W} & \text{(równania gałęziowe)} \end{array}\right\} \tag{7.3-87}$$

Równania (7.3-87) można zapisać w postaci jednego równania macierzowego blokowego:

$$\begin{bmatrix} \mathbf{0} & \mathbf{0} & \boldsymbol{\lambda} \\ \mathbf{1} & -\boldsymbol{\lambda}^T & \mathbf{0} \\ \boldsymbol{M} & \mathbf{0} & \boldsymbol{N} \end{bmatrix} \begin{bmatrix} \boldsymbol{U} \\ \boldsymbol{U}_w \\ \boldsymbol{I} \end{bmatrix} = \begin{bmatrix} \mathbf{0} \\ \mathbf{0} \\ \boldsymbol{W} \end{bmatrix} \tag{7.3-88}$$

zwanego *równaniem tableau*[1)], gdzie:

$$\boldsymbol{T} = \begin{bmatrix} \mathbf{0} & \mathbf{0} & \boldsymbol{\lambda} \\ \mathbf{1} & -\boldsymbol{\lambda}^T & \mathbf{0} \\ \boldsymbol{M} & \mathbf{0} & \boldsymbol{N} \end{bmatrix} \tag{7.3-89}$$

jest *macierzą tableau.* Macierz $\boldsymbol{T}$ jest macierzą kwadratową o wymiarach $(2g + r) \times (2g + r)$.

Wymiary układu równań (7.3-88) można jednak zredukować. Podstawiając drugie równanie (7.3-87) do równania trzeciego, otrzymujemy *zredukowane równanie tableau* postaci:

$$\begin{bmatrix} \mathbf{0} & \boldsymbol{\lambda} \\ \boldsymbol{M\lambda}^T & \boldsymbol{N} \end{bmatrix} \begin{bmatrix} \boldsymbol{U}_w \\ \boldsymbol{I} \end{bmatrix} = \begin{bmatrix} \mathbf{0} \\ \boldsymbol{W} \end{bmatrix} \tag{7.3-90}$$

i wymiarach $(g + r) \times (g + r)$.

W równaniach (7.3-90) uwzględniono równania równowagi, w których występuje tylko macierz $\boldsymbol{\lambda}$. Prowadzi to do pojawienia się w równaniach (7.3-88) i (7.3-90) wektora napięć węzłowych $\boldsymbol{U}_w$. Możliwy jest także rzadziej stosowany wariant metody tableau, w którym pierwsze i drugie równanie (7.3-87) zastępuje się równaniami:

$$\boldsymbol{\delta U} = \mathbf{0}, \qquad \boldsymbol{I} = \boldsymbol{\delta}^T \boldsymbol{I}_o$$

co prowadzi do pojawienia się w równaniach tableau wektora prądów obwodowych $\boldsymbol{I}_o$ zamiast wektora napięć węzłowych $\boldsymbol{U}_w$.

[1)] Kolejność występowania wektorów $\boldsymbol{U}$, $\boldsymbol{U}_w$, $\boldsymbol{I}$ jest oczywiście dowolna. Przy zmianie tej kolejności następuje odpowiednie przestawienie wierszy i kolumn macierzy $\boldsymbol{T}$.

Przykład 7.3-14. Rozważmy sieć prądu sinusoidalnie zmiennego przedstawioną na rys. 7.3-20a i zapiszmy jej równania tableau. Zgodnie z grafem tej sieci (rys. 7.3-20b) otrzymujemy:

$$\boldsymbol{\lambda} = \begin{bmatrix} -1 & 1 & 0 & 0 & -1 \\ 0 & 0 & 1 & -1 & 1 \end{bmatrix} \tag{7.3-91}$$

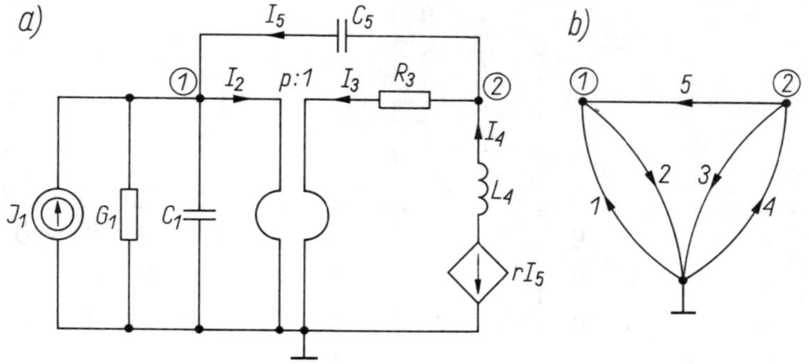

Rys. 7.3-20

Równania gałęziowe mają postać[1]:

$$I_1 = (G_1 + j\omega C_1)U_1 + J_1$$

$$I_2 = -\frac{1}{p} I_3$$

$$U_3 = \frac{1}{p} U_2 + R_3 I_3$$

$$U_4 = j\omega L_4 I_4 + rI_5$$

$$I_5 = j\omega C_5 U_5$$

i mogą być zapisane w formie równań (7.3-86):

$$\underbrace{\begin{bmatrix} G_1 + j\omega C_1 & 0 & 0 & 0 & 0 \\ 0 & 0 & 0 & 0 & 0 \\ 0 & 1/p & -1 & 0 & 0 \\ 0 & 0 & 0 & -1 & 0 \\ 0 & 0 & 0 & 0 & j\omega C_5 \end{bmatrix}}_{\boldsymbol{M}} \begin{bmatrix} U_1 \\ U_2 \\ U_3 \\ U_4 \\ U_5 \end{bmatrix} + \underbrace{\begin{bmatrix} -1 & 0 & 0 & 0 & 0 \\ 0 & 1 & 1/p & 0 & 0 \\ 0 & 0 & R_3 & 0 & 0 \\ 0 & 0 & 0 & j\omega L_4 & r \\ 0 & 0 & 0 & 0 & -1 \end{bmatrix}}_{\boldsymbol{N}} \begin{bmatrix} I_1 \\ I_2 \\ I_3 \\ I_4 \\ I_5 \end{bmatrix} = \underbrace{\begin{bmatrix} -J_1 \\ 0 \\ 0 \\ 0 \\ 0 \end{bmatrix}}_{\boldsymbol{W}}$$

[1] Przypomnijmy, że zwroty napięć gałęziowych przyjmujemy zgodnie z ogólną zasadą zilustrowaną na rys. 7.3-1 (uwaga ta dotyczy także dalszych przykładów).

Ostatecznie równania tableau (7.3-88) przybierają postać:

$$
\begin{array}{r|ccccc|cc|ccccc|}
 & 1 & 2 & 3 & 4 & 5 & 6 & 7 & 8 & 9 & 10 & 11 & 12 \\
1 & & & & & & & & -1 & 1 & 0 & 0 & -1 \\
2 & & & \mathbf{0} & & & \mathbf{0} & & 0 & 0 & 1 & -1 & 1 \\
\hline
3 & 1 & & & & & 1 & 0 & & & & & \\
4 & & 1 & & \mathbf{0} & & -1 & 0 & & & & & \\
5 & & & 1 & & & 0 & -1 & & & \mathbf{0} & & \\
6 & & & & 1 & & 0 & 1 & & & & & \\
7 & \mathbf{0} & & & & 1 & 1 & -1 & & & & & \\
\hline
8 & Y_1 & 0 & 0 & 0 & 0 & & & -1 & 0 & 0 & 0 & 0 \\
9 & 0 & 0 & 0 & 0 & 0 & & & 0 & 1 & 1/p & 0 & 0 \\
10 & 0 & 1/p & -1 & 0 & 0 & \mathbf{0} & & 0 & 0 & R_3 & 0 & 0 \\
11 & 0 & 0 & 0 & -1 & 0 & & & 0 & 0 & 0 & Z_4 & r \\
12 & 0 & 0 & 0 & 0 & Y_5 & & & 0 & 0 & 0 & 0 & -1
\end{array}
\begin{bmatrix} U_1 \\ U_2 \\ U_3 \\ U_4 \\ U_5 \\ U_{w1} \\ U_{w2} \\ I_1 \\ I_2 \\ I_3 \\ I_4 \\ I_5 \end{bmatrix}
=
\begin{bmatrix} 0 \\ 0 \\ 0 \\ 0 \\ 0 \\ 0 \\ 0 \\ -J_1 \\ 0 \\ 0 \\ 0 \\ 0 \end{bmatrix}
$$

gdzie przyjęto oznaczenia: $Y_1 = G_1 + j\omega C_1$, $Y_5 = j\omega C_5$, $Z_4 = j\omega L_4$.

Przykład 7.3-15. Rozpatrzymy jeszcze jeden przykład sieci ze wzmacniaczem operacyjnym (rys. 7.3-21a). Jej graf sieciowy jest przedstawiony na rys. 7.3-21b i jest, przy przyjętych oznaczeniach, identyczny z grafem z rys. 7.3-20b. Macierz węzłowa $\boldsymbol{\lambda}$ jest zatem określona wzorem (7.3-91). W grafie z rys. 7.3-21b krawędzie 2 i 3 reprezentują wzmacniacz operacyjny (por. rys. 7.3-19b).

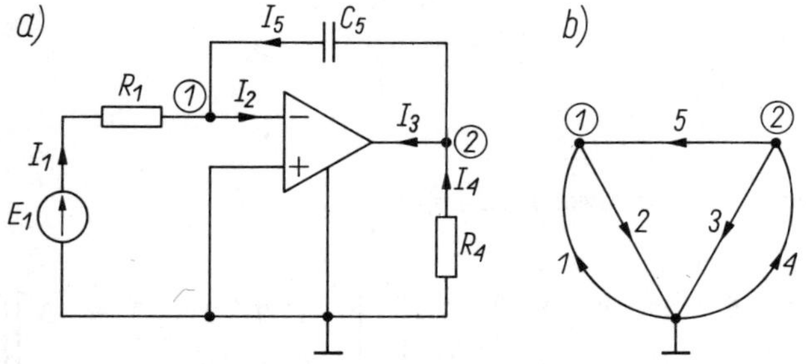

Rys. 7.3-21

Równania gałęziowe mają postać[1]:

$U_1 = R_1 I_1 - E_1$

$U_2 = 0$

$I_2 = 0$

[1] Zwracamy uwagę, że występują tu dwa równania dla gałęzi 2 i brak jest równania dla gałęzi 3, co jest cechą układów z WO (por. przykład 7.3-12 oraz uwagę w p. 8.1.1-D).

$$U_4 = R_4 I_4$$

$$I_5 = \mathrm{j}\omega C_5 U_5$$

i mogą być zapisane w formie równań (7.3-86):

$$\underset{M}{\begin{bmatrix} 1 & 0 & 0 & 0 & 0 \\ 0 & 1 & 0 & 0 & 0 \\ 0 & 0 & 0 & 0 & 0 \\ 0 & 0 & 0 & 1 & 0 \\ 0 & 0 & 0 & 0 & \mathrm{j}\omega C_5 \end{bmatrix}} \begin{bmatrix} U_1 \\ U_2 \\ U_3 \\ U_4 \\ U_5 \end{bmatrix} + \underset{N}{\begin{bmatrix} -R_1 & 0 & 0 & 0 & 0 \\ 0 & 0 & 0 & 0 & 0 \\ 0 & 1 & 0 & 0 & 0 \\ 0 & 0 & 0 & -R_4 & 0 \\ 0 & 0 & 0 & 0 & -1 \end{bmatrix}} \begin{bmatrix} I_1 \\ I_2 \\ I_3 \\ I_4 \\ I_5 \end{bmatrix} = \underset{W}{\begin{bmatrix} -E_1 \\ 0 \\ 0 \\ 0 \\ 0 \end{bmatrix}}$$

Obliczamy macierz:

$$M\lambda^T = \begin{bmatrix} 1 & 0 & 0 & 0 & 0 \\ 0 & 1 & 0 & 0 & 0 \\ 0 & 0 & 0 & 0 & 0 \\ 0 & 0 & 0 & 1 & 0 \\ 0 & 0 & 0 & 0 & \mathrm{j}\omega C_5 \end{bmatrix} \begin{bmatrix} -1 & 0 \\ 1 & 0 \\ 0 & 1 \\ 0 & -1 \\ -1 & 1 \end{bmatrix} = \begin{bmatrix} -1 & 0 \\ 1 & 0 \\ 0 & 0 \\ 0 & -1 \\ -Y_5 & Y_5 \end{bmatrix}$$

(oznaczyliśmy $Y_5 = \mathrm{j}\omega C_5$) i wypisujemy zredukowane równania tableau:

$$\begin{array}{c} \\ 1 \\ 2 \\ 3 \\ 4 \\ 5 \\ 6 \\ 7 \end{array} \begin{array}{c} \begin{array}{ccccccc} 1 & 2 & 3 & 4 & 5 & 6 & 7 \end{array} \\ \left[\begin{array}{cc|ccccc} \multicolumn{2}{c|}{} & -1 & 1 & 0 & 0 & -1 \\ \multicolumn{2}{c|}{\mathbf{0}} & 0 & 0 & 1 & -1 & 1 \\ \hline -1 & 0 & -R_1 & 0 & 0 & 0 & 0 \\ 1 & 0 & 0 & 0 & 0 & 0 & 0 \\ 0 & 0 & 0 & 1 & 0 & 0 & 0 \\ 0 & -1 & 0 & 0 & 0 & -R_4 & 0 \\ -Y_5 & Y_5 & 0 & 0 & 0 & 0 & -1 \end{array}\right] \end{array} \begin{bmatrix} U_{w1} \\ U_{w2} \\ I_1 \\ I_2 \\ I_3 \\ I_4 \\ I_5 \end{bmatrix} = \begin{bmatrix} 0 \\ 0 \\ -E_1 \\ 0 \\ 0 \\ 0 \\ 0 \end{bmatrix}$$

C. Zmodyfikowana metoda węzłowa. W zredukowanych równaniach tableau o postaci (7.3-90) jako niewiadome występują napięcia węzłowe $\boldsymbol{U}_w$ i wszystkie prądy gałęziowe $\boldsymbol{I}$. Liczba niewiadomych prądowych jest zatem nadmiarowa i może być zredukowana.

Istotą zmodyfikowanej metody węzłowej jest sformułowanie równań, w których niewiadomymi są napięcia węzłowe oraz pewna liczba prądów gałęziowych. Występowanie wśród niewiadomych zmiennych prądowych staje się konieczne, jeśli nie wszystkie równania gałęziowe można zapisać w postaci admitancyjnej[1)]. Zmodyfikowana metoda węzłowa polega zatem na sformułowaniu równań względem napięć węzłowych i tych prądów gałęziowych, które nie zostały wyeliminowane.

[1)] Gdyby tak było, możliwe byłoby zastosowanie metody napięć węzłowych w wersji omówionej w p. 7.3.6. Wprowadzenie do wektora niewiadomych niektórych prądów może być celowe także w innych przypadkach.

Przeprowadźmy następujące rozumowanie. Podzielmy zbiór prądów gałęziowych na dwa podzbiory:

$$\boldsymbol{I} = \begin{bmatrix} \boldsymbol{I}_1 \\ \boldsymbol{I}_2 \end{bmatrix} \tag{7.3-92}$$

takie, że wektor $\boldsymbol{I}_1$ zawiera prądy tych gałęzi, dla których równania gałęziowe możemy zapisać w postaci admitancyjnej (7.3-46), natomiast wektor $\boldsymbol{I}_2$ zawiera prądy pozostałych gałęzi, tzn.: prądy gałęzi nie mających opisu admitancyjnego, prądy idealnych źródeł napięciowych (jeśli źródła takie są rozpatrywane jako oddzielne gałęzie) oraz prądy gałęzi sterujących (tj. tych gałęzi, których prądy i/lub napięcia są tymi wielkościami, od których zależą siły elektromotoryczne i/lub wydajności prądowe źródeł sterowanych).

Macierz węzłowa $\boldsymbol{\lambda}$ zostaje również odpowiednio podzielona:

$$\boldsymbol{\lambda} = [\boldsymbol{\lambda}_1 \ \boldsymbol{\lambda}_2]$$

i pierwsze równanie (7.3-87) przybiera postać:

$$[\boldsymbol{\lambda}_1 \ \boldsymbol{\lambda}_2] \begin{bmatrix} \boldsymbol{I}_1 \\ \boldsymbol{I}_2 \end{bmatrix} = \boldsymbol{\lambda}_1 \boldsymbol{I}_1 + \boldsymbol{\lambda}_2 \boldsymbol{I}_2 = \boldsymbol{0} \tag{7.3-93}$$

Podziałowi prądów gałęziowych według (7.3-92) odpowiada podział napięć gałęziowych:

$$\boldsymbol{U} = \begin{bmatrix} \boldsymbol{U}_1 \\ \boldsymbol{U}_2 \end{bmatrix}$$

i drugie równanie (7.3-87) możemy zapisać w postaci:

$$\begin{bmatrix} \boldsymbol{U}_1 \\ \boldsymbol{U}_2 \end{bmatrix} = \begin{bmatrix} \boldsymbol{\lambda}_1^T \\ \boldsymbol{\lambda}_2^T \end{bmatrix} \boldsymbol{U}_w$$

lub w postaci dwóch równań:

$$\boldsymbol{U}_1 = \boldsymbol{\lambda}_1^T \boldsymbol{U}_w, \qquad \boldsymbol{U}_2 = \boldsymbol{\lambda}_2^T \boldsymbol{U}_w \tag{7.3-94}$$

Zgodnie z założeniami równania gałęziowe dla pierwszego podzbioru możemy zapisać jako:

$$\boldsymbol{I}_1 = \boldsymbol{Y}_1 \boldsymbol{U}_1 + \boldsymbol{J}_1 \tag{7.3-95}$$

gdzie, odpowiednio, $\boldsymbol{Y}_1 (\boldsymbol{J}_1)$ jest macierzą admitancji gałęziowych (wektorem wydajności prądowych gałęziowych) gałęzi odpowiadających wektorowi $\boldsymbol{I}_1$.

Dla drugiego podzbioru musimy już użyć postaci ogólnej:

$$M_2 U_2 + N_2 I_2 = W_2 \tag{7.3-96}$$

gdzie macierze M_2, N_2 i wektor W_2 są tymi częściami macierzy M, N i wektora W (por. trzecie równanie (7.3-87)), które odpowiadają wektorowi I_2[1]. Niezerowe elementy wektora W_2 są już tylko siłami elektromotorycznymi.

Uwzględniając zależność (7.3-95) w równaniu (7.3-93) i eliminując wektor U_1 zgodnie z pierwszym równaniem (7.3-94), otrzymujemy:

$$\lambda_1 Y_1 \lambda_1^T U_w + \lambda_2 I_2 = J_w \tag{7.3-97}$$

gdzie oznaczono:

$$J_w \stackrel{\Delta}{=} -\lambda_1 J_1 \tag{7.3-98}$$

Podobnie, eliminując wektor U_2 z równania (7.3-96), dostajemy:

$$M_2 \lambda_2^T U_w + N_2 I_2 = W_2 \tag{7.3-99}$$

Równania (7.3-97) i (7.3-99) zawierają już tylko napięcia węzłowe U_w i wybrane prądy należące do wektora I_2. Można je zapisać w formie jednego równania macierzowego blokowego:

$$\begin{bmatrix} Y_{1w} & \lambda_2 \\ M_2 \lambda_2^T & N_2 \end{bmatrix} \begin{bmatrix} U_w \\ I_2 \end{bmatrix} = \begin{bmatrix} J_w \\ W_2 \end{bmatrix} \tag{7.3-100}$$

stanowiącego sformalizowany zapis równań otrzymywanych zmodyfikowaną metodą węzłową. W równaniach (7.3-100) wprowadzono oznaczenie:

$$Y_{1w} \stackrel{\Delta}{=} \lambda_1 Y_1 \lambda_1^T \tag{7.3-101}$$

Uwaga. W zmodyfikowanej metodzie węzłowej niezależne źródła napięciowe i prądowe rozpatruje się najczęściej jako odrębne gałęzie. Przy takim założeniu zbiór prądów gałęziowych dzieli się na trzy podzbiory:

$$I = \begin{bmatrix} I_1 \\ I_2 \\ J \end{bmatrix}$$

[1] Jeśli w rozpatrywanej sieci występują źródła sterowane, to równanie (7.3-96) musi zawierać związki między wielkościami sterującymi a wielkościami sterowanymi. Może to wpływać na podział (7.3-92) wektora prądów gałęziowych i powodować, że w skład wektora I_2 wejdą niektóre prądy gałęzi mających opis admitancyjny.

gdzie $\boldsymbol{J}$ jest wektorem wydajności prądowych idealnych źródeł prądowych. W konsekwencji również wektor $\boldsymbol{U}$ napięć gałęziowych jest dzielony analogicznie:

$$\boldsymbol{U} = \begin{bmatrix} \boldsymbol{U}_1 \\ \boldsymbol{U}_2 \\ \boldsymbol{U}_J \end{bmatrix}$$

Przy takim podziale wektora prądów gałęziowych macierz $\boldsymbol{\lambda}$ dzieli się też na trzy podmacierze:

$$\boldsymbol{\lambda} = [\boldsymbol{\lambda}_1 \; \boldsymbol{\lambda}_2 \; \boldsymbol{\lambda}_J]$$

i zamiast równania (7.3-93) mamy:

$$\boldsymbol{\lambda}_1 \boldsymbol{I}_1 + \boldsymbol{\lambda}_2 \boldsymbol{I}_2 = \boldsymbol{J}_w$$

gdzie oznaczono:

$$\boldsymbol{J}_w \stackrel{\Delta}{=} -\boldsymbol{\lambda}_J \boldsymbol{J}$$

Wobec wyodrębnienia wektora $\boldsymbol{J}$ równania (7.3-95) redukują się do postaci $\boldsymbol{I}_1 = \boldsymbol{Y}_1 \boldsymbol{U}_1$. Równanie (7.3-97) nie ulega zmianie, pozostają również niezmienione równania (7.3-99)–(7.3-101).

Przykład 7.3-16. Rozważmy ponownie sieć przedstawioną na rys. 7.3-21a o grafie z rys. 7.3-21b. Podział prądów gałęziowych na wektory $\boldsymbol{I}_1$ i $\boldsymbol{I}_2$ jest następujący:

$$\boldsymbol{I}_1 = \begin{bmatrix} I_1 \\ I_4 \\ I_5 \end{bmatrix}, \qquad \boldsymbol{I}_2 = \begin{bmatrix} I_2 \\ I_3 \end{bmatrix}$$

Macierz $\boldsymbol{\lambda}$ określoną wzorem (7.3-91) możemy zatem podzielić następująco:

$$\boldsymbol{\lambda} = [\boldsymbol{\lambda}_1 \; \boldsymbol{\lambda}_2]$$

gdzie:

$$\boldsymbol{\lambda}_1 = \begin{array}{c} \begin{matrix} 1 & 4 & 5 \end{matrix} \\ \begin{bmatrix} -1 & 0 & -1 \\ 0 & -1 & 1 \end{bmatrix} \end{array}, \qquad \boldsymbol{\lambda}_2 = \begin{array}{c} \begin{matrix} 2 & 3 \end{matrix} \\ \begin{bmatrix} 1 & 0 \\ 0 & 1 \end{bmatrix} \end{array}$$

Równania gałęziowe gałęzi 1, 4 i 5 mają postać:

$$\begin{bmatrix} I_1 \\ I_4 \\ I_5 \end{bmatrix} = \underbrace{\begin{bmatrix} G_1 & 0 & 0 \\ 0 & G_4 & 0 \\ 0 & 0 & \mathrm{j}\omega C_5 \end{bmatrix}}_{\boldsymbol{Y}_1} \begin{bmatrix} U_1 \\ U_4 \\ U_5 \end{bmatrix} + \underbrace{\begin{bmatrix} J_1 \\ 0 \\ 0 \end{bmatrix}}_{\boldsymbol{J}_1}, \qquad J_1 = G_1 E_1$$

a równania gałęziowe gałęzi 2 i 3 przedstawiamy w postaci (7.3-86):

$$\underbrace{\begin{bmatrix} 1 & 0 \\ 0 & 0 \end{bmatrix}}_{\boldsymbol{M}_2} \begin{bmatrix} U_2 \\ U_3 \end{bmatrix} + \underbrace{\begin{bmatrix} 0 & 0 \\ 1 & 0 \end{bmatrix}}_{\boldsymbol{N}_2} \begin{bmatrix} I_2 \\ I_3 \end{bmatrix} = \underbrace{\begin{bmatrix} 0 \\ 0 \end{bmatrix}}_{\boldsymbol{W}_2}$$

Obliczając macierz (7.3-101), wektor (7.3-98) oraz macierz $M_2\lambda_2^T$:

$$Y_{1w}=\begin{bmatrix}-1 & 0 & -1\\ 0 & -1 & 1\end{bmatrix}\begin{bmatrix}G_1 & 0 & 0\\ 0 & G_4 & 0\\ 0 & 0 & j\omega C_5\end{bmatrix}\begin{bmatrix}-1 & 0\\ 0 & -1\\ -1 & 1\end{bmatrix}=\begin{bmatrix}G_1+j\omega C_5 & -j\omega C_5\\ -j\omega C_5 & G_4+j\omega C_5\end{bmatrix}$$

$$J_w=\begin{bmatrix}1 & 0 & 1\\ 0 & 1 & -1\end{bmatrix}\begin{bmatrix}J_1\\ 0\\ 0\end{bmatrix}=\begin{bmatrix}J_1\\ 0\end{bmatrix}$$

$$M_2\lambda_2^T=\begin{bmatrix}1 & 0\\ 0 & 0\end{bmatrix}\begin{bmatrix}1 & 0\\ 0 & 1\end{bmatrix}=\begin{bmatrix}1 & 0\\ 0 & 0\end{bmatrix}$$

możemy zapisać równania zmodyfikowanej metody węzłowej w postaci:

$$\left[\begin{array}{cc|cc}G_1+j\omega C_5 & -j\omega C_5 & 1 & 0\\ -j\omega C_5 & G_4+j\omega C_5 & 0 & 1\\ \hline 1 & 0 & 0 & 0\\ 0 & 0 & 1 & 0\end{array}\right]\begin{bmatrix}U_{w1}\\ U_{w2}\\ I_2\\ I_3\end{bmatrix}=\begin{bmatrix}J_1\\ 0\\ 0\\ 0\end{bmatrix} \qquad (7.3\text{-}102)$$

Zauważamy bez trudu, że z równania macierzowego (7.3-102) otrzymujemy cztery równania:

$$U_{w1}=0,\qquad I_2=0,\qquad -j\omega C_5U_{w2}=J_1,\qquad (G_4+j\omega C_5)U_{w2}+I_3=0$$

przy czym $J_1=G_1E_1$.

Uwaga. W przykładzie tym (podobnie jak w przykładzie 7.3-15) źródło napięciowe E_1, R_1 było rozpatrywane jako jedna gałąź. Wobec konieczności zastosowania do gałęzi 1 opisu admitancyjnego, źródło napięciowe zostało de facto zamienione na źródło prądowe J_1, G_1. Stąd w równaniu (7.3-102) występuje J_1, nie występuje natomiast E_1. Proponujemy Czytelnikowi ponowne rozpatrzenie sieci z rys. 7.3-21a przy założeniu, że idealne źródło napięciowe E_1 stanowi odrębną gałąź (wymaga to wprowadzenia dodatkowego węzła 3 i napięcia węzłowego U_{w3} – por. zad. 7.15).

Przykład 7.3-17. Rozpatrzmy jeszcze jeden przykład (por. [23], str. 97) sieci z rys. 7.3-22a. Jako niewiadome występujące w równaniach zmodyfikowanej metody węzłowej przyjmujemy: napięcia węzłowe U_{w1}, U_{w2}, U_{w3} oraz prądy I_1, I_3, I_4, I_6. Prowadzi to do podziału (7.3-92) wektora prądów gałęziowych na wektory:

$$I_1=[I_2\ I_5]^T,\qquad I_2=[I_1\ I_3\ I_4\ I_6]^T$$

Na podstawie grafu z rys. 7.3-22b mamy:

$$\lambda=\begin{array}{c}\begin{array}{cccccc}\scriptstyle 1 & \scriptstyle 2 & \scriptstyle 3 & \scriptstyle 4 & \scriptstyle 5 & \scriptstyle 6\end{array}\\ \begin{bmatrix}1 & 1 & 0 & 0 & 0 & 0\\ 0 & -1 & 1 & 1 & 0 & 0\\ 0 & 0 & 0 & -1 & 1 & -1\end{bmatrix}\end{array}$$

a stąd:

$$\lambda_1=\begin{array}{c}\begin{array}{cc}\scriptstyle 2 & \scriptstyle 5\end{array}\\ \begin{bmatrix}1 & 0\\ -1 & 0\\ 0 & 1\end{bmatrix}\end{array},\qquad \lambda_2=\begin{array}{c}\begin{array}{cccc}\scriptstyle 1 & \scriptstyle 3 & \scriptstyle 4 & \scriptstyle 6\end{array}\\ \begin{bmatrix}1 & 0 & 0 & 0\\ 0 & 1 & 1 & 0\\ 0 & 0 & -1 & -1\end{bmatrix}\end{array}$$

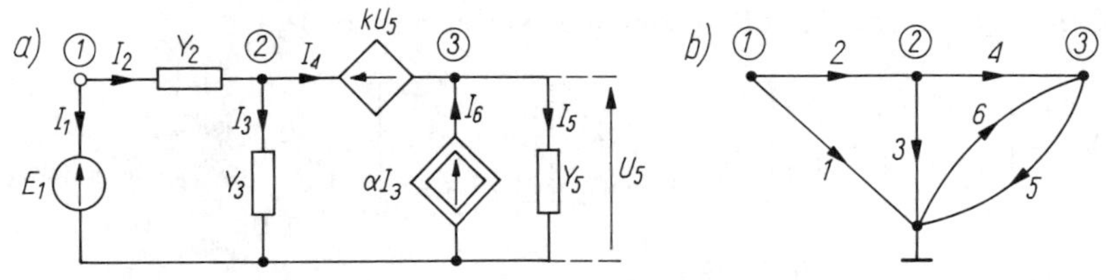

Rys. 7.3-22

Równanie (7.3-95) przybiera postać:

$$\begin{bmatrix} I_2 \\ I_5 \end{bmatrix} = \begin{bmatrix} Y_2 & 0 \\ 0 & Y_5 \end{bmatrix} \begin{bmatrix} U_2 \\ U_5 \end{bmatrix}, \qquad \boldsymbol{Y}_1 = \begin{bmatrix} Y_2 & 0 \\ 0 & Y_5 \end{bmatrix}, \qquad \boldsymbol{J}_1 = \boldsymbol{0}$$

a więc zgodnie ze wzorem (7.3-101):

$$\boldsymbol{Y}_{1w} = \boldsymbol{\lambda}_1 \boldsymbol{Y}_1 \boldsymbol{\lambda}_1^T = \begin{bmatrix} Y_2 & -Y_2 & 0 \\ -Y_2 & Y_2 & 0 \\ 0 & 0 & Y_5 \end{bmatrix}$$

Równania gałęziowe (7.3-96) dla gałęzi odpowiadających wektorowi $\boldsymbol{I}_2$ mają postać:

$$\underset{\boldsymbol{M}_2}{\begin{bmatrix} 1 & 0 & 0 & 0 \\ 0 & Y_3 & 0 & 0 \\ 0 & 0 & 1 & k \\ 0 & 0 & 0 & 0 \end{bmatrix}} \underset{\boldsymbol{U}_2}{\begin{bmatrix} U_1 \\ U_3 \\ U_4 \\ U_6 \end{bmatrix}} + \underset{\boldsymbol{N}_2}{\begin{bmatrix} 0 & 0 & 0 & 0 \\ 0 & -1 & 0 & 0 \\ 0 & 0 & 0 & 0 \\ 0 & \alpha & 0 & -1 \end{bmatrix}} \underset{\boldsymbol{I}_2}{\begin{bmatrix} I_1 \\ I_3 \\ I_4 \\ I_6 \end{bmatrix}} = \underset{\boldsymbol{W}_2}{\begin{bmatrix} E_1 \\ 0 \\ 0 \\ 0 \end{bmatrix}}$$

przy czym $U_6 = -U_5$. Obliczając macierz:

$$\boldsymbol{M}_2 \boldsymbol{\lambda}_2^T = \begin{bmatrix} 1 & 0 & 0 \\ 0 & Y_3 & 0 \\ 0 & 1 & -k-1 \\ 0 & 0 & 0 \end{bmatrix}$$

możemy już napisać równania zmodyfikowanej metody węzłowej:

$$\left[\begin{array}{ccc|cccc} Y_2 & -Y_2 & 0 & 1 & 0 & 0 & 0 \\ -Y_2 & Y_2 & 0 & 0 & 1 & 1 & 0 \\ 0 & 0 & Y_5 & 0 & 0 & -1 & -1 \\ \hline 1 & 0 & 0 & 0 & 0 & 0 & 0 \\ 0 & Y_3 & 0 & 0 & -1 & 0 & 0 \\ 0 & 1 & -k-1 & 0 & 0 & 0 & 0 \\ 0 & 0 & 0 & 0 & \alpha & 0 & -1 \end{array}\right] \begin{bmatrix} U_{w1} \\ U_{w2} \\ U_{w3} \\ I_1 \\ I_3 \\ I_4 \\ I_6 \end{bmatrix} = \begin{bmatrix} 0 \\ 0 \\ 0 \\ E_1 \\ 0 \\ 0 \\ 0 \end{bmatrix} \qquad (7.3\text{-}103)$$

(por. zad. 7.16).

D. Podsumowanie. Od dłuższego czasu obserwuje się burzliwy rozwój techniki komputerowej oraz algorytmów i metod obliczeniowych wykorzystujących komputery. Poszerzył się w sposób radykalny zakres możliwości metod analizy, projektowania i optymalizacji układów i sieci elektrycznych, obejmujący przypadki sieci o ogromnej liczbie elementów, w tym także sieci nieliniowych i niestacjonarnych. Zwłaszcza w odniesieniu do układów nieliniowych postęp jest szczególnie duży. Współczesne metody komputerowe umożliwiły efektywne rozszerzenie zakresu zastosowań metod sieciowych na wielkie sieci nieliniowe (głównie rezystancyjne), ale także zawierające elementy reaktancyjne (analiza w dziedzinie czasu). Poruszone tu zagadnienia wykraczają jednak poza zakres tego podręcznika i są przedmiotem licznych opracowań monograficznych (np. [3], [31], [23]).

Istotne zmiany zaszły także w metodach analizy sieci SLS. Obok „klasycznych" już metod: prądów obwodowych i napięć węzłowych rozwinęły się – w różnych wariantach – metody ogólniejsze, bardziej dostosowane do analizy sieci zawierających współczesne elementy elektroniczne oraz do możliwości techniki komputerowej. W p. A-C omówiliśmy, w dużym skrócie, dwie takie metody: metodę tableau i zmodyfikowaną metodę węzłową.

Mimo znacznej wymiarowości równań uzyskiwanych metodą tableau, jest ona dogodna do implementacji komputerowej dzięki prostemu i dającemu się łatwo zalgorytmizować sposobowi tworzenia macierzy $\boldsymbol{T}$, a także dzięki temu, iż w macierzy tej występuje zawsze bardzo duża liczba zer (mówimy, że jest to *macierz rzadka*).

Zmodyfikowana metoda węzłowa uchodzi dość powszechnie za metodę bardzo efektywną w praktyce. Składa się na to zarówno mała wymiarowość otrzymywanego układu równań, jak i możliwości jego formułowania nie tylko w sposób sformalizowany (p. C), ale również bezpośrednio na podstawie schematu sieci i tzw. *szablonów* (por. np. [23], str. 97).

Do spraw tu poruszonych wrócimy jeszcze – przynajmniej częściowo – w rozdziale 12 poświęconym *metodzie równań stanu*.

Zadania do rozdziału 7

Zadanie 7.1. Wykazać, że podana w p. 7.1.1-J definicja wierzchołka przegubowego jest równoważna następującej definicji:

Wierzchołek $y \in Y$ nazywamy *wierzchołkiem przegubowym* grafu spójnego G, jeżeli istnieje taki podgraf $G_0 \subseteq G$ i jego dopełnienie $\bar{G}_0$, że y jest jedynym wierzchołkiem należącym jednocześnie do G_0 i $\bar{G}_0$.

Zadanie 7.2. Wykazać, że każdy przekrój R grafu spójnego zawiera co najmniej jedną krawędź każdego drzewa grafu G. **Wskazówka:** Pokazać, że jeśli jest przeciwnie, to R nie jest przekrojem.

Zadanie 7.3. Udowodnić twierdzenie 7.2-2. **Wskazówka:** Rozważyć macierz $\boldsymbol{\lambda}$ wybranego drzewa T w grafie G oraz skorzystać z wniosku z twierdzenia 7.2-4.

Zadanie 7.4. Sprawdzić, że układ oczek grafu płaskiego z rys. Z-7.4 nie pokrywa się z żadnym z układów f-konturów, a więc nie odpowiada wyborowi żadnego drzewa.

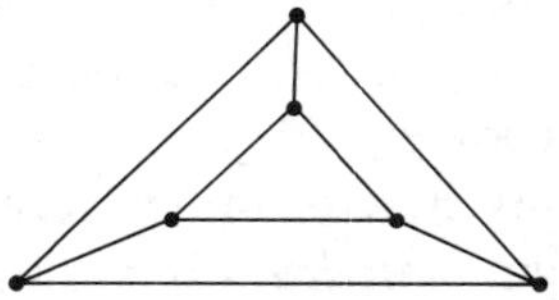

Rys. Z-7.4

Zadanie 7.5. W grafie z rys. 7.1-1b wybrać drzewo T, przenumerować krawędzie zgodnie z przyjętym w p. 7.2.4 założeniem, wyznaczyć macierze $\boldsymbol{\lambda}$, $\boldsymbol{\delta}_f$, $\boldsymbol{q}_f$ i sprawdzić, że spełniają one związki (7.2-37) i (7.2-39).

Zadanie 7.6. Załóżmy, że w rozpatrywanej sieci zostały wybrane dwa różne układy konturów niezależnych, odpowiadające im macierze $\boldsymbol{\delta}$, $\boldsymbol{\delta}'$ oraz związane z nimi wektory prądów obwodowych $\boldsymbol{i}_o$, $\boldsymbol{i}_o'$. Wykazać, że istnieje taka nieosobliwa macierz $\boldsymbol{A}$, że:

$$\boldsymbol{i}_o' = \boldsymbol{A}\boldsymbol{i}_o, \qquad \boldsymbol{\delta} = \boldsymbol{A}^T\boldsymbol{\delta}'$$

oraz że macierz ta ma postać:

$$\boldsymbol{A} = (\boldsymbol{\delta}_1'^T)^{-1}\boldsymbol{\delta}_1^T$$

gdzie macierze $\boldsymbol{\delta}_1'$ i $\boldsymbol{\delta}_1$ są określone jak we wzorze (7.3-16). **Wskazówka:** Posłużyć się rozumowaniem analogicznym do przeprowadzonego w dowodzie twierdzenia 7.3-1.

Zadanie 7.7. Analogicznie jak w zadaniu 7.6 wykazać, że istnieje taka nieosobliwa macierz $\boldsymbol{B}$, że:

$$\boldsymbol{u}_w' = \boldsymbol{B}\boldsymbol{u}_w, \qquad \boldsymbol{\lambda} = \boldsymbol{B}^T\boldsymbol{\lambda}'$$

oraz:

$$\boldsymbol{B} = (\boldsymbol{\lambda}_2'^T)^{-1}\boldsymbol{\lambda}_2^T$$

gdzie macierze $\boldsymbol{\lambda}$ i $\boldsymbol{\lambda}'$ i związane z nimi wektory $\boldsymbol{u}_w$, $\boldsymbol{u}'_w$ odpowiadają dwóm różnym układom wierzchołków niezależnych w tej samej sieci, zaś macierze $\boldsymbol{\lambda}'_2$ i $\boldsymbol{\lambda}_2$ są określone jak we wzorze (7.3-16).

Zadanie 7.8. Wykazać, że w sieci skupionej o g gałęziach, w której są spełnione oba prawa Kirchhoffa, dla każdej pary chwil t_1, t_2 jest spełniona zależność:

$$\sum_{k=1}^{g} u_k(t_1)\, i_k(t_2) = 0$$

gdzie u_k, i_k – napięcie i prąd k-tej gałęzi.

Zadanie 7.9. Dla sieci prądu sinusoidalnie zmiennego rozważanej w przykładzie 7.3-3 (rys. 7.3-9) przyjąć następujące dane: $E_1 = \mathrm{j}20$ V, $E_2 = 10(1+\mathrm{j}1)$ V, $E_3 = 10(1-\mathrm{j}1)$ V, $E_4 = -\mathrm{j}30$ V, $Z_1 = -\mathrm{j}2$ kΩ, $Z_2 = \mathrm{j}2$ kΩ, $Z_3 = (1+\mathrm{j}2)$ kΩ, $Z_4 = 1$ kΩ, $Z_5 = \mathrm{j}2$ kΩ, $Z_6 = -\mathrm{j}4$ kΩ, $Z_M = -\mathrm{j}1$ kΩ, $r = 1$ kΩ, i obliczyć prądy obwodowe i prądy gałęziowe.

Odp.: $I_{o1} = (1{,}5 - \mathrm{j}9{,}5)$ mA, $I_{o2} = (18 - \mathrm{j}9)$ mA, $I_{o3} = (13 - \mathrm{j}9)$ mA,
$I_1 = -(16{,}5 + \mathrm{j}0{,}5)$ mA, $I_2 = 5$ mA, $I_3 = (11{,}5 + \mathrm{j}0{,}5)$ mA,
$I_4 = (1{,}5 - \mathrm{j}9{,}5)$ mA, $I_5 = (18 - \mathrm{j}9)$ mA, $I_6 = (13 - \mathrm{j}9)$ mA.

Zadanie 7.10. Dla sieci pokazanej na rys. Z-7.10a narysować graf sieciowy oraz wyznaczyć:
a) zbiór f-konturów względem drzewa zawierającego wszystkie pojemności i gałąź E, R_1, przyjmując zwroty wszystkich konturów za zgodne z ruchem wskazówek zegara;
b) zbiór oczek, przyjmując ich zwroty za zgodne z ruchem wskazówek zegara;
c) równania prądów obwodowych dla zbioru oczek z p. b).

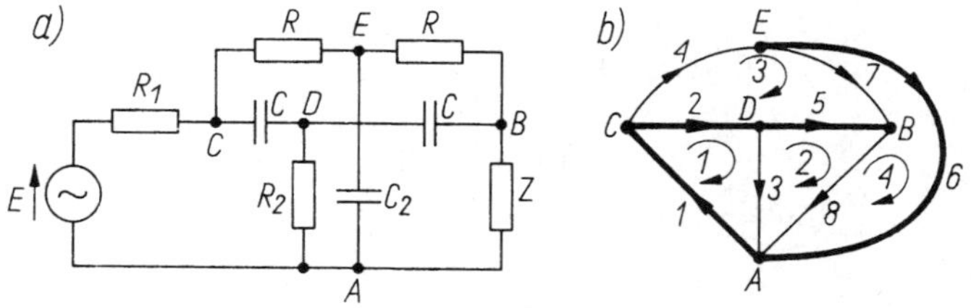

Rys. Z-7.10

Odp.: Przykładowy graf sieciowy jest pokazany na rys. Z-7.10b.
a) $K_1 = \{1, 2, 3\}$, $K_2 = \{1, 2, 5, 8\}$, $K_3 = \{1, 2, 5, 7, 6\}$, $K_4 = \{1, 4, 6\}$;
b) $O_1 = \{1, 2, 3\}$, $O_2 = \{3, 5, 8\}$, $O_3 = \{2, 4, 7, 5\}$, $O_4 = \{7, 6, 8\}$;
c)

$$\begin{bmatrix} R_1 + R_2 + \dfrac{1}{\mathrm{j}\omega C} & -R_2 & -\dfrac{1}{\mathrm{j}\omega C} & 0 \\ -R_2 & R_2 + Z + \dfrac{1}{\mathrm{j}\omega C} & -\dfrac{1}{\mathrm{j}\omega C} & -Z \\ -\dfrac{1}{\mathrm{j}\omega C} & -\dfrac{1}{\mathrm{j}\omega C} & 2R + \dfrac{2}{\mathrm{j}\omega C} & -R \\ 0 & -Z & -R & R + Z + \dfrac{1}{\mathrm{j}\omega C_2} \end{bmatrix} \begin{bmatrix} I_{o1} \\ I_{o2} \\ I_{o3} \\ I_{o4} \end{bmatrix} = \begin{bmatrix} E \\ 0 \\ 0 \\ 0 \end{bmatrix}$$

Zadanie 7.11. Przyjmując w sieci z zadania 7.10 następujące dane liczbowe: $E = 5e^{j0°}$ V, $R_1 = 0$, $R = R_2 = 1$ kΩ, $\omega C = \omega C_2 = 1$ mS, i posługując się metodą prądów obwodowych:

a) wyznaczyć wartość impedancji Z dwójnika AB, przy której w dwójniku tym wydziela się maksymalna moc czynna;

b) obliczyć tę moc;

c) dla impedancji Z wyznaczonej w p. a) obliczyć napięcia wszystkich gałęzi sieci.

Wskazówka: W obliczeniach skorzystać z zależności $Z_{AB} = U_r/I_z$, gdzie: Z_{AB} jest impedancją wewnętrzną sieci dołączonej do dwójnika AB, U_r jest napięciem na rozwartych zaciskach AB oraz I_z jest prądem płynącym przez zwarte zaciski AB (por. wzór (4.4-18) w tomie II).

Odp.: $Z = \frac{5}{8}(1 + j)$ kΩ, $U_1 = 5$ V, $U_2 = \frac{23 - j11}{8}$ V, $U_3 = \frac{17 + j11}{8}$ V, $U_4 = \frac{21 + j7}{8}$ V,

$U_5 = \frac{12 + j6}{8}$ V, $U_6 = \frac{19 - j7}{8}$ V, $U_7 = \frac{14 - j12}{8}$ V, $U_8 = \frac{5 + j5}{8}$ V,

$P_{max} = \frac{5}{16}$ mW.

Zadanie 7.12. Wyznaczyć macierz admitancji węzłowych Y_w sieci rezystancyjnej z rys. Z-7.12 i sprawdzić, że dla wartości $G_0 = G$ zachodzi równość det $Y_w = 0$. Zinterpretować ten fakt.

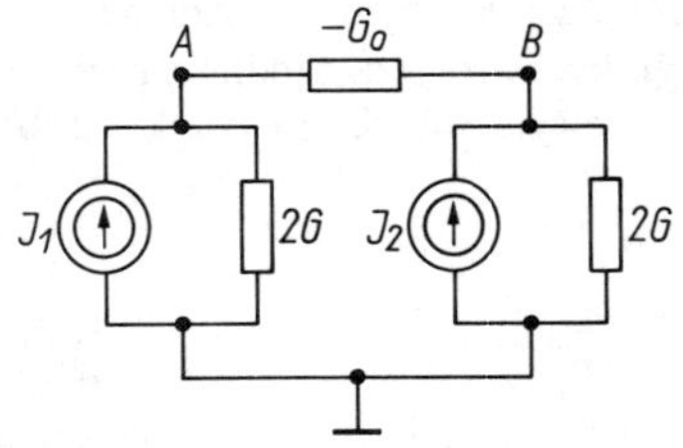

Rys. Z-7.12

Odp.:

$$Y_w = \begin{bmatrix} 2G - G_0 & G_0 \\ G_0 & 2G - G_0 \end{bmatrix}, \qquad \det Y_w = 4G(G - G_0)$$

Zadanie 7.13. Wyznaczyć macierz admitancji węzłowych Y_w sieci prądu sinusoidalnie zmiennego pokazanej na rys. Z-7.13 i wyznaczyć wartość pulsacji ω_0, dla której det $Y_w(j\omega_0) = 0$. Zinterpretować ten fakt.

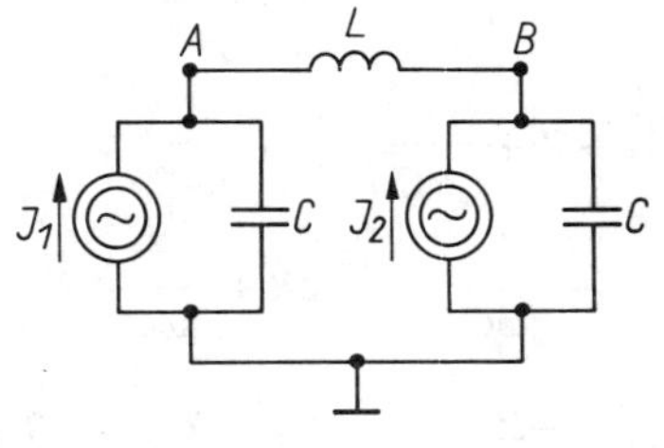

Rys. Z-7.13

Odp.:

$$Y_w = \begin{bmatrix} j\left(\omega C - \frac{1}{\omega L}\right) & j\frac{1}{\omega L} \\ j\frac{1}{\omega L} & j\left(\omega C - \frac{1}{\omega L}\right) \end{bmatrix}, \qquad \omega_0 = \sqrt{\frac{2}{LC}}$$

Zadanie 7.14. Narysować graf sieciowy sieci pokazanej na rys. Z-7.14a. Przyjmując węzeł D za węzeł odniesienia, zapisać równania napięć węzłowych układu. Stosując metodę napięć węzłowych, wyznaczyć napięcia węzłowe i napięcia na wszystkich gałęziach sieci. Przyjąć dane: $J = 6e^{j0^\circ}$ mA, $R = 1$ kΩ, $\omega C = 1$ mS oraz:

$$Y = \begin{bmatrix} y_{11} & y_{12} \\ y_{21} & y_{22} \end{bmatrix} = \begin{bmatrix} 1 & -1 \\ -2 & 1 \end{bmatrix} \text{mS}$$

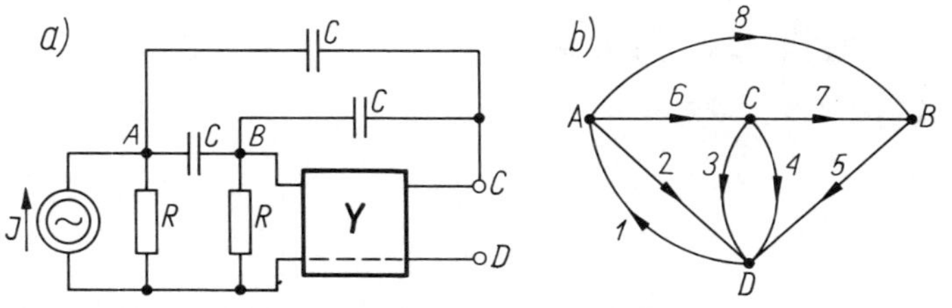

Rys. Z-7.14

Odp.: Graf sieciowy jest pokazany na rys. Z-7.14b. Równania napięć węzłowych mają postać:

$$\begin{bmatrix} \frac{1}{R} + j2\omega C & -j\omega C & -j\omega C \\ -j\omega C & \frac{1}{R} + 2j\omega C + y_{11} & -j\omega C + y_{12} \\ -j\omega C & y_{21} - j\omega C & j2\omega C + y_{22} \end{bmatrix} \begin{bmatrix} U_A \\ U_B \\ U_C \end{bmatrix} = \begin{bmatrix} J \\ 0 \\ 0 \end{bmatrix}$$

Napięcia węzłowe: $U_A = 6$ V, $U_B = (5 + j1)$ V, $U_C = (7 - j1)$ V.
Napięcia gałęziowe: $U_1 = U_2 = 6$ V, $U_3 = U_4 = (7 - j1)$ V, $U_5 = (5 + j1)$ V, $U_6 = (1 - j1)$ V, $U_7 = (-2 + j2)$ V, $U_8 = (-1 + j1)$ V.

Zadanie 7.15. Na rysunku Z-7.15a przedstawiona została modyfikacja sieci z rys. 7.3-21, polegająca na wprowadzeniu dodatkowego węzła i dodatkowej gałęzi (rys. Z-7.15b). Dla sieci z rys. Z-7.15 wyznaczyć równania zmodyfikowanej metody węzłowej, przyjmując jako niewiadome napięcia węzłowe U_{w1}, U_{w2}, U_{w3} oraz prądy I_2, I_3, I_6.

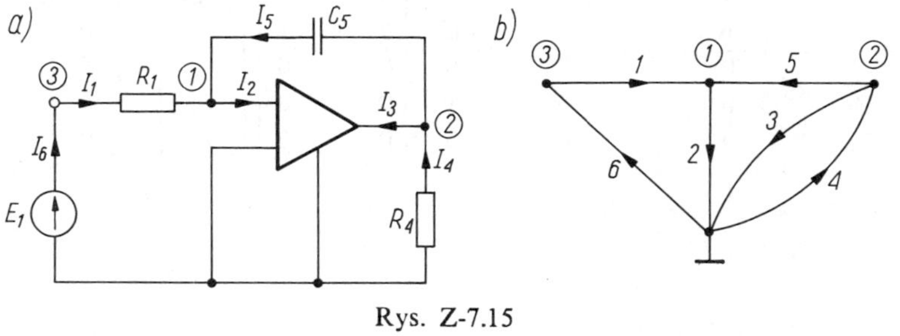

Rys. Z-7.15

Odp.:

$$\left[\begin{array}{ccc|ccc} G_1+j\omega C_5 & -j\omega C_5 & -G_1 & 1 & 0 & 0 \\ -j\omega C_5 & G_4+j\omega C_5 & 0 & 0 & 1 & 0 \\ -G_1 & 0 & G_1 & 0 & 0 & -1 \\ \hline 1 & 0 & 0 & 0 & 0 & 0 \\ 0 & 0 & 0 & 1 & 0 & 0 \\ 0 & 0 & 1 & 0 & 0 & 0 \end{array}\right]\left[\begin{array}{c} U_{w1} \\ U_{w2} \\ U_{w3} \\ I_2 \\ I_3 \\ I_6 \end{array}\right]=\left[\begin{array}{c} 0 \\ 0 \\ 0 \\ 0 \\ 0 \\ E_1 \end{array}\right]$$

Zadanie 7.16. Zapisać równania (7.3-103) w postaci skalarnej i – zgodnie z równaniami: piątym i siódmym – wyeliminować prądy I_3, I_6.

Odp.: Otrzymujemy układ równań:

$$Y_2 U_{w1} - Y_2 U_{w2} + I_1 = 0$$

$$-Y_2 U_{w1} + (Y_2 + Y_3) U_{w2} + I_4 = 0$$

$$-\alpha Y_3 U_{w2} + Y_5 U_{w3} - I_4 = 0$$

$$U_{w1} = E_1$$

$$U_{w2} - (k+1) U_{w3} = 0$$

Zadanie 7.17. Napisać równania zmodyfikowanej metody węzłowej dla sieci z rys. Z-7.17, przyjmując jako niewiadome napięcia węzłowe U_{w1}, U_{w2}, U_{w3}, U_{w4} oraz prądy I_1, I_6, I_7.

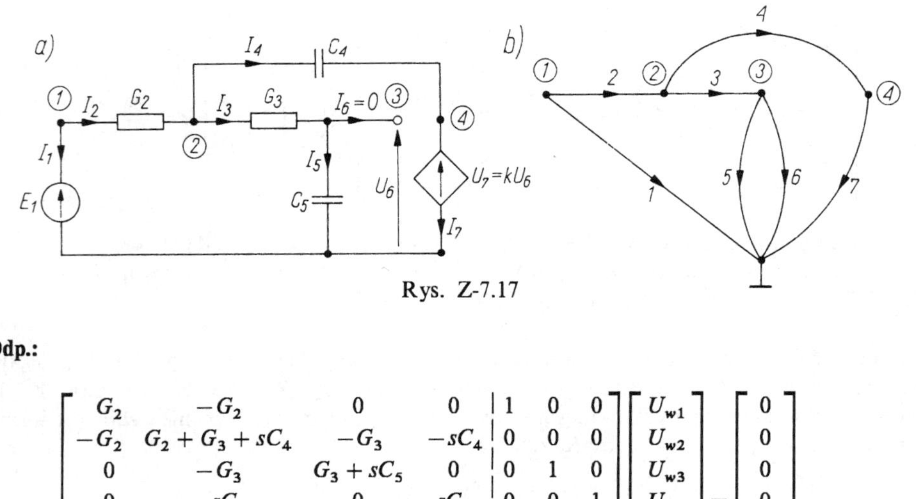

Rys. Z-7.17

Odp.:

$$\left[\begin{array}{cccc|ccc} G_2 & -G_2 & 0 & 0 & 1 & 0 & 0 \\ -G_2 & G_2+G_3+sC_4 & -G_3 & -sC_4 & 0 & 0 & 0 \\ 0 & -G_3 & G_3+sC_5 & 0 & 0 & 1 & 0 \\ 0 & -sC_4 & 0 & sC_4 & 0 & 0 & 1 \\ \hline 1 & 0 & 0 & 0 & 0 & 0 & 0 \\ 0 & 0 & -k & 1 & 0 & 0 & 0 \\ 0 & 0 & 0 & 0 & 0 & 1 & 0 \end{array}\right]\left[\begin{array}{c} U_{w1} \\ U_{w2} \\ U_{w3} \\ U_{w4} \\ I_1 \\ I_6 \\ I_7 \end{array}\right]=\left[\begin{array}{c} 0 \\ 0 \\ 0 \\ 0 \\ E_1 \\ 0 \\ 0 \end{array}\right]$$

Rozdział 8

CZWÓRNIKI

Poprzedni rozdział zamyka rozważania nad metodami sieciowymi analizy układów. Przejdziemy obecnie do omówienia wybranych zagadnień charakterystycznych dla *opisu zaciskowego* układów i *zaciskowych metod* ich analizy.

Przypomnijmy (p. 2.1.1-B w tomie I), że w ujęciu zaciskowym układ traktuje się jak „czarną skrzynkę" połączoną z otoczeniem za pomocą wyróżnionych zacisków lub par zacisków (wrót), opisywaną i analizowaną względem tych zacisków. Z każdym zaciskiem lub z każdymi wrotami są związane *wielkości zaciskowe*: *prąd zaciskowy* i *napięcie zaciskowe.* Zbiór prądów zaciskowych i napięć zaciskowych tworzy *stan zaciskowy* układu. Każdy stan zaciskowy spełniający równania układu jest nazywany *stanem dopuszczalnym.*

W punktach 2.1.2 i 2.1.3 w tomie I wprowadziliśmy dwie charakterystyczne dla ujęcia zaciskowego struktury układów, definiując pojęcia *wielowrotnika* (*n-wrotnika*) i *układu wielozaciskowego* (*wielobiegunnika*). W tym rozdziale uwagę skupimy na szczególnym przypadku wielowrotników, a mianowicie na *czwórnikach* (*dwuwrotnikach*). Jedynie niewielki fragment rozważań będzie poświęcony *trójnikom* (układom trójzaciskowym), głównie w kontekście powiązań struktury trójnikowej ze strukturą czwórnikową układu. W trakcie prezentacji materiału będziemy korzystać – bez ponownego przypominania – z wielu podstawowych pojęć wprowadzonych w rozdziale 2, takich jak: bezźródłowość, pasywność, bezstratność itd.

Szczególne miejsce, jakie zajmuje teoria czwórników w teorii obwodów, wynika z faktu, że struktura czwórnikowa jest naturalną strukturą dla opisu, analizy, a także syntezy szerokiej klasy układów elektronicznych, takich jak filtry, wzmacniacze, przesuwniki fazy, prostowniki, ograniczniki itp. W układach tych wyróżnia się dwie pary zacisków: *zaciski wejściowe*, do których są doprowadzane *sygnały wejściowe* (*pobudzenia*) oraz *zaciski wyjściowe*, na których występują *sygnały wyjściowe* (*odpowiedzi*), otrzymywane jako rezultat „przetworzenia" sygnałów wejściowych przez układ. Przedmiotem analizy są zazwyczaj wzajemne relacje między sygnałami wejściowymi a wyjściowymi układu. Metodologia badania tej klasy układów prowadzi zatem w sposób naturalny do ich rozpatrywania w kategoriach czwórników.

Podstawowym zadaniem analizy czwórnika jest ustalenie związków między jego wielkościami zaciskowymi. W ogólnym przypadku związki te mają charakter bardzo złożonych zależności, nie dających się zapisać w ogólnej, jednolitej postaci. Można to natomiast uczynić dla szczególnej – ale ważnej – klasy czwórników, a mianowicie dla bezźródłowych czwórników SLS (czwórników SLSB – por. tom I, p. 2.1.4-A). Równania w dziedzinie czasu czwórników SLSB są równaniami różniczkowymi zwyczajnymi, liniowymi, o stałych współczynnikach, i/lub równaniami algebraicznymi, liniowymi, o stałych współczynnikach (konsekwencja skupioności, liniowości i stacjonarności), będących ponadto równaniami jednorodnymi (konsekwencja bezźródłowości – por. p. 2.1.4-B).

Przyjęcie założenia, że rozpatrywany czwórnik jest czwórnikiem SLSB umożliwia wprowadzenie równań zespolonych i zastosowanie do opisu czwórnika oznaczeń uniwersalnych (por. p. 7.3.4-A). Podobnie jak w poprzednim rozdziale sygnały związane z czwórnikiem będziemy oznaczać dużymi literami, przy czym symbole te będą rozumiane jako transformaty Laplace'a (gdy czwórnik jest pobudzany dowolnymi sygnałami określonymi dla $t \geqslant 0$ przy zerowych warunkach początkowych[1]), bądź jako amplitudy zespolone (gdy czwórnik pracuje w stanie ustalonym przy pobudzeniach sinusoidalnych), bądź też jako wielkości stałe (gdy czwórnik pracuje w stanie ustalonym przy pobudzeniach stałych).

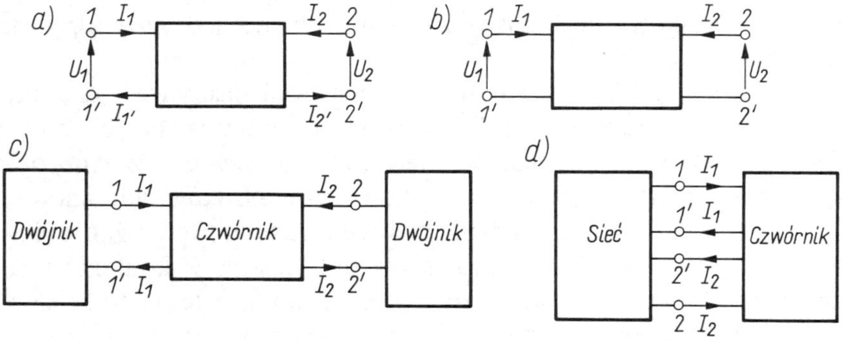

Rys. 8.1-1

W dalszym ciągu, używając określenia czwórnik, będziemy zakładać, że jest to czwórnik SLSB. Zgodnie z definicją ogólną podaną w tomie I w p. 2.1.2-C, przez pojęcie czwórnika będziemy zatem rozumieć układ (rys. 8.1-1a), w którym:

[1] Podkreślmy, że założenie zerowych warunków początkowych jest konsekwencją założenia bezźródłowości czwórnika. Występowanie niezerowych warunków początkowych może bowiem naruszyć warunek bezźródłowości, nawet przy braku w strukturze czwórnika źródeł niezależnych (por. tom II, p. 6.2.1-E).

a) zostały wyróżnione cztery zaciski 11′22′, zgrupowane w dwie pary (wrota): 11′ i 22′;

b) jest spełniony *warunek zrównoważenia*: $I_{1'} = I_1 \wedge I_{2'} = I_2$, zapewniający, że stan zaciskowy czwórnika można określić przez dwa napięcia U_1, U_2 między zaciskami tworzącymi pary (napięcia wrót) oraz tylko dwa prądy I_1, I_2 (prądy wrót) – rys. 8.1-1b;

c) wielkości zaciskowe U_1, U_2, I_1, I_2 są ze sobą związane dwoma równaniami, zwanymi *równaniami czwórnika* i stanowiącymi jego opis.

Stan zaciskowy czwórnika jest zatem określony przez dwa wektory (por. wzór (2.1-10)):

$$\boldsymbol{U} = \begin{bmatrix} U_1 \\ U_2 \end{bmatrix}, \quad \boldsymbol{I} = \begin{bmatrix} I_1 \\ I_2 \end{bmatrix}$$

Zaciski 11′ nazywamy umownie *zaciskami pierwotnymi*, zaś zaciski 22′ *zaciskami wtórnymi*. Konsekwentnie wielkości U_1, I_1 nazywamy *napięciem* i *prądem pierwotnym*, a wielkości U_2, I_2 – *napięciem* i *prądem wtórnym*.

Założenie o spełnieniu przez czwórnik warunku zrównoważenia odpowiada w sposób naturalny warunkom współpracy czwórnika z otoczeniem, przedstawionym na rys. 8.1-1c (czwórnik włączony między dwa dwójniki). Nie jest to jednak jedyny możliwy przypadek. Czwórnik może także współpracować z otoczeniem w sposób pokazany na rys. 8.1-1d. Jeżeli jednak w tym układzie zostałby naruszony warunek zrównoważenia, to czwórnik stałby się czterobiegunnikiem i jego stan zaciskowy nie byłby już określony przez parę wektorów $\boldsymbol{U}$, $\boldsymbol{I}$ (por. p. 2.1.3-A w tomie I).

8.1. OPIS ZACISKOWY CZWÓRNIKA

Czwórnik można opisywać w rozmaity sposób. W tym punkcie omówimy podstawowy rodzaj opisu czwórnika za pomocą pary *równań zaciskowych* wiążących ze sobą jego cztery wielkości zaciskowe. Inne sposoby opisu czwórnika przedstawimy w p. 8.6.

Spośród czterech wielkości zaciskowych czwórnika tylko dwie mogą być przyjęte jako wielkości niezależne, a dwie pozostałe – jako wielkości zależne. Para wielkości niezależnych może być wybrana na sześć różnych sposobów, czwórnik można zatem opisać jednym z sześciu rodzajów równań zaciskowych.

8.1.1. Równania zaciskowe czwórnika

A. Równania admitancyjne. Przyjmijmy jako wielkości niezależne napięcia: pierwotne U_1 i wtórne U_2. Odpowiada to sposobowi pobudzania czwórnika jak na rys. 8.1-2a.

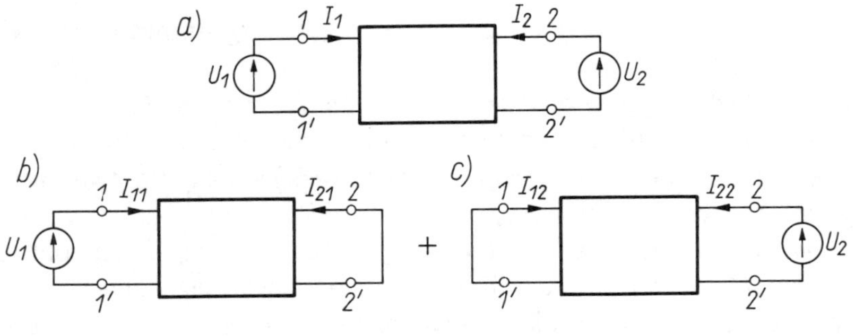

Rys. 8.1-2

Załóżmy, że przy dowolnych napięciach pobudzających U_1, U_2, prądy I_1, I_2 czwórnika są określone jednoznacznie. Czwórnik, jako układ liniowy, spełnia zasadę superpozycji (rys. 8.1-2b,c), a więc jego prądy można wyrazić w postaci:

$$\left.\begin{aligned} I_1 &= y_{11}U_1 + y_{12}U_2 \\ I_2 &= y_{21}U_1 + y_{22}U_2 \end{aligned}\right\} \tag{8.1-1}$$

przy czym: $I_1 = I_{11} + I_{12}$, $I_2 = I_{21} + I_{22}$, gdzie $I_{11} = y_{11}U_1$, $I_{21} = y_{21}U_1$ są prądami wywołanymi działaniem tylko pobudzenia U_1, zaś: $I_{12} = y_{12}U_2$, $I_{22} = y_{22}U_2$ są prądami wywołanymi działaniem tylko pobudzenia U_2.

Równania (8.1-1) są nazywane *równaniami admitancyjnymi* czwórnika i tworzą jego *opis admitancyjny*. Współczynniki y_{kl}, $k,l = 1,2$, są pewnymi admitancjami i są nazywane *parametrami admitancyjnymi* czwórnika.

Uwaga. Równania admitancyjne czwórnika można otrzymać także wprost z jego opisu sieciowego. Wystarczy w tym celu rozważyć równania prądów obwodowych (p. 7.3.5-B) czwórnika traktowanego jako sieć, przyjmując prądy I_1 oraz I_2 jako prądy obwodowe i uwzględniając, że jedynymi siłami elektromotorycznymi gałęziowymi są napięcia U_1 i U_2. Warunkiem istnienia równań admitancyjnych czwórnika jest oczywiście nieosobliwość macierzy impedancji obwodowych (por. p. 7.3.5-C), co gwarantuje jednoznaczność prądów zaciskowych czwórnika dla każdej pary napięć zaciskowych.

Uwaga ta dotyczy także równań impedancyjnych czwórnika (p. B) i możliwości ich otrzymania z równań napięć węzłowych (p. 7.3.6-B).

B. Równania impedancyjne. Przyjmijmy z kolei jako wielkości niezależne prądy I_1 i I_2. Odpowiada to pobudzaniu czwórnika jak na rys. 8.1-3. Zakładając, że dla dowolnych prądów I_1, I_2 napięcia U_1, U_2 są określone jednoznacznie i przeprowadzając podobne rozumowanie jak w p. A, otrzymujemy *równania impedancyjne* czwórnika:

$$\left.\begin{aligned} U_1 &= z_{11}I_1 + z_{12}I_2 \\ U_2 &= z_{21}I_1 + z_{22}I_2 \end{aligned}\right\} \tag{8.1-2}$$

stanowiące jego *opis impedancyjny*. Współczynniki z_{kl}, $k,l = 1,2$, są nazywane *parametrami impedancyjnymi* czwórnika.

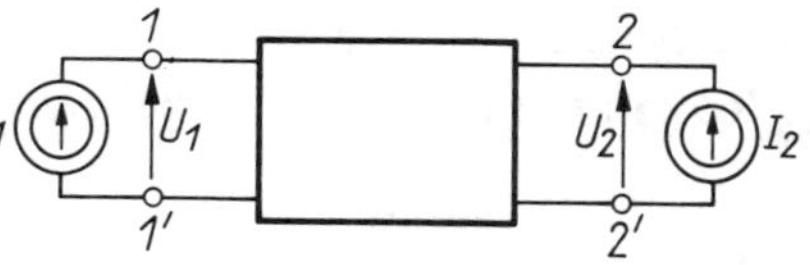

Rys. 8.1-3

C. Równania hybrydowe i równania hybrydowe odwrotne. Wybierając jako wielkości niezależne prąd pierwotny I_1 i napięcie wtórne U_2 (rys. 8.1-4a) lub napięcie pierwotne U_1 i prąd wtórny I_2 (rys. 8.1-4b), otrzymamy (przy założeniu jednoznaczności odpowiednich odpowiedzi dla dowolnych pobudzeń) dwa kolejne opisy czwórnika:

opis hybrydowy (*mieszany*):

$$\left.\begin{aligned} U_1 &= h_{11}I_1 + h_{12}U_2 \\ I_2 &= h_{21}I_1 + h_{22}U_2 \end{aligned}\right\} \tag{8.1-3}$$

oraz *opis hybrydowy* (*mieszany*) *odwrotny*:

$$\left.\begin{aligned} I_1 &= f_{11}U_1 + f_{12}I_2 \\ U_2 &= f_{21}U_1 + f_{22}I_2 \end{aligned}\right\} \tag{8.1-4}$$

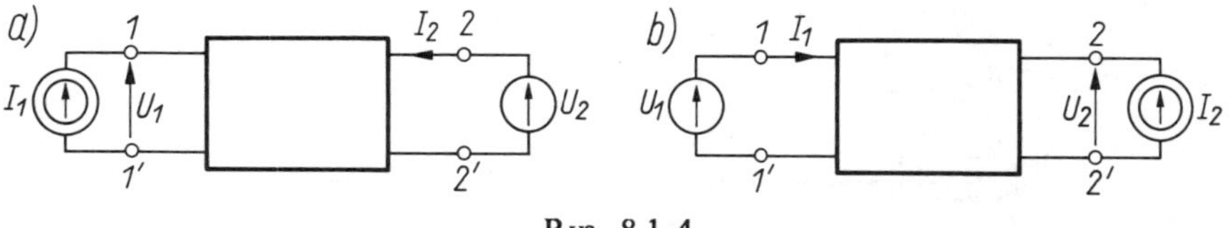

Rys. 8.1-4

Równania hybrydowe (8.1-3) są nazywane także *równaniami mieszanymi*, a ich współczynniki h_{kl}, $k,l = 1,2$ – *parametrami hybrydowymi* (*mieszanymi*). Analogicznie *równania hybrydowe odwrotne* (8.1-4) są nazywane *równaniami mieszanymi odwrotnymi*, a ich współczynniki f_{kl}, $k,l = 1,2$ – *parametrami hybrydowymi* (*mieszanymi*) *odwrotnymi*.

D. Równania łańcuchowe i równania łańcuchowe odwrotne. Pozostały jeszcze do rozpatrzenia dwie ostatnie możliwości wyboru wielkości niezależnych, prowadzące do *opisu łańcuchowego* – przy wyborze napięcia i prądu wtórnego – lub do *opisu łańcuchowego odwrotnego* – przy wyborze napięcia i prądu pierwotnego. W przeciwieństwie do poprzednich przypadków (p. A–C), dla opisów łańcuchowych nie można podać takich schematów pobudzania czwórnika, jak na rys. 8.1-2, 8.1-3 i 8.1-4 (tj. odpowiadających rozpatrywaniu czwórnika jako sieci). *Równania łańcuchowe* i *równania łańcuchowe odwrotne* można natomiast uzyskać bez trudu, rozwiązując którekolwiek z równań (8.1-1)–(8.1-4) względem zmiennych U_1, I_1 lub odpowiednio U_2, I_2, przy założeniu, że rozwiązania takie istnieją. Równania te będziemy zapisywać w postaciach:

opis łańcuchowy:

$$\left.\begin{aligned} U_1 &= a_{11}U_2 - a_{12}I_2 \\ I_1 &= a_{21}U_2 - a_{22}I_2 \end{aligned}\right\} \qquad (8.1\text{-}5)$$

oraz *opis łańcuchowy odwrotny*:

$$\left.\begin{aligned} U_2 &= b_{11}U_1 - b_{12}I_1 \\ I_2 &= b_{21}U_1 - b_{22}I_1 \end{aligned}\right\} \qquad (8.1\text{-}6)$$

Współczynniki a_{kl}, $k,l = 1,2$, będziemy nazywać *parametrami łańcuchowymi*, a współczynniki b_{kl}, $k,l = 1,2$ – *parametrami łańcuchowymi odwrotnymi* czwórnika.

Uwaga. Równania łańcuchowe są szczególnie użyteczne do opisu i badania właściwości transmisyjnych czwórnika. Ponieważ transmisja sygnałów w czwórniku odbywa się najczęściej w ustalonym kierunku – od zacisków pierwotnych do wtórnych lub odwrotnie – zwroty strzałek obu jego prądów wygodniej byłoby przyjąć zgodnie z założonym kierunkiem transmisji. Strzałkowanie transmisyjne czwórnika dla obu kierunków transmisji jest przedstawione na rys. 8.1-5a,b. Uzyskuje się je przez zmianę zwrotu strzałki prądu I_2, tj. przyjęcie $I_2' = -I_2$ na rys. 8.1-5a i, analogicznie, przez zmianę zwrotu strzałki prądu I_1, tj. przyjęcie $I_1' = -I_1$ na rys. 8.1-5b. Oba rodzaje równań łańcuchowych zapisane przy oznaczeniach jak na rys. 8.1-5a,b miałyby zatem postacie:

$$\left.\begin{aligned} U_1 &= a_{11}U_2 + a_{12}I_2' \\ I_1 &= a_{21}U_2 + a_{22}I_2' \end{aligned}\right\} \qquad \left.\begin{aligned} U_2 &= b_{11}U_1 + b_{12}I_1' \\ I_2 &= b_{21}U_1 + b_{22}I_1' \end{aligned}\right\}$$

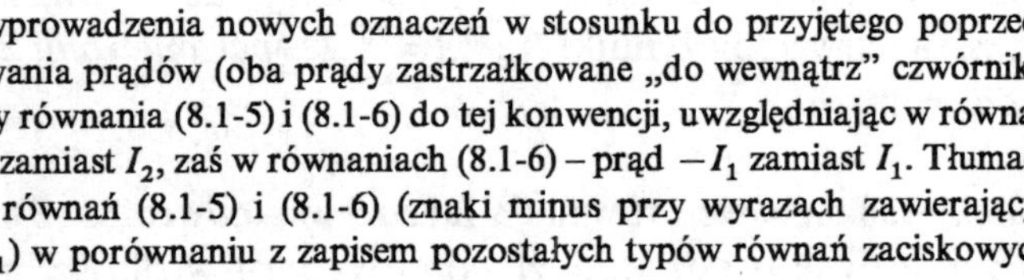

Rys. 8.1-5

Aby uniknąć wprowadzenia nowych oznaczeń w stosunku do przyjętego poprzednio czwórnikowego strzałkowania prądów (oba prądy zastrzałkowane „do wewnątrz" czwórnika – rys. 8.1-1b), dostosowaliśmy równania (8.1-5) i (8.1-6) do tej konwencji, uwzględniając w równaniach (8.1-5) od razu prąd $-I_2$ zamiast I_2, zaś w równaniach (8.1-6) – prąd $-I_1$ zamiast I_1. Tłumaczy to odmienny sposób zapisu równań (8.1-5) i (8.1-6) (znaki minus przy wyrazach zawierających prąd I_2 lub odpowiednio I_1) w porównaniu z zapisem pozostałych typów równań zaciskowych.

E. Przykłady

Przykład 8.1-1. Równania impedancyjne czwórnika typu T pokazanego na rys. 8.1-6a zapisujemy od razu na podstawie napięciowego prawa Kirchhoffa:

$$\left.\begin{aligned} U_1 &= Z_1I_1 + Z_2(I_1 + I_2) = (Z_1 + Z_2)I_1 + Z_2I_2 \\ U_2 &= Z_3I_2 + Z_2(I_1 + I_2) = Z_2I_1 + (Z_2 + Z_3)I_2 \end{aligned}\right\}$$

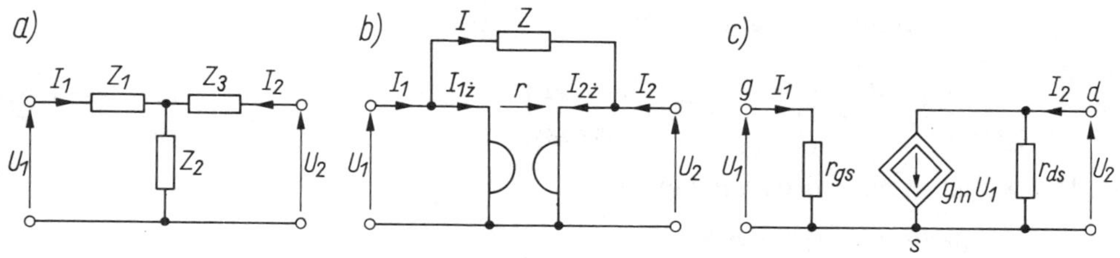

Rys. 8.1-6

Przykład 8.1-2. Dla czwórnika z rys. 8.1-6b można zapisać następujące równania:
– żyratora:

$$U_1 = -rI_{2ż}, \quad I_{1ż} = \frac{1}{r}U_2$$

– wynikające z praw Kirchhoffa:

$$I_1 = I_{1ż} + I, \quad I_2 = I_{2ż} - I, \quad U_1 = U_2 + ZI$$

Eliminując z tych równań prądy $I_{1ż}$, $I_{2ż}$, I, otrzymujemy, po odpowiednich przekształceniach, równania admitancyjne czwórnika:

$$\left.\begin{aligned} I_1 &= \frac{1}{Z}U_1 + \left(\frac{1}{r} - \frac{1}{Z}\right)U_2 \\ I_2 &= -\left(\frac{1}{r} + \frac{1}{Z}\right)U_1 + \frac{1}{Z}U_2 \end{aligned}\right\}$$

Przykład 8.1-3. Dogodnym opisem czwórnika z rys. 8.1-6c, będącego prostym liniowym modelem tranzystora polowego pracującego w układzie o wspólnym źródle (por. przykład 1.7-7 w tomie I), jest opis hybrydowy:

$$\left.\begin{aligned} U_1 &= r_{gs}I_1 \\ I_2 &= g_m r_{gs} I_1 + \frac{1}{r_{ds}}U_2 \end{aligned}\right\}$$

8.1.2. Macierzowy zapis równań czwórnika

A. Macierze charakterystyczne. Równania czwórnika wygodnie jest zapisywać w postaciach macierzowych. Wymienimy je kolejno:

1. Równania admitancyjne:

$$\begin{bmatrix} I_1 \\ I_2 \end{bmatrix} = \boldsymbol{Y}\begin{bmatrix} U_1 \\ U_2 \end{bmatrix}, \qquad \boldsymbol{Y} = \begin{bmatrix} y_{11} & y_{12} \\ y_{21} & y_{22} \end{bmatrix} \tag{8.1-7}$$

gdzie $\boldsymbol{Y}$ jest *macierzą admitancyjną*.

2. Równania impedancyjne:

$$\begin{bmatrix} U_1 \\ U_2 \end{bmatrix} = \boldsymbol{Z} \begin{bmatrix} I_1 \\ I_2 \end{bmatrix}, \qquad \boldsymbol{Z} = \begin{bmatrix} z_{11} & z_{12} \\ z_{21} & z_{22} \end{bmatrix} \tag{8.1-8}$$

gdzie $\boldsymbol{Z}$ jest *macierzą impedancyjną*.

3. Równania hybrydowe:

$$\begin{bmatrix} U_1 \\ I_2 \end{bmatrix} = \boldsymbol{H} \begin{bmatrix} I_1 \\ U_2 \end{bmatrix}, \qquad \boldsymbol{H} = \begin{bmatrix} h_{11} & h_{12} \\ h_{21} & h_{22} \end{bmatrix} \tag{8.1-9}$$

gdzie $\boldsymbol{H}$ jest *macierzą hybrydową*.

4. Równania hybrydowe odwrotne:

$$\begin{bmatrix} I_1 \\ U_2 \end{bmatrix} = \boldsymbol{F} \begin{bmatrix} U_1 \\ I_2 \end{bmatrix}, \qquad \boldsymbol{F} = \begin{bmatrix} f_{11} & f_{12} \\ f_{21} & f_{22} \end{bmatrix} \tag{8.1-10}$$

gdzie $\boldsymbol{F}$ jest *macierzą hybrydową odwrotną*.

5. Równania łańcuchowe:

$$\begin{bmatrix} U_1 \\ I_1 \end{bmatrix} = \boldsymbol{A} \begin{bmatrix} U_2 \\ -I_2 \end{bmatrix}, \qquad \boldsymbol{A} = \begin{bmatrix} a_{11} & a_{12} \\ a_{21} & a_{22} \end{bmatrix} \tag{8.1-11}$$

gdzie $\boldsymbol{A}$ jest *macierzą łańcuchową*.

6. Równania łańcuchowe odwrotne:

$$\begin{bmatrix} U_2 \\ I_2 \end{bmatrix} = \boldsymbol{B} \begin{bmatrix} U_1 \\ -I_1 \end{bmatrix}, \qquad \boldsymbol{B} = \begin{bmatrix} b_{11} & b_{12} \\ b_{21} & b_{22} \end{bmatrix} \tag{8.1-12}$$

gdzie $\boldsymbol{B}$ jest *macierzą łańcuchową odwrotną*.

Macierze $\boldsymbol{Y}$, $\boldsymbol{Z}$, $\boldsymbol{H}$, $\boldsymbol{F}$, $\boldsymbol{A}$, $\boldsymbol{B}$ są nazywane *macierzami charakterystycznymi* czwórnika, a ich elementy *parametrami charakterystycznymi*. Podkreślmy, że są to wszystkie macierze charakterystyczne czwórnika oraz że istnieją także inne sposoby opisu macierzowego czwórników (por. p. 8.6.2 i wzór (8.6-70)). Macierze charakterystyczne $\boldsymbol{Y}$, $\boldsymbol{Z}$ oraz $\boldsymbol{H}$, $\boldsymbol{F}$ są parami macierzami odwrotnymi:

$$\boldsymbol{Z} = \boldsymbol{Y}^{-1}, \quad \boldsymbol{F} = \boldsymbol{H}^{-1} \tag{8.1-13}$$

co wynika wprost z porównania postaci równań (8.1-7)–(8.1-10). Właściwości tej nie mają, jak można sprawdzić, macierze łańcuchowe, tzn. $\boldsymbol{B} \neq \boldsymbol{A}^{-1}$. Macierze $\boldsymbol{B}$ i $\boldsymbol{A}^{-1}$ różnią się jedynie znakami wyrazów leżących poza główną przekątną. Ich wyznaczniki są zatem jednakowe. Podkreślmy analogię pierwszego ze związków (8.1-13) z zależnością między impedancją a admitancją dwójnika.

B. Przykłady. W tablicy 8.1 są podane macierze charakterystyczne $\boldsymbol{A}$, $\boldsymbol{Z}$, $\boldsymbol{Y}$ prostych czwórników o typowych strukturach. Przedstawione są kolejno struktury jednoelementowe, struktury dwuelementowe typu Ꞁ i Γ, struktury typu Π i T, struktura mostkowa typu X i struktura T „z mostkiem" (w tym ostatnim przypadku jest podana tylko macierz A).

C. Związki między parametrami charakterystycznymi czwórnika. Przy spełnieniu odpowiednich warunków (por. p. D) elementy każdej z macierzy charakterystycznych można wyrazić poprzez elementy każdej z pozostałych macierzy. Zależności między elementami poszczególnych macierzy charakterystycznych są podane w tabl. 8.2. Posługując się tą tablicą można, gdy zajdzie taka potrzeba, przejść z jednego rodzaju opisu na inny. W tablicy są podane także warunki istnienia takiego przejścia.

Przykład 8.1-4. Macierz impedancyjna czwórnika utworzonego przez indukcyjności sprzężone przedstawione na rys. 1.8-5 w tomie I przy założeniu jednakowych i jednostkowych indukcyjności własnych i przy sprzężeniu całkowitym ma postać (por. także wzory (1.8-14) i (1.8-22)):

$$Z = \begin{bmatrix} s & s \\ s & s \end{bmatrix}$$

Na jej podstawie wyznaczymy macierz łańcuchową tego czwórnika. Ponieważ $z_{21} \neq 0$, macierz ta istnieje i zgodnie z tabl. 8.2 ma postać:

$$A = \begin{bmatrix} 1 & 0 \\ 1/s & 1 \end{bmatrix}$$

Zauważmy jednocześnie, że przy przyjętych założeniach nie istnieje macierz admitancyjna indukcyjności sprzężonych. Nie są bowiem spełnione podane w tabl. 8.2 warunki istnienia macierzy admitancyjnej, tzn. zachodzą równości $\det Z = 0$ lub, równoważnie, $a_{12} = 0$.

Pożądaną postać równań czwórnika (a więc i odpowiadającą jej macierz charakterystyczną) można wyznaczyć także na podstawie innej znanej postaci równań czwórnika (innej macierzy charakterystycznej) drogą prostych przekształceń równań znanych.

Przykład 8.1-5. Wyznaczymy macierz łańcuchową A czwórnika z rys. 8.1-6a na podstawie jego równań impedancyjnych wyprowadzonych w przykładzie 8.1-1.

Z drugiego równania wyznaczamy prąd I_1 (przy warunku $Z_2 \neq 0$):

$$I_1 = \frac{1}{Z_2} U_2 - \frac{Z_2 + Z_3}{Z_2} I_2$$

Wstawiając I_1 do pierwszego równania otrzymujemy:

$$U_1 = \frac{Z_1 + Z_2}{Z_2} U_2 + \left[Z_2 - \frac{(Z_1 + Z_2)(Z_2 + Z_3)}{Z_2} \right] I_2$$

Tablica 8.1. Macierze $\boldsymbol{A}$, $\boldsymbol{Z}$ i $\boldsymbol{Y}$ prostych czwórników

Lp.	Schemat	$\boldsymbol{A}$	$\boldsymbol{Z}$	$\boldsymbol{Y}$
1	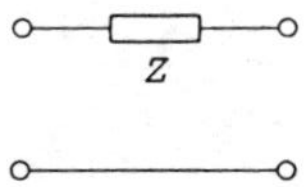	$\begin{bmatrix} 1 & Z \\ 0 & 1 \end{bmatrix}$	–	$\frac{1}{Z}\begin{bmatrix} 1 & -1 \\ -1 & 1 \end{bmatrix}$
2	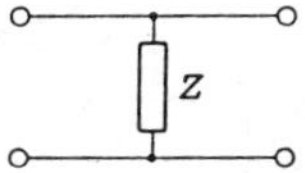	$\begin{bmatrix} 1 & 0 \\ \frac{1}{Z} & 1 \end{bmatrix}$	$Z\begin{bmatrix} 1 & 1 \\ 1 & 1 \end{bmatrix}$	–
3	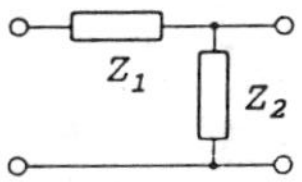	$\begin{bmatrix} 1+\frac{Z_1}{Z_2} & Z_1 \\ \frac{1}{Z_2} & 1 \end{bmatrix}$	$\begin{bmatrix} Z_1+Z_2 & Z_2 \\ Z_2 & Z_2 \end{bmatrix}$	$\begin{bmatrix} \frac{1}{Z_1} & -\frac{1}{Z_1} \\ -\frac{1}{Z_1} & \frac{1}{Z_1}+\frac{1}{Z_2} \end{bmatrix}$
4	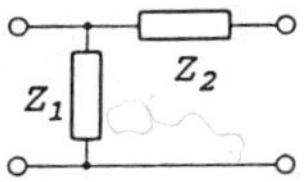	$\begin{bmatrix} 1 & Z_2 \\ \frac{1}{Z_1} & 1+\frac{Z_2}{Z_1} \end{bmatrix}$	$\begin{bmatrix} Z_1 & Z_1 \\ Z_1 & Z_1+Z_2 \end{bmatrix}$	$\begin{bmatrix} \frac{1}{Z_1}+\frac{1}{Z_2} & -\frac{1}{Z_2} \\ -\frac{1}{Z_2} & \frac{1}{Z_2} \end{bmatrix}$
5	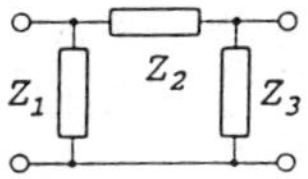	$\begin{bmatrix} 1+\frac{Z_2}{Z_3} & Z_2 \\ \frac{Z_1+Z_2+Z_3}{Z_1Z_3} & 1+\frac{Z_2}{Z_1} \end{bmatrix}$	$\frac{1}{Z_1+Z_2+Z_3}\cdot\begin{bmatrix} Z_1(Z_2+Z_3) & Z_1Z_3 \\ Z_1Z_3 & Z_3(Z_1+Z_2) \end{bmatrix}$	$\begin{bmatrix} \frac{Z_1+Z_2}{Z_1Z_2} & -\frac{1}{Z_2} \\ -\frac{1}{Z_2} & \frac{Z_2+Z_3}{Z_2Z_3} \end{bmatrix}$

Tablica 8.1 cd.

Lp.	Schemat	$\boldsymbol{A}$	$\boldsymbol{Z}$	$\boldsymbol{Y}$
6	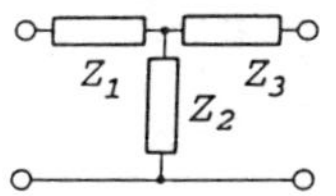	$\begin{bmatrix} 1+\dfrac{Z_1}{Z_2} & Z_1+Z_3+\dfrac{Z_1Z_3}{Z_2} \\ \dfrac{1}{Z_2} & 1+\dfrac{Z_3}{Z_2} \end{bmatrix}$	$\begin{bmatrix} Z_1+Z_2 & Z_2 \\ Z_2 & Z_2+Z_3 \end{bmatrix}$	$\dfrac{1}{Z_1Z_2+Z_1Z_3+Z_2Z_3}\cdot\begin{bmatrix} Z_2+Z_3 & -Z_2 \\ -Z_2 & Z_1+Z_2 \end{bmatrix}$
7	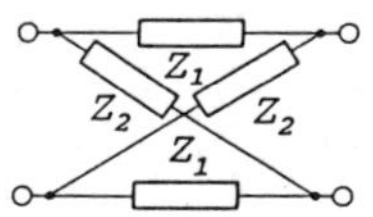	$\dfrac{1}{Z_2-Z_1}\begin{bmatrix} Z_1+Z_2 & 2Z_1Z_2 \\ 2 & Z_1+Z_2 \end{bmatrix}$	$\dfrac{1}{2}\begin{bmatrix} Z_1+Z_2 & Z_2-Z_1 \\ Z_2-Z_1 & Z_1+Z_2 \end{bmatrix}$	$\dfrac{1}{2Z_1Z_2}\begin{bmatrix} Z_1+Z_2 & Z_1-Z_2 \\ Z_1-Z_2 & Z_1+Z_2 \end{bmatrix}$
		$\boldsymbol{A}$		
8	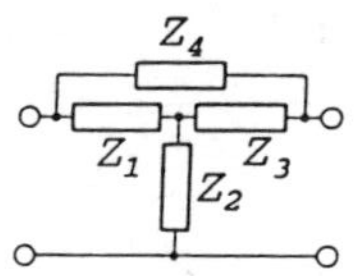	$\begin{bmatrix} \dfrac{Z_1(Z_3+Z_4)+Z_2(Z_1+Z_3+Z_4)}{Z_1Z_3+Z_2(Z_1+Z_3+Z_4)} & \dfrac{Z_4(Z_1Z_2+Z_1Z_3+Z_2Z_3)}{Z_1Z_3+Z_2(Z_1+Z_3+Z_4)} \\ \dfrac{Z_1+Z_3+Z_4}{Z_1Z_3+Z_2(Z_1+Z_3+Z_4)} & \dfrac{Z_3(Z_1+Z_4)+Z_2(Z_1+Z_3+Z_4)}{Z_1Z_3+Z_2(Z_1+Z_3+Z_4)} \end{bmatrix}$		

Tablica 8.2. Zależności między elementami macierzy charakterystycznych

	$\boldsymbol{Y}$	$\boldsymbol{Z}$	$\boldsymbol{A}$	$\boldsymbol{B}$	$\boldsymbol{H}$	$\boldsymbol{F}$
$\boldsymbol{Y}$	$\begin{bmatrix} y_{11} & y_{12} \\ y_{21} & y_{22} \end{bmatrix}$	$\lvert Z\rvert \neq 0$ $\frac{1}{\lvert Z\rvert}\begin{bmatrix} z_{22} & -z_{12} \\ -z_{21} & z_{11} \end{bmatrix}$	$a_{12} \neq 0$ $\frac{1}{a_{12}}\begin{bmatrix} a_{22} & -\lvert A\rvert \\ -1 & a_{11} \end{bmatrix}$	$b_{12} \neq 0$ $\frac{1}{b_{12}}\begin{bmatrix} b_{11} & -1 \\ -\lvert B\rvert & b_{22} \end{bmatrix}$	$h_{11} \neq 0$ $\frac{1}{h_{11}}\begin{bmatrix} 1 & -h_{12} \\ h_{21} & \lvert H\rvert \end{bmatrix}$	$f_{22} \neq 0$ $\frac{1}{f_{22}}\begin{bmatrix} \lvert F\rvert & f_{12} \\ -f_{21} & 1 \end{bmatrix}$
$\boldsymbol{Z}$	$\lvert Y\rvert \neq 0$ $\frac{1}{\lvert Y\rvert}\begin{bmatrix} y_{22} & -y_{12} \\ -y_{21} & y_{11} \end{bmatrix}$	$\begin{bmatrix} z_{11} & z_{12} \\ z_{21} & z_{22} \end{bmatrix}$	$a_{21} \neq 0$ $\frac{1}{a_{21}}\begin{bmatrix} a_{11} & \lvert A\rvert \\ 1 & a_{22} \end{bmatrix}$	$b_{21} \neq 0$ $\frac{1}{b_{21}}\begin{bmatrix} b_{22} & 1 \\ \lvert B\rvert & b_{11} \end{bmatrix}$	$h_{22} \neq 0$ $\frac{1}{h_{22}}\begin{bmatrix} \lvert H\rvert & h_{12} \\ -h_{21} & 1 \end{bmatrix}$	$f_{11} \neq 0$ $\frac{1}{f_{11}}\begin{bmatrix} 1 & -f_{12} \\ f_{21} & \lvert F\rvert \end{bmatrix}$
$\boldsymbol{A}$	$y_{21} \neq 0$ $\frac{-1}{y_{21}}\begin{bmatrix} y_{22} & 1 \\ \lvert Y\rvert & y_{11} \end{bmatrix}$	$z_{21} \neq 0$ $\frac{1}{z_{21}}\begin{bmatrix} z_{11} & \lvert Z\rvert \\ 1 & z_{22} \end{bmatrix}$	$\begin{bmatrix} a_{11} & a_{12} \\ a_{21} & a_{22} \end{bmatrix}$	$\lvert B\rvert \neq 0$ $\frac{1}{\lvert B\rvert}\begin{bmatrix} b_{22} & b_{12} \\ b_{21} & b_{11} \end{bmatrix}$	$h_{21} \neq 0$ $\frac{-1}{h_{21}}\begin{bmatrix} \lvert H\rvert & h_{11} \\ h_{22} & 1 \end{bmatrix}$	$f_{21} \neq 0$ $\frac{1}{f_{21}}\begin{bmatrix} 1 & f_{22} \\ f_{11} & \lvert F\rvert \end{bmatrix}$
$\boldsymbol{B}$	$y_{12} \neq 0$ $\frac{-1}{y_{12}}\begin{bmatrix} y_{11} & 1 \\ \lvert Y\rvert & y_{22} \end{bmatrix}$	$z_{12} \neq 0$ $\frac{1}{z_{12}}\begin{bmatrix} z_{22} & \lvert Z\rvert \\ 1 & z_{11} \end{bmatrix}$	$\lvert A\rvert \neq 0$ $\frac{1}{\lvert A\rvert}\begin{bmatrix} a_{22} & a_{12} \\ a_{21} & a_{11} \end{bmatrix}$	$\begin{bmatrix} b_{11} & b_{12} \\ b_{21} & b_{22} \end{bmatrix}$	$h_{12} \neq 0$ $\frac{1}{h_{12}}\begin{bmatrix} 1 & h_{11} \\ h_{22} & \lvert H\rvert \end{bmatrix}$	$f_{12} \neq 0$ $\frac{-1}{f_{12}}\begin{bmatrix} \lvert F\rvert & f_{22} \\ f_{11} & 1 \end{bmatrix}$
$\boldsymbol{H}$	$y_{11} \neq 0$ $\frac{1}{y_{11}}\begin{bmatrix} 1 & -y_{12} \\ y_{21} & \lvert Y\rvert \end{bmatrix}$	$z_{22} \neq 0$ $\frac{1}{z_{22}}\begin{bmatrix} \lvert Z\rvert & z_{12} \\ -z_{21} & 1 \end{bmatrix}$	$a_{22} \neq 0$ $\frac{1}{a_{22}}\begin{bmatrix} a_{12} & \lvert A\rvert \\ -1 & a_{21} \end{bmatrix}$	$b_{11} \neq 0$ $\frac{1}{b_{11}}\begin{bmatrix} b_{12} & 1 \\ -\lvert B\rvert & b_{21} \end{bmatrix}$	$\begin{bmatrix} h_{11} & h_{12} \\ h_{21} & h_{22} \end{bmatrix}$	$\lvert F\rvert \neq 0$ $\frac{1}{\lvert F\rvert}\begin{bmatrix} f_{22} & -f_{12} \\ -f_{21} & f_{11} \end{bmatrix}$
$\boldsymbol{F}$	$y_{22} \neq 0$ $\frac{1}{y_{22}}\begin{bmatrix} \lvert Y\rvert & y_{12} \\ y_{21} & 1 \end{bmatrix}$	$z_{11} \neq 0$ $\frac{1}{z_{11}}\begin{bmatrix} 1 & -z_{12} \\ z_{21} & \lvert Z\rvert \end{bmatrix}$	$a_{11} \neq 0$ $\frac{1}{a_{11}}\begin{bmatrix} a_{21} & -\lvert A\rvert \\ 1 & a_{12} \end{bmatrix}$	$b_{22} \neq 0$ $\frac{1}{b_{22}}\begin{bmatrix} b_{21} & -1 \\ \lvert B\rvert & b_{12} \end{bmatrix}$	$\lvert H\rvert \neq 0$ $\frac{1}{\lvert H\rvert}\begin{bmatrix} h_{22} & -h_{12} \\ -h_{21} & h_{11} \end{bmatrix}$	$\begin{bmatrix} f_{11} & f_{12} \\ f_{21} & f_{22} \end{bmatrix}$

Oznaczenie: $\lvert X\rvert = \det X$

Po przekształceniach zapisujemy te równania w kolejności określonej przez równania (8.1-5):

$$U_1 = \frac{Z_1 + Z_2}{Z_2} U_2 - \frac{Z_1 Z_2 + Z_1 Z_3 + Z_2 Z_3}{Z_2} I_2$$

$$I_1 = \frac{1}{Z_2} U_2 - \frac{Z_2 + Z_3}{Z_2} I_2$$

a stąd macierz łańcuchowa:

$$A = \begin{bmatrix} 1 + \frac{Z_1}{Z_2} & Z_1 + Z_3 + \frac{Z_1 Z_3}{Z_2} \\ \frac{1}{Z_2} & 1 + \frac{Z_3}{Z_2} \end{bmatrix}$$

D. Czwórniki prawidłowe i zdegenerowane. Czwórnik nie zawsze może być opisany wszystkimi sześcioma rodzajami równań. Wynika to z faktu, że nie w każdym przypadku możliwy jest taki stan pracy czwórnika, w którym wielkości zaciskowe przyjmowane za niezależne mogą być rzeczywiście niezależne. Czwórnika nie można opisać na przykład równaniami admitancyjnymi, tzn. nie istnieje jego macierz admitancyjna, jeśli w układzie z rys. 8.1-2a pobudzenia U_1, U_2 nie mogą być niezależne. Jako przykłady możemy tu wymienić choćby czwórnik jednoelementowy z pozycji 2 w tabl. 8.1, dla którego napięcia zaciskowe są równe, czy też transformator idealny o równaniach (1.8-46) (rys. 1.8-16 w tomie I), dla którego napięcia te są związane zależnością $U_1 = pU_2$. Podobne sytuacje mogą zachodzić również w przypadku opisu impedancyjnego i obu opisów hybrydowych. W przypadku opisów łańcuchowych istnienie macierzy $\boldsymbol{A}$ i/lub macierzy $\boldsymbol{B}$ jest natomiast uwarunkowane zdolnością czwórnika do przenoszenia sygnałów z jednej pary zacisków na drugą i wiąże się z pojęciem *lateralności* czwórnika (por. p. E).

Czwórnik nazywamy *czwórnikiem prawidłowym*, jeśli istnieją wszystkie jego macierze charakterystyczne. Czwórnik, który nie jest prawidłowy, tj. mający mniej niż sześć macierzy charakterystycznych, nazywamy *czwórnikiem zdegenerowanym*[1)]. Jeżeli czwórnik zdegenerowany ma tylko jedną macierz charakterystyczną, to macierz ta jest macierzą zerową. Czwórnik taki nazywamy *czwórnikiem zerowym.*

Na podstawie związków między macierzami charakterystycznymi zestawionymi w tabl. 8.2 łatwo można zauważyć, że *czwórnik jest prawidłowy wtedy i tylko wtedy, kiedy którakolwiek z jego macierzy charakterystycznych jest macierzą nieosobliwą o wszystkich elementach różnych od zera.* Czwórnikiem prawidłowym jest np. czwórnik typu T (tabl. 8.1) przy warunku $Z_1 Z_2 Z_3 \neq 0$ oraz czwórnik typu Π przy warunku $Y_1 Y_2 Y_3 \neq 0$.

[1)] Odpowiednikiem czwórników zdegenerowanych w zbiorze dwójników są: *zwarcie* ($Z = 0$, Y nie istnieje) i *rozwarcie* ($Y = 0$, Z nie istnieje), por. p. 4.3.4-C w tomie II.

Czwórniki zdegenerowane są ważną kategorią czwórników. Podamy poniżej kilka przykładów takich czwórników.

Przykład 8.1-6. Źródła sterowane (rys. 1.7-18 w tomie I) o równaniach (1.7-30) mają tylko po dwie macierze charakterystyczne:

$$\text{ŹNSN:}\quad \boldsymbol{A}=\begin{bmatrix}\frac{1}{k} & 0\\ 0 & 0\end{bmatrix},\quad \boldsymbol{F}=\begin{bmatrix}0 & 0\\ k & 0\end{bmatrix} \tag{8.1-14}$$

$$\text{ŹPSP:}\quad \boldsymbol{A}=\begin{bmatrix}0 & 0\\ 0 & \frac{1}{\alpha}\end{bmatrix},\quad \boldsymbol{H}=\begin{bmatrix}0 & 0\\ -\alpha & 0\end{bmatrix} \tag{8.1-15}$$

$$\text{ŹNSP:}\quad \boldsymbol{A}=\begin{bmatrix}0 & 0\\ \frac{1}{r} & 0\end{bmatrix},\quad \boldsymbol{Z}=\begin{bmatrix}0 & 0\\ r & 0\end{bmatrix} \tag{8.1-16}$$

$$\text{ŹPSN:}\quad \boldsymbol{A}=\begin{bmatrix}0 & \frac{1}{g}\\ 0 & 0\end{bmatrix},\quad \boldsymbol{Y}=\begin{bmatrix}0 & 0\\ -g & 0\end{bmatrix} \tag{8.1-17}$$

Przykład 8.1-7. Czwórnikami zdegenerowanymi mającymi po cztery macierze charakterystyczne są między innymi:

a) żyrator (rys. 1.7-25a w tomie I) o równaniach (1.7-33):

$$\boldsymbol{A}=\begin{bmatrix}0 & r\\ \frac{1}{r} & 0\end{bmatrix},\quad \boldsymbol{B}=\begin{bmatrix}0 & r\\ \frac{1}{r} & 0\end{bmatrix},\quad \boldsymbol{Z}=\begin{bmatrix}0 & -r\\ r & 0\end{bmatrix},\quad \boldsymbol{Y}=\begin{bmatrix}0 & \frac{1}{r}\\ -\frac{1}{r} & 0\end{bmatrix} \tag{8.1-18}$$

b) transformator idealny (rys. 1.8-16 w tomie I) o równaniach (1.8-46):

$$\boldsymbol{A}=\begin{bmatrix}p & 0\\ 0 & \frac{1}{p}\end{bmatrix},\quad \boldsymbol{B}=\begin{bmatrix}\frac{1}{p} & 0\\ 0 & p\end{bmatrix},\quad \boldsymbol{H}=\begin{bmatrix}0 & p\\ -p & 0\end{bmatrix},\quad \boldsymbol{F}=\begin{bmatrix}0 & -\frac{1}{p}\\ \frac{1}{p} & 0\end{bmatrix} \tag{8.1-19}$$

c) konwerter ujemno-impedancyjny NIC (por. zad. 2.5 w tomie I):

$$\boldsymbol{A}=\begin{bmatrix}k & 0\\ 0 & -\frac{1}{k}\end{bmatrix},\quad \boldsymbol{B}=\begin{bmatrix}\frac{1}{k} & 0\\ 0 & -k\end{bmatrix},\quad \boldsymbol{H}=\begin{bmatrix}0 & k\\ k & 0\end{bmatrix},\quad \boldsymbol{F}=\begin{bmatrix}0 & \frac{1}{k}\\ \frac{1}{k} & 0\end{bmatrix} \tag{8.1-20}$$

d) inwerter ujemno-impedancyjny NIV (por. zad. 2.5 w tomie I):

$$\boldsymbol{A}=\begin{bmatrix}0 & -r\\ \frac{1}{r} & 0\end{bmatrix},\quad \boldsymbol{B}=\begin{bmatrix}0 & r\\ -\frac{1}{r} & 0\end{bmatrix},\quad \boldsymbol{Z}=\begin{bmatrix}0 & r\\ r & 0\end{bmatrix},\quad \boldsymbol{Y}=\begin{bmatrix}0 & \frac{1}{r}\\ \frac{1}{r} & 0\end{bmatrix} \tag{8.1-21}$$

Przykład 8.1-8. Czwórnik przedstawiony na rys. 8.1-7 nie ma ani macierzy A ani macierzy B (proponujemy Czytelnikowi sprawdzenie tego faktu). Pozostałe macierze charakterystyczne tego czwórnika istnieją przy założeniu, że $Z_1Z_2 \neq 0$ i $Y_1Y_2 \neq 0$.

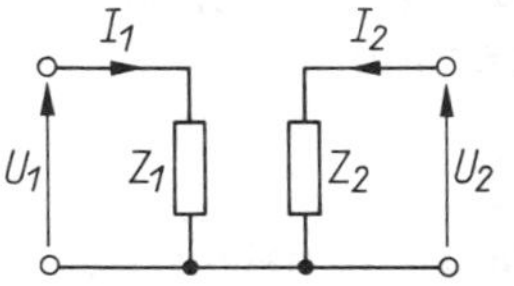

Rys. 8.1-7

Przykład 8.1-9. Szczególną rolę w zbiorze czwórników zdegenerowanych odgrywa *idealny wzmacniacz operacyjny* (por. przykład 1.7-5, rys. 1.7-22 w tomie I). Jest on zarazem najważniejszym przykładem czwórnika zerowego. Jak wynika z rozważań przeprowadzonych w p. 3.6-B, idealny wzmacniacz operacyjny pracujący w zakresie liniowym może być rozpatrywany jako idealne ŹNSN przy współczynniku wzmocnienia stałoprądowego $A \to \infty$. Wzmacniacz taki jest opisany równaniami łańcuchowymi:

$$\left.\begin{aligned} U_1 &= 0 \\ I_1 &= 0 \end{aligned}\right\} \qquad (8.1\text{-}22)$$

ma zatem tylko macierz łańcuchową:

$$A = \begin{bmatrix} 0 & 0 \\ 0 & 0 \end{bmatrix} \qquad (8.1\text{-}23)$$

będącą macierzą zerową.

Podobnie, każde z pozostałych trzech rodzai źródeł sterowanych staje się idealnym wzmacniaczem operacyjnym, gdy parametr sterowania źródła dąży do nieskończoności.

Uwaga. Obok dwójników, tj. układów spełniających warunki definicyjne podane w p. 2.1.2-A w tomie I, celowe jest niekiedy rozważanie także *dwójników osobliwych* lub *singularnych*. Należą do nich:

– *nulator* (rys. 8.1-8a), opisany d w o m a równaniami $u = 0$, $i = 0$, oraz:

– *norator* (rys. 8.1-8b), nie mający ż a d n e g o równania; oznacza to, że dla nulatora nie istnieje związek między jego prądem a napięciem (prąd i napięcie mogą być dowolne).

Elementy typu nulator i norator bywają używane do tworzenia schematów zastępczych układów aktywnych, w tym m.in. źródeł sterowanych (por. p. 8.1.3-E). Operowanie takimi schematami ma pewne zalety, umożliwia bowiem unifikację metod opisu niektórych klas układów.

W związku z tym, że nulator ma dwa równania (o jedno za dużo, por. p. 2.1.2-A), a norator nie ma żadnego równania, we wspomnianych schematach zastępczych występują pary elementów nulator-norator. Na rysunku 8.1-8c pokazano dla przykładu nulatorowo-noratorowy schemat zastępczy idealnego wzmacniacza operacyjnego o równaniach (8.1-22) i macierzy łańcuchowej (8.1-23). Układ przedstawiony na rys. 8.1-8c jest nazywany *nullorem*.

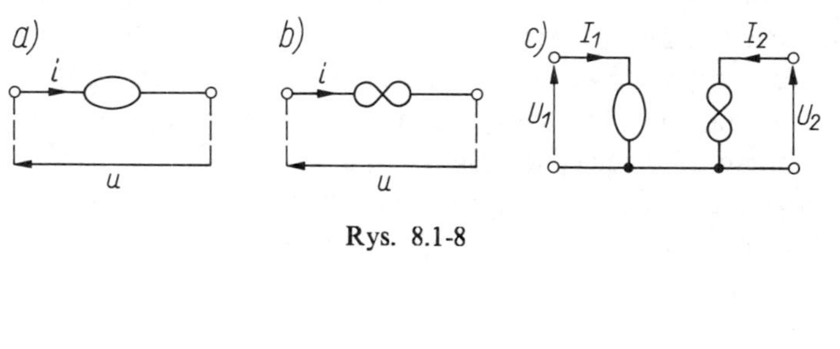

Rys. 8.1-8

E. Czwórniki bilateralne, unilateralne i nielateralne. Istnienie macierzy łańcuchowych wiąże się ze zdolnością czwórnika do transmisji sygnałów. Na przykład czwórnik zdegenerowany z rys. 8.1-7, który nie ma ani macierzy $\boldsymbol{A}$, ani macierzy $\boldsymbol{B}$, nie może przekazywać sygnałów z jednych zacisków na drugie, co wynika wprost z jego schematu.

Czwórnik nazywamy:

a) *bilateralnym*, jeśli ma obie macierze $\boldsymbol{A}$ i $\boldsymbol{B}$;

b) *unilateralnym*, jeśli ma tylko jedną z macierzy $\boldsymbol{A}$, $\boldsymbol{B}$;

c) *nielateralnym*, jeśli nie ma ani macierzy $\boldsymbol{A}$, ani macierzy $\boldsymbol{B}$.

Czwórnik bilateralny jest zdolny do przekazywania sygnałów zarówno od zacisków pierwotnych do wtórnych, jak i od wtórnych do pierwotnych. Czwórnik unilateralny jest zdolny do przekazywania sygnałów tylko w jedną stronę: od zacisków pierwotnych do wtórnych – jeśli istnieje macierz $\boldsymbol{A}$ lub od wtórnych do pierwotnych – jeśli istnieje macierz $\boldsymbol{B}$. Czwórnik nielateralny nie przekazuje sygnałów w żadną ze stron.

Czwórnikami bilateralnymi są np. żyrator, transformator idealny oraz czwórniki NIC i NIV. Źródła sterowane są czwórnikami unilateralnymi. Zauważmy przy tym, że dla każdego rodzaju źródła sterowanego istnieje zawsze macierz $\boldsymbol{A}$, a nie istnieje macierz $\boldsymbol{B}$, co wynika wprost z jego definicji jako elementu zdolnego do przekazywania sygnałów tylko od zacisków pierwotnych do zacisków wtórnych. Czwórnik z rys. 8.1-7 jest czwórnikiem nielateralnym.

Warunki bilateralności, unilateralności i nielateralności wyrażone w zależności od elementów macierzy $\boldsymbol{Y}$, $\boldsymbol{Z}$, $\boldsymbol{H}$, $\boldsymbol{F}$ (przy założeniu, że macierze te istnieją) można ustalić na podstawie tabl. 8.2. Zwracamy uwagę, że dla każdej z tych czterech macierzy warunkiem przekazywania sygnału od zacisków pierwotnych do wtórnych jest, aby parametr o indeksach 21 był różny od zera, a od wtórnych do pierwotnych – aby różny od zera był parametr o indeksach 12. Czwórnik bilateralny ma zatem różne od zera oba elementy leżące poza główną przekątną macierzy $\boldsymbol{Y}$, $\boldsymbol{Z}$, $\boldsymbol{H}$, $\boldsymbol{F}$, dla czwórnika unilateralnego tylko jeden z tych elementów jest niezerowy, natomiast w przypadku czwórnika nielateralnego oba te elementy są równe zeru. Jak można bez trudu sprawdzić, ten ostatni przypadek zachodzi właśnie w przypadku czwórnika z rys. 8.1-7.

F. Czwórniki równoważne. Czwórniki równoważne muszą mieć oczywiście identyczne macierze charakterystyczne tego samego typu. Zgodnie z ogólną definicją równoważności układów (por. p. 2.1.3-D w tomie I), identyczność odpowiadających sobie macierzy charakterystycznych nie jest jednak warunkiem wystarczającym równoważności czwórników. Czwórniki równoważne muszą mieć ponadto takie same ograniczenia wynikające ze struktury wewnętrznych połączeń między ich zaciskami.

Z czwórnikami równoważnymi zetknęliśmy się już w tomie I. Są nimi, na przykład, czwórniki z rys. 1.7-25 oraz czwórniki z rys. 1.8-18.

Przykład 8.1-10. Proponujemy Czytelnikowi sprawdzenie, że czwórniki przedstawione na rys. 8.1-9a,b mają identyczne równania impedancyjne. Oba te czwórniki są ponadto czwórnikami o strukturze trójnikowej (por. p. 2.1.3-C w tomie I), a więc są czwórnikami równoważnymi.

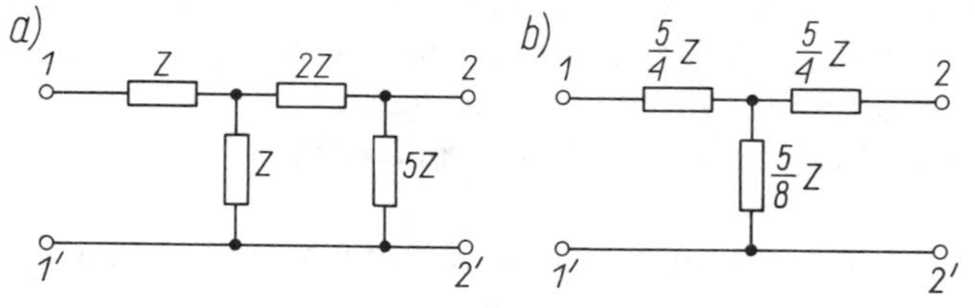

Rys. 8.1-9

G. Uogólnienie opisu macierzowego na wielowrotniki. Rozważmy n-wrotnik SLSB (rys. 2.1-6a w tomie I), którego stan zaciskowy jest określony wektorami:

$$\boldsymbol{U} = [U_1, U_2, \ldots, U_n]^T, \qquad \boldsymbol{I} = [I_1, I_2, \ldots, I_n]^T \tag{8.1-24}$$

Załóżmy, że dla każdego wektora pobudzeń $\boldsymbol{U}$ wektor $\boldsymbol{I}$ jest określony jednoznacznie lub, odpowiednio, dla każdego wektora pobudzeń $\boldsymbol{I}$ wektor $\boldsymbol{U}$ jest określony jednoznacznie. Uogólniając opis admitancyjny lub odpowiednio opis impedancyjny czwórnika, n-wrotnik SLSB możemy przy tych założeniach opisać równaniami:

$$\boldsymbol{I} = \boldsymbol{YU} \quad \text{lub} \quad \boldsymbol{U} = \boldsymbol{ZI} \tag{8.1-25}$$

gdzie *macierz admitancyjna* $\boldsymbol{Y}$ i *macierz impedancyjna* $\boldsymbol{Z}$ *n-wrotnika* mają postacie:

$$\boldsymbol{Y} = \begin{bmatrix} y_{11} & y_{12} & \cdots & y_{1n} \\ y_{21} & y_{22} & \cdots & y_{2n} \\ \cdot & & & \cdot \\ \cdot & & & \cdot \\ y_{n1} & y_{n2} & \cdots & y_{nn} \end{bmatrix}, \quad \boldsymbol{Z} = \begin{bmatrix} z_{11} & z_{12} & \cdots & z_{1n} \\ z_{21} & z_{22} & \cdots & z_{2n} \\ \cdot & & & \cdot \\ \cdot & & & \cdot \\ z_{n1} & z_{n2} & \cdots & z_{nn} \end{bmatrix} \tag{8.1-26}$$

Elementy $y_{kl}(z_{kl})$, $k,l = 1, \ldots, n$, są nazywane *parametrami admitancyjnymi* (*impedancyjnymi*) *n-wrotnika.*

W przypadku wielowrotników można stosować także inne sposoby ich opisu, np. łańcuchowy lub hybrydowy. Opis hybrydowy jest, obok opisu admitancyjnego, szczególnie dogodny w analizie komputerowej układów elektronicznych (por. np. [4]). Zagadnieniami tymi zajmować się jednak nie będziemy.

8.1.3. Interpretacja parametrów charakterystycznych i schematy zastępcze czwórnika

A. Parametry charakterystyczne czwórnika przy różnych typach sygnałów pobudzających. W czterech parametrach charakterystycznych (tego samego rodzaju) jest zawarta informacja o czwórniku niezbędna do wyznaczenia związków między jego wielkościami zaciskowymi. W zależności od rodzaju sygnałów pobudzających informacja ta jest reprezentowana przez różne pod względem formalnym wielkości matematyczne. Z ogólnej charakterystyki równań czasowych czwórnika SLSB (por. wstęp do rozdziału) wynika, że:

– jeśli czwórnik jest pobudzany sygnałami określonymi dla $t \in \langle 0, +\infty)$, jego parametry charakterystyczne są funkcjami wymiernymi rzeczywistymi zmiennej zespolonej s;

– jeśli czwórnik pracuje w stanie ustalonym przy pobudzeniach sinusoidalnych, jego parametry charakterystyczne są funkcjami wymiernymi rzeczywistymi zmiennej urojonej $j\omega$; w szczególności, gdy określona jest wartość pulsacji sygnałów pobudzających, parametry charakterystyczne czwórnika są liczbami zespolonymi;

– jeśli czwórnik pracuje w stanie ustalonym przy pobudzeniach stałych, jego parametry charakterystyczne są liczbami rzeczywistymi.

Powyższe uwagi odnoszą się także bez zmian do *funkcji układowych* czwórnika, będących funkcjami parametrów charakterystycznych. Funkcje układowe omówione zostaną w p. 8.2.1.

B. Interpretacja parametrów admitancyjnych. Z równań admitancyjnych czwórnika (8.1-1) wynika wprost, że:

$$y_{11} = \left.\frac{I_1}{U_1}\right|_{U_2=0}, \quad y_{12} = \left.\frac{I_1}{U_2}\right|_{U_1=0}, \quad y_{21} = \left.\frac{I_2}{U_1}\right|_{U_2=0}, \quad y_{22} = \left.\frac{I_2}{U_2}\right|_{U_1=0} \tag{8.1-27}$$

Parametry admitancyjne czwórnika są więc stosunkami prądów zaciskowych od napięć zaciskowych, określonymi przy zwarciu jednej z par zacisków (rys. 8.1-10a,b). Z tego względu są one nazywane także *parametrami zwarciowymi*. Parametr y_{11} jest admitancją dwójnika 11′ powstałego po zwarciu zacisków 22′. Podobnie parametr y_{22} jest admitancją dwójnika 22′ powstałego po zwarciu zacisków 11′. Parametry y_{12}, y_{21} są nazywane *admitancjami wzajemnymi* (o ich znaczeniu była już mowa w p. 8.1.2-E).

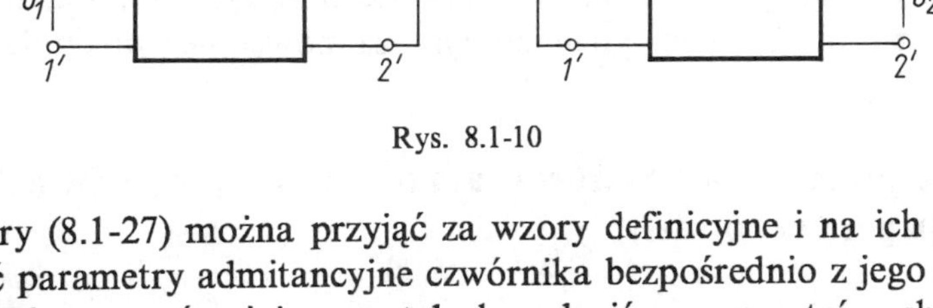

Rys. 8.1-10

Wzory (8.1-27) można przyjąć za wzory definicyjne i na ich podstawie wyznaczać parametry admitancyjne czwórnika bezpośrednio z jego struktury. Uwaga ta dotyczy również pozostałych rodzajów parametrów charakterystycznych.

C. Interpretacja parametrów impedancyjnych. Parametry impedancyjne czwórnika:

$$z_{11} = \left.\frac{U_1}{I_1}\right|_{I_2=0}, \quad z_{12} = \left.\frac{U_1}{I_2}\right|_{I_1=0}, \quad z_{21} = \left.\frac{U_2}{I_1}\right|_{I_2=0}, \quad z_{22} = \left.\frac{U_2}{I_2}\right|_{I_1=0} \qquad (8.1\text{-}28)$$

są stosunkami napięć do prądów zaciskowych, określonymi przy rozwarciu jednej z par zacisków (rys. 8.1-11a,b). Są one nazywane także *parametrami rozwarciowymi* czwórnika. Parametry z_{11} i z_{22} są impedancjami dwójników o zaciskach 11′ i odpowiednio 22′, powstałych po rozwarciu zacisków przeciwnych. Parametry z_{12}, z_{21} są nazywane *impedancjami wzajemnymi* (por. p. 8.1.2-E).

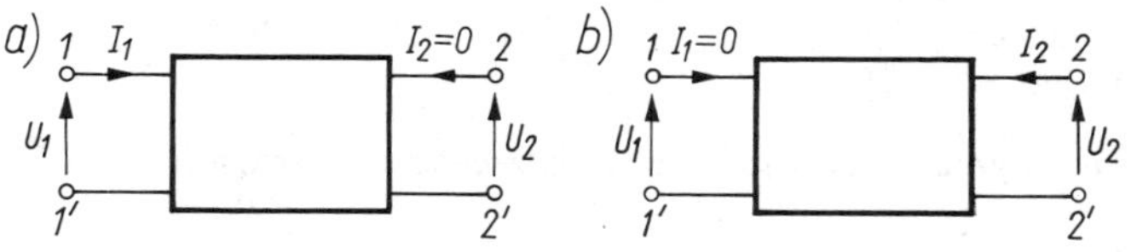

Rys. 8.1-11

D. Interpretacja parametrów łańcuchowych. Parametry łańcuchowe:

$$a_{11} = \left.\frac{U_1}{U_2}\right|_{I_2=0}, \quad a_{12} = \left.\frac{U_1}{-I_2}\right|_{U_2=0}, \quad a_{21} = \left.\frac{I_1}{U_2}\right|_{I_2=0}, \quad a_{22} = \left.\frac{I_1}{-I_2}\right|_{U_2=0} \qquad (8.1\text{-}29)$$

są stosunkami wielkości zaciskowych pierwotnych do wielkości zaciskowych wtórnych czwórnika, określonymi przy rozwarciu lub zwarciu jego zacisków wtórnych[1]. Ponieważ wiążą one zawsze wielkość pierwotną z wtórną, są szczególnie użyteczne przy badaniu właściwości transmisyjnych czwórnika (por. p. 8.2.1-B).

W podobny sposób są określane i interpretowane pozostałe rodzaje parametrów charakterystycznych czwórnika.

Warto zwrócić uwagę na fakt, że w przypadku czwórnika o nieznanej strukturze wewnętrznej wartości jego parametrów charakterystycznych można łatwo wyznaczyć w drodze odpowiednich pomiarów na podstawie równań (8.1-27)–(8.1-29) lub odpowiednich równań dla pozostałych trzech typów parametrów.

Przykład 8.1-11. Korzystając ze wzorów (8.1-29) wyznaczymy parametry łańcuchowe czwórnika pokazanego na rys. 8.1-12a.

---

[1] Parametry łańcuchowe są wyrażane w następujących jednostkach: a_{11} [V/V], a_{12} [Ω], a_{21} [S], a_{22} [A/A].

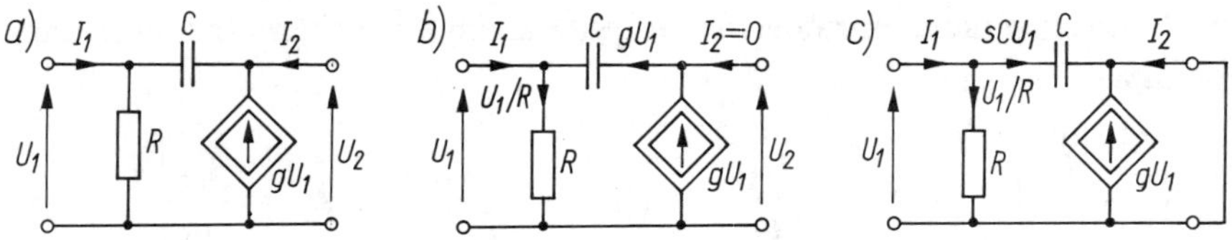

Rys. 8.1-12

Parametry a_{11} i a_{21} wyznaczamy w stanie rozwarcia zacisków wtórnych (rys. 8.1-12b):

$$a_{11} = \frac{U_1}{U_2}\bigg|_{I_2=0} = \frac{U_1}{U_1 + \frac{1}{sC}\, gU_1} = \frac{sC}{sC+g}$$

$$a_{21} = \frac{I_1}{U_2}\bigg|_{I_2=0} = \frac{\frac{U_1}{R} - gU_1}{U_2} = \frac{1-gR}{R}\,\frac{sC}{sC+g}$$

Parametry a_{12} i a_{22} wyznaczamy w stanie zwarcia zacisków wtórnych (rys. 8.1-12c):

$$a_{12} = \frac{U_1}{-I_2}\bigg|_{U_2=0} = \frac{U_1}{sCU_1 + gU_1} = \frac{1}{sC+g}$$

$$a_{22} = \frac{I_1}{-I_2}\bigg|_{U_2=0} = \frac{\frac{U_1}{R} + sCU_1}{-I_2} = \frac{sC + \frac{1}{R}}{sC+g}$$

Przykład 8.1-12. Parametry łańcuchowe tego samego czwórnika przy założeniu, że pracuje on w stanie ustalonym przy pobudzaniu sinusoidalnym o pulsacji $\omega = 10^6$ rad/s, a jego elementy mają wartości: $R = \frac{1}{3}$ kΩ, $C = 1$ nF, $g = 1$ mS, są następujące:

$$a_{11} = \frac{1}{2}(1+\mathrm{j}1)\ \mathrm{V/V}, \quad a_{12} = \frac{1}{2}(1-\mathrm{j}1)\ \mathrm{k\Omega}, \quad a_{21} = (1+\mathrm{j}1)\ \mathrm{mS}, \quad a_{22} = (2-\mathrm{j}1)\ \mathrm{A/A},$$

Przykład 8.1-13. Na rysunku 8.1-13a jest pokazany najprostszy schemat zastępczy tranzystora bipolarnego pracującego w układzie WE o wspólnym emiterze, zwany modelem typu *hybryd-π* i słuszny przy założeniu małych częstotliwości i małych sygnałów. Model ten jest określony przez następujące parametry: $r_{bb'}$ – opór rozproszony bazy, $r_{b'e}$ – opór złącza baza-emiter, $r_{b'c}$ – opór złącza baza-kolektor (opór sprzężenia zwrotnego), r_{ce} – opór wyjściowy układu WE oraz g_m – przewodność przejściowa układu hybryd-π. Typowymi wartościami tych parametrów są: $r_{bb'} = 30\ \Omega$, $r_{b'e} = 250\ \Omega$, $r_{b'c} = 1\ \mathrm{M\Omega}$, $g_m = 0{,}2$ S. Wartość oporu r_{ce} jest bardzo duża i może on być pominięty w praktyce.

Wychodząc wprost z definicji parametrów hybrydowych, wyznaczamy macierz hybrydową modelu hybryd-π (szczegóły obliczeń pozostawiamy Czytelnikowi):

$$\boldsymbol{H} = \begin{bmatrix} r_{bb'} + \dfrac{r_{b'e}r_{b'c}}{r_{b'e}+r_{b'c}} & \dfrac{r_{b'e}}{r_{b'e}+r_{b'c}} \\ \dfrac{r_{b'e}(g_m r_{b'c}-1)}{r_{b'e}+r_{b'c}} & \dfrac{1+g_m r_{b'e}}{r_{b'e}+r_{b'c}} \end{bmatrix} \tag{8.1-30}$$

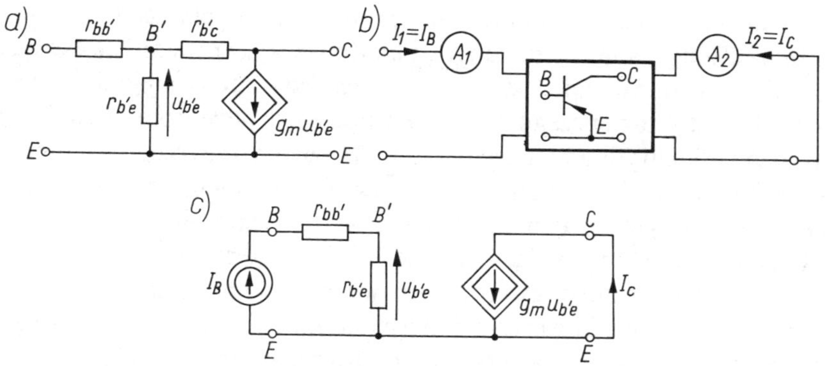

Rys. 8.1-13

Przyjmując przybliżenia wynikające z nierówności $r_{b'c} \gg r_{b'e}$ oraz $g_m r_{b'c} \gg 1$, otrzymujemy dla podanych wartości parametrów:

$$H \approx \begin{bmatrix} r_{bb'} + r_{b'e} & \dfrac{r_{b'e}}{r_{b'c}} \\ r_{b'e} g_m & \dfrac{g_m r_{b'e}}{r_{b'c}} \end{bmatrix} = \begin{bmatrix} 280\ \Omega & 0{,}25 \cdot 10^{-3}\ [\mathrm{V/V}] \\ 50\ [\mathrm{A/A}] & 50\ \mu\mathrm{S} \end{bmatrix} \tag{8.1-31}$$

Zastanówmy się jeszcze krótko, w jaki sposób można by określić parametry modelu hybryd-π na drodze odpowiednich pomiarów statycznych parametrów hybrydowych, tj. dokonywanych przy założeniu pobudzania tranzystora prądem stałym. Spośród czterech parametrów $r_{b'e}$, $r_{b'c}$, r_{ce}, g_m, określających ten model, należy zmierzyć tylko trzy pierwsze. Parametr g_m wynika bowiem z fizycznych przesłanek i jest zależny liniowo od prądu kolektora I_C zgodnie ze wzorem $g_m = \dfrac{e}{kT} I_C$, $I_C > 0$, gdzie e oznacza ładunek elektronu, k jest stałą Boltzmanna oraz T jest temperaturą bezwzględną. Podana wartość $g_m = 0{,}2$ S została wyznaczona przy $I_C = 5$ mA i $T = 300$ K.

Sposób pomiaru parametru h_{21} jest zilustrowany na rys. 8.1-13b. Parametr ten jest (zwarciowym) współczynnikiem wzmocnienia prądowego tranzystora ze wspólnym emiterem dla prądu stałego i jest oznaczany tradycyjnie przez β_0. Jeśli w wyniku odczytu wskazań amperomierzy otrzymaliśmy pewną wartość β_0 (zakładamy, że pomiar jest dokonany przy warunku $I_C = 5$ mA), to na jej podstawie można już określić opór $r_{b'e}$. Wystarczy tu skorzystać z zależności przybliżonej $h_{21} \approx g_m r_{b'e}$ (por. macierz (8.1-31)), wynikającej zresztą natychmiast ze schematu pokazanego na rys. 8.1-13c, obowiązującego dla modelu hybryd-π przy założeniu bardzo dużego oporu $r_{b'c}$. Podobnie, dokonując odpowiednich pomiarów parametrów h_{11} (oporu złącza baza-emiter przy zwartych zaciskach kolektora i emitera) i h_{12}, możemy na podstawie macierzy (8.1-31) określić dwa pozostałe parametry modelu: $r_{bb'} \approx h_{11} - r_{b'e}$ oraz $r_{b'c} \approx r_{b'e}/h_{12}$.

E. Schematy zastępcze czwórników. Przy modelowaniu przyrządów półprzewodnikowych użyteczną rolę spełniają tzw. *schematy zastępcze czwórnika*. Stanowią one równoważną reprezentację czwórnika za pomocą jego parametrów charakterystycznych oraz określonego typu elementów aktywnych – najczęściej źródeł sterowanych. Elementy aktywne reprezentują na schematach zastępczych wzajemne oddziaływania między sygnałami występującymi w czwórniku.

Posługiwanie się schematami zastępczymi ma wiele zalet. Umożliwiają one m.in. unifikację analizy złożonych układów z wykorzystaniem klasycznych metod teorii obwodów, np. metod sieciowych. Ponadto, znając wartości parametrów schematu zastępczego (uzyskane np. na drodze pomiarowej), można przeprowadzić identyfikację parametrów fizycznych przyrządów półprzewodnikowych będących elementami układów czwórnikowych. Schematy zastępcze są także wykorzystywane w niektórych metodach syntezy układów aktywnych.

Rozważymy schematy zastępcze ze źródłami sterowanymi. Z równoważną reprezentacją elementów czterozaciskowych za pomocą źródeł sterowanych mieliśmy już do czynienia wcześniej. Na rysunku 1.7-25b,c w tomie I są pokazane dwie wersje schematu zastępczego żyratora zawierające źródła sterowane. W podobny sposób można bez trudu sporządzić schematy zastępcze ze źródłami sterowanymi dla indukcyjności sprzężonych, transformatora idealnego oraz inwertera ujemno-impedancyjnego NIV i konwertera ujemno-impedancyjnego NIC (zachęcamy Czytelnika do samodzielnego skonstruowania takich schematów). Różnorodne równoważne schematy zastępcze ze źródłami sterowanymi można konstruować także w przypadku ogólnym dla dowolnego czwórnika.

Na rysunku 8.1-14a jest pokazany schemat zastępczy ze źródłami sterowanymi dla czwórnika opisanego parametrami admitancyjnymi. Poprawność tej reprezentacji można sprawdzić natychmiast, zapisując równania dla obwodów pierwotnego i wtórnego na schemacie 8.1-14a i przekształcając je do postaci (8.1-1). Na schemacie tym szczególnie dobrze widoczna jest interpretacja parametrów y_{11} i y_{22} jako admitancji zwarciowych, tj. admitancji dwójników 11′ i odpowiednio 22′ powstałych po zwarciu zacisków przeciwnych oraz parametrów y_{12} oraz y_{21} jako admitancji zwarciowych wzajemnych, ustalających relację między napięciem jednej z par zacisków a prądem zwarcia drugiej pary zacisków.

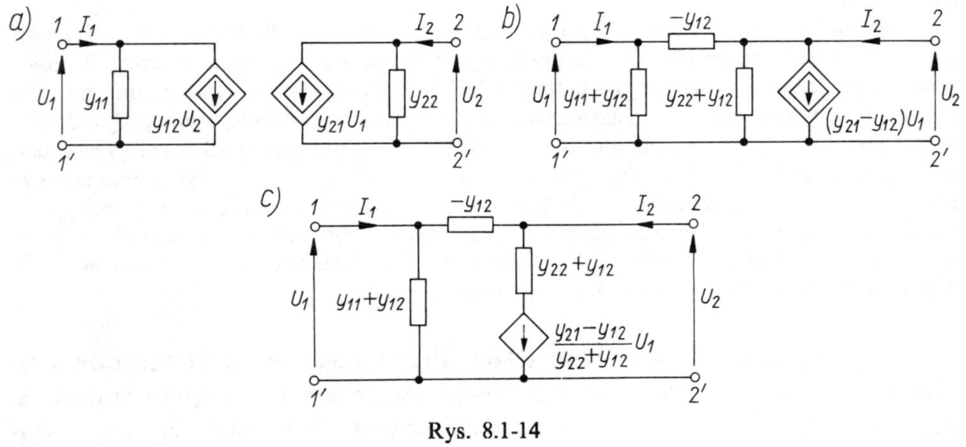

Rys. 8.1-14

Dla czwórników o wspólnym dolnym zacisku (czwórników o *strukturze trójnikowej* – por. p. 8.4.2) słuszne są warianty admitancyjnego schematu zastępczego przedstawione na rys. 8.1-14b,c. Schemat z rys. 8.1-14c różni się od schematu z rys 8.1-14b jedynie postacią źródła sterowanego występującego między zaciskami wtórnymi.

Podobne schematy zastępcze można podać dla czwórników opisanych innymi parametrami charakterystycznymi (por. np. [27], p. 3-2). Na rysunku 8.1-15 są pokazane kolejno schematy zastępcze: impedancyjny (rys. 8.1-15a), impedancyjny dla czwórnika ze wspólnym dolnym zaciskiem (rys. 8.1-15b), hybrydowy (rys. 8.1-15c) oraz dwa warianty schematu zastępczego łańcuchowego (rys. 8.1-15d,e). Zauważmy, że w tych dwóch ostatnich występują tylko źródła sterowane. Parametry sterowania tych źródeł są oczywiście określone przez parametry łańcuchowe czwórnika.

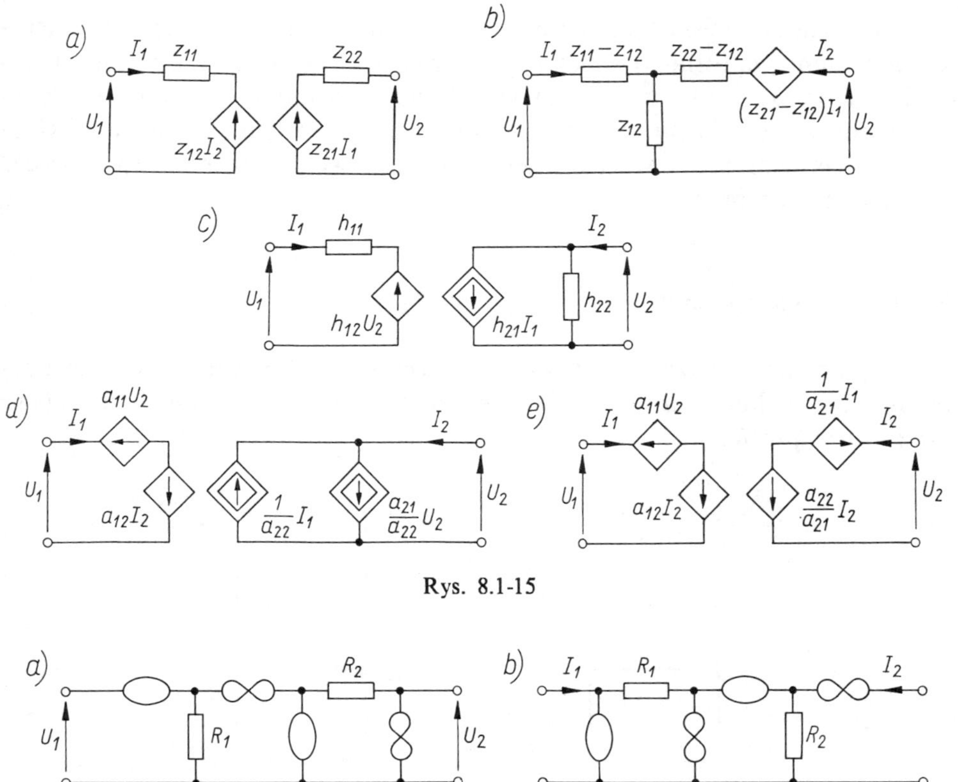

Rys. 8.1-15

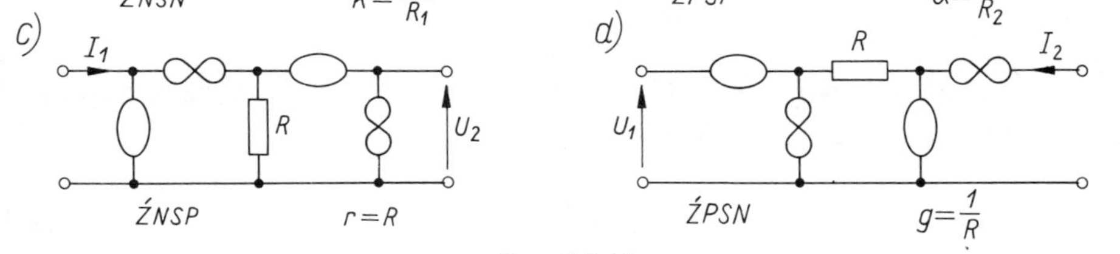

Rys. 8.1-16

Uwaga. Dla wszystkich czterech rodzajów źródeł sterowanych można utworzyć modele równoważne, zawierające tylko nulatory, noratory i opory. Modele te, przy założeniu dodatnich wartości współczynników sterowania, są pokazane na rys. 8.1-16. Ich poprawność można sprawdzić korzystając z definicji nulatora oraz noratora i zapisując odpowiednie równania. Podobne modele można skonstruować dla ujemnych wartości współczynników sterowania. Stosując te modele w schematach zastępczych z rys. 8.1-14 i 8.1-15 otrzymujemy odpowiednie reprezentacje nulatorowo-noratorowe czwórników. Reprezentacje te są m.in. wykorzystywane w syntezie układów tranzystorowych.

8.2. FUNKCJE UKŁADOWE I PARAMETRY ROBOCZE CZWÓRNIKA

Równania zaciskowe czwórnika, a więc także jego parametry charakterystyczne, stanowią formę ogólnego opisu czwórnika SLSB, który można stosować w dowolnych warunkach współpracy czwórnika z otoczeniem, przy założeniu, że spełnia on warunki zrównoważenia. W tym punkcie omówimy ważną klasę parametrów, charakteryzujących czwórnik w szczególnych warunkach jego pracy.

8.2.1. Funkcje układowe

W analizie związków między wielkościami zaciskowymi czwórnika użyteczną rolę spełniają *funkcje układowe*. Należą do nich *immitancje wejściowe* oraz *transmitancje*.

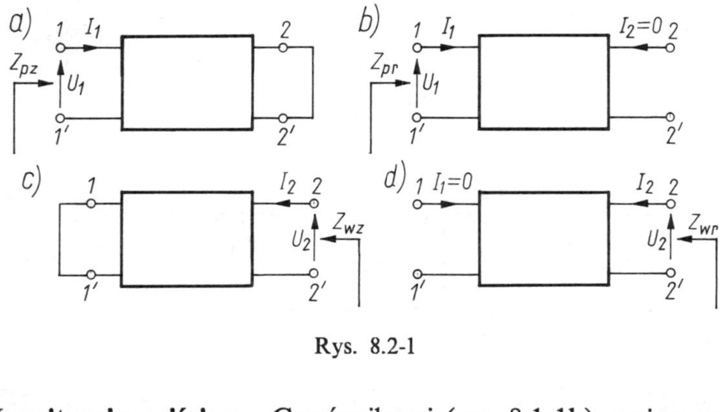

Rys. 8.2-1

A. Immitancje wejściowe. Czwórnikowi (rys. 8.1-1b) można przyporządkować cztery *impedancje wejściowe* (rys. 8.2-1):

– *pierwotną zwarciową*: $$Z_{pz} \stackrel{\Delta}{=} \frac{U_1}{I_1}\bigg|_{U_2=0} \tag{8.2-1}$$

– *pierwotną rozwarciową*: $$Z_{pr} \stackrel{\Delta}{=} \frac{U_1}{I_1}\bigg|_{I_2=0} \tag{8.2-2}$$

– *wtórną zwarciową*: $$Z_{wz} \stackrel{\Delta}{=} \left. \frac{U_2}{I_2} \right|_{U_1=0} \tag{8.2-3}$$

– *wtórną rozwarciową*: $$Z_{wr} \stackrel{\Delta}{=} \left. \frac{U_2}{I_2} \right|_{I_1=0} \tag{8.2-4}$$

oraz cztery *admitancje wejściowe*: *pierwotną zwarciową* Y_{pz}, *pierwotną rozwarciową* Y_{pr}, *wtórną zwarciową* Y_{wz}, *wtórną rozwarciową* Y_{wr}, określane jako odwrotności odpowiednich impedancji wejściowych.

Immitancje wejściowe pierwotne są immitancjami dwójników o zaciskach 11', powstałych przy zwarciu lub rozwarciu zacisków wtórnych czwórnika. Podobną interpretację mają immitancje wejściowe wtórne.

Przykład 8.2-1. Zgodnie z definicjami (8.2-1)–(8.2-4) impedancje wejściowe Z_{pz}, Z_{pr}, Z_{wz}, Z_{wr} tranzystora pracującego w układzie WE (rys. 8.1-13a) wyznaczamy na podstawie schematów pokazanych kolejno na rys. 8.2-2a-d. Po zapisaniu odpowiednich równań i wyznaczeniu z nich stosunków napięć do prądów zaciskowych otrzymujemy (szczegóły obliczeń pomijamy):

$$Z_{pz} = h_{11} = r_{bb'} + r_{b'e}, \qquad Z_{pr} = \frac{\det \boldsymbol{H}}{h_{22}} = r_{bb'}$$

$$Z_{wz} = \frac{h_{11}}{\det \boldsymbol{H}} = \frac{(r_{bb'} + r_{b'e})r_{b'c}}{r_{bb'}g_m r_{b'e}}, \qquad Z_{wr} = \frac{1}{h_{22}} = \frac{r_{b'c}}{g_m r_{b'e}}$$

Podstawiając dane liczbowe z przykładu 8.1-13 dostajemy: $Z_{pz} = 280\ \Omega$, $Z_{pr} = 30\ \Omega$, $Z_{wz} = 187\ \text{k}\Omega$, $Z_{wr} = 20\ \text{k}\Omega$.

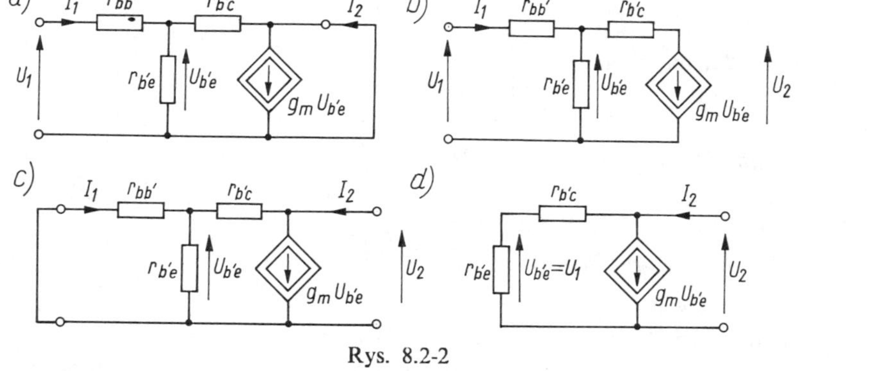

Rys. 8.2-2

Immitancje wejściowe zwarciowe i rozwarciowe można wyrazić przez elementy dowolnej macierzy charakterystycznej czwórnika, pod warunkiem, że macierz ta istnieje. Na przykład impedancje (8.2-1)–(8.2-4) wyrażają się przez parametry impedancyjne i admitancyjne następująco[1]:

$$Z_{pz} = \frac{\det \boldsymbol{Z}}{z_{22}}, \qquad Z_{pr} = z_{11}, \qquad Z_{wz} = \frac{\det \boldsymbol{Z}}{z_{11}}, \qquad Z_{wr} = z_{22} \tag{8.2-5}$$

[1] Związki immitancji wejściowych zwarciowych i rozwarciowych z innymi parametrami charakterystycznymi czwórnika można otrzymać na podstawie tabl. 8.4 z p. 8.2.2-B.

$$Z_{pz} = \frac{1}{y_{11}}, \quad Z_{pr} = \frac{y_{22}}{\det Y}, \quad Z_{wz} = \frac{1}{y_{22}}, \quad Z_{wr} = \frac{y_{11}}{\det Y} \tag{8.2-6}$$

Ze związków tych wynika, że impedancje wejściowe zwarciowe i rozwarciowe są związane zależnością:

$$\frac{Z_{pz}}{Z_{pr}} = \frac{Z_{wz}}{Z_{wr}} \tag{8.2-7}$$

Oznacza to, że stosunki impedancji (admitancji) zwarciowych do rozwarciowych są dla obu stron czwórnika identyczne. Oznacza to także, że tylko trzy impedancje (admitancje) zwarciowe i rozwarciowe czwórnika są niezależne – czwarta wynika z trzech pozostałych. Jeżeli zatem dokonano niezależnych pomiarów impedancji Z_{pz}, Z_{pr}, Z_{wz}, Z_{wr}, to związek (8.2-7) może być wykorzystany do weryfikacji poprawności pomiarów.

B. Transmitancje. *Transmitancje czwórnika* są stosunkami wielkości zaciskowych wtórnych do wielkości zaciskowych pierwotnych, określonymi w stanie zwarcia lub rozwarcia zacisków wtórnych, przy czym, jeśli wielkością wtórną jest prąd, przyjmuje się transmisyjny sposób jego strzałkowania (rys. 8.1-5a). Dla czwórnika można zatem zdefiniować następujące transmitancje:

– *napięciową*: $$H_u \overset{\Delta}{=} \left.\frac{U_2}{U_1}\right|_{I_2=0} \tag{8.2-8}$$

– *prądową*: $$H_i \overset{\Delta}{=} \left.\frac{-I_2}{I_1}\right|_{U_2=0} \tag{8.2-9}$$

– *napięciowo-prądową*: $$H_{ui} \overset{\Delta}{=} \left.\frac{-I_2}{U_1}\right|_{U_2=0} \tag{8.2-10}$$

– *prądowo-napięciową*: $$H_{iu} \overset{\Delta}{=} \left.\frac{U_2}{I_1}\right|_{I_2=0} \tag{8.2-11}$$

Transmitancje napięciową i prądową nazywamy *transmitancjami jednorodnymi*, zaś transmitancje napięciowo-prądową i prądowo-napięciową – *transmitancjami mieszanymi*. Ze względu na to, że transmitancje (8.2-8)–(8.2--11) są określane w stanie rozwarcia lub zwarcia zacisków wtórnych, transmitancje H_u i H_{iu} są nazywane *transmitancjami rozwarciowymi*, a transmitancje H_i i H_{ui} – *transmitancjami zwarciowymi*. Transmitancje bywają również nazywane *funkcjami przenoszenia*.

Posługiwanie się transmitancjami jest charakterystyczne dla opisu transmisyjnego czwórnika w konwencji „wejście-wyjście". Transmitancje (8.2--8)–(8.2-11) są określone dla kierunku transmisji sygnałów przez czwórnik od zacisków pierwotnych do wtórnych (z lewa na prawo – rys. 8.1-5a), przy czym warunki pracy czwórnika odpowiadające poszczególnym transmitancjom są pokazane na rys. 8.2-3. Zaciski pierwotne odgrywają w tym przypadku rolę zacisków wejściowych, na których występuje sygnał wejściowy (pobudzenie) U_1 lub I_1. Zaciski wtórne są zaciskami wyjściowymi, zaś sygnał na nich występujący (U_2 lub $-I_2$) jest sygnałem wyjściowym (odpowiedzią) – por. wprowadzenie do rozdziału. Terminologię tę będziemy stosować w dalszym ciągu przy omawianiu właściwości transmisyjnych czwórników.

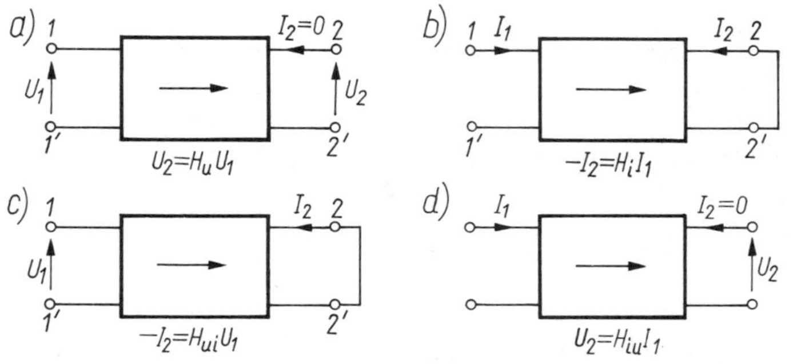

Rys. 8.2-3

Dla wszystkich czterech typów transmitancji czwórnika związek między sygnałem wyjściowym a wejściowym można przedstawić w jednakowej, ogólnej postaci:

$$Y = HX \tag{8.2-12}$$

gdzie X jest sygnałem wejściowym, Y – sygnałem wyjściowym, natomiast H jest transmitancją. Znajomość odpowiedniej transmitancji wystarcza zatem, aby przy zadanym sygnale wejściowym wyznaczyć poszukiwany sygnał wyjściowy. Wniosek ten tłumaczy znaczenie transmitancji jako wielkości charakteryzujących właściwości transmisyjne czwórnika.

Transmitancje można wyrazić przez elementy poszczególnych macierzy charakterystycznych czwórnika, przy założeniu, że macierze te istnieją. Odpowiednie wzory są zebrane w lewej połówce tabl. 8.3. Szczególnie prosto transmitancje wyrażają się przez parametry łańcuchowe. Z porównania wzorów definicyjnych (8.2-8)–(8.2-11) z wzorami (8.1-29) wynika, że transmitancje są odwrotnościami parametrów łańcuchowych:

$$H_u = \frac{1}{a_{11}}, \qquad H_i = \frac{1}{a_{22}}, \qquad H_{ui} = \frac{1}{a_{12}}, \qquad H_{iu} = \frac{1}{a_{21}} \tag{8.2-13}$$

Przykład 8.2-2. Korzystając z wyników przykładu 8.1-5, otrzymujemy na podstawie wzorów (8.2-13) transmitancje czwórnika z rys. 8.1-6a:

$$H_u = \frac{Z_2}{Z_1 + Z_2}, \qquad H_i = \frac{Z_2}{Z_2 + Z_3}, \qquad H_{ui} = \frac{Z_2}{Z_1Z_2 + Z_1Z_3 + Z_2Z_3}, \qquad H_{iu} = Z_2$$

Tablica 8.3. Transmitancje rozwarciowe i zwarciowe czwórnika

Założenie: istnieje macierz	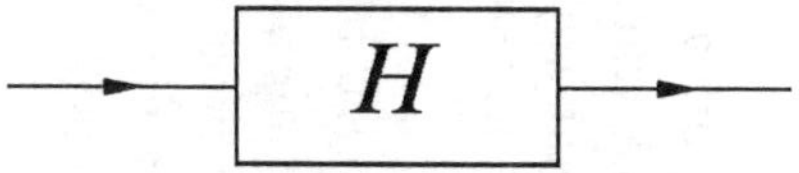				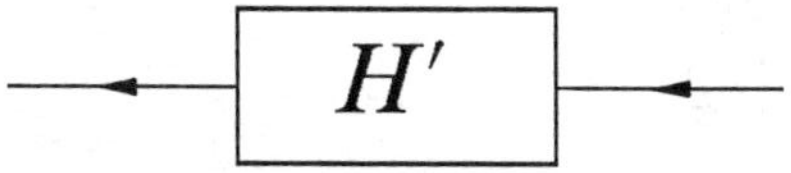			
	H_u	H_i	H_{ui}	H_{iu}	H'_u	H'_i	H'_{ui}	H'_{iu}
$\boldsymbol{A}$	$\frac{1}{a_{11}}$	$\frac{1}{a_{22}}$	$\frac{1}{a_{12}}$	$\frac{1}{a_{21}}$	$\frac{\det \boldsymbol{A}}{a_{22}}$	$\frac{\det \boldsymbol{A}}{a_{11}}$	$\frac{\det \boldsymbol{A}}{a_{12}}$	$\frac{\det \boldsymbol{A}}{a_{21}}$
$\boldsymbol{B}$	$\frac{\det \boldsymbol{B}}{b_{22}}$	$\frac{\det \boldsymbol{B}}{b_{11}}$	$\frac{\det \boldsymbol{B}}{b_{12}}$	$\frac{\det \boldsymbol{B}}{b_{21}}$	$\frac{1}{b_{11}}$	$\frac{1}{b_{22}}$	$\frac{1}{b_{12}}$	$\frac{1}{b_{21}}$
$\boldsymbol{Z}$	$\frac{z_{21}}{z_{11}}$	$\frac{z_{21}}{z_{22}}$	$\frac{z_{21}}{\det \boldsymbol{Z}}$	z_{21}	$\frac{z_{12}}{z_{22}}$	$\frac{z_{12}}{z_{11}}$	$\frac{z_{12}}{\det \boldsymbol{Z}}$	z_{12}
$\boldsymbol{Y}$	$-\frac{y_{21}}{y_{22}}$	$-\frac{y_{21}}{y_{11}}$	$-y_{21}$	$-\frac{y_{21}}{\det \boldsymbol{Y}}$	$-\frac{y_{12}}{y_{11}}$	$-\frac{y_{12}}{y_{22}}$	$-y_{12}$	$-\frac{y_{12}}{\det \boldsymbol{Y}}$
$\boldsymbol{H}$	$-\frac{h_{21}}{\det \boldsymbol{H}}$	$-h_{21}$	$-\frac{h_{21}}{h_{11}}$	$-\frac{h_{21}}{h_{22}}$	h_{12}	$\frac{h_{12}}{\det \boldsymbol{H}}$	$\frac{h_{12}}{h_{11}}$	$\frac{h_{12}}{h_{22}}$
$\boldsymbol{F}$	f_{21}	$\frac{f_{21}}{\det \boldsymbol{F}}$	$\frac{f_{21}}{f_{22}}$	$\frac{f_{21}}{f_{11}}$	$-\frac{f_{12}}{\det \boldsymbol{F}}$	$-f_{12}$	$-\frac{f_{12}}{f_{22}}$	$-\frac{f_{12}}{f_{11}}$

Proponujemy Czytelnikowi wyznaczenie tych transmitancji także na podstawie zależności definicyjnych (8.2-8)–(8.2-11).

Przykład 8.2-3. Czwórnik z rys. 8.1-12a (por. przykład 8.1-11) jest pobudzany skokiem jednostkowym $i_1 = I_0 1(t)$. Wyznaczymy prąd $i_2' = -i_2$ płynący przez zwarte zaciski wtórne czwórnika. Korzystamy w tym celu z transmitancji prądowej H_i czwórnika:

$$I_2' = H_i I_1 = \frac{1}{a_{22}} I_1 = \frac{sC+g}{sC+\dfrac{1}{R}} \frac{I_0}{s} = I_0 \frac{s+\dfrac{g}{C}}{s\left(s+\dfrac{1}{RC}\right)}$$

Po obliczeniu odwrotnej transformaty Laplace'a otrzymujemy:

$$i_2' = I_0\left[gR + (1-gR)\,\mathrm{e}^{-\frac{t}{RC}}\right] 1(t)$$

Jak już wspominaliśmy (p. 8.1.2-E), istnienie macierzy $\boldsymbol{A}$ świadczy o zdolności czwórnika do transmisji sygnału od zacisków pierwotnych do wtórnych. Istnienie macierzy $\boldsymbol{A}$ nie oznacza jednak, że czwórnik może transmitować sygnał w każdym z czterech przypadków przedstawionych na rys. 8.2-3, a więc że istnieją wszystkie transmitancje (8.2-13). W przypadku czwórnika zdegenerowanego niektóre z nich mogą nie istnieć. Jak wynika ze wzorów (8.2-13), istnieją tylko te transmitancje, które odpowiadają niezerowym elementom a_{ik} macierzy $\boldsymbol{A}$. Jeżeli określona transmitancja nie istnieje, oznacza to, że nie mogą być spełnione warunki pracy czwórnika charakterystyczne dla tej transmitancji, przedstawione na rys. 8.2-3. Na przykład ŹNSN (rys. 1.7-18, wzór (8.1-14)) ma tylko transmitancję napięciową (stan pracy z rys. 8.2-3a). Warunki pracy czwórnika z rys. 8.2-3b,c,d nie są dla ŹNSN możliwe do zrealizowania, są bowiem sprzeczne z jego definicją (równania (1.7-30)). Czwórnik prawidłowy ma oczywiście wszystkie cztery transmitancje.

C. Transmitancje odwrotne. W przypadku gdy sygnały są transmitowane w kierunku odwrotnym (z prawa na lewo – rys. 8.1-5b), można wprowadzić *transmitancje odwrotne*:

– *napięciową*: $$H_u' \triangleq \left.\frac{U_1}{U_2}\right|_{I_1=0} \tag{8.2-14}$$

– *prądową*: $$H_i' \triangleq \left.\frac{-I_1}{I_2}\right|_{U_1=0} \tag{8.2-15}$$

– *napięciowo-prądową*: $$H_{ui}' \triangleq \left.\frac{-I_1}{U_2}\right|_{U_1=0} \tag{8.2-16}$$

– *prądowo-napięciową*: $$H_{iu}' \triangleq \left.\frac{U_1}{I_2}\right|_{I_1=0} \tag{8.2-17}$$

Transmitancje odwrotne odpowiadają stanom pracy czwórnika pokazanym na rys. 8.2-4. Zaciskami wejściowymi są tym razem zaciski wtórne, a zaciskami wyjściowymi – zaciski pierwotne. Sygnałem wejściowym jest U_2 lub I_2, sygnałem wyjściowym U_1 lub $-I_1$. Także i w tym przypadku związki między sygnałem wyjściowym a wejściowym można przedstawić w ogólnej postaci:

$$Y = HX \tag{8.2-18}$$

gdzie: $X = U_2$ lub $X = I_2$ oraz $Y = U_1$ lub $Y = -I_1$.

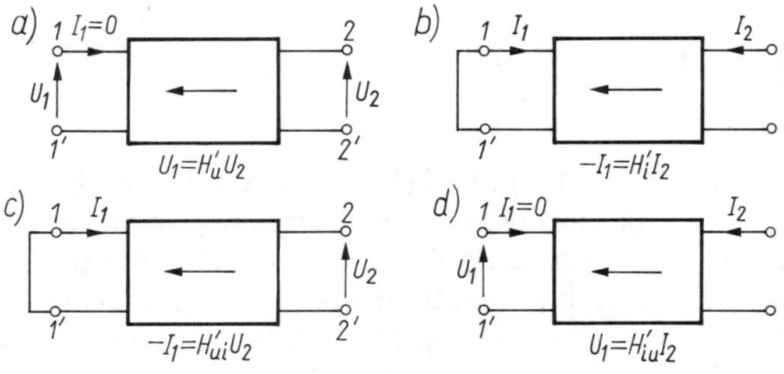

Rys. 8.2-4

Transmitancje odwrotne mają identyczną interpretację jak transmitancje (8.2-8)–(8.2-11) (z uwzględnieniem odwrotnego kierunku transmisji), przy czym zgodnie z uwagami z p. 8.1.2-E zdolność czwórnika do transmisji sygnału od zacisków wtórnych do pierwotnych jest uwarunkowana istnieniem macierzy $\boldsymbol{B}$. Wzory wyrażające transmitancje odwrotne przez parametry charakterystyczne są podane w prawej połówce tabl. 8.3. W szczególności transmitancje odwrotne są odwrotnościami parametrów łańcuchowych odwrotnych. Czwórniki zdegenerowane mogą oczywiście mieć mniej niż cztery transmitancje odwrotne.

D. Wnioski. Zgodnie z zależnościami podanymi w tabl. 8.3 i treścią p. 8.1.3-A oraz p. 8.1.2-E można sformułować następujące wnioski[1]:

1. W zależności od typu sygnału pobudzającego (por. p. 8.1.3-A) funkcje układowe, tj. immitancje wejściowe (p. A) i transmitancje czwórnika (p. B, C), są: funkcjami wymiernymi rzeczywistymi zmiennej zespolonej s bądź funkcjami wymiernymi rzeczywistymi zmiennej urojonej $j\omega$ (liczbami zespolonymi dla ustalonej wartości ω), bądź też liczbami rzeczywistymi. Zależą one tylko od parametrów charakterystycznych samego czwórnika i z tego względu są nazywane *parametrami własnymi* czwórnika.

[1] Wykluczamy tu przypadek czwórników zerowych.

2. Transmitancje czwórnika nielateralnego dla obu kierunków transmisji są albo równe zeru albo nie istnieją. Czwórnik taki nie jest zdolny do transmisji sygnałów (np. czwórnik z rys. 8.1-7).

3. Czwórnik unilateralny ma co najmniej jedną transmitancję dla danego kierunku transmisji i nie ma transmitancji (lub ma transmitancje równe zeru) dla przeciwnego kierunku transmisji. Zgodnie ze znaczeniem pojęcia unilateralności czwórnik taki jest zdolny do transmisji sygnału tylko w jednym z kierunków (np. źródła sterowane).

4. Czwórnik bilateralny ma niezerowe transmitancje (niekoniecznie wszystkie) dla obu kierunków transmisji (np. transformator idealny i NIC mają tylko transmitancje jednorodne, a żyrator i NIV – tylko transmitancje mieszane).

5. Czwórnik prawidłowy ma wszystkie transmitancje dla obu kierunków transmisji.

E. Immitancje dwójnika jako szczególne przypadki transmitancji. Dla czwórników jednoelementowych pokazanych na rys. 8.2-5 mamy:

a) $H_{iu} = z_{21} = Z$

b) $H_{ui} = -y_{21} = Y$

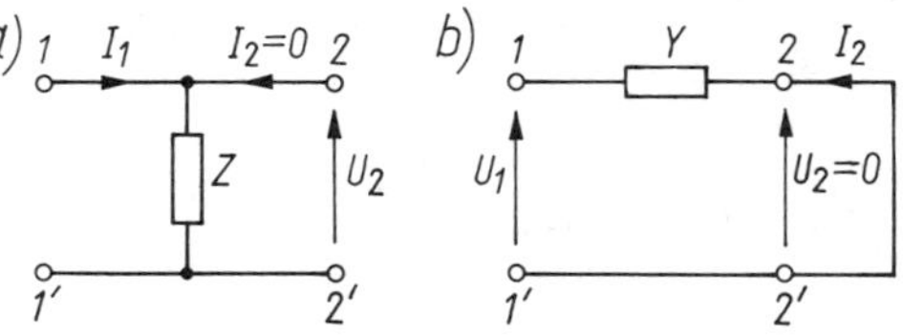

Rys. 8.2-5

Wynika stąd, że immitancje dwójnika można traktować jako szczególne przypadki transmitancji (mieszanych).

8.2.2. Parametry robocze

A. Roboczy stan pracy czwórnika. W p. 8.2.1 rozpatrywaliśmy funkcje układowe czwórnika przy założeniu stanu zwarcia lub rozwarcia jednej z par zacisków, tzn. pomijaliśmy wpływ otoczenia czwórnika. W realnych warunkach czwórnik pracuje w tzw. *roboczym stanie pracy*, tj. w układzie, który, bez istotnego zmniejszenia ogólności rozważań, można przedstawić w postaci jak na rys. 8.2-6a (pobudzanie od strony pierwotnej i obciążenie po stronie wtórnej) lub jak na rys. 8.2-6b (pobudzanie od strony wtórnej i obciążenie po stronie pierwotnej)[1].

[1] Nie uwzględniamy tu przypadku, gdy czwórnik jest pobudzany z idealnego źródła prądowego. Przypadek ten, w razie potrzeby, może być bez trudu rozpatrzony oddzielnie. Zakładamy ponadto, że część źródłowa jest już reprezentowana zastępczym źródłem Thévenina E_1, Z_1 (odpowiednio E_2, Z_2), a obciążeniem jest dwójnik SLSB o impedancji Z_2 (odpowiednio Z_1).

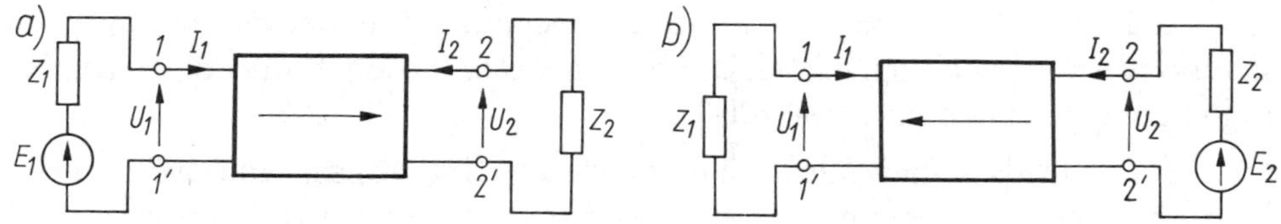

Rys. 8.2-6

Związki między dwiema ustalonymi wielkościami zaciskowymi w roboczym stanie pracy czwórnika są zależne nie tylko od parametrów samego czwórnika (jak to miało miejsce w odniesieniu do parametrów własnych), lecz także od impedancji obciążenia (bądź impedancji wewnętrznej źródła pobudzającego) Z_2 lub Z_1. Analizę tych związków ułatwia wprowadzenie do rozważań wielkości zwanych *parametrami roboczymi* czwórnika. Należą do nich między innymi *immitancje wejściowe* i *transmitancje czwórnika obciążonego.*

B. Immitancje wejściowe czwórnika obciążonego. Dla czwórnika pracującego w roboczym stanie pracy (rys. 8.2-6a lub rys. 8.2-6b) definiujemy *impedancje wejściowe*:

– *pierwotną* (rys. 8.2-7a): $$Z_p \triangleq \frac{U_1}{I_1} \tag{8.2-19}$$

oraz

– *wtórną* (rys. 8.2-7b): $$Z_w \triangleq \frac{U_2}{I_2} \tag{8.2-20}$$

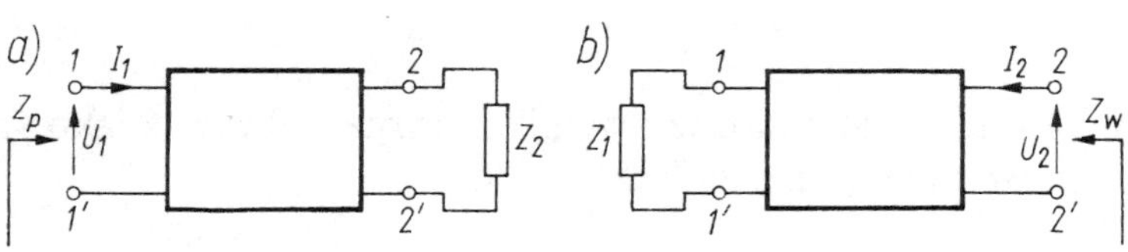

Rys. 8.2-7

Impedancja wejściowa pierwotna (wtórna) jest impedancją dwójnika o zaciskach 11′(22′) powstałego po obciążeniu zacisków przeciwnych czwórnika impedancją obciążenia $Z_2(Z_1)$.

Admitancje wejściowe czwórnika obciążonego: *pierwotna* i *wtórna* są odwrotnościami odpowiednich impedancji wejściowych:

$$Y_p = \frac{1}{Z_p} = \frac{I_1}{U_1}, \qquad Y_w = \frac{1}{Z_w} = \frac{I_2}{U_2} \tag{8.2-21}$$

Immitancje wejściowe zwarciowe i rozwarciowe czwórnika określone wzorami (8.2-1)–(8.2-4) są przypadkami szczególnymi immitancji wejściowych (8.2-19)–(8.2-21), gdy Z_2, $Z_1 = 0$ (zwarcie) lub Y_2, $Y_1 = 0$ (rozwarcie).

Korzystając z odpowiednich równań czwórnika i uwzględniając równanie obciążenia: $U_2 = -Z_2 I_2$ lub, odpowiednio: $U_1 = -Z_1 I_1$, immitancje wejściowe możemy wyrazić za pomocą parametrów charakterystycznych czwórnika i impedancji obciążenia. Na przykład impedancje wejściowe wyrażone w zależności od parametrów łańcuchowych przyjmują postać (por. zad. 8.9)[1]:

$$Z_p = \frac{a_{11}Z_2 + a_{12}}{a_{21}Z_2 + a_{22}}, \qquad Z_w = \frac{a_{22}Z_1 + a_{12}}{a_{21}Z_1 + a_{11}} \tag{8.2-22}$$

Wzory wyrażające immitancje czwórnika obciążonego w zależności od pozostałych rodzajów parametrów charakterystycznych są podane w tabl. 8.4. Tablica zawiera ponadto wzory wyrażające impedancje czwórnika obciążonego w zależności od impedancji zwarciowych i rozwarciowych.

Tablica 8.4. Immitancje wejściowe czwórnika obciążonego wyrażone przez różne rodzaje parametrów

	Pierwotna	Wtórna
Impedancje zwarciowo-rozwarciowe	$Z_p = Z_{pr}\dfrac{Z_{wz} + Z_2}{Z_{wr} + Z_2}$	$Z_w = Z_{wr}\dfrac{Z_{pz} + Z_1}{Z_{pr} + Z_1}$
Z	$Z_p = z_{11} - \dfrac{z_{12}z_{21}}{z_{22} + Z_2}$	$Z_w = z_{22} - \dfrac{z_{12}z_{21}}{z_{11} + Z_1}$
Y	$Y_p = y_{11} - \dfrac{y_{12}y_{21}}{y_{22} + Y_2}$	$Y_w = y_{22} - \dfrac{y_{12}y_{21}}{y_{11} + Y_1}$
H	$Z_p = h_{11} - \dfrac{h_{12}h_{21}}{h_{22} + Y_2}$	$Y_w = h_{22} - \dfrac{h_{12}h_{21}}{h_{11} + Z_1}$
F	$Y_p = f_{11} - \dfrac{f_{12}f_{21}}{f_{22} + Z_2}$	$Z_w = f_{22} - \dfrac{f_{12}f_{21}}{f_{11} + Y_1}$
A	$Z_p = \dfrac{a_{11}Z_2 + a_{12}}{a_{21}Z_2 + a_{22}}$	$Z_w = \dfrac{a_{22}Z_1 + a_{12}}{a_{21}Z_1 + a_{11}}$
B	$Z_p = \dfrac{b_{22}Z_2 + b_{12}}{b_{21}Z_2 + b_{11}}$	$Z_w = \dfrac{b_{11}Z_1 + b_{12}}{b_{21}Z_1 + b_{22}}$

C. Transmitancje czwórnika obciążonego. Podobnie jak dla czwórnika nieobciążonego, transmitancje czwórnika obciążonego można definiować dla obu kierunków transmisji. Podamy definicje tylko dla kierunku transmisji od zacisków pierwotnych do wtórnych (rys. 8.2-6a). Modyfikacje definicji transmitancji i odpowiednich wzorów dla odwrotnego kierunku transmisji są

[1] Przy podawaniu wzorów będziemy zakładać, że istnieją odpowiednie macierze charakterystyczne. Założenia tego nie będziemy już dalej każdorazowo powtarzać.

oczywiste. Oprócz wzorów definicyjnych podamy od razu wzory wyrażające transmitancje czwórnika obciążonego w zależności od parametrów łańcuchowych i impedancji obciążenia Z_2. Wzory te można bez trudu otrzymać z równań łańcuchowych (8.1-5), uwzględniając w nich równanie obciążenia: $U_2 = -Z_2 I_2$.

Dla czwórnika obciążonego definiujemy *transmitancje*:

– *napięciową*: $$H_u \overset{\Delta}{=} \frac{U_2}{U_1} = \frac{1}{a_{11} + \dfrac{a_{12}}{Z_2}} \tag{8.2-23}$$

– *prądową*: $$H_i \overset{\Delta}{=} \frac{-I_2}{I_1} = \frac{1}{a_{22} + a_{21} Z_2} \tag{8.2-24}$$

– *napięciowo-prądową*: $$H_{ui} \overset{\Delta}{=} \frac{-I_2}{U_1} = \frac{1}{a_{12} + a_{11} Z_2} \tag{8.2-25}$$

– *prądowo-napięciową*: $$H_{iu} \overset{\Delta}{=} \frac{U_2}{I_1} = \frac{1}{a_{21} + \dfrac{a_{22}}{Z_2}} \tag{8.2-26}$$

W odniesieniu do transmitancji czwórnika obciążonego używamy tych samych oznaczeń H_u, H_i, H_{ui}, H_{iu}, co w przypadku transmitancji czwórnika nieobciążonego (p. 8.2.1-B). Nie stwarza to w praktyce niebezpieczeństwa pomyłki, gdyż z kontekstu danego zagadnienia (schematu, opisu itp.) wynika z reguły, o który z tych przypadków chodzi (por. także p. D).

Wzory wyrażające transmitancje (8.2-23)–(8.2-26) za pomocą parametrów admitancyjnych i impedancyjnych są zamieszczone w tabl. 8.5 (wzory

Tablica 8.5. Transmitancje czwórnika obciążonego wyrażone przez parametry macierzy ***A***, ***Z*** i ***Y***

	A	***Z***	***Y***
H_u	$\dfrac{1}{a_{11} + \dfrac{a_{12}}{Z_2}}$	$\dfrac{z_{21} Z_2}{\det \boldsymbol{Z} + z_{11} Z_2}$	$\dfrac{-y_{21} Z_2}{1 + y_{22} Z_2}$
H_i	$\dfrac{1}{a_{22} + a_{21} Z_2}$	$\dfrac{z_{21}}{z_{22} + Z_2}$	$\dfrac{-y_{21}}{y_{11} + Z_2 \det \boldsymbol{Y}}$
H_{ui}	$\dfrac{1}{a_{12} + a_{11} Z_2}$	$\dfrac{z_{21}}{\det \boldsymbol{Z} + z_{11} Z_2}$	$\dfrac{-y_{21}}{1 + y_{22} Z_2}$
H_{iu}	$\dfrac{1}{a_{21} + \dfrac{a_{22}}{Z_2}}$	$\dfrac{z_{21} Z_2}{z_{22} + Z_2}$	$\dfrac{-y_{21} Z_2}{y_{11} + Z_2 \det \boldsymbol{Y}}$

określające transmitancje w funkcji pozostałych trzech rodzajów parametrów charakterystycznych są rzadziej wykorzystywane). Dla $Z_2 = 0$ (zwarcie) lub $Y_2 = 0$ (rozwarcie) otrzymujemy odpowiednie wzory dla transmitancji czwórnika nieobciążonego (tabl. 8.3).

Dla czwórnika obciążonego związki między sygnałami wyjściowym i wejściowym można także zapisać w ogólnej postaci (8.2-12), a transmitancjom (8.2-23)–(8.2-26) nadać podobną interpretację jak transmitancjom czwórnika nieobciążonego. Podkreślamy jednak raz jeszcze, że dla czwórnika obciążonego transmitancje nie są już parametrami własnymi czwórnika (funkcjami układowymi), ale zależą od obciążenia (są parametrami roboczymi).

Istnieją czwórniki zdegenerowane, które nie mają transmitancji (8.2-23)–(8.2-26). Sytuacja taka ma miejsce, gdy odpowiednie mianowniki wzorów z tabl. 8.5 są równe zeru, tzn. gdy na przykład jednocześnie dwa parametry łańcuchowe a_{11} i a_{12} lub a_{21} i a_{22} są równe zeru. Jako przykład można tu wymienić ŹNSN obciążone na zaciskach wtórnych, które ma tylko transmitancje napięciową i napięciowo-prądową.

Przykład 8.2-4. Transmitancja prądowa czwórnika z rys. 8.1-12a obciążonego indukcyjnością L ma postać:

$$H_i = \frac{sC + g}{s^2LC\left(\frac{1}{R} - g\right) + sC + \frac{1}{R}}$$

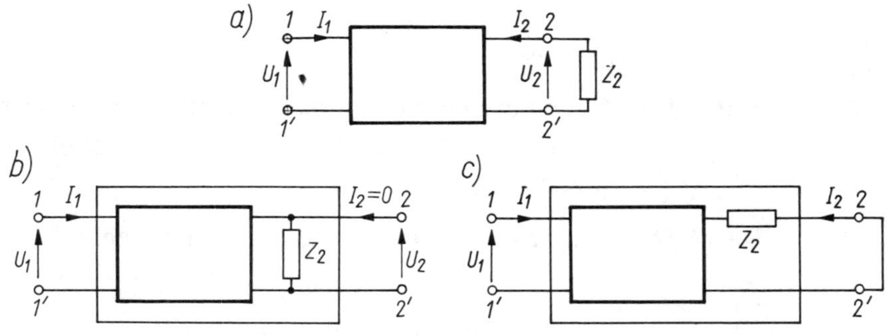

Rys. 8.2-8

D. Transmitancje czwórników nieobciążonych a transmitancje czwórników obciążonych. Każdą transmitancję czwórnika obciążonego można uważać za transmitancję czwórnika nieobciążonego (rys. 8.2-8), w którym dwójnik Z_2 został „przesunięty" do wnętrza czwórnika[1]. Włączenie do rozważań transmitancji czwórników obciążonych nie rozszerza zatem klasy funkcji wymiernych będących transmitancjami poza klasę transmitancji czwórników nieobcią-

---

[1] Przypominamy o założeniu, że dwójnik obciążający jest dwójnikiem SLSB (por. przypis na str. 143)

żonych. Przy badaniu właściwości formalnych transmitancji wystarczy w związku z tym ograniczyć się do rozważenia transmitancji czwórników nieobciążonych (por. p. 9.2.1-A oraz p. 10.3.1).

E. Inne parametry robocze. Oprócz immitancji wejściowych (p. B) i transmitancji (p. C) dla czwórnika pracującego w układzie z rys. 8.2-6a wprowadza się również inne parametry robocze, użyteczne przy wyznaczaniu sygnałów wyjściowych, na przykład:

– *efektywne wzmocnienie napięciowe*: $$H_u^{ef} \triangleq \frac{U_2}{E} \tag{8.2-27}$$

– *efektywne wzmocnienie prądowe*: $$H_i^{ef} \triangleq \frac{-I_2}{E/Z_1} \tag{8.2-28}$$

W przypadku gdy czwórnik pracuje w stanie ustalonym przy pobudzaniu sinusoidalnym, można wprowadzić dalsze parametry robocze. Posługiwanie się nimi ułatwia analizę zależności energetycznych w czwórniku. Należą do nich:

– *wzmocnienie mocy*: $$H_p \triangleq \frac{P_2}{P_1} \tag{8.2-29}$$

– *efektywne wzmocnienie mocy*: $$H_p^{ef} \triangleq \frac{P_2}{P_d} \tag{8.2-30}$$

– *wzmocnienie mocy dysponowanej*: $$H_p^d \triangleq \frac{P_{2\max}}{P_d} \tag{8.2-31}$$

gdzie:

$P_1 = \frac{1}{2}\mathrm{Re}(U_1 I_1^*)$ – moc czynna pobierana przez czwórnik wraz z obciążeniem (wydzielana w dwójniku na prawo od zacisków 11′);

$P_2 = \frac{1}{2}\mathrm{Re}(U_2 I_2^*)$ – moc czynna pobierana przez obciążenie;

$P_d = \frac{|E_1|^2}{8\,\mathrm{Re}\,Z_1}$ – moc dysponowana źródła E_1, Z_1;

$P_{2\max} = P_2\Big|_{Z_2 = Z_w^*}$ – maksymalna moc czynna pobierana przez obciążenie.

Zwracamy uwagę, że parametry robocze (8.2-27)–(8.2-30) są zależne od obu impedancji Z_1, Z_2, w przeciwieństwie do immitancji wejściowych i transmitancji czwórnika obciążonego, które zależą tylko od jednej z tych impedancji.

W tablicy 8.6 podane są wzory wyrażające parametry (8.2-27)–(8.2-31) w zależności od elementów macierzy $\boldsymbol{A}$, $\boldsymbol{Y}$, $\boldsymbol{Z}$ czwórnika i impedancji Z_1, Z_2.

Tablica 8.6. Inne parametry robocze wyrażone przez elementy macierzy $\boldsymbol{A}$, $\boldsymbol{Z}$ i $\boldsymbol{Y}$

Parametr	$\boldsymbol{A}$	$\boldsymbol{Z}$	$\boldsymbol{Y}$
H_u^{ef}	$\dfrac{Z_2}{a_{11}Z_2 + a_{12} + Z_1(a_{21}Z_2 + a_{22})}$	$\dfrac{z_{21}Z_2}{\det \boldsymbol{Z} + z_{11}Z_2 + Z_1(z_{22} + Z_2)}$	$\dfrac{-y_{21}Z_2}{1 + y_{22}Z_2 + Z_1(y_{11} + Z_2 \det \boldsymbol{Y})}$
H_i^{ef}	$\dfrac{Z_1}{a_{11}Z_2 + a_{12} + Z_1(a_{21}Z_2 + a_{22})}$	$\dfrac{z_{21}Z_1}{\det \boldsymbol{Z} + z_{11}Z_2 + Z_1(z_{22} + Z_2)}$	$\dfrac{-y_{21}Z_1}{1 + y_{22}Z_2 + Z_2(y_{11} + Z_2 \det \boldsymbol{Y})}$
H_p	$\dfrac{\operatorname{Re} Z_2}{\lvert a_{11}Z_2 + a_{22}\rvert^2 \operatorname{Re} Z_1}$	$\dfrac{\lvert z_{21}\rvert^2 \operatorname{Re} Z_2}{\lvert z_{22} + Z_2\rvert^2 \operatorname{Re} Z_1}$	$\dfrac{\lvert y_{21}\rvert^2 \operatorname{Re} Z_2}{\lvert y_{11} + Z_2 \det \boldsymbol{Y}\rvert^2 \operatorname{Re} Z_1}$
H_p^{ef}	$\dfrac{4 \operatorname{Re} Z_1 \operatorname{Re} Z_2}{\lvert a_{11}Z_2 + a_{12} + Z_1(a_{21}Z_2 + a_{22})\rvert^2}$	$\dfrac{4\lvert z_{21}\rvert^2 \operatorname{Re} Z_1 \operatorname{Re} Z_2}{\lvert \det \boldsymbol{Z} + z_{11}Z_2 + Z_1(z_{22} + Z_2)\rvert^2}$	$\dfrac{4\lvert y_{21}\rvert^2 \operatorname{Re} Z_1 \operatorname{Re} Z_2}{\lvert 1 + y_{22}Z_2 + Z_1(y_{11} + Z_2 \det \boldsymbol{Y})\rvert^2}$
H_{pd}	$\dfrac{\operatorname{Re} Z_1}{\operatorname{Re}[(a_{12} + a_{22}Z_1)(a_{11}^* + a_{21}^* Z_1)]}$	$\dfrac{\lvert z_{21}\rvert^2 \operatorname{Re} Z_1}{\operatorname{Re}[(\det \boldsymbol{Z} + z_{22}Z_1)(z_{11}^* + Z_1)]}$	$\dfrac{\lvert y_{21}\rvert^2 \operatorname{Re} Z_1}{\operatorname{Re}[(1 + y_{11}Z_1)(y_{22}^* + Z_1(\det \boldsymbol{Y})^*]}$

Przykład 8.2-5. Prześledzimy przykład ilustrujący różne sposoby wykorzystania funkcji układowych i parametrów roboczych w analizie pracy czwórnika.

Rozważmy czwórnik (rys. 8.2-9a) pracujący w stanie ustalonym przy pobudzaniu sinusoidalnym ze źródła $E = 15e^{j0°}$ V, $Z_1 = 0{,}5$ kΩ, i opisany macierzą (por. rys. 8.1-12a i przykład 8.1-12):

$$A = \begin{bmatrix} \frac{1}{2}(1 + j1)\ \text{V/V}, & \frac{1}{2}(1 - j1)\ \text{k}\Omega \\ (1 + j1)\ \text{mS}, & (2 - j1)\ \text{A/A} \end{bmatrix}$$

Obliczymy prąd I_2 oraz moc czynną P traconą w czwórniku, przy założeniu, że czwórnik jest obciążony dwójnikiem o impedancji $Z_2 = 0{,}5(1 + j1)$ kΩ.

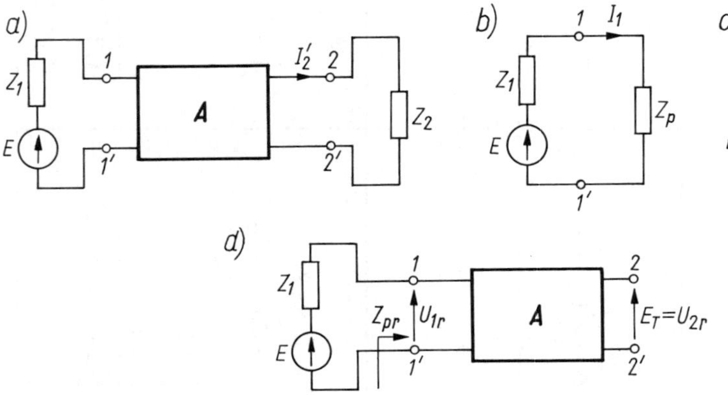

Rys. 8.2-9

Korzystając ze schematu z rys. 8.2-9b, wyznaczymy najpierw prąd I_1. W tym celu obliczamy impedancję wejściową pierwotną:

$$Z_p = \frac{a_{11}Z_2 + a_{12}}{a_{21}Z_2 + a_{22}} = \frac{1}{4}\ \text{k}\Omega$$

a następnie prąd I_1:

$$I_1 = \frac{E}{Z_1 + Z_p} = 20\ \text{mA}$$

Prąd I_2' obliczamy, korzystając z transmitancji prądowej czwórnika (obciążonego):

$$I_2' = H_i I_1 = \frac{1}{a_{22} + a_{21}Z_2} I_1 = \frac{1}{2} I_1 = 10e^{j0°}\ \text{mA}$$

Prąd I_2' możemy także obliczyć w inny sposób na podstawie schematu zastępczego z rys. 8.2-9c, w którym dwójnik na lewo od zacisków 22' jest zastąpiony źródłem Thévenina o parametrach E_T, Z_T. Siła elektromotoryczna E_T jest równa napięciu U_{2r} na rozwartych zaciskach 22' (rys. 8.2-9d), a więc można ją obliczyć, korzystając, na przykład, z transmitancji napięciowej czwórnika (nieobciążonego):

$$E_T = U_{2r} = H_u U_{1r} = \frac{1}{a_{11}} U_{1r}$$

skąd, po uwzględnieniu, że:

$$U_{1r} = \frac{Z_{pr}}{Z_1 + Z_{pr}} E = \frac{a_{11}}{a_{11} + a_{21}Z_1} E$$

otrzymujemy bardzo użyteczny w analizie czwórników związek:

$$E_T = \frac{E}{a_{11} + a_{21}Z_1} \tag{8.2-32}$$

Impedancja wewnętrzna źródła Thévnina jest równa impedancji wejściowej wtórnej czwórnika (obciążonego):

$$Z_T = Z_w = \frac{a_{22}Z_1 + a_{12}}{a_{21}Z_1 + a_{11}}$$

Po uwzględnieniu danych liczbowych otrzymujemy:

$$E_T = \frac{15}{2}(1 - \mathrm{j}1)\ \mathrm{V}, \quad Z_T = \frac{1}{4}(1 - \mathrm{j}5)\ \mathrm{k\Omega}$$

i stąd:

$$I_2' = \frac{E_T}{Z_T + Z_2} = 10\mathrm{e}^{\mathrm{j}0^\circ}\ \mathrm{mA}$$

W celu obliczenia prądu I_2' można także wykorzystać wzór (8.2-28) na efektywne wzmocnienie prądowe H_i^{ef} podany w tabl. 8.6. Stosowanie wzorów (8.2-27)–(8.2-31) ma jednak tę wadę, że wymaga przeprowadzenia znacznej liczby jednoczesnych obliczeń, które zaciemniają nieco fizyczną stronę procesu transmisji sygnałów przez czwórnik.

Moc czynna P tracona w czwórniku jest różnicą mocy czynnych P_1 wydzielanej w dwójniku 11′ i P_2 wydzielanej w dwójniku 22′:

$$P = P_1 - P_2 = \frac{1}{2}|I_1|^2 \operatorname{Re} Z_p - \frac{1}{2}|I_2|^2 \operatorname{Re} Z_2 = 50 - 25 = 25\ \mathrm{mW}$$

8.3. RODZAJE SYMETRII CZWÓRNIKA

Czwórnik SLSB jest całkowicie scharakteryzowany dowolną z jego macierzy charakterystycznych, a więc czterema parametrami charakterystycznymi tworzącymi tę macierz. Parametry te są w ogólnym przypadku niezależne, tzn. ze znajomości mniej niż czterech parametrów charakterystycznych nie wynika znajomość pozostałych. Omówimy obecnie czwórniki, które – dzięki pewnym cechom symetrii – można w pełni scharakteryzować mniejszą niż cztery liczbą parametrów charakterystycznych.

8.3.1. Czwórniki odwracalne

A. Pojęcie odwracalności. Pojęcie *odwracalności* jako pewnego rodzaju symetrii oddziaływań (por. p. D i przypis na str. 154) jest znane w wielu działach fizyki. Występuje ono także w teorii obwodów. Do naszych celów pojęcie odwracalności dogodnie jest zdefiniować od razu dla dowolnego wielowrotnika SLSB[1].

Rozważmy wielowrotnik SLSB i parę jego dopuszczalnych stanów zaciskowych $\boldsymbol{U}'$, $\boldsymbol{I}'$ oraz $\boldsymbol{U}''$, $\boldsymbol{I}''$ (por. wzór (8.1-24)). Wielowrotnik nazywamy *odwracalnym* (O), jeśli dla każdej pary jego dopuszczalnych stanów zaciskowych zachodzi równość:

$$\boldsymbol{U}'^T \boldsymbol{I}'' = \boldsymbol{U}''^T \boldsymbol{I}' \tag{8.3-1}$$

lub równoważnie:

$$\sum_{k=1}^{n} U_k' I_k'' = \sum_{k=1}^{n} U_k'' I_k' \tag{8.3-2}$$

W przeciwnym przypadku wielowrotnik nazywamy *nieodwracalnym* (N).

Następujące ważne twierdzenie pozwala ustalić warunki konieczne i dostateczne odwracalności wielowrotnika przy założeniu istnienia jego macierzy $\boldsymbol{Y}$ lub $\boldsymbol{Z}$.

TWIERDZENIE 8.3-1.

Wielowrotnik SLSB o macierzy admitancyjnej $\boldsymbol{Y}$ (o macierzy impedancyjnej $\boldsymbol{Z}$) jest wielowrotnikiem odwracalnym (wielowrotnikiem SLSBO) wtedy i tylko wtedy, kiedy macierz $\boldsymbol{Y}$ (macierz $\boldsymbol{Z}$) jest symetryczna.

Dowód. Przy założeniu istnienia macierzy $\boldsymbol{Y}$ ($\boldsymbol{Z}$) wielowrotnika dla każdej pary jego stanów zaciskowych zachodzą równości:

$$\boldsymbol{I}' = \boldsymbol{Y}\boldsymbol{U}', \qquad \boldsymbol{I}'' = \boldsymbol{Y}\boldsymbol{U}'' \tag{8.3-3}$$

lub odpowiednio:

$$\boldsymbol{U}' = \boldsymbol{Z}\boldsymbol{I}', \qquad \boldsymbol{U}'' = \boldsymbol{Z}\boldsymbol{I}'' \tag{8.3-4}$$

Uwzględniając te równości we wzorze (8.3-1), otrzymujemy:

$$\boldsymbol{U}'^T\boldsymbol{Y}\boldsymbol{U}'' = \boldsymbol{U}''^T\boldsymbol{Y}\boldsymbol{U}' = \boldsymbol{U}'^T\boldsymbol{Y}^T\boldsymbol{U}'' \tag{8.3-5}$$

lub odpowiednio:

$$\boldsymbol{I}'^T\boldsymbol{Z}^T\boldsymbol{I}'' = \boldsymbol{I}''^T\boldsymbol{Z}^T\boldsymbol{I}' = \boldsymbol{I}'^T\boldsymbol{Z}\boldsymbol{I}'' \tag{8.3-6}$$

---

[1] Pojęcie odwracalności można definiować również dla szerszej klasy wielowrotników (por. np. [3], str. 771). Zastosowania tego pojęcia w teorii obwodów dotyczą jednak niemal wyłącznie klasy układów SLSB. Założenie o bezźródłowości (B) nie jest przy tym ograniczeniem, można bowiem wykazać, że źródłowy wielowrotnik SLS, dla którego stan zaciskowy: $\boldsymbol{U} = \boldsymbol{0} \wedge \boldsymbol{I} = \boldsymbol{0}$ nie jest stanem dopuszczalnym (por. p. 2.1.4 w tomie I), nie może spełniać równości (8.3-1) (por. zadanie 8.13).

Zgodnie z definicją odwracalności równości (8.3-5) i (8.3-6) muszą być spełnione dla każdej pary U', U'' (każdej pary I', I''), co zachodzi wtedy i tylko wtedy, kiedy $\boldsymbol{Y} = \boldsymbol{Y}^T$ ($\boldsymbol{Z} = \boldsymbol{Z}^T$).

B. Odwracalność dwójnika. W przypadku szczególnym, gdy $n = 1$, tzn. dla dwójnika, równość definicyjna (8.3-1) sprowadza się do postaci:

$$U'I'' = U''I' \qquad (8.3\text{-}7)$$

Równanie dwójnika SLSB ma postać:

$$I = YU \quad \text{lub} \quad U = ZI \qquad (8.3\text{-}8)$$

(por. p. 4.3.3-A i p. 6.2.1-D), zachodzą zatem związki:

$$I' = YU', \quad I'' = YU'' \quad \text{lub} \quad U' = ZI', \quad U'' = ZI'' \qquad (8.3\text{-}9)$$

i równość (8.3-7) jest spełniona dla każdej pary jego stanów zaciskowych, bez dodatkowych warunków. Wynika stąd, że:

Każdy dwójnik SLSB jest dwójnikiem SLSBO.

W klasie dwójników SLSB o równaniu (8.3-8), tj. mających admitancję Y i/lub impedancję Z, nie ma zatem elementów nieodwracalnych. Podział na układy odwracalne i nieodwracalne staje się natomiast istotny dla n-wrotników przy $n \geqslant 2$.

C. Odwracalność czwórnika. Dla $n = 2$, tj. dla czwórnika, z twierdzenia 8.1 wynika, że jeśli czwórnik ma macierz charakterystyczną $\boldsymbol{Y}$ lub $\boldsymbol{Z}$, to warunkiem koniecznym i dostatecznym jego odwracalności jest spełnienie równości:

$$y_{12} = y_{21} \quad \text{lub} \quad z_{12} = z_{21} \qquad (8.3\text{-}10)$$

W przypadku gdy czwórnik nie ma macierzy immitancyjnych, na podstawie równości definicyjnej (8.3-1) można ustalić warunki konieczne i dostateczne jego odwracalności wyrażone przez elementy innych macierzy charakterystycznych. Warunki odwracalności czwórnika są zestawione w tabl. 8.7.

Jak wynika z tabl. 8.7 czwórnik odwracalny jest scharakteryzowany tylko trzema elementami jednej z jego macierzy charakterystycznych. W przypadku macierzy $\boldsymbol{A}$ i $\boldsymbol{B}$ są to elementy dowolne, natomiast w przypadku pozostałych macierzy muszą do nich należeć oba elementy leżące na przekątnej głównej.

Tablica 8.7. Warunki odwracalności czwórnika

Założenie: istnieje macierz	Czwórnik jest odwracalny wtedy i tylko wtedy, kiedy:	
$\boldsymbol{Y}$	$y_{12} = y_{21}$	$\boldsymbol{Y}$ symetryczna
$\boldsymbol{Z}$	$z_{12} = z_{21}$	$\boldsymbol{Z}$ symetryczna
$\boldsymbol{H}$	$h_{12} = -h_{21}$	$\boldsymbol{H}$ skośnie symetryczna
$\boldsymbol{F}$	$f_{12} = -f_{21}$	$\boldsymbol{F}$ skośnie symetryczna
$\boldsymbol{A}$	$\det \boldsymbol{A} = 1$	
$\boldsymbol{B}$	$\det \boldsymbol{B} = 1$	

D. Odwracalność a zasada wzajemności. Pojęcie odwracalności czwórnika można powiązać z tzw. *zasadą wzajemności* i nadać mu zarazem bliższy sens fizyczny.

Załóżmy, że czwórnik ma macierz $\boldsymbol{Y}$ i rozważmy dwa stany jego pracy odpowiadające układom z rys. 8.3-1a,b.

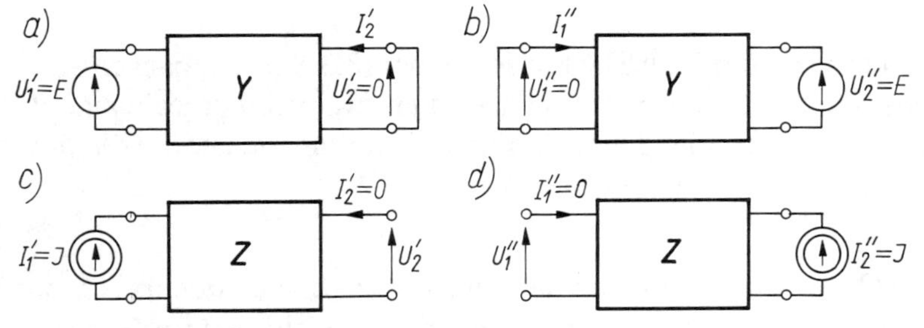

Rys. 8.3-1

Powiemy, że czwórnik spełnia *zasadę wzajemności*, jeśli dla każdej siły elektromotorycznej E zachodzi równość:

$$I_2' = I_1'' \tag{8.3-11}$$

Oznacza to, że dla czwórnika spełniającego zasadę wzajemności, przy tych samych pobudzeniach napięciowych na jednych zaciskach prądy płynące przez zwarte zaciski przeciwne są jednakowe. Oznacza to także, że w stanach pracy przedstawionych na rys. 8.3-1a,b warunki transmisji sygnałów przez czwórnik spełniający zasadę wzajemności są w obu kierunkach identyczne (symetryczne)[1].

[1] Przedstawiona tu zasada wzajemności w odniesieniu do czwórników jest konsekwencją znanego w teorii pola elektromagnetycznego twierdzenia Lorentza o wzajemności (por. [19], s. 202-205). Z twierdzenia tego wynika także symetria oddziaływań magnetycznych, na którą powołaliśmy się w tomie I, str. 137.

Z równań admitancyjnych czwórnika (8.1-1) wynika, że dla układów z rys. 8.3-1a,b zachodzą związki:

$$I_2' = y_{21}E, \qquad I_1'' = y_{12}E \tag{8.3-12}$$

Czwórnik spełnia zatem zasadę wzajemności wtedy i tylko wtedy, kiedy $y_{12} = y_{21}$.

W podobny sposób można sformułować zasadę wzajemności dla dualnych stanów pracy czwórnika przedstawionych na rys. 8.3-1c,d (pobudzanie z idealnych źródeł prądowych przy rozwartych zaciskach przeciwnych) i wykazać, że czwórnik spełnia zasadę wzajemności wtedy i tylko wtedy, kiedy $z_{12} = z_{21}$ (por. zad. 8.14).

Dochodzimy tym samym do wniosku, że zdania: „*czwórnik jest odwracalny*" i „*czwórnik spełnia zasadę wzajemności*" można uważać za równoważne[1)].

E. Odwracalność a lateralność czwórnika. Z definicji z p. 8.1.2-E oraz z porównania warunków podanych w tabl. 8.2 i 8.7 wynikają następujące wnioski:

1. Czwórnik nielateralny jest odwracalny.
2. Czwórnik unilateralny jest nieodwracalny.
3. Czwórnik bilateralny może być:
   a) odwracalny, gdy $\det \boldsymbol{A} = \det \boldsymbol{B} = 1$;
   b) nieodwracalny, gdy $\det \boldsymbol{A} \neq \det \boldsymbol{B}$ (przy czym zawsze: $\det \boldsymbol{A} = [\det \boldsymbol{B}]^{-1}$).

F. Przykłady i uzupełnienia. Można łatwo sprawdzić, iż:

1. Źródła sterowane (rys. 1.7-18 w tomie I) o macierzach (8.1-14)–(8.1-17) są czwórnikami nieodwracalnymi (czwórnikami SLSBN). Czwórniki, w których występują źródła sterowane, nie muszą być jednak czwórnikami nieodwracalnymi.

2. Żyrator (rys. 1.7-25a) o macierzach (8.1-18) jest czwórnikiem nieodwracalnym. Żyrator jest bardzo ważnym przykładem czwórnika nieodwracalnego. Znajduje on liczne zastosowania w syntezie układów nieodwracalnych.

3. Bardzo ważnym przykładem czwórnika nieodwracalnego jest także idealny wzmacniacz operacyjny (por. przykład 8.1-8) o macierzy (8.1-23).

4. Transformator idealny (rys. 1.8-16) o macierzach (8.1-19) jest czwórnikiem odwracalnym.

5. Indukcyjności sprzężone (rys. 1.8-3) o równaniach (1.8-22) są czwórnikiem odwracalnym.

6. Czwórnik NIC o macierzach (8.1-20) jest czwórnikiem nieodwracalnym, natomiast czwórnik NIV o macierzach (8.1-21) – czwórnikiem odwracalnym.

[1)] Używana jest także historycznie najstarsza nazwa: „czwórnik symetryczny energetycznie".

Twierdzenie 8.3-1 umożliwia rozstrzygnięcie, czy dany wielowrotnik jest odwracalny, jeśli jest znany jego opis zaciskowy (dokładniej – opis immitancyjny). Bardzo ważna jest jednak także możliwość wnioskowania o odwracalności, jeśli wiemy z jakich elementów (podukładów) wielowrotnik jest zbudowany[1]. Kwestię tę rozstrzyga następujące:

TWIERDZENIE 8.3-2

Wielowrotnik zbudowany tylko z odwracalnych elementów (lub podukładów) SLSB jest odwracalnym wielowrotnikiem SLSB (tj. wielowrotnikiem SLSBO).

Szkic dowodu. Załóżmy na razie, że n-wrotnik jest zbudowany tylko z dwójników SLSB, a więc z elementów odwracalnych. Przyjmijmy ponadto, że istnieje jego opis immitancyjny, np. macierz $\boldsymbol{Y}$.

Rozważmy sieć utworzoną przez dołączenie do wielowrotnika idealnych źródeł napięciowych o siłach elektromotorycznych U_k, $1 \leqslant k \leqslant n$, (rys. 8.3-2). Równania gałęziowe tej sieci dadzą się zapisać w postaci impedancyjnej (7.3-43), przy czym macierz impedancji gałęziowych jest diagonalna (sieć bez sprzężeń). Stosując metodę prądów obwodowych, dochodzimy do równania (7.3-60), w którym macierz impedancji obwodowych $\boldsymbol{Z}_o$ jest symetryczna i, w konsekwencji, symetryczna jest także macierz odwrotna $\boldsymbol{Z}_o^{-1}$ (jej istnienie wynika z przyjętych założeń).

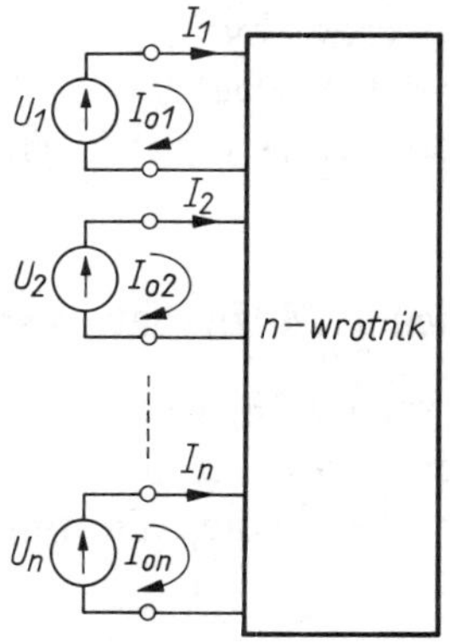

Rys. 8.3-2

Przyjmijmy, że kontury niezależne zostały wybrane tak, że prądy zaciskowe I_k, $1 \leqslant k \leqslant n$, są prądami obwodowymi (rys. 8.3-2). Wówczas albo $\boldsymbol{Y} = \boldsymbol{Z}_o^{-1}$, albo $\boldsymbol{Y}$ jest podmacierzą główną macierzy $\boldsymbol{Z}_o^{-1}$ (jeśli liczba konturów niezależnych jest większa od n). W obu przypadkach $\boldsymbol{Y}$ jest macierzą symetryczną.

Przytoczone rozumowanie nie uległoby zmianie, gdyby dopuścić, że n-wrotnik zawiera także indukcyjności sprzężone (por. p. 7.3.4-C). Nie można by go jednak powtórzyć w przypadku występowania transformatorów idealnych (p. 7.3.4-D). Posługując się jednak *macierzą rozproszenia* wielowrotnika (por. p. 8.6.2), można podać dowód ogólny, obejmujący wszystkie typy elementów odwracalnych i nie wymagający założenia o istnieniu opisu immitancyjnego.

[1] Przypominamy, że analogicznymi zagadnieniami dotyczącymi innych cech układów zajmowaliśmy się w tomie I (p. 2.1). Tam też (przypis na str. 184) było wyjaśnione znaczenie słowa „podukład".

Z twierdzenia 8.3-2 wynika ważny w praktyce wniosek:

Czwórnik (wielowrotnik) zbudowany tylko z dwójników SLSB jest czwórnikiem (wielowrotnikiem) odwracalnym.

Przykład 8.3-1. Czwórniki typu Π, T, X i T z mostkiem wymienione w tabl. 8.1 są zbudowane z dwójników SLSB, są zatem czwórnikami odwracalnymi (możemy to także sprawdzić na podstawie ich macierzy charakterystycznych).

Przykład 8.3-2. Czwórnik przedstawiony na rys. 8.3-3 jest odwracalny, jest on bowiem zbudowany tylko z podukładów SLSBO (dwójników i transformatora idealnego).

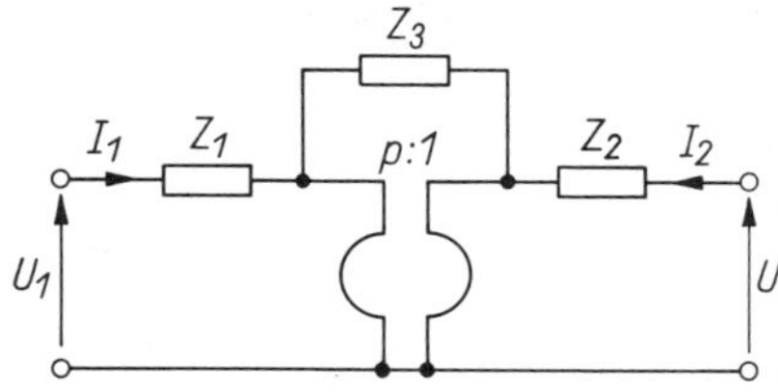

Rys. 8.3-3

Przykład 8.3-3. Czwórniki z rys. 8.1-6b,c, rozpatrywane w przykładach 8.1-2 i 8.1-3, są czwórnikami nieodwracalnymi (dlaczego?).

Przykład 8.3-4. Nie każdy czwórnik zawierający element (podukład) nieodwracalny jest czwórnikiem nieodwracalnym. Na przykład transformator idealny można zrealizować za pomocą źródeł sterowanych w sposób pokazany na rys. 8.3-4a[1]. Podobna realizacja czwórnika NIV jest przedstawiona na rys. 8.3-4b.

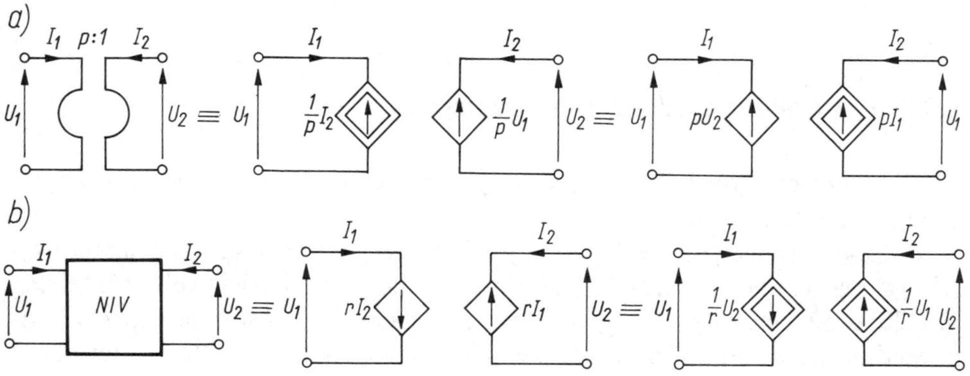

Rys. 8.3-4

Z warunków odwracalności (tabl. 8.7) oraz z zależności zawartych w tabl. 8.3 wynika wprost następująca właściwość transmitancji czwórnika odwracalnego:

[1] Inna realizacja transformatora idealnego za pomocą dwóch żyratorów jest rozpatrzona w przykładzie 8.5-1 (rys. 8.5-2).

Przy założeniu, że istnieją transmitancje (8.2-8)–(8.2-11) *i* (8.2-14)–(8.2--17), *dla czwórnika odwracalnego zachodzą równości*:

$$H_{ui} = H'_{ui}, \quad H_{iu} = H'_{iu}, \quad H_u = H'_i, \quad H_i = H'_u \tag{8.3-13}$$

Z zależności (8.3-13) wynika, że czwórnik odwracalny może mieć tylko cztery różne transmitancje dla obu kierunków transmisji. W szczególności transmitancje odwrotne (p. 8.2.1-C) nie są niezależne i są równe transmitancjom określonym wzorami (8.2-8)–(8.2-11).

Przykład 8.3-5. Sprawdzimy trzecią zależność (8.3-13) dla czwórnika z rys. 8.1-6a. Mamy (rys. 8.3-5a):

$$H_u = \frac{U_2}{U_1} = \frac{Z_2}{Z_1 + Z_2}$$

oraz (rys. 8.3-5b):

$$H'_i = \frac{-I_1}{I_2} = \frac{Z_2}{Z_1 + Z_2}$$

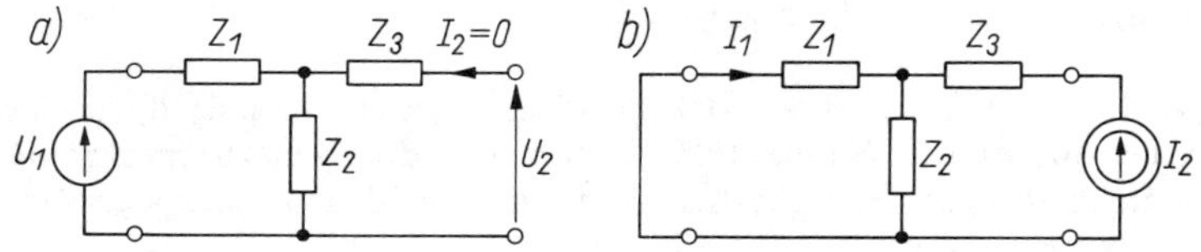

Rys. 8.3-5

8.3.2. Czwórniki impedancyjnie symetryczne

A. Pojęcie symetrii impedancyjnej. Rozważmy ponownie układy przedstawione na rys. 8.2-7a,b.

Czwórnik nazywamy *impedancyjnie symetrycznym*, jeśli impedancja wejściowa pierwotna Z_p (8.2-19) jest równa impedancji wejściowej wtórnej Z_w (8.2-20) dla każdego $Z_1 = Z_2$, tzn. przy obciążeniu go po stronie wtórnej i odpowiednio po stronie pierwotnej dwójnikami o dowolnej, ale tej samej impedancji (w szczególności $Z_1 = Z_2 = 0$ lub $Y_1 = Y_2 = 0$).

B. Warunki symetrii impedancyjnej. Oznaczmy $Z_1 = Z_2 = Z$. Zgodnie z podaną definicją i zależnościami (8.2-22) czwórnik jest impedancyjnie symetryczny wtedy i tylko wtedy, kiedy równość:

$$\frac{a_{11}Z + a_{12}}{a_{21}Z + a_{22}} = \frac{a_{22}Z + a_{12}}{a_{21}Z + a_{11}} \tag{8.3-14}$$

zachodzi dla każdego Z. Jak można sprawdzić (por. zad. 8.15), ma to miejsce wtedy i tylko wtedy, kiedy:

$$a_{11} = a_{22} \tag{8.3-15}$$

Otrzymaliśmy tym samym warunek symetrii impedancyjnej czwórnika wyrażony przez jego parametry łańcuchowe.

Korzystając z tabl. 8.2, możemy wyprowadzić równoważne warunki symetrii impedancyjnej wyrażone przez parametry pozostałych macierzy charakterystycznych. Warunki te są podane łącznie z warunkami odwracalności w tabl. 8.8 (prawe człony koniunkcji). Czwórnik impedancyjnie symetryczny jest scharakteryzowany tylko trzema spośród czterech elementów jego macierzy charakterystycznej. W przypadku macierzy $\boldsymbol{H}$ i $\boldsymbol{F}$ są to elementy dowolne, w przypadku zaś pozostałych macierzy muszą do nich należeć oba elementy leżące poza przekątną główną.

Tablica 8.8. Warunki symetrii czwórnika

Założenie: istnieje macierz	Czwórnik jest symetryczny wtedy i tylko wtedy, kiedy:
$\boldsymbol{Y}$	$y_{12} = y_{21} \quad \wedge \quad y_{11} = y_{22}$
$\boldsymbol{Z}$	$z_{12} = z_{21} \quad \wedge \quad z_{11} = z_{22}$
$\boldsymbol{H}$	$h_{12} = -h_{21} \quad \wedge \quad \det \boldsymbol{H} = 1$
$\boldsymbol{F}$	$f_{12} = -f_{21} \quad \wedge \quad \det \boldsymbol{F} = 1$
$\boldsymbol{A}$	$\det \boldsymbol{A} = 1 \quad \wedge \quad a_{11} = a_{22}$
$\boldsymbol{B}$	$\det \boldsymbol{B} = 1 \quad \wedge \quad b_{11} = b_{22}$

Z warunków symetrii impedancyjnej zamieszczonych w tabl. 8.8 oraz zależności zawartych w tabl. 8.3 wynika wprost następująca właściwość transmitancji czwórnika symetrycznego impedancyjnie.

Przy założeniu, że istnieją transmitancje jednorodne (8.2-8) *i* (8.2-9) *oraz* (8.2-14) *i* (8.2-15), *dla czwórnika impedancyjnie symetrycznego zachodzą równości*:

$$H_u = H_i, \qquad H'_u = H'_i \tag{8.3-16}$$

C. Przykłady

Przykład 8.3-6. Na podstawie przykładów 8.1-6 i 8.1-7 oraz warunków podanych w tabl. 8.8 zauważamy bez trudu, że:

– ŹNSP, ŹPSN, żyrator oraz NIV są czwórnikami impedancyjnie symetrycznymi;

– ŹNSN, ŹPSP, transformator idealny przy $p \neq 1$ oraz NIC nie są czwórnikami impedancyjnie symetrycznymi.

Przykład 8.3-7. Rozpatrzmy raz jeszcze źródła sterowane, żyrator i transformator idealny oraz ich impedancje wejściowe.

W przypadku źródeł sterowanych odpowiednie impedancje wejściowe lub admitancje wejściowe są równe zeru przy dowolnym obciążeniu (sprawdzenie tego faktu pozostawiamy Czytelnikowi).

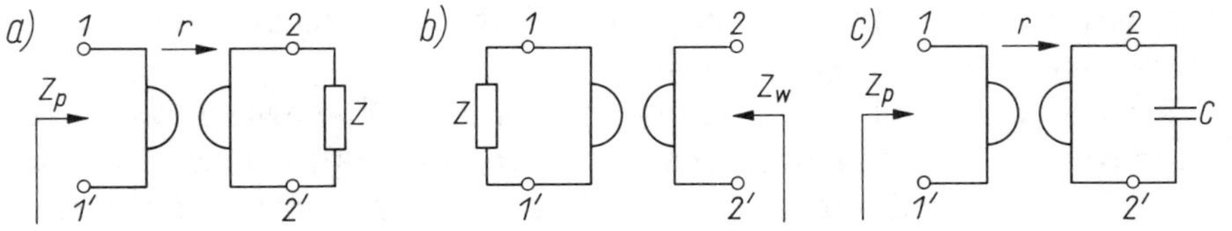

Rys. 8.3-6

W przypadku żyratora – rys. 8.3-6a,b (por. p. 4.4.6-E w tomie II):

$$Z_p = Z_w = \frac{r^2}{Z} \tag{8.3-17}$$

W przypadku transformatora idealnego – rys. 8.3-7 (por. zad. 1.39 w tomie I):

$$Z_p = p^2 Z, \qquad Z_w = \frac{1}{p^2} Z \tag{8.3-18}$$

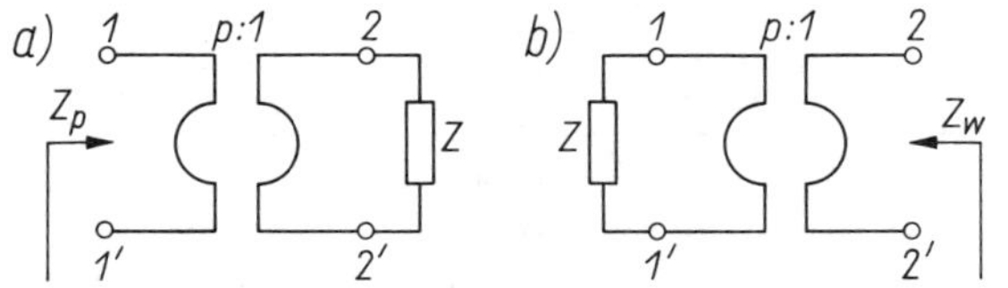

Rys. 8.3-7

Jak wspomnieliśmy w tomie II (przykład 4.3-16), zależność (8.3-17) jest podstawą dla zastosowań żyratora do symulacji indukcyjności. Jeśli bowiem żyrator jest obciążony pojemnością (rys. 8.3-6c), to jego impedancja wejściowa:

$$Z_p = sr^2 C \tag{8.3-19}$$

ma charakter indukcyjny.

Zależności (8.3-18) świadczą o tym, że impedancja wejściowa transformatora idealnego ma ten sam charakter, co impedancja obciążenia Z, a transformator idealny zmienia jedynie jej wartość (mnożenie przez p^2 lub przez $1/p^2$).

8.3.3. Czwórniki symetryczne

A. Pojęcie symetrii czwórnika. Rozpatrzymy teraz jeszcze jeden rodzaj symetrii czwórnika, nazywany po prostu *symetrią*. Symetrię czwórnika będziemy rozumieć w sensie następującej definicji.

Czwórnik (rys. 8.1-1b) nazywamy *symetrycznym*, jeżeli po jego obrocie względem osi pionowej, a więc po zamianie miejscami zacisków $11'$ i $22'$, prądy i napięcia zaciskowe nie ulegną zmianie, tj. jeśli dla każdego dopuszczalnego stanu zaciskowego $\boldsymbol{U} = [U_1, U_2]^T$, $\boldsymbol{I} = [I_1, I_2]^T$ równania czwórnika nie zmienią się po zamianie wielkości U_1, I_1 na U_2, I_2 oraz U_2, I_2 na U_1, I_1.

B. Warunki symetrii. Przy założeniu, że istnieje, na przykład, macierz $\boldsymbol{Y}$ czwórnika, z podanej definicji wynika, iż jest on symetryczny wtedy i tylko wtedy, kiedy są spełnione jednocześnie równania:

$$\left.\begin{aligned} I_1 &= y_{11}U_1 + y_{12}U_2 \\ I_2 &= y_{21}U_1 + y_{22}U_2 \end{aligned}\right\} \qquad \left.\begin{aligned} I_1 &= y_{22}U_1 + y_{21}U_2 \\ I_2 &= y_{12}U_1 + y_{11}U_2 \end{aligned}\right\} \tag{8.3-20}$$

Równania te są spełnione dla każdego dopuszczalnego stanu zaciskowego (dla każdej pary U_1, U_2) wtedy i tylko wtedy, kiedy:

$$y_{12} = y_{21} \wedge y_{11} = y_{22} \tag{8.3-21}$$

W podobny sposób można wyprowadzić warunki konieczne i dostateczne symetrii czwórnika wyrażone przez pozostałe parametry charakterystyczne. Warunki te są zestawione w tabl. 8.8 i mają w każdym z przypadków postać koniunkcji dwóch warunków, z których pierwszy jest warunkiem odwracalności, drugi zaś – warunkiem symetrii impedancyjnej. Dochodzimy zatem do wniosku, iż:

Czwórnik jest symetryczny wtedy i tylko wtedy, kiedy jest on odwracalny i impedancyjnie symetryczny.

Z tego względu czwórniki symetryczne są nazywane niekiedy czwórnikami *podwójnie symetrycznymi*. Zauważmy, że czwórnik symetryczny jest scharakteryzowany tylko dwoma elementami dowolnej z jego macierzy charakterystycznych. Proponujemy Czytelnikowi ustalenie na podstawie warunków zamieszczonych w tabl. 8.8, które z elementów macierzy $\boldsymbol{Y}$, $\boldsymbol{Z}$, $\boldsymbol{A}$, $\boldsymbol{B}$, $\boldsymbol{H}$, $\boldsymbol{F}$ czwórnika symetrycznego można uznać za niezależne (pozostałe elementy można wówczas wyznaczyć z warunków symetrii).

C. Wnioski i przykłady. Wnioski, jakie można sformułować dla klasy czwórników symetrycznych, są koniunkcją wniosków sformułowanych poprzednio dla czwórników odwracalnych i impedancyjnie symetrycznych. Transmitancje czwórników symetrycznych mają między innymi następującą właściwość:

Przy założeniu, że istnieją odpowiednie transmitancje (8.2-8)–(8.2-11) *i* (8.2-14)–(8.2-17), *dla czwórnika symetrycznego zachodzą równości:*

$$H_u = H_u' = H_i = H_i', \qquad H_{ui} = H_{ui}', \qquad H_{iu} = H_{iu}' \tag{8.3-22}$$

Z zależności (8.3-22) wynika, że czwórnik symetryczny może mieć tylko trzy różne transmitancje (dla obu kierunków transmisji).

Przykład 8.3-8. Spośród omawianych w p. 8.1 czwórników zdegenerowanych tylko czwórnik nielateralny z rys. 8.1-7 przy warunku $Z_1 = Z_2$ oraz czwórnik NIV są czwórnikami symetrycznymi.

Czwórnikami symetrycznymi są także: indukcyjności sprzężone przy warunku $L_1 = L_2$, czwórnik mostkowy typu X (pozycja 7 tabl. 8.1) oraz czwórniki: typu Π, typu T i typu T z mostkiem przy warunku $Z_1 = Z_3$. O czwórnikach tych mówimy, iż mają *strukturę symetryczną*, tzn. mogą być czwórnikami symetrycznymi przy odpowiednim doborze wartości ich elementów. Przykładami czwórników o strukturze niesymetrycznej są natomiast czwórniki typu Ꞁ oraz Γ, które są czwórnikami niesymetrycznymi przy dowolnych impedancjach Z_1, Z_2 ($Z_1 Z_2 \neq 0$, $Y_1 Y_2 \neq 0$).

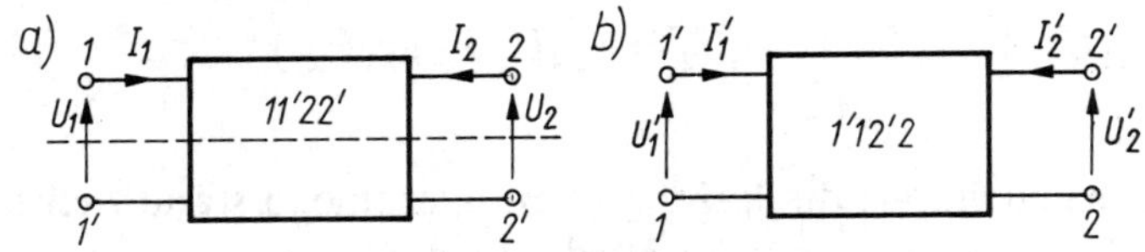

Rys. 8.3-8

D. Obrót czwórnika względem osi poziomej. Rozważmy na zakończenie czwórnik 1'12'2 pokazany na rys. 8.3-8b, otrzymany w wyniku obrotu czwórnika 11'22' z rys. 8.3-8a względem osi poziomej. Zauważmy, że wszystkie wielkości zaciskowe czwórnika 11'22' zmieniają po obrocie znak na przeciwny, tzn.: $U_1' = -U_1$, $U_2' = -U_2$, $I_1' = -I_1$ oraz $I_2' = -I_2$. Oznacza to, że w wyniku obrotu względem osi poziomej nie ulegną zmianie równania zaciskowe czwórnika, nie zmienią się zatem również jego macierze charakterystyczne. Oznacza to także, że dla każdego dopuszczalnego stanu zaciskowego $\boldsymbol{U}, \boldsymbol{I}$ czwórnika 1'12'2 również stan $-\boldsymbol{U}, -\boldsymbol{I}$ jest jego dopuszczalnym stanem zaciskowym. Nie można stąd jednak wnioskować, że czwórniki 11'22' i 1'12'2 są czwórnikami równoważnymi. Dla ich równoważności potrzeba jeszcze, aby zamiana czwórnika 11'22' na czwórnik 1'12'2 nie zmieniała warunków współpracy czwórnika z otoczeniem, tzn. aby był spełniony warunek 3 z p. 2.1.3-D w tomie I (por. także p. 8.1.2-F).

8.4. TRÓJNIK A CZWÓRNIK

Omówimy obecnie niektóre problemy związane z trójnikami (por. p. 2.1.3-C, rys. 2.1-9). Ujęcie trójnikowe (szerzej, wielobiegunnikowe) i związane z nim pojęcie nieoznaczonej macierzy admitancyjnej (por. p. 7.3.7-E) znajduje zastosowania w wielu zagadnieniach teorii obwodów. W naszych rozważaniach skupimy się głównie na tych zagadnieniach, które mają bezpośredni związek z problematyką czwórników. Będziemy zakładać, że rozważane trójniki są trójnikami SLSB.

8.4.1. Opis trójników

A. Nieoznaczona macierz admitancyjna trójnika. Stan zaciskowy trójnika (rys. 8.4-1) jest określony przez trzy prądy zaciskowe I_1, I_2, I_3, spełniające prądowe prawo Kirchhoffa:

$$I_1 + I_2 + I_3 = 0 \tag{8.4-1}$$

oraz trzy napięcia U_1, U_2, U_3 między poszczególnymi zaciskami trójnika a dodatkowym zaciskiem odniesienia (masą). Załóżmy, że dla każdego wektora napięć pobudzających $\boldsymbol{U}$ wektor prądów trójnika $\boldsymbol{I}$ jest określony jednoznacznie. Przy tym założeniu, zgodnie z zasadą superpozycji, dla ustalonego wektora napięć $\boldsymbol{U} = [U_1, U_2, U_3]^T$ prądy trójnika można wyrazić w zależności od napięć równaniami liniowymi (por. p. 8.1.1-A):

$$\left.\begin{aligned} I_1 &= y_{11}U_1 + y_{12}U_2 + y_{13}U_3 \\ I_2 &= y_{21}U_1 + y_{22}U_2 + y_{23}U_3 \\ I_3 &= y_{31}U_1 + y_{32}U_2 + y_{33}U_3 \end{aligned}\right\} \tag{8.4-2}$$

których współczynniki y_{kl}, $k, l = 1, 2, 3$, są nazywane *parametrami admitancyjnymi trójnika.* Równania te tworzą opis zaciskowy trójnika, a ich jednorodność jest następstwem założenia o bezźródłowości.

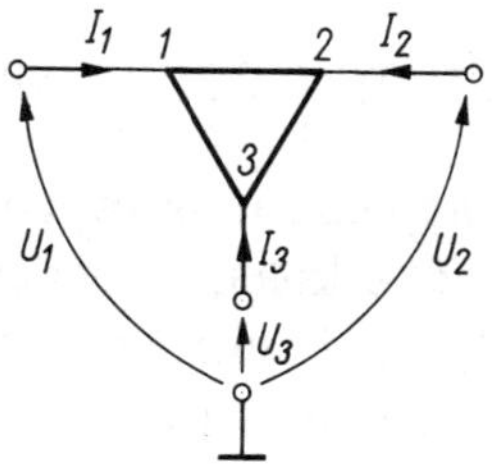

Rys. 8.4-1

Równania (8.4-2) można zapisać w formie macierzowej:

$$\boldsymbol{I} = \boldsymbol{Y}_n \boldsymbol{U} \tag{8.4-3}$$

gdzie macierz:

$$\boldsymbol{Y}_n = \begin{bmatrix} y_{11} & y_{12} & y_{13} \\ y_{21} & y_{22} & y_{23} \\ y_{31} & y_{32} & y_{33} \end{bmatrix} \tag{8.4-4}$$

jest nazywana *nieoznaczoną macierzą admitancyjną trójnika* (por. p. 7.3.7-E).

Należy podkreślić, że nie dla każdego trójnika jest spełniony warunek jednoznaczności prądów zaciskowych dla każdej trójki napięć zaciskowych, zatem nie każdy trójnik ma nieoznaczoną macierz admitancyjną (por. zad. 8.18).

B. Właściwości nieoznaczonej macierzy admitancyjnej[1]. Z uwagi na związek (8.4-1) równania (8.4-2) nie są niezależne. Każde z nich jest kombinacją liniową dwóch pozostałych. Macierz admitancyjna $\boldsymbol{Y}_n$ trójnika jest zatem macierzą osobliwą, tj. $\det \boldsymbol{Y}_n = 0$. Tym samym elementy macierzy $\boldsymbol{Y}_n$ nie są określane niezależnie.

Zbadamy związki, jakie zachodzą między elementami nieoznaczonej macierzy admitancyjnej trójnika. Dodając stronami równania (8.4-2) i uwzględniając związek (8.4-1), otrzymujemy równanie:

$$(y_{11} + y_{21} + y_{31})U_1 + (y_{12} + y_{22} + y_{32})U_2 + (y_{13} + y_{23} + y_{33})U_3 = 0$$

Równanie to powinno być spełnione dla każdej trójki napięć U_1, U_2, U_3, co jest możliwe wtedy i tylko wtedy, kiedy:

$$y_{1l} + y_{2l} + y_{3l} = 0, \qquad l = 1,2,3 \tag{8.4-5}$$

Wynika stąd, że:

Suma elementów w każdej kolumnie nieoznaczonej macierzy admitancyjnej trójnika jest równa zeru.

Załóżmy teraz, że wektor napięć pobudzających ma postać $\boldsymbol{U} = [U, U, U]^T$, $U \neq 0$. Mamy wówczas:

$$I_1 = (y_{11} + y_{12} + y_{13})U, \qquad I_2 = (y_{21} + y_{22} + y_{23})U, \qquad I_3 = (y_{31} + y_{32} + y_{33})U$$

Z drugiej strony, z równości napięć zaciskowych wynika, że napięcia międzyzaciskowe są równe zeru. Stąd z kolei, z uwagi na bezźródłowość trójnika, wynika, że prądy zaciskowe I_1, I_2, I_3 są równe zeru. Ponieważ prądy te muszą być równe zeru dla dowolnego napięcia U, zatem jest to możliwe wtedy i tylko wtedy, kiedy:

$$y_{k1} + y_{k2} + y_{k3} = 0, \qquad k = 1, 2, 3 \tag{8.4-6}$$

Tak więc:

Suma elementów w każdym wierszu nieoznaczonej macierzy admitancyjnej trójnika jest równa zeru.

Ze związków (8.4-5) i (8.4-6) wynika, że tylko cztery spośród dziewięciu parametrów admitancyjnych trójnika mogą być określane niezależnie.

---

[1] Podstawowe właściwości nieoznaczonej macierzy admitancyjnej były już omówione w p. 7.3.7-E w powiązaniu z opisem sieciowym. Powtarzamy je tutaj w ujęciu dostosowanym do problematyki czwórnikowej.

8.4.2. Czwórniki o strukturze trójnikowej

A. Trójnik z wyróżnionym zaciskiem odniesienia. W tomie I (p. 2.1.3-C) wspominaliśmy już, że przyjmując jeden z zacisków trójnika za zacisk odniesienia, możemy wyeliminować z opisu trójnika wielkości zaciskowe związane z tym zaciskiem. Na przykład, przyjmując jako zacisk odniesienia zacisk trzeci (rys. 8.4-2a), podstawiając w równaniach (8.4-2) $U_3 = 0$ i pomijając – wobec związku (8.4-1) – równanie dla prądu I_3, eliminujemy z opisu trójnika napięcie U_3 i prąd I_3. Trójnik opisują wtedy dwa niezależne równania:

$$\begin{bmatrix} I_1 \\ I_2 \end{bmatrix} = \boldsymbol{Y} \begin{bmatrix} U_1 \\ U_2 \end{bmatrix}, \qquad \boldsymbol{Y} = \begin{bmatrix} y_{11} & y_{12} \\ y_{21} & y_{22} \end{bmatrix} \tag{8.4-7}$$

Te same równania stanowią opis admitancyjny czwórnika (rys. 8.4-2b), powstałego z trójnika z rys. 8.4-2a przez rozczepienie zacisku odniesienia na dwa zwarte między sobą zaciski. Czwórniki o zwartych dolnych zaciskach (oznaczonych indeksem „prim") są nazywane *czwórnikami o strukturze trójnikowej* lub *czwórnikami o wspólnej masie* (p. 2.1.3-C).

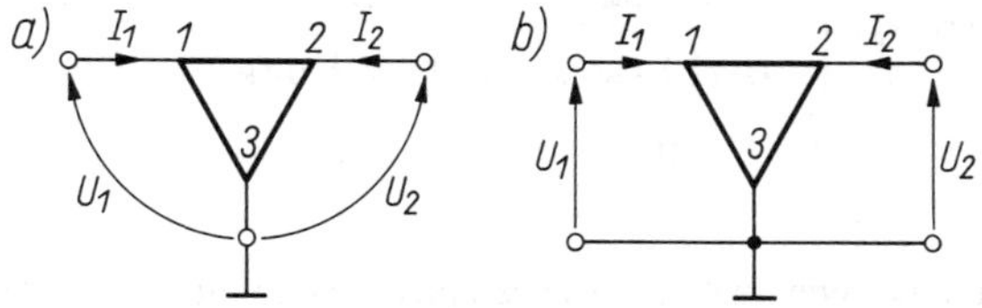

Rys. 8.4-2

Czwórniki o strukturze trójnikowej są ważną klasą czwórników spotykanych często w praktyce. Należą do niej między innymi czwórniki: typu Ꞁ, typu Γ, typu Π, typu T i czwórnik „T z mostkiem". Inne przykłady są wymienione w p. 2.1.3-C.

Zauważmy, że macierz $\boldsymbol{Y}$ czwórnika z rys. 8.4-2b powstaje z nieoznaczonej macierzy admitancyjnej trójnika $\boldsymbol{Y}_n$ przez skreślenie trzeciego wiersza i trzeciej kolumny. Podobnie, skreślając pierwszy wiersz i pierwszą kolumnę lub drugi wiersz i drugą kolumnę nieoznaczonej macierzy admitancyjnej trójnika, otrzymujemy macierze czwórników o strukturach trójnikowych z uziemionym zaciskiem 1 i odpowiednio 2. Jest oczywiste, że znając macierze tych czwórników, możemy zawsze odtworzyć na podstawie związków (8.4-5) i (8.4-6) nieoznaczoną macierz admitancyjną odpowiadającego im trójnika.

Przykład 8.4-1. Tranzystor bipolarny może być traktowany jako trójnik (rys. 8.4-3a) o zaciskach: B – baza, E – emiter, C – kolektor. W zależności od sposobu włączenia do otoczenia rozróżniamy trzy podstawowe układy pracy tranzystora: układ o wspólnej bazie WB (rys. 8.4-3b), układ o wspólnym emiterze WE (rys. 8.4-3c) oraz układ o wspólnym kolektorze WK (8.4-3d). Układy te są czwórnikami o strukturach trójnikowych.

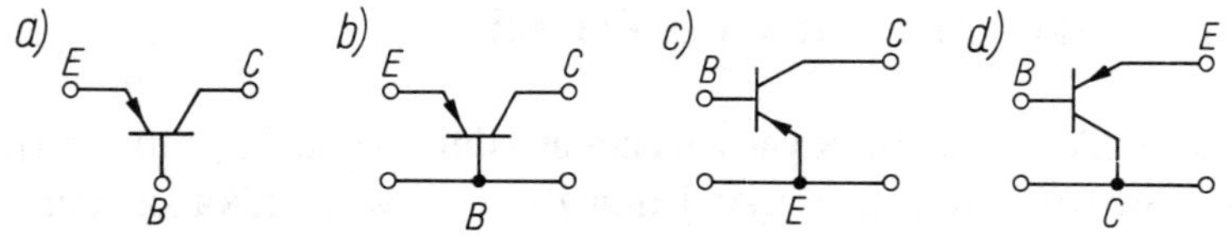

Rys. 8.4-3

W przykładzie 8.1-13 był rozpatrywany małosygnałowy, małoczęstotliwościowy schemat zastępczy hybryd-π tranzystora bipolarnego pracującego w układzie WE (rys. 8.1-13a). Jego macierz hybrydowa jest określona wzorem (8.1-30). Korzystając z tabl. 8.2 wyznaczamy macierz admitancyjną układu hybryd-π:

$$Y_{WE} = \frac{1}{r_{bb'}(r_{b'e} + r_{b'c}) + r_{b'e}r_{b'c}} \begin{bmatrix} r_{b'e} + r_{b'c} & -r_{b'e} \\ -r_{b'e}(1 - g_m r_{b'c}) & r_{bb'}(1 + g_m r_{b'e}) + r_{b'e} \end{bmatrix},$$

a na jej podstawie ze związków (8.4-5) i (8.4-6) wyznaczamy nieoznaczoną macierz admitancyjną tego układu:

$$Y_n = \frac{1}{r_{bb'}(r_{b'e} + r_{b'c}) + r_{b'e}r_{b'c}} \begin{bmatrix} r_{b'e} + r_{b'c} & -r_{b'e} & -r_{b'c} \\ -r_{b'e}(1 - g_m r_{b'c}) & r_{bb'}(1 + g_m r_{b'e}) + r_{b'e} & -r_{bb'} - (r_{bb'} + r_{b'c})g_m r_{b'e} \\ -r_{b'c}(1 + g_m r_{b'e}) & -r_{bb'}(1 + g_m r_{b'e}) & (r_{bb'} + r_{b'c})(1 + g_m r_{b'e}) \end{bmatrix} \begin{matrix} \mathrm{B} \\ \mathrm{C} \\ \mathrm{E} \end{matrix}$$

$$\qquad\qquad\qquad \mathrm{B} \qquad\qquad\qquad \mathrm{C} \qquad\qquad\qquad \mathrm{E}$$

Skreślając w tej macierzy pierwszy wiersz i pierwszą kolumnę (oznaczone literą B) i zamieniając miejscami wiersze i kolumny w macierzy powstałej po skreśleniu, otrzymamy macierz admitancyjną układu WB. W podobny sposób można otrzymać macierz admitancyjną układu WK. Sposób wyznaczania tych macierzy wiąże się ściśle z zagadnieniem obrotów trójnika.

B. Obroty trójnika. Rozważmy czwórnik o strukturze trójnikowej pokazany na rys. 8.4-4a. Jeżeli zamienimy miejscami zaciski trójnika 123, powstaną nowe czwórniki o strukturze trójnikowej. Czwórniki te można otrzymać, dokonując obrotów trójnika 123 bądź względem osi prostopadłej do płaszczyzny trójnika (rys. 8.4-4b,c), bądź względem osi leżących w płaszczyźnie trójnika (rys. 8.4-4d,e,f). W pierwszym przypadku wszystkie trzy zaciski zmieniają swoje położenie, w drugim zaś położenie jednego z zacisków pozostaje nie zmienione. Czwórniki z rys. 8.4-4d,e,f można również otrzymać z odpowiednich czwórników z rys. 8.4-4a,b,c po zamianie miejscami zacisków wejściowych i wyjściowych.

W praktycznych zagadnieniach analizy i syntezy czwórników o strukturze trójnikowej istotne znaczenie ma fakt, iż dowolną z macierzy admitancyjnych (a zatem i pozostałych macierzy charakterystycznych) czwórników z rys. 8.4-4a-f, powstałych w wyniku obrotów trójnika 123, można wyznaczyć na podstawie znajomości nieoznaczonej macierzy admitancyjnej Y_n odpowiadającego im trójnika.

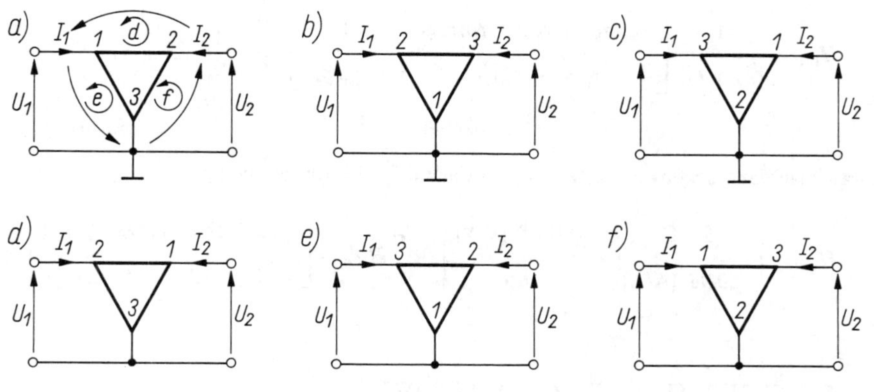

Rys. 8.4-4

Przykład 8.4-2. Przyjmując, że nieoznaczona macierz admitancyjna Y_n trójnika 123 (rys. 8.4-1) ma postać (8.4-4), proponujemy Czytelnikowi sprawdzenie, że czwórniki z rys. 8.4-4a-f mają następujące macierze admitancyjne:

a) $\boldsymbol{Y} = \begin{bmatrix} y_{11} & y_{12} \\ y_{21} & y_{22} \end{bmatrix}$ b) $\boldsymbol{Y} = \begin{bmatrix} y_{22} & y_{23} \\ y_{32} & y_{33} \end{bmatrix}$ c) $\boldsymbol{Y} = \begin{bmatrix} y_{33} & y_{31} \\ y_{13} & y_{11} \end{bmatrix}$

d) $\boldsymbol{Y} = \begin{bmatrix} y_{22} & y_{21} \\ y_{12} & y_{11} \end{bmatrix}$ e) $\boldsymbol{Y} = \begin{bmatrix} y_{33} & y_{32} \\ y_{23} & y_{22} \end{bmatrix}$ f) $\boldsymbol{Y} = \begin{bmatrix} y_{11} & y_{13} \\ y_{31} & y_{33} \end{bmatrix}$ (8.4-8)

Przykład 8.4-3. Na podstawie nieoznaczonej macierzy admitancyjnej tranzystora bipolarnego z przykładu 8.4-1 wyznaczymy macierze hybrydowe układów WB i WK. Przy założeniu, że układ WE odpowiada czwórnikowi z rys. 8.4-4a, układy WB i WK otrzymane w wyniku obrotów układu WE odpowiadają czwórnikom z rys. 8.4-4e i odpowiednio rys. 8.4-4f. Zgodnie ze wzorami (8.4-8) macierze admitancyjne układów WB i WK mają postacie:

$$\boldsymbol{Y}_{WB} = \frac{1}{r_{bb'}(r_{b'e} + r_{b'c}) + r_{b'e}r_{b'c}} \begin{bmatrix} (r_{bb'} + r_{b'c})(1 + g_m r_{b'e}) & -r_{bb'}(1 + g_m r_{b'e}) \\ -r_{bb'} - (r_{bb'} + r_{b'c})g_m r_{b'e} & r_{bb'}(1 + g_m r_{b'e}) + r_{b'e} \end{bmatrix} \begin{matrix} \mathrm{E} \\ \mathrm{K} \end{matrix}$$

$$\qquad\qquad\qquad\qquad \mathrm{E} \qquad\qquad\qquad \mathrm{K}$$

$$\boldsymbol{Y}_{WK} = \frac{1}{r_{bb'}(r_{b'e} + r_{b'c}) + r_{b'e}r_{b'c}} \begin{bmatrix} (r_{b'e} + r_{b'c}) & -r_{b'c} \\ -r_{b'c}(1 + g_m r_{b'e}) & (r_{bb'} + r_{b'c})(1 + g_m r_{b'e}) \end{bmatrix} \begin{matrix} \mathrm{B} \\ \mathrm{E} \end{matrix}$$

$$\qquad\qquad\qquad\qquad \mathrm{B} \qquad\qquad\qquad \mathrm{E}$$

Korzystając z tabl. 8.2, wyznaczamy macierze hybrydowe układów WB i WK:

$$\boldsymbol{H}_{WB} = \frac{1}{(r_{bb'} + r_{b'c})(1 + g_m r_{b'e})} \begin{bmatrix} r_{bb'}(r_{b'e} + r_{b'c}) + r_{b'e}r_{b'c} & r_{bb'}(1 + g_m r_{b'e}) \\ -r_{bb'} - (r_{bb'} + r_{b'c})g_m r_{b'e} & 1 + g_m r_{b'e} \end{bmatrix} \begin{matrix} \mathrm{E} \\ \mathrm{K} \end{matrix}$$

$$\qquad\qquad\qquad\qquad \mathrm{E} \qquad\qquad\qquad \mathrm{K}$$

$$H_{WK} = \frac{1}{r_{b'e} + r_{b'c}} \begin{bmatrix} (r_{bb'}(r_{b'e} + r_{b'c}) + r_{b'e}r_{b'c} & r_{b'c}) \\ -r_{b'c}(1 + g_m r_{b'e}) & 1 + g_m r_{b'e} \end{bmatrix} \begin{matrix} \mathrm{B} \\ \mathrm{E} \end{matrix}$$

$$\qquad\qquad\qquad \mathrm{B} \qquad\qquad\qquad \mathrm{E}$$

Podstawiając dane liczbowe przyjęte w przykładzie 8.1-13, otrzymujemy:

$$H_{WB} = \begin{bmatrix} 25\ \Omega & 25\cdot 10^{-6}\ [\mathrm{V/V}] \\ -0{,}98\ [\mathrm{A/A}] & 1\ \mu\mathrm{S} \end{bmatrix}, \quad H_{WK} = \begin{bmatrix} 1275\ \Omega & 0{,}9997\ [\mathrm{V/V}] \\ -51\ [\mathrm{A/A}] & 51\ \mu\mathrm{S} \end{bmatrix}$$

8.5. ŁĄCZENIE CZWÓRNIKÓW

Złożone układy elektroniczne powstają w wyniku łączenia układów prostszych – podukładów. Łączenie podukładów jest często realizowane jako połączenie odpowiadających im czwórników. W zależności od tego, które zaciski są ze sobą łączone, rozróżniamy różne rodzaje połączeń czwórników. Rozważać będziemy tylko takie połączenia, w wyniku których otrzymujemy nowy czwórnik.

A. Połączenie łańcuchowe. Najczęściej spotykanym połączeniem czwórników jest *połączenie łańcuchowe* (*kaskadowe*). Dwa czwórniki są połączone łańcuchowo, jeżeli wrota wtórne pierwszego z nich są połączone z wrotami pierwotnymi drugiego (rys. 8.5-1). W wyniku połączenia otrzymujemy nowy czwórnik – czwórnik zastępczy.

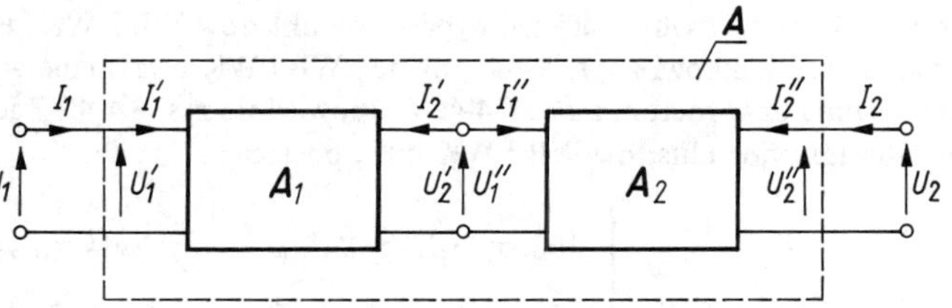

Rys. 8.5-1

Przyjmiemy oznaczenia jak na rys. 8.5-1 i zapiszemy równania łańcuchowe czwórników składowych (zakładamy, że dla obu czwórników opis łańcuchowy istnieje):

$$\begin{bmatrix} U_1' \\ I_1' \end{bmatrix} = A_1 \begin{bmatrix} U_2' \\ -I_2' \end{bmatrix}, \quad \begin{bmatrix} U_1'' \\ I_1'' \end{bmatrix} = A_2 \begin{bmatrix} U_2'' \\ -I_2'' \end{bmatrix}$$

Uwzględniając w tych równaniach równości wynikające z połączenia czwórników:

$$U_2' = U_1'', \qquad -I_2' = I_1''$$

otrzymujemy:

$$\begin{bmatrix} U_1' \\ I_1' \end{bmatrix} = A_1 A_2 \begin{bmatrix} U_2'' \\ -I_2'' \end{bmatrix}$$

Biorąc pod uwagę, że dla czwórnika zastępczego:

$$U_1 = U_1', \quad I_1 = I_1', \quad U_2 = U_2'', \quad I_2 = I_2''$$

dochodzimy do wniosku, iż:

Macierz łańcuchowa czwórnika powstałego w wyniku połączenia łańcuchowego dwóch czwórników jest iloczynem (w kolejności łączenia) macierzy łańcuchowych czwórników składowych:

$$A = A_1 A_2 \tag{8.5-1}$$

Przy połączeniu łańcuchowym istotna jest kolejność łączenia czwórników. Czwórnik z rys. 8.5-1 powstały po połączeniu dwóch czwórników i czwórnik otrzymany w wyniku połączenia tych samych czwórników w odwrotnej kolejności mają w ogólnym przypadku różne macierze łańcuchowe (mnożenie macierzy nie jest przemienne).

Dla łańcucha n czwórników mamy:

$$A = A_1 \cdots A_i \cdots A_n \tag{8.5-2}$$

gdzie A_i jest macierzą łańcuchową i-tego w kolejności łączenia czwórnika.

Należy podkreślić, że przy połączeniu łańcuchowym czwórników między pozostałymi rodzajami macierzy charakterystycznych ($\boldsymbol{Z}$, $\boldsymbol{Y}$, $\boldsymbol{H}$, $\boldsymbol{F}$) nie istnieje tak prosty związek jak między ich macierzami łańcuchowymi. Proponujemy Czytelnikowi sformułowanie odpowiedników zależności (8.5-1) i (8.5-2) przy użyciu macierzy łańcuchowych odwrotnych.

Przykład 8.5-1. Rozważmy połączenie łańcuchowe dwóch żyratorów (rys. 8.5-2). Zgodnie z zależnością (8.5-1) oraz pierwszym ze wzorów (8.1-18) otrzymujemy:

$$A = \begin{bmatrix} 0 & r_1 \\ \frac{1}{r_1} & 0 \end{bmatrix} \begin{bmatrix} 0 & r_2 \\ \frac{1}{r_2} & 0 \end{bmatrix} = \begin{bmatrix} \frac{r_1}{r_2} & 0 \\ 0 & \frac{r_2}{r_1} \end{bmatrix}$$

a więc macierz łańcuchową transformatora idealnego o przekładni $p = r_1/r_2$ (por. wzór (8.1-19)).

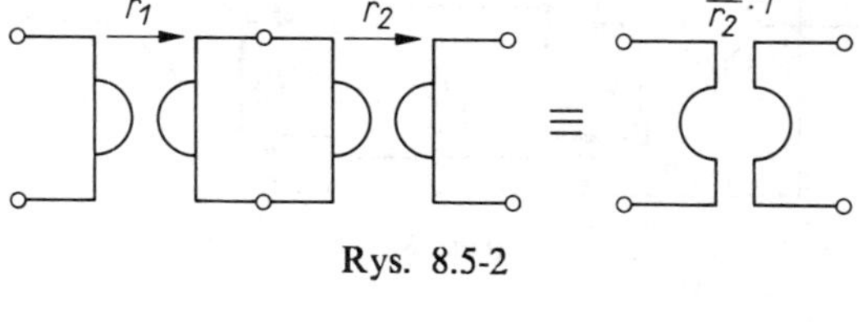

Rys. 8.5-2

Przykład 8.5-2. Połączenie łańcuchowe dwóch czwórników typu Ꞁ i Γ w kolejności: Ꞁ, Γ i Γ, Ꞁ prowadzi oczywiście do dwóch różnych czwórników (rys. 8.5-3a,b). Wyznaczenie na podstawie wzoru (8.5-1) macierzy łańcuchowych tych czwórników pozostawiamy Czytelnikowi.

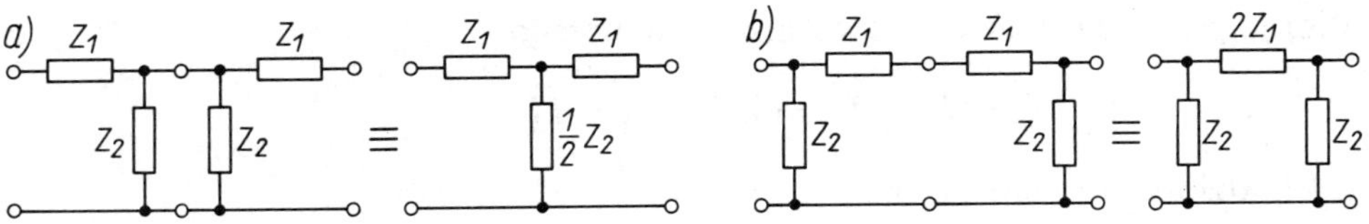

Rys. 8.5-3

B. Połączenie szeregowe i połączenie równoległe. Połączenie szeregowe dwóch czwórników jest przedstawione na rys. 8.5-4a. Załóżmy, że czwórniki składowe mają macierze impedancyjne oraz że w wyniku połączenia nie zostały naruszone warunki zrównoważenia dla czwórników składowych (por. warunek definicyjny b) we wstępie do rozdziału). Założenie to zostało już uwzględnione na rys. 8.5-4a, na którym prądy dopływające do poszczególnych wrót i prądy od nich odpływające oznaczono tymi samymi symbolami. Jeżeli warunki zrównoważenia są zachowane, to przy połączeniu szeregowym prądy odpowiadających sobie wrót są jednakowe, a napięcia na wrotach sumują się (stąd nazwa rodzaju połączenia). Połączenie szeregowe czwórników spełniające powyższe warunki nazywamy połączeniem *regularnym*.

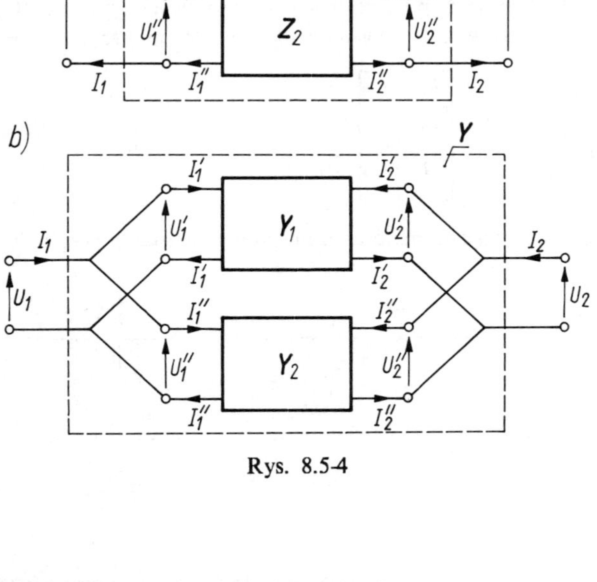

Rys. 8.5-4

Zapisując przy przyjętych oznaczeniach równania impedancyjne czwórników składowych i czwórnika powstałego po połączeniu:

$$\begin{bmatrix} U_1' \\ U_2' \end{bmatrix} = \boldsymbol{Z}_1 \begin{bmatrix} I_1' \\ I_2' \end{bmatrix}, \quad \begin{bmatrix} U_1'' \\ U_2'' \end{bmatrix} = \boldsymbol{Z}_2 \begin{bmatrix} I_1'' \\ I_2'' \end{bmatrix}, \quad \begin{bmatrix} U_1 \\ U_2 \end{bmatrix} = \boldsymbol{Z} \begin{bmatrix} I_1 \\ I_2 \end{bmatrix}$$

i uwzględniając w nich związki:

$$\left.\begin{aligned} U_1' + U_1'' = U_1 \\ U_2' + U_2'' = U_2 \end{aligned}\right\} \quad \left.\begin{aligned} I_1' = I_1'' = I_1 \\ I_2' = I_2'' = I_2 \end{aligned}\right\}$$

otrzymujemy:

$$\begin{bmatrix} U_1 \\ U_2 \end{bmatrix} = \begin{bmatrix} U_1' \\ U_2' \end{bmatrix} + \begin{bmatrix} U_1'' \\ U_2'' \end{bmatrix} = \boldsymbol{Z}_1 \begin{bmatrix} I_1' \\ I_2' \end{bmatrix} + \boldsymbol{Z}_2 \begin{bmatrix} I_1'' \\ I_2'' \end{bmatrix} = (\boldsymbol{Z}_1 + \boldsymbol{Z}_2) \begin{bmatrix} I_1 \\ I_2 \end{bmatrix}$$

Tak więc:

Macierz impedancyjna czwórnika powstałego w wyniku regularnego połączenia szeregowego dwóch czwórników jest sumą macierzy impedancyjnych czwórników składowych:

$$\boldsymbol{Z} = \boldsymbol{Z}_1 + \boldsymbol{Z}_2 \tag{8.5-3}$$

Ogólnie, dla regularnego połączenia szeregowego n czwórników (w dowolnej kolejności) o macierzach impedancyjnych $\boldsymbol{Z}_i$, mamy:

$$\boldsymbol{Z} = \sum_{i=1}^{n} \boldsymbol{Z}_i \tag{8.5-4}$$

Połączenie równoległe dwóch czwórników jest przedstawione na rys. 8.5-4b. Załóżmy, że w wyniku połączenia zostały zachowane warunki zrównoważenia dla czwórników składowych, a tym samym, że napięcia odpowiadających sobie wrót są jednakowe, zaś prądy wrót sumują się (stąd nazwa połączenia). Połączenie takie nazywamy *regularnym* połączeniem równoległym czwórników. Rozumując w podobny sposób jak w przypadku połączenia szeregowego można wykazać, że (por. zad. 8.19):

Macierz admitancyjna czwórnika powstałego w wyniku regularnego połączenia równoległego dwóch czwórników jest sumą macierzy admitancyjnych czwórników składowych:

$$\boldsymbol{Y} = \boldsymbol{Y}_1 + \boldsymbol{Y}_2 \tag{8.5-5}$$

Ogólnie, dla regularnego połączenia równoległego n czwórników o macierzach admitancyjnych $\boldsymbol{Y}_i$, mamy:

$$\boldsymbol{Y} = \sum_{i=1}^{n} \boldsymbol{Y}_i \tag{8.5-6}$$

C. Warunki regularności połączenia. Jak dotąd nie zastanawialiśmy się, czy każde dwa czwórniki można połączyć łańcuchowo, szeregowo lub równolegle. Odpowiedź na to pytanie jest pozytywna, jeśli tylko dane połączenie nie pozostaje w sprzeczności z prawami Kirchhoffa. Nie oznacza to jednak automatycznie, że zawsze zachodzą związki (8.5-1)–(8.5-6). Przyjęcie przy wyprowadzaniu związków (8.5-3) i (8.5-5) dodatkowych założeń o regularności połączeń, tj. zachowaniu warunków zrównoważenia, sugeruje, iż w przypadku połączeń szeregowego i równoległego (rys. 8.5-4a i odpowiednio rys. 8.5-4b) związki te nie zawsze są słuszne. Problem ten wymaga bardziej wnikliwej analizy.

Bez trudu zauważamy, że połączenie łańcuchowe (rys. 8.5-1) nie może naruszyć warunków zrównoważenia czwórników składowych, a więc: *połączenie łańcuchowe dowolnych czwórników jest zawsze regularne*. Oznacza to, że wzór (8.5-1) jest zawsze słuszny, jeśli tylko istnieją macierze łańcuchowe łączonych czwórników.

W przypadku połączeń szeregowego i równoległego sytuacja jest odmienna. Połączenia te m o g ą naruszać warunki zrównoważenia, a więc: *nie dla każdych dwóch czwórników ich połączenie szeregowe i połączenie równoległe są połączeniami regularnymi.*

Przykład 8.5-3. Rozważmy połączenie szeregowe dwóch jednakowych czwórników oporowych (rys. 8.5-5a) o macierzach impedancyjnych:

$$\boldsymbol{Z}_1 = \boldsymbol{Z}_2 = \begin{bmatrix} 3 & 1 \\ 1 & 3 \end{bmatrix} \Omega$$

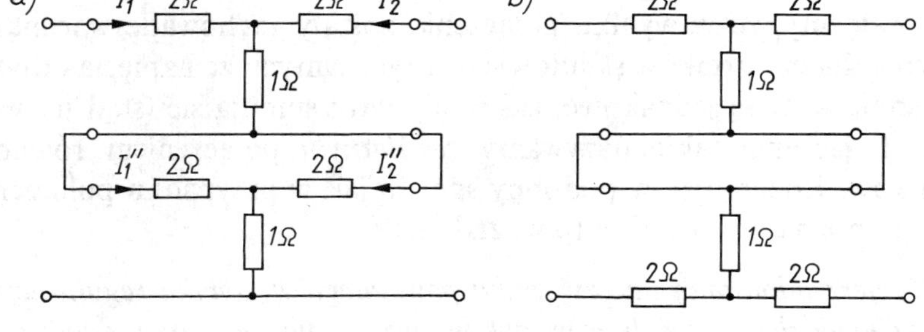

Rys. 8.5-5

Macierz impedancyjna czwórnika otrzymanego po połączeniu:

$$\boldsymbol{Z} = \begin{bmatrix} 5 & 3 \\ 3 & 5 \end{bmatrix} \Omega$$

nie jest sumą macierzy impedancyjnych czwórników składowych. Jak można bowiem łatwo sprawdzić, w wyniku połączenia szeregowego zostają naruszone warunki zrównoważenia dla obu czwórników, tzn. $I_1' \neq I_1''$ oraz $I_2' \neq I_2''$.

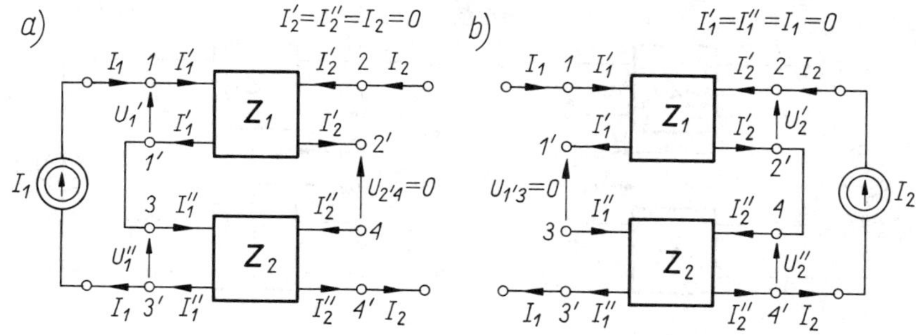

Rys. 8.5-6

W celu ustalenia *warunków regularności* dla połączenia szeregowego rozważmy układ pokazany na rys. 8.5-6a, w którym połączone szeregowo są tylko wrota pierwotne obu czwórników, natomiast ich wrota wtórne są rozwarte ($I_2' = I_2'' = 0$). W układzie tym przy dowolnym pobudzeniu I_1 jest zachowany warunek zrównoważenia dla obu czwórników, tzn.: $I_1' = I_1'' = I_1$ oraz $I_2' = I_2'' = I_2 = 0$. Po połączeniu szeregowym wrót wtórnych (tj. po połączeniu zacisku 2′ z zaciskiem 4) warunek ten zostanie nadal zachowany wtedy i tylko wtedy, kiedy napięcie $U_{2'4}$ na rozwartych zaciskach 2′4 jest równe zeru. Tylko wtedy bowiem (zasada kompensacji, por. p. 2.1.7-D,E w tomie I) przez zwarte zaciski 2′4 nie popłynie różny od zera prąd wyrównawczy i nie zmieni się prąd płynący przez zaciski 1′3. Warunek $U_{2'4} = 0$ jest jednocześnie warunkiem sumowania się pierwszych kolumn macierzy impedancyjnych czwórników przy ich połączeniu szeregowym.

Analogiczne rozumowanie prowadzi do wniosku, że warunek $U_{1'3} = 0$ (rys. 8.5-6b) jest warunkiem koniecznym i dostatecznym sumowania się drugich kolumn macierzy impedancyjnych przy połączeniu szeregowym czwórników. Z zasady superpozycji wynika zatem, że połączenie szeregowe czwórników jest regularne wtedy i tylko wtedy, kiedy napięcia $U_{2'4}$ i $U_{1'3}$ w układach z rys. 8.5-6a,b są równe zeru. Warunki $U_{2'4} = 0$ i $U_{1'3} = 0$ można uważać za swojego rodzaju test regularności połączenia szeregowego czwórników. W przypadku gdy nie są znane struktury wewnętrzne czwórników, test ten może być sprawdzony doświadczalnie na drodze odpowiednich pomiarów.

Zwróćmy uwagę, że warunki $U_{2'4} = 0$ i $U_{1'3} = 0$ są równoważne warunkom, aby napięcia wzdłużne $U_{1'2'}$ i U_{34} (rys. 8.5-7a) oraz $U_{2'1'}$ i U_{43} (rys. 8.5-7b) były parami równe, tzn.: $U_{1'2'} = U_{34}$ oraz $U_{2'1'} = U_{43}$. Wynika stąd, że każde połączenie szeregowe dwóch czwórników o strukturach trójnikowych (por. p. 8.4.2-A, rys. 8.4-2b) połączonych podstawami do siebie jak na rys. 8.5-7c jest połączeniem regularnym. Połączenie to nie zachowuje jednakże struktury trójnikowej, tzn. czwórnik powstały po połączeniu n i e m u s i być czwórnikiem o strukturze trójnikowej.

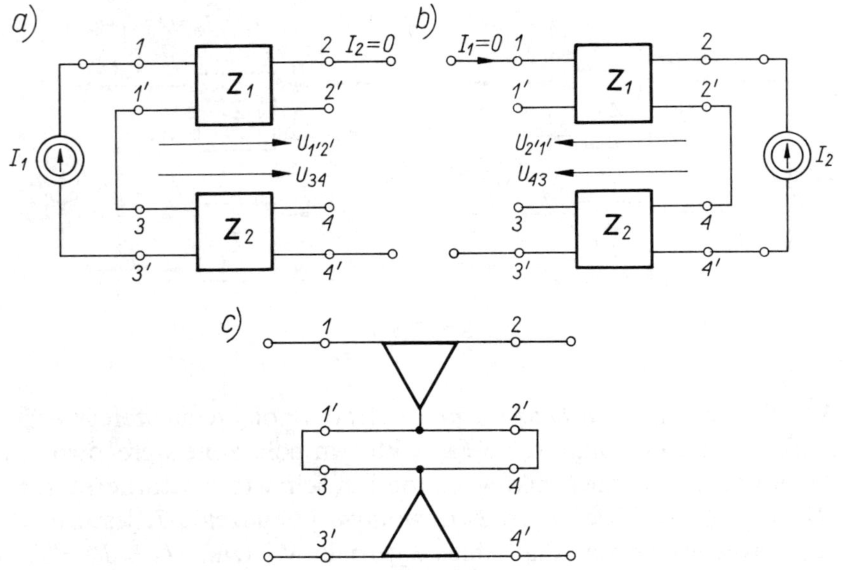

Rys. 8.5-7

Przykład 8.5-4. Połączenie dwóch czwórników jak na rys. 8.5-5b jest połączeniem regularnym. Można łatwo sprawdzić, że czwórnik otrzymany w wyniku połączenia tych czwórników ma macierz impedancyjną:

$$\boldsymbol{Z} = \begin{bmatrix} 6 & 2 \\ 2 & 6 \end{bmatrix} \Omega$$

będącą sumą $\boldsymbol{Z}_1 + \boldsymbol{Z}_2$ macierzy impedancyjnych czwórników składowych.

Regularność połączenia szeregowego dwóch dowolnych czwórników mających macierze impedancyjne można zapewnić, dołączając łańcuchowo do wrót pierwotnych lub wtórnych jednego z czwórników transformator idealny o przekładni jednostkowej $p = 1$ (np. tak jak pokazano to na rys. 8.5-8). Połączenie takie nie zmienia macierzy impedancyjnej czwórnika, do którego transformator idealny został dołączony, a jednocześnie, jak można sprawdzić, zapewnia równość prądu dopływającego i odpływającego dla każdych wrót w obu czwórnikach. Dołączenie transformatora idealnego powoduje bowiem

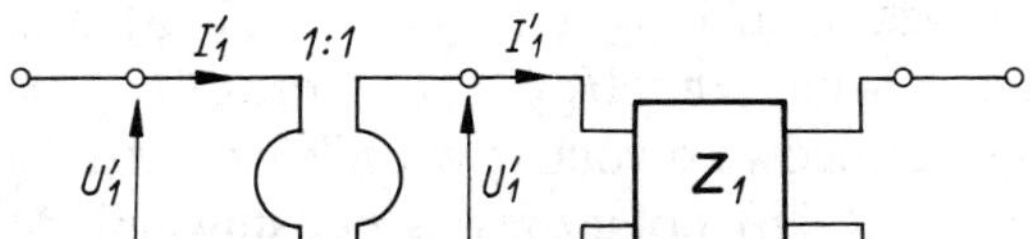

Rys. 8.5-8

przerwanie „wewnętrznego" obwodu zamkniętego powstającego wskutek połączenia szeregowego (rys. 8.5-4a) i tym samym uniemożliwia pojawienie się w tym obwodzie prądu wyrównawczego, niezależnie od wartości napięć wzdłużnych zaznaczonych na rys. 8.5-7a,b.

W podobny sposób można ustalić warunki regularności połączenia równoległego dwóch czwórników. Połączenie równoległe będzie regularne wtedy i tylko wtedy, kiedy napięcia $U_{2'4}$ i $U_{1'3}$ w układach pokazanych na rys. 8.5-9 są równe zeru. Ponieważ napięcia te będą równe zeru, gdy napięcia wzdłużne zaznaczone na rysunku spełniają równości: $U_{1'2'} = U_{3'4'}$ i $U_{2'1'} = U_{4'3'}$, zatem każde połączenie równoległe dwóch czwórników o strukturach trójnikowych połączonych dolnymi podstawami jak na rys. 8.5-10a jest połączeniem regularnym, przy czym połączenie to zachowuje z a w s z e strukturę trójnikową. Także i w tym przypadku regularność połączenia równoległego dwóch dowolnych czwórników mających macierze admitancyjne zapewnia dołączenie do dowolnych wrót jednego z czwórników transformatora idealnego o przekładni jednostkowej (np. jak na rys. 8.5-10b).

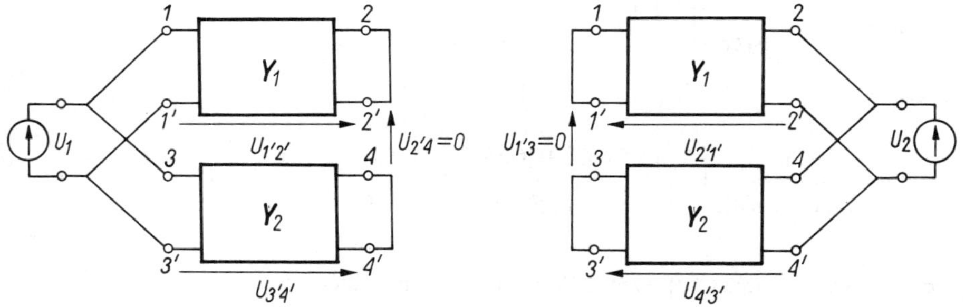

Rys. 8.5-9

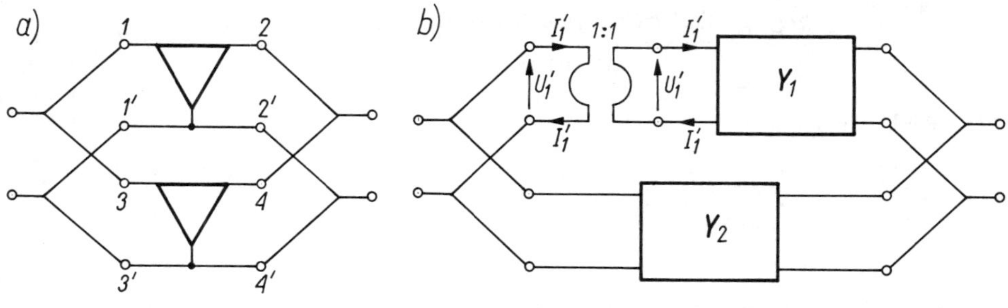

Rys. 8.5-10

Przykład 8.5-5. Na rysunku 8.5-11a jest pokazany czwórnik mostkowy typu „podwójne T". Zakładając, że czwórnik pracuje w stanie ustalonym przy pobudzaniu sinusoidalnym, wyznaczymy jego macierz łańcuchową, transmitancję napięciową oraz warunek, przy którym napięcie wyjściowe U_2 jest równe zeru.

Bezpośrednie obliczenie macierzy łańcuchowej jest uciążliwe. Zauważmy natomiast, że czwórnik ten można potraktować jako połączenie równoległe dwóch symetrycznych czwórników typu T złączonych dolnymi podstawami (rys. 8.5-11b). Jest to zatem połączenie regularne i macierz

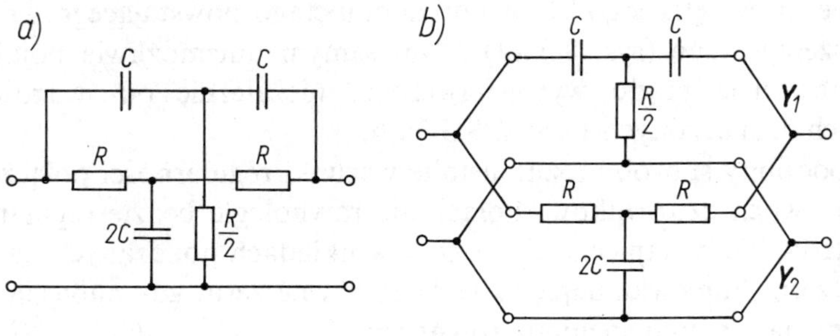

Rys. 8.5-11

admitancyjną czwórnika można obliczyć, dodając macierze admitancyjnych czwórników składowych:

$$Y_1 = \frac{1}{2(1+j\omega RC)} \begin{bmatrix} -\omega^2C^2R + j2\omega C & \omega^2C^2R \\ \omega^2C^2R & -\omega^2C^2R + j2\omega C \end{bmatrix}$$

$$Y_2 = \frac{1}{2R(1+j\omega RC)} \begin{bmatrix} 1+j2\omega RC & -1 \\ -1 & 1+j2\omega RC \end{bmatrix}$$

Tak więc:

$$Y = \frac{1}{2R(1+j\omega RC)} \begin{bmatrix} 1-\omega^2R^2C^2 + j4\omega RC & -(1-\omega^2R^2C^2) \\ -(1-\omega^2R^2C^2) & 1-\omega^2R^2C^2 + j4\omega RC \end{bmatrix}$$

Korzystając teraz z tablicy 8.2, przechodzimy na macierz łańcuchową:

$$A = \frac{1}{1-\omega^2R^2C^2} \begin{bmatrix} 1-\omega^2R^2C^2 + j4\omega RC & 2R(1+j\omega RC) \\ \dfrac{-8\omega^2R^2C^2 + j4\omega RC(1-\omega^2R^2C^2)}{R(1+j\omega RC)} & 1-\omega^2R^2C^2 + j4\omega RC \end{bmatrix}$$

Stąd obliczamy:

$$H_u = \frac{1}{a_{11}} = \frac{1-\omega^2R^2C^2}{1-\omega^2R^2C^2 + j4\omega RC}$$

Napięcie wyjściowe jest równe zeru dla $R = \dfrac{1}{\omega C}$.

D. Połączenia mieszane. Pozostały jeszcze do omówienia dwa ostatnie rodzaje połączenia czwórników, zwane *połączeniami mieszanymi*.

Łącząc szeregowo zaciski wrót pierwotnych i równolegle zaciski wrót wtórnych dwóch czwórników, otrzymujemy *połączenie szeregowo-równoległe* (rys. 8.5-12a). Łącząc równolegle zaciski wrót pierwotnych i szeregowo zaciski wrót wtórnych, otrzymujemy *połączenie równoległo-szeregowe* (rys. 8.5-12b).

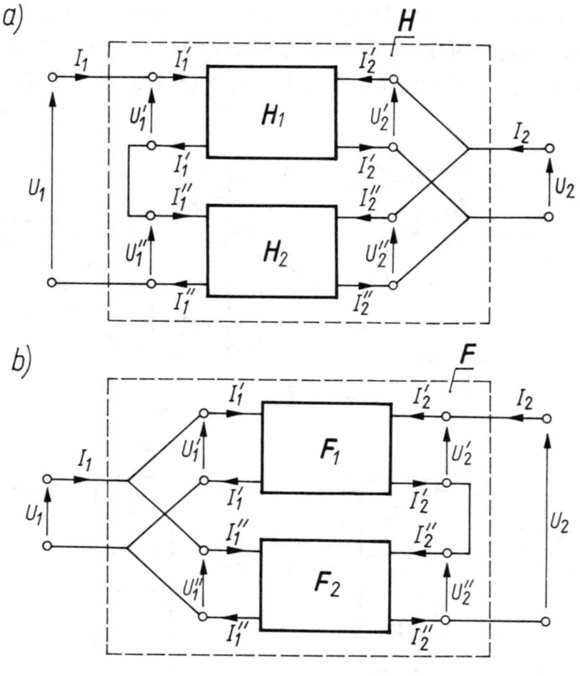

Rys. 8.5-12

Zapisując równania hybrydowe i, odpowiednio, równania hybrydowe odwrotne oraz uwzględniając warunki wynikające z połączeń, można wykazać że:

Macierz hybrydowa czwórnika powstałego w wyniku regularnego połączenia szeregowo-równoległego dwóch czwórników jest sumą macierzy hybrydowych czwórników składowych:

$$\boldsymbol{H} = \boldsymbol{H}_1 + \boldsymbol{H}_2 \tag{8.5-7}$$

Macierz hybrydowa odwrotna czwórnika powstałego w wyniku regularnego połączenia równoległo-szeregowego dwóch czwórników jest sumą macierzy hybrydowych odwrotnych czwórników składowych:

$$\boldsymbol{F} = \boldsymbol{F}_1 + \boldsymbol{F}_2 \tag{8.5-8}$$

Oba połączenia mieszane nie zawsze są regularne. Podobnie jak dla połączeń szeregowego i równoległego warunki regularności połączeń mieszanych można sprawdzić, stosując odpowiednie testy. W przypadku połączenia szeregowo--równoległego testy te polegają na sprawdzeniu, czy napięcia U w układach z rys. 8.5-13a (pobudzanie prądowe na zaciskach pierwotnych przy zwarciu zacisków wtórnych obu czwórników) i rys. 8.5-13b (pobudzanie napięciowe na zaciskach wtórnych przy rozwarciu zacisków pierwotnych) są równe zeru. W przypadku połączenia równoległo-szeregowego należy sprawdzić, czy napięcia w układach z rys. 8.5-14a (pobudzanie napięciowe na zaciskach pierwotnych przy rozwartych zaciskach wtórnych) i rys. 8.5-14b (pobudzanie prądowe na zaciskach wtórnych przy zwartych zaciskach pierwotnych) są równe zeru. Sposób przeprowadzania testów wynika wprost z równań hybrydowych (8.1-3) i (8.1-4).

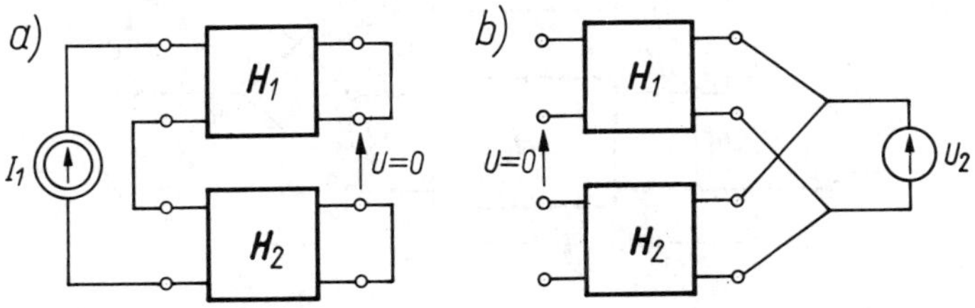

Rys. 8.5-13

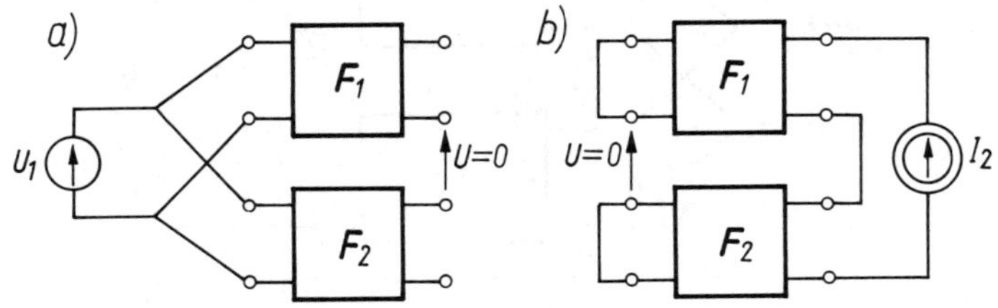

Rys. 8.5-14

Tak jak w przypadku połączeń szeregowego i równoległego, regularność połączeń mieszanych można zawsze uzyskać przez zastosowanie transformatorów pośredniczących (por. rys. 8.5-8 i rys. 8.5-10b).

Przykład 8.5-6. Czwórniki o znanych macierzach impedancyjnych:

$$\boldsymbol{Z}_1 = \begin{bmatrix} \frac{1}{s} & \frac{1}{s} \\ \frac{1}{s} & \frac{1}{s} \end{bmatrix}, \quad \boldsymbol{Z}_2 = \begin{bmatrix} \frac{s+1}{s} & \frac{1}{s} \\ \frac{1}{s} & \frac{1}{s} \end{bmatrix}, \quad \boldsymbol{Z}_3 = \frac{1}{2}\begin{bmatrix} s+1 & s-1 \\ s-1 & s+1 \end{bmatrix}, \quad \boldsymbol{Z}_4 = \begin{bmatrix} s+1 & 1 \\ 1 & s+1 \end{bmatrix}$$

są połączone jak na rys. 8.5-15, przy czym wszystkie połączenia są regularne. Wyznaczymy macierz impedancyjną $\boldsymbol{Z}$ czwórnika powstałego w wyniku połączenia.

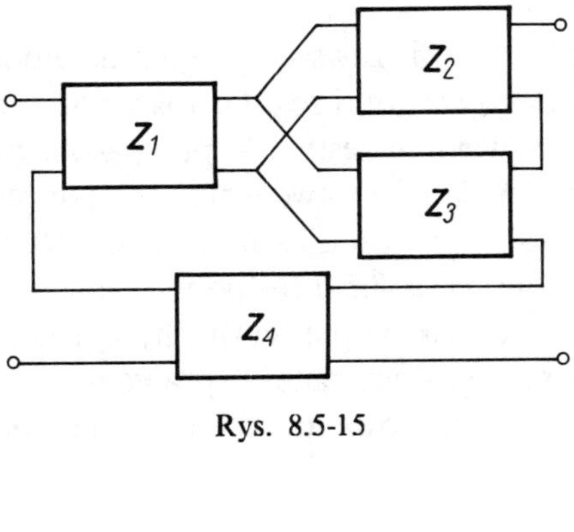

Rys. 8.5-15

Czwórniki Z_2 i Z_3 są połączone równolegle-szeregowo, wyznaczamy zatem ich macierze hybrydowe odwrotne:

$$F_2 = \frac{1}{s+1}\begin{bmatrix} s & -1 \\ 1 & 1 \end{bmatrix}, \quad F_3 = \frac{1}{s+1}\begin{bmatrix} 2 & 1-s \\ s-1 & 2s \end{bmatrix}$$

Macierz hybrydowa odwrotna czwórnika otrzymanego po połączeniu czwórników Z_2 i Z_3 ma postać:

$$F_{23} = F_2 + F_3 = \frac{1}{s+1}\begin{bmatrix} s+2 & -s \\ s & 2s+1 \end{bmatrix}$$

Ponieważ czwórnik ten jest połączony łańcuchowo z czwórnikiem Z_1, przechodzimy na macierz łańcuchową:

$$A_{23} = \frac{1}{s}\begin{bmatrix} s+1 & 2s+1 \\ s+2 & 3s+2 \end{bmatrix}$$

i obliczamy macierz łańcuchową czwórnika powstałego po połączeniu czwórników Z_1, Z_2, Z_3:

$$A_{123} = A_1 A_{23} = \begin{bmatrix} 1 & 0 \\ s & 1 \end{bmatrix}\begin{bmatrix} \dfrac{s+1}{s} & \dfrac{2s+1}{s} \\ \dfrac{s+2}{s} & \dfrac{3s+2}{s} \end{bmatrix} = \frac{1}{s}\begin{bmatrix} s+1 & 2s+1 \\ s^2+2s+2 & 2(s+1)^2 \end{bmatrix}$$

Z kolei czwórnik ten jest połączony szeregowo z czwórnikiem Z_4, wobec tego wyznaczamy jego macierz impedancyjną:

$$Z_{123} = \frac{1}{s^2+2s+2}\begin{bmatrix} s+1 & 1 \\ 1 & 2(s+1)^2 \end{bmatrix}$$

Ostatecznie otrzymujemy:

$$Z = Z_{123} + Z_4 = \frac{1}{s^2+2s+2}\begin{bmatrix} s^3+3s^2+5s+3 & s^2+3s+2 \\ s^2+3s+2 & s^3+3s^2+8s+4 \end{bmatrix}$$

E. Efekt sprzężenia zwrotnego przy połączeniu czwórników. Sprzężenie zwrotne występuje w układzie wówczas, gdy sygnał z wyjścia *głównego toru transmisyjnego* układu zostaje doprowadzony, bezpośrednio lub po przekształceniu, poprzez *pętlę sprzężenia zwrotnego* do wejścia układu. Na wejściu układu jest on dodawany do sygnału wejściowego lub odejmowany od niego, wpływając na wypadkowy sygnał pojawiający się na wyjściu układu. Efekt taki występuje m. in. przy połączeniu szeregowym, połączeniu równoległym i obu połączeniach mieszanych czwórników. W zależności od typu połączenia rozróżniamy różne rodzaje sprzężenia zwrotnego (por. np. [8]).

Efekt sprzężenia zwrotnego zilustrujemy na przykładzie połączenia szeregowo-równoległego czwórników (jest to tzw. *sprzężenie napięciowo-szeregowe*). W tym celu przerysujemy układ z rys. 8.5-12a i przedstawimy go w postaci pokazanej na rys. 8.5-16, lepiej odpowiadającej sposobowi ujęcia tego zagadnienia w teorii sprzężenia zwrotnego. Przyjmiemy założenie, że oba czwórniki: górny, występujący w torze głównym, oraz dolny, występujący w pętli sprzężenia zwrotnego, są unilateralne o przeciwnych kierunkach transmisji i nie obciążają się nawzajem[1]. Przy tym założeniu w układzie z rys. 8.5-16 napięcie wyjściowe U_2 na zaciskach wtórnych toru głównego jest transformowane w pętli sprzężenia zwrotnego na napięcie U_1'', które z kolei jest odejmowane od napięcia U_1 na wejściu całego układu. W rezultacie napięcie wejściowe toru głównego jest różnicą $U_1' = U_1 - U_1''$.

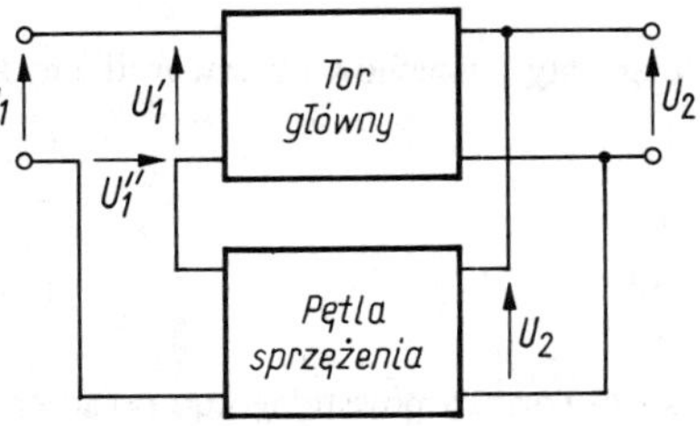

Rys. 8.5-16

Wyznaczymy transmitancję napięciową układu $H = U_2/U_1$ w zależności od transmitancji toru głównego, tj. transmitancji napięciowej górnego czwórnika $H_1 = U_2/U_1'$ oraz transmitancji napięciowej pętli sprzężenia zwrotnego, tj. transmitancji odwrotnej czwórnika dolnego $H_2 = U_1''/U_2$. Zgodnie z rys. 8.5-16 otrzymujemy:

$$H = \frac{U_2}{U_1} = \frac{U_2}{U_1' + U_1''} = \frac{U_2}{\dfrac{U_2}{H_1} + H_2 U_2} = \frac{H_1}{1 + H_1 H_2} \tag{8.5-9}$$

Wzór (8.5-9) określa transmitancję układu z tzw. *ujemnym sprzężeniem zwrotnym*. Do problematyki sprzężenia zwrotnego powrócimy jeszcze w p. 11.2.

F. Połączenie równoległe trójników. W komputerowych metodach analizy i syntezy układów istotne znaczenie ma zagadnienie dekompozycji złożonego wielobiegunnika na wielobiegunniki prostsze i tworzenie opisu tego wielobiegunnika na podstawie łatwiejszych do wyznaczenia opisów wielobiegunników składowych. Celowe jest zatem uzupełnienie rozważań tego punktu prostym przykładem trójnika T powstałego w wyniku połączenia równoległego dwóch trójników T_1 i T_2 (rys. 8.5-17) i rozważenie problemu wyznaczenia nieoznaczo-

[1] Założenie to jest podstawowym założeniem tzw. elementarnej teorii sprzężenia zwrotnego. Układy ze sprzężeniem zwrotnym, w których przyjmuje się – bardziej realistycznie – bilateralny charakter obu torów i fakt, że obciążają się one wzajemnie, są analizowane w ramach ogólnej teorii sprzężenia zwrotnego [8], [7].

nej macierzy admitancyjnej $\boldsymbol{Y}_n$ trójnika T na podstawie nieoznaczonych macierzy admitancyjnych $\boldsymbol{Y}'_n$ i $\boldsymbol{Y}''_n$ trójników składowych.

Przy oznaczeniach z rys. 8.5-17 równania admitancyjne trójników T_1 i T_2 zapisujemy w postaciach:

$$\left.\begin{aligned} I'_1 &= y'_{11}U'_1 + y'_{12}U'_2 + y'_{13}U'_3 \\ I'_2 &= y'_{21}U'_1 + y'_{22}U'_2 + y'_{23}U'_3 \\ I'_3 &= y'_{31}U'_1 + y'_{32}U'_2 + y'_{33}U'_3 \end{aligned}\right\}$$

$$\left.\begin{aligned} I''_1 &= y''_{11}U''_1 + y''_{12}U''_2 + y''_{13}U''_3 \\ I''_2 &= y''_{21}U''_1 + y''_{22}U''_2 + y''_{23}U''_3 \\ I''_3 &= y''_{31}U''_1 + y''_{32}U''_2 + y''_{33}U''_3 \end{aligned}\right\}$$

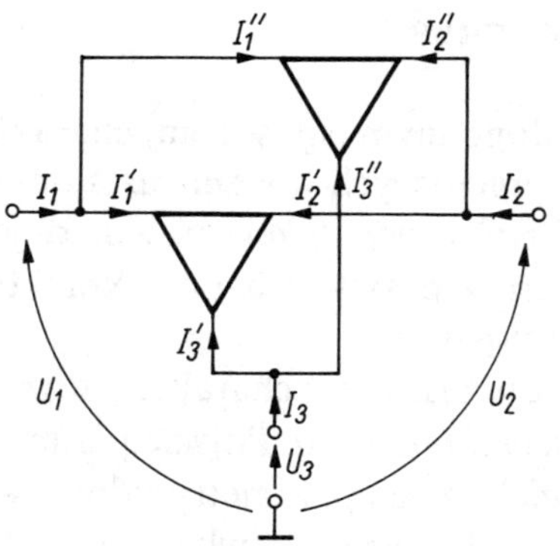

Rys. 8.5-17

Uwzględniając w tych równaniach związki między wielkościami zaciskowymi wynikające z połączenia:

$$I_1 = I'_1 + I''_1, \qquad I_2 = I'_2 + I''_2, \qquad I_3 = I'_3 + I''_3$$

$$U_1 = U'_1 = U''_1, \qquad U_2 = U'_2 = U''_2, \qquad U_3 = U'_3 = U''_3$$

otrzymujemy równania:

$$\left.\begin{aligned} I_1 &= (y'_{11} + y''_{11})U_1 + (y'_{12} + y''_{12})U_2 + (y'_{13} + y''_{13})U_3 \\ I_2 &= (y'_{21} + y''_{21})U_1 + (y'_{22} + y''_{22})U_2 + (y'_{23} + y''_{23})U_3 \\ I_3 &= (y'_{31} + y''_{31})U_1 + (y'_{32} + y''_{32})U_2 + (y'_{33} + y''_{33})U_3 \end{aligned}\right\}$$

z których wynika, że:

$$\boldsymbol{Y}_n = \boldsymbol{Y}'_n + \boldsymbol{Y}''_n$$

Tak więc: *przy połączeniu równoległym dwóch trójników ich nieoznaczone macierze admitancyjne dodają się*. Właściwość ta uogólnia się na dowolną liczbę trójników (a także wielobiegunników) łączonych równolegle i decyduje o tym, że w komputerowych metodach analizy układów stosuje się z reguły opis admitancyjny trójników (szerzej – wielobiegunników).

8.6. INNE SPOSOBY OPISU CZWÓRNIKÓW

Oprócz opisu zaciskowego, w którym czwórnik jest scharakteryzowany macierzami charakterystycznymi, są stosowane także inne rodzaje opisu czwórników. W punkcie tym omówimy *opis falowy* czwórnika oraz wspomnimy krótko o opisie czwórnika za pomocą *parametrów rozproszenia.*

8.6.1. Opis falowy czwórnika

Opis falowy jest dogodnym sposobem charakteryzowania właściwości łańcuchów czwórników pracujących w stanie ustalonym przy pobudzaniu sinusoidalnym przy tzw. *dopasowaniu falowym.* Znajduje on zastosowanie m.in. w syntezie i analizie filtrów pasywnych oraz korektorów fazowych, a także w zagadnieniach mikrofalowych.

W opisie falowym czwórnik jest charakteryzowany wielkościami zespolonymi, zwanymi *parametrami falowymi.* Pojęcie parametrów falowych ma swoją genezę w teorii linii długich, gdzie parametry falowe występują w sposób naturalny jako wielkości charakteryzujące właściwości linii długiej jako układu o stałych rozłożonych (por. rozdział 13). Przeniesienie ich na grunt układów skupionych i wprowadzenie do teorii czwórników jest uzasadnione tym, że łańcuch czwórników może być w określonych warunkach uważany za przybliżony model linii długiej (por. p. 13.1.1-D).

A. Impedancje falowe. Rozważmy czwórnik prawidłowy[1)] i załóżmy, że jest on opisany parametrami łańcuchowymi a_{11}, a_{12}, a_{21}, a_{22} (wybór tego opisu jest podyktowany wyłącznie wygodą dalszych rozważań). Jeżeli czwórnik ten obciążymy na zaciskach wtórnych dwójnikiem o impedancji Z_2 (rys. 8.2-7a), to przy ustalonych parametrach łańcuchowych jego impedancję wejściową pierwotną Z_p (pierwszy ze wzorów (8.2-22)) możemy traktować jako pewną funkcję $Z_p(Z_2)$ impedancji Z_2. Analogicznie, jeśli czwórnik obciążymy na zaciskach pierwotnych dwójnikiem o impedancji Z_1 (rys. 8.2-7b), to jego impedancja wejściowa wtórna Z_w (drugi ze wzorów (8.2-22)) jest pewną funkcją $Z_w(Z_1)$ impedancji Z_1.

1) Nie jest to warunek konieczny istnienia impedancji falowych. Istnieją czwórniki zdegenerowane, dla których można poprawnie określić impedancje falowe (np. czwórnik z rys. 8.1-7). Czwórniki takie nie mają jednak żadnego znaczenia w zagadnieniach, w których wprowadzenie opisu falowego jest użyteczne.

Impedancję falową pierwotną Z_{f1} i *impedancję falową wtórną* Z_{f2} definiujemy jako taką parę impedancji, która spełnia układ równań:

$$Z_p(Z_{f2}) = Z_{f1} \wedge Z_w(Z_{f1}) = Z_{f2} \tag{8.6-1}$$

Jest to zatem para impedancji o takiej właściwości, że jeżeli czwórnik obciążymy na zaciskach 22′ dwójnikiem o impedancji Z_{f2}, to impedancja dwójnika o zaciskach 11′ jest równa Z_{f1} (rys. 8.6-1a) i, jednocześnie, jeżeli czwórnik obciążymy na zaciskach 11′ dwójnikiem o impedancji Z_{f1}, to impedancja dwójnika 22′ jest równa Z_{f2} (rys. 8.6-1b). Mówimy niekiedy, że czwórnik transformuje impedancję falową wtórną na pierwotną i odwrotnie, impedancję falową pierwotną na wtórną.

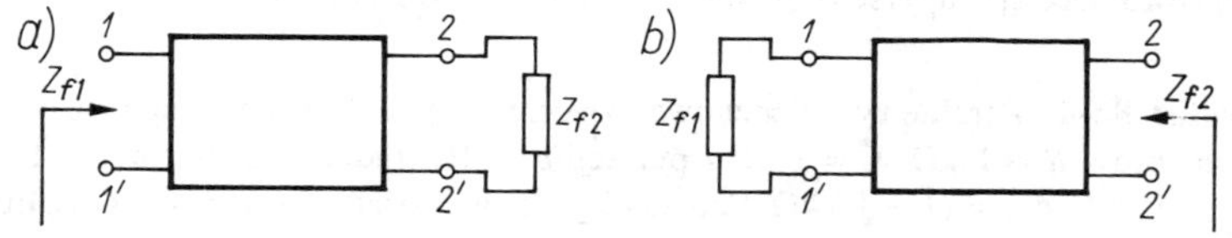

Rys. 8.6-1

Z przyjętej definicji i z równości (8.2-22) wynika, że impedancje falowe pierwotną i wtórną można wyznaczyć jako rozwiązanie następującego układu równań:

$$Z_{f1} = \frac{a_{11}Z_{f2} + a_{12}}{a_{21}Z_{f2} + a_{22}}, \qquad Z_{f2} = \frac{a_{22}Z_{f1} + a_{12}}{a_{21}Z_{f1} + a_{11}} \tag{8.6-2}$$

Przy założeniu, że odpowiednie parametry łańcuchowe są różne od zera, równania te mają rozwiązanie, które, po nieskomplikowanych przekształceniach, znajdujemy w postaci:

$$Z_{f1} = \sqrt{\frac{a_{11}a_{12}}{a_{21}a_{22}}}, \qquad Z_{f2} = \sqrt{\frac{a_{22}a_{12}}{a_{21}a_{11}}} \tag{8.6-3}$$

Uwaga. Rozwiązanie to nie jest jednoznaczne. Obliczając impedancje falowe na podstawie wzorów (8.6-3), musimy rozstrzygnąć, którą z dwu wartości pierwiastka z liczby zespolonej należy przyjąć. Jeżeli liczba podpierwiastkowa nie jest liczbą rzeczywistą ujemną, wybieramy oczywiście pierwiastek o dodatniej części rzeczywistej. W przeciwnym przypadku impedancja falowa jest liczbą urojoną, której znak możemy ustalić dopiero na podstawie dodatkowych informacji o czwórniku.

Ze wzorów (8.6-3), wyrażających impedancje falowe pierwotną i wtórną w zależności od parametrów łańcuchowych, wynika, że są one parametrami własnymi czwórnika, tzn. zależą tylko od właściwości samego czwórnika.

Impedancje falowe można oczywiście wyrazić w zależności od pozostałych rodzajów parametrów czwórnika. Można je także wyrazić w zależności od impedancji wejściowych zwarciowych i rozwarciowych. Ze wzorów (8.2-22) wynika mianowicie, że:

$$Z_{pz} = \frac{a_{12}}{a_{22}}, \quad Z_{pr} = \frac{a_{11}}{a_{21}}, \quad Z_{wz} = \frac{a_{12}}{a_{11}}, \quad Z_{wr} = \frac{a_{22}}{a_{21}} \tag{8.6-4}$$

a stąd, po podstawieniu do zależności (8.6-3), otrzymujemy:

$$Z_{f1} = \sqrt{Z_{pr}Z_{pz}}, \quad Z_{f2} = \sqrt{Z_{wr}Z_{wz}} \tag{8.6-5}$$

Impedancje falowe są więc średnimi geometrycznymi odpowiadających im impedancji wejściowych zwarciowej i rozwarciowej. Zauważmy, że ze wzoru (8.6-5) wynika prosty sposób pomiaru impedancji falowych.

Przykład 8.6-1. Parametry łańcuchowe czwórnika typu Γ pokazanego na rys. 8.6-2 dla wartości elementów $R = 1$ kΩ, $C = 1$ nF i pulsacji $\omega = 10^6$ rad/s wynoszą: $a_{11} = 1$ V/V, $a_{12} = 1$ kΩ, $a_{21} = \mathrm{j}1$ mS, $a_{22} = (1 + \mathrm{j}1)$ kΩ. Podstawiając te wartości do wzorów (8.6-3), otrzymujemy następujące wartości impedancji falowych czwórnika:

$$Z_{f1} = 0{,}84\mathrm{e}^{-\mathrm{j}\frac{3}{8}\pi}\ \mathrm{k\Omega}, \quad Z_{f2} = 1{,}19\,\mathrm{e}^{-\mathrm{j}\frac{1}{8}\pi}\ \mathrm{k\Omega}$$

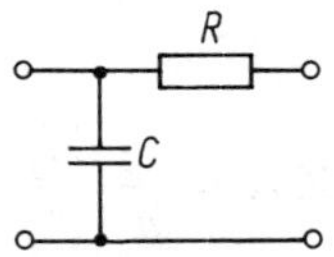

Rys. 8.6-2

Oprócz impedancji falowych pierwotnej i wtórnej wprowadza się także pojęcie *impedancji falowej średniej* Z_f czwórnika. Określamy ją jako średnią geometryczną jego impedancji falowych pierwotnej i wtórnej:

$$Z_f = \sqrt{Z_{f1}Z_{f2}} \tag{8.6-6}$$

Zgodnie z zależnościami (8.6-3) słuszny jest związek:

$$Z_f = \sqrt{\frac{a_{12}}{a_{21}}} \tag{8.6-7}$$

wyrażający impedancję falową średnią w funkcji parametrów łańcuchowych.

Jeżeli czwórnik jest impedancyjnie symetryczny (p. 8.3.2), zachodzi równość (8.3-15). Po jej uwzględnieniu we wzorach (8.6-3) dochodzimy do wniosku, że dla czwórników impedancyjnie symetrycznych wszystkie trzy impedancje falowe są identyczne (będziemy je wówczas nazywać krótko impedancją falową):

$$Z_{f1} = Z_{f2} = Z_f \tag{8.6-8}$$

Oznacza to, że jeżeli czwórnik impedancyjnie symetryczny obciążymy po jednej ze stron impedancją Z_f, to impedancja wejściowa strony przeciwnej jest również równa Z_f (rys. 8.6-3).

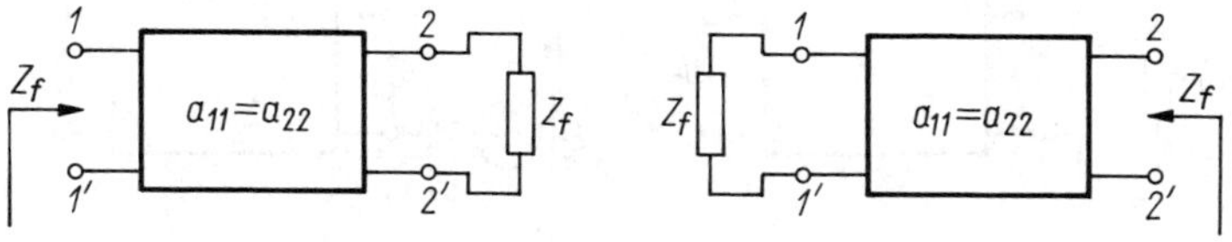

Rys. 8.6-3

Przykład 8.6-2. Impedancja falowa symetrycznego mostkowego czwórnika reaktancyjnego z rys. 8.6-4a (por. także tabl. 8.1, pozycja 7) jest stała i wynosi $Z_f = \sqrt{Z_1 Z_2} = \sqrt{L/C}$.

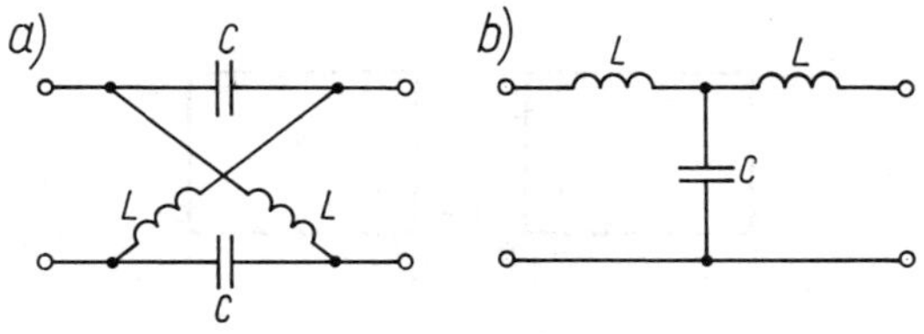

Rys. 8.6-4

Przykład 8.6-3. Zbadamy, jak zmienia się w funkcji pulsacji impedancja falowa symetrycznego czwórnika reaktancyjnego typu T przedstawionego na rys. 8.6-4b. Macierz $\boldsymbol{A}$ czwórnika typu T została wyznaczona w przykładzie 8.1-5. Kładąc w tej macierzy $Z_1 = Z_3 = \mathrm{j}\omega L$ oraz $Z_2 = 1/(\mathrm{j}\omega C)$, otrzymujemy:

$$\boldsymbol{A} = \begin{bmatrix} 1 - \omega^2 LC & 2\mathrm{j}\omega L + (\mathrm{j}\omega L)^2 \mathrm{j}\omega C \\ \mathrm{j}\omega C & 1 - \omega^2 LC \end{bmatrix}$$

Wprowadźmy następujące oznaczenia: $\omega_0 = \dfrac{1}{\sqrt{LC}}$ oraz $\rho = \sqrt{\dfrac{L}{C}}$. Przy tych oznaczeniach zgodnie ze wzorem (8.6-7) mamy:

$$Z_f = \rho \sqrt{2 - \left(\frac{\omega}{\omega_0}\right)^2}$$

Wynika stąd, że dla pulsacji $\omega \leqslant \sqrt{2}\,\omega_0$ impedancja falowa jest rzeczywista, malejąca od wartości $\sqrt{2}\,\rho$ przy $\omega = 0$ do zera przy $\omega = \sqrt{2}\,\omega_0$. Dla pulsacji większych od $\sqrt{2}\,\omega_0$ impedancja falowa jest urojona i ma charakter indukcyjny. Dla pulsacji $\omega >> \sqrt{2}\,\omega_0$ impedancja falowa jest w przybliżeniu równa $Z_f \cong \mathrm{j}\omega L$.

B. Dopasowanie falowe. Parametry falowe szczególnie dobrze charakteryzują czwórniki pracujące w stanie *dopasowania falowego*. Powiemy, że:

– czwórnik jest *dopasowany falowo po stronie pierwotnej*, jeżeli jest on obciążony na zaciskach pierwotnych dwójnikiem o impedancji Z_1 równej impedancji falowej pierwotnej Z_{f1} (rys. 8.6-5a) lub też jeżeli jest on pobudzany po stronie pierwotnej ze źródła o impedancji wewnętrznej Z_1 równej Z_{f1} (rys. 8.6-5b);

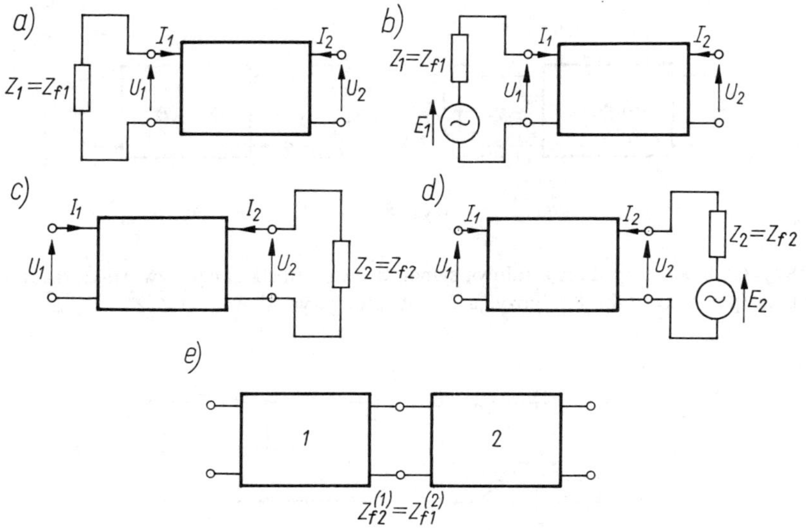

Rys. 8.6-5

– czwórnik jest *dopasowany falowo po stronie wtórnej*, jeżeli jest on obciążony na zaciskach wtórnych dwójnikiem o impedancji Z_2 równej impedancji falowej wtórnej Z_{f2} (rys. 8.6-5c) lub też jeżeli jest on pobudzany po stronie wtórnej ze źródła o impedancji wewnętrznej Z_2 równej Z_{f2} (rys. 8.6-5d);

– czwórnik jest *obustronnie dopasowany falowo* lub, krócej, *dopasowany falowo*, jeżeli jest on jednocześnie dopasowany falowo po stronie pierwotnej i po stronie wtórnej;

– dwa czwórniki połączone łańcuchowo są *dopasowane falowo* między sobą, jeżeli impedancja falowa wtórna pierwszego z nich jest równa impedancji falowej pierwotnej drugiego czwórnika (rys. 8.6-5e).

C. Współczynniki przenoszenia falowego. Do parametrów falowych czwórnika należą także *współczynniki przenoszenia falowego*. Są to wielkości zespolone, których definicje są następujące:

– *współczynnik przenoszenia falowego pierwotny*:

$$g_1 \triangleq \frac{1}{2} \ln \frac{U_1 I_1}{U_2 I'_2}\bigg|_{Z_2=Z_{f2}} \tag{8.6-9}$$

– *współczynnik przenoszenia falowego wtórny*:

$$g_2 \triangleq \frac{1}{2} \ln \frac{U_2 I_2}{U_1 I_1'}\bigg|_{Z_1 = Z_{f1}} \tag{8.6-10}$$

– *współczynnik przenoszenia falowego średni*:

$$g \triangleq \frac{g_1 + g_2}{2} \tag{8.6-11}$$

Współczynnik przenoszenia falowego pierwotny jest równy połowie logarytmu naturalnego ze stosunku iloczynu amplitud zespolonych wielkości zaciskowych pierwotnych do iloczynu amplitud zespolonych wielkości zaciskowych wtórnych, określonym przy transmisyjnym strzałkowaniu prądu wtórnego i w stanie dopasowania falowego czwórnika na zaciskach wtórnych (rys. 8.6-6a). Podobnie współczynnik przenoszenia falowego wtórny jest równy połowie logarytmu naturalnego ze stosunku iloczynu amplitud zespolonych wielkości zaciskowych wtórnych do iloczynu amplitud zespolonych wielkości zaciskowych pierwotnych, określonym przy transmisyjnym strzałkowaniu prądu pierwotnego i przy założeniu dopasowania falowego czwórnika na zaciskach pierwotnych (rys. 8.6-6b). Współczynnik przenoszenia falowego średni jest średnią arytmetyczną współczynników przenoszenia falowego pierwotnego i wtórnego.

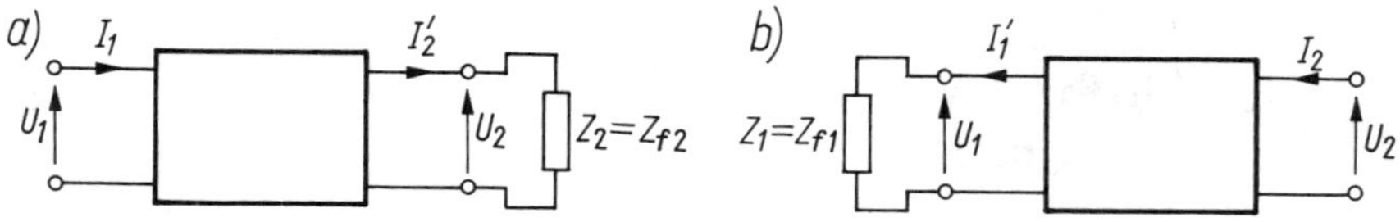

Rys. 8.6-6

D. Współczynniki przenoszenia falowego wyrażone przez parametry łańcuchowe. Współczynniki przenoszenia falowego są parametrami własnymi czwórnika, można je zatem wyrazić w funkcji jego parametrów charakterystycznych. Wyrazimy je przez parametry łańcuchowe.

Zapiszmy w tym celu wzory (8.2-23) i (8.2-24) na transmitancje napięciową i prądową czwórnika przy założeniu, że jest on dopasowany falowo po stronie wtórnej (rys. 8.6-6a):

$$\frac{U_2}{U_1} = \frac{1}{a_{11} + \dfrac{a_{12}}{Z_{f2}}}, \qquad \frac{I_2'}{I_1} = \frac{1}{a_{22} + a_{21} Z_{f2}} \tag{8.6-12}$$

Mnożąc stronami odwrotności tych transmitancji i uwzględniając jednocześnie drugi ze wzorów (8.6-3), wyrażający impedancję falową wtórną w zależności od parametrów łańcuchowych czwórnika, otrzymujemy związek:

$$\frac{U_1 I_1}{U_2 I_2'} = a_{11} a_{22} + 2\sqrt{a_{11} a_{12} a_{21} a_{22}} + a_{12} a_{21} = \left(\sqrt{a_{11} a_{22}} + \sqrt{a_{12} a_{21}}\right)^2$$

Uwzględniając ten związek we wzorze definicyjnym (8.6-9) otrzymujemy:

$$g_1 = \ln(\sqrt{a_{11}a_{22}} + \sqrt{a_{12}a_{21}}) \tag{8.6-13}$$

Rozważmy z kolei transmitancje napięciową i prądową dla odwrotnego kierunku transmisji sygnałów przez czwórnik pracujący w stanie dopasowania falowego po stronie pierwotnej (rys. 8.6-6b):

$$\frac{U_1}{U_2} = \frac{1}{b_{11} + \dfrac{b_{12}}{Z_{f1}}}, \qquad \frac{I_1'}{I_2} = \frac{1}{b_{22} + b_{21}Z_{f1}} \tag{8.6-14}$$

Przechodząc we wzorach (8.6-14) na parametry łańcuchowe, uwzględniając w nich pierwszy ze wzorów (8.6-3) i postępując analogicznie jak poprzednio, otrzymujemy:

$$g_2 = \ln \frac{\sqrt{a_{11}a_{22}} + \sqrt{a_{12}a_{21}}}{\det A} \tag{8.6-15}$$

Podstawiając wzory (8.6-13) i (8.6-15) do (8.6-11) dostajemy:

$$g = \ln \frac{\sqrt{a_{11}a_{22}} + \sqrt{a_{12}a_{21}}}{\sqrt{\det A}} \tag{8.6-16}$$

Wzory (8.6-13), (8.6-15) i (8.6-16) wyrażają współczynniki przenoszenia falowego, odpowiednio: pierwotny, wtórny i średni, w zależności od parametrów łańcuchowych. Z porównania tych wzorów wynika że:

$$g_1 - g_2 = \ln(\det A), \qquad g_1 - g = g - g_2 = \ln\sqrt{\det A} \tag{8.6-17}$$

Wielkość $\ln(\det A)$ może być zatem interpretowana jako różnica współczynników przenoszenia falowego dla obu kierunków transmisji sygnałów.

E. Przypadek czwórnika odwracalnego. Ze wzorów (8.6-13), (8.6-15) i (8.6-16) wynika, że dla czwórnika odwracalnego, tj. czwórnika spełniającego warunek $\det A = 1$ (por. tabl. 8.7), zachodzi równość:

$$g_1 = g_2 = g \tag{8.6-18}$$

Oznacza to, że: *dla czwórników odwracalnych współczynnik przenoszenia falowego pierwotny jest równy współczynnikowi przenoszenia falowego wtórnemu i równy współczynnikowi przenoszenia falowego średniemu.* Równość (8.6-18) wyraża w jeszcze jeden sposób podstawową właściwość czwórników odwracalnych, zgodnie z którą, przy określonych założeniach (por. p. 8.3.1-D), warunki transmisji sygnałów przez czwórnik odwracalny są dla obu kierunków transmisji identyczne.

F. Interpretacja współczynników przenoszenia falowego. Współczynnik tłumienia i współczynnik przesunięcia falowego. Zbadamy dokładniej wzory określające współczynniki przenoszenia falowego pierwotny i wtórny i podamy interpretację tych parametrów. Uzasadnimy zarazem przyjęcie definicji współczynników przenoszenia falowego w postaci na pozór czysto formalnych wyrażeń (8.6-9) i (8.6-10).

Zapiszemy w tym celu amplitudy zespolone napięć i prądów zaciskowych czwórnika z rys. 8.6-6a w postaciach:

$$U_1 = |U_1| e^{j\psi_1}, \quad I_1 = |I_1| e^{j\varphi_1}, \quad U_2 = |U_2| e^{j\psi_2}, \quad I_2' = |I_2'| e^{j\varphi_2} \tag{8.6-19}$$

Po podstawieniu do wzoru (8.6-9) otrzymujemy:

$$g_1 = \frac{1}{2} \ln \frac{|U_1||I_1|}{|U_2||I_2'|} + j\frac{1}{2}[(\psi_1 - \psi_2) + (\varphi_1 - \varphi_2)] \overset{\Delta}{=} a_1 + jb_1 \tag{8.6-20}$$

Część rzeczywista a_1 współczynnika g_1 jest nazywana *współczynnikiem tłumienia falowego pierwotnym*, a jego część urojona b_1 – *współczynnikiem przesunięcia falowego pierwotnym*. Współczynnik tłumienia falowego pierwotny można zapisać w postaci:

$$a_1 = \frac{1}{2} \ln \frac{|U_1||I_1|}{|U_2||I_2|} = \frac{1}{2} \ln \frac{|S_1|}{|S_2|} \tag{8.6-21}$$

gdzie $|S_1|$, $|S_2|$ są mocami pozornymi na wejściu i, odpowiednio, wyjściu czwórnika. Wynika stąd, że *współczynnik tłumienia falowego pierwotny jest logarytmiczną miarą stosunku mocy pozornej na wejściu do mocy pozornej na wyjściu czwórnika w stanie jego dopasowania falowego na zaciskach wtórnych.* Gdy $a_1 > 0$, wówczas przy przejściu sygnałów przez czwórnik moc pozorna zmniejsza się (jest tłumiona), natomiast gdy $a_1 < 0$, moc pozorna wzrasta (ulega wzmocnieniu).

Współczynnik przesunięcia falowego pierwotny b_1 jest średnią miarą zmian faz, jakim ulegają sygnały napięcia i prądu przy przejściu przez czwórnik pracujący w stanie dopasowania falowego po stronie wtórnej.

Współczynniki tłumienia i przesunięcia falowego są wielkościami bezwymiarowymi. Jednostką współczynnika tłumienia jest 1 *neper* (Np), natomiast współczynnika przesunięcia 1 radian. Wartość współczynnika tłumienia 1 Np odpowiada zmniejszeniu się mocy pozornej e^2 razy, mamy bowiem:

$$a_1\,[\text{Np}] = \frac{1}{2} \ln \frac{|S_1|}{|S_2|} = 1\ \text{Np}, \qquad \text{gdy } \frac{|S_1|}{|S_2|} = e^2$$

Jako jednostkę współczynnika tłumienia przyjmuje się także często 1 *decybel* (1 dB). Współczynnik ten oblicza się wówczas zgodnie ze wzorem:

$$a_1[\mathrm{dB}] = 10\log\frac{|S_1|}{|S_2|} \tag{8.6-22}$$

Współczynnik tłumienia równy 1 dB odpowiada zmniejszeniu się mocy pozornej w przybliżeniu 1,2589 razy. Jak można łatwo sprawdzić, między neperem a decybelem zachodzą związki:

$$1\ \mathrm{Np} = 10\log e^2 \approx 8{,}686\ \mathrm{dB}, \qquad 1\ \mathrm{dB} \approx 0{,}115\ \mathrm{Np}$$

użyteczne przy przeliczaniu jednych jednostek na drugie.

Rozważmy z kolei czwórnik z rys. 8.6-6b i przyjmijmy oznaczenia:

$$U_1 = |U_1|e^{j\psi_1}, \quad I_1' = |I_1'|e^{j\varphi_1}, \quad U_2 = |U_2|e^{j\psi_2}, \quad I_2 = |I_2|e^{j\varphi_2} \tag{8.6-23}$$

Uwzględniając je we wzorze (8.6-10) otrzymujemy:

$$g_2 = \frac{1}{2}\ln\frac{|U_2||I_2|}{|U_1||I_1'|} + j\frac{1}{2}[(\psi_2 - \psi_1) + (\varphi_2 - \varphi_1)] \triangleq a_2 + jb_2 \tag{8.6-24}$$

gdzie a_2 jest *współczynnikiem tłumienia falowego wtórnym* oraz b_2 – *współczynnikiem przesunięcia falowego wtórnym*. Parametry a_2, b_2 mają analogiczną interpretację jak parametry a_1, b_1, ale przy uwzględnieniu odwrotnego kierunku transmisji sygnałów.

G. Przypadek czwórnika impedancyjnie symetrycznego dopasowanego falowo po jednej ze stron. Dla czwórnika dopasowanego falowo po stronie wtórnej (rys. 8.6-6a) zachodzą związki:

$$U_2 = Z_{f2}I_2', \qquad U_1 = Z_{f1}I_1 \tag{8.6-25}$$

Drugi z tych związków wynika z faktu, iż impedancja wejściowa pierwotna czwórnika dopasowanego falowo po stronie wtórnej jest równa impedancji falowej pierwotnej (por. rys. 8.6-1a i pierwszy ze wzorów (8.6-2)). Jeżeli związki (8.6-25) uwzględnimy we wzorze (8.6-9), to pierwotny współczynnik przenoszenia falowego możemy przedstawić w postaci:

$$g_1 = \frac{1}{2}\ln\frac{U_1^2 Z_{f2}}{U_2^2 Z_{f1}} = \frac{1}{2}\ln\frac{I_1^2 Z_{f1}}{I_2'^2 Z_{f2}} \tag{8.6-26}$$

Załóżmy teraz, że czwórnik jest impedancyjnie symetryczny. Mamy wówczas $Z_{f1} = Z_{f2}$, a więc:

$$g_1 = \ln\frac{U_1}{U_2} = \ln\frac{I_1}{I_2'} \tag{8.6-27}$$

Przyjmując oznaczenia (8.6-19), otrzymujemy:

$$g_1 = \ln\frac{|U_1|}{|U_2|} + \mathrm{j}(\psi_1 - \psi_2) = \ln\frac{|I_1|}{|I_2'|} + \mathrm{j}(\varphi_1 - \varphi_2) \tag{8.6-28}$$

skąd wynika, że:

$$a_1 = \ln\frac{|U_1|}{|U_2|} = \ln\frac{|I_1|}{|I_2'|} \tag{8.6-29}$$

$$b_1 = \psi_1 - \psi_2 = \varphi_1 - \varphi_2 \tag{8.6-30}$$

Przeprowadzając analogiczne rozumowanie dla czwórnika impedancyjnie symetrycznego dopasowanego falowo po stronie pierwotnej (rys. 8.6-6b) i przyjmując oznaczenia (8.6-23) otrzymujemy:

$$a_2 = \ln\frac{|U_2|}{|U_1|} = \ln\frac{|I_2|}{|I_1'|} \tag{8.6-31}$$

$$b_2 = \psi_2 - \psi_1 = \varphi_2 - \varphi_1 \tag{8.6-32}$$

Dochodzimy zatem do wniosku, iż: *dla czwórnika impedancyjnie symetrycznego dopasowanego falowo na zaciskach wyjściowych*:

– *amplituda napięcia wejściowego jest tłumiona w takim samym stosunku jak amplituda prądu wejściowego, a współczynniki tłumienia falowego są równe logarytmom naturalnym z tych stosunków*;

– *różnice faz między napięciem wejściowym a napięciem wyjściowym oraz prądem wejściowym a prądem wyjściowym są jednakowe i równe odpowiednim współczynnikom przesunięcia falowego.*

Jeżeli amplituda wielkości wejściowej zmaleje po przejściu przez czwórnik e-krotnie, oznacza to, że czwórnik wprowadza tłumienie 1 Np. W mierze decybelowej współczynniki tłumienia falowego pierwotny i wtórny obliczamy ze wzorów:

$$a_1 = 20\log\frac{|U_1|}{|U_2|} = 20\log\frac{|I_1|}{|I_2'|}, \qquad a_2 = 20\log\frac{|U_2|}{|U_1|} = 20\log\frac{|I_2|}{|I_1'|} \tag{8.6-33}$$

Z przeprowadzonych rozważań wynikają natychmiast relacje dla mocy czynnych w czwórniku impedancyjnie symetrycznym dopasowanym falowo po jednej ze stron. Rozpatrzmy ponownie czwórnik z rys. 8.6-6a i oznaczmy przez $P_1 \neq 0$ moc czynną doprowadzoną do zacisków pierwotnych czwórnika z otoczenia i przez P_2 – moc czynną pobieraną przez obciążenie. Wobec związków (8.6-25) i równości impedancji falowych mamy:

$$\frac{P_2}{P_1} = \frac{\frac{1}{2}|U_2||I_2'|\cos\sphericalangle(U_2, I_2')}{\frac{1}{2}|U_1||I_1|\cos\sphericalangle(U_1, I_1)} = \frac{|U_2||I_2'|}{|U_1||I_1|} = \mathrm{e}^{-2a_1} \tag{8.6-34}$$

Jeżeli $a_1 > 0$, w czwórniku występują straty mocy czynnej. Mówimy wtedy, że moc czynna jest tłumiona przez czwórnik. Jeżeli $a_1 < 0$, moc czynna jest wzmacniana. Dla $a_1 = 0$ w czwórniku nie występują straty mocy czynnej.

Analogicznie dla czwórnika impedancyjnie symetrycznego pobudzanego po stronie wtórnej i dopasowanego falowo po stronie pierwotnej (rys. 8.6-6b) mamy:

$$\frac{P_1}{P_2} = \mathrm{e}^{-2a_2} \tag{8.6-35}$$

gdzie $P_2 \neq 0$ jest mocą czynną doprowadzoną do zacisków wtórnych, a P_1 – mocą czynną pobieraną przez obciążenie na zaciskach pierwotnych.

Podkreślmy jednak, że jeśli $a_1 \neq 0$, to nie oznacza to automatycznie, iż czwórnik pobiera lub oddaje moc czynną. Sytuacja taka ma na przykład miejsce w przypadku filtrów reaktancyjnych, gdy $a_1 > 0$, a mimo to czwórnik nie pobiera mocy czynnej. Może to oczywiście zachodzić tylko wówczas, gdy $P_1 = P_2 = 0$. Sytuację tę ilustruje następujący przykład.

Przykład 8.6-4. Rozważmy ponownie symetryczny czwórnik typu T z rys. 8.6-4b, będący, w istocie rzeczy, reaktancyjnym filtrem dolnoprzepustowym. Jego impedancję falową wyznaczyliśmy w przykładzie 8.6-3. Współczynnik przenoszenia falowego tego czwórnika można zapisać w postaci:

$$g = \ln\left(1 - \omega^2 LC + \sqrt{-\omega^2 LC(2 - \omega^2 LC)}\right)$$

W przedziale pulsacji $0 \leqslant \omega \leqslant \sqrt{2}\,\omega_0$, $\omega_0 = 1/\sqrt{LC}$, dla których impedancja falowa jest rzeczywista (por. przykład 8.6-3), wielkość pod znakiem logarytmu jest liczbą zespoloną o module równym 1, a więc w przedziale tym współczynnik tłumienia falowego $a = 0$. Ten zakres pulsacji jest pasmem przepustowym filtru (brak tłumienia). W przedziale pulsacji $\omega > \sqrt{2}\,\omega_0$ wielkość ta jest liczbą rzeczywistą mniejszą od -1, a więc $a > 0$ ($b = \pi$). Ten zakres pulsacji jest pasmem tłumieniowym filtru. Jednocześnie w zakresie tym impedancja falowa filtru jest urojona (por. przykład 8.6-3). Przypadek czwórnika z rys. 8.6-4b pracującego przy pobudzaniu ze źródła sinusoidalnego o pulsacji większej od $\sqrt{2}\,\omega_0$ w stanie dopasowania falowego strony wtórnej jest zatem przykładem potwierdzającym sformułowane wyżej stwierdzenie. Mamy bowiem wówczas: $a \neq 0$ i jednocześnie $P_1 = 0$ (przy $P_2 = 0$).

H. Przekładnia impedancyjna i przekładnia energetyczna. Zbiór parametrów falowych uzupełniają:

przekładnia impedancyjna:

$$p \stackrel{\Delta}{=} \sqrt{\frac{Z_{f2}}{Z_{f1}}} \tag{8.6-36}$$

oraz *przekładnia energetyczna*:

$$p_e \stackrel{\Delta}{=} \mathrm{e}^{\frac{g_1 - g_2}{2}} \tag{8.6-37}$$

Definicje (8.6-36) i (8.6-37) są skonstruowane w taki sposób, aby dla czwórnika symetrycznego obie przekładnie przyjmowały wartości równe jedności. Istotnie, jeśli czwórnik jest symetryczny impedancyjnie, mamy $Z_{f1} = Z_{f2}$, a więc $p = 1$. Jeśli natomiast czwórnik jest odwracalny, to $g_1 = g_2$ i $p_e = 1$. Odchyłki wartości obu przekładni od wartości jednostkowych mogą być uważane za swojego rodzaju miarę asymetrii czwórnika.

Wzory wyrażające obie przekładnie w zależności od parametrów łańcuchowych mają postacie:

$$p = \sqrt{\frac{a_{22}}{a_{11}}} \tag{8.6-38}$$

oraz:

$$p_e = \sqrt{\det A} \tag{8.6-39}$$

Pierwszy z nich otrzymujemy podstawiając wzory (8.6-3) do (8.6-36), drugi zaś wynika z porównania wzorów (8.6-17) i (8.6-37).

Przykład 8.6-5. W przykładzie 8.6-2 wyznaczyliśmy impedancję falową symetrycznego czwórnika mostkowego z rys. 8.6-4a. Jest ona określona wzorem $Z_f = \sqrt{L/C}$. Wyznaczymy teraz pozostałe parametry falowe tego czwórnika.

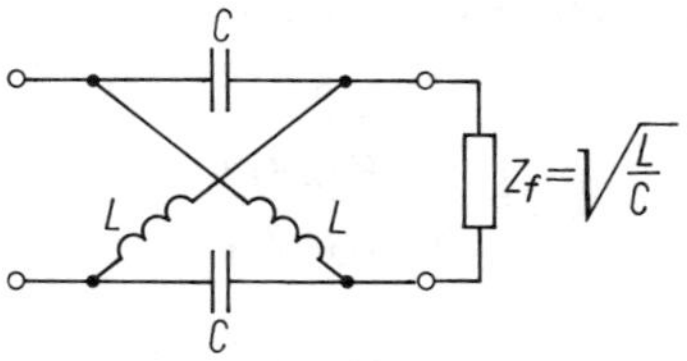

Rys. 8.6-7

Korzystamy w tym celu z parametrów łańcuchowych, obliczonych na podstawie tabl. 8.1 (pozycja 7) przy podstawieniu $Z_1 = 1/(j\omega C)$ i $Z_2 = j\omega L$. Z uwagi na symetrię czwórnika współczynniki przenoszenia falowego pierwotny i wtórny są jednakowe i równe średniemu współczynnikowi przenoszenia falowego. Zgodnie z definicją współczynnik ten obliczamy w stanie dopasowania falowego czwórnika (rys. 8.6-7), korzystając ze wzoru (8.6-20). Stosunek napięć U_1/U_2 obliczamy na podstawie transmitancji napięciowej:

$$H_u = \frac{1}{a_{11} + \dfrac{a_{12}}{Z_f}} = \frac{Z_2 - Z_1}{Z_1 + Z_2 + \dfrac{2Z_1Z_2}{Z_f}} = \frac{\sqrt{Z_2} - \sqrt{Z_1}}{\sqrt{Z_2} + \sqrt{Z_1}} = \frac{Z_f - Z_1}{Z_f + Z_1} =$$

$$= -\frac{1 - j\omega\sqrt{LC}}{1 + j\omega\sqrt{LC}} = 1 \cdot e^{j(\pi - 2\operatorname{arctg}\omega\sqrt{LC})}$$

Podstawiając ten wynik do wzoru (8.6-20) otrzymujemy:

$$g = \ln\frac{U_1}{U_2} = \ln 1 + j(-\pi + 2\operatorname{arctg}\omega\sqrt{LC})$$

skąd wynika, że współczynnik tłumienia falowego $a = 0$ (czwórnik nie wprowadza tłumienia dla dowolnej pulsacji), zaś współczynnik przesunięcia falowego $b = -\pi + 2\mathrm{arctg}\,\omega\sqrt{LC}$ zmienia się od wartości $-\pi$ dla $\omega = 0$ do wartości 0, gdy $\omega \to \infty$. Wartości obu przekładni: impedancyjnej i energetycznej są oczywiście równe 1.

I. Dwa rodzaje opisu falowego czwórnika. Nie wszystkie parametry falowe były wprowadzane niezależnie. Impedancja falowa średnia Z_f i przekładnia impedancyjna p zostały określone przez impedancje falowe pierwotną Z_{f1} i wtórną Z_{f2}, natomiast współczynnik przenoszenia falowego średni g i przekładnia energetyczna p_e – przez współczynniki przenoszenia falowego pierwotny g_1 i wtórny g_2. Z porównania wzorów (8.6-6) i (8.6-36) oraz (8.6-11) i (8.6-37) otrzymujemy związki odwrotne:

$$Z_{f1} = \frac{Z_f}{p}, \qquad Z_{f2} = pZ_f \tag{8.6-40}$$

i odpowiednio:

$$g_1 = g + \ln p_e, \qquad g_2 = g - \ln p_e \tag{8.6-41}$$

Wynika stąd, że zbiór niezależnych parametrów falowych tworzących opis falowy czwórnika można wybrać na dwa sposoby. Do *pierwszego układu parametrów falowych* zaliczamy:

– impedancje falowe: pierwotną i wtórną:

$$Z_{f1} = \sqrt{\frac{a_{11}a_{12}}{a_{21}a_{22}}}, \qquad Z_{f2} = \sqrt{\frac{a_{22}a_{12}}{a_{21}a_{11}}}$$

– współczynniki przenoszenia falowego pierwotny i wtórny:

$$g_1 = \ln(\sqrt{a_{11}a_{22}} + \sqrt{a_{12}a_{21}}), \qquad g_2 = \ln\frac{\sqrt{a_{11}a_{22}} + \sqrt{a_{12}a_{21}}}{\det A}$$

Rozwiązując powyższy układ równań względem parametrów łańcuchowych, możemy wyznaczyć macierz łańcuchową w zależności od elementów pierwszego układu parametrów falowych:

$$A = \begin{bmatrix} \sqrt{\dfrac{Z_{f1}}{Z_{f2}}}\,\dfrac{e^{g_1} + e^{-g_2}}{2} & \sqrt{Z_{f1}Z_{f2}}\,\dfrac{e^{g_1} - e^{-g_2}}{2} \\ \dfrac{1}{\sqrt{Z_{f1}Z_{f2}}}\,\dfrac{e^{g_1} - e^{-g_2}}{2} & \sqrt{\dfrac{Z_{f2}}{Z_{f1}}}\,\dfrac{e^{g_1} + e^{-g_2}}{2} \end{bmatrix} \tag{8.6-42}$$

Zbiór parametrów falowych należących do pierwszego układu jest zatem określony jednoznacznie przez macierz A czwórnika. Wynika stąd, że elementy tego zbioru, podobnie jak elementy każdej z macierzy charakterystycznych, całkowicie charakteryzują czwórnik i stanowią jego alternatywny opis.

Drugi układ parametrów falowych tworzą:

– impedancja falowa średnia i współczynnik przenoszenia falowego średni:

$$Z_f = \sqrt{\frac{a_{12}}{a_{21}}}, \qquad g = \ln \frac{\sqrt{a_{11}a_{22}} + \sqrt{a_{12}a_{21}}}{\sqrt{\det A}}$$

– przekładnia impedancyjna i przekładnia energetyczna:

$$p = \sqrt{\frac{a_{22}}{a_{11}}}, \qquad p_e = \sqrt{\det A}$$

Podstawiając w macierzy (8.6-42) zależności (8.6-40) i (8.6-41) i uwzględniając związki:

$$\mathrm{ch}g = \frac{\mathrm{e}^{g} + \mathrm{e}^{-g}}{2}, \qquad \mathrm{sh}g = \frac{\mathrm{e}^{g} - \mathrm{e}^{-g}}{2} \tag{8.6-43}$$

otrzymujemy macierz łańcuchową wyrażoną w funkcji parametrów drugiego układu:

$$A = p_e \begin{bmatrix} \dfrac{\mathrm{ch}g}{p} & Z_f \mathrm{sh}g \\ \dfrac{\mathrm{sh}g}{Z_f} & p\,\mathrm{ch}g \end{bmatrix} \tag{8.6-44}$$

Zatem także i drugi układ parametrów falowych stanowi alternatywny opis czwórnika.

W szczególnym przypadku czwórnika symetrycznego macierz ta przyjmuje postać:

$$A = \begin{bmatrix} \mathrm{ch}g & Z_f \mathrm{sh}g \\ \dfrac{\mathrm{sh}g}{Z_f} & \mathrm{ch}g \end{bmatrix} \tag{8.6-45}$$

Warto odnotować związki między transmitancjami napięciową i prądową czwórnika symetrycznego nieobciążonego oraz czwórnika symetrycznego dopasowanego falowo po stronie wtórnej a jego współczynnikiem przenoszenia falowego. W przypadku czwórnika nieobciążonego mamy:

$$H_u = H_i = \frac{1}{\mathrm{ch}g}$$

co wynika wprost ze wzorów (8.2-13) i (8.6-45), natomiast w przypadku czwórnika dopasowanego falowo, zgodnie ze wzorami (8.2-23) i (8.2-24):

$$H_u = H_i = \frac{1}{\operatorname{ch} g + \dfrac{Z_f \operatorname{sh} g}{Z_f}} = \frac{1}{\operatorname{ch} g + \operatorname{sh} g} = \mathrm{e}^{-g}$$

J. Wyznaczanie współczynnika przenoszenia falowego drogą pomiarów. Ze związków (8.6-5) i (8.6-6) wynika wprost sposób określania impedancji falowych czwórnika drogą odpowiednich pomiarów. W wyniku prostych pomiarów dokonywanych w stanie zwarcia i rozwarcia jednej ze stron można także w łatwy sposób wyznaczyć średni współczynnik przenoszenia falowego czwórnika.

Korzystając ze związków (8.6-44) zapiszemy równania łańcuchowe czwórnika w stanie rozwarcia i odpowiednio w stanie zwarcia zacisków wtórnych:

$$\left.\begin{aligned} U_{1r} &= \frac{p_e}{p} \operatorname{ch} g\, U_{2r} \\ I_{1r} &= \frac{p_e}{Z_f} \operatorname{sh} g\, U_{2r} \end{aligned}\right\} \qquad \left.\begin{aligned} U_{1z} &= p_e Z_f \operatorname{sh} g\, I'_{2z} \\ I_{1z} &= p_e p \operatorname{ch} g\, I'_{2z} \end{aligned}\right\}$$

Z równań tych wynika, że:

$$Z_{pr} = \frac{Z_f}{p} \operatorname{cth} g, \qquad Z_{pz} = \frac{Z_f}{p} \operatorname{th} g$$

a stąd, po podzieleniu stronami i uwzględnieniu związku (8.2-7), otrzymujemy zależności:

$$g = \operatorname{arth} \sqrt{\frac{Z_{pz}}{Z_{pr}}} = \operatorname{arth} \sqrt{\frac{Z_{wz}}{Z_{wr}}} \tag{8.6-46}$$

Jak widzimy, średni współczynnik przenoszenia falowego można wyznaczyć, dokonując pomiarów impedancji wejściowej rozwarciowej i zwarciowej po dowolnej ze stron czwórnika.

K. Łańcuch czwórników dopasowanych falowo. Zarówno pierwszy, jak i drugi układ parametrów falowych można stosować do opisu czwórników pracujących w dowolnym stanie roboczym. Jak już jednak wspomnieliśmy we wstępie, opis falowy jest szczególnie użyteczny do charakteryzowania czwórników pracujących w stanie dopasowania falowego. Pozwala on w takim przypadku wniknąć znacznie głębiej w fizyczną stronę procesu transmisji sygnałów przez czwórnik.

W zagadnieniach praktycznych istotne znaczenie mają łańcuchy czwórników pracujących w stanie dopasowania falowego. W strukturze takiej syntetyzowane są m. in. pasywne filtry drabinkowe i mostkowe. Jedną z metod projektowania i analizy takich filtrów jest metoda oparta na opisie falowym.

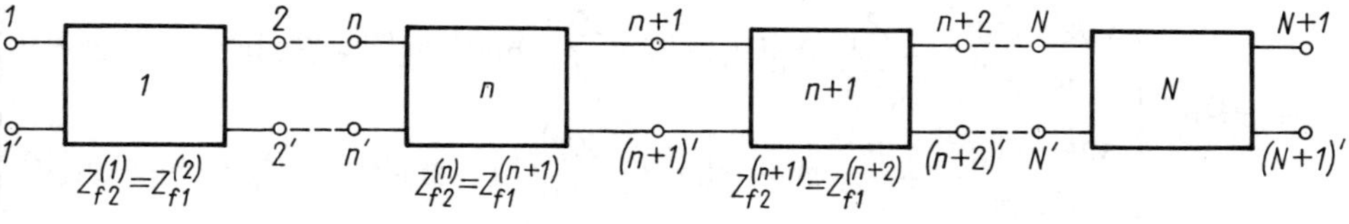

Rys. 8.6-8

Łańcuchem czwórników dopasowanych falowo (między sobą) nazywamy połączenie łańcuchowe czwórników (rys. 8.6-8) spełniające warunki:

$$Z_{f2}^{(n)} = Z_{f1}^{(n+1)}, \qquad n = 1, \ldots, N-1 \tag{8.6-47}$$

gdzie przez $Z_{f1}^{(n)}$ $(Z_{f2}^{(n)})$ została oznaczona impedancja falowa pierwotna (wtórna) n-tego w kolejności łączenia czwórnika. Zgodnie z tą definicją w łańcuchu czwórników dopasowanych falowo każde dwa sąsiadujące ze sobą czwórniki (ogniwa) są dopasowane falowo między sobą.

Zauważmy, że jeśli łańcuch z rys. 8.6-8 obciążymy na zaciskach wtórnych (zaciskach $(N+1)(N+1)'$) dwójnikiem o impedancji $Z_{f2}^{(N)}$, to impedancja wejściowa pierwotna łańcucha będzie równa impedancji falowej pierwotnej, tj. $Z_p = Z_{f1}^{(1)}$, i odwrotnie, jeśli łańcuch obciążymy na zaciskach pierwotnych (zaciskach $11'$) dwójnikiem o impedancji $Z_{f1}^{(1)}$, to impedancja wejściowa wtórna łańcucha będzie równa impedancji falowej wtórnej, tj. $Z_w = Z_{f2}^{(N)}$. Oznacza to, że para impedancji $Z_{f1}^{(1)}$, $Z_{f2}^{(N)}$ spełnia dla łańcucha układ równań (8.6-1). Wynika stąd, iż:

Impedancja falowa pierwotna łańcucha czwórników dopasowanych falowo jest równa impedancji falowej pierwotnej jego pierwszego ogniwa, natomiast impedancja falowa wtórna łańcucha jest równa impedancji falowej wtórnej jego ostatniego ogniwa.

W celu ustalenia związków między pozostałymi rodzajami parametrów falowych łańcucha z rys. 8.6-8 a parametrami falowymi jego poszczególnych ogniw, rozważmy łańcuch złożony z dwóch ogniw dopasowanych falowo (rys. 8.6-9). Parametry obu ogniw będziemy rozróżniać dodając w indeksie górnym ich numery wzięte w nawiasy. Parametry łańcucha (czwórnika zastępczego) będziemy oznaczać bez dodatkowych indeksów. Macierz łańcuchowa łańcucha jest iloczynem macierzy łańcuchowych czwórników składowych. Zgodnie ze wzorem (8.6-44) otrzymujemy:

$$A = A_1 A_2 = p_e^{(1)} \begin{bmatrix} \dfrac{\operatorname{ch} g^{(1)}}{p^{(1)}} & Z_f^{(1)} \operatorname{sh} g^{(1)} \\ \dfrac{\operatorname{sh} g^{(1)}}{Z_f^{(1)}} & p^{(1)} \operatorname{ch} g^{(1)} \end{bmatrix} p_e^{(2)} \begin{bmatrix} \dfrac{\operatorname{ch} g^{(2)}}{p^{(2)}} & Z_f^{(2)} \operatorname{sh} g^{(2)} \\ \dfrac{\operatorname{sh} g^{(2)}}{Z_f^{(2)}} & p^{(2)} \operatorname{ch} g^{(2)} \end{bmatrix} =$$

$$= p_e^{(1)} p_e^{(2)} \begin{bmatrix} \dfrac{\operatorname{ch} g^{(1)} \operatorname{ch} g^{(2)}}{p^{(1)} p^{(2)}} + \dfrac{Z_f^{(1)}}{Z_f^{(2)}} \operatorname{sh} g^{(1)} \operatorname{sh} g^{(2)} & \dfrac{Z_f^{(2)}}{p^{(1)}} \operatorname{ch} g^{(1)} \operatorname{sh} g^{(2)} + Z_f^{(1)} p^{(2)} \operatorname{sh} g^{(1)} \operatorname{ch} g^{(2)} \\ \dfrac{\operatorname{sh} g^{(1)} \operatorname{ch} g^{(2)}}{Z_f^{(1)} p^{(2)}} + \dfrac{p^{(1)}}{Z_f^{(2)}} \operatorname{ch} g^{(1)} \operatorname{sh} g^{(2)} & \dfrac{Z_f^{(2)}}{Z_f^{(1)}} \operatorname{sh} g^{(1)} \operatorname{sh} g^{(2)} + p^{(1)} p^{(2)} \operatorname{ch} g^{(1)} \operatorname{ch} g^{(2)} \end{bmatrix}$$

(8.6-48)

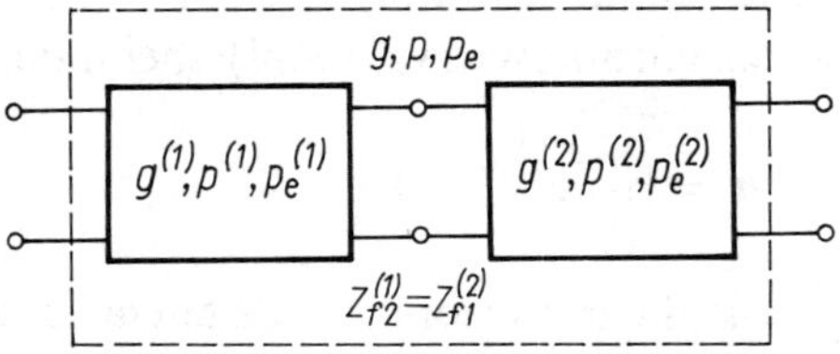

Rys. 8.6-9

Ponieważ $Z_{f2}^{(1)} = Z_{f1}^{(2)}$ oraz $Z_{f1} = Z_{f1}^{(1)}$ i $Z_{f2} = Z_{f2}^{(2)}$, zatem słuszne są związki:

$$\frac{Z_f^{(2)}}{Z_f^{(1)}} = \frac{\sqrt{Z_{f1}^{(2)} Z_{f2}^{(2)}}}{\sqrt{Z_{f1}^{(1)} Z_{f2}^{(1)}}} = \sqrt{\frac{Z_{f2}^{(1)}}{Z_{f1}^{(1)}}} \sqrt{\frac{Z_{f2}^{(2)}}{Z_{f1}^{(2)}}} = p^{(1)} p^{(2)}$$

$$\frac{Z_f^{(2)}}{p^{(1)}} = \sqrt{Z_{f1}^{(2)} Z_{f2}^{(2)}} \sqrt{\frac{Z_{f1}^{(1)}}{Z_{f2}^{(1)}}} = \sqrt{Z_{f1}^{(1)} Z_{f2}^{(2)}} = \sqrt{Z_{f1} Z_{f2}} = Z_f$$

$$Z_f^{(1)} p^{(2)} = \sqrt{Z_{f1}^{(1)} Z_{f2}^{(1)}} \sqrt{\frac{Z_{f2}^{(2)}}{Z_{f1}^{(2)}}} = \sqrt{Z_{f1}^{(1)} Z_{f2}^{(2)}} = \sqrt{Z_{f1} Z_{f2}} = Z_f$$

Uwzględniając te związki oraz zależności:

$$\operatorname{ch} x \operatorname{ch} y + \operatorname{sh} x \operatorname{sh} y = \operatorname{ch}(x + y)$$

$$\operatorname{sh} x \operatorname{ch} y + \operatorname{ch} x \operatorname{sh} y = \operatorname{sh}(x + y)$$

możemy zapisać wzór (8.6-48) w postaci:

$$A = p_e^{(1)} p_e^{(2)} \begin{bmatrix} \dfrac{\operatorname{ch}(g^{(1)} + g^{(2)})}{p^{(1)} p^{(2)}} & Z_f \operatorname{sh}(g^{(1)} + g^{(2)}) \\ \dfrac{\operatorname{sh}(g^{(1)} + g^{(2)})}{Z_f} & p^{(1)} p^{(2)} \operatorname{ch}(g^{(1)} + g^{(2)}) \end{bmatrix} = p_e \begin{bmatrix} \dfrac{\operatorname{ch} g}{p} & Z_f \operatorname{sh} g \\ \dfrac{\operatorname{sh} g}{Z_f} & p \operatorname{ch} g \end{bmatrix}$$

(8.6-49)

Przeprowadzone rozumowanie można rozszerzyć na dowolną liczbę N ogniw łańcucha, dochodząc do następujących ogólnych wniosków (rys. 8.6-10) wynikających wprost z postaci macierzy (8.6-49).

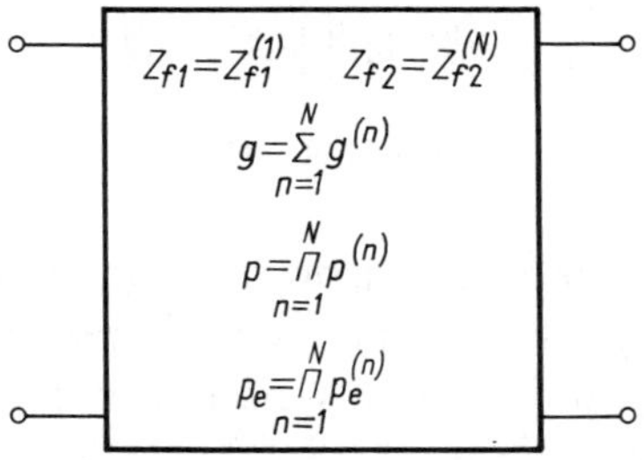

Rys. 8.6-10

Średni współczynnik przenoszenia falowego łańcucha czwórników dopasowanych falowo jest sumą średnich współczynników dopasowania falowego czwórników składowych.

Przekładnia impedancyjna (przekładnia energetyczna) łańcucha czwórników dopasowanych falowo jest iloczynem przekładni impedancyjnych (przekładni energetycznych) czwórników składowych.

W podobny sposób można pokazać, że w łańcuchu czwórników dopasowanych falowo sumują się współczynniki przenoszenia falowego pierwotne i wtórne.

W przytoczonych właściwościach łańcucha czwórników dopasowanych falowo przejawiają się zalety opisu falowego. Chcąc wyznaczyć charakterystyki łańcucha i dysponując, na przykład, opisem łańcuchowym czwórników składowych, musimy mnożyć macierze. W przypadku opisu falowego wystarczy sumować lub mnożyć odpowiednie liczby.

L. Łańcuch czwórników dopasowanych falowo i dopasowanych falowo na krańcach. Często łańcuch czwórników dopasowanych falowo pracuje w układzie pokazanym na rys. 8.6-11, w którym, oprócz warunków (8.6-47), zachodzą dodatkowe warunki:

$$Z_1 = Z_{f1}^{(1)} \wedge Z_2 = Z_{f2}^{(N)} \tag{8.6-50}$$

tzn. lewe skrajne ogniwo jest dopasowane falowo na zaciskach pierwotnych, a prawe skrajne ogniwo na zaciskach wtórnych. W takim przypadku każde ogniwo łańcucha jest obustronnie dopasowane falowo, przy czym:

$$Z_p^{(n)} = Z_{f1}^{(n)} \wedge Z_w^{(n)} = Z_{f2}^{(n)} \tag{8.6-51}$$

gdzie $Z_p^{(n)}(Z_w^{(n)})$ oznacza impedancję wejściową pierwotną (wtórną) n-tego ogniwa.

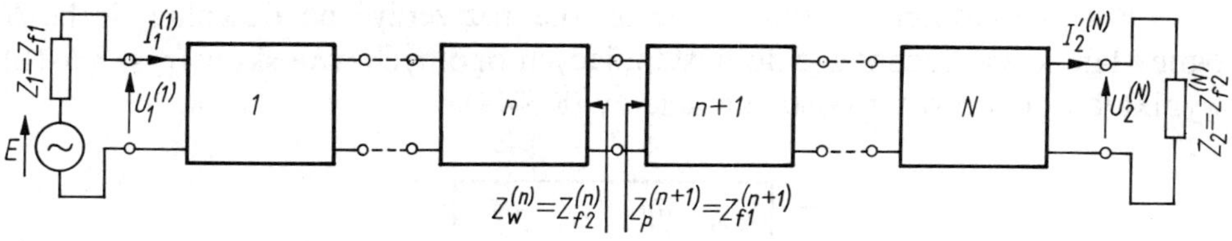

Rys. 8.6-11

Dla łańcucha czwórników dopasowanych falowo i dopasowanych falowo na krańcach szczególnie prosto można wyrazić przez parametry falowe związki między napięciami i prądami na jego wejściu a napięciami i prądami na wyjściu. Na przykład, wobec zależności (8.2-23), (8.2-24), (8.6-44), (8.6-40) oraz (8.6-43), mamy:

$$H_u = \frac{U_2^{(N)}}{U_1^{(1)}} = \frac{1}{\frac{p_e}{p}\operatorname{ch} g + \frac{p_e Z_f \operatorname{sh} g}{Z_{f2}^{(N)}}} = \frac{p}{p_e}\,\mathrm{e}^{-g} \tag{8.6-52}$$

$$H_i = \frac{I_2'^{(N)}}{I_1^{(1)}} = \frac{1}{p_e p \operatorname{ch} g + \frac{p_e \operatorname{sh} g}{Z_f} Z_{f2}^{(N)}} = \frac{1}{p p_e}\,\mathrm{e}^{-g} \tag{8.6-53}$$

Także i w tych związkach są widoczne zalety opisu falowego. Chcąc wyznaczyć transmitancje łańcucha czwórników dopasowanych falowo i dopasowanego falowo na jednym z jego krańców, wystarczy dodawać i mnożyć parametry falowe czwórników składowych, zamiast uciążliwego mnożenia ich macierzy łańcuchowych.

M. Współczynniki niedopasowania. Czwórniki przezroczyste i nieprzezroczyste elektrycznie. Impedancja falowa jest pierwiastkiem kwadratowym z funkcji wymiernej, a więc sama nie jest funkcją wymierną. Z tego względu, poza przypadkami szczególnymi, nie jest możliwe dopasowanie falowe czwórnika w skończonym przedziale pulsacji, a tym bardziej w całym jej zakresie. Uzasadnione jest zatem zbadanie właściwości czwórnika pracującego w stanie niedopasowania falowego.

Zbadajmy w tym celu, jak zmieniają się impedancje wejściowa pierwotna i wejściowa wtórna w funkcji parametrów falowych i impedancji obciążenia (por. rys. 8.2-7). Ze wzorów (8.2-22) i związków (8.6-44) wynika, że:

$$Z_p = \frac{\frac{\operatorname{ch} g}{p} Z_2 + Z_f \operatorname{sh} g}{\frac{\operatorname{sh} g}{Z_f} Z_2 + p \operatorname{ch} g}, \qquad Z_w = \frac{p \operatorname{ch} g Z_1 + Z_f \operatorname{sh} g}{\frac{\operatorname{sh} g}{Z_f} Z_1 + \frac{\operatorname{ch} g}{p}} \tag{8.6-54}$$

Uwzględniając zależności (8.6-40), wzory (8.6-54) możemy przekształcić do postaci:

$$Z_p = Z_{f1}\frac{Z_2 \operatorname{ch}g + Z_{f2}\operatorname{sh}g}{Z_2 \operatorname{sh}g + Z_{f2}\operatorname{ch}g}, \qquad Z_w = Z_{f2}\frac{Z_1 \operatorname{ch}g + Z_{f1}\operatorname{sh}g}{Z_1 \operatorname{sh}g + Z_{f1}\operatorname{ch}g} \tag{8.6-55}$$

Zamieniając funkcje hiperboliczne na wykładnicze, otrzymujemy po dalszych przekształceniach:

$$Z_p = Z_{f1}\frac{1+\Gamma_2 \mathrm{e}^{-2g}}{1-\Gamma_2 \mathrm{e}^{-2g}}, \qquad Z_w = Z_{f2}\frac{1+\Gamma_1 \mathrm{e}^{-2g}}{1-\Gamma_1 \mathrm{e}^{-2g}} \tag{8.6-56}$$

Występujące we wzorze (8.6-56) wielkości:

$$\Gamma_2 \stackrel{\Delta}{=} \frac{Z_2 - Z_{f2}}{Z_2 + Z_{f2}}, \qquad \Gamma_1 \stackrel{\Delta}{=} \frac{Z_1 - Z_{f1}}{Z_1 + Z_{f1}} \tag{8.6-57}$$

są nazywane *współczynnikami niedopasowania* (*współczynnikami odbicia*) *strony wtórnej* i odpowiednio *strony pierwotnej*. Współczynniki te są liczbami zespolonymi o modułach nie większych niż 1 i mogą być uważane za miary niedopasowania falowego. W szczególnych przypadkach przybierają one wartości: $\Gamma_2 = 1$ ($\Gamma_1 = 1$), gdy zaciski wtórne (pierwotne) są rozwarte oraz $\Gamma_2 = -1$ ($\Gamma_1 = -1$), gdy zaciski wtórne (pierwotne) są zwarte. W stanie dopasowania falowego po stronie wtórnej (pierwotnej) mamy oczywiście $\Gamma_2 = 0$ i $Z_p = Z_{f1}$ ($\Gamma_1 = 0$ i $Z_w = Z_{f2}$).

O tym, jak niedopasowanie falowe impedancji obciążenia wpływa na impedancje wejściowe, decyduje współczynnik przenoszenia falowego $g = a + jb$. W praktyce istotne znaczenie mają dwa przypadki graniczne:

1. Gdy $g \cong 0$ ($a \cong 0 \wedge b \cong 0$), wówczas $\operatorname{sh}g \cong 0$, $\operatorname{ch}g \cong 1$ i, zgodnie ze wzorami (8.6-55), mamy:

$$Z_p \cong \frac{1}{p^2} Z_2, \qquad Z_w \cong p^2 Z_1 \tag{8.6-58}$$

W tym przypadku wpływ na impedancje wejściowe ma tylko jeden parametr czwórnika – jego przekładnia impedancyjna p. Możemy powiedzieć, że czwórnik transformuje wówczas impedancję obciążenia Z_2 (Z_1) w stosunku $1/p^2$ (p^2). Czwórniki, dla których zachodzi $g \cong 0$, nazywamy *przezroczystymi elektrycznie*.

2. Gdy współczynnik a jest dostatecznie duży, tj. $|\mathrm{e}^{-2g}| = \mathrm{e}^{-2a}$ jest dostatecznie małe, wówczas ułamki we wzorach (8.6-56) dążą do jedności i w granicy:

$$Z_p = Z_{f1}, \qquad Z_w = Z_{f2} \tag{8.6-59}$$

W tym przypadku impedancja obciążenia nie wpływa na impedancję wejściową. Czwórniki o tej właściwości nazywamy *nieprzezroczystymi elektrycznie.*

N. Znormalizowane macierze charakterystyczne czwórnika. W niektórych zastosowaniach teorii czwórników wygodnie jest posługiwać się znormalizowanymi parametrami charakterystycznymi. Normalizację parametrów charakterystycznych uzyskuje się przez normalizację napięć i prądów zaciskowych czwórnika względem odpowiednich impedancji falowych:

$$\bar{U}_1 = \frac{U_1}{\sqrt{Z_{f1}}}, \qquad \bar{U}_2 = \frac{U_2}{\sqrt{Z_{f2}}} \tag{8.6-60}$$

$$\bar{I}_1 = \sqrt{Z_{f1}}\, I_1, \qquad \bar{I}_2 = \sqrt{Z_{f2}}\, I_2$$

Znormalizowane w ten sposób wielkości zaciskowe mają jednakowy wymiar $(\mathrm{VA})^{1/2}$, ich stosunki są zatem wielkościami bezwymiarowymi. Bezwymiarowość stosunków znormalizowanych wielkości zaciskowych nie przesądza jeszcze o zaletach opisu znormalizowanego. Istotny jest fakt, że zostają zachowane przy tym równości $\bar{U}_1\bar{I}_1 = U_1 I_1$ oraz $\bar{U}_2\bar{I}_2 = U_2 I_2$.

Każdy nieznormalizowany parametr charakterystyczny czwórnika jest stosunkiem dwóch nieznormalizowanych wielkości zaciskowych określonym w odpowiednim stanie pracy czwórnika. Odpowiadający mu parametr znormalizowany jest zdefiniowany w analogiczny sposób, tzn. jako stosunek tych samych znormalizowanych wielkości zaciskowych w tym samym stanie pracy czwórnika. Równania wiążące wielkości znormalizowane mają zatem identyczną postać jak równania (8.1-1)–(8.1-6). Na przykład znormalizowane równania admitancyjne mają postać:

$$\begin{bmatrix} \bar{I}_1 \\ \bar{I}_2 \end{bmatrix} = \bar{\boldsymbol{Y}} \begin{bmatrix} \bar{U}_1 \\ \bar{U}_2 \end{bmatrix} \tag{8.6-61}$$

gdzie:

$$\bar{\boldsymbol{Y}} = \begin{bmatrix} \bar{y}_{11} & \bar{y}_{12} \\ \bar{y}_{21} & \bar{y}_{22} \end{bmatrix}, \qquad \bar{y}_{kl} = y_{kl}\sqrt{Z_{fk} Z_{fl}}, \qquad k, l = 1, 2 \tag{8.6-62}$$

jest znormalizowaną macierzą admitancyjną czwórnika. W przypadku czwórnika impedancyjnie symetrycznego wszystkie wielkości zaciskowe są unormowane względem średniej impedancji falowej Z_f.

Znormalizowane parametry impedancyjne czwórnika są określone wzorem:

$$\bar{z}_{kl} = \frac{z_{kl}}{\sqrt{Z_{fk} Z_{fl}}}, \qquad k, l = 1, 2 \tag{8.6-63}$$

natomiast znormalizowane parametry łańcuchowe są związane z nieznormalizowanymi parametrami łańcuchowymi zależnościami:

$$\bar{a}_{11} = pa_{11}, \qquad \bar{a}_{12} = \frac{a_{12}}{Z_f}, \qquad \bar{a}_{21} = a_{21}Z_f, \qquad \bar{a}_{22} = \frac{a_{22}}{p} \tag{8.6-64}$$

gdzie p jest przekładnią impedancyjną.

8.6.2. Wzmianka o opisie czwórnika za pomocą parametrów rozproszenia

A. Uwagi ogólne. Opis czwórników za pomocą parametrów rozproszenia jest szczególnie dogodny, gdy pracują one w stanie ustalonym przy pobudzaniu sinusoidalnym w zakresie wielkich i bardzo wielkich częstotliwości. Analiza układów wielkiej i bardzo wielkiej częstotliwości jest domeną techniki mikrofalowej.

W analizie czwórników (szerzej – wielowrotników) mikrofalowych istotne są nie tyle zagadnienia związane z wyznaczaniem prądów i napięć zaciskowych, co problemy obliczania takich wielkości, jak *współczynniki odbicia* czy też moce czynne dostarczane do czwórnika bądź od niego odprowadzane. Obliczanie tych wielkości w ramach opisu prądowo-napięciowego czwórnika i posługiwanie się przy tym parametrami charakterystycznymi jest niewygodne. Znacznie dogodniejszym w tym celu opisem jest opis czwórnika za pomocą *zmiennych rozproszenia* i związanych z nim *parametrów rozproszenia*. Parametry rozproszenia określają bowiem bezpośrednio zarówno współczynniki odbicia, jak i stosunki odpowiednich mocy czynnych występujących w czwórniku. Umożliwia to szczególnie prostą analizę procesu przesyłania energii przez czwórnik.

Opis czwórników za pomocą parametrów rozproszenia ma także szereg innych zalet, których nie ma opis zaciskowy. Jak wiemy, wiele podstawowych czwórników nie ma wszystkich macierzy charakterystycznych. W szczególności mogą nie istnieć jego macierze immitancyjne – jedna lub obie. Dla każdego pasywnego czwórnika SLSB istnieje natomiast jego opis za pomocą parametrów rozproszenia. Właściwość ta umożliwia wykazanie pewnych ogólnych twierdzeń odnoszących się do tej klasy czwórników i wyrażonych przez parametry rozproszenia (por. p. 10.2.2-B). Twierdzeń tych nie można byłoby dowieść na gruncie opisu immitancyjnego. Inną zaletą opisu za pomocą parametrów rozproszenia jest to, że parametry te charakteryzują czwórnik w roboczym stanie jego pracy, a więc przy dołączeniu do jego zacisków dwójników źródłowych lub odbiorczych.

B. Zmienne rozproszenia. W opisie czwórników za pomocą parametrów charakterystycznych jako zmienne przyjmuje się napięcia i prądy zaciskowe. W opisie za pomocą parametrów rozproszenia zmiennymi są kombinacje liniowe napięć i prądów zaciskowych unormowanych względem dwóch dowolnych stałych rzeczywistych r_1 i r_2, związanych odpowiednio z wrotami 11′ i 22′ i nazywanych *stałymi normalizującymi* (rys. 8.6-12a):

$$A_1 = \frac{1}{2}(\bar{U}_1 + \bar{I}_1), \quad A_2 = \frac{1}{2}(\bar{U}_2 + \bar{I}_2),$$

$$B_1 = \frac{1}{2}(\bar{U}_1 - \bar{I}_1), \quad B_2 = \frac{1}{2}(\bar{U}_2 - \bar{I}_2) \tag{8.6-65}$$

gdzie:

$$\bar{U}_1 = \frac{U_1}{\sqrt{r_1}}, \quad \bar{U}_2 = \frac{U_2}{\sqrt{r_2}}, \quad \bar{I}_1 = \sqrt{r_1}\, I_1, \quad \bar{I}_2 = \sqrt{r_2}\, I_2 \tag{8.6-66}$$

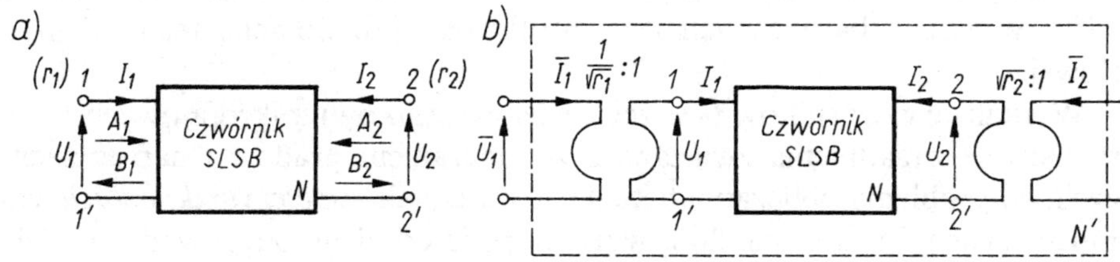

Rys. 8.6-12

Sposób normalizacji jest więc analogiczny do omówionego w p. 8.6.1-N, z tą różnicą, że stałe normalizujące r_1 i r_2 są z założenia rzeczywiste. Ich wymiarem jest Ω. Wymiarem unormowanych napięć i prądów, a zarazem i *zmiennych rozproszenia* A_1, A_2, B_1, B_2 jest zatem $(VA)^{1/2}$. Unormowane napięcia i prądy wyrażają się przez zmienne rozproszenia związkami odwrotnymi do (8.6-65):

$$\bar{U}_1 = A_1 + B_1, \quad \bar{U}_2 = A_2 + B_2$$

$$\bar{I}_1 = A_1 - B_1, \quad \bar{I}_2 = A_2 - B_2 \tag{8.6-67}$$

Zmienne A_1, A_2 są nazywane *zmiennymi padania*, a zmienne B_1, B_2 *zmiennymi odbicia*[1)].

Zauważmy, że znormalizowane napięcia i prądy są wielkościami zaciskowymi czwórnika przedstawionego na rys. 8.6-12b.

[1)] Opis za pomocą zmiennych rozproszenia jest szczególnie dogodny w przypadku układów o stałych rozłożonych, w których sygnały są zwykle doprowadzane i odprowadzane do układu za pomocą tzw. *prowadnic falowych* (odcinków linii długich) i mają charakter fal, w których w sposób naturalny można wyodrębnić *falę padającą* i *falę odbitą*. Tłumaczy to zarazem przyjętą tu terminologię. Jako stałe normalizujące r_1, r_2 obierane są wtedy z reguły (rzeczywiste) impedancje falowe bezstratnych prowadnic dołączonych do wrót pierwotnych i odpowiednio wtórnych układu. Należy jednak podkreślić, że dla układów rozłożonych zmienne rozproszenia są definiowane odmiennie niż w przypadku układów skupionych.

C. Macierz rozproszenia. Można wykazać, że dla każdego czwórnika SLSB między zmiennymi padania i zmiennymi odbicia zachodzą związki:

$$\left.\begin{aligned} B_1 &= s_{11}A_1 + s_{12}A_2 \\ B_2 &= s_{21}A_1 + s_{22}A_2 \end{aligned}\right\} \tag{8.6-68}$$

Równania (8.6-68) są nazywane *równaniami rozproszenia*, a występujące w nich zespolone współczynniki – *parametrami rozproszenia*. Zapisując je w formie macierzowej, mamy:

$$\begin{bmatrix} B_1 \\ B_2 \end{bmatrix} = \boldsymbol{S} \begin{bmatrix} A_1 \\ A_2 \end{bmatrix} \tag{8.6-69}$$

gdzie:

$$\boldsymbol{S} = \begin{bmatrix} s_{11} & s_{12} \\ s_{21} & s_{22} \end{bmatrix} \tag{8.6-70}$$

jest *macierzą rozproszenia* czwórnika. Podkreślamy, że, w przeciwieństwie do macierzy charakterystycznych, macierz rozproszenia nie jest charakterystyką własną czwórnika, stanowi ona bowiem opis czwórnika parametryzowany względem stałych zewnętrznych r_1 i r_2. Ponieważ stałe te dobiera się w praktyce często w zależności od oporów dwójników dołączonych do zacisków czwórnika, zatem macierz rozproszenia charakteryzuje czwórnik z uwzględnieniem parametrów układów, z którymi on współpracuje.

D. Interpretacja parametrów rozproszenia. Z równań (8.6-68) wynika, że:

$$s_{11} = \left.\frac{B_1}{A_1}\right|_{A_2=0}, \quad s_{12} = \left.\frac{B_1}{A_2}\right|_{A_1=0}, \quad s_{21} = \left.\frac{B_2}{A_1}\right|_{A_2=0}, \quad s_{22} = \left.\frac{B_2}{A_2}\right|_{A_1=0} \tag{8.6-71}$$

Parametry s_{11} i s_{21} są zatem określone przy warunku $A_2 = 0$. Zgodnie z równościami definicyjnymi (8.6-65) warunek ten jest spełniony, gdy $U_2 = -I_2 r_2$, co oznacza, że parametry s_{11} i s_{21} są określone przy obciążeniu zacisków wyjściowych czwórnika oporem r_2 (rys. 8.6-13a).

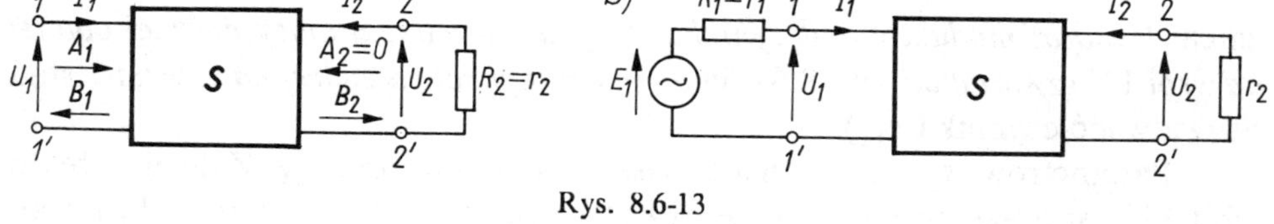

Rys. 8.6-13

Parametr s_{11} jest nazywany *pierwotnym współczynnikiem odbicia* (wyznaczonym względem stałej normalizacji r_1). Uwzględniając wzory (8.6-65) oraz związek $U_1 = I_1 Z_p$, gdzie Z_p jest impedancją wejściową pierwotną, parametr ten można przedstawić w postaci (zwracamy uwagę na podobieństwo tej postaci do drugiego ze wzorów (8.6-57) określającego współczynnik niedopasowania falowego Γ_1 strony pierwotnej czwórnika):

$$s_{11} = \frac{Z_p - r_1}{Z_p + r_1} \tag{8.6-72}$$

Rozważmy moc czynną P_1 dostarczoną z otoczenia do wrót $11'$ czwórnika z rys. 8.6-13a obciążonego oporem $R_2 = r_2$. Zgodnie z zależnościami (8.6-66) i (8.6-67) mamy:

$$P_1 = \frac{1}{2}\mathrm{Re}(U_1 I_1^*) = \frac{1}{2}\,\mathrm{Re}\,(\bar{U}_1 \bar{I}_1^*) = \frac{1}{2}\,A_1 A_1^* - \frac{1}{2}\,B_1 B_1^* \tag{8.6-73}$$

Jak widzimy, moc P_1 jest różnicą dwóch składników:

$$P_1 = P_1^+ - P_1^- \tag{8.6-74}$$

z których pierwszy:

$$P_1^+ = \frac{1}{2}\,A_1 A_1^* = \frac{1}{2}\,|A_1|^2 \tag{8.6-75}$$

jest interpretowany jako *moc czynna padająca* na wrota $11'$, a drugi:

$$P_1^- = \frac{1}{2}\,B_1 B_1^* = \frac{1}{2}\,|B_1|^2 \tag{8.6-76}$$

jako *moc czynna odbita* od wrót $11'$.

Interpretacja parametru s_{11} staje się już teraz oczywista. Ponieważ wobec pierwszego ze wzorów (8.6-71) oraz wzorów (8.6-75) i (8.6-76):

$$|s_{11}|^2 = \frac{|B_1|^2}{|A_1|^2} = \frac{P_1^-}{P_1^+} \tag{8.6-77}$$

zatem *kwadrat modułu współczynnika* s_{11} *jest stosunkiem mocy czynnej odbitej od wrót* $11'$ *czwórnika z* rys. 8.6-13a *do mocy czynnej padającej na te wrota* (stąd nazwa współczynnika s_{11}).

Parametrowi s_{11} można nadać jeszcze inną interpretację. Załóżmy, że do wrót $11'$ jest dołączone źródło rzeczywiste o sile elektromotorycznej E_1 i oporze wewnętrznym $R_1 = r_1$ (rys. 8.6-13b). Zachodzi wówczas związek $E_1 = U_1 + I_1 r_1$, a moc padającą na wrota 11′ można wyrazić wzorem:

$$P_1^+ = \frac{1}{2}|A_1|^2 = \frac{1}{8}|\bar{U}_1 + \bar{I}_1|^2 = \frac{1}{8}\left|\frac{U_1}{\sqrt{r_1}} + I_1\sqrt{r_1}\right|^2 =$$

$$= \frac{1}{8}\frac{|U_1 + I_1 r_1|^2}{r_1} = \frac{1}{8}\frac{|E_1|^2}{r_1} \tag{8.6-78}$$

Pokazaliśmy tym samym, że przy warunku $r_1 = R_1$ moc padająca na wrota 11′ jest równa mocy dysponowanej P_{1dysp} źródła E_1, R_1. Mamy wtedy:

$$|s_{11}|^2 = \frac{P_1^-}{P_{1dysp}} \tag{8.6-79}$$

Rozważmy z kolei parametr s_{21}. Podstawiając do trzeciego ze wzorów (8.6-71) wzory definicyjne (8.6-65) i uwzględniając w nich związki $E_1 = U_1 + I_1 r_1$ oraz $U_2 = -I_2 r_2$ (rys. 8.6-13b), można łatwo sprawdzić, że:

$$s_{21} = 2\frac{U_2}{E_1}\sqrt{\frac{r_1}{r_2}} \tag{8.6-80}$$

a następnie, że:

$$|s_{21}|^2 = \frac{P_{r_2}}{P_{1dysp}} \tag{8.6-81}$$

gdzie P_{r_2} jest mocą czynną wydzielaną w obciążeniu r_2. Tak więc przy warunku $r_1 = R_1$ *kwadrat modułu współczynnika* s_{21} jest *stosunkiem mocy czynnej wydzielanej w obciążeniu* r_2 *do mocy dysponowanej źródła.*

Oznaczmy przez P_2 moc czynną doprowadzoną z otoczenia do wrót 22′ czwórnika. Podobnie jak dla mocy P_1 doprowadzonej do wrót 11′ (wzór (8.6-73)) mamy:

$$P_2 = \frac{1}{2}\operatorname{Re}(U_2 I_2^*) = \frac{1}{2}\operatorname{Re}(\bar{U}_2 \bar{I}_2^*) =$$

$$= \frac{1}{2}A_2 A_2^* - \frac{1}{2}B_2 B_2^* = P_2^+ - P_2^- \tag{8.6-82}$$

gdzie $P_2^+ = \frac{1}{2}A_2 A_2^* = \frac{1}{2}|A_2|^2$ jest mocą czynną padającą na wrota 22′, a $P_2^- = \frac{1}{2}B_2 B_2^* = \frac{1}{2}|B_2|^2$ mocą czynną odbitą od tych wrót. Z uwagi na warunek $A_2 = 0$, spełniony w układzie z rys. 8.6-13a, moc czynna P_2^+ padająca na wrota 22′ jest równa zeru, a więc moc czynna P_2 doprowadzona do wrót 22′ jest równa $-P_2$. Oznacza to, że czwórnik odprowadza przez wrota 22′ do otoczenia moc odbitą P_2^-. Moc ta jest zarazem mocą czynną P_{r_2} wydzielaną w obciążeniu r_2. Równość (8.6-81) może być więc zapisana także w postaci:

$$|s_{21}|^2 = \frac{P_2^-}{P_{1dysp}} \tag{8.6-83}$$

Powtarzając powyższe rozumowanie przy założeniu, że czwórnik jest pobudzany na zaciskach wtórnych i obciążony na zaciskach pierwotnych (rys. 8.6-14), można pokazać, że (por. zad. 8.29):

$$|s_{22}|^2 = \frac{P_2^-}{P_{2dysp}}, \qquad |s_{12}|^2 = \frac{P_{r_1}}{P_{2dysp}} = \frac{P_1^-}{P_{2dysp}} \tag{8.6-84}$$

gdzie P_{2dysp} jest mocą dysponowaną źródła E_2, r_2, a P_{r_1} mocą czynną wydzielaną w obciążeniu r_1.

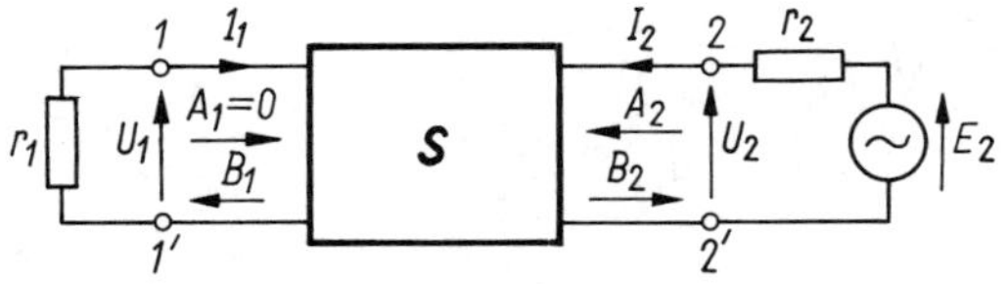

Rys. 8.6-14

Widzimy więc, że parametry rozproszenia mają prostą interpretację energetyczną, a posługiwanie się nimi umożliwia sprawne obliczanie mocy występujących w roboczym układzie pracy czwórnika.

Dodajmy, że posługując się parametrami rozproszenia, możemy także w prosty sposób wyrazić warunki odwracalności czwórnika i jego symetrii impedancyjnej. Można mianowicie pokazać (dowód pomijamy), że czwórnik jest odwracalny wtedy i tylko wtedy, kiedy:

$$s_{12} = s_{21} \tag{8.6-85}$$

i jest symetryczny impedancyjnie wtedy i tylko wtedy, kiedy:

$$s_{11} = s_{22} \tag{8.6-86}$$

Niektóre inne właściwości opisu czwórnika za pomocą parametrów rozproszenia są przedmiotem zadań 8.29–8.30.

Zadania do rozdziału 8

Zadanie 8.1. Zapisać na podstawie schematu równania łańcuchowe czwórnika pokazanego na rys. Z-8.1.

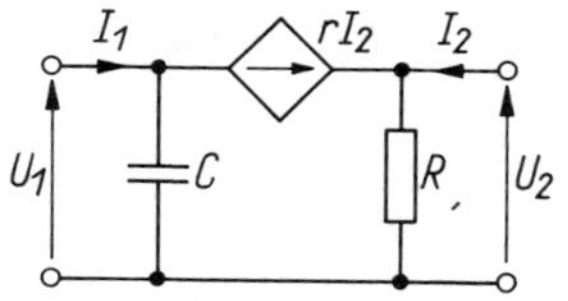

Rys. Z-8.1

Odp.:
$$\left.\begin{aligned} U_1 &= U_2 - rI_2 \\ I_1 &= \left(\frac{1}{R} + sC\right)U_2 - (1 + srC)I_2 \end{aligned}\right\}$$

Zadanie 8.2. Macierz impedancyjna $\boldsymbol{Z}$ pewnego czwórnika ma postać:

$$\boldsymbol{Z} = \begin{bmatrix} 1 + \frac{1}{s} & \frac{1}{s} \\ 2 + \frac{1}{s} & 1 + \frac{1}{s} \end{bmatrix}$$

Wyznaczyć na jej podstawie macierz łańcuchową $\boldsymbol{A}$ tego czwórnika.

Odp.: $$\boldsymbol{A} = \frac{1}{2s+1}\begin{bmatrix} s+1 & s \\ s & s+1 \end{bmatrix}$$

Zadanie 8.3. Zapisując odpowiednie równania, wyznaczyć macierz łańcuchową czwórnika z rys. Z-8.3. Czy czwórnik ten jest czwórnikiem prawidłowym?

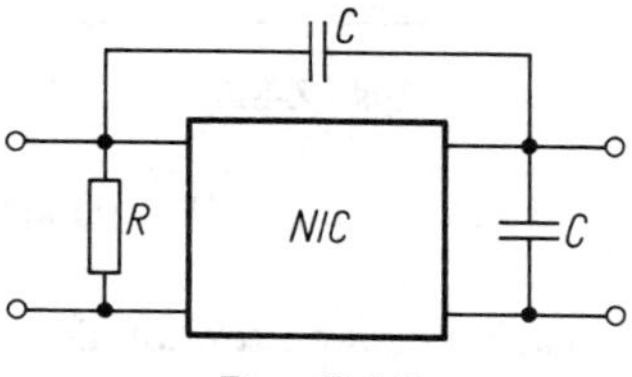

Rys. Z-8.3

Odp.: $A = \begin{bmatrix} k & 0 \\ \frac{k}{R} + \frac{k^2 - 2}{k} sC & -\frac{1}{k} \end{bmatrix}$; czwórnik jest zdegenerowany (nie ma macierzy Y).

Zadanie 8.4. Jakie warunki muszą spełniać parametry R, g, k czwórnika z rys. Z-8.4, aby był on równoważny żyratorowi o stałej żyracji r?

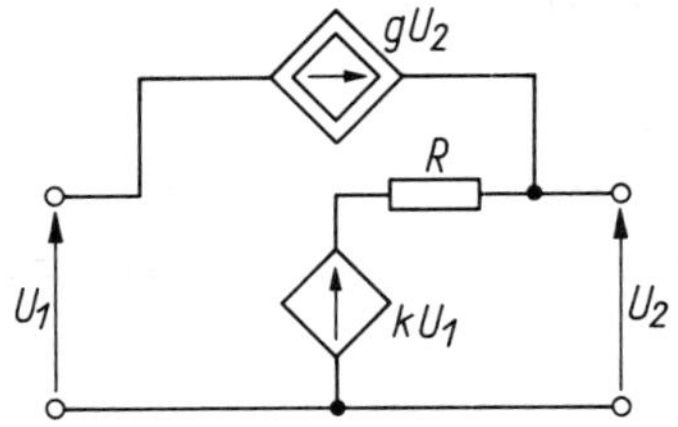

Rys. Z-8.4

Odp.: $R = \frac{1}{g} = r, \quad k = 1$

Zadanie 8.5. Obliczyć parametry impedancyjne czwórnika rezystancyjnego, dla którego przy pobudzaniu ze źródeł stałych dokonano pomiarów zilustrowanych na rys. 8.5a,b.

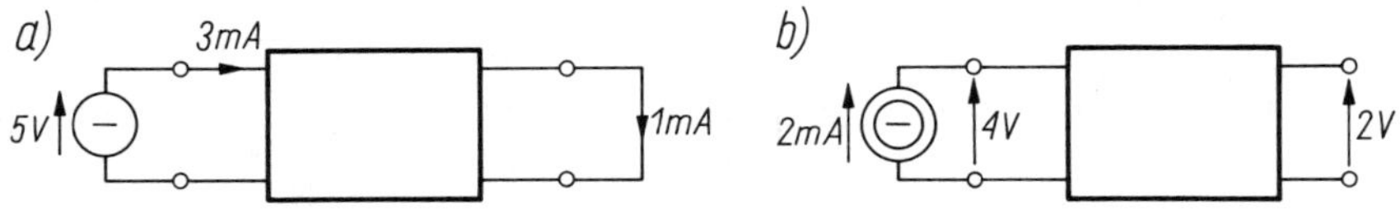

Rys. Z-8.5

Odp.: $Z = \begin{bmatrix} 2 & 1 \\ 1 & 3 \end{bmatrix}$ kΩ

Zadanie 8.6. Czwórnik z rys. Z-8.6 pracuje w stanie ustalonym przy pobudzaniu ze źródła sinusoidalnego o pulsacji $\omega = 1$ Mrad/s. Obliczyć impedancje wejściowe zwarciowe i rozwarciowe tego czwórnika, jeżeli: $R = 1$ kΩ, $L = 1$ mH, $C = 1$ nF, $k \stackrel{\Delta}{=} |M|/L = 1$.

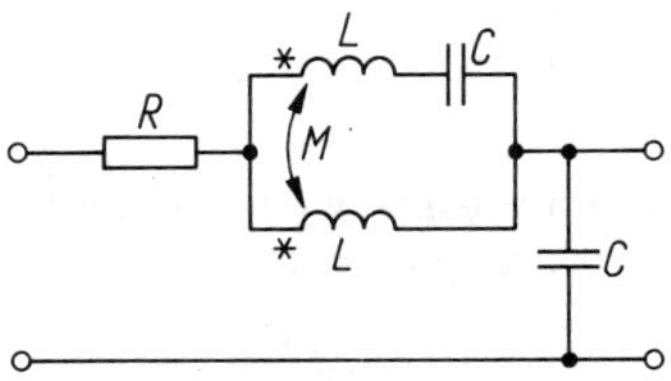

Rys. Z-8.6

Odp.: $Z_{pz} = (1 + j1)$ kΩ, $Z_{pr} = 1$ kΩ, $Z_{wz} = (1 - j1)$ kΩ, $Z_{wr} = -j1$ kΩ.

Zadanie 8.7. Sprawdzić, że połączenia: szeregowe i równoległe nulatora i noratora (rys. Z-8.7) są odpowiednio równoważne rozwarciu i zwarciu.

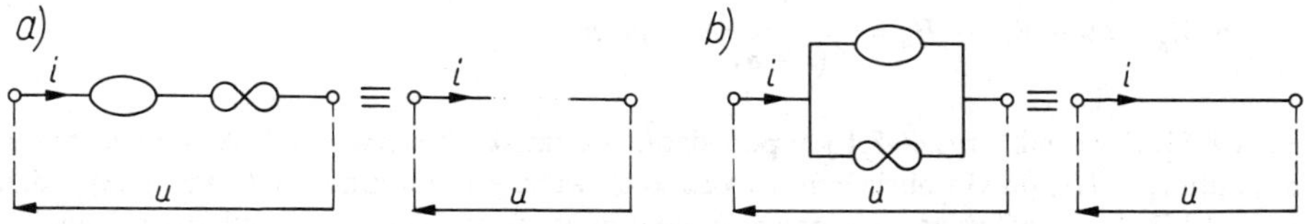

Rys. Z-8.7

Zadanie 8.8. Dany jest czwórnik A zawierający czwórnik wewnętrzny A' o znanych parametrach:

$$a'_{11} = \frac{s+1}{s+3}, \qquad a'_{12} = \frac{s}{s+1}$$

oraz źródło sterowane o parametrze $g = 0{,}5$ S (rys. Z-8.8). Wyznaczyć transmitancję napięciową rozwarciową H_u czwórnika A.

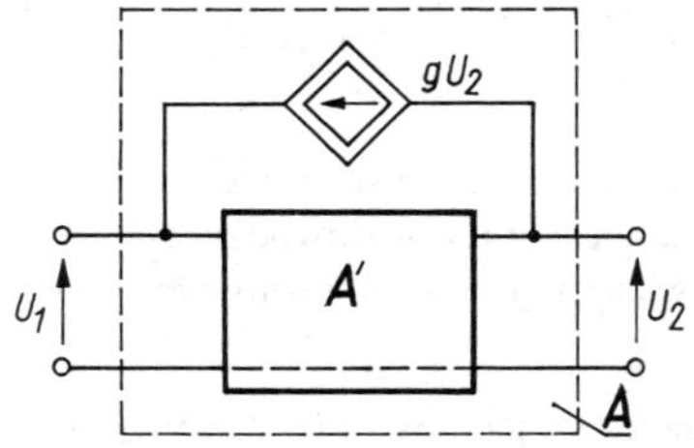

Rys. Z-8.8

Odp.: $H_u = \dfrac{2}{3}\,\dfrac{(s+1)(s+3)}{\left(s+\dfrac{1}{3}\right)(s+2)}$

Zadanie 8.9. Wykazać, że impedancje wejściowe czwórnika pierwotną i wtórną można wyrazić w zależności od parametrów łańcuchowych i impedancji obciążenia wzorami (8.2-22).

Zadanie 8.10. Obliczyć impedancje wejściowe pierwotne Z_p i transmitancje napięciowe H_u czwórników 11'22' pokazanych na rys. Z-8.10a,b, przy obciążeniu ich na zaciskach wtórnych oporem R.

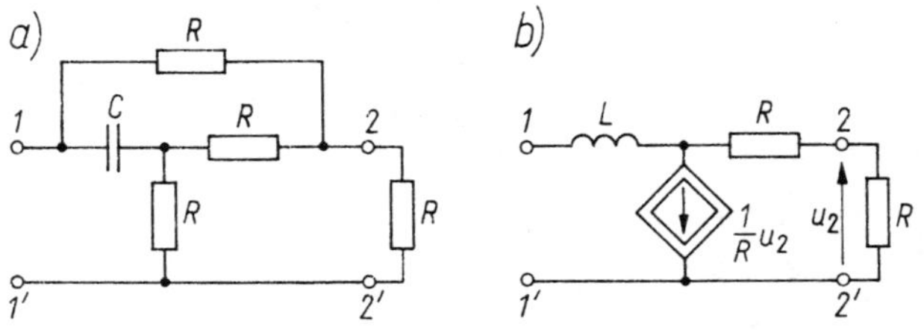

Rys. Z-8.10

Odp.: a) $Z_p = \dfrac{3}{5}R\,\dfrac{s+\dfrac{5}{3}\alpha}{s+\dfrac{3}{5}\alpha}$, $\qquad H_u = \dfrac{2}{3}\,\dfrac{s+\alpha}{s+\dfrac{5}{3}\alpha}$, $\qquad$ gdzie $\alpha = \dfrac{1}{RC}$;

b) $Z_p = sL + R, \quad H_u = \frac{\alpha}{2(s+\alpha)}, \quad$ gdzie $\quad \alpha = \frac{R}{L}$

Zadanie 8.11. Czwórnik z rys. Z-8.1 jest pobudzony na zaciskach pierwotnych skokiem jednostkowym prądu $i_1 = \mathbf{1}(t)$ [mA] i obciążony na zaciskach wtórnych pojemnością C. Przyjmując dane: $R = r = 1\ \mathrm{k\Omega}$, $C = 1\ \mathrm{nF}$ wyznaczyć przebieg napięcia u_2 na zaciskach wtórnych czwórnika.

Odp.: $u_2 = [1 - (1 + 10^6 t)\mathrm{e}^{-10^6 t}]\mathbf{1}(t)$ [V]

Zadanie 8.12. Czwórnik z rys. Z-8.6 jest pobudzany po stronie pierwotnej ze źródła o sile elektromotorycznej $e = E_m \cos\omega t$ oraz oporze wewnętrznym R_1 i obciążony po stronie wtórnej oporem R_2. Obliczyć jego efektywne wzmocnienie napięciowe H_u^{ef}, wzmocnienie mocy H_p i efektywne wzmocnienie mocy H_p^{ef}. Przyjąć dane liczbowe z zadania 8.6, a ponadto $R_1 = R_2 = 1\ \mathrm{k\Omega}$.

Odp.: $H_u^{ef} = \frac{\sqrt{13}}{13}\mathrm{e}^{-\mathrm{j}\,\mathrm{arctg}\frac{3}{2}} \left[\frac{\mathrm{V}}{\mathrm{V}}\right], \quad H_p = \frac{1}{5}\left[\frac{\mathrm{W}}{\mathrm{W}}\right], \quad H_p^{ef} = \frac{4}{13}\left[\frac{\mathrm{W}}{\mathrm{W}}\right]$

Zadanie 8.13. Przyjmując, że równania źródłowego wielowrotnika SLS mają postać $\boldsymbol{I} = \boldsymbol{YU} + \boldsymbol{J}$, $\boldsymbol{J} \neq \mathbf{0}$, wykazać (rozumując analogicznie jak w dowodzie twierdzenia 8.3-1), że wielowrotnik taki nie spełnia równości (8.3-1), a więc nie jest wielowrotnikiem odwracalnym.

Zadanie 8.14. Sformułować zasadę wzajemności dla stanów pracy czwórnika przedstawionych na rys. 8.3-1c,d i wykazać, że czwórnik mający macierz impedancyjną spełnia zasadę wzajemności wtedy i tylko wtedy, kiedy $z_{12} = z_{21}$.

Zadanie 8.15. Wykazać, że jeśli istnieje macierz łańcuchowa czwórnika, to równość $a_{11} = a_{22}$ jest warunkiem koniecznym i dostatecznym jego symetrii impedancyjnej.

Zadanie 8.16. Dla jakiej wartości parametru α czwórnik pokazany na rys. Z-8.16 jest symetryczny impedancyjnie?

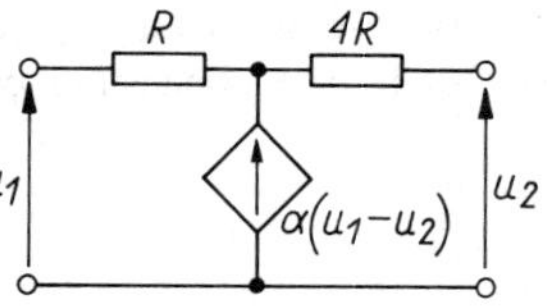

Rys. Z-8-16

Odp.: $\alpha = \frac{3}{5}$

Zadanie 8.17. Impedancyjnie symetryczny czwórnik 11′22′ pracuje w stanie ustalonym przy pobudzaniu sinusoidalnym w układzie pokazanym na rys. Z-8.17. Wiadomo, że: a) w dwójniku R_2C_2 wydziela się maksymalna moc czynna; b) źródło e, R_1 oddaje do układu moc równą swojej mocy dysponowanej; c) prąd i_2 opóźnia się względem prądu i_1 o 90°, a jego amplituda jest dwukrotnie większa od amplitudy prądu i_1. Wyznaczyć macierz łańcuchową $\boldsymbol{A}$ czwórnika oraz moce czynne: P_2 – pobieraną przez dwójnik R_2C_2 i P_{czw} – pobieraną przez czwórnik. Dane: $e = E_m\cos\omega t$, $E_m = 10$ V, $\omega = 1$ Mrad/s, $R_1 = 1\ \mathrm{k\Omega}$, $R_2 = 2\ \mathrm{k\Omega}$, $C_2 = 0{,}5$ nF.

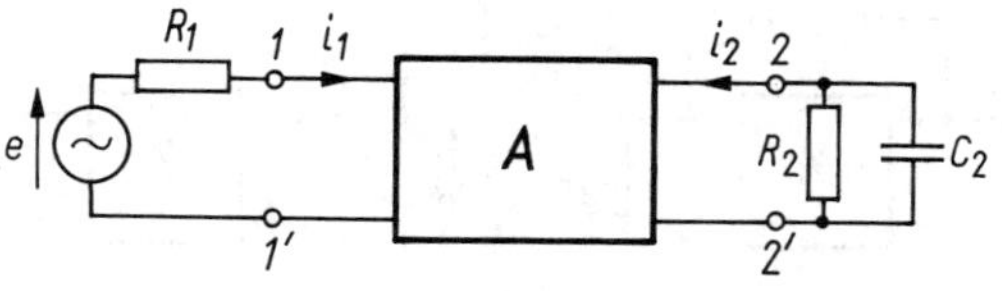

Rys. Z-8.17

Odp.: $A = \begin{bmatrix} -j\frac{1}{2}\frac{V}{V} & \frac{1}{2}\,k\Omega \\ 0 & -j\frac{1}{2}\frac{A}{A} \end{bmatrix}$, $P_2 = 50$ mW, $P_{czw} = -37{,}5$ mW

Zadanie 8.18. Pokazać, że spośród trójników z rys. 1.7-20 w tomie I tylko trójnik z rys. 1.7-20d ma nieoznaczoną macierz admitancyjną.

Zadanie 8.19. Pokazać, że jeśli połączenie równoległe czwórników (rys. 8.5-4b) jest regularne, to macierz admitancyjna $\boldsymbol{Y}$ czwórnika powstałego w wyniku tego połączenia jest sumą $\boldsymbol{Y}_1 + \boldsymbol{Y}_2$ macierzy admitancyjnych czwórników składowych.

Zadanie 8.20. Korzystając z zasad łączenia czwórników, wyznaczyć transmitancję napięciową $H_u = U_2/U_1$ czwórnika 11′22′ pokazanego na rys. Z-8.20. Macierz hybrydowa czwórnika wewnętrznego ma postać:

$$\boldsymbol{H} = \begin{bmatrix} 0 & 0 \\ -\alpha & 0 \end{bmatrix}$$

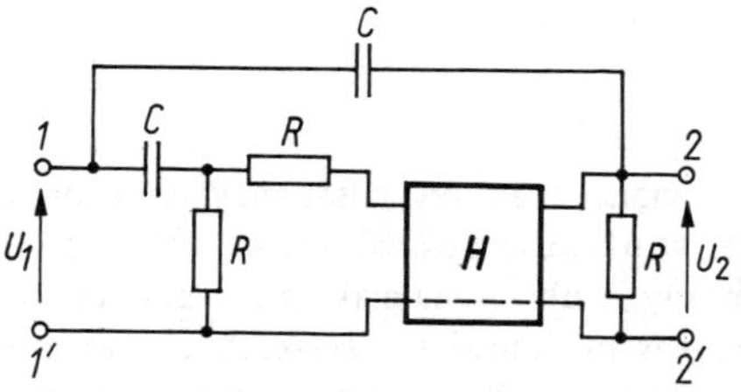

Rys. Z-8.20

Odp.: $H_u = \dfrac{R^2C^2s^2 + (2+\alpha)RCs}{R^2C^2s^2 + 3RCs + 2}$

Zadanie 8.21. Do symetrycznego czwórnika o macierzy admitancyjnej $\boldsymbol{Y}$ dołączono opór R, tak jak pokazano na rys. Z-8.21a i b. Czwórnik jest pobudzany w stanie ustalonym ze źródła o sile elektromotorycznej e. W układzie z rys. Z-8.21a na rozwartych zaciskach wtórnych występuje napięcie u_{2a}. W układzie z rys. Z-8.21b na obciążonych oporem R zaciskach wtórnych występuje napięcie u_{2b}. Wyznaczyć macierz $\boldsymbol{Y}$ czwórnika. Skorzystać z zasady równoległego łączenia czwórników. Dane: $e = \cos\omega t$ [V], $u_{2a} = \dfrac{\sqrt{2}}{2}\cos\left(\omega t + \dfrac{\pi}{4}\right)$ [V], $u_{2b} = -\dfrac{1}{2}\sin\omega t$ [V], $R = 2$ kΩ.

Odp.: $\boldsymbol{Y} = \dfrac{1}{2}\begin{bmatrix} 1 & -j1 \\ -j1 & 1 \end{bmatrix}$ mS

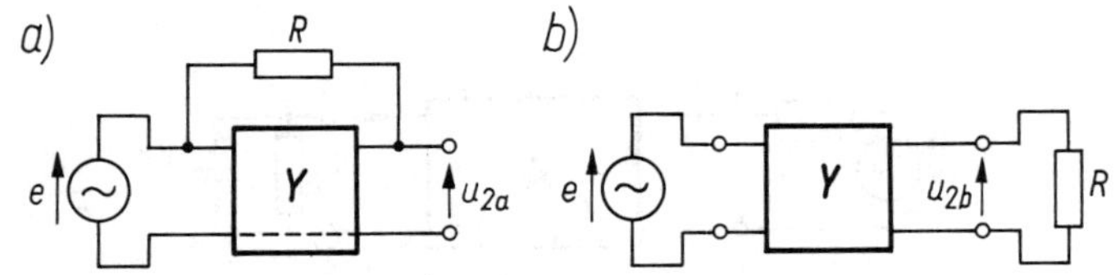

Rys. Z-8.21

Zadanie 8.22. Wykazać, że każdy czwórnik nieodwracalny o macierzy łańcuchowej A jest równoważny połączeniu łańcuchowemu czwórnika odwracalnego o macierzy łańcuchowej A' i czwórnika nieodwracalnego (tzw. idealnego wzmacniacza – przesuwnika fazy) o macierzy łańcuchowej A'', gdzie:

$$A' = \frac{A}{\det A}, \qquad A'' = \begin{bmatrix} \det A & 0 \\ 0 & \det A \end{bmatrix}$$

Zadanie 8.23. Symetryczny impedancyjnie czwórnik rezystancyjny 11′22′ jest pobudzany w stanie ustalonym z idealnego źródła napięciowego o sile elektromotorycznej e w układach przedstawionych na rys. Z-8.23a, b. Znane są moce czynne $P_1 = 4$ mW i $P_2 = 9$ mW pobierane ze źródła odpowiednio w układzie z rys. Z-8.23a i w układzie z rys. Z-8.23b. Obliczyć moc czynną P pobieraną ze źródła w układzie z rys. Z-8.23c (Z_f jest średnią impedancją falową czwórnika).

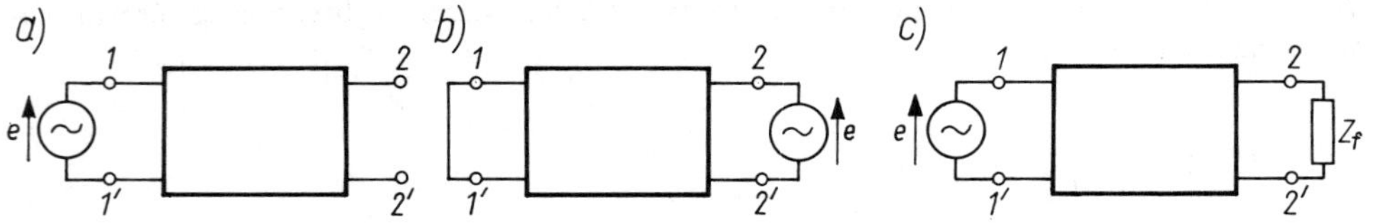

Rys. Z-8.23

Odp.: $P = 6$ mW

Zadanie 8.24. Czwórnik o znanej macierzy admitancyjnej Y pracuje w stanie ustalonym przy pobudzaniu sinusoidalnym w układzie pokazanym na rys. Z-8.24. Jeżeli klucz K jest otwarty, dwójnik R_2C_2 jest dopasowany do układu na maksimum mocy czynnej. Jeżeli klucz K jest zamknięty, czwórnik 11′22′ jest dopasowany falowo na zaciskach 22′. Obliczyć wartości R_2, C_2, C oraz moc czynną P wydzielaną w dwójniku R_2C_2 przy zamkniętym kluczu K. Dane: $e = E_m \cos\omega t$, $E_m = \sqrt{10}$ V, $\omega = 1$ Mrad/s, $y_{11} = y_{22} = (1 - \mathrm{j}1)$ mS, $y_{12} = y_{21} = (1 + \mathrm{j}1)$ mS.

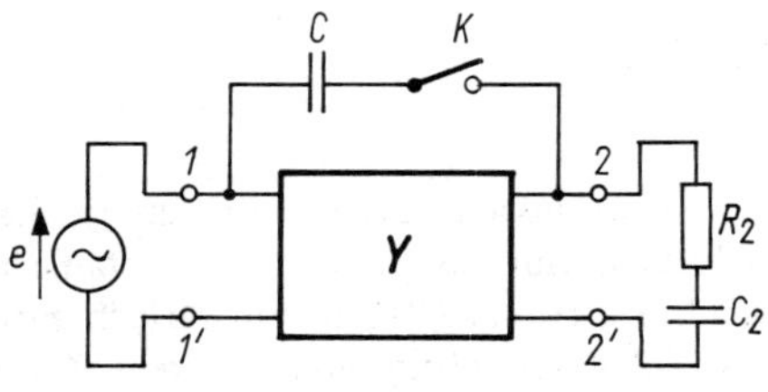

Rys. Z-8.24

Odp.: $R_2 = 0{,}5$ kΩ, $C_2 = 2$ nF, $C = 1{,}5$ nF, $P = 1$ mW.

Zadanie 8.25. Czwórnik symetryczny o znanej impedancji falowej $Z_f = \mathrm{e}^{\mathrm{j}\frac{\pi}{4}}$ kΩ i znanym współczynniku przenoszenia falowego $g = \ln(\mathrm{j}2)$ pracuje w stanie ustalonym przy pobudzaniu sinusoidalnym przy dopasowaniu falowym na zaciskach wtórnych. Obliczyć napięcie na wyjściu czwórnika, jeżeli prąd wejściowy $i_1 = 10\cos\omega t$ [mA].

Odp.: $u_2 = 5\cos\left(\omega t - \frac{\pi}{4}\right)$ [V]

Zadanie 8.26. Dwa odwracalne czwórniki o jednakowych współczynnikach przenoszenia falowego $g = \ln 2$ i jednakowych przekładniach impedancyjnych $p = 0{,}5$ pracują w stanie ustalonym przy pobudzaniu ze źródła harmonicznego e w układzie pokazanym na rys. Z-8.26. Czwórnik pierwszy jest dopasowany falowo po stronie pierwotnej, a czwórnik drugi po stronie wtórnej. Jaka część dysponowanej mocy źródła e jest tracona w obu czwórnikach?

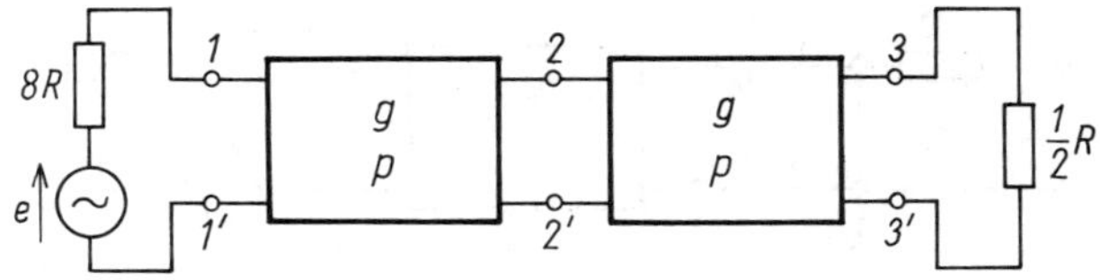

Rys. Z-8.26

Odp.: $\frac{15}{16}$

Zadanie 8.27. Dany jest łańcuch złożony z jednakowych symetrycznych czwórników o współczynniku przenoszenia falowego $g = 0{,}8$ (rys. 8.6-8). Ostatnie ogniwo łańcucha jest dopasowane falowo po stronie wtórnej. Ile ogniw powinien zawierać łańcuch, aby tłumił amplitudę sygnału wejściowego co najmniej o 40 dB.

Odp.: $N \geqslant 6$

Zadanie 8.28. Czwórnik odwracalny o współczynniku przenoszenia falowego $g = \ln 2$ i przekładni impedancyjnej $p = 0{,}5$ pracuje w stanie ustalonym przy pobudzaniu ze źródła harmonicznego e w układzie pokazanym na rys. Z-8.28. Współczynniki niedopasowania strony pierwotnej i wtórnej wynoszą odpowiednio: $\Gamma_1 = 0{,}5$ i $\Gamma_2 = 0{,}8$. Wyznaczyć napięcie u_2.

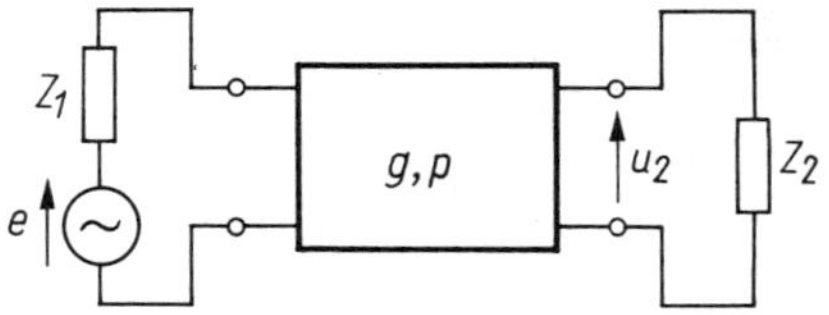

Rys. Z-8.28

Odp.: $u_2 = \frac{1}{8}e$

Zadanie 8.29. Wykazać, że *wtórny parametr odbicia* s_{22} można przedstawić jako:

$$s_{22} = \frac{Z_w - r_2}{Z_w + r_2}$$

gdzie Z_w jest impedancją wejściową wtórną czwórnika, a r_2 stałą normalizującą. Wykazać także słuszność związków (8.6-84).

Zadanie 8.30. Na rysunku Z-8.30 jest pokazany tzw. *czwórnik uzupełniony* N_u względem czwórnika N' z rys. 8.6-12b. Można dowieść, że jeśli tylko czwórnik N jest pasywny, to zawsze istnieje macierz admitancyjna $\boldsymbol{Y}_u$ czwórnika uzupełnionego. Wykazać, że między macierzą rozproszenia $\boldsymbol{S}$ czwórnika N, wyznaczoną względem stałych normalizujących r_1, r_2, a macierzą $\boldsymbol{Y}_u$ istnieje zależność liczbowa:

$$\boldsymbol{S} = \boldsymbol{1} - 2\boldsymbol{Y}_u$$

gdzie **1** jest macierzą jednostkową stopnia drugiego.

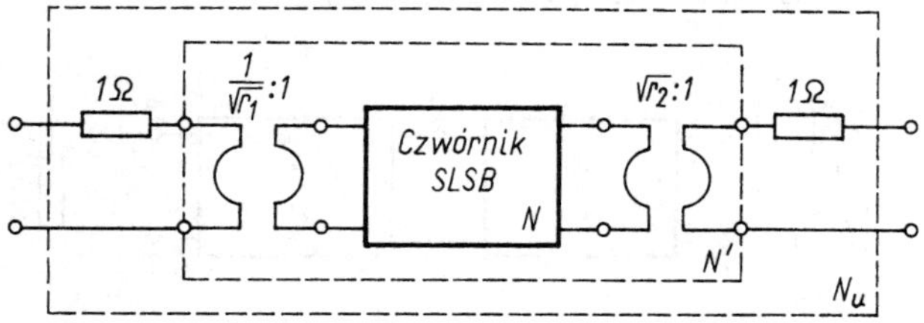

Rys. Z-8.30

Rozdział 9

WŁAŚCIWOŚCI TRANSMISYJNE UKŁADÓW LINIOWYCH

W rozdziale 8 zostały omówione podstawowe zagadnienia dotyczące czwórników SLSB. Jak już wspominaliśmy we wstępie do rozdziału 8, czwórniki są wykorzystywane w praktyce jako *układy transmisyjne*, tj. układy przetwarzające *sygnały wejściowe*, doprowadzone do jednej pary zacisków czwórnika (wejścia), w *sygnały wyjściowe* występujące na drugiej parze zacisków (wyjściu). W uzupełnieniu rozważań zawartych w rozdziale 8 zajmiemy się teraz omówieniem *właściwości transmisyjnych* czwórników SLSB lub, inaczej, zagadnień związanych z rozpatrywaniem czwórnika jako układu transmisyjnego. Istotne znaczenie dla tych zagadnień mają pojęcia *charakterystyk czasowych* i *charakterystyk częstotliwościowych* czwórnika oraz ich związki z transmitancjami.

Właściwości transmisyjne czwórników SLSB stanowią fragment tematu ogólniejszego obejmującego właściwości transmisyjne układów realizujących określoną operację, która przekształca sygnał wejściowy (ogólniej, wektor sygnałów wejściowych) w sygnał wyjściowy (wektor sygnałów wyjściowych). W szczególności będziemy zajmować się właściwościami układów liniowych opisywanych operacjami liniowymi. Będzie to zatem nawiązanie do rozważań i podstawowych definicji przedstawionych w tomie I, p. 2.1.5-H.

9.1. SPLOT I PRZEKSZTAŁCENIE FOURIERA

Przed przystąpieniem do systematycznego omawiania właściwości transmisyjnych układów konieczne jest przedstawienie niektórych zagadnień dotyczących *splotu* i *przekształcenia Fouriera* oraz ich związków z przekształceniem Laplace'a i metodą operatorową. Potrzebę uzupełnienia o problematykę splotu rozważań nad zastosowaniami metody operatorowej w teorii obwodów sygnalizowaliśmy już w rozdziale 6 tomu II (por. przypis na str. 324 i końcowe uwagi p. 6.3.3-E). Podobnie jak to uczyniliśmy w p. 6.1.4, właściwości splotu będziemy omawiać w dużym skrócie. W razie potrzeby rozszerzenia wiadomości z tego zakresu odsyłamy Czytelnika do literatury [25], [29], [37].

9.1.1. Splot funkcji i jego właściwości

A. Splot funkcji w przedziale $(-\infty, +\infty)$. Załóżmy, że funkcje $f_1(t)$ i $f_2(t)$ są bezwzględnie całkowalne w przedziale $(-\infty, +\infty)$[1].

Splotem funkcji $f_1(t)$ *i* $f_2(t)$ *w przedziale* $(-\infty, +\infty)$ lub, krócej, *splotem dwustronnym* nazywamy funkcję określoną wzorem:

$$\varphi(t) \stackrel{\Delta}{=} \int_{-\infty}^{+\infty} f_1(\tau) f_2(t-\tau)\,\mathrm{d}\tau \tag{9.1-1}$$

Operację tworzenia splotu nazywamy krótko *splataniem* lub *mnożeniem splotowym*. Splot (9.1-1) oznaczamy zwykle symbolem: $f_1(t) * f_2(t)$ lub $f_1 * f_2$ i piszemy:

$$f_1 * f_2 = \int_{-\infty}^{+\infty} f_1(\tau) f_2(t-\tau)\,\mathrm{d}\tau \tag{9.1-2}$$

Przy przyjętych założeniach splot (9.1-2) istnieje dla prawie wszystkich t, może jednak nie istnieć dla poszczególnych wartości t wskutek rozbieżności całki (9.1-2). Zapewnienie zbieżności całki (9.1-2) dla każdego t wymaga przyjęcia dodatkowego założenia, które może być rozmaicie formułowane. W szczególności (por. [25], str. 68), *przy przyjętych założeniach splot* (9.1-2) *istnieje i jest funkcją ciągłą dla każdego t, jeśli co najmniej jedna ze splatanych funkcji jest ograniczona w przedziale* $(-\infty, +\infty)$ *lub istnieją całki*:

$$\int_{-\infty}^{+\infty} |f_1(t)|^2 \mathrm{d}t < \infty, \qquad \int_{-\infty}^{+\infty} |f_2(t)|^2 \mathrm{d}t < \infty \tag{9.1-3}$$

---

[1] O funkcji $f(t)$ mówimy, że jest *bezwzględnie całkowalna w przedziale ograniczonym* $\langle t_1, t_2\rangle$, jeśli funkcje: $f(t)$, $|f(t)|$ są całkowalne w tym przedziale, tzn. jeśli istnieją całki:

$$\int_{t_1}^{t_2} f(t)\mathrm{d}t, \qquad \int_{t_1}^{t_2} |f(t)|\mathrm{d}t$$

O funkcji $f(t)$ mówimy, że jest *bezwzględnie całkowalna w przedziale* $(-\infty, +\infty)$, jeśli jest ona lokalnie całkowalna (tzn. jest całkowalna w każdym przedziale $\langle t_1, t_2\rangle$, por. przypis na str. 369 tomu II) oraz istnieje całka:

$$\int_{-\infty}^{+\infty} |f(t)|\mathrm{d}t$$

Uwaga. Funkcję $f(t)$ bezwzględnie całkowalną w przedziale $(-\infty, +\infty)$, dla której istnieje również całka:

$$\int_{-\infty}^{+\infty} |f(t)|^2 \mathrm{d}t$$

nazywamy funkcją *całkowalną z kwadratem w przedziale* $(-\infty, +\infty)$ lub, w skrócie, *funkcją klasy* $L^2(-\infty, +\infty)$.

Splatanie funkcji jest działaniem przemiennym, przy podstawieniu $t-\tau=\tau'$ mamy bowiem:

$$\int_{-\infty}^{+\infty} f_1(\tau)f_2(t-\tau)\mathrm{d}\tau = \int_{-\infty}^{+\infty} f_1(t-\tau')f_2(\tau')\mathrm{d}\tau'$$

a więc:

$$f_1 * f_2 = f_2 * f_1 \tag{9.1-4}$$

Jeśli jedna ze splatanych funkcji jest równa zeru dla $t<0$, np. $f_1(t)=0$ dla $t<0$, to wzór (9.1-1) przybiera postać:

$$\varphi(t) = \int_{0}^{+\infty} f_1(\tau)f_2(t-\tau)\mathrm{d}\tau = \int_{-\infty}^{t} f_1(t-\tau)f_2(\tau)\mathrm{d}\tau \tag{9.1-5}$$

Jeśli natomiast obie splatane funkcje są równe zeru dla $t<0$:

$$f_1(t) = f_2(t) = 0 \qquad \text{dla} \quad t<0 \tag{9.1-6}$$

to ze wzoru (9.1-1) otrzymujemy:

$$\varphi(t) = \begin{cases} \int_0^t f_1(\tau)f_2(t-\tau)\mathrm{d}\tau & \text{dla } t>0 \\ 0 & \text{dla } t<0 \end{cases} \tag{9.1-7}$$

Występująca w tym wzorze całka:

$$\int_0^t f_1(\tau)f_2(t-\tau)\mathrm{d}\tau$$

jest nazywana *splotem funkcji* $f_1(t)$ *i* $f_2(t)$ *w przedziale* $\langle 0, +\infty)$ lub, krócej, *splotem jednostronnym* i jest oznaczana takim samym symbolem $f_1 * f_2$, jak splot dwustronny.

Splot dwustronny odgrywa ważną rolę w teorii i zastosowaniach dwustronnych przekształceń całkowych: przekształcenia Fouriera (p. 9.1.3) oraz dwustronnego przekształcenia Laplace'a (p. 6.1.4-A w tomie II). Splot jednostronny wiąże się ściśle z jednostronnym przekształceniem Laplace'a i metodą operatorową. Dalsze rozważania poświęcimy zatem głównie splotowi jednostronnemu, który będziemy w skrócie nazywać po prostu splotem.

B. Splot i jego podstawowe właściwości. Załóżmy, że funkcje $f_1(t)$ i $f_2(t)$ są całkowalne w każdym przedziale $\langle 0, t_0 \rangle$, $t_0 > 0$. *Splotem funkcji* $f_1(t)$ *i* $f_2(t)$ *w przedziale* $\langle 0, +\infty)$ lub, krócej, *splotem funkcji* $f_1(t)$ i $f_2(t)$ nazywamy – zgodnie ze wzorem (9.1-7) – funkcję $\varphi(t)$ określoną dla $t \geqslant 0$ następująco:

$$\varphi(t) = f_1(t) * f_2(t) \stackrel{\Delta}{=} \int_0^t f_1(\tau) f_2(t-\tau) \mathrm{d}\tau \qquad (9.1\text{-}8)$$

Podamy teraz najważniejsze właściwości splotu określonego wzorem (9.1-8).

1. *Jeśli chociaż jedna z funkcji* $f_1(t)$, $f_2(t)$ *jest ograniczona w każdym przedziale* $\langle 0, t_0 \rangle$, $t_0 > 0$, *to splot* (9.1-8) *istnieje i jest ciągły dla każdego* $t \geqslant 0$ *oraz dąży do zera dla* $t \to 0+$ [1].

W szczególności zatem splot posiada tę właściwość, jeśli chociaż jedna z funkcji $f_1(t)$, $f_2(t)$ jest ciągła dla $t \geqslant 0$.

2. *Splatanie funkcji jest przemienne, łączne i rozdzielne względem dodawania*, tzn.:

$$f_1 * f_2 = f_2 * f_1 \qquad (9.1\text{-}9)$$

$$(f_1 * f_2) * f_3 = f_1 * (f_2 * f_3) = f_1 * f_2 * f_3 \qquad (9.1\text{-}10)$$

$$f_1 * (f_2 + f_3) = f_1 * f_2 + f_1 * f_3 \qquad (9.1\text{-}11)$$

Proponujemy Czytelnikowi wykazanie tych właściwości.

3. *Równość*:

$$f_1 * f_2 = 0 \qquad (9.1\text{-}12)$$

zachodzi prawie wszędzie w przedziale $\langle 0, +\infty)$ *wtedy i tylko wtedy, kiedy co najmniej jedna z funkcji* $f_1(t)$, $f_2(t)$ *jest równa zeru prawie wszędzie w przedziale* $\langle 0, +\infty)$.

Oznacza to, że *splot jest funkcją zerową w przedziale* $\langle 0, +\infty)$ *wtedy i tylko wtedy, kiedy co najmniej jedna ze splatanych funkcji jest funkcją zerową* (por. przypis na str. 321 w tomie II).

---

[1] W przypadku niespełnienia założenia o ograniczoności co najmniej jednej ze splatanych funkcji, splot nie musi dążyć do zera dla $t \to 0+$ (por. np. [25], str. 153).

Twierdzenie to jest znane w literaturze przedmiotu pod nazwą *twierdzenia Titchmarsha*[1]. Może być ono sformułowane także w innej, równoważnej postaci.

Jeśli $w(t)$ nie jest funkcją zerową, to z równości:

$$f_1 * w = f_2 * w \qquad (9.1\text{-}13)$$

wynika, że $f_1(t) = f_2(t)$ prawie wszędzie w przedziale $\langle 0, +\infty)$.

Przykład 9.1-1. Proponujemy Czytelnikowi sprawdzenie, że:

$$1 * f(t) = 1(t) * f(t) = \int_0^t f(\tau)\mathrm{d}\tau \qquad (9.1\text{-}14)$$

Zwracamy przy tym uwagę, że we wzorze (9.1-14) jest obojętne, czy występuje w nim funkcja stała 1, czy funkcja jednostkowa $1(t)$, splot (jednostronny) (9.1-8) jest bowiem określony dla $t \geqslant 0$.

Proponujemy także dokonanie odpowiednich obliczeń i sprawdzenie, że:

$$\mathrm{e}^{-t} * \sin t = \frac{1}{2}(\sin t - \cos t + \mathrm{e}^{-t}) \qquad (9.1\text{-}15)$$

$$t * \mathrm{e}^t = \mathrm{e}^t - t - 1 \qquad (9.1\text{-}16)$$

C. Transformata Laplace'a splotu. Zarówno w teorii, jak i w zastosowaniach ważne znaczenie ma twierdzenie (zwane niekiedy *twierdzeniem Borela*), umożliwiające wyznaczenie transformaty Laplace'a splotu (9.1-8).

Załóżmy, że splot:

$$f_1 * f_2 = \int_0^t f_1(\tau) f_2(t-\tau)\mathrm{d}\tau \qquad (9.1\text{-}17)$$

istnieje dla każdego $t \geqslant 0$ (np. są spełnione założenia wymienione w p. B1) oraz że funkcje $f_1(t)$, $f_2(t)$ są bezwzględnie $\mathscr{L}$-transformowalne, tzn. istnieją transformaty Laplace'a funkcji $|f_1(t)|$, $|f_2(t)|$. Przy tych założeniach słuszne jest *twierdzenie o transformacie splotu* (*twierdzenie Borela*), które orzeka, że *transformata splotu jest równa iloczynowi transformat splatanych funkcji*:

$$\mathscr{L}[f_1(t) * f_2(t)] = \bar{f}_1(s) \cdot \bar{f}_2(s) \qquad (9.1\text{-}18)$$

gdzie:

$$\bar{f}_1(s) = \mathscr{L}[f_1(t)], \qquad \bar{f}_2(s) = \mathscr{L}[f_2(t)] \qquad (9.1\text{-}19)$$

Dowód tego twierdzenia można znaleźć np. w [25], p. 3.4.3.

---

[1] Dowód tego twierdzenia nie jest prosty. Można go znaleźć np. w źródłowej monografii Titchmarsha [33]. Warto zaznaczyć, że twierdzenie to nie jest prawdziwe w odniesieniu do splotu dwustronnego (9.1-2). Splot dwustronny może być tożsamościowo równy zeru, chociaż żadna ze splatanych funkcji nie jest funkcją zerową (por. np. [25], str. 151).

Zależność (9.1-18) znajduje liczne zastosowania (por. p. 9.2.3). Umożliwia ona bowiem wyznaczenie odwrotnego przekształcenia Laplace'a w przypadku, gdy transformata poszukiwanej funkcji ma postać iloczynu transformat funkcji znanych lub łatwiejszych do wyznaczenia.

Przykład 9.1-2. Zależność (9.1-18) możemy sprawdzić obliczając sploty z przykładu 9.1-1. Na przykład, na podstawie twierdzenia o transformacie całki (wzór (6.1-69) w tomie II) otrzymujemy:

$$\mathscr{L}[1(t) * f(t)] = \frac{1}{s}\bar{f}(s) = \mathscr{L}\left[\int_0^t f(\tau)\mathrm{d}\tau\right]$$

Proponujemy Czytelnikowi sprawdzenie zależności (9.1-15) i (9.1-16) posługując się wzorem (9.1-18).

9.1.2. Splot funkcji z dystrybucją

W tomie II (p. 6.3) rozpatrywaliśmy pojęcie dystrybucji, a w szczególności dystrybucję Diraca $\delta(t)$ i jej pochodne $\delta^{(k)}(t)$, a także ich transformaty Laplace'a określone wzorami (6.3-17) i (6.3-18). Zgodnie z zapowiedzią w ostatnim zdaniu p. 6.3.3-E, zachodzi potrzeba uzupełnienia tych rozważań o pojęcie splotu funkcji $f(t)$ z dystrybucjami $\delta(t)$ i $\delta^{(k)}(t)$.

A. Nieistnienie modułu mnożenia splotowego w dziedzinie funkcji. W tomie II (p. 6.3.1-A) stwierdziliśmy, że nie istnieje funkcja (lokalnie całkowalna) spełniająca jednocześnie warunki (6.3-1) i (6.3-2). Podobnie, jeśli $f(t)$ oznacza dowolną funkcję bezwzględnie całkowalną w przedziale $(-\infty, +\infty)$, to nie istnieje funkcja $x(t)$ spełniająca warunek:

$$x(t) * f(t) = \int_{-\infty}^{+\infty} x(\tau) f(t-\tau)\mathrm{d}\tau = f(t) \qquad (9.1\text{-}20)$$

Podobna sytuacja zachodzi także w przypadku splotu jednostronnego, tj. nie istnieje taka funkcja $x(t)$, dla której dla $t \geqslant 0$:

$$x(t) * f(t) = \int_0^t x(\tau) f(t-\tau)\mathrm{d}\tau = f(t) \qquad (9.1\text{-}21)$$

(dowód jest podany np. w [25], str. 153).

Mówimy zatem, że *w dziedzinie funkcji nie istnieje moduł mnożenia splotowego*, tzn. nie istnieje funkcja spełniająca rolę jedynki w zwykłym mnożeniu[1)].

[1)] Zależności (9.1-20) i (9.1-21) są przykładami *funkcjonałów*, które funkcji $f(\cdot)$ przypisują jej wartość $f(t)$ w ustalonym punkcie t (por. przypis na str. 373 tomu II).

Nieistnienie rozwiązań równań (9.1-20) i (9.1-21) w dziedzinie funkcji stanowi genezę tzw. *funkcjonałowej teorii dystrybucji* (por. np. [25], [37]).

B. Splot dwustronny z dystrybucjami $\delta(t)$ i $\delta^{(k)}(t)$. W tomie II rozpatrywaliśmy *właściwości filtrujące* dystrybucji $\delta(t)$ i $\delta^{(k)}(t)$, wyrażone wzorami (6.3-11) i (6.3-12).

Załóżmy, że $f(t)$ oznacza funkcję ciągłą w przedziale $(-\infty, +\infty)$. Zgodnie z zależnościami (6.3-11) i (6.3-19) otrzymujemy wówczas:

$$\int_{-\infty}^{+\infty} \delta(\tau) f(t-\tau)\mathrm{d}\tau = \int_{-\infty}^{+\infty} \delta(t-\tau) f(\tau)\mathrm{d}\tau = f(t) \tag{9.1-22}$$

co oznacza, że:

$$\delta(t) * f(t) = f(t) * \delta(t) = f(t) \tag{9.1-23}$$

Podobnie, przy założeniu, że funkcja $f(t)$ ma w przedziale $(-\infty, +\infty)$ ciągłą k-tą pochodną, z zależności (6.3-12) dostajemy:

$$\int_{-\infty}^{+\infty} \delta^{(k)}(\tau) f(t-\tau)\mathrm{d}\tau = (-1)^k \left.\frac{\mathrm{d}^k f(t-\tau)}{\mathrm{d}\tau^k}\right|_{\tau=t} = f^{(k)}(t) \tag{9.1-24}$$

czyli:

$$\delta^{(k)}(t) * f(t) = f^{(k)}(t) \tag{9.1-25}$$

Uwaga. W ogólnym przypadku symbol $f^{(k)}(t)$ we wzorach (9.1-24) i (9.1-25) oznacza k-tą *pochodną dystrybucyjną* funkcji $f(t)$. Jak już wspominaliśmy w p. 6.3.1-C, jeśli funkcja $f(t)$ jest k-krotnie różniczkowalna w zwykłym sensie, to jej k-ta pochodna dystrybucyjna jest identyczna z k-tą pochodną w zwykłym, funkcyjnym sensie. O pochodnej dystrybucyjnej funkcji będzie mowa w p. D.

C. Przypadek splotu jednostronnego. Splot jednostronny (9.1-8) jest przypadkiem szczególnym splotu dwustronnego, gdy obie splatane funkcje są równe zeru dla $t < 0$ (por. wzory (9.1-6) i (9.1-7)). Dystrybucje $\delta(t)$ i $\delta^{(k)}(t)$ są tożsame z funkcją stałą równą zeru w każdym przedziale nie zawierającym ich punktu osobliwego $t = 0$, a więc w szczególności w przedziale $(-\infty, 0)$. Możemy zatem rozpatrywać również splot (9.1-8) funkcji $f(t)$ równej zeru dla $t < 0$ z dystrybucjami $\delta(t)$ i $\delta^{(k)}(t)$. Powstaje jednak formalna trudność polegająca na tym, że gdyby we wzorze (9.1-8) w miejsce $f_1(t)$ lub $f_2(t)$ wstawić dystrybucję $\delta(t)$, wówczas albo dolna, albo górna granica całkowania pokrywałyby się z punktem osobliwym tej dystrybucji[1)].

[1)] Jak już wspomnieliśmy w przypisie na str. 374 w tomie II, całki takie, formalnie biorąc, nie istnieją. Zachodzi wówczas konieczność takiej modyfikacji przedziału całkowania, aby punkt osobliwy dystrybucji $\delta(t)$ lub $\delta^{(k)}(t)$ leżał w jego wnętrzu. Zabieg taki stosowaliśmy już przy wyznaczaniu transformat Laplace'a dystrybucji $\delta(t)$ i $\delta^{(k)}(t)$ – por. wzory (6.3-15) i (6.3-16).

W literaturze są znane także inne sposoby definiowania splotu w dziedzinie dystrybucji, nie wymagające posługiwania się zależnościami całkowymi (6.3-11) i (6.3-12) (por. np. [25], [37]).

Splot funkcji $f(t)$ z dystrybucją $\delta(t)$ rozumiemy zatem następująco:

$$\delta(t)*f(t) = \lim_{\varepsilon\to 0+} \int_{-\varepsilon}^{t} \delta(\tau)f(t-\tau)\mathrm{d}\tau = \lim_{\varepsilon\to 0+} \int_{0}^{t+\varepsilon} \delta(t-\tau)f(\tau)\mathrm{d}\tau \qquad (9.1\text{-}26)$$

co, wobec zależności (6.3-11), prowadzi do równości:

$$\delta(t)*f(t) = f(t)*\delta(t) = f(t) \qquad (9.1\text{-}27)$$

Widzimy zatem, że zarówno w przypadku splotu dwustronnego, jak i splotu jednostronnego, *dystrybucja $\delta(t)$ Diraca jest modułem mnożenia splotowego.*

Postępując analogicznie jak przy obliczaniu splotu (9.1-26), dostajemy zgodnie ze wzorem (9.1-24):

$$\delta^{(k)}(t)*f(t) = f(t)*\delta^{(k)}(t) = f^{(k)}(t) \qquad (9.1\text{-}28)$$

przy czym, jak już wspominaliśmy w p. B, symbol $f^{(k)}(t)$ oznacza tu, ogólnie biorąc, k-tą pochodną dystrybucyjną funkcji $f(t)$ (por. p. D).

W przypadku splotów z dystrybucjami $\delta(t)$ i $\delta^{(k)}(t)$ pozostają słuszne właściwości wyrażone wzorami (9.1-9), (9.1-10) i (9.1-11). Pozostaje także słuszne twierdzenie (9.1-18) o transformacie splotu. Zgodnie z tym twierdzeniem oraz wzorami (6.3-17) i (6.3-18) dostajemy:

$$\mathcal{L}[\delta(t)*f(t)] = 1\cdot\bar{f}(s) = \bar{f}(s) \qquad (9.1\text{-}29)$$

co odpowiada zależności (9.1-27), oraz:

$$\mathcal{L}[\delta^{(k)}(t)*f(t)] = s^k\bar{f}(s) \qquad (9.1\text{-}30)$$

Z porównania zależności (9.1-28) i (9.1-30) wynika wprost, że jeśli $f^{(k)}(t)$ oznacza k-tą pochodną dystrybucyjną funkcji $f(t)$ równej zeru dla $t < 0$, to:

$$\mathcal{L}[f^{(k)}(t)] = s^k\bar{f}(s) \qquad (9.1\text{-}31)$$

Zwracamy uwagę Czytelnika na różnicę między wzorem (9.1-31) a wzorem (6.1-68), określającym $\mathcal{L}$-transformatę zwykłej pochodnej funkcji (por. także wzór (9.1-40)).

D. Pochodna dystrybucyjna funkcji. W przypadku funkcji ciągłej w przedziale i mającej w tym przedziale (prawie wszędzie) pochodną, pochodna dystrybucyjna funkcji jest utożsamiana z istniejącą prawie wszędzie zwykłą pochodną. W praktyce mamy jednak często do czynienia z funkcjami, które tego warunku nie spełniają. Zachodzi wówczas potrzeba rozróżniania pochodnej dystrybucyjnej od zwykłej pochodnej oraz, dla uniknięcia błędów, prawidłowego wyznaczania pochodnej dystrybucyjnej.

Załóżmy, że funkcja $f(t)$ jest *funkcją przedziałami regularną* w każdym skończonym przedziale $\langle a, b\rangle$, tzn. że jest ona w tym przedziale prawie wszędzie różniczkowalna, przy czym funkcje $f(t)$ i $f'(t)$ mają w przedziale $\langle a, b\rangle$ skończoną liczbę punktów nieciągłości tylko pierwszego rodzaju (skoków) – rys. 9.1-1a. Oznaczmy przez t_i punkty nieciągłości funkcji $f(t)$ oraz przez h_i:

$$h_i = f(t_i + 0) - f(t_i - 0)$$

wartości skoków funkcji $f(t)$ w punktach t_i. Wówczas funkcja:

$$\varphi(t) \stackrel{\Delta}{=} f(t) - \sum_i h_i \mathbf{1}(t - t_i) \tag{9.1-32}$$

jest funkcją ciągłą[1)], mającą prawie wszędzie pochodną $\varphi'(t)$, identyczną z pochodną $f'(t)$. Pochodna dystrybucyjna $\varphi'_{dystr}(t)$ (z konieczności wprowadzamy tu rozróżnienie oznaczeń) jest zatem identyczna z jej zwykłą pochodną, a więc:

$$\varphi'_{dystr}(t) = \varphi'(t) = f'(t) \tag{9.1-33}$$

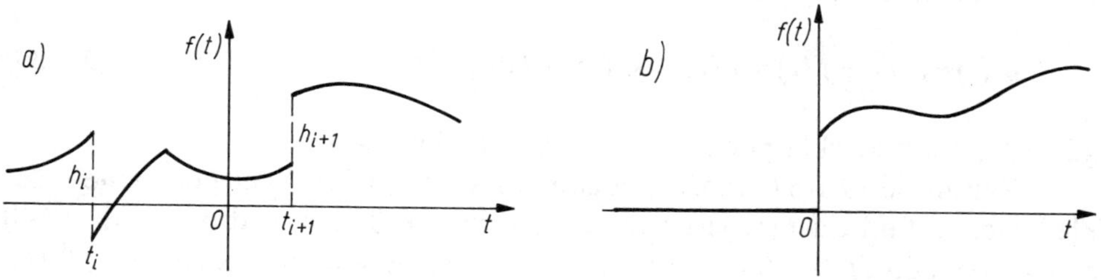

Rys. 9.1-1

Przepisując zależność (9.1-32) w postaci:

$$f(t) = \varphi(t) + \sum_i h_i \mathbf{1}(t - t_i) \tag{9.1-34}$$

oraz uwzględniając, że pochodna dystrybucyjna funkcji jednostkowej jest dystrybucją Diraca (por. wzór (6.3-4)), dostajemy:

$$f'_{dystr}(t) = \varphi'_{dystr}(t) + \sum_i h_i \delta(t - t_i)$$

lub, po uwzględnieniu równości (9.1-33):

$$f'_{dystr}(t) = f'(t) + \sum_i h_i \delta(t - t_i) \tag{9.1-35}$$

[1)] Ściśle biorąc, staje się ona funkcją ciągłą po dodatkowym przyjęciu odpowiednich wartości funkcji $\varphi(t)$ w punktach t_i, co jest zabiegiem czysto formalnym.

Wzór (9.1-35) wyraża związek między istniejącą prawie wszędzie pochodną $f'(t)$ w zwykłym sensie a pochodną dystrybucyjną $f'_{dystr}(t)$.

E. Przypadek funkcji równej zeru dla $t < 0$. Rozważmy jeszcze ważny w praktyce przypadek funkcji $f(t)$ równej zeru dla $t < 0$ oraz ciągłej i prawie wszędzie różniczkowalnej dla $t > 0$ – rys. 9.1-1b. Jedynym skokiem takiej funkcji może być zatem skok o wartości $f(0+)$ w punkcie $t = 0$. Zgodnie ze wzorami (9.1-33) i (9.1-34) możemy zatem napisać:

$$f(t) = \varphi(t) + f(0+)\mathbf{1}(t) \tag{9.1-36}$$

i, w konsekwencji:

$$f'_{dystr}(t) = f'(t) + f(0+)\delta(t) \tag{9.1-37}$$

Rezultat ten ma bezpośrednie zastosowanie przy obliczaniu splotu:

$$\delta'(t) * f(t) = f(t) * \delta'(t) = f'_{dystr}(t) \tag{9.1-38}$$

w przypadku funkcji $f(t)$ spełniającej przyjęte założenia. Zgodnie ze wzorem (9.1-37) otrzymujemy bowiem:

$$\delta'(t) * f(t) = f(t) * \delta'(t) = f'(t) + f(0+)\delta(t) \tag{9.1-39}$$

gdzie $f'(t)$ jest zwykłą pochodną funkcji $f(t)$ dla $t > 0$.

Zależność (9.1-37) można uogólnić na przypadek k-tej pochodnej. Zakładając, że funkcja $f(t)$ jest równa zeru dla $t < 0$, a ponadto ma dla $t > 0$ ciągłą pochodną $f^{(k-1)}(t)$ oraz ma dla $t > 0$ prawie wszędzie pochodną $f^{(k)}(t)$, otrzymujemy[1)]:

$$f^{(k)}_{dystr}(t) = f^{(k)}(t) + f^{(k-1)}(0+)\delta(t) + f^{(k-2)}(0+)\delta'(t) + \ldots + f(0+)\delta^{(k-1)}(t) \tag{9.1-40}$$

9.1.3. Przekształcenie Fouriera

W rozdziale piątym (p. 5.1) w tomie II omówiliśmy zagadnienia związane z rozwinięciem sygnału okresowego w szereg Fouriera oraz interpretację widmową takiego rozwinięcia. Dla sygnałów nieokresowych, określonych w przedziale $(-\infty, +\infty)$, podobną rolę odgrywa *wzór całkowy Fouriera* lub, inaczej, *proste i odwrotne przekształcenia Fouriera.*

---

1) Zwracamy uwagę Czytelnika, że przyjęte założenia odpowiadają założeniom, przy których jest słuszny wzór (6.1-68) dla transformaty n-tej pochodnej. Przez porównanie wzorów (6.1-68) i (9.1-31) możemy bez trudu uzyskać zależność (9.1-40).

A. Para przekształceń Fouriera. Załóżmy, że funkcja $f(t)$ jest bezwzględnie całkowalna w przedziale $t \in (-\infty, +\infty)$ (por. przypis na str. 218). Istnieje wówczas *transformata Fouriera* (w skrócie: *$\mathscr{F}$-transformata*) funkcji $f(t)$ określona wzorem:

$$F(j\omega) = \mathscr{F}[f(t)] \stackrel{\Delta}{=} \int_{-\infty}^{+\infty} e^{-j\omega t} f(t) dt \tag{9.1-41}$$

i będąca funkcją zespoloną zmiennej rzeczywistej ω określoną w przedziale $\omega \in (-\infty, +\infty)$. O funkcji $f(t)$ mówimy wówczas, że jest *$\mathscr{F}$-transformowalna.*

Jeśli ponadto funkcja $f(t)$ spełnia dość ogólne warunki regularnościowe (np. jest funkcją przedziałami regularną, por. p. 9.1.2-D), to prawie wszędzie w przedziale $t \in (-\infty, +\infty)$:

$$f(t) = \frac{1}{2\pi} \int_{-\infty}^{+\infty} F(j\omega) e^{j\omega t} d\omega \tag{9.1-42}$$

Wzór (9.1-42), stanowiący jedną z postaci *wzoru całkowego Fouriera* (por. np. [39], str. 359, [25], str. 43, 47), określa *odwrotne przekształcenie Fouriera*:

$$f(t) = \mathscr{F}^{-1}[F(j\omega)] \stackrel{\Delta}{=} \frac{1}{2\pi} \int_{-\infty}^{\infty} F(j\omega) e^{j\omega t} d\omega \tag{9.1-43}$$

umożliwiające wyznaczenie funkcji $f(t)$ na podstawie $\mathscr{F}$-transformaty[1)].

B. Interpretacja widmowa. Zależność (9.1-43) ma wyraźną i ważną interpretację, analogiczną do interpretacji rozwinięcia w szereg Fouriera funkcji okresowej (por. p. 5.1 w tomie II). Ponieważ czynnik $e^{j\omega t}$ reprezentuje w postaci zespolonej sygnał sinusoidalny o pulsacji ω, całkowanie względem ω można interpretować jako sumowanie po wszystkich, zmieniających się w sposób ciągły, wartościach ω. Transformata $F(j\omega)$ – a ściślej iloczyn $\frac{1}{2\pi}F(j\omega)$ – jest zatem gęstością zespolonej amplitudy sumowanych sygnałów. Z tego względu $\mathscr{F}$-transformatę $F(j\omega)$ nazywamy także *gęstością widmową* lub po prostu *widmem sygnału* $f(t)$. Dla odróżnienia w nazwie od widma sygnału okresowego, które jest *widmem dyskretnym* lub *prążkowym* (por. tom II, str. 213), transformatę Fouriera $F(j\omega)$ nazywamy często *widmem ciągłym.*

Oznaczając:

$$F(j\omega) = |F(j\omega)| e^{j\varphi(\omega)} = A(\omega) e^{j\varphi(\omega)} \tag{9.1-44}$$

mówimy o *widmie amplitudowym*:

$$A(\omega) = |F(j\omega)| \tag{9.1-45}$$

[1)] Dowód wzoru całkowego Fouriera nie jest prosty. Można go znaleźć np. w monografii [33].

i *widmie fazowym*:

$$\varphi(\omega) = \arg F(\mathrm{j}\omega) \tag{9.1-46}$$

Jeśli funkcja $f(t)$ jest funkcją rzeczywistą (tzn. $f(t) \in \mathscr{R}$), to *widmo amplitudowe* $A(\omega)$ *jest funkcją parzystą*:

$$A(-\omega) = A(\omega) \tag{9.1-47}$$

zaś *widmo fazowe* $\varphi(\omega)$ – *funkcją nieparzystą zmiennej* ω:

$$\varphi(-\omega) = -\varphi(\omega) \tag{9.1-48}$$

Przykład 9.1-3. Rozpatrzmy impuls prostokątny (rys. 9.1-2) określony następująco:

$$f(t) = \begin{cases} 1 & \text{dla} \quad |t| < t_0 \\ 0 & \text{dla} \quad |t| > t_0 \end{cases}$$

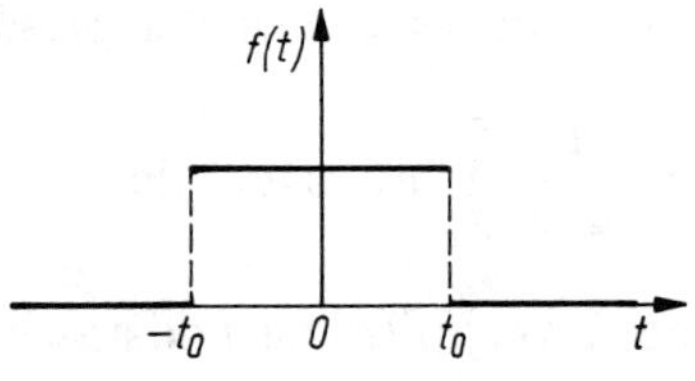

Rys. 9.1-2

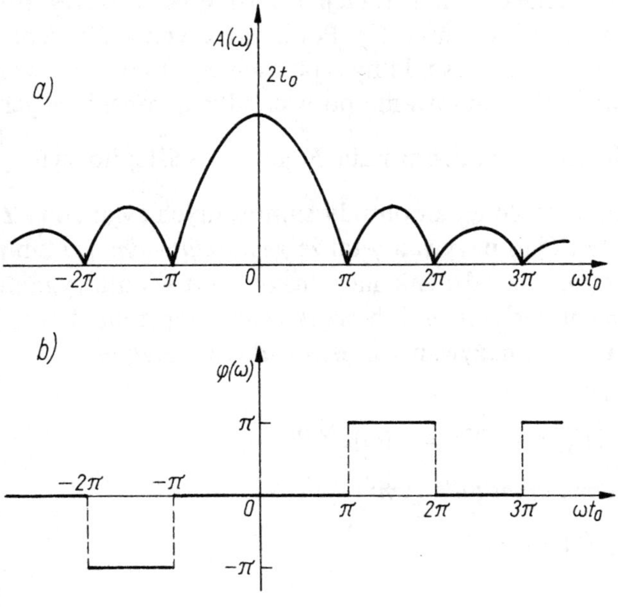

Rys. 9.1-3

Jego transformata Fouriera ma postać:

$$F(\mathrm{j}\omega) = \int_{-t_0}^{t_0} \mathrm{e}^{-\mathrm{j}\omega t}\mathrm{d}t = \frac{2}{\omega}\sin\omega t_0$$

Na rysunku 9.1-3a przedstawiono wykres widma amplitudowego:

$$A(\omega) = |F(\mathrm{j}\omega)| = 2\left|\frac{\sin\omega t_0}{\omega}\right|$$

Widmo fazowe jest przedziałami stałe i przybiera wartości 0 lub $\pm\pi$. Jego wykres jest przedstawiony na rys. 9.1-3b.

C. Podstawowe twierdzenia. Podobnie jak w przypadku szeregu Fouriera (p. 5.1.4-A) oraz przekształcenia Laplace'a (p. 6.1.4-B, C) podamy teraz kilka twierdzeń określających najważniejsze właściwości przekształcenia Fouriera. Czytelnik bez trudu dopatrzy się w nich daleko sięgających analogii do właściwości przekształcenia Laplace'a. Będziemy przy tym zakładać, że wszystkie funkcje poddawane przekształceniu Fouriera są bezwzględnie całkowalne w przedziale $(-\infty, +\infty)$.

Twierdzenie o liniowości

$$\mathscr{F}[k_1 f_1(t) + k_2 f_2(t)] = k_1\mathscr{F}[f_1(t)] + k_2\mathscr{F}[f_2(t)],\ k_1,\ k_2 \in \mathscr{R} \tag{9.1-49}$$

Twierdzenie o granicy w nieskończoności

$\mathscr{F}$-transformata (9.1-41) *jest funkcją ciągłą zmiennej ω, przy czym:*

$$\lim_{\omega\to\pm\infty} F(\mathrm{j}\omega) = 0 \tag{9.1-50}$$

Oznacza to także, iż:

$$\lim_{\omega\to\pm\infty} A(\omega) = 0 \tag{9.1-51}$$

a więc *widmo amplitudowe dąży do zera przy nieograniczonym wzroście pulsacji.*

Twierdzenie o transformacie pochodnej

$\mathscr{F}$-transformata pochodnej $f'(t)$ jest określona wzorem[1]:

$$F_1(\mathrm{j}\omega) \stackrel{\Delta}{=} \mathscr{F}[f'(t)] = \mathrm{j}\omega F(\mathrm{j}\omega) \tag{9.1-52}$$

---

[1] Wzór (9.1-52) jest słuszny przy dodatkowym założeniu, że $f(t)$ jest funkcją ciągłą, dążącą do zera dla $t\to\pm\infty$.

Oznaczając:

$$F_1(j\omega) = A_1(\omega)e^{j\varphi_1(\omega)} \tag{9.1-53}$$

otrzymujemy zatem:

$$A_1(\omega) = |\omega| A(\omega) \tag{9.1-54}$$

$$\varphi_1(\omega) = \varphi(\omega) + \frac{\pi}{2}\,\mathrm{sgn}\,\omega \tag{9.1-55}$$

Zależności (9.1-54) i (9.1-55) świadczą o tym, że *różniczkowanie sygnału powoduje dla* $\omega > 0$ *pomnożenie jego widma amplitudowego przez* ω *i zwiększenie widma fazowego o* $\pi/2$.

Twierdzenie o transformacie całki

$\mathscr{F}$*-transformata całki* $f_2(t) = \int_{t_0}^{t} f(\tau)\mathrm{d}\tau$ *jest określona wzorem*[1]:

$$F_2(j\omega) \stackrel{\Delta}{=} \mathscr{F}[f_2(t)] = \frac{1}{j\omega} F(j\omega) \tag{9.1-56}$$

Oznaczając:

$$F_2(j\omega) = A_2(\omega)e^{j\varphi_2(\omega)} \tag{9.1-57}$$

otrzymujemy zatem:

$$A_2(\omega) = \frac{1}{|\omega|} A(\omega) \tag{9.1-58}$$

$$\varphi_2(\omega) = \varphi(\omega) - \frac{\pi}{2}\,\mathrm{sgn}\,\omega \tag{9.1-59}$$

Zależności (9.1-58) i (9.1-59) świadczą o tym, że *całkowanie sygnału powoduje dla* $\omega > 0$ *podzielenie jego widma amplitudowego przez* ω *i zmniejszenie widma fazowego o* $\pi/2$.

Twierdzenie o pochodnej transformaty

$\mathscr{F}$*-transformata sygnału* $tf(t)$ *jest określona wzorem:*

$$\mathscr{F}[tf(t)] = -j\frac{\mathrm{d}F(j\omega)}{\mathrm{d}\omega} \tag{9.1-60}$$

Zwracamy Czytelnikowi uwagę na dualizm zależności (9.1-52) i (9.1-60).

---

[1] Wzór (9.1-56) jest słuszny przy dodatkowym założeniu, że $f_2(t) \to 0$ dla $t \to \pm\infty$.

Twierdzenie o przesunięciu sygnału

$\mathscr{F}$-transformata sygnału przesuniętego $f(t-t_0)$ o $t_0 \in \mathscr{R}$ jest określona wzorem:

$$\mathscr{F}[f(t-t_0)] = e^{-j\omega t_0} F(j\omega) \tag{9.1-61}$$

Uwzględniając wzór (9.1-44), otrzymujemy stąd:

$$|e^{-j\omega t_0} F(j\omega)| = A(\omega) \tag{9.1-62}$$

$$\arg[e^{-j\omega t_0} F(j\omega)] = \varphi(\omega) - \omega t_0 \tag{9.1-63}$$

Zależności (9.1-62) i (9.1-63) świadczą o tym, że *przesunięcie sygnału o t_0 nie zmienia widma amplitudowego i powoduje zmianę widma fazowego o składnik liniowy $-\omega t_0$.*

Twierdzenie o przesunięciu widma

$\mathscr{F}$-transformata sygnału $e^{j\omega_0 t} f(t)$, $\omega_0 \in \mathscr{R}$, jest określona wzorem:

$$\mathscr{F}[e^{j\omega_0 t} f(t)] = F[j(\omega - \omega_0)] \tag{9.1-64}$$

Zgodnie ze wzorem (9.1-44) otrzymujemy zatem:

$$|F[j(\omega - \omega_0)]| = A(\omega - \omega_0) \tag{9.1-65}$$

$$\arg F[j(\omega - \omega_0)] = \varphi(\omega - \omega_0) \tag{9.1-66}$$

Z zależności (9.1-65) i (9.1-66) wynika, że *pomnożenie sygnału przez $e^{j\omega_0 t}$ przesuwa o ω_0 zarówno widmo amplitudowe, jak i widmo fazowe*[1].

Twierdzenie o zmianie skali

$\mathscr{F}$-transformata sygnału $f\left(\frac{t}{a}\right)$, $a \in \mathscr{R} - \{0\}$, jest określona wzorem:

$$\mathscr{F}\left[f\left(\frac{t}{a}\right)\right] = |a|F(ja\omega) \tag{9.1-67}$$

Wynika stąd, po uwzględnieniu wzoru (9.1-44), że:

$$||a|F(ja\omega)| = |a|A(a\omega) \tag{9.1-68}$$

$$\arg[|a|F(ja\omega)] = \varphi(a\omega) \tag{9.1-69}$$

---

[1] Funkcja $e^{j\omega_0 t} f(t)$ nie jest, ogólnie biorąc, funkcją rzeczywistą; przestają zatem obowiązywać dla niej właściwości wyrażone wzorami (9.1-47) i (9.1-48).

Zależności (9.1-68) i (9.1-69) świadczą o tym, że *„rozciągnięcie" sygnału w czasie* ($a > 1$) *powoduje „zwężenie" widm (amplitudowego i fazowego)* i odwrotnie: *„zwężenie" sygnału w czasie* ($0 < a < 1$) *powoduje „rozciągnięcie" widma na osi* ω.

Związek z przekształceniem Laplace'a

Załóżmy, że funkcja $f(t)$ jest równa zeru dla $t < 0$ i bezwzględnie całkowalna w przedziale $\langle 0, +\infty)$. Istnieje wówczas jej $\mathscr{F}$-transformata:

$$F(\mathrm{j}\omega) = \mathscr{F}[f(t)] = \int_0^\infty \mathrm{e}^{-\mathrm{j}\omega t} f(t)\mathrm{d}t \tag{9.1-70}$$

oraz:

$$F(\mathrm{j}\omega) = \bar{f}(s)\Big|_{s=\mathrm{j}\omega} \tag{9.1-71}$$

gdzie $\bar{f}(s) = \mathscr{L}[f(t)]$ jest $\mathscr{L}$-transformatą określoną wzorem (6.1-59).

Prostota związku (9.1-71) może być źródłem błędów. Podstawienie $s = \mathrm{j}\omega$ jest oczywiście zawsze możliwe w każdym wzorze określającym $\mathscr{L}$-transformatę pewnej funkcji $f(t)$, nie zawsze jednak po takim podstawieniu otrzymujemy $\mathscr{F}$-transformatę (9.1-70) tej funkcji. Jeśli funkcja ta jest $\mathscr{L}$-transformowalna, ale nie spełnia wymienionych wyżej założeń, jej $\mathscr{F}$-transformata może nie istnieć w zwykłym sensie (tj. w sensie definicji z p. A)[1].

D. Transformata splotu i wzór Parsevala. Powróćmy do splotu (dwustronnego) określonego wzorem (9.1-2).

Jeśli funkcje $f_1(t)$, $f_2(t)$ są całkowalne z kwadratem w przedziale $(-\infty, +\infty)$[2], to $\mathscr{F}$-transformata splotu (9.1-2) wyraża się wzorem:

$$\mathscr{F}[f_1 * f_2] = F_1(\mathrm{j}\omega)\cdot F_2(\mathrm{j}\omega) \tag{9.1-72}$$

gdzie $F_1(\mathrm{j}\omega) = \mathscr{F}[f_1(t)]$, $F_2(\mathrm{j}\omega) = \mathscr{F}[f_2(t)]$ (dowód można znaleźć np. w [25], str. 69).

Wzór (9.1-72) jest odpowiednikiem wzoru (9.1-18) dla transformaty Laplace'a splotu jednostronnego. Odpowiednikiem równości Parsevala dla szeregu Fouriera (por. zależność (5.1-41) w tomie II) jest natomiast *wzór Parsevala dla przekształcenia Fouriera*:

---

[1] Istnieją uogólnione przekształcenia Fouriera umożliwiające rozszerzenie zakresu jego stosowalności (i zarazem opisu widmowego) na funkcje nie mające $\mathscr{F}$-transformat w zwykłym sensie. Można tu wymienić *przekształcenie Fouriera w sensie granicznym* (por. np. [29]) oraz *dystrybucyjne przekształcenie Fouriera*, w którym zbieżność całki (9.1-41) rozumie się w sensie zbieżności dystrybucyjnej (por. np. [25], [37]). Uogólnieniami tymi, ważnymi szczególnie w teorii sygnałów, zajmować się jednak nie będziemy.

[2] Lub, w skrócie, są klasy $L^2(-\infty, +\infty)$ (por. uwagę w p. 9.1.1-A).

$$\int_{-\infty}^{+\infty} |f(t)|^2 \mathrm{d}t = \frac{1}{2\pi} \int_{-\infty}^{+\infty} |F(\mathrm{j}\omega)|^2 \mathrm{d}\omega \tag{9.1-73}$$

słuszny przy założeniu, że funkcja $f(t)$ jest klasy $L^2(-\infty, +\infty)$.

Związek (9.1-73) ma prostą i bardzo ważną interpretację energetyczną (bywa on nazywany *twierdzeniem o energii*, por. np. [29], str. 260). Jeśli sygnał $f(t)$ jest sygnałem prądu lub napięcia na oporze R, to energia wydzielana na tym oporze w przedziale czasu $(-\infty, +\infty)$ jest równa (z dokładnością do czynnika R lub $1/R$) całce[1]:

$$\int_{-\infty}^{+\infty} |f(t)|^2 \mathrm{d}t = \int_{-\infty}^{+\infty} f^2(t) \mathrm{d}t$$

Druga strona wzoru Parsevala:

$$\frac{1}{2\pi} \int_{-\infty}^{+\infty} |F(\mathrm{j}\omega)|^2 \mathrm{d}\omega = \frac{1}{2\pi} \int_{-\infty}^{+\infty} A^2(\omega) \mathrm{d}\omega \tag{9.1-74}$$

jest pomnożoną przez współczynnik $1/2\pi$ całką względem zmiennej ω z kwadratu widma amplitudowego sygnału $f(t)$.

Wynika stąd, że *energię wydzielaną przez sygnał $f(t)$ możemy rozpatrywać jako energię zlokalizowaną w widmie tego sygnału, zaś funkcję $A^2(\omega)$ lub $\frac{1}{2\pi} A^2(\omega)$ jako gęstość widmową (widmo) tej energii.* Interpretacja ta znajduje wielorakie zastosowania w teorii sygnałów.

E. Transformaty Fouriera dystrybucji $\delta(t)$ i $\delta^{(k)}(t)$. Analogicznie jak w przypadku przekształcenia Laplace'a, właściwości filtrujące dystrybucji $\delta(t)$ i $\delta^{(k)}(t)$, wyrażone wzorami (6.3-11) i (6.3-12) (p. 6.3.1-E w tomie II), umożliwiają bezpośrednio wyznaczenie transformat Fouriera tych dystrybucji. Otrzymujemy wprost zależności:

$$\mathscr{F}[\delta(t)] = \int_{-\infty}^{+\infty} \mathrm{e}^{-\mathrm{j}\omega t} \delta(t) \mathrm{d}t = \mathrm{e}^{-\mathrm{j}\omega t}\Big|_{t=0} = 1 \tag{9.1-75}$$

$$\mathscr{F}[\delta^{(k)}(t)] = \int_{-\infty}^{+\infty} \mathrm{e}^{-\mathrm{j}\omega t} \delta^{(k)} \mathrm{d}t = (-1)^k \frac{\mathrm{d}^k}{\mathrm{d}t^k} \mathrm{e}^{-\mathrm{j}\omega t}\Big|_{t=0} = (\mathrm{j}\omega)^k \tag{9.1-76}$$

oraz:

$$\mathscr{F}[\delta(t - t_0)] = \mathrm{e}^{-\mathrm{j}\omega t_0} \tag{9.1-77}$$

$$\mathscr{F}[\delta^{(k)}(t - t_0)] = (\mathrm{j}\omega)^k \mathrm{e}^{-\mathrm{j}\omega t_0} \tag{9.1-78}$$

---

[1] Stąd sygnały klasy $L^2(+\infty, -\infty)$ są nazywane *sygnałami o ograniczonej energii* (por. np. [29], str 27).

w pełni zgodne z zależnościami (6.3-13) i (6.3-14) dla dwustronnego przekształcenia Laplace'a.

Twierdzenie (9.1-72) o transformacie Fouriera splotu pozostaje słuszne także w przypadku splotów z dystrybucjami $\delta(t)$ lub $\delta^{(k)}(t)$, określonych zależnościami (9.1-23) i (9.1-24). Analogicznie jak w przypadku splotów jednostronnych i przekształcenia Laplace'a (wzory (9.1-29) i (9.1-30)), otrzymujemy:

$$\mathscr{F}[\delta(t) * f(t)] = 1 \cdot F(j\omega) = F(j\omega) \tag{9.1-79}$$

$$\mathscr{F}[\delta^{(k)}(t) * f(t)] = (j\omega)^k F(j\omega) \tag{9.1-80}$$

9.2. UKŁADY TRANSMISYJNE

Przedstawimy teraz najważniejsze pojęcia i zagadnienia dotyczące właściwości transmisyjnych czwórników lub, ogólniej, układów transmisyjnych.

9.2.1. Czwórnik jako układ transmisyjny

Rozważmy czwórnik SLSB (rys. 9.2-1a) i załóżmy, że został wybrany sygnał wejściowy $x = x(t)$ (napięcie u_1 albo prąd i_1) oraz sygnał wyjściowy $y = y(t)$ (napięcie u_2 albo prąd $-i_2$). Czwórnik można wówczas rozpatrywać jako układ (operację) przekształcający sygnał wejściowy x w sygnał wyjściowy y, tzn. jako *układ transmisyjny* (rys. 9.2-1b).

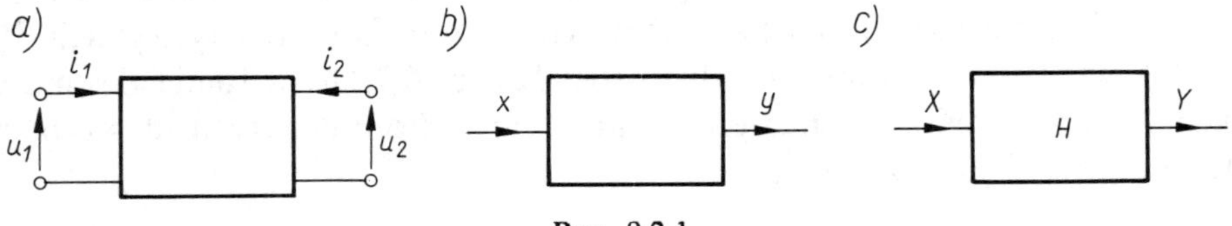

Rys. 9.2-1

A. Równanie transmisyjne. W punkcie 8.2.1-B wprowadziliśmy pojęcie transmitancji czwórnika, rozumianej jako stosunek (w dziedzinie zespolonej) wielkości wyjściowej do wielkości wejściowej. Z uwagi na wspomnianą już możliwość wyboru sygnału wejściowego (napięcie albo prąd) oraz sygnału wyjściowego (napięcie albo prąd), rozróżnialiśmy cztery rodzaje transmitancji[1)] – por. wzory definicyjne (8.2-8)–(8.2-11) i (8.2-23)–(8.2-26).

---

1) W rozważaniach tego rozdziału nie będzie zachodzić potrzeba rozpatrywania transmitancji odwrotnych (p. 8.2.1-C). Jeśli kierunek transmisji jest odwrotny (do przyjętego w naszych rozważaniach), to taki czwórnik stanowi inny układ transmisyjny o inaczej wybranych sygnałach wejściowym i wyjściowym i innej transmitancji.

We wszystkich czterech przypadkach transmitancji związek (w dziedzinie zespolonej) między sygnałem wyjściowym a wejściowym przedstawialiśmy w jednakowej, ogólnej postaci (8.2-12), tzn. (rys. 9.2-1c):

$$Y = HX \tag{9.2-1}$$

gdzie H oznacza odpowiednią transmitancję[1], X i Y są (w oznaczeniach uniwersalnych – por. p. 7.3.4-A) odpowiednio sygnałem wejściowym i sygnałem wyjściowym. Równanie (9.2-1) będziemy nazywać *równaniem transmisyjnym* czwórnika.

B. Różne rodzaje sygnałów. Równanie transmisyjne (9.2-1) jest zapisane przy użyciu oznaczeń uniwersalnych, jest zatem słuszne dla różnych typów sygnałów, o których była mowa w p. 7.3.4-A. Z uwagi jednak na znaczenie równania (9.2-1), a także wobec wprowadzenia w p. 9.1.3-A klasy sygnałów $\mathscr{F}$-transformowalnych, celowe staje się, dla uniknięcia niejasności, przypomnienie i prześledzenie przypadków szczególnych równania (9.2-1) dla różnych klas sygnałów. Przypominamy (por. p. 8.2.1-D, a także rozważania z p. 6.2.1-D), że w przypadku ogólnym transmitancja czwórnika SLSB:

$$H = H(s) = \frac{L(s)}{M(s)} \tag{9.2-2}$$

jest funkcją wymierną rzeczywistą zmiennej zespolonej s.

1. Stan ustalony przy pobudzaniu sinusoidalnym. Zakładamy, że sygnały wejściowy i wyjściowy są sinusoidalnie zmienne z tą samą pulsacją ω:

$$x = \mathrm{Re}[X\mathrm{e}^{\mathrm{j}\omega t}], \qquad y = \mathrm{Re}[Y\mathrm{e}^{\mathrm{j}\omega t}] \tag{9.2-3}$$

W tym przypadku w równaniu (9.2-1) symbole X, Y oznaczają zespolone amplitudy sygnałów (9.2-3) oraz:

$$H = H(\mathrm{j}\omega) \tag{9.2-4}$$

jest w a r t o ś c i ą transmitancji (9.2-2) dla ustalonej wartości $\mathrm{j}\omega$[2].

2. Stan ustalony przy pobudzaniu okresowym. Zakładamy, że sygnały wejściowy i wyjściowy są okresowo zmienne z tym samym okresem T, a zatem (por. p. 5.1 w tomie II):

$$x = \sum_{k=-\infty}^{+\infty} X_k \mathrm{e}^{\mathrm{j}k\omega_0 t}, \qquad y = \sum_{k=-\infty}^{+\infty} Y_k \mathrm{e}^{\mathrm{j}k\omega_0 t} \tag{9.2-5}$$

---

[1] W równaniu (9.2-1) i na rys. 9.2-1c symbol H może oznaczać zarówno transmitancję czwórnika nieobciążonego, jak i transmitancję czwórnika obciążonego (por. p. 8.2.2-D).

[2] Jak już wspominaliśmy w przypisie na str. 73, przypadek stanu ustalonego przy pobudzaniu stałym można formalnie uważać za przypadek graniczny stanu ustalonego przy pobudzaniu sinusoidalnym dla $\omega = 0$.

Układ transmisyjny przy występowaniu tylko sygnałów stałych nie ma praktycznego znaczenia. Przypadkiem tym nie będziemy się osobno zajmować.

gdzie $\omega_0 = 2\pi/T$ oraz X_k, Y_k są zespolonymi amplitudami k-tych harmonicznych sygnałów x i odpowiednio y. Równanie (9.2-1) przechodzi wówczas w ciąg równań:

$$Y_k = H_k X_k, \qquad k \in \mathscr{C} \tag{9.2-6}$$

gdzie:

$$H_k = H(\mathrm{j}k\omega_0) \tag{9.2-7}$$

jest wartością transmitancji (9.2-2) dla ustalonej wartości $\mathrm{j}k\omega_0$.

3. Sygnały określone dla $t \geqslant 0$. Przyjmując, że sygnały $x = x(t)$, $y = y(t)$ są $\mathscr{L}$-transformowalne (por. p. 6.1.4-A w tomie II), wielkości:

$$X = X(s) = \mathscr{L}[x(t)], \qquad Y = Y(s) = \mathscr{L}[y(t)] \tag{9.2-8}$$

są $\mathscr{L}$-transformatami. Są one, podobnie jak transmitancja:

$$H = H(s) = \frac{Y(s)}{X(s)} \tag{9.2-9}$$

funkcjami zmiennej zespolonej s. Przypominamy, że równanie (9.2-1) jest w tym przypadku słuszne przy dodatkowym warunku, że w chwili $t = 0$ nie było w czwórniku zgromadzonej energii, tzn. przy zerowych warunkach początkowych. W przeciwnym przypadku czwórnik nie spełniałby warunku bezźródłowości – por. p. 6.2.1-E.

4. Sygnały $\mathscr{F}$-transformowalne. Zakładając, że sygnały $x = x(t)$, $y = y(t)$, określone dla $t \in (-\infty, +\infty)$ są $\mathscr{F}$-transformowalne (por. p. 9.1.3-A), wielkości:

$$X = X(\mathrm{j}\omega) = \mathscr{F}[x(t)], \qquad Y = Y(\mathrm{j}\omega) = \mathscr{F}[y(t)] \tag{9.2-10}$$

są $\mathscr{F}$-transformatami tych sygnałów. Są one, podobnie jak transmitancja:

$$H = H(\mathrm{j}\omega) = \frac{Y(\mathrm{j}\omega)}{X(\mathrm{j}\omega)} \tag{9.2-11}$$

funkcjami zmiennej urojonej $\mathrm{j}\omega$.

C. Układ transmisyjny jako operacja. Charakterystyczną cechą ujęcia transmisyjnego jest rozpatrywanie układu w konwencji „wejście-wyjście". Mówiąc o układzie, mamy najczęściej na myśli czwórnik[1)], w którym zostały

---

[1)] Nie jest to jednak niezbędne. Dla przykładu dwójnik o równaniu:

$$U = ZI$$

można również rozpatrywać jako układ transmisyjny, w którym sygnałem wejściowym jest prąd, a sygnałem wyjściowym – napięcie.

wybrane sygnał wejściowy i sygnał wyjściowy (rys. 9.2-1a,b). Pojęcie *układ transmisyjny* można jednak rozpatrywać nieco szerzej jako *operację*, która przekształca sygnały wejściowe w sygnały wyjściowe. Właściwości układu transmisyjnego są właściwościami operacji, którą dany układ realizuje. Takie ujęcie umożliwia rozpatrywanie układu transmisyjnego i jego właściwości bez konieczności odwoływania się do realizacji układowej, co w wielu przypadkach jest dogodne. Przypominamy, że niektóre podstawowe pojęcia związane z opisem układów w konwencji „wejście-wyjście" przedstawiliśmy w p. 2.1.5-H w tomie I.

Układ transmisyjny z rys. 9.2-1b, w którym $x = x(t)$ jest sygnałem wejściowym, a $y = y(t)$ jest sygnałem wyjściowym, można zatem opisać także równaniem[1]:

$$y = F[x] \tag{9.2-12}$$

gdzie F jest symbolem operacji realizowanej przez układ transmisyjny (por. równanie (2.1-34)), która każdemu sygnałowi x z pewnego zbioru $\mathscr{X}$ przyporządkowuje jednoznacznie sygnał wyjściowy y należący do zbioru $\mathscr{Y}$.

Na początku p. 9.2.1 sformułowaliśmy założenia dotyczące czwórnika rozpatrywanego jako układ transmisyjny. Założenia te mają swoje odpowiedniki w odniesieniu do operacji F.

Warunek: *czwórnik (układ) jest liniowy i bezźródłowy* odpowiada warunkowi: *operacja F jest liniowa*. Warunek: *czwórnik (układ) jest stacjonarny* odpowiada warunkowi: *operacja F jest stacjonarna* (por. definicje i komentarze z p. 2.1.5-H).

Warunek: *czwórnik (układ) jest skupiony* nie ma natomiast swojego bezpośredniego odpowiednika w odniesieniu do operacji F. W klasie układów liniowych, stacjonarnych i bezźródłowych (LSB), tj. układów opisywanych operacjami liniowymi i stacjonarnymi, cechę skupioności (S) rozpoznajemy najprościej na podstawie transmitancji. Jak wiadomo (por. p. B), transmitancja układu SLSB jest funkcją w y m i e r n ą zmiennej s – wzór (9.2-2).

Każdy realnie istniejący układ spełnia *warunek przyczynowości*, który orzeka, że *skutek nie może wyprzedzać w czasie przyczyny, która go wywołuje*. W przypadku układu transmisyjnego „przyczyną" jest sygnał wejściowy $x(t)$, „skutkiem" – sygnał wyjściowy $y(t)$. Układ transmisyjny spełniający warunek przyczynowości opisuje zatem operacja F, która jest *operacją przyczynową* (p. 2.1.5-H).

[1] W tym rozdziale będziemy rozpatrywać tylko układy transmisyjne jednowymiarowe, tj. o jednym sygnale wejściowym i jednym sygnale wyjściowym. Przypadkiem układów wielowymiarowych zajmujemy się fragmentarycznie w rozdziale 12.

9.2.2. Charakterystyki czasowe

Zajmiemy się teraz omówieniem charakterystyk czasowych układu transmisyjnego, tj. *odpowiedzi impulsowej* i *odpowiedzi jednostkowej*. Pojęcia te odgrywają w dziedzinie czasu podobną rolę, jak transmitancja w dziedzinie zespolonej, i są związane bezpośrednio z zastosowaniami splotu, o których będzie mowa w p. 9.2.3.

A. Odpowiedź impulsowa i odpowiedź jednostkowa. Będziemy rozważać układ transmisyjny z rys. 9.2-1b przy założeniu, że układ ten znajdował się w spoczynku dla $t < 0$ i w chwili $t = 0$ nie była w nim zgromadzona energia (warunki początkowe dla $t = 0$ były zerowe).

Odpowiedzią impulsową $h(t)$ układu nazywamy sygnał wyjściowy wywołany przez sygnał wejściowy o postaci dystrybucji $\delta(t)$. Oznacza to, że jeśli $x = \delta(t)$, to – z definicji – $y = h(t)$ (rys. 9.2-2a).

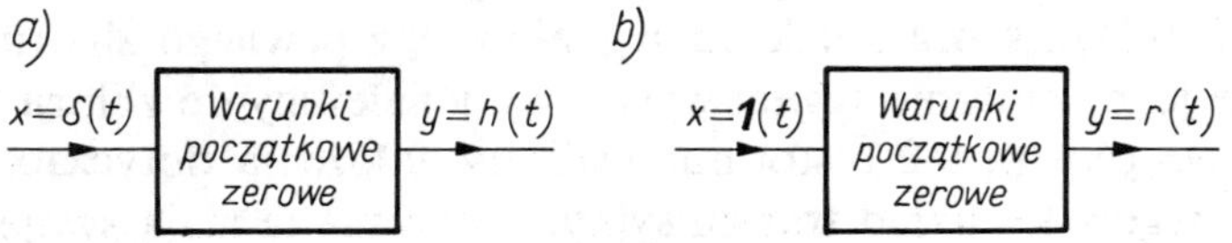

Rys. 9.2-2

Odpowiedzią jednostkową (skokową) $r(t)$ układu nazywamy sygnał wyjściowy wywołany przez sygnał wejściowy o postaci funkcji jednostkowej $\mathbf{1}(t)$. Oznacza to, że jeśli $x = \mathbf{1}(t)$, to – z definicji – $y = r(t)$ (rys. 9.2-2b).

Odpowiedź impulsową i odpowiedź jednostkową nazywamy *charakterystykami czasowymi* układu[1)].

B. Warunek przyczynowości. Charakterystyki czasowe układu są definiowane przy założeniu, że warunki początkowe w chwili $t = 0$ są zerowe. Sygnał wyjściowy: odpowiednio $h(t)$ lub $r(t)$ jest zatem wywołany wyłącznie przez doprowadzenie do wejścia układu sygnału wejściowego – odpowiednio: $\delta(t)$ lub $\mathbf{1}(t)$. W obu przypadkach sygnał wejściowy jest równy zeru dla $t < 0$, a zatem również:

$$h(t) = 0 \quad \text{dla} \quad t < 0 \tag{9.2-13}$$

$$r(t) = 0 \quad \text{dla} \quad t < 0 \tag{9.2-14}$$

---

1) Zwracamy uwagę, że w wielu publikacjach w języku polskim (np. [15], [25], [29]), stosowane były inne oznaczenia: odpowiedź impulsową oznaczono $k(t)$ (i transmitancję – odpowiednio – przez $K(s)$), natomiast odpowiedź jednostkową – $h(t)$. Odejście od poprzednio stosowanych oznaczeń zostało podyktowane dążeniem do przejścia na oznaczenia stosowane w literaturze anglosaskiej, w tym także w niektórych tłumaczeniach na język polski (np. [26]).

Równości (9.2-13) i (9.2-14) są konsekwencją *warunku przyczynowości* (p. 9.2.1-C). Jak zobaczymy w p. 9.2.3-A, przy pewnych dodatkowych założeniach, warunek (9.2-13) jest nie tylko warunkiem koniecznym, ale i dostatecznym, aby operacja F realizowana przez dany układ była operacją przyczynową (p. 9.2.1-C). Układ taki nazywamy *przyczynowym.*

C. Związki z transmitancją układu. Charakterystki czasowe są ściśle związane z transmitancją układu. W przypadku przedstawionym na rys. 9.2-2a równanie (9.2-1) przybiera postać:

$$\mathscr{L}[h(t)] = H(s) \cdot \mathscr{L}[\delta(t)] \tag{9.2-15}$$

lub wobec zależności (6.3-17):

$$\mathscr{L}[h(t)] = H(s) \tag{9.2-16}$$

Oznacza to, że *transformatą Laplace'a odpowiedzi impulsowej jest transmitancja układu.*

Podobnie w przypadku przedstawionym na rys. 9.2-2b z równania (9.2-1) otrzymujemy:

$$\mathscr{L}[r(t)] = H(s) \cdot \mathscr{L}[\mathit{1}(t)] \tag{9.2-17}$$

co, wobec zależności (6.1-79), prowadzi do wzoru:

$$\mathscr{L}[r(t)] = \frac{H(s)}{s} \tag{9.2-18}$$

Widzimy zatem, że *transformatą Laplace'a odpowiedzi jednostkowej jest iloraz transmitancji układu i zmiennej s.*

Zależności (9.2-16) i (9.2-18) umożliwiają łatwe wyznaczenie odpowiedzi impulsowej i odpowiedzi jednostkowej w przypadku, gdy jest znana transmitancja układu (por. przykłady w p. E).

Uwaga. W punkcie 8.2.1-B wprowadziliśmy cztery rodzaje transmitancji czwórnika: napięciową H_u $(x = u_1,\ y = u_2)$, prądową H_i $(x = i_1,\ y = -i_2)$, napięciowo-prądową H_{ui} $(x = u_1,\ y = -i_2)$ oraz prądowo-napięciową H_{iu} $(x = i_1,\ y = u_2)$ – por. wzory (8.2-8)–(8.2-11). W czwórniku można zatem wyróżnić cztery rodzaje odpowiedzi impulsowych $h_u(t)$, $h_i(t)$, $h_{ui}(t)$, $h_{iu}(t)$ oraz cztery rodzaje odpowiedzi jednostkowych: $r_u(t)$, $r_i(t)$, $r_{ui}(t)$, $r_{iu}(t)$. Często jednak, jeśli z kontekstu danego zagadnienia wynika o jaką transmitancję (odpowiedź impulsową, czy odpowiedź jednostkową) chodzi, rezygnujemy ze stosowania dodatkowych indeksów. Podobnie postępujemy przy omawianiu ogólnych właściwości, przysługujących wszystkim wymienionym rodzajom funkcji.

D. Związki w dziedzinie czasu między $h(t)$ i $r(t)$. Porównując zależności (9.2-16) i (9.2-18), można ustalić związki w dziedzinie czasu między odpowiedzią impulsową a odpowiedzią jednostkową. Wobec zależności (9.1-31) otrzymujemy:

$$h(t) = r'_{dystr}(t) \tag{9.2-19}$$

przy czym pochodna $r'_{dystr}(t)$ jest rozumiana jako pochodna dystrybucyjna.

Jeśli odpowiedź jednostkowa $r(t)$ jest ciągła i prawie wszędzie różniczkowalna dla $t > 0$ (por. p. 9.1.2-E), to zgodnie z zależnością (9.1-37):

$$h(t) = r'(t) + r(0+)\delta(t) \tag{9.2-20}$$

gdzie $r'(t)$ oznacza zwykłą pochodną. Gdy $r(0+) = 0$, drugi składnik wzoru (9.2-20) jest tożsamościowo równy zeru.

Zależność między funkcjami $h(t)$ a $r(t)$ można zapisać także w postaci całki:

$$r(t) = \int_0^t h(\tau)\mathrm{d}\tau \tag{9.2-21}$$

przy czym, jeśli odpowiedź impulsowa $h(t)$ zawiera składniki dystrybucyjne $\delta(t)$ lub $\delta^{(k)}(t)$, całka we wzorze (9.2-21) musi być rozumiana jako:

$$\int_0^t \cdot\, \mathrm{d}\tau = \lim_{\varepsilon \to 0+} \int_{-\varepsilon}^t \cdot\, \mathrm{d}\tau \tag{9.2-22}$$

(por. p. 9.1.2-C i wzór (9.1-26)).

E. Przykłady. Rozpatrzymy teraz kilka przykładów wyznaczania charakterystyk czasowych czwórników.

Przykład 9.2-1. Rozważmy czwórnik przedstawiony na rys. 9.2-3a i przyjmijmy: $x = u_1$, $y = u_2$ (rys. 9.2-3c). Transmitancja (napięciowa) układu:

$$H(s) = H_u(s) = \frac{1}{sRC + 1} = \frac{\alpha}{s + \alpha} \tag{9.2-23}$$

gdzie:

$$\alpha = \frac{1}{RC} \tag{9.2-24}$$

a więc odpowiedź impulsowa:

$$h(t) = \mathscr{L}^{-1}\left[\frac{\alpha}{s + \alpha}\right] = \alpha \mathrm{e}^{-\alpha t} 1(t) \tag{9.2-25}$$

Ponieważ:

$$\frac{H(s)}{s} = \frac{\alpha}{s(s + \alpha)} = \frac{1}{s} - \frac{1}{s + \alpha} \tag{9.2-26}$$

a więc odpowiedź jednostkowa ma postać:

$$r(t) = \mathscr{L}^{-1}\left[\frac{\alpha}{s(s+\alpha)}\right] = (1 - e^{-\alpha t})\mathit{1}(t) \tag{9.2-27}$$

przy czym $r(0+) = 0$. Stąd, zgodnie ze wzorami (9.2-20) i (9.2-21):

$$r(t) = \int_0^t h(\tau)d\tau, \qquad h(t) = r'(t)$$

(zwykłe różniczkowanie).

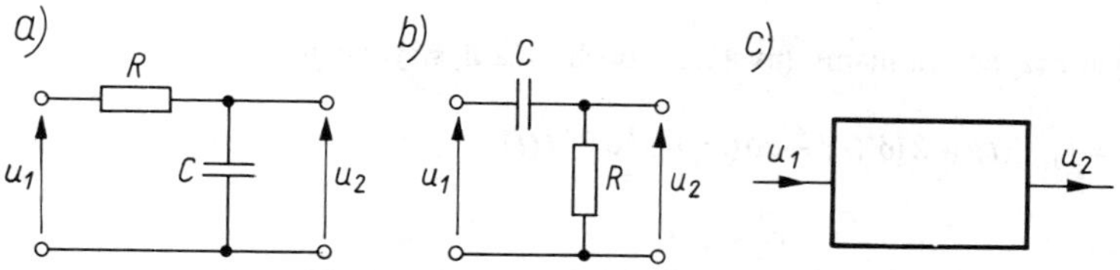

Rys. 9.2-3

Przykład 9.2-2. Rozpatrzmy czwórnik z rys. 9.2-3b, przyjmując jak poprzednio: $x = u_1$, $y = u_2$ (rys. 9.2-3c). Transmitancja (napięciowa) układu:

$$H(s) = \frac{sRC}{sRC+1} = \frac{s}{s+\alpha} = 1 - \frac{\alpha}{s+\alpha} \tag{9.2-28}$$

gdzie α jest określone wzorem (9.2-24).

Otrzymujemy zatem:

$$h(t) = \mathscr{L}^{-1}\left[\frac{s}{s+\alpha}\right] = \delta(t) - \alpha e^{-\alpha t}\mathit{1}(t) \tag{9.2-29}$$

oraz:

$$r(t) = \mathscr{L}^{-1}\left[\frac{H(s)}{s}\right] = \mathscr{L}^{-1}\left[\frac{1}{s+\alpha}\right] = e^{-\alpha t}\mathit{1}(t) \tag{9.2-30}$$

przy czym $r(0+) = 1$.

Proponujemy Czytelnikowi sprawdzenie wzorów (9.2-20) i (9.2-21) z uwzględnieniem uwagi (9.2-22).

Przykład 9.2-3. Rozpatrzmy układ z rys. 9.2-4a, w którym przyjmujemy: $x = u_1$, $y = i_2$ (rys. 9.2-4b). Jak łatwo można sprawdzić, transmitancja (napięciowo-prądowa) układu ma postać:

$$H(s) = H_{ui}(s) = k\frac{s^2}{s+\alpha} \tag{9.2-31}$$

gdzie:

$$k = \frac{C_1C_2}{C_1+C_2}, \qquad \alpha = \frac{1}{R(C_1+C_2)}$$

Dzieląc licznik przez mianownik, transmitancję (9.2-31) możemy zapisać w postaci:

$$H(s) = k\left(s - \alpha + \frac{\alpha^2}{s+\alpha}\right)$$

a stąd:

$$h(t) = \mathscr{L}^{-1}[H(s)] = k[\delta'(t) - \alpha\delta(t) + \alpha^2 e^{-\alpha t} 1(t)] \tag{9.2-32}$$

Wobec zależności:

$$\frac{H(s)}{s} = k\frac{s}{s+\alpha}$$

dostajemy – por. wzory (9.2-28) i (9.2-29):

$$r(t) = \mathscr{L}^{-1}\left[\frac{H(s)}{s}\right] = k[\delta(t) - \alpha e^{-\alpha t} 1(t)]$$

W tym przypadku mamy (uwaga! – pochodna dystrybucyjna):

$$h(t) = r'_{dystr}(t) = k[\delta'(t) - \alpha\delta(t) + \alpha^2 e^{-\alpha t} 1(t)]$$

oraz:

$$r(t) = \lim_{\varepsilon\to 0+} \int_{-\varepsilon}^{t} h(\tau)d\tau = k \lim_{\varepsilon\to 0+} \int_{-\varepsilon}^{t} \delta'(\tau)d\tau - k\alpha \lim_{\varepsilon\to 0+} \int_{-\varepsilon}^{t} \delta(\tau)d\tau + k\alpha^2 \int_{0}^{t} e^{-\alpha\tau}d\tau =$$

$$= k[\delta(t) - \lim_{\varepsilon\to 0+} \delta(-\varepsilon)] - k\alpha + k\alpha^2\left(-\frac{1}{\alpha}e^{-\alpha\tau}\right)\Bigg|_0^t = k\delta(t) - k\alpha e^{-\alpha t} 1(t)$$

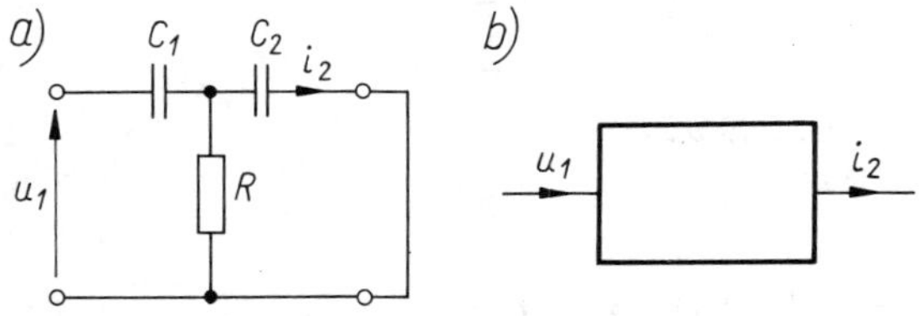

Rys. 9.2-4

F. Ogólne właściwości charakterystyk czasowych. W p. 6.2.3-B,C w tomie II omówiliśmy szczegółowo metodę rozkładu na ułamki proste, która umożliwia wyznaczenie w łatwy sposób odwrotnego przekształcenia Laplace'a w przypadku, gdy transformata jest funkcją wymierną właściwą. Rezultaty tam uzyskane można, wobec zależności (9.2-16) i (9.2-18), zastosować bezpośrednio do wyznaczania odpowiedzi impulsowej i odpowiedzi jednostkowej.

Na podstawie tablicy 6-1 (tom II, str. 316) oraz zgodnie z komentarzem i przykładami z p. 6.2.3-C można także określać (z dokładnością do stałych, ale bez wykonywania obliczeń) składniki odpowiedzi impulsowej, odpowiadające poszczególnym biegunom transmitancji (por. przykłady 6.2-7 i 6.2-8). Na tej podstawie można również formułować niektóre ogólne właściwości odpowiedzi impulsowych (i zarazem odpowiedzi jednostkowych) układów SLSB.

Oznaczmy przez l, m, odpowiednio, stopień licznika i stopień mianownika transmitancji (9.2-2):

$$l = \operatorname{st} L(s), \qquad m = \operatorname{st} M(s) \tag{9.2-33}$$

i rozważmy dwa przypadki: $l - m < 0$ oraz $l - m \geqslant 0$.

TWIERDZENIE 9.2-1

W przypadku gdy transmitancja $H(s)$ jest funkcją wymierną właściwą, tzn. gdy:

$$l - m < 0 \tag{9.2-34}$$

odpowiedź impulsowa $h(t)$ ma następujące właściwości:

1. *Odpowiedź impulsowa $h(t)$ jest funkcją, tzn. nie zawiera składników dystrybucyjnych, przy czym $h(t)$ spełnia warunek* (9.2-13).

2. *W zależności od położenia i rodzaju biegunów transmitancji $H(s)$ odpowiedź impulsowa $h(t)$ jest kombinacją liniową funkcji wymienionych w tabl.* 6-1, *odpowiadających biegunom transmitancji $H(s)$.*

3. *Odpowiedź impulsowa $h(t)$ jest dla $t > 0$ funkcją ciągłą i mającą ciągłą pochodną dowolnie wysokiego rzędu*[1].

4. *Odpowiedź impulsowa $h(t)$ dąży do zera przy $t \to +\infty$:*

$$\lim_{t \to +\infty} h(t) = 0 \tag{9.2-35}$$

oraz jest funkcją klasy $L^2(-\infty, +\infty)$ wtedy i tylko wtedy, kiedy wszystkie bieguny transmitancji $H(s)$ leżą w lewej półpłaszczyźnie $\operatorname{Re} s < 0$.

5. *Odpowiedź impulsowa $h(t)$ jest ograniczona w przedziale $\langle 0, +\infty)$:*

$$\sup_{\langle 0, +\infty)} |h(t)| < \infty \tag{9.2-36}$$

wtedy i tylko wtedy, kiedy transmitancja $H(s)$ nie ma biegunów w prawej półpłaszczyźnie $\operatorname{Re} s > 0$ *oraz nie ma biegunów wielokrotnych na osi urojonej* $\operatorname{Re} s = 0$.

Wyrażamy przekonanie, że Czytelnik bez trudu potrafi uzasadnić wymienione właściwości, sięgając do rezultatów omówionych w p. 6.1.3-F i p. 6.1.4-B,C w tomie II.

Rozważmy teraz przypadek, gdy:

$$l - m \geqslant 0 \tag{9.2-37}$$

Przyjmując $l - m = n$, gdzie n jest liczbą naturalną lub zerem, i dzieląc licznik transmitancji (9.2-2) przez mianownik, otrzymujemy:

$$H(s) = a_0 + a_1 s + \ldots + a_n s^n + \frac{L_0(s)}{M(s)} \tag{9.2-38}$$

przy czym:

$$H_0(s) \stackrel{\Delta}{=} \frac{L_0(s)}{M(s)} \tag{9.2-39}$$

jest funkcją wymierną właściwą.

---

[1] O takiej funkcji mówimy, że jest klasy $\mathscr{C}^\infty$ w przedziale $(0, +\infty)$.

Zgodnie ze wzorem (6.3-26) otrzymujemy wówczas:

$$h(t) = a_0\delta(t) + a_1\delta'(t) + \ldots + a_n\delta^{(n)}(t) + h_0(t) \tag{9.2-40}$$

gdzie:

$$h_0(t) = \mathscr{L}^{-1}[H_0(s)] \tag{9.2-41}$$

Z rozważań tych wynika od razu następujący wniosek.

W przypadku gdy stopień licznika transmitancji jest nie mniejszy niż stopień mianownika (nierówność (9.2-37)), *odpowiedź impulsowa jest określona wzorami* (9.2-40) *i* (9.2-41), *tzn. składa się z kombinacji liniowej dystrybucji $\delta(t)$ i jej pochodnych $\delta^{(k)}(t)$ oraz funkcji $h_0(t)$ mającej wszystkie właściwości odpowiedzi impulsowej $h(t)$ w przypadku, gdy spełniony jest warunek* (9.2-34).

Warto jeszcze zwrócić uwagę na przypadek, kiedy:

$$l - m = 0 \tag{9.2-42}$$

Transmitancję $H(s)$ można wówczas przedstawić jako:

$$H(s) = a_0 + H_0(s) \tag{9.2-43}$$

a zatem:

$$h(t) = a_0\delta(t) + h_0(t) \tag{9.2-44}$$

Jak zobaczymy później (por. p. 9.4.1-F), w praktyce mamy niemal zawsze do czynienia z przypadkiem, kiedy:

$$l - m \leqslant 0 \tag{9.2-45}$$

tzn. z sytuacją określoną przez nierówność (9.2-34) lub równość (9.2-42) (przykład 9.2-3 temu nie przeczy). Występowanie w odpowiedzi impulsowej pochodnych dystrybucji $\delta(t)$ można zatem uznać za przypadek wyjątkowy o ograniczonym znaczeniu.

Uwaga. Jeśli funkcja wymierna (9.2-2) jest *nieskracalna*, tzn. licznik $L(s)$ i mianownik $M(s)$ nie mają wspólnych pierwiastków, to (skończonymi) biegunami transmitancji $H(s)$ są zera mianownika $M(s)$. Jeśli licznik i mianownik mają wspólne czynniki, to punkty s_k, w których jednocześnie licznik i mianownik są równe zeru, tj.:

$$L(s_k) = 0 \wedge M(s_k) = 0 \tag{9.2-46}$$

nie muszą być biegunami transmitancji $H(s)$. Zwykle zakładamy milcząco, że postać (9.2-2) transmitancji jest już postacią nieskracalną.

Jeśli $l - m = n > 0$, to funkcja wymierna ma także biegun rzędu n w punkcie $s = \infty$ (w nieskończoności).

Wobec zależności (9.2-18) można sformułować również, podobnie jak w przypadku odpowiedzi impulsowej $h(t)$, ogólne właściwości odpowiedzi jednostkowej $r(t)$. Aby uniknąć powtórzeń, nie będziemy jednak robić tego szczegółowo, zwracając jedynie uwagę Czytelnika na kilka ważniejszych różnic.

Jeśli zachodzi nierówność (9.2-45) gdzie l, m są liczbami określonymi wzorami (9.2-33), to funkcja:

$$\frac{H(s)}{s} = \frac{L(s)}{sM(s)} \tag{9.2-47}$$

jest funkcją wymierną właściwą i, w konsekwencji, odpowiedź jednostkowa $r(t)$ nie zawiera składników dystrybucyjnych.

Porównując bieguny funkcji (9.2-2) i (9.2-47), zauważamy, że różnica może wystąpić tylko w punktach $s = \infty$ i $s = 0$. W szczególności w punkcie $s = 0$ funkcja (9.2-47):

– nie ma bieguna, jeśli $L(0) = 0$, $M(0) \neq 0$;
– ma biegun pojedynczy, jeśli $L(0) \neq 0$, $M(0) \neq 0$;
– ma biegun $k+1$-krotny, jeśli funkcja $H(s)$ ma biegun k-krotny.

Przykład 9.2-4. Załóżmy, że transmitancja $H(s)$ jest funkcją wymierną właściwą o biegunach (rys. 9.2-5):

$$s_1 = 0, \qquad s_{2,3} = -\alpha \pm j\omega \; (\alpha > 0), \qquad s_{4,5} = -\beta \; (\beta > 0)$$

(biegun $s = -\beta$ jest biegunem podwójnym). Wówczas, zgodnie z tabl. 6-1, możemy od razu napisać:

$$h(t) = [A_1 + e^{-\alpha t}(A_2 \cos\omega t + A_3 \sin\omega t) + (A_4 + A_5 t)e^{-\beta t}]1(t)$$

przy czym:

$$A_1 \neq 0, \qquad A_2^2 + A_3^2 \neq 0, \qquad A_5 \neq 0$$

Stała A_4 może być natomiast równa zeru (por. uwagę 1 na str. 355 w tomie II).

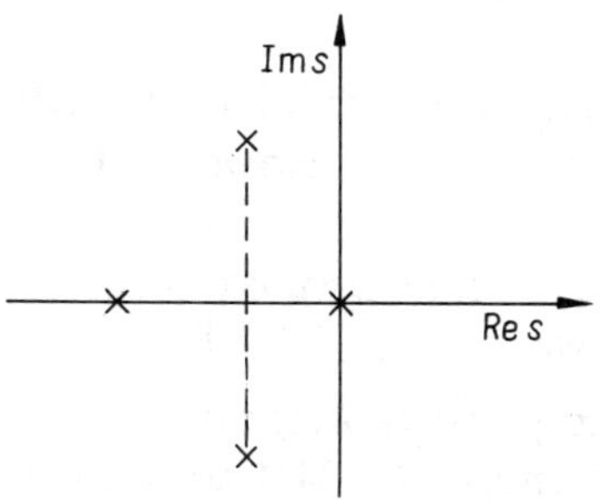

Rys. 9.2-5

Funkcja (9.2-47) ma takie same bieguny jak funkcja $H(s)$ (rys. 9.2-5), z tym, że biegun $s = 0$ jest biegunem podwójnym. Otrzymujemy zatem:

$$r(t) = [B_1 + B_2 t + e^{-\alpha t}(B_3 \cos\omega t + B_4 \sin\omega t) + (B_5 + B_6 t)e^{-\beta t}]1(t)$$

przy czym:

$$B_2 \neq 0, \qquad B_3^2 + B_4^2 \neq 0, \qquad B_6 \neq 0$$

zaś stałe B_1, B_5 mogą być równe zeru.

Zauważmy, że w tym przypadku odpowiedź impulsowa $h(t)$ jest ograniczona w przedziale $\langle 0, +\infty)$, w przeciwieństwie do odpowiedzi jednostkowej $r(t)$ (funkcja $H(s)/s$ ma biegun podwójny dla $s = 0$).

9.2.3. Zastosowania splotu

Charakterystyki czasowe: odpowiedź impulsowa i odpowiedź jednostkowa umożliwiają wyznaczenie w dziedzinie czasu sygnału wyjściowego układu transmisyjnego przy zadanym sygnale wejściowym. Równaniu transmisyjnemu (9.2-1) w dziedzinie zespolonej odpowiada w dziedzinie czasu równanie w postaci splotu. Stąd wynikają praktyczne zastosowania splotu, a także jego znaczenie dla określenia ogólnych właściwości układów transmisyjnych.

A. Rozwiązanie w postaci splotu. Załóżmy, że do układu z rys. 9.2-1b zostaje doprowadzony w chwili $t = 0$, przy zerowych warunkach początkowych, $\mathscr{L}$-transformowalny sygnał $x(t)$, przy czym $x(t) = 0$ dla $t < 0$. Zakładamy ponadto (nie zmniejsza to praktycznie ogólności rozważań), że $x(t)$ jest funkcją ograniczoną w każdym przedziale $\langle 0, t_0\rangle$, $t_0 > 0$.

Na wyjściu układu o transmitancji $H(s)$ pojawi się sygnał $y(t)$, którego $\mathscr{L}$-transformata, zgodnie z równaniem transmisyjnym (9.2-1), ma postać:

$$Y(s) = H(s)\,X(s) \tag{9.2-48}$$

Korzystając z twierdzenia (9.1-18) o transformacie splotu (por. także p. 9.1.2-C), dostajemy stąd:

$$y(t) = h(t) * x(t) \tag{9.2-49}$$

Zależność (9.2-49) ma znaczenie zasadnicze. Umożliwia ona bowiem wyznaczenie w dziedzinie czasu sygnału wyjściowego $y(t)$, gdy jest znany sygnał wejściowy $x(t)$.

Rozpatrzmy trzy przypadki wzoru ogólnego (9.2-49) w zależności od postaci odpowiedzi impulsowej $h(t)$ (p. 9.2.2-F).

1. Jeśli odpowiedź impulsowa $h(t)$ nie zawiera składników dystrybucyjnych (spełniona jest nierówność (9.2-34)), to wzór (9.2-49) przybiera postać:

$$y(t) = \int_0^t h(t-\tau)\,x(\tau)\,\mathrm{d}\tau = \int_0^t h(\tau)\,x(t-\tau)\,\mathrm{d}\tau \tag{9.2-50}$$

przy czym $y(t) = 0$ dla $t < 0$.

TWIERDZENIE 9.2-2

Przy przyjętych założeniach sygnał wyjściowy $y(t)$ *określony wzorem* (9.2-50) *jest dla* $t \geqslant 0$ *funkcją ciągłą i prawie wszędzie różniczkowalną.*

Właściwość ta wynika z właściwości 3 odpowiedzi impulsowej (p. 9.2.2-F), właściwości 1 splotu (p. 9.1.1-B) oraz możliwości przedstawienia pochodnej funkcji (9.2-50) w postaci (por. wzór (9.2-74) w p. C):

$$y'(t) = h(0+)\,x(t) + \int_0^t h'(t-\tau)\,x(\tau)\mathrm{d}\tau \tag{9.2-51}$$

2. W przypadku gdy odpowiedź impulsowa $h(t)$ wyraża się wzorem (9.2-44), otrzymujemy zgodnie ze wzorem (9.1-27):

$$y(t) = a_0\delta(t) * x(t) + h_0(t) * x(t) = a_0 x(t) + \int_0^t h_0(t-\tau)\,x(\tau)\mathrm{d}\tau \tag{9.2-52}$$

Zauważmy, że sygnał wyjściowy $y(t)$ zawiera w tym przypadku dwie składowe: składową proporcjonalną do sygnału wejściowego oraz składową w postaci splotu o cechach sygnału (9.2-50)[1]. Wynika stąd od razu

TWIERDZENIE 9.2-3

Przy przyjętych założeniach sygnał wyjściowy $y(t)$ *określony wzorem* (9.2-52) *jest funkcją ograniczoną w każdym przedziale* $\langle 0, t_0 \rangle$, $t_0 > 0$.

3. W przypadku ogólnym (9.2-40) wzór (9.2-49) możemy zapisać w postaci:

$$y(t) = a_0\delta(t) * x(t) + \sum_{k=1}^{n} a_k\delta^{(k)}(t) * x(t) + \int_0^t h_0(t-\tau)\,x(\tau)\mathrm{d}\tau \tag{9.2-53}$$

skąd, po uwzględnieniu zależności (9.1-28), dostajemy:

$$y(t) = a_0 x(t) + \sum_{k=1}^{n} a_k x^{(k)}(t) + \int_0^t h_0(t-\tau)\,x(\tau)\mathrm{d}\tau \tag{9.2-54}$$

przy czym symbol $x^{(k)}(t)$ oznacza pochodną dystrybucyjną funkcji – por. wzory (9.1-37) i (9.1-40).

Układ opisywany równaniem (9.2-54) jest *układem różniczkującym*, sygnał wyjściowy zawiera bowiem składniki proporcjonalne do pochodnych sygnału wejściowego. W tym przypadku *sygnał wyjściowy* $y(t)$ *określony wzorem* (9.2-54) *może zawierać składniki dystrybucyjne.*

Uwaga. Nawet przy założeniu istnienia (prawie wszędzie) dla $t \geqslant 0$ zwykłej pochodnej $x^{(k)}(t)$, sygnał (9.2-54) nie musi być ograniczony (pochodna funkcji ciągłej i ograniczonej w przedziale nie musi być funkcją ograniczoną).

---

[1] Składowa ta (podobnie jak i funkcja (9.2-50)) wyraża właściwości dynamiczne układu i stąd bywa nazywana *składową dynamiczną* lub *składową ciągłą*.

Z przytoczonych rozważań wynika następujący ważny wniosek.

Każdy układ transmisyjny o transmitancji $H(s)$ będącej funkcją wymierną (9.2-2) *jest układem przyczynowym, spełnienie warunku* (9.2-13) *wystarcza bowiem do tego, aby*:

$$x(t) = 0 \quad \text{dla} \quad t < 0 \Rightarrow y(t) = 0 \quad \text{dla} \quad t < 0 \tag{9.2-55}$$

Przykład 9.2-5. Powróćmy do układów z rys. 9.2-3a,b oraz przykładów 9.2-1 i 9.2-2. Dla układu z rys. 9.2-3a odpowiedź impulsowa jest określona wzorem (9.2-25), zatem, zgodnie z zależnością (9.2-50), mamy dla $t \geqslant 0$:

$$u_2(t) = h(t) * u_1(t) = \alpha \int_0^t e^{-\alpha(t-\tau)} u_1(\tau) d\tau \tag{9.2-56}$$

Odpowiedź impulsowa układu z rys. 9.2-3b jest wyrażona zależnością (9.2-29). Na podstawie wzoru (9.2-52) otrzymujemy zatem dla $t > 0$:

$$u_2(t) = u_1(t) - \alpha \int_0^t e^{-\alpha(t-\tau)} u_1(\tau) d\tau \tag{9.2-57}$$

Zależności typu (9.2-56) i (9.2-57) umożliwiają między innymi numeryczne wyznaczenie sygnału wyjściowego, gdy sygnał wejściowy nie jest zadany w postaci analitycznej (np. jest określony na drodze pomiarowej).

Przykład 9.2-6. Dla układu z rys. 9.2-4 (przykład 9.2-3) odpowiedź impulsowa jest dana wzorem (9.2-32) i, oprócz składnika $\delta(t)$, zawiera składnik $\delta'(t)$. Sygnał wyjściowy $i_2(t)$ można zatem przedstawić dla $t > 0$ w postaci (9.2-54):

$$i_2(t) = k u'_{1dystr}(t) - \alpha k u_1(t) + \alpha^2 k \int_0^t e^{-\alpha(t-\tau)} u_1(\tau) d\tau$$

przy czym u'_{1dystr} oznacza pochodną dystrybucyjną napięcia $u_1(t)$. Jeśli funkcja $u_1(t)$ jest dla $t > 0$ ciągła i (prawie wszędzie) różniczkowalna, to na podstawie wzoru (9.1-37) dostajemy:

$$i_2(t) = k u'_1(t) + k u_1(0+)\delta(t) - \alpha k u_1(t) + \alpha^2 k \int_0^t e^{-\alpha(t-\tau)} u_1(\tau) d\tau \tag{9.2-58}$$

Stwierdzamy zatem, że układ z rys. 9.2-4b ma charakter układu różniczkującego.

B. Splot jako całka superpozycyjna. Przeprowadzimy teraz rozumowanie, które pokaże, w jakim sensie zależność (9.2-50) jest konsekwencją faktu, iż rozpatrywany układ jest liniowy, stacjonarny i przyczynowy[1]).

Załóżmy, że rozpatrujemy liniowy układ transmisyjny przedstawiony na rys. 9.2-1b spełniający warunek przyczynowości. Wyobraźmy sobie, że układ jest pobudzany w chwili $t = 0$ impulsem prostokątnym o wysokości a i o czasie trwania $\Delta\tau$ (rys. 9.2-6a), a więc o polu:

$$P = a\Delta\tau$$

[1]) Lub, inaczej, że operacja realizowana przez układ jest operacją liniową, stacjonarną i przyczynową w sensie definicji z p. 2.1.5-H w tomie I (por. p. 9.2.1-C).

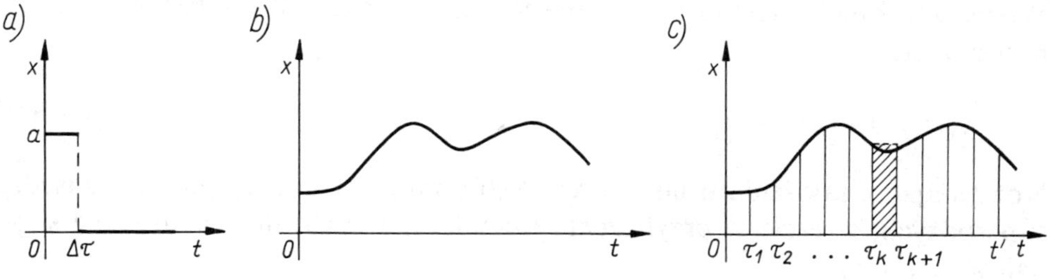

Rys. 9.2-6

Jeśli $\Delta\tau$ jest dostatecznie małe, to sygnał wyjściowy wywołany impulsem z rys. 9.2-6a będzie dla $t > \Delta\tau$ w przybliżeniu taki, jak wywołany przez sygnał:

$$x = P\delta(t)$$

a więc równy:

$$y \cong Ph(t)$$

gdzie $h(t)$ jest odpowiedzią impulsową układu. Wobec założonej przyczynowości mamy:

$$h(t) = 0 \quad \text{dla} \quad t < 0$$

Rozpatrzmy teraz przypadek, kiedy układ jest pobudzany sygnałem $x(t)$ przedstawionym na rys. 9.2-6b. Wybierzmy chwilę $t' > 0$ i podzielmy przedział $(0, t')$ punktami (rys. 9.2-6c):

$$0 < \tau_1 < \tau_2 < \ldots < \tau_k < \tau_{k+1} < \ldots < \tau_n < t' \tag{9.2-59}$$

Rozważmy impuls:

$$x_k(t) = \begin{cases} x(t) & \text{dla} \quad \tau_k \leqslant t < \tau_{k+1} \\ 0 & \text{dla} \quad \text{pozostałych } t \end{cases} \tag{9.2-60}$$

Pole tego impulsu jest w przybliżeniu równe polu impulsu prostokątnego o wysokości $x(\tau_k)$ (zakreskowane pole na rys. 9.2-6c), tzn.:

$$P_k = x(\tau_k)(\tau_{k+1} - \tau_k) \tag{9.2-61}$$

Sygnał wyjściowy $y_k(t')$ w chwili t' wywołany sygnałem wejściowym (9.2-60) o polu (9.2-61) będzie w przybliżeniu taki, jaki zostałby wywołany przez sygnał wejściowy:

$$x_k = P_k\delta(t - \tau_k) \tag{9.2-62}$$

Wobec założonej stacjonarności układu (por. wzór (2.1-40) w tomie I) otrzymujemy zatem:

$$y_k(t') \cong P_k h(t' - \tau_k) \tag{9.2-63}$$

Korzystając z założenia o liniowości układu możemy teraz, zgodnie z zasadą superpozycji, wyrazić w przybliżeniu sygnał $y(t')$ w chwili t' jako sumę sygnałów $y_k(t')$, tzn.:

$$y(t') \cong \sum_k P_k h(t' - \tau_k) = \sum_k x(\tau_k)\, h(t' - \tau_k)(\tau_{k+1} - \tau_k) \tag{9.2-64}$$

Zakładając, że:

$$\Delta\tau = \max_k |\tau_{k+1} - \tau_k| \to 0$$

wyrażenie (9.2-64) przechodzi w całkę:

$$y(t) = \int_0^t x(\tau) h(t - \tau) \mathrm{d}\tau \tag{9.2-65}$$

w której zamieniliśmy już oznaczenie t' na t. Całka (9.2-65) jest oczywiście splotem sygnału wejściowego $x(t)$ z odpowiedzią impulsową $h(t)$.

Z uwagi na wykorzystanie w przedstawionym rozumowaniu zasady superpozycji, splot (9.2-65) bywa także nazywany *całką superpozycyjną*.

Uwaga. Podane rozumowanie można uogólnić, rezygnując z założenia stacjonarności, a więc rozszerzając je na układy niestacjonarne. W tym celu konieczne jest jednak następujące ogólniejsze zdefiniowanie odpowiedzi impulsowej.

Odpowiedzią impulsową $h(t - \tau, \tau)$ *układu niestacjonarnego* (rys. 9.2-7) nazywamy sygnał wyjściowy wywołany przez sygnał wejściowy $\delta(t - \tau)$. Oznacza to, że jeśli $x = \delta(t - \tau)$, to, z definicji, $y = h(t - \tau, \tau)$. Przyjmujemy przy tym, że $\tau \geqslant 0$ oraz że w chwili $t = \tau$ w układzie nie była zgromadzona energia.

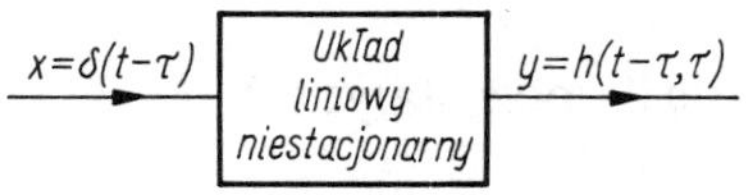

Rys. 9.2-7

Z warunku przyczynowości wynika, że:

$$h(t - \tau, \tau) = 0 \quad \text{dla} \quad t < \tau \tag{9.2-66}$$

Zależność odpowiedzi impulsowej $h(t - \tau, \tau)$ nie tylko od różnicy $t - \tau$, ale także od chwili τ pojawienia się na wejściu sygnału $\delta(t - \tau)$ jest konsekwencją niestacjonarności układu. W przypadku szczególnym, gdy układ jest stacjonarny, odpowiedź impulsowa przechodzi w funkcję jednej zmiennej:

$$h(t - \tau, \tau) \to h(t - \tau) \tag{9.2-67}$$

Powróćmy teraz do przeprowadzonego rozumowania, którego tok, aż do zależności (9.2--62), pozostaje bez zmian. Sygnał wyjściowy $y_k(t')$ w chwili t' wywołany przez sygnał wejściowy o postaci (9.2-62) wynosi teraz:

$$y_k(t') \cong P_k h(t' - \tau_k, \tau_k)$$

Wobec założonej liniowości układu otrzymujemy, analogicznie do (9.2-64):

$$y(t') \cong \sum_k P_k h(t' - \tau_k, \tau_k) = \sum_k x(\tau_k) h(t' - \tau_k, \tau_k)(\tau_{k+1} - \tau_k)$$

skąd, po przejściu do granicy (i po zamianie t' na t):

$$y(t) = \int_0^t x(\tau) h(t - \tau, \tau) \mathrm{d}\tau \tag{9.2-68}$$

Jest to uogólnienie zależności (9.2-65) na przypadek układu liniowego i przyczynowego, ale, ogólnie biorąc, niestacjonarnego.

W całce (9.2-68) można dokonać zamiany zmiennych $t - \tau = \tau'$, co prowadzi do zależności:

$$y(t) = \int_0^t x(t - \tau') h(\tau', t - \tau') \mathrm{d}\tau' \tag{9.2-69}$$

analogicznej do zależności (9.2-50) w przypadku układu stacjonarnego.

C. Pochodna splotu. Splot umożliwia wyznaczenie w dziedzinie czasu zależności między sygnałem wyjściowym a sygnałem wejściowym, za pośrednictwem odpowiedzi impulsowej układu. Podobną rolę, ale w odniesieniu do odpowiedzi jednostkowej, odgrywa pochodna splotu.

Rozważmy ponownie układ transmisyjny z rys. 9.2-1b przy założeniach jak w p. A. Równanie transmisyjne (9.2-48) możemy przepisać w postaci:

$$Y(s) = s \frac{H(s)}{s} X(s) \tag{9.2-70}$$

Wobec zależności (9.2-18) i twierdzenia o transformacie splotu mamy:

$$\frac{H(s)}{s} X(s) = \mathscr{L}[r(t) * x(t)] \tag{9.2-71}$$

gdzie $r(t)$ jest odpowiedzią jednostkową układu.

Z porównania zależności (9.2-70) i (9.2-71) wynika (por. wzór (9.1-31)), że:

$$y(t) = \frac{\mathrm{d}}{\mathrm{d}t} r(t) * x(t) \tag{9.2-72}$$

przy czym, w ogólnym przypadku, pochodna we wzorze (9.2-72) jest rozumiana jako pochodna dystrybucyjna.

Rozpatrzymy nieco dokładniej przypadek, kiedy pochodna ta staje się pochodną w zwykłym sensie. Załóżmy w tym celu, że różnica stopni licznika i mianownika transmitancji spełnia nierówność (9.2-45). Odpowiedź jednostkowa $r(t)$ jest wówczas funkcją (nie zawiera składników dystrybucyjnych), a zatem:

$$y(t) = \frac{\mathrm{d}}{\mathrm{d}t}\int_0^t r(t-\tau)x(\tau)\mathrm{d}\tau = \frac{\mathrm{d}}{\mathrm{d}t}\int_0^t r(\tau)x(t-\tau)\mathrm{d}\tau \tag{9.2-73}$$

Przy dość ogólnych założeniach przyjmowanych dla sygnału wejściowego $x(t)$ (np. przy założeniach sformułowanych w p. A), splot – jak już wspominaliśmy (p. A1) – jest dla $t \geqslant 0$ funkcją ciągłą i (prawie wszędzie) różniczkowalną, a więc pochodna we wzorze (9.2-73) jest zwykłą pochodną.

Chcąc efektywnie wykonać różniczkowanie we wzorze (9.2-73) musimy wziąć pod uwagę, że splot jest funkcją złożoną zmiennej t. Zależność od t występuje bowiem zarówno poprzez górną granicę całkowania, jak i poprzez funkcję podcałkową. Postać zależności otrzymanej po dokonaniu różniczkowania we wzorze (9.2-73) będzie zatem zależna od tego, która z wersji splotu w tym wzorze podlega różniczkowaniu.

Po zróżniczkowaniu otrzymujemy w pierwszej wersji:

$$y(t) = r(0+)x(t) + \int_0^t r'(t-\tau)x(\tau)\mathrm{d}\tau \tag{9.2-74}$$

gdzie $r'(t)$ oznacza zwykłą pochodną względem t lub, w drugiej wersji:

$$y(t) = x(0+)r(t) + \int_0^t r(\tau)x'(t-\tau)\mathrm{d}\tau \tag{9.2-75}$$

przy dodatkowym założeniu, że $x(t)$ jest funkcją (prawie wszędzie) różniczkowalną.

Zależność (9.2-73), a także każda z jej postaci „rozwiniętych" (9.2-74) i (9.2-75), bywa nazywana *całką Duhamela.*

Zależności te umożliwiają, podobnie jak splot (9.2-49), wyznaczenie w dziedzinie czasu sygnału wyjściowego $y(t)$ w zależności od sygnału wejściowego $x(t)$. Porównując otrzymane wyniki z podobnymi zależnościami z p. A, zauważamy jednak, że posługiwanie się odpowiedzią jednostkową $r(t)$ (zamiast odpowiedzi impulsowej $h(t)$, jak w p. A) prowadzi do większych komplikacji, zarówno formalnych, jak i rachunkowych.

Przykład 9.2-7. Powróćmy jeszcze raz do układów z rys. 9.2-3a,b i przykładów 9.2-1 i 9.2-2. Odpowiedź jednostkowa układu z rys. 9.2-3a jest określona wzorem (9.2-27). Zgodnie z zależnościami (9.2-73) i (9.2-74) możemy zatem napisać:

$$u_2(t) = \frac{\mathrm{d}}{\mathrm{d}t}\int_0^t (1-\mathrm{e}^{-\alpha(t-\tau)})u_1(\tau)\mathrm{d}\tau = \alpha\int_0^t \mathrm{e}^{-\alpha(t-\tau)}u_1(\tau)\mathrm{d}\tau = r'(t)*u_1(t) = h(t)*u_1(t)$$

bowiem $r(0+) = 0$ oraz $r'(t) = h(t)$ (por. przykład 9.2-1 i wzór (9.2-56)).

Posługując się wzorem (9.2-75) można uzyskać inną postać tej zależności:

$$u_2(t) = \frac{d}{dt}\int_0^t (1 - e^{-\alpha\tau}) u_1(t-\tau)d\tau = u_1(0+)(1 - e^{-\alpha t}) + \int_0^t e^{-\alpha\tau} u_1'(t-\tau)d\tau$$

w której sygnał $u_2(t)$ jest uzależniony od pochodnej $u_1'(t)$.

Dla układu z rys. 9.2-3b odpowiedź jednostkowa jest dana wzorem (9.2-30). Otrzymujemy zatem:

$$u_2(t) = \frac{d}{dt}\int_0^t e^{-\alpha(t-\tau)} u_1(\tau)d\tau = u_1(t) - \alpha\int_0^t e^{-\alpha(t-\tau)} u_1(\tau)d\tau$$

co pokrywa się, oczywiście, z zależnością (9.2-57), uzyskaną przy użyciu odpowiedzi impulsowej $h(t)$.

Posługując się zależnością (9.2-75) dostalibyśmy natomiast:

$$u_2(t) = \frac{d}{dt}\int_0^t e^{-\alpha\tau} u_1(t-\tau)d\tau = u_1(0+)e^{-\alpha t} + \int_0^t e^{-\alpha\tau} u_1'(t-\tau)d\tau$$

D. Układy opóźniające. W wielu problemach doniosłą rolę odgrywają *układy opóźniające*, które powodują opóźnienie sygnału o określony czas $t_0 > 0$.

Układ opóźniający można zdefiniować jako układ transmisyjny o odpowiedzi impulsowej (rys. 9.2-8a):

$$h(t) = \delta(t - t_0), \qquad t_0 > 0 \tag{9.2-76}$$

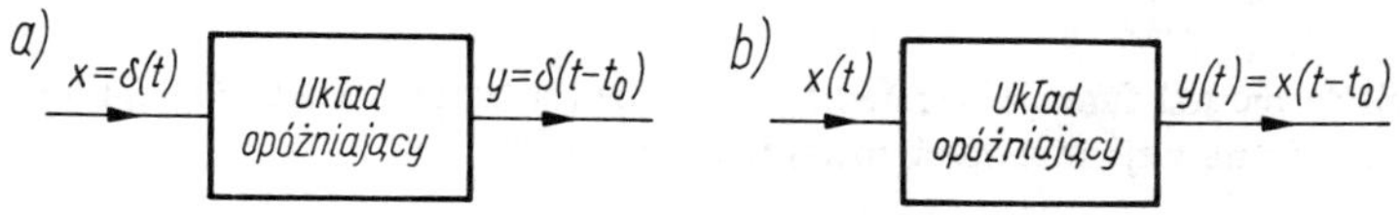

Rys. 9.2-8

Transmitancja układu opóźniającego ma zatem postać – por. wzór (6.3-21) w tomie II:

$$H(s) = e^{-st_0}, \qquad t_0 > 0 \tag{9.2-77}$$

i nie jest funkcją wymierną.

Oznacza to, że *układ opóźniający o transmitancji* (9.2-77) *nie jest układem skupionym*. Można natomiast łatwo przekonać się (szczegóły uzasadnienia pozostawiamy Czytelnikowi), że *jest to układ liniowy, stacjonarny i przyczynowy*.

Sygnał wyjściowy układu opóźniającego (rys. 9.2-8b):

$$y(t) = h(t) * x(t) = \delta(t - t_0) * x(t) = x(t - t_0) \tag{9.2-78}$$

jest, zgodnie z oczekiwaniem, opóźnionym o t_0 sygnałem wejściowym[1].

---

[1] Nie zajmujemy się tu zagadnieniem praktycznej realizacji analogowego układu opóźniającego. Możliwe są rozmaite realizacje przybliżone, a także realizacje w postaci układów rozłożonych (por. rozdział 13), warto jednak zaznaczyć, że układy opóźniające odgrywają zasadniczą rolę w technice cyfrowej. W przeciwieństwie do realizacji analogowej, realizacja cyfrowa układu opóźniającego nie nastręcza trudności (np. [26]).

Przykład 9.2-8. Odpowiedź jednostkowa układu liniowego i stacjonarnego (rys. 9.2-1b) jest dana wzorem (rys. 9.2-9a):

$$r(t) = \mathbf{1}(t) - \mathbf{1}(t - 2\pi)$$

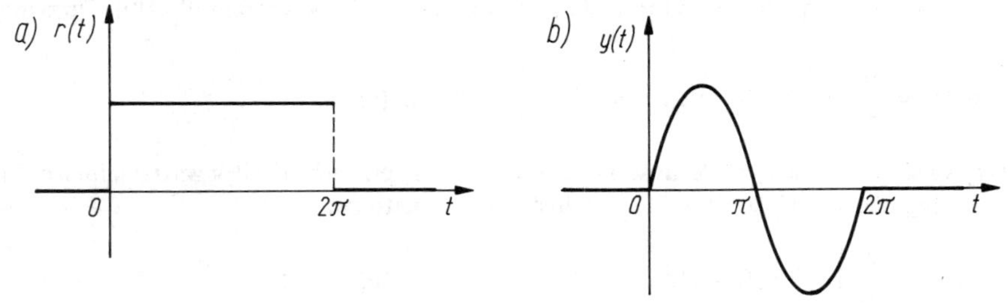

Rys. 9.2-9

Zgodnie ze wzorem (9.2-18):

$$\frac{H(s)}{s} = \frac{1}{s} - \frac{e^{-2\pi s}}{s}$$

a stąd transmitancja rozpatrywanego układu:

$$H(s) = 1 - e^{-2\pi s}$$

Transmitancja ta nie jest funkcją wymierną, układ nie jest zatem układem skupionym.

Załóżmy, że na wejście układu został podany sygnał:

$$x(t) = \sin t\,\mathbf{1}(t)$$

Wyznaczymy sygnał wyjściowy $y(t)$. Mamy:

$$h(t) = \delta(t) - \delta(t - 2\pi)$$

a zatem (rys. 9.2-9b):

$$y(t) = h(t) * x(t) = \sin t\,\mathbf{1}(t) - \sin(t - 2\pi)\mathbf{1}(t - 2\pi) = \sin t[\mathbf{1}(t) - \mathbf{1}(t - 2\pi)]$$

E. Ważne uogólnienia. Jak wiemy, każdy układ SLSB ma transmitancję będącą funkcją wymierną zmiennej zespolonej s. Układ taki realizuje zatem operację liniową, stacjonarną i przyczynową. W p. D rozpatrywaliśmy układ opóźniający, który również realizuje operację liniową, stacjonarną i przyczynową, nie jest jednak układem skupionym. O innych przykładach układów nie będących układami skupionymi będzie mowa w rozdziale 13.

Powstaje jednak pytanie, czy można, przy pewnych warunkach nakładanych na zbiór sygnałów wejściowych $\mathscr{X}$, określić ogólną postać operacji liniowej, stacjonarnej i przyczynowej. Odpowiedź jest twierdząca.

Niech $\mathscr{C}_0$ oznacza zbiór funkcji ciągłych w przedziale $(-\infty, +\infty)$, równych zeru dla $t < 0$ i ograniczonych w przedziale $\langle 0, +\infty)$.

TWIERDZENIE 9.2-4

Każdy układ realizujący operację liniową, stacjonarną i przyczynową, przekształcający zbiór $\mathscr{C}_0$ w siebie, ma odpowiedź impulsową $h(t)$ postaci[1]:

$$h(t) = a_0\delta(t) + \sum_{k=1}^{\infty} a_k\delta(t - t_k) + h_0(t) \tag{9.2-79}$$

przy warunkach:

$$0 < t_1 < t_2 < \ldots, \qquad \sum_{k=1}^{\infty} |a_k| < \infty \tag{9.2-80}$$

oraz:

$$\int_0^{\infty} |h_0(t)| < \infty \tag{9.2-81}$$

przy czym $h(t) = 0$ dla $t < 0$.

Dowód pomijamy, odsyłając Czytelnika do [15], str. 77.

Sygnał wyjściowy $y(t)$ układu o odpowiedzi impulsowej (9.2-79) jest zatem określony dla $t \geqslant 0$ następująco:

$$y(t) = a_0x(t) + \sum_{k=1}^{\infty} a_kx(t - t_k) + \int_0^{t} h_0(t - \tau)x(\tau)\mathrm{d}\tau \tag{9.2-82}$$

przy czym $y(t) = 0$ dla $t < 0$.

Widzimy zatem, że sygnał wyjściowy (9.2-82) zawiera:
- składową proporcjonalną do sygnału wejściowego;
- składowe proporcjonalne do sygnałów wejściowych, opóźnionych o wartości t_k;
- składową „dynamiczną".

Zwracamy uwagę Czytelnika na warunek (9.2-81). Wynika z niego, że funkcja $h_0(t)$ ma transformatę Fouriera:

$$H_0(\mathrm{j}\omega) = \int_{-\infty}^{+\infty} \mathrm{e}^{-\mathrm{j}\omega t}h_0(t)\mathrm{d}t = \int_0^{\infty} \mathrm{e}^{-\mathrm{j}\omega t}h_0(t)\mathrm{d}t \tag{9.2-83}$$

---

[1] W ogólnym przypadku wzór (9.2-79) powinien zawierać tzw. *część (funkcję) osobliwą* (por [15], str. 78 i, w konsekwencji, część osobliwą powinien zawierać także wzór (9.2-82). W naszym sformułowaniu przypadek występowania we wzorze (9.2-79) funkcji osobliwej został pominięty, jako nie wprowadzający żadnych ograniczeń natury fizycznej, a bardzo komplikujący rozważania formalne.

a tym samym również transformatę Laplace'a:

$$H_0(s) = \mathscr{L}[h_0(t)] = \int_0^\infty e^{-st} h_0(t) dt \tag{9.2-84}$$

Wynika stąd, a także z ogólnych właściwości transformaty Laplace'a (por. np. [25], str. 91), następujący ważny wniosek:

Transformata $H_0(s)$ *określona wzorem* (9.2-84) *jest, wobec warunku* (9.2-81), *funkcją holomorficzną w obszarze* $\mathrm{Re}\, s \geqslant 0$.

Gdyby funkcja $H_0(s)$ była funkcją wymierną, warunek (9.2-81) odpowiadałby ograniczeniu położenia wszystkich biegunów funkcji $H_0(s)$ do lewej półpłaszczyzny $\mathrm{Re}\, s < 0$.

Transmitancja układu o odpowiedzi impulsowej (9.2-79) jest zatem równa:

$$H(s) = a_0 + H_0(s) + \sum_{k=1}^{\infty} a_k e^{-st_k} \tag{9.2-85}$$

i, wobec właściwości funkcji $H_0(s)$, jest także funkcją holomorficzną w obszarze $\mathrm{Re}\, s \geqslant 0$.

W praktyce duże znaczenie ma następująca właściwość układu transmisyjnego o odpowiedzi impulsowej w postaci (9.2-79) przy warunkach (9.2-80) i (9.2-81).

TWIERDZENIE 9.2-5

Jeśli funkcja $x(t)$ *równa zeru dla* $t < 0$ *jest lokalnie całkowalna i ograniczona w przedziale* $\langle 0, +\infty)$:

$$\sup_{\langle 0, +\infty)} |x(t)| = M < \infty \tag{9.2-86}$$

to funkcja $y(t)$ *określona wzorem* (9.2-82) *przy warunkach* (9.2-80) *i* (9.2-81) *jest też ograniczona w przedziale* $\langle 0, +\infty)$.

Dla **dowodu** wystarczy wykazać ograniczoność drugiego i trzeciego członu wyrażenia (9.2-82). Proste oszacowania:

$$\left| \sum_{k=1}^{\infty} a_k x(t-t_k) \right| \leqslant \sum_{k=1}^{\infty} |a_k| |x(t-t_k)| \leqslant M \sum_{k=1}^{\infty} |a_k|$$

$$\left| \int_0^t h_0(t-\tau) x(\tau) d\tau \right| \leqslant \int_0^t |h_0(t-\tau)| |x(\tau)| d\tau \leqslant M \int_0^t |h_0(t-\tau)| d\tau \leqslant M \int_0^\infty |h_0(t)| dt$$

świadczą o ograniczoności funkcji $y(t)$.

Zwracamy jednak uwagę Czytelnika, że twierdzenie 9.2-5 orzeka, iż postać (9.2-79) odpowiedzi impulsowej jest warunkiem **dostatecznym**, aby układ przekształcał sygnał ograniczony w sygnał ograniczony.

TWIERDZENIE 9.2-6

Jeśli dodatkowo, oprócz założeń twierdzenia 9.2-5, *funkcja* $x(t)$ *spełnia warunek*:

$$\lim_{t \to +\infty} x(t) = 0 \tag{9.2-87}$$

to również:

$$\lim_{t \to +\infty} y(t) = 0 \tag{9.2-88}$$

Dowód pomijamy (Czytelnika odsyłamy np. do [15], str. 78).

W punkcie 9.3 przedstawimy niektóre zastosowania podanych tu twierdzeń.

9.3. STABILNOŚĆ UKŁADU TRANSMISYJNEGO

Jednym z najważniejszych pojęć dynamiki układów fizycznych jest pojęcie *stabilności*. Teoria stabilności jest rozbudowaną teorią matematyczną, ściśle związaną z teorią równań różniczkowych. Zagadnienia stabilności są zatem aktualne także w teorii obwodów.

Nawet przy ograniczeniu do tematyki obwodowej, systematyczne przedstawienie problemów stabilności wykracza poza ramy tego podręcznika. Nie będziemy zajmować się zagadnieniami stabilności układów nieliniowych. Problemy stabilności układów liniowych omówimy w kilku etapach. W tym punkcie zajmiemy się zagadnieniem najprostszym pod względem matematycznym, ale ważnym w praktyce: stabilnością liniowego układu transmisyjnego. W dalszych rozdziałach przedstawimy ogólne ujęcie stabilności układów SLS oparte na opisie układu równaniami stanu (p. 12.3) oraz niektóre zagadnienia związane ze stabilnością układów ze sprzężeniem zwrotnym (p. 11.2.3).

Istnieje wiele różnych definicji stabilności mających zastosowanie do rozmaitych klas układów. Również w obrębie tej samej klasy układów pojęcie stabilności można rozumieć w różny sposób. Zagadnienie stabilności układów liniowych najprościej jest ujmować w konwencji przyczynowo-skutkowej. Ogólnie biorąc, układ uważamy za stabilny, jeśli każda dostatecznie mała przyczyna wywołuje dowolnie mały skutek. Sformułowanie to nie ma cech definicji formalnej – nie precyzuje, w szczególności, co to jest „przyczyna", a co „skutek", ani tym bardziej, co to jest „mała przyczyna" i „mały skutek". Oddaje ono jednak w sposób trafny, a jednocześnie dostatecznie ogólny, istotę pojęcia stabilności układu.

9.3.1. Stabilność względem pobudzenia

Będziemy rozpatrywać układ transmisyjny (rys. 9.3-1) realizujący, w ogólnym przypadku, operację liniową, stacjonarną i przyczynową. Założymy, że dla $t < 0$ układ znajdował się w spoczynku, a więc że sygnały $x(t)$ i $y(t)$ są równe zeru dla $t < 0$.

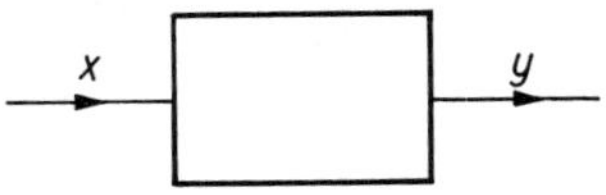

Rys. 9.3-1

A. Definicja podstawowa. Mówimy, że układ transmisyjny z rys. 9.3-1 jest *stabilny względem pobudzenia*, jeśli każdy sygnał wejściowy $x(t)$ lokalnie całkowalny i ograniczony w przedziale $\langle 0, +\infty)$ wywołuje sygnał wyjściowy $y(t)$ również ograniczony w przedziale $\langle 0, +\infty)$, to znaczy:

$$\bigwedge_{\varepsilon>0} \bigvee_{\delta>0} \sup_{\langle 0, +\infty)} |x(t)| < \delta \Rightarrow \sup_{\langle 0, +\infty)} |y(t)| < \varepsilon \qquad (9.3\text{-}1)$$

Jeśli nie powoduje to nieporozumień, mówimy również w skrócie, że *układ transmisyjny jest stabilny*[1)]. Układ transmisyjny, który nie spełnia definicji (9.3-1) jest układem *niestabilnym*.

B. Warunki stabilności układu transmisyjnego SLSB. Założymy teraz, że układ transmisyjny z rys. 9.3-1 jest układem SLSB. Jego transmitancja $H(s)$ jest zatem funkcją wymierną o postaci (9.2-2), a odpowiedź impulsowa ma właściwości omówione w p. 9.2.2-F.

TWIERDZENIE 9.3-1

Warunkiem koniecznym i dostatecznym, aby układ transmisyjny SLSB był stabilny względem pobudzenia jest warunek, aby jego odpowiedź impulsowa miała postać:

$$h(t) = a_0\delta(t) + h_0(t) \qquad (9.3\text{-}2)$$

przy czym:

$$\lim_{t\to+\infty} h_0(t) = 0 \qquad (9.3\text{-}3)$$

Dowód. Dostateczność warunków (9.3-2) i (9.3-3) wynika wprost z twierdzenia 9.2-5, warunek (9.3-3) zapewnia bowiem spełnienie warunku (9.2-81).

---

1) Tak rozumiana stabilność układu transmisyjnego bywa również nazywana *stabilnością w sensie BIBO* (skrót od angielskiego: „bounded input – bounded output").

Dla wykazania **k o n i e c z n o ś c i** wystarczy podać przykłady odpowiedzi impulsowych nie spełniających warunku (9.3-2) lub (9.3-3), przy których sygnał $y(t)$ nie jest ograniczony dla wybranego ograniczonego sygnału $x(t)$ (np. $h(t) = \delta'(t)$, $y(t) = x'(t)$ lub $h(t) = 1(t)$ oraz $x(t) = 1(t)$, a więc $y(t) = t1(t)$).

Warunki konieczne i dostateczne stabilności układu transmisyjnego SLSB, sformułowane w odniesieniu do odpowiedzi impulsowej $h(t)$, można formułować również w odniesieniu do transmitancji $H(s)$. Zgodnie z twierdzeniem 9.2-1 i rozważaniami z p. 9.2.2-F, możemy sformułować następujące twierdzenie, równoważne twierdzeniu 9.3-1.

TWIERDZENIE 9.3-2

Warunkiem koniecznym i dostatecznym, aby układ transmisyjny SLSB był stabilny względem pobudzenia jest warunek, aby wszystkie bieguny jego transmitancji $H(s)$ leżały w lewej półpłaszczyźnie $\text{Re}\, s < 0$ *oraz aby*:

$$l - m \leqslant 0 \tag{9.3-4}$$

gdzie l, m *– stopnie licznika i, odpowiednio, mianownika transmitancji* $H(s)$.

C. Układy na granicy stabilności. Twierdzenia 9.3-1 i 9.3-2 umożliwiają rozstrzyganie, czy rozpatrywany układ transmisyjny jest stabilny, czy niestabilny. Przypatrzmy się nieco bliżej cechom układu niestabilnego.

Załóżmy, że odpowiedź impulsowa $h(t)$ układu transmisyjnego ma postać (9.3-2), jednakże nie jest spełniony warunek (9.3-3). Oznacza to, że transmitancja $H(s)$ spełnia warunek (9.3-4), ale położenie jej biegunów nie jest ograniczone do lewej półpłaszczyzny $\text{Re}\, s < 0$. Rozpatrzmy teraz dwa przypadki:

1. *Transmitancja $H(s)$ ma co najmniej jeden biegun leżący w prawej półpłaszczyźnie* $\text{Re}\, s > 0$ *lub biegun wielokrotny leżący na osi urojonej* $\text{Re}\, s = 0$.

Wówczas, niezależnie od położenia innych biegunów transmitancji $H(s)$, *odpowiedź impulsowa $h(t)$ nie jest ograniczona przy $t \to +\infty$* (wynika to z twierdzenia 9.2-1 i tabl. 6.1 w tomie II). Układ jest niestabilny i sygnał wyjściowy $y(t)$ nie jest ograniczony przy $t \to +\infty$, nawet jeśli został wywołany przez ograniczony sygnał wejściowy.

2. *Transmitancja $H(s)$ nie ma biegunów w prawej półpłaszczyźnie* $\text{Re}\, s > 0$ *ani biegunów wielokrotnych na osi urojonej* $\text{Re}\, s = 0$, *ma natomiast na osi urojonej co najmniej jeden biegun pojedynczy.*

Wówczas, niezależnie od położenia innych biegunów transmitancji $H(s)$, *odpowiedź impulsowa $h(t)$ jest ograniczona przy $t \to +\infty$*, a dokładniej:

$$\sup_{\langle 0, +\infty)} |h_0(t)| < \infty \tag{9.3-5}$$

lecz nie dąży do zera, gdy $t \to +\infty$. Wynika to od razu z właściwości 5 w twierdzeniu 9.2-1. Tym samym układ jest niestabilny, gdyż nie jest spełniony warunek (9.3-3). Jest to jednak przypadek „słabszej" niestabilności niż przypadek 1. Okazuje się bowiem (por. przykład 9.3-4), że w przypadku 2 ograniczony sygnał $x(t)$ może wywołać nieograniczony sygnał wyjściowy, ale sytuacja taka zachodzi tylko w pewnych szczególnych warunkach.

Występowanie (pojedynczych) biegunów transmitancji na osi urojonej, przy braku biegunów w prawej półpłaszczyźnie, można zatem traktować jako położenie graniczne biegunów, rozdzielające *obszar stabilności* (wszystkie bieguny w półpłaszczyźnie $\mathrm{Re}\, s < 0$) od *obszaru niestabilności* (występują bieguny w półpłaszczyźnie $\mathrm{Re}\, s > 0$). Z tego względu często (zwłaszcza w zastosowaniach) o układzie, którego transmitancja spełnia wymienione w p. 2 warunki, mówimy, że znajduje się on *na granicy stabilności*. Nie należy jednak zapominać, że zgodnie z definicją (9.3-1) układ znajdujący się na granicy stabilności jest układem niestabilnym.

D. Komentarze. Zachowanie się niestabilnego układu liniowego wymaga skomentowania. Wszystko, co dzieje się w dowolnym układzie fizycznym, dzieje się wskutek dostarczenia lub dostarczania do układu energii. Można przyjąć, że pobudzenie układu sygnałem $\delta(t)$ powoduje doprowadzenie do układu skończonej porcji energii (pole ograniczone impulsem $\delta(t)$ jest ograniczone). Zakładamy, że warunki początkowe są zerowe, a więc w chwili $t = 0$ w układzie nie jest zgromadzona energia. Jeśli układ jest układem pasywnym (por. p. 2.1.8 w tomie I), sygnały w układzie powinny albo zanikać z upływem czasu (wpływ strat), albo pozostawać ograniczone (np. w układzie bezstratnym). Dotyczy to w szczególności odpowiedzi impulsowej. Jeśli odpowiedź impulsowa narasta nieograniczenie, oznacza to zatem, że rozpatrywany układ jest układem aktywnym, który przetwarza inną formę energii na energię powodującą narastanie sygnałów w układzie, mimo ustania dopływu energii z wejścia układu.

Zagadnienia związane z pasywnością czwórników SLSB, a więc również układów transmisyjnych SLSB, zostaną omówione w rozdziale 10. Z konieczności zatem powyższe uwagi wyprzedzają dokładniejsze rozważania.

Zachowanie się niestabilnego układu liniowego wymaga jeszcze jednego komentarza. W żadnym realnie istniejącym układzie nie obserwuje się nieograniczonego narastania sygnałów w czasie, nawet jeśli byłoby to teoretycznie uzasadnione dostarczaniem dodatkowej energii przez układ aktywny. Wiąże się to z faktem, że model liniowy układu realnie istniejącego jest zawsze pewnym przybliżeniem, które traci sens przy bardzo dużych sygnałach. Zaczynają wówczas odgrywać istotną rolę pominięte w modelu liniowym nieliniowości (i, być może, inne czynniki), które powodują ograniczenie wzrostu narastających sygnałów.

E. Przykłady. Rozpatrzymy teraz kilka prostych przykładów, w których rozstrzyganie o stabilności układu nie wymaga posługiwania się metodami bardziej zaawansowanymi, o których będzie mowa w p. 9.3.2.

Przykład 9.3-1. Bez trudu stwierdzamy na podstawie twierdzenia 9.3-1 lub twierdzenia 9.3-2, że układy rozpatrywane w przykładach 9.2-1 i 9.2-2 oraz w przykładzie 9.2-5 (rys. 9.2-3) są układami stabilnymi.

Przykład 9.3-2. Układ z rys. 9.2-4 (por. przykład 9.2-3) jest układem transmisyjnym niestabilnym, mimo że czwórnik z rys. 9.2-4a jest czwórnikiem pasywnym. Przy przyjętym wyborze sygnału wejściowego i sygnału wyjściowego odpowiedź impulsowa określona wzorem (9.2-32) zawiera składnik proporcjonalny do $\delta'(t)$, co wiąże się z tym, że transmitancja (9.2-31) ma licznik stopnia wyższego niż mianownik. Nie są zatem spełnione warunki stabilności sformułowane w twierdzeniu 9.3-1 lub twierdzeniu 9.3-2.

Powróćmy jeszcze na chwilę do wzoru (9.2-58) z przykładu 9.2-6, wyrażającego zależność sygnału wyjściowego $i_2(t)$ od sygnału wejściowego $u_1(t)$ w układzie z rys. 9.2-4a. Niestabilność tego układu jest spowodowana występowaniem pierwszych dwóch członów prawej strony wzoru (9.2-58). Przy ograniczonym sygnale wejściowym $u_1(t)$ sygnał wyjściowy $i_2(t)$ m o ż e bowiem nie być ograniczony (por. uwagę w p. 9.2.3-A3).

Przykład 9.3-3. Rozpatrzmy układ z rys. 9.3-2a zawierający źródło sterowane. Jego transmitancja napięciowa:

$$H(s) = H_u(s) = \frac{\alpha R_2 C_1 s + 1}{R_1 R_2 C_1 C_2 s^2 + (R_1 C_1 + R_1 C_2 + R_2 C_2 - \alpha R_2 C_2)s + 1} \tag{9.3-6}$$

jest funkcją wymierną właściwą. Stabilność układu zależy zatem od położenia biegunów transmitancji (9.3-6), będących zerami mianownika.

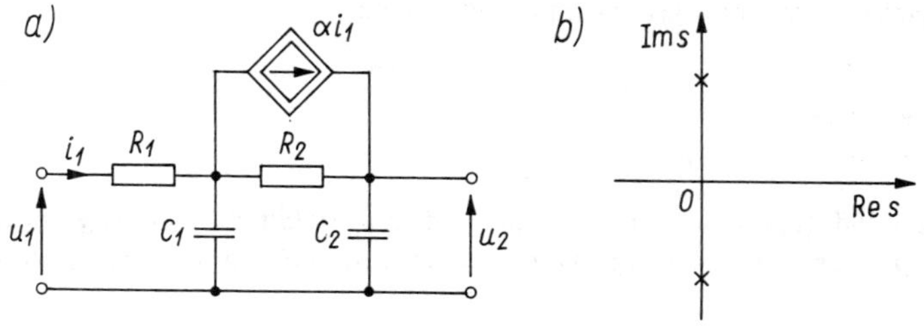

Rys. 9.3-2

Mianownik transmitancji (9.3-6) jest trójmianem kwadratowym. Położenie jego pierwiastków zależy tylko od znaku współczynnika:

$$a_1 = R_1 C_1 + R_1 C_2 + R_2 C_2 - \alpha R_2 C_2$$

pozostałe dwa współczynniki są bowiem dodatnie. Jeśli oznaczymy:

$$\alpha_0 \triangleq 1 + \frac{R_1}{R_2}\left(1 + \frac{C_1}{C_2}\right)$$

to można łatwo sprawdzić, że:

$$a_1 > 0 \quad \text{dla} \quad \alpha < \alpha_0$$

$$a_1 = 0 \quad \text{dla} \quad \alpha = \alpha_0$$

$$a_1 < 0 \quad \text{dla} \quad \alpha > \alpha_0$$

Wynika stąd, że dla $\alpha < \alpha_0$ układ jest stabilny, dla $\alpha \geqslant \alpha_0$ jest niestabilny, przy czym dla $\alpha = \alpha_0$ jest na granicy stabilności. Transmitancja (9.3-6) dla $\alpha = \alpha_0$:

$$H(s) = \frac{\alpha R_2 C_1 s + 1}{R_1 R_2 C_1 C_2 s^2 + 1}$$

ma dwa bieguny sprzężone:

$$s_{1,2} = \pm \mathrm{j} \frac{1}{\sqrt{R_1 R_2 C_1 C_2}}$$

leżące na osi urojonej (rys. 9.3-2b).

Widzimy zatem, że przy danych wartościach elementów R_1, R_2, C_1, C_2, stabilność układu zależy od współczynnika α źródła sterowanego. Przy przekroczeniu wartości granicznej α_0 układ staje się niestabilny (bieguny przemieszczają się do prawej półpłaszczyzny, por. zad. 9.10). Zależność obszaru stabilności (lub niestabilności) układu od wartości współczynników źródeł sterowanych jest zjawiskiem typowym i często spotykanym (por. przykład 2.1-41 w tomie I).

Przykład 9.3-4. Rozważmy jeszcze układ (rys. 9.3-1) o transmitancji:

$$H(s) = \frac{1}{s} \tag{9.3-7}$$

Jest to *idealny układ całkujący* o odpowiedzi impulsowej:

$$h(t) = \mathit{1}(t) \tag{9.3-8}$$

i zależności między sygnałem wyjściowym a wejściowym:

$$y(t) = \int_0^t x(\tau)\mathrm{d}\tau \tag{9.3-9}$$

Układ ten jest układem niestabilnym (układem na granicy stabilności). Przy ograniczonym sygnale wejściowym $x(t)$ sygnał wyjściowy może nie być ograniczony (np. $y = t\,\mathit{1}(t)$ przy $x = \mathit{1}(t)$).

F. Przypadek ogólniejszy. Z twierdzenia 9.2-5 wynika wprost, że dla układu transmisyjnego realizującego operację liniową stacjonarną i przyczynową, warunkiem dostatecznym jego stabilności względem pobudzenia jest, aby odpowiedź impulsowa $h(t)$ miała postać (9.2-79) przy ograniczeniach (9.2-80) i (9.2-81). W szczególności zatem:

Każdy układ opóźniający o transmitancji (9.2-77) *jest stabilny względem pobudzenia.*

Strukturę układu o odpowiedzi impulsowej (9.2-79) można przedstawić jako *połączenie równoległe* (por. p. 11.2.1-C) układu o odpowiedzi impulsowej $h_0(t)$ (składowej „dynamicznej”) i dowolnej liczby układów opóźniających o wartości opóźnienia: $0 = t_0 < t_1 < t_2 < \ldots$

9.3.2. Kryteria stabilności

Jak pokazaliśmy w p. 9.3.1 badanie stabilności układu transmisyjnego o transmitancji wymiernej:

$$H(s) = \frac{L(s)}{M(s)} \tag{9.3-10}$$

sprowadza się do badania położenia jej biegunów. Przy założeniu, że funkcja (9.3-10) jest funkcją wymierną nieskracalną, zagadnienie polega na określeniu położenia zer mianownika $M(s)$, tzn. pierwiastków równania:

$$M(s) = 0 \tag{9.3-11}$$

o współczynnikach rzeczywistych.

Zagadnienie jest trywialne, jeśli $M(s)$ jest wielomianem stopnia pierwszego lub drugiego. Teoretycznie pierwiastki równania (9.3-11) można wyznaczyć analitycznie także w przypadku wielomianów stopnia trzeciego i czwartego. Jeśli wielomian $M(s)$ jest wielomianem stopnia wyższego niż czwarty, wyznaczenie jego zer wymaga, w ogólnym przypadku, stosowania metod numerycznych[1)].

Do wnioskowania o stabilności układu nie jest jednak potrzebna znajomość wartości liczbowych pierwiastków równania (9.3-11) – wystarcza informacja o ich położeniu (np. że wszystkie leżą w lewej półpłaszczyźnie $\mathrm{Re}\, s < 0$). Stąd wywodzą się *metody algebraiczne* badania stabilności, umożliwiające określenie położenia pierwiastków równania (9.3-11) bez ich wyznaczania.

Omówimy teraz niektóre z algebraicznych metod badania stabilności. Z metodami tymi są związane *metody częstotliwościowe* badania stabilności, o których będzie mowa w p. F.

A. Wielomiany Hurwitza. Rozważmy wielomian stopnia n:

$$W(s) = a_n s^n + a_{n-1} s^{n-1} + \ldots + a_1 s + a_0 \tag{9.3-12}$$

o współczynnikach rzeczywistych:

$$a_k \in \mathcal{R}, \qquad k = 0, 1, \ldots, n \tag{9.3-13}$$

i o dodatnim współczynniku przy najwyższej potędze:

$$a_n > 0 \tag{9.3-14}$$

---

1) W praktyce poza przypadkami szczególnymi, kiedy można przewidzieć lub odgadnąć rozkład wielomianu na czynniki, wyznaczenie zer wielomianów stopni wyższych niż drugi odbywa się z reguły przy użyciu metod numerycznych i komputera.

Wielomian (9.3-12) nazywamy *wielomianem Hurwitza*[1] lub *wielomianem stabilnym*, jeśli wszystkie jego zera leżą w lewej półpłaszczyźnie $\mathrm{Re}\, s < 0$, tzn. mają ujemne części rzeczywiste.

Łatwe do ustalenia są warunki k o n i e c z n e, aby wielomian (9.3-12) był wielomianem Hurwitza.

TWIERDZENIE 9.3-3

Jeśli wielomian (9.3-12) *przy warunkach* (9.3-13) *i* (9.3-14) *jest wielomianem Hurwitza, to wszystkie jego współczynniki są dodatnie, tzn.*[2]:

$$\bigwedge_{0 \leqslant k \leqslant n} a_k > 0 \tag{9.3-15}$$

D o w ó d. Skorzystamy ze znanego z algebry twierdzenia (por. np. [20], str. 224), że każdy wielomian o współczynnikach rzeczywistych rozkłada się na czynniki stopnia pierwszego i drugiego o postaci:

$$W(s) = a_n(s+s_1)^{\alpha_1} \dots (s+s_k)^{\alpha_k}(s^2+p_1 s+q_1)^{\beta_1} \dots (s^2+p_l s+q_l)^{\beta_l} \tag{9.3-16}$$

przy czym:

$$\alpha_1 + \dots + \alpha_k + 2\beta_1 + \dots + 2\beta_l = n$$

oraz:

$$p_i^2 - 4q_i < 0 \qquad \text{dla} \quad i = 1, \dots, l$$

Załóżmy, że wielomian (9.3-16) jest wielomianem Hurwitza. Wówczas wszystkie pierwiastki rzeczywiste: $s = -s_i$ leżą w lewej półpłaszczyźnie, tzn.:

$$s_i > 0, \qquad i = 1, \dots, k$$

oraz wszystkie współczynniki trójmianów kwadratowych są dodatnie:

$$p_i > 0, \qquad q_i > 0, \qquad i = 1, \dots, l$$

Oznacza to, że w s z y s t k i e współczynniki występujące w rozkładzie (9.3-16) są dodatnie.

Po otwarciu nawiasów i wymnożeniu, wielomian (9.3-16) przybiera postać (9.3-12). Jego współczynniki są sumami iloczynów liczb dodatnich, a więc liczbami dodatnimi. Spełniony jest zatem warunek (9.3-15).

Twierdzenie 9.3-3 pozwala bez trudu stwierdzić, które wielomiany nie są wielomianami Hurwitza ze względu na niespełnienie warunku (9.3-15).

---

[1] Adolph Hurwitz (1859-1919), matematyk niemiecki, autor prac z zakresu algebry i innych działów matematyki, m.in. sformułował znane kryterium (p. B), nazwane od jego nazwiska *kryterium Hurwitza.*

[2] Inaczej, wszystkie współczynniki wielomianu Hurwitza muszą być różne od zera i tego samego znaku co współczynnik a_n (wielomian Hurwitza pomnożony przez -1 jest nadal wielomianem Hurwitza).

Przykład 9.3-5. Następujące wielomiany:

$$W_1(s) = s^5 + 4s^4 - 3s^3 + 2s^2 + s + 1$$

$$W_2(s) = s^5 + 4s^4 + 2s^2 + s + 1$$

nie są wielomianami Hurwitza (dlaczego?). Wielomian:

$$W_3(s) = s^5 + 4s^4 + 3s^3 + 2s^2 + s + 1 \tag{9.3-17}$$

spełnia warunek konieczny (9.3-15), może być zatem wielomianem Hurwitza. Rozstrzygnięcie, czy jest to istotnie wielomian Hurwitza wymaga dalszego badania. Jak zobaczymy w przykładzie 9.3-6, wielomian $W_3(s)$ nie jest wielomianem Hurwitza.

B. Kryterium Hurwitza. Sformułujemy teraz *kryterium Hurwitza* ustalające warunki konieczne i dostateczne, aby wielomian o współczynnikach rzeczywistych miał wszystkie zera leżące w półpłaszczyźnie $\mathrm{Re}\, s < 0$, tzn., aby był wielomianem Hurwitza (wielomianem stabilnym). Będziemy rozpatrywać wielomian $W(s)$ o postaci (9.3-12) przy warunkach (9.3-13) i (9.3-14).

Macierzą Hurwitza $\boldsymbol{H}_n$ wielomianu (9.3-12) nazywamy macierz kwadratową o wymiarach $n \times n$ utworzoną ze współczynników a_k wielomianu (9.3-12) w następujący sposób[1]:

$$\boldsymbol{H}_n = \begin{bmatrix} a_{n-1} & a_n & 0 & 0 & \ldots\ldots \\ a_{n-3} & a_{n-2} & a_{n-1} & a_n & \ldots\ldots \\ a_{n-5} & a_{n-4} & a_{n-3} & a_{n-2} & \ldots\ldots \\ \ldots & \ldots & \ldots & \ldots & \ldots\ldots \\ 0 & 0 & 0 & 0 & \ldots\ldots a_0 \end{bmatrix} \tag{9.3-18}$$

Macierz ta jest tworzona według łatwych do zapamiętania zasad:

a) Na pozycji „11” występuje współczynnik a_{n-1} przy potędze $n-1$ zmiennej s.

b) W każdym wierszu występują współczynniki a_k o indeksach rosnących o jeden (od strony lewej do prawej).

c) W każdej kolumnie występują współczynniki a_k o indeksach malejących o dwa (od góry do dołu).

d) Jeśli wynikający z zasady b) lub c) indeks współczynnika byłby większy od n albo mniejszy od zera, to na odpowiedniej pozycji w macierzy $\boldsymbol{H}_n$ występuje zero, tzn.:

$$a_k = 0, \qquad \text{dla } k > n \quad \text{lub} \quad k < 0 \tag{9.3-19}$$

---

[1] Niekiedy macierzą Hurwitza jest nazywana macierz transponowana względem macierzy (9.3-18), co nie zmienia ani toku rozumowania, ani wynikających stąd konkluzji.

Oznaczmy przez Δ_i, $i = 1, \ldots, n$ minory główne macierzy $\boldsymbol{H}_n$, tzn.:

$$\Delta_1 \triangleq a_{n-1}, \quad \Delta_2 \triangleq \begin{vmatrix} a_{n-1} & a_n \\ a_{n-3} & a_{n-2} \end{vmatrix}, \quad \Delta_3 \triangleq \begin{vmatrix} a_{n-1} & a_n & 0 \\ a_{n-3} & a_{n-2} & a_{n-1} \\ a_{n-5} & a_{n-4} & a_{n-3} \end{vmatrix}, \ldots \tag{9.3-20}$$

przy czym:

$$\Delta_n \triangleq a_0 \Delta_{n-1} = \det \boldsymbol{H}_n \tag{9.3-21}$$

TWIERDZENIE 9.3-4 (kryterium Hurwitza)

Wielomian (9.3-12) *o współczynnikach rzeczywistych i* $a_n > 0$ *jest wtedy i tylko wtedy wielomianem Hurwitza, kiedy*:

$$\Delta_1 > 0, \qquad \Delta_2 > 0, \ldots, \Delta_n > 0 \tag{9.3-22}$$

tzn., kiedy wszystkie minory główne Δ_i *określone wzorami* (9.3-20) *i* (9.3-21) *są dodatnie.*

Dowód pomijamy odsyłając Czytelnika do literatury (np. [12], str. 318, [34], str. 92).

Twierdzenie 9.3-4 ustala warunki konieczne i dostateczne do tego, aby wielomian (9.3-12) był wielomianem Hurwitza. Jeśli zatem są spełnione nierówności (9.3-22), to jest spełniony również warunek (9.3-15). Zauważmy, że formułując twierdzenie 9.3-4 (w takiej postaci jest ono powszechnie cytowane w literaturze), nie wykorzystaliśmy informacji zawartej w warunku (9.3-15). Podkreślmy także, że w praktyce wystarczy poddawać dokładniejszemu testowaniu tylko takie wielomiany, które spełniają warunek konieczny (9.3-15).

Konkluzja ta prowadzi do zmodyfikowanej (i prostszej obliczeniowo) wersji twierdzenia 9.3-4, znanej pod nazwą *kryterium Hurwitza-Liénarda*[1)].

TWIERDZENIE 9.3-5 (kryterium Hurwitza-Liénarda)

Wielomian (9.3-12) *o wszystkich współczynnikach dodatnich, tzn. spełniający warunek* (9.3-15), *jest wtedy i tylko wtedy wielomianem Hurwitza, kiedy*:

$$\Delta_1 > 0, \quad \Delta_3 > 0, \ldots \tag{9.3-23}$$

lub:

$$\Delta_2 > 0, \quad \Delta_4 > 0, \ldots \tag{9.3-24}$$

gdzie Δ_i *są minorami głównymi macierzy* $\boldsymbol{H}_n$ *określonymi wzorami* (9.3-20) *i* (9.3-21).

[1)] Kryterium to jest znane także pod nazwą *kryterium Liénarda-Chiparta* i bywa formułowane również w nieco innej postaci (por. np. [34], str. 98).

Twierdzenie 9.3-5 orzeka zatem, że do tego, aby wielomian o wszystkich współczynnikach dodatnich był wielomianem Hurwitza, trzeba i wystarcza, aby co drugi minor Δ_i był dodatni, tzn., aby dodatnie były wszystkie minory o indeksach nieparzystych lub wszystkie minory o indeksach parzystych. Ze spełnienia nierówności (9.3-23) wynika spełnienie nierówności (9.3-24) i odwrotnie, wystarczy zatem sprawdzić jeden z tych warunków.

W praktyce (por. p. C) dogodnie jest sprawdzać albo warunki (9.3-23), albo (9.3-24) w zależności od stopnia n wielomianu, zapisując je w postaci:

$$\Delta_{n-1} > 0, \quad \Delta_{n-3} > 0, \ldots \tag{9.3-25}$$

Przy n parzystym warunki (9.3-25) sprowadzają się do warunków (9.3-23), przy n nieparzystym przybierają postać (9.3-24).

C. Uzupełnienia i przykłady. Rozpatrzmy dokładniej warunki wynikające z kryterium Hurwitza-Liénarda dla wielomianów (9.3-12) o wszystkich współczynnikach dodatnich (warunek (9.3-15)) w zależności od stopnia n wielomianu.

1. Dla $n = 1$ i $n = 2$ warunek konieczny (9.3-15) jest zarazem warunkiem dostatecznym.

2. Dla $n = 3$ warunki (9.3-25) sprowadzają się do warunku:

$$\Delta_2 = \begin{vmatrix} a_2 & a_3 \\ a_0 & a_1 \end{vmatrix} > 0 \tag{9.3-26}$$

3. Dla $n = 4$ warunki (9.3-25) sprowadzają się do warunku:

$$\Delta_3 = \begin{vmatrix} a_3 & a_4 & 0 \\ a_1 & a_2 & a_3 \\ 0 & a_0 & a_1 \end{vmatrix} > 0 \tag{9.3-27}$$

4. Dla $n = 5$ warunki (9.3-25) wymagają dodatniości dwóch minorów:

$$\Delta_2 = \begin{vmatrix} a_4 & a_5 \\ a_2 & a_3 \end{vmatrix} > 0, \qquad \Delta_4 = \begin{vmatrix} a_4 & a_5 & 0 & 0 \\ a_2 & a_3 & a_4 & a_5 \\ a_0 & a_1 & a_2 & a_3 \\ 0 & 0 & a_0 & a_1 \end{vmatrix} > 0 \tag{9.3-28}$$

5. Dla $n = 6$ warunki (9.3-25) wymagają również dodatniości dwóch minorów:

$$\Delta_3 = \begin{vmatrix} a_5 & a_6 & 0 \\ a_3 & a_4 & a_5 \\ a_1 & a_2 & a_3 \end{vmatrix} > 0, \qquad \Delta_5 = \begin{vmatrix} a_5 & a_6 & 0 & 0 & 0 \\ a_3 & a_4 & a_5 & a_6 & 0 \\ a_1 & a_2 & a_3 & a_4 & a_5 \\ 0 & 0 & a_1 & a_2 & a_3 \\ 0 & 0 & 0 & a_0 & a_1 \end{vmatrix} > 0 \tag{9.3-29}$$

Można łatwo zauważyć, że dla $n = 7$ i $n = 8$ kryterium wymaga sprawdzenia znaku trzech minorów, dla $n = 9$ i $n = 10$ – czterech minorów i tak dalej. Ze wzrostem n rośnie stopień najwyższego minora Δ_{n-1}, którego znak należy sprawdzić. Jest to jedna z najpoważniejszych niedogodności kryterium Hurwitza-Liénarda, powodująca, że dla dużych n dogodniej jest stosować inne metody testowania wielomianu (por. p. D).

Rozpatrzmy teraz kilka przykładów.

Przykład 9.3-6. Wielomian (9.3-17) jest wielomianem stopnia $n = 5$ o wszystkich współczynnikach dodatnich. Sprawdzamy zatem warunki (9.3-28):

$$\Delta_2 = \begin{vmatrix} 4 & 1 \\ 2 & 3 \end{vmatrix} = 10 > 0$$

$$\Delta_4 = \begin{vmatrix} 4 & 1 & 0 & 0 \\ 2 & 3 & 4 & 1 \\ 1 & 1 & 2 & 3 \\ 0 & 0 & 1 & 1 \end{vmatrix} = 4 \begin{vmatrix} 3 & 4 & 1 \\ 1 & 2 & 3 \\ 0 & 1 & 1 \end{vmatrix} - 1 \begin{vmatrix} 2 & 4 & 1 \\ 1 & 2 & 3 \\ 0 & 1 & 1 \end{vmatrix} = -24 + 5 = -19 < 0$$

Wynika stąd, że wielomian (9.3-17) nie jest wielomianem Hurwitza.

Przykład 9.3-7. Określimy, dla jakich wartości parametru rzeczywistego k wielomian:

$$W(s) = s^4 + 2s^3 + 6s^2 + 4s + k \tag{9.3-30}$$

jest wielomianem Hurwitza.

Z warunku koniecznego (9.3-15) wynika, że $k > 0$. Z warunku (9.3-27) otrzymujemy:

$$\Delta_3 = \begin{vmatrix} 2 & 1 & 0 \\ 4 & 6 & 2 \\ 0 & k & 4 \end{vmatrix} = 32 - 4k > 0$$

a stąd: $k < 8$. Wielomian (9.3-30) jest zatem wielomianem Hurwitza dla $0 < k < 8$.

Przykład 9.3-8. Transmitancja układu transmisyjnego:

$$H(s) = \frac{s^2 + 4}{(\alpha + \beta - 1)s^3 + (2 - \alpha)s^2 + (2\alpha - 1)s + 1} \tag{9.3-31}$$

zależy od dwóch parametrów rzeczywistych α, β. Wyznaczymy na płaszczyźnie (α, β) obszar stabilności układu o transmitancji (9.3-31).

Z warunku dodatniości współczynników mianownika mamy:

$$\alpha + \beta - 1 > 0, \qquad 2 - \alpha > 0, \qquad 2\alpha - 1 > 0$$

skąd otrzymujemy:

$$\beta > 1 - \alpha, \qquad \frac{1}{2} < \alpha < 2 \tag{9.3-32}$$

Przy spełnieniu nierówności (9.3-32), dla stabilności trzeba i wystarcza, aby był spełniony ponadto warunek (9.3-26):

$$\Delta_2 = \begin{vmatrix} 2-\alpha & \alpha+\beta-1 \\ 1 & 2\alpha-1 \end{vmatrix} = -2\alpha^2 + 4\alpha - 1 - \beta > 0$$

co prowadzi do nierówności:

$$\beta < -2(\alpha-1)^2 + 1 \tag{9.3-33}$$

Na rysunku 9.3-3 jest pokazany obszar stabilności układu o transmitancji (9.3-31) (obszar zakreskowany), tj. zbiór punktów (α, β) spełniających jednocześnie nierówności (9.3-32) i (9.3-33).

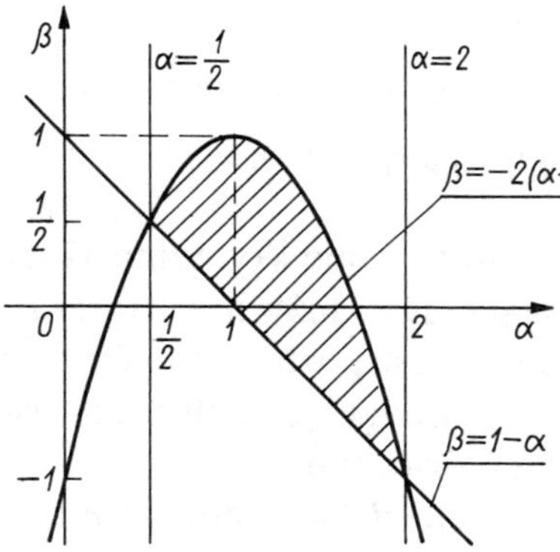

Rys. 9.3-3

Przykład 9.3-9. Rozpatrzmy układ przedstawiony na rys. 9.3-4. Jego transmitancja napięciowa ma postać (proponujemy Czytelnikowi sprawdzenie):

$$H(s) = \frac{k(\tau s + 1)}{\tau^3 s^3 + (5-k)\tau^2 s^2 + (7-2k)\tau s + 2} \tag{9.3-34}$$

gdzie: $\tau = RC > 0$.

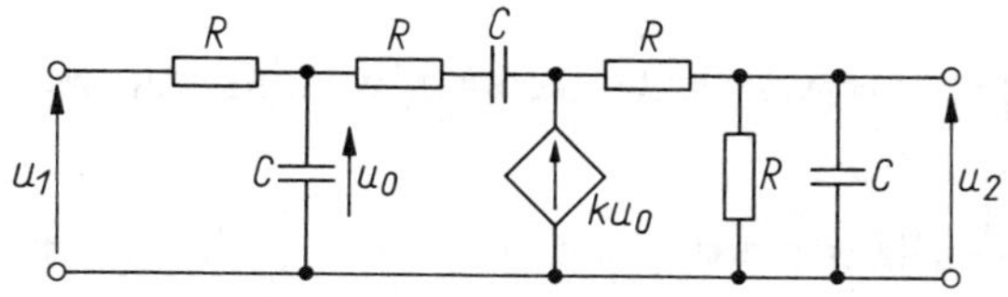

Rys. 9.3-4

Z warunków: $5-k>0$, $7-2k>0$ otrzymujemy:

$$k < \frac{7}{2} \tag{9.3-35}$$

Warunek (9.3-26) prowadzi do nierówności:

$$\Delta_2 = \begin{vmatrix} (5-k)\tau^2 & \tau^3 \\ 2 & (7-2k)\tau \end{vmatrix} = [(7-2k)(5-k)-2]\tau^3 > 0$$

równoważnej nierówności:

$$(7-2k)(5-k)-2=2k^2-17k+33=2(k-3)\left(k-\frac{11}{2}\right)>0 \tag{9.3-36}$$

Nierówność (9.3-36) jest spełniona dla $k<3$ albo dla $k>\frac{11}{2}$. Uwzględniając warunek (9.3-35), otrzymujemy:

$$k<3$$

jako warunek konieczny i dostateczny stabilności układu z rys. 9.3-4. Bez trudu sprawdzamy, że dla $k=3$:

$$\tau^3s^3+2\tau^2s^2+\tau s+2=(\tau s+2)(\tau^2s^2+1)$$

a więc układ jest na granicy stabilności (bieguny sprzężone $s=\pm j\frac{1}{\tau}$ na osi urojonej). Przy $k>3$ transmitancja miałaby biegun w prawej półpłaszczyźnie.

D. Kryterium Routha. Stosowanie kryterium Hurwitza wymaga obliczania wyznacznika stopnia $n-1$. Dla dużych wartości n może to stanowić poważną niedogodność. Wady tej jest pozbawione *kryterium Routha* (zwane też *kryterium Routha-Hurwitza*), wymagające obliczenia większej liczby wyznaczników, ale za to tylko stopnia drugiego.

Tablicą Routha wielomianu (9.3-12) stopnia n nazywamy tablicę współczynników:

$$\begin{matrix} A_0 & A_1 & A_2 \dots A_r \\ B_0 & B_1 & B_2 \dots B_r \\ C_0 & C_1 & C_2 \dots C_{r-1} \\ D_0 & D_1 & D_2 \dots D_{r-1} \\ E_0 & E_1 & E_2 \dots E_{r-2} \\ \dots & \dots & \dots \\ \dots & \dots & \dots \end{matrix} \tag{9.3-37}$$

utworzoną na podstawie współczynników a_k wielomianu według następujących zasad:

a) $r=\frac{n-1}{2}$ dla n nieparzystego lub $r=\frac{n}{2}$ dla n parzystego.

b) Pierwsze dwa wiersze są utworzone przez współczynniki a_k wybrane następująco:

$$A_0=a_n,\quad A_1=a_{n-2},\quad A_2=a_{n-4},\ \dots,\ A_r=a_{n-2r}=\begin{cases} a_1 \\ a_0 \end{cases} \tag{9.3-38}$$

$$B_0=a_{n-1},\quad B_1=a_{n-3},\quad B_2=a_{n-5},\ \dots,\ B_r=a_{n-(2r+1)}=\begin{cases} a_0 \\ 0 \end{cases} \tag{9.3-39}$$

c) Trzeci wiersz jest utworzony na podstawie pierwszego i drugiego wiersza według wzoru:

$$C_k = A_{k+1} - \frac{A_0}{B_0} B_{k+1}, \qquad k = 0, 1, \ldots, r-1 \tag{9.3-40}$$

i analogicznie czwarty wiersz jest utworzony na podstawie drugiego i trzeciego wiersza:

$$D_k = B_{k+1} - \frac{B_0}{C_0} C_{k+1}, \qquad k = 0, 1, \ldots, r-1 \tag{9.3-41}$$

d) Dalsze wiersze tablicy (aż do wiersza $n+1$) tworzy się według takich samych reguł.

TWIERDZENIE 9.3-6 (kryterium Routha)

Wielomian (9.3-12) *jest wtedy i tylko wtedy wielomianem Hurwitza, kiedy wszystkie elementy pierwszej kolumny tablicy Routha tego wielomianu są dodatnie, tzn. kiedy zachodzi* $n+1$ *nierówności*:

$$A_0 > 0, \qquad B_0 > 0, \qquad C_0 > 0, \qquad D_0 > 0, \qquad E_0 > 0, \ldots \tag{9.3-42}$$

Dowód pomijamy odsyłając Czytelnika do literatury (np. [12], str. 322, [34], str. 84).

Przykład 9.3-10. Zbadajmy wielomian:

$$W(s) = s^5 + s^4 + 6s^3 + 4s^2 + 2s + 1 \tag{9.3-43}$$

Pierwsze dwa wiersze tablicy Routha mają postać (dla ułatwienia po lewej stronie wypisujemy litery oznaczające wiersz):

A	1	6	2
B	1	4	1
. . .	. . .	. . .	. . .
. . .	. . .	. . .	. . .

Dalsze elementy tablicy Routha obliczamy zgodnie ze wzorami (9.3-40) i (9.3-41):

$$C_0 = A_1 - \frac{A_0}{B_0} B_1 = 6 - 4 = 2$$

$$C_1 = A_2 - \frac{A_0}{B_0} B_2 = 2 - 1 = 1$$

$$D_0 = B_1 - \frac{B_0}{C_0} C_1 = 4 - \frac{1}{2} = \frac{7}{2}$$

$$D_1 = B_2 - \frac{B_0}{C_0} C_2 = 1 - \frac{1}{2} \cdot 0 = 1$$

$$E_0 = C_1 - \frac{C_0}{D_0} D_1 = 1 - \frac{4}{7} = \frac{3}{7}$$

$$F_0 = D_1 - \frac{D_0}{E_0} E_1 = 1 - \frac{49}{6} \cdot 0 = 1$$

a więc tablica Routha ma postać:

A	1	6	2
B	1	4	1
C	2	1	
D	$\frac{7}{2}$	1	
E	$\frac{3}{7}$		
F	1		

Wszystkie elementy pierwszej kolumny są dodatnie, wielomian (9.3-43) jest zatem wielomianem Hurwitza.

Przykład 9.3-11. Rozpatrzmy wielomian:

$$W(s) = s^6 + 2s^5 + 3s^4 + 8s^3 + s^2 + 2s + 5 \tag{9.3-44}$$

dla którego mamy:

A	1	3	1	5
B	2	8	2	0

. . . .

. . . .

Zgodnie ze wzorem (9.3-40):

$$C_0 = A_1 - \frac{A_0}{B_0} B_1 = 3 - \frac{1}{2} \cdot 8 = -1 < 0$$

i dalszych współczynników już nie obliczamy. Wielomian (9.3-44) nie jest wielomianem Hurwitza.

E. Część parzysta i część nieparzysta wielomianu. Omówimy jeszcze jedną metodę sprawdzania, czy dany wielomian jest wielomianem Hurwitza. Jak zobaczymy w p. 10.1.4, metoda ta wiąże się z zagadnieniami syntezy dwójników *LC*.

Rozpatrzmy wielomian (9.3-12) i rozdzielmy go na dwie części:

$$W(s) = a_n s^n + a_{n-1} s^{n-1} + \ldots + a_1 s + a_0 = p(s) + q(s) \tag{9.3-45}$$

gdzie $p(s)$ jest częścią parzystą:

$$p(s) \stackrel{\Delta}{=} a_0 + a_2 s^2 + a_4 s^4 + \ldots \tag{9.3-46}$$

i $q(s)$ jest częścią nieparzystą:

$$q(s) \stackrel{\Delta}{=} a_1 s + a_3 s^3 + a_5 s^5 + \ldots = s(a_1 + a_3 s^2 + a_5 s^4 + \ldots) \tag{9.3-47}$$

TWIERDZENIE 9.3-7

Wielomian (9.3-45) o wszystkich współczynnikach dodatnich, tzn. spełniający warunek (9.3-15), jest wtedy i tylko wtedy wielomianem Hurwitza, kiedy wielomiany $p(s)$ i $q(s)$ mają tylko pojedyncze zera leżące na osi urojonej, przy czym zera te są różne i wzajemnie przeplatają się.

Dowód pomijamy odsyłając Czytelnika do literatury (np. [34], str. 104, [35], str. 237-239). Dowód ten wiąże się z możliwością rozwinięcia funkcji wymiernych $p(s)/q(s)$ i $q(s)/p(s)$ w ułamki łańcuchowe o dodatnich współczynnikach, o czym będzie mowa w p. 10.1.4-E.

Przykład 9.3-12. Rozpatrzmy wielomian:

$$W(s) = s^5 + s^4 + 6s^3 + 4s^2 + 8s + 3 \tag{9.3-48}$$

oraz jego części: nieparzystą i parzystą:

$$q(s) = s^5 + 6s^3 + 8s = s(s^4 + 6s^2 + 8) = s(s^2 + 2)(s^2 + 4)$$

$$p(s) = s^4 + 4s^2 + 3 = (s^2 + 1)(s^2 + 3)$$

Wielomian $q(s)$ ma zera w punktach (puste kółka na rys. 9.3-5):

$$s = 0, \qquad s = \pm j\sqrt{2}, \qquad s = \pm j2$$

zaś wielomian $p(s)$ ma zera w punktach (pełne kółka na rys. 9.3-5):

$$s = \pm j1, \qquad s = \pm j\sqrt{3}$$

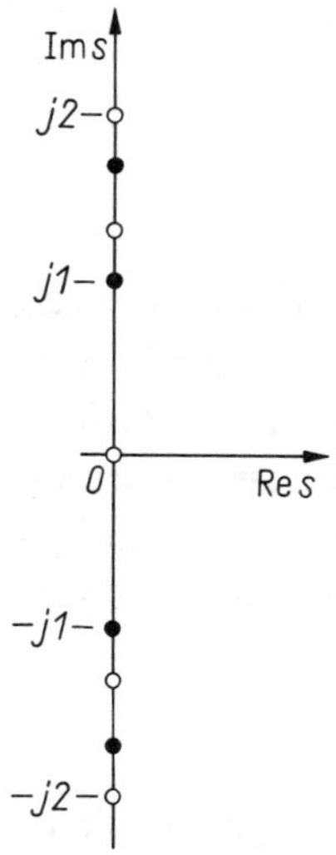

Rys. 9.3-5

Wszystkie te zera są pojedyncze, leżą na osi urojonej i wzajemnie przeplatają się (rys. 9.3-5):

$$0 < 1 < \sqrt{2} < \sqrt{3} < 2$$

Wielomian (9.3-48) jest zatem wielomianem Hurwitza.

Przykład 9.3-13. Dla wielomianu:

$$W(s) = s^5 + s^4 + 5s^3 + 5s^2 + 6s + 4 \tag{9.3-49}$$

mamy:

$$q(s) = s^5 + 5s^3 + 6s = s(s^4 + 5s^2 + 6) = s(s^2 + 2)(s^2 + 3)$$

$$p(s) = s^4 + 5s^2 + 4 = (s^2 + 1)(s^2 + 4)$$

Zera obu tych wielomianów są pojedyncze i leżą na osi urojonej, ale nie przeplatają się (między zerami: $\mathrm{j}\sqrt{2}$, $\mathrm{j}\sqrt{3}$ wielomianu $q(s)$ nie ma zera wielomianu $p(s)$). Wielomian (9.3-49) nie jest zatem wielomianem Hurwitza.

Przykład 9.3-14. Rozpatrzmy jeszcze wielomian:

$$W(s) = s^4 + 5s^3 + 7s^2 + 5s + 6 \tag{9.3-50}$$

Części parzysta i nieparzysta:

$$p(s) = s^4 + 7s^2 + 6 = (s^2 + 1)(s^2 + 6)$$

$$q(s) = 5s^3 + 5s = 5s(s^2 + 1)$$

mają wspólny czynnik $s^2 + 1$, a więc wspólne zera w punktach $\pm \mathrm{j}1$. Wielomian (9.3-50) nie jest więc wielomianem Hurwitza.

F. Częstotliwościowe kryterium stabilności wielomianu. Z twierdzeniem 9.3-7 wiąże się bardzo ściśle nieco inny sposób sprawdzania, czy dany wielomian $W(s)$ jest wielomianem Hurwitza. Polega on na badaniu zmian argumentu:

$$\varphi(\omega) \stackrel{\Delta}{=} \arg W(\mathrm{j}\omega) \tag{9.3-51}$$

w przedziale $0 \leqslant \omega < +\infty$ lub na sprawdzeniu położenia wykresu funkcji $W(\mathrm{j}\omega)$, $0 \leqslant \omega < +\infty$, na płaszczyźnie liczbowej. Wobec wprowadzenia do rozważań zmiennej ω, mówimy o *częstotliwościowym kryterium stabilności.*

Przeprowadźmy następujące rozumowanie. Załóżmy, że rozpatrujemy wielomian $W(s)$ o postaci (9.3-12), spełniający warunki (9.3-13) i (9.3-14). Wielomian ten ma n pierwiastków rzeczywistych lub zespolonych $s_1, \ldots, s_n$, tzn:

$$W(s) = a_n(s - s_1)(s - s_2) \cdots (s - s_n) \tag{9.3-52}$$

przy czym pierwiastki te mogą być wielokrotne. Wynika stąd, że:

$$\varphi(\omega) = \arg W(\mathrm{j}\omega) = \sum_{k=1}^{n} \varphi_k(\omega) \tag{9.3-53}$$

gdzie:

$$\varphi_k(\omega) \stackrel{\Delta}{=} \arg(\mathrm{j}\omega - s_k) \tag{9.3-54}$$

Rozpatrzmy kilka przypadków. Niech $s_1 < 0$ będzie pierwiastkiem rzeczywistym leżącym w lewej półpłaszczyźnie. Wskaz $j\omega - s_1$ jest przedstawiony na rys. 9.3-6a. Jego argument $\varphi_1(\omega)$ zmienia się w sposób ciągły od 0 do $\pi/2$ przy zmianie ω od 0 do $+\infty$ (przyrost fazy: $\Delta\varphi_1 = \pi/2$). Gdyby $s_1 > 0$ (rys. 9.3-6b), faza zmieniałaby się od π do $\pi/2$, a więc jej przyrost wyniósłby $\Delta\varphi_1 = -\pi/2$. W przypadku gdy $s_1 = 0$ (rys. 9.3-6c) faza $\varphi_1(\omega)$ byłaby stała i równa $\pi/2$ (przyrost fazy: $\Delta\varphi_1 = 0$).

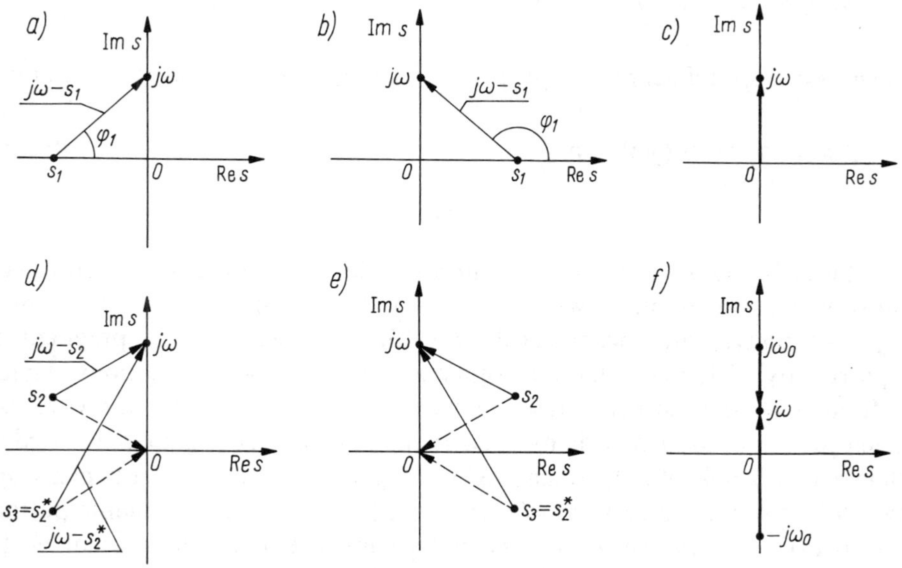

Rys. 9.3-6

Podobne rezultaty otrzymujemy w przypadku pierwiastków zespolonych sprzężonych. Niech $s_3 = s_2^*$, przy czym $\mathrm{Re}\, s_2 < 0$ (rys. 9.3-6d). Dla $\omega = 0$ suma faz jest równa zeru: $\varphi_2(0) + \varphi_3(0) = 0$. Przy $\omega \to +\infty$ obie fazy: $\varphi_2(\omega)$, $\varphi_3(\omega)$ dążą do $\pi/2$, a więc faza przyrasta o $\Delta\varphi_2 + \Delta\varphi_3 = 2 \cdot \dfrac{\pi}{2} = \pi$. W przypadku pary pierwiastków sprzężonych w prawej półpłaszczyźnie ($\mathrm{Re}\, s_2 > 0$, rys. 9.3-6e) suma faz $\varphi_2(\omega) + \varphi_3(\omega)$ zmieniałaby się od $2\cdot\pi$ do $2\cdot\pi/2$, a więc przyrost fazy: $\Delta\varphi_2 + \Delta\varphi_3 = -\pi$. Jeśli $s_2 = s_3^* = j\omega_0$ (rys. 9.3-6f), to przy zmianie ω od 0 do $+\infty$ faza przyrasta o $\Delta\varphi_2 + \Delta\varphi_3 = \pi$, przy czym dla $\omega < \omega_0$: $\varphi_2(\omega) + \varphi_3(\omega) = 0$ oraz dla $\omega > \omega_0$: $\varphi_2(\omega) + \varphi_3(\omega) = \pi$, a więc w punkcie $\omega = \omega_0$ suma faz $\varphi_2(\omega) + \varphi_3(\omega)$ zmienia się skokiem.

Opierając się na tym rozumowaniu oraz biorąc pod uwagę wyrażenie (9.3-53), możemy sformułować następujące twierdzenie[1].

[1] Twierdzenie to bywa nazywane *zasadą przyrostu fazy Cauchy'ego*. W literaturze rosyjskojęzycznej (a także we wcześniejszych publikacjach w języku polskim) jest ono nazywane *twierdzeniem Michajłowa*.

TWIERDZENIE 9.3-8

Wielomian stopnia n:

$$W(s) = a_n s^n + a_{n-1} s^{n-1} + \ldots + a_1 s + a_0 \tag{9.3-55}$$

o współczynnikach rzeczywistych i $a_n > 0$ *jest wtedy i tylko wtedy wielomianem Hurwitza, kiedy przy zmianie pulsacji* ω *od* 0 *do* $+\infty$ *faza:*

$$\varphi(\omega) = \arg W(\mathrm{j}\omega) \tag{9.3-56}$$

zmienia się w sposób ciągły od $\varphi(0) = 0$ *do* $\varphi(\infty) = n\dfrac{\pi}{2}$, *a więc przyrasta o:*

$$\Delta\varphi = \underset{\langle 0,\, +\infty)}{\Delta \arg}\, W(\mathrm{j}\omega) = n\frac{\pi}{2} \tag{9.3-57}$$

Twierdzenie 9.3-8 ma prostą interpretację geometryczną, umożliwiającą wnioskowanie o stabilności wielomianu (9.3-55) na podstawie wykresu funkcji $W(\mathrm{j}\omega)$ na płaszczyźnie liczbowej dla $\omega \in \langle 0, +\infty)$. Załóżmy na przykład, że rozpatrujemy wielomian (9.3-55) stopnia $n = 7$ oraz że wykres odpowiadającej mu funkcji $W(\mathrm{j}\omega)$ jest przedstawiony na rys. 9.3-7. Zauważmy, że wykres ten przebiega w kierunku przeciwnym do ruchu wskazówek zegara przez siedem kolejnych ćwiartek układu współrzędnych, począwszy od ćwiartki pierwszej. Faza (9.3-56) zmienia się w sposób ciągły, a jej przyrost przy zmianie pulsacji ω od 0 do $+\infty$ wynosi $7 \cdot \pi/2$. Rozpatrywany wielomian jest zatem wielomianem Hurwitza. Wynika stąd następujący wniosek.

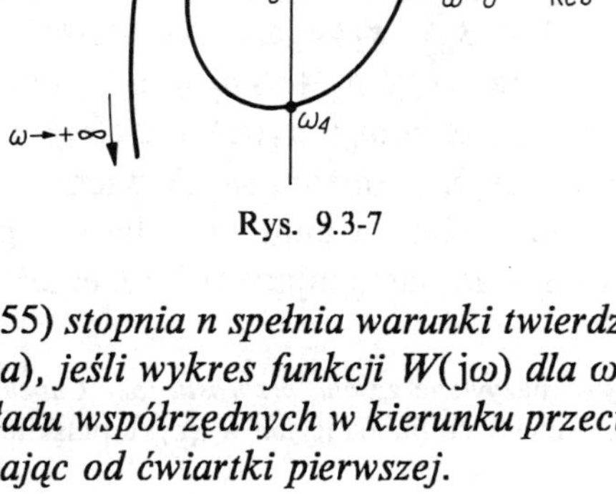

Rys. 9.3-7

Wielomian (9.3-55) *stopnia n spełnia warunki twierdzenia* 9.3-8 (*a więc jest wielomianem Hurwitza*), *jeśli wykres funkcji* $W(\mathrm{j}\omega)$ *dla* $\omega \in \langle 0, +\infty)$ *przebiega kolejno n ćwiartek układu współrzędnych w kierunku przeciwnym do ruchu wskazówek zegara, poczynając od ćwiartki pierwszej.*

Przykład 9.3-15. Rozpatrzmy wielomian stopnia $n = 3$:

$$W(s) = a_3 s^3 + a_2 s^2 + a_1 s + a_0 \tag{9.3-58}$$

o wszystkich współczynnikach dodatnich. Załóżmy, że wykres funkcji $W(j\omega)$ ma postać jak na rys. 9.3-8a, skąd wnioskujemy, że wielomian $W(s)$ jest wielomianem Hurwitza ($\Delta\varphi = 3 \cdot \pi/2$). Przyjmijmy, że zwiększamy współczynnik a_0, nie zmieniając innych współczynników wielomianu (9.3-58). Powoduje to przesunięcie równoległe w prawo wykresu $W(j\omega)$, np. do położenia z rys. 9.3-8b ($a_0 = a_{0gr}$). Wielomian nie jest już wtedy wielomianem Hurwitza, gdyż przy przejściu wykresu $W(j\omega)$ przez punkt $W(j\omega) = 0$ faza $\varphi(\omega)$ zmienia się skokiem (o $\pm\pi$)[1]. Przypadkowi $a_0 > a_{0gr}$ odpowiada wykres z rys. 9.3-8c. Faza $\varphi(\omega)$ zmienia się w sposób ciągły, ale jej przyrost jest równy $-\pi/2$, a więc $W(s)$ nie jest wielomianem Hurwitza.

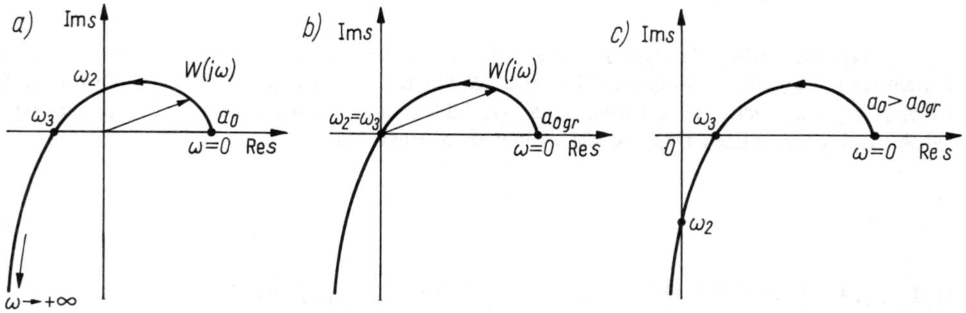

Rys. 9.3-8

Zauważmy ponadto, że kształt wykresu funkcji $W(j\omega)$ świadczący o stabilności wielomianu $W(s)$ (np. rys. 9.3-7) jest związany z odpowiednią kolejnością pulsacji $\omega_1, \omega_2, \ldots$, w których: $\mathrm{Im}\, W(j\omega) = 0$ lub $\mathrm{Re}\, W(j\omega) = 0$. Jeśli indeksami nieparzystymi oznaczymy wartości ω, dla których:

$$\mathrm{Im}\, W(j\omega_{2k-1}) = 0, \qquad k = 1, 2, \ldots$$

oraz indeksami parzystymi oznaczymy wartości ω, dla których:

$$\mathrm{Re}\, W(j\omega_{2k}) = 0, \qquad k = 1, 2, \ldots$$

to wykresowi z rys. 9.3-7 odpowiada kolejność:

$$\omega_1 < \omega_2 < \omega_3 < \omega_4 < \omega_5 < \omega_6 < \omega_7, \qquad \omega_1 = 0$$

przy czym wszystkie zera części urojonej $\mathrm{Im}\, W(j\omega)$ i części rzeczywistej $\mathrm{Re}\, W(j\omega)$ są pojedyncze i różne, wzajemnie przeplatają się i jest ich n.

---

[1] Jeżeli rozpatrywany wielomian $W(s)$ byłby mianownikiem transmitancji pewnego układu, to układ ten znajdowałby się wówczas na granicy stabilności (por. p. 9.3.1-C). W przypadku zilustrowanym na rys. 9.3-8c układ jest niestabilny.

Dochodzimy tym samym do innego sformułowania twierdzenia 9.3-8, które jest powtórzeniem w zmienionej wersji twierdzenia 9.3-7.

TWIERDZENIE 9.3-9

Wielomian (9.3-55) *o wszystkich współczynnikach dodatnich jest wtedy i tylko wtedy wielomianem Hurwitza, kiedy zera* ω_{2k-1}, $k = 1, 2, \ldots$ *wielomianu* $\operatorname{Im} W(j\omega)$ *oraz zera* ω_{2k}, $k = 1, 2, \ldots$ *wielomianu* $\operatorname{Re} W(j\omega)$ *w przedziale* $\omega \in \langle 0, +\infty)$ *są pojedyncze, różne i wzajemnie przeplatają się*:

$$\omega_1 < \omega_2 < \omega_3 < \ldots \tag{9.3-59}$$

przy czym zer tych jest w sumie n, gdzie n – stopień wielomianu W(s).

Przykład 9.3-16. Dla wykresu funkcji $W(j\omega)$ z rys. 9.3-8a mamy: $\omega_1 < \omega_2 < \omega_3$ $(\omega_1 = 0)$ i wielomian $W(s)$ jest wielomianem Hurwitza. W przypadku pokazanym na rys.9.3-8b zachodzi równość $\omega_2 = \omega_3$ (zera nie są różne), a na rys. 9.3-8c mamy $\omega_2 > \omega_3$ (zera nie przeplatają się). W obu tych przypadkach $W(s)$ nie jest wielomianem Hurwitza.

9.4. CHARAKTERYSTKI CZĘSTOTLIWOŚCIOWE

Charakterystyki częstotliwościowe są podstawowym narzędziem stosowanym przy badaniu właściwości układów liniowych w zależności od częstotliwości. Odgrywają one istotną rolę zarówno w zagadnieniach analizy, jak i w problemach syntezy i projektowania. Szczególne znaczenie mają dla badania właściwości transmisyjnych układów liniowych.

Często wymienia się obok siebie i porównuje pojęcia: charakterystyk czasowych (p. 9.2.2) i charakterystyk częstotliwościowych. Są to pojęcia w pewnym sensie komplementarne. Charakterystyki czasowe są ważne dla badania właściwości układów w dziedzinie czasu. Charakterystyki częstotliwościowe odgrywają podobną rolę w dziedzinie częstotliwości. W wielu jednak zagadnieniach analizy i syntezy układów liniowych formułowanie problemów i ich rozwiązywanie jest łatwiejsze w dziedzinie częstotliwości i ma przy tym z reguły wyraźniejszą interpretację fizyczną i układową. Stąd wynika doniosła rola charakterystyk częstotliwościowych i miejsce, jakie charakterystyki te zajmują w problematyce teorii obwodów.

9.4.1. Podstawowe pojęcia i interpretacje

Będziemy rozpatrywać układ transmisyjny realizujący operację liniową, stacjonarną i przyczynową o transmitancji:

$$H(s) = \mathscr{L}[h(t)] \tag{9.4-1}$$

przy czym, zgodnie z założeniem o przyczynowości, odpowiedź impulsowa $h(t) = 0$ dla $t < 0$.

Będziemy zakładać, że transmitancja $H(s)$ jest funkcją holomorficzną w obszarze $\operatorname{Re} s \geqslant 0$. W przypadku szczególnym, gdy rozpatrywany układ jest układem SLSB, transmitancja (9.4-1) jest funkcją wymierną:

$$H(s) = \frac{L(s)}{M(s)} \tag{9.4-2}$$

której wszystkie bieguny (z wyjątkiem ewentualnie punktu $s = \infty$) leżą w lewej półpłaszczyźnie $\operatorname{Re} s < 0$.

A. Podstawowe określenia. Przy przyjętych założeniach istnieje transformata Fouriera odpowiedzi impulsowej $h(t)$:

$$H(\mathrm{j}\omega) = \mathscr{F}[h(t)] = \int_{-\infty}^{+\infty} \mathrm{e}^{-\mathrm{j}\omega t} h(t)\,\mathrm{d}t \tag{9.4-3}$$

przy czym, zgodnie ze wzorem (9.1-71):

$$H(\mathrm{j}\omega) = H(s)\big|_{s=\mathrm{j}\omega} \tag{9.4-4}$$

Wielkość $H(\mathrm{j}\omega)$ określona zależnością (9.4-3) jest funkcją zmiennej $\omega \in (-\infty, +\infty)$ i można ją przedstawić w postaci:

$$H(\mathrm{j}\omega) = A(\omega)\,\mathrm{e}^{\mathrm{j}\varphi(\omega)} = P(\omega) + \mathrm{j}\,Q(\omega) \tag{9.4-5}$$

gdzie:

$$A(\omega) = |H(\mathrm{j}\omega)|, \qquad \varphi(\omega) = \arg H(\mathrm{j}\omega) \tag{9.4-6}$$

$$P(\omega) = \operatorname{Re} H(\mathrm{j}\omega), \qquad Q(\omega) = \operatorname{Im} H(\mathrm{j}\omega) \tag{9.4-7}$$

Wielkości: $A(\omega)$, $\varphi(\omega)$, $P(\omega)$, $Q(\omega)$ są funkcjami rzeczywistymi zmiennej rzeczywistej $\omega \in (-\infty, +\infty)$ i noszą odpowiednio nazwy: *charakterystyki amplitudowej*, *charakterystyki fazowej*, *charakterystyki rzeczywistej* i *charakterystyki urojonej*. W odniesieniu do wielkości (9.4-4), obok nazwy *transmitancja* używamy także nazwy *charakterystyka amplitudowo-fazowa*. Wszystkie te wielkości noszą wspólną nazwę *charakterystyk częstotliwościowych*.

Wykres charakterystyki amplitudowo-fazowej na płaszczyźnie zmiennej zespolonej jest również nazywany *krzywą Nyquista* (por. p. E).

B. Komentarze. Charakterystyka amplitudowo-fazowa $H(\mathrm{j}\omega)$ jest rozumiana jako transformata Fouriera odpowiedzi impulsowej $h(t)$ (wzór (9.4-3)).

Takie określenie charakterystyki amplitudowo-fazowej jest związane z jej interpretacją fizyczną i zastosowaniami, o których będzie mowa w p. D. Wymaga ono jednak spełnienia sformułowanego we wstępie założenia, aby transmitancja $H(s)$ była funkcją holomorficzną w obszarze $\mathrm{Re}\, s \geqslant 0$. Jeśli odpowiedź impulsowa $h(t)$ ma postać (9.2-79), sprowadza się to do spełnienia warunków (9.2-80) i (9.2-81). W przypadku układu SLSB przyjęte założenie oznacza, że wszystkie bieguny funkcji $H(s)$ (z wyjątkiem ewentualnie $s = \infty$) leżą w lewej półpłaszczyźnie $\mathrm{Re}\, s < 0$. W zależności od zachowania się transmitancji $H(s)$ w punkcie $s = \infty$ można jeszcze rozróżnić dwa przypadki.

1. Transmitancja $H(s)$ nie ma bieguna dla $s = \infty$, tzn. jest spełniona nierówność (9.3-4). Odpowiedź impulsowa wyraża się wówczas wzorem (9.3-2) przy warunku (9.3-3), a więc układ jest s t a b i l n y względem pobudzenia.

2. Transmitancja $H(s)$ ma biegun rzędu n w punkcie $s = \infty$, tzn. ma postać (9.2-38). Odpowiedź impulsowa jest określona wzorem (9.2-40), przy czym nadal jest spełniony warunek (9.3-3). Układ jest jednak n i e s t a b i l n y, w sygnale wyjściowym występują bowiem składniki proporcjonalne do pochodnych sygnału wejściowego (por. uwagę w p. 9.2.3-A oraz przykłady 9.3-2 i 9.3-4).

Niekiedy zachodzi potrzeba uogólnienia pojęcia charakterystyki amplitudowo-fazowej na pewien szczególny przypadek nieistnienia transformaty Fouriera[1] odpowiedzi impulsowej $h(t)$. Chodzi tu o przypadek układu na granicy stabilności w sensie omówionym w p. 9.3.1-C. Transmitancja $H(s)$ jest wówczas funkcją holomorficzną w obszarze $\mathrm{Re}\, s > 0$ i ma bieguny pojedyncze na osi urojonej $\mathrm{Re}\, s = 0$. Odpowiedź impulsowa $h(t)$ spełnia warunek (9.2-36), ale nie spełnia warunku (9.2-35). Nie istnieje (w zwykłym sensie) transformata Fouriera (9.4-3) i charakterystyka amplitudowo-fazowa $H(j\omega)$ może być rozpatrywana wówczas tylko jako wynik formalnego podstawienia (9.4-4).

Tak określona charakterystyka $H(j\omega)$ może być rozumiana jako graniczny przypadek charakterystyki amplitudowo-fazowej układu stabilnego, gdy (wszystkie lub niektóre) bieguny leżące w lewej półpłaszczyźnie $\mathrm{Re}\, s < 0$ zbliżają się do osi urojonej (np. wskutek zaniku strat lub odtłumienia układu – por. przykłady 9.3-3 i 9.3-9)[2].

C. Podstawowe właściwości. Z porównania zależności (9.4-3) i (9.4-7) wynika, że:

$$P(\omega) = \int_{-\infty}^{+\infty} \cos\omega t\, h(t)\,\mathrm{d}t, \qquad Q(\omega) = -\int_{-\infty}^{+\infty} \sin\omega t\, h(t)\,\mathrm{d}t \tag{9.4-8}$$

---

[1] Mamy tu na myśli transformatę Fouriera w zwykłym sensie, określoną wzorem (9.1-41) z rozszerzeniem na przypadek dystrybucji $\delta(t)$ i $\delta^{(k)}(t)$ (por. p. 9.1.3-E oraz przypis 1 na str. 232.

[2] Mamy tu do czynienia z przypadkiem analogicznym do omówionego w p. 6.3.3-D w tomie II przypadku stanu ustalonego w obwodzie reaktancyjnym.

a więc:

$$P(-\omega) = P(\omega), \qquad Q(-\omega) = -Q(\omega) \tag{9.4-9}$$

Z kolei, wobec związków (9.4-6), wnioskujemy, że:

$$A(-\omega) = A(\omega), \qquad \varphi(-\omega) = -\varphi(\omega) \tag{9.4-10}$$

Oznacza to, że *charakterystyki: amplitudowa* $A(\omega)$ *i rzeczywista* $P(\omega)$ *są funkcjami parzystymi zmiennej* ω, *a charakterystyki: fazowa* $\varphi(\omega)$ *i urojona* $Q(\omega)$ *są funkcjami nieparzystymi zmiennej* ω.

Z właściwości tych wynika, że charakterystyki częstotliwościowe wystarczy wyznaczyć tylko dla wartości $\omega \geqslant 0$, co odpowiada sensowi fizycznemu zmiennej ω. Sposób przedłużenia charakterystyki na zakres $\omega < 0$ określają podane właściwości.

Rozważmy jeszcze przypadek, kiedy transmitancja układu jest funkcją wymierną:

$$H(s) = \frac{L(s)}{M(s)} = \frac{b_0 + b_1 s + \ldots + b_l s^l}{a_0 + a_1 s + \ldots + a_m s^m} \tag{9.4-11}$$

Podstawiając $s = j\omega$ i dokonując łatwych przekształceń algebraicznych (szczegóły pozostawiamy Czytelnikowi), dochodzimy do zależności:

$$P(\omega) = \frac{P_1(\omega^2)}{P_2(\omega^2)}, \qquad Q(\omega) = \omega\frac{Q_1(\omega^2)}{Q_2(\omega^2)} \tag{9.4-12}$$

oraz:

$$A^2(\omega) = \frac{A_1(\omega^2)}{A_2(\omega^2)} \tag{9.4-13}$$

gdzie: $P_1(\cdot)$, $P_2(\cdot)$, $Q_1(\cdot)$, $Q_2(\cdot)$, $A_1(\cdot)$, $A_2(\cdot)$ są pewnymi wielomianami o współczynnikach rzeczywistych.

D. Znaczenie charakterystyk częstotliwościowych. Znaczenie teoretyczne i praktyczne charakterystyk częstotliwościowych jest bardzo duże. Opisują one bowiem zachowanie się układu transmisyjnego w funkcji pulsacji sygnału wejściowego.

Rozważmy dokładniej ten problem i przeprowadźmy następujące rozumowanie. Załóżmy, że układ transmisyjny o odpowiedzi impulsowej $h(t)$ spełniającej warunek:

$$\int_0^\infty |h(t)|\mathrm{d}t < \infty \tag{9.4-14}$$

jest opisany równaniem:

$$y(t) = \int_0^t x(t-\tau)h(\tau)\,\mathrm{d}\tau \tag{9.4-15}$$

Załóżmy, że sygnał wejściowy:

$$x(t) = \mathrm{Re}[X\mathrm{e}^{\mathrm{j}\omega t}], \qquad -\infty < t < +\infty \tag{9.4-16}$$

jest sygnałem sinusoidalnym o pulsacji ω i amplitudzie zespolonej X. Sygnał wyjściowy (9.4-15) można wówczas przedstawić w postaci:

$$y(t) = \int_0^\infty x(t-\tau)h(\tau)\,\mathrm{d}\tau - \int_t^\infty x(t-\tau)h(\tau)\,\mathrm{d}\tau \tag{9.4-17}$$

przy czym:

$$\int_0^\infty x(t-\tau)h(\tau)\,\mathrm{d}\tau = \int_0^\infty \mathrm{Re}[X\mathrm{e}^{\mathrm{j}\omega(t-\tau)}]h(\tau)\,\mathrm{d}\tau = \mathrm{Re}\left[X\mathrm{e}^{\mathrm{j}\omega t}\int_0^\infty \mathrm{e}^{-\mathrm{j}\omega\tau}h(\tau)\,\mathrm{d}\tau\right] =$$

$$= \mathrm{Re}[H(\mathrm{j}\omega)X\mathrm{e}^{\mathrm{j}\omega t}] = \mathrm{Re}[Y\mathrm{e}^{\mathrm{j}\omega t}] \tag{9.4-18}$$

gdzie:

$$Y = H(\mathrm{j}\omega)X \tag{9.4-19}$$

oraz:

$$H(\mathrm{j}\omega) = \mathscr{F}[h(t)] \tag{9.4-20}$$

jest charakterystyką amplitudowo-fazową układu. Ponadto, wobec warunku (9.4-14):

$$\left|\int_t^\infty x(t-\tau)h(\tau)\,\mathrm{d}\tau\right| \leqslant \int_t^\infty |x(t-\tau)||h(\tau)|\,\mathrm{d}\tau \leqslant |X|\int_t^\infty |h(\tau)|\,\mathrm{d}\tau \to 0$$

przy $t \to +\infty$.

Oznacza to, że sygnał wyjściowy (9.4-17) składa się ze składowej ustalonej określonej wzorami (9.4-18) i (9.4-19) i składowej nieustalonej (drugi składnik prawej strony wzoru (9.4-17) dążącej do zera przy $t \to +\infty$.

W stanie ustalonym mamy zatem:

$$y(t) = \int_0^\infty x(t-\tau)h(\tau)\,\mathrm{d}\tau = \mathrm{Re}[Y\mathrm{e}^{\mathrm{j}\omega t}] \tag{9.4-21}$$

przy czym są spełnione zależności (9.4-19) i (9.4-20).

Przeprowadzone rozumowanie[1] potwierdza poprawność równania transmisyjnego (9.2-1) w przypadku sygnałów sinusoidalnych (9.2-3) (a więc także sygnałów okresowych (9.2-5)) pod warunkiem istnienia charakterystyki amplitudowo-fazowej $H(j\omega)$ określonej jako $\mathscr{F}$-transformata odpowiedzi impulsowej $h(t)$.

Zależność (9.4-19) umożliwia także bezpośrednią interpretację charakterystyki amplitudowej $A(\omega)$ i charakterystyki fazowej $\varphi(\omega)$. Mamy bowiem:

$$|Y| = A(\omega)|X| \tag{9.4-22}$$

$$\arg Y = \varphi(\omega) + \arg X \tag{9.4-23}$$

gdzie $A(\omega)$ i $\varphi(\omega)$ są odpowiednio wartościami charakterystyki amplitudowej i fazowej dla wartości ω pulsacji sygnałów wejściowego i wyjściowego.

E. Przykłady. Rozpatrzymy teraz kilka przykładów nawiązujących do układów już poprzednio rozważanych.

Przykład 9.4-1. Układ z przykładu 9.2-1 (rys. 9.2-3a) ma transmitancję określoną wzorem (9.2-23):

$$H(s) = \frac{\alpha}{s + \alpha}$$

Charakterystyka amplitudowo-fazowa:

$$H(j\omega) = \frac{\alpha}{\alpha + j\omega} = \frac{\alpha(\alpha - j\omega)}{\alpha^2 + \omega^2} \tag{9.4-24}$$

a zatem:

$$P(\omega) = \frac{\alpha^2}{\alpha^2 + \omega^2}, \qquad Q(\omega) = -\frac{\alpha\omega}{\alpha^2 + \omega^2}$$

$$A(\omega) = \frac{\alpha}{\sqrt{\alpha^2 + \omega^2}}, \qquad \varphi(\omega) = -\operatorname{arctg}\frac{\omega}{\alpha} \tag{9.4-25}$$

Wykresy charakterystyk $A(\omega)$, $\varphi(\omega)$ i $Q(\omega)$ są przedstawione na rys. 9.4-1 (wykres $P(\omega)$ został pominięty jako niewiele różniący się od wykresu $A(\omega)$). Na rysunku 9.4-2 pokazano natomiast na płaszczyźnie liczbowej krzywą Nyquista, tj. wykres charakterystyki amplitudowo-fazowej (9.4-24). Jest to wykres parametryczny, którego parametrem jest pulsacja ω. Dla ustalonej wartości ω (np. dla $\omega = \omega_1$) wskaz $H(j\omega_1)$ ma długość $A(\omega_1) = |H(j\omega_1)|$ i argument $\varphi(\omega_1) = \arg H(j\omega_1)$ – por. rys. 9.4-1a, b. Na rysunku 9.4-2 część wykresu odpowiadającą zmianom pulsacji ω w przedziale $-\infty < \omega < 0$ zaznaczono linią przerywaną.

[1] Można łatwo zauważyć, że rozumowanie to i wynikające z niego wnioski pozostałyby słuszne, gdyby zamiast równania (9.4-15) rozważać ogólniejsze równanie (9.2-82) przy założeniach przyjętych w p. 9.2.3-E.

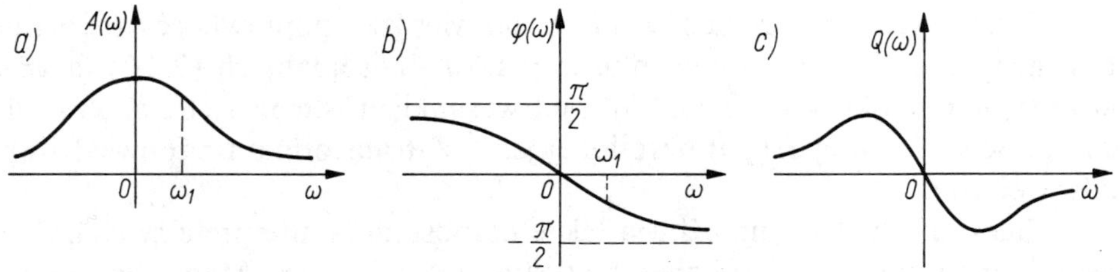

Rys. 9.4-1

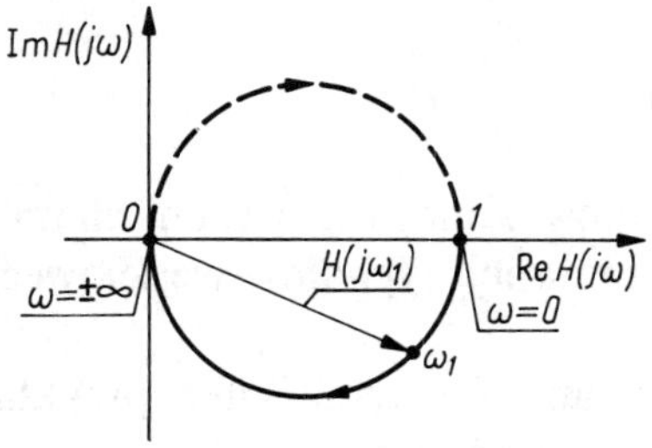

Rys. 9.4-2

Z wykresu charakterystyki $A(\omega)$ (rys. 9.4-1a) wynika, że układ najlepiej przenosi sygnały o małych pulsacjach. Ze wzrostem ω maleją wartości $A(\omega)$ i przy tej samej amplitudzie sygnału sinusoidalnego na wejściu sygnał wyjściowy ma coraz mniejszą amplitudę. Mówimy zatem, że układ ma cechy *układu dolnoprzepustowego*.

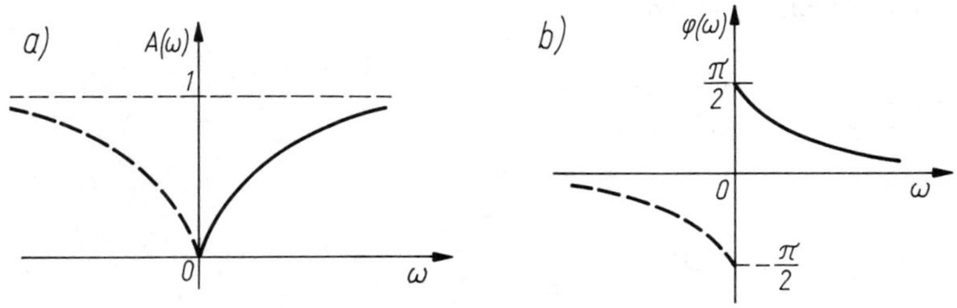

Rys. 9.4-3

Przykład 9.4-2. Powróćmy do układu z przykładu 9.2-2 (rys. 9.2-3b), którego transmitancja ma postać (por. wzór (9.2-28)):

$$H(s) = \frac{s}{s+\alpha}$$

Charakterystyka amplitudowo-fazowa:

$$H(\mathrm{j}\omega) = \frac{\mathrm{j}\omega}{\alpha + \mathrm{j}\omega} = \frac{\mathrm{j}\omega(\alpha - \mathrm{j}\omega)}{\alpha^2 + \omega^2} \tag{9.4-26}$$

a więc:

$$P(\omega) = \frac{\omega^2}{\alpha^2 + \omega^2}, \quad Q(\omega) = \frac{\alpha\omega}{\alpha^2 + \omega^2}$$

$$A(\omega) = \frac{|\omega|}{\sqrt{\alpha^2 + \omega^2}}, \qquad \varphi(\omega) = \frac{\pi}{2}\,\mathrm{sgn}\,\omega - \mathrm{arctg}\,\frac{\omega}{\alpha} \tag{9.4-27}$$

Wykresy charakterystyk $A(\omega)$ i $\varphi(\omega)$ są przedstawione na rys. 9.4-3. Na rysunku 9.4-4 pokazano wykres charakterystyki amplitudowo-fazowej (9.4-26).

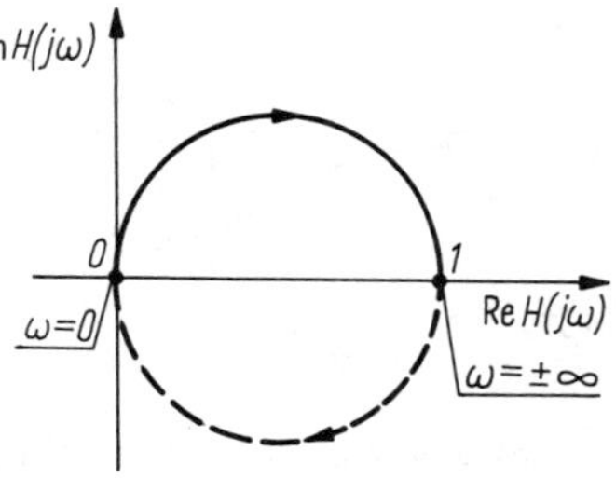

Rys. 9.4-4

Uwaga. Warto podkreślić, że krzywa Nyquista jest odwzorowaniem osi urojonej $s = j\omega$, $-\infty < \omega < +\infty$ przez funkcję $H(s)$. W obu przykładach 9.4-1 i 9.4-2 transmitancja jest przypadkiem szczególnym *funkcji homograficznej* (por. np. [39], str 291):

$$F(s) = \frac{b_1 s + b_0}{a_1 s + a_0}$$

która odwzorowuje prostą lub okrąg z płaszczyzny s na prostą lub okrąg w płaszczyźnie $F(s)$. W obu rozważanych przykładach wykresem funkcji $H(j\omega)$ jest okrąg symetryczny względem osi rzeczywistej $\mathrm{Re}\,H(j\omega)$.

Zachęcamy Czytelnika, aby wykazał, że w ogólnym przypadku część krzywej Nyquista odpowiadającą zmianom pulsacji w przedziale $-\infty < \omega < 0$ otrzymuje się w wyniku zwierciadlanego odbicia względem osi $\mathrm{Re}\,H(j\omega)$ części odpowiadającej pulsacjom $0 \leqslant \omega < +\infty$.

Przykład 9.4-3. Układy rozważane w przykładach 9.4-1 i 9.4-2 są układami stabilnymi względem pobudzenia. Rozważymy teraz układ z rys. 9.2-4a (przykład 9.2-3), którego transmitancja – por. wzór (9.2-31):

$$H(s) = k\frac{s^2}{s + \alpha}$$

ma licznik stopnia wyższego niż mianownik (układ nie jest stabilny, por. p. B).

Dla układu tego istnieje jednak transformata Fouriera odpowiedzi impulsowej (9.2-32), a więc zgodnie z zależnościami (9.4-3) i (9.4-4):

$$H(j\omega) = -k\,\frac{\omega^2}{\alpha + j\omega} \tag{9.4-28}$$

Charakterystyki amplitudowa i fazowa mają postacie:

$$A(\omega) = k\frac{\omega^2}{\sqrt{\alpha^2 + \omega^2}}, \qquad \varphi(\omega) = \pi\,\mathrm{sgn}\,\omega - \mathrm{arctg}\,\frac{\omega}{\alpha}$$

a ich wykresy są pokazane na rys. 9.4-5a,b. Na rysunku 9.4-5c jest przedstawiony wykres charakterystyki amplitudowo-fazowej (9.4-28).

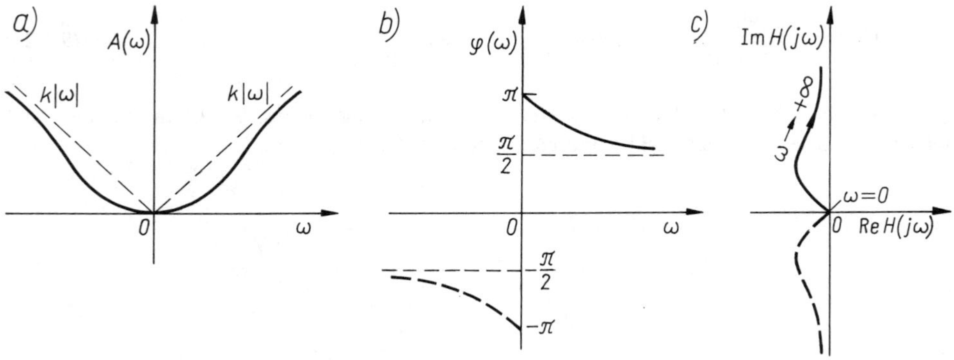

Rys. 9.4-5

Zwracamy uwagę na nietypowy wykres charakterystyki amplitudowej $A(\omega)$ (rys. 9.4-5a). Układ nie tylko dobrze przenosi sygnały sinusoidalne o dużych pulsacjach, ale wręcz „wzmacnia" je, przy czym $A(\omega) \to \infty$, gdy $\omega \to \infty$. Wyrażamy przekonanie, że Czytelnik bez trudu dopatrzy się powodów tej anomalii w zachowaniu się układu z rys. 9.2-4a.

Do zachowania się rozpatrywanego układu przy $\omega \to \infty$ powrócimy w p. F, kwestia ta wymaga bowiem dokładniejszego wyjaśnienia.

Przykład 9.4-4. Rozpatrzmy idealny układ całkujący (por. przykład 9.3-4), tj. układ o transmitancji:

$$H(s) = \frac{1}{s} \tag{9.4-29}$$

Transmitancja (9.4-29) ma biegun w punkcie $s = 0$, jest to zatem układ na granicy stabilności.

Charakterystyka amplitudowo-fazowa może być zatem rozumiana tylko w sposób formalny (por. wzór (9.4-4)), tzn.:

$$H(\mathrm{j}\omega) = H(s)\big|_{s=\mathrm{j}\omega} = -\mathrm{j}\frac{1}{\omega} \tag{9.4-30}$$

Charakterystyki amplitudowa i fazowa odpowiadające funkcji (9.4-30) wyrażają się wzorami:

$$A(\omega) = \frac{1}{|\omega|}, \qquad \varphi(\omega) = -\frac{\pi}{2}\operatorname{sgn}\omega \tag{9.4-31}$$

Ich wykresy są pokazane na rys. 9.4-6a,b. Krzywa Nyquista dla $\omega > 0$ pokrywa się z ujemną półosią urojoną (rys. 9.4-6c).

Możemy uważać, iż, zgodnie z zależnościami (9.4-22) i (9.4-23), charakterystyki (9.4-31) określają wartości amplitudy i fazy sygnału wyjściowego przy pobudzaniu układu sinusoidalnym sygnałem wejściowym o pulsacji różnej od pulsacji bieguna transmitancji (w naszym przypadku $\omega \neq 0$, por. przykład 9.3-4)[1)].

[1)] Ściśle rzecz biorąc, w układzie o transmitancji (9.4-29) pobudzanym sygnałem sinusoidalnym nie powstaje stan ustalony, odpowiedź impulsowa nie dąży bowiem do zera przy $t \to +\infty$ (nie spełnia warunku (9.4-14)). Układ o transmitancji np. $1/(s+\alpha)$ przy dowolnie małym $\alpha > 0$ spełniałby warunek (9.4-14). Na jego wyjściu powstałby zatem sygnał sinusoidalny, który przy $\alpha \to 0$ byłby taki sam jak sygnał w rozpatrywanym układzie.

Zwracamy raz jeszcze uwagę na pełną analogię do rozważań nad stanem ustalonym w obwodzie reaktancyjnym (p. 6.3.3-D w tomie II).

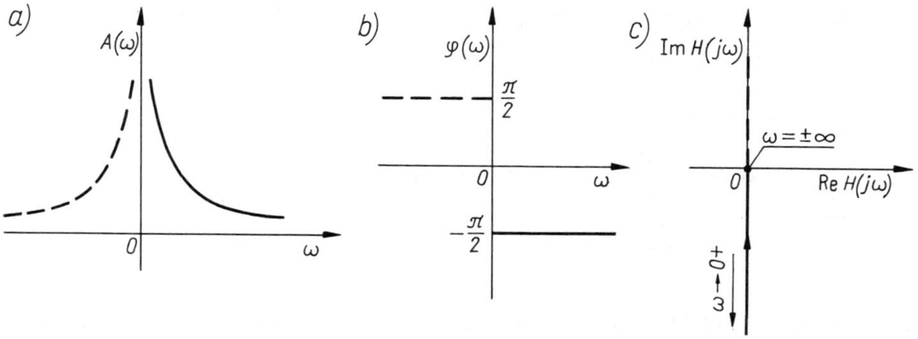

Rys. 9.4-6

Przykład 9.4-5. Na zakończenie rozpatrzmy jeszcze układ z rys. 9.3-2 (przykład 9.3-3) przy założeniach: $R_1 = R_2 = R$, $C_1 = C_2 = C$ i oznaczeniu $\tau = RC$. Jego transmitancja – por. wzór (9.3-6):

$$H(s) = \frac{\alpha s\tau + 1}{s^2\tau^2 + s\tau(3-\alpha) + 1} \tag{9.4-32}$$

jest transmitancją układu stabilnego dla $\alpha < 3$.

Przyjmijmy $\alpha = 2$. Mamy wówczas:

$$H(j\omega) = \frac{1 + j2\omega\tau}{1 - \omega^2\tau^2 + j\omega\tau} \tag{9.4-33}$$

Charakterystyka amplitudowa:

$$A(\omega) = \frac{\sqrt{1 + 4\omega^2\tau^2}}{\sqrt{(1-\omega^2\tau^2)^2 + \omega^2\tau^2}}$$

ma wykres pokazany na rys. 9.4-7a.

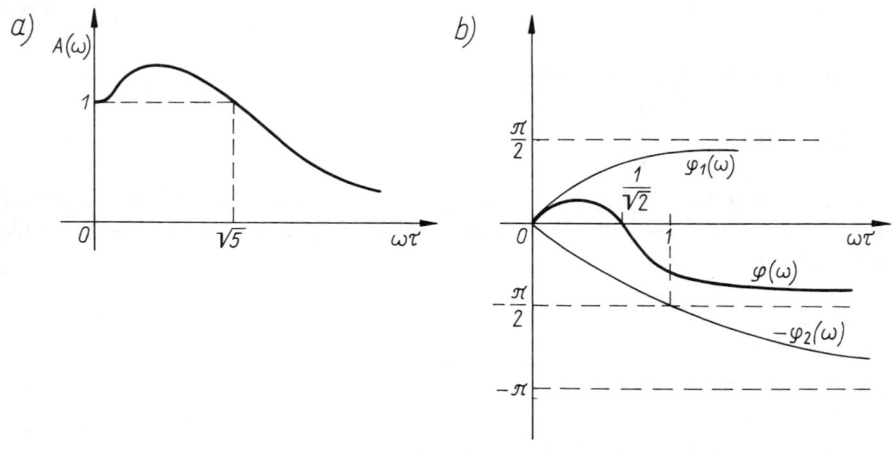

Rys. 9.4-7

Charakterystykę fazową $\varphi(\omega)$ można przedstawić dla $\omega \geqslant 0$ w postaci:

$$\varphi(\omega) = \varphi_1(\omega) - \varphi_2(\omega)$$

gdzie:

$$\varphi_1(\omega) = \operatorname{arctg} 2\omega\tau$$

$$\varphi_2(\omega) = \begin{cases} \operatorname{arctg} \dfrac{\omega\tau}{1-\omega^2\tau^2}, & 0 < \omega\tau < 1 \\ \pi - \operatorname{arctg} \dfrac{\omega\tau}{\omega^2\tau^2 - 1}, & \omega\tau > 1 \end{cases}$$

Wykresy funkcji $\varphi_1(\omega)$, $\varphi_2(\omega)$ oraz charakterystyki fazowej $\varphi(\omega)$ dla $\omega > 0$ są przedstawione na rys. 9.4-7b. Na rysunku 9.4-8 jest pokazany wykres charakterystyki amplitudowo-fazowej (9.4-33) dla $\omega > 0$.

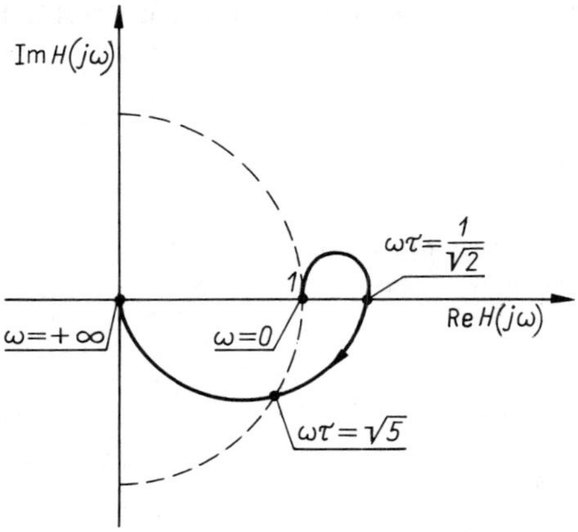

Rys. 9.4-8

Rozważmy teraz ten sam układ, ale w przypadku $\alpha = 3$ (układ jest na granicy stabilności). Otrzymujemy wówczas:

$$H(s) = \frac{3s\tau + 1}{s^2\tau^2 + 1} \tag{9.4-34}$$

oraz (uwaga, wzór (9.4-3) przestaje obowiązywać!):

$$H(\mathrm{j}\omega) = H(s)\Big|_{s=\mathrm{j}\omega} = \frac{1 + \mathrm{j}3\omega\tau}{1 - \omega^2\tau^2} \tag{9.4-35}$$

Transmitancja ma parę biegunów na osi urojonej: $s\tau = \pm\mathrm{j}$, co odpowiada punktom nieograniczenia $\omega\tau = \pm 1$ funkcji (9.4-35). Charakterystyka amplitudowa odpowiadająca funkcji (9.4-35) ma postać:

$$A(\omega) = \frac{\sqrt{1 + 9\omega^2\tau^2}}{|1 - \omega^2\tau^2|}$$

zaś charakterystyka fazowa (dla $\omega > 0$):

$$\varphi(\omega) = \begin{cases} \operatorname{arctg} 3\omega\tau, & 0 < \omega\tau < 1 \\ \operatorname{arctg} 3\omega\tau - \pi, & \omega\tau > 1 \end{cases}$$

Wykresy tych charakterystyk są przedstawione na rys. 9.4-9a, b. Na rysunku 9.4-9c jest pokazany wykres charakterystyki amplitudowo-fazowej (9.4-35) dla $\omega > 0$.

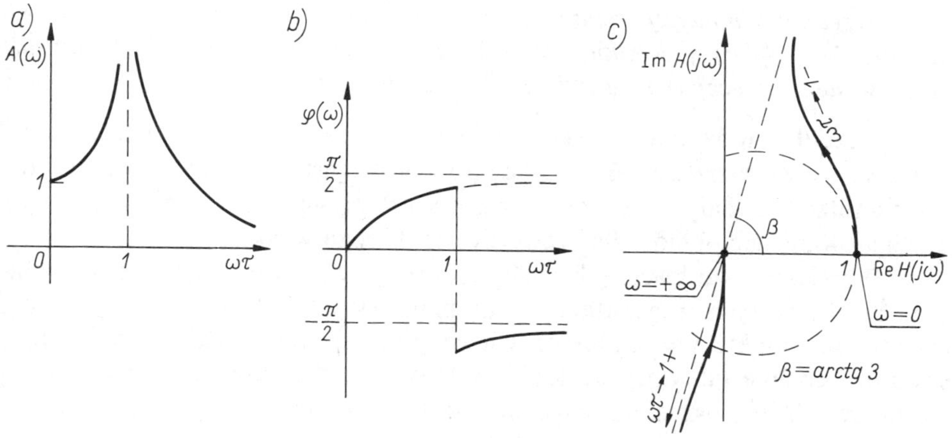

Rys. 9.4-9

F. Model układu a układ rzeczywisty. W przykładzie 9.4-3 zwróciliśmy uwagę na nietypowy kształt charakterystyki amplitudowej z rys. 9.4-5a, dopatrując się pewnej anomalii w fakcie, iż dąży ona do nieskończoności przy $\omega \to \infty$. Postaramy się teraz rozpatrzyć ten problem nieco dokładniej.

Gdyby zapytać inżyniera – praktyka, jak zachowuje się charakterystyka amplitudowa $A(\omega)$ każdego rzeczywistego układu transmisyjnego dla dużych wartości ω, odpowiedź byłaby oczywista:

Charakterystyka amplitudowa $A(\omega)$ każdego rzeczywistego układu transmisyjnego zmierza do zera po przekroczeniu pewnej pulsacji granicznej, tzn. spełnia warunek:

$$\lim_{\omega \to \infty} A(\omega) = 0 \tag{9.4-36}$$

Innymi słowy, żaden r z e c z y w i s t y układ transmisyjny nie jest zdolny do przenoszenia sygnałów o dowolnie dużych pulsacjach; typowy wykres jego charakterystyki amplitudowej jest przedstawiony na rys. 9.4-10.

Rys. 9.4-10

Powstaje zatem następne pytanie, skąd biorą się rozbieżności między wymogiem (9.4-36) a zachowaniem się badanych układów (por. przykłady 9.4-2 i 9.4-3 oraz rys. 9.4-3a i 9.4-5a). Odpowiedź znów jest prosta:

Przedmiotem naszej analizy są modele układów rzeczywistych. Odstępstwa od warunku (9.4-36) *są wynikiem tego, że badany przez nas model błędnie opisuje zachowanie się rzeczywistego układu dla dużych wartości* ω.

Z reguły chodzi o to, że nasz model nie uwzględnia wszystkich elementów (tzw. *elementów resztkowych*), których pominięcie jest całkowicie dopuszczalne dla dostatecznie małych częstotliwości, a które mogą mieć decydujący wpływ na zachowanie się układu dla częstotliwości bardzo wielkich.

Prześledźmy tę kwestię bardziej szczegółowo, ograniczając się do układów SLSB, których transmitancje $H(s)$ mają wszystkie bieguny (z wyjątkiem ewentualnie punktu $s = \infty$) leżące w lewej półpłaszczyźnie. Odpowiedź impulsowa $h(t)$ spełnia zatem warunek (9.2-35) i istnieje charakterystyka amplitudowo-fazowa $H(\mathrm{j}\omega)$ określona wzorem (9.4-3). Rozpatrzmy trzy przypadki.

1. Niech:

$$l - m < 0 \tag{9.4-37}$$

Wówczas:

$$\lim_{s\to\infty} H(s) = \lim_{\omega\to\pm\infty} H(\mathrm{j}\omega) = 0 \tag{9.4-38}$$

a więc także:

$$\lim_{\omega\to\infty} A(\omega) = 0 \tag{9.4-39}$$

Widzimy zatem, że z uwagi na wymaganie (9.4-36) układy o transmitancjach spełniających warunek (9.4-37) nie budzą żadnych zastrzeżeń (por. przykłady 9.4-1 i 9.4-5 oraz rys. 9.4-1a i 9.4-7a). Warto jeszcze nadmienić, że w tym przypadku odpowiedź impulsowa jest funkcją (tzn. nie zawiera składników dystrybucyjnych).

2. Niech:

$$l - m = 0 \tag{9.4-40}$$

Wówczas (por. wzory (9.2-38) – (9.2-44)):

$$h(t) = a_0\delta(t) + h_0(t)$$

$$H(s) = a_0 + H_0(s)$$

przy czym $a_0 \neq 0$ oraz $H_0(s)$ jest funkcją wymierną właściwą. Otrzymujemy wówczas:

$$\lim_{s\to\infty} H(s) = \lim_{\omega\to\pm\infty} H(\mathrm{j}\omega) = a_0 \tag{9.4-41}$$

a więc także:

$$\lim_{\omega \to \infty} A(\omega) = |a_0| \tag{9.4-42}$$

Równość (9.4-42) oznacza, że układ o transmitancji spełniającej warunek (9.4-40) byłby zdolny do przenoszenia sygnałów o dowolnie dużej pulsacji, wbrew wymaganiu (9.4-36).

Powróćmy zatem do przykładu 9.4-2 i układu z rys. 9.2-3b o transmitancji (9.2-28) spełniającej warunek (9.4-40). Dla bardzo dużych ω pojemność stanowi praktycznie zwarcie i całe napięcie u_1 przechodzi na wyjście układu – stąd wynika równość (9.4-42). Gdyby uwzględnić (choćby bardzo małą) indukcyjność resztkową L_0 (np. indukcyjność doprowadzeń, rys. 9.4-11a), transmitancja układu miałaby postać:

$$H(s) = \frac{sRC}{s^2 L_0 C + sRC + 1}$$

i spełniałaby warunek (9.4-37). Charakterystyka amplitudowa miałaby wówczas kształt pokazany na rys. 9.4-11b (szczegóły rachunkowe pomijamy).

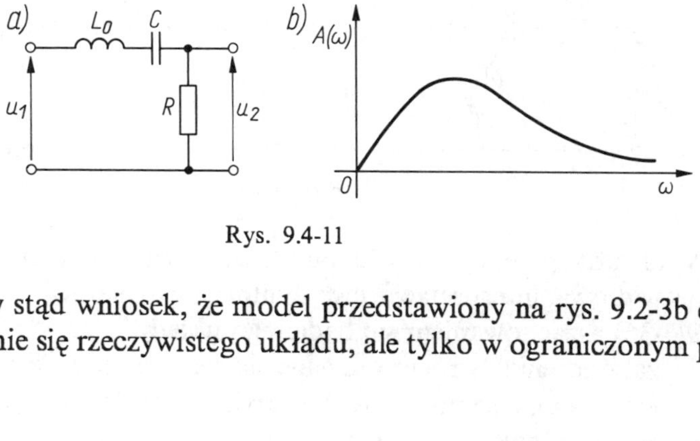

Rys. 9.4-11

Wyciągamy stąd wniosek, że model przedstawiony na rys. 9.2-3b dobrze opisuje zachowanie się rzeczywistego układu, ale tylko w ograniczonym pasmie pulsacji.

3. Niech:

$$l - m = n > 0 \tag{9.4-43}$$

Wówczas transmitancja $H(s)$ i odpowiedź impulsowa $h(t)$ są określone wzorami (9.2-38) i (9.2-40). Istnieje granica niewłaściwa:

$$\lim_{s \to \infty} H(s) = \lim_{\omega \to \pm\infty} H(j\omega) = \infty$$

a więc także:

$$\lim_{\omega \to \infty} A(\omega) = \infty \tag{9.4-44}$$

Mamy tu do czynienia z jeszcze bardziej drastycznym odejściem od wymagania (9.4-36). Przyjrzyjmy się zatem układowi z rys. 9.2-4a, którego transmitancja (9.2-31) spełnia warunek (9.4-43). Przy wzroście pulsacji pojemności C_1 i C_2 przechodzą w zwarcie i prąd i_2 staje się prądem zwarcia idealnego źródła napięciowego u_1. Stąd wynika, oczywiście, zachowanie się układu scharakteryzowane zależnością (9.4-44).

W celu ograniczenia prądu i_2 przy wzroście ω wystarczyłoby uwzględnić (choćby dowolnie mały) opór strat R_0 (rys. 9.4-12a). Dla układu z rys. 9.4-12a mamy:

$$H(s) = \frac{s^2}{s^2 R_0 + s\left(\frac{1}{k} + \frac{R_0}{RC_2}\right) + \frac{\alpha}{k}}$$

przy oznaczeniach jak w przykładzie 9.2-3, a więc licznik jest już tego samego stopnia co mianownik (spełniony jest warunek (9.4-40)). Gdyby uwzględnić jeszcze resztkową indukcyjność L_0 (rys. 9.4-12b), mianownik transmitancji stałby się wielomianem stopnia trzeciego i spełniony byłby warunek (9.4-37), a w konsekwencji również warunek (9.4-36).

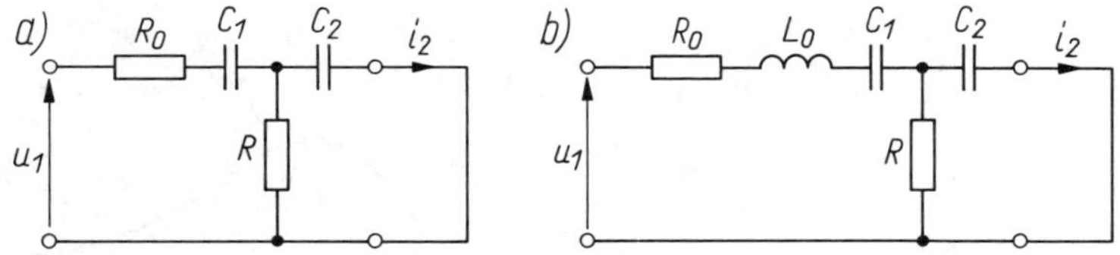

Rys. 9.4-12

Wyrażamy przekonanie, że powyższe rozważania umożliwią Czytelnikowi prawidłową interpretację ewentualnych rozbieżności między wymaganiem (9.4-36) a zachowaniem się badanego układu.

Na zakończenie zwrócimy uwagę na jeszcze jedną kwestię o znaczeniu zasadniczym. Nasze rozumowanie dotyczyło, z założenia, układu s k u p i o n e g o. Jak wynika jednak z rozważań nad warunkiem quasi-stacjonarności (p. 1.4 w tomie I), ze wzrostem częstotliwości traci sens pojęcie elementu skupionego, a więc i układu skupionego (zbudowanego z elementów skupionych). Niezależnie zatem od możliwości (a niekiedy i celowości) formalnego rozpatrywania właściwości charakterystyk częstotliwościowych dla d o w o l n y c h wartości ω, należy pamiętać, że za pomocą układu skupionego można modelować zachowanie się rzeczywistego układu tylko w ograniczonym zakresie pulsacji (por. rozdział 13).

G. Układy wszechprzepustowe. W wielu zastosowaniach istotną rolę odgrywają *układy wszechprzepustowe*, tj. takie układy transmisyjne, które mają stałą charakterystykę amplitudową $A(\omega)$, a więc które przenoszą, przynajmniej teoretycznie (por. p. F), sygnały sinusoidalne o dowolnych pulsacjach, bez zmiany ich amplitudy. Do takich układów należą *przesuwnik fazy* i układy opóźniające.

Przykład 9.4-6. Rozpatrzmy czwórnik przedstawiony na rys. 9.4-13a o transmitancji napięciowej:

$$H(s) = \frac{1 - sRC}{1 + sRC} \tag{9.4-45}$$

i charakterystyce amplitudowo-fazowej:

$$H(j\omega) = \frac{1 - j\omega RC}{1 + j\omega RC}$$

Dostajemy stąd od razu:

$$A(\omega) = 1, \quad \varphi(\omega) = -2\mathrm{arctg}\,\omega RC \tag{9.4-46}$$

Wykresy tych charakterystyk są przedstawione na rys. 9.4-13b,c.

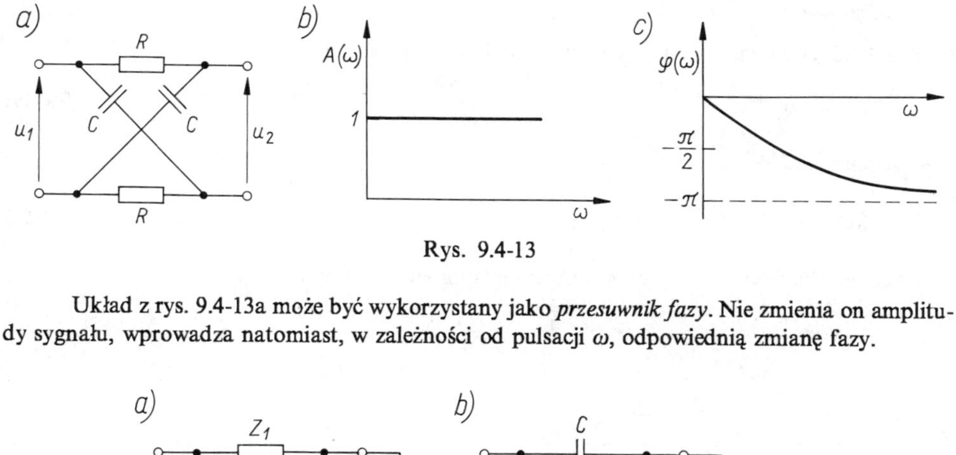

Rys. 9.4-13

Układ z rys. 9.4-13a może być wykorzystany jako *przesuwnik fazy*. Nie zmienia on amplitudy sygnału, wprowadza natomiast, w zależności od pulsacji ω, odpowiednią zmianę fazy.

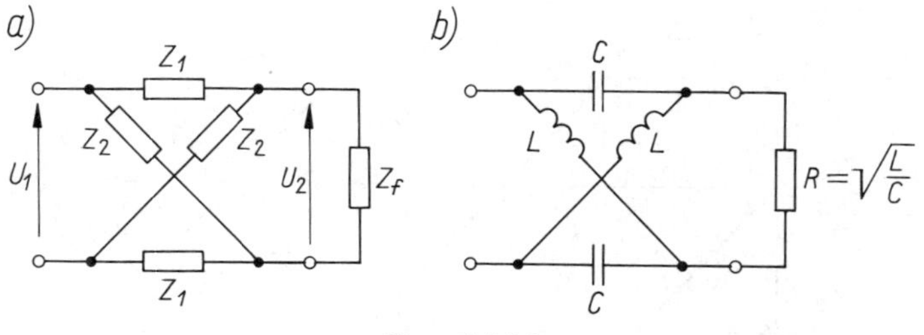

Rys. 9.4-14

Przykład 9.4-7. Rozpatrzmy symetryczny czwórnik mostkowy z rys. 9.4-14 (por. tabl. 8.1, pozycja 7) dopasowany falowo na zaciskach wtórnych. Czwórnik ten ma impedancję falową $Z_f = \sqrt{a_{12}/a_{21}} = \sqrt{Z_1 Z_2}$ (por. przykład 8.6-2) i transmitancję napięciową (por. przykład 8.6-5):

$$H(s) = \frac{Z_f - Z_1}{Z_f + Z_1}$$

Przyjmując $Z_1 = 1/(sC)$, $Z_2 = sL$ (por. rys. 8.6-7 i przykład 8.6-5), otrzymujemy:

$$Z_f = \sqrt{\frac{L}{C}}$$

oraz:

$$H(j\omega) = -\frac{1 - j\omega\sqrt{LC}}{1 + j\omega\sqrt{LC}} \tag{9.4-47}$$

skąd wynika, że $A(\omega) = 1$ oraz dla $\omega > 0$:

$$\varphi(\omega) = \pi - 2\operatorname{arctg}\omega\sqrt{LC} \tag{9.4-48}$$

Czwórnik z rys. 9.4-14b jest również *przesuwnikiem fazy*. Jego charakterystyka amplitudowa jest stała i równa 1 (rys. 9.4-13b), a charakterystyka fazowa dla $\omega > 0$ różni się od charakterystyki $\varphi(\omega)$ z przykładu 9.4-6 o π.

Zwracamy jeszcze uwagę na ważną zaletę czwórnika z rys. 9.4-14b. Ponieważ jest on dopasowany falowo po stronie wtórnej, zatem, łącząc łańcuchowo kilka takich samych czwórników, otrzymujemy łańcuch czwórników dopasowanych falowo (por. p. 8.6.1-K) o stałej charakterystyce amplitudowej i zwielokrotnionej charakterystyce fazowej.

Przykład 9.4-8. Rozważmy układ opóźniający o transmitancji określonej wzorem (9.2-77):

$$H(s) = e^{-st_0}, \qquad t_0 > 0$$

(por. p. 9.2.3-D), a więc o charakterystyce amplitudowo-fazowej:

$$H(j\omega) = e^{-j\omega t_0} \tag{9.4-49}$$

Stąd wynika, że:

$$A(\omega) = 1, \qquad \varphi(\omega) = -\omega t_0 \tag{9.4-50}$$

Charakterystyka fazowa $\varphi(\omega)$ jest przedstawiona (modulo 2π) na rys. 9.4-15.

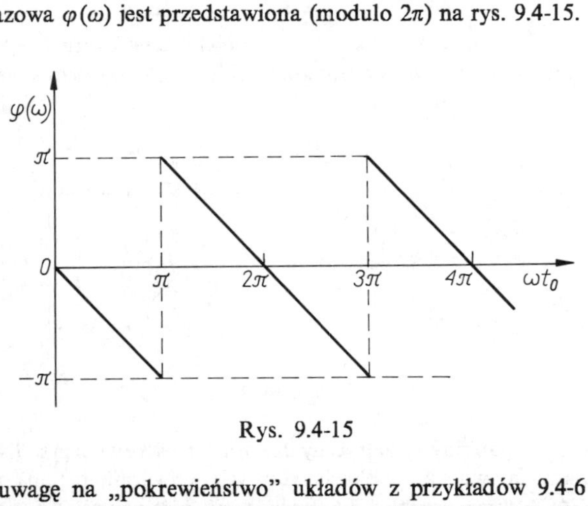

Rys. 9.4-15

Zwracamy uwagę na „pokrewieństwo" układów z przykładów 9.4-6 i 9.4-7 oraz 9.4-8 występujące przy analizie właściwości tych układów w dziedzinie częstotliwości (stan ustalony przy pobudzaniu sinusoidalnym). Zasadnicze różnice w zachowaniu się tych układów byłyby wyraźnie widoczne przy pobudzaniu dowolnym i analizie w dziedzinie czasu (por. p. 9.2.3-D i przykład 9.2-8).

9.4.2. Związki między charakterystykami

Problem istnienia i postaci związków między charakterystykami częstotliwościowymi układu ma istotne znaczenie w wielu zagadnieniach teorii obwodów. Szczególnie ważny jest on w zagadnieniach s y n t e z y, kiedy problem polega na poszukiwaniu układu o z góry zadanej charakterystyce częstotliwościowej (np. amplitudowej). Wyłania się wówczas pytanie, czy zadanie jednej z charakterystyk częstotliwościowych (np. charakterystyki amplitudowej lub rzeczywistej) wystarcza do wyznaczenia brakującej charakterystyki, np. fazowej lub urojonej.

W tym punkcie odpowiemy na to pytanie w przypadku, gdy rozpatrywane układy są układami SLSB, których transmitancje $H(s)$ o postaci (9.4-2) są funkcjami holomorficznymi w obszarze $\mathrm{Re}\, s \geqslant 0$ (por. p. 9.4.1-A).

A. Zagadnienie Dirichleta dla półpłaszczyzny $\mathrm{Re}\, s \geqslant 0$. Załóżmy, że $F(s)$ jest funkcją holomorficzną w obszarze $\mathrm{Re}\, s \geqslant 0$, dążącą do zera przy $s \to \infty$ w tym obszarze. Oznaczając: $s = \alpha + \mathrm{j}\omega$, możemy napisać:

$$F(s) = u(\alpha, \omega) + \mathrm{j}v(\alpha, \omega) \tag{9.4-51}$$

gdzie:

$$u(\alpha, \omega) = \mathrm{Re}\, F(\alpha + \mathrm{j}\omega), \qquad v(\alpha, \omega) = \mathrm{Im}\, F(\alpha + \mathrm{j}\omega) \tag{9.4-52}$$

Wobec założenia o holomorficzności funkcji $F(s)$, funkcje $u(\alpha, \omega)$ i $v(\alpha, \omega)$ spełniają w każdym punkcie obszaru $\mathrm{Re}\, s \geqslant 0$ *warunki Cauchy'ego-Riemanna*:

$$\frac{\partial u}{\partial \alpha} = \frac{\partial v}{\partial \omega}, \qquad \frac{\partial u}{\partial \omega} = - \frac{\partial v}{\partial \alpha} \tag{9.4-53}$$

są zatem *funkcjami harmonicznymi sprzężonymi* spełniającymi w obszarze $\mathrm{Re}\, s \geqslant 0$ *równanie Laplace'a*[1]:

$$\frac{\partial^2 u}{\partial \alpha^2} + \frac{\partial^2 u}{\partial \omega^2} = 0, \qquad \frac{\partial^2 v}{\partial \alpha^2} + \frac{\partial^2 v}{\partial \omega^2} = 0 \tag{9.4-54}$$

Załóżmy teraz, że dana jest funkcja:

$$U(\omega) \stackrel{\Delta}{=} \mathrm{Re}\, F(\mathrm{j}\omega) = u(0, \omega) \tag{9.4-55}$$

Zagadnienie wyznaczenia funkcji $u(\alpha, \omega)$ spełniającej w obszarze $\mathrm{Re}\, s > 0$ równanie Laplace'a (9.4-54) i równej na brzegu tego obszaru, tj. dla $\mathrm{Re}\, s = 0$,

[1] Czytelnika pragnącego przypomnieć sobie wiadomości z teorii funkcji zmiennej zespolonej oraz teorii równania Laplace'a, które tutaj przytaczamy, odsyłamy do odpowiednich podręczników matematyki – np. [39].

z góry zadanej funkcji (9.4-55), jest klasycznym *zagadnieniem Dirichleta* dla półpłaszczyzny. Ma ono (przy pewnych ograniczeniach, którymi nie zajmujemy się) jednoznaczne rozwiązanie $u(\alpha, \omega)$. Warunki Cauchy'ego-Riemanna (9.4-53) wyznaczają wówczas układ równań względem funkcji $v(\alpha, \omega)$, którego rozwiązanie można (z dokładnością do stałej) wyznaczyć przez całkowanie (por. [39], str. 259). Wyznaczając stałą z warunku $F(s) \to 0$ dla $s \to \infty$, otrzymujemy funkcję $v(\alpha, \omega)$ jednoznacznie określoną dla $\alpha \geqslant 0$, a więc także:

$$V(\omega) \stackrel{\Delta}{=} \operatorname{Im} F(\mathrm{j}\omega) = v(0, \omega) \tag{9.4-56}$$

Rozumowanie to prowadzi do wniosku, że przy przyjętych założeniach funkcje (9.4-55) i (9.4-56) nie są niezależne. Znajomość jednej z nich umożliwia wyznaczenie pozostałej. Nie wynika z niego jednak efektywna metoda wyznaczania $V(\omega)$ na podstawie $U(\omega)$ lub odwrotnie. Metodę taką przedstawimy w p. B.

B. Przekształcenia Hilberta. Istotne znaczenie dla ustalenia związków między charakterystykami częstotliwościowymi układu SLSB ma następujące twierdzenie, będące modyfikacją twierdzenia o *wzorze całkowym Cauchy'ego* dla półpłaszczyzny (por. np. [39], str. 317).

TWIERDZENIE 9.4-1

Jeśli funkcja $F(s)$ jest holomorficzna w obszarze $\operatorname{Re} s \geqslant 0$ *i dąży do zera przy $s \to \infty$ w tym obszarze, to w każdym punkcie osi urojonej $s = \mathrm{j}\omega$:*

$$\frac{1}{2\pi} \int_{-\infty}^{+\infty} \frac{F(\mathrm{j}\lambda)}{s - \mathrm{j}\lambda} \mathrm{d}\lambda = \frac{1}{2} F(\mathrm{j}\omega) \tag{9.4-57}$$

oraz w każdym punkcie s poza osią urojoną:

$$\frac{1}{2\pi} \int_{-\infty}^{+\infty} \frac{F(\mathrm{j}\lambda)}{s - \mathrm{j}\lambda} \mathrm{d}\lambda = \begin{cases} F(s), & \text{gdy } \operatorname{Re} s > 0 \\ 0, & \text{gdy } \operatorname{Re} s < 0 \end{cases} \tag{9.4-58}$$

Dowód pomijamy, można go znaleźć np. w [25], str. 536.

Obie całki (9.4-57) i (9.4-58) są tu rozumiane jako wartości główne ze względu na granice całkowania, a całka (9.4-57) także jako wartość główna ze względu na punkt nieograniczenia funkcji podcałkowej[1].

Oznaczając (por. wzory (9.4-55) i (9.4-56)):

$$F(\mathrm{j}\omega) = U(\omega) + \mathrm{j}\, V(\omega)$$

---

[1] O wartościach głównych całek niewłaściwych – patrz np. [38], str. 186 i 198.

zależność (9.4-57) przy $s = \mathrm{j}\omega$ możemy przepisać w postaci:

$$U(\omega) + \mathrm{j}\,V(\omega) = \frac{\mathrm{j}}{\pi} \int_{-\infty}^{+\infty} \frac{U(\lambda) + \mathrm{j}\,V(\lambda)}{\lambda - \omega} \mathrm{d}\lambda \tag{9.4-59}$$

Porównując części rzeczywiste i części urojone obu stron wzoru (9.4-59), otrzymujemy związki:

$$V(\omega) = \frac{1}{\pi} \int_{-\infty}^{+\infty} \frac{U(\lambda)}{\lambda - \omega} \mathrm{d}\lambda \tag{9.4-60}$$

$$U(\omega) = -\frac{1}{\pi} \int_{-\infty}^{+\infty} \frac{V(\lambda)}{\lambda - \omega} \mathrm{d}\lambda \tag{9.4-61}$$

zwane *przekształceniami Hilberta*.

Wynika stąd zatem od razu następujący wniosek:

Jeśli funkcja $F(s)$ spełnia założenia twierdzenia 9.4-1, *to funkcje*:

$$U(\omega) = \mathrm{Re}\,F(\mathrm{j}\omega), \qquad V(\omega) = \mathrm{Im}\,F(\mathrm{j}\omega)$$

spełniają równości (9.4-60) *i* (9.4-61), *tzn. są związane ze sobą przekształceniami Hilberta* (por. zad. 9.18).

Uwaga. Związki (9.4-60) i (9.4-61) można rozpatrywać jako parę przekształceń całkowych. Można dowieść (por. [33]), że jeśli np. $U(\omega)$ jest funkcją klasy $L^2(-\infty, +\infty)$ (por. uwagę na str. 219), to funkcja $V(\omega)$ określona wzorem (9.4-60) jest też funkcją klasy $L^2(-\infty, +\infty)$, przy czym:

$$\int_{-\infty}^{+\infty} U^2(\omega)\mathrm{d}\omega = \int_{-\infty}^{+\infty} V^2(\omega)\mathrm{d}\omega \tag{9.4-62}$$

Ponadto, jeśli jeden ze wzorów Hilberta (np. wzór (9.4-60)) traktować jako równanie całkowe względem $U(\omega)$, to rozwiązaniem tego równania jest funkcja określona przez drugi wzór Hilberta.

Twierdzenie 9.4-1 i wynikające z niego związki (9.4-60) i (9.4-61) można uogólnić, zastępując warunek, aby $F(s) \to 0$ dla $s \to \infty$, warunkiem regularności funkcji $F(s)$ dla $s = \infty$.

TWIERDZENIE 9.4-2

Jeśli funkcja $F(s)$ jest holomorficzna w obszarze $\mathrm{Re}\,s \geqslant 0$ *oraz jest regularna w punkcie $s = \infty$, tzn. istnieje granica*:

$$\lim_{s \to \infty} F(s) = F(\infty)$$

to w każdym punkcie osi urojonej $s = \mathrm{j}\omega$:

$$F(\mathrm{j}\omega) = F(\infty) + \frac{\mathrm{j}}{\pi} \int_{-\infty}^{+\infty} \frac{F(\mathrm{j}\lambda)}{\lambda - \omega} \mathrm{d}\lambda \tag{9.4-63}$$

D o w ó d jest podany w [25], str. 539.

Przez porównanie części rzeczywistych i części urojonych obu stron zależności (9.4-63) otrzymujemy związki:

$$V(\omega) = \operatorname{Im} F(\infty) + \frac{1}{\pi} \int_{-\infty}^{+\infty} \frac{U(\lambda)}{\lambda - \omega} \mathrm{d}\lambda \tag{9.4-64}$$

$$U(\omega) = \operatorname{Re} F(\infty) - \frac{1}{\pi} \int_{-\infty}^{+\infty} \frac{V(\lambda)}{\lambda - \omega} \mathrm{d}\lambda \tag{9.4-65}$$

stanowiące uogólnienia przekształceń Hilberta (9.4-60) i (9.4-61).

C. Związki między charakterystykami $P(\omega)$ i $Q(\omega)$. Rozważmy układ transmisyjny SLSB o transmitancji $H(s)$ będącej funkcją wymierną (9.4-2). Załóżmy, że rozpatrywany układ jest układem stabilnym, a więc wszystkie bieguny transmitancji $H(s)$ leżą w lewej półpłaszczyźnie $\operatorname{Re} s < 0$ oraz różnica stopnia licznika i mianownika transmitancji $H(s)$ spełnia warunek:

$$l - m \leqslant 0 \tag{9.4-66}$$

Transmitancja $H(s)$ spełnia zatem założenia twierdzenia 9.4-2, przy czym, zgodnie z zależnościami (9.4-3) i (9.4-5):

$$H(\mathrm{j}\omega) = P(\omega) + \mathrm{j}Q(\omega)$$

Ponadto wartość graniczna $H(\infty)$ jest rzeczywista (por. wzór (9.4-41)), a więc z równości:

$$H(\infty) = \lim_{s \to \infty} H(s) = \lim_{\omega \to \pm\infty} H(\mathrm{j}\omega) = P(\infty) + \mathrm{j}Q(\infty)$$

wynika, że:

$$H(\infty) = P(\infty), \qquad Q(\infty) = 0 \tag{9.4-67}$$

Dochodzimy zatem do następującego wniosku:

Jeśli $H(s)$ jest transmitancją stabilnego układu SLSB, to charakterystyki częstotliwościowe: rzeczywista $P(\omega)$ i urojona $Q(\omega)$ są powiązane (uogólnionymi) przekształceniami Hilberta, tzn.:

$$Q(\omega) = \frac{1}{\pi} \int_{-\infty}^{+\infty} \frac{P(\lambda)}{\lambda - \omega} \mathrm{d}\lambda \tag{9.4-68}$$

$$P(\omega) = P(\infty) - \frac{1}{\pi}\int_{-\infty}^{+\infty} \frac{Q(\lambda)}{\lambda - \omega}\,d\lambda \qquad (9.4\text{-}69)$$

(por. zad. 9.19).

Uwaga. Bez trudu sprawdzamy, że w sensie wartości głównej:

$$\int_{-\infty}^{+\infty} \frac{d\lambda}{\lambda - \omega} = \lim_{a\to\infty}\int_{-a}^{a} \frac{d\lambda}{\lambda - \omega} = \lim_{a\to\infty}\left\{\lim_{\varepsilon\to 0}\left[\int_{-a}^{\omega-\varepsilon} \frac{d\lambda}{\lambda - \omega} + \int_{\omega+\varepsilon}^{a} \frac{d\lambda}{\lambda - \omega}\right]\right\} =$$

$$= \lim_{a\to+\infty}\left\{\lim_{\varepsilon\to 0}\left[\ln\frac{\varepsilon}{|a+\omega|} + \ln\frac{|a-\omega|}{\varepsilon}\right]\right\} = \lim_{a\to+\infty} \ln\left|\frac{a-\omega}{a+\omega}\right| = 0 \qquad (9.4\text{-}70)$$

Wynika stąd, że przy przyjętych założeniach znajomość charakterystyki $P(\omega)$ wystarcza do jednoznacznego określenia charakterystyki $Q(\omega)$. Wynik całkowania we wzorze (9.4-68) nie zależy od tego, czy $P(\infty) \neq 0$ (wówczas $l - m = 0$), czy też $P(\infty) = 0$ (wówczas $l - m < 0$). Wynik ten jest taki sam zarówno w przypadku, gdy pod całką występuje $P(\lambda)$, jak i $P(\lambda) - P(\infty)$. Znajomość $Q(\omega)$ (wzór (9.4-69)) umożliwia natomiast wyznaczenie $P(\omega)$ z dokładnością do stałej, tj. wartości $P(\infty) = H(\infty)$. Obie zależności (9.4-68) i (9.4-69) prowadzą do wzajemnie jednoznacznych rezultatów, jeśli $l - m < 0$, tzn. $H(\infty) = P(\infty) = 0$ (por. przykład 9.4-9).

Zależnościom (9.4-68) i (9.4-69) można nadać również inną postać. Korzystając z parzystości funkcji $P(\omega)$ i nieparzystości funkcji $Q(\omega)$ – por. wzory (9.4-9) – otrzymujemy[1]:

$$\int_{-\infty}^{+\infty} \frac{P(\lambda)}{\lambda - \omega}\,d\lambda = \int_{-\infty}^{0} \frac{P(\lambda)}{\lambda - \omega}\,d\lambda + \int_{0}^{+\infty} \frac{P(\lambda)}{\lambda - \omega}\,d\lambda =$$

$$= \int_{0}^{+\infty} \frac{P(-\lambda)}{-\lambda - \omega}\,d\lambda + \int_{0}^{+\infty} \frac{P(\lambda)}{\lambda - \omega}\,d\lambda = 2\omega\int_{0}^{+\infty} \frac{P(\lambda)}{\lambda^2 - \omega^2}\,d\lambda$$

i analogicznie:

$$\int_{-\infty}^{+\infty} \frac{Q(\lambda)}{\lambda - \omega}\,d\lambda = \int_{0}^{+\infty} \frac{Q(-\lambda)}{-\lambda - \omega}\,d\lambda + \int_{0}^{+\infty} \frac{Q(\lambda)}{\lambda - \omega}\,d\lambda = 2\int_{0}^{+\infty} \frac{\lambda Q(\lambda)}{\lambda^2 - \omega^2}\,d\lambda$$

Otrzymujemy stąd zależności równoważne zależnościom (9.4-68) i (9.4-69):

$$Q(\omega) = \frac{2\omega}{\pi}\int_{0}^{+\infty} \frac{P(\lambda)}{\lambda^2 - \omega^2}\,d\lambda \qquad (9.4\text{-}71)$$

$$P(\omega) = P(\infty) - \frac{2}{\pi}\int_{0}^{+\infty} \frac{\lambda Q(\lambda)}{\lambda^2 - \omega^2}\,d\lambda \qquad (9.4\text{-}72)$$

zwane *wzorami Kroniga-Kramersa* (por. [25], str. 540).

---

[1] Analogicznie, zgodnie ze wzorem (9.4-70), mamy:

$$\int_{-\infty}^{+\infty} \frac{d\lambda}{\lambda - \omega} = 2\omega\int_{0}^{+\infty} \frac{d\lambda}{\lambda^2 - \omega^2} = 0$$

Przyjmując we wzorze (9.4-72) $\omega = 0$ otrzymujemy wzór:

$$P(\infty) - P(0) = \frac{2}{\pi}\int_0^\infty \frac{Q(\lambda)}{\lambda}\mathrm{d}\lambda \tag{9.4-73}$$

zwany niekiedy *twierdzeniem o całce reaktancji* (jeśli $H(s) = Z(s)$, to $Q(\omega) = X(\omega)$ jest reaktancją).

Całki we wzorach (9.4-71) i (9.4-72) muszą być nadal rozumiane jako wartości główne ze względu na punkt nieograniczenia funkcji podcałkowej. W zastosowaniach praktycznych dogodniej jest niekiedy skomplikować postać wyrażenia podcałkowego, doprowadzając jednak do eliminacji punktu nieograniczenia. Proponujemy Czytelnikowi sprawdzenie, że wzory (9.4-71) i (9.4-72) są równoważne wzorom:

$$Q(\omega) = \frac{2\omega}{\pi}\int_0^\infty \frac{P(\lambda) - P(\omega)}{\lambda^2 - \omega^2}\mathrm{d}\lambda \tag{9.4-74}$$

$$P(\omega) = P(\infty) - \frac{2}{\pi}\int_0^\infty \frac{\lambda Q(\lambda) - \omega Q(\omega)}{\lambda^2 - \omega^2}\mathrm{d}\lambda \tag{9.4-75}$$

O innych związkach całkowych między charakterystykami $P(\omega)$ i $Q(\omega)$ będzie jeszcze mowa w p. I oraz p. 9.4.3-B.

D. Związki między charakterystykami $A(\omega)$ i $\varphi(\omega)$. Pokażemy teraz, w jaki sposób twierdzenia 9.4-1 i 9.4-2 można wykorzystać do ustalenia ważnych zarówno w teorii, jak i w zastosowaniach związków między charakterystykami: amplitudową $A(\omega)$ i fazową $\varphi(\omega)$.

Logarytmując pierwszą część wzoru (9.4-5), otrzymujemy:

$$\ln H(\mathrm{j}\omega) = \ln A(\omega) + \mathrm{j}\varphi(\omega) \tag{9.4-76}$$

Wynika stąd, że funkcje $\ln A(\omega)$ i $\varphi(\omega)$ są odpowiednio równe części rzeczywistej i części urojonej funkcji $\ln H(s)$ na osi urojonej $s = \mathrm{j}\omega$. Jeżeli zatem funkcja $\ln H(s)$ spełnia założenia twierdzenia 9.4-2, to słuszny jest dla niej wzór (9.4-63), i w konsekwencji wzory (9.4-64) i (9.4-65), w których w miejsce $U(\omega)$ i $V(\omega)$ należy wstawić odpowiednio $\ln A(\omega)$[1)] i $\varphi(\omega)$.

Sformułujemy zatem warunki, które winna spełniać transmitancja $H(s)$ układu SLSB, aby funkcja $\ln H(s)$ spełniała założenia twierdzenia 9.4-2, i w konsekwencji, aby charakterystyki $\ln A(\omega)$ i $\varphi(\omega)$ były powiązane (uogólnionymi) przekształceniami Hilberta.

---

1) Funkcja $\ln A(\omega)$ jest nazywana często *logarytmiczną charakterystyką amplitudową.*

Załóżmy, że $H(s)$ jest transmitancją układu SLSB spełniającą warunki:

a) *stopnie licznika i mianownika są równe, tj. $l - m = 0$, a więc istnieje granica:*

$$\lim_{s \to \infty} H(s) = H(\infty) \neq 0$$

b) *wszystkie bieguny i zera transmitancji $H(s)$ leżą w lewej półpłaszczyźnie* $\operatorname{Re} s < 0$.

Przy spełnieniu tych warunków funkcja $\ln H(s)$ *spełnia założenia twierdzenia 9.4-2, zatem charakterystyki: logarytmiczna amplitudowa* $\ln A(\omega)$ *i fazowa* $\varphi(\omega)$ *są powiązane (uogólnionymi) przekształceniami Hilberta:*

$$\varphi(\omega) = \frac{1}{\pi} \int_{-\infty}^{+\infty} \frac{\ln A(\lambda)}{\lambda - \omega} \mathrm{d}\lambda \tag{9.4-77}$$

$$\ln A(\omega) = \ln A(\infty) - \frac{1}{\pi} \int_{-\infty}^{+\infty} \frac{\varphi(\lambda)}{\lambda - \omega} \mathrm{d}\lambda \tag{9.4-78}$$

gdzie $A(\infty) = |H(\infty)|$.

Zwracamy uwagę Czytelnika na fakt, iż wśród warunków, przy których są słuszne wzory (9.4-77) i (9.4-78), występuje ograniczenie położenia zer transmitancji $H(s)$: muszą one, podobnie jak bieguny, leżeć tylko w półpłaszczyźnie $\operatorname{Re} s < 0$ (wymaga tego holomorficzność funkcji $\ln H(s)$ w obszarze $\operatorname{Re} s \geqslant 0$). Do kwestii tej powrócimy jeszcze w p. F.

Funkcja $\ln A(\omega)$ jest funkcją parzystą, a funkcja $\varphi(\omega)$ – funkcją nieparzystą zmiennej ω. Możliwe są zatem identyczne jak w p. C przekształcenia wzorów (9.4-77) i (9.4-78) do postaci analogicznych do wzorów (9.4-71) i (9.4-72) oraz (9.4-74) i (9.4-75). W wyniku otrzymujemy zależności:

$$\varphi(\omega) = \frac{2\omega}{\pi} \int_{0}^{+\infty} \frac{\ln A(\lambda)}{\lambda^2 - \omega^2} \mathrm{d}\lambda = \frac{2\omega}{\pi} \int_{0}^{+\infty} \frac{\ln A(\lambda) - \ln A(\omega)}{\lambda^2 - \omega^2} \mathrm{d}\lambda \tag{9.4-79}$$

$$\ln A(\omega) = \ln A(\infty) - \frac{2}{\pi} \int_{0}^{+\infty} \frac{\lambda \varphi(\lambda)}{\lambda^2 - \omega^2} \mathrm{d}\lambda =$$

$$= \ln A(\infty) - \frac{2}{\pi} \int_{0}^{+\infty} \frac{\lambda \varphi(\lambda) - \omega \varphi(\omega)}{\lambda^2 - \omega^2} \mathrm{d}\lambda \tag{9.4-80}$$

W zastosowaniach często użyteczna jest jeszcze jedna postać wzoru (9.4-79). Ponieważ dla $\omega > 0$:

$$\frac{1}{\lambda^2 - \omega^2} = \frac{1}{2\omega} \frac{\mathrm{d}}{\mathrm{d}\lambda} \ln \left| \frac{\lambda - \omega}{\lambda + \omega} \right|$$

więc, całkując przez części, doprowadzamy wzór (9.4-79) do postaci:

$$\varphi(\omega) = \frac{1}{\pi}\left[\ln A(\lambda) \ln\left|\frac{\lambda-\omega}{\lambda+\omega}\right|\right]_0^{+\infty} - \frac{1}{\pi}\int_0^{\infty} \frac{1}{A(\lambda)}\frac{dA}{d\lambda} \ln\left|\frac{\lambda-\omega}{\lambda+\omega}\right| d\lambda =$$

$$= \frac{1}{\pi}\int_0^{\infty} \frac{1}{A(\lambda)}\frac{dA}{d\lambda} \ln\left|\frac{\lambda+\omega}{\lambda-\omega}\right| d\lambda$$

Wprowadzając nową zmienną:

$$u = \ln\frac{\lambda}{\omega}, \qquad (\lambda = \omega e^{u},\ d\lambda = \lambda du)$$

otrzymujemy:

$$\ln\left|\frac{\lambda+\omega}{\lambda-\omega}\right| = \ln\left|\frac{e^{u}+1}{e^{u}-1}\right| = \ln\left|\operatorname{cth}\frac{u}{2}\right| = \ln \operatorname{cth}\frac{|u|}{2}$$

przy czym przedział całkowania $\lambda \in \langle 0, +\infty)$ przechodzi w przedział $u \in (-\infty, +\infty)$. Ostatecznie otrzymujemy zależność:

$$\varphi(\omega) = \frac{1}{\pi}\int_{-\infty}^{+\infty} \frac{1}{A}\frac{dA}{du} \ln \operatorname{cth}\frac{|u|}{2}\, du \tag{9.4-81}$$

zwaną *całką Bodego*.

E. Modyfikacja związków między charakterystykami $A(\omega)$ i $\varphi(\omega)$. Założenie o holomorficzności funkcji $\ln H(s)$ w obszarze $\text{Re}\, s \geqslant 0$ i wynikające z niego ograniczenie położenia zer i biegunów transmitancji $H(s)$ jest założeniem koniecznym[1)] do uzyskania związków między $\ln A(\omega)$ a $\varphi(\omega)$ w postaci przekształceń Hilberta. Zastosowania związków wyprowadzonych w p. D ogranicza natomiast silnie założenie a) o równości stopni licznika i mianownika ($l - m = 0$) transmitancji $H(s)$. Jak wynika z rozważań p. 9.4.1-F, najbardziej interesujący i najczęściej spotykany w praktyce jest przypadek, kiedy:

$$l - m \leqslant 0 \tag{9.4-82}$$

Powstaje zatem pytanie, jak można zmodyfikować rezultaty z p. D, aby były one słuszne w przypadku ogólniejszym (9.4-82) przy spełnieniu przez transmitancję warunku b) dotyczącego ograniczenia położenia zer i biegunów. Rozważmy w tym celu funkcję (por. [13], str. 245, [25], str. 544):

$$F(s) = \frac{j}{s}[\ln H(s) - \ln H(0)] \tag{9.4-83}$$

1) Ściśle biorąc, konieczne jest założenie o braku biegunów i zer transmitancji $H(s)$ w otwartej półpłaszczyźnie $\text{Re}\, s > 0$. Istnieją bowiem możliwości takiego uogólnienia przekształceń Hilberta (p. B), aby były one słuszne także w niektórych przypadkach występowania punktów osobliwych na osi urojonej $\text{Re}\, s = 0$. Uogólnieniami tymi zajmować się jednak nie będziemy (por. np. [1]).

przy założeniu $H(0) > 0$. Jeśli transmitancja $H(s)$ spełnia warunek b) z p. D, to funkcja (9.4-83) jest holomorficzna w obszarze $\operatorname{Re} s \geqslant 0$ (dla $s = 0$ ma punkt regularny) i dąży do zera, gdy $s \to \infty$ w tym obszarze, a więc spełnia założenia twierdzenia 9.4-1. Mamy przy tym:

$$\operatorname{Re} F(j\omega) = \frac{\ln A(\omega) - \ln A(0)}{\omega}$$

$$\operatorname{Im} F(j\omega) = \frac{\varphi(\omega)}{\omega}$$

Otrzymujemy zatem, zgodnie ze wzorami (9.4-60) i (9.4-61):

$$\varphi(\omega) = \frac{\omega}{\pi} \int_{-\infty}^{+\infty} \frac{\ln A(\lambda) - \ln A(0)}{\lambda(\lambda - \omega)} d\lambda \qquad (9.4\text{-}84)$$

$$\ln A(\omega) = \ln A(0) - \frac{\omega}{\pi} \int_{-\infty}^{+\infty} \frac{\varphi(\lambda)}{\lambda(\lambda - \omega)} d\lambda \qquad (9.4\text{-}85)$$

Uwzględniając parzystość funkcji $\ln A(\lambda)$ i nieparzystość funkcji $\varphi(\lambda)$, wzory te możemy przekształcić do postaci (szczegóły pomijamy):

$$\varphi(\omega) = \frac{2\omega}{\pi} \int_{0}^{+\infty} \frac{\ln A(\lambda)}{\lambda^2 - \omega^2} d\lambda \qquad (9.4\text{-}86)$$

$$\ln A(\omega) = \ln A(0) - \frac{2\omega^2}{\pi} \int_{0}^{+\infty} \frac{\varphi(\omega)}{\lambda(\lambda^2 - \omega^2)} d\lambda \qquad (9.4\text{-}87)$$

Zauważmy, że wzór (9.4-86) jest identyczny ze wzorem (9.4-79) wyprowadzonym w p. C przy silniejszych założeniach. Wynika stąd następujący ważny wniosek.

Zależności (9.4-77), (9.4-79) *i* (9.4-81) *wyznaczające charakterystykę fazową* $\varphi(\omega)$ *na podstawie logarytmicznej charakterystyki amplitudowej są słuszne przy założeniu* (9.4-82) *i warunku, aby transmitancja* $H(s)$ *miała bieguny i zera leżące tylko w półpłaszczyźnie* $\operatorname{Re} s < 0$.

F. Transmitancje minimalno-fazowe. Przy ustalaniu związków między charakterystykami $\ln A(\omega)$ i $\varphi(\omega)$ (p. D i E) konieczne było m. in. założenie o braku zer transmitancji $H(s)$ w półpłaszczyźnie $\operatorname{Re} s > 0$ (por. przypis na str. 302). Transmitancje wielu czwórników mają jednak zera leżące w półpłaszczyźnie $\operatorname{Re} s > 0$. Jako przykład może służyć czwórnik mostkowy z rys. 9.4-13a, którego transmitancja jest określona wzorem (9.4-45). Postaramy się teraz zbadać dokładniej tę kwestię.

Załóżmy, że rozpatrujemy układ transmisyjny realizujący operację liniową, stacjonarną i przyczynową o transmitancji $H(s)$ będącej funkcją holomorficzną w obszarze $\operatorname{Re} s \geqslant 0$ (por. wstęp do p. 9.4.1).

Transmitancję $H(s)$ nazywamy *transmitancją (funkcją) minimalno-fazową*, jeśli nie ma ona zer w półpłaszczyźnie $\mathrm{Re}\, s > 0$.

Założenie o minimalno-fazowości funkcji $H(s)$ jest zatem jednym z istotnych założeń, przy których słuszne są związki między charakterystykami $\ln A(\omega)$ i $\varphi(\omega)$ wprowadzone w p. D i E. Jeśli $H(s)$ nie jest transmitancją minimalno-fazową, to nie istnieje jednoznaczny związek między charakterystykami $\ln A(\omega)$ i $\varphi(\omega)$.

W klasie układów o transmitancjach nieminimalno-fazowych może istnieć dowolnie dużo układów o identycznej charakterystyce amplitudowej i różnych charakterystykach fazowych.

Dla zilustrowania tej tezy przeprowadźmy następujące rozumowanie. Załóżmy, że $H(s)$ jest transmitancją nieminimalno-fazową. Przyjmijmy, że $H(s)$ ma n zer pojedynczych $s_1, s_2, \ldots, s_n$ leżących na dodatniej półosi rzeczywistej i nie ma innych zer w półpłaszczyźnie $\mathrm{Re}\, s > 0$. Transmitancję $H(s)$ można zatem przedstawić w postaci:

$$H(s) = H'(s)(s_1 - s)(s_2 - s) \cdots (s_n - s) \tag{9.4-88}$$

gdzie $H'(s)$ jest już funkcją minimalno-fazową. Zależność tę przepiszemy następująco:

$$H(s) = [H'(s)(s_1 + s)(s_2 + s) \cdots (s_n + s)] \frac{s_1 - s}{s_1 + s} \frac{s_2 - s}{s_2 + s} \cdots \frac{s_n - s}{s_n + s} =$$

$$= H_0(s) \frac{s_1 - s}{s_1 + s} \frac{s_2 - s}{s_2 + s} \cdots \frac{s_n - s}{s_n + s}$$

gdzie:

$$H_0(s) = H'(s)(s_1 + s)(s_2 + s) \cdots (s_n + s) \tag{9.4-89}$$

jest transmitancją minimalno-fazową powstałą z transmitancji $H(s)$ przez „przeniesienie" wszystkich zer leżących na dodatniej półosi rzeczywistej w symetryczne położenia na półosi ujemnej. Rozważmy ciąg następujących transmitancji:

$$\left.\begin{aligned}
&H_0(s)\\
&H_1(s) = H_0(s)\frac{s_1 - s}{s_1 + s}\\
&H_2(s) = H_1(s)\frac{s_2 - s}{s_2 + s}\\
&\cdots\cdots\cdots\cdots\\
&\cdots\cdots\cdots\cdots\\
&H_n(s) = H_{n-1}(s)\frac{s_n - s}{s_n + s} = H(s)
\end{aligned}\right\} \tag{9.4-90}$$

i wprowadźmy oznaczenia:

$$A(\omega) = |H(\mathrm{j}\omega)|, \qquad \varphi(\omega) = \arg H(\mathrm{j}\omega)$$

oraz dla $k = 0, 1, \ldots, n$:

$$A_k(\omega) = |H_k(\mathrm{j}\omega)|, \qquad \varphi_k(\omega) = \arg H_k(\mathrm{j}\omega)$$

Zgodnie z przykładem 9.4-6 i zależnościami (9.4-46) mamy:

$$\left|\frac{s_k - \mathrm{j}\omega}{s_k + \mathrm{j}\omega}\right| = 1, \qquad \arg\frac{s_k - \mathrm{j}\omega}{s_k + \mathrm{j}\omega} = -2\,\mathrm{arctg}\,\frac{\omega}{s_k}$$

otrzymujemy zatem:

$$A_0(\omega) = A_1(\omega) = \ldots = A_n(\omega) = A(\omega) \tag{9.4-91}$$

oraz:

$$\left.\begin{aligned} &\varphi_0(\omega) \\ &\varphi_1(\omega) = \varphi_0(\omega) - 2\,\mathrm{arctg}\,\frac{\omega}{s_1} \\ &\varphi_2(\omega) = \varphi_1(\omega) - 2\,\mathrm{arctg}\,\frac{\omega}{s_2} \\ &\ldots\ldots\ldots\ldots\ldots\ldots \\ &\ldots\ldots\ldots\ldots\ldots\ldots \\ &\varphi_n(\omega) = \varphi_{n-1}(\omega) - 2\,\mathrm{arctg}\,\frac{\omega}{s_n} = \varphi(\omega) \end{aligned}\right\} \tag{9.4-92}$$

a więc dla $\omega > 0$ zachodzą nierówności:

$$\varphi_0(\omega) > \varphi_1(\omega) > \ldots > \varphi_n(\omega) = \varphi(\omega) \tag{9.4-93}$$

Uwaga. W naszym rozumowaniu ograniczyliśmy się do przypadku, kiedy transmitancja nieminimalno-fazowa ma dla $\mathrm{Re}\,s > 0$ pojedyncze zera rzeczywiste. Podobnie, dochodząc do analogicznych wniosków, można postępować także w przypadku, kiedy transmitancja $H(s)$ ma dla $\mathrm{Re}\,s > 0$ zera zespolone sprzężone, a także zera (rzeczywiste lub zespolone) wielokrotne (proponujemy Czytelnikowi przeprowadzenie odpowiednich rozważań uzupełniających – por. zad. 9.20).

Z powyższego rozumowania wynikają następujące wnioski.

1. *Układy o transmitancjach* (9.4-90) *mają tę samą charakterystykę amplitudową* (9.4-91) *i różne charakterystyki fazowe* (9.4-92), *przy czym największe wartości fazy dla* $\omega > 0$ *przyjmuje charakterystyka* $\varphi_0(\omega)$ *odpowiadająca transmitancji* $H_0(s)$ *minimalno-fazowej*[1].

---

[1] Układ o transmitancji minimalno-fazowej ma zatem największą (spośród wszystkich układów o tej samej charakterystyce amplitudowej) charakterystykę fazową dla $\omega > 0$, a nie najmniejszą, jak sugerowałaby nazwa. Rozbieżność ta ma wyjaśnienie historyczne. Pojęcie *transmitancji minimalno-fazowej* wprowadził H.W. Bode [1], który transmitancję określał jako stosunek wielkości wejściowej do wyjściowej, a więc jako odwrotność transmitancji w rozumieniu współczesnym. W ujęciu Bodego znaki nierówności (9.4-93) byłyby, oczywiście, skierowane przeciwnie.

O *układach minimalno-fazowych* będzie jeszcze mowa w p. 10.3.2-A.

2. *Charakterystyka fazowa wyznaczona na podstawie zależności* (9.4-77), (9.4-79) *lub* (9.4-81) *odpowiada zawsze transmitancji minimalno-fazowej.*

G. Uzupełnienia i przykłady. Zanim przejdziemy do przedstawienia przykładów, celowe wydaje się sformułowanie kilku uwag i komentarzy uzupełniających.

1. Jak wynika z p. 8.2.1-E (rys. 8.2-5) immitancje dwójnika $Z(s)$, $Y(s)$ można traktować jako szczególne przypadki transmitancji $H(s)$. Jeśli zatem impedancja $Z(s)$ lub admitancja $Y(s)$ spełnia założenia przyjmowane dla transmitancji $H(s)$ w p. B, C i D, to zależności podane w tych punktach stosują się bez zmian do części rzeczywistej i części urojonej impedancji $Z(\mathrm{j}\omega)$ lub admitancji $Y(\mathrm{j}\omega)$:

$$Z(\mathrm{j}\omega) = R(\omega) + \mathrm{j}X(\omega), \qquad Y(\mathrm{j}\omega) = G(\omega) + \mathrm{j}B(\omega)$$

tj. do rezystancji $R(\omega)$ i reaktancji $X(\omega)$ oraz do konduktancji $G(\omega)$ i susceptancji $B(\omega)$, a także do modułu i fazy:

$$Z(\mathrm{j}\omega) = |Z(\mathrm{j}\omega)|\mathrm{e}^{\mathrm{j}\varphi(\omega)}, \qquad Y(\mathrm{j}\omega) = |Y(\mathrm{j}\omega)|\mathrm{e}^{-\mathrm{j}\varphi(\omega)}$$

(por. 4.3.4-A w tomie II).

2. Rozpatrzmy nieco dokładniej problem związków między rezystancją $R(\omega)$ a reaktancją $X(\omega)$ dwójników SLSB.

Załóżmy, że impedancja $Z(s)$ spełnia założenia twierdzenia 9.4-2 i przyjmijmy, że znamy rezystancję $R(\omega)$. Zależność (9.4-68), (9.4-71) lub (9.4-74) umożliwia wówczas wyznaczenie reaktancji $X(\omega)$. Otrzymana w ten sposób reaktancja $X(\omega)$ odpowiada impedancji $Z(s)$, która nie ma biegunów na osi urojonej $\mathrm{Re}\, s = 0$.

W punkcie 4.3.4-F w tomie II wprowadziliśmy pojęcie *dwójnika reaktancyjnego*, tj. takiego pasywnego dwójnika SLS, dla którego:

$$Z_0(\mathrm{j}\omega) = \mathrm{j}X_0(\omega), \qquad Y_0(\mathrm{j}\omega) = \mathrm{j}B_0(\omega) \tag{9.4-94}$$

a więc: $R_0(\omega) \equiv 0$, $G_0(\omega) \equiv 0$. Jest zatem oczywiste, że połączenie szeregowe danego dwójnika o impedancji $Z(s)$ i dowolnego dwójnika reaktancyjnego o impedancji $Z_0(s)$ ma rezystancję równą $R(\omega)$ i reaktancję $X(\omega) + X_0(\omega)$, co schematycznie można przedstawić jak na rys. 9.4-16a. Jak zobaczymy w p. 10.1.4-B, impedancja $Z_0(s)$ dwójnika reaktancyjnego (podobnie jak admitancja $Y_0(s)$) ma wszystkie bieguny leżące na osi urojonej (włączając w to punkt $s = \infty$), nie spełnia zatem założeń twierdzenia 9.4-2. Dochodzimy tym samym do następującego wniosku.

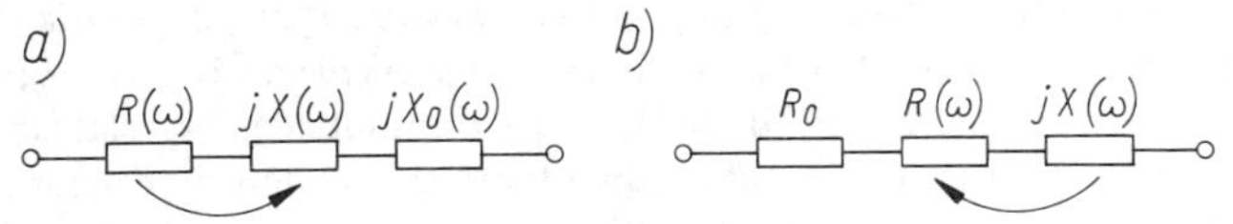

Rys. 9.4-16

W przypadku impedancji $Z(s)$ dwójnika problem wyznaczenia reaktancji $X(\omega)$ na podstawie zadanej rezystancji $R(\omega)$ nie ma jednoznacznego rozwiązania. Przekształcenia Hilberta umożliwiają wyznaczenie reaktancji $X(\omega)$ z dokładnością do reaktancji $X_0(\omega)$ dowolnego dwójnika reaktancyjnego[1].

Załóżmy teraz, że przy tych samych założeniach co poprzednio, chcemy wyznaczyć rezystancję $R(\omega)$ na podstawie reaktancji $X(\omega)$. Z przyjętych założeń wynika, że reaktancja $X(\omega)$ odpowiada impedancji minimalno-reaktancyjnej. Zależność (9.4-69), (9.4-72) lub (9.4-75) umożliwia wyznaczenie rezystancji $R(\omega)$ z dokładnością do stałej wartości $R(\infty)$, tj. do wartości szeregowo dołączonego oporu R_0 (rys. 9.4-16b).

3. Rozpatrzmy dwa proste przykłady ilustrujące zależności między charakterystykami częstotliwościowymi.

Przykład 9.4-9. Załóżmy, że rezystancja dwójnika ma postać:

$$R(\omega) = k\frac{\omega^2}{\omega^2+\alpha^2}, \qquad k \in \mathscr{R}^+ \tag{9.4-95}$$

Korzystając z zależności (9.4-74), otrzymujemy:

$$X(\omega) = \frac{2k\omega}{\pi}\int_0^\infty \frac{\dfrac{\lambda^2}{\lambda^2+\alpha^2} - \dfrac{\omega^2}{\omega^2+\alpha^2}}{\lambda^2-\omega^2}\,d\lambda = \frac{2k\omega}{\pi}\,\frac{\alpha^2}{\omega^2+\alpha^2}\int_0^\infty \frac{d\lambda}{\lambda^2+\alpha^2} =$$

$$= \frac{2k\omega}{\pi}\,\frac{\alpha^2}{\omega^2+\alpha^2}\left(\frac{1}{\alpha}\operatorname{arctg}\frac{\lambda}{\alpha}\right)\Bigg|_0^{+\infty} = k\frac{\alpha\omega}{\omega^2+\alpha^2}$$

a zatem:

$$Z(j\omega) = R(\omega) + jX(\omega) = k\frac{\omega^2 + j\alpha\omega}{\omega^2+\alpha^2} = k\frac{j\omega(\alpha - j\omega)}{\omega^2+\alpha^2} = k\frac{j\omega}{\alpha + j\omega} \tag{9.4-96}$$

lub:

$$Z(s) = k\frac{s}{s+\alpha} \tag{9.4-97}$$

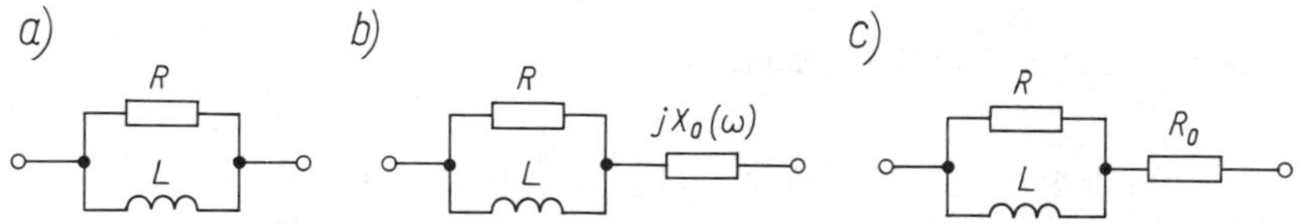

Rys. 9.4-17

Na rysunku 9.4-17a przedstawiono dwójnik o impedancji (9.4-97), przy czym: $k = 1/R$, $\alpha = R/L$. Połączenie szeregowe tego dwójnika z dowolnym dwójnikiem reaktancyjnym o impedancji (9.4-94) (rys. 9.4-17b) będzie miało tę samą rezystancję, określoną wzorem (9.4-95)[2].

---

[1] Z tego względu impedancja $Z(s)$ pasywnego dwójnika SLS, nie mająca biegunów na osi urojonej i dla $s = \infty$, jest nazywana *impedancją minimalno-reaktancyjną*.

[2] Zwracamy jednak uwagę, że impedancja dwójnika z rys. 9.4-17b ma, ogólnie rzecz biorąc, dodatkowe bieguny na osi urojonej $s = j\omega$, wnoszone przez impedancję $Z_0(j\omega) = jX_0(\omega)$. Dla pulsacji odpowiadających tym biegunom zachowanie się dwójników z rys. 9.4-17a,b będzie zatem zupełnie różne.

Kontynuujemy ten przykład, zakładając teraz, że znana jest reaktancja dwójnika:

$$X(\omega) = k\frac{\alpha\omega}{\omega^2 + \alpha^2}, \qquad k \in \mathcal{R}^+ \tag{9.4-98}$$

Stosując zależność (9.4-75) otrzymujemy:

$$R(\omega) - R(\infty) = \frac{-2k\alpha}{\pi}\int_0^\infty \frac{\dfrac{\lambda^2}{\lambda^2 + \alpha^2} - \dfrac{\omega^2}{\omega^2 + \alpha^2}}{\lambda^2 - \omega^2}\, d\lambda = -\frac{2k\alpha}{\pi}\frac{\alpha^2}{\omega^2 + \alpha^2}\frac{\pi}{2\alpha} =$$

$$= -k\frac{\alpha^2}{\omega^2 + \alpha^2}$$

występująca w tym wzorze całka jest bowiem identyczna z całką obliczoną poprzednio. Z zależności tej dostajemy dla $\omega = 0$:

$$R(0) - R(\infty) = -k$$

a więc:

$$R(\omega) = R(0) + k - k\frac{\alpha^2}{\omega^2 + \alpha^2} = R(0) + k\frac{\omega^2}{\omega^2 + \alpha^2} = R_0 + k\frac{\omega^2}{\omega^2 + \alpha^2} \tag{9.4-99}$$

Wyznaczyliśmy zatem rezystancję $R(\omega)$ różniącą się od rezystancji (9.4-95) o stałą wartość $R_0 = R(0)$, odpowiadającą dodatkowemu oporowi szeregowemu (rys. 9.4-17c).

Można łatwo sprawdzić, że przyjmując na początku przykładu rezystancję $R(\omega)$ o postaci (9.4-99) – zamiast (9.4-95) – otrzymalibyśmy tę samą reaktancję (9.4-98) (wystarczyłoby w tym celu uwzględnić wynik z przypisu na str. 299).

Przykład 9.4-10. Wyznaczymy charakterystykę fazową $\varphi(\omega)$ przy założeniu, że charakterystyka amplitudowa $A(\omega)$ układu transmisyjnego ma postać:

$$A(\omega) = k\sqrt{\frac{\omega^2 + \alpha^2}{\omega^2 + \beta^2}}, \qquad k \in \mathcal{R}^+ \tag{9.4-100}$$

Na podstawie zależności (9.4-86) otrzymujemy:

$$\varphi(\omega) = \frac{2\omega \ln k}{\pi}\int_0^\infty \frac{d\lambda}{\lambda^2 - \omega^2} + \frac{\omega}{\pi}\int_0^\infty \frac{\ln(\lambda^2 + \alpha^2) - \ln(\lambda^2 + \beta^2)}{\lambda^2 - \omega^2}\, d\lambda$$

Pierwsza z występujących w tym wzorze całek jest równa zeru (por. przypis na str. 299). Przy obliczaniu drugiej całki korzystamy z odpowiedniej zależności z tablic całek niewłaściwych[1]:

$$\int_0^\infty \frac{\ln(x^2 + a^2)}{x^2 - b^2}\, dx = \frac{\pi}{b}\operatorname{arctg}\frac{b}{a}, \qquad a, b \in \mathcal{R}^+$$

[1] Na przykład [40].

Ostatecznie otrzymujemy:

$$\varphi(\omega) = \operatorname{arctg}\frac{\omega}{\alpha} - \operatorname{arctg}\frac{\omega}{\beta} \tag{9.4-101}$$

a zatem:

$$H(j\omega) = A(\omega)e^{j\varphi(\omega)} = k\frac{j\omega + \alpha}{j\omega + \beta} \tag{9.4-102}$$

lub:

$$H(s) = k\frac{s + \alpha}{s + \beta} \tag{9.4-103}$$

Przykładem układu o transmitancji (napięciowej) równej transmitancji (9.4-103) jest układ z rys. 9.4-18a, dla którego możemy napisać:

$$H(s) = \frac{\bar{u}_2}{\bar{u}_1} = \frac{C_1}{C_1 + C_2}\,\frac{s + \dfrac{1}{R_1C_1}}{s + \dfrac{R_1 + R_2}{R_1R_2(C_1 + C_2)}}$$

a więc:

$$k = \frac{C_1}{C_1 + C_2}, \qquad \alpha = \frac{1}{R_1C_1}, \qquad \beta = \frac{R_1 + R_2}{R_1R_2(C_1 + C_2)}$$

Układ ten ma charakterystykę amplitudową (9.4-100) i charakterystykę fazową (9.4-101), a jego transmitancja (9.4-103) jest funkcją minimalno-fazową.

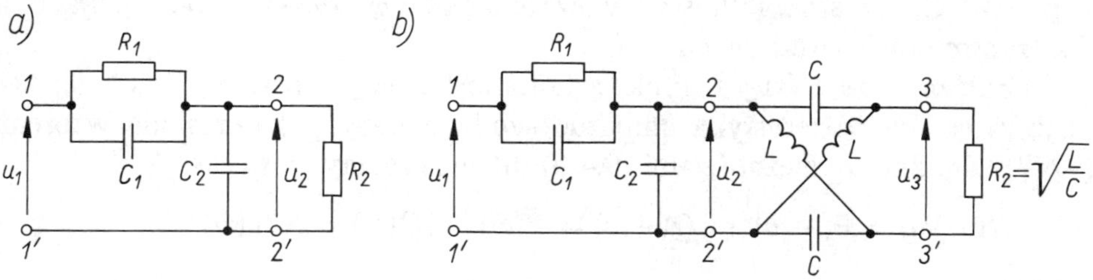

Rys. 9.4-18

Rozważmy jeszcze układ z rys. 9.4-18b. Zgodnie z przykładem 9.4-7 (rys. 9.4-14) czwórnik 22'-33' jest dopasowany falowo na zaciskach 33', wnosi zatem na zaciski 22' opór R_2. Warunki pracy czwórnika 11'-22' nie uległy więc zmianie. Transmitancja napięciowa układu z rys. 9.4-18b (por. wzór (9.4-47)):

$$H(s) = \frac{\bar{u}_3}{\bar{u}_1} = \frac{\bar{u}_2}{\bar{u}_1}\cdot\frac{\bar{u}_3}{\bar{u}_2} = k\frac{s + \alpha}{s + \beta}\,\frac{s - \gamma}{s + \gamma}, \qquad \gamma = \frac{1}{R_2C}$$

nie jest minimalno-fazowa, ma jednak tę samą co układ z rys. 9.4-18a charakterystykę amplitudową (9.4-100).

4. Związki między charakterystykami częstotliwościowymi, wynikające z twierdzeń 9.4-1 i 9.4-2 (p. B-E), są słuszne przy określonych założeniach

dotyczących transmitancji $H(s)$. Użyteczność tych związków polega jednak na możliwości wyznaczenia „brakującej” charakterystyki (np. $Q(\omega)$ lub $\varphi(\omega)$) na podstawie zadanej charakterystyki (np. $P(\omega)$ lub $A(\omega)$), co prowadzi dopiero w końcowym etapie do wyznaczenia $H(j\omega)$ i $H(s)$ (przykłady 9.4-9 i 9.4-10). Dopiero zatem na końcu możemy sprawdzić, czy wymagane założenia są spełnione, co przestaje być o tyle istotne, że pożądany rezultat został już osiągnięty.

Powstaje zatem ważne pytanie. Czy i jak można określić warunki, przy spełnieniu których z góry zadana funkcja, np. $P(\omega)$ lub $A(\omega)$, może być odpowiednią charakterystyką częstotliwościową układu określonej klasy, i przy jakich warunkach można na podstawie jej znajomości wyznaczyć transmitancję układu?

Całościowe omówienie tego problemu wykracza poza ramy niniejszego podręcznika. Niektóre właściwości charakterystyk częstotliwościowych, stanowiące najprostsze warunki konieczne, aby z góry zadana funkcja mogła być odpowiednią charakterystyką układu, zostały omówione w p. 9.4.1-C, F. W punkcie 9.4.3 wrócimy do tego problemu, formułując wybrane *warunki realizowalności* układu.

H. Zależności algebraiczne. W licznych przypadkach można odtworzyć transmitancję $H(s)$ na podstawie charakterystyk $A(\omega)$, $P(\omega)$ lub $Q(\omega)$ na drodze algebraicznej, bez posługiwania się przekształceniami Hilberta, które są dość złożonymi zależnościami całkowymi (p. B-G). Możliwości takie wynikają z podstawowych właściwości charakterystyk częstotliwościowych omówionych w p. 9.4.1-C, a w szczególności z zależności (9.4-12) i (9.4-13) obowiązujących dla transmitancji wymiernych.

Załóżmy, że $H(s)$ jest funkcją holomorficzną w obszarze $\operatorname{Re} s \geqslant 0$. Istnieje zatem charakterystyka amplitudowo-fazowa $H(j\omega)$ określona wzorem (9.4-3). Zgodnie z zależnościami (9.4-5) i (9.4-9) mamy wówczas:

$$H(-j\omega) = P(-\omega) + jQ(-\omega) = P(\omega) - jQ(\omega) = H^*(j\omega)$$

a stąd:

$$H(j\omega)H(-j\omega) = |H(j\omega)|^2 = A^2(\omega) \tag{9.4-104}$$

Podobnie możemy napisać:

$$P(\omega) = \frac{1}{2}[H(j\omega) + H^*(j\omega)] = \frac{1}{2}[H(j\omega) + H(-j\omega)] \tag{9.4-105}$$

oraz:

$$Q(\omega) = \frac{1}{2j}[H(j\omega) - H^*(j\omega)] = \frac{1}{2j}[H(j\omega) - H(-j\omega)] \tag{9.4-106}$$

Podstawmy teraz $\omega = js$ we wzorach (9.4-104) – (9.4-106). Otrzymamy odpowiednio związki:

$$A^2(js) = H(s)H(-s) \tag{9.4-107}$$

$$P(\mathrm{j}s) = \frac{1}{2}[H(s) + H(-s)] \tag{9.4-108}$$

$$Q(\mathrm{j}s) = \frac{1}{2}\mathrm{j}[H(s) - H(-s)] \tag{9.4-109}$$

Funkcja $H(s)$ ma wszystkie bieguny w lewej półpłaszczyźnie $\mathrm{Re}\, s < 0$, funkcja $H(-s)$ ma zatem bieguny w prawej półpłaszczyźnie $\mathrm{Re}\, s > 0$. Podział na funkcje $H(s)$ i $H(-s)$ we wzorach (9.4-108) i (9.4-109) może być więc dokonany na podstawie położenia biegunów.

We wzorze (9.4-107) występuje iloczyn $H(s)\, H(-s)$. W celu identyfikacji funkcji $H(s)$ potrzebna jest więc informacja o położeniu zer. Jeśli założymy, że $H(s)$ jest transmitancją minimalno-fazową i jej zera leżą tylko w półpłaszczyźnie $\mathrm{Re}\, s < 0$, to funkcja $H(-s)$ ma zera tylko w prawej półpłaszczyźnie i podział na odpowiednie czynniki we wzorze (9.4-107) może być dokonany na podstawie położenia zarówno biegunów, jak i zer.

Przykład 9.4-11. Załóżmy, że:

$$A(\omega) = \frac{1}{\sqrt{(1-\omega^2)^2 + \omega^2}}, \qquad A^2(\omega) = \frac{1}{(1-\omega^2)^2 + \omega^2}$$

Mamy wówczas:

$$A^2(\mathrm{j}s) = \frac{1}{(1+s^2)^2 - s^2} = \frac{1}{1+s^2+s}\,\frac{1}{1+s^2-s}$$

Funkcję $H(s)$ identyfikujemy bez trudu jako:

$$H(s) = \frac{1}{s^2+s+1} \tag{9.4-110}$$

gdyż drugi czynnik, równy $H(-s)$, ma parę biegunów $s = \frac{1}{2} \pm \mathrm{j}\frac{\sqrt{3}}{2}$ w prawej półpłaszczyźnie.

Proponujemy Czytelnikowi znalezienie układu o transmitancji napięciowej (9.4-110).

Przykład 9.4-12. Załóżmy, że:

$$Q(\omega) = -\frac{2\omega}{(1+\omega^2)^2}$$

Otrzymujemy zatem:

$$Q(\mathrm{j}s) = -\frac{2\mathrm{j}s}{(1-s^2)^2} = -\frac{2\mathrm{j}s}{(1+s)^2(1-s)^2} = \frac{1}{2}\mathrm{j}\left[\frac{1}{(1+s)^2} - \frac{1}{(1-s)^2}\right]$$

lub, zgodnie z zależnością (9.4-109):

$$-2\mathrm{j}Q(\mathrm{j}s) = H(s) - H(-s) = \frac{1}{(1+s)^2} - \frac{1}{(1-s)^2}$$

i ostatecznie:

$$H(s) = \frac{1}{(1+s)^2}$$

I. Charakterystyki klasy $L^2(-\infty, +\infty)$. Załóżmy, że istnieje charakterystyka amplitudowo-fazowa $H(j\omega)$ określona wzorem (9.4-3) oraz że co najmniej jedna z charakterystyk $P(\omega)$ lub $Q(\omega)$ – wzór (9.4-5) – jest klasy $L^2(-\infty, +\infty)$. Wówczas, zgodnie z uwagą w p. 9.4.2-B i zależnością (9.4-62), mamy:

$$\int_{-\infty}^{+\infty} P^2(\omega)\mathrm{d}\omega = \int_{-\infty}^{+\infty} Q^2(\omega)\mathrm{d}\omega \tag{9.4-111}$$

Załóżmy teraz, że $H(s)$ jest funkcją wymierną, holomorficzną w obszarze $\operatorname{Re} s \geqslant 0$, o stopniu licznika mniejszym od stopnia mianownika. Wówczas, zgodnie z zależnością (9.4-111) oraz ze wzorem Parsevala (por. wzory (9.1-73) i (9.1-74)), otrzymujemy:

$$\int_0^{\infty} h^2(t)\mathrm{d}t = \frac{1}{\pi}\int_0^{\infty} A^2(\omega)\mathrm{d}\omega = \frac{2}{\pi}\int_0^{\infty} P^2(\omega)\mathrm{d}\omega = \frac{2}{\pi}\int_0^{\infty} Q^2(\omega)\mathrm{d}\omega \tag{9.4-112}$$

(por. zad. 9.21).

9.4.3. Podstawowy warunek realizowalności układu

Jednym z istotnych problemów w zagadnieniach syntezy układu o z góry założonych właściwościach (np. o zadanej charakterystyce częstotliwościowej) jest problem *warunków realizowalności*, to jest takich warunków, których spełnienie gwarantuje istnienie rozwiązania zadania syntezy w określonej klasie układów. Tak sformułowany problem jest bardzo szeroki i obejmuje wiele różnorodnych zagadnień szczegółowych. O niektórych z nich będzie mowa w rozdziale 10.

Obecnie zajmiemy się tylko jednym z fragmentów tego problemu, związanym z *warunkiem przyczynowości* (por. p. 9.2.2-B). Z uwagi na to, że każdy realnie istniejący układ musi spełniać warunek przyczynowości (operacja opisująca układ musi być przyczynowa), warunek realizowalności wynikający z zasady przyczynowości jest nazywany często *podstawowym warunkiem realizowalności.*

A. Jeszcze raz o warunku przyczynowości. Rozważmy układ realizujący operację liniową, stacjonarną i przyczynową, którego transmitancja $H(s)$ jest określona wzorem (9.2-85). Zgodnie z twierdzeniem 9.2-5 układ taki jest stabilny względem pobudzenia. W przypadku szczególnym, gdy transmitancja $H(s)$ jest funkcją wymierną (układ SLSB), transmitancja $H(s)$ spełnia warunki twierdzenia 9.3-2.

Przy tych założeniach istnieje charakterystyka amplitudowo-fazowa $H(j\omega)$ określona wzorem (9.4-3):

$$H(j\omega) = \mathscr{F}[h(t)]$$

przy czym, zgodnie z zależnościami (9.4-5) i (9.4-9):

$$H(-j\omega) = H^*(j\omega) \tag{9.4-113}$$

Operacja jest przyczynowa, spełniony jest wobec tego warunek przyczynowości (9.2-13), co oznacza, że:

$$\mathscr{F}^{-1}[H(j\omega)] = h(t) = 0 \qquad \text{dla } t < 0 \tag{9.4-114}$$

Rozpatrzmy teraz problem odwrotny. Załóżmy, że jest dana funkcja $H(j\omega)$ spełniająca równość (9.4-113), co do której chcielibyśmy, aby była ona charakterystyką amplitudowo-fazową układu spełniającego wymienione założenia. Z podanego rozumowania wynika, że *warunkiem koniecznym istnienia takiego układu jest spełnienie warunku* (9.4-114).

Z uwagi na fundamentalny charakter warunku (9.4-114) i jego związek z warunkiem przyczynowości, bywa on nazywany *podstawowym warunkiem realizowalności* układu stabilnego (lub, ogólniej, spełniającego wymienione na początku założenia).

Przykład 9.4-13. Rozważymy, czy istnieje układ stabilny o charakterystyce amplitudowo-fazowej:

$$H(j\omega) = \frac{a}{1+\omega^2}, \qquad a \in \mathscr{R}^+ \tag{9.4-115}$$

Sprawdzamy warunek (9.4-114). Otrzymujemy (por. wzór (9.1-43)):

$$\mathscr{F}^{-1}\left[\frac{a}{1+\omega^2}\right] = \frac{a}{2\pi}\int_{-\infty}^{+\infty}\frac{e^{j\omega t}}{1+\omega^2}\,d\omega = \frac{a}{\pi}\int_{0}^{\infty}\frac{\cos\omega t}{1+\omega^2}\,d\omega = \frac{a}{2}e^{-|t|} \tag{9.4-116}$$

(korzystamy z tablic całek niewłaściwych, np. [40]). Funkcja (9.4-116) nie jest równa zeru dla $t < 0$, nie istnieje zatem układ stabilny o charakterystyce amplitudowo-fazowej (9.4-115). Przyczynę tego możemy łatwo wyjaśnić. Funkcję (9.4-115) można otrzymać z funkcji:

$$H(s) = \frac{a}{1-s^2}$$

przez formalne podstawienie w niej $s = j\omega$ (por. wzór (9.4-4)). Funkcja $H(s)$ nie jest w tym przypadku transmitancją układu stabilnego z uwagi na biegun $s = 1$ w prawej półpłaszczyźnie. W rezultacie funkcja (9.4-115) nie może być charakterystyką amplitudowo-fazową określoną wzorem (9.4-3).

B. Niektóre konsekwencje podstawowego warunku realizowalności układu. Załóżmy, że są spełnione założenia sformułowane na początku p. A. Zgodnie z zależnościami (9.1-43) i (9.4-5) mamy:

$$\mathscr{F}^{-1}[H(\mathrm{j}\omega)] = \frac{1}{2\pi}\int_{-\infty}^{+\infty} H(\mathrm{j}\omega)\,\mathrm{e}^{\mathrm{j}\omega t}\mathrm{d}\omega =$$

$$= \frac{1}{2\pi}\int_{-\infty}^{+\infty} [P(\omega) + \mathrm{j}Q(\omega)][\cos\omega t + \mathrm{j}\sin\omega t]\mathrm{d}\omega =$$

$$= \frac{1}{\pi}\int_{0}^{\infty} P(\omega)\cos\omega t\,\mathrm{d}\omega - \frac{1}{\pi}\int_{0}^{\infty} Q(\omega)\sin\omega t\,\mathrm{d}\omega \qquad (9.4\text{-}117)$$

gdyż pozostałe całki są równe zeru z uwagi na nieparzystość funkcji podcałkowych – por. właściwości (9.4-9). Jeśli $t < 0$, to, zgodnie z warunkiem (9.4-114), wynik całkowania (9.4-117) jest równy zeru. Oznacza to, że dla $t > 0$:

$$\int_{0}^{\infty} P(\omega)\cos\omega t\,\mathrm{d}\omega = -\int_{0}^{\infty} Q(\omega)\sin\omega t\,\mathrm{d}\omega \qquad (9.4\text{-}118)$$

a więc także:

$$h(t) = \frac{2}{\pi}\int_{0}^{\infty} P(\omega)\cos\omega t\,\mathrm{d}\omega = -\frac{2}{\pi}\int_{0}^{\infty} Q(\omega)\sin\omega t\,\mathrm{d}\omega \qquad (9.4\text{-}119)$$

Można także wykazać (por. np. [25], str. 550), że związki (9.4-68) i (9.4-69) określające przekształcenia Hilberta można rozpatrywać jako konsekwencje warunku (9.4-114).

C. Kryterium Paleya-Wienera. Rozważanie warunku realizowalności (9.4-114) w odniesieniu do funkcji, która powinna być charakterystyką amplitudowo-fazową poszukiwanego układu, ma jednak w praktyce znaczenie ograniczone. Znacznie ważniejsze jest sformułowanie podobnego problemu w odniesieniu do zadanej charakterystyki amplitudowej.

Rozwiązanie tak postawionego problemu przynosi *kryterium Paleya-Wienera*[1)].

[1)] Norbert Wiener (1894-1964), wybitny uczony amerykański, twórca podstaw cybernetyki, autor wielu fundamentalnych prac z zakresu matematyki, teorii informacji i innych dziedzin.

TWIERDZENIE 9.4-3 (kryterium Paleya-Wienera)

Jeśli $A(\omega)$ jest nieujemną, parzystą funkcją klasy $L^2(-\infty, +\infty)$, nie równą tożsamościowo zeru, to warunkiem koniecznym i dostatecznym, aby istniała funkcja rzeczywista $h(t)$ równa zeru dla $t < 0$, której $\mathscr{F}$-transformata:

$$H(\mathrm{j}\omega) = \mathscr{F}[h(t)] = \int_{-\infty}^{+\infty} \mathrm{e}^{-\mathrm{j}\omega t} h(t) \mathrm{d}t$$

ma moduł równy:

$$|H(\mathrm{j}\omega)| = A(\omega)$$

jest, aby istniała całka:

$$\int_{-\infty}^{+\infty} \frac{|\ln A(\omega)|}{1+\omega^2} \mathrm{d}\omega < \infty \tag{9.4-120}$$

Dowodowi (bardzo złożonemu) tego twierdzenia jest poświęcona obszerna praca oryginalna: Paley R.E.A.C., Wiener N.: Fourier Transforms in the Complex Domain, Amer. Math. Soc. Coll. Publ. 19, New York, 1934.

Warunek (9.4-120) jest zatem podstawowym warunkiem realizowalności charakterystyki amplitudowej. Jego spełnienie oznacza, że do zadanej charakterystyki amplitudowej można tak dobrać charakterystykę fazową, aby odpowiedź impulsowa była równa zeru dla $t < 0$, tzn. aby był spełniony warunek (9.4-114). Niespełnienie warunku (9.4-120) przekreśla taką możliwość, układ o charakterystyce $A(\omega)$ nie spełniającej warunku (9.4-120) nie byłby układem przyczynowym.

Przykład 9.4-14. Powróćmy do przykładu 9.4-13 i sprawdźmy, czy charakterystyka amplitudowa:

$$A(\omega) = \frac{a}{1+\omega^2} \tag{9.4-121}$$

spełnia kryterium Paleya-Wienera. Otrzymujemy:

$$\int_{-\infty}^{+\infty} \frac{\left|\ln \dfrac{a}{1+\omega^2}\right|}{1+\omega^2} \mathrm{d}\omega \leqslant |\ln a| \int_{-\infty}^{+\infty} \frac{\mathrm{d}\omega}{1+\omega^2} + \int_{-\infty}^{+\infty} \frac{\ln(1+\omega^2)}{1+\omega^2} \mathrm{d}\omega = \pi |\ln a| + 2\pi \ln 2$$

(korzystamy z tablic całek niewłaściwych, np. [40]), a więc warunek (9.4-120) jest spełniony. Wyciągamy stąd wniosek, że nierealizowalność charakterystyki (9.4-115) polegała na źle dobranej fazie (równej tożsamościowo zeru!). Przyjmując, na przykład, transmitancję:

$$H(s) = \frac{a}{1-s^2} \frac{1-s}{1+s} = \frac{a}{(1+s)^2}$$

nie zmieniamy charakterystyki amplitudowej (9.4-121) (por. p. 9.4.2-F), otrzymujemy natomiast:

$$H(\mathrm{j}\omega) = \frac{a}{(1+\mathrm{j}\omega)^2}, \qquad \varphi(\omega) = -2\operatorname{arctg}\omega$$

i, w konsekwencji:

$$h(t) = \mathscr{F}^{-1}\left[\frac{a}{(1+\mathrm{j}\omega)^2}\right] = at\mathrm{e}^{-t}1(t)$$

a więc warunek (9.4-114) jest spełniony.

Przykład 9.4-15. Kryterium Paleya-Wienera umożliwia łatwe rozstrzygnięcie tzw. *problemu filtru idealnego.*

Załóżmy, że chcemy zrealizować idealny filtr dolnoprzepustowy o charakterystyce amplitudowej (rys. 9.4-19a):

$$A(\omega) = \begin{cases} 1, & |\omega| < \omega_0 \\ 0, & |\omega| > \omega_0 \end{cases} \tag{9.4-122}$$

Dla funkcji (9.4-122) całka (9.4-120) nie istnieje, nie można zatem zrealizować (przyczynowego) układu o takiej charakterystyce amplitudowej[1)].

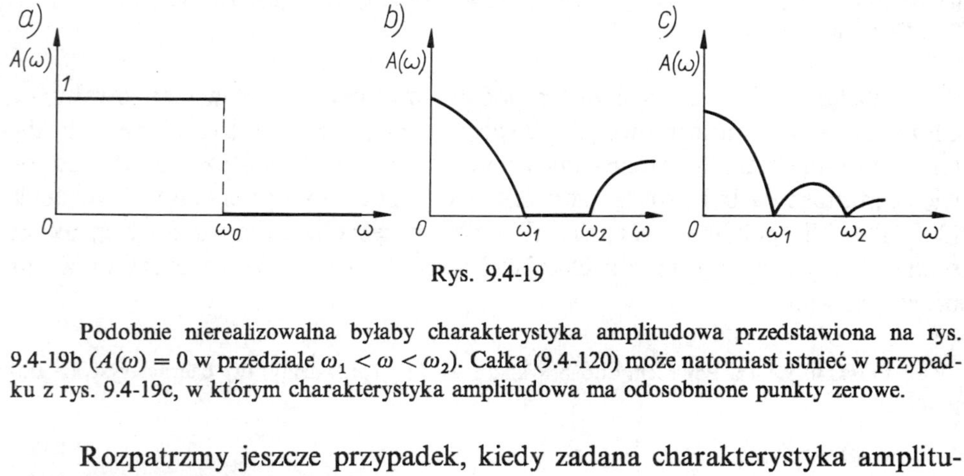

Rys. 9.4-19

Podobnie nierealizowalna byłaby charakterystyka amplitudowa przedstawiona na rys. 9.4-19b ($A(\omega) = 0$ w przedziale $\omega_1 < \omega < \omega_2$). Całka (9.4-120) może natomiast istnieć w przypadku z rys. 9.4-19c, w którym charakterystyka amplitudowa ma odosobnione punkty zerowe.

Rozpatrzmy jeszcze przypadek, kiedy zadana charakterystyka amplitudowa jest określona zależnością:

$$A^2(\omega) = \frac{A_1(\omega^2)}{A_2(\omega^2)} = \frac{c_0 + c_2\omega^2 + \ldots + c_{2l}\omega^{2l}}{d_0 + d_2\omega^2 + \ldots + d_{2m}\omega^{2m}} \tag{9.4-123}$$

przy czym: $c_k, d_k \in \mathscr{R}$, $c_{2l}, d_{2m} \in \mathscr{R}^+$ oraz:

$$\bigwedge_{\omega} A_1(\omega^2) \geqslant 0, \qquad \bigwedge_{\omega} A_2(\omega^2) \geqslant 0 \tag{9.4-124}$$

---

1) Stąd wynika problem *aproksymacji* charakterystyk idealnych (np. charakterystyki z rys. 9.4-19a), którym zajmiemy się w p. 9.5.2.

Jak wynika z rozważań p. 9.4.1-C (por. wzór (9.4-13)) postać (9.4-123) charakterystyki amplitudowej odpowiada przypadkowi, kiedy transmitancja $H(s)$ układu jest funkcją wymierną. Można łatwo sprawdzić, np. rozkładając wielomiany $A_1(\omega^2)$ i $A_2(\omega^2)$ na czynniki (szczegóły pomijamy), że całka (9.4-120) jest zbieżna dla każdej funkcji $A(\omega)$ o postaci (9.4-123). Oznacza to, że w tym przypadku kryterium Paleya-Wienera jest spełnione, niezależnie od tego, czy $A(\omega)$ jest funkcją klasy $L^2(-\infty, +\infty)$ (co zachodzi przy warunku $l - m < 0$), czy też nie jest funkcją tej klasy.

9.5. CHARAKTERYSTYKI ASYMPTOTYCZNE I ZAGADNIENIA APROKSYMACJI

W wielu zagadnieniach praktycznych dogodnie jest posługiwać się przybliżoną postacią charakterystyk częstotliwościowych układu. Istota tego przybliżenia polega na zastąpieniu dokładnego wykresu charakterystyki częstotliwościowej jej przebiegiem przybliżonym w postaci odpowiednio dobranej linii łamanej. Tego typu przybliżenia stosuje się głównie do charakterystyk amplitudowych, uzyskując, z reguły, zadowalającą praktycznie dokładność. W ograniczonym zakresie, z uwagi na gorszą dokładność, przybliżenia takie stosuje się także w odniesieniu do charakterystyk fazowych. Przybliżone charakterystyki o postaci linii łamanych są nazywane *charakterystykami asymptotycznymi* lub *charakterystykami Bodego*. Technikę tworzenia charakterystyk asymptotycznych przedstawimy w p. 9.5.1.

Istotnym zagadnieniem w problemach projektowania układów o pożądanej charakterystyce, np. amplitudowej lub fazowej, jest *zagadnienie aproksymacji*. Jak wynikało z przykładu 9.4-15, charakterystyka filtru idealnego z rys. 9.4-19a nie jest realizowalna. Jeśli zatem chcemy uzyskać układ, który by w przybliżeniu realizował charakterystykę z rys. 9.4-19a, musimy tę charakterystykę odpowiednio aproksymować.

Teoria aproksymacji jest wyodrębnionym działem matematyki związanym m.in. z analizą funkcjonalną i metodami numerycznymi. Nie jest naszym zamiarem przedstawienie, nawet w zarysie, problematyki tej teorii. Ze względu jednak na jej znaczenie w teorii obwodów, omówimy w p. 9.5.2 kilka najprostszych (ale i najważniejszych) zagadnień dotyczących aproksymacji charakterystyki amplitudowej filtru idealnego. W celu zapoznania się z bardziej zaawansowanymi problemami aproksymacyjnymi w teorii obwodów odsyłamy Czytelnika do literatury (np. [9], [32]).

9.5.1. Charakterystyki asymptotyczne

Omówimy teraz sposób tworzenia charakterystyk asymptotycznych, koncentrując uwagę głównie na charakterystykach amplitudowych układów SLSB.

A. Logarytmiczne charakterystyki amplitudowe. Załóżmy, że rozpatrujemy układ SLSB o charakterystyce amplitudowo-fazowej:

$$H(\mathrm{j}\omega) = \frac{L(\mathrm{j}\omega)}{M(\mathrm{j}\omega)} = \frac{L_1(\mathrm{j}\omega)L_2(\mathrm{j}\omega)\dots}{M_1(\mathrm{j}\omega)M_2(\mathrm{j}\omega)\dots} \tag{9.5-1}$$

gdzie czynniki $L_k(\cdot)$ i $M_k(\cdot)$ są wielomianami o współczynnikach rzeczywistych stopnia pierwszego lub drugiego. Każdy z tych czynników wnosi swój „wkład" w zachowanie się charakterystyki amplitudowo-fazowej $H(\mathrm{j}\omega)$ w funkcji pulsacji. Prześledzenie wpływu pojedynczego czynnika na podstawie wyrażenia (9.5-1) byłoby jednak trudne i mało czytelne, jego udział w strukturze tego wyrażenia ma bowiem charakter multiplikatywny. Wady tej można uniknąć wprowadzając *logarytmiczną charakterystykę amplitudowo-fazową* $\log H(\mathrm{j}\omega)$, co powoduje, że wkłady poszczególnych czynników stają się addytywne. Istotnie, oznaczając:

$$L_k(\mathrm{j}\omega) = |L_k|\,\mathrm{e}^{\mathrm{j}\varphi_{L_k}}, \qquad M_k(\mathrm{j}\omega) = |M_k|\,\mathrm{e}^{\mathrm{j}\varphi_{M_k}} \tag{9.5-2}$$

oraz:

$$H(\mathrm{j}\omega) = A(\omega)\,\mathrm{e}^{\mathrm{j}\varphi(\omega)} \tag{9.5-3}$$

otrzymujemy na podstawie (9.5-1):

$$\log A(\omega) = \sum_k \log|L_k| - \sum_k \log|M_k| \tag{9.5-4}$$

$$\varphi(\omega) = \sum_k \varphi_{L_k} - \sum_k \varphi_{M_k} \tag{9.5-5}$$

Logarytmiczną charakterystykę amplitudową (9.5-4) wyrażamy zwykle w praktyce w *mierze decybelowej*, tj. wprowadzając, zamiast (9.5-4), wyrażenie:

$$G \stackrel{\Delta}{=} 20\log A(\omega) = 20\left(\sum_k \log|L_k| - \sum_k \log|M_k|\right) \tag{9.5-6}$$

Tablica 9.5-1. Niektóre wartości w decybelach

A	1	$\sqrt{2}$	2	3	4	6	8	10	10^n	10^{-n}
$20\log A$ [dB]	0	3	6	9,5	12	15,5	18	20	$20n$	$-20n$

W tablicy 9.5-1 podajemy wybrane wartości A w decybelach. Niektóre z nich są przybliżone (np. $\log 2 = 0{,}3010$, a więc $20\log 2 = 6{,}02$), jednakże przybliżenia te są bardzo dokładne i powszechnie akceptowane w praktyce. Pamiętamy również o oczywistej właściwości:

$$\log\frac{1}{A} = -\log A$$

Chcąc zilustrować w sposób przejrzysty zachowanie się charakterystyki amplitudowej w szerokim zakresie zmian pulsacji (zarówno dla małych, jak i dla dużych pulsacji), także oś pulsacji przyjmujemy w skali logarytmicznej. W zastosowaniach posługujemy się przy tym pojęciami *oktawy* i *dekady*, rozumiejąc te pojęcia jako takie przedziały pulsacji $\omega_1 < \omega < \omega_2$, dla których $\omega_2/\omega_1 = 2$ (oktawa) lub $\omega_2/\omega_1 = 10$ (dekada). Mówimy również o *liczbie oktaw d* oraz *liczbie dekad n*:

$$d = \frac{\log \dfrac{\omega_2}{\omega_1}}{\log 2}, \qquad n = \frac{\log \dfrac{\omega_2}{\omega_1}}{\log 10} = \log \frac{\omega_2}{\omega_1} \tag{9.5-7}$$

Z zależności (9.5-6) wynika, że znając przybliżone przebiegi logarytmicznych charakterystyk amplitudowych odpowiadających poszczególnym czynnikom L_k i M_k licznika i mianownika wyrażenia (9.5-1), możemy – przez ich złożenie – wyznaczyć *asymptotyczną charakterystykę amplitudową*, tj. przybliżoną charakterystykę amplitudową całego układu. Na czym polega to przybliżenie, wyjaśnimy w p. B.

B. Charakterystyki członów rzędu pierwszego. Rozpoczniemy od przypadku najprostszego, ale i najważniejszego – czynników stopnia pierwszego w liczniku lub w mianowniku, czyli, jak mówimy, *członów rzędu pierwszego*. Załóżmy, że:

$$L_k(\mathrm{j}\omega) = 1 + \mathrm{j}\omega\tau \tag{9.5-8}$$

i rozważmy funkcję:

$$G = 20 \log |L_k| = 20 \log \sqrt{1 + \omega^2\tau^2} \tag{9.5-9}$$

Uwzględniamy przy tym następujące, oczywiste przybliżenia:

$$\omega\tau \ll 1, \qquad \sqrt{1 + \omega^2\tau^2} \cong 1, \qquad G \cong 0 \tag{9.5-10}$$

$$\omega\tau \gg 1, \qquad \sqrt{1 + \omega^2\tau^2} \cong \omega\tau, \qquad G \cong 20 \log \omega\tau \tag{9.5-11}$$

Dla $\omega\tau \ll 1$ oraz dla $\omega\tau \gg 1$ rzeczywistą charakterystykę amplitudową można dobrze aproksymować, zastępując ją półprostymi określonymi wzorami (9.5-10) i (9.5-11). Doprowadzając te półproste do punktu ich przecięcia $\omega\tau = 1$, otrzymujemy charakterystykę aproksymującą, tj. charakterystykę asymptotyczną odpowiadającą wyrażeniu (9.5-9) – rys. 9.5-1a.

Na rysunku 9.5-1a przedstawiono także wykres rzeczywistej charakterystyki (9.5-9) sporządzony w skali logarytmicznej. Jak można łatwo zauważyć, największe różnice między charakterystykami: aproksymującą a rzeczywistą występują w otoczeniu punktu $\omega\tau = 1$, przy czym dla $\omega\tau = 1$ różnica jest maksymalna i wynosi 3 dB (ze wspomnianym wyżej przybliżeniem). Dla $\omega\tau = 2$ oraz $\omega\tau = 1/2$ różnica ta wynosi około 1 dB. Na rysunku 9.5-1b przedstawiono wykres fazy odpowiadający funkcji (9.5-8):

$$\varphi = \arg L_k(\mathrm{j}\omega) = \operatorname{arctg} \omega\tau$$

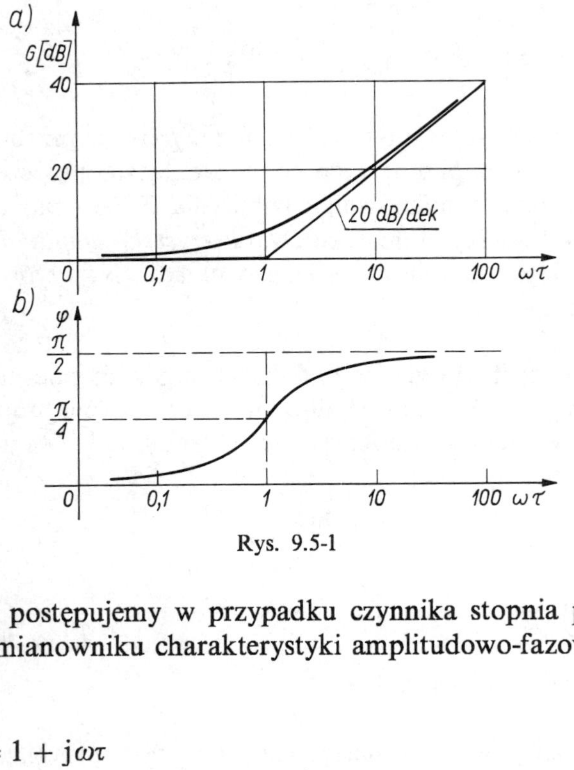

Rys. 9.5-1

Podobnie postępujemy w przypadku czynnika stopnia pierwszego występującego w mianowniku charakterystyki amplitudowo-fazowej (9.5-1). Załóżmy, że:

$$M_k(\mathrm{j}\omega) = 1 + \mathrm{j}\omega\tau$$

i rozważmy funkcję:

$$\frac{1}{M_k(\mathrm{j}\omega)} = \frac{1}{1 + \mathrm{j}\omega\tau}$$

Mamy wówczas:

$$G = 20\log\frac{1}{|M_k|} = 20\log\frac{1}{\sqrt{1 + \omega^2\tau^2}} = -20\log\sqrt{1 + \omega^2\tau^2} \quad (9.5\text{-}12)$$

i rozumując analogicznie, jak w przypadku funkcji (9.5-8), otrzymujemy charakterystykę asymptotyczną przedstawioną na rys. 9.5-2a. Na rysunku tym wykreślono również rzeczywistą charakterystykę (9.5-12). Największe różnice między tymi charakterystykami występują w okolicy punktu $\omega\tau = 1$ i są identyczne jak w przypadku wykresu z rys. 9.5-1a (3 dB w punkcie $\omega\tau = 1$). Na rysunku 9.5-2b przedstawiono wykres fazy:

$$\varphi = \arg \frac{1}{M_k(j\omega)} = -\operatorname{arctg} \omega\tau$$

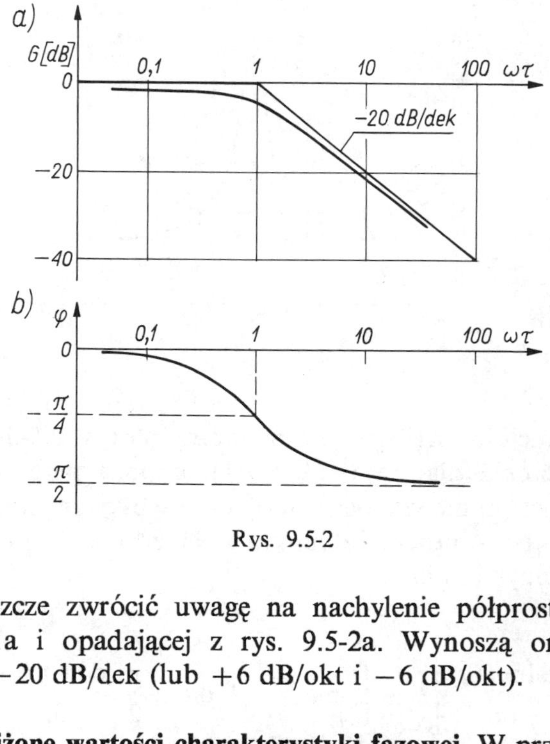

Rys. 9.5-2

Warto jeszcze zwrócić uwagę na nachylenie półprostych: wznoszącej się z rys. 9.5-1a i opadającej z rys. 9.5-2a. Wynoszą one odpowiednio: +20 dB/dek i −20 dB/dek (lub +6 dB/okt i −6 dB/okt).

C. Przybliżone wartości charakterystyki fazowej. W przypadku transmitancji (9.5-1) minimalno-fazowej możliwe jest określenie przybliżonej wartości fazy na podstawie amplitudowej charakterystyki asymptotycznej.

Wróćmy w tym celu do całki Bodego określonej wzorem (9.4-81) i przepiszmy ją w postaci:

$$\varphi(\omega) = \frac{1}{\pi} \int_{-\infty}^{+\infty} \frac{d \ln A(u)}{du} \ln \operatorname{cth} \frac{|u|}{2} \, du \tag{9.5-13}$$

gdzie $u = \ln(\lambda/\omega)$, zaś ω jest ustaloną wartością pulsacji.

Załóżmy, że w otoczeniu wartości ω, dla której chcemy wyznaczyć wartość fazy $\varphi(\omega)$, logarytmiczna charakterystyka amplitudowa $\ln A(\omega)$ ma, w przybliżeniu, stałe nachylenie, tzn.:

$$\left.\frac{\mathrm{d}\ln A(\lambda)}{\mathrm{d}\lambda}\right|_{\lambda=\omega} \cong \text{const}, \qquad \left.\frac{\mathrm{d}\ln A(u)}{\mathrm{d}u}\right|_{u=0} \cong \text{const} \tag{9.5-14}$$

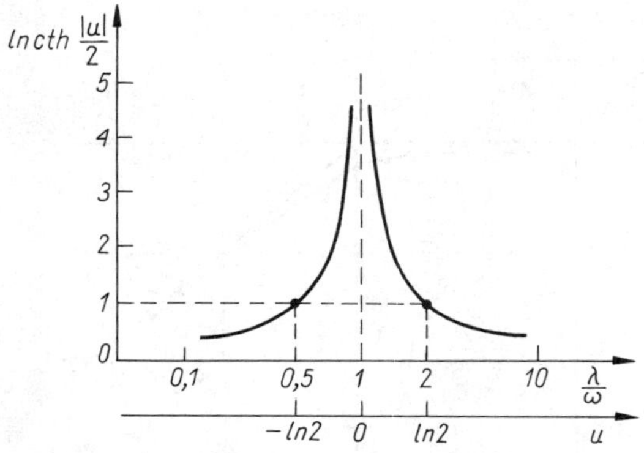

Rys. 9.5-3

Wykres funkcji $\ln \operatorname{cth}(|u|/2)$ jest pokazany na rys. 9.5-3. Funkcja ta ma punkt nieograniczenia dla $u = 0$ ($\lambda/\omega = 1$), a poza przedziałem $|u| < \ln 2$ ($1/2 < \lambda/\omega < 2$) jest mniejsza od jedności i szybko zmierza do zera przy $|u| \to \infty$. Jeżeli zatem w otoczeniu punktu $u = 0$ zachodzi równość (9.5-14), to otrzymujemy w przybliżeniu:

$$\varphi(\omega) \cong \frac{1}{\pi} \left.\frac{\mathrm{d}\ln A(u)}{\mathrm{d}u}\right|_{u=0} \int_{-\infty}^{+\infty} \ln \operatorname{cth} \frac{|u|}{2}\, \mathrm{d}u = \frac{\pi}{2} \left.\frac{\mathrm{d}\ln A(u)}{\mathrm{d}u}\right|_{u=0} \tag{9.5-15}$$

bowiem (korzystamy z tablic całek niewłaściwych [40]):

$$\int_{-\infty}^{+\infty} \ln \operatorname{cth} \frac{|u|}{2}\, \mathrm{d}u = \frac{\pi^2}{2}$$

Możliwość zastosowania przybliżenia (9.5-15) wynika z faktu, iż poza otoczeniem punktu $u = 0$, w którym założyliśmy stałość nachylenia logarytmicznej charakterystyki amplitudowej, funkcja $\ln \operatorname{cth}(|u|/2)$ przybiera wartości bliskie zeru (por. rys. 9.5-3), a więc pochodna występująca pod całką we wzorze (9.5-13) nie będzie w sposób istotny wpływać na wartość całki.

Wyznaczenie wartości (9.5-15) jest szczególnie proste, jeśli posługujemy się amplitudową charakterystyką asymptotyczną. Jeżeli dla danej wartości ω nachylenie charakterystyki asymptotycznej wynosi $\pm n \cdot 20$ dB/dek, to[1]:

$$\left.\frac{\mathrm{d}\ln A(u)}{\mathrm{d}u}\right|_{u=0} = \pm n \tag{9.5-16}$$

a stąd ostatecznie:

$$\varphi(\omega) \cong \pm n\frac{\pi}{2} \tag{9.5-17}$$

Wzór (9.5-17) jest wzorem przybliżonym, określającym prawidłowo wartość fazy $\varphi(\omega)$ tylko dla tych zakresów zmian ω, dla których logarytmiczna charakterystyka amplitudowa ma istotnie stałe nachylenie. Na przykład dla charakterystyki z rys. 9.5-1a mamy $n = 0$ dla $\omega\tau \ll 1$ (a więc $\varphi(\omega) = 0$) oraz $n = 1$ dla $\omega\tau \gg 1$ (a więc $\varphi(\omega) = \pi/2$). Wartości te określają asymptotyczne wartości fazy $\varphi(\omega)$ z rys. 9.5-1b. Dla zakresu $\omega\tau \cong 1$ (a więc w otoczeniu punktu, w którym charakterystyka asymptotyczna zmienia nachylenie) *błąd aproksymacji* wynikającej z zależności (9.5-17) byłby bardzo duży ($\leqslant \pi/4$). Zależność (9.5-17) bywa w praktyce stosowana jedynie dla orientacyjnego określania zakresu zmian fazy.

D. Przykłady. Rozpatrzymy teraz kilka prostych przykładów.

Przykład 9.5-1. Dla układu z rys. 9.2-3b mamy (por. przykład 9.4-2):

$$H(\mathrm{j}\omega) = \frac{\mathrm{j}\omega}{\alpha + \mathrm{j}\omega} = \frac{\mathrm{j}\omega\tau}{1 + \mathrm{j}\omega\tau} = \frac{L_1(\mathrm{j}\omega)}{M_1(\mathrm{j}\omega)}$$

gdzie:

$$\tau = \frac{1}{\alpha} = RC$$

[1] Nachylenie charakterystyki asymptotycznej równe $\pm n \cdot 20$ dB/dek oznacza, że:

$$\left.\frac{\mathrm{d}\log A(\lambda)}{\mathrm{d}\log \lambda\tau}\right|_{\lambda=\omega} = \pm n$$

Wyrażenie występujące we wzorze (9.5-15) można przekształcić następująco:

$$\left.\frac{\mathrm{d}\ln A(u)}{\mathrm{d}u}\right|_{u=0} = \left.\frac{\mathrm{d}\ln A(\lambda)}{\mathrm{d}\ln\dfrac{\lambda}{\omega}}\right|_{\lambda=\omega} = \left.\frac{\mathrm{d}\log A(\lambda)}{\mathrm{d}\log\dfrac{\lambda}{\omega}}\right|_{\lambda=\omega} = \pm n$$

skąd wynikają równości (9.5-16) i (9.5-17).

Dla $\omega > 0$ mamy zatem:

$$G = 20\log A(\omega) = 20(\log|L_1| - \log|M_1|) = 20\left(\log \omega\tau - \log\sqrt{1+\omega^2\tau^2}\right) \tag{9.5-18}$$

Na rysunku 9.5-4a pokazano wykresy charakterystyk asymptotycznych odpowiadających składowym wyrażenia (9.5-18). Na rysunku 9.5-4b jest przedstawiona wypadkowa charakterystyka asymptotyczna, a na rys. 9.5-4c – charakterystyka fazowa (por. rys. 9.4-3b).

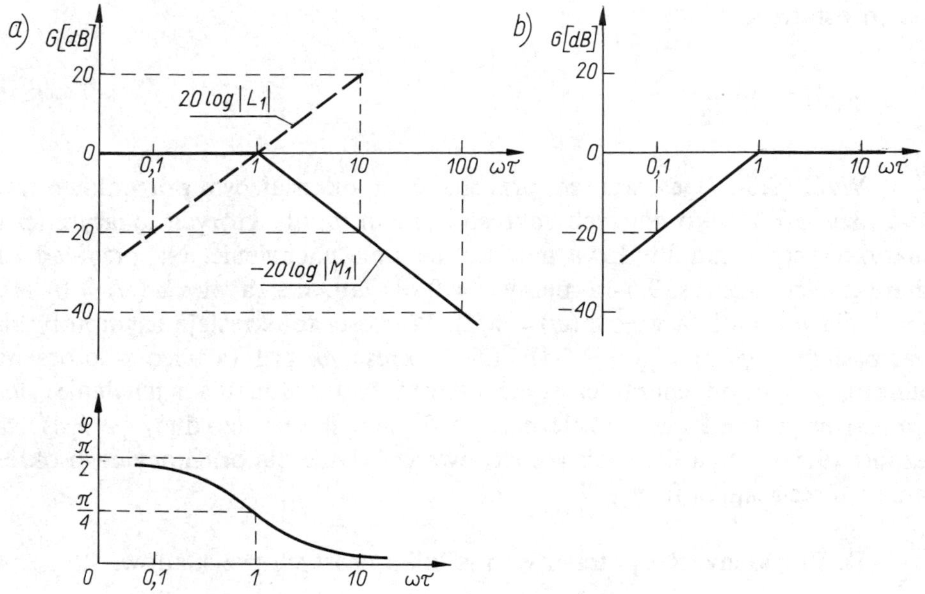

Rys. 9.5-4

Przykład 9.5-2. Rozpatrzmy układ z rys. 9.4-18a o charakterystyce amplitudowo-fazowej określonej wzorem (9.4-102):

$$H(\mathrm{j}\omega) = k\frac{\alpha + \mathrm{j}\omega}{\beta + \mathrm{j}\omega} = k_0\frac{1 + \mathrm{j}\dfrac{\omega}{\alpha}}{1 + \mathrm{j}\dfrac{\omega}{\beta}} = k_0\frac{1 + \mathrm{j}\omega\tau_1}{1 + \mathrm{j}\omega\tau_2} = k_0\frac{L_1(\mathrm{j}\omega)}{M_1(\mathrm{j}\omega)} \tag{9.5-19}$$

gdzie (por. przykład 9.4-10):

$$k = \frac{C_1}{C_1 + C_2}, \qquad \alpha = \frac{1}{R_1C_1}, \qquad \beta = \frac{R_1 + R_2}{R_1R_2(C_1 + C_2)}$$

a więc:

$$k_0 = k\frac{\alpha}{\beta} = \frac{R_2}{R_1 + R_2}, \qquad \tau_1 = \frac{1}{\alpha} = R_1C_1, \qquad \tau_2 = \frac{1}{\beta} = \tau_1\frac{k_0}{k}$$

Przyjmijmy, że $k_0 < k$, a więc $\tau_2 < \tau_1$.

Logarytmiczna charakterystyka amplitudowa ma postać:

$$G = 20\,(\log k_0 + \log|L_1| - \log|M_1|) \tag{9.5-20}$$

Z wyrażenia (9.5-19) wynika od razu, że:

$$H(0) = k_0 < 1, \qquad H(\infty) = k_0 \frac{\tau_1}{\tau_2} = k > k_0$$

Na rysunku 9.5-5 przedstawiono konstrukcję charakterystyki asymptotycznej (9.5-20).

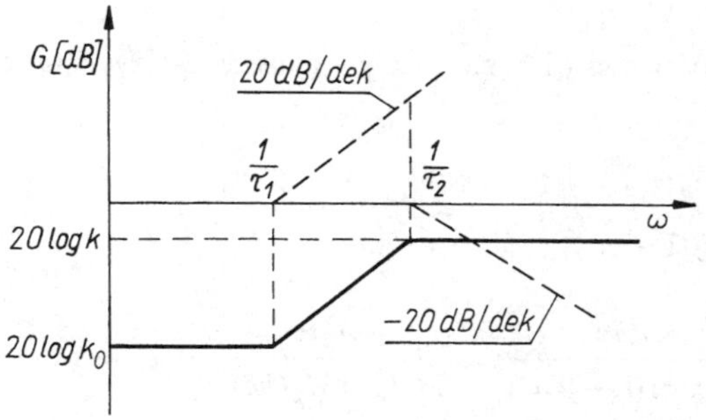

Rys. 9.5-5

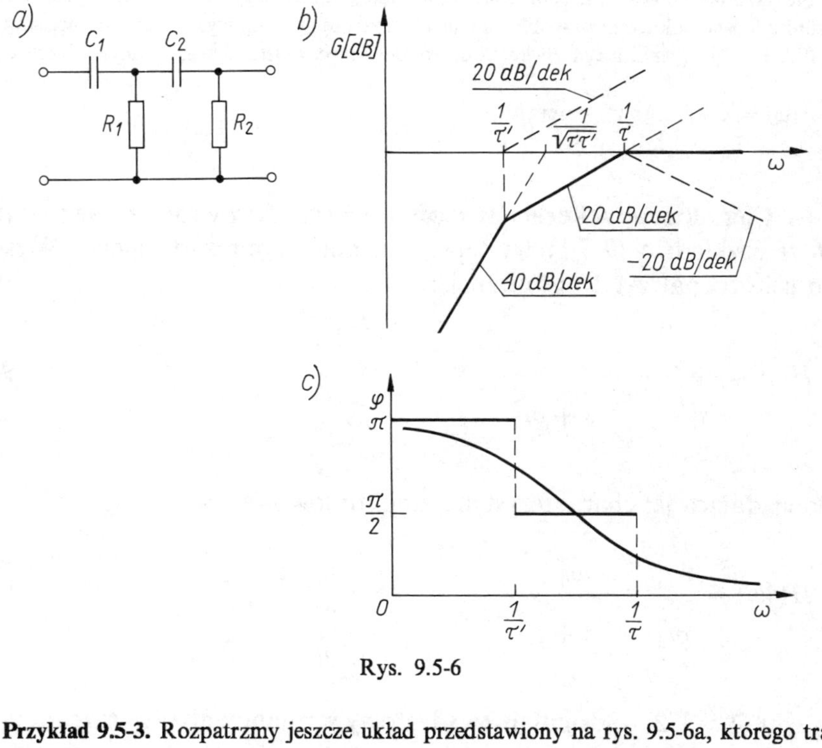

Rys. 9.5-6

Przykład 9.5-3. Rozpatrzmy jeszcze układ przedstawiony na rys. 9.5-6a, którego transmitancja napięciowa:

$$H(s) = \frac{s^2\tau_1\tau_2}{s^2\tau_1\tau_2 + s\left(\dfrac{R_1 + R_2}{R_1}\tau_1 + \tau_2\right) + 1}$$

gdzie: $\tau_1 = R_1C_1$, $\tau_2 = R_2C_2$, przy czym: $H(0) = 0$ oraz $H(\infty) = 1$. Mianownik transmitancji $H(s)$ jest wielomianem stopnia drugiego, rozkładalnym na czynniki stopnia pierwszego (dlaczego?). Możemy zatem przyjąć, iż:

$$s^2\tau_1\tau_2 + s\left(\frac{R_1 + R_2}{R_1}\tau_1 + \tau_2\right) + 1 = (1 + s\tau)(1 + s\tau')$$

przy czym $\tau\tau' = \tau_1\tau_2$ (wartości τ i τ' nie znamy – możemy założyć np., że $\tau' > \tau$). Otrzymujemy zatem:

$$H(s) = \frac{s^2\tau\tau'}{(1 + s\tau)(1 + s\tau')} \tag{9.5-21}$$

$$H(\mathrm{j}\omega) = \frac{-\omega^2\tau\tau'}{(1 + \mathrm{j}\omega\tau)(1 + \mathrm{j}\omega\tau')} = \frac{-\omega^2\tau\tau'}{M_1(\mathrm{j}\omega)M_2(\mathrm{j}\omega)}$$

$$G = 20(\log\omega^2\tau\tau' - \log|M_1| - \log|M_2|) \tag{9.5-22}$$

Na rysunku 9.5-6b przedstawiono konstrukcję charakterystyki asymptotycznej (9.5-22). Na rysunku 9.5-6c pokazano przybliżoną charakterystykę fazową, wyznaczoną na podstawie zależności (9.5-17). Na rysunku tym wykreślono również rzeczywistą charakterystykę fazową:

$$\varphi(\omega) = \pi - \operatorname{arctg}\omega\tau' - \operatorname{arctg}\omega\tau$$

E. Charakterystyki członów rzędu drugiego. Rozważmy teraz przypadek, kiedy w rozkładzie (9.5-1) występuje czynnik stopnia drugiego. Wystarczy w tym celu rozpatrzyć transmitancję:

$$H(s) = \frac{\omega_0^2}{s^2 + \dfrac{\omega_0}{Q}s + \omega_0^2} \tag{9.5-23}$$

i odpowiadającą jej charakterystykę amplitudowo-fazową:

$$H(\mathrm{j}\omega) = \frac{\omega_0^2}{\omega_0^2 - \omega^2 + \mathrm{j}\dfrac{\omega\omega_0}{Q}} = \frac{1}{1 - \dfrac{\omega^2}{\omega_0^2} + \mathrm{j}\dfrac{1}{Q}\dfrac{\omega}{\omega_0}} \tag{9.5-24}$$

przy czym $Q > 1/2$, tj. trójmian kwadratowy w mianowniku wyrażenia (9.5-23) ma wyróżnik mniejszy od zera.

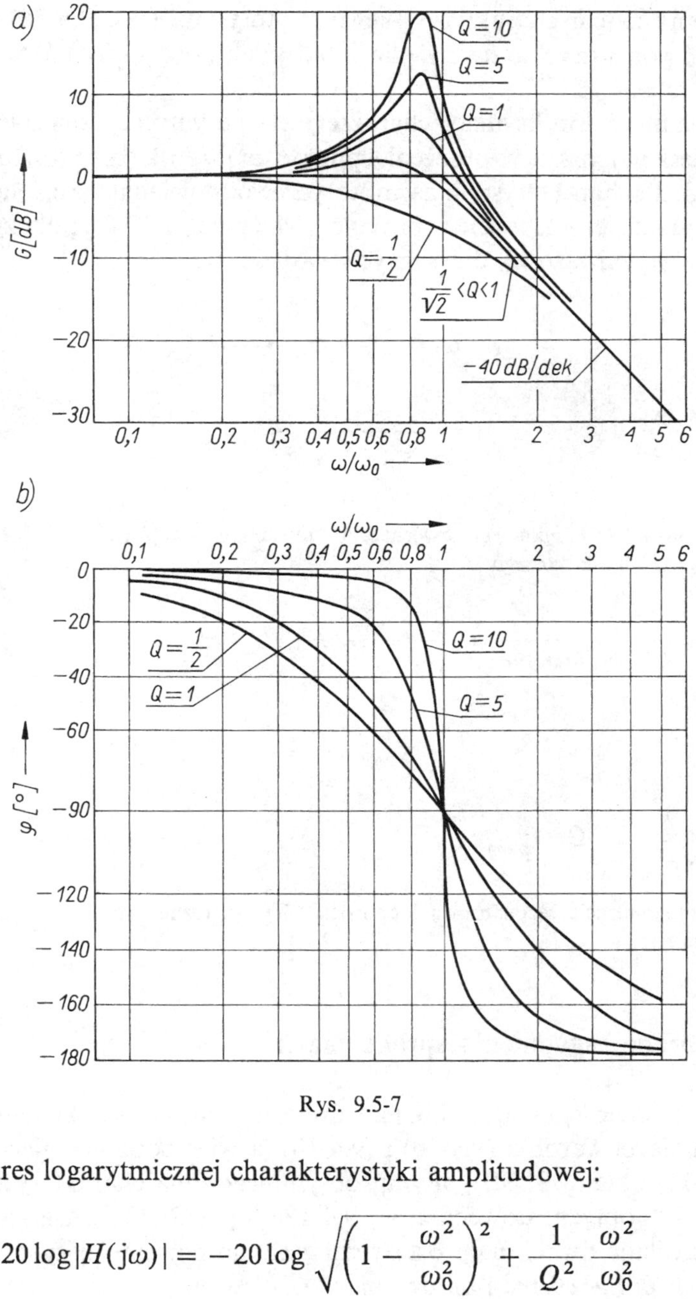

Rys. 9.5-7

Wykres logarytmicznej charakterystyki amplitudowej:

$$G = 20\log|H(j\omega)| = -20\log\sqrt{\left(1-\frac{\omega^2}{\omega_0^2}\right)^2+\frac{1}{Q^2}\frac{\omega^2}{\omega_0^2}} \tag{9.5-25}$$

zależy oczywiście od parametru Q. Na rysunku 9.5-7a pokazano wykresy charakterystyki (9.5-25) dla różnych wartości Q. Dla małych i dużych wartości ω mamy:

$$\omega \ll \omega_0, \qquad |H(j\omega)| \cong 1, \qquad G \cong 0$$

$$\omega \gg \omega_0, \qquad |H(j\omega)| \cong \frac{\omega^2}{\omega_0^2}, \qquad G \cong -40\log\frac{\omega}{\omega_0}$$

Otrzymujemy zatem charakterystykę asymptotyczną (rys. 9.5-7a) składającą się z dwóch półprostych o nachyleniach 0 dB/dek oraz −40 dB/dek, o punkcie wspólnym $\omega/\omega_0 = 1$.

Dokładność aproksymacji charakterystyką asymptotyczną zależy od wartości Q i jest najgorsza w otoczeniu punktu $\omega/\omega_0 = 1$ (błąd rzędu $20 \log Q$). Z tego względu charakterystyki asymptotyczne odpowiadające członom drugiego rzędu są rzadziej stosowane w praktyce. Na rysunku 9.5-7b pokazano wykresy charakterystyki fazowej dla różnych wartości Q.

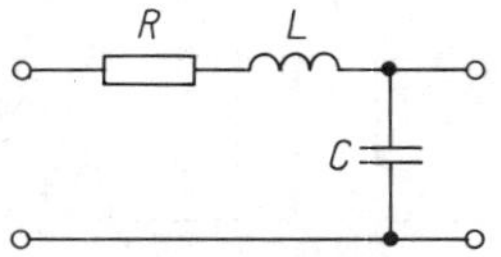

Rys. 9.5-8

Przykład 9.5-4. Przykładem czwórnika o transmitancji napięciowej (9.5-23) może być czwórnik z rys. 9.5-8, dla którego:

$$H(s) = \frac{1}{LCs^2 + RCs + 1} = \frac{\omega_0^2}{s^2 + \frac{\omega_0}{Q}s + \omega_0^2}$$

gdzie:

$$\omega_0 = \frac{1}{\sqrt{LC}}, \qquad Q = \frac{1}{R}\sqrt{\frac{L}{C}}$$

są odpowiednio: pulsacją rezonansową i dobrocią obwodu rezonansowego z rys. 9.5-8 (por. p. 4.6.1 w tomie II).

9.5.2. Wybrane zagadnienia aproksymacji

Istnieje wiele sposobów takiego doboru charakterystyki amplitudowej $A(\omega)$ spełniającej warunki (9.4-10) i (9.4-13) (a więc odpowiadającej transmitancji (9.4-11) układu SLSB), aby aproksymowała ona charakterystykę idealnego filtru dolnoprzepustowego z rys. 9.4-19a (np. [32], [35]). Ograniczymy się do przedstawienia dwóch najprostszych i zarazem najważniejszych sposobów: *aproksymacji Butterwortha* i *aproksymacji Czebyszewa*.

A. Charakterystyka maksymalnie płaska (Butterwortha). Załóżmy, że:

$$A^2(\omega) = \frac{1}{1 + \left(\frac{\omega}{\omega_0}\right)^{2n}} \tag{9.5-26}$$

Można łatwo sprawdzić, że funkcja (9.5-26) spełnia warunek:

$$\left.\frac{d^k A^2(\omega)}{d\omega^k}\right|_{\omega=0} = 0 \qquad \text{dla } k = 1, \ldots, 2n-1 \tag{9.5-27}$$

a więc *warunek maksymalnej płaskości* w punkcie $\omega = 0$ (przy zadanym n). Stąd charakterystykę amplitudową $A(\omega)$ określoną wzorem (9.5-26) nazywamy *charakterystyką maksymalnie płaską* rzędu n lub *charakterystyką Butterwortha* rzędu n.

Wykresy maksymalnie płaskiej charakterystyki $A(\omega)$ dla różnych n są przedstawione na rys. 9.5-9. Charakterystyki $A(\omega)$ z rys. 9.5-9 są monotoniczne i dla wartości $\omega/\omega_0 = 1$ przybierają wartość:

$$A(\omega)\big|_{\omega/\omega_0=1} = \frac{1}{\sqrt{2}} \tag{9.5-28}$$

a więc maleją w porównaniu z wartością początkową $A(0)$ o 3 dB. Ponadto można bez trudu sprawdzić, że:

$$\left.\frac{d A^2(\omega)}{d(\omega/\omega_0)}\right|_{\omega/\omega_0=1} = -\frac{n}{2} \tag{9.5-29}$$

a więc nachylenie charakterystyki $A(\omega)$ dla pulsacji 3-decybelowej ω_0, którą możemy uznać za *pulsację graniczną* między *pasmem przepustowym* a *pasmem zaporowym*, jest (co do modułu) niewielkie i liniowo rośnie ze wzrostem n.

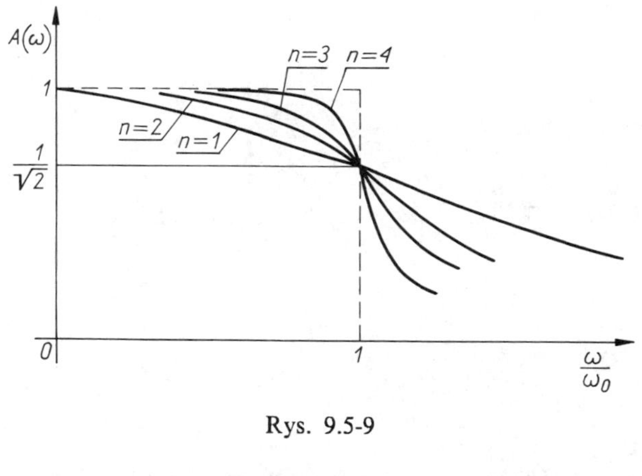

Rys. 9.5-9

Transmitancję $H(s)$ odpowiadającą charakterystyce amplitudowej (9.5-26), a więc transmitancję odpowiedniego *filtru Butterwortha* aproksymującego idealny filtr dolnoprzepustowy z rys. 9.4-19a, możemy wyznaczyć ze wzoru (9.4-107). Otrzymujemy:

$$A^2(\mathrm{j}s) = \frac{1}{1 + \left(\frac{\mathrm{j}s}{\omega_0}\right)^{2n}} = \frac{1}{1 + (-1)^n \left(\frac{s^2}{\omega_0^2}\right)^n} = H(s)H(-s) \qquad (9.5\text{-}30)$$

Bieguny wyrażenia (9.5-30) są położone symetrycznie względem początku układu współrzędnych, tj. jeśli s_k jest biegunem, to również biegunem jest $-s_k$. Umożliwia to rozdział funkcji (9.5-30) na $H(s)$ i $H(-s)$ według położenia biegunów (por. p. 9.4.2-H). Wyrażenie (9.5-30) możemy przepisać w postaci:

$$H(s)H(-s) = \frac{1}{1 + (-1)^n \left(\frac{s^2}{\omega_0^2}\right)^n} = (-1)^n \frac{s_1^2 s_2^2 \ldots s_n^2}{(s^2 - s_1^2)(s^2 - s_2^2)\ldots(s^2 - s_n^2)} =$$

$$= (-1)^n \frac{s_1 s_2 \ldots s_n}{(s - s_1)(s - s_2)\ldots(s - s_n)} \frac{s_1 s_2 \ldots s_n}{(s + s_1)(s + s_2)\ldots(s + s_n)}$$

gdzie przez $s_1, s_2, \ldots, s_n$ oznaczyliśmy bieguny (pierwiastki mianownika) leżące w lewej półpłaszczyźnie $\operatorname{Re} s < 0$. Na podstawie tego wyrażenia identyfikujemy transmitancję $H(s)$ jako:

$$H(s) = (-1)^n \frac{s_1 s_2 \ldots s_n}{(s - s_1)(s - s_2)\ldots(s - s_n)} \qquad (9.5\text{-}31)$$

Pozostaje wyznaczyć wartości $s_1, s_2, \ldots, s_n$. Wartości te są pierwiastkami równania:

$$1 + \left(\frac{\mathrm{j}s}{\omega_0}\right)^{2n} = 0 \qquad (9.5\text{-}32)$$

z którego otrzymujemy:

$$\frac{s}{\omega_0} = \mathrm{e}^{\mathrm{j}\left(\frac{\pi}{2n} - \frac{\pi}{2} + k\frac{\pi}{n}\right)}, \qquad k = 0, 1, \ldots, 2n-1 \qquad (9.5\text{-}33)$$

lub:

$$\frac{s}{\omega_0} = \sin\frac{2k+1}{2n}\pi - \mathrm{j}\cos\frac{2k+1}{2n}\pi, \qquad k = 0, 1, \ldots, 2n-1$$

przy czym pierwiastki leżące w lewej półpłaszczyźnie są określone zależnością:

$$\frac{s_{k+1}}{\omega_0} = -\sin\frac{2k+1}{2n}\pi + \mathrm{j}\cos\frac{2k+1}{2n}\pi, \qquad k = 0, 1, \ldots, n-1 \qquad (9.5\text{-}34)$$

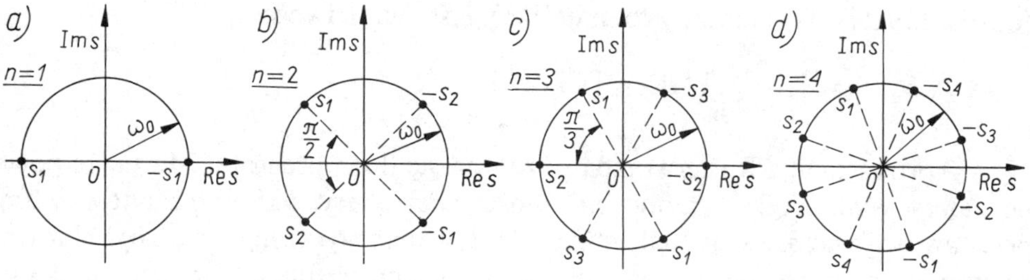

Rys. 9.5-10

Pierwiastki (9.5-34) równania (9.5-32) leżą na okręgu o promieniu ω_0 w odstępach kątowych równych π/n. Ich rozkład dla $n = 1, 2, 3, 4$ jest przedstawiony na rys. 9.5-10. Wyznaczając kolejno wartości tych pierwiastków, otrzymujemy, zgodnie ze wzorem (9.5-31):

$$n = 1, \quad s_1 = -\omega_0, \quad H(s) = \frac{\omega_0}{s + \omega_0}$$

$$n = 2, \quad s_{1,2} = -\frac{\omega_0}{\sqrt{2}} \pm \mathrm{j}\frac{\omega_0}{\sqrt{2}}, \quad H(s) = \frac{\omega_0^2}{s^2 + \sqrt{2}\,\omega_0 s + \omega_0^2}$$

$$n = 3, \quad s_{1,3} = -\frac{\omega_0}{2} \pm \mathrm{j}\frac{\sqrt{3}}{2}\omega_0, \quad s_2 = -\omega_0,$$

$$H(s) = \frac{\omega_0^3}{(s + \omega_0)(s^2 + \omega_0 s + \omega_0^2)}$$

i tak dalej. W ogólnym przypadku otrzymujemy:

$$H(s) = \frac{1}{B_n\left(\dfrac{s}{\omega_0}\right)} \tag{9.5-35}$$

gdzie $B_n(\cdot)$ jest *wielomianem Butterwortha stopnia n*. Poniżej podajemy kilka pierwszych wielomianów Butterwortha:

$$B_1(x) = x + 1$$

$$B_2(x) = x^2 + \sqrt{2}\,x + 1$$

$$B_3(x) = (x + 1)(x^2 + x + 1)$$

$$B_4(x) = (x^2 + 0{,}7654x + 1)(x^2 + 1{,}8478x + 1)$$

$$B_5(x) = (x + 1)(x^2 + 0{,}618x + 1)(x^2 + 1{,}618x + 1)$$

. . . .

. . . .

(por zad. 9.24). Wielomiany te mają oczywiste właściwości:

$$\bigwedge_n B_n(0) = 1, \qquad \bigwedge_n |B_n(\pm \mathrm{j})| = \sqrt{2}$$

Aproksymacja Butterwortha odznacza się dużą prostotą. Ma także pewne zalety wynikające z monotoniczności charakterystyki amplitudowej. Jej podstawową wadą jest jednak mała selektywność wyrażająca się zbyt słabym rozgraniczeniem pasma przepustowego $\omega < \omega_0$ od pasma zaporowego $\omega > \omega_0$ – por. wzór (9.5-29). Jak zobaczymy, znacznie lepszą selektywność można uzyskać stosując aproksymację Czebyszewa.

B. Wielomiany Czebyszewa. Przed przystąpieniem do omawiania aproksymacji Czebyszewa podamy kilka podstawowych właściwości *wielomianów Czebyszewa*, przydatnych w dalszych rozważaniach.

Wielomianem Czebyszewa $T_n(x)$ pierwszego rodzaju stopnia n jest nazywany wielomian o współczynnikach rzeczywistych określony wzorem (por. [8], str. 75, [35], str. 488):

$$T_n(x) = \begin{cases} \cos(n \arccos x), & |x| \leqslant 1 \\ \mathrm{ch}(n \,\mathrm{arch}\, x), & |x| > 1 \end{cases} \tag{9.5-36}$$

Dla $|x| \leqslant 1$ są znane także inne formuły określające wielomian $T_n(x)$, np.:

$$T_n(x) = \frac{1}{2}\left[\left(x + \mathrm{j}\sqrt{1-x^2}\right)^n + \left(x - \mathrm{j}\sqrt{1-x^2}\right)^n\right]$$

oraz:

$$T_n(x) = \frac{(-1)^{n-1}}{1 \cdot 3 \cdot 5 \cdots (2n-1)} \sqrt{1-x^2} \, \frac{\mathrm{d}^n}{\mathrm{d}x^n} (1-x^2)^{n-\frac{1}{2}}$$

Wielomiany $T_n(x)$ spełniają ponadto zależność rekurencyjną:

$$T_{n+1}(x) = 2xT_n(x) - T_{n-1}(x) \,, \qquad T_0(x) = 1 \tag{9.5-37}$$

Kolejne wielomiany Czebyszewa mają następującą postać:

$$T_1(x) = x$$
$$T_2(x) = 2x^2 - 1$$
$$T_3(x) = 4x^3 - 3x$$
$$T_4(x) = 8x^4 - 8x^2 + 1$$
$$T_5(x) = 16x^5 - 20x^3 + 5x$$

. . . .

. . . .

przy czym współczynnik przy najwyższej potędze zmiennej x jest równy 2^{n-1}. Wielomiany stopni parzystych są parzyste, wielomiany stopni nieparzystych są nieparzyste. Ponadto wielomiany te spełniają warunki:

$$\bigwedge_{n} |T_n(\pm 1)| = 1 \tag{9.5-38}$$

$$\bigwedge_{n} \bigwedge_{|x| \leqslant 1} |T_n(x)| \leqslant 1 \tag{9.5-39}$$

$$\left.\frac{\mathrm{d}T_n(x)}{\mathrm{d}x}\right|_{x=1} = n^2 \tag{9.5-40}$$

Wielomiany Czebyszewa mają następujące właściwości, decydujące o ich znaczeniu i zastosowaniach.

1. W przedziale $-1 < x < 1$ wielomian $T_n(x)$ ma $n-1$ ekstremów o wartościach ± 1.

2. Spośród wszystkich wielomianów stopnia n o współczynniku $a_n = 1$ najmniejsze odchylenie od zera w przedziale $-1 \leqslant x \leqslant 1$ ma wielomian:

$$\frac{1}{2^{n-1}} T_n(x) \tag{9.5-41}$$

Wykresy kilku wielomianów $T_n(x)$ w przedziale $0 \leqslant x \leqslant 1$ przedstawiono na rys. 9.5-11.

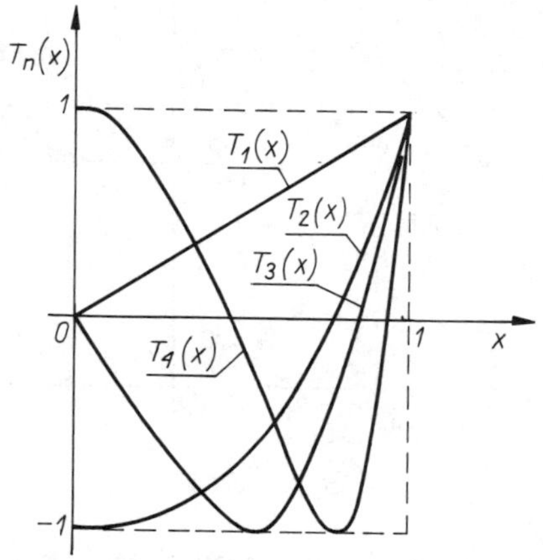

Rys. 9.5-11

C. Charakterystyka równomiernie falista (Czebyszewa). *Charakterystyką równomiernie falistą* rzędu n lub *charakterystyką Czebyszewa* rzędu n nazywamy charakterystykę amplitudową określoną wzorem:

$$A^2(\omega) = \frac{1}{1 + \varepsilon^2 T_n^2\left(\dfrac{\omega}{\omega_0}\right)} \tag{9.5-42}$$

gdzie $T_n(\cdot)$ jest wielomianem Czebyszewa stopnia n (por. p. B), natomiast $\varepsilon \in (0, 1\rangle$ jest *współczynnikiem falistości.*

Wobec zależności (9.5-39) wartości charakterystyki $A(\omega)$ dla $|\omega| \leqslant \omega_0$ są zawarte między wartościami:

$$\frac{1}{\sqrt{1 + \varepsilon^2}} \leqslant A(\omega) \leqslant 1 \tag{9.5-43}$$

przy czym:

$$A(\omega_0) = \frac{1}{\sqrt{1 + \varepsilon^2}} \tag{9.5-44}$$

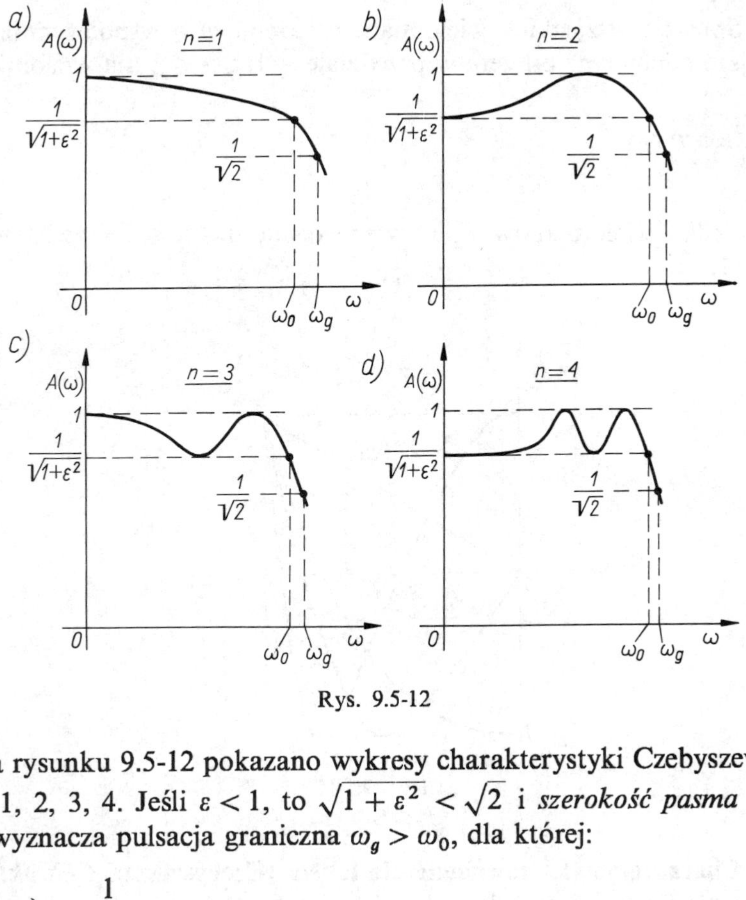

Rys. 9.5-12

Na rysunku 9.5-12 pokazano wykresy charakterystyki Czebyszewa $A(\omega)$ dla $n = 1, 2, 3, 4$. Jeśli $\varepsilon < 1$, to $\sqrt{1 + \varepsilon^2} < \sqrt{2}$ i *szerokość pasma przepustowego* wyznacza pulsacja graniczna $\omega_g > \omega_0$, dla której:

$$A(\omega_g) = \frac{1}{\sqrt{2}}$$

Wartość pulsacji granicznej ω_g możemy wyznaczyć z równania:

$$1 + \varepsilon^2 T_n^2 \left(\frac{\omega_g}{\omega_0} \right) = 2 \tag{9.5-45}$$

a więc:

$$T_n \left(\frac{\omega_g}{\omega_0} \right) = \frac{1}{\varepsilon} \tag{9.5-46}$$

co wobec zależności definicyjnej (9.5-36) prowadzi do wzoru:

$$\frac{\omega_g}{\omega_0} = \mathrm{ch} \left(\frac{1}{n} \,\mathrm{arch}\, \frac{1}{\varepsilon} \right) \tag{9.5-47}$$

Wykres zależności (9.5-47) w funkcji $x = 1/\varepsilon$ dla kilku wartości n podano na rys. 9.5-13.

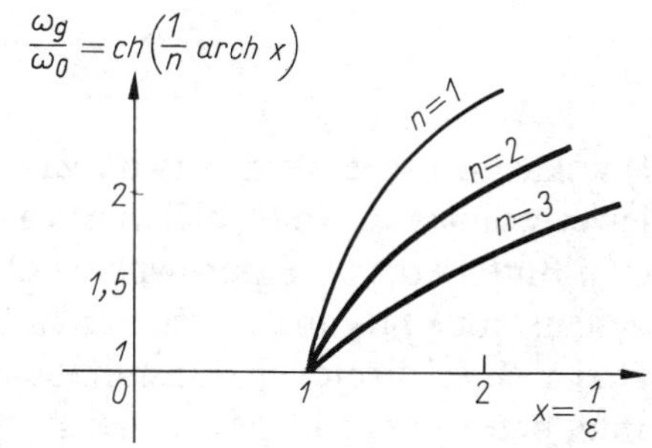

Rys. 9.5-13

Zgodnie ze wzorem (9.5-47) nachylenie charakterystyki (9.5-42) dla $\omega = \omega_0$ wynosi:

$$\left. \frac{\mathrm{d}\, A^2(\omega)}{\mathrm{d}(\omega/\omega_0)} \right|_{\omega/\omega_0 = 1} = - \frac{2\varepsilon^2}{(1+\varepsilon^2)^2}\, n^2 \tag{9.5-48}$$

i rośnie (co do modułu) z kwadratem n (por. wzór (9.5-29) dla charakterystyki Butterwortha).

Podobnie jak w przypadku aproksymacji Butterwortha, transmitancję $H(s)$ odpowiadającą charakterystyce amplitudowej (9.5-42) (tj. transmitancję *filtru Czebyszewa* aproksymującego idealny filtr dolnoprzepustowy z rys. 9.4-19a) możemy wyznaczyć ze wzoru (9.4-107):

$$A^2(\mathrm{j}s) = \frac{1}{1 + \varepsilon^2 T_n^2 \left(\frac{\mathrm{j}s}{\omega_0} \right)} = H(s)\, H(-s) \tag{9.5-49}$$

Wymaga to wyznaczenia biegunów (9.5-49), tj. pierwiastków równania:

$$1 + \varepsilon^2 T_n^2 \left(\frac{\mathrm{j}s}{\omega_0} \right) = 0 \tag{9.5-50}$$

Rozwiązanie tego równania wymaga nieco bardziej skomplikowanych przekształceń (szczegóły pomijamy, patrz np. [8], str. 55, [35], str. 512-518). W ich rezultacie otrzymujemy następującą zależność określającą pierwiastki równania (9.5-50) leżące w lewej półpłaszczyźnie:

$$\frac{s_{k+1}}{\omega_0} = -\operatorname{sh}\alpha \sin \frac{2k+1}{2n}\pi + \mathrm{j}\operatorname{ch}\alpha \cos \frac{2k+1}{2n}\pi, \qquad k = 0, 1, \ldots, n-1 \tag{9.5-51}$$

gdzie:

$$\alpha = \frac{1}{n} \operatorname{arsh} \frac{1}{\varepsilon} \tag{9.5-52}$$

Zależność (9.5-51) wskazuje na pokrewieństwo z zależnością (9.5-34) określającą położenie (w lewej półpłaszczyźnie) pierwiastków równania (9.5-32), tj. biegunów transmitancji Butterwortha. Z porównania obu zależności wynika, że część rzeczywistą i część urojoną bieguna transmitancji Czebyszewa otrzymujemy z części rzeczywistej i części urojonej transmitancji Butterwortha przez pomnożenie, odpowiednio, przez $\operatorname{sh}\alpha$ i $\operatorname{ch}\alpha$. Można łatwo sprawdzić, że pierwiastki (9.5-51) leżą na elipsie, której półosie są odpowiednio równe: $\omega_0 \operatorname{ch}\alpha$ (duża półoś) i $\omega_0 \operatorname{sh}\alpha$ (mała półoś). Na rysunku 9.5-14 pokazano położenie punktów (9.5-51) dla $n = 3$.

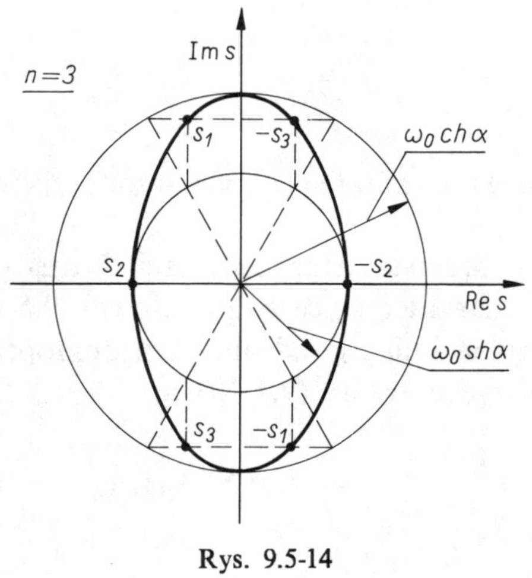

Rys. 9.5-14

Transmitancja $H(s)$ odpowiadająca charakterystyce amplitudowej (9.5-42) rzędu n ma postać:

$$H(s) = \frac{H_0}{\left(\frac{s}{\omega_0}\right)^n + b_{n-1}\left(\frac{s}{\omega_0}\right)^{n-1} + \ldots + b_1\left(\frac{s}{\omega_0}\right) + b_0} \qquad (9.5\text{-}53)$$

przy czym współczynniki b_k zależą od współczynnika ε. Wyznaczenie analitycznej zależności między położeniem biegunów (9.5-51) a wartościami współczynników b_k jest na tyle skomplikowane, że staje się bezużyteczne. Z tego względu w literaturze podaje się tablice współczynników b_k dla różnych wartości współczynnika falistości ε (np. [35], str. 516).

D. Transformacje częstotliwości. Dotychczas zajmowaliśmy się aproksymacją charakterystyki idealnego filtru dolnoprzepustowego przedstawionej na rys. 9.4-19a. Pomijaliśmy przy tym zagadnienie *syntezy* filtru, polegające na realizacji układu o wyznaczonej w wyniku aproksymacji transmitancji $H(s)$.

W praktyce zachodzi potrzeba realizacji także innych typów filtrów. Na rysunku 9.5-15 przedstawiono idealne charakterystyki: górnoprzepustową (rys. 9.5-15a), środkowoprzepustową (rys. 9.5-15b) i środkowozaporową (9.5-15c). Charakterystyki te są idealne, tj. nierealizowalne zgodnie z twierdzeniem Paleya-Wienera, i wymagałyby przeprowadzenia aproksymacji, podobnie jak charakterystyka dolnoprzepustowa z rys. 9.4-19a.

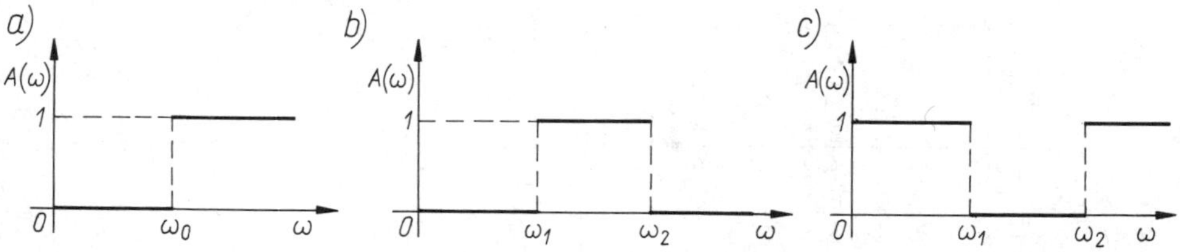

Rys. 9.5-15

Okazuje się jednak, że nie jest to konieczne. Wystarczy ograniczyć się bowiem do aproksymacji charakterystyki dolnoprzepustowej i wyznaczenia odpowiedniej (dolnoprzepustowej) transmitancji $H(s)$, a następnie dokonać odpowiedniej *transformacji częstotliwości*, która przekształca charakterystykę z rys. 9.4-19a w jedną z charakterystyk z rys. 9.5-15. Transformacja częstotliwości polega na zamianie zmiennej niezależnej $s \to s'$ ($\omega \to \omega'$), przekształca zatem transmitancję $H(s)$ filtru dolnoprzepustowego, np. określoną wzorem (9.5-31) (aproksymacja Butterwortha) lub wzorem (9.5-53) (aproksymacja Czebyszewa), w transmitancję $H(s')$ odpowiedniego filtru *górnoprzepustowego*, *środkowoprzepustowego* lub *środkowozaporowego*. Omówimy teraz podstawowe transformacje częstotliwości.

Transformacja górnoprzepustowa jest określona przez zamianę zmiennych (rys. 9.5-16a):

$$s = \frac{\omega_0^2}{s'}, \qquad \omega = -\frac{\omega_0^2}{\omega'} \tag{9.5-54}$$

Bez trudu sprawdzamy, że w wyniku tej zamiany pasmo $|\omega| \leqslant \omega_0$ przechodzi w pasmo $|\omega'| \geqslant \omega_0$, co oznacza przekształcenie charakterystyki dolnoprzepustowej z rys. 9.4-19a w charakterystykę górnoprzepustową z rys. 9.5-16b. Podobnie przekształcają się charakterystyki aproksymujące charakterystykę idealną (na rys. 9.5-17a,b oraz rys. 9.5-17c,d pokazano odpowiednio charakterystyki Butterwortha i Czebyszewa).

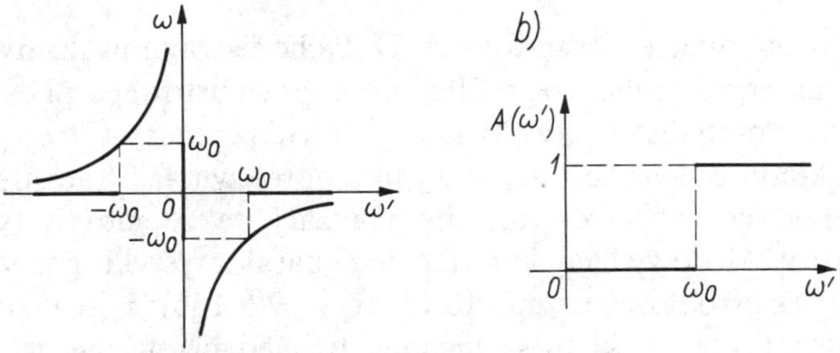

Rys. 9.5-16

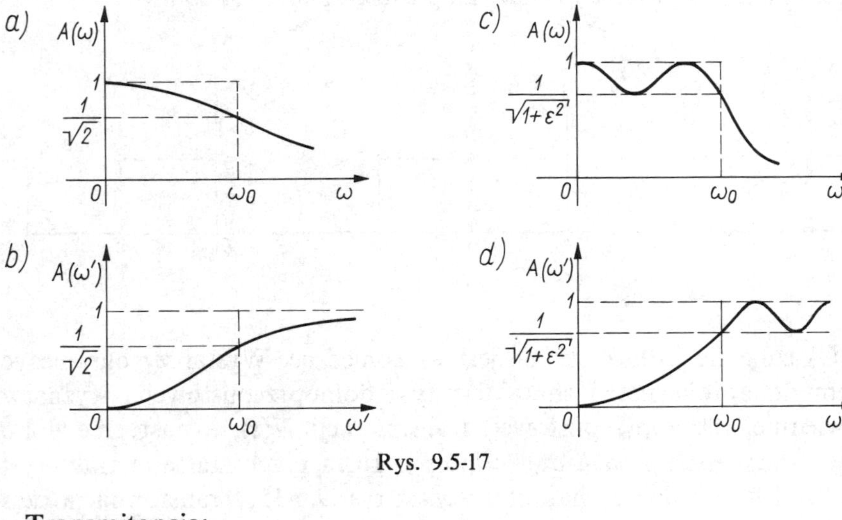

Rys. 9.5-17

Transmitancja:

$$H(s) = \frac{L(s)}{M(s)}, \qquad \text{st}\, L(s) = 0, \qquad \text{st}\, M(s) = n \tag{9.5-55}$$

filtru dolnoprzepustowego przejdzie po podstawieniu (9.5-54) w transmitancję filtru górnoprzepustowego:

$$H\left(\frac{\omega_0^2}{s'}\right) = H'(s') = \frac{L'(s')}{M'(s')} \tag{9.5-56}$$

przy czym: $\operatorname{st} L'(s') = \operatorname{st} M'(s') = n$.

Jeśli filtr dolnoprzepustowy jest zbudowany z elementów RLC, to filtr górnoprzepustowy o transmitancji (9.5-56) ma taką samą strukturę, zachowuje wartości oporów, natomiast indukcyjności przechodzą w pojemności, a pojemności – w indukcyjności. Mamy bowiem:

$$sL \to \frac{\omega_0^2}{s'} L = \frac{1}{s'C}$$

$$\frac{1}{sC} \to \frac{s'}{\omega_0^2 C} = s'L$$

przy czym $\omega_0^2 = 1/(LC)$ (por. tabl. 9.5-2).

Tablica 9.5-2

Układ dolnoprzepustowy	Układy przekształcone		
	górnoprzepustowy	środkowoprzepustowy	środkowozaporowy
	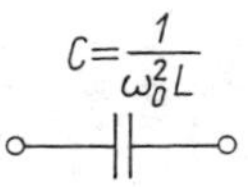	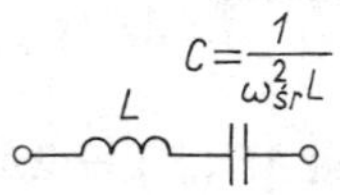	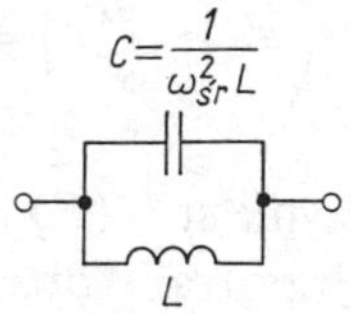
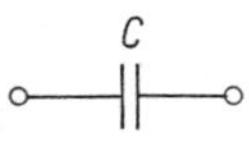	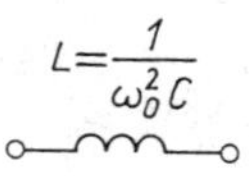	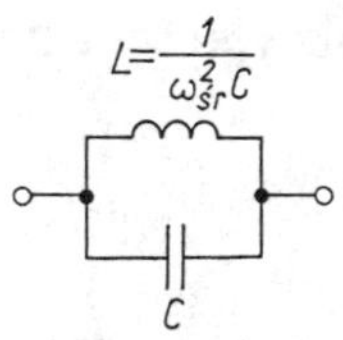	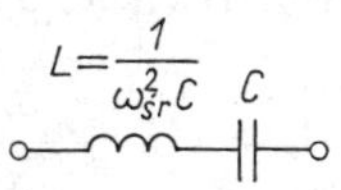

Transformacja środkowoprzepustowa jest określona przez zamianę zmiennych (rys. 9.5-18a):

$$s = s' + \frac{\omega_{śr}^2}{s'}, \qquad \omega = \omega' - \frac{\omega_{śr}^2}{\omega'} \tag{9.5-57}$$

Transformacja (9.5-57) przeprowadza pasmo $|\omega| \leqslant \omega_0$ w pasmo $\omega_1 < \omega' < \omega_2$, a tym samym charakterystykę dolnoprzepustową z rys. 9.4-19a przekształca w charakterystykę środkowoprzepustową pokazaną na rys. 9.5-18b.

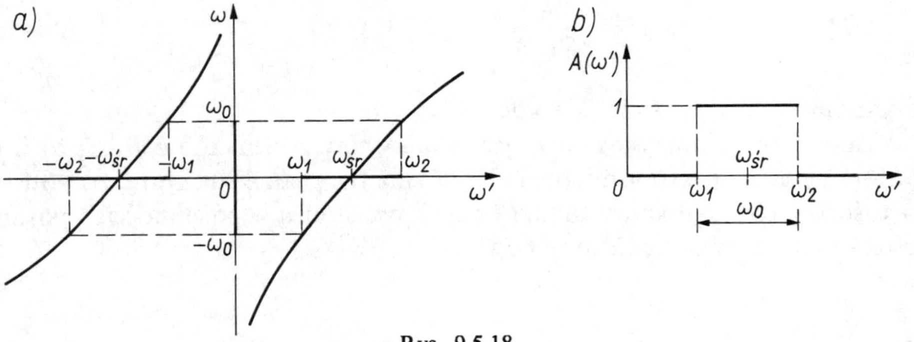

Rys. 9.5-18

Z rysunku 9.5-18a wynika, że pulsacja ω_0 przechodzi przy transformacji (9.5--57) w pulsacje ω_2 i $-\omega_1$. Pulsacje te są zatem pierwiastkami równania kwadratowego:

$$\omega'^2 - \omega_0 \omega' - \omega_{śr}^2 = 0$$

a stąd:

$$\omega_1 \omega_2 = \omega_{śr}^2, \qquad \omega_2 - \omega_1 = \omega_0 \tag{9.5-58}$$

Transmitancja (9.5-55) filtru dolnoprzepustowego przechodzi po podstawieniu (9.5-58) w transmitancję filtru środkowoprzepustowego:

$$H\left(s' + \frac{\omega_{śr}^2}{s'}\right) = H'(s') = \frac{L'(s')}{M'(s')} \tag{9.5-59}$$

przy czym: st $L'(s') = n$, st $M'(s') = 2n$.

Przy transformacji środkowoprzepustowej (9.5-57) indukcyjności i pojemności filtru dolnoprzepustowego przechodzą odpowiednio w połączenia szeregowe i równoległe indukcyjności i pojemności:

$$sL \to s'L + \frac{\omega_{śr}^2}{s'} L = s'L + \frac{1}{s'C}$$

$$\frac{1}{sC} \to \frac{1}{s'C + \dfrac{\omega_{śr}^2}{s'} C} = \frac{1}{s'C + \dfrac{1}{s'L}}$$

przy czym $\omega_{śr}^2 = 1/(LC)$ (por. tabl. 9.5-2).

Transformacja środkowozaporowa jest określona przez zamianę zmiennych (rys. 9.5-19a):

$$s = \frac{\omega_{śr}^2}{s' + \dfrac{\omega_{śr}^2}{s'}} = \frac{\omega_{śr}^2 s'}{s'^2 + \omega_{śr}^2}, \qquad \omega = \frac{\omega_{śr}^2}{-\omega' + \dfrac{\omega_{śr}^2}{\omega'}} = \frac{\omega_{śr}^2 \omega'}{\omega_{śr}^2 - \omega'^2} \tag{9.5-60}$$

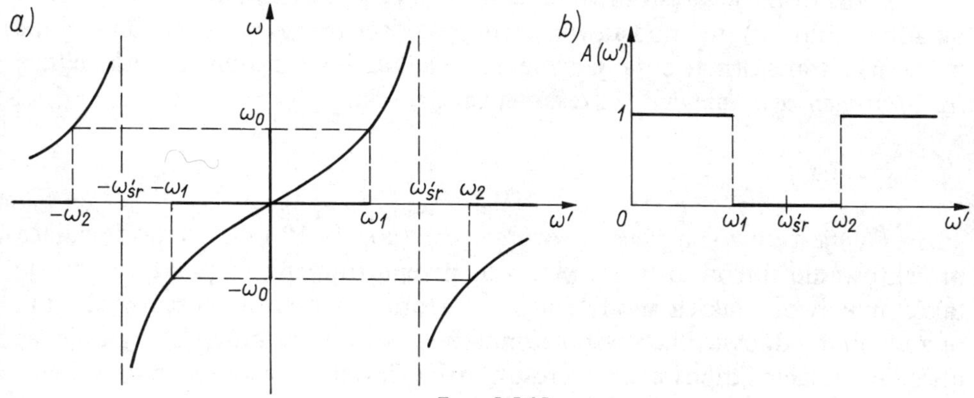

Rys. 9.5-19

Transformacja (9.5-60) przeprowadza pasmo $|\omega| \leqslant \omega_0$ w pasmo dzielone: $0 \leqslant \omega' < \omega_1$, $\omega' > \omega_2$ (uwzględniamy tylko część pasma dla $\omega' > 0$, rys. 9.5-19a), a tym samym przekształca charakterystykę dolnoprzepustową z rys. 9.4-19a w charakterystykę środkowozaporową pokazaną na rys. 9.5-19b.

W sposób analogiczny do transformacji środkowoprzepustowej otrzymujemy zależności (rys. 9.5-19a):

$$\omega_1 \omega_2 = \omega_{śr}^2, \qquad \omega_2 - \omega_1 = \frac{\omega_{śr}^2}{\omega_0} \tag{9.5-61}$$

Transmitancja (9.5-55) filtru dolnoprzepustowego przechodzi po podstawieniu (9.5-60) w transmitancję filtru środkowozaporowego:

$$H\left(\frac{\omega_{śr}^2 s'}{s'^2 + \omega_{śr}^2}\right) = H'(s') = \frac{L'(s')}{M'(s')} \tag{9.5-62}$$

przy czym: $\operatorname{st} L'(s') = 2n$, $\operatorname{st} M'(s') = 2n$.

Przy transformacji środkowozaporowej (9.6-60) indukcyjności i pojemności filtru dolnoprzepustowego przechodzą odpowiednio w połączenia równoległe i szeregowe indukcyjności i pojemności:

$$sL \to \frac{\omega_{śr}^2 L}{s' + \dfrac{\omega_{śr}^2}{s'}} = \frac{1}{\dfrac{1}{s'L} + \dfrac{s'}{\omega_{śr}^2 L}} = \frac{1}{s'C + \dfrac{1}{s'L}}$$

$$\frac{1}{sC} \to \frac{1}{\omega_{śr}^2 C}\left(s' + \frac{\omega_{śr}^2}{s'}\right) = \frac{1}{s'C} + s'L$$

przy czym $\omega_{śr}^2 = 1/(LC)$ (por. tabl. 9.5-2).

Transformacje częstotliwości umożliwiają projektowanie różnego typu układów (filtrów) na podstawie *prototypu dolnoprzepustowego*. Omówione przez nas transformacje są jedynie przypadkami szczególnymi ogólniejszej *transformacji reaktancyjnej*, określonej zależnością:

$$s = F(s')$$

gdzie $F(\cdot)$ jest dowolną *funkcją reaktancyjną* (por. p. 10.1.4-A) umożliwiającą projektowanie filtrów o wielu pasmach przepustowych. W praktyce istnieje także możliwość takich modyfikacji transformacji częstotliwościowych (np. przez dobór odpowiednich współczynników), w wyniku których uzyskuje się pożądane relacje liczbowe. Zainteresowanych Czytelników odsyłamy do literatury (np. [32], p. 1.5, [35], p. 11-9).

Przykład 9.5-5. Powrócimy jeszcze raz do układu z rys. 9.2-3a rozpatrywanego w przykładach 9.2-1 i 9.4-1 (rys. 9.5-20a). Jest to układ o transmitancji:

$$H(s) = \frac{\alpha}{s+\alpha} \tag{9.5-63}$$

i charakterystyce amplitudowej typu dolnoprzepustowego przedstawionej na rys. 9.4-1a.

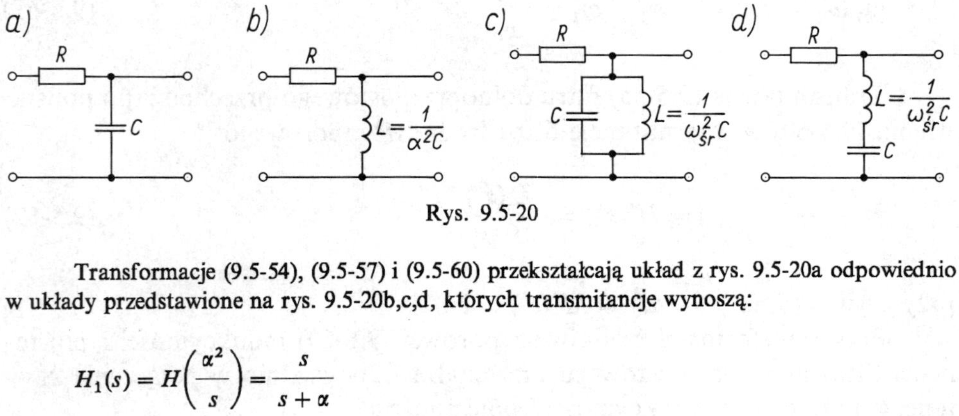

Rys. 9.5-20

Transformacje (9.5-54), (9.5-57) i (9.5-60) przekształcają układ z rys. 9.5-20a odpowiednio w układy przedstawione na rys. 9.5-20b,c,d, których transmitancje wynoszą:

$$H_1(s) = H\left(\frac{\alpha^2}{s}\right) = \frac{s}{s+\alpha}$$

$$H_2(s) = H\left(s + \frac{\omega_{śr}^2}{s}\right) = \frac{\alpha s}{s^2 + \alpha s + \omega_{śr}^2}$$

$$H_3(s) = H\left(\frac{\omega_{śr}^2 s}{s^2 + \omega_{śr}^2}\right) = \frac{\alpha(s^2 + \omega_{śr}^2)}{\alpha s^2 + \omega_{śr}^2 s + \alpha\omega_{śr}^2}$$

Proponujemy Czytelnikowi wyznaczenie i wykreślenie charakterystyk amplitudowych tych układów.

Zadania do rozdziału 9

Zadanie 9.1. Obliczyć splot funkcji $f_1(t) = \mathrm{e}^{-|t|}$ z funkcją $f_2(t) = \mathrm{e}^{-t}\, I(t)$.

Odp.:

$$\varphi(t) = \begin{cases} \dfrac{1}{2}\mathrm{e}^{t} & \text{dla } t < 0 \\ \left(\dfrac{1}{2} + t\right)\mathrm{e}^{-t} & \text{dla } t \geqslant 0 \end{cases}$$

Zadanie 9.2. *Dystrybucja grzebieniowa* $\delta_T(t)$ (zwana także *dystrybucją sza*) jest określona jako ciąg impulsów Diraca powtarzanych okresowo z okresem T:

$$\delta_T(t) = \sum_{n=-\infty}^{\infty} \delta(t - nT)$$

Wyznaczyć splot tej dystrybucji z impulsem prostokątnym z rys. 9.1-2 przy założeniu, że $2t_0 < T$.

Odp.: Ciąg impulsów prostokątnych o czasie trwania $2t_0$, jednostkowej wysokości, powtarzanych okresowo z okresem T.

Zadanie 9.3. Obliczyć na podstawie wzoru definicyjnego (9.1-41) widmo sygnału:

$$x(t) = X_0 \mathrm{e}^{-\alpha|t|}, \qquad \alpha > 0$$

Odp.: $X(\mathrm{j}\omega) = \dfrac{2X_0\alpha}{\omega^2 + \alpha^2}$

Zadanie 9.4. Między dziedzinami czasu i częstotliwości występuje pewien rodzaj „symetrii". Jej przejawem są m.in. twierdzenia: o transformacie pochodnej (9.1-52) i pochodnej transformaty (9.1-60), a także twierdzenia: o przesunięciu sygnału (9.1-61) i przesunięciu widma (9.1-64). Znajduje ona również odzwierciedlenie w *twierdzeniu o symetrii*, które orzeka, że jeśli sygnał o kształcie $x(t)$ ma widmo $X(\mathrm{j}\omega)$, to sygnał $X(t)$ o kształcie tego widma ma widmo o kształcie sygnału pierwotnego (z dokładnością do odbicia względem osi rzędnych i współczynnika 2π), tj:

$$\mathscr{F}[x(t)] = X(\mathrm{j}\omega) \Rightarrow \mathscr{F}[X(t)] = 2\pi x(-\mathrm{j}\omega)$$

Korzystając z tego twierdzenia oraz przykładu 9.1-3, wyznaczyć widmo sygnału $x(t) = \dfrac{\sin\omega_0 t}{t}$.

Odp.: $X(\mathrm{j}\omega) = \begin{cases} \pi & \text{dla } |\omega| < \omega_0 \\ 0 & \text{dla } |\omega| > \omega_0 \end{cases}$

Zadanie 9.5. Korzystając z odpowiednich twierdzeń i znanych par transformat Fouriera, wyznaczyć widma sygnałów:

$$\text{a) } x(t) = t\mathrm{e}!^{-\alpha t}\,1(t), \quad \text{b) } x(t) = \mathrm{e}^{-\alpha t}\sin\omega_0 t\,1(t), \quad \text{c) } x(t) = \frac{\sin^2\omega_0 t}{t^2}$$

Odp.: $$\text{a) } X(\mathrm{j}\omega) = \frac{1}{(\alpha+\mathrm{j}\omega)^2}, \quad \text{b) } X(\mathrm{j}\omega) = \frac{\omega_0}{(\alpha+\mathrm{j}\omega)^2+\omega_0^2},$$

$$\text{c) } X(\mathrm{j}\omega) = \begin{cases} \pi\omega_0\left(1 - \dfrac{|\omega|}{2\omega_0}\right) & |\omega| \leqslant 2\omega_0 \\ 0 & |\omega| > 2\omega_0 \end{cases}$$

Zadanie 9.6. Korzystając z twierdzenia Parsevala (9.1-73), obliczyć energię W wydzieloną w przedziale czasu $(-\infty, +\infty)$ przez sygnał prądu $i(t) = I_0 \dfrac{\sin\omega_0 t}{\omega_0 t}$ na oporze R.

Odp.: $$W = \frac{\pi}{\omega_0} I_0^2 R$$

Zadanie 9.7. Znane są odpowiedzi impulsowe: $h_u(t) = \sin t\,1(t)$ i $h_{iu}(t) = (1-\mathrm{e}^{-t})\,1(t)$ nieobciążonego czwórnika symetrycznego, odpowiadające transmitancjom: napięciowej i prądowo-napięciowej. Wyznaczyć odpowiedź impulsową $h_{ui}(t)$ odpowiadającą transmitancji napięciowo-prądowej tego czwórnika.

Odp.: $$h_{ui}(t) = \left(\frac{1}{2} + \frac{1}{\sqrt{2}}\sin\sqrt{2}\,t - \frac{1}{2}\cos\sqrt{2}\,t\right)1(t)$$

Zadanie 9.8. *Funkcja Laguerre'a* rzędu n, $n = 0, 1, \ldots$, jest określona w przedziale $\langle 0, +\infty)$ wzorem:

$$x_n(t) = \frac{(-1)^n}{n!}\,\mathrm{e}^{\frac{t}{2}}\,\frac{\mathrm{d}^n}{\mathrm{d}t^n}\,(t^n\mathrm{e}^{-t})$$

Wykazać, że odpowiedź impulsowa napięciowa $h_u(t)$ czwórnika 11'22' przedstawionego na rys. Z-9.8 jest równa funkcji Laguerre'a n-tego rzędu pomnożonej przez współczynnik $(-1)^{n+1}$.

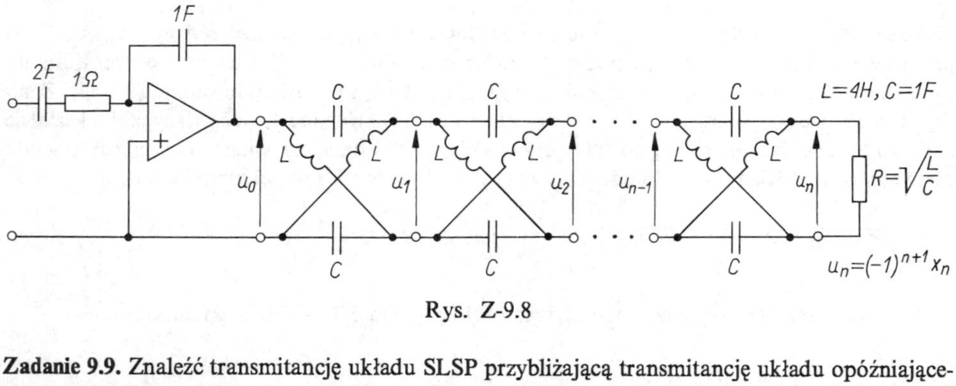

Rys. Z-9.8

Zadanie 9.9. Znaleźć transmitancję układu SLSP przybliżającą transmitancję układu opóźniającego z rys. 9.2-8 przy założeniu $\omega \ll 1/t_0$. Podać przykład czwórnika SLSP zbudowanego z elementów RL o tej transmitancji.

Odp.: $H(j\omega) \cong 1 - j\omega t$; może to być np. czwórnik z rys. 9.2-3a o transmitancji napięciowej określonej wzorem (9.2-23). Dla $s = j\omega$ oraz przy założeniu $\omega/\alpha \ll 1$ otrzymujemy:

$$H(j\omega) = \frac{\alpha}{\alpha + j\omega} = \frac{1 - j\dfrac{\omega}{\alpha}}{1 + \left(\dfrac{\omega}{\alpha}\right)^2} \cong 1 - j\frac{\omega}{\alpha} = 1 - j\omega t_0, \quad t_0 = \frac{1}{\alpha}$$

Zadanie 9.10. W układzie z rys. 9.3-2 przyjąć: $R_1 = R_2 = R$, $C_1 = C_2 = C$ i przeprowadzić dokładną analizę położenia i rodzaju biegunów transmitancji (9.3-6) w zależności od parametru α.

Odp.: Dla $\alpha \in (-\infty, 1)$ transmitancja ma dwa bieguny rzeczywiste ujemne.

Dla $\alpha = 1$ transmitancja ma podwójny biegun ujemny: $s_{1,2} = -\dfrac{1}{RC}$.

Dla $\alpha \in (1, 3)$ transmitancja ma dwa bieguny zespolone sprzężone leżące w lewej półpłaszczyźnie.

Dla $\alpha = 3$ transmitancja ma dwa bieguny zespolone sprzężone leżące na osi urojonej: $s_{1,2} = \pm j\dfrac{1}{RC}$.

Dla $\alpha \in (3, 5)$ transmitancja ma dwa bieguny zespolone sprzężone leżące w prawej półpłaszczyźnie.

Dla $\alpha = 5$ transmitancja ma podwójny biegun dodatni: $s_{1,2} = \dfrac{1}{RC}$.

Dla $\alpha \in (5, \infty)$ transmitancja ma dwa bieguny rzeczywiste dodatnie.

Zadanie 9.11. Dany jest układ o transmitancji $H(s) = L(s)/M(s)$, gdzie $M(s) = 3(\alpha + \beta)s^3 + 4s^2 + 2(\alpha + 2\beta)s + 4$. Jaki warunek muszą spełniać nieujemne parametry α, β, aby odpowiedź impulsowa układu dążyła do zera, gdy $t \to \infty$?

Odp.: $\beta > \alpha$

Zadanie 9.12. Konwerter NIC pracuje w układzie przedstawionym na rys. Z-9.12. Dla jakich wartości rzeczywistego parametru α układ transmisyjny o wejściu j i wyjściu u_2 jest niestabilny?

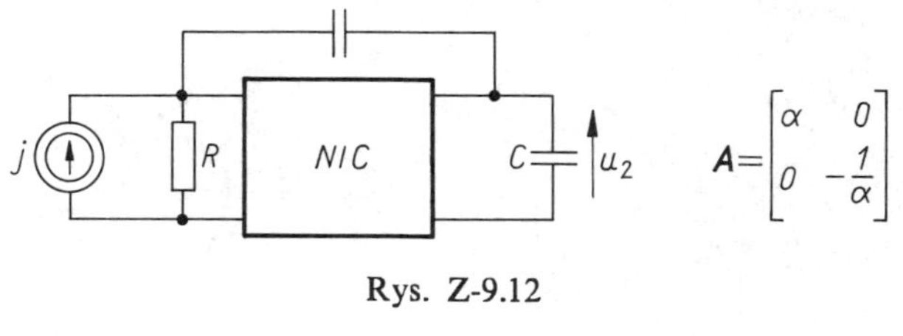

Rys. Z-9.12

Odp.: $-\sqrt{2} < \alpha < \sqrt{2}$

Zadanie 9.13. Transmitancja układu liniowego ma postać:

$$\text{a) } H(s) = \frac{2s^2 + \alpha s + 1}{s^3 + (\alpha + 2)s^2 + (\alpha + 5)s + 4}, \quad \text{b) } H(s) = \frac{s}{s^3 + (4\alpha - 1)s^2 + (4\alpha - 1)s + 1}$$

Dla jakich wartości parametru α układ jest stabilny?

Odp.: a) $\alpha > -1$, b) $\alpha > \frac{1}{2}$

Zadanie 9.14. Rozstrzygnąć na podstawie twierdzenia 9.3-7, czy wielomian:

$$W(s) = s^6 + 2s^5 + 10s^4 + 10s^3 + 29s^2 + 12s + 20$$

jest wielomianem Hurwitza.

Odp.: Wielomian jest niestabilny. Wszystkie zera jego części parzystej i części nieparzystej są wprawdzie pojedyncze i leżą na osi urojonej, ale nie przeplatają się.

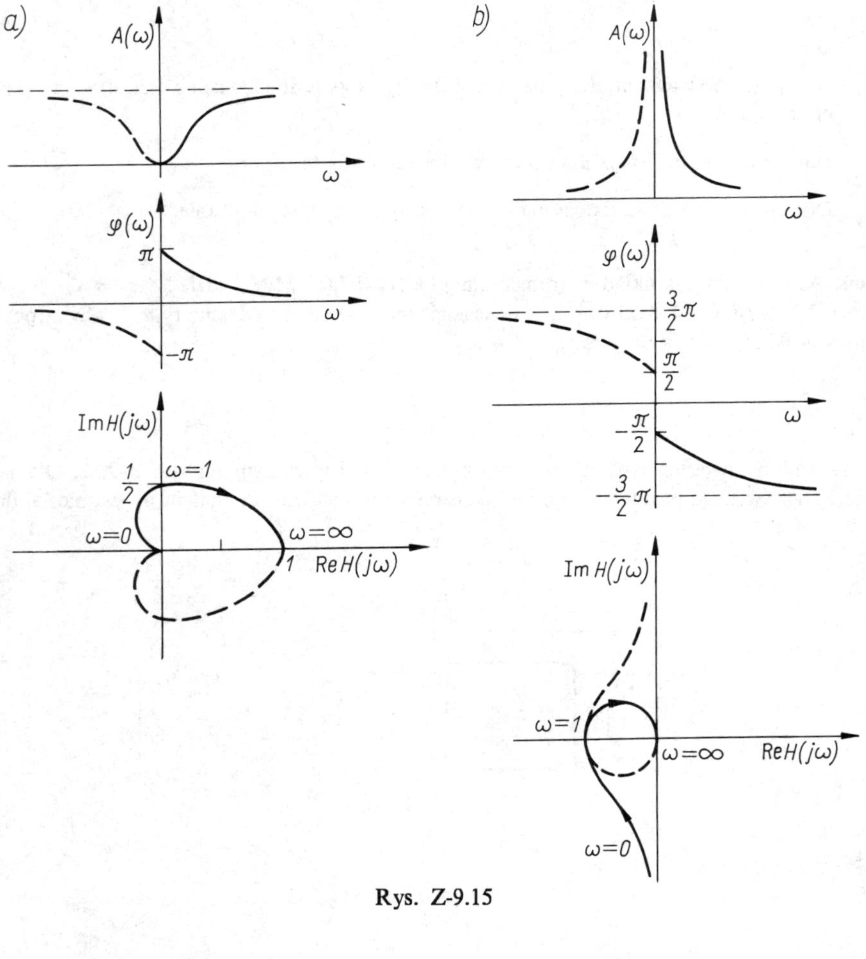

Rys. Z-9.15

Zadanie 9.15. Dane są układy o transmitancjach:

$$\text{a) } H(s) = \frac{s^2}{(s+1)^2}, \qquad \text{b) } H(s) = \frac{1}{s(s+1)^2}$$

Wyznaczyć i wykreślić charakterystyki częstotliwościowe tych układów: amplitudową, fazową i amplitudowo-fazową.

Odp.: a) $A(\omega) = \dfrac{\omega^2}{1+\omega^2}, \qquad \varphi = \pi \operatorname{sgn}\omega - 2\operatorname{arctg}\omega$

b) $A(\omega) = \dfrac{1}{|\omega|(1+\omega^2)}, \qquad \varphi = -\dfrac{\pi}{2}\operatorname{sgn}\omega - 2\operatorname{arctg}\omega$

Wykresy charakterystyk są pokazane na rys. Z-9.15.

Zadanie 9.16. Odpowiedź jednostkowa układu transmisyjnego ma postać:

$$r(t) = (e^{-t} - e^{-2t})\mathbf{1}(t)$$

Wyznaczyć jego charakterystyki amplitudową i fazową.

Odp.: $A(\omega) = \dfrac{|\omega|}{\sqrt{(\omega^2+1)(\omega^2+4)}}, \qquad \varphi = \dfrac{\pi}{2}\operatorname{sgn}\omega - \operatorname{arctg}\omega - \operatorname{arctg}\dfrac{\omega}{2}$

Zadanie 9.17. Na wejście układu transmisyjnego podano sygnał $x(t)$ równy zeru dla $t < 0$. Sygnał na wyjściu jest określony zależnością

$$y(t) = \int_0^t x(\tau - t_0)\,d\tau, \qquad t_0 > 0$$

Wyznaczyć i wykreślić charakterystyki częstotliwościowe układu: amplitudową, fazową i amplitudowo-fazową.

Odp.: $A(\omega) = \dfrac{1}{|\omega|}, \quad \varphi(\omega) = -\dfrac{\pi}{2}\operatorname{sgn}\omega - \omega t_0$. Wykresy charakterystyk są pokazane na rys. Z-9.17.

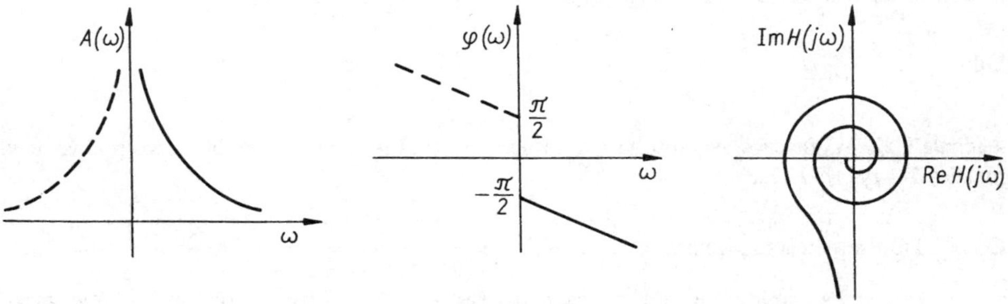

Rys. Z-9.17

Zadanie 9.18. Wykazać, że związki (9.4-60) i (9.4-61) są równoważne związkom:

$$V(\omega) = \frac{1}{\pi}\int_{0}^{\infty} \frac{U(\omega+\lambda) - U(\omega-\lambda)}{\lambda}\, d\lambda$$

$$U(\omega) = -\frac{1}{\pi}\int_{0}^{\infty} \frac{V(\omega+\lambda) - V(\omega-\lambda)}{\lambda}\, d\lambda$$

Zadanie 9.19. Na podstawie twierdzenia 9.4-1 wykazać, że dla $\mathrm{Re}\, s > 0$:

$$H(s) = \frac{1}{\pi}\int_{-\infty}^{\infty} \frac{P(\lambda)}{s - j\lambda}\, d\lambda = \frac{j}{\pi}\int_{-\infty}^{\infty} \frac{Q(\lambda)}{s - j\lambda}\, d\lambda$$

Korzystając dodatkowo z parzystości funkcji $P(\lambda)$ i nieparzystości funkcji $Q(\lambda)$, wykazać, że dla $\mathrm{Re}\, s > 0$ zachodzi również równość:

$$H(s) = \frac{2}{\pi}\int_{0}^{\infty} P(\lambda)\frac{s}{s^2+\lambda^2}\, d\lambda = -\frac{2}{\pi}\int_{0}^{\infty} Q(\lambda)\frac{\lambda}{s^2+\lambda^2}\, d\lambda$$

Zadanie 9.20. Wykazać, że jeśli transmitancja $H(s)$ ma dla $\mathrm{Re}\, s > 0$ parę zer sprzężonych $s_{1,2} = \sigma_1 \pm j\omega_1$, $\sigma_1 > 0$ (i nie ma innych zer dla $\mathrm{Re}\, s > 0$), to można ją przedstawić w postaci:

$$H(s) = H'(s)(s - s_1)(s - s_1^*) = [H'(s)(s + s_1)(s + s_1^*)]\frac{(s - s_1)(s - s_1^*)}{(s + s_1)(s + s_1^*)}$$

przy czym:

$$\left| \frac{j\omega - s_1}{j\omega + s_1}\,\frac{j\omega - s_1^*}{j\omega + s_1^*} \right| = 1$$

Zadanie 9.21. Sprawdzić zależność (9.4-112) dla układu z rys. 9.2-3a (przykłady 9.2-1 oraz 9.4-1) i obliczyć wartość dowolnej z występujących w tej zależności całek.

Odp.: $\dfrac{\alpha}{2}$.

Zadanie 9.22. Wyznaczyć asymptotyczną napięciową charakterystykę amplitudową podwójnego mostka T z rys. Z-9.22a.

Odp.: Transmitancja napięciowa układu: $H_u(s) = \dfrac{R^2C^2s^2 + 1}{R^2C^2s^2 + 4RCs + 1}$. Asymptotyczna charakterystyka amplitudowa jest pokazana na rys. Z-9.22b. Układ jest filtrem środkowozaporowym (filtrem typu *notch*).

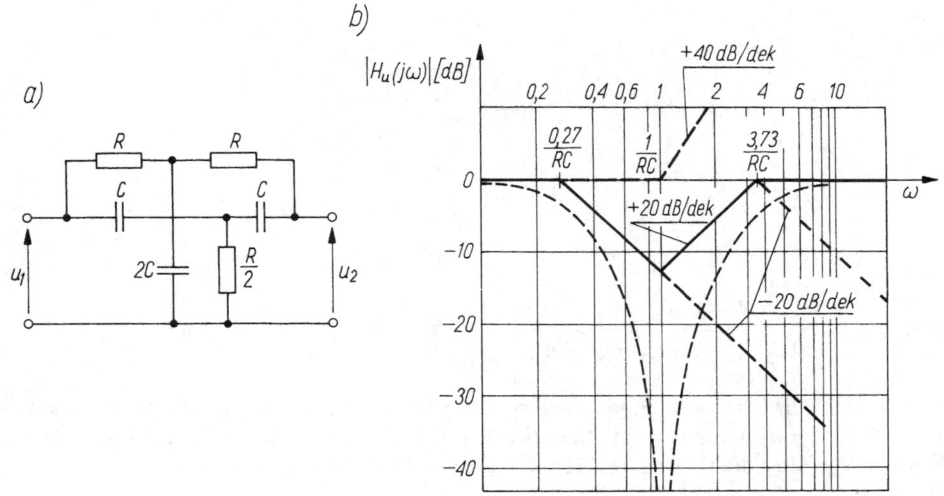

Rys. Z-9.22

Zadanie 9.23. Wyznaczyć wartości elementów czwórnika z rys. Z-9.23a, dla których asymptotyczna napięciowa charakterystyka amplitudowa $G = 20\log|H_u(j\omega)|$ tego czwórnika ma postać pokazaną na rys. Z-9.23b. Przyjąć $L = 2$ mH.

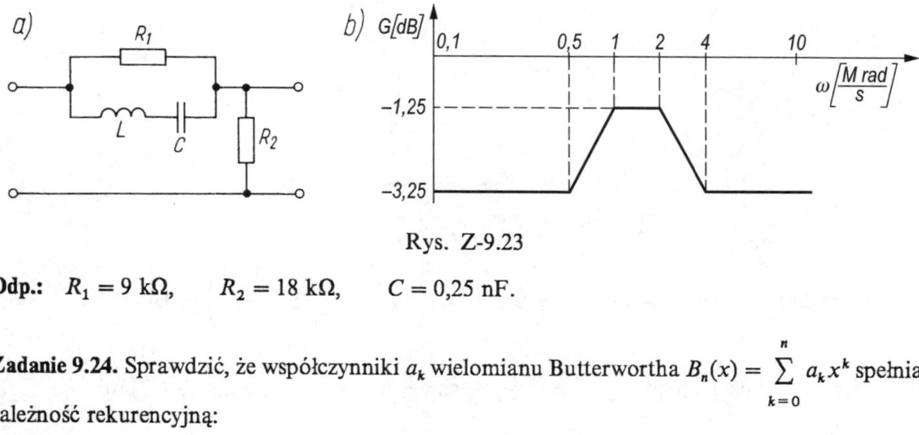

Rys. Z-9.23

Odp.: $R_1 = 9$ kΩ, $R_2 = 18$ kΩ, $C = 0{,}25$ nF.

Zadanie 9.24. Sprawdzić, że współczynniki a_k wielomianu Butterwortha $B_n(x) = \sum_{k=0}^{n} a_k x^k$ spełniają zależność rekurencyjną:

$$\frac{a_{k+1}}{a_k} = \frac{\cos k\dfrac{\pi}{2n}}{\sin(k+1)\dfrac{\pi}{2n}}, \qquad k = 0, 1, \ldots, n-1$$

przy czym: $a_0 = 1$.

Zadanie 9.25. Na rysunku Z-9.25 jest przedstawiony filtr dolnoprzepustowy rzędu drugiego. Wyznaczyć bieguny transmitancji filtru, a następnie obliczyć wartości pojemności C_1 i C_2, dla których charakterystyka amplitudowa filtru jest maksymalnie płaska. Przyjąć $\omega_0 = 10^5$ rad/s, $R = 5$ kΩ, $k = \dfrac{3}{4}$.

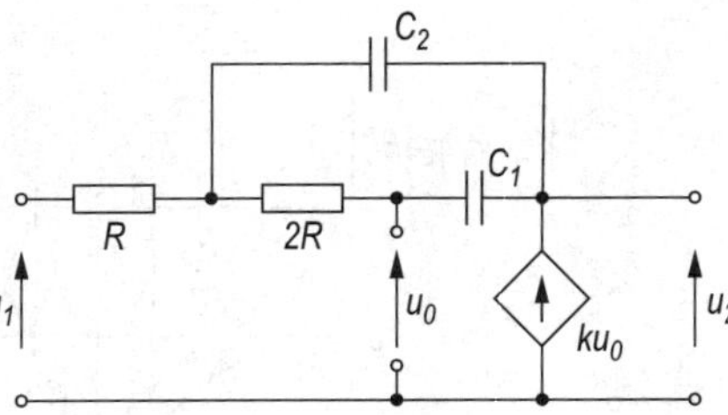

Rys. Z-9.25

Odp.: $s_{1,2} = \frac{1}{RC_2}\left(-\frac{3}{2} \pm j\sqrt{\frac{C_2}{C_5} - \frac{9}{4}}\right)$, $C_2 = 17{,}7$ nF, $C_5 = 3{,}9$ nF

Zadanie 9.26. Filtr Czebyszewa rzędu trzeciego tłumi dwukrotnie moc sygnału dla pulsacji granicznej $\omega_g = \omega_0$, tzn. tyle samo co filtr Butterwortha. Obliczyć współczynnik falistości, a następnie tłumienie tego filtru dla pulsacji trzykrotnie większej od pulsacji granicznej.

Odp.: $\varepsilon = 1$, $-39{,}91$ dB (przy tych samych założeniach tłumienie filtru Butterwortha rzędu trzeciego wynosi $-28{,}63$ dB)

Zadanie 9.27. Obliczyć parametry L i C dolnoprzepustowego filtru Czebyszewa RLC rzędu drugiego (rys. Z-9.27) o pulsacji granicznej $\omega_0 = 10^5$ rad/s i współczynniku falistości $\varepsilon = 1$. Opór $R = 3{,}3$ kΩ.

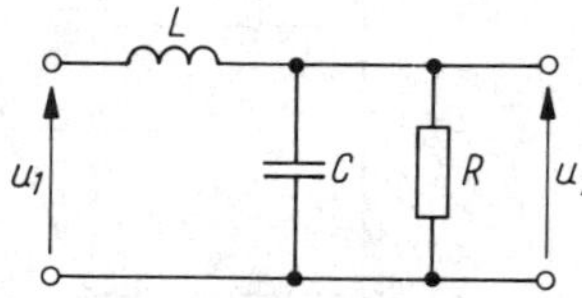

Rys. Z-9.27

Odp.: Parametr α (wzór (9.5-52)): $\alpha = \frac{1}{n}\,\mathrm{arsh}\frac{1}{\varepsilon} = \frac{1}{n}\ln\left(\frac{1}{\varepsilon} + \sqrt{1 + \frac{1}{\varepsilon^2}}\right) = 0{,}4407.$

Bieguny transmitancji: $s_{1,2} = \frac{\sqrt{2}}{2}\,\omega_0\,(-\mathrm{sh}\,\alpha \pm j\,\mathrm{ch}\,\alpha) = (-0{,}322 \pm j0{,}777)10^5$ 1/s.

Porównując części rzeczywiste biegunów: $-\frac{1}{2RC} = -0{,}322 \cdot 10^5$, obliczamy $C = 4{,}7$ nF.

Porównując części urojone biegunów: $\sqrt{\frac{1}{LC} - \frac{1}{4R^2C^2}} = 0{,}777 \cdot 10^5$, obliczamy $L = 30$ mH.

Rozdział 10

UKŁADY PASYWNE

W tomie I (p. 2.1.8) wprowadziliśmy pojęcie *pasywności* wielowrotnika i podaliśmy odpowiednie definicje. Definicje te (por. wzory (2.1-51) i (2.1-54)), choć ogólne i mające wyraźną interpretację energetyczną, tylko w najprostszych przypadkach (por. p. 2.1.8-D) pozwalają na bezpośrednie stwierdzenie, czy rozważany układ jest pasywny. Ważne w praktyce jest twierdzenie (p. 2.1.8-F), że *każdy układ zbudowany tylko z elementów lub podukładów pasywnych jest układem pasywnym.*

Omówione w tomie I pojęcia i rezultaty nie wyczerpują jednak zagadnienia. Pozostaje otwarta kwestia charakterystyki i właściwości układów pasywnych (dwójników, czwórników, wielowrotników), a zwłaszcza układów SLS (lub ogólniej, układów liniowych i stacjonarnych). Takie zagadnienia, jak ustalenie właściwości immitancji dwójników pasywnych SLS (dwójników SLSP) czy właściwości macierzy immitancyjnych i transmitancji czwórników SLSP, mają istotne znaczenie zarówno teoretyczne, jak i praktyczne. Sformułowanie łatwych do stosowania w praktyce *kryteriów pasywności* jest także punktem wyjścia dla wszelkich metod syntezy i realizacji układów pasywnych.

Przypominamy (por. p. 2.1.8-E), że pasywność układu implikuje jego bezźródłowość. Rozważając zatem w tym rozdziale właściwości układów SLSP, będziemy już pomijać założenie o ich bezźródłowości. Z kolei badając, czy rozpatrywany układ jest pasywny, zawsze będziemy ograniczać się do układów bezźródłowych; układ źródłowy jest z natury swojej układem aktywnym (por. p. 2.1.8-E).

10.1. DWÓJNIKI PASYWNE

Omawianie problematyki dwójników pasywnych rozpoczniemy od podania niektórych definicji.

10.1.1. Funkcje rzeczywiste dodatnie

Niech $F(s)$ oznacza funkcję zmiennej zespolonej $s = \alpha + j\omega$. Funkcję $F(s)$ nazywamy *funkcją rzeczywistą dodatnią*[1] (w skrócie *funkcją rd*), jeśli:

a) $F(s)$ jest funkcją holomorficzną w obszarze $\mathrm{Re}\, s > 0$[2];

b) $F(s)$ jest funkcją *rzeczywistą*, tzn. wartości $F(s)$ są rzeczywiste dla rzeczywistego argumentu s:

$$\mathrm{Im}\, F(s) = 0 \quad \text{dla } \mathrm{Im}\, s = 0 \tag{10.1-1}$$

c) $F(s)$ jest funkcją *dodatnią*, tzn. spełnia warunek:

$$\mathrm{Re}\, F(s) \geqslant 0 \quad \text{dla } \mathrm{Re}\, s \geqslant 0 \tag{10.1-2}$$

Zwracamy uwagę, że przymiotnik „dodatnia" jest tutaj użyty jako nazwa związana z definicyjną nierównością (10.1-2).

W klasie funkcji rd wyróżniamy ważną podklasę *funkcji wymiernych rzeczywistych dodatnich* (w skrócie *funkcji wrd*), tzn. funkcji wymiernych:

$$F(s) = \frac{L(s)}{M(s)} \tag{10.1-3}$$

będących funkcjami rzeczywistymi dodatnimi, gdzie: $L(s)$, $M(s)$ – wielomiany. Z warunku b) i równości (10.1-1) wynika, że wielomiany $L(s)$, $M(s)$ są wielomianami o współczynnikach rzeczywistych. Z warunku a) wynika natomiast, że funkcja wrd nie może mieć biegunów w obszarze $\mathrm{Re}\, s > 0$.

Przykład 10.1-1. Można łatwo sprawdzić, że funkcja $F(s) = \dfrac{1}{s}$ jest funkcją wrd, mamy bowiem:

$$\mathrm{Re}\,\frac{1}{s} = \mathrm{Re}\,\frac{1}{\alpha + j\omega} = \frac{\alpha}{\alpha^2 + \omega^2} \geqslant 0$$

dla $\mathrm{Re}\, s = \alpha \geqslant 0$ (pozostałe warunki są w sposób oczywisty spełnione).

10.1.2. Podstawowe twierdzenia

Rozpatrzymy teraz zależności między klasą funkcji rzeczywistych dodatnich a immitancjami dwójników pasywnych.

---

[1] Po angielsku: *positive-real* (PR)

[2] Warunek ten zastępuje się niekiedy założeniem, że funkcja $F(s)$ jest holomorficzna w obszarze $\mathrm{Re}\, s > 0$ (lub nawet: $\mathrm{Re}\, s \geqslant 0$) z wyjątkiem najwyżej odosobnionych punktów osobliwych (por. np. [25], str. 468). Przy takim założeniu dowodzi się, że funkcja rd nie ma punktów osobliwych dla $\mathrm{Re}\, s > 0$, a więc jest w tym obszarze funkcją holomorficzną (por. np. [25], str. 471-472).

A. Sformułowanie problemu. Rozważmy układ przedstawiony na rys. 10.1-1. Niech D oznacza dwójnik liniowy, stacjonarny i pasywny (ale niekoniecznie skupiony) o impedancji $Z(s)$ i admitancji $Y(s)$. Połączenie szeregowe dwójnika D i oporu R, tj. dwójnik o impedancji $R+Z(s)$ jest zatem też dwójnikiem pasywnym (por. p. 2.1.8-F w tomie I). Przyjmujemy, że w chwili $t=0$ w dwójniku D nie była gromadzona energia.

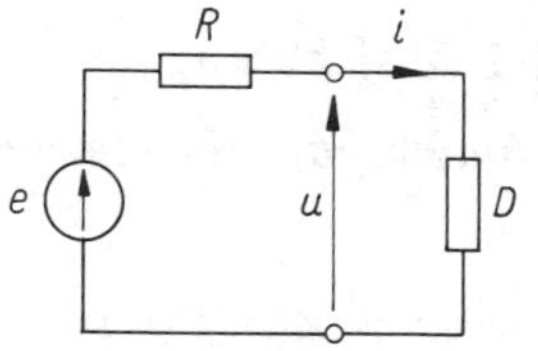

Rys. 10.1-1

Załóżmy, że siła elektromotoryczna $e=e(t)$ jest określona i ograniczona dla $t \geqslant 0$ i przy tym taka, że prąd $i=i(t)$ w obwodzie z rys. 10.1-1 jest również określony i ograniczony dla $t \geqslant 0$[1]. Wobec zależności:

$$u = e - Ri$$

napięcie $u=u(t)$ będzie również określone i ograniczone dla $t \geqslant 0$.

Istnieją zatem transformaty Laplace'a:

$$\bar{i}(s) = \int_0^\infty e^{-st} i(t)\,dt$$

$$\bar{u}(s) = \int_0^\infty e^{-st} u(t)\,dt$$

które, wobec ograniczoności $i(t)$ oraz $u(t)$, są funkcjami holomorficznymi w obszarze $\operatorname{Re} s > 0$ (np. [25], str. 91). Transformaty $\bar{i}(s)$ oraz $\bar{u}(s)$ są także funkcjami rzeczywistymi zmiennej s.

Przy przyjętych założeniach impedancja i admitancja dwójnika D:

$$Z(s) = \frac{\bar{u}(s)}{\bar{i}(s)}, \qquad Y(s) = \frac{\bar{i}(s)}{\bar{u}(s)} \tag{10.1-4}$$

są ilorazami funkcji holomorficznych w obszarze $\operatorname{Re} s > 0$. Są to zatem również funkcje holomorficzne dla $\operatorname{Re} s > 0$ z wyjątkiem ewentualnie punktów, w których mianowniki są równe zeru. Zależności (10.1-4) są jednak słuszne dla każdej pary transformat $\bar{u}(s)$, $\bar{i}(s)$ lub, inaczej, immitancje $Z(s)$, $Y(s)$ nie zależą od wyboru $\bar{u}(s)$, $\bar{i}(s)$. Wynika stąd ich holomorficzność dla $\operatorname{Re} s > 0$.

---

[1] Tak będzie np. wówczas (ale nie tylko), gdy przyjmiemy, że $e(t) = 0$ dla $t > t_0$ $(t_0 > 0)$.

Z rozumowania tego wynika następujący ważny wniosek.

Immitancje $Z(s)$, $Y(s)$ dowolnego dwójnika liniowego, stacjonarnego i pasywnego są funkcjami rzeczywistymi zmiennej s, holomorficznymi w obszarze $\operatorname{Re} s > 0$.

B. Twierdzenie Raisbecka. Pozostaje jeszcze do wykazania, że immitancje dwójnika D są funkcjami dodatnimi (a więc funkcjami rd).

TWIERDZENIE 10.1-1 (Raisbecka)

Immitancja dwójnika liniowego, stacjonarnego i pasywnego jest funkcją rzeczywistą dodatnią.

Dla **dowodu** wystarczy wykazać, że $Z(s)$, $Y(s)$ spełniają warunek definicyjny (10.1-2). Powróćmy do układu z rys. 10.1-1 i załóżmy, że[1]:

$$u = U_m e^{-\alpha_0 t}\cos(\omega_0 t + \varphi)\mathbb{1}(t), \quad \alpha_0, \omega_0 \in \mathcal{R}^+ \tag{10.1-5}$$

Energia dostarczona do dwójnika D jest nieujemna:

$$\bigwedge_{t \geqslant 0} w(t) = \int_0^t ui\,dt' \geqslant 0$$

nieujemna jest zatem również wartość graniczna tej energii:

$$W = w(\infty) = \int_0^\infty ui\,dt \geqslant 0$$

przy założeniu, że wartość ta istnieje.

Dokonujemy następujących przekształceń ($s_0 = \alpha_0 + j\omega_0$):

$$W = U_m \int_0^\infty e^{-\alpha_0 t}\cos(\omega_0 t + \varphi)\, i(t)\,dt =$$

$$= \frac{1}{2} U_m \left[e^{j\varphi} \int_0^\infty e^{-(\alpha_0 - j\omega_0)t} i(t)\,dt + e^{-j\varphi} \int_0^\infty e^{-(\alpha_0 + j\omega_0)t} i(t)\,dt \right] =$$

$$= \frac{1}{2} U_m \left[e^{j\varphi}\bar{i}(s_0^*) + e^{-j\varphi}\bar{i}(s_0) \right] =$$

$$= \frac{1}{2} U_m \left[e^{j\varphi} Y(s_0^*)\bar{u}(s_0^*) + e^{-j\varphi} Y(s_0)\bar{u}(s_0) \right] = U_m \operatorname{Re}\left[e^{-j\varphi} Y(s_0)\bar{u}(s_0) \right] \tag{10.1-6}$$

bowiem:

$$\bar{u}(s_0^*) = \bar{u}^*(s_0), \qquad Y(s_0^*) = Y^*(s_0)$$

---

[1] Napięcie (10.1-5) jest wywołane w układzie z rys. 10.1-1 przez siłę elektromotoryczną o transformacie $\bar{e}(s) = [1 + RY(s)]\bar{u}(s)$.

co wynika z faktu, że obie funkcje: $\bar{u}(s)$, $Y(s)$ są funkcjami rzeczywistymi. Ale:

$$e^{-j\varphi}\bar{u}(s_0) = e^{-j\varphi}\int_0^\infty e^{-(\alpha_0 + j\omega_0)t}u(t)\,dt =$$

$$= U_m e^{-j\varphi}\int_0^\infty e^{-(\alpha_0+j\omega_0)t}e^{-\alpha_0 t}\frac{e^{j(\omega_0 t+\varphi)} + e^{-j(\omega_0 t+\varphi)}}{2}\,dt =$$

$$= \frac{U_m}{2}\left[\int_0^\infty e^{-2\alpha_0 t}\,dt + e^{-j2\varphi}\int_0^\infty e^{-2(\alpha_0+j\omega_0)t}\,dt\right] = \frac{U_m}{4}\left(\frac{1}{\alpha_0} + e^{-j2\varphi}\frac{1}{s_0}\right) \tag{10.1-7}$$

a stąd, po uwzględnieniu wyrażenia (10.1-7) we wzorze (10.1-6), otrzymujemy:

$$W = \frac{U_m^2}{4}\operatorname{Re}\left[Y(s_0)\left(\frac{1}{\alpha_0} + e^{-j2\varphi}\frac{1}{s_0}\right)\right] \geqslant 0$$

Wprowadźmy oznaczenia:

$$s_0 = |s_0|\,e^{j\vartheta_0}, \qquad Y(s_0) = |Y(s_0)|\,e^{j\vartheta}$$

Wówczas:

$$W = \frac{U_m^2}{4}\left[\frac{1}{\alpha_0}\operatorname{Re}Y(s_0) + \frac{|Y(s_0)|}{|s_0|}\cos(\vartheta - \vartheta_0 - 2\varphi)\right] \geqslant 0 \tag{10.1-8}$$

Skorzystajmy teraz z dowolności wyboru kąta φ i wybierzmy go tak, aby:

$$\cos(\vartheta - \vartheta_0 - 2\varphi) = -1$$

to znaczy:

$$\varphi = \frac{\vartheta - \vartheta_0 - \pi}{2}$$

Przy takim wyborze kąta φ otrzymujemy wprost z nierówności (10.1-8):

$$\operatorname{Re}Y(s_0) \geqslant \frac{\alpha_0}{|s_0|}|Y(s_0)| \geqslant 0$$

Punkt $s_0 = \alpha_0 + j\omega_0$ został jednak wybrany dowolnie (w obszarze $\alpha_0 = \operatorname{Re}s_0 > 0$), a więc:

$$\operatorname{Re}Y(s) \geqslant \frac{\alpha}{|s|}|Y(s)| \geqslant 0 \tag{10.1-9}$$

dla każdego s takiego, że $\alpha = \operatorname{Re}s > 0$.

Funkcja $Y(s)$ jest jednak holomorficzna w obszarze $\mathrm{Re}\, s > 0$, a więc nierówność (10.1-9) musi być spełniona również na brzegu $\mathrm{Re}\, s = 0$ obszaru holomorficzności. Stąd ostatecznie:

$$\mathrm{Re}\, Y(s) \geqslant 0 \quad \text{dla} \quad \mathrm{Re}\, s \geqslant 0$$

co kończy dowód[1].

Gdyby założyć, że w układzie z rys. 10.1-1 prąd i (a nie napięcie u) ma postać określoną wzorem (10.1-5), otrzymalibyśmy oczywiście analogiczny rezultat dla impedancji dwójnika D:

$$\mathrm{Re}\, Z(s) \geqslant 0 \quad \text{dla} \quad \mathrm{Re}\, s \geqslant 0$$

Do układu z rys. 10.1-1 powrócimy jeszcze w p. D.

C. Przypadek dwójnika SLS. Jeśli rozpatrywany dwójnik D jest dwójnikiem skupionym (a więc dwójnikiem SLS), to jego immitancje są funkcjami wymiernymi rzeczywistymi zmiennej s (por. p. 6.2.1-D w tomie II). Z twierdzenia 10.1-1 wynika zatem, że *immitancja każdego dwójnika SLSP jest funkcją wymierną rzeczywistą dodatnią* (funkcją wrd).

W przypadku dwójników SLSP można sformułować także twierdzenie odwrotne: *każdą funkcję wrd można zrealizować jako immitancję dwójnika SLSP*.

Dowód tak sformułowanego twierdzenia odwrotnego jest oparty na metodach syntezy dwójników SLSP. Znane są bowiem (por. np. [35], rozdz. 10) trzy ogólne metody realizacji dwójnika na podstawie z góry zadanej jego immitancji (impedancji lub admitancji) będącej funkcją wrd. Są to:

– *metoda Brune'a* (realizacja dwójnika przy użyciu elementów *RLCM*);

– *metoda Darlingtona* (realizacja dwójnika przy użyciu elementów *RLCT*);

– *metoda Botta-Duffina* (realizacja dwójnika przy użyciu elementów *RLC*)[2].

We wszystkich tych przypadkach zrealizowany dwójnik jest dwójnikiem SLSP. Wynika stąd następujące:

TWIERDZENIE 10.1-2

Immitancja dwójnika SLSP jest funkcją wymierną rzeczywistą dodatnią i każdą funkcję wymierną rzeczywistą dodatnią można zrealizować jako immitancję dwójnika SLSP zbudowanego tylko z elementów RLC.

---

[1] Przytoczony przez nas dowód jest oparty na rozumowaniu podanym w [13], str. 215-217. Oryginalny dowód Raisbecka (G. Raisbeck – A Definition of Passive Linear Networks in Terms of Time and Energy. Journ. of Applied Physics, Vol. 25, No 12, Dec. 1954) jest mniej precyzyjny i oparty na innych przesłankach.

W przypadku szczególnym, gdy rozpatrywany dwójnik D jest zbudowany z elementów *RLCM* (a więc jest skupiony i jest określona klasa elementów, z których jest zbudowany), dowód twierdzenia 10.1-1 może być znacznie prostszy (por. np. [25], str. 468).

[2] Poprzestajemy jedynie na wymienieniu tych metod. Ich omówienie wykracza poza ramy tej książki.

Oznacza to, że jeśli $F(s)$ jest funkcją wrd[1], to istnieje taki dwójnik SLSP, dla którego $F(s) = Z(s)$, oraz istnieje taki dwójnik SLSP, dla którego $F(s) = Y(s)$.

Uwaga. Jak wspomnieliśmy, metoda Botta-Duffina pozwala zrealizować d o w o l n ą funkcję wrd jako immitancję dwójnika zbudowanego z elementów *RLC*. Przy użyciu innych metod syntezy konieczne jest użycie dodatkowo elementów sprzęgających (*MT*). Oznacza to jednak, że minimalnym zbiorem elementów wystarczających do realizacji dowolnej funkcji wrd jest zbiór elementów *RLC*. O przypadkach szczególnych, w których możliwa jest realizacja funkcji wrd jako immitancji dwójnika zbudowanego przy użyciu mniejszego zbioru elementów (*LC*, *RC*, *RL*), będzie mowa w p. 10.1.4 i 10.1.5.

D. Pasywność a istnienie stanu ustalonego. Aby rozważyć związki między pasywnością dwójnika D a istnieniem w układzie stanu ustalonego przy pobudzaniu sinusoidalnym powróćmy do układu z rys. 10.1-1. Będzie to nawiązanie do wstępnych rozważań z tomu II (p. 4.5.3-C).

Jeśli D jest dwójnikiem SLSP, to w układzie z rys. 10.1-1 *istnieje stan ustalony przy pobudzaniu sinusoidalnym.*

D o w ó d. Impedancja:

$$Z(s) = \frac{L(s)}{M(s)}$$

dwójnika D jest funkcją wrd, a zatem (powołujemy się na właściwość 9, p. 10.1.3-A) wielomian $L(s) + M(s)$ jest wielomianem Hurwitza. Przyjmijmy: $R = 1\,\Omega$, $e = E_m \cos\omega t\, 1(t)$. Wówczas:

$$\bar{i}(s) = \frac{\bar{e}(s)}{Z(s) + R} = \bar{e}(s)\frac{M(s)}{L(s) + M(s)} = E_m \frac{s M(s)}{(s^2 + \omega^2)[L(s) + M(s)]}$$

co prowadzi do rozkładu na ułamki proste:

$$\bar{i}(s) = \frac{As + B}{s^2 + \omega^2} + \frac{C_0 + C_1 s + \ldots + C_{n-1}s^{n-1}}{L(s) + M(s)}$$

gdzie n jest stopniem wielomianu $L(s) + M(s)$. Stąd:

$$i(t) = i_p(t) + i_u(t)$$

gdzie:

$$i_p(t) = \mathscr{L}^{-1}\left[\frac{C_0 + C_1 s + \ldots + C_{n-1}s^{n-1}}{L(s) + M(s)}\right]$$

$$i_u(t) = A\cos\omega t + \frac{B}{\omega}\sin\omega t \qquad (10.1\text{-}10)$$

Pierwiastki wielomianu Hurwitza $L(s) + M(s)$ leżą w obszarze $\operatorname{Re} s < 0$, a więc $i_p(t) \to 0$ dla $t \to +\infty$ i teza jest udowodniona.

---

[1] Pojęcie funkcji wrd wprowadził do literatury Brune (O. Brune – Synthesis of Finite Two-terminal Network Whose Driving-point Impedance Is a Prescribed Function of Frequency. Journ. of Math. Phys., Vol. 10, August 1931). Z tego względu funkcje wrd są nazywane niekiedy *funkcjami Brune'a.*

Ważne jest także następujące twierdzenie odwrotne.

Jeśli w układzie z rys. 10.1-1: a) *dwójnik D jest dwójnikiem SLSB o impedancji Z(s)*; b) *dla dowolnej wartości $\omega \geqslant 0$ istnieje stan ustalony przy pobudzaniu sinusoidalnym*; c) *moc czynna P wydzielana w dwójniku D*:

$$\bigwedge_{\omega} P = \frac{1}{2}|I|^2 \operatorname{Re} Z(\mathrm{j}\omega) \geqslant 0 \qquad (10.1\text{-}11)$$

to dwójnik D jest pasywny (*tzn. jest dwójnikiem SLSP*).

Dowód wynika z twierdzenia 10.1-6 (p. 10.1.3-B) oraz postaci wyrażenia (10.1-10). Istnienie stanu ustalonego dla każdego ω wymaga, aby:

$$\lim_{t \to +\infty} i_p(t) = 0$$

co, wobec (10.1-10), oznacza, że $L(s) + M(s)$ jest wielomianem Hurwitza. Dowodzi to, w połączeniu z warunkiem (10.1-11), że $Z(s)$ jest funkcją wrd, a więc D jest dwójnikiem SLSP.

Dowód ten był zapowiadany w tomie II, str. 136.

10.1.3. Właściwości funkcji wymiernych rzeczywistych dodatnich

Przedstawimy teraz najważniejsze właściwości funkcji wrd. Zgodnie z twierdzeniem 10.1-2 będą to również właściwości immitancji dwójników SLSP.

A. Podstawowe właściwości funkcji wrd. Zaczniemy od właściwości najprostszych.

1. *Jeśli $F_1(s)$, $F_2(s)$ są funkcjami wrd, to funkcje*:

$$F_1(s) + F_2(s), \qquad kF_1(s) \ \text{dla} \ k \in \mathscr{R}^+, \qquad F_1[F_2(s)] \qquad (10.1\text{-}12)$$

są też funkcjami wrd.

Dowód jest oczywisty, proponujemy Czytelnikowi jego formalne przeprowadzenie.

2. *Jeśli $F(s)$ jest funkcją wrd, to funkcje*:

$$\frac{1}{F(s)}, \qquad F\left(\frac{1}{s}\right)$$

są też funkcjami wrd[1].

Właściwość ta wynika wprost z trzeciego wzoru (10.1-12) oraz z faktu, że funkcja $1/s$ jest funkcją wrd (por. przykład 10.1-1).

---

[1] Zwracamy uwagę Czytelnika, że właściwości 1 i 2 przysługują dowolnym funkcjom rd, nie tylko funkcjom wrd.

Z właściwości 1 i 2 wynika m.in., że suma funkcji wrd oraz odwrotność funkcji wrd są funkcjami wrd. Ma to swoją interpretację obwodową: zarówno impedancja $Z(s)$, jak i admitancja $Y(s) = 1/Z(s)$ dwójnika SLSP są funkcjami wrd oraz połączenia szeregowe i równoległe dwójników SLSP są dwójnikami SLSP.

3. *Funkcja $F(s)$ wrd nie ma w obszarze* $\mathrm{Re}\, s > 0$ *ani zer, ani biegunów.*

Funkcja $F(s)$ jest z definicji holomorficzna dla $\mathrm{Re}\, s > 0$, nie może mieć więc w tym obszarze biegunów. Gdyby miała zera, to funkcja $1/F(s)$ miałaby bieguny, wbrew poprzedniemu stwierdzeniu.

Z właściwości tej wynika, że zera i bieguny funkcji wrd mogą leżeć tylko w lewej półpłaszczyźnie $\mathrm{Re}\, s < 0$ lub na osi urojonej $\mathrm{Re}\, s = 0$. Zera i bieguny leżące na osi urojonej podlegają jednak pewnym ograniczeniom, które formułujemy poniżej.

4. *Jeśli funkcja $F(s)$ wrd ma w punkcie s_0 na osi urojonej* ($\mathrm{Re}\, s_0 = 0$) *zero, to zero to jest pojedyncze, a wartość pochodnej w zerze jest dodatnia*:

$$F'(s_0) > 0 \tag{10.1-13}$$

Dla **dowodu** przeprowadźmy następujące rozumowanie.

Rozwińmy funkcję $F(s)$ w szereg Taylora w otoczeniu punktu s_0:

$$F(s) = F(s_0) + F'(s_0)(s - s_0) + \frac{F''(s_0)}{2!}(s - s_0)^2 + \ldots + \frac{F^{(n)}(s_0)}{n!}(s - s_0)^n + \ldots \tag{10.1-14}$$

i załóżmy, że punkt s_0 jest n-krotnym zerem $F(s)$. Rozwinięcie (10.1-14) redukuje się wówczas do postaci:

$$F(s) = \frac{1}{n!} F^{(n)}(s_0)(s - s_0)^n + \ldots = \frac{1}{n!} F^{(n)}(s_0)(s - s_0)^n [1 + R(s - s_0)]$$

gdzie:

$$R(s - s_0)|_{s=s_0} = 0$$

Wybierzmy otoczenie $|s - s_0| < \rho$ punktu s_0 i niech s oznacza dowolny punkt z tego otoczenia (rys. 10.1-2). Jeśli ρ jest dostatecznie małe, to:

$$F(s) \cong \frac{1}{n!} F^{(n)}(s_0)(s - s_0)^n$$

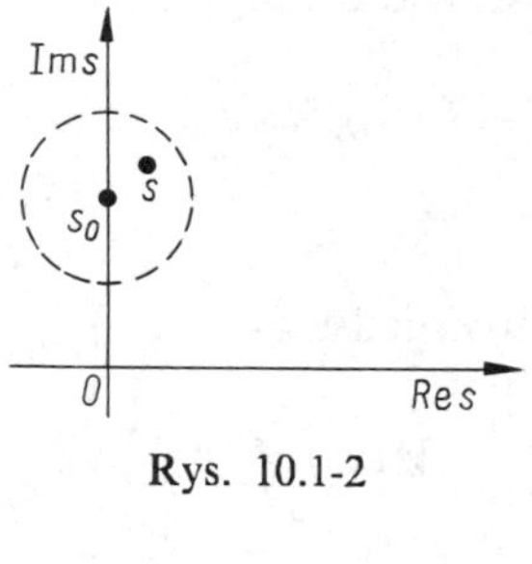

Rys. 10.1-2

Oznaczmy:

$$s - s_0 = r\,e^{j\varphi}, \quad F^{(n)}(s_0) = |F^{(n)}(s_0)|\,e^{j\vartheta}$$

Wówczas:

$$\operatorname{Re} F(s) \cong \frac{1}{n!}|F^{(n)}(s_0)|\,r^n \cos(\vartheta + n\varphi)$$

Argument φ może przybierać dowolne wartości z przedziału $0 \leqslant \varphi < 2\pi$, otrzymujemy zatem:

$$\cos(\vartheta + n\varphi) = 0$$

dla:

$$\varphi_k = \frac{\pi}{2n} + k\frac{\pi}{n} - \frac{\vartheta}{n}, \quad k = 0, 1, \ldots, 2n-1 \qquad (10.1\text{-}15)$$

W sektorach kątowych między kolejnymi wartościami φ_k funkcja $\cos(\vartheta + n\varphi)$ zmienia znak, a więc również zmienia znak $\operatorname{Re} F(s)$ (na rys. 10.1-3a pokazano układ sektorów zmian znaku dla $n = 2$). Wynika stąd, że dla $n \geqslant 2$ (zero wielokrotne), niezależnie od wartości argumentu ϑ, nie można osiągnąć spełnienia warunku definicyjnego:

$$\operatorname{Re} F(s) \geqslant 0 \quad \text{dla} \quad \operatorname{Re} s \geqslant 0 \qquad (10.1\text{-}16)$$

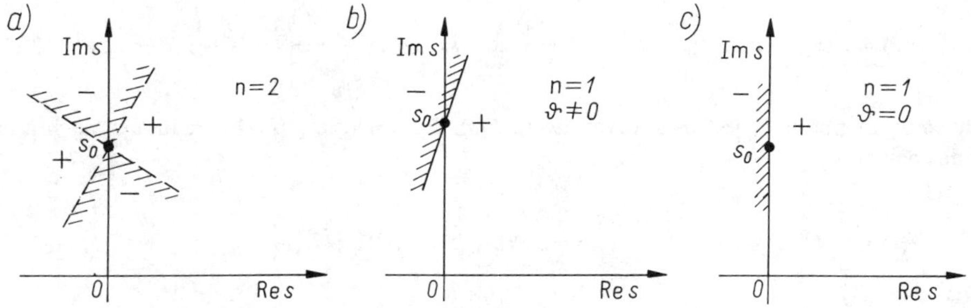

Rys. 10.1-3

Pozostaje zatem do rozpatrzenia tylko przypadek $n = 1$ (zero pojedyncze). Ze wzoru (10.1-15) wynika, że spełnienie warunku (10.1-16) jest możliwe tylko wówczas, gdy $\vartheta = 0$ (por. rys. 10.1-3b,c), a to oznacza spełnienie nierówności (10.1-13).

Zauważmy jeszcze, że uwzględniając postać (10.1-3) funkcji $F(s)$, pochodną $F'(s_0)$ można przedstawić następująco:

$$F'(s_0) = \frac{L'(s_0)M(s_0) - L(s_0)M'(s_0)}{M^2(s_0)} = \frac{L'(s_0)}{M(s_0)} \qquad (10.1\text{-}17)$$

mamy bowiem (s_0 jest zerem pojedynczym):

$$L(s_0) = 0, \quad L'(s_0) \neq 0, \quad M(s_0) \neq 0$$

5. *Jeśli funkcja* $F(s)$ *wrd ma w punkcie* s_0 *na osi urojonej* ($\mathrm{Re}\, s_0 = 0$) *biegun, to biegun ten jest pojedynczy, a residuum jest dodatnie*:

$$\operatorname*{res}_{s=s_0} F(s) > 0 \tag{10.1-18}$$

Dowód polega na wykorzystaniu właściwości 4. Biegun $F(s)$ w punkcie s_0 może być tylko pojedynczy, bowiem funkcja $1/F(s)$ (też wrd) ma w tym punkcie zero. Ponadto residuum funkcji $F(s)$ w biegunie pojedynczym (por. np. [39], str. 344, [25], str. 190):

$$\operatorname*{res}_{s=s_0} F(s) = \operatorname*{res}_{s=s_0} \frac{L(s)}{M(s)} = \frac{L(s_0)}{M'(s_0)} \tag{10.1-19}$$

Z zależności (10.1-17) wynika jednak, że:

$$\left.\left(\frac{1}{F(s)}\right)'\right|_{s=s_0} = \frac{M'(s_0)}{L(s_0)} > 0$$

co prowadzi od razu do wniosku (10.1-18).

6. *Jeżeli w punkcie* $s = \infty$ *funkcja* $F(s)$ *wrd ma*:

a) *zero, to jest to zero pojedyncze, przy czym*[1]:

$$\left.\frac{\mathrm{d}F(s)}{\mathrm{d}s}\right|_{s=\infty} \stackrel{\Delta}{=} \left.\frac{\mathrm{d}F\left(\dfrac{1}{s}\right)}{\mathrm{d}s}\right|_{s=0} = \lim_{s\to\infty} sF(s) > 0 \tag{10.1-20}$$

b) *biegun, to jest to biegun pojedynczy, przy czym*:

$$\operatorname*{res}_{s=\infty} F(s) \stackrel{\Delta}{=} \operatorname*{res}_{s=0} F\left(\frac{1}{s}\right) = \lim_{s\to\infty} \frac{F(s)}{s} > 0 \tag{10.1-21}$$

Właściwość ta wynika z faktu, iż punkt $s = \infty$ można traktować jako leżący na osi urojonej $\mathrm{Re}\, s = 0$.

7. *Stopień licznika i stopień mianownika*:

$$l = \mathrm{st}\, L(s), \quad m = \mathrm{st}\, M(s) \tag{10.1-22}$$

funkcji wrd:

$$F(s) = \frac{L(s)}{M(s)} = \frac{a_l s^l + \ldots + a_1 s + a_0}{b_m s^m + \ldots + b_1 s + b_0}, \qquad a_l,\, b_m \in \mathscr{R}^+ \tag{10.1-23}$$

---

[1] Komentarz do wzorów (10.1-20) i (10.1-21) podany jest w [25], str. 472 (por. także [39], str. 349).

spełniają nierówność:

$$|l-m| \leqslant 1 \tag{10.1-24}$$

to znaczy ich różnica może przyjmować jedną z trzech dopuszczalnych wartości:

$$l-m=\begin{cases} 1 \\ 0 \\ -1 \end{cases} \tag{10.1-25}$$

Wniosek ten wynika wprost z właściwości 6 i postaci (10.1-23) funkcji wrd.

8. *Współczynniki* a_k, b_k *funkcji* $F(s)$ *wrd o postaci* (10.1-23) *są nieujemne:*

$$\bigwedge_{0\leqslant k\leqslant m} a_k \geqslant 0\,, \qquad \bigwedge_{0\leqslant k\leqslant m} b_k \geqslant 0 \tag{10.1-26}$$

Dla **dowodu** rozważmy dowolny z wielomianów $L(s)$, $M(s)$, np. licznik $L(s)$. Jego zera mogą leżeć w lewej półpłaszczyźnie $\operatorname{Re} s < 0$ lub na osi urojonej (tylko zera pojedyncze). Wielomian $L(s)$ można zatem przedstawić w postaci iloczynu wielomianu Hurwitza (zera dla $\operatorname{Re} s < 0$) oraz czynników: s, $s^2+\omega_k^2$ (zera pojedyncze dla $\operatorname{Re} s = 0$). W konsekwencji wielomian $L(s)$ przy założeniu $a_l > 0$ nie może mieć współczynników ujemnych. To samo dotyczy mianownika $M(s)$.

9. *Jeśli* $F(s)$ *jest funkcją wrd o postaci* (10.1-23), *to wielomian:*

$$L(s)+M(s) \tag{10.1-27}$$

jest wielomianem Hurwitza.

Dla **dowodu** rozważmy funkcję:

$$1+F(s)=\frac{L(s)+M(s)}{M(s)}$$

która też jest funkcją wrd (por. właściwość 1). Wielomian (10.1-27) nie ma zatem zer dla $\operatorname{Re} s > 0$.

Załóżmy teraz, że wielomian ten ma zero w punkcie s_0 na osi urojonej ($\operatorname{Re} s_0 = 0$). Wówczas $F(s_0) = -1$, a więc również $\operatorname{Re} F(s) = -1$, co przeczy nierówności definicyjnej (10.1-2). W konsekwencji wielomian (10.1-27) nie może mieć zer w obszarze $\operatorname{Re} s \geqslant 0$, a więc jest wielomianem Hurwitza.

B. Warunki konieczne i dostateczne. Przedstawiony w p. A zbiór właściwości funkcji wrd stanowi jednocześnie zbiór *warunków koniecznych*, jakie musi spełniać z góry zadana funkcja $F(s)$, aby była funkcją wrd. Niespełnienie przez funkcję $F(s)$ którejkolwiek z podanych właściwości świadczy o tym, że $F(s)$ nie jest funkcją wrd.

W praktyce zasadnicze znaczenie mają *warunki konieczne i dostateczne* lub, inaczej, *kryteria* umożliwiające rozstrzygnięcie, czy rozważana funkcja jest funkcją wrd. Potrzeba sformułowania takich kryteriów wynika z faktu, że bezpośrednie sprawdzanie nierówności definicyjnej (10.1-2) jest praktycznie możliwe tylko w bardzo prostych przypadkach (por. przykład 10.1-1).

Rozpatrzmy najpierw przypadek szczególny, kiedy funkcja wymierna rzeczywista $f(s)$ jest holomorficzna w obszarze $\operatorname{Re} s \geqslant 0$.

TWIERDZENIE 10.1-3

Warunkiem koniecznym i dostatecznym, aby funkcja wymierna rzeczywista $f(s)$, *holomorficzna w obszarze* $\operatorname{Re} s \geqslant 0$, *była funkcją wrd jest, aby:*

$$\bigwedge_{\omega} \operatorname{Re} f(j\omega) \geqslant 0 \tag{10.1-28}$$

Dla **dowodu** rozpatrzmy funkcję:

$$g(s) \stackrel{\Delta}{=} e^{-f(s)} \tag{10.1-29}$$

która też jest holomorficzna w obszarze $\operatorname{Re} s \geqslant 0$. Zgodnie z twierdzeniem o module funkcji holomorficznej w obszarze (tzw. *zasadą maksimum modułu*, por. np. [39], str. 328-330), moduł funkcji (10.1-29) przybiera wartość maksymalną w punkcie $s_0 = j\omega_0$ na brzegu obszaru, tzn.:

$$|g(s)|_{max} = e^{-\operatorname{Re} f(j\omega_0)}$$

Jeśli zatem jest spełniony warunek (10.1-28), to dla $\operatorname{Re} s \geqslant 0$:

$$|g(s)| = e^{-\operatorname{Re} f(s)} \leqslant |g(s)|_{max} = e^{-\operatorname{Re} f(j\omega_0)}$$

a to oznacza, że dla $\operatorname{Re} s \geqslant 0$:

$$\operatorname{Re} f(s) \geqslant \operatorname{Re} f(j\omega_0) \geqslant 0$$

a więc funkcja $f(s)$ jest funkcją wrd.

Załóżmy teraz, że rozpatrywana funkcja wymierna rzeczywista $F(s)$ jest holomorficzna w obszarze $\operatorname{Re} s > 0$. Może więc mieć ona bieguny pojedyncze na osi urojonej, w tym również w punkcie $s = \infty$. Oznacza to, że biegunami $F(s)$ mogą być punkty: $s = \infty$, $s = 0$, $s_k = \pm j\omega_k$, $k = 1, 2, \ldots, n$. Funkcję $F(s)$ można zatem przedstawić w postaci[1]:

$$F(s) = h_\infty s + a + \frac{h_0}{s} + \sum_{k=1}^{n} \frac{h_k s}{s^2 + \omega_k^2} + f_0(s) = F_r(s) + f(s) \tag{10.1-30}$$

---

[1] Postać (10.1-30) wynika z podzielenia licznika przez mianownik (jeśli: $0 \leqslant l - m \leqslant 1$) i rozkładu na ułamki proste odpowiadające zerom mianownika: $s = 0$ i $s = \pm j\omega_k$. Współczynniki: h_∞, h_0 są nieujemne (jako residua). Współczynniki A_k, A_k^* w rozkładzie na ułamki proste:

$$\ldots + \frac{A_k}{s - j\omega_k} + \frac{A_k^*}{s + j\omega_k} + \ldots$$

są też residuami, a więc: $A_k = A_k^* > 0$. Stąd:

$$\frac{A_k}{s - j\omega_k} + \frac{A_k^*}{s + j\omega_k} = \frac{2A_k s}{s^2 + \omega_k^2} = \frac{h_k s}{s^2 + \omega_k^2}$$

przy czym:

$$\frac{h_k s}{s^2 + \omega_k^2} = \frac{h_k}{s + \omega_k^2 / s}$$

jest funkcją wrd.

gdzie:

$$F_r(s) \triangleq h_\infty s + \frac{h_0}{s} + \sum_{k=1}^{n} \frac{h_k s}{s^2 + \omega_k^2}$$

$$f(s) \triangleq a + f_0(s)$$

przy czym:

$$a \in \mathscr{R}, \quad h_\infty \geqslant 0, \quad h_0 \geqslant 0, \quad h_k \geqslant 0 \quad \text{dla} \quad k = 1, 2, \ldots, n$$

Funkcja $F_r(s)$ jest funkcją wrd (jako suma funkcji wrd), przy czym: $\operatorname{Re} F_r(\mathrm{j}\omega) \equiv 0$. Otrzymujemy zatem na podstawie (10.1-30):

$$\operatorname{Re} F(\mathrm{j}\omega) = \operatorname{Re} f(\mathrm{j}\omega)$$

Stąd, na mocy twierdzenia 10.1-3, funkcja $F(s)$ jest wrd, jeśli:

$$\bigwedge_{\omega} \operatorname{Re} F(\mathrm{j}\omega) \geqslant 0$$

Udowodniliśmy zatem następujące twierdzenie będące *testem* pozwalającym rozstrzygnąć, czy z góry zadana funkcja $F(s)$ jest funkcją wrd.

TWIERDZENIE 10.1-4 (test biegunowy)

Funkcja wymierna rzeczywista $F(s)$ *jest wtedy i tylko wtedy funkcją wrd, kiedy*:

a) *nie ma biegunów w obszarze* $\operatorname{Re} s > 0$;

b) *bieguny leżące na osi urojonej (łącznie z punktem* $s = \infty$*) są pojedyncze i residua w tych biegunach są dodatnie lub funkcja* $F(s)$ *nie ma biegunów na osi urojonej*;

c) *jest spełniona nierówność*:

$$\bigwedge_{\omega} \operatorname{Re} F(\mathrm{j}\omega) \geqslant 0 \tag{10.1-31}$$

Z twierdzenia 10.1-4 wynika, że spełnienie warunków a), b), c), z których każdy jest warunkiem koniecznym, jest warunkiem dostatecznym, aby badana funkcja $F(s)$ była funkcją wrd.

Warunek (10.1-31) można również zapisać w innej, równoważnej postaci. Oznaczając bowiem:

$$F(\mathrm{j}\omega) = |F(\mathrm{j}\omega)| \mathrm{e}^{\mathrm{j}\varphi(\omega)}$$

otrzymujemy:

$$\operatorname{Re} F(\mathrm{j}\omega) = |F(\mathrm{j}\omega)| \cos\varphi(\omega)$$

Wynika stąd, że warunek (10.1-31) jest równoważny warunkowi:

$$\bigwedge_{\omega} -\frac{\pi}{2} \leqslant \varphi(\omega) \leqslant \frac{\pi}{2} \tag{10.1-32}$$

Korzystając z właściwości 4 i 5, można także sformułować (szczegóły pozostawiamy Czytelnikowi) inny zestaw warunków koniecznych, stanowiących łącznie warunek dostateczny.

TWIERDZENIE 10.1-5 (test zerowy)

Funkcja wymierna rzeczywista $F(s)$ jest wtedy i tylko wtedy funkcją wrd, kiedy:

a) *nie ma zer w obszarze* $\mathrm{Re}\, s > 0$;

b) *zera leżące na osi urojonej* (*łącznie z punktem* $s = \infty$) *są pojedyncze i wartości pochodnej w tych zerach są dodatnie lub funkcja* $F(s)$ *nie ma zer na osi urojonej*;

c) *jest spełniona nierówność* (10.1-31), *tzn*:

$$\bigwedge_{\omega} \mathrm{Re}\, F(\mathrm{j}\omega) \geqslant 0$$

Zauważamy, że warunki a), b) są sformułowane alternatywnie: albo sprawdzamy bieguny $F(s)$ (test biegunowy), albo zera $F(s)$ (test zerowy). W obu przypadkach konieczne jest natomiast sprawdzenie tego samego warunku (10.1-31).

C. Inna postać kryterium dodatniości funkcji. Możliwe jest także tworzenie innych zestawów warunków koniecznych, wymienionych w p. A tak, aby tworzyły one łącznie warunek dostateczny dodatniości funkcji $F(s)$. Spośród kilku wariantów ograniczymy się do podania tylko jednego, ważnego w zastosowaniach praktycznych.

TWIERDZENIE 10.1-6

Funkcja wymierna rzeczywista $F(s)$ o postaci (10.1-23) *jest wtedy i tylko wtedy funkcją wrd, kiedy*:

a) *wielomian $L(s) + M(s)$ jest wielomianem Hurwitza*;

b) *jest spełniona nierówność*:

$$\bigwedge_{\omega} \mathrm{Re}\, F(\mathrm{j}\omega) \geqslant 0 \tag{10.1-33}$$

Konieczność tych warunków wynika wprost z właściwości 9 z p. A i nierówności definicyjnej (10.1-2). Dowód dostateczności pomijamy (patrz np. [35], str. 255).

D. Przykłady. Rozpatrzymy teraz kilka przykładów. Będziemy sprawdzać, czy z góry zadana funkcja $F(s)$ jest funkcją wrd, a więc czy jest immitancją dwójnika SLSP.

Przykład 10.1-2. Rozpatrzmy funkcję:

$$F(s) = \frac{s+a}{(s+b)^2 + c^2}, \qquad a, b, c \in \mathscr{R}^+ \tag{10.1-34}$$

Jej bieguny $s = -b \pm jc$ leżą w lewej półpłaszczyźnie $\operatorname{Re} s < 0$. Zgodnie z testem biegunowym (twierdzenie 10.1-4) trzeba zatem sprawdzić tylko nierówność (10.1-31). Mamy:

$$F(j\omega) = \frac{a + j\omega}{b^2 - \omega^2 + j2b\omega + c^2} = \frac{(a+j\omega)[b^2 + c^2 - \omega^2 - j2b\omega]}{(b^2 + c^2 - \omega^2)^2 + 4b^2\omega^2}$$

a stąd:

$$\operatorname{Re} F(j\omega) = \frac{a(b^2 + c^2) + (2b - a)\omega^2}{(b^2 + c^2 - \omega^2)^2 + 4b^2\omega^2}$$

i w konsekwencji:

$$\bigwedge_{\omega} \operatorname{Re} F(j\omega) \geqslant 0 \Leftrightarrow a \leqslant 2b \tag{10.1-35}$$

Widzimy zatem, że funkcja (10.1-34) jest funkcją wrd wtedy i tylko wtedy, kiedy $a \leqslant 2b$. Stąd np. funkcja:

$$F(s) = \frac{s+3}{s^2 + 2s + 2}$$

nie jest wrd, zaś:

$$F(s) = \frac{s+2}{s^2 + 2s + 2} \tag{10.1-36}$$

jest funkcją wrd.

Przykład 10.1-3. Proponujemy Czytelnikowi rozstrzygnięcie, które z wymienionych funkcji są funkcjami wrd, a które nie są (i dlaczego?):

a) $\dfrac{1}{s^2+s+1}$, b) $\dfrac{s}{s^2+s+1}$, c) $\dfrac{s+1}{s^2+s+1}$, d) $\dfrac{s+2}{s^2+s+1}$

e) $\dfrac{s-1}{s^2+s+1}$, f) $\dfrac{s^2}{s^2+s+1}$, g) $\dfrac{s^2+1}{s^2+s+1}$, h) $\dfrac{s^2+4}{s^2+s+1}$

Przykład 10.1-4. Sprawdźmy, czy funkcja:

$$F(s) = \frac{s^3 + 4s^2 + 3s + 6}{s^4 + s^3 + 2s^2 + s + 4} = \frac{L(s)}{M(s)}$$

jest funkcją wrd. Wielomian:

$$L(s) + M(s) = s^4 + 2s^3 + 6s^2 + 4s + 10$$

nie jest wielomianem Hurwitza (korzystamy tu z wyników przykładu 9.3-7, $k = 10$), na podstawie twierdzenia 10.1-6 wnioskujemy zatem, że rozważana funkcja nie jest funkcją wrd.

Uwaga. Łatwo można zauważyć, że sprawdzanie warunku (10.1-31) może być trudne i kłopotliwe w przypadku funkcji, której licznik i mianownik są wielomianami wyższych stopni (por. przykład 10.1-4). Z tego względu warunek ten sprawdzamy z reguły na końcu, po skontrolowaniu innych warunków, np. wynikających z twierdzeń: 10.1-4, 10.1-5 lub 10.1-6.

W ogólnym przypadku:

$$\operatorname{Re} F(\mathrm{j}\omega) = \operatorname{Re}\frac{L(\mathrm{j}\omega)}{M(\mathrm{j}\omega)} = \frac{\alpha_0 + \alpha_2\omega^2 + \alpha_4\omega^4 + \ldots + \alpha_{2n}\omega^{2n}}{|M(\mathrm{j}\omega)|^2} \tag{10.1-37}$$

przy czym $\alpha_{2n} > 0$, i warunek (10.1-31) jest spełniony wtedy i tylko wtedy, kiedy wielomian występujący w liczniku (10.1-37) nie ma zer rzeczywistych w przedziale $\omega \in \langle 0, +\infty)$. Sprawdzenie tego jest możliwe np. na podstawie *twierdzenia Sturma*, którym zajmować się jednak nie będziemy (odsyłamy Czytelnika do literatury, np. [20], str. 226, [34], str. 13).

E. Niektóre sposoby realizacji dwójników *RLC*. W punkcie 10.1.2-C wspomnieliśmy o trzech ogólnych metodach syntezy dwójników SLSP, tj. metodach realizacji dwójnika o z góry zadanej immitancji, będącej funkcją wrd. Jak zaznaczyliśmy, omówienie tych metod wykracza poza ramy książki.

W niektórych jednak prostych przypadkach istnieją możliwości znalezienia struktury dwójnika *RLC*, częściowo oparte na intuicji. Polegają one, ogólnie biorąc, na tym, aby daną funkcję wrd rozłożyć na sumę prostszych funkcji wrd, których realizacja byłaby oczywista.

W punktach 10.1.4 i 10.1.5 zajmiemy się natomiast w sposób systematyczny metodami realizacji tzw. *dwójników dwuelementowych*, tj. takich, które dadzą się zrealizować za pomocą tylko elementów *LC*, *RC* lub *RL*.

Przykład 10.1-5. Załóżmy, że chcemy znaleźć dwójnik, którego impedancja jest określona wzorem (10.1-36), tzn.:

$$Z(s) = \frac{s+2}{s^2+2s+2}$$

Admitancja:

$$Y(s) = \frac{s^2+2s+2}{s+2} = s + \frac{1}{\frac{s}{2}+1}$$

a stąd dostajemy od razu strukturę dwójnika przedstawioną na rys. 10.1-4a.

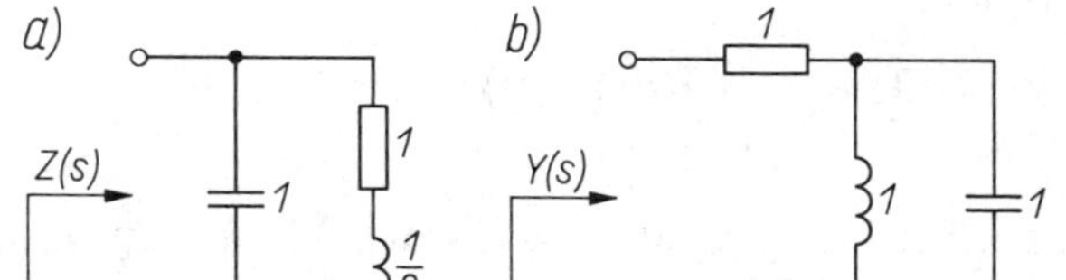

Rys. 10.1-4

Przykład 10.1-6. Chodzi nam teraz o znalezienie dwójnika, którego admitancja jest równa funkcji g) z przykładu 10.1-3, tzn.:

$$Y(s) = \frac{s^2+1}{s^2+s+1}$$

(funkcja ta jest wrd). Podobnie jak w przykładzie 10.1-5, dogodniej jest rozpatrywać odwrotność tej funkcji (dlaczego?), tj.:

$$Z(s) = \frac{s^2+s+1}{s^2+1}$$

Otrzymujemy bez trudu:

$$Z(s) = 1 + \frac{s}{s^2+1} = 1 + \cfrac{1}{s + \cfrac{1}{s}}$$

a stąd wynika realizacja przedstawiona na rys. 10.1-4b.

Zwracamy jednak uwagę, że inny rozkład na sumę, np.:

$$Z(s) = \frac{s(s+1)}{s^2+1} + \frac{1}{s^2+1}$$

nie prowadzi do żadnej realizacji, składniki tej sumy nie są bowiem funkcjami wrd.

Uwaga. Wartości elementów układów z rys. 10.1-4 są podane w jednostkach podstawowych: $R[\Omega]$, $L[\mathrm{H}]$, $C[\mathrm{F}]$. W dodatku 5 przedstawiamy tzw. *metodę normalizacji* (impedancyjnej i częstotliwościowej), umożliwiającą dostosowanie wartości elementów do wymagań praktycznych.

10.1.4. Dwójniki reaktancyjne

W tomie II (p. 4.3.4-F) wprowadziliśmy pojęcie *dwójników reaktancyjnych*, tj. dwójników SLSP, których impedancja $Z(\mathrm{j}\omega)$ i admitancja $Y(\mathrm{j}\omega)$ mają postać:

$$Z(\mathrm{j}\omega) = \mathrm{j}X(\omega), \quad Y(\mathrm{j}\omega) = \mathrm{j}B(\omega) \tag{10.1-38}$$

to znaczy, dla których:

$$\bigwedge_{\omega} \operatorname{Re} Z(\mathrm{j}\omega) = 0, \quad \bigwedge_{\omega} \operatorname{Re} Y(\mathrm{j}\omega) = 0 \tag{10.1-39}$$

W punkcie 4.5.3-D wykazaliśmy również, że *każdy dwójnik SLSP bezstratny jest dwójnikiem reaktancyjnym.* Oznacza to w szczególności, że każdy dwójnik zbudowany tylko z elementów bezstratnych (np. *L*, *C*, *M*, *T*, *Ż*) jest dwójnikiem reaktancyjnym.

Zajmiemy się teraz nieco dokładniej właściwościami immitancji dwójników reaktancyjnych.

A. Funkcje reaktancyjne. Funkcję $F(s)$ wymierną rzeczywistą dodatnią (p. 10.1.1) nazywamy *funkcją reaktancyjną*, jeśli spełnia ona warunek:

$$\operatorname{Re} F(s) = 0 \quad \text{dla} \quad \operatorname{Re} s = 0 \qquad (10.1\text{-}40)$$

Funkcje reaktancyjne stanowią zatem podklasę funkcji wrd, które oprócz nierówności (10.1-2) spełniają również warunek (10.1-40).

Jeśli $Z(s) = F(s)$ lub $Y(s) = F(s)$, to spełnienie warunku (10.1-40) jest równoważne równościom (10.1-39). Otrzymujemy stąd od razu następujące:

TWIERDZENIE 10.1-7

Funkcja $F(s)$ jest wtedy i tylko wtedy immitancją dwójnika reaktancyjnego, kiedy jest funkcją reaktancyjną.

B. Właściwości funkcji reaktancyjnych. Omówimy teraz kilka najważniejszych właściwości funkcji reaktancyjnych, będących jednocześnie (zgodnie z twierdzeniem 10.1-7) właściwościami immitancji dwójników reaktancyjnych.

1. *Jeśli funkcje $F_1(s)$, $F_2(s)$ są funkcjami reaktancyjnymi, to funkcje*:

$$F_1(s) + F_2(s), \qquad kF_1(s) \quad \text{dla} \quad k \in \mathscr{R}^+, \qquad F_1[F_2(s)] \qquad (10.1\text{-}41)$$

są też funkcjami reaktancyjnymi.

Właściwość ta wynika wprost z odpowiedniej właściwości funkcji wrd (p. 10.1.3-A) oraz warunku definicyjnego (10.1-40).

2. *Jeśli $F(s)$ jest funkcją reaktancyjną, to funkcje*:

$$\frac{1}{F(s)}, \quad F\left(\frac{1}{s}\right) \qquad (10.1\text{-}42)$$

są też funkcjami reaktancyjnymi.

Wynika to wprost z trzeciego wzoru (10.1-41) oraz z faktu, że funkcja $1/s$ jest funkcją reaktancyjną (por. przykład 10.1-1 oraz p. 10.1.3-A).

3. *Wszystkie zera i bieguny funkcji reaktancyjnej $F(s)$ leżą na osi urojonej* $\operatorname{Re} s = 0$, *są to zatem zera i bieguny pojedyncze, przy czym wartości pochodnej w zerach i residua w biegunach są dodatnie* (por. właściwości 4 i 5, p. 10.1.3-A).

Dowód. Niech $F(s)$ będzie funkcją reaktancyjną i niech $\sigma = -\mathrm{j}s$. Funkcja:

$$\varphi(\sigma) = \mathrm{j}F(\mathrm{j}\sigma)$$

jest funkcją wymierną rzeczywistą zmiennej σ, tzn. $\operatorname{Im} \varphi(\sigma) = 0$ dla $\operatorname{Im} \sigma = 0$. Wynika stąd, że:

$$\varphi(\sigma^*) = \varphi^*(\sigma)$$

lub:

$$\mathrm{j}F(\mathrm{j}\sigma^*) = [\mathrm{j}F(\mathrm{j}\sigma)]^* = -\mathrm{j}F^*(\mathrm{j}\sigma)$$

Uwzględniając, że $\sigma^* = js^*$, otrzymujemy ostatecznie:

$$F(-s^*) = -F^*(s) \tag{10.1-43}$$

Punkty: s i $-s^*$ leżą symetrycznie względem osi urojonej (rys. 10.1-5). Gdyby funkcja $F(s)$ miała zero (lub biegun) w punkcie s leżącym w lewej półpłaszczyźnie, to z równości (10.1-43) wynika, że miałaby również zero (lub biegun) w punkcie $-s^*$ leżącym w prawej półpłaszczyźnie (rys. 10.1-5), co nie jest możliwe (por. właściwość 3, p. 10.1.3-A). Wynika stąd, że zera i bieguny funkcji $F(s)$ mogą leżeć tylko na osi urojonej. Zgodnie z właściwościami funkcji wrd, są to zatem zera i bieguny pojedyncze, przy czym wartości pochodnej w zerach i residua w biegunach są dodatnie.

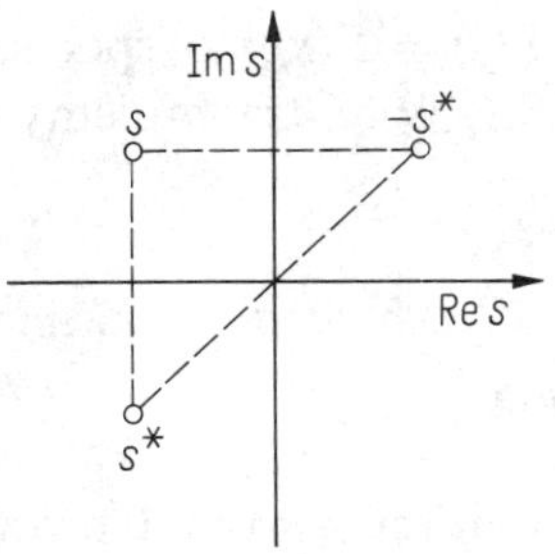

Rys. 10.1-5

4. *W każdym punkcie s_0 osi urojonej,* $\mathrm{Re}\, s_0 = 0$ *(z wyjątkiem biegunów), pochodna funkcji reaktancyjnej $F(s)$ jest dodatnia*:

$$F'(s_0) > 0 \tag{10.1-44}$$

Dowód tej właściwości jest analogiczny do dowodu właściwości 4 z p. 10.1.3-A. W otoczeniu dowolnego punktu s_0, $\mathrm{Re}\, s_0 = 0$ (z wyjątkiem bieguna), funkcję $F(s)$ można rozwinąć w szereg Taylora:

$$F(s) = F(s_0) + F'(s_0)(s - s_0) + \dots$$

przy czym w dostatecznie małym otoczeniu $|s - s_0| < \rho$ mamy:

$$F(s) \cong F(s_0) + F'(s_0)(s - s_0)$$

oraz:

$$\mathrm{Re}\, F(s) \cong \mathrm{Re}[F'(s_0)(s - s_0)]$$

bowiem z założenia $\mathrm{Re}\, F(s_0) = 0$.

Analogiczna, jak w p. 10.1.3-A, dyskusja położenia sektorów zmian znaku $\mathrm{Re}\, F(s)$ prowadzi do wniosku, że spełnienie definicyjnego warunku (10.1-16) jest możliwe tylko wtedy, kiedy zachodzi nierówność (10.1-44) (por. rys. 10.1-3c).

5. *Reaktancja $X(\omega)$ i susceptancja $B(\omega)$ dwójnika reaktancyjnego są przedziałami rosnącymi funkcjami zmiennej ω.*

Właściwość ta wynika wprost z nierówności (10.1-44). Załóżmy np., że $F(s) = Z(s)$, $F(j\omega) = Z(j\omega) = jX(\omega)$. Nierówność (10.1-44) można przepisać następująco:

$$\left.\frac{dF(s)}{ds}\right|_{s=j\omega} = \frac{dF(j\omega)}{d(j\omega)} = \frac{j dX(\omega)}{j d\omega} = \frac{dX(\omega)}{d\omega} > 0 \tag{10.1-45}$$

Podobnie, gdyby przyjąć: $F(s) = Y(s)$, $F(j\omega) = Y(j\omega) = jB(\omega)$, z nierówności (10.1-44) otrzymalibyśmy:

$$\frac{dB(\omega)}{d\omega} > 0 \tag{10.1-46}$$

Nierówności (10.1-45) i (10.1-46) oznaczają, że zarówno $X(\omega)$, jak i $B(\omega)$ są przedziałami rosnącymi funkcjami zmiennej ω.

Na osi urojonej leżą zera i bieguny funkcji reaktancyjnej $F(s)$, a więc także zera i bieguny funkcji $X(\omega)$ i $B(\omega)$[1]. Między sąsiednimi zerami musi zatem leżeć biegun, między sąsiednimi biegunami musi leżeć zero. Odpowiadający tym warunkom fragment wykresu funkcji $X(\omega)$ lub $B(\omega)$ jest przedstawiony na rys. 10.1-6.

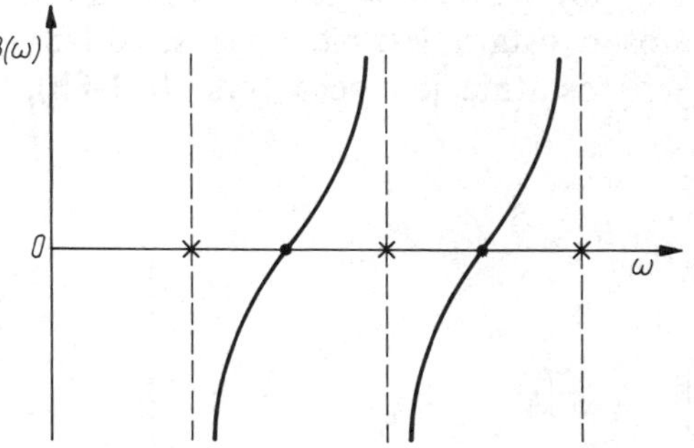

Rys. 10.1-6

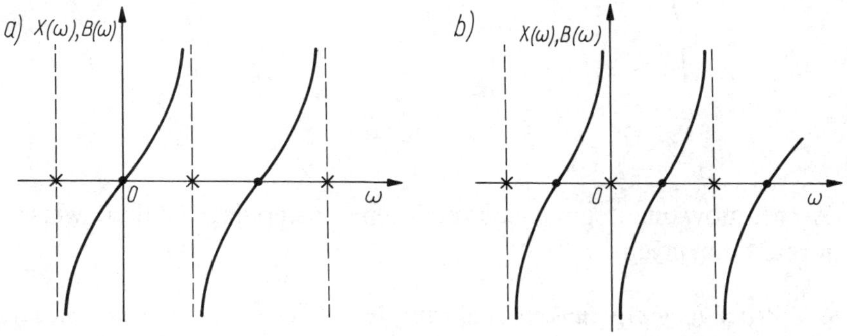

Rys. 10.1-7

[1] Przypominamy (por. p. 4.3.4-F i wzór (4.3-83) w tomie II), że:

$$B(\omega) = -\frac{1}{X(\omega)}$$

oraz że $X(\omega)$ i $B(\omega)$ są funkcjami nieparzystymi:

$$X(-\omega) = -X(\omega), \quad B(-\omega) = -B(\omega)$$

por. p. 9.4.1-C i wzór (9.4-9).

Rozumowanie to prowadzi także do wniosku, że w punkcie $s = 0$ ($\omega = 0$) funkcja $X(\omega)$ ma albo zero, albo biegun (rys. 10.1-7) i to samo dotyczy funkcji $B(\omega)$.

Rozważmy jeszcze możliwość zachowania się $X(\omega)$ i $B(\omega)$ przy $\omega \to \infty$. Łatwo można zauważyć, że dla $s = \infty$ funkcja reaktancyjna może mieć albo zero, albo biegun (odpowiada to zachowaniu się $X(\omega)$ lub $B(\omega)$ jak na rys. 10.1-8). Gdyby bowiem istniała granica:

$$\lim_{s \to \infty} F(s) = F(\infty) \neq 0$$

to z jednej strony musiałaby być liczbą rzeczywistą ($F(s)$ jest ilorazem dwóch wielomianów o współczynnikach rzeczywistych), z drugiej strony – liczbą urojoną, bowiem np. $F(j\omega) = Z(j\omega) = jX(\omega)$. Wynika stąd także, iż jeśli w ciągu zer i biegunów na osi ω ostatni jest biegun (rys. 10.1-8a), to w nieskończoności występuje zero; jeśli ostatnie jest zero (rys. 10.1-8b), to w nieskończoności mamy biegun.

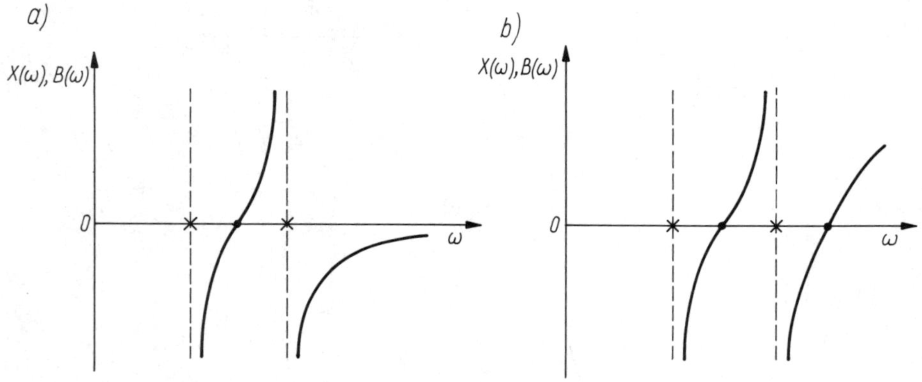

Rys. 10.1-8

Z rozumowania tego wynikają zatem następujące, dalsze właściwości funkcji reaktancyjnych.

6. *Zera i bieguny funkcji reaktancyjnej $F(s)$ wzajemnie przeplatają się; oznacza to, że między sąsiednimi zerami leży dokładnie jeden biegun, między sąsiednimi biegunami leży dokładnie jedno zero.*

Przykładowy rozkład zer i biegunów w płaszczyźnie zmiennej s jest przedstawiony na rys. 10.1-9. Punkty te występują oczywiście zawsze jako pary punktów sprzężonych. W przypadku przedstawionym na rys. 10.1-9 w punkcie $s = \infty$ występuje biegun (na okręgu będącym odwzorowaniem osi urojonej na sferę liczb zespolonych biegun ten leży między „ostatnimi" zerami, tj. zerami o największym module).

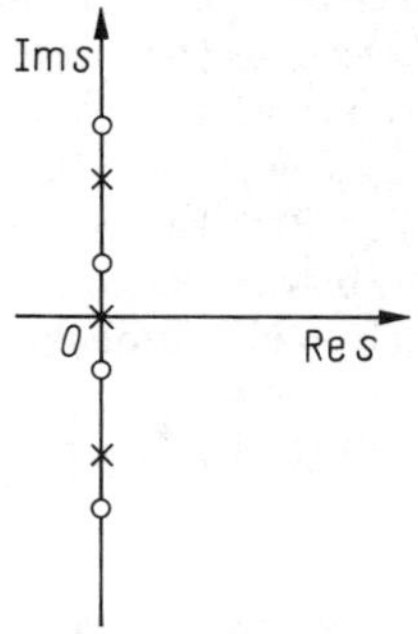

Rys. 10.1-9

7. *W punkcie $s = 0$ funkcja reaktancyjna $F(s)$ ma albo biegun, albo zero.*

8. *W punkcie $s = \infty$ funkcja reaktancyjna $F(s)$ ma albo biegun, albo zero; oznacza to, że różnica $l - m$ stopni licznika i mianownika może być równa albo $+1$, albo -1, tzn.*

$$l - m = \begin{cases} +1 \\ -1 \end{cases} \tag{10.1-47}$$

9. *Liczba zer i liczba biegunów funkcji reaktancyjnej $F(s)$ (uwzględniając punkt $s = \infty$) jest taka sama i wynosi:*

$$n = \max\,(l, m) \tag{10.1-48}$$

gdzie: l – stopień licznika, m – stopień mianownika.

C. Warunki konieczne i dostateczne. Na podstawie omówionych w p. B właściwości funkcji reaktancyjnych (będących jednocześnie warunkami koniecznymi) można sformułować bez trudu warunki konieczne i dostateczne, aby funkcja $F(s)$ była funkcją reaktancyjną. Co więcej, możliwe jest podanie o g ó l n e j postaci funkcji reaktancyjnej, co ma istotne znaczenie praktyczne.

TWIERDZENIE 10.1-8 (Fostera)

Funkcja $F(s)$ jest wtedy i tylko wtedy funkcją reaktancyjną, kiedy można ją przedstawić w postaci:

$$F(s) = h_\infty s + \frac{h_0}{s} + \sum_{k=1}^{N} \frac{h_{2k} s}{s^2 + \omega_{2k}^2} \tag{10.1-49}$$

przy spełnieniu warunków:

$$\left.\begin{array}{l} h_\infty \geqslant 0,\ h_0 \geqslant 0,\ h_{2k} > 0 \text{ dla } k = 1, 2, \ldots, N,\ N \in \mathcal{N} \cup \{0\} \\ 0 < \omega_2 < \omega_4 < \ldots < \omega_{2N} \end{array}\right\} \tag{10.1-50}$$

Dowód pokrywa się z fragmentem rozumowania z p. 10.1.3-B, na którym był oparty dowód twierdzenia 10.1-4. Funkcja reaktancyjna ma bieguny leżące tylko na osi urojonej (łącznie ew. z punktem $s = \infty$), przy czym residua w tych biegunach są dodatnie (właściwość 3, p. 10.1.4-A). Można ją zatem przedstawić w postaci (10.1-49) przy ograniczeniach (10.1-50) (por. przypis na str. 363). Z kolei, jeśli funkcja $F(s)$ ma postać (10.1-49) przy wymienionych ograniczeniach, to jest funkcją reaktancyjną, jest bowiem funkcją wrd spełniającą warunek (10.1-40) (warunek ten spełnia każdy ze składników (10.1-50) z osobna).

Uwaga. Milcząco zakładamy, że jest spełniony warunek:

$$h_\infty^2 + h_0^2 + N^2 > 0$$

co oznacza, że funkcja (10.1-49) nie jest tożsamościowo równa zeru. Przypadek $N = 0$ oznacza, że po prawej stronie wzoru (10.1-49) nie występuje człon o postaci sumy.

Postać (10.1-49) nazywamy *postacią kanoniczną* funkcji reaktancyjnej. Na podstawie właściwości 3 oraz 6-9, p. B, oraz twierdzenia 10.1-8, można podać także inną postać ogólną (10.1-51) funkcji reaktancyjnej, zwaną *postacią normalną*.

TWIERDZENIE 10.1-9

Funkcja $F(s)$ jest wtedy i tylko wtedy funkcją reaktancyjną, kiedy można ją przedstawić w postaci:

$$F(s) = \frac{H}{s} \frac{(s^2 + \omega_1^2)(s^2 + \omega_3^2) \ldots (s^2 + \omega_{2N\pm 1}^2)}{(s^2 + \omega_2^2)(s^2 + \omega_4^2) \ldots (s^2 + \omega_{2N}^2)} \tag{10.1-51}$$

przy spełnieniu warunków:

$$\left.\begin{array}{l} H > 0,\ N \in \mathcal{N} \cup \{0\} \\ 0 \leqslant \omega_1 < \omega_2 < \omega_3 < \ldots < \omega_{2N-1} < \omega_{2N} (< \omega_{2N+1}) \end{array}\right\} \tag{10.1-52}$$

Dla **dowodu** wystarczy sprawdzić, że funkcję $F(s)$ o postaci (10.1-51) można sprowadzić do postaci kanonicznej (10.1-49) przy warunkach (10.1-50). W tym celu wystarczy wykazać spełnienie nierówności (10.1-50), rozkład funkcji (10.1-51) na składniki występujące w (10.1-49) jest bowiem oczywisty. Współczynnik h_∞ jest równy albo zeru (jeśli w liczniku (10.1-51) ciąg czynników kończy się na $s^2 + \omega_{2N-1}^2$), albo $h_\infty = H$ (jeśli występuje w liczniku czynnik $s^2 + \omega_{2N+1}^2$). Podobnie albo $h_0 = 0$, jeśli $\omega_1 = 0$, albo:

$$h_0 = H \frac{\omega_1^2 \omega_3^2 \ldots \omega_{2N\pm 1}^2}{\omega_2^2 \omega_4^2 \ldots \omega_{2N}^2}$$

jeśli $\omega_1 > 0$. Dla wykazania dodatniości residuum h_{2k} w biegunie $s = j\omega_{2k}$, $1 \leqslant k \leqslant N$, wystarczy zauważyć, że w wyrażeniu:

$$\operatorname*{res}_{s=j\omega_{2k}} F(s) = \lim_{s \to j\omega_{2k}} F(s)(s - j\omega_{2k}) = \frac{H}{j\omega_{2k}} \frac{(\omega_1^2 - \omega_{2k}^2)(\omega_3^2 - \omega_{2k}^2) \ldots (\omega_{2N\pm 1}^2 - \omega_{2k}^2)}{(\omega_2^2 - \omega_{2k}^2)(\omega_4^2 - \omega_{2k}^2) \ldots j2\omega_{2k}(\omega_{2k+2}^2 - \omega_{2k}^2) \ldots (\omega_{2N}^2 - \omega_{2k}^2)}$$

występuje w liczniku i w mianowniku tyle samo czynników ujemnych (pozostałe są dodatnie).

Komentarz. Postać normalna (10.1-51) jest, w zasadzie, wspólnym zapisem czterech postaci funkcji reaktancyjnej, odpowiadających czterem możliwym przypadkom zachowania się $F(s)$ w punktach $s = 0$ i $s = \infty$. Jeśli $\omega_1 > 0$, to dla $s = 0$ mamy biegun. Przy $\omega_1 = 0$ mamy:

$$\frac{H}{s}(s^2 + \omega_1^2) = Hs$$

a więc w punkcie $s = 0$ występuje zero. Jeśli ostatnia para zer ma indeks $2N - 1$, to licznik jest stopnia niższego niż mianownik, a więc dla $s = \infty$ mamy zero. Jeśli natomiast ostatnia para zer ma indeks $2N + 1$, to licznik jest stopnia wyższego niż mianownik i w punkcie $s = \infty$ występuje biegun.

Modyfikacją twierdzenia 10.1-9 jest następujące twierdzenie:

TWIERDZENIE 10.1-10

Funkcja $F(s)$ wymierna rzeczywista dodatnia jest wtedy i tylko wtedy funkcją reaktancyjną, kiedy wszystkie jej zera i bieguny leżą na osi urojonej i wzajemnie się przeplatają.

Z twierdzenia 10.1-9 wynika jeszcze jeden ważny wniosek. Przedstawiając funkcję reaktancyjną w postaci:

$$F(s) = \frac{L(s)}{M(s)}$$

zauważamy, że albo $L(s)$ jest wielomianem parzystym ($\omega_1 > 0$) i wówczas $M(s)$ jest wielomianem nieparzystym, albo $L(s)$ jest wielomianem nieparzystym ($\omega_1 = 0$) i wówczas $M(s)$ jest wielomianem parzystym. *Funkcja reaktancyjna $F(s)$ jest zatem funkcją nieparzystą zmiennej s, tzn*:

$$F(-s) = -F(s) \tag{10.1-53}$$

(por. wzór (10.1-43)).

Zauważmy jeszcze, że dla każdej funkcji wymiernej rzeczywistej spełniającej warunek (10.1-53) zachodzi zależność:

$$\bigwedge_{\omega} \operatorname{Re} F(j\omega) = 0$$

Na podstawie twierdzenia 10.1-6 oraz zgodnie z przedstawionym rozumowaniem otrzymujemy zatem następne, ważne w praktyce twierdzenie.

TWIERDZENIE 10.1-11

Funkcja wymierna rzeczywista:

$$F(s) = \frac{L(s)}{M(s)} \tag{10.1-54}$$

jest wtedy i tylko wtedy funkcją reaktancyjną, kiedy:
a) *wielomian* $L(s) + M(s)$ *jest wielomianem Hurwitza;*
b) *zachodzą zależności:*

$$L(-s) = L(s) \wedge M(-s) = -M(s)$$

$$\text{lub} \quad L(-s) = -L(s) \wedge M(-s) = M(s) \tag{10.1-55}$$

tzn. licznik (mianownik) jest wielomianem parzystym, zaś mianownik (licznik) jest wielomianem nieparzystym.

D. Przykłady. Podane w p. C twierdzenia mają charakter kryteriów, które umożliwiają rozstrzyganie, czy z góry zadana funkcja jest funkcją reaktancyjną.

Przykład 10.1-7. Proponujemy Czytelnikowi rozstrzygnięcie, które z wymienionych funkcji są funkcjami reaktancyjnymi, a które nie są (i dlaczego?):

$$\text{a)}\ s+\frac{1}{s}, \quad \text{b)}\ 1+\frac{1}{s}, \quad \text{c)}\ \frac{1}{s}+\frac{s}{s^2+4}, \quad \text{d)}\ \frac{1}{s}+\frac{1}{s^2+4}, \quad \text{e)}\ \frac{s(s^2+1)}{s^2+4},$$

$$\text{f)}\ \frac{s^2+1}{s(s^2+4)}, \quad \text{g)}\ s-\frac{s^2+1}{s(s^2+4)}, \quad \text{h)}\ s+\frac{s^2+1}{s(s^2+4)}, \quad \text{i)}\ \frac{s(s^2+4)}{s^2+1}$$

a ponadto rozstrzygnięcie, które z tych funkcji, nie będąc funkcjami reaktancyjnymi, są funkcjami wrd.

Przykład 10.1-8. Rozpatrzmy funkcję:

$$F(s) = \frac{L(s)}{M(s)} = \frac{s^5+6s^3+2s}{s^4+4s^2+1}$$

Licznik $L(s)$ jest wielomianem nieparzystym, mianownik $M(s)$ jest wielomianem parzystym. Ponadto:

$$L(s)+M(s) = s^5+s^4+6s^3+4s^2+2s+1$$

jest wielomianem Hurwitza (sprawdziliśmy to w przykładzie 9.3-10). Rozpatrywana funkcja jest zatem (zgodnie z twierdzeniem 10.1-11) funkcją reaktancyjną.

E. Rozwinięcie funkcji reaktancyjnej w ułamek łańcuchowy. Załóżmy, że $F(s)$ jest funkcją reaktancyjną. Wówczas, zgodnie z twierdzeniem Fostera, wzór (10.1-49), albo $F(s)$, albo $1/F(s)$ ma biegun w $s = \infty$. Załóżmy, że $F(s)$ ma biegun dla $s = \infty$, tzn. $l > m$.

Możemy zatem napisać:

$$F(s) = k_1 s + \frac{1}{F_1(s)} \tag{10.1-56}$$

gdzie: $k_1 = h_\infty > 0$, zaś $1/F_1(s)$ jest funkcją reaktancyjną nie mającą bieguna w nieskończoności. Funkcja $F_1(s)$ (też reaktancyjna), ma zatem biegun dla $s = \infty$, a więc:

$$F_1(s) = k_2 s + \frac{1}{F_2(s)}$$

gdzie $k_2 > 0$ oraz, analogicznie jak poprzednio, funkcja $F_2(s)$ jest funkcją reaktancyjną mającą biegun dla $s = \infty$. Postępowanie takie można kontynuować przez wydzielanie części całkowitej (tj. dzielenie licznika przez mianownik) z kolejnych funkcji reaktancyjnych:

$$F_i(s) = \frac{L_i(s)}{M_i(s)}$$

przy czym:

$$F_{i-1}(s) = k_i s + \frac{1}{F_i(s)}, \qquad k_i > 0$$

Ze wzrostem wskaźnika i maleje (o jeden) stopień licznika $L_i(s)$ i dzielenie kończy się po n krokach, gdzie liczba n jest określona wzorem (10.1-48) (w naszym przypadku $n = l$).

Jeśli rozpatrywana funkcja $F(s)$ ma zero dla $s = \infty$, to $k_i = 0$ i wzór (10.1-56) redukuje się do postaci:

$$F(s) = \frac{1}{F_1(s)}$$

gdzie $F_1(s)$ jest funkcją reaktancyjną mającą biegun dla $s = \infty$. Dalsze postępowanie przebiega zatem analogicznie jak poprzednio.

Dostajemy zatem ostatecznie:

$$F(s) = k_1 s + \cfrac{1}{k_2 s + \cfrac{1}{k_3 s + \cfrac{1}{k_4 s + \ldots + \cfrac{1}{k_n s}}}} \tag{10.1-57}$$

gdzie:

$$k_1 \geqslant 0, \; k_i > 0 \text{ dla } i = 2, 3, \ldots, n \text{ (lub } n+1, \text{ jeśli } k_1 = 0) \tag{10.1-58}$$

Oznacza to, że liczba dodatnich współczynników k_i wynosi:

$$n = \max\,(l, m) \tag{10.1-59}$$

Łatwo można również wykazać bezpośrednio (szczegóły pozostawiamy Czytelnikowi), że każda funkcja $F(s)$ o postaci (10.1-57) przy warunkach (10.1-58) jest funkcją reaktancyjną.

Otrzymujemy zatem następujące twierdzenie:

TWIERDZENIE 10.1-12

Funkcja $F(s)$ jest wtedy i tylko wtedy funkcją reaktancyjną, kiedy można ją przedstawić w postaci ułamka łańcuchowego (10.1-57) *przy spełnieniu warunków* (10.1-58).

O rozwinięciu $F(s)$ w ułamek łańcuchowy (10.1-57) mówimy, że jest to *rozwinięcie względem s* lub *rozwinięcie wokół punktu* $s = \infty$.

Możliwa jest także inna postać rozwinięcia w ułamek łańcuchowy funkcji reaktancyjnej, zwana *rozwinięciem względem* $1/s$ lub *rozwinięciem wokół punktu* $s = 0$. Możliwość taka jest oparta na następującym rozumowaniu.

Podzielmy licznik i mianownik funkcji reaktancyjnej (10.1-54) przez s^n, gdzie n jest liczbą określoną wzorem (10.1-59). Otrzymamy:

$$F(s) = \frac{L(s)}{M(s)} = \frac{L_0(1/s)}{M_0(1/s)} \tag{10.1-60}$$

przy czym funkcja:

$$F_0(s) = \frac{L_0(s)}{M_0(s)}$$

jest też funkcją reaktancyjną (por. właściwość 2, p. B).

Rozwijając funkcję reaktancyjną $F_0(s)$ w ułamek łańcuchowy o postaci (10.1-57) i podstawiając wszędzie $1/s$ w miejsce s, otrzymujemy, zgodnie z (10.1-60):

$$F(s) = F_0\left(\frac{1}{s}\right) = k'_1\frac{1}{s} + \cfrac{1}{k'_2\frac{1}{s} + \cfrac{1}{k'_3\frac{1}{s} + \ldots + \cfrac{1}{k'_n\frac{1}{s}}}} \tag{10.1-61}$$

gdzie współczynniki k'_i spełniają te same ograniczenia co współczynniki k_i, tzn.

$$k'_1 \geqslant 0, \quad k'_i > 0 \text{ dla } i = 2, 3, \ldots, n \text{ (lub } n+1, \text{ jeśli } k'_1 = 0) \tag{10.1-62}$$

Jak łatwo można zauważyć, dla danej funkcji reaktancyjnej $F(s)$ mamy albo: $k_1 > 0$ i $k'_1 = 0$, albo: $k_1 = 0$ i $k'_1 > 0$.

Przykład 10.1-9. Rozpatrzmy funkcję reaktancyjną:

$$F(s) = \frac{s(s^2+2)(s^2+4)}{(s^2+1)(s^2+3)} = \frac{s^5+6s^3+8s}{s^4+4s^2+3} \tag{10.1-63}$$

Proponujemy Czytelnikowi sprawdzenie (przez dokonanie odpowiednich dzieleń), że funkcję tę można przedstawić w postaci następującego ułamka łańcuchowego:

$$F(s) = s + \cfrac{1}{\cfrac{1}{2}s + \cfrac{1}{\cfrac{4}{3}s + \cfrac{1}{\cfrac{3}{2}s + \cfrac{1}{\cfrac{1}{3}s}}}}$$

a więc:

$$k_1 = 1, \quad k_2 = \frac{1}{2}, \quad k_3 = \frac{4}{3}, \quad k_4 = \frac{3}{2}, \quad k_5 = \frac{1}{3}$$

Dzieląc licznik i mianownik funkcji $F(s)$ przez s^5 otrzymujemy:

$$F(s) = F_0\left(\frac{1}{s}\right) = \frac{8\left(\frac{1}{s}\right)^4 + 6\left(\frac{1}{s}\right)^2 + 1}{3\left(\frac{1}{s}\right)^5 + 4\left(\frac{1}{s}\right)^3 + \frac{1}{s}}$$

Rozwinięcie w ułamek łańcuchowy o postaci (10.1-62) ma teraz postać:

$$F(s) = F_0\left(\frac{1}{s}\right) = \cfrac{1}{\cfrac{3}{8}\cfrac{1}{s} + \cfrac{1}{\cfrac{32}{7}\cfrac{1}{s} + \cfrac{1}{\cfrac{49}{88}\cfrac{1}{s} + \cfrac{1}{\cfrac{484}{21}\cfrac{1}{s} + \cfrac{1}{\cfrac{3}{22}\cfrac{1}{s}}}}}}$$

a więc:

$$k'_1 = 0, \quad k'_2 = \frac{3}{8}, \quad k'_3 = \frac{32}{7}, \quad k'_4 = \frac{49}{88}, \quad k'_5 = \frac{484}{21}, \quad k'_6 = \frac{3}{22}$$

F. Postacie kanoniczne dwójników reaktancyjnych. Twierdzenia 10.1-8 i 10.1-12 umożliwiają sformułowanie ogólnych sposobów realizacji dowolnej funkcji reaktancyjnej, tj. znajdowanie dwójników, których impedancja $Z(s)$ lub admitancja $Y(s)$ jest równa z góry zadanej funkcji reaktancyjnej $F(s)$. Sposoby te prowadzą do realizacji dwójników reaktancyjnych w tzw. *postaciach kanonicznych*, tj. takich strukturach, które zawierają minimalną liczbę elementów.

Załóżmy, że chodzić nam będzie o znalezienie dwójnika, którego impedancja $Z(s)$ jest równa zadanej funkcji reaktancyjnej $F(s)$, tzn.:

$$Z(s) = F(s) \tag{10.1-64}$$

1. *Postać kanoniczna szeregowa (Fostera).* Funkcję $F(s)$ możemy przedstawić w postaci sumy (10.1-49). Dwójnik o impedancji (10.1-64) będzie miał zatem postać połączenia szeregowego dwójników o impedancjach:

$$h_\infty s, \quad \frac{h_0}{s}, \quad \frac{h_{2k}s}{s^2 + \omega_{2k}^2} \qquad (k = 1, 2, \ldots, N)$$

tj. indukcyjności h_∞, pojemności $1/h_0$ oraz połączeń równoległych pojemności $1/h_{2k}$ i indukcyjności h_{2k}/ω_{2k}^2. W ten sposób otrzymujemy *postać kanoniczną szeregową* (*Fostera*) dwójnika reaktancyjnego, przedstawioną na rys. 10.1-10.

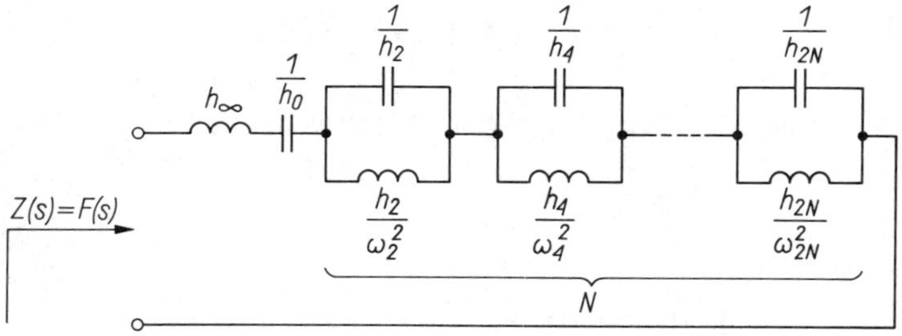

Rys. 10.1-10

Realizację w postaci szeregowej Fostera, przedstawioną na rys. 10.1-10, nazywa się także *realizacją według biegunów*. Zauważmy bowiem, że indukcyjności h_∞ odpowiada biegun dla $s = \infty$, pojemności $1/h_0$ – biegun dla $s = 0$; sekcje równoległe mają pulsacje rezonansowe $\omega_2, \omega_4, \ldots, \omega_{2N}$, realizują zatem pary biegunów sprzężonych $s_{2k} = \pm j\omega_{2k}$.

Liczba elementów występujących w dwójniku z rys. 10.1-10 jest zatem równa liczbie biegunów funkcji $F(s)$, a więc liczbie n określonej wzorem (10.1-48). Jest to jednocześnie liczba niezależnych współczynników występujących we wzorze (10.1-49), postać dwójnika z rys. 10.1-10 jest zatem postacią kanoniczną.

2. *Postać kanoniczna równoległa* (*Fostera*). To samo zadanie (10.1-64) można jednak zrealizować inaczej, przyjmując:

$$Y(s) = \frac{1}{F(s)}$$

gdzie:

$$\frac{1}{F(s)} = F_1(s)$$

jest też funkcją reaktancyjną. Przedstawiając funkcję $F_1(s)$ w postaci sumy (10.1-49), możemy zrealizować dwójnik o admitancji $F_1(s)$ (a więc o impedancji $F(s)$) jako połączenie równoległe dwójników o admitancjach[1]:

$$h_\infty s, \quad \frac{h_0}{s}, \quad \frac{h_{2k}s}{s^2+\omega_{2k}^2}, \qquad (k = 1, 2, ..., N)$$

tj. pojemności h_∞, indukcyjności $1/h_0$ oraz połączeń szeregowych indukcyjności $1/h_{2k}$ i pojemności h_{2k}/ω_{2k}^2. Otrzymujemy wówczas *postać kanoniczną równoległą* (*Fostera*) dwójnika reaktancyjnego, przedstawioną na rys. 10.1-11.

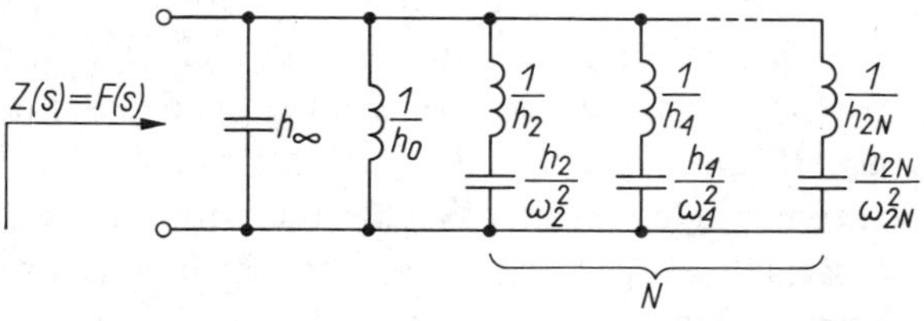

Rys. 10.1-11

Poszczególne elementy (lub pary elementów) dwójnika z rys. 10.1-11 realizują bieguny funkcji $1/F(s)$, a więc zera funkcji $F(s)$. Stąd realizację dwójnika w postaci równoległej Fostera (rys. 10.1-11) nazywa się także *realizacją według zer*. Zauważmy, że pojemności h_∞ odpowiada zero funkcji $F(s)$ dla $s = \infty$, indukcyjności $1/h_0$ – zero dla $s = 0$; sekcje szeregowe mają pulsacje rezonansowe $\omega_2, \omega_4, ..., \omega_{2N}$, realizują zatem pary zer sprzężonych $s_{2k} = \pm j\omega_{2k}$.

Łatwo można także stwierdzić, że postać równoległa jest również postacią kanoniczną o liczbie elementów równej liczbie n określonej wzorem (10.1-48).

3. *Pierwsza postać kanoniczna drabinkowa* (*Cauera*). Możliwość bezpośredniej realizacji dwójnika reaktancyjnego wynika także z rozwinięcia funkcji reaktancyjnej $F(s)$ w ułamek łańcuchowy (10.1-57). Jeśli bowiem $F(s) = Z(s)$, to $k_1 s$ jest impedancją indukcyjności k_1 połączonej szeregowo z dwójnikiem o admitancji: $k_2 s + ...$, tj. pojemności k_2 połączonej równolegle z dwójnikiem o impedancji: $k_3 s + ...$ i tak dalej. Otrzymujemy zatem *postać drabinkową* przedstawioną na rys. 10.1-12a, w której wszystkie indukcyjności o wartościach $k_1, k_3, k_5, ...$ występują w gałęziach podłużnych, a wszystkie pojemności o wartościach $k_2, k_4, k_6, ...$ – w gałęziach poprzecznych. Jeśli $k_1 > 0$ i n jest liczbą nieparzystą, to drabinka kończy się indukcyjnością (rys. 10.1-12b); jeśli n jest parzyste, to na końcu drabinki występuje pojemność (rys. 10.1-12c) (proponujemy Czytelnikowi prześledzenie przypadku, kiedy $k_1 = 0$).

[1] W celu uproszczenia współczynniki w rozwinięciu funkcji $F_1(s) = 1/F(s)$ według wzoru (10.1-49) oznaczamy tutaj tak samo, jak w przypadku funkcji $F(s)$, chociaż dla konkretnej funkcji $F(s)$ będą one miały oczywiście inne wartości liczbowe (por. przykłady 10.1-10 i 10.1-12).

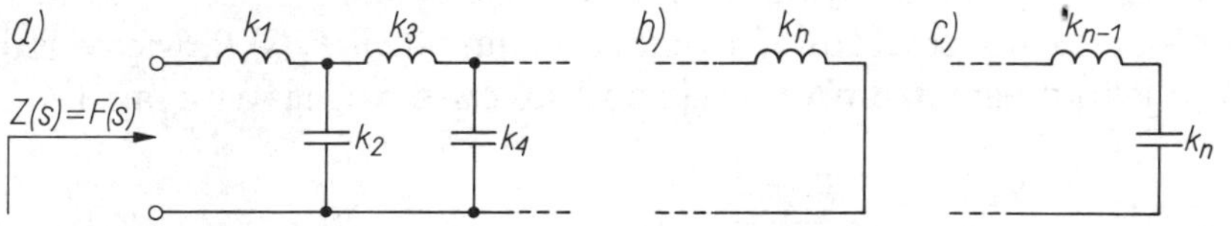

Rys. 10.1-12

Postać drabinkowa z rys. 10.1-12a jest również postacią kanoniczną. Zawiera ona tyle elementów, ile współczynników występuje w ułamku łańcuchowym (10.1-57), czyli n.

4. *Druga postać kanoniczna drabinkowa* (*Cauera*). Przedstawiając funkcję reaktancyjną $F(s)$ w postaci ułamka łańcuchowego (10.1-61), otrzymujemy od razu możliwość realizacji dwójnika reaktancyjnego w drugiej postaci drabinkowej (rys. 10.1-13a). Różni się ona od pierwszej postaci drabinkowej z rys. 10.1-12a rozmieszczeniem elementów. W gałęziach podłużnych występują teraz pojemności o wartościach $1/k'_1$, $1/k'_3$, ..., zaś w gałęziach poprzecznych – indukcyjności o wartościach $1/k'_2$, $1/k'_4$, ... Jeśli $k'_1 > 0$ i n jest liczbą nieparzystą, to drabinka kończy się pojemnością (rys. 10.1-13b); jeśli n jest parzyste, to na końcu drabinki występuje indukcyjność (rys. 10.1-13c). Druga postać drabinkowa jest oczywiście również postacią kanoniczną (zawiera n elementów).

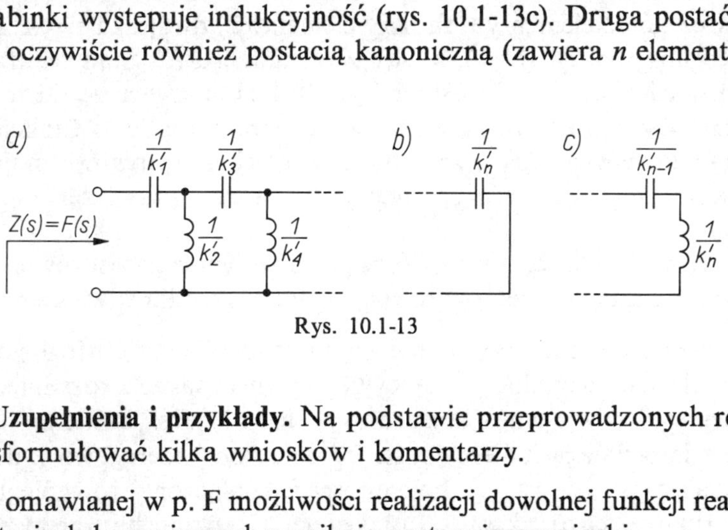

Rys. 10.1-13

G. Uzupełnienia i przykłady. Na podstawie przeprowadzonych rozważań możemy sformułować kilka wniosków i komentarzy.

1. Z omawianej w p. F możliwości realizacji dowolnej funkcji reaktancyjnej w postaciach kanonicznych wynikają następujące wnioski.

Każdą funkcję reaktancyjną można zrealizować jako impedancję i jako admitancję dwójnika reaktancyjnego zbudowanego tylko z elementów LC (*dwójnika LC*).

Z tego względu klasę funkcji reaktancyjnych oznaczamy niekiedy symbolem I_{LC} (immitancje dwójników LC).

Minimalna liczba elementów LC wystarczająca do realizacji funkcji reaktancyjnej w postaci kanonicznej wynosi n, gdzie n jest liczbą określoną wzorem (10.1-48).

Jest rzeczą oczywistą, że funkcje reaktancyjne można realizować także jako immitancje dwójników reaktancyjnych o postaciach niekanonicznych, tj. zawierających więcej niż n elementów LC, a także przy użyciu innych elementów bezstratnych, np. $MT\dot{Z}$ (proponujemy Czytelnikowi zastanowienie się nad poruszonym tu zagadnieniem; por. także przykład 8.3-7).

2. W przypadku bardziej rozbudowanych funkcji reaktancyjnych (tj. funkcji o odpowiednio dużej liczbie zer i biegunów) istnieje możliwość realizacji w postaciach kanonicznych będących kombinacjami postaci kanonicznych omówionych w p. F. Wynika to z faktu, że każdy z algorytmów realizacji wynikających ze wzorów (10.1-49), (10.1-57) lub (10.1-61) można na dowolnym etapie przerwać i do pozostałej funkcji (będącej też funkcją reaktancyjną) zastosować inny algorytm.

W celu ilustracji rozważmy funkcję reaktancyjną $F(s)$ mającą bieguny dla $s=\infty$ i dla $s=0$. Można ją wówczas przedstawić, zgodnie z (10.1-49), w postaci:

$$F(s) = a_0 s + \frac{b_0}{s} + \frac{1}{F_1(s)}$$

gdzie $F_1(s)$ jest też funkcją reaktancyjną mającą bieguny dla $s=\infty$ i $s=0$. Stąd:

$$F_1(s) = a_1 s + \frac{b_1}{s} + \frac{1}{F_2(s)}$$

i postępowanie takie można powtarzać. Realizacja zadania określonego przez (10.1-64) prowadzi wówczas do struktury kanonicznej przedstawionej na rys. 10.1-14.

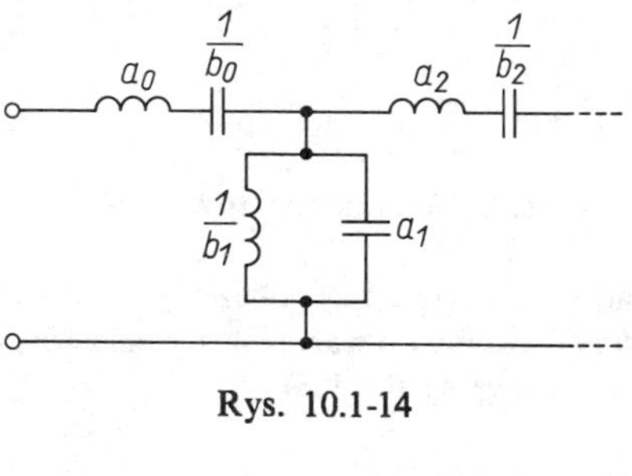

Rys. 10.1-14

Proponujemy Czytelnikowi zastanowienie się nad możliwością tworzenia innych „kombinowanych" realizacji kanonicznych dwójników reaktancyjnych.

3. Rozważmy kilka przykładów.

Przykład 10.1-10. Należy zrealizować dwójnik o impedancji $Z(s)$ równej funkcji $F(s)$ określonej wzorem (10.1-63), tzn.

$$Z(s) = F(s) = \frac{s(s^2+2)(s^2+4)}{(s^2+1)(s^2+3)} = \frac{s^5+6s^3+8s}{s^4+4s^2+3}$$

Chcąc przedstawić $Z(s)$ w postaci (10.1-49), przyjmujemy:

$$Z(s) = h_\infty s + \frac{h_2 s}{s^2+1} + \frac{h_4 s}{s^2+3}$$

skąd, po wyznaczeniu współczynników rozkładu, otrzymujemy:

$$Z(s) = s + \frac{\frac{3}{2}s}{s^2+1} + \frac{\frac{1}{2}s}{s^2+3}$$

Prowadzi to do realizacji $Z(s)$ w postaci kanonicznej szeregowej, przedstawionej na rys. 10.1-15a.

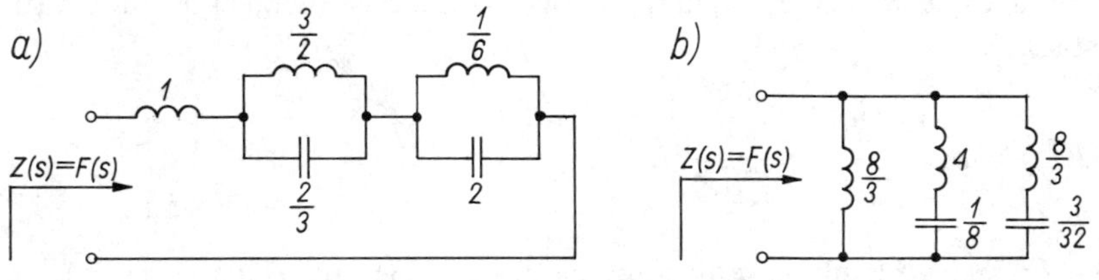

Rys. 10.1-15

To samo zadanie możemy zrealizować także w postaci kanonicznej równoległej. Mamy:

$$Y(s) = \frac{1}{F(s)} = \frac{(s^2+1)(s^2+3)}{s(s^2+2)(s^2+4)} = \frac{h_0}{s} + \frac{h_2 s}{s^2+2} + \frac{h_4 s}{s^2+4}$$

skąd, po obliczeniu współczynników rozkładu, dostajemy:

$$Y(s) = \frac{\frac{3}{8}}{s} + \frac{\frac{1}{4}s}{s^2+2} + \frac{\frac{3}{8}s}{s^2+4}$$

Otrzymujemy zatem realizację w postaci kanonicznej równoległej, przedstawionej na rys. 10.1-15b.

W dodatku 5 (przykład D5-2 i rys. D5-2) pokażemy, w jaki sposób na podstawie realizacji z rys. 10.1-15a,b można otrzymać dwójniki o wartościach elementów odpowiadających warunkom występującym w praktyce (por. uwagę na str. 368).

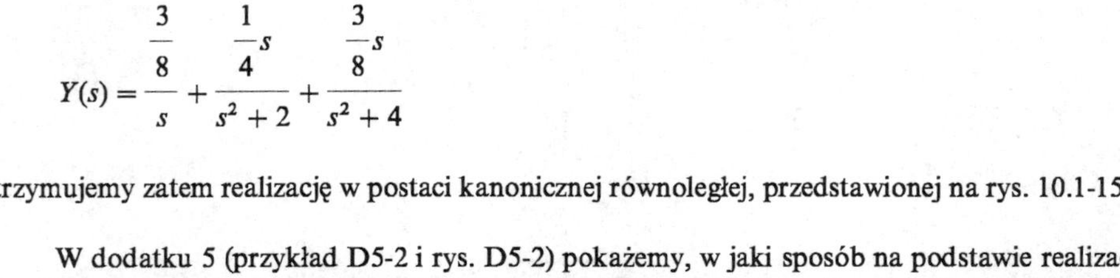

Rys. 10.1-16

Przykład 10.1-11. Korzystając z przedstawionych w przykładzie 10.1-9 rozwinięć funkcji (10.1-63) w ułamki łańcuchowe, możemy bez trudu podać dwie dalsze realizacje zadania: $Z(s) = F(s)$ w postaciach kanonicznych drabinkowych, przedstawionych na rys. 10.1-16.

Przykład 10.1-12. Załóżmy, że chodzi nam teraz o realizację dwójnika o admitancji $Y(s)$ równej funkcji $F(s)$ określonej wzorem (10.1-63), tzn.:

$$Y(s) = F(s) = \frac{s(s^2+2)(s^2+4)}{(s^2+1)(s^2+3)}$$

Wykorzystując wyniki liczbowe przykładu 10.1-10, dostajemy bez trudu realizację w postaci kanonicznej równoległej (rys. 10.1-17a) i w postaci kanonicznej szeregowej (rys. 10.1-17b).

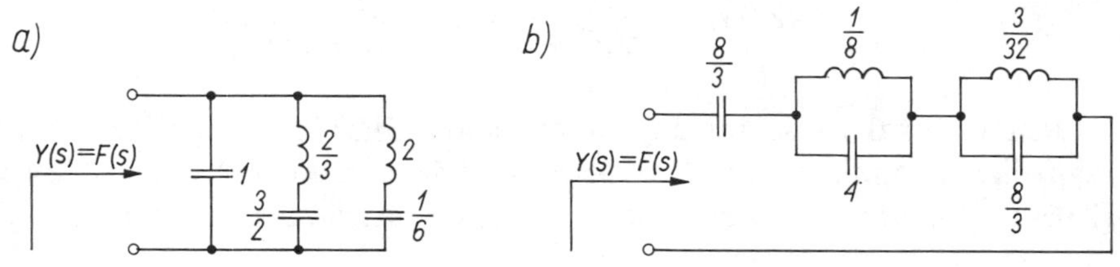

Rys. 10.1-17

10.1.5. Dwójniki *RC* i dwójniki *RL*

Zajmiemy się teraz omówieniem właściwości dwójników zbudowanych tylko z elementów *RC* (*dwójników RC*) oraz dwójników zbudowanych tylko z elementów *RL* (*dwójników RL*). Jak zobaczymy, właściwości te są ściśle związane z właściwościami dwójników *LC* i funkcji reaktancyjnych. W praktyce doniosłą rolę odgrywają zwłaszcza dwójniki *RC*.

A. Funkcje klasy Z_{RC} i funkcje klasy Y_{RC}. Przeprowadźmy następujące rozumowanie.

Niech D oznacza dwójnik zbudowany z elementów *RC*, o impedancji $Z(s)$ i admitancji $Y(s)$. Oznaczmy przez D' dwójnik powstały z dwójnika D przez zastąpienie każdego oporu indukcyjnością (opór o x omach przechodzi w indukcyjność o x henrach). Dwójnik D' jest zatem dwójnikiem reaktancyjnym o tej samej strukturze wewnętrznej[1)] co dwójnik D. Oznaczmy impedancję i admitancję dwójnika D' przez $Z'(s)$ i $Y'(s)$.

Rozważmy najprostsze dwójniki D pokazane na rys. 10.1-18a,c i odpowiadające im dwójniki D' (rys. 10.1-18b,d). Dla dwójników z rys. 10.1-18a,b otrzymujemy odpowiednio:

$$Z(s) = R + \frac{1}{sC}, \quad Z'(s) = sL + \frac{1}{sC} = s\left(R + \frac{1}{s^2C}\right) = sZ(s^2)$$

---

1) Ściślej, dwójniki D i D' mają dokładnie takie same macierze węzłowe i obwodowe (por. p. 7.2.1 i 7.2.2).

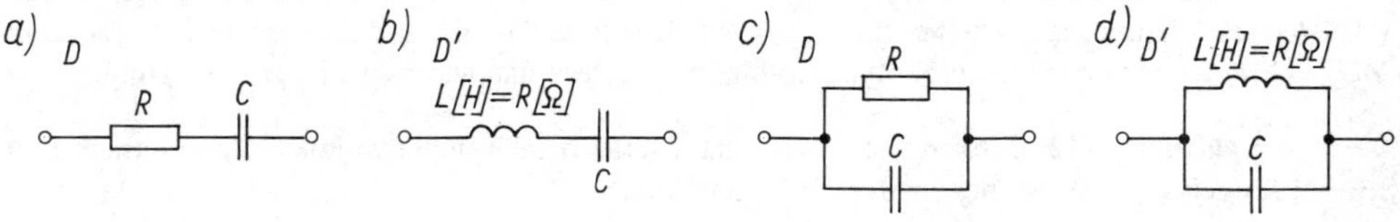

Rys. 10.1-18

Analogicznie dla dwójników z rys. 10.1-18c,d mamy:

$$Z(s) = \frac{R}{sRC + 1}, \quad Z'(s) = \frac{sL}{s^2LC + 1} = s\frac{R}{s^2RC + 1} = sZ(s^2)$$

Identyczne zależności między impedancjami $Z(s)$ i $Z'(s)$ można otrzymać w przypadku dwójników D i D' o dowolnej (ale jednakowej) strukturze (por. np. [25], str. 485-486). W przypadku admitancji otrzymujemy natomiast:

$$Y'(s) = \frac{1}{Z'(s)} = \frac{1}{sZ(s^2)} = \frac{1}{s}Y(s^2)$$

Wprowadźmy zatem następujące dwa określenia.

Funkcję $F(s)$ nazywamy *funkcją klasy* Z_{RC}, jeśli funkcja $sF(s^2)$ jest funkcją reaktancyjną, tzn.:

$$F(s) \in Z_{RC} \Leftrightarrow sF(s^2) \in I_{LC} \tag{10.1-65}$$

Funkcję $F(s)$ nazywamy *funkcją klasy* Y_{RC}, jeśli funkcja $\frac{1}{s}F(s^2)$ jest funkcją reaktancyjną, tzn.:

$$F(s) \in Y_{RC} \Leftrightarrow \frac{1}{s}F(s^2) \in I_{LC} \tag{10.1-66}$$

Z przeprowadzonego rozumowania wynika od razu następujący ważny wniosek.

Impedancje dwójników RC są funkcjami klasy Z_{RC}, *zaś admitancje dwójników RC są funkcjami klasy* Y_{RC}.

Zbiór funkcji klasy Z_{RC} i zbiór funkcji klasy Y_{RC} są zatem podzbiorami funkcji wrd.

B. Impedancje i admitancje dwójników *RL*. Przeprowadźmy teraz analogiczne jak w p. A rozumowanie dotyczące dwójników *RL*.

Niech D oznacza teraz dwójnik zbudowany z elementów RL, o impedancji $Z(s)$ i admitancji $Y(s)$. Oznaczmy przez D' dwójnik powstały z dwójnika D przez zastąpienie każdego oporu pojemnością, przy czym opór o x omach przechodzi w pojemność o $1/x$ faradach. Dwójnik D' jest zatem dwójnikiem reaktancyjnym o tej samej strukturze wewnętrznej co dwójnik D. Oznaczmy impedancję i admitancję dwójnika D' przez $Z'(s)$ i $Y'(s)$.

Rozpatrzmy najprostsze dwójniki D (rys. 10.1-19a,c) i odpowiadające im dwójniki D' (rys. 10.1-19b,d). Dla dwójników z rys. 10.1-19a,b otrzymujemy:

$$Z(s) = R + sL, \quad Z'(s) = \frac{1}{sC} + sL = \frac{1}{s}(R + s^2L) = \frac{1}{s}Z(s^2)$$

i analogicznie dla dwójników z rys. 10.1-19 c,d:

$$Z(s) = \frac{sL}{s\frac{L}{R} + 1}, \quad Z'(s) = \frac{sL}{s^2LC + 1} = \frac{1}{s}\frac{s^2L}{s^2\frac{L}{R} + 1} = \frac{1}{s}Z(s^2)$$

Dla admitancji dwójników D' otrzymujemy natomiast:

$$Y'(s) = \frac{1}{Z'(s)} = \frac{s}{Z(s^2)} = sY(s^2)$$

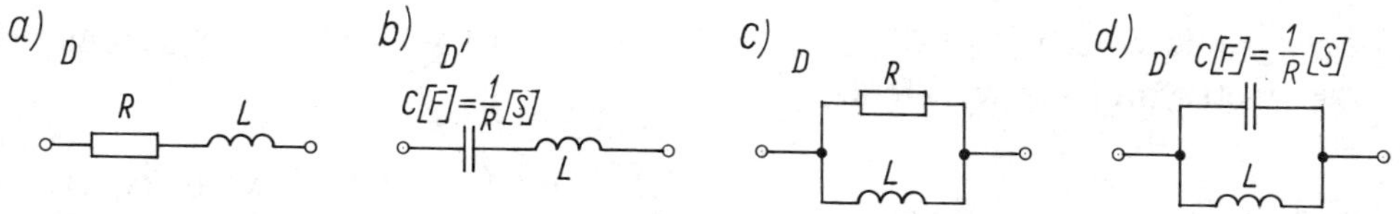

Rys. 10.1-19

Identyczne zależności między impedancjami $Z(s)$ i $Z'(s)$ oraz admitancjami $Y(s)$ i $Y'(s)$ można otrzymać w przypadku dwójników D i D' o dowolnej (ale jednakowej) strukturze (szczegóły pomijamy, por. np. [25], str. 487).

Porównując otrzymane wyniki z określeniami (10.1-65) i (10.1-66) funkcji klasy Z_{RC} i funkcji klasy Y_{RC}, możemy od razu sformułować następujący wniosek.

Impedancje dwójników RL są funkcjami klasy Y_{RC}, zaś admitancje dwójników RL są funkcjami klasy Z_{RC}.

Widzimy zatem, że do klasy Z_{RC} należą zarówno impedancje dwójników RC, jak i admitancje dwójników RL. Podobnie, do klasy Y_{RC} należą admitancje dwójników RC oraz impedancje dwójników RL[1]. Jest to istotna różnica w porównaniu z dwójnikami LC, których zarówno impedancje, jak i admitancje należą do tej samej klasy funkcji reaktancyjnych ($Z(s)$, $Y(s) \in I_{LC}$).

---

[1] Niekiedy klasę impedancji dwójników RL oznacza się symbolem Z_{RL}, a klasę admitancji dwójników RL – symbolem Y_{RL}. Wówczas jednak: $Z_{RL} \equiv Y_{RC}$, $Y_{RL} \equiv Z_{RC}$.

Powstaje teraz pytanie o zależności odwrotne: czy każdą funkcję $F(s) \in Z_{RC}$ można zrealizować jako impedancję dwójnika RC i jako admitancję dwójnika RL i podobnie, czy każdą funkcję $F(s) \in Y_{RC}$ można zrealizować jako admitancję dwójnika RC i jako impedancję dwójnika RL? Odpowiedź jest twierdząca.

Do zagadnienia tego powrócimy w p. G przy omawianiu sposobów realizacji dwójników RC i RL w postaciach kanonicznych.

C. Ogólne postacie funkcji klasy Z_{RC} i klasy Y_{RC}. Twierdzenia 10.1-8 i 10.1-9 określają ogólną postać funkcji reaktancyjnej. Dzięki temu, na podstawie definicji (10.1-65) i (10.1-66), możliwe jest również określenie ogólnych postaci funkcji klasy Z_{RC} i klasy Y_{RC}.

Załóżmy np., że $F(s) \in Z_{RC}$. Funkcja $sF(s^2)$ jest wówczas funkcją reaktancyjną, zgodnie zatem z twierdzeniami 10.1-8 i 10.1-9 możemy napisać, że:

$$sF(s^2) = h_\infty s + \frac{h_0}{s} + \sum_{k=1}^{N} \frac{h_{2k} s}{s^2 + \omega_{2k}^2} \tag{10.1-67}$$

oraz:

$$sF(s^2) = \frac{H}{s} \frac{(s^2 + \omega_1^2)(s^2 + \omega_3^2) \dots (s^2 + \omega_{2N\pm 1}^2)}{(s^2 + \omega_2^2)(s^2 + \omega_4^2) \dots (s^2 + \omega_{2N}^2)} \tag{10.1-68}$$

przy ograniczeniach (10.1-50) i (10.1-52). Dzieląc (10.1-67) i (10.1-68) stronami przez s otrzymujemy wyrażenie:

$$F(s^2) = h_\infty + \frac{h_0}{s^2} + \sum_{k=1}^{N} \frac{h_{2k}}{s^2 + \omega_{2k}^2} = \frac{H}{s^2} \frac{(s^2 + \omega_1^2)(s^2 + \omega_3^2) \dots (s^2 + \omega_{2N\pm 1}^2)}{(s^2 + \omega_2^2)(s^2 + \omega_4^2) \dots (s^2 + \omega_{2N}^2)}$$

zależne od s tylko za pośrednictwem s^2. Podstawiając zatem s w miejsce s^2 oraz wprowadzając oznaczenie:

$$\sigma_k \stackrel{\Delta}{=} \omega_k^2 \tag{10.1-69}$$

otrzymujemy ogólną postać funkcji $F(s) \in Z_{RC}$.

TWIERDZENIE 10.1-13

Funkcja $F(s)$ jest wtedy i tylko wtedy funkcją klasy Z_{RC}, tzn. $F(s) \in Z_{RC}$, kiedy:

$$F(s) = h_\infty + \frac{h_0}{s} + \sum_{k=1}^{N} \frac{h_{2k}}{s + \sigma_{2k}} = \frac{H}{s} \frac{(s + \sigma_1)(s + \sigma_3) \dots (s + \sigma_{2N\pm 1})}{(s + \sigma_2)(s + \sigma_4) \dots (s + \sigma_{2N})} \tag{10.1-70}$$

przy spełnieniu warunków:

$$\left.\begin{array}{l} h_\infty \geqslant 0, \quad h_0 \geqslant 0, \quad h_{2k} > 0 \quad \text{dla} \quad k = 1, 2, \dots, N, \quad N \in \mathcal{N} \cup \{0\} \\ H > 0, \quad 0 \leqslant \sigma_1 < \sigma_2 < \sigma_3 < \dots < \sigma_{2N-1} < \sigma_{2N} (< \sigma_{2N+1}) \end{array}\right\} \tag{10.1-71}$$

W podobny sposób możemy określić ogólną postać funkcji $F(s) \in Y_{RC}$. W tym przypadku lewe strony równości (10.1-67) i (10.1-68) miałyby postać: $F(s^2)/s$. Po pomnożeniu stronami przez s, zamianie s^2 na s i uwzględnieniu oznaczenia (10.1-69), otrzymujemy w analogiczny sposób ogólną postać funkcji klasy Y_{RC}.

TWIERDZENIE 10.1-14

Funkcja $F(s)$ jest wtedy i tylko wtedy funkcją klasy Y_{RC}, tzn. $F(s) \in Y_{RC}$, kiedy:

$$F(s) = h_\infty s + h_0 + \sum_{k=1}^{N} \frac{h_{2k}s}{s + \sigma_{2k}} = H\frac{(s+\sigma_1)(s+\sigma_3)\ldots(s+\sigma_{2N\pm1})}{(s+\sigma_2)(s+\sigma_4)\ldots(s+\sigma_{2N})} \tag{10.1-72}$$

przy spełnieniu warunków (10.1-71).

Przykład 10.1-13. Na podstawie twierdzeń 10.1-13 i 10.1-14 stwierdzamy, że spośród funkcji:

a) $\dfrac{(s+1)(s+3)}{s(s+2)(s+4)}$, b) $\dfrac{(s+1)(s+3)}{(s+2)(s+4)}$, c) $\dfrac{s(s+2)}{s+1}$, d) $\dfrac{s+2}{s(s+1)}$

e) $\dfrac{(s+2)(s+5)}{(s+1)(s+3)}$, f) $\dfrac{(s+2)(s+3)}{(s+1)(s+4)}$, g) $1+\dfrac{s}{s+1}$, h) $s+\dfrac{s}{s+1}$

funkcje: a), e) są funkcjami klasy Z_{RC}, funkcje: b), c), g), h) są funkcjami klasy Y_{RC}, zaś funkcje: d), f) nie należą ani do klasy Z_{RC}, ani do klasy Y_{RC}.

Uwaga. Ułamki występujące w środkowej części wyrażenia (10.1-72) nie są ułamkami prostymi i można je przedstawić w postaci:

$$\frac{h_{2k}s}{s+\sigma_{2k}} = h_{2k} - \frac{h_{2k}\sigma_{2k}}{s+\sigma_{2k}}$$

Środkową część wzoru (10.1-72) można zatem przekształcić następująco:

$$F(s) = h_\infty s + h_0 + \sum_{k=1}^{N} h_{2k} - \sum_{k=1}^{N} \frac{h_{2k}\sigma_{2k}}{s+\sigma_{2k}}$$

lub:

$$F(s) = h_\infty s + a_0 - \sum_{k=1}^{N} \frac{a_{2k}}{s+\sigma_{2k}} \tag{10.1-73}$$

gdzie oznaczono:

$$a_0 = h_0 + \sum_{k=1}^{N} h_{2k}, \quad a_{2k} = h_{2k}\sigma_{2k} \tag{10.1-74}$$

Powstaje zatem pytanie, kiedy funkcja $F(s)$ o postaci (10.1-73) przy $h_\infty \geqslant 0$ jest funkcją klasy Y_{RC}? Z porównania równości (10.1-73) i (10.1-74) wynika, że ma to miejsce wtedy i tylko wtedy, kiedy:

$$a_0 - \sum_{k=1}^{N} \frac{a_{2k}}{\sigma_{2k}} \geqslant 0 \tag{10.1-75}$$

Przykład 10.1-14. Na podstawie zależności (10.1-75) sprawdzamy, że spośród funkcji:

$$s+2-\frac{1}{s+1}, \qquad s+2-\frac{1}{s+1}-\frac{4}{s+2}$$

pierwsza jest funkcją klasy Y_{RC}, druga zaś nie należy do Y_{RC}.

D. Podstawowe właściwości funkcji klasy Z_{RC} i klasy Y_{RC}. Z zależności (10.1-70) i (10.1-72) wynikają od razu podstawowe właściwości charakteryzujące funkcje klasy Z_{RC} i klasy Y_{RC}.

1. *Funkcje klasy Z_{RC} i klasy Y_{RC} są funkcjami wrd.*

2. *Zera i bieguny funkcji klasy Z_{RC} i klasy Y_{RC} leżą na niedodatniej półosi rzeczywistej. Wszystkie zera i bieguny są pojedyncze i wzajemnie przeplatają się* (por. rys. 10.1-20 i 10.1-23).

3. *Liczba niezależnych współczynników funkcji klasy Z_{RC} lub funkcji klasy Y_{RC} wynosi:*

$$n = \begin{cases} l+m+1, & \text{gdy} \quad \sigma_1 > 0 \\ l+m, & \text{gdy} \quad \sigma_1 = 0 \end{cases} \tag{10.1-76}$$

gdzie: l – stopień licznika, m – stopień mianownika funkcji.

Związki między klasami Z_{RC} i Y_{RC} określają następujące, łatwe do uzasadnienia właściwości.

4. *Jedynym wspólnym elementem zbiorów Z_{RC} i Y_{RC} jest funkcja stała:* $F(s) = \text{const} > 0$.

5. *Jeśli $F(s) \in Z_{RC}$, to funkcje:*

$$\frac{1}{F(s)}, \qquad F\left(\frac{1}{s}\right), \qquad sF(s)$$

należą do klasy Y_{RC}.

E. Charakterystyka funkcji klasy Z_{RC}. W p. D przedstawiliśmy niektóre właściwości wspólne dla funkcji klasy Z_{RC} i klasy Y_{RC}. Podaliśmy także zależności występujące między funkcjami obu tych klas. Zajmiemy się teraz omówieniem najważniejszych właściwości charakterystycznych tylko dla funkcji klasy Z_{RC} (w p. F zajmiemy się właściwościami funkcji klasy Y_{RC}).

Bez trudu możemy ustalić następujące właściwości funkcji $F(s) \in Z_{RC}$.

1. *W ciągu zer i biegunów na niedodatniej półosi rzeczywistej, licząc od punktu $s = 0$, pierwszy jest biegun (dla $s = 0$ albo $s = -\sigma_2 < 0$), ostatnie jest zero. Może to być zero skończone – wówczas dla $s = \infty$ mamy punkt regularny nie będący zerem – albo zero dla $s = \infty$.*

Typowe rozkłady zer i biegunów funkcji $F(s) \in Z_{RC}$ są przedstawione na rys. 10.1-20a,b.

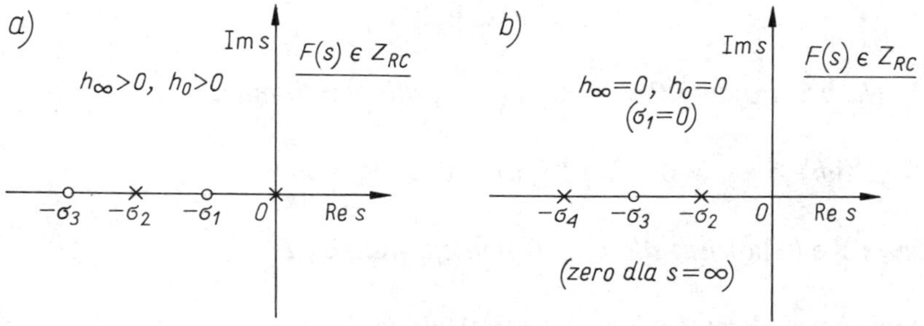

Rys. 10.1-20

Wynika stąd następujące ograniczenie różnicy stopnia licznika l i mianownika m funkcji $F(s) \in Z_{RC}$.

2. *Różnica stopni licznika i mianownika może wynosić:*

$$l - m = \begin{cases} 0 \\ -1 \end{cases} \tag{10.1-77}$$

3. *Residua w biegunach są dodatnie.*

Właściwość ta wynika wprost z warunków (10.1-71).

4. *W każdym punkcie osi rzeczywistej* $\mathrm{Im}\, s = 0$ ($s = \alpha$) *(z wyjątkiem biegunów) wartość pochodnej jest ujemna:*

$$\left. \frac{\mathrm{d}F(s)}{\mathrm{d}s} \right|_{\mathrm{Im}\, s=0} < 0 \tag{10.1-78}$$

a więc $F(\alpha)$ jest funkcją przedziałami malejącą (rys. 10.1-21).

Nierówność (10.1-78) uzyskujemy wprost po zróżniczkowaniu środkowej części wzoru (10.1-70).

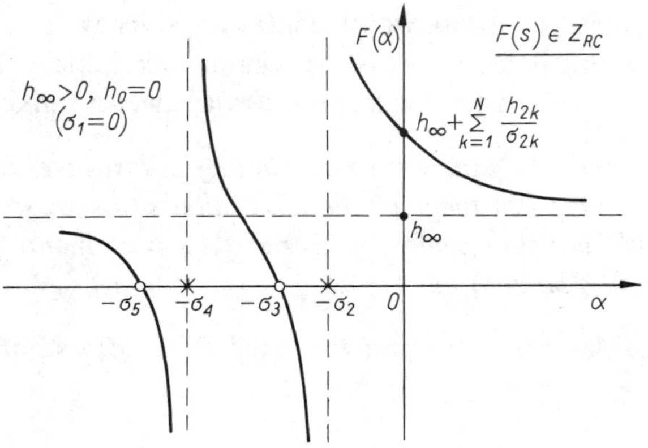

Rys. 10.1-21

5. *Na osi urojonej* $\operatorname{Re} s = 0$ $(s = \mathrm{j}\omega)$ *dla* $\omega > 0$ *mamy*:

$$\operatorname{Re} F(\mathrm{j}\omega) \geqslant h_\infty \geqslant 0, \quad \operatorname{Im} F(\mathrm{j}\omega) < 0$$

przy czym $\operatorname{Re} F(\mathrm{j}\omega)$ *jest dla* $\omega \geqslant 0$ *funkcją malejącą.*

Typowy wykres funkcji $\operatorname{Re} F(\mathrm{j}\omega)$ w zależności od ω jest przedstawiony na rys. 10.1-22.

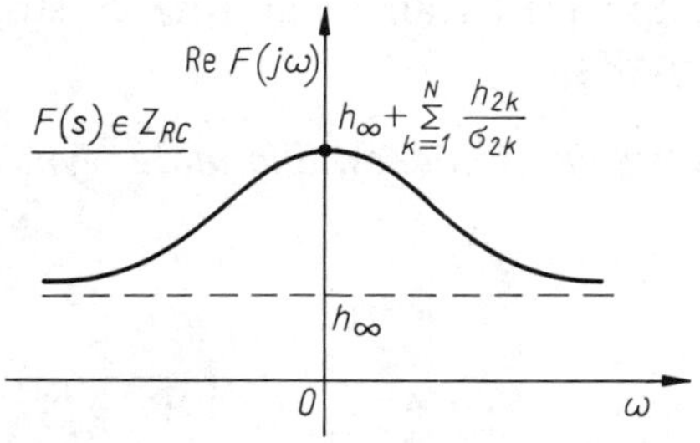

Rys. 10.1-22

6. *Funkcję* $F(s) \in Z_{RC}$ *(i tylko taką funkcję) można rozwinąć w ułamek łańcuchowy o postaci*:

$$F(s) = k_1 + \cfrac{1}{k_2 s + \cfrac{1}{k_3 + \cfrac{1}{k_4 s + \ldots}}} \tag{10.1-79}$$

gdzie:

$$k_1 \geqslant 0, \qquad k_i > 0, \qquad i = 2, 3, \ldots, n \text{ (lub } n+1\text{, jeśli } k_1 = 0) \tag{10.1-80}$$

oraz w ułamek łańcuchowy o postaci:

$$F(s) = k'_1 \frac{1}{s} + \cfrac{1}{k'_2 + \cfrac{1}{k'_3 \frac{1}{s} + \cfrac{1}{k'_4 + \dots}}} \tag{10.1-81}$$

gdzie:

$$k'_1 \geqslant 0, \quad k'_i > 0 \quad \text{dla } i = 2, 3, \dots, n \text{ (lub } n+1 \text{, jeśli } k'_1 = 0) \tag{10.1-82}$$

W obu przypadkach liczba n jest określona wzorem (10.1-76), przy czym albo: $k_1 > 0$ i $k'_1 = 0$, albo: $k_1 = 0$ i $k'_1 > 0$.

Rozwinięcia (10.1-79) i (10.1-81) wynikają wprost z definicji (10.1-65) oraz rozwinięć funkcji reaktancyjnej w ułamki łańcuchowe (10.1-57) i (10.1-61).

F. Charakterystyka funkcji klasy Y_{RC}. Omówimy teraz właściwości funkcji $F(s) \in Y_{RC}$.

1. *W ciągu zer i biegunów na niedodatniej półosi rzeczywistej, licząc od punktu $s = 0$, pierwsze jest zero (dla $s = 0$ albo $s = -\sigma_1 < 0$), ostatni jest biegun. Może to być biegun skończony – wówczas dla $s = \infty$ mamy punkt regularny nie będący zerem – albo biegun dla $s = \infty$.*

Typowe rozkłady zer i biegunów funkcji $F(s) \in Y_{RC}$ są przedstawione na rys. 10.1-23a,b.

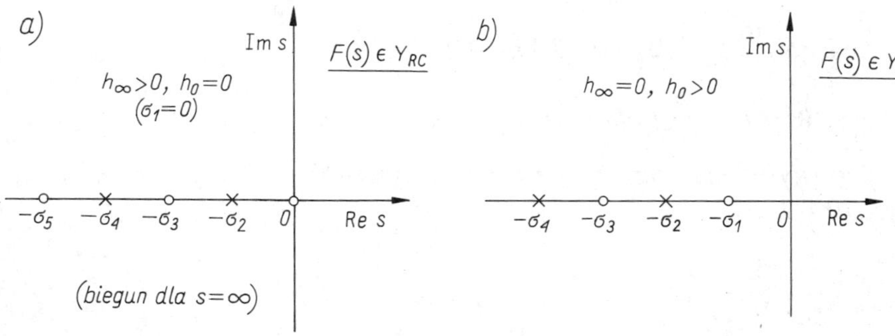

Rys. 10.1-23

2. *Różnica stopni licznika i mianownika może wynosić:*

$$l - m = \begin{cases} 1 \\ 0 \end{cases} \tag{10.1-83}$$

3. *Residua w biegunach są ujemne.*

Wynika to wprost z postaci (10.1-73) funkcji $F(s) \in Y_{RC}$.

4. *W każdym punkcie osi rzeczywistej* $\operatorname{Im} s = 0$ $(s = \alpha)$ *(z wyjątkiem biegunów) wartość pochodnej jest dodatnia*:

$$\left.\frac{\mathrm{d}F(s)}{\mathrm{d}s}\right|_{\operatorname{Im} s=0} > 0 \tag{10.1-84}$$

a więc $F(\alpha)$ *jest funkcją przedziałami rosnącą* (rys. 10.1-24).

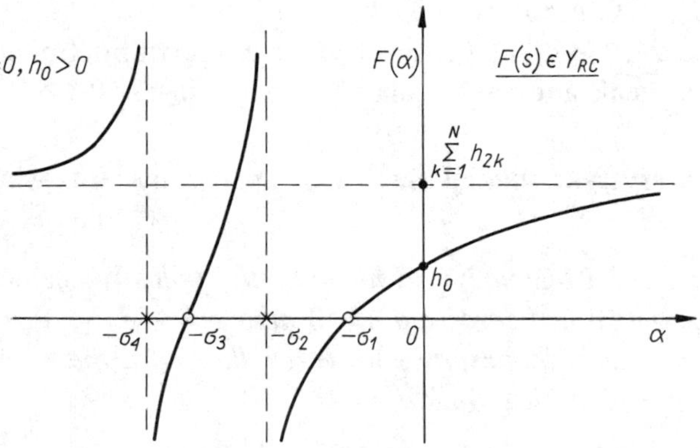

Rys. 10.1-24

5. *Na osi urojonej* $\operatorname{Re} s = 0$ $(s = \mathrm{j}\omega)$ *dla* $\omega > 0$ *mamy*:

$$\operatorname{Re} F(\mathrm{j}\omega) \geqslant h_0 \geqslant 0, \quad \operatorname{Im} F(\mathrm{j}\omega) > 0$$

przy czym $\operatorname{Re} F(\mathrm{j}\omega)$ *jest dla* $\omega \geqslant 0$ *funkcją rosnącą.*

Typowy wykres funkcji $\operatorname{Re} F(\mathrm{j}\omega)$ w zależności od ω jest przedstawiony na rys. 10.1-25.

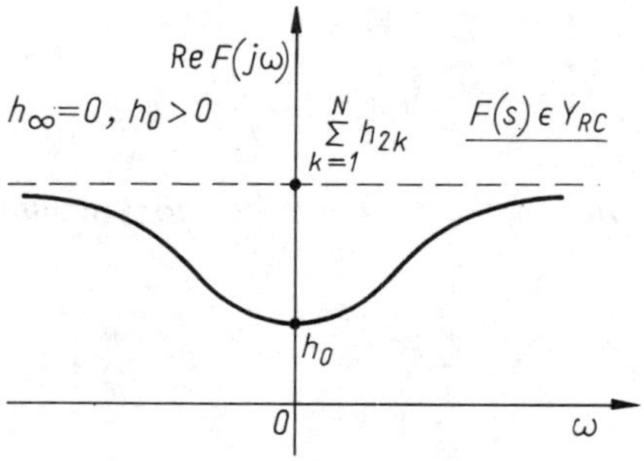

Rys. 10.1-25

6. *Funkcję $F(s) \in Y_{RC}$ (i tylko taką funkcję) można rozwinąć w ułamek łańcuchowy o postaci:*

$$F(s) = k_1 s + \cfrac{1}{k_2 + \cfrac{1}{k_3 s + \cfrac{1}{k_4 + \ldots}}} \tag{10.1-85}$$

przy warunkach (10.1-80) *oraz w ułamek łańcuchowy o postaci:*

$$F(s) = k'_1 + \cfrac{1}{k'_2 \frac{1}{s} + \cfrac{1}{k'_3 + \cfrac{1}{k'_4 \frac{1}{s} + \ldots}}} \tag{10.1-86}$$

przy warunkach (10.1-82).

G. Postacie kanoniczne dwójników *RC* i *RL*. Twierdzenia 10.1-13 i 10.1-14, ustalające ogólne postacie funkcji klasy Z_{RC} i klasy Y_{RC}, umożliwiają realizację z góry zadanej funkcji $F(s)$ odpowiedniej klasy jako impedancji albo admitancji dwójnika *RC* i *RL* *w postaciach kanonicznych szeregowej i równoległej*.

Rozwinięcia w ułamki łańcuchowe funkcji klasy Z_{RC} i klasy Y_{RC} – wzory (10.1-79), (10.1-81), (10.1-85) i (10.1-86) – umożliwiają również realizację dwójników *RC* i *RL* *w postaciach kanonicznych drabinkowych*.

Z uwagi na pełną analogię do omówionych szczegółowo w p. 10.1.4-F realizacji kanonicznych Fostera i Cauera dwójników reaktancyjnych, ograniczymy się do podania rezultatów od razu w postaci struktur kanonicznych przedstawionych na rys. 10.1-26–10.1-29.

Załóżmy, że dana jest funkcja $F(s) \in Z_{RC}$ i chcemy zrealizować dwójnik, którego impedancja:

$$Z(s) = F(s) \in Z_{RC} \tag{10.1-87}$$

Zgodnie ze środkową częścią wzoru (10.1-70) otrzymujemy bez trudu *postać kanoniczną szeregową* dwójnika *RC*, przedstawioną na rys. 10.1-26a. Admitancja:

$$Y(s) = \frac{1}{F(s)} \in Y_{RC} \tag{10.1-88}$$

jest funkcją klasy Y_{RC} (p. D, właściwość 5). Można ją zatem, zgodnie z twierdzeniem 10.1-14, przedstawić w postaci sumy wyrażonej przez środkową część wzoru (10.1-72). Prowadzi to do realizacji w *postaci kanonicznej równoległej* dwójnika *RC*, przedstawionej na rys. 10.1-26b.

Rozwinięcie funkcji (10.1-87) w ułamek łańcuchowy (10.1-79) umożliwia realizację w *pierwszej postaci kanonicznej drabinkowej* dwójnika *RC* (rys. 10.1-27a). Podobnie rozwinięcie w ułamek łańcuchowy (10.1-81) prowadzi do realizacji w *drugiej postaci kanonicznej drabinkowej* dwójnika *RC* (10.1-27b).

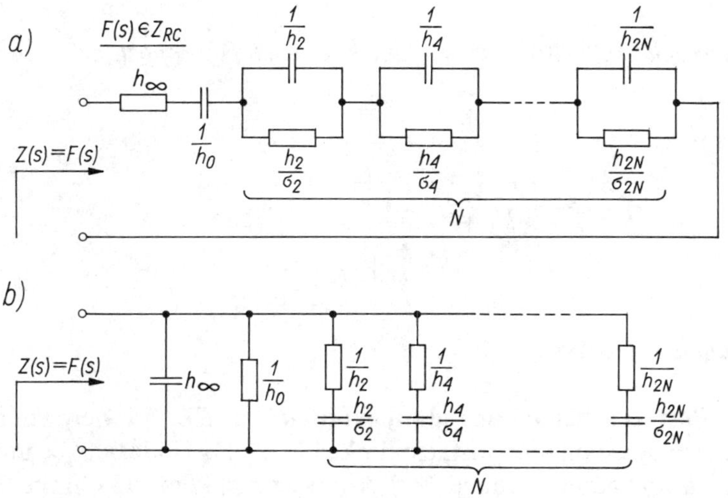

Rys. 10.1-26

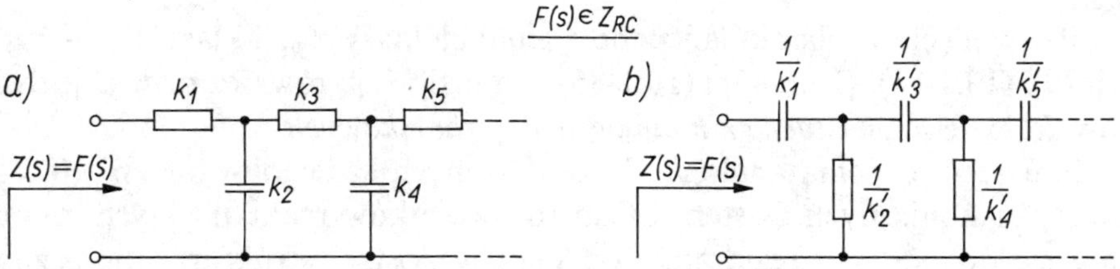

Rys. 10.1-27

Załóżmy teraz, że nadal jest dana funkcja $F(s) \in Z_{RC}$, chcemy jednak zrealizować dwójnik, którego admitancja:

$$Y(s) = F(s) \in Z_{RC} \tag{10.1-89}$$

lub, równoważnie, którego impedancja:

$$Z(s) = \frac{1}{F(s)} \in Y_{RC} \tag{10.1-90}$$

Przedstawienie impedancji (10.1-90) w postaci środkowej części wzoru (10.1-72) umożliwia realizację w *postaci kanonicznej szeregowej* dwójnika *RL* (rys. 10.1-28a). Podobnie, stosując do admitancji (10.1-89) środkową część wzoru (10.1-70), dostajemy realizację w *postaci kanonicznej równoległej* dwójnika *RL* (rys. 10.1-28b).

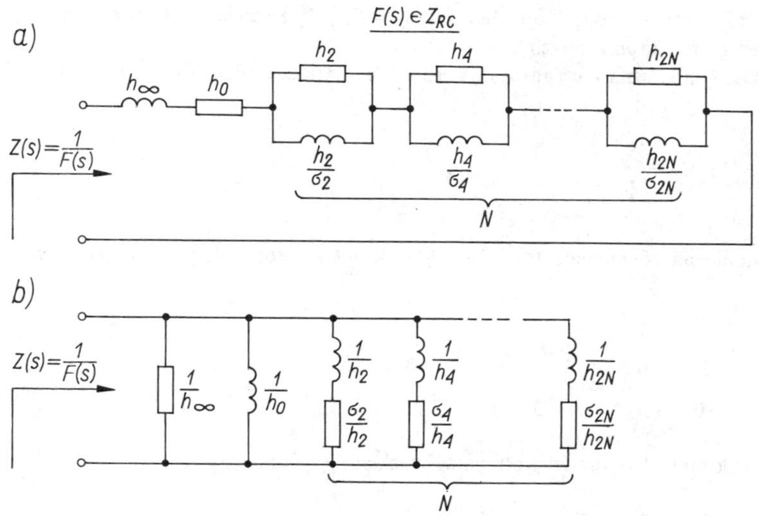

Rys. 10.1-28

Impedancję (10.1-90) możemy także rozwinąć w ułamek łańcuchowy (10.1-85) i w ułamek łańcuchowy (10.1-86). Prowadzi to do realizacji dwójnika *RL* w *pierwszej postaci kanonicznej drabinkowej* (rys. 10.1-29a) i, odpowiednio, w *drugiej postaci kanonicznej drabinkowej* (rys. 10.1-29b). Z przeprowadzonego rozumowania wynikają ważne wnioski (por. p. B), które można sformułować w postaci następującego twierdzenia.

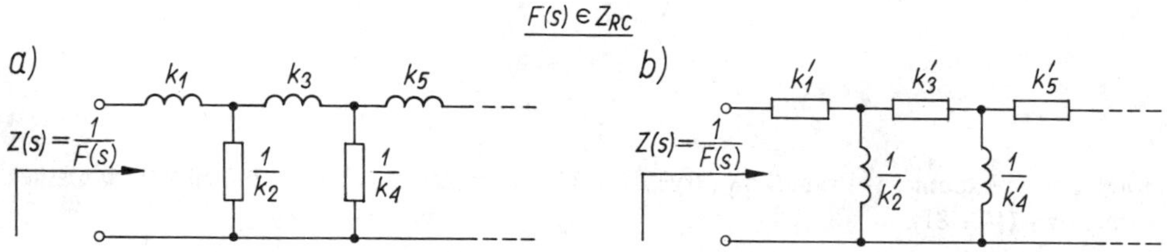

Rys. 10.1-29

TWIERDZENIE 10.1-15

Każdą funkcję $F(s) \in Z_{RC}$ można zrealizować jako impedancję dwójnika RC i jako admitancję dwójnika RL. Każdą funkcję $F(s) \in Y_{RC}$ można zrealizować jako admitancję dwójnika RC i jako impedancję dwójnika RL.

H. Przykłady. Na zakończenie rozpatrzymy dwa przykłady.

Przykład 10.1-15. Dana jest funkcja:

$$F(s) = \frac{(s+2)(s+5)}{(s+1)(s+3)} \in Z_{RC}$$

Chcemy zrealizować dwójnik o impedancji $Z(s) = F(s)$. Realizację przeprowadzimy we wszystkich czterech postaciach kanonicznych.

Postać kanoniczna szeregowa (rys. 10.1-30a) wynika z rozkładu $Z(s) = F(s)$ według wzoru (10.1-70):

$$Z(s) = 1 + \frac{2}{s+1} + \frac{1}{s+3}$$

Postać kanoniczna równoległa (rys. 10.1-30b) wynika z rozkładu $Y(s) = 1/F(s)$ według wzoru (10.1-72):

$$Y(s) = \frac{3}{10} + \frac{\frac{1}{6}s}{s+2} + \frac{\frac{8}{15}s}{s+5}$$

przy czym zależność tę najłatwiej otrzymać, rozkładając funkcję:

$$\frac{1}{sF(s)} = \frac{(s+1)(s+3)}{s(s+2)(s+5)}$$

na ułamki proste i mnożąc stronami przez s.

Pierwsza postać kanoniczna drabinkowa (rys. 10.1-30c) wynika z rozwinięcia funkcji $Z(s)$ w ułamek łańcuchowy (10.1-76):

$$Z(s) = \frac{s^2+7s+10}{s^2+4s+3} = 1 + \cfrac{1}{\cfrac{1}{3}s + \cfrac{1}{\cfrac{9}{5} + \cfrac{1}{\cfrac{25}{24}s + \cfrac{1}{\cfrac{8}{15}}}}}$$

Druga postać kanoniczna drabinkowa (rys. 10.1-30d) wynika z rozwinięcia funkcji $Z(s)$ w ułamek łańcuchowy (10.1-81):

$$Z(s) = \frac{10\left(\frac{1}{s}\right)^2 + 7\frac{1}{s} + 1}{3\left(\frac{1}{s}\right)^2 + 4\frac{1}{s} + 1} = \cfrac{1}{\cfrac{3}{10} + \cfrac{1}{\cfrac{100}{19}\cfrac{1}{s} + \cfrac{1}{\cfrac{361}{630} + \cfrac{1}{\cfrac{3969}{152}\cfrac{1}{s} + \cfrac{1}{\cfrac{8}{63}}}}}}$$

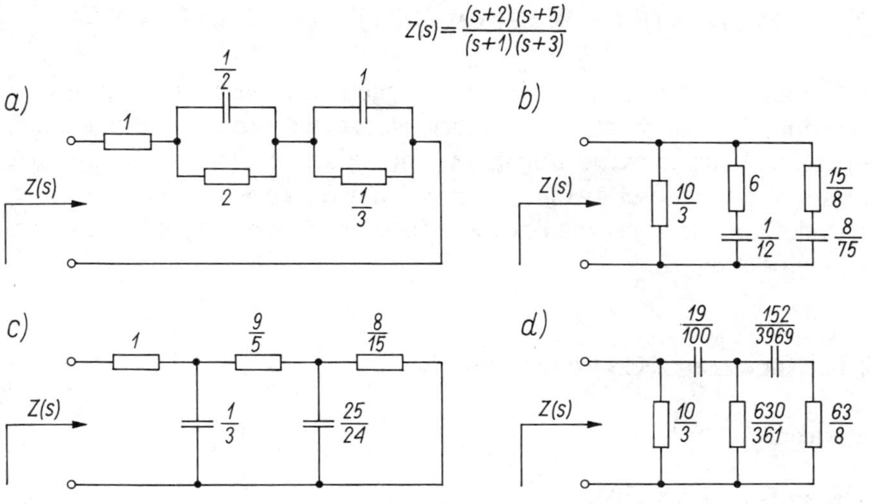

Rys. 10.1-30

Przykład 10.1-16. Dana jest funkcja:

$$F(s) = \frac{(s+1)(s+3)}{(s+2)(s+5)} \in Y_{RC}$$

Zrealizujmy dwójnik o impedancji $Z(s) = F(s)$ w postaciach kanonicznych szeregowej i równoległej.

Korzystając odpowiednio z rezultatów zadania 10.1-15, otrzymujemy od razu:

$$Z(s) = \frac{3}{10} + \frac{\frac{1}{6}s}{s+2} + \frac{\frac{8}{15}s}{s+5}, \qquad Y(s) = 1 + \frac{2}{s+1} + \frac{1}{s+3}$$

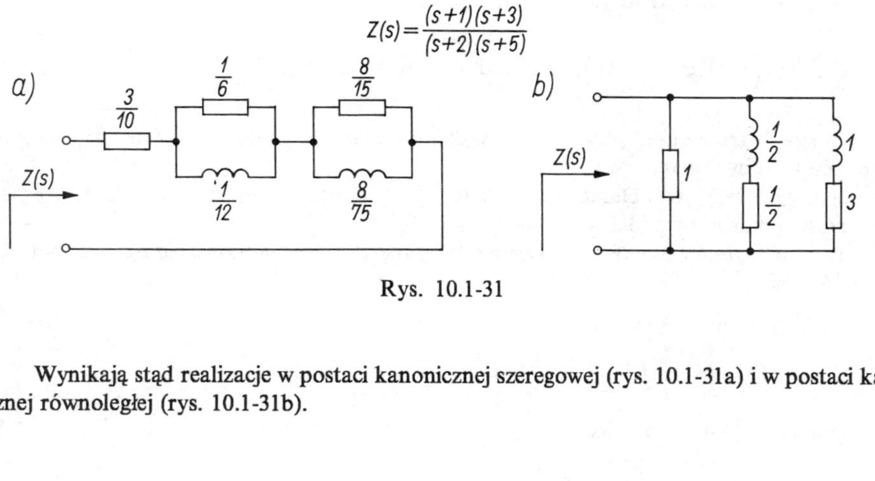

Rys. 10.1-31

Wynikają stąd realizacje w postaci kanonicznej szeregowej (rys. 10.1-31a) i w postaci kanonicznej równoległej (rys. 10.1-31b).

10.2. CZWÓRNIKI I WIELOWROTNIKI PASYWNE

Przejdziemy teraz do omówienia zagadnień związanych z pasywnością wielowrotników liniowych i stacjonarnych, ze szczególnym uwzględnieniem czwórników. Będą to zatem uogólnienia na układy o wielu wrotach rozważań dotyczących pasywności dwójników przedstawionych w p. 10.1.

Podobnie jak w przypadku dwójników, rozpoczniemy od podania podstawowych definicji.

10.2.1. Macierze rzeczywiste dodatnie

Niech:

$$\boldsymbol{W} = \boldsymbol{W}(s) = [w_{ik}(s)]_{n \times n} \tag{10.2-1}$$

oznacza macierz kwadratową o wymiarach $n \times n$. Zakładamy, że jest to macierz rzeczywista, tzn. że jej elementami $w_{ik}(s)$ są funkcje rzeczywiste zmiennej zespolonej s. Niech ponadto $\boldsymbol{x}$ oznacza wektor:

$$\boldsymbol{x} = [x_1, x_2, \ldots, x_n]^T, \quad x_i \in \mathscr{Z} \tag{10.2-2}$$

o wymiarach $n \times 1$, którego elementami są liczby zespolone, $x_i \in \mathscr{Z}$.

Macierz $\boldsymbol{W}(s)$ nazywamy *macierzą rzeczywistą dodatnią* (w skrócie *macierzą rd*), jeśli dla każdego wektora $\boldsymbol{x} \neq \boldsymbol{0}$ funkcja:

$$F(s) \stackrel{\Delta}{=} \boldsymbol{x}^{*T} \boldsymbol{W}(s)\boldsymbol{x} = \sum_{k=1}^{n} \sum_{i=1}^{n} w_{ik}(s) x_i x_k^* \tag{10.2-3}$$

a) jest funkcją holomorficzną w obszarze $\operatorname{Re} s > 0$;

b) jest funkcją dodatnią, tzn. spełnia warunek:

$$\operatorname{Re} F(s) = \operatorname{Re}[\boldsymbol{x}^{*T} \boldsymbol{W}(s)\boldsymbol{x}] \geqslant 0 \qquad \text{dla} \quad \operatorname{Re} s \geqslant 0 \tag{10.2-4}$$

Uwaga. Warunki a) i b) występujące w definicji macierzy rd można zastąpić następującymi warunkami równoważnymi:

a) macierz $\boldsymbol{W}(s)$ jest holomorficzna dla $\operatorname{Re} s > 0$, co oznacza, że wszystkie elementy $w_{ik}(s)$ są funkcjami holomorficznymi dla $\operatorname{Re} s > 0$;

b) *część hermitowska* $\boldsymbol{W}_H(s)$ macierzy $\boldsymbol{W}(s)$ jest *dodatnio półokreślona* dla $\operatorname{Re} s > 0$ (por. dodatek 6), tzn.:

$$\boldsymbol{W}_H(s) \geqslant 0 \quad \text{dla} \quad \operatorname{Re} s > 0 \tag{10.2-5}$$

gdzie:

$$\boldsymbol{W}_H(s) \stackrel{\Delta}{=} \frac{1}{2}[\boldsymbol{W}(s) + \boldsymbol{W}^{*T}(s)] \tag{10.2-6}$$

Zgodnie ze wzorem (D6-14) z dodatku 6 mamy przy tym:

$$\operatorname{Re} F(s) = \operatorname{Re}[\boldsymbol{x}^{*T} \boldsymbol{W}(s)\boldsymbol{x}] = \operatorname{Re}[\boldsymbol{x}^{*T} \boldsymbol{W}_H(s)\boldsymbol{x}] \qquad (10.2\text{-}7)$$

gdzie $F(s)$ jest funkcją określoną wzorem (10.2-3).

W klasie macierzy rzeczywistych dodatnich wyróżniamy ważną podklasę *macierzy wymiernych rzeczywistych dodatnich* (w skrócie *macierzy wrd*), tj. takich macierzy (10.2-1) rzeczywistych dodatnich, których wszystkie elementy $w_{ik}(s)$ są funkcjami wymiernymi rzeczywistymi zmiennej zespolonej s.

Z definicji macierzy wrd wynika od razu ważna właściwość.

Macierz (10.2-1) *wymierna rzeczywista dodatnia nie ma biegunów w obszarze* $\operatorname{Re} s > 0$, *to znaczy żaden z jej elementów* $w_{ik}(s)$ *nie ma biegunów w obszarze* $\operatorname{Re} s > 0$.

Istotnie, gdyby którykolwiek z elementów $w_{ik}(s)$ miał biegun w punkcie s_0, $\operatorname{Re} s_0 > 0$, to zawsze można by tak dobrać wektor $\boldsymbol{x}$, aby funkcja $F(s)$ określona wzorem (10.2-3) miała również biegun w punkcie s_0.

10.2.2. Podstawowe twierdzenia i właściwości

Podamy teraz uogólnienia twierdzeń 10.1-1 i 10.1-2 na przypadek wielowrotników SLS.

A. Twierdzenie Raisbecka. Załóżmy, że rozpatrujemy n-wrotnik SLS, dla którego istnieje co najmniej jedna z jego macierzy immitancyjnych:

$$\boldsymbol{Z} = \boldsymbol{Z}(s) = [z_{ik}(s)]_{n \times n}, \quad \boldsymbol{Y} = \boldsymbol{Y}(s) = [y_{ik}(s)]_{n \times n}$$

przy czym funkcje $z_{ik}(s)$, $y_{ik}(s)$ są funkcjami wymiernymi rzeczywistymi zmiennej zespolonej s.

TWIERDZENIE 10.2-1 (Raisbecka)

Macierz immitancyjna $\boldsymbol{Z}$, $\boldsymbol{Y}$ (*przy założeniu, że istnieje*) *jest wtedy i tylko wtedy macierzą wielowrotnika SLSP, kiedy jest macierzą wymierną rzeczywistą dodatnią* (*macierzą wrd*).

Dowód pomijamy. Oryginalny dowód Raisbecka jest zawarty w jego pracy cytowanej w przypisie na str. 356. Dowód dla przypadku szczególnego czwórnika *RLCM* jest podany w [25], str. 511.

Uwaga. Twierdzenie 10.2-1 sformułowaliśmy od razu dla wielowrotnika SLS. Można je sformułować dla przypadku ogólniejszego – wielowrotnika liniowego i stacjonarnego, tzn. rezygnując z założenia o skupioności (por. twierdzenie 10.1-1 dla dwójników). W takim przypadku warunkiem koniecznym i dostatecznym, aby macierz $\boldsymbol{Z}(\boldsymbol{Y})$ była macierzą wielowrotnika pasywnego, jest, aby była to macierz rzeczywista dodatnia (macierz rd). Cytowany dowód Raisbecka dotyczy tego przypadku ogólniejszego.

B. Warunki dla macierzy rozproszenia. Jak wiemy, nie każdy wielowrotnik SLS ma macierz $\boldsymbol{Z}$ lub $\boldsymbol{Y}$. Przykładem może być transformator idealny (por. przykład 8.1-7), który, jak stwierdziliśmy wprost na podstawie definicji (przykład 2.1-34 w tomie I), jest czwórnikiem pasywnym. Nie zawsze zatem można wnioskować o pasywności wielowrotnika na podstawie jego macierzy immitancyjnej.

Jak wspominaliśmy w rozdziale 8 (por. p. 8.6.2) znacznie ogólniejszym opisem wielowrotników SLS, niż opis immitancyjny, jest opis poprzez *parametry rozproszenia* i *macierz rozproszenia* $\boldsymbol{S}$. Chcąc zatem podać ogólne warunki pasywności wielowrotnika, należałoby formułować je w odniesieniu do macierzy rozproszenia $\boldsymbol{S}$. Nie wnikając w szczegóły (nie będziemy zajmować się dokładniej opisem rozproszeniowym), ograniczymy się tylko do podania uzupełniającej definicji i (bez dowodu) odpowiednika twierdzenia 10.2-1 dla macierzy rozproszenia.

Powróćmy do macierzy $\boldsymbol{W}(s)$, określonej wzorem (10.2-1) przy założeniu, że wszystkie jej elementy są funkcjami rzeczywistymi zmiennej zespolonej s.

Macierz $\boldsymbol{W}(s)$ nazywamy *macierzą rzeczywistą ograniczoną*[1)], jeśli:

a) macierz $\boldsymbol{W}(s)$ jest holomorficzna dla $\operatorname{Re} s > 0$;

b) macierz $\mathbf{1} - \boldsymbol{W}^{*T}(s)\,\boldsymbol{W}(s)$ jest dodatnio półokreślona dla $\operatorname{Re} s > 0$, tzn.:

$$\mathbf{1} - \boldsymbol{W}^{*T}(s)\,\boldsymbol{W}(s) \geqslant 0 \quad \text{dla} \quad \operatorname{Re} s > 0 \tag{10.2-8}$$

(por. dodatek 6).

Odpowiednikiem twierdzenia Raisbecka dla macierzy $\boldsymbol{Z}$ i $\boldsymbol{Y}$ jest następujące:

TWIERDZENIE 10.2-2

Macierz rozproszenia $\boldsymbol{S}$ *jest wtedy i tylko wtedy macierzą wielowrotnika liniowego stacjonarnego i pasywnego, kiedy jest macierzą rzeczywistą ograniczoną.*

C. Niektóre właściwości macierzy wrd. Podamy teraz kilka podstawowych właściwości macierzy $\boldsymbol{W}(s)$ wymiernych rzeczywistych dodatnich.

1. *Jeśli* $\boldsymbol{W}(s)$ *jest macierzą wrd, to macierze*:

$$\boldsymbol{W}^{T}(s), \qquad \boldsymbol{W}^{*}(s), \qquad \boldsymbol{W}^{*T}(s) \tag{10.2-9}$$

są też macierzami wrd.

Dla **dowodu** wystarczy zauważyć, że:

$$[\boldsymbol{x}^{*T}\boldsymbol{W}(s)\boldsymbol{x}]^{T} = \boldsymbol{x}^{T}\boldsymbol{W}^{T}(s)\boldsymbol{x}^{*}, \qquad [\boldsymbol{x}^{*T}\boldsymbol{W}(s)\boldsymbol{x}]^{*} = \boldsymbol{x}^{T}\boldsymbol{W}^{*}(s)\boldsymbol{x}^{*}$$

oraz:

$$\operatorname{Re}[\boldsymbol{x}^{*T}\boldsymbol{W}(s)\boldsymbol{x}] = \operatorname{Re}[\boldsymbol{x}^{*T}\boldsymbol{W}(s)\boldsymbol{x}]^{T} = \operatorname{Re}[\boldsymbol{x}^{*T}\boldsymbol{W}(s)\boldsymbol{x}]^{*}$$

[1)] Po angielsku: *bounded-real* (por. przypis na str. 352)

2. *Jeśli $W_1(s)$, $W_2(s)$ są macierzami wrd, to macierze:*

$$W_1(s) + W_2(s), \qquad kW_1(s) \quad \text{dla} \quad k \in \mathcal{R}^+ \tag{10.2-10}$$

są też macierzami wrd.

Dowód jest oczywisty. Zakładamy tylko, że dodawanie macierzy W_1, W_2 jest wykonalne, tzn. że macierze te mają te same wymiary.

3. *Jeśli macierz $W(s)$ jest macierzą wrd oraz istnieje macierz odwrotna:*

$$W^{-1}(s) \tag{10.2-11}$$

to macierz ta też jest macierzą wrd.

Dowód wynika z następującego rozumowania. Z założenia:

$$WW^{-1} = W^{-1}W = 1$$

Ponadto:

$$y \stackrel{\Delta}{=} Wx$$

jest dowolnym wektorem zespolonym. Ponieważ:

$$y^{*T}W^{-1}y = x^{*T}W^{*T}W^{-1}Wx = x^{*T}W^{*T}x$$

przy czym W^{*T} jest macierzą wrd, w konsekwencji W^{-1} jest też macierzą wrd.

4. *Jeśli $W(s)$ jest macierzą wrd oraz A jest nieosobliwą macierzą liczbową, rzeczywistą, o wymiarach $n \times n$, to macierz:*

$$A^T W(s) A \tag{10.2-12}$$

jest też macierzą wrd.

Dowód jest analogiczny do dowodu właściwości 3. Możemy bowiem napisać:

$$x^{*T}A^T W(s) Ax = y^{*T}W(s)y$$

gdzie $y = Ax$ jest dowolnym wektorem zespolonym.

5. *Każda podmacierz główna macierzy wrd jest też macierzą wrd.*

Dowód. Niech:

$$W' = [w_{ik}(s)]$$

będzie podmacierzą główną macierzy (10.2-1) o wymiarach $(n-m) \times (n-m)$, powstałą przez skreślenie m wierszy $(0 < m < n)$ i m kolumn o tych samych numerach. Z założenia funkcja

(10.2-3) spełnia warunki definicyjne dla każdego wektora x. Wybierzmy taki zbiór wektorów x', których współrzędne o numerach odpowiadających numerom skreślonych wierszy i kolumn są równe zeru. Wówczas:

$$F(s) = x'^{*T} W x' = y^{*T} W' y$$

gdzie y jest wektorem o $n - m$ współrzędnych powstałym z x' przez pominięcie współrzędnych o numerach skreślonych wierszy i kolumn.

6. *Elementy przekątnej głównej macierzy wrd są funkcjami wrd.*

Właściwość ta wynika z właściwości 5, jeśli przyjąć $m = n - 1$. Podmacierz główna jest wówczas skalarem równym elementowi $w_{rr}(s)$ na przekątni głównej, gdzie r jest indeksem nieskreślonego wiersza i nieskreślonej kolumny. Otrzymujemy zatem w tym przypadku:

$$F(s) = x^* w_{rr}(s) x = |x|^2 w_{rr}(s)$$

bowiem x jest skalarem.

Zwracamy uwagę, że właściwości 5 i 6 mają przejrzystą interpretację układową, o której będzie mowa w p. 10.2.3-E.

10.2.3. Badanie dodatniości macierzy

Rozstrzygnięcie problemu, czy z góry zadana macierz jest macierzą immitancyjną wielowrotnika SLSP, wymaga ustalenia, czy macierz ta jest macierzą wrd. Szczególnie istotne znaczenie ma ten problem w przypadku macierzy o wymiarach 2 × 2, tj. macierzy czwórników.

A. Kryterium dodatniości macierzy. Sformułujemy teraz warunki konieczne i dostateczne, jakie muszą być spełnione, aby z góry zadana macierz $W(s)$ była macierzą wrd. Zgodnie z definicją podaną w p. 10.2.1, macierz $W(s)$ jest macierzą wrd, jeśli funkcja $F(s)$ określona wzorem (10.2-3) jest funkcją dodatnią. Umożliwia to zastosowanie testu biegunowego (tj. twierdzenia 10.1-4) do badania dodatniości macierzy $W(s)$[1)].

TWIERDZENIE 10.2-3

Macierz:

$$W(s) = [w_{ik}(s)]_{n \times n} \tag{10.2-13}$$

której elementy $w_{ik}(s)$ są funkcjami wymiernymi rzeczywistymi jest wtedy i tylko wtedy macierzą wymierną rzeczywistą dodatnią, kiedy:

a) *nie ma biegunów w obszarze* $\mathrm{Re}\, s > 0$;

[1)] Proponujemy Czytelnikowi rozważenie kwestii, dlaczego możemy zastosować test biegunowy, nie jest natomiast możliwe badanie dodatniości funkcji (10.2-3) na podstawie testu zerowego (tj. twierdzenia 10.1-5).

b) *bieguny leżące na osi urojonej (łącznie z punktem $s = \infty$) są pojedyncze i w każdym biegunie $s_l = j\omega_l$ jest spełniony warunek, aby macierz residuów:*

$$\boldsymbol{k}^{(l)} \stackrel{\Delta}{=} \operatorname*{res}_{s=s_l} \boldsymbol{W}(s) = \lim_{s\to s_l} \boldsymbol{W}(s)(s-s_l) = \begin{bmatrix} k_{11}^{(l)} & k_{12}^{(l)} & \dots & k_{1n}^{(l)} \\ k_{21}^{(l)} & k_{22}^{(l)} & \dots & k_{2n}^{(l)} \\ \dots & \dots & \dots & \dots \\ k_{n1}^{(l)} & k_{n2}^{(l)} & \dots & k_{nn}^{(l)} \end{bmatrix} \qquad (10.2\text{-}14)$$

była macierzą hermitowską dodatnio półokreśloną, tzn.

$$\boldsymbol{k}^{(l)} = (\boldsymbol{k}^{(l)})^{*T}, \quad \boldsymbol{k}^{(l)} \geqslant 0 \qquad (10.2\text{-}15)$$

lub macierz $\boldsymbol{W}(s)$ nie ma biegunów na osi urojonej;

c) *część hermitowska macierzy $\boldsymbol{W}(j\omega)$:*

$$\boldsymbol{W}_H(j\omega) \stackrel{\Delta}{=} \frac{1}{2}[\boldsymbol{W}(j\omega) + \boldsymbol{W}^{*T}(j\omega)] \qquad (10.2\text{-}16)$$

jest dla każdego ω macierzą dodatnio półokreśloną, tzn.[1]*:*

$$\bigwedge_{\omega} \boldsymbol{W}_H(j\omega) \geqslant 0 \qquad (10.2\text{-}17)$$

Dowód polega na zastosowaniu twierdzenia 10.1-4 do funkcji $F(s)$, określonej wzorem (10.2-3).

Ograniczenia a) i b) co do położenia (i rzędu na osi urojonej) biegunów są oczywiste. Gdyby bowiem którykolwiek z elementów $w_{ik}(s)$ miał biegun dla $\operatorname{Re} s > 0$ lub biegun wielokrotny dla $\operatorname{Re} s = 0$, to zawsze istnieje taki wektor $\boldsymbol{x}$, że funkcja $F(s)$ będzie miała taki sam biegun.

Załóżmy, że dla $s_l = j\omega_l$ macierz $\boldsymbol{W}(s)$ ma biegun pojedynczy (oznacza to, że co najmniej jedna z funkcji $w_{ik}(s)$ ma taki biegun). Wówczas:

$$\operatorname*{res}_{s=s_l} F(s) = \lim_{s\to s_l} F(s)(s-s_l) = \boldsymbol{x}^{*T}[\lim_{s\to s_l} \boldsymbol{W}(s)(s-s_l)]\boldsymbol{x} = \boldsymbol{x}^{*T}\boldsymbol{k}^{(l)}\boldsymbol{x} \geqslant 0$$

a to oznacza spełnienie warunków (10.2-15).

Przedstawmy macierz $\boldsymbol{W}(j\omega)$ w postaci (por. dodatek 6):

$$\boldsymbol{W}(j\omega) = \boldsymbol{W}_H(j\omega) + \boldsymbol{W}_{SH}(j\omega)$$

gdzie:

$$\boldsymbol{W}_{SH}(j\omega) = \frac{1}{2}[\boldsymbol{W}(j\omega) - \boldsymbol{W}^{*T}(j\omega)]$$

i rozważmy formę:

$$\boldsymbol{x}^{*T}\boldsymbol{W}(j\omega)\boldsymbol{x} = \boldsymbol{x}^{*T}\boldsymbol{W}_H(j\omega)\boldsymbol{x} + \boldsymbol{x}^{*T}\boldsymbol{W}_{SH}(j\omega)\boldsymbol{x}$$

---

[1] Czytelnika nie w pełni obeznanego z użytymi tu pojęciami odsyłamy do dodatku 6 lub literatury, np. [20], rozdział XI, § 5.

Pierwszy ze składników prawej strony przybiera wartości rzeczywiste dla każdego x, drugi składnik ma zawsze wartości urojone (por. dodatek 6). Stąd, zgodnie z warunkiem (10.1-31) oraz zależnością (10.2-7):

$$\operatorname{Re} F(j\omega) = \operatorname{Re}[\boldsymbol{x}^{*T} \boldsymbol{W}(j\omega)\boldsymbol{x}] = \operatorname{Re}[\boldsymbol{x}^{*T} \boldsymbol{W}_H(j\omega)\boldsymbol{x}] \geqslant 0$$

a to oznacza spełnienie warunku (10.2-17).

Przy posługiwaniu się w praktyce kryterium 10.2-3 korzystamy najczęściej z następującego twierdzenia algebry (por. dodatek 6).

Macierz hermitowska jest wtedy i tylko wtedy macierzą dodatnio półokreśloną, kiedy wszystkie jej minory główne są nieujemne.

B. Przypadek czwórnika. Warunki dodatniości macierzy szczególnie łatwo dadzą się wyrazić explicite w przypadku macierzy o wymiarach 2×2, a więc w przypadku czwórnika.

Załóżmy, że rozpatrujemy macierz impedancyjną czwórnika:

$$\boldsymbol{Z} = \boldsymbol{Z}(s) = \begin{bmatrix} z_{11} & z_{12} \\ z_{21} & z_{22} \end{bmatrix} \tag{10.2-18}$$

przy założeniu, że elementy $z_{ik} = z_{ik}(s)$ są funkcjami wymiernymi rzeczywistymi zmiennej s.

Rozpatrzmy macierz residuów w biegunie $s_l = j\omega_l$ na osi urojonej:

$$\boldsymbol{k}^{(l)} = \begin{bmatrix} k_{11}^{(l)} & k_{12}^{(l)} \\ k_{21}^{(l)} & k_{22}^{(l)} \end{bmatrix} \tag{10.2-19}$$

gdzie:

$$k_{ij}^{(l)} = \operatorname*{res}_{s=s_l} z_{ij}(s)$$

Zgodnie z podanym w p. D twierdzeniem macierz (10.2-19) jest macierzą hermitowską dodatnio półokreśloną wtedy i tylko wtedy, kiedy:

$$k_{11}^{(l)} \geqslant 0, \quad k_{22}^{(l)} \geqslant 0, \quad k_{11}^{(l)} k_{22}^{(l)} - k_{12}^{(l)} k_{21}^{(l)} \geqslant 0 \tag{10.2-20}$$

oraz:

$$k_{12}^{(l)} = k_{21}^{(l)*} \tag{10.2-21}$$

Warunki (10.2-20) i (10.2-21) nazywamy zwykle *warunkami residuów*.

Oznaczmy teraz:

$$z_{ik}(j\omega) = r_{ik} + jx_{ik} \tag{10.2-22}$$

gdzie: $r_{ik} = \operatorname{Re} z_{ik}(\mathrm{j}\omega)$, $x_{ik} = \operatorname{Im} z_{ik}(\mathrm{j}\omega)$. Część hermitowska macierzy $\boldsymbol{Z}(\mathrm{j}\omega)$:

$$\boldsymbol{Z}_H(\mathrm{j}\omega) = \frac{1}{2}[\boldsymbol{Z}(\mathrm{j}\omega) + \boldsymbol{Z}^{*T}(\mathrm{j}\omega)] =$$

$$= \frac{1}{2}\begin{bmatrix} r_{11}+\mathrm{j}x_{11} & r_{12}+\mathrm{j}x_{12} \\ r_{21}+\mathrm{j}x_{21} & r_{22}+\mathrm{j}x_{22} \end{bmatrix} + \frac{1}{2}\begin{bmatrix} r_{11}-\mathrm{j}x_{11} & r_{21}-\mathrm{j}x_{21} \\ r_{12}-\mathrm{j}x_{12} & r_{22}-\mathrm{j}x_{22} \end{bmatrix} =$$

$$= \frac{1}{2}\begin{bmatrix} 2r_{11} & r_{12}+r_{21}+\mathrm{j}(x_{12}-x_{21}) \\ r_{12}+r_{21}-\mathrm{j}(x_{12}-x_{21}) & 2r_{22} \end{bmatrix}$$

Warunek (10.2-17) jest zatem spełniony wtedy i tylko wtedy, kiedy:

$$\bigwedge_{\omega} r_{11} \geqslant 0, \quad \bigwedge_{\omega} r_{22} \geqslant 0, \quad \bigwedge_{\omega} 4r_{11}r_{22} - (r_{12}+r_{21})^2 - (x_{12}-x_{21})^2 \geqslant 0 \tag{10.2-23}$$

Warunki (10.2-23) są zwykle nazywane *warunkami Raisbecka*.

Otrzymujemy zatem ważny w praktyce przypadek szczególny twierdzenia 10.2-3 dla macierzy impedancyjnej czwórnika.

TWIERDZENIE 10.2-4

Przy przyjętych założeniach macierz (10.2-18) *jest wtedy i tylko wtedy macierzą impedancyjną czwórnika SLSP, kiedy*:

a) *macierz ta nie ma biegunów w obszarze* $\operatorname{Re} s > 0$ *ani biegunów wielokrotnych na osi urojonej* $\operatorname{Re} s = 0$;

b) *w każdym biegunie pojedynczym na osi urojonej (łącznie z punktem* $s = \infty$) *są spełnione warunki residuów* (10.2-20) *i* (10.2-21);

c) *dla każdego* ω *są spełnione warunki Raisbecka* (10.2-23).

Zauważmy, że w nierównościach (10.2-23) nie pojawiają się części urojone: x_{11}, x_{22}, w trzeciej nierówności występują natomiast: x_{12}, x_{21}.

Jest rzeczą oczywistą, że w identycznej postaci można sformułować warunki dodatniości macierzy admitancyjnej:

$$\boldsymbol{Y} = \boldsymbol{Y}(s) = \begin{bmatrix} y_{11} & y_{12} \\ y_{21} & y_{22} \end{bmatrix}, \quad y_{ik}(\mathrm{j}\omega) = g_{ik} + \mathrm{j}b_{ik} \tag{10.2-24}$$

Warunki Raisbecka można wówczas zapisać w postaci:

$$\bigwedge_{\omega} g_{11} \geqslant 0, \quad \bigwedge_{\omega} g_{22} \geqslant 0, \quad \bigwedge_{\omega} 4g_{11}g_{22} - (g_{12}+g_{21})^2 - (b_{12}-b_{21})^2 \geqslant 0 \tag{10.2-25}$$

C. Przypadek czwórnika odwracalnego. Macierze immitancyjne $\boldsymbol{Z}$, $\boldsymbol{Y}$ czwórnika odwracalnego są macierzami symetrycznymi (por. p. 8.3.1), tzn.:

$$z_{12} = z_{21}, \quad y_{12} = y_{21} \tag{10.2-26}$$

Równości (10.2-26) wprowadzają znaczne uproszczenia do warunków podanych w p. B.

W warunkach residuów równość (10.2-21) przybiera postać:

$$k_{12}^{(l)} = k_{21}^{(l)} \in \mathscr{R} \tag{10.2-27}$$

Wobec równości: $r_{12} = r_{21}$, $x_{12} = x_{21}$ trzeci warunek Raisbecka redukuje się do postaci[1]:

$$\bigwedge_{\omega} r_{11} r_{22} - r_{21}^2 \geqslant 0 \tag{10.2-28}$$

która nie zależy od części urojonych $x_{ik} = \operatorname{Im} z_{ik}(j\omega)$.

D. Przykłady. Rozpatrzymy teraz kilka prostych przykładów.

Przykład 10.2-1. Dane są następujące macierze $\boldsymbol{Z}$ o stałych elementach (o wymiarze Ω):

$$\text{a)} \begin{bmatrix} 2 & 1 \\ 1 & 3 \end{bmatrix}, \quad \text{b)} \begin{bmatrix} 2 & 5 \\ 5 & 3 \end{bmatrix}, \quad \text{c)} \begin{bmatrix} 2 & 1 \\ 3 & 3 \end{bmatrix}, \quad \text{d)} \begin{bmatrix} 2 & 1 \\ 5 & 3 \end{bmatrix}$$

Pierwsze dwie macierze są symetryczne (czwórniki odwracalne), dwie pozostałe są niesymetryczne (czwórniki nieodwracalne).

We wszystkich przypadkach trzeba sprawdzić tylko trzeci warunek (10.2-23) lub warunek (10.2-28) dla macierzy symetrycznych.

Otrzymujemy:

$$\text{a) } 6 - 1 > 0, \quad \text{b) } 6 - 25 < 0, \quad \text{c) } 4 \cdot 6 - 4^2 > 0, \quad \text{d) } 4 \cdot 6 - 6^2 < 0$$

Oznacza to, że czwórniki o zadanych macierzach $\boldsymbol{Z}$ są odpowiednio (operujemy skrótami):

a) PO, b) AO, c) PN, d) AN

Na rysunku 10.2-1 pokazano przykłady realizacji czwórników o zadanych macierzach (wartości oporów w Ω).

Przykład 10.2-2. Czwórnik o równaniach:

$$U_1 = -zI_2, \quad U_2 = zI_1 \tag{10.2-29}$$

gdzie:

$$z(j\omega) = r + jx$$

jest nazywany *żyratorem impedancyjnym* (w przypadku szczególnym $z = r \in \mathscr{R}^+$ otrzymujemy zwykły żyrator, por. p. 1.7.2-F w tomie I). Załóżmy dla uproszczenia, że funkcja $z = z(s)$ nie ma

---

[1] Warunek ten bywa nazywany *warunkiem Gewertza.*

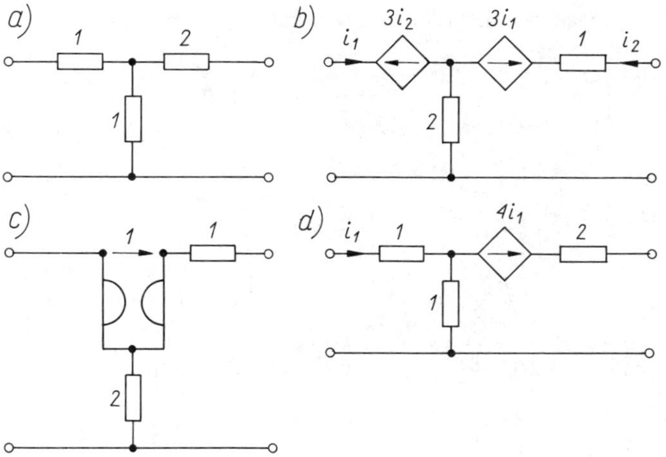

Rys. 10.2-1

biegunów w obszarze $\operatorname{Re} s \geqslant 0$ (warunki a) i b) twierdzenia 10.2-4 są więc spełnione). Sprawdzamy zatem warunki Raisbecka (10.2-23) dla macierzy:

$$\boldsymbol{Z}(\mathrm{j}\omega) = \begin{bmatrix} 0 & -r-\mathrm{j}x \\ r+\mathrm{j}x & 0 \end{bmatrix}$$

Otrzymujemy:

$$r_{11} = 0, \quad r_{22} = 0, \quad 4r_{11}r_{22} - (r_{12} + r_{21})^2 - (x_{12} - x_{21})^2 = -x^2$$

Oznacza to, że jeżeli tylko $x \not\equiv 0$, to żyrator impedancyjny jest czwórnikiem aktywnym i staje się czwórnikiem pasywnym tylko dla $x \equiv 0$ (tzn. $z = r$; por. przykład 2.1-34 w tomie I).

Przykład 10.2-3. Sprawdźmy dodatniość macierzy[1]:

$$\boldsymbol{Z} = \begin{bmatrix} \dfrac{2s^2+s+1}{(s^2+1)(s+1)} & \dfrac{s-\frac{1}{2}}{(s^2+1)(s+1)} \\ \dfrac{\frac{1}{2}s-1}{(s^2+1)(s+1)} & \dfrac{4s^2+3s+1}{(s^2+1)(s+1)} \end{bmatrix} \tag{10.2-30}$$

Macierz ta ma bieguny w punktach, w których:

$$(s^2+1)(s+1) = 0$$

tzn. dla $s_0 = -1$ (lewa półpłaszczyzna) oraz $s_{1,2} = \pm \mathrm{j}$ (oś urojona).

[1] Przykład ten został zaczerpnięty z książki [27].

Sprawdzamy zatem warunki residuów. Otrzymujemy kolejno:

$$k_{11}^{(1,2)} = \frac{2s^2+s+1}{(s+\mathrm{j})(s+1)}\bigg|_{s=\mathrm{j}} = \frac{2s^2+s+1}{(s-\mathrm{j})(s+1)}\bigg|_{s=-\mathrm{j}} = \frac{1}{2} > 0$$

$$k_{22}^{(1,2)} = \frac{4s^2+3s+1}{(s+\mathrm{j})(s+1)}\bigg|_{s=\mathrm{j}} = \frac{4s^2+3s+1}{(s-\mathrm{j})(s+1)}\bigg|_{s=-\mathrm{j}} = \frac{3}{2} > 0$$

oraz:

$$k_{12}^{(1)} = \frac{s-\frac{1}{2}}{(s+\mathrm{j})(s+1)}\bigg|_{s=\mathrm{j}} = \frac{3}{8} - \mathrm{j}\frac{1}{8}, \quad k_{21}^{(1)} = \frac{\frac{1}{2}s-1}{(s+\mathrm{j})(s+1)}\bigg|_{s=\mathrm{j}} = \frac{3}{8} + \mathrm{j}\frac{1}{8}$$

$$k_{12}^{(2)} = \frac{s-\frac{1}{2}}{(s-\mathrm{j})(s+1)}\bigg|_{s=-\mathrm{j}} = \frac{3}{8} + \mathrm{j}\frac{1}{8}, \quad k_{21}^{(2)} = \frac{\frac{1}{2}s-1}{(s-\mathrm{j})(s+1)}\bigg|_{s=-\mathrm{j}} = \frac{3}{8} - \mathrm{j}\frac{1}{8}$$

Mamy zatem:

$$\boldsymbol{k}^{(1)} = \begin{bmatrix} \frac{1}{2} & \frac{3}{8}-\mathrm{j}\frac{1}{8} \\ \frac{3}{8}+\mathrm{j}\frac{1}{8} & \frac{3}{2} \end{bmatrix}, \quad \boldsymbol{k}^{(2)} = \begin{bmatrix} \frac{1}{2} & \frac{3}{8}+\mathrm{j}\frac{1}{8} \\ \frac{3}{8}-\mathrm{j}\frac{1}{8} & \frac{3}{2} \end{bmatrix}$$

Macierze te są macierzami hermitowskimi i trzeci warunek (10.2-20) dla obu macierzy ma taką samą postać:

$$\frac{1}{2}\cdot\frac{3}{2} - \left(\frac{3}{8}\right)^2 - \left(\frac{1}{8}\right)^2 = \frac{3}{4} - \frac{5}{32} = \frac{19}{32} > 0$$

Warunki residuów są zatem spełnione.

Na osi urojonej $s = \mathrm{j}\omega$ mamy:

$$\boldsymbol{Z}(\mathrm{j}\omega) = \begin{bmatrix} \dfrac{1-2\omega^2+\mathrm{j}\omega}{(1-\omega^2)(1+\mathrm{j}\omega)} & \dfrac{\mathrm{j}\omega-\frac{1}{2}}{(1-\omega^2)(1+\mathrm{j}\omega)} \\ \dfrac{\mathrm{j}\frac{1}{2}\omega-1}{(1-\omega^2)(1+\mathrm{j}\omega)} & \dfrac{1-4\omega^2+\mathrm{j}3\omega}{(1-\omega^2)(1+\mathrm{j}\omega)} \end{bmatrix} = \begin{bmatrix} \dfrac{1-\omega^2+\mathrm{j}2\omega^3}{1-\omega^4} & \dfrac{\omega^2-\frac{1}{2}+\mathrm{j}\frac{3}{2}\omega}{1-\omega^4} \\ \dfrac{\frac{1}{2}\omega^2-1+\mathrm{j}\frac{3}{2}\omega}{1-\omega^4} & \dfrac{1-\omega^2+\mathrm{j}2\omega(1+2\omega^2)}{1-\omega^4} \end{bmatrix}$$

a stąd:

$$r_{11} = r_{22} = \frac{1}{1+\omega^2} > 0$$

$$x_{12} = x_{21} = \frac{\frac{3}{2}\omega}{1-\omega^4}, \quad x_{12} - x_{21} = 0$$

$$r_{12}+r_{21}=\frac{\omega^2-\frac{1}{2}+\frac{1}{2}\omega^2-1}{1-\omega^4}=\frac{\frac{3}{2}(\omega^2-1)}{1-\omega^4}=-\frac{\frac{3}{2}}{1+\omega^2}$$

i, w konsekwencji:

$$4r_{11}r_{22}-(r_{12}+r_{21})^2-(x_{12}-x_{21})^2=\frac{4-\frac{9}{4}}{(1+\omega^2)^2}=\frac{\frac{7}{4}}{(1+\omega^2)^2}>0$$

Macierz (10.2-30) jest zatem macierzą wrd, istnieje więc czwórnik pasywny (nieodwracalny) o macierzy impedancyjnej (10.2-30).

E. Niektóre interpretacje układowe. Powróćmy do właściwości 5 i 6 macierzy wrd, sformułowanych w p. 10.2.2-C. Mają one proste interpretacje układowe.

Rozważmy np. n-wrotnik SLSP o macierzy impedancyjnej:

$$\boldsymbol{Z}=[z_{ik}(s)]_{n\times n} \tag{10.2-31}$$

będącej macierzą wrd. Jego równanie ma postać:

$$\boldsymbol{U}=\boldsymbol{ZI} \tag{10.2-32}$$

Załóżmy, że $n-m\,(0<m<n)$ wrót tego wielowrotnika, np. wrota o numerach: $m+1$, $m+2$, ..., n (rys. 10.2-2a) są wrotami rozwartymi, tzn.:

$$I_l=0 \quad \text{dla} \quad l=m+1,\, m+2,\, \dots,\, n$$

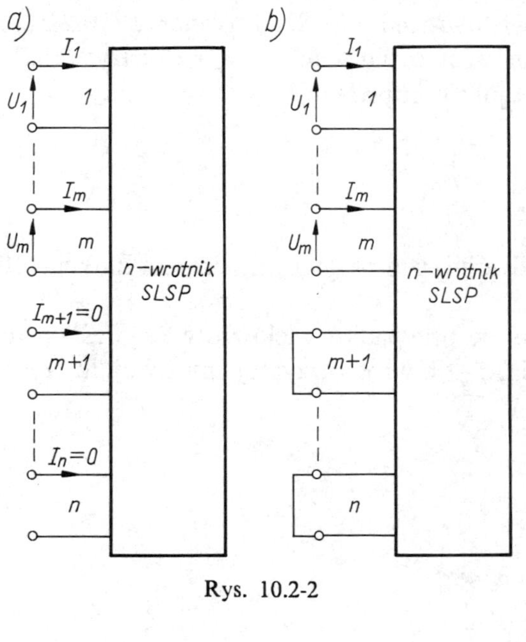

Rys. 10.2-2

Utworzony w ten sposób układ można rozpatrywać jako m-wrotnik o równaniu impedancyjnym:

$$\boldsymbol{U}' = \boldsymbol{Z}'\boldsymbol{I}' \tag{10.2-33}$$

gdzie:

$$\boldsymbol{I}' = [I_1, I_2, \ldots, I_m]^T, \quad \boldsymbol{U}' = [U_1, U_2, \ldots, U_m]^T \tag{10.2-34}$$

a $\boldsymbol{Z}'$ jest podmacierzą główną macierzy $\boldsymbol{Z}$ powstałą przez skreślenie w macierzy (10.2-31) $n - m$ wierszy i kolumn o numerach odpowiadających numerom rozwartych wrót.

Utworzony w ten sposób m-wrotnik jest oczywiście wielowrotnikiem pasywnym, macierz $\boldsymbol{Z}'$ jest zatem macierzą wrd. Wniosek ten stanowi zatem interpretację układową właściwości 5 z p. 10.2.2-C.

Analogiczne rozumowanie można by przeprowadzić w odniesieniu do macierzy admitancyjnej n-wrotnika SLSP o równaniu:

$$\boldsymbol{I} = \boldsymbol{Y}\boldsymbol{U} \tag{10.2-35}$$

i jego macierzy admitancyjnej:

$$\boldsymbol{Y} = [y_{ik}]_{n \times n} \tag{10.2-36}$$

Zwarcie $n - m$ wrót (rys. 10.2-2b) prowadzi do utworzenia m-wrotnika, również pasywnego, o równaniu:

$$\boldsymbol{I}' = \boldsymbol{Y}'\boldsymbol{U}' \tag{10.2-37}$$

gdzie wektory $\boldsymbol{I}'$, $\boldsymbol{U}'$ są określone wzorami (10.2-34), a $\boldsymbol{Y}'$ jest odpowiednią podmacierzą główną macierzy (10.2-36).

Podobną interpretację można przypisać właściwości 6 z p. 10.2.2-C. Załóżmy np., że w wielowrotniku SLSP o równaniu (10.2-32) rozwarliśmy $n - 1$ wrót, z wyjątkiem wrót o indeksie r, $1 \leqslant r \leqslant n$ (rys. 10.2-3a). Otrzymujemy w ten sposób dwójnik o impedancji:

$$\frac{U_r}{I_r} = z_{rr}(s) \tag{10.2-38}$$

Dwójnik ten jest dwójnikiem pasywnym, a zatem funkcja (10.2-38) jest funkcją wrd.

Analogicznie, w przypadku wielowrotnika SLSP o równaniu (10.2-35), w wyniku zwarcia $n - 1$ wrót otrzymujemy dwójnik (rys. 10.2-3b), którego admitancja:

$$\frac{I_r}{U_r} = y_{rr}(s) \tag{10.2-39}$$

jest również funkcją wrd.

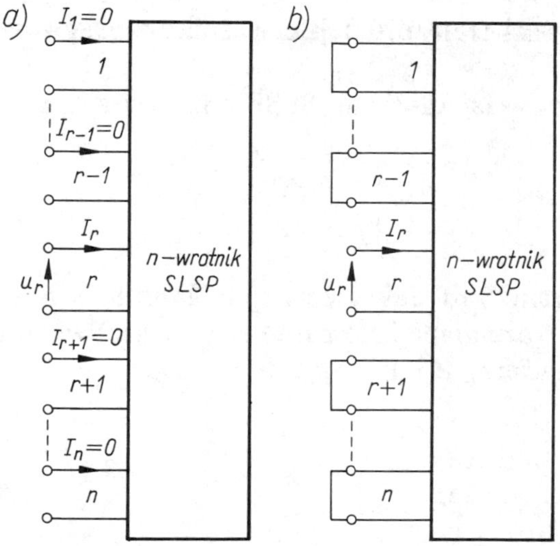

Rys. 10.2-3

Oznacza to, w szczególności, że w przypadku czwórnika SLSP o macierzy $\boldsymbol{Z}$ lub $\boldsymbol{Y}$, gdzie:

$$\boldsymbol{Z}=\begin{bmatrix} z_{11} & z_{12} \\ z_{21} & z_{22} \end{bmatrix}, \quad \boldsymbol{Y}=\begin{bmatrix} y_{11} & y_{12} \\ y_{21} & y_{22} \end{bmatrix}$$

parametry: $z_{11}(s)$, $z_{22}(s)$, $y_{11}(s)$, $y_{22}(s)$ są funkcjami wrd.

Zwracamy jeszcze uwagę, że z n-wrotnika możemy otrzymać w sposób oczywisty czwórnik, rozwierając lub zwierając $n-2$ wrót, tj. pozostawiając nie rozwarte lub nie zwarte dwie pary zacisków.

10.3. TRANSMITANCJE UKŁADÓW PASYWNYCH

Zajmiemy się teraz określeniem podstawowych właściwości transmitancji czwórników SLSP (por. p. 8.2.1-B oraz p. 9.2.1).

Jak wiemy (por. np. p. 8.2.1-D oraz p. 9.2.1-B), każda transmitancja czwórnika SLSB:

$$H(s)=\frac{L(s)}{M(s)} \tag{10.3-1}$$

jest funkcją wymierną rzeczywistą zmiennej zespolonej s. Naszym celem będzie sformułowanie właściwości transmitancji (10.3-1) przy dodatkowym założeniu, że czwórnik jest pasywny (SLSP).

10.3.1. Właściwości transmitancji czwórników pasywnych

Będziemy rozważać czwórnik SLSP o macierzach immitancyjnych:

$$\boldsymbol{Z} = \begin{bmatrix} z_{11} & z_{12} \\ z_{21} & z_{22} \end{bmatrix}, \qquad \boldsymbol{Y} = \begin{bmatrix} y_{11} & y_{12} \\ y_{21} & y_{22} \end{bmatrix} \tag{10.3-2}$$

będących macierzami wrd. Jak wiemy (por. tabl. 8.3), poszczególne transmitancje czwórnika (rozumiane jako parametry własne) wyrażają się następująco przez elementy macierzy $\boldsymbol{Z}$ i $\boldsymbol{Y}$:

$$H_u(s) = \frac{z_{21}}{z_{11}} = -\frac{y_{21}}{y_{22}} \tag{10.3-3}$$

$$H_i(s) = \frac{z_{21}}{z_{22}} = -\frac{y_{21}}{y_{11}} \tag{10.3-4}$$

$$H_{iu}(s) = z_{21} = -\frac{y_{21}}{\det \boldsymbol{Y}} \tag{10.3-5}$$

$$H_{ui}(s) = -y_{21} = \frac{z_{21}}{\det \boldsymbol{Z}} \tag{10.3-6}$$

A. Ograniczenie położenia biegunów. Macierze (10.3-2) są macierzami wrd, żaden zatem z elementów $z_{ik}(s)$, $y_{ik}(s)$ nie może mieć bieguna w obszarze $\operatorname{Re} s > 0$ ani bieguna wielokrotnego na osi urojonej (łącznie z punktem $s = \infty$), por. twierdzenie 10.2-4.

Bieguny funkcji $H_u(s)$, $H_i(s)$ mogą być, ogólnie rzecz biorąc, biegunami liczników $z_{21}(s)$, $y_{21}(s)$ lub zerami mianowników: $z_{11}(s)$, $z_{22}(s)$, $y_{11}(s)$, $y_{22}(s)$. Funkcje te, jako elementy przekątnej głównej są jednak funkcjami wrd. Nie mogą mieć zatem zer w obszarze $\operatorname{Re} s > 0$ ani zer wielokrotnych na osi urojonej (łącznie z punktem $s = \infty$).

Pozostaje zatem do rozpatrzenia tylko przypadek, kiedy np. $z_{21}(s)$ ma biegun pojedynczy w punkcie $s_0 = j\omega_0$ i w tym samym punkcie $z_{11}(s)$ ma zero pojedyncze (wówczas transmitancja $H_u(s)$ miałaby w punkcie s_0 biegun podwójny). Łatwo można jednak wykazać, że przypadek ten nie jest możliwy. W warunkach residuów (10.2-20) mielibyśmy wówczas:

$$k_{11}^{(0)} = 0, \qquad k_{21}^{(0)} \neq 0, \qquad k_{12}^{(0)} k_{21}^{(0)} = |k_{21}^{(0)}|^2 > 0$$

i trzecia nierówność (10.2-20) nie byłaby spełniona, wbrew założeniu. To samo dotyczy punktu $s = \infty$. Wynika stąd, że żadna z transmitancji (10.3-3)–(10.3-6) nie może mieć dla $s = \infty$ bieguna stopnia wyższego niż pierwszy.

Wykazaliśmy zatem podstawową właściwość wszystkich transmitancji dowolnego czwórnika SLSP, którą możemy sformułować w postaci następującego twierdzenia.

TWIERDZENIE 10.3-1

Transmitancja czwórnika SLSP:

a) *nie ma biegunów w obszarze* $\operatorname{Re} s > 0$;

b) *jeśli ma bieguny na osi urojonej, to są one pojedyncze*;

c) *w punkcie* $s = \infty$ *może mieć biegun najwyżej pojedynczy, a zatem różnica stopnia licznika* l *i stopnia mianownika* m:

$$l - m \leqslant 1 \tag{10.3-7}$$

Zwracamy przy tym uwagę Czytelnika, że z podanego rozumowania nie wynikają żadne ograniczenia co do położenia zer transmitancji czwórnika SLSP (por. p. 9.4.2-F). Jest to istotna różnica w porównaniu do immitancji dwójników SLSP, dla których położenie zer podlega takim samym ograniczeniom, jak położenie biegunów (por. p. 10.1.3-A). W ogólnym przypadku dowolnej transmitancji dowolnego czwórnika SLSP nie występują również żadne warunki dotyczące residuów w biegunach na osi urojonej.

Uwaga. Przyjęcie zależności (10.3-3)–(10.3-6) jako podstawy do naszych rozważań nie ogranicza ich ogólności. Jeśli bowiem rozpatrywany czwórnik jest obciążony dwójnikiem SLSP (por. rys. 8.2-8a), to jego transmitancje określone wzorami (8.2-23)–(8.2-26) są identyczne z transmitancjami innego czwórnika nieobciążonego (por. p. 8.2.2-D i rys. 8.2-8b,c), który też jest czwórnikiem SLSP.

Jak wynika z zależności podanych w tabl. 8.3, również rozpatrywanie transmitancji dla przeciwnego kierunku transmisji nie wniosłoby żadnych zmian do przedstawionego rozumowania.

B. Przypadek czwórnika odwracalnego. Jeśli czwórnik SLSP jest czwórnikiem odwracalnym, to, jak zobaczymy, jego transmitancje podlegają pewnym dodatkowym ograniczeniom.

Rozważmy warunki residuów (10.2-20) i (10.2-21) w przypadku czwórnika odwracalnego, tzn. przy spełnieniu równości:

$$z_{12} = z_{21}, \quad y_{12} = y_{21} \tag{10.3-8}$$

Z warunku (10.2-21) wynika, że residua funkcji (10.3-8) w biegunie na osi urojonej są rzeczywiste – por. wzór (10.2-27). Dotyczy to zatem także transmitancji mieszanych $H_{iu}(s)$, $H_{ui}(s)$ – por. wzory (10.3-5) i (10.3-6).

Rozpatrzmy teraz przypadek, kiedy transmitancja jednorodna czwórnika odwracalnego, np. $H_u(s)$, ma biegun pojedynczy w punkcie $s_0 = j\omega_0$ na osi urojonej. Biegun ten może być tylko zerem $z_{11}(s)$ (lub $y_{22}(s)$). Gdyby bowiem był biegunem funkcji $z_{21}(s)$ (lub $y_{21}(s)$), to, zgodnie z trzecim warunkiem (10.2-20) musiałby być również biegunem $z_{11}(s)$ (lub $y_{22}(s)$), i to dla obu funkcji – pojedynczym, a zatem nie byłby – wbrew założeniu – biegunem $H_u(s)$.

Rozważmy residuum $H_u(s)$ w biegunie $s_0 = \mathrm{j}\omega_0$. Mamy:

$$\operatorname*{res}_{s=\mathrm{j}\omega_0} H_u(s) = \lim_{s\to\mathrm{j}\omega_0} \frac{z_{21}(s)(s-\mathrm{j}\omega_0)}{z_{11}(s)} = k_0 z_{21}(\mathrm{j}\omega_0) = \\ = k_0[r_{21}(\omega_0) + \mathrm{j}x_{21}(\omega_0)] \tag{10.3-9}$$

gdzie oznaczono:

$$k_0 = \operatorname*{res}_{s=\mathrm{j}\omega_0} \frac{1}{z_{11}(s)} > 0 \\ r_{21}(\omega_0) = \operatorname{Re} z_{21}(\mathrm{j}\omega_0), \qquad x_{21}(\omega_0) = \operatorname{Im} z_{21}(\mathrm{j}\omega_0) \tag{10.3-10}$$

Nierówność (10.3-10) wynika stąd, że zarówno $z_{11}(s)$, jak i $1/z_{11}(s)$ są funkcjami wrd.

Skorzystajmy teraz z warunku (10.2-28). Gdyby $r_{21}(\omega_0) \neq 0$, warunek (10.2-28) mógłby być spełniony tylko wtedy, kiedy $r_{11}(\omega_0) \neq 0$. Ale z poprzednich rozważań wynika, że punkt $s_0 = \mathrm{j}\omega_0$ jest zerem $z_{11}(s)$, a więc $r_{11}(\omega_0) = \operatorname{Re} z_{11}(\mathrm{j}\omega_0) = 0$. Wynika stąd, że $r_{21}(\omega_0) = 0$ i, w konsekwencji, residuum (10.3-9) jest urojone.

Z warunku tego wyciągamy również wniosek, że punkty $s = 0$ i $s = \infty$ nie mogą być biegunami funkcji $H_u(s)$. Wynika to z faktu, że $H_u(s)$ jest funkcją wymierną o współczynnikach rzeczywistych, a zatem wartości:

$$\operatorname*{res}_{s=0} H_u(s) = \lim_{s\to 0} sH_u(s), \qquad \operatorname*{res}_{s=\infty} H_u(s) = \lim_{s\to\infty} \frac{1}{s} H_u(s)$$

musiałyby być rzeczywiste, wbrew poprzedniemu wynikowi.

Łącząc otrzymane rezultaty z ograniczeniami wynikającymi z twierdzenia 10.3-1, możemy sformułować właściwości transmitancji czwórników SLSP odwracalnych w postaci kolejnych twierdzeń.

TWIERDZENIE 10.3-2

Transmitancje mieszane $H_{iu}(s)$, $H_{ui}(s)$ czwórnika SLSP odwracalnego:

a) *nie mają biegunów w obszarze* $\operatorname{Re} s > 0$;

b) *jeśli mają bieguny na osi urojonej, to są one pojedyncze, a residua w nich rzeczywiste*;

c) *w punkcie $s = \infty$ mogą mieć biegun najwyżej pojedynczy, a zatem różnica stopnia licznika l i stopnia mianownika m*:

$$l - m \leqslant 1 \tag{10.3-11}$$

TWIERDZENIE 10.3-3

Transmitancje jednorodne $H_u(s)$, $H_i(s)$ *czwórnika SLSP odwracalnego*:

a) *nie mają biegunów w obszarze* $\mathrm{Re}\, s > 0$;

b) *jeśli mają bieguny na osi urojonej, to są one pojedyncze, a residua w nich urojone*;

c) *nie mają bieguna w punkcie* $s = 0$;

d) *nie mają bieguna w punkcie* $s = \infty$, *a zatem różnica stopnia licznika* l *i stopnia mianownika* m:

$$l - m \leqslant 0 \tag{10.3-12}$$

C. Przykłady. Przed zapoznaniem się z podanymi niżej przykładami proponujemy Czytelnikowi powrót do licznych przykładów z p. 9.4.1 i powtórne prześledzenie ich, mając na uwadze sformułowane w p. A, B właściwości transmitancji czwórników SLSP.

Przykład 10.3-1. Transmitancja:

$$H_u(s) = as, \quad a \in \mathscr{R} \tag{10.3-13}$$

nie może być, zgodnie z twierdzeniem 10.3-3, zrealizowana jako transmitancja czwórnika SLSP odwracalnego. Może być natomiast transmitancją czwórnika nieodwracalnego.

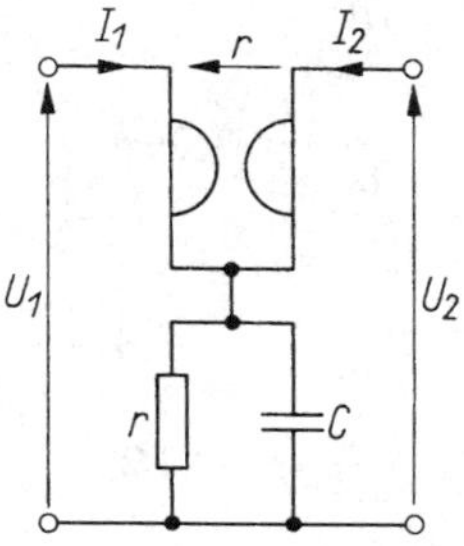

Rys. 10.3-1

Aby to sprawdzić, rozważmy czwórnik przedstawiony na rys. 10.3-1. Jest to czwórnik SLSP (jest bowiem zbudowany z elementów SLSP) o macierzy impedancyjnej:

$$\mathbf{Z} = \begin{bmatrix} \dfrac{r}{srC+1} & r\dfrac{srC+2}{srC+1} \\ -\dfrac{sr^2C}{srC+1} & \dfrac{r}{srC+1} \end{bmatrix}$$

Jest to zatem czwórnik nieodwracalny ($z_{12} \neq z_{21}$). Jego transmitancja napięciowa:

$$H_u(s) = \frac{z_{21}}{z_{11}} = -srC$$

Przykład 10.3-2. Transmitancja idealnego układu całkującego (por. przykłady 9.3-4 i 9.4-4):

$$H(s) = \frac{a}{s}, \quad a \in \mathscr{R} \tag{10.3-14}$$

nie może być zrealizowana jako transmitancja jednorodna odwracalnego czwórnika SLSP (twierdzenie 10.3-3). Można ją jednak zrealizować jako transmitancję mieszaną, np. $H_{iu}(s)$. Prostym przykładem może być układ z rys. 10.3-2a, dla którego:

$$H_{iu}(s) = \frac{1}{sC}$$

Transmitancja (10.3-14) może być również zrealizowana jako transmitancja napięciowa $H_u(s)$ czwórnika aktywnego. Przykładem może być czwórnik z rys. 10.3-2b zawierający idealny wzmacniacz operacyjny (a więc element aktywny). Dla układu z rys. 10.3-2b mamy (por. przykład 3.6-2 w tomie I):

$$H_u(s) = -\frac{Z_2}{Z_1}$$

co przy doborze $Z_1 = R$, $Z_2 = 1/sC$ daje:

$$H_u(s) = -\frac{1}{sRC}$$

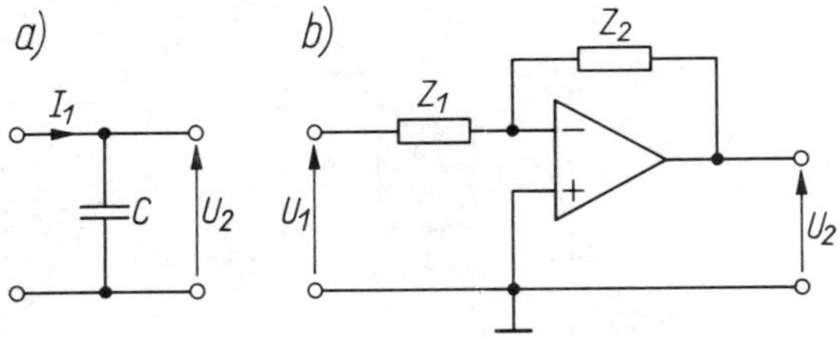

Rys. 10.3-2

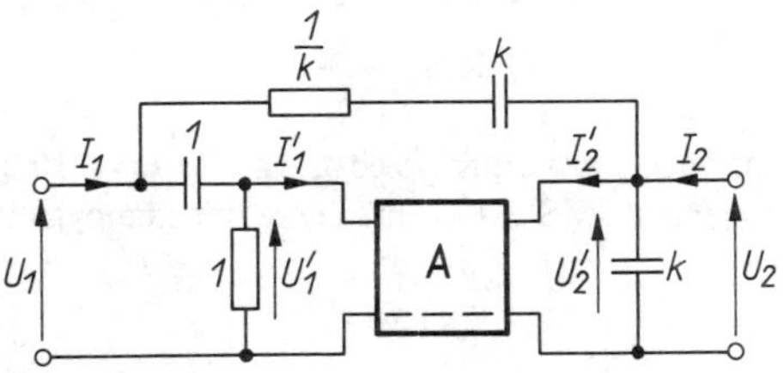

Rys. 10.3-3

Przykład 10.3-3. Układy SLS aktywne są, przynajmniej teoretycznie, wolne od ograniczeń, którym podlegają układy pasywne. Dla przykładu rozpatrzmy układ z rys. 10.3-3, który zawiera w sobie czwórnik o macierzy łańcuchowej:

$$A = \begin{bmatrix} 1 & 0 \\ 0 & -1/k \end{bmatrix}, \quad k \in \mathscr{R}^+$$

będący konwerterem ujemno-impendancyjnym (por. zad. 2.5 w tomie I), a więc czwórnikiem aktywnym. Proponujemy Czytelnikowi sprawdzenie, że transmitancja napięciowa czwórnika z rys. 10.3-3:

$$H_u(s) = s^2 \qquad (10.3\text{-}15)$$

Zwracamy jednak uwagę, że zgodnie z rozumowaniem przedstawionym w p. 9.4.1-F, zależność (10.3-15) będzie słuszna w praktyce tylko dla ograniczonego zakresu dostatecznie małych częstotliwości.

D. Pasywność a stabilność układu transmisyjnego. W punkcie 9.3.1 omówiliśmy zagadnienia związane ze stabilnością układu transmisyjnego SLSB o transmitancji $H(s)$. Warunki, jakie spełniają transmitancje czwórnika SLSP, można teraz porównać z warunkami stabilności (p. 9.3.1-B, C). Z porównania tego wynika od razu następujący wniosek.

Każdy czwórnik SLSP, którego transmitancja $H(s)$ ma licznik stopnia nie wyższego niż mianownik, tzn. spełnia warunek (10.3-12), *jest układem stabilnym względem pobudzania albo układem na granicy stabilności.*

E. Wielomiany charakterystyczne. Na zakończenie rozpatrzymy związki transmitancji czwórników SLSP z tzw. *wielomianami charakterystycznymi*, tj. takimi wielomianami, których zera są biegunami odpowiednich transmitancji $H_u(s)$, $H_i(s)$, $H_{ui}(s)$, $H_{iu}(s)$ czwórnika. Będziemy przy tym zakładać, że czwórnik ma obie macierze immitancyjne (10.3-2), a więc jego transmitancje wyrażają się wzorami (10.3-3)–(10.3-6).

Załóżmy, że elementy $z_{ik}(s)$ macierzy $\boldsymbol{Z}$ mają wspólny mianownik $M_1(s)$. Z zależności (10.3-5) wynika, że wielomian $M_1(s)$ jest mianownikiem transmitancji prądowo-napięciowej $H_{iu}(s)$ (rys. 10.3-4e). Przy przyjętym założeniu mianownikiem transmitancji napięciowej $H_u(s)$ (rys. 10.3-4a) jest licznik $z_{11}(s)$, zaś mianownikiem transmitancji prądowej $H_i(s)$ (rys. 10.3-4c) jest licznik $z_{22}(s)$.

Załóżmy teraz, że elementy $y_{ik}(s)$ macierzy $\boldsymbol{Y}$ mają wspólny mianownik $M_2(s)$. Z zależności (10.3-6) wynika, że wielomian $M_2(s)$ jest mianownikiem transmitancji napięciowo-prądowej $H_{ui}(s)$ (rys. 10.3-4g). Rozumując analogicznie jak poprzednio, wnioskujemy, że mianownikiem transmitancji napięciowej $H_u(s)$ jest licznik $y_{22}(s)$, zaś mianownikiem transmitancji prądowej $H_i(s)$ jest licznik $y_{11}(s)$.

Wprowadźmy teraz następujące oznaczenia. Niech:

$n_{zo}(s)$ oznacza wspólny licznik $z_{11}(s)$ i $y_{22}(s)$,

$n_{oz}(s)$ oznacza wspólny licznik $z_{22}(s)$ i $y_{11}(s)$.

Przyjmijmy ponadto:

$$n_{oo}(s) = M_1(s), \quad n_{zz}(s) = M_2(s)$$

przy czym przez $n_{oo}(s)$ i $n_{zz}(s)$ oznaczamy, odpowiednio, taki wspólny mianownik $M_1(s)$ elementów $z_{ik}(s)$ oraz taki wspólny mianownik $M_2(s)$ elementów $y_{ik}(s)$, przy których zachodzi równość liczników $z_{11}(s)$ i $y_{22}(s)$ oraz $z_{22}(s)$ i $y_{11}(s)$.

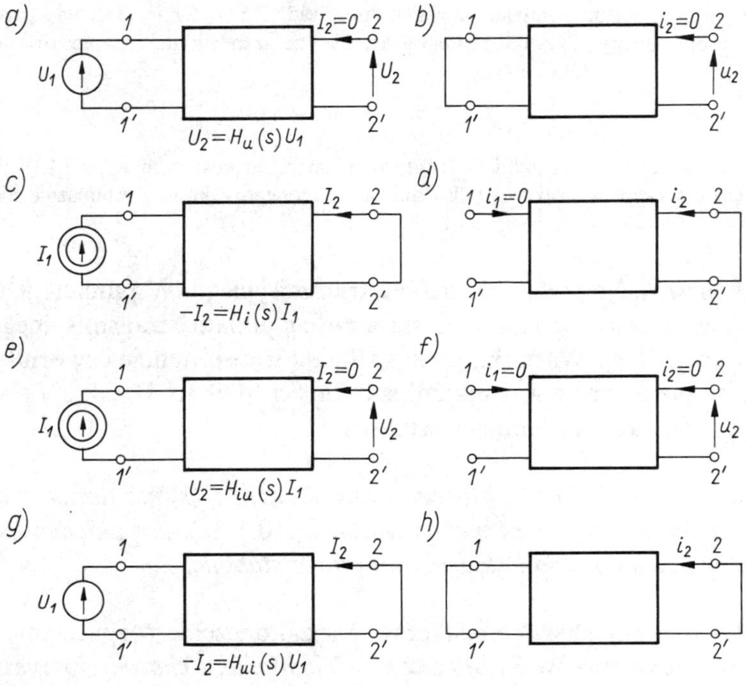

Rys. 10.3-4

Wielomiany $n_{zo}(s)$, $n_{oz}(s)$, $n_{oo}(s)$ i $n_{zz}(s)$ nazywamy *wielomianami charakterystycznymi* czwórnika (por. np. [35], str. 31, [27], p. 3-45).

Oznaczmy teraz licznik $z_{21}(s)$ przez $m_{21}(s)$. Z równości (10.3-3) wynika, że $m_{21}(s)$ jest również licznikiem $-y_{21}(s)$. W podobny sposób (posługując się transmitancjami dla przeciwnego kierunku transmisji, por. tabl. 8.3) można wykazać, że elementy $z_{12}(s)$ i $-y_{12}(s)$ mają wspólny licznik, który oznaczamy przez $m_{12}(s)$.

Elementy macierzy $\boldsymbol{Z}$ i $\boldsymbol{Y}$ można zatem w następujący sposób uzależnić od wielomianów charakterystycznych n_{zo}, n_{oz}, n_{oo}, n_{zz} oraz wielomianów m_{12}, m_{21}:

$$\boldsymbol{Z}=\begin{bmatrix} \frac{n_{zo}}{n_{oo}} & \frac{m_{12}}{n_{oo}} \\ \frac{m_{21}}{n_{oo}} & \frac{n_{oz}}{n_{oo}} \end{bmatrix}, \quad \boldsymbol{Y}=\begin{bmatrix} \frac{n_{oz}}{n_{zz}} & -\frac{m_{12}}{n_{zz}} \\ -\frac{m_{21}}{n_{zz}} & \frac{n_{zo}}{n_{zz}} \end{bmatrix} \tag{10.3-16}$$

Z zależności:

$$\det \boldsymbol{Z}=\frac{1}{\det \boldsymbol{Y}}$$

wynika przy tym, że:

$$n_{zo}n_{oz}-n_{oo}n_{zz}=m_{12}m_{21} \tag{10.3-17}$$

co prowadzi do zależności:

$$\det \boldsymbol{Z} = \frac{n_{zz}}{n_{oo}}, \quad \det \boldsymbol{Y} = \frac{n_{oo}}{n_{zz}} \tag{10.3-18}$$

W przypadku czwórnika odwracalnego mamy:

$$m_{12} = m_{21} \stackrel{\Delta}{=} m \tag{10.3-19}$$

Wielomiany charakterystyczne mają prostą i ważną interpretację. Rozważmy np. transmitancję napięciową:

$$H_u(s) = \frac{z_{21}}{z_{11}} = \frac{m_{21}}{n_{zo}}$$

oraz równanie (por. rys. 10.3-4a):

$$U_2 = H_u(s)\, U_1$$

lub:

$$n_{zo}(s)\, U_2 = m_{21}(s)\, U_1$$

Przy $U_1 = 0$ (rys. 10.3-4b) mamy $n_{zo}(s)\, U_2 = 0$, co odpowiada równaniu różniczkowemu w dziedzinie czasu:

$$n_{zo}\left(\frac{\mathrm{d}}{\mathrm{d}t}\right) u_2 = 0 \tag{10.3-20}$$

opisującemu stan swobodny względem napięcia u_2 (por. rys. 10.3-4b) przy zwartych zaciskach 11′ i rozwartych (otwartych) zaciskach 22′.

W analogiczny sposób można pokazać, że równania:

$$n_{oz}\left(\frac{\mathrm{d}}{\mathrm{d}t}\right) i_2 = 0 \tag{10.3-21}$$

$$n_{oo}\left(\frac{\mathrm{d}}{\mathrm{d}t}\right) u_2 = 0 \tag{10.3-22}$$

$$n_{zz}\left(\frac{\mathrm{d}}{\mathrm{d}t}\right) i_2 = 0 \tag{10.3-23}$$

opisują stany swobodne (względem wielkości na zaciskach 22′) odpowiednio w układach z rys. 10.3-4d,f,h.

Indeksy występujące w oznaczeniach wielomianów charakterystycznych oznaczają stan zwarcia (z) lub stan rozwarcia (o) zacisków 11′ (pierwszy indeks) i zacisków 22′ (drugi indeks).

Można pokazać (por. zad. 10.16), że równania różniczkowe określone przez wielomiany charakterystyczne (tj. równania o postaci (10.3-20)–(10.3-23) opisują także stany swobodne względem wielkości na zaciskach 11'.

Uwaga 1. Równanie (10.3-20)–(10.3-23) przyjmuje się często jako równania definiujące wielomiany charakterystyczne czwórnika (por. np. [27], p. 3-45). Ujęcie takie ma tę zaletę, że pozwala uniknąć niejasności, jakie mogą wyniknąć w przypadku, gdy wielomiany występujące w wyrażeniach (10.3-16) mają wspólne pierwiastki, a więc można je skrócić (por. przykład 10.3-5).

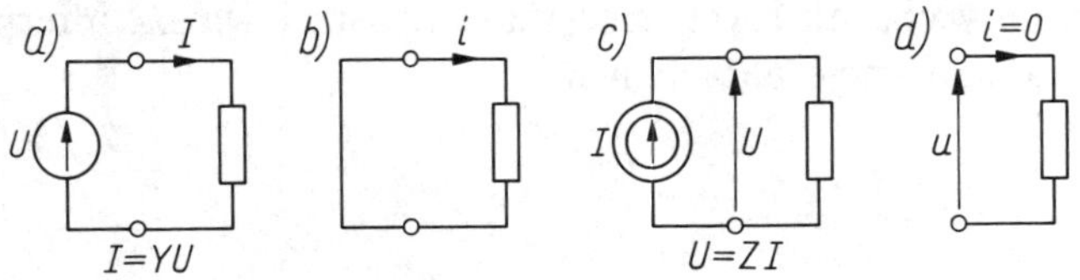

Rys. 10.3-5

Uwaga 2. Można także rozpatrywać *wielomiany charakterystyczne* dwójnika SLS $n_z(s)$, $n_o(s)$, odpowiadające stanom swobodnym przedstawionym na rys. 10.3-5b,d. Łatwo można zauważyć, że $n_z(s)$ jest mianownikiem admitancji Y (a więc licznikiem impedancji Z, rys. 10.3-5a,b), zaś $n_o(s)$ jest mianownikiem impedancji Z (a więc licznikiem admitancji Y, rys. 10.3-5c,d). Stąd:

$$Z = \frac{n_z}{n_o}, \quad Y = \frac{n_o}{n_z} \tag{10.3-24}$$

a stany swobodne dla stanu zwarcia i rozwarcia (rys. 10.3-5b,d) są opisywane odpowiednio równaniami:

$$n_z\left(\frac{\mathrm{d}}{\mathrm{d}t}\right)i = 0, \quad n_o\left(\frac{\mathrm{d}}{\mathrm{d}t}\right)u = 0 \tag{10.3-25}$$

Przykład 10.3-4. Dla przykładu rozpatrzmy czwórnik przedstawiony na rys. 10.3-6 ($R = 1\,\Omega$, $L = 1\,\mathrm{H}$, $C = 1\,\mathrm{F}$). Jego macierz impedancyjna:

$$\boldsymbol{Z} = \begin{bmatrix} \dfrac{s+1}{s} & \dfrac{1}{s} \\ \dfrac{1}{s} & \dfrac{s^2+1}{s} \end{bmatrix}$$

przy czym:

$$\det \boldsymbol{Z} = \frac{s^2+s+1}{s}$$

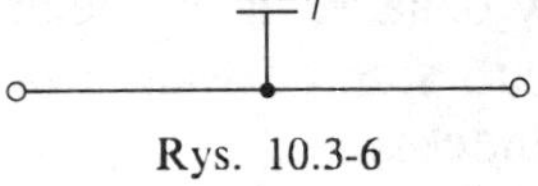

Rys. 10.3-6

Stąd macierz admitancyjna:

$$Y = \begin{bmatrix} \frac{s^2+1}{s^2+s+1} & -\frac{1}{s^2+s+1} \\ -\frac{1}{s^2+s+1} & \frac{s+1}{s^2+s+1} \end{bmatrix}$$

Otrzymujemy stąd, na podstawie (10.3-16) i (10.3-18):

$$n_{zo} = s+1, \quad n_{oz} = s^2+1, \quad n_{oo} = s, \quad n_{zz} = s^2+s+1$$

oraz $m = 1$.

Przykład 10.3-5. ([35], str. 32). Rozpatrzmy czwórnik z rys. 10.3-7, dla którego:

$$Z = \begin{bmatrix} \frac{2s}{s^2+1} & \frac{s}{s^2+1} \\ \frac{s}{s^2+1} & \frac{s}{s^2+1} \end{bmatrix} \tag{10.3-26}$$

przy czym:

$$\det Z = \frac{s^2}{(s^2+1)^2} \tag{10.3-27}$$

Stąd:

$$Y = \begin{bmatrix} \frac{s^2+1}{s} & -\frac{s^2+1}{s} \\ -\frac{s^2+1}{s} & \frac{2(s^2+1)}{s} \end{bmatrix} \tag{10.3-28}$$

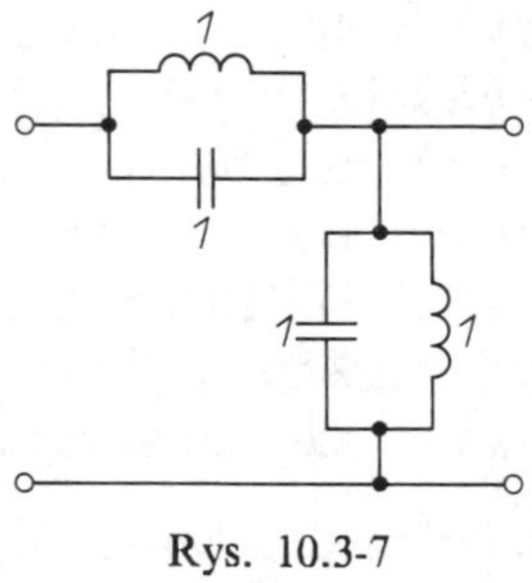

Rys. 10.3-7

W tych wyrażeniach liczniki z_{11} i y_{22} nie są identyczne. Musimy je więc doprowadzić do równości, pisząc:

$$z_{11} = \frac{2s}{s^2+1} = \frac{2s(s^2+1)}{(s^2+1)^2}, \quad y_{22} = \frac{2(s^2+1)}{s} = \frac{2s(s^2+1)}{s^2}$$

Podobnie:

$$z_{22} = \frac{s}{s^2+1} = \frac{s(s^2+1)}{(s^2+1)^2}, \quad y_{11} = \frac{s^2+1}{s} = \frac{s(s^2+1)}{s^2}$$

Otrzymujemy stąd, a także na podstawie porównania wzorów (10.3-18) i (10.3-27):

$$n_{oz} = 2s(s^2+1), \quad n_{zo} = s(s^2+1), \quad n_{oo} = (s^2+1)^2, \quad n_{zz} = s^2$$

oraz:

$$m = s(s^2+1)$$

Przykład ten świadczy o tym, iż nie zawsze można wnioskować o postaci wielomianów charakterystycznych wprost na podstawie np. macierzy $\boldsymbol{Z}$ lub $\boldsymbol{Y}$. W rozpatrywanym przykładzie wielomiany charakterystyczne mają wspólne pierwiastki i w macierzach (10.3-26) i (10.3-28) nastąpiły odpowiednie skrócenia.

10.3.2. Układy minimalno-fazowe i zagadnienia realizacji układów pasywnych

Jak wiemy, położenie zer transmitancji czwórników SLSP nie podlega w ogólnym przypadku żadnym ograniczeniom. W p. 9.4.2-F wprowadziliśmy pojęcie *transmitancji minimalno-fazowych*, tj. takich, które nie mają zer w półpłaszczyźnie $\text{Re}\, s > 0$ oraz *transmitancji nieminimalno-fazowych*, które mają zera w obszarze $\text{Re}\, s > 0$.

A. Układy minimalno-fazowe. Rozważmy czwórnik SLSP o macierzach $\boldsymbol{Z}$ i $\boldsymbol{Y}$, wzory (10.3-2). Zgodnie z zależnościami (10.3-5) i (10.3-6):

$$y_{21} = \frac{z_{21}}{z_{12}z_{21} - z_{11}z_{22}}, \quad z_{21} = \frac{y_{21}}{y_{12}y_{21} - y_{11}y_{22}} \tag{10.3-29}$$

Macierze (10.3-2) są macierzami wrd, funkcje $z_{ik}(s)$ oraz funkcje $y_{ik}(s)$ nie mają zatem biegunów w półpłaszczyźnie $\text{Re}\, s > 0$. Wynika stąd, że zera $z_{21}(s)$ leżące w obszarze $\text{Re}\, s > 0$ są jednocześnie zerami $y_{21}(s)$ i odwrotnie.

Elementy: z_{21}, y_{21} mają zatem albo identyczne zera w półpłaszczyźnie $\text{Re}\, s > 0$, albo nie mają zer w tym obszarze. Oznacza to, w konsekwencji, że albo wszystkie transmitancje (10.3-3)–(10.3-6) mają identyczne zera w obszarze $\text{Re}\, s > 0$, albo żadna z tych transmitancji nie ma zer w tym obszarze.

Umożliwia to sformułowanie następujących definicji i właściwości.

Czwórnik SLSP nazywamy *minimalno-fazowym*, jeżeli parametr $z_{21}(y_{21})$ nie ma zer w obszarze $\text{Re}\, s > 0$. Oznacza to, że *żadna z transmitancji* (10.3-3)–(10.3-6) *czwórnika minimalno-fazowego nie ma zer dla* $\text{Re}\, s > 0$ lub, inaczej, że *wszystkie transmitancje* (10.3-3)–(10.3-6) *czwórnika minimalno-fazowego są funkcjami minimalno-fazowymi* (p. 9.4.2-F).

Czwórnik SLSP nazywamy *nieminimalno-fazowym*, jeżeli parametr $z_{21}(y_{21})$ ma zera w obszarze $\text{Re}\, s > 0$. Wynika stąd, że *wszystkie transmitancje* (10.3-3)–(10.3-6) *czwórnika nieminimalno-fazowego mają te same zera dla* $\text{Re}\, s > 0$, *są zatem funkcjami nieminimalno-fazowymi.*

Uwaga. Jeśli czwórnik jest odwracalny, to wobec spełnienia równości (10.3-8) czwórnik SLSP jest albo minimalno-fazowy, albo nieminimalno-fazowy „w obie strony", tzn. dla obu kierunków transmisji sygnału (por. p. 8.2.1-C oraz odpowiednie wzory w tabl. 8.3). Dla czwórnika nieodwracalnego może np. zdarzyć się, że z_{21} ma zera dla $\operatorname{Re} s > 0$, a z_{12} – nie. Można wówczas mówić, że czwórnik taki jest nieminimalno-fazowy dla kierunku „od lewej do prawej" (tj. od zacisków 11′ do 22′) i jest minimalno-fazowy dla kierunku przeciwnego „od prawej do lewej" (por. przykład 10.3-9).

Problem ten nie ma jednak większego znaczenia praktycznego; czwórnik dla przeciwnego kierunku transmisji można zawsze rozpatrywać jako inny czwórnik.

Przykład 10.3-6. Proponujemy Czytelnikowi sprawdzenie, że czwórniki z rys. 9.2-3a,b są czwórnikami minimalno-fazowymi.

Przykład 10.3-7. Czwórnik z rys. 9.4-13a (por. przykład 9.4-6) jest odwracalnym czwórnikiem SLSP, którego transmitancja napięciowa jest określona wzorem (9.4-45). Transmitancja ta ma zero w punkcie:

$$s = \frac{1}{RC} \tag{10.3-30}$$

w prawej półpłaszczyźnie. Czwórnik z rys. 9.4-13a jest zatem czwórnikiem nieminimalno-fazowym i wszystkie jego transmitancje (dla obu kierunków transmitancji) mają zero w punkcie (10.3-30). Można się o tym przekonać także, obliczając np. macierz impedancyjną tego czwórnika:

$$\boldsymbol{Z} = \begin{bmatrix} \dfrac{1 + sRC}{2sC} & \dfrac{1 - sRC}{2sC} \\ \dfrac{1 - sRC}{2sC} & \dfrac{1 + sRC}{2sC} \end{bmatrix} \tag{10.3-31}$$

Przykład 10.3-8. Na podstawie macierzy $\boldsymbol{Z}$ określonej wzorem (10.2-30) wnioskujemy, że czwórnik o tej macierzy, rozpatrywany w przykładzie 10.2-3, jest czwórnikiem SLSP nieminimalno-fazowym (dla obu kierunków transmisji), przy czym $z_{21}(s) = 0$ dla $s = 2$, zaś $z_{12}(s) = 0$ dla $s = 1/2$.

Przykład 10.3-9. Łatwo można sprawdzić, że czwórnik z rys. 9.3-2 (przykłady 9.3-3 i 9.4-5) przy założeniach: $R_1 = R_2 = R$, $C_1 = C_2 = C$ i przy oznaczeniu $\tau = RC$ ma macierz impedancyjną:

$$\boldsymbol{Z} = \begin{bmatrix} \dfrac{s^2\tau^2 + (3-\alpha)\tau s + 1}{sC(s\tau + 2)} & \dfrac{1}{sC(s\tau + 2)} \\ \dfrac{\alpha\tau s + 1}{sC(s\tau + 2)} & \dfrac{s\tau + 1}{sC(s\tau + 2)} \end{bmatrix} \tag{10.3-32}$$

Można także wykazać (por. zad. 10.12), że macierz (10.3-32) jest macierzą wrd dla wartości:

$$-2 \leqslant \alpha \leqslant 2 \tag{10.3-33}$$

Dla tych wartości α czwórnik ten jest zatem czwórnikiem pasywnym (a więc SLSP). Jest to przy tym czwórnik nieodwracalny dla $\alpha \neq 0$.

Dla $-2 \leqslant \alpha < 0$ czwórnik jest nieminimalno-fazowy (z_{21} ma zero dla $\operatorname{Re} s > 0$), przy czym parametr z_{12} nie ma (skończonych) zer.

B. Realizacja układów pasywnych. Jak wynikało z rozważań przeprowadzonych w p. 10.1.2-C (por. twierdzenie 10.1-2), dowolną funkcję wrd można zrealizować jako immitancję dwójnika SLSP zbudowanego tylko z elementów *RLC*. Inaczej nieco wygląda sprawa w przypadku macierzy wrd.

Jeśli macierz immitancyjna jest symetryczną macierzą wrd, to można ją zrealizować jako macierz odwracalnego wielowrotnika SLSP zbudowanego z elementów RLCT (por. np. [35], str. 311).

W przeciwieństwie do dwójnika, w ogólnym przypadku wielowrotnika (odwracalnego), do realizacji konieczne jest zatem użycie nie tylko elementów dwuzaciskowych *RLC* ale również elementu sprzęgającego – transformatora idealnego (*T*)[1].

Jeśli macierz immitancyjna wrd nie jest symetryczna, to do jej realizacji konieczne jest użycie również elementu nieodwracalnego, np. żyratora (*Ż*).

W przypadku czwórnika, obok problemu realizacji na podstawie zadanej macierzy (tzw. *syntezy całkowitej*), pojawia się także ważny w praktyce problem tzw. *syntezy częściowej*, polegającej na realizacji czwórnika o z góry zadanej transmitancji (najczęściej jednorodnej)[2]. Także i w tym przypadku zbiór elementów potrzebnych do realizacji czwórnika jest określony analogicznie.

Każdą funkcję spełniającą warunki wymienione w twierdzeniu 10.3-2 *albo w twierdzeniu* 10.3-3 *można zrealizować odpowiednio: jako transmitancję mieszaną albo jako transmitancję jednorodną odwracalnego czwórnika SLSP zbudowanego z elementów RLCT.*

W przypadku rezygnacji z odwracalności czwórnika, tj. w przypadku, gdy z góry zadana funkcja spełnia warunki wymienione w twierdzeniu 10.3-1, do jej realizacji jako dowolnej transmitancji czwórnika SLSP konieczne jest użycie, w ogólnym przypadku, również elementu nieodwracalnego, np. żyratora (*Ż*).

Metodami syntezy czwórników (i wielowrotników) SLSP zajmować się nie będziemy (por. np. [35]).

C. Warunki realizacji beztransformatorowej. W zagadnieniach praktycznych doniosłą rolę odgrywa możliwość wyeliminowania z procesu syntezy elementu najtrudniejszego do realizacji, tj. transformatora idealnego (*T*). Powstaje zatem pytanie, przy jakich dodatkowych warunkach jest możliwa *realizacja beztransformatorowa* odwracalnego czwórnika SLSP, tzn. realizacja przy użyciu tylko elementów *RLC*.

---

[1] Indukcyjności sprzężone (*M*) można zrealizować przy użyciu indukcyjności i transformatora idealnego (*T*) – por. p. 1.8.2-E i rys. 1.8-18 w tomie I.

[2] Niekiedy jest rozważany także problem jednoczesnej realizacji dwóch z góry zadanych transmitancji.

Odpowiedź na tak postawione pytanie można sformułować w postaci tzw. *warunków Fialkowa-Gersta*.

Rozważmy odwracalny czwórnik SLSP o macierzy impedancyjnej (10.3-2). Niech $M_1(s)$ oznacza wspólny mianownik elementów $z_{ik}(s)$. Możemy wówczas napisać:

$$\left.\begin{aligned} z_{11} &= \frac{a_0 + a_1 s + a_2 s^2 + \dots}{M_1(s)} \\ z_{22} &= \frac{b_0 + b_1 s + b_2 s^2 + \dots}{M_1(s)} \\ z_{12} = z_{21} &= \frac{c_0 + c_1 s + c_2 s^2 + \dots}{M_1(s)} \end{aligned}\right\} \qquad (10.3\text{-}34)$$

przy czym współczynniki a_i, b_i, c_i są rzeczywiste. Zgodnie z wzorami (10.3-3) i (10.3-4) otrzymujemy zatem:

$$H_u(s) = \frac{c_0 + c_1 s + c_2 s^2 + \dots + c_r s^r}{a_0 + a_1 s + a_2 s^2 + \dots + a_r s^r} \qquad (10.3\text{-}35)$$

$$H_i(s) = \frac{c_0 + c_1 s + c_2 s^2 + \dots + c_r s^r}{b_0 + b_1 s + b_2 s^2 + \dots + b_r s^r} \qquad (10.3\text{-}36)$$

Podamy teraz bez dowodu następujące twierdzenie (por. np. [35], str. 177-179).

TWIERDZENIE 10.3-4 (Fialkowa-Gersta)

Dla czwórnika zbudowanego z elementów R, L, C transmitancje $H_u(s)$ *i* $H_i(s)$ *można przedstawić w postaci* (10.3-35) *i* (10.3-36), *przy czym*[1]:

$$a_k \geqslant |c_k| \geqslant 0, \qquad b_k \geqslant |c_k| \geqslant 0, \qquad k = 0, 1, \dots, r \qquad (10.3\text{-}37)$$

Ponadto, jeśli czwórnik ma strukturę trójnikową, to:

$$a_k \geqslant c_k \geqslant 0, \qquad b_k \geqslant c_k \geqslant 0, \qquad k = 0, 1, \dots, r \qquad (10.3\text{-}38)$$

Nierówności (10.3-37) i (10.3-38) noszą nazwę *warunków Fialkowa-Gersta*.

---

[1] Doprowadzenie transmitancji czwórnika *RLC* do postaci (10.3-35) lub (10.3-36) przy spełnieniu warunków (10.3-37) lub (10.3-38) wymaga niekiedy pomnożenia licznika i mianownika transmitancji przez tzw. *wielomian rozszerzający* (ang. surplus polynomial). Szczegółami tego zagadnienia zajmować się nie będziemy.

Warunki Fialkowa-Gersta w połączeniu z warunkami wymienionymi w twierdzeniu 10.3-3 stanowią warunki wystarczające do realizacji z góry zadanej funkcji jako transmitancji jednorodnej czwórnika zbudowanego z elementów *RLC* (a więc realizacji beztransformatorowej).

Z twierdzenia 10.3-4 wynikają ważne wnioski:

1. Dla wartości rzeczywistych: $s = \alpha$, $0 \leqslant \alpha < +\infty$ zachodzą następujące oszacowania:

$$\bigwedge_{\alpha \geqslant 0} |H_u(\alpha)| \leqslant 1, \qquad \bigwedge_{\alpha \geqslant 0} |H_i(\alpha)| \leqslant 1 \tag{10.3-39}$$

dla każdego czwórnika *RLC* oraz:

$$\bigwedge_{\alpha \geqslant 0} 0 \leqslant H_u(\alpha) \leqslant 1, \qquad \bigwedge_{\alpha \geqslant 0} 0 \leqslant H_i(\alpha) \leqslant 1 \tag{10.3-40}$$

dla czwórnika *RLC* o strukturze trójnikowej.

Nierówności (10.3-39) i (10.3-40) wynikają wprost z wyrażeń (10.3-35) i (10.3-36) oraz nierówności (10.3-37) i (10.3-38).

2. Współczynniki c_k, $k = 1, 2, ..., r$, występujące w licznikach transmitancji (10.3-35) i (10.3.36) czwórnika *RLC* o strukturze trójnikowej są albo dodatnie, albo (niektóre) równe zeru (nierówności (10.3-38)). Oznacza to, że transmitancje (10.3-35) i (10.3-36) nie mogą mieć zer leżących na dodatniej półosi rzeczywistej, ani zer leżących w sektorze kątowym (rys. 10.3-8):

$$-\frac{\pi}{r} < \arg s < \frac{\pi}{r}, \quad \operatorname{Re} s > 0 \tag{10.3-41}$$

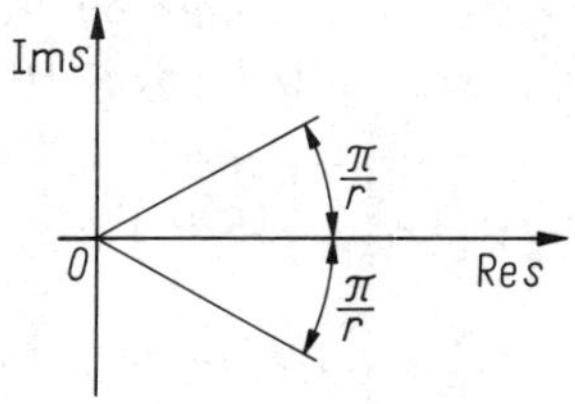

Rys. 10.3-8

Dla dowodu wystarczy zauważyć, że dla:

$$s_0 = a\mathrm{e}^{\mathrm{j}\alpha}, \quad a > 0, \quad -\frac{\pi}{r} < \alpha < \frac{\pi}{r}$$

oraz $c_k > 0$, mamy:

$$\operatorname{Re} c_k s_0^k > 0, \quad 0 \leqslant k \leqslant r$$

i w konsekwencji:

$$\mathrm{Re}\,(c_0 + c_1 s_0 + \ldots + c_r s_0^r) > 0$$

a więc s_0 nie jest zerem wielomianu.

Przykład 10.3-10. Każdą z funkcji:

$$\text{a)}\ \frac{s-1}{s+1},\quad \text{b)}\ \frac{s-2}{s+1},\quad \text{c)}\ \frac{s}{s^2+1},\quad \text{d)}\ \frac{s}{s^2+s+1},\quad \text{e)}\ -\frac{s}{s^2+s+1},\quad \text{f)}\ \frac{s^2}{s^2+s+1}$$

można, na podstawie twierdzenia 10.3-3 i właściwości sformułowanej w p. B, zrealizować jako transmitancję jednorodną czwórnika SLSP zbudowanego, ogólnie rzecz biorąc, z elementów *RLCT*. Niektóre z tych funkcji można jednak zrealizować bez użycia transformatora idealnego. Należą do nich funkcje: a), d), e), f), przy czym funkcje d), f) można zrealizować w strukturze trójnikowej.

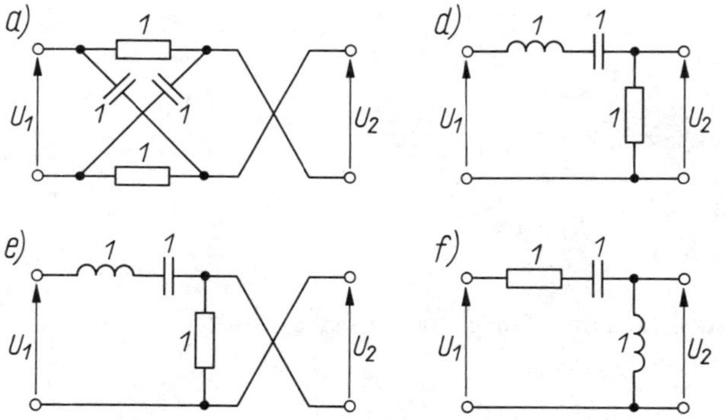

Rys. 10.3-9

Przykładowe realizacje funkcji a), d), e), f) jako transmitancji napięciowych pokazano na rys. 10.3-9a,d,e,f (por. dodatek 5 i przykład D5-3).

Zadania do rozdziału 10

Zadanie 10.1. Wykazać, że funkcja:

$$F(s) = \frac{s^2 + a^2}{(s + b)^2 + c^2}, \quad a,b,c \in \mathscr{R}^+$$

jest wtedy i tylko wtedy funkcją wrd, kiedy:

$$a^2 = b^2 + c^2$$

Zadanie 10.2. Dana jest funkcja

$$F(s) = \frac{s + a}{s^2 + bs + c}, \quad b,c \in \mathscr{R}^+$$

Dla jakich wartości parametru a funkcja ta jest funkcją wrd?

Odp.: $0 \leqslant a \leqslant b$.

Zadanie 10.3. Sprawdzić, że funkcja:

$$F(s) = \frac{s^3 + 5s^2 + 8s + 4}{s^3 + 5s^2 + 8s + 6}$$

jest funkcją wrd.

Zadanie 10.4. Rozstrzygnąć, które z podanych niżej funkcji są funkcjami reaktancyjnymi:

$$\text{a)}\ \frac{(s^2+2)(s^2+5)}{(s^2+1)(s^2+3)}, \quad \text{b)}\ \frac{s(s^2+2)(s^2+5)}{(s^2+1)(s^2+3)}, \quad \text{c)}\ \frac{(s^2+2)(s^2+5)}{s(s^2+1)(s^2+3)}$$

Odp.: b).

Zadanie 10.5. Zrealizować w postaciach kanonicznych: szeregowej i równoległej dwójnik o admitancji:

$$Y(s) = \frac{s(s^2+2)(s^2+5)}{(s^2+1)(s^2+3)}$$

Odp.: Realizacje są pokazane na rys. Z-10.5a,b.

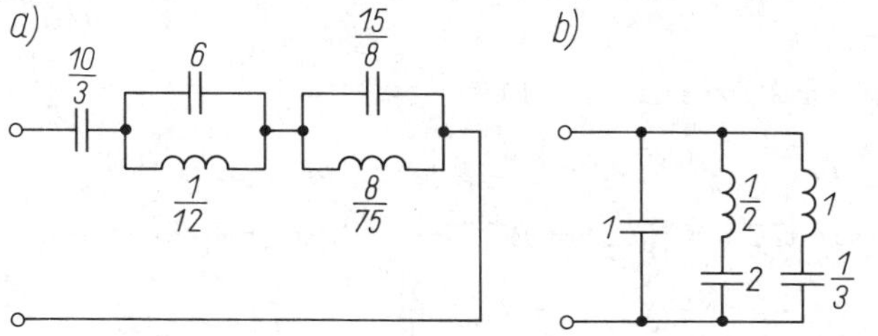

Rys. Z-10.5

Zadanie 10.6. Zrealizować w pierwszej postaci kanonicznej drabinkowej dwójnik o admitancji z zad. 10.5.

Odp.: Realizacja jest pokazana na rys. Z-10.6.

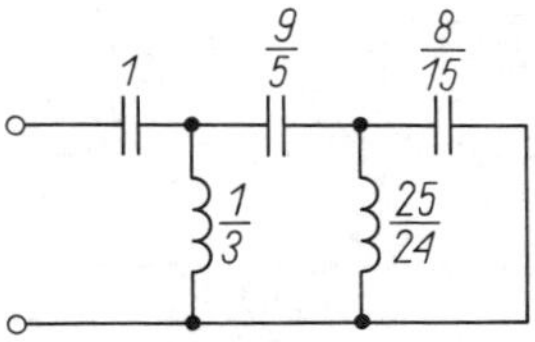

Rys. Z-10.6

Zadanie 10.7. Rozstrzygnąć, które z podanych niżej funkcji należą do klasy Z_{RC}, a które do klasy Y_{RC}:

$$\text{a) } s+\frac{1}{s},\quad \text{b) } s+1,\quad \text{c) } \frac{1}{s+2},\quad \text{d) } \frac{s+2}{s+1},\quad \text{e) } \frac{s+2}{s(s+1)}$$

$$\text{f) } \frac{(s+2)(s+4)}{(s+1)(s+3)},\quad \text{g) } s+5-\frac{1}{s+1}-\frac{2}{s+2},\quad \text{h) } s+2-\frac{1}{s+1}-\frac{2}{s+2}$$

Odp.: Funkcje: c), d), f) należą do klasy Z_{RC}, zaś funkcje: b), g), h) należą do klasy Y_{RC}. Funkcje: a), e) nie należą ani do klasy Z_{RC}, ani do klasy Y_{RC}.

Zadanie 10.8. Zrealizować w postaciach kanonicznych: szeregowej i równoległej dwójnik o impedancji:

$$Z(s)=\frac{(s+2)(s+4)}{(s+1)(s+3)}$$

Odp.: Realizacje są pokazane na rys. Z-10.8a,b.

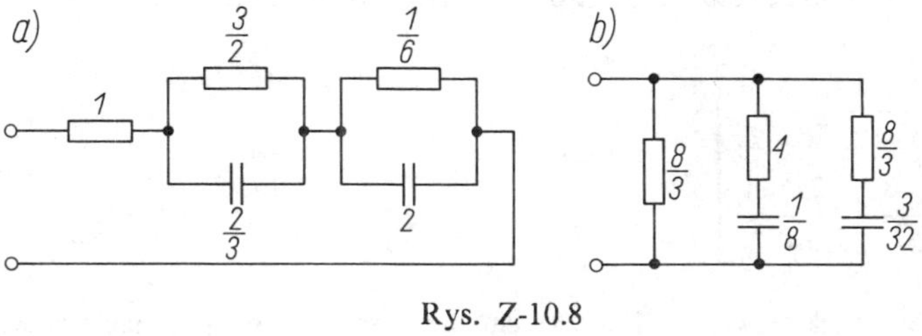

Rys. Z-10.8

Zadanie 10.9. Zrealizować w obu postaciach kanonicznych drabinkowych dwójnik o impedancji z zad. 10.8.

Odp.: Realizacje są pokazane na rys. Z-10.9.

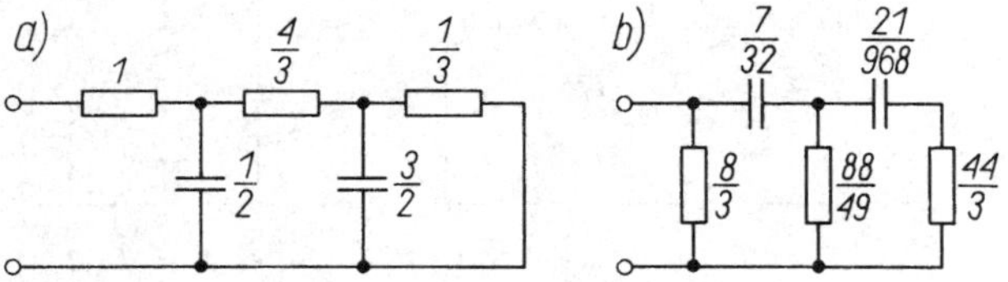

Rys. Z-10.9

Zadanie 10.10. Zrealizować w postaci kanonicznej równoległej dwójnik o admitancji:

$$Y(s) = s + 5 - \frac{1}{s+1} - \frac{1}{s+2}$$

Odp.: Realizacja jest pokazana na rys. Z-10.10.

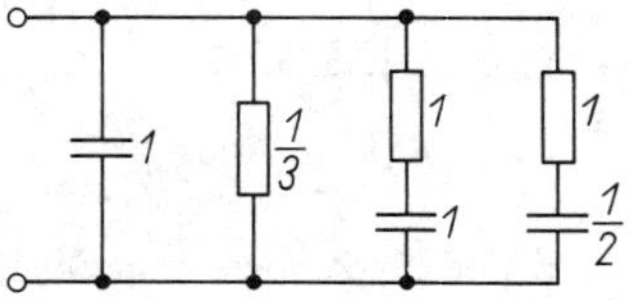

Rys. Z-10.10

Zadanie 10.11. Dla jakich wartości parametru $k \in \mathscr{R}^+$ macierz:

$$W = \begin{bmatrix} 4 & 1 & 2 \\ 2 & 2 & k \\ 1 & 1 & 2 \end{bmatrix}$$

jest macierzą wrd?

Odp.: $0 < k \leqslant 3$.

Zadanie 10.12. Wyznaczyć zakres wartości parametru α, dla którego macierz (10.3-32) jest macierzą wrd.

Odp.: $-2 \leqslant \alpha \leqslant 2$.

Zadanie 10.13. Sprawdzić (por. [27]), że dla macierzy symetrycznej:

$$Z = \begin{bmatrix} \dfrac{s-1}{s-2} & \dfrac{s}{s-2} \\ \dfrac{s}{s-2} & \dfrac{2s-1}{s-2} \end{bmatrix}$$

jest spełniony warunek Gewertza (10.2-28), chociaż macierz ta nie jest macierzą wrd (dlaczego?).

Zadanie 10.14. Sprawdzić, że macierz:

$$Y = \begin{bmatrix} \frac{s+1}{s} & -\frac{1}{s} \\ -\frac{1}{s} & \frac{s^2+1}{s} \end{bmatrix}$$

jest macierzą admitancyjną odwracalnego czwórnika SLSP.

Zadanie 10.15. Znaleźć czwórnik o macierzy admitancyjnej z zad. 10.14. **Wskazówka:** Skorzystać z wyników przykładu 10.3-4.

Odp.: Najprostszy czwórnik o zadanej macierzy Y jest pokazany na rys. Z-10.15.

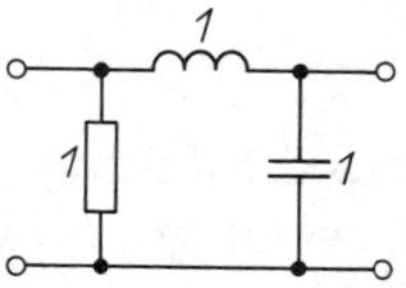

Rys. Z-10.15

Zadanie 10.16. Posługując się odpowiednimi wzorami z tabl. 8.3, określającymi transmitancje czwórnika dla przeciwnego kierunku transmisji, sprawdzić, że stany swobodne (względem wielkości na zaciskach 11') przy zwarciu i rozwarciu zacisków 22' (por. rys. 10.3-4) są określone przez te same wielomiany charakterystyczne: n_{zo}, n_{oz}, n_{oo}, n_{zz}, co w przypadkach opisanych równaniami (10.3-20)–(10.3-23).

Rozdział 11

GRAFY PRZEPŁYWOWE I SCHEMATY BLOKOWE

W rozdziale 7 (p. 7.1) przedstawiliśmy podstawowe pojęcia z zakresu *teorii grafów* oraz ważne zastosowania grafów w teorii obwodów. Są one związane z pojęciem *grafu sieciowego* i z *metodami sieciowymi*, będącymi ogólnymi metodami analizy sieci SLS. Jak pamiętamy (p. 7.1.2), graf sieciowy jest odwzorowaniem struktury sieci elektrycznej, tj. jest modelem geometrycznym układu gałęzi i węzłów sieci.

W tym rozdziale zajmiemy się innym, ważnym w zagadnieniach teorii obwodów, zastosowaniem grafów, związanym z pojęciem *grafu przepływowego* lub, inaczej, *grafu przepływu sygnału*[1]. W przeciwieństwie do grafu sieciowego graf przepływowy nie jest obrazem geometrycznym rozważanej sieci, jest natomiast odwzorowaniem (obrazem) układu równań liniowych opisujących daną sieć. Jak zobaczymy, grafy przepływowe są szczególnie dogodnym narzędziem analizy układów elektrycznych rozpatrywanych w konwencji „wejście-wyjście", a więc układów transmisyjnych (por. p. 9.2). W takim ujęciu odwzorowują one drogę przechodzenia sygnału od wejścia do wyjścia układu, mają zatem wyraźną interpretację fizyczną. Grafy przepływowe odgrywają także istotną rolę w niektórych zagadnieniach syntezy układów liniowych.

W rozdziale tym przedstawimy także nieco inny, lecz spokrewniony z metodą grafów przepływowych, sposób modelowania układów elektrycznych w postaci *schematów blokowych* lub, inaczej, *struktur blokowych*. Technika posługiwania się schematami blokowymi jest, w szczególności, jednym z najprostszych sposobów modelowania *układów ze sprzężeniem zwrotnym*. Układom takim, a zwłaszcza badaniu ich stabilności, poświęcimy p. 11.2.3.

---

[1] Nazwa angielska: *signal-flow graph*.

11.1. GRAFY PRZEPŁYWOWE

Jak już wspomnieliśmy, graf przepływowy jest, formalnie biorąc, obrazem geometrycznym (tj. obrazem w postaci odpowiednio skonstruowanego grafu) układu równań liniowych. W zależności od sposobu, w jaki dany układ równań odwzorowujemy w postaci grafu, rozróżniamy dwa podstawowe rodzaje grafów przepływowych: *grafy przepływowe Masona* (lub *grafy Masona*, G_M) i *grafy przepływowe Coatesa* (lub *grafy Coatesa*, G_C).

Większe znaczenie w zagadnieniach obwodowych mają grafy przepływowe Masona. Im zatem poświęcimy główną część naszych rozważań, ograniczając się jedynie do pokazania (p. 11.1.4), czym różni się graf Coatesa od grafu Masona. Dlatego też w dalszym tekście, mówiąc o grafie przepływowym, będziemy mieć na myśli graf przepływowy Masona.

11.1.1. Graf przepływowy a układ równań liniowych

Nasze rozważania rozpoczniemy od wyjaśnienia związków między grafem przepływowym a układem równań liniowych, których modelem geometrycznym jest dany graf przepływowy.

A. Układ równań liniowych. Rozważmy układ n równań liniowych o n niewiadomych $x_1, x_2, \dots, x_n$ zapisany w postaci:

$$\left.\begin{array}{l} a_{11}x_1 + a_{12}x_2 + \dots + a_{1n}x_n = b_1 \\ a_{21}x_1 + a_{22}x_2 + \dots + a_{2n}x_n = b_2 \\ \dots\dots\dots\dots\dots\dots\dots \\ \dots\dots\dots\dots\dots\dots\dots \\ a_{n1}x_1 + a_{n2}x_2 + \dots + a_{nn}x_n = b_n \end{array}\right\} \tag{11.1-1}$$

lub w postaci macierzowej:

$$\boldsymbol{a}\boldsymbol{x} = \boldsymbol{b} \tag{11.1-2}$$

gdzie:

$$\boldsymbol{a} = [a_{ik}]_{n\times n} \tag{11.1-3}$$

jest macierzą współczynników, zaś:

$$\boldsymbol{x} = [x_1, x_2, \dots, x_n]^T, \quad \boldsymbol{b} = [b_1, b_2, \dots, b_n]^T \tag{11.1-4}$$

są odpowiednio: wektorem wielkości niewiadomych i wektorem wyrazów wolnych. Załóżmy, że $\boldsymbol{b} \neq \boldsymbol{0}$ (układ niejednorodny) i wprowadźmy wielkość skalarną x_0 oraz wektor $\boldsymbol{c} = [c_1, c_2, \dots, c_n]^T$, takie że:

$$\boldsymbol{b} = \boldsymbol{c}x_0 \tag{11.1-5}$$

to znaczy:

$$b_i = c_i x_0, \qquad i = 1, 2, ..., n \tag{11.1-6}$$

Przepiszmy układ równań (11.1-1) w następującej postaci:

$$\left.\begin{array}{l} (a_{11}+1)x_1 + a_{12}x_2 + \ldots + a_{1n}x_n - c_1x_0 = x_1 \\ a_{21}x_1 + (a_{22}+1)x_2 + \ldots + a_{2n}x_n - c_2x_0 = x_2 \\ \ldots\ldots\ldots\ldots\ldots\ldots\ldots\ldots \\ \ldots\ldots\ldots\ldots\ldots\ldots\ldots\ldots \\ a_{n1}x_1 + a_{n2}x_2 + \ldots + (a_{nn}+1)x_n - c_nx_0 = x_n \end{array}\right\} \tag{11.1-7}$$

lub w zapisie macierzowym:

$$\boldsymbol{x} = (\boldsymbol{a} + \mathbf{1})\boldsymbol{x} - \boldsymbol{c}x_0 \tag{11.1-8}$$

Postać (11.1-7) układu równań liniowych ma następujące cechy charakterystyczne:

a) każde z równań zostało zapisane w takiej postaci, że po jednej jego stronie występuje niewiadoma x_k, po drugiej zaś stronie – pozostałe składniki danego równania;

b) niewiadome $x_1, x_2, ..., x_n$ wyodrębnione po jednej ze stron rozpatrywanych równań nie powtarzają się.

Inaczej mówiąc, postać (11.1-7) układu równań liniowych odznacza się tym, że każda niewiadoma x_k ma „swoje" równanie, które wyraża tę niewiadomą jako kombinację liniową niewiadomych $x_1, x_2, ..., x_n$ oraz wielkości x_0, którą możemy uważać za znaną (zakładamy, że współczynniki układu równań (11.1-1) są znane).

Uwaga. Przejście od układu równań (11.1-1) do postaci (11.1-7) nie jest jednoznaczne. Procedurę „wyodrębniania" poszczególnych niewiadomych x_k można bowiem przeprowadzić w dowolny sposób, pod warunkiem jednak, że zostaną zachowane cechy a) i b). Można by, na przykład, pierwsze i drugie z równań (11.1-7) zapisać w postaci:

$$\left.\begin{array}{l} -c_1x_0 + a_{11}x_1 + (a_{12}+1)x_2 + \ldots + a_{1n}x_n = x_2 \\ -c_2x_0 + (a_{21}+1)x_1 + a_{22}x_2 + \ldots + a_{2n}x_n = x_1 \end{array}\right\}$$

pozostawiając pozostałe równania bez zmian.

Przekształcenie układu równań (11.1-1) do postaci (11.1-7) jest przekształceniem równoważnym. Układy równań (11.1-1) i (11.1-7) mają zatem albo to samo rozwiązanie, albo rozwiązanie to nie istnieje.

B. Konstrukcja grafu przepływowego. Układ równań o postaci (11.1-7) możemy zobrazować geometrycznie, posługując się pojęciem grafu przepływowego.

Grafem przepływowym G_M lub, dokładniej, *grafem przepływowym układu równań* (11.1-7) jest spójny graf skierowany (por. p. 7.1.1-B,I) utworzony według następujących zasad:

1. Graf zawiera $n + 1$ wierzchołków, przy czym wierzchołkom tym są przyporządkowane odpowiednio wielkości x_k, $k = 0, 1, \ldots, n$ [1].

2. Krawędzi grafu, skierowanej od wierzchołka x_i do wierzchołka x_k, jest przyporządkowana jej *transmitancja* (*waga*) α_{ik}, równa współczynnikowi występującemu przy wielkości x_i w równaniu określającym wielkość x_k.

3. Wielkość x_k odpowiadająca danemu wierzchołkowi, który jest końcem kilku krawędzi, jest równa sumie iloczynów wielkości x_i odpowiadających początkom tych krawędzi przez ich transmitancje α_{ik}, to znaczy:

$$x_k = \sum_i \alpha_{ik} x_i \tag{11.1-9}$$

Oznacza to, że w grafie przepływowym każde równanie występujące w układzie (11.1-7) jest modelowane odrębnie w postaci podgrafu zawierającego krawędzie, których końcem jest wierzchołek x_k (por. p. 7.1.1-E). Równanie (11.1-9) jest identyczne z odpowiednim równaniem określającym niewiadomą x_k i występującym w układzie równań (11.1-7).

Przykład 11.1-1. Rozważmy układ równań o postaci:

$$x_1 = a_0 x_0 + a_1 x_1 + a_3 x_3$$

$$x_2 = b_1 x_1 + b_3 x_3$$

$$x_3 = c_0 x_0 + c_1 x_1 + c_2 x_2 + c_3 x_3$$

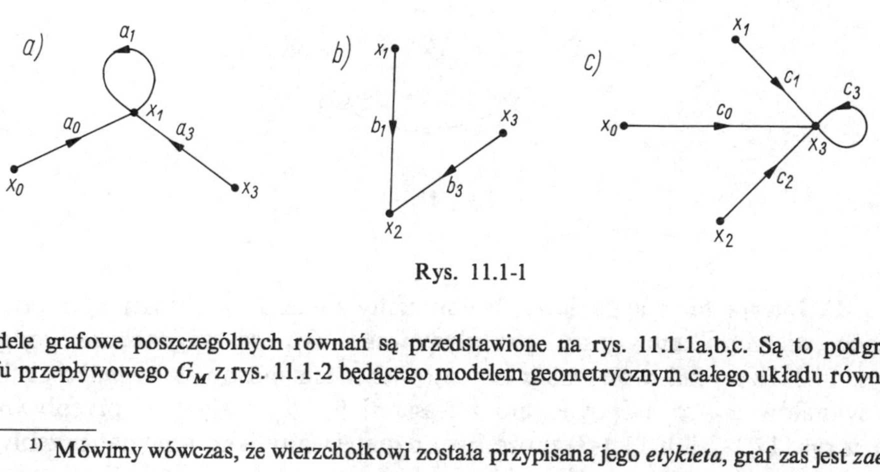

Rys. 11.1-1

Modele grafowe poszczególnych równań są przedstawione na rys. 11.1-1a,b,c. Są to podgrafy grafu przepływowego G_M z rys. 11.1-2 będącego modelem geometrycznym całego układu równań.

---

[1] Mówimy wówczas, że wierzchołkowi została przypisana jego *etykieta*, graf zaś jest *zaetykietowany*.

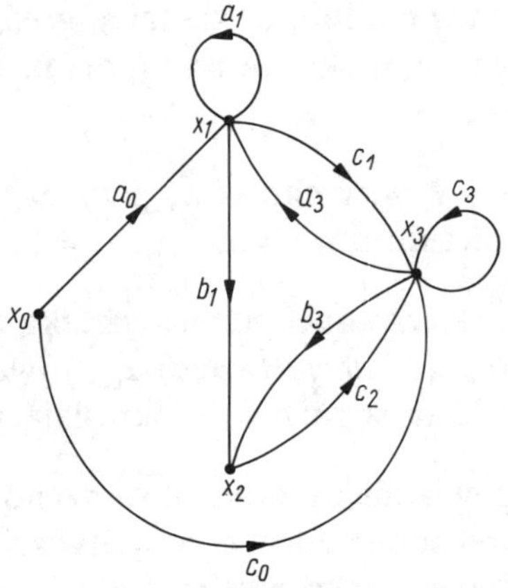

Rys. 11.1-2

Przykład 11.1-2. Znając graf przepływowy, możemy na podstawie równania (11.1-9) odtworzyć bez trudu układ równań, którego modelem jest dany graf. Dla przykładu rozpatrzmy graf przepływowy G_M przedstawiony na rys. 11.1-3. Otrzymujemy od razu równania dla poszczególnych wierzchołków:

$$x_1 = ax_0 + fx_2$$

$$x_2 = dx_1 + gx_3 + jx_5$$

$$x_3 = bx_0 + ex_2 + kx_5$$

$$x_4 = cx_0 + hx_1 + ix_2 + mx_5$$

$$x_5 = lx_4 + nx_5$$

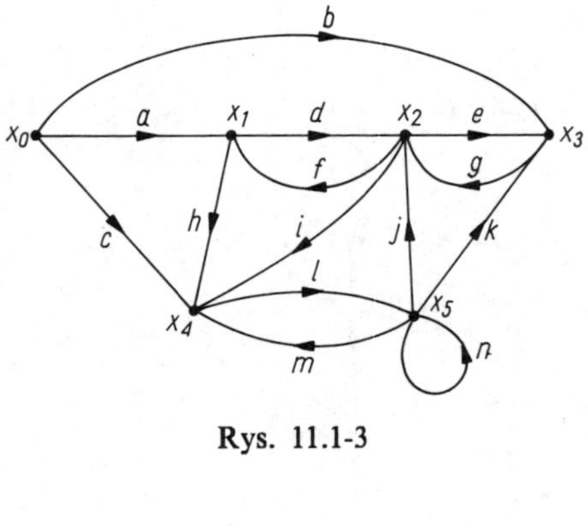

Rys. 11.1-3

C. Interpretacja sygnałowa. Wyobraźmy sobie, że wielkości x_k odpowiadające wierzchołkom grafu przepływowego G_M są sygnałami. Podgraf z rys. 11.1-1b można wówczas interpretować w ten sposób, że sygnał x_2 zależy od sygnałów x_1, x_3 odpowiednio z wagami b_1, b_3. Cały graf przepływowy (np. z rys. 11.1-2 lub 11.1-3) może być rozpatrywany jako schemat przepływu sygnałów między poszczególnymi wierzchołkami.

Szczególną rolę w grafie przepływowym można przypisać wierzchołkowi, który nie jest końcem żadnej krawędzi. W grafach z rys. 11.1-2 i 11.1-3 jest nim wierzchołek x_0. W interpretacji sygnałowej jest to taki sygnał, od którego zależą, bezpośrednio lub pośrednio, inne sygnały x_k (por. równania z przykładów 11.1-1 i 11.1-2). Odgrywa on zatem rolę *sygnału wejściowego* albo *pobudzenia*.

D. Rodzaje wierzchołków w grafie przepływowym. W grafie przepływowym G_M możemy wyróżnić trzy rodzaje wierzchołków: *źródłowe* lub *wejściowe*, *pośrednie* oraz *odbiorcze* lub *wyjściowe*.

Wierzchołek x_k w grafie przepływowym jest:

a) *wierzchołkiem źródłowym* (*wejściowym*), jeśli jest początkiem wszystkich incydentnych z nim krawędzi;

b) *wierzchołkiem pośrednim*, jeśli jest początkiem krawędzi i jest końcem (innych lub tych samych) krawędzi;

c) *wierzchołkiem odbiorczym* (*wyjściowym*), jeśli jest końcem wszystkich incydentnych z nim krawędzi.

W obu grafach przepływowych z rys. 11.1-2 i 11.1-3 wierzchołek x_0 jest wierzchołkiem źródłowym, wszystkie pozostałe wierzchołki są wierzchołkami pośrednimi, brak jest natomiast wierzchołków odbiorczych. Zauważmy jednak, że każdy z wierzchołków pośrednich może być uznany za wierzchołek odbiorczy. Formalnie polega to na dodaniu dodatkowej krawędzi o transmitancji równej 1, co ilustruje rys. 11.1-4. Wierzchołek x_3 jest wierzchołkiem pośrednim. Dodanie krawędzi zaznaczonej linią przerywaną (o transmitancji równej 1) jest równoważne dodaniu równania:

$$x_3' = x_3 \qquad (11.1\text{-}10)$$

które oczywiście nie zmienia układu równań modelowanego w postaci grafu przepływowego z rys. 11.1-4. Wierzchołek x_3' jest wierzchołkiem odbiorczym. Jednakże, wobec równości (11.1-10), również wielkość x_3 można uważać za wielkość wyjściową.

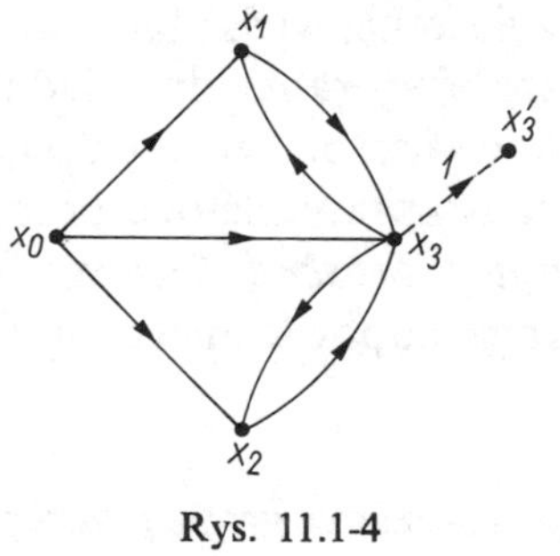

Rys. 11.1-4

Opisana procedura ma charakter formalny i zwykle, zwłaszcza w zastosowaniach, bywa pomijana. Świadczy ona jednak o tym, że istotnie każdy wierzchołek pośredni może być uznany za wierzchołek odbiorczy (wyjściowy).

Przykład 11.1-3. Równania łańcuchowe czwórnika (rys. 11.1-5a) mają postać (por. p. 8.1.1-D):

$$U_1 = a_{11} U_2 - a_{12} I_2$$

$$I_1 = a_{21} U_2 - a_{22} I_2$$

Graf przepływowy odpowiadający tym równaniom jest przedstawiony na rys. 11.1-5b. Jak można łatwo zauważyć, w grafie tym występują dwa wierzchołki źródłowe (U_2, I_2) i dwa wierzchołki odbiorcze (U_1, I_1) (proponujemy Czytelnikowi zinterpretowanie tego faktu). Dołączenie do zacisków wtórnych czwórnika dwójnika o impedancji Z_2 (rys. 11.1-5a) powoduje dodanie równania:

$$U_2 = -Z_2 I_2$$

a więc również dodanie odpowiedniej krawędzi w grafie przepływowym (rys. 11.1-5c). Zauważmy, że w grafie z rys. 11.1-5c występuje już tylko jeden wierzchołek źródłowy, wierzchołek U_2 staje się bowiem wierzchołkiem pośrednim.

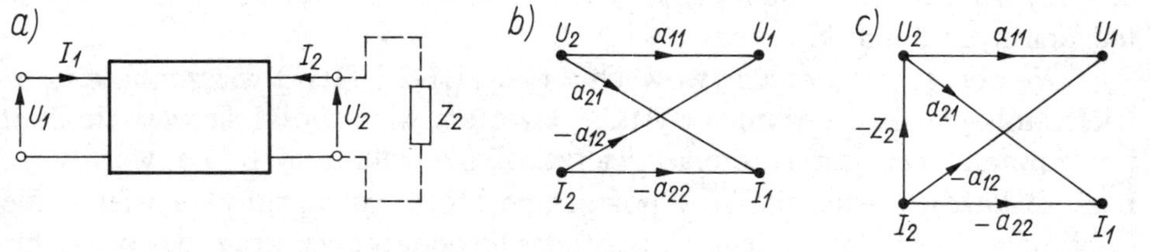

Rys. 11.1-5

Przykład ten świadczy o tym, że, w zależności od rodzaju rozpatrywanego układu równań liniowych, odpowiedni graf przepływowy może mieć większą niż jeden liczbę wierzchołków źródłowych i/lub wierzchołków odbiorczych.

11.1.2. Przekształcanie grafu przepływowego

Modelowanie układu równań liniowych za pomocą grafu przepływowego nie jest, oczywiście, celem samym w sobie. Jest ono użyteczne tylko wówczas, gdy ułatwia obliczenie poszukiwanej wielkości. Najczęściej chodzi o wyznaczenie wybranej wielkości x_k, której w grafie odpowiada wierzchołek odbiorczy lub pośredni, w zależności od wielkości x_0 reprezentującej wierzchołek źródłowy.

W punkcie 11.1.3 przedstawimy metodę bezpośrednią wyznaczania stosunku x_k/x_0, opartą na *regule Masona*. Obecnie pokażemy, w jaki sposób cel ten można osiągnąć drogą odpowiedniego przekształcania grafu przepływowego G_M.

A. Niektóre zasady upraszczania grafu przepływowego. Załóżmy, że rozpatrujemy graf przepływowy G_M, w którym występuje jeden wierzchołek źródłowy x_0 oraz że chcemy wyznaczyć zależność x_k od x_0, gdzie x_k jest wielkością odpowiadającą wierzchołkowi odbiorczemu (lub wierzchołkowi pośredniemu, uznanemu przez nas za wierzchołek odbiorczy, por. p. 11.1.1-D).

Gdyby udało się nam przekształcić graf przepływowy tak, aby doprowadzić go do postaci z rys. 11.1-6, to otrzymalibyśmy poszukiwaną zależność w postaci:

$$x_k = Tx_0 \tag{11.1-11}$$

gdzie T jest transmitancją jedynej pozostałej w grafie krawędzi o początku x_0 i końcu x_k.

Rys. 11.1-6

W punkcie 7.1.1-H wprowadziliśmy pojęcia: *ścieżki* i *pętli* w grafie skierowanym. Pojęcia te odnoszą się zatem również do grafów przepływowych. W grafie przepływowym G_M każdej krawędzi jest przypisana jej transmitancja, można zatem mówić również o *transmitancji ścieżki* i *transmitancji pętli*.

Transmitancją ścieżki (*pętli*) nazywamy iloczyn transmitancji krawędzi należących do ścieżki (pętli).

Podamy teraz kilka najprostszych reguł przekształcania grafu przepływowego, polegających na eliminacji wierzchołków pośrednich[1]. Reguły te są przedstawione graficznie na rys. 11.1-7 i nie wymagają dodatkowych komentarzy. Wynikają one z następującej ogólnej zasady.

Przy eliminacji wierzchołka x_i pozostają niezmienione transmitancje ścieżek (pętli), do których należał wierzchołek x_i.

Proponujemy Czytelnikowi sprawdzenie przedstawionych reguł przez wypisanie odpowiednich równań i wyrugowanie z nich wielkości odpowiadającej eliminowanemu wierzchołkowi.

B. Przykłady. Rozpatrzymy teraz kilka przykładów ilustrujących podane w p. A reguły przekształcania grafów przepływowych.

Przykład 11.1-4. Powróćmy do grafu przepływowego z rys. 11.1-2 i wyznaczmy stosunek x_3/x_0. Wymaga to kolejnego wyeliminowania wierzchołków x_1 i x_2, zgodnie z regułami podanymi w p. A.

Eliminujemy najpierw wierzchołek x_1. Przez wierzchołek ten przechodzą dwie ścieżki: od x_0 do x_2 i od x_3 do x_2 oraz pętla: od x_3 do x_3, przy czym wierzchołek x_1 ma pętlę własną. Zgodnie zatem z regułą f) z rys. 11.1-7 otrzymujemy, po wyeliminowaniu wierzchołka x_1, graf przepływowy przedstawiony na rys. 11.1-8a[2].

---

[1] Występuje tu pełna analogia do wyznaczania niewiadomej x_k z układu równań (11.1-7) metodą eliminacji pozostałych niewiadomych.

[2] Dla uproszczenia zastępujemy od razu krawędzie równoległe (rys. 11.1-7a) jedną krawędzią. Tę samą zasadę stosujemy do pętli własnej wierzchołka x_3.

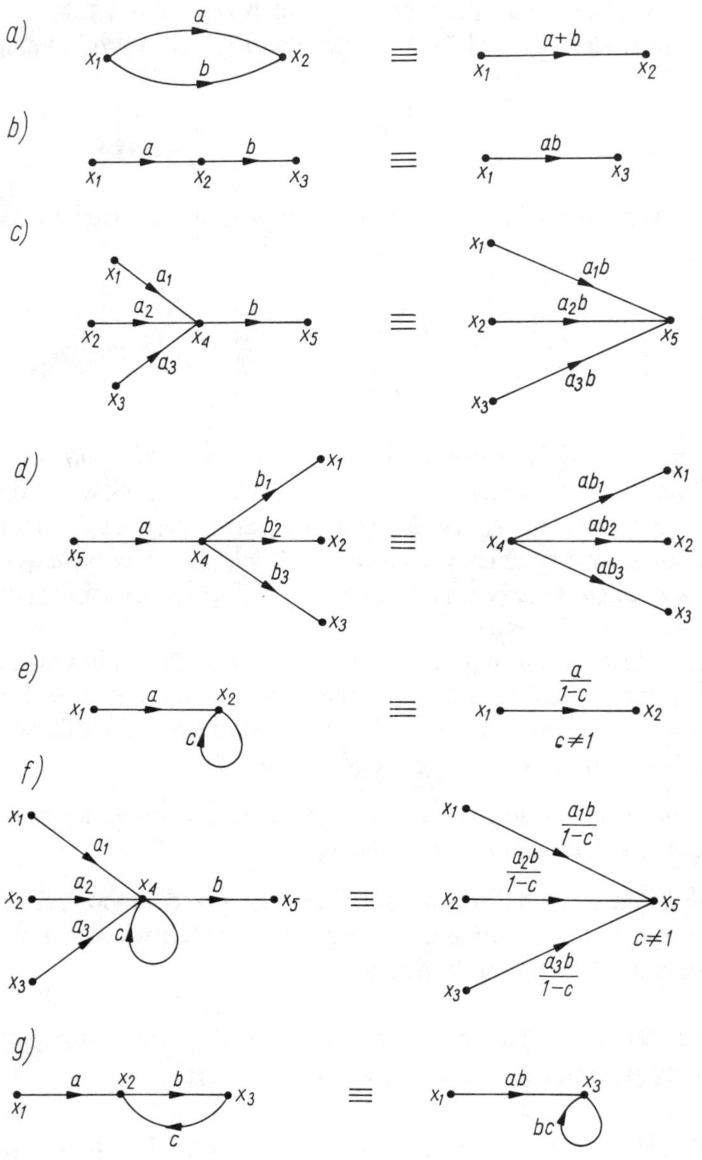

Rys. 11.1-7

Przez wierzchołek x_2 przechodzi ścieżka od x_0 do x_3 oraz pętla od x_3 do x_3 (jej transmitancję dodajemy, po eliminacji wierzchołka x_2, do transmitancji pętli własnej wierzchołka x_3). Po eliminacji wierzchołka x_2 otrzymujemy zatem graf przepływowy z rys. 11.1-8b lub – po zastosowaniu reguły a) – graf z rys. 11.1-8c. Ostatecznie otrzymujemy graf przepływowy z rys. 11.1-8d, skąd:

$$\frac{x_3}{x_0} = T = \frac{A}{1-B} = \frac{c_0(1-a_1)+a_0(c_1+b_1c_2)}{1-a_1-(c_3+b_3c_2)(1-a_1)-a_3(c_1+b_1c_2)} \tag{11.1-12}$$

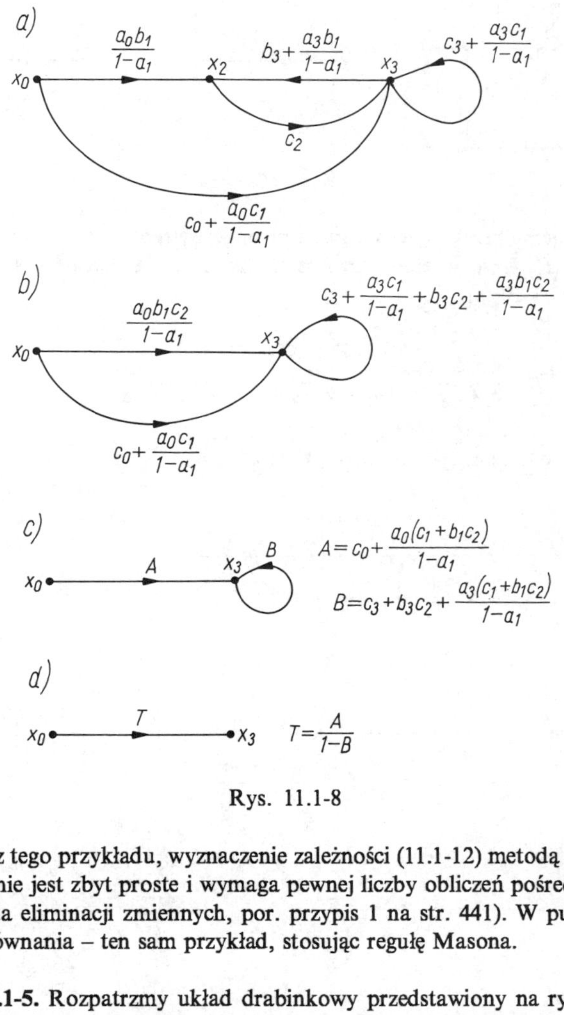

Rys. 11.1-8

Jak wynika z tego przykładu, wyznaczenie zależności (11.1-12) metodą przekształcania grafu przepływowego nie jest zbyt proste i wymaga pewnej liczby obliczeń pośrednich (podobnie jak algebraiczna metoda eliminacji zmiennych, por. przypis 1 na str. 441). W punkcie 11.1.3-C rozwiążemy – dla porównania – ten sam przykład, stosując regułę Masona.

Przykład 11.1-5. Rozpatrzmy układ drabinkowy przedstawiony na rys. 11.1-9a. Jego równania można zapisać w następujący sposób, dogodny do ich modelowania w postaci grafu przepływowego[1]:

$$I_0 = Y_0(U_0 - U_1)$$

$$U_1 = Z_1(I_0 - I_2)$$

$$I_2 = Y_2(U_1 - U_3)$$

$$U_3 = Z_3 I_2$$

Graf przepływowy odpowiadający tym równaniom jest przedstawiony na rys. 11.1-9b (zwracamy uwagę Czytelnika na charakterystyczną budowę tego grafu). Załóżmy, że chcemy wyznaczyć transmitancję napięciową układu z rys. 11.1-9a:

$$H_u = \frac{U_3}{U_0}$$

[1] Do sprawy tej wrócimy w p. 11.1.3-C.

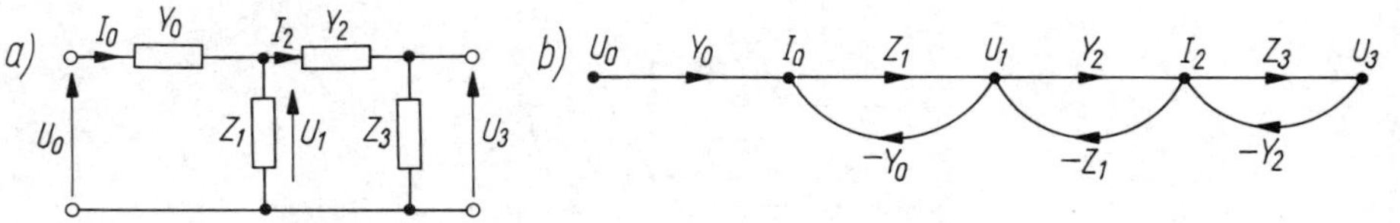

Rys. 11.1-9

W tym celu dokonujemy przekształcenia grafu przepływowego z rys. 11.1-9b, eliminując kolejno wierzchołki I_0, U_1, I_2. Kolejne etapy przekształcenia są pokazane na rys. 11.1-10. W wyniku otrzymujemy (rys. 11.1-10d):

$$H_u = \frac{A}{1-B} = \frac{Y_0 Z_1 Y_2 Z_3}{1 + Y_0 Z_1 + Y_2 Z_1 + Y_2 Z_3 + Y_0 Z_1 Y_2 Z_3} \tag{11.1-13}$$

Do przykładu tego powrócimy jeszcze w p. 11.1.3-C.

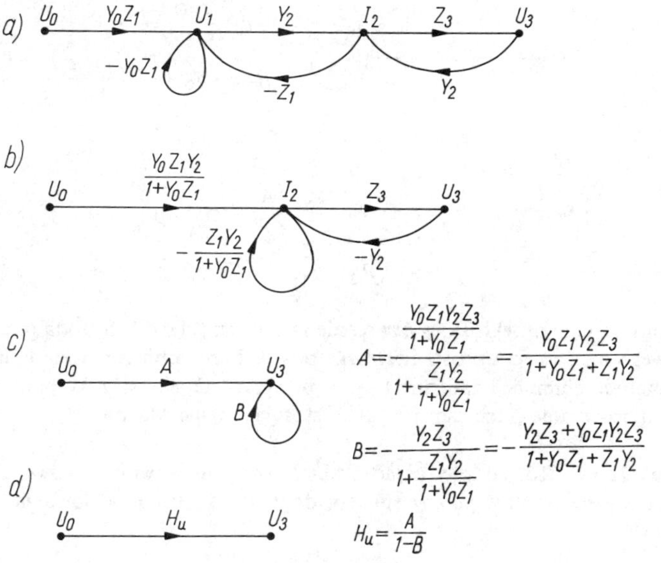

Rys. 11.1-10

C. Inwersja krawędzi. Niekiedy bywa celowe dokonanie *inwersji krawędzi* w grafie przepływowym, tj. zmiany zwrotu krawędzi. Możliwość takiego przekształcenia wynika z następującego rozumowania.

Rozpatrzmy podgraf grafu przepływowego G_M przedstawiony na rys. 11.1-11a przy założeniach:

a) nie ma krawędzi dochodzących do wierzchołka x_1 (krawędzie od niego odchodzące nie są istotne), wierzchołek x_1 jest zatem wierzchołkiem źródłowym;

b) podgraf z rys. 11.1-11a zawiera wszystkie krawędzie dochodzące do wierzchołka x_4 (krawędzie od niego odchodzące nie są istotne).

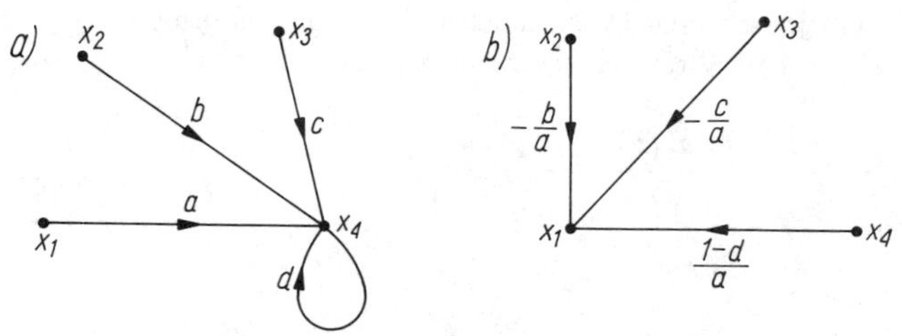

Rys. 11.1-11

Z równania dla wierzchołka x_4:

$$x_4 = ax_1 + bx_2 + cx_3 + dx_4$$

przy $a \neq 0$ otrzymujemy równanie:

$$x_1 = -\frac{b}{a}x_2 - \frac{c}{a}x_3 + \frac{1-d}{a}x_4$$

zmodelowane grafem z rys. 11.1-11b, w którym krawędź między wierzchołkami x_1 i x_4 ma przeciwny zwrot. Zauważamy bez trudu, że tak rozumiana inwersja krawędzi prowadzi do zmiany wierzchołka źródłowego. W grafie z rys. 11.1-11a wierzchołkiem źródłowym był (z założenia) wierzchołek x_1, po inwersji krawędzi x_1, x_4 wierzchołkiem źródłowym jest wierzchołek x_4.

Przykład 11.1-6. Powróćmy do przykładu 11.1-3 i grafu przepływowego równań łańcuchowych (rys. 11.1-5c) czwórnika z rys. 11.1-5a obciążonego dwójnikiem o impedancji Z_2. Załóżmy, że na podstawie grafu przepływowego z rys. 11.1-5c chcemy wyznaczyć impedancję wejściową pierwotną czwórnika (por. p. 8.2.2-B):

$$Z_p = \frac{U_1}{I_1} \tag{11.1-14}$$

Dla uzyskania zależności (11.1-4) trzeba, aby wierzchołek I_1 (a nie I_2) był wierzchołkiem źródłowym. Dokonujemy zatem inwersji krawędzi I_2, I_1 (wszystkie założenia są spełnione), co prowadzi do grafu przepływowego przedstawionego na rys. 11.1-12a.

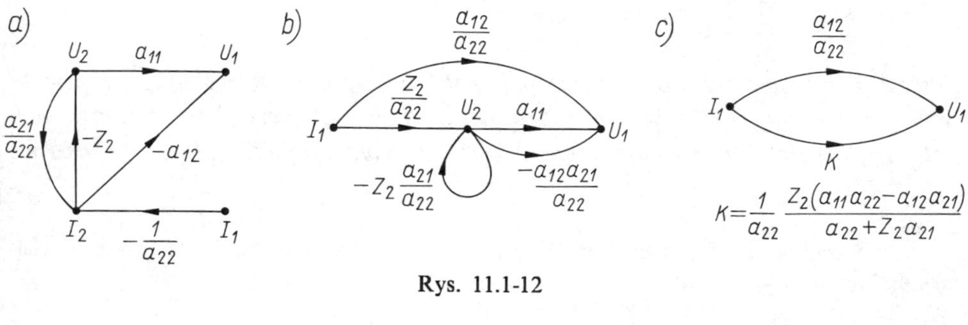

Rys. 11.1-12

Dokonując kolejno eliminacji wierzchołków I_2, U_2 otrzymujemy grafy przepływowe przedstawione na rys. 11.1-12b,c. W rezultacie otrzymujemy (rys. 11.1-12c):

$$U_1 = \left[\frac{a_{12}}{a_{22}} + \frac{1}{a_{22}} \frac{Z_2(a_{11}a_{22} - a_{12}a_{21})}{a_{22} + Z_2 a_{21}}\right] I_1$$

a stąd:

$$Z_p = \frac{U_1}{I_1} = \frac{1}{a_{22}} \frac{a_{12}(a_{22} + Z_2 a_{21}) + Z_2(a_{11}a_{22} - a_{12}a_{21})}{a_{22} + Z_2 a_{21}} = \frac{a_{11}Z_2 + a_{12}}{a_{21}Z_2 + a_{22}}$$

por. wzór (8.2-22).

11.1.3. Reguła Masona

Metoda przekształcania grafu przepływowego, mimo swej poglądowości, jest uciążliwa w praktyce, a także podatna na pomyłki wynikające z przeoczenia. Z tego powodu nie jest ona, z reguły, konkurencyjna w porównaniu z *metodą bezpośrednią* opartą na *regule Masona*, nie wymagającą dokonywania przekształceń grafu przepływowego.

A. Wyznacznik grafu przepływowego. Dysponując grafem przepływowym G_M, będącym obrazem geometrycznym układu równań liniowych o postaci (11.1-1) lub (11.1-7), można obliczyć *wyznacznik grafu przepływowego* równy – z dokładnością do znaku – wyznacznikowi macierzy współczynników (11.1-3) układu równań (11.1-2).

Podamy teraz (bez dowodu) następujące twierdzenie[1)].

TWIERDZENIE 11.1-1

Wyznacznik grafu przepływowego Δ, *równy – z dokładnością do znaku – wyznacznikowi macierzy współczynników* (11.1-3) *układu równań liniowych* (11.1-2), *wyraża się wzorem:*

$$\Delta = 1 - \sum_k P_k + \sum_{i,j} P_i P_j - \sum_{l,m,n} P_l P_m P_n + \ldots \tag{11.1-15}$$

gdzie przez P_k *oznaczono transmitancje pętli występujących w grafie przepływowym. We wzorze* (11.1-15) *pierwsza suma obejmuje transmitancje wszystkich pętli* P_k, *druga suma rozciąga się na iloczyny transmitancji* $P_i P_j$ *par pętli roz-*

[1)] Precyzyjne dowody twierdzeń 11.1-1 i 11.1-2 są dość skomplikowane (odsyłamy Czytelnika do literatury, np. [2], str. 174).

łącznych, trzecia suma obejmuje iloczyny transmitancji $P_l P_m P_n$ trójek pętli rozłącznych[1] *i tak dalej, przy czym*:

$$\det \boldsymbol{a} = (-1)^n \Delta \tag{11.1-16}$$

Graf przepływowy jest grafem skończonym, sumowanie we wzorze (11.1-15) jest zatem sumowaniem skończonym. Obliczenie wyznacznika grafu przepływowego na podstawie wzoru (11.1-15)[2] wymaga odszukania wszystkich pętli, obliczenia ich transmitancji oraz ustalenia par, trójek, czwórek itd. pętli rozłącznych.

Przykład 11.1-7. W grafie przepływowym z rys. 11.1-2 występuje pięć pętli o transmitancjach[3]:

$$P_1 = a_1, \quad P_2 = c_3, \quad P_3 = a_3 c_1, \quad P_4 = b_3 c_2, \quad P_5 = a_3 b_1 c_2$$

Zgodnie ze wzorem (11.1-15):

$$\Delta = 1 - (P_1 + P_2 + P_3 + P_4 + P_5) + P_1 P_2 + P_1 P_4 =$$
$$= 1 - a_1 - c_3 - a_3 c_1 - b_3 c_2 - a_3 b_1 c_2 + a_1 c_3 + a_1 b_3 c_2$$

(por. mianownik wzoru (11.1-12)). Zauważamy, że w grafie z rys. 11.1-2 tylko pętle P_1 i P_2 oraz P_1 i P_4 są rozłączne, nie ma natomiast żadnej trójki pętli rozłącznych.

Przykład 11.1-8. Macierz $\boldsymbol{a}$ współczynników układu równań z przykładu 11.1-2 ma postać:

$$\boldsymbol{a} = \begin{bmatrix} -1 & f & 0 & 0 & 0 \\ d & -1 & g & 0 & j \\ 0 & e & -1 & 0 & k \\ h & i & 0 & -1 & m \\ 0 & 0 & 0 & l & n-1 \end{bmatrix}$$

Wyznacznik tej macierzy możemy obliczyć na podstawie grafu przepływowego z rys. 11.1-3. W grafie tym występują pętle o transmitancjach:

$$P_1 = n, \quad P_2 = df, \quad P_3 = eg, \quad P_4 = lm, \quad P_5 = gfhlk,$$
$$P_6 = gilk, \quad P_7 = fhlj, \quad P_8 = ilj$$

przy czym rozłączne są następujące pary pętli: $P_1 P_2$, $P_1 P_3$, $P_2 P_4$, $P_3 P_4$, natomiast trójki pętli rozłącznych nie występują. Stąd, zgodnie ze wzorami (11.1-15) i (11.1-16):

---

[1] To znaczy takich trójek, z których każde dwie są rozłączne. Dla uniknięcia nieporozumień przypominamy (por. p. 7.1.1-I), że dwa podgrafy (np. pętle), są *rozłączne*, jeśli nie mają wspólnego wierzchołka (mówimy wówczas, iż są *wierzchołkowo rozłączne*).

[2] Istnieją również inne sposoby obliczania wyznacznika grafu przepływowego (por. [18], p. 4.12–4.14).

[3] Często, dla uproszczenia, symbolem P_k oznaczamy nie tylko transmitancję pętli, ale również samą pętlę (mówimy w skrócie: pętla P_k).

$$\Delta = 1 - \sum_{k=1}^{8} P_k + P_1P_2 + P_1P_3 + P_2P_4 + P_3P_4 =$$

$$= 1 - n - df - eg - lm - gfhlk - gilk - fhlj - ilj + ndf + neg + dflm + eglm$$

oraz ($n = 5$): det $\boldsymbol{a} = -\Delta$. Proponujemy Czytelnikowi bezpośrednie sprawdzenie tego rezultatu.

Przykład 11.1-9. Bez trudu obliczamy wyznacznik grafu przepływowego z rys. 11.1-9b:

$$\Delta = 1 + Y_0Z_1 + Y_2Z_1 + Y_2Z_3 + Y_0Z_1Y_2Z_3$$

równy mianownikowi wzoru (11.1-13).

Uwaga. Wyznacznik det $\boldsymbol{a}$ macierzy współczynników układu równań (11.1-2) nie zależy oczywiście od kolumny $\boldsymbol{b}$ wyrazów wolnych. Odpowiednikiem tej właściwości jest niewystępowanie we wzorze (11.1-15) składników zależnych od transmitancji krawędzi odchodzących od wierzchołka źródłowego (krawędzie takie nie należą, z założenia, do żadnej z pętli).

B. Reguła Masona. Załóżmy, że rozpatrujemy graf przepływowy G_M zawierający co najmniej jeden wierzchołek źródłowy x_0. Niech x_k oznacza wierzchołek odbiorczy lub dowolny wierzchołek pośredni uznany przez nas za wierzchołek odbiorczy (por. p. 11.1.1-D).

Kaskadą nazywamy każdą ścieżkę w grafie przepływowym, której początkiem jest wierzchołek x_0, a końcem wierzchołek x_k.

TWIERDZENIE 11.1-2 (reguła Masona)[1)]

Przy przyjętych założeniach oraz przy warunku, że wyznacznik grafu przepływowego jest różny od zera ($\Delta \neq 0$) zachodzi równość:

$$\frac{x_k}{x_0} = \frac{\sum\limits_i T_i\Delta_i}{\Delta} \tag{11.1-17}$$

gdzie Δ jest wyznacznikiem grafu przepływowego, T_i jest transmitancją i-tej kaskady, Δ_i jest wyznacznikiem największego podgrafu wierzchołkowo rozłącznego z kaskadą T_i, sumowanie zaś jest rozciągnięte na wszystkie kaskady, których początkiem jest wierzchołek x_0, a końcem wierzchołek x_k.

Reguła Masona (11.1-17) umożliwia zatem wyznaczenie poszukiwanej wielkości x_k bezpośrednio na podstawie grafu przepływowego, bez jego przekształcania. Posługiwanie się zależnością (11.1-17) wymaga wyznaczenia transmitancji T_i wszystkich kaskad oraz dokonania tych wszystkich ustaleń i ob-

[1)] Pojęcie grafu przepływu sygnału wprowadził S.J. Mason. On też sformułował twierdzenie 11.1-2 w pracy: Feedback Theory – Some Properties of Signal Flow Graphs, Proc. IRE, vol. 41, 1953, pp. 1144-1156. Twierdzenie to podajemy bez dowodu (por. przypis na str. 446).

liczeń, które są niezbędne przy obliczaniu wyznacznika grafu przepływowego na podstawie wzoru (11.1-15). Obliczanie wyznaczników Δ_i przebiega w taki sam sposób, jak obliczanie wyznacznika Δ. Mówiąc o największym podgrafie wierzchołkowo rozłącznym z kaskadą T_i (por. przypis 1 na str. 447), mamy na myśli podgraf powstały przez usunięcie z rozpatrywanego grafu przepływowego kaskady T_i i nie mający z tą kaskadą wspólnego wierzchołka. Jeśli podgraf taki nie istnieje, to przyjmujemy $\Delta_i = 1$ (por. przykład 11.1-11).

Uwaga. Reguła Masona (11.1-17) jest odpowiednikiem znanej z algebry *reguły Cramera*, umożliwiającej wyznaczenie niewiadomej x_k spełniającej układ równań (11.1-1) w postaci ilorazu dwóch wyznaczników.

Jeśli w grafie przepływowym występuje więcej niż jeden wierzchołek źródłowy $x_0^{(1)}, x_0^{(2)}, \ldots, x_0^{(n)}$, to regułę Masona można zastosować do wybranego wierzchołka x_k oraz każdego z wierzchołków źródłowych z osobna. Otrzymujemy w ten sposób wyrażenia:

$$\frac{x_k^{(1)}}{x_0^{(1)}}, \quad \frac{x_k^{(2)}}{x_0^{(2)}}, \ldots$$

gdzie $x_k^{(i)}$ oznacza tę część poszukiwanej wielkości x_k, która zależy tylko od $x_0^{(i)}$ (odpowiada to założeniu, że pozostałe wielkości źródłowe są równe zeru). Zgodnie z zasadą superpozycji (por. p. 2.1.7 w tomie I):

$$x_k = \sum_i x_k^{(i)} \tag{11.1-18}$$

C. Przykłady. Zastosowanie reguły Masona zilustrujemy na kilku przykładach.

Przykład 11.1-10. Powróćmy do przykładów 11.1-4 i 11.1-7 i obliczmy stosunek x_3/x_0 na podstawie grafu przepływowego z rys. 11.1-2. W przykładzie 11.1-7 wyznaczyliśmy wszystkie pętle tego grafu oraz obliczyliśmy wyznacznik Δ. Pozostają zatem do wyznaczenia kaskady i odpowiednie wyznaczniki podgrafów.

Na podstawie rys. 11.1-2 obliczamy:

$$T_1 = c_0, \qquad \Delta_1 = 1 - P_1 = 1 - a_1$$

$$T_2 = a_0 c_1, \qquad \Delta_2 = 1$$

$$T_3 = a_0 b_1 c_2, \qquad \Delta_3 = 1$$

a więc:

$$\frac{x_3}{x_0} = \frac{T_1\Delta_1 + T_2\Delta_2 + T_3\Delta_3}{\Delta} = \frac{c_0(1-a_1) + a_0 c_1 + a_0 b_1 c_2}{1 - a_1 - c_3 - a_3 c_1 - b_3 c_2 - a_3 b_1 c_2 + a_1 c_3 + a_1 b_3 c_2}$$

Wynik ten jest zgodny ze wzorem (11.1-12), otrzymanym poprzednio metodą przekształcania grafu.

Przykład 11.1-11. W grafie z rys. 11.1-9b istnieje jedna kaskada $T_1 = Y_0 Z_1 Y_2 Z_3$ między wierzchołkami U_0, U_3, przy czym $\Delta_1 = 1$. Uwzględniając wynik przykładu 11.1-9, otrzymujemy:

$$H_u = \frac{U_3}{U_0} = \frac{T_1 \Delta_1}{\Delta} = \frac{Y_0 Z_1 Y_2 Z_3}{1 + Y_0 Z_1 + Y_2 Z_1 + Y_2 Z_3 + Y_0 Z_1 Y_2 Z_3}$$

zgodnie ze wzorem (11.1-13).

Przykład 11.1-12. W przykładzie 9.3-3 rozpatrywaliśmy układ z rys. 9.3-2a o transmitancji napięciowej wyrażonej wzorem (9.3-6). Sprawdzimy teraz wzór (9.3-6) na podstawie grafu przepływowego i reguły Masona.

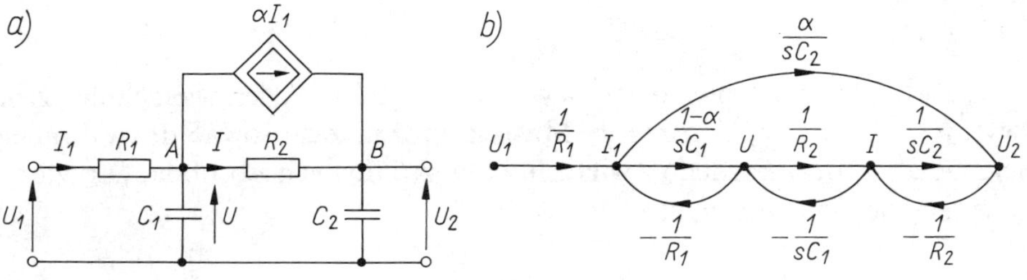

Rys. 11.1-13

Na rysunku 11.1-13a został przerysowany układ z rys. 9.3-2a, przy czym wprowadziliśmy na nim dwa dodatkowe oznaczenia U, I. Umożliwia to zapisanie równań układu w następującej postaci:

$$I_1 = \frac{U_1 - U}{R_1}$$

$$U = \frac{1}{sC_1}[(1-\alpha)I_1 - I]$$

$$I = \frac{U - U_2}{R_2}$$

$$U_2 = \frac{1}{sC_2}(\alpha I_1 + I)$$

Graf przepływowy odpowiadający temu układowi równań jest przedstawiony na rys. 11.1-13b. Występują w nim cztery pętle:

$$P_1 = -\frac{1-\alpha}{sR_1C_1}, \quad P_2 = -\frac{1}{sR_2C_1}, \quad P_3 = -\frac{1}{sR_2C_2}, \quad P_4 = -\frac{\alpha}{s^2R_1R_2C_1C_2}$$

przy czym pętle P_1 i P_3 są rozłączne. Stąd:

$$\Delta = 1 - (P_1 + P_2 + P_3 + P_4) + P_1 P_3 =$$

$$= 1 + \frac{1-\alpha}{sR_1C_1} + \frac{1}{sR_2C_1} + \frac{1}{sR_2C_2} + \frac{\alpha}{s^2R_1R_2C_1C_2} + \frac{1-\alpha}{s^2R_1R_2C_1C_2} =$$

$$= \frac{s^2R_1R_2C_1C_2 + s(R_1C_1 + R_1C_2 + R_2C_2 - \alpha R_2C_2) + 1}{s^2R_1R_2C_1C_2}$$

W grafie z rys. 11.1-13b występują dwie kaskady:

$$T_1 = \frac{1-\alpha}{s^2 R_1 R_2 C_1 C_2}, \qquad \Delta_1 = 1$$

$$T_2 = \frac{\alpha}{s R_1 C_2}, \qquad \Delta_2 = 1 - P_2 = 1 + \frac{1}{s R_2 C_1} = \frac{s R_2 C_1 + 1}{s R_2 C_1}$$

W rezultacie otrzymujemy na podstawie wzoru (11.1-17):

$$H(s) = \frac{U_2}{U_1} = \frac{\alpha R_2 C_1 s + 1}{R_1 R_2 C_1 C_2 s^2 + (R_1 C_1 + R_1 C_2 + R_2 C_2 - \alpha R_2 C_2)s + 1}$$

a więc wzór (9.3-6).

D. Komentarz. Zwracamy uwagę Czytelnika na specyficzny sposób, jakiego użyliśmy przy zapisywaniu równań układu z rys. 11.1-13a. Układ ten zawiera cztery elementy (lub, ogólniej, cztery dwójniki), które winny być opisane równaniami typu immitancyjnego. Nie wliczamy w to źródła sterowanego, którego równanie – wynikające z definicji – jest podane na schemacie. Układ z rys. 11.1-13a zawiera dwa obwody niezależne (należy zatem uwzględnić ich równania wynikające z NPK) i dwa węzły niezależne (należy uwzględnić ich równania wynikające z PPK). Równania w przykładzie 11.1-12 zostały napisane tak, że:

– pierwsze równanie jest równaniem elementu R_1, ale jednocześnie uwzględnia NPK dla obwodu zawierającego zaciski wejściowe, R_1 i C_1;

– drugie równanie jest równaniem elementu C_1, ale jednocześnie uwzględnia PPK dla węzła *A*;

– trzecie równanie jest równaniem elementu R_2, ale jednocześnie uwzględnia NPK dla obwodu zawierającego C_1, R_2 i C_2;

– czwarte równanie jest równaniem elementu C_2, ale jednocześnie uwzględnia PPK dla węzła *B*.

Taki sposób zapisu równań układu z rys. 11.1-13a wymagał wprowadzenia na schemacie dodatkowych oznaczeń wielkości *U* oraz *I*, odpowiadających wierzchołkom pośrednim w grafie przepływowym z rys. 11.1-13b. Można także łatwo określić liczbę takich wielkości „dodatkowych”. Minimalna liczba równań układu wynosi cztery[1]. W równaniach układu występuje pięć zmiennych odpowiadających pięciu wierzchołkom grafu przepływowego. Liczba tych zmiennych powinna być o jeden większa od minimalnej liczby równań, chodzi nam bowiem o wyznaczenie transmitancji, a więc stosunku wielkości wyjściowej U_2 do wielkości wejściowej U_1. Poza tymi zmiennymi na schemacie układu (w jego równaniach i w grafie przepływowym) powinny pojawić się zatem trzy zmienne „dodatkowe”. Jedną z nich jest prąd I_1 (prąd sterujący źródła sterowanego), wprowadziliśmy więc tylko dwie wielkości: *U* oraz *I*.

---

[1] Liczba ta nie może być mniejsza od liczby równań gałęziowych, por. p. 7.3.4.

Należy podkreślić, że opisana procedura formułowania równań układu nie ma ani cechy ogólności, ani nie jest jednoznacznie określona (wielkości „dodatkowe" można wprowadzać na różne sposoby). Ma ona jednak podstawowe zalety: prostotę i poglądowość. Jest ponadto szczególnie dogodna do analizy układów o strukturze drabinkowej lub zbliżonej do drabinkowej.

Przykład 11.1-13. Rozpatrzmy jeszcze jeden przykład wymagający niewielkiej modyfikacji opisanego wyżej sposobu zapisywania równań.

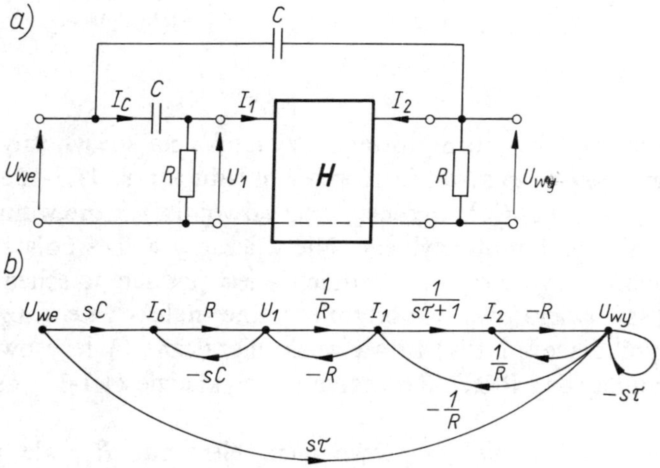

Rys. 11.1-14

Na rysunku 11.1-14a jest przedstawiony układ zawierający czwórnik o macierzy hybrydowej:

$$H = \begin{bmatrix} R & 1 \\ \dfrac{1}{s\tau + 1} & \dfrac{1}{R} \end{bmatrix}$$

gdzie $\tau = RC$. Czwórnik ten opisują zatem równania:

$$U_1 = RI_1 + U_{wy}$$

$$I_2 = \frac{1}{s\tau + 1} I_1 + \frac{1}{R} U_{wy}$$

Wprowadzamy jeszcze jedną zmienną „dodatkową" I_C i równania układu zapisujemy w postaci:

$$I_C = (U_{we} - U_1)sC$$

$$U_1 = (I_C - I_1)R$$

$$I_1 = \frac{U_1 - U_{wy}}{R}$$

$$I_2 = \frac{1}{s\tau + 1} I_1 + \frac{1}{R} U_{wy}$$

$$U_{wy} = [(U_{we} - U_{wy})sC - I_2]R$$

Graf przepływowy odpowiadający tym równaniom jest przedstawiony na rys. 11.1-14b. Występuje w nim pięć pętli:

$$P_1 = -s\tau, \quad P_2 = -1, \quad P_3 = -1, \quad P_4 = -s\tau, \quad P_5 = \frac{1}{s\tau + 1}$$

przy czym pętlami rozłącznymi są: P_1 z P_3, P_4 i P_5 oraz P_2 z P_3 i P_4. Zatem:

$$\Delta = 1 - (P_1 + P_2 + P_3 + P_4 + P_5) + P_1(P_3 + P_4 + P_5) + P_2(P_3 + P_4) = s^2\tau^2 + 4s\tau + 3$$

W grafie występują dwie kaskady:

$$T_1 = -\frac{s\tau}{s\tau + 1}, \quad \Delta_1 = 1$$

$$T_2 = s\tau, \quad \Delta_2 = 1 - (P_1 + P_2) = 2 + s\tau$$

Transmitancja napięciowa układu ma zatem postać (proste przekształcenia pomijamy):

$$H_u(s) = \frac{U_{wy}}{U_{we}} = \frac{T_1\Delta_1 + T_2\Delta_2}{\Delta} = \frac{s\tau(s^2\tau^2 + 3s\tau + 1)}{(s\tau + 1)^2(s\tau + 3)}$$

11.1.4. Grafy Coatesa

Zgodnie z uwagami zamieszczonymi na początku p. 11.1 omówimy teraz krótko drugi rodzaj grafów przepływowych, a mianowicie *grafy Coatesa*[1)].

A. Definicja grafu Coatesa. Powróćmy do układu równań liniowych (11.1-1) lub (11.1-2) o macierzy współczynników $\boldsymbol{a}$ określonej wzorem (11.1-3).

Grafem Coatesa G_C odpowiadającym macierzy $\boldsymbol{a}$ jest spójny graf skierowany utworzony według następujących zasad:

1. Graf zawiera n wierzchołków, przy czym wierzchołkom tym są przyporządkowane odpowiednio wielkości x_k, $k = 1, \ldots, n$[2)].

2. Krawędzi grafu skierowanej od wierzchołka x_i do wierzchołka x_j jest przyporządkowana jej transmitancja (waga) równa elementowi a_{ji} macierzy $\boldsymbol{a}$.

[1)] Grafy przepływowe Masona nazywaliśmy po prostu *grafami przepływowymi*. Dla odróżnienia grafy przepływowe Coatesa będziemy nazywać *grafami Coatesa*.

[2)] Często poprzestajemy na ponumerowaniu wierzchołków grafu Coatesa zgodnie z numeracją niewiadomych w układzie równań (11.1-1).

Przykład 11.1-14. Graf Coatesa odpowiadający macierzy:

$$a = \begin{bmatrix} 2 & -1 & 0 & 0 \\ 3 & 0 & 2 & 5 \\ -4 & 1 & 3 & 0 \\ 2 & 2 & -1 & 3 \end{bmatrix} \tag{11.1-19}$$

jest przedstawiony na rys. 11.1-15.

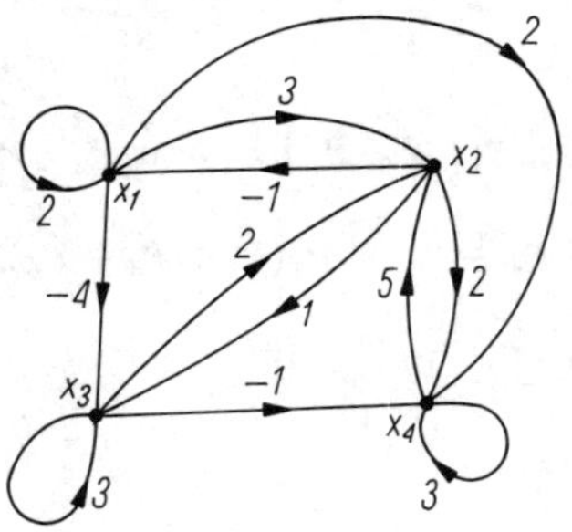

Rys. 11.1-15

B. Wyznacznik grafu Coatesa. Obliczanie wyznacznika a na podstawie grafu Coatesa wymaga wprowadzenia pojęcia *połączenia*.

Połączeniem w grafie Coatesa G_C nazywamy podgraf grafu G_C utworzony przez zbiór pętli wierzchołkowo rozłącznych (por. przypis 1 na str. 447), zawierający wszystkie wierzchołki grafu G_C.

Transmitancją h_i *i-tego* połączenia w grafie Coatesa nazywamy iloczyn transmitancji pętli tworzących *i*-te połączenie.

Oznaczmy przez α_i liczbę pętli występujących w *i*-tym połączeniu. Podamy teraz bez dowodu[1] następujące twierdzenie.

TWIERDZENIE 11.1-3

Wyznacznik grafu Coatesa, równy – z dokładnością do znaku – wyznacznikowi macierzy współczynników (11.1-3) *układu równań liniowych* (11.1-2), *wyraża się wzorem:*

$$\Delta_C = \sum_i (-1)^{\alpha_i} h_i \tag{11.1-20}$$

gdzie sumowanie rozciąga się na wszystkie połączenia w grafie Coatesa, przy czym:

$$\det a = (-1)^n \Delta_C \tag{11.1-21}$$

gdzie n jest stopniem macierzy a.

[1] Dowody twierdzeń 11.1-3 i 11.1-4 może Czytelnik znaleźć np. w [2], str.144 i 149.

Przykład 11.1-15. Na rysunku 11.1-16 przedstawiono wszystkie połączenia (jest ich siedem) w grafie Coatesa z rys. 11.1-15 oraz podano ich transmitancje h_i, $i = 1, \ldots, 7$. Zgodnie ze wzorami (11.1-20) i (11.1-21) mamy:

$$\Delta_C = \sum_{i=1}^{7} (-1)^{\alpha_i} h_i = -60 - 12 - 10 + 27 + 20 + 24 - 30 = -41$$

Proponujemy Czytelnikowi bezpośrednie sprawdzenie tego wyniku.

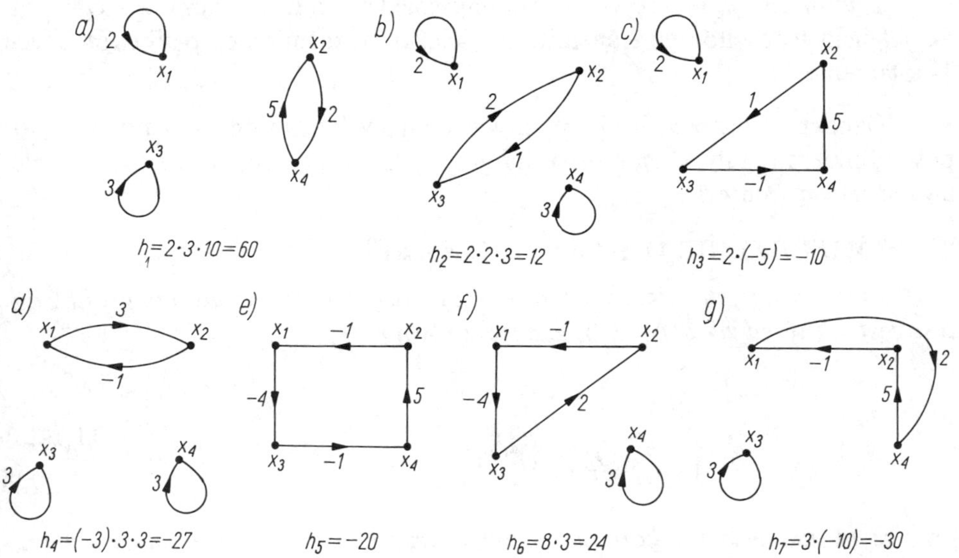

Rys. 11.1-16

C. Reguła Coatesa. Rozpatrzmy ponownie układ równań liniowych (11.1-1) i podstawienie (11.1-6) lub – w zapisie macierzowym – równania (11.1-2) i (11.1-5). Utwórzmy macierz:

$$\boldsymbol{a}' = \begin{bmatrix} a_{11} & a_{12} & \ldots & a_{1n} & -c_1 \\ a_{21} & a_{22} & \ldots & a_{2n} & -c_2 \\ \ldots & \ldots & \ldots & \ldots & \ldots \\ a_{n1} & a_{n2} & \ldots & a_{nn} & -c_n \\ 0 & 0 & \ldots & 0 & 0 \end{bmatrix} \tag{11.1-22}$$

którą będziemy nazywać *macierzą rozszerzoną* względem macierzy $\boldsymbol{a}$. Jak można łatwo zauważyć, graf Coatesa G'_C macierzy $\boldsymbol{a}'$ różni się od grafu Coatesa G_C macierzy $\boldsymbol{a}$ dodaniem wierzchołka x_0, od którego tylko odchodzą krawędzie do wierzchołków x_k, odpowiednio o transmitancjach $-c_k$, $k = 1, \ldots, n$. Wierzchołek x_0 można zatem, podobnie jak w grafie przepływowym Masona, nazwać *wierzchołkiem źródłowym*.

Załóżmy, że w grafie Coatesa G'_C odpowiadającym macierzy $\boldsymbol{a}'$ wybraliśmy dowolny wierzchołek x_k.

1-*połączeniem* między wierzchołkami x_0 i x_k w grafie G'_C[1] nazywamy podgraf grafu G'_C utworzony przez:

a) ścieżkę od wierzchołka x_0 do wierzchołka x_k;

b) zbiór pętli wierzchołkowo rozłącznych, zawierający wszystkie wierzchołki grafu G'_C, z wyjątkiem wierzchołków x_0 i x_k.

Transmitancją h'_j j-tego 1-połączenia między wierzchołkami x_0 i x_k w grafie G'_C nazywamy iloczyn transmitancji ścieżki i transmitancji pętli tworzących 1-połączenie.

Oznaczmy przez α'_j liczbę pętli występujących w j-tym 1-połączeniu. Odpowiednikiem reguły Masona jest dla grafów Coatesa następujące twierdzenie, zwane *regułą Coatesa.*

TWIERDZENIE 11.1-4 (reguła Coatesa)[2]

Przy przyjętych założeniach oraz przy warunku, że wyznacznik grafu Coatesa jest różny od zera ($\Delta_C \neq 0$) zachodzi równość:

$$\frac{x_k}{x_0} = \frac{\sum\limits_j (-1)^{\alpha'_j} h'_j}{\Delta_C} = \frac{\sum\limits_j (-1)^{\alpha'_j} h'_j}{\sum\limits_i (-1)^{\alpha_i} h_i} \tag{11.1-23}$$

przy czym sumowanie w liczniku obejmuje wszystkie 1-połączenia między wierzchołkami x_0 i x_k w grafie G'_C, zaś sumowanie w mianowniku jest rozciągnięte na wszystkie połączenia w grafie G_C.

Przykład 11.1-16. Rozpatrzmy układ równań (11.1-2) o macierzy $\boldsymbol{a}$ określonej wzorem (11.1-19), przyjmując że:

$$\boldsymbol{b} = [1, 0, 2, -1]^T x_0$$

Macierz rozszerzona $\boldsymbol{a}'$ względem macierzy $\boldsymbol{a}$ ma zatem postać:

$$\boldsymbol{a} = \begin{bmatrix} 2 & -1 & 0 & 0 & -1 \\ 3 & 0 & 2 & 5 & 0 \\ -4 & 1 & 3 & 0 & -2 \\ 2 & 2 & -1 & 3 & 1 \\ 0 & 0 & 0 & 0 & 0 \end{bmatrix}$$

Jej graf Coatesa G'_C jest pokazany na rys. 11.1-17.

---

[1] Definicję tę można także odnieść do dowolnej pary różnych wierzchołków x_i, x_k w grafie G_C odpowiadającym macierzy $\boldsymbol{a}$.

[2] Pojęcie grafu, nazywanego obecnie grafem Coatesa, oraz twierdzenie to sformułował C.L. Coates w pracy: Flow-Graph Solutions of Linear Algebraic Equations, IRE Trans. on Circ. Th., CT-6, 1959, pp. 170-187. Wzór (11.1-23) bywa także nazywany *regułą Desoera.*

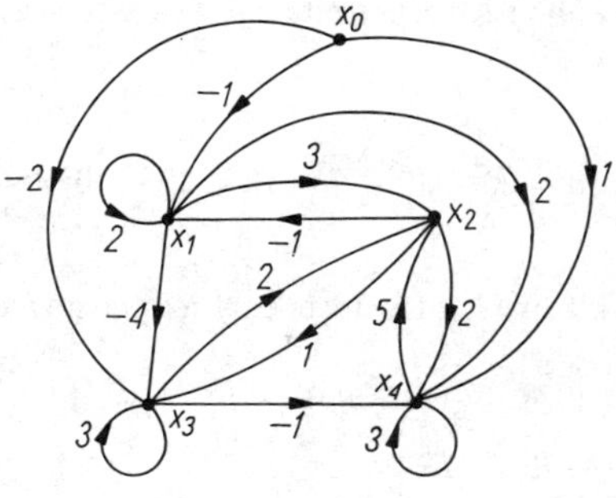

Rys. 11.1-17

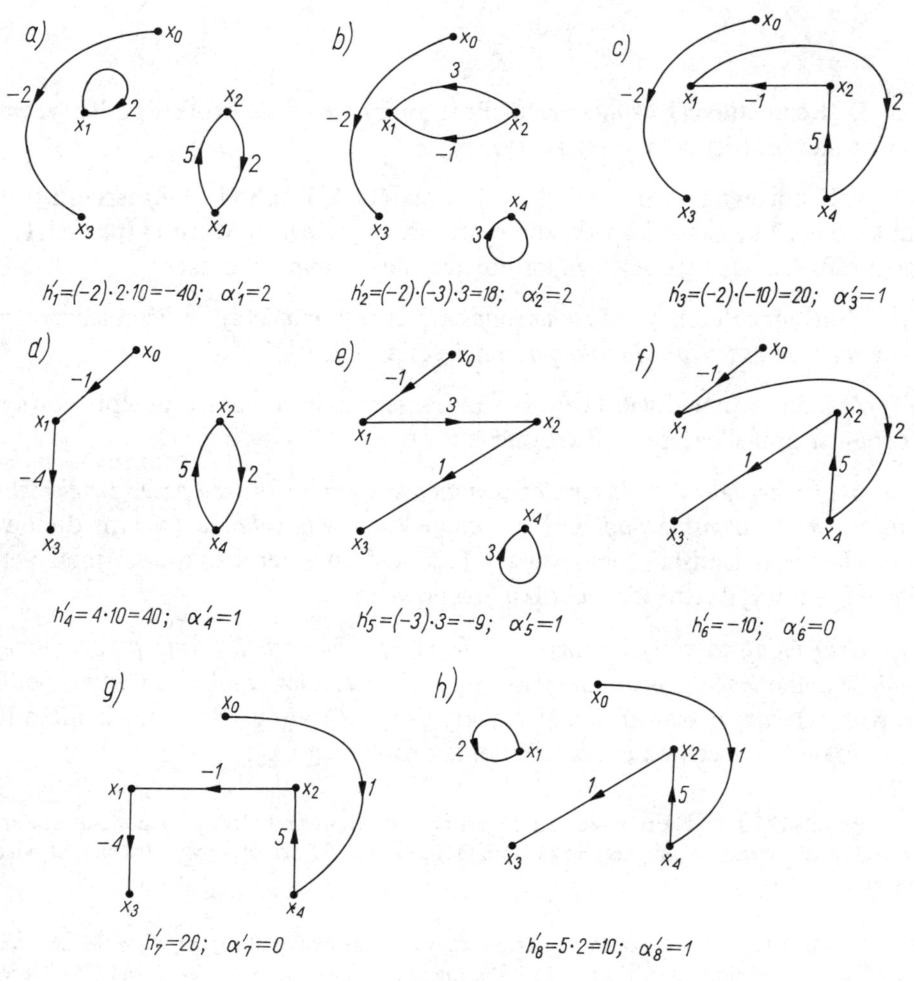

Rys. 11.1-18

Załóżmy, że chodzi nam o wyznaczenie ilorazu x_3/x_0. Konieczne jest zatem ustalenie w grafie z rys. 11.1-17 odpowiednich 1-połączeń oraz wyznaczenie ich transmitancji. Na rysunku 11.1-18 przedstawiono wszystkie 1-połączenia (jest ich osiem) między wierzchołkami x_0 i x_3

w grafie z rys. 11.1-17 oraz podano ich transmitancje h'_j i współczynniki α'_j, $j = 1, \ldots, 8$. Otrzymujemy:

$$\sum_{j=1}^{8} (-1)^{\alpha'_j} h'_j = -40 + 18 - 20 - 40 + 9 - 10 + 20 - 10 = -73$$

Uwzględniając rezultat z przykładu 11.1-15, dostajemy na podstawie reguły Coatesa (11.1-23):

$$\frac{x_3}{x_0} = \frac{\sum_{j=1}^{8} (-1)^{\alpha'_j} h'_j}{\sum_{i=1}^{7} (-1)^{\alpha_i} h_i} = \frac{-73}{-41} = \frac{73}{41}$$

D. Komentarze i uzupełnienia. Postaramy się teraz krótko podsumować i porównać przedstawione rezultaty.

1. Z porównania postaci (11.1-1) oraz (11.1-3) lub (11.1-8) układu równań liniowych i z zasad konstrukcji grafu przepływowego Masona (p. 11.1.1-B) oraz grafu Coatesa (p. A) wynika od razu następujący wniosek[1].

Graf przepływowy Masona odpowiadający macierzy $\boldsymbol{a}$ *jest identyczny z grafem Coatesa odpowiadającym macierzy* $\boldsymbol{a} + \mathbf{1}$.

Zasada ta umożliwia bezpośrednie przekształcenie grafu przepływowego Masona w graf Coatesa i odwrotnie.

Graf przepływowy Masona otrzymujemy z grafu Coatesa przez zwiększenie w nim o jeden transmitancji każdej pętli własnej wierzchołka (w tym dodanie pętli własnej o transmitancji równej 1, jeśli dany wierzchołek nie miał pętli własnej) – z wyjątkiem wierzchołka źródłowego x_0.

Graf Coatesa otrzymujemy z grafu przepływowego Masona przez zmniejszenie w nim o jeden transmitancji każdej pętli własnej wierzchołka (w tym dodanie pętli własnej o transmitancji równej -1, jeśli dany wierzchołek nie miał pętli własnej) – z wyjątkiem wierzchołka źródłowego x_0.

Przykład 11.1-17. Na rysunku 11.1-17 jest przedstawiony graf Coatesa odpowiadający macierzy $\boldsymbol{a}'$ rozpatrywanej w przykładzie 11.1-16. Odpowiedni graf przepływowy Masona jest pokazany na rys. 11.1-19.

Przykład 11.1-18. Na rysunku 11.1-13b jest przedstawiony graf przepływowy Masona odpowiadający równaniom układu z rys. 11.1-13a (przykład 11.1-12). Odpowiedni graf Coatesa jest pokazany na rys. 11.1-20.

---

[1] Formułując ten wniosek, zakładamy, że układ równań, którego modelem jest graf przepływowy Masona, został zapisany w postaci (11.1-7) – por. uwagę na str. 436.

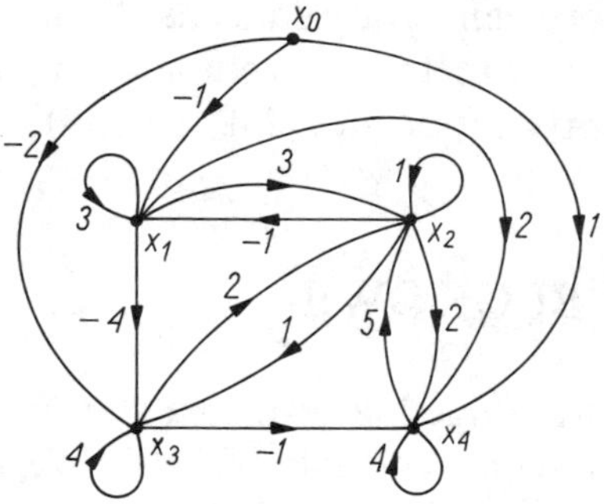

Rys. 11.1-19

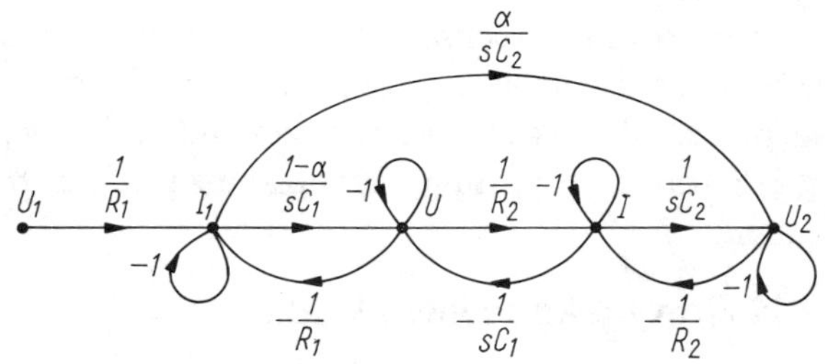

Rys. 11.1-20

2. Jak wynika z powyższych uwag, a także z rozważań i przykładów z poprzednich punktów, metoda grafów Masona i metoda grafów Coatesa są metodami równoważnymi, o podobnym – w zasadzie – stopniu złożoności obliczeniowej. Na rzecz grafów przepływowych Masona przemawia jednak ich wyraźna interpretacja sygnałowa (por. p. 11.1.1-C), a także możliwość takiego zapisywania układu równań, który prowadzi do łatwego do analizy grafu przepływowego (p. 11.1.3-D). Jak można łatwo zauważyć, wprowadzenie zmiennych „dodatkowych", mimo że zwiększa liczbę wierzchołków grafu przepływowego, powoduje, iż macierz współczynników układu równań staje się macierzą rzadką (por. p. 7.3.8-D) i, w rezultacie, graf przepływowy ma prostą strukturę.

W punkcie 11.2 pokażemy ponadto, że grafy przepływowe Masona są bardzo ściśle związane z techniką modelowania układów w postaci schematów blokowych, w tym także z *układami ze sprzężeniem zwrotnym.*

3. Jak powiedzieliśmy, stopień złożoności obliczeniowej obu metod: Masona i Coatesa jest podobny. Metoda grafów przepływowych Masona umożliwia jednak obliczenie wyznacznika grafu i wyznaczników odpowiednich podgrafów na podstawie raz narysowanego grafu przepływowego. Metoda grafów Coatesa wymaga, na ogół, wyznaczenia (a więc narysowania) dodatkowych podgrafów: połączeń i 1-połączeń. Względy te powodują, że w wielu zagadnieniach teorii obwodów i teorii sygnałów, zwłaszcza analizowanych metodą

„ręczną", chętniej są stosowane grafy Masona. Grafy Coatesa znajdują natomiast liczne zastosowania w metodach komputerowych analizy i projektowania układów elektronicznych (por. np. [23], str. 119).

11.2. SCHEMATY BLOKOWE

W wielu przypadkach dogodnie jest przedstawić strukturę danego układu w postaci *schematu blokowego*. Schematy blokowe lub, inaczej, *struktury blokowe* są jedną z form *metody modelowania analogowego*. Metoda ta, dzisiaj o znaczeniu raczej ograniczonym, miała podstawowe znaczenie przy projektowaniu *maszyn analogowych* służących m.in. do rozwiązywania równań różniczkowych.

Mimo burzliwego rozwoju techniki obliczeniowej schematy blokowe nadal pozostają użyteczne, głównie jako przejrzysty model struktury rozpatrywanego układu oraz przechodzenia sygnałów przez układ. W tym zakresie schematy blokowe są, jak zobaczymy, silnie powiązane z grafami przepływowymi.

11.2.1. Schemat blokowy jako model układu

Przedstawimy podstawowe zasady tworzenia i przekształcania schematów blokowych.

A. Elementy schematu blokowego. Będziemy rozpatrywać następujące elementy, z których przez odpowiednie połączenia tworzy się struktury blokowe.

1. *Człon o transmitancji H* jest elementem (rys. 11.2-1a) o równaniu:

$$y = Hx \tag{11.2-1}$$

Oznacza to, że do wejścia członu jest doprowadzony sygnał x, na jego zaś wyjściu pojawia się sygnał y określony zależnością (11.2-1).

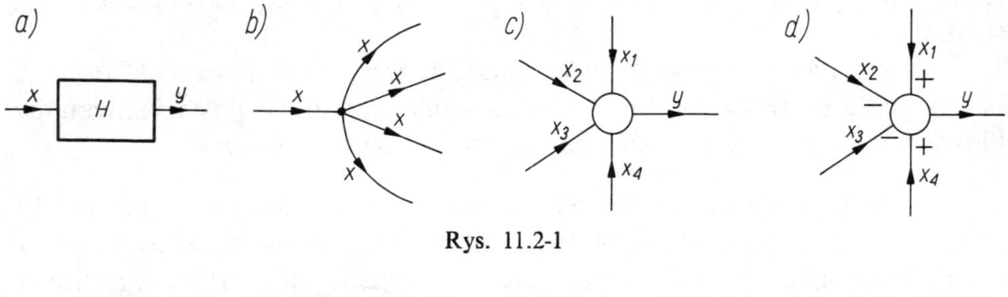

Rys. 11.2-1

Można łatwo zauważyć daleko sięgające podobieństwo tego określenia do opisu transmisyjnego czwórnika (por. p. 9.2.1). Zwracamy jednak uwagę Czytelnika na fakt, iż podane określenie ma charakter formalny i nie musi wiązać się z interpretacją czwórnikową.

2. *Węzeł zwykły* lub *zaczepowy* jest elementem (rys. 11.2-1b), do którego jest doprowadzony sygnał x i od którego jest odprowadzany ten sam sygnał x, za pomocą dowolnej liczby odgałęzień.

3. *Węzeł sumacyjny* lub *sumator* jest elementem (rys. 11.2-1c), do którego może być doprowadzonych dowolnie wiele sygnałów $x_1, x_2, \ldots, x_n$, przy czym sygnał odprowadzany y jest sumą sygnałów doprowadzonych:

$$y = \sum_i x_i \tag{11.2-2}$$

W wielu przypadkach dogodnie jest rozpatrywać sumę (11.2-2) jako sumę algebraiczną, zaznaczając wówczas na schemacie, które sygnały wchodzą do tej sumy ze znakiem „+", a które ze znakiem „−". Na przykład dla węzła sumacyjnego z rys. 11.2-1d mamy:

$$y = x_1 - x_2 - x_3 + x_4$$

B. Komentarz i interpretacja. Podane określenia elementów schematu blokowego mają charakter czysto formalny. Nie wynikają z nich, w szczególności, żadne bezpośrednie sugestie co do sposobu ich realizacji układowej. Posługiwaliśmy się przy tym pojęciem sygnału, mówiąc o *sygnale doprowadzanym* i *sygnale odprowadzanym.* Pojęcia te są, jak można zakładać, intuicyjnie zrozumiałe i nie wymagają odrębnych określeń. Jeśli jednak sygnały są doprowadzane i odprowadzane, oznacza to, że sygnały te rozchodzą się w układzie lub, inaczej, przechodzą przez układ. Odbywa się to za pomocą *gałęzi* lub *odgałęzień*, które przenoszą sygnały z a w s z e w j e d n y m k i e r u n k u, bez żadnych zniekształceń i opóźnień (fragmenty takich gałęzi występują na rys. 11.2-1). *Schemat blokowy powstały w wyniku łączenia elementów wymienionych w* p. A *jest zatem modelem przepływu sygnałów w układzie.*

Pojawia się tu wyraźna analogia do grafów przepływowych, o czym będzie także mowa w dalszym tekście.

C. Niektóre struktury blokowe. Podamy teraz przykłady prostych, ale ważnych struktur blokowych oraz odpowiadających im grafów przepływowych.

Przykład 11.2-1. Na rysunku 11.2-2a jest przedstawiona *struktura kaskadowa* lub *łańcuchowa*. Wobec równań:

$$z = H_1 x, \qquad y = H_2 z$$

transmitancja wypadkowa jest określona wzorem:

$$H = H_1 H_2 \tag{11.2-3}$$

Na rysunku 11.2-2b jest pokazany graf przepływowy odpowiadający strukturze blokowej z rys. 11.2-2a.

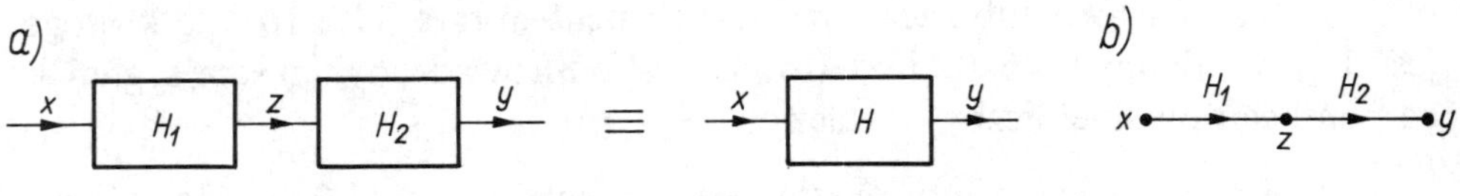

Rys. 11.2-2

Przykład 11.2-2. Na rysunku 11.2-3a jest przedstawiona *struktura równoległa*. Z równań:

$$y_1 = H_1 x, \qquad y_2 = H_2 x$$

otrzymujemy:

$$y = y_1 + y_2 = (H_1 + H_2)x$$

a więc wypadkowa transmitancja:

$$H = H_1 + H_2 \tag{11.2-4}$$

Na rysunku 11.2-3b jest pokazany graf przepływowy struktury równoległej.

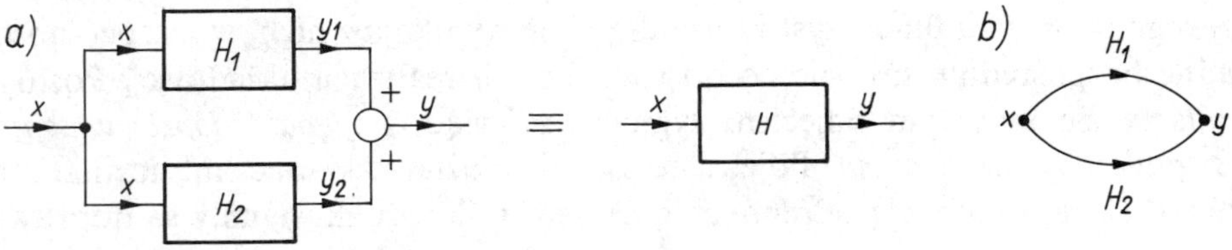

Rys. 11.2-3

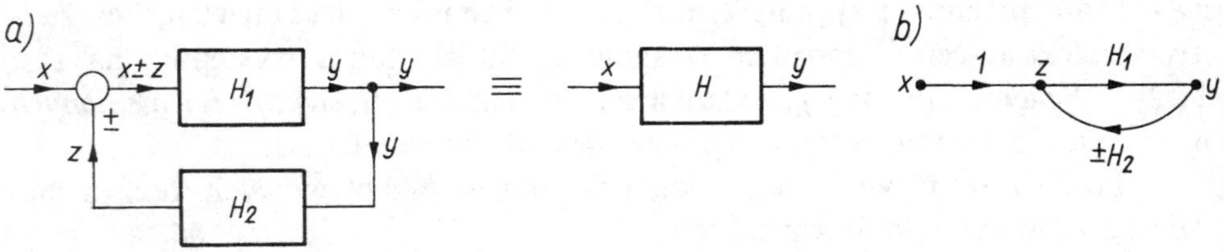

Rys. 11.2-4

Przykład 11.2-3. Na rysunku 11.2-4a jest pokazany jeden z najważniejszych schematów blokowych przedstawiający *strukturę zamkniętą* lub *strukturę ze sprzężeniem zwrotnym*[1)] (por. p. 8.5-E). Z równań dla poszczególnych członów:

$$y = H_1(x \pm z), \qquad z = H_2 y$$

otrzymujemy po wyrugowaniu sygnału z (por. wzór (8.5-9)):

$$y = \frac{H_1}{1 \mp H_1 H_2} x$$

[1)] Mówimy także o *układzie zamkniętym* lub o *układzie ze sprzężeniem zwrotnym*.

Oznacza to, że transmitancję układu zamkniętego z rys. 11.2-4a określa wzór:

$$H = \frac{H_1}{1 \mp H_1 H_2} \tag{11.2-5}$$

Układ z rys. 11.2-4 ma specyficzną strukturę. Wyróżnić w nim można *tor główny* (człon o transmitancji H_1) oraz *tor* lub *pętlę sprzężenia zwrotnego* (człon o transmitancji H_2). Sygnał na wyjściu pętli sprzężenia zwrotnego jest dodawany (ze znakiem „+" lub ze znakiem „−") do sygnału wejściowego. W związku z tym wyróżniamy dwa rodzaje sprzężenia zwrotnego:

- *sprzężenie ze znakiem „+"*, zwane najczęściej *sprzężeniem dodatnim*;
- *sprzężenie ze znakiem „−"*, zwane najczęściej *sprzężeniem ujemnym*.

Na rysunku 11.2-4b jest pokazany graf przepływowy odpowiadający strukturze zamkniętej z rys. 11.2-4a.

Uwaga. Pojęcia: sprzężenie zwrotne dodatnie i sprzężenie zwrotne ujemne wymagają bardziej precyzyjnego określenia.

Sprzężenie zwrotne uważa się za dodatnie (ujemne), jeśli sygnał $x \pm z$ jest większy (mniejszy) od sygnału x.

Takie określenie nie jest ścisłe bez wprowadzenia *miary* sygnału, która dla różnych klas sygnałów może być rozumiana rozmaicie[1]. Jeśli zatem w sensie wprowadzonej miary $\|\cdot\|$:

$$\|x \pm z\| > \|x\|$$

to sprzężenie jest dodatnie, oraz jeśli:

$$\|x \pm z\| < \|x\|$$

to sprzężenie jest ujemne.

Znak „±", z jakim dodaje się sygnał z do sygnału x, nie przesądza jeszcze o tym, czy sprzężenie jest dodatnie, czy ujemne, choć w wielu praktycznych przypadkach ma istotne znaczenie. Jeżeli nie mamy dodatkowych informacji umożliwiających stwierdzenie, czy sprzężenie jest dodatnie, czy ujemne, bezpieczniej jest mówić o sprzężeniu ze znakiem „+" lub ze znakiem „−"[2].

Struktura zamknięta z rys. 11.2-4 jest prostym modelem bardzo wielu realizacji układowych. W p. 8.5-E podaliśmy przykład realizacji czwórnikowej tej struktury (por. rys. 8.5-16). Omówienie ogólnych podstaw teorii sprzężenia zwrotnego wykracza poza ramy tego podręcznika (odsyłamy Czytelnika do literatury, np. [1], [8], [10]).

W punkcie 11.2.3 zajmiemy się zagadnieniami związanymi z badaniem stabilności układów zamkniętych.

---

[1] Na przykład miara $\|x\|$ sygnału $x = X_m \sin(\omega t + \alpha)$ może być rozumiana jako jego amplituda: $\|x\| = X_m$. Miara sygnału x ciągłego i ograniczonego dla $t \geqslant 0$ jest często przyjmowana jako $\|x\| = \sup\limits_{t \geqslant 0} x$ (miara w przestrzeni $\mathscr{C}$).

[2] Zwracamy uwagę Czytelnika na prosty przykład, polegający na zmianie transmitancji H_2 na $-H_2$ i wynikające stąd konsekwencje.

11.2.2. Schemat blokowy a graf przepływowy

Już na podstawie prostych przykładów omówionych w p. 11.2.1-C można zaobserwować daleko sięgającą analogię między schematami blokowymi a grafami przepływowymi. Dalsze przykłady umożliwią pogłębienie tego spostrzeżenia i sformułowanie odpowiednich wniosków.

A. Przykłady schematów blokowych odpowiadających grafom przepływowym. Powróćmy do przykładów z p. 11.1 i rozpatrywanych w tych przykładach grafów przepływowych.

Przykład 11.2-4. W przykładzie 11.1-5 rozpatrywaliśmy układ z rys. 11.1-9a i jego graf przepływowy pokazany na rys. 11.1-9b. Czytelnik bez trudu zauważy, że z równań tego układu lub wprost z grafu przepływowego (rys. 11.1-9b) wynika odpowiedni schemat blokowy przedstawiony na rys. 11.2-5.

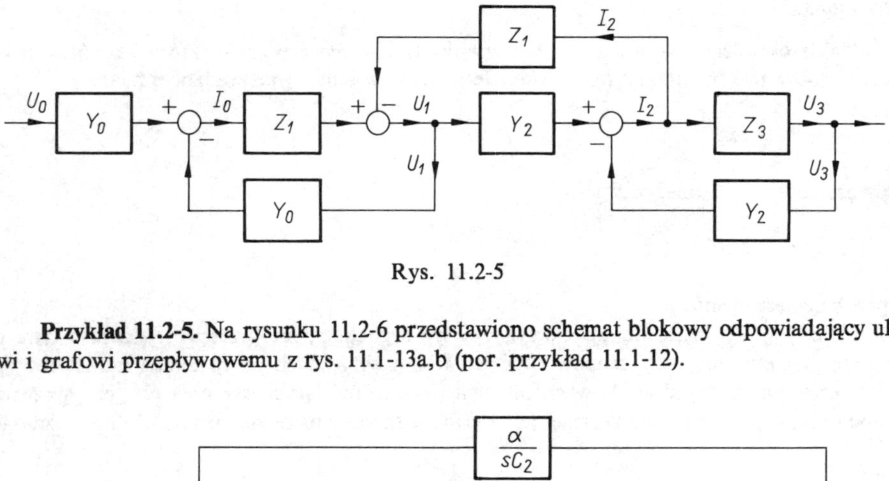

Rys. 11.2-5

Przykład 11.2-5. Na rysunku 11.2-6 przedstawiono schemat blokowy odpowiadający układowi i grafowi przepływowemu z rys. 11.1-13a,b (por. przykład 11.1-12).

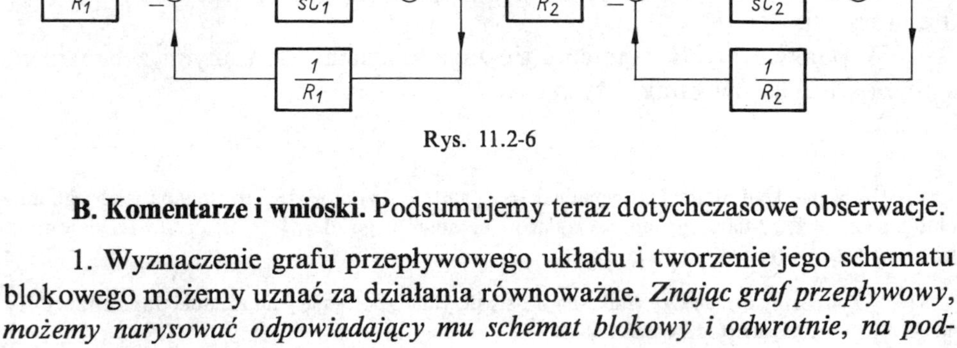

Rys. 11.2-6

B. Komentarze i wnioski. Podsumujemy teraz dotychczasowe obserwacje.

1. Wyznaczenie grafu przepływowego układu i tworzenie jego schematu blokowego możemy uznać za działania równoważne. *Znając graf przepływowy, możemy narysować odpowiadający mu schemat blokowy i odwrotnie, na pod-*

stawie schematu blokowego możemy wyznaczyć graf przepływowy. Biorąc pod uwagę zasady konstrukcji grafu przepływowego (p. 11.1.1-B) i jego interpretację sygnałową (p. 11.1.1-C) oraz sposób tworzenia schematu blokowego (p. 11.2.1), dochodzimy bez trudu do następującego wniosku.

Schemat blokowy i graf przepływowy danego układu stanowią taki sam model równań opisujących układ oraz taki sam model relacji między sygnałami występującymi w układzie.

2. Różnica między grafem przepływowym a schematem blokowym polega głównie na zastosowaniu odmiennych sposobów reprezentacji graficznej. Porównując oba sposoby, dochodzimy do wniosku, że rysowanie grafu przepływowego i „odczytywanie" zawartych w nim informacji jest znacznie prostsze i bardziej przejrzyste niż posługiwanie się techniką schematów blokowych. Wśród schematów blokowych szczególną rolę odgrywa struktura zamknięta (przykład 11.2-3) jako prosty i użyteczny model układu ze sprzężeniem zwrotnym.

3. W punkcie 11.1.2 przedstawiliśmy zasady przekształcania i upraszczania grafu przepływowego, które umożliwiają wyznaczenie (na ogół w sposób dość uciążliwy) poszukiwanej funkcji układowej, najczęściej transmitancji układu. Podobne zasady przekształcania i upraszczania można sformułować także w odniesieniu do schematów blokowych. Są one jednak mało użyteczne w praktyce i nie są konkurencyjne w porównaniu z innymi metodami. Z tego względu nie będziemy się nimi zajmować (Czytelnik może je znaleźć np. w [17], str. 116).

4. Zasadniczą zaletą metody grafów przepływowych w porównaniu z metodą schematów blokowych jest możliwość stosowania reguły Masona (p. 11.1.3), stanowiącej jeden z najbardziej efektywnych sposobów wyznaczania poszukiwanej funkcji układowej.

11.2.3. Stabilność układu zamkniętego

W wielu zagadnieniach teoretycznych i praktycznych zachodzi potrzeba badania właściwości układu zamkniętego z rys. 11.2-4a, a w szczególności badania wpływu sprzężenia zwrotnego na charakterystyki układu.

W dalszych rozważaniach ograniczymy się do omówienia zagadnień związanych ze stabilnością układu z rys. 11.2-4a. Stabilność układu zamkniętego można badać ogólnymi metodami algebraicznymi (por. p. 9.3.2), dogodnie jest jednak stosować także *kryterium Nyquista* (p. C), jako metodę specjalnie przystosowaną do analizy układów ze sprzężeniem zwrotnym.

A. Przykłady. Nasze rozważania rozpoczniemy od rozpatrzenia kilku przykładów, które umożliwią nam wyciągnięcie podstawowych wniosków.

Przykład 11.2-6. Przyjmijmy, że w układzie z rys. 11.2-4a:

$$H_1 = \frac{k_1}{1 + s\tau_1}, \quad H_2 = \frac{k_2}{1 + s\tau_2} \tag{11.2-6}$$

przy czym $k_1, k_2, \tau_1, \tau_2 \in \mathscr{R}^+$. Oznacza to, że zarówno w torze głównym, jak i w pętli sprzężenia zwrotnego występują *człony rzędu pierwszego* o transmitancjach (11.2-6). Współczynniki k_1, k_2 są *współczynnikami wzmocnienia* (*wzmocnieniami*) poszczególnych członów, zaś τ_1, τ_2 – ich *stałymi czasowymi* (por. p. 6.1.2 w tomie II).

Zgodnie ze wzorem (11.2-5) transmitancja układu zamkniętego ma postać:

$$H = \frac{H_1}{1 \mp H_1 H_2} = \frac{k_1(1 + s\tau_2)}{s^2\tau_1\tau_2 + s(\tau_1 + \tau_2) + 1 \mp k_1 k_2} \tag{11.2-7}$$

przy czym znak „–" w mianowniku odpowiada sprzężeniu dodatniemu (sprzężeniu ze znakiem „+" na rys. 11.2-4a), natomiast znak „+" w mianowniku odpowiada sprzężeniu ujemnemu (sprzężeniu ze znakiem „–" na rys. 11.2-4a).

Wynika stąd, że rozpatrywany układ z ujemnym sprzężeniem zwrotnym jest stabilny dla dowolnych wartości parametrów $k_1, k_2, \tau_1, \tau_2 \in \mathscr{R}^+$ (mówimy w takim przypadku, że układ jest *strukturalnie stabilny*). Przy sprzężeniu dodatnim układ jest stabilny, jeśli:

$$k_1 k_2 < 1$$

Dla $k_1 k_2 = 1$ układ znajduje się na granicy stabilności, a dla $k_1 k_2 > 1$ jest niestabilny[1)].

Przykład 1.2-7. Rozpatrzymy ponownie układ z rys. 11.2-4a z ujemnym sprzężeniem zwrotnym, przyjmując:

$$H_1 = \frac{k_1}{(1 + s\tau_0)(1 + s\tau_1)}, \quad H_2 = \frac{k_2}{1 + s\tau_2} \tag{11.2-8}$$

gdzie $k_1, k_2, \tau_0, \tau_1, \tau_2 \in \mathscr{R}^+$. Transmitancja układu ma teraz postać:

$$H = \frac{H_1}{1 + H_1 H_2} = \frac{k_1(1 + s\tau_2)}{s^3\tau_0\tau_1\tau_2 + s^2(\tau_0\tau_1 + \tau_0\tau_2 + \tau_1\tau_2) + s(\tau_0 + \tau_1 + \tau_2) + 1 + k_1 k_2} \tag{11.2-9}$$

Mianownik jest wielomianem stopnia trzeciego, rozpatrywany układ jest zatem stabilny, jeśli (por. p. 9.3.2-B,C):

$$\Delta_2 = \begin{vmatrix} \tau_0\tau_1 + \tau_0\tau_2 + \tau_1\tau_2 & \tau_0\tau_1\tau_2 \\ 1 + k_1 k_2 & \tau_0 + \tau_1 + \tau_2 \end{vmatrix} > 0$$

Z warunku tego otrzymujemy następujące ograniczenie na iloczyn $k_1 k_2$:

$$k_1 k_2 < 2 + \frac{\tau_0}{\tau_1} + \frac{\tau_1}{\tau_0} + \frac{\tau_0}{\tau_2} + \frac{\tau_2}{\tau_0} + \frac{\tau_1}{\tau_2} + \frac{\tau_2}{\tau_1}$$

---

1) Iloczyn $H_1 H_2$ jest nazywany *transmitancją układu otwartego*, iloczyn $k_1 k_2$ jest zatem wzmocnieniem układu otwartego. Iloczyn $H_1 H_2$ jest nazywany także *stosunkiem zwrotnym* (por. np. [10], str. 182).

Przy jednakowych stałych czasowych $\tau_0 = \tau_1 = \tau_2$ otrzymujemy:

$$k_1 k_2 < 8$$

Nierówność ta określa obszar stabilności w płaszczyźnie k_1, k_2 (obszar zakreskowany na rys. 11.2-7). Proponujemy Czytelnikowi sprawdzenie, że przy sprzężeniu dodatnim obszar stabilności jest określony nierównością $k_1 k_2 < 1$.

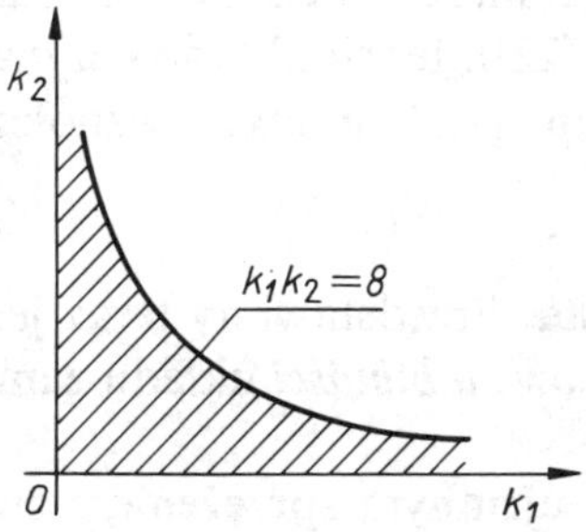

Rys. 11.2-7

Przykład 11.2-8. Rozpatrzmy jeszcze jeden przykład, przyjmując:

$$H_1 = \frac{k_1}{s\tau_1 - 1}, \qquad H_2 = \frac{k_2}{s\tau_2 + 1} \tag{11.2-10}$$

gdzie $k_1, k_2, \tau_1, \tau_2 \in \mathcal{R}^+$. Człon w torze głównym jest niestabilny, jego transmitancja H_1 ma bowiem biegun w prawej półpłaszczyźnie. Niestabilny jest zatem układ otwarty o transmitancji $H_1 H_2$. Zakładając, że sprzężenie zwrotne jest ujemne, otrzymujemy, zgodnie ze wzorem (11.2-5):

$$H = \frac{H_1}{1 + H_1 H_2} = \frac{k_1(s\tau_2 + 1)}{s^2\tau_1\tau_2 + s(\tau_1 - \tau_2) + k_1 k_2 - 1} \tag{11.2-11}$$

Zauważamy zatem, że przy spełnieniu warunków:

$$\tau_1 > \tau_2, \qquad k_1 k_2 > 1$$

układ zamknięty jest stabilny. Można łatwo sprawdzić, że przy sprzężeniu dodatnim układ będzie zawsze niestabilny.

B. Niektóre komentarze i wnioski. Już na podstawie tych prostych przykładów można sformułować kilka spostrzeżeń i wniosków.

Stabilność układu ze sprzężeniem zwrotnym w sposób istotny zależy od tego, czy sprzężenie jest ujemne, czy dodatnie. Ujemne sprzężenie zwrotne jest czynnikiem sprzyjającym zachowaniu stabilności układu zamkniętego. W porównaniu ze sprzężeniem dodatnim może ono prowadzić do stabilności strukturalnej (przykład 11.2-6), może także gwarantować stabilność przy słabszych ograniczeniach na parametry układu (przykład 11.2-7). Może również stabilizować układ, tzn. zapewnić stabilność układu zamkniętego, mimo iż układ otwarty jest niestabilny (przykład 11.2-8). Do spraw tu poruszonych wrócimy jeszcze w p. D.

Ramy tej książki nie pozwalają na omówienie wpływu sprzężenia zwrotnego na właściwości układu zamkniętego, w tym na jego charakterystyki częstotliwościowe. Wpływ ten może być różnoraki w zależności od sposobu realizacji układowej struktury zamkniętej, transmitancji poszczególnych członów, a także innych, często bardzo istotnych czynników, nie uwzględnionych w modelu z rys. 11.2-4a. Zagadnieniami tymi zajmuje się szczegółowo *teoria sprzężenia zwrotnego*, mająca zasadnicze znaczenie dla układów elektronicznych (np. [7], [10]), automatyki (np. [22]), teorii układów dynamicznych (np. [15]), teorii sterowania i systemów (np. [12]), a także współczesnej cybernetyki i teorii poznania.

C. Kryterium Nyquista. Przedstawimy teraz jedno z najbardziej znanych *częstotliwościowych kryteriów stabilności* układu zamkniętego, zwane *kryterium Nyquista*[1)].

Rozpatrzmy układ z ujemnym sprzężeniem zwrotnym przedstawiony na rys. 11.2-4a o transmitancji:

$$H(s) = \frac{H_1(s)}{1 + H_1(s)H_2(s)} = \frac{H_1(s)}{1 + H_0(s)} \tag{11.2-12}$$

gdzie:

$$H_0(s) = H_1(s)H_2(s) \tag{11.2-13}$$

jest *transmitancją układu otwartego* (por. przypis na str. 466). Oznaczmy:

$$H_0(s) = \frac{L_0(s)}{M_0(s)} \tag{11.2-14}$$

oraz:

$$H_1(s) = \frac{L_1(s)}{M_1(s)}, \qquad H_2(s) = \frac{L_2(s)}{M_2(s)} \tag{11.2-15}$$

przy czym liczniki i mianowniki we wzorach (11.2-14) i (11.2-15) są wielomianami o współczynnikach rzeczywistych (człony o transmitancjach $H_1(s)$ i $H_2(s)$ są członami SLS).

Transmitancję (11.2-12) układu zamkniętego możemy zapisać w postaci:

$$H(s) = \frac{L(s)}{M(s)} = \frac{L_1(s)M_2(s)}{L_0(s) + M_0(s)} \tag{11.2-16}$$

Oznaczmy przez n stopień wielomianu $M_0(s)$:

$$\operatorname{st} M_0(s) = n \tag{11.2-17}$$

---

1) Harry Nyquist (1889-1976) – amerykański inżynier pochodzenia szwedzkiego. Omówione kryterium sformułował w roku 1932.

i przyjmijmy następujące założenia:

a) st $L_0(s) \leqslant n$, st $[L_0(s) + M_0(s)] = n$ (11.2-18)

b) $M_0(s)$ jest wielomianem Hurwitza[1].

Ostatni warunek jest równoważny założeniu, że układ otwarty o transmitancji (11.2-14) jest stabilny.

TWIERDZENIE 11.2-1 (kryterium Nyquista)

Przy powyższych założeniach układ zamknięty o transmitancji (11.2-12) *jest stabilny wtedy i tylko wtedy, kiedy*:

$$\underset{\omega \in \langle 0, +\infty)}{\Delta \arg} [1 + H_0(\mathrm{j}\omega)] = 0 \tag{11.2-19}$$

tj., kiedy przyrost fazy funkcji $1 + H_0(\mathrm{j}\omega)$ *w przedziale* $\omega \in \langle 0, +\infty)$ *jest równy zeru lub, równoważnie, kiedy wykres charakterystyki amplitudowo-fazowej* $H_0(\mathrm{j}\omega)$, $\omega \in (-\infty, +\infty)$ *nie obejmuje punktu* $s = -1$.

Dowód jest oparty na twierdzeniu 9.3-8. Na podstawie tego twierdzenia oraz przyjętych założeń przyrost fazy funkcji $M_0(\mathrm{j}\omega)$ w przedziale $\omega \in \langle 0, +\infty)$ wynosi:

$$\underset{\omega \in \langle 0, +\infty)}{\Delta \arg} M_0(\mathrm{j}\omega) = n \frac{\pi}{2} \tag{11.2-20}$$

Mianownik transmitancji (11.2-12) można zapisać w postaci:

$$1 + H_0(s) = \frac{L_0(s) + M_0(s)}{M_0(s)} \tag{11.2-21}$$

lub dla $s = \mathrm{j}\omega$:

$$1 + H_0(\mathrm{j}\omega) = \frac{L_0(\mathrm{j}\omega) + M_0(\mathrm{j}\omega)}{M_0(\mathrm{j}\omega)} \tag{11.2-22}$$

Wielomian $L_0(s) + M_0(s)$ jest, zgodnie ze wzorem (11.2-16), mianownikiem transmitancji $H(s)$. Do stabilności układu zamkniętego trzeba i wystarcza więc, aby był to wielomian Hurwitza. Wobec założenia (11.2-18) jest to wielomian stopnia n. Na podstawie twierdzenia 9.3-8 otrzymujemy zatem warunek stabilności w postaci:

$$\underset{\omega \in \langle 0, +\infty)}{\Delta \arg} [L_0(\mathrm{j}\omega) + M_0(\mathrm{j}\omega)] = n \frac{\pi}{2} \tag{11.2-23}$$

co w połączeniu ze wzorem (11.2-20) prowadzi do warunku (11.2-19).

Warunek (11.2-19) ma prostą interpretację geometryczną. Wykres Nyquista z rys. 11.2-8a odpowiada przypadkowi, kiedy układ zamknięty jest stabilny. Wykres funkcji $H_0(\mathrm{j}\omega)$ dla $\omega \in (-\infty, 0)$ jest symetryczny względem osi

---

[1] Bez straty ogólności rozważań przyjmujemy, że współczynniki przy s^n wielomianów $M_0(s)$ i $L_0(s) + M_0(s)$ są dodatnie.

rzeczywistej wobec wykresu dla $\omega \in \langle 0, +\infty)$[1]. Wynika stąd, że warunkowi (11.2-19) odpowiada krzywa $H_0(j\omega)$, $\omega \in (-\infty, +\infty)$, która nie obejmuje punktu $s = -1$.

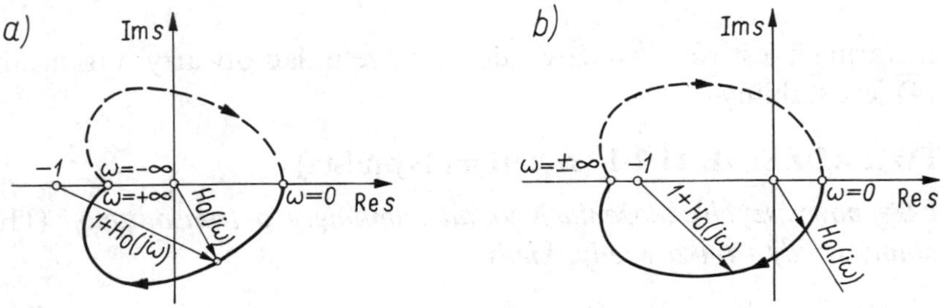

Rys. 11.2-8

Wykres z rysunku 11.2-8b świadczy o niestabilności układu zamkniętego, mamy bowiem:

$$\underset{\omega \in \langle 0, +\infty)}{\Delta \arg} [1 + H_0(j\omega)] = -\pi$$

i warunek (11.2-19) nie jest spełniony. Krzywa $H_0(j\omega)$ dla $\omega \in (-\infty, +\infty)$ obejmuje punkt $s = -1$.

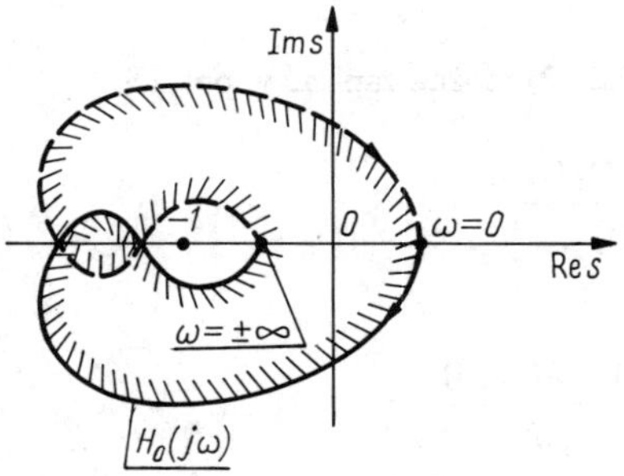

Rys. 11.2-9

Warto jeszcze zwrócić uwagę na przypadek przedstawiony na rys. 11.2-9. Charakterystyka amplitudowo-fazowa układu otwartego $H_0(j\omega)$ nie obejmuje dla $\omega \in (-\infty, +\infty)$ punktu $s = -1$ i układ zamknięty jest stabilny. Dla uniknięcia ewentualnych nieporozumień dogodnie jest zaznaczyć (np. przez zakreskowanie) wnętrze obszaru ograniczonego krzywą $H_0(j\omega)$.

Oznaczmy przez k_0 współczynnik wzmocnienia charakterystyki amplitudowo-fazowej $H_0(j\omega)$, tzn. załóżmy, że:

$$H_0(j\omega) = k_0 H_0'(j\omega), \qquad k_0 \in \mathscr{R}^+$$

[1] Wynika to z parzystości części rzeczywistej i nieparzystości części urojonej charakterystyki amplitudowo-fazowej, por. p. 9.4.1-C.

Zauważamy bez trudu, że przy zmianach k_0 układ zamknięty może stać się niestabilny, i to zarówno przy zwiększeniu k_0 (rys. 11.2-10a), jak i przy zmniejszeniu k_0 (rys. 11.2-10b). Z tego względu układy o charakterystyce amplitudowo-fazowej $H_0(j\omega)$ jak na rys. 11.2-9 nazywamy często *układami warunkowo-stabilnymi*.

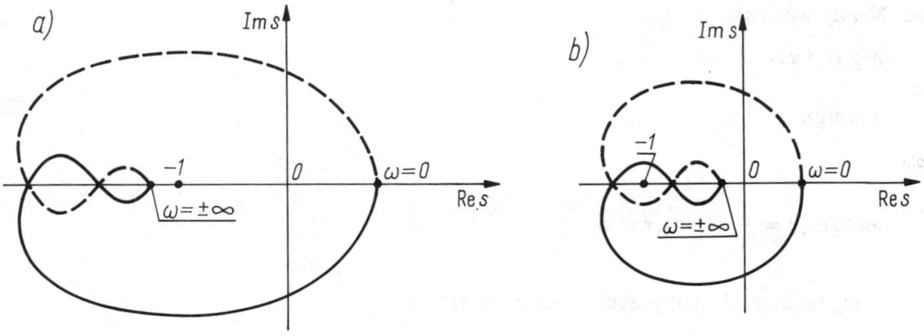

Rys. 11.2-10

Przykład 11.2-9. Rozpatrzmy układ zamknięty przedstawiony na rys. 11.2-11a o transmitancji:

$$H(s) = \frac{1}{1 + H_0(s)} \tag{11.2-24}$$

i przyjmijmy, że:

$$H_0(s) = \frac{k}{(1 + s\tau)^n}, \qquad H_0(j\omega) = \frac{k}{(1 + j\omega\tau)^n} \tag{11.2-25}$$

przy $k, \tau \in \mathcal{R}^+$.

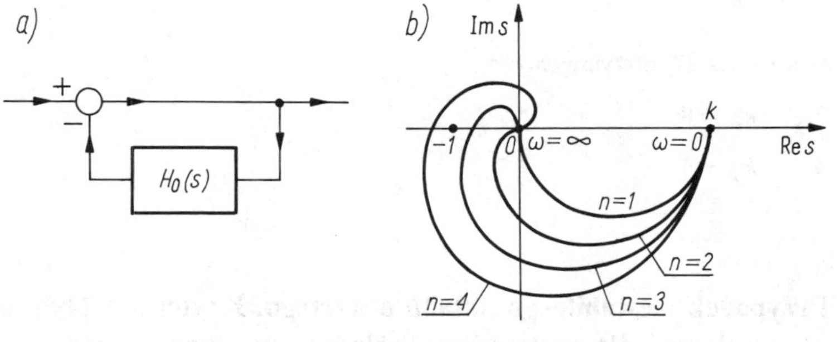

Rys. 11.2-11

Wykres charakterystyki amplitudowo-fazowej $H_0(j\omega)$ zależy od wykładnika n (rys. 11.2-11b). Dla $n = 1$, 2 mamy: $\operatorname{Im} H_0(j\omega) < 0$ dla $\omega \in (0, +\infty)$. Dla dowolnego naturalnego n:

$$\lim_{\omega \to +\infty} \frac{k}{(1 + j\omega\tau)^n} = 0$$

przy czym kąt, pod jakim charakterystyka $H_0(j\omega)$ podchodzi do początku układu współrzędnych przy $\omega \to +\infty$, zależy od n i wynosi $-n\pi/2$. Oznacza to, że dla $n \geqslant 3$ charakterystyka $H_0(j\omega)$ przecina ujemną półoś rzeczywistą i może, w zależności od wartości k, obejmować punkt $s = -1$. Należy zatem wyznaczyć zakres wartości współczynnika k:

$$0 < k < k_{gr} \tag{11.2-26}$$

dla którego układ zamknięty przy $n \geqslant 3$ będzie stabilny.

Wyznaczymy wartość ω_0, dla której charakterystyka $H_0(j\omega)$ przecina ujemną półoś rzeczywistą. Mamy wówczas:

$$\arg H_0(j\omega_0) = -\pi$$

lub:

$$n \operatorname{arctg} \omega_0 \tau = \pi$$

a stąd:

$$\operatorname{arctg} \omega_0 \tau = \frac{\pi}{n}, \qquad \omega_0 \tau = \operatorname{tg} \frac{\pi}{n}$$

Dla $\omega = \omega_0$ funkcja $H_0(j\omega)$ przybiera zatem wartość:

$$H_0(j\omega_0) = \frac{k}{(1 + j\omega_0\tau)^n} = \frac{k}{|1 + j\omega_0\tau|^n e^{jn \operatorname{arctg} \omega_0 \tau}} = -\frac{k}{\left(1 + \operatorname{tg}^2 \frac{\pi}{n}\right)^{n/2}} = -k \cos^n \frac{\pi}{n}$$

Otrzymujemy stąd równanie dla k_{gr}:

$$-k_{gr} \cos^n \frac{\pi}{n} = -1$$

z którego obliczamy dla $n \geqslant 3$:

$$k_{gr} = \frac{1}{\cos^n \frac{\pi}{n}} \tag{11.2-27}$$

Ze wzoru (11.2-27) otrzymujemy:

$n = 3, \quad k_{gr} = 8$

$n = 4, \quad k_{gr} = 4$

i tak dalej.

D. Przypadek niestabilnego układu otwartego. Kryterium Nyquista można także sformułować dla przypadku ogólniejszego, kiedy układ otwarty jest niestabilny.

Przyjmijmy te same założenia i oznaczenia co w p. C, z tą różnicą, że dopuszczamy tym razem, aby wielomian $M_0(s)$ miał m zer, $0 \leqslant m < n$, leżących w prawej półpłaszczyźnie i $n - m$ zer leżących w lewej półpłaszczyźnie. Oznacza to, że układ otwarty o transmitancji $H_0(s)$ jest niestabilny.

Przy tych założeniach słuszne jest następujące twierdzenie, będące uogólnieniem kryterium Nyquista.

TWIERDZENIE 11.2-2

Przy przyjętych założeniach oraz przy warunku, że transmitancja $H_0(s)$ *układu otwartego ma m biegunów w obszarze* $\operatorname{Re} s > 0$ i $n - m$ *biegunów w obszarze* $\operatorname{Re} s < 0$, *układ zamknięty o transmitancji* (11.2-12) *jest stabilny wtedy i tylko wtedy, kiedy*:

$$\underset{\omega \in \langle 0, +\infty)}{\Delta \arg} [1 + H_0(j\omega)] = m\pi \tag{11.2-28}$$

lub, równoważnie, kiedy wykres charakterystyki amplitudowo-fazowej $H_0(j\omega)$, $\omega \in (-\infty, +\infty)$, *okrąża punkt* $s = -1$ *dokładnie m razy w kierunku przeciwnym do ruchu wskazówek zegara.*

Szczegóły **d o w o d u** pomijamy. Podobnie jak w przypadku twierdzenia 11.2-1, dowód jest oparty na rozumowaniu uzasadniającym twierdzenie 9.3-8 (por. p. 9.3.2-F) z uwzględnieniem położenia niektórych zer wielomianu w prawej półpłaszczyźnie.

Przykład 11.2-10. Powróćmy do przykładu 11.2-8 i układu z rys. 11.2-4a przy transmitancjach H_1 i H_2 określonych wzorami (11.2-10). Transmitancja układu otwartego:

$$H_0(s) = \frac{k_1 k_2}{(s\tau_1 - 1)(s\tau_2 + 1)}$$

ma jeden biegun w prawej półpłaszczyźnie. Charakterystykę amplitudowo-fazową zapiszemy w postaci:

$$H_0(j\omega) = \frac{k_1 k_2}{(j\omega\tau_1 - 1)(j\omega\tau_2 + 1)} = -\frac{k_1 k_2[1 + \omega^2\tau_1\tau_2 + j\omega(\tau_1 - \tau_2)]}{(1 + \omega^2\tau_1^2)(1 + \omega^2\tau_2^2)} \tag{11.2-29}$$

Jej wykres przy warunkach:

$$k_1 k_2 > 1, \qquad \tau_1 > \tau_2 \tag{11.2-30}$$

jest pokazany na rys. 11.2-12. Warunki wymienione w twierdzeniu 11.2-2 są spełnione i układ zamknięty jest stabilny.

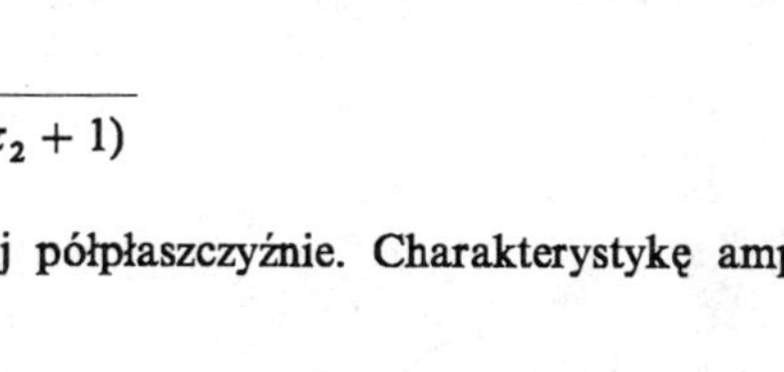

Rys. 11.2-12

Proponujemy Czytelnikowi przedyskutowanie zmian w położeniu krzywej Nyquista z rys. 11.2-12 przy naruszeniu warunków (11.2-30).

E. Margines amplitudy i margines fazy. Wykres Nyquista funkcji $H_0(j\omega)$ umożliwia określenie tzw. *marginesów stabilności*: *marginesu amplitudy* i *marginesu fazy*.

Załóżmy, że układ otwarty o transmitancji $H_0(s)$ jest stabilny oraz że wykres Nyquista $H_0(j\omega)$ ma postać jak na rys. 11.2-13. Oznaczmy przez ω_φ i ω_a odpowiednio wartości pulsacji, dla których:

$$|H_0(j\omega_\varphi)| = 1 \tag{11.2-31}$$

$$\arg H_0(j\omega_a) = -\pi \tag{11.2-32}$$

Wielkości:

$$\Delta\varphi \stackrel{\Delta}{=} \pi - |\arg H_0(j\omega_\varphi)| \tag{11.2-33}$$

oraz:

$$\Delta A \stackrel{\Delta}{=} \frac{1}{a} = \frac{1}{|H_0(j\omega_a)|} \tag{11.2-34}$$

nazywamy odpowiednio: *marginesem fazy* i *marginesem amplitudy* (por. rys. 11.2-13).

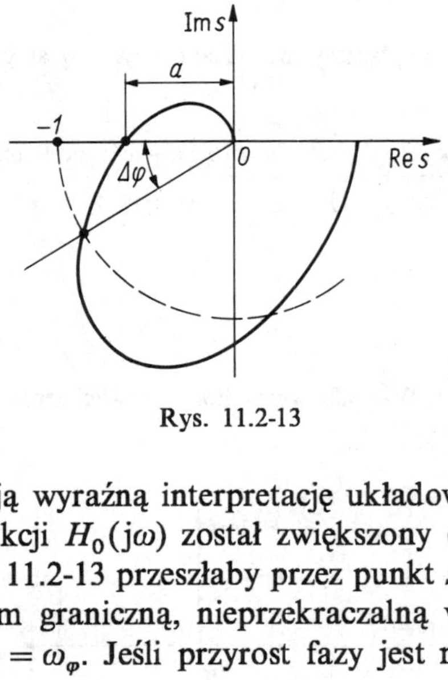

Rys. 11.2-13

Wielkości te mają wyraźną interpretację układową. Gdyby dla pulsacji $\omega = \omega_\varphi$ argument funkcji $H_0(j\omega)$ został zwiększony (co do modułu) o $\Delta\varphi$, charakterystyka z rys. 11.2-13 przeszłaby przez punkt $s = -1$. Margines fazy (11.2-33) określa zatem graniczną, nieprzekraczalną wartość przyrostu fazy funkcji $H_0(j\omega)$ dla $\omega = \omega_\varphi$. Jeśli przyrost fazy jest mniejszy od $\Delta\varphi$, układ pozostaje stabilny.

Podobnie, gdyby współczynnik wzmocnienia układu otwartego pomnożyć przez ΔA, wówczas dla pulsacji $\omega = \omega_a$ krzywa Nyquista przeszłaby przez punkt $s = -1$. Przy mniejszym niż ΔA razy wzroście współczynnika wzmocnienia układ pozostaje stabilny.

Zapewnienie odpowiednich marginesów stabilności jest jednym z istotnych wymagań przy projektowaniu układów ze sprzężeniem zwrotnym (por. np. [7], str. 209, [8], str. 208).

F. Charakterystyki asymptotyczne. W punkcie 9.5.1 omówiliśmy pojęcia charakterystyk asymptotycznych: amplitudowej i fazowej. Pokażemy teraz, w nawiązaniu do rozważań z p. E, w jaki sposób charakterystyki asymptotyczne odpowiadające charakterystyce amplitudowo-fazowej $H_0(j\omega)$ stabilnego układu otwartego można wykorzystać do oceny stabilności układu zamkniętego.

Załóżmy, na przykład, że:

$$H_0(j\omega) = \frac{k}{(1 + j\omega\tau_1)(1 + j\omega\tau_2)(1 + j\omega\tau_3)}$$

przy czym $\tau_1 < \tau_2 < \tau_3$. Asymptotyczna (logarytmiczna) charakterystyka amplitudowa (por. p. 9.5.1-B):

$$G = 20\log|H_0(j\omega)|$$

jest pokazana na rys. 11.2-14a, zaś charakterystyka fazowa:

$$\varphi = -\operatorname{arctg}\omega\tau_1 - \operatorname{arctg}\omega\tau_2 - \operatorname{arctg}\omega\tau_3$$

na rys. 11.2-14b.

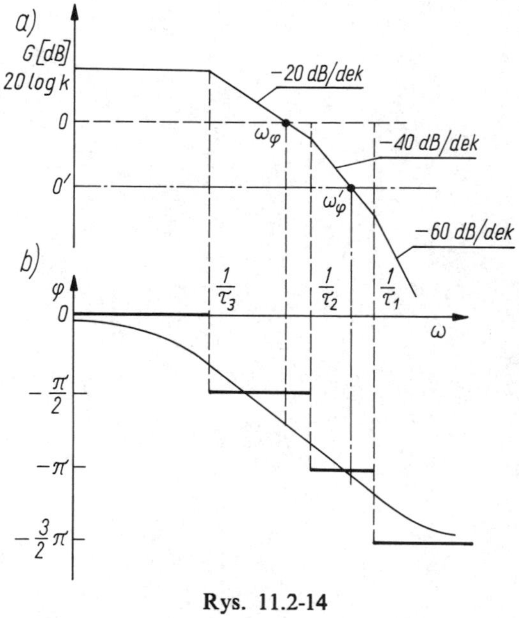

Rys. 11.2-14

Przyjmijmy, że wartość współczynnika k jest niezbyt duża i poziom 0 dB odpowiada na rys. 11.2-14a prostej przerywanej. Zaznaczonej wartości ω_φ, dla której jest spełniony warunek (11.2-31), odpowiada wartość fazy φ zawarta między $-\pi$, a $-\pi/2$. Podobnie wartości fazy $\varphi = -\pi$ odpowiada wartość $G < 0$, a więc wartość $|H_0(j\omega)| < 1$. Mamy zatem do czynienia z sytuacją analogiczną do przedstawionej na rys. 11.2-13 i układ zamknięty jest stabilny.

Rozważmy z kolei przypadek, kiedy wartość współczynnika k jest większa niż poprzednio. Odpowiada temu poziom 0 dB, oznaczony O′ i linią „kreska-kropka" (unikamy w ten sposób rysowania drugiego wykresu). Pulsacja ω'_φ, przy której $G = 0$, wypada teraz na nachyleniu -40 dB/dek. Odpowiadająca temu punktowi faza jest (lub może być) równa w przybliżeniu $-\pi$. Oznacza to, że układ zamknięty jest (lub może być) niestabilny.

Zadania do rozdziału 11

Zadanie 11.1. Dany jest układ równań liniowych:

$$\left.\begin{aligned} -x_1 + 2x_2 - 2x_3 &= -1 \\ x_1 - x_2 + 2x_3 &= 3 \\ 2x_1 - 3x_2 - x_3 &= -1 \end{aligned}\right\}$$

Zapisać te równania w postaci (11.1-7) i otrzymany układ zobrazować geometrycznie za pomocą grafu przepływowego Masona.

Odp.: Na przykład:

$$\left.\begin{aligned} 2x_2 - 2x_3 + x_0 &= x_1 \\ x_1 + 2x_3 - 3x_0 &= x_2 \\ 2x_1 - 3x_2 + x_0 &= x_3 \end{aligned}\right\}$$

Odpowiadający temu układowi graf przepływowy jest pokazany na rys. Z-11.1.

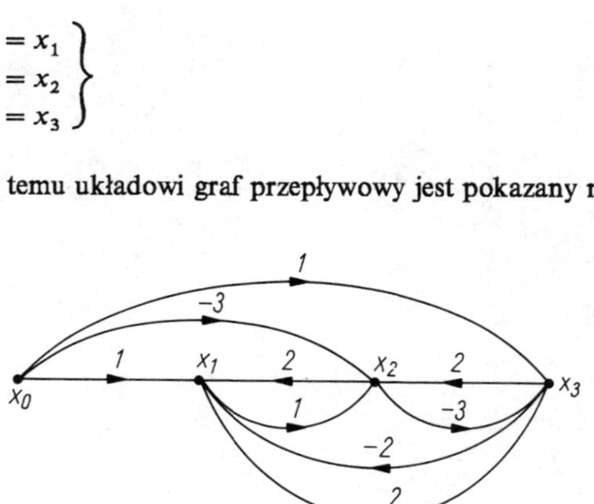

Rys. Z-11.1

Zadanie 11.2. Przyjmując w grafie z rys. Z-11.1 wierzchołek x_0 za wierzchołek źródłowy i wierzchołek x_3 za wierzchołek odbiorczy, wyznaczyć transmitancję $T = x_3/x_0$ metodą przekształcania grafu.

Odp.: $T = 1$

Zadanie 11.3. Przyjmując w grafie z rys. Z-11.1 wierzchołek x_0 za wierzchołek źródłowy i wierzchołek x_3 za wierzchołek odbiorczy, znaleźć wszystkie kaskady o początku x_0 i końcu x_3 i wszystkie pętle grafu oraz wyznaczyć ich transmitancje. Stosując regułę Masona, rozwiązać układ równań z zadania 11.1 (przyjąć np. $x_0 = 1$).

Odp.: $T_1 = 1;\quad T_2 = 9;\quad T_3 = -12;\quad T_4 = -3;\quad T_5 = 2$

$P_1 = 2;\quad P_2 = -6;\quad P_3 = -4;\quad P_4 = 6;\quad P_5 = 8$

$x_1 = 3;\quad x_2 = 2;\quad x_3 = 1$

Zadanie 11.4. Graf przepływowy Masona pewnego dwójnika jest przedstawiony na rys. Z-11.4. Stosując regułę Masona, wyznaczyć impedancję $Z(s) = \bar{u}/\bar{i}$ tego dwójnika.

Odp.: $$Z(s) = \frac{s(s+2)}{(s+1)^2}$$

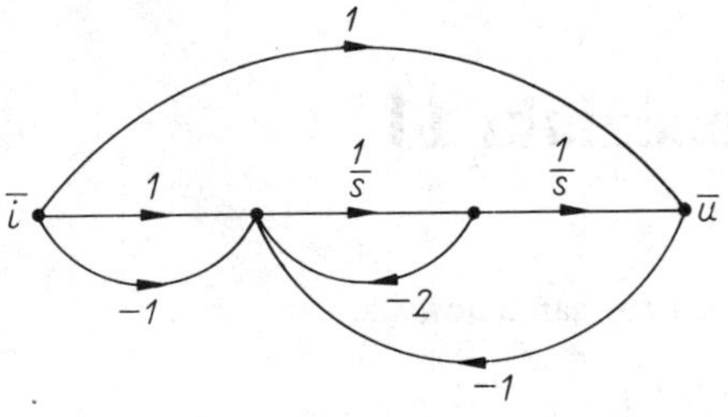

Rys. Z-11.4

Zadanie 11.5. Stosując metodę grafów przepływowych Masona wyznaczyć impedancję $Z(s) = \bar{u}_1/\bar{i}_1$ dwójnika AB przedstawionego na rys. Z-11.5a. Zbadać, dla jakich wartości rzeczywistego parametru k dwójnik AB jest pasywny. Przyjmując $k = 1$, podać dowolną kanoniczną realizację tego dwójnika i obliczyć wartości jej elementów.

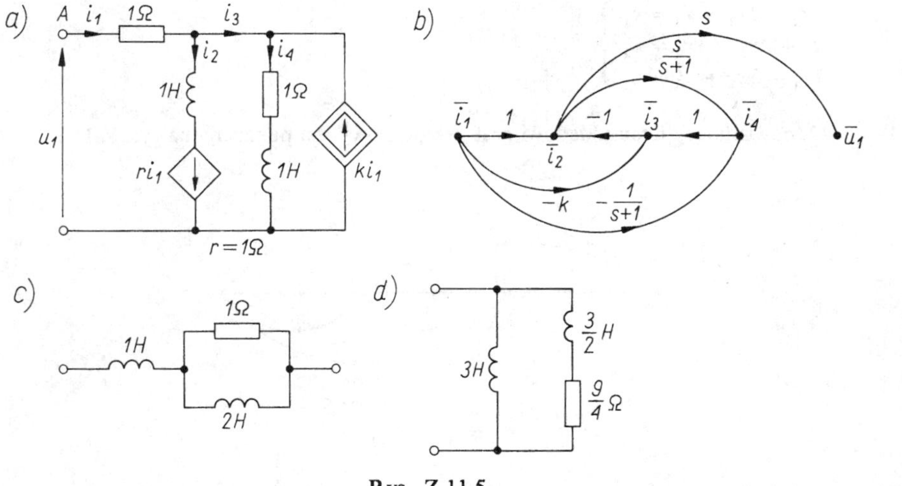

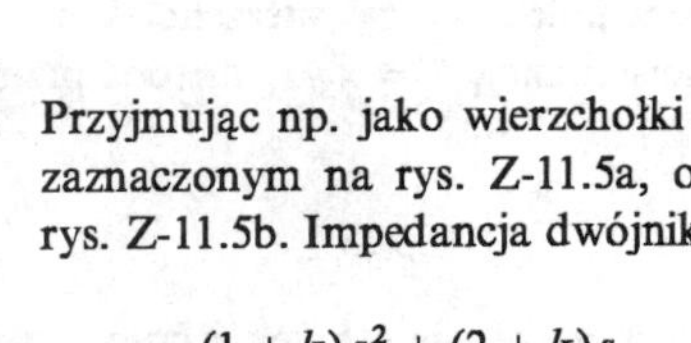

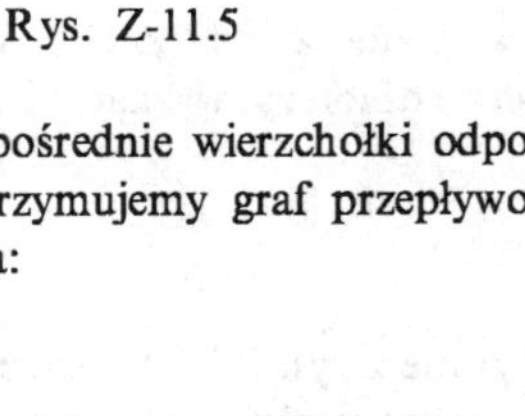

Rys. Z-11.5

Odp.: Przyjmując np. jako wierzchołki pośrednie wierzchołki odpowiadające prądom i_2, i_3, i_4 zaznaczonym na rys. Z-11.5a, otrzymujemy graf przepływowy dwójnika pokazany na rys. Z-11.5b. Impedancja dwójnika:

$$Z(s) = \frac{(1+k)s^2 + (2+k)s}{2s+1}$$

Dwójnik jest pasywny dla $k \geqslant -1$. Realizacja kanoniczna szeregowa przy $k = 1$ jest pokazana na rys. Z-11.5c, zaś realizacja kanoniczna równoległa – na rys. Z-11.5d.

Zadanie 11.6. Przyjmując za wierzchołek źródłowy wierzchołek odpowiadający napięciu u_1, za wierzchołek odbiorczy wierzchołek odpowiadający napięciu u_2 i za wierzchołki pośrednie wierzchołki odpowiadające sygnałom i_1, u_0, u_2, i_3, narysować graf przepływowy Masona dla układu z rys. Z-11.6a (por. przykład 9.3-9 i rys. 9.3-4). Na podstawie tego grafu sprawdzić metodą Masona, że transmitancja napięciowa $H(s) = \bar{u}_2/\bar{u}_1$ układu jest określona wzorem (9.3-34) przy $\tau = 1$ (na schemacie układu są podane znormalizowane wartości elementów).

Odp.: Graf przepływowy Masona układu jest pokazany na rys. Z-11.6b.

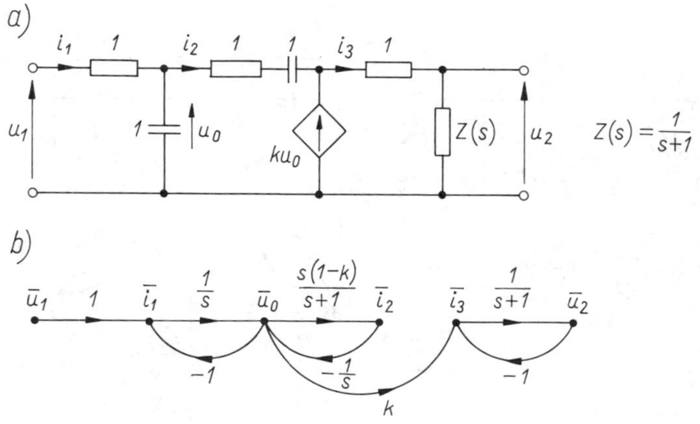

Rys. Z-11.6

Zadanie 11.7. Posługując się metodą grafów przepływowych Masona, wyznaczyć transmitancję napięciową $H(s) = \bar{u}_2/\bar{u}_1$ czwórnika z rys. Z-11.7a i zbadać stabilność układu transmisyjnego o wejściu u_1 i wyjściu u_2 w zależności od rzeczywistego parametru a.

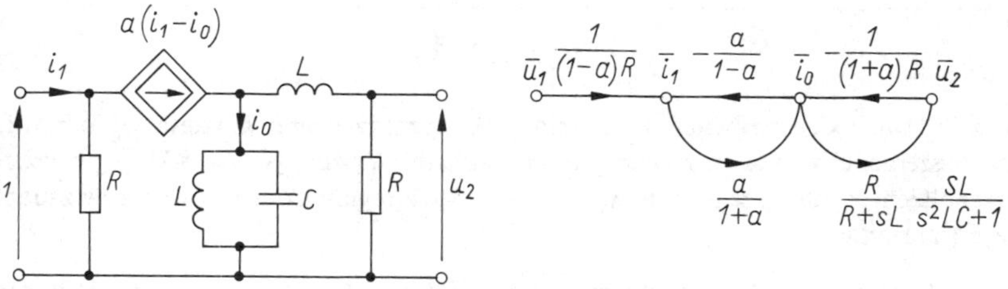

Rys. Z-11.7

Odp.: Przyjmując za wielkości pośrednie np. prądy i_1, i_0, otrzymujemy graf przepływowy Masona pokazany na rys. Z-11.7b. Transmitancja napięciowa czwórnika ma postać:

$$H_u(s) = \frac{aLs}{L^2Cs^3 + RLCs^2 + (2-a)Ls + R}$$

Układ jest stabilny dla $a < 1$.

Zadanie 11.8. Wyznaczyć graf Coatesa G_C odpowiadający macierzy $\boldsymbol{a}$ układu równań z zadania 11.1. Znaleźć wszystkie połączenia w tym grafie i wyznaczyć ich transmitancje.

Odp.: Graf Coatesa G_C jest przedstawiony na rys. Z-11.8a. Połączenia w tym grafie są pokazane na rys. Z-11.8b. Na rysunku tym są podane także transmitancje poszczególnych połączeń.

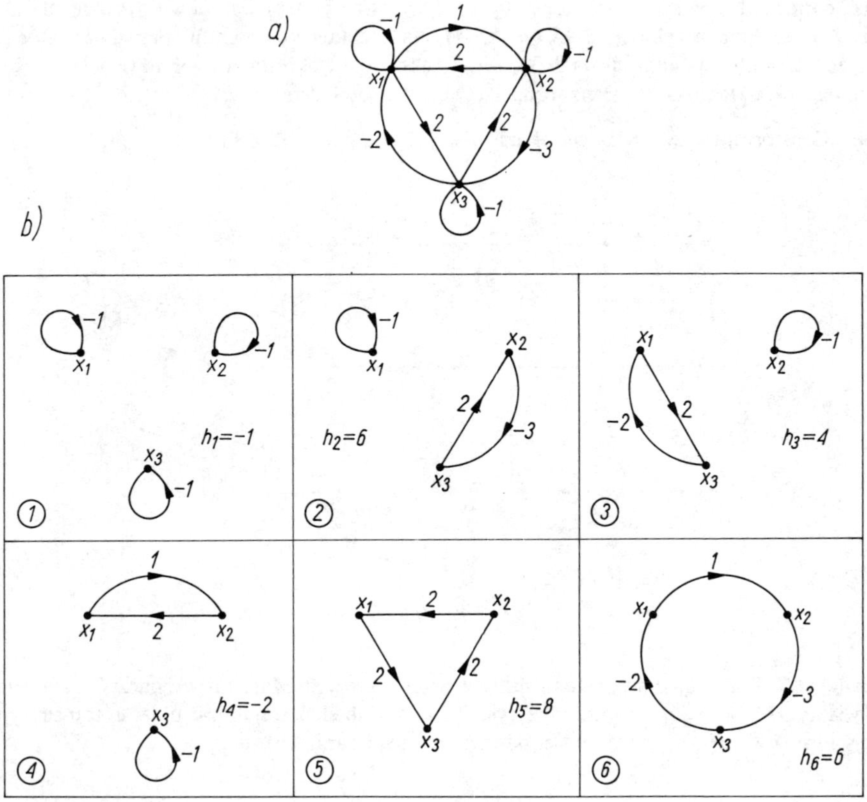

Rys. Z-11.8

Zadanie 11.9. Dla układu równań z zadania 11.1 wyznaczyć graf Coatesa G_C' odpowiadający macierzy rozszerzonej względem macierzy $\boldsymbol{a}$ tego układu. Wyznaczyć wszystkie 1-połączenia między wierzchołkiem x_0 a wierzchołkiem x_2 i, korzystając z reguły Coatesa i wyników zadania 11.8, wyznaczyć transmitancję $T = x_2/x_0$.

Odp.: Graf Coatesa G_C' jest przedstawiony na rys. Z-11.9a. 1-połączenia w tym grafie wraz z ich transmitancjami są podane na rys. Z-11.9b. Transmitancja $T = x_2/x_0 = 2$.

Zadanie 11.10. Wyznaczyć transmitancję $H = y/x$ układu, którego schemat blokowy jest przedstawiony na rys. Z-11.10.

Odp.: $H = \dfrac{s}{s^3 + 3s^2 + 3s + 3}$

Zadanie 11.11. W układzie zamkniętym (rys. 11.2-4a) sygnały $x(t)$ i $z(t)$ są równe zeru dla $t < 0$ i związane zależnościami:

$$y(t) = \int_0^t [x(\tau) - z(\tau)]\,d\tau, \qquad z(t) = \int_0^t b\mathrm{e}^{-a(t-\tau)} y(\tau)\,d\tau$$

Wyznaczyć transmitancję $H(s) = \bar{y}/\bar{x}$. Jaki warunek muszą spełniać parametry a, b, aby odpowiedź impulsowa układu miała postać:

$$h(t) = \mathscr{L}^{-1}[H(s)] = \left(1 + \frac{1}{2}at\right)e^{\frac{-at}{2}} \mathbf{1}(t)$$

Odp.: $H(s) = \dfrac{s+a}{s^2 + as + b}$, $\quad b = \dfrac{a^2}{4}$

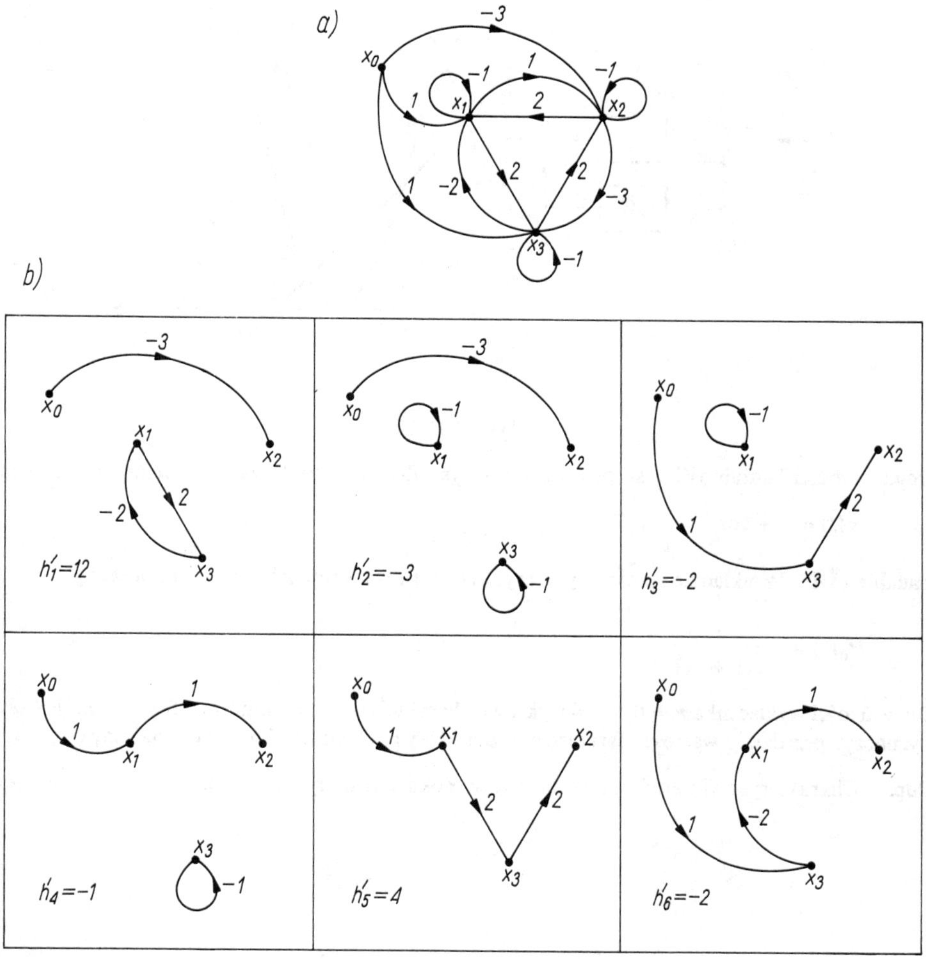

Rys. Z-11.9

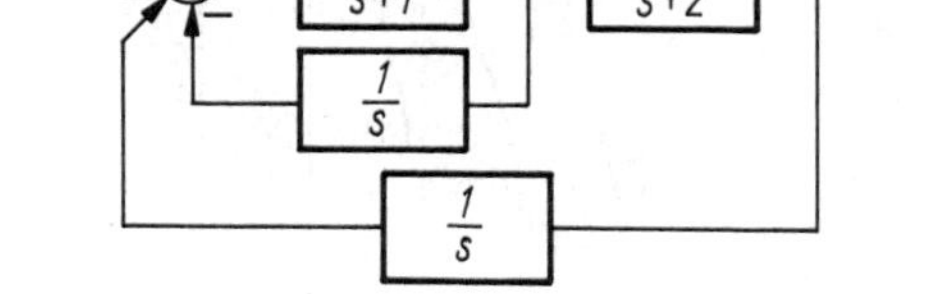

Rys. Z-11.10

Zadanie 11.12. Dany jest układ zamknięty przedstawiony na rys. Z-11.12a. Odpowiedzi jednostkowe gałęzi głównej i pętli sprzężenia zwrotnego mają odpowiednio postacie:

$$r_1(t) = [1-(1+t)e^{-t}]\mathbf{1}(t), \qquad r_2(t) = \frac{A}{\beta}(1-e^{-\beta t})\mathbf{1}(t)$$

Zbadać stabilność tego układu w zależności od parametrów A, β. Wykreślić obszar stabilności na płaszczyźnie (β, A). Przyjmując wartości $\beta = 1$, $A = 2$, wyznaczyć odpowiedź $y(t)$ układu na pobudzenie $x(t) = 3 + \sqrt{2}\cos(t + 45°)$, $t \in (-\infty, \infty)$.

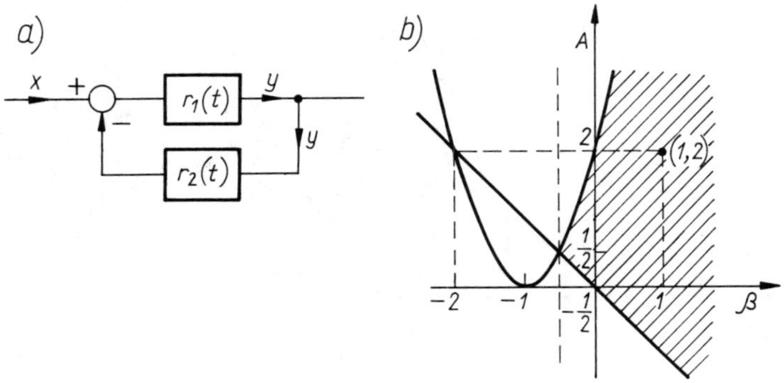

Rys. Z-11.12

Odp.: Obszar stabilności jest pokazany na rys. Z-11.12b (pole zakreskowane bez brzegu).

$y(t) = 1 + \cos t$

Zadanie 11.13. W układzie zamkniętym z rys. 11.2-11a transmitancja $H_0(s)$ ma postać:

$$H_0(s) = \frac{k}{s\tau(1+s\tau)^n}$$

Dla wartości wykładnika $n = 0, \ldots, 4$ wykreślić charakterystyki amplitudowo-fazowe $H_0(j\omega)$ oraz wyznaczyć przedziały wartości parametru k, dla których układ zamknięty jest stabilny.

Odp.: Charakterystyki amplitudowo-fazowe są pokazane na rys. Z-11.13.

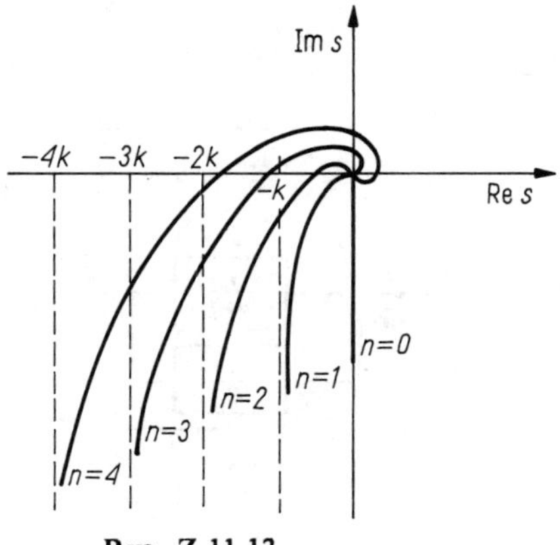

Rys. Z-11.13

Dla $n = 0, 1$ układ zamknięty jest stabilny dla każdego k. Dla $n \geqslant 2$ układ jest stabilny w przedziale $0 < k < k_{gr}$, gdzie:

$$k_{gr} = \frac{\operatorname{tg}\frac{\pi}{2n}}{\cos^n \frac{\pi}{2n}}$$

Dla $n = 2$: $k_{gr} = 2$; dla $n = 3$: $k_{gr} = \frac{8}{9}$; dla $n = 4$: $k_{gr} = 0{,}568$; itd.

Zadanie 11.14. Przyjmując $n = 2$ oraz $k = 1$, obliczyć margines fazy i margines amplitudy dla układu rozpatrywanego w zadaniu 11.13.

Odp.: $\omega_\varphi = \frac{0{,}682}{\tau}$, $\omega_a = \frac{1}{\tau}$, $\Delta\varphi = 21°25'$, $\Delta A = 2$.

Rozdział 12

METODA RÓWNAŃ STANU

Rozpatrywane dotychczas metody analizy układów były oparte bądź na opisie sieciowym, bądź na opisie zaciskowym układu. Przedstawimy obecnie jeszcze jeden sposób opisu układów, który tworzą tzw. *równania stanu*. Opis ten ma charakter bardzo ogólny i można go stosować praktycznie dla całej klasy układów skupionych, pracujących zarówno w czasie ciągłym, jak i w czasie dyskretnym. Łączy on w sobie zasadnicze cechy zarówno opisu sieciowego, jak i zaciskowego, a oparta na nim metoda analizy układów, zwana *metodą równań stanu*[1)], ma szereg istotnych zalet w porównaniu z metodami sieciowymi i zaciskowymi.

O zaletach danej metody w praktycznej analizie układów elektrycznych decydują obecnie dwa zasadnicze czynniki: stopień ogólności metody, a więc możliwość jej zastosowania do jak najszerszej klasy układów, oraz właściwości numeryczne implementacji komputerowych metody, na które składają się prostota oprogramowania, mała złożoność obliczeniowa i jednocześnie duża dokładność algorytmów analizy. Istotna jest przy tym możliwość efektywnego obliczania numerycznego szukanych przebiegów, charakterystyk czasowych, czy też zer i biegunów odpowiednich transmitancji. W chwili obecnej najszerzej rozwiniętymi i najbardziej efektywnymi metodami komputerowej analizy układów elektrycznych są metody oparte na zmodyfikowanej metodzie węzłowej (p. 7.3.8-C). W niektórych jednak zagadnieniach korzystniej jest stosować metody analizy wywodzące się z opisu za pomocą równań stanu. Na przykład zagadnienie wyznaczania zer i biegunów transmitancji układu SLS sprowadza się w metodzie równań stanu do wyznaczania wartości własnych odpowiednich macierzy rzeczywistych, a więc do problemu, dla którego istnieją wszechstronnie opracowane i dobrze uwarunkowane metody numeryczne. Szczególne korzyści odnosi się tu w przypadku analizy bardzo dużych układów. W odniesieniu do układów SLS metoda równań stanu ma także inne zalety. Z opisu układu SLS za pomocą równań stanu można w łatwy sposób przejść na jego

[1)] Stosowane są również nazwy: *metoda zmiennych stanu* lub *metoda przestrzeni stanów*.

opis transmisyjny. Przejście to jest równie proste dla układów o jednym wejściu i jednym wyjściu, jak dla układów o wielu wejściach i wielu wyjściach. Wychodząc od opisu układu SLS za pomocą równań stanu, można ponadto w sposób ogólny i elegancki zbadać jego stabilność. Z tych względów metoda równań stanu znalazła szerokie zastosowanie nie tylko w analizie układów elektrycznych, lecz ogólniej w teorii systemów, w analizie układów dynamicznych, w tym przede wszystkim w teorii sterowania. Metoda równań stanu nie jest oczywiście pozbawiona pewnych wad. Można wśród nich wymienić problem niejednoznaczności opisu za pomocą równań stanu, niekiedy znaczny stopień komplikacji takiego opisu, a także trudności z formułowaniem równań stanu w przypadku niektórych układów nieliniowych.

W rozdziale tym omówimy podstawowe cechy i właściwości opisu układów za pomocą równań stanu w ujęciu dostosowanym do potrzeb analizy układów elektrycznych. Przedyskutujemy problem doboru zmiennych stanu i omówimy krótko metody rozwiązywania równań stanu w przypadku układów SLS. Rozważymy także zagadnienie stabilności układów SLS.

12.1. OPIS UKŁADÓW ZA POMOCĄ RÓWNAŃ STANU

12.1.1. Ogólne sformułowanie równań stanu

A. Pojęcie stanu układu. Rozważmy dowolny skupiony układ elektryczny, w którym działają pewne pobudzenia (źródła niezależne) $x_1, x_2, \ldots, x_r$. Sygnały pobudzające x_i, $i = 1, \ldots, r$, będziemy nazywać *sygnałami wejściowymi* lub krótko *wejściami*. Wektor $\mathbf{x} = [x_1, x_2, \ldots, x_r]^T$ nazwiemy *wektorem wejść*.

Ogólnie mówiąc, przez pojęcie *stanu układu* w chwili t_0 rozumiemy najmniej liczny zbiór liczb, będących wartościami w chwili t_0 pewnych sygnałów elektrycznych występujących w układzie (lub ich kombinacji liniowych) i nazywanych *zmiennymi stanu* (lub *współrzędnymi stanu*), mający tę właściwość, że jego znajomość pozwala określić jednoznacznie przyszłe zachowanie układu w chwilach $t \geqslant t_0$ dla dowolnych wejść x_i doprowadzonych do układu dla $t \geqslant t_0$ i należących do pewnej klasy sygnałów. Zgodnie z tą definicją każdy sygnał występujący w układzie jest jednoznacznie określony w każdej chwili $t > t_0$ przez stan układu w chwili t_0 oraz znane wejścia określone dla $t \geqslant t_0$ i nie zależy od stanów układu i wejść przed chwilą t_0. W szczególności stan układu w dowolnej chwili $t > t_0$ jest jednoznacznie określony jedynie przez jego stan w chwili t_0 i wejścia określone dla $t \geqslant t_0$.

Załóżmy, że stan układu jest określony przez n zmiennych stanu v_1, $v_2, \ldots, v_n$. Wektor $\mathbf{v} = [v_1, v_2, \ldots, v_n]^T$ nazywamy *wektorem stanu*. Stan układu w chwili t możemy zatem uważać za punkt w n-wymiarowej przestrzeni, zwanej *przestrzenią stanów*. Liczbę n będziemy nazywać *rzędem* (*wymiarem*) *układu*.

B. Równania stanu układów skupionych. Przyjmiemy, na razie, że rozważany układ skupiony może być w ogólnym przypadku układem nieliniowym i/lub niestacjonarnym. Układ ten jest w pełni opisany równaniami sieciowymi, na które składają się równania wynikające z napięciowego i prądowego prawa Kirchhoffa oraz równania elementów (równania gałęziowe). Jak pamiętamy (por. p. 2.1.5-A w tomie I), równania sieciowe układu skupionego można przedstawić w postaci równań różniczkowych zwyczajnych i/lub równań algebraicznych, w których występują funkcje tylko jednej zmiennej – czasu t.

Przypuśćmy teraz, że w rozważanym układzie zostało wyodrębnionych n zmiennych stanu $v_1, \ldots, v_n$. Jeżeli równania sieciowe układu dadzą się sprowadzić do n liniowo niezależnych równań różniczkowych rzędu pierwszego o postaci normalnej (kropka oznacza tu pierwszą pochodną względem czasu):

$$\dot{v}_i = f_i(v_1, v_2, \ldots, v_n; x_1, \ldots, x_r; t), \qquad i = 1, \ldots, n \tag{12.1-1}$$

to powiemy, że układ ten można opisać *równaniami stanu*.

Definiując funkcję wektorową $\boldsymbol{f} = [f_1(\boldsymbol{v}; \boldsymbol{x}; t), f_2(\boldsymbol{v}; \boldsymbol{x}; t), \ldots, f_n(\boldsymbol{v}; \boldsymbol{x}; t)]^T$, gdzie $\boldsymbol{v}$ jest wektorem stanu, a $\boldsymbol{x}$ wektorem wejść, równania (12.1-1) można zapisać w postaci wektorowej:

$$\dot{\boldsymbol{v}} = \boldsymbol{f}(\boldsymbol{v}; \boldsymbol{x}; t) \tag{12.1-2}$$

Z reguły w każdym praktycznym problemie analizy wyodrębnia się w układzie pewien zbiór sygnałów $y_1, y_2, \ldots, y_m$, w których wyznaczeniu jesteśmy zainteresowani. Sygnały te tworzą pewien podzbiór zbioru sygnałów występujących w układzie i są nazywane *sygnałami wyjściowymi* lub krótko *wyjściami*. Wektor tych sygnałów $\boldsymbol{y} = [y_1, y_2, \ldots, y_m]^T$ jest nazywany *wektorem wyjść*. Wśród elementów tego wektora mogą między innymi wystąpić także zmienne stanu. Układ możemy wówczas traktować jako układ transmisyjny (rys. 12.1-1) o r wejściach i m wyjściach. Zgodnie z określeniem pojęcia stanu układu, wektor wyjść jest funkcją zmiennych stanu i wejść, tzn.:

$$\boldsymbol{y} = \boldsymbol{g}(\boldsymbol{v}; \boldsymbol{x}; t) \tag{12.1-3}$$

gdzie $\boldsymbol{g}$ oznacza pewną funkcję wektorową.

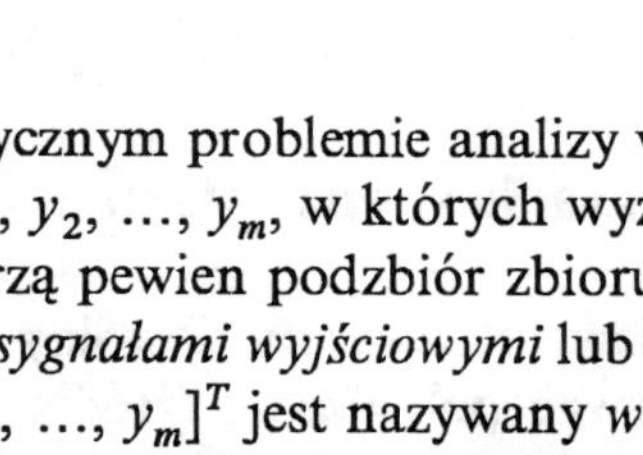

Rys. 12.1-1

Równania:

$$\left.\begin{aligned} \dot{\boldsymbol{v}} &= \boldsymbol{f}(\boldsymbol{v}; \boldsymbol{x}; t) \\ \boldsymbol{y} &= \boldsymbol{g}(\boldsymbol{v}; \boldsymbol{x}; t) \end{aligned}\right\} \tag{12.1-4}$$

stanowią pełny opis układu skupionego za pomocą równań stanu. Pierwsze z nich jest nazywane *równaniem stanu*, drugie zaś – *równaniem wyjścia*.

C. Równania stanu układów stacjonarnych, układów liniowych i układów SLS. W przypadku gdy układ skupiony jest stacjonarny, w jego równaniach sieciowych nie występuje w jawnej formie czas. Równania stanu układu skupionego stacjonarnego przyjmują zatem postać:

$$\left.\begin{aligned} \dot{\boldsymbol{v}} &= \boldsymbol{f}(\boldsymbol{v};\ \boldsymbol{x}) \\ \boldsymbol{y} &= \boldsymbol{g}(\boldsymbol{v};\ \boldsymbol{x}) \end{aligned}\right\} \tag{12.1-5}$$

Jeżeli układ skupiony jest liniowy, funkcje $\boldsymbol{f}$ i $\boldsymbol{g}$ są liniowe i równania stanu (12.1-5) dadzą się wówczas zapisać w postaci układu równań liniowych o postaci:

$$\left.\begin{aligned} \dot{\boldsymbol{v}} &= \boldsymbol{A}(t)\boldsymbol{v} + \boldsymbol{B}(t)\boldsymbol{x} \\ \boldsymbol{y} &= \boldsymbol{C}(t)\boldsymbol{v} + \boldsymbol{D}(t)\boldsymbol{x} \end{aligned}\right\} \tag{12.1-6}$$

W równaniach tych $\boldsymbol{A}(t)$, $\boldsymbol{B}(t)$, $\boldsymbol{C}(t)$, $\boldsymbol{D}(t)$ są macierzami, odpowiednio o wymiarach: $n \times n$, $n \times r$, $m \times n$ i $m \times r$, których elementy $A_{ij}(t)$, $B_{ij}(t)$, $C_{ij}(t)$, $D_{ij}(t)$ są rzeczywistymi funkcjami czasu zależnymi tylko od zmiennych w czasie parametrów układu. W przypadku gdy układ liniowy jest jednocześnie układem stacjonarnym, parametry te są stałe w czasie, zatem równania stanu układu SLS przyjmują postać:

$$\left.\begin{aligned} \dot{\boldsymbol{v}} &= \boldsymbol{A}\boldsymbol{v} + \boldsymbol{B}\boldsymbol{x} \\ \boldsymbol{y} &= \boldsymbol{C}\boldsymbol{v} + \boldsymbol{D}\boldsymbol{x} \end{aligned}\right\} \tag{12.1-7}$$

gdzie macierze $\boldsymbol{A}$, $\boldsymbol{B}$, $\boldsymbol{C}$, $\boldsymbol{D}$ są rzeczywistymi macierzami liczbowymi.

D. Uwagi o postaci równań stanu układów SLS. W ogólnym przypadku, jeżeli w układzie SLS jako zmienne stanu zostały przyjęte sygnały bezpośrednio występujące w układzie, np. prądy i/lub napięcia elementów, to w równaniu stanu (pierwszy ze wzorów (12.1-7)) mogą pojawić się wyrazy zależne od pochodnych wejść. Sytuacja taka może np. mieć miejsce, gdy w układzie występują źródła sterowane (por. przykład 12.1-3). Dokonując jednak odpowiedniej zamiany zmiennych stanu, można zawsze sprowadzić równanie stanu do postaci pierwszego równania (12.1-7), w której pochodne wejść nie wystąpią (por. np. [4], str. 326 i 338). Możemy zatem przyjąć, że równanie:

$$\dot{\boldsymbol{v}} = \boldsymbol{A}\boldsymbol{v} + \boldsymbol{B}\boldsymbol{x} \tag{12.1-8}$$

jest ogólną postacią równania stanu układu SLS. Zakładamy przy tym, zgodnie z uwagami z p. A, że przy zadanym warunku początkowym $\boldsymbol{v}(t_0)$ i znanym wektorze wejść $\boldsymbol{x} = \boldsymbol{x}(t)$ określonych dla $t > t_0$ i należących do pewnej klasy sygnałów, równanie (12.1-8) ma dla $t \geqslant t_0$ jednoznacznie określone rozwiązanie $\boldsymbol{v} = \boldsymbol{v}(t)$.

Inaczej nieco wygląda sprawa z równaniem wyjścia (drugi ze wzorów (12.1-7)). Może bowiem zdarzyć się, że przy danym wyborze wektora wyjść $\boldsymbol{y}$ równanie wyjścia będzie zawierać wyrazy zależne od pochodnych wejść, przy czym wyrazów tych nie da się zredukować. W takim przypadku równanie wyjścia przybiera ogólniejszą postać (por. np. [4], str. 313, [12], str. 273):

$$\boldsymbol{y} = \boldsymbol{C}\boldsymbol{v} + \boldsymbol{D}\boldsymbol{x} + [\boldsymbol{D}_1\dot{\boldsymbol{x}} + \ldots] \tag{12.1-9}$$

Istnieje jednak szeroka i ważna podklasa układów SLS, dla których równanie wyjścia nie zawiera wyrazów zależnych od pochodnych wejść, tzn. których równania stanu mają postać (12.1-7). Układy takie są nazywane *układami właściwymi* SLS[1)].

E. Nieuchronne pytania. Uważny Czytelnik zadaje sobie zapewne w tym miejscu pytania: Czy każdy układ skupiony można opisać równaniami stanu, a jeśli nie, to dla jakich klas układów opis ten istnieje? Jakie wielkości należy przyjmować za zmienne stanu i w jaki sposób można wyodrębnić w układzie zbiór wielkości mający cechy zbioru zmiennych stanu? Jak można wyznaczyć liczność tego zbioru, tj. ustalić rząd układu?

Odpowiedzi na te pytania nie są proste. Wydaje się intuicyjnie oczywiste, że nie dla każdego układu skupionego istnieje opis w postaci równań stanu. Jako przykład można tu choćby wymienić układ nieliniowy zawierający elementy nieliniowe o niejednoznacznych charakterystykach. Jak wiadomo, w układzie takim nie zawsze można wyznaczyć jednoznacznie prądy i napięcia. Jeśli tak jest istotnie, w układzie tym nie można wyodrębnić zbioru zmiennych spełniających wymogi stawiane zbiorowi zmiennych stanu, zgodnie z którymi znajomość wartości tych zmiennych w chwili początkowej t_0 musi zapewniać jednoznaczne rozwiązanie równań stanu dla każdego wejścia działającego dla $t \geqslant t_0$ i należącego do pewnej klasy sygnałów. Można wprawdzie, ograniczając klasę układów nieliniowych, próbować ustalać różne rodzaje warunków dostatecznych, zapewniających dla danego układu nieliniowego istnienie opisu za pomocą równań stanu, ale postać tych warunków jest z reguły bardzo złożona i mało czytelna. Ogólnie rzecz biorąc, zagadnienia opisu i analizy układów nieliniowych i/lub niestacjonarnych w kategoriach równań stanu są bardzo złożone i ich omówienie, choćby w zarysie, wykracza poza ramy niniejszej książki. W dalszych rozważaniach

---

1) To, czy układ SLS jest układem właściwym, czy nie, może zależeć od wyboru wektora wyjść $\boldsymbol{y}$. Dla uniknięcia niejasności, przez pojęcie układu właściwego będziemy zatem rozumieć taki układ SLS, który przy ustalonym wektorze wyjść można opisać równaniami stanu o postaci (12.1-7) – por. przykład 12.1-3.

ograniczymy się zatem do układów SLS (głównie układów właściwych SLS), odsyłając Czytelnika zainteresowanego problematyką opisu i analizy szerszych klas układów w formalizmie równań stanu do literatury (patrz np. [4] rozdz. 11 i 12).

12.1.2. Opis układów SLS za pomocą równań stanu

A. Zmienne stanu a warunki początkowe. Postawmy ponownie pytania z p. 12.1.1-E w odniesieniu do układów SLS. Postaramy się odpowiedzieć najpierw na dwa ostatnie pytania.

Rozważmy układ SLS zawierający elementy inercyjne. Wśród równań sieciowych tego układu występują zatem równania różniczkowe. Nie przesądzając, na razie, czy jest to możliwe, zakładamy, że równania sieciowe tego układu dadzą się sprowadzić do układu równań różniczkowych rzędu pierwszego o postaci normalnej, tworzących równania stanu układu (pierwsze z równań (12.1-7)) względem zmiennych stanu $v_1, \ldots, v_n$. Nie rozstrzygamy jeszcze, jakie są to wielkości. Z ogólnej teorii równań różniczkowych zwyczajnych wiadomo, że rozwiązanie ogólne układu n równań różniczkowych rzędu pierwszego jest określone z dokładnością do n dowolnych stałych, do wyznaczenia których jest wymagana znajomość zbioru n niezależnych warunków początkowych. Z definicji zmiennych stanu wynika, że zbiorem takim jest zbiór $v_1(t_0), \ldots, v_n(t_0)$ wartości zmiennych stanu w chwili początkowej t_0. Znając te wartości, możemy rozwiązać jednoznacznie równanie stanu układu i, w konsekwencji, wyznaczyć dla $t \geqslant t_0$ dowolny sygnał występujący w układzie dla każdego zbioru wejść $x_1, \ldots, x_r$ z określonej klasy wejść, działających w tym układzie dla $t \geqslant t_0$. Można zatem powiedzieć, że zbiór $v_1(t_0), \ldots, v_n(t_0)$ stanowi pamięć układu w chwili $t = t_0$, tzn. reprezentuje tę informację o przeszłości układu, której znajomość umożliwia jednoznaczne określenie przyszłego zachowania układu dla dowolnych pobudzeń należących do danej klasy pobudzeń. Jak pamiętamy (por. p. 2.2.1-B w tomie I i p. 6.1.3-F w tomie II), dla układów SLS informacja taka jest zawarta w zbiorze zasobów energii zgromadzonej w układzie w chwili t_0. A ponieważ stan energetyczny układu SLS w chwili t_0 jest określony jednoznacznie przez zbiór wartości n i e z a l e ż n y c h prądów w indukcyjnościach i napięć na pojemnościach w chwili t_0, zatem:

Jako zbiór zmiennych stanu układu SLS można przyjąć zbiór niezależnych prądów w indukcyjnościach i niezależnych napięć na pojemnościach.

Czy jest to jedyny możliwy wybór zbioru zmiennych stanu w układzie SLS? Odpowiedź jest oczywista – nie. W ogólnym przypadku zbiór zmiennych stanów można wybrać w taki sposób, aby znalazły się w nim odpowiednie kombinacje liniowe prądów w indukcyjnościach i/lub napięć na pojemnościach (por. p. 12.2.2-C). Mogą w nim także wystąpić wielkości nie będące prądami w indukcyjnościach lub napięciami na pojemnościach. Podane stwierdzenie oznacza jedynie, że jeśli dla danego układu istnieje zbiór zmiennych stanu, to zbiór niezależnych prądów w indukcyjnościach i niezależnych napięć na pojemnościach jest nim na pewno (por. p. B).

B. Rząd układu SLS. Omawiając w rozdziale 6 w tomie II stany nieustalone w obwodach SLS wyższych rzędów, określiliśmy rząd układu SLS (jego stopień Mc Millana) jako sumę niezależnych indukcyjności i pojemności występujących w układzie (por. p. 6.1.3-F). Z rozważań przeprowadzonych w p. A wynika, że definicja ta jest zgodna z ogólną definicją rzędu układu skupionego, który został określony w p. 12.1.1-A jako liczba zmiennych stanu układu. Kwestią otwartą jest natomiast wyznaczenie rzędu danego układu SLS. Ustalenie rzędu układu SLS nie jest, wbrew pozorom, zagadnieniem prostym. Stosunkowo łatwo można określić rząd układów SLS zawierających tylko elementy *RLC* i źródła niezależne. Dla tej klasy układów można bowiem podać jednoznaczne kryterium ustalania liczby niezależnych indukcyjności i pojemności.

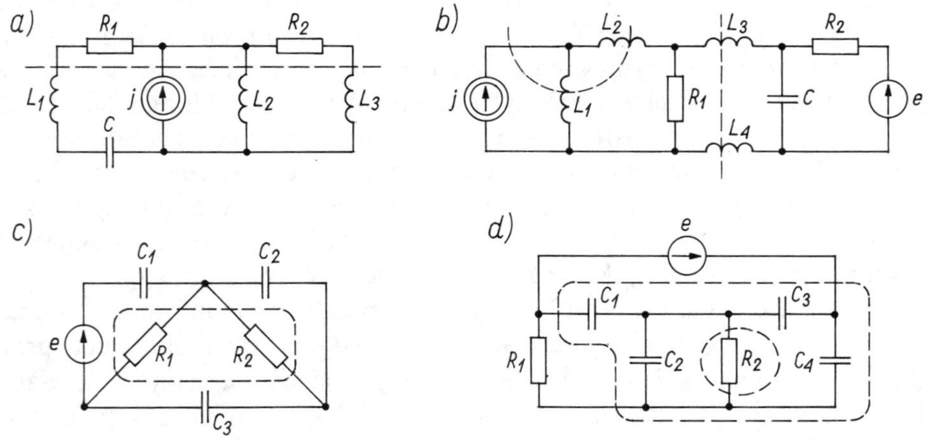

Rys. 12.1-2

Oznaczmy przez n_{LC} liczbę wszystkich indukcyjności i pojemności występujących w układzie. Prądy w indukcyjnościach nie mogą być w układzie *RLC* określone niezależnie tylko wówczas, gdy w układzie tym występują przekroje (por. p. 7.1.4-A) zawierające jedynie indukcyjności i ewentualnie niezależne źródła prądowe. Przekroje takie są nazywane *przekrojami LJ* (por. p. 7.3.7-C3). Liczbę niezależnych przekrojów *LJ* w układzie oznaczymy n_{LJ}. Przykłady prostych układów *RLC*, w których występują przekroje *LJ* są pokazane na rys. 12.1-2a,b (por. także rys. 6.1-22b w tomie II). Podobnie napięcia na pojemnościach nie mogą być określone w układzie *RLC* niezależnie tylko wówczas, gdy w układzie tym występują obwody zawierające jedynie pojemności i ewentualnie niezależne źródła napięciowe. Obwody takie są nazywane *obwodami CE*. Liczbę niezależnych obwodów *CE* występujących w układzie oznaczymy n_{CE}. Przykłady układów zawierających obwody *CE* są pokazane na rys. 12.1-2c,d (por. także rys. 6.1-22a w tomie II). Dla układów *RLC* można sformułować zatem następującą właściwość (por. [4], str. 317):

Rząd układu RLC jest równy liczbie wszystkich indukcyjności i pojemności występujących w układzie, zmniejszonej o sumę wszystkich niezależnych przekrojów LJ i niezależnych obwodów CE, tj.

$$n = n_{LC} - (n_{LJ} + n_{CE}) \tag{12.1-10}$$

Jeżeli w układzie nie występują ani przekroje LJ, ani obwody CE, to jego rząd jest równy liczbie wszystkich indukcyjności i pojemności, tj. $n = n_{LC}$.

Regułę tę można rozciągnąć na układy zawierające, oprócz elementów *RLC*, także inne bezinercyjne elementy pasywne, np. transformatory idealne i żyratory. Przestaje ona jednak obowiązywać, jeśli w układzie wystąpią indukcyjności sprzężone o współczynnikach sprzężeń równych jedności, a także, gdy zawiera on elementy aktywne, np. źródła sterowane lub opory ujemne. Ustalenie rzędu układu dla tych klas układów jest w ogólnym przypadku skomplikowane. Nie można bowiem wówczas podać ogólnej formuły określającej rząd układu i w każdym przypadku musi on być ustalony indywidualnie. Można co najwyżej podać następujące ograniczenie:

$$0 \leqslant n \leqslant n_{LC} - (n_{LJ} + n_{CE}) \tag{12.1-11}$$

C. Przykłady. Rozpatrzymy teraz kilka przykładów.

Przykład 12.1-1. Wyznaczymy równanie stanu szeregowego obwodu rezonansowego *RLC* pobudzanego idealnym źródłem napięciowym *e* (rys. 12.1-3). Przyjmując prąd *i* oraz napięcie u_L jako zmienne wyjściowe wyznaczymy ponadto równanie wyjścia.

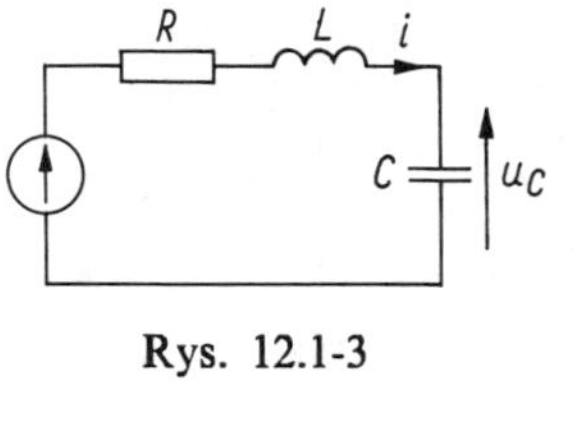

Rys. 12.1-3

W obwodzie nie występują indukcyjności i pojemności zależne, zatem jest to układ rzędu $n = 2$. Mamy ponadto $r = 1$ oraz $m = 2$. Jako zmienne stanu przyjmujemy prąd w indukcyjności *i* oraz napięcie na pojemności u_C. Na równania sieciowe obwodu składają się:

– równanie równowagi napięć: $e = u_R + u_L + u_C$

– równania elementów: $u_R = Ri, \quad u_L = L\dfrac{di}{dt}, \quad i = C\dfrac{du_C}{dt}$

Równania te bez trudu przekształcamy do równań stanu:

$$\left.\begin{aligned}\frac{di}{dt} &= -\frac{R}{L}i - \frac{1}{L}u_C + \frac{1}{L}e\\ \frac{du_C}{dt} &= \frac{1}{C}i\end{aligned}\right\}$$

Równania wyjść mają postać:

$$\left.\begin{aligned}i &= i\\ u_L &= -Ri - u_C + e\end{aligned}\right\}$$

Zapisując równanie stanu i równanie wyjść w formie macierzowej, otrzymujemy:

$$\begin{bmatrix}\frac{di}{dt}\\ \frac{du_C}{dt}\end{bmatrix} = \begin{bmatrix}-\frac{R}{L} & -\frac{1}{L}\\ \frac{1}{C} & 0\end{bmatrix}\begin{bmatrix}i\\ u_C\end{bmatrix} + \begin{bmatrix}\frac{1}{L}\\ 0\end{bmatrix}e$$

$$\begin{bmatrix}i\\ u_L\end{bmatrix} = \begin{bmatrix}1 & 0\\ -R & -1\end{bmatrix}\begin{bmatrix}i\\ u_C\end{bmatrix} + \begin{bmatrix}0\\ 1\end{bmatrix}e$$

a więc:

$$\boldsymbol{A} = \begin{bmatrix}-\frac{R}{L} & -\frac{1}{L}\\ \frac{1}{C} & 0\end{bmatrix}, \quad \boldsymbol{B} = \begin{bmatrix}\frac{1}{L}\\ 0\end{bmatrix}, \quad \boldsymbol{C} = \begin{bmatrix}1 & 0\\ -R & -1\end{bmatrix}, \quad \boldsymbol{D} = \begin{bmatrix}0\\ 1\end{bmatrix}$$

Przykład 12.1-2. Wyznaczymy równanie stanu i równanie wyjść dla układu pokazanego na rys. 12.1-4. Jako zmienne wyjściowe przyjmiemy prądy w poszczególnych gałęziach układu: i, i_{C_1}, i_L, i_{C_2}.

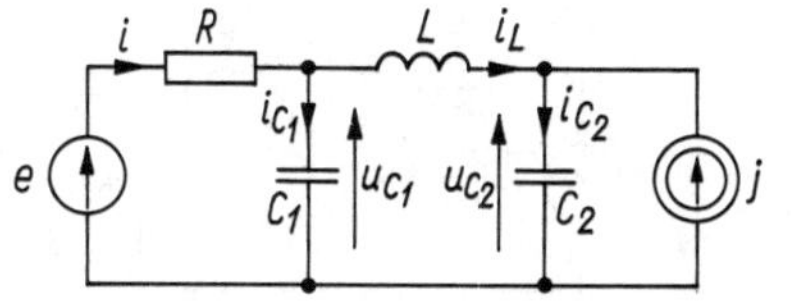

Rys. 12.1-4

Dla układu tego mamy: $n = 3$, $r = 2$, $m = 4$. Układ opisują następujące równania sieciowe:

$$i = C_1\frac{du_{C_1}}{dt} + i_L, \qquad e = Ri + u_{C_1},$$

$$C_2\frac{du_{C_2}}{dt} = i_L + j, \qquad u_{C_1} = L\frac{di_L}{dt} + u_{C_2}$$

Wybierając jako zmienne stanu prąd w indukcyjności i_L oraz napięcia na pojemnościach u_{C_1}, u_{C_2}, z równań sieciowych otrzymujemy po prostych przekształceniach równanie stanu:

$$\begin{bmatrix} \frac{di_L}{dt} \\ \frac{du_{C_1}}{dt} \\ \frac{du_{C_2}}{dt} \end{bmatrix} = \begin{bmatrix} 0 & \frac{1}{L} & -\frac{1}{L} \\ -\frac{1}{C_1} & -\frac{1}{RC_1} & 0 \\ \frac{1}{C_2} & 0 & 0 \end{bmatrix} \begin{bmatrix} i_L \\ u_{C_1} \\ u_{C_2} \end{bmatrix} + \begin{bmatrix} 0 & 0 \\ \frac{1}{RC_1} & 0 \\ 0 & \frac{1}{C_2} \end{bmatrix} \begin{bmatrix} e \\ j \end{bmatrix}$$

oraz równanie wyjścia:

$$\begin{bmatrix} i \\ i_{C_1} \\ i_L \\ i_{C_2} \end{bmatrix} = \begin{bmatrix} 0 & -\frac{1}{R} & 0 \\ -1 & -\frac{1}{R} & 0 \\ 1 & 0 & 0 \\ 1 & 0 & 0 \end{bmatrix} \begin{bmatrix} i_L \\ u_{C_1} \\ u_{C_2} \end{bmatrix} + \begin{bmatrix} \frac{1}{R} & 0 \\ \frac{1}{R} & 0 \\ 0 & 0 \\ 0 & 1 \end{bmatrix} \begin{bmatrix} e \\ j \end{bmatrix}$$

Przykład 12.1-3. Spróbujemy z kolei sformułować równanie stanu układu z rys. 12.1-5 zawierającego źródło sterowane. W układzie tym występują dwa elementy inercyjne C_1 i C_2, jednakże z uwagi na to, że zawiera on obwód typu *CE* (obwód C_1, e, C_2), jego rząd jest równy 1. Jako zmienną stanu przyjmiemy napięcie u_{C_1}. Równanie stanu względem tej zmiennej ma postać:

$$\frac{du_{C_1}}{dt} = \frac{1}{R[(\alpha-1)C_2 - C_1]} u_{C_1} + \frac{1}{R[(\alpha-1)C_2 - C_1]} e - \frac{(\alpha-1)C_2}{(\alpha-1)C_2 - C_1} \frac{de}{dt} \qquad (12.1\text{-}12)$$

Zauważmy jednak, że przy szczególnym doborze wartości parametrów obwodu, np. dla $\alpha = 2$ oraz $C_1 = C_2 = C$, napięcie u_{C_1} na pojemności C_1 jest określone jednoznacznie przez siłę elektromotoryczną e źródła:

$$u_{C_1} = -e + RC\frac{de}{dt}$$

a więc dla pojemności tej nie można zadać niezależnego warunku początkowego. Rząd układu jest wówczas równy zeru bez względu na wartości R oraz C. Wynika stąd, że układu nie można w takim przypadku opisać równaniem stanu o postaci (12.1-7).

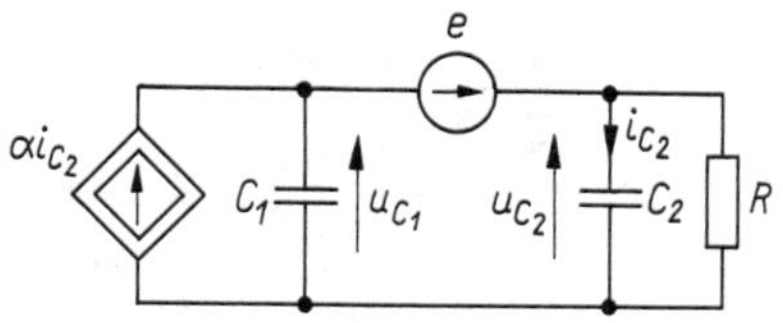

Rys. 12.1-5

Przykład ten świadczy o tym, że przy szczególnym doborze wartości parametrów układu zawierającego elementy aktywne rząd układu może być mniejszy od liczby występujących w nim niezależnych indukcyjności i pojemności. W krańcowych przypadkach układu w ogóle nie można opisać za pomocą równań stanu. Przyczyną tego są ukryte wewnętrzne związki między zmiennymi układu, narzucone przez szczególny dobór wartości jego parametrów. Podkreślamy jednak, że sytuacja taka nie wystąpi przy innym doborze wartości parametrów układu. Na przykład, jeśli w układzie z rys. 12.1-5 jest spełniony warunek $\alpha \leqslant 1$, to dla układu tego istnieje równanie stanu dla dowolnych wartości pozostałych parametrów. Rozpatrywana tu kwestia jest oczywiście związana ze stopniem idealizacji modelu układu rzeczywistego. Ponieważ w układach rzeczywistych nie występują elementy idealne, nie są także określone w pełni dokładnie wartości parametrów układu, zatem można przyjąć, że dla układów rzeczywistych zawsze istnieje ich opis za pomocą równań stanu. Co najwyżej w celu sformułowania tego opisu należy zmniejszyć stopień idealizacji modelu układu.

Rozważany przykład wykorzystamy jeszcze, aby potwierdzić wcześniejsze stwierdzenie, iż równanie stanu układu można zapisać w postaci nie zawierającej pochodnych wejść. W równaniu stanu (12.1-12) występuje składnik proporcjonalny do pochodnej siły elektromotorycznej źródła. Składnik ten zostanie wyeliminowany w wyniku zamiany zmiennej stanu u_{C_1} na nową zmienną:

$$z = u_{C_1} + \frac{(\alpha-1)C_2}{(\alpha-1)C_2 - C_1}\, e$$

Równanie stanu układu zapisane względem tej zmiennej przybiera postać:

$$\frac{dz}{dt} = \frac{1}{R[(\alpha-1)C_2 - C_1]}\, z - \frac{C_1}{R[(\alpha-1)C_2 - C_1]^2}\, e$$

zawierającą jedynie składnik proporcjonalny do e. Podobnie, jeśli w równaniu stanu wystąpiłyby składniki zawierające wyższe pochodne wejść, to w rezultacie odpowiednich zamian zmiennych składniki te mogą być wyeliminowane. W wyniku zamiany zmiennych nie jest natomiast możliwe w ogólnym przypadku wyeliminowanie pochodnych wejść z równania wyjścia. Na przykład, obierając w rozważanym układzie jako zmienną wyjściową prąd i_{C_2} płynący przez pojemność C_2, otrzymujemy następujące równanie wyjścia zapisane względem zmiennej stanu u_{C_1}:

$$i_{C_2} = \frac{C_2}{R[(\alpha-1)C_2 - C_1]}\, u_{C_1} + \frac{C_2}{R[(\alpha-1)C_2 - C_1]}\, e - \frac{C_1 C_2}{(\alpha-1)C_2 - C_1}\, \frac{de}{dt}$$

Po zamianie zmiennej u_{C_1} na zmienną z równanie to przybierze postać:

$$i_{C_2} = \frac{C_2}{R[(\alpha-1)C_2 - C_1]}\, z - \frac{C_1 C_2}{R[(\alpha-1)C_2 - C_1]^2}\, e - \frac{C_1 C_2}{(\alpha-1)C_2 - C_1}\, \frac{de}{dt}$$

Jak widzimy, składnik zawierający pochodną siły elektromotorycznej e pozostaje w równaniu wyjścia.

Gdyby jednak jako zmienną wyjściową przyjąć prąd i_R (rys. 12.1-5), równanie wyjścia miałoby postać:

$$i_R = \frac{1}{R}\, u_{C_1} + \frac{1}{R}\, e$$

lub po zamianie zmiennych:

$$i_R = \frac{1}{R}\, z - \frac{C_1}{R[(\alpha-1)C_2 - C_1]}\, e$$

a więc nie zawierałoby pochodnej siły elektromotorycznej e. Przy takim wyborze wyjścia układ byłby zatem układem właściwym SLS (por. przypis na str. 488).

12.2. ROZWIĄZANIE RÓWNAŃ STANU UKŁADÓW SLS

Zajmiemy się obecnie metodami rozwiązywania równań stanu układów SLS. Rozważania ograniczymy do układów właściwych, a więc układów, w których równaniu wyjścia nie występują pochodne wejść. Uogólnienie otrzymanych rezultatów na układy, dla których równanie wyjścia ma postać (12.1-9), nie stwarza istotnych trudności.

Dla wygody rozważań powtórzymy równania stanu układu właściwego SLS:

$$\dot{\boldsymbol{v}} = \boldsymbol{A}\boldsymbol{v} + \boldsymbol{B}\boldsymbol{x} \tag{12.2-1}$$

$$\boldsymbol{y} = \boldsymbol{C}\boldsymbol{v} + \boldsymbol{D}\boldsymbol{x} \tag{12.2-2}$$

Celem jest wyznaczenie wektora wyjść $\boldsymbol{y}$, przy założeniu, że jest znany wektor wejść $\boldsymbol{x}$ i wektor stanu $\boldsymbol{v}(t_0)$ w chwili początkowej t_0. Bez zmniejszenia ogólności rozważań przyjmiemy w dalszym ciągu $t_0 = 0$. Ponieważ do wyznaczenia wektora wyjść niezbędna jest znajomość wektora stanu $\boldsymbol{v}$, zatem kluczem do rozwiązania problemu jest rozwiązanie równania stanu (12.2-1). Rozwiązanie równań stanu przedstawimy zarówno w dziedzinie czasu, jak i w dziedzinie zespolonej.

12.2.1. Rozwiązanie równań stanu w dziedzinie czasu

A. Rozwiązanie równania stanu układu rzędu pierwszego. Często dobrą wskazówką nasuwającą ogólną metodę rozwiązania jest rozpatrzenie przypadku szczególnego. Rozważmy równanie stanu układu rzędu pierwszego, a więc równania skalarnego:

$$\dot{v} = Av + Bx \tag{12.2-3}$$

Rozwiązanie ogólne równania jednorodnego, otrzymane przy założeniu $x \equiv 0$, ma postać:

$$v(t) = \mathrm{e}^{At}K \tag{12.2-4}$$

gdzie K jest dowolną stałą. Stałą tę celowo zapisujemy po czynniku wykładniczym, aby pokazać analogię z rozwiązaniem, które otrzymamy dla układów wyższych rzędu. Rozwiązanie szczególne równania niejednorodnego możemy znaleźć metodą *uzmiennienia stałych* ([39], str. 30), tzn. przyjmując:

$$v(t) = \mathrm{e}^{At}K(t) \tag{12.2-5}$$

Możemy je także uzyskać na drodze następującego rozumowania.

Przepiszmy równanie (12.2-3) w postaci:

$$\dot{v}(t) - Av(t) = Bx(t)$$

i pomnóżmy następnie obustronnie przez e^{-At}. Otrzymamy wówczas:

$$e^{-At}[\dot{v}(t) - Av(t)] = \frac{d}{dt}[e^{-At}v(t)] = e^{-At}Bx(t)$$

Całkując ostatnie równanie w granicach od 0 do t, dostajemy:

$$e^{-At}v(t) - v(0) = \int_0^t e^{-At'}Bx(t')dt'$$

a stąd wyznaczamy rozwiązanie szczególne równania niejednorodnego spełniające zadany warunek początkowy:

$$v(t) = e^{At}v(0) + \int_0^t e^{A(t-t')}Bx(t')dt' \tag{12.2-6}$$

B. Rozwiązanie ogólne jednorodnego równania stanu układu wyższego rzędu. Rozważmy z kolei rozwiązanie jednorodnego równania stanu układu rzędu $n > 1$:

$$\dot{v} = Av \tag{12.2-7}$$

Rozwiązanie tego równania przyjmiemy w postaci:

$$v(t) = e^{At}\boldsymbol{K} \tag{12.2-8}$$

analogicznej do rozwiązania (12.2-4) dla przypadku skalarnego, przy czym wektor $\boldsymbol{K}$ we wzorze (12.2-8) jest dowolnym n-wymiarowym wektorem, natomiast wyrażenie e^{At} oznacza *funkcję wykładniczą macierzy A*, będącą macierzą kwadratową stopnia n zdefiniowaną następującym szeregiem zbieżnym dla każdego t (por. [22], str. 281):

$$e^{At} \triangleq \mathbf{1} + \frac{t}{1!}A + \frac{t^2}{2!}A^2 + \dots + \frac{t^n}{n!}A^n + \dots \tag{12.2-9}$$

gdzie $\mathbf{1}$ jest macierzą jednostkową stopnia n.

Analogia między przypadkiem skalarnym a przypadkiem wektorowym jest wyraźna, została jednak przyjęta bez uzasadnienia. Jak wiemy, kierując się analogią w sposób mechaniczny, bardzo często można dojść do fałszywych wniosków. Dlatego też przed przystąpieniem do dalszej dyskusji konieczne jest omówienie właściwości funkcji wykładniczej macierzy A, uzasadniających słuszność rozwiązania (12.2-8).

C. Właściwości funkcji e^{At}. Można wykazać, że funkcja e^{At} ma następujące właściwości:

1. $e^{A0} = \mathbf{1}$ (12.2-10)

2. $e^{At}e^{Bt} = e^{(A+B)t} \Leftrightarrow AB = BA$ (12.2-11)

3. $[e^{At}]^{-1} = e^{-At}$ (12.2-12)

4. $\frac{d}{dt}e^{At} = Ae^{At} = e^{At}A$ (12.2-13)

5. $\det A \neq 0 \Rightarrow \int_0^t e^{At'}dt' = A^{-1}(e^{At} - \mathbf{1}) = (e^{At} - \mathbf{1})A^{-1}$ (12.2-14)

6. $\mathscr{L}[e^{At}] = (s\mathbf{1} - A)^{-1}$ (12.2-15)

Właściwość 1 dowodzimy, kładąc $t = 0$ w szeregu (12.2-9). Dowód właściwości 2 wynika z rozwinięcia funkcji występujących w równości (12.2-11) w szeregi (12.2-9) i porównania wyraz po wyrazie obu stron. Właściwość 3 wynika bezpośrednio z właściwości 2 przy podstawieniu $B = -A$. Właściwość 4 można wykazać, różniczkując wyraz po wyrazie szereg (12.2-9) i wyłączając wspólny czynnik A przed nawias. Właściwość 5 jest następstwem równości (12.2-13). Ostatnią właściwość można wykazać, przyjmując, że rozwiązanie równania (12.2-7) ma postać (12.2-8) (poniżej dowodzimy, że tak jest istotnie) i dokonując przekształcenia Laplace'a obu stron równania (12.2-7) przy warunku początkowym $\mathfrak{v}(0)$. Otrzymujemy:

$$s\bar{\mathfrak{v}} - \mathfrak{v}(0) = A\bar{\mathfrak{v}} \Rightarrow (s\mathbf{1} - A)\bar{\mathfrak{v}} = \mathfrak{v}(0) \Rightarrow \bar{\mathfrak{v}} = (s\mathbf{1} - A)^{-1}\mathfrak{v}(0)$$

Ponieważ rozwiązaniem równania (12.2-7) przy warunku początkowym $\mathfrak{v}(0)$ jest $\mathfrak{v}(t) = e^{At}\mathfrak{v}(0)$, zatem: $\bar{\mathfrak{v}} = \mathscr{L}[e^{At}]\mathfrak{v}(0)$. Wzór (12.2-15) wynika z porównania obu wzorów określających transformatę $\bar{\mathfrak{v}}$.

Korzystając z właściwości 4, możemy teraz wykazać, że rozwiązanie jednorodnego wektorowego równania stanu ma istotnie postać (12.2-8). Wystarczy w tym celu podstawić rozwiązanie (12.2-8) do równania (12.2-7). Otrzymujemy:

$$\dot{\mathfrak{v}} = \frac{d}{dt}(e^{At}K) = Ae^{At}K = A\mathfrak{v} \qquad (12.2\text{-}16)$$

Właściwości funkcji e^{At} posłużą także do wyprowadzenia rozwiązania szczególnego wektorowego równania stanu (12.2-1).

D. Rozwiązanie szczególne równania stanu układu wyższego rzędu. Podobnie jak dla układów rzędu pierwszego rozwiązanie szczególne można uzyskać metodą uzmiennienia stałych, tj. przyjmując:

$$\mathfrak{v}(t) = e^{At}K(t) \qquad (12.2\text{-}17)$$

Możemy także powtórzyć rozumowanie przeprowadzone w przypadku skalarnym. Przepiszmy równanie (12.2-1) w postaci:

$$\dot{\boldsymbol{v}}(t) - \boldsymbol{A}\boldsymbol{v}(t) = \boldsymbol{B}\boldsymbol{x}(t)$$

i pomnóżmy obustronnie przez $e^{-\boldsymbol{A}t}$. Zgodnie z właściwością 4 macierzy $e^{\boldsymbol{A}t}$ mamy:

$$e^{-\boldsymbol{A}t}[\dot{\boldsymbol{v}}(t) - \boldsymbol{A}\boldsymbol{v}(t)] = \frac{d}{dt}[e^{-\boldsymbol{A}t}\boldsymbol{v}(t)] = e^{-\boldsymbol{A}t}\boldsymbol{B}\boldsymbol{x}(t)$$

Całkując następnie w granicach od 0 do t, otrzymamy:

$$e^{-\boldsymbol{A}t}\boldsymbol{v}(t) - \boldsymbol{v}(0) = \int_0^t e^{-\boldsymbol{A}t'}\boldsymbol{B}\boldsymbol{x}(t')\,dt'$$

Korzystając teraz z właściwości 3 i 2 macierzy $e^{\boldsymbol{A}t}$, wyznaczamy rozwiązanie szczególne równania niejednorodnego spełniające zadany warunek początkowy:

$$\boldsymbol{v}(t) = e^{\boldsymbol{A}t}\boldsymbol{v}(0) + \int_0^t e^{\boldsymbol{A}(t-t')}\boldsymbol{B}\boldsymbol{x}(t')\,dt' \qquad (12.2\text{-}18)$$

Postać rozwiązania jest więc formalnie identyczna jak w przypadku skalarnym.

E. Rozwiązanie równania wyjścia. Wektor wyjść wyznaczamy, podstawiając rozwiązanie (12.2-18) do równania (12.2-2):

$$\boldsymbol{y}(t) = \boldsymbol{C}e^{\boldsymbol{A}t}\boldsymbol{v}(0) + \left[\boldsymbol{C}\int_0^t e^{\boldsymbol{A}(t-t')}\boldsymbol{B}\boldsymbol{x}(t')\,dt' + \boldsymbol{D}\boldsymbol{x}(t)\right] \qquad (12.2\text{-}19)$$

Pierwszy składnik jest składową swobodną, drugi zaś składową wymuszoną odpowiedzi układu na pobudzenie $\boldsymbol{x}$ (por. p. 2.2.1-D w tomie I).

F. Przypadki szczególne. W przypadkach, gdy wszystkie elementy wektora wymuszeń są impulsami Diraca $\delta(t)$ lub też gdy wszystkie elementy tego wektora są funkcjami jednostkowymi $\mathbb{1}(t)$, wzory (12.2-18) i (12.2-19) przyjmują szczególnie prostą postać. Załóżmy, że wektor wejść ma postać:

$$\boldsymbol{x} = [X_1, \ldots, X_r]^T\,\delta(t) = \boldsymbol{X}\delta(t) \qquad (12.2\text{-}20)$$

gdzie X_i są współczynnikami (polami) poszczególnych impulsów Diraca. Korzystając z właściwości filtracji impulsu Diraca (por. wzór (6.3-11) w tomie II), można łatwo pokazać, że:

$$\boldsymbol{v}(t) = e^{\boldsymbol{A}t}\boldsymbol{v}(0) + e^{\boldsymbol{A}t}\boldsymbol{B}\boldsymbol{X} \qquad (12.2\text{-}21)$$

$$\boldsymbol{y}(t) = \boldsymbol{C}e^{\boldsymbol{A}t}\boldsymbol{v}(0) + \boldsymbol{C}e^{\boldsymbol{A}t}\boldsymbol{B}\boldsymbol{X} + \boldsymbol{D}\boldsymbol{X}\delta(t) \qquad (12.2\text{-}22)$$

Zwróćmy uwagę, że przy $X_i = 1$ dla $i = 1, \ldots, r$ oraz przy $\mathbf{v}(0) = 0$, wyrażenie (12.2-22) określa *macierz odpowiedzi impulsowych* układu:

$$\boldsymbol{h}(t) = \boldsymbol{C}e^{\boldsymbol{A}t}\boldsymbol{B} + \boldsymbol{D}\delta(t) \tag{12.2-23}$$

Element $h_{ij}(t)$, $i = 1, \ldots, m$, $j = 1, \ldots, r$ tej macierzy jest równy i-temu sygnałowi wyjściowemu przy założeniu, że j-te wejście jest impulsem Diraca, pozostałe zaś pobudzenia są równe zeru.

W przypadku gdy wektor wejść ma postać $\boldsymbol{x} = [X_1, \ldots, X_r]^T \boldsymbol{1}(t) = \boldsymbol{X1}(t)$, gdzie X_i są wartościami skoków poszczególnych sygnałów wejściowych w chwili $t = 0$, wektory stanu i wyjść przyjmują (przy założeniu $\det \boldsymbol{A} \neq 0$) odpowiednio postacie:

$$\mathbf{v}(t) = e^{\boldsymbol{A}t}\mathbf{v}(0) + \boldsymbol{A}^{-1}(e^{\boldsymbol{A}t} - \mathbf{1})\boldsymbol{BX} \tag{12.2-24}$$

$$\boldsymbol{y}(t) = \boldsymbol{C}e^{\boldsymbol{A}t}\mathbf{v}(0) + \boldsymbol{CA}^{-1}(e^{\boldsymbol{A}t} - \mathbf{1})\boldsymbol{BX} + \boldsymbol{DX1}(t) \tag{12.2-25}$$

G. Obliczanie macierzy $e^{\boldsymbol{A}t}$. Aby uzyskać jawną postać rozwiązania równania stanu lub równania wyjścia, konieczne jest obliczenie macierzy $e^{\boldsymbol{A}t}$ występującej w wyrażeniach (12.2-18) i (12.2-19). Macierz tę można wyznaczyć w rozmaity sposób, m.in. obliczając kolejne potęgi macierzy $\boldsymbol{A}$ i podstawiając je do szeregu potęgowego (12.2-9):

$$e^{\boldsymbol{A}t} = \sum_{k=0}^{\infty} \alpha_k \boldsymbol{A}^k, \quad \alpha_k = \frac{t^k}{k!} \tag{12.2-26}$$

Ponieważ szereg ten jest nieskończony, bezpośrednie obliczenia mogą być przeprowadzone jedynie z pewnym przybliżeniem. Pokażemy jednak, że każdą potęgę $\boldsymbol{A}^k$ dla $k \geqslant n$, gdzie n jest rzędem układu, można wyrazić jako kombinację liniową potęg macierzy $\boldsymbol{A}$ stopnia niższego niż n. Wykażemy tym samym, że szereg nieskończony (12.2-26) można zastąpić sumą skończoną:

$$e^{\boldsymbol{A}t} = \sum_{k=0}^{n-1} \beta_k \boldsymbol{A}^k \tag{12.2-27}$$

gdzie współczynniki $\beta_k = \beta_k(t)$ są pewnymi funkcjami zmiennej t. Znając sposób obliczania współczynników β_k, możemy obliczyć macierz $\boldsymbol{A}$ z pełną dokładnością.

W tym celu rozważymy *równanie charakterystyczne* macierzy $\boldsymbol{A}$:

$$\det(\lambda\mathbf{1} - \boldsymbol{A}) = M(\lambda) = \lambda^n + a_{n-1}\lambda^{n-1} + a_{n-2}\lambda^{n-2} + \ldots + a_1\lambda + a_0 = 0 \tag{12.2-28}$$

gdzie $M(\lambda)$ jest *wielomianem charakterystycznym macierzy* A[1)], i skorzystamy z *twierdzenia Cayleya-Hamiltona* (por. np. [20], str. 383, [12], str. 74), które orzeka, iż macierz A spełnia swoje równanie charakterystyczne, tzn. zachodzi równość:

$$A^n + a_{n-1}A^{n-1} + a_{n-2}A^{n-2} + \ldots + a_1A + a_0\mathbf{1} = \mathbf{0} \tag{12.2-29}$$

gdzie $\mathbf{0}$ oznacza macierz zerową stopnia n. Równanie to przepiszemy w postaci:

$$A^n = -a_{n-1}A^{n-1} - a_{n-2}A^{n-2} - \ldots - a_1A - a_0\mathbf{1} \tag{12.2-30}$$

z której wynika, że n-tą potęgę macierzy A możemy wyrazić jako wielomian tej macierzy stopnia co najwyżej $n-1$. Mnożąc równanie (12.2-29) przez macierz A i uwzględniając równość (12.2-30), możemy dalej napisać:

$$\begin{aligned} A^{n+1} &= -a_{n-1}A^n - a_{n-2}A^{n-1} - \ldots - a_1A^2 - a_0A \\ &= -a_{n-1}[-a_{n-1}A^{n-1} - \ldots - a_1A - a_0\mathbf{1}] - a_{n-2}A^{n-1} - \ldots - a_1A^2 - a_0A \\ &= (a_{n-1}^2 - a_{n-2})A^{n-1} + (a_{n-1}a_{n-2} - a_{n-3})A^{n-2} + \ldots + a_{n-1}a_0\mathbf{1} \end{aligned} \tag{12.2-31}$$

Powtarzając iteracyjnie powyższe rozumowanie dla kolejnych potęg A^{n+2}, A^{n+3}, ..., dochodzimy do wniosku, że każdy szereg potęgowy macierzy A, w tym w szczególności szereg (12.2-26), można przedstawić w postaci wielomianu (12.2-27) stopnia co najwyżej $n-1$.

Aby obliczyć współczynniki β_k wielomianu (12.2-27), rozważmy szereg potęgowy:

$$e^{\lambda t} = \sum_{k=0}^{\infty} \alpha_k \lambda^k, \qquad \alpha_k = \frac{t^k}{k!} \tag{12.2-32}$$

względem zmiennej λ. Szereg ten ma takie same współczynniki jak szereg (12.2-26). Powtarzając teraz bez zmian przeprowadzone wyżej rozumowanie, tzn. wyznaczając z równania charakterystycznego (12.2-28) n-tą potęgę zmiennej λ, a następnie potęgi λ^{n+1}, λ^{n+2}, ... w postaci kombinacji liniowych potęg zmiennej λ stopnia mniejszego niż n, dowodzimy, że szereg (12.2-32) można zastąpić wielomianem zmiennej λ stopnia co najwyżej $n-1$:

$$e^{\lambda t} = \sum_{k=0}^{n-1} \beta_k \lambda^k \tag{12.2-33}$$

[1)] Wielomian charakterystyczny macierzy A określa się często jako: $\det(A - \lambda\mathbf{1})$. Można jednak łatwo zauważyć, że:

$$\det(A - \lambda\mathbf{1}) = (-1)^n \det(\lambda\mathbf{1} - A)$$

Przyjęta przez nas definicja wielomianu charakterystycznego macierzy A jest zbieżna z określeniem *wielomianu charakterystycznego układu* SLS (por. p. 12.2.2-C), nie zachodzi zatem potrzeba odróżniania tych dwóch pojęć.

o tych samych współczynnikach $\beta_k = \beta_k(t)$ co dla wielomianu (12.2-27). Współczynniki β_k możemy obliczyć, korzystając z pojęcia *wartości własnych* macierzy A, tj. pierwiastków równania charakterystycznego (12.2-28).

Załóżmy najpierw, że wartości własne $\lambda_1, \lambda_2, \ldots, \lambda_n$ macierzy A są pojedyncze. Ponieważ spełniają one równanie (12.2-28), muszą także spełniać równanie (12.2-33). Otrzymujemy zatem układ równań:

$$e^{\lambda_i t} = \sum_{k=0}^{n-1} \beta_k \lambda_i^k, \qquad i = 1, \ldots, n \tag{12.2-34}$$

z którego obliczamy współczynniki β_k.

W przypadku gdy w zbiorze wartości własnych występują wartości własne wielokrotne, układ (12.2-34) zawiera mniej równań niż niewiadomych i sytuacja jest bardziej złożona. Załóżmy, że macierz A ma $n_1 < n$ różnych wartości własnych $\lambda_1, \ldots, \lambda_{n_1}$ i że krotność wartości własnej λ_i jest równa l_i. Aby wyznaczyć brakujące równania, wystarczy zauważyć, że wielomiany (12.2-32) i (12.2-33) są równe wtedy i tylko wtedy, kiedy:

$$e^{\lambda t}\Big|_{\lambda=\lambda_i} = \sum_{k=0}^{n-1} \beta_k \lambda_i^k, \qquad i = 1, \ldots, n_1 \tag{12.2-35}$$

oraz:

$$\frac{d^m}{dt^m} e^{\lambda t}\bigg|_{\lambda=\lambda_i} = \frac{d^m}{dt^m} \sum_{k=0}^{n-1} \beta_k \lambda^k \bigg|_{\lambda=\lambda_i} \tag{12.2-36}$$

$$= \sum_{k=m}^{n-1} k(k-1)\ldots(k-m+1)\beta_k \lambda_i^{k-m},$$

$$i = 1, \ldots, n_1, \qquad m = 1, \ldots, l_i - 1$$

Równania (12.2-36) są brakującymi równaniami wiążącymi poszukiwane współczynniki β_k. Tak więc, znając wartości własne macierzy stanu, możemy obliczyć macierz e^{At} i tym samym rozwiązać efektywnie równanie stanu (12.2-18) i równanie wyjścia (12.2-19)[1)].

Przykład 12.2-1. Wyznaczymy wektor wyjść w układzie rozważanym w przykładzie 12.1-2 (rys. 12.1-4) jeśli: $e = \delta(t)$, $j = \delta(t)$, oraz warunki początkowe w chwili $t = 0$ są zerowe. Dla wygody obliczeń przyjmiemy znormalizowane wartości: $R = \frac{5}{3}$, $L = 1$, $C_1 = 0{,}1$, $C_2 = 1$ (por. dodatek 5).

[1)] Przedstawione w p. G rozumowanie jest z konieczności uproszczone. Ścisły dowód oparty na pojęciu *wielomianu minimalnego* macierzy A i *wzorze Sylvestera* można znaleźć np. w [22], str. 256, [11], str. 143.

Wyznaczamy kolejno:
macierze:

$$A = \begin{bmatrix} 0 & 1 & -1 \\ -10 & -6 & 0 \\ 1 & 0 & 0 \end{bmatrix}, \quad C = \begin{bmatrix} 0 & -\frac{3}{5} & 0 \\ -1 & -\frac{3}{5} & 0 \\ 1 & 0 & 0 \\ 1 & 0 & 0 \end{bmatrix}$$

równanie charakterystyczne macierzy stanu:

$$\det(\lambda \mathbf{1} - A) = \begin{bmatrix} \lambda & -1 & 1 \\ 10 & 6+\lambda & 0 \\ -1 & 0 & \lambda \end{bmatrix} = \lambda^3 + 6\lambda^2 + 11\lambda + 6 = 0$$

oraz jej wartości własne:

$$\lambda_1 = -1, \qquad \lambda_2 = -2, \qquad \lambda_3 = -3$$

Współczynniki β_k obliczamy z układu równań (12.2-34):

$$e^{\lambda_1 t} = \beta_0 + \beta_1\lambda_1 + \beta_2\lambda_1^2 \qquad e^{-t} = \beta_0 - \beta_1 + \beta_2$$

$$e^{\lambda_2 t} = \beta_0 + \beta_1\lambda_2 + \beta_2\lambda_2^2 \qquad e^{-2t} = \beta_0 - 2\beta_1 + 4\beta_2$$

$$e^{\lambda_3 t} = \beta_0 + \beta_1\lambda_3 + \beta_2\lambda_3^2 \qquad e^{-3t} = \beta_0 - 3\beta_1 + 9\beta_2$$

którego rozwiązaniem jest:

$$\beta_0 = 3e^{-t} - 3e^{-2t} + e^{-3t}, \quad \beta_1 = \frac{5}{2}e^{-t} - 4e^{-2t} + \frac{3}{2}e^{-3t}, \quad \beta_2 = \frac{1}{2}e^{-t} - e^{-2t} + \frac{1}{2}e^{-3t}$$

Z kolei obliczamy macierz e^{At}:

$$e^{At} = \beta_0\mathbf{1} + \beta_1 A + \beta_2 A^2 = \begin{bmatrix} \beta_0 & 0 & 0 \\ 0 & \beta_0 & 0 \\ 0 & 0 & \beta_0 \end{bmatrix} + \begin{bmatrix} 0 & \beta_1 & -\beta_1 \\ -10\beta_1 & -6\beta_1 & 0 \\ \beta_1 & 0 & 0 \end{bmatrix} + \begin{bmatrix} -11\beta_2 & -6\beta_2 & 0 \\ 60\beta_2 & 26\beta_2 & 10\beta_2 \\ 0 & \beta_2 & -\beta_2 \end{bmatrix} =$$

$$= \begin{bmatrix} -\frac{5}{2}e^{-t} + 8e^{-2t} - \frac{9}{2}e^{-3t} & -\frac{1}{2}e^{-t} + 2e^{-2t} - \frac{3}{2}e^{-3t} & -\frac{5}{2}e^{-t} + 4e^{-2t} - \frac{3}{2}e^{-3t} \\ 5e^{-t} - 20e^{-2t} + 15e^{-3t} & e^{-t} - 5e^{-2t} + 5e^{-3t} & 5e^{-t} - 10e^{-2t} + 5e^{-3t} \\ \frac{5}{2}e^{-t} - 4e^{-2t} + \frac{3}{2}e^{-3t} & \frac{1}{2}e^{-t} - e^{-2t} + \frac{1}{2}e^{-3t} & \frac{5}{2}e^{-t} - 2e^{-2t} + \frac{1}{2}e^{-3t} \end{bmatrix}$$

Znając macierz e^{At}, możemy już teraz obliczyć ze wzoru (12.2-22) wektor wyjść:

$$y(t)=\begin{bmatrix} i \\ i_{C_1} \\ i_L \\ i_{C_2}\end{bmatrix}=Ce^{At}BX+DX\delta(t)=\begin{bmatrix} 0 & -\frac{3}{5} & 0 \\ -1 & -\frac{3}{5} & 0 \\ 1 & 0 & 0 \\ 1 & 0 & 0\end{bmatrix} e^{At}\begin{bmatrix} 0 & 0 \\ 6 & 0 \\ 0 & 1\end{bmatrix}\begin{bmatrix} 1 \\ 1\end{bmatrix}+\begin{bmatrix} \frac{3}{5} & 0 \\ \frac{3}{5} & 0 \\ 0 & 0 \\ 0 & 1\end{bmatrix}\begin{bmatrix} \delta(t) \\ \delta(t)\end{bmatrix}=$$

$$=\begin{bmatrix} 0 & -\frac{3}{5} & 0 \\ -1 & -\frac{3}{5} & 0 \\ 1 & 0 & 0 \\ 1 & 0 & 0\end{bmatrix}\begin{bmatrix} -\frac{11}{2}e^{-t}+16e^{-2t}-\frac{21}{2}e^{-3t} \\ 11e^{-t}-40e^{-2t}+35e^{-3t} \\ \frac{11}{2}e^{-t}-8e^{-2t}+\frac{7}{2}e^{-3t}\end{bmatrix}+\begin{bmatrix} \frac{3}{5}\delta(t) \\ \frac{3}{5}\delta(t) \\ 0 \\ \delta(t)\end{bmatrix}=$$

$$=\begin{bmatrix} -\frac{33}{5}e^{-t}+24e^{-2t}-21e^{-3t}+\frac{3}{5}\delta(t) \\ -\frac{11}{10}e^{-t}+8e^{-2t}-\frac{21}{2}e^{-3t}+\frac{3}{5}\delta(t) \\ -\frac{11}{2}e^{-t}+16e^{-2t}-\frac{21}{2}e^{-3t} \\ -\frac{11}{2}e^{-t}+16e^{-2t}-\frac{21}{2}e^{-3t}+\delta(t)\end{bmatrix}$$

Przykład powyższy pokazuje, że już dla układów małego rzędu analiza układu metodą równań stanu w dziedzinie czasu jest bardzo pracochłonna. Przy założeniu bardziej złożonej postaci sygnałów wejściowych wystąpiłyby jeszcze większe trudności obliczeniowe, związane głównie z koniecznością obliczenia całki we wzorze (12.2-19). Znacznie prościej przebiega analiza układu metodą równań stanu w dziedzinie zespolonej. Rozwiązanie (12.2-19) w dziedzinie czasu stanowi natomiast podstawę do opracowania wielu efektywnych metod komputerowych analizy układów za pomocą równań stanu (patrz np. [4], rozdz. 9).

H. Wielomian minimalny macierzy A. Twierdzenie Cayleya-Hamiltona orzeka, że każda macierz kwadratowa A o wymiarach $n\times n$ spełnia swoje równanie charakterystyczne (12.2-29), przy czym lewa strona tego równania jest wielomianem charakterystycznym macierzy A, a więc wielomianem stopnia n. Powstaje pytanie, czy i kiedy istnieje wielomian stopnia niższego od n, którego pierwiastkiem jest macierz A.

Wielomianem minimalnym macierzy $\boldsymbol{A}$ o wymiarach $n \times n$ nazywamy wielomian najniższego stopnia m o postaci:

$$\varphi(\lambda) \stackrel{\Delta}{=} \lambda^m + b_{m-1}\lambda^{m-1} + \ldots + b_1\lambda + b_0, \qquad m \leqslant n \tag{12.2-37}$$

taki, że:

$$\varphi(\boldsymbol{A}) = \boldsymbol{A}^m + b_{m-1}\boldsymbol{A}^{m-1} + \ldots + b_1\boldsymbol{A} + b_0\mathbf{1} = \mathbf{0} \tag{12.2-38}$$

Pojęcie wielomianu minimalnego odgrywa kluczową rolę w badaniu stabilności układów SLS (por. p. 12.3). Dowodzi się m.in. następujących właściwości wielomianu minimalnego macierzy $\boldsymbol{A}$ (np. [11], str. 137-138):

1. *Wielomian minimalny* $\varphi(\lambda)$ *macierzy* $\boldsymbol{A}$ *jest związany z wielomianem charakterystycznym* $M(\lambda)$ – *wzór* (12.2-28) – *zależnością*:

$$\varphi(\lambda) = \frac{M(\lambda)}{d(\lambda)} \tag{12.2-39}$$

gdzie $d(\lambda)$ *jest największym wspólnym dzielnikiem elementów macierzy dołączonej*: adj $(\lambda\mathbf{1} - \boldsymbol{A})$ (por. np. [11], str. 21).

2. *Jeśli*:

$$M(\lambda) = (\lambda - \lambda_1)^{\alpha_1}(\lambda - \lambda_2)^{\alpha_2}\ldots(\lambda - \lambda_r)^{\alpha_r}, \qquad \alpha_1 + \alpha_2 + \ldots + \alpha_r = n$$

jest wielomianem charakterystycznym macierzy $\boldsymbol{A}$, *to wielomian minimalny tej macierzy ma postać*:

$$\varphi(\lambda) = (\lambda - \lambda_1)^{\beta_1}(\lambda - \lambda_2)^{\beta_2}\ldots(\lambda - \lambda_r)^{\beta_r}, \qquad \beta_1 + \beta_2 + \ldots + \beta_r = m \leqslant n \tag{12.2-40}$$

przy czym: $1 \leqslant \beta_i \leqslant \alpha_i$, $i = 1, 2, \ldots, r$. *Oznacza to, że wielomian minimalny* (12.2-40) *ma te same pierwiastki co wielomian charakterystyczny* $M(\lambda)$, *o krotnościach nie większych niż w przypadku wielomianu* $M(\lambda)$.

3. *Jeśli macierz* $\boldsymbol{A}$ *ma różne wartości własne* (*tzn. jeśli równanie charakterystyczne* (12.2-28) *ma wszystkie pierwiastki różne*), *to wielomian minimalny* $\varphi(\lambda)$ *pokrywa się z wielomianem charakterystycznym* $M(\lambda)$, *tj.*:

$$\varphi(\lambda) = M(\lambda)$$

Przykład 12.2-2. Macierz $\boldsymbol{A}$ z przykładu 12.2-1 ma różne wartości własne, a zatem jej wielomian minimalny jest identyczny z wielomianem charakterystycznym:

$$\varphi(\lambda) = M(\lambda) = \lambda^3 + 6\lambda^2 + 11\lambda + 6$$

(por. także przykład 12.3-1).

12.2.2. Rozwiązanie równań stanu w dziedzinie zespolonej

A. Zespolone równania stanu i ogólna postać ich rozwiązania. Rozważmy ponownie układ właściwy SLS opisany równaniami stanu (12.2-1) i (12.2-2). Dokonując przekształcenia Laplace'a tych równań przy założeniu, że początkowy wektor stanu w chwili $t = 0$ jest równy $\mathfrak{v}(0)$ i że sygnały wejściowe są określone dla czasów $t \geqslant 0$, otrzymujemy:

$$s\bar{\mathfrak{v}} - \mathfrak{v}(0) = \boldsymbol{A}\bar{\mathfrak{v}} + \boldsymbol{B}\bar{x} \tag{12.2-41}$$

$$\bar{y} = \boldsymbol{C}\bar{\mathfrak{v}} + \boldsymbol{D}\bar{x} \tag{12.2-42}$$

gdzie elementy wektorów $\bar{\mathfrak{v}}$, $\bar{x}$, $\bar{y}$ są transformatami Laplace'a odpowiadających im elementów wektora stanu, wektora wejść i odpowiednio wektora wyjść. Równania (12.2-41) i (12.2-42) tworzą opis układu za pomocą równań stanu w dziedzinie zespolonej.

Zespolone równanie stanu (12.2-41) możemy przekształcić do postaci:

$$(s\mathbf{1} - \boldsymbol{A})\bar{\mathfrak{v}} = \boldsymbol{B}\bar{x} + \mathfrak{v}(0) \tag{12.2-43}$$

Macierz $s\mathbf{1} - \boldsymbol{A}$ jest macierzą nieosobliwą[1)], istnieje więc jednoznaczne rozwiązanie tego równania:

$$\bar{\mathfrak{v}} = (s\mathbf{1} - \boldsymbol{A})^{-1}[\boldsymbol{B}\bar{x} + \mathfrak{v}(0)] \tag{12.2-44}$$

Podstawiając to rozwiązanie do równania wyjścia (12.2-42), dostajemy:

$$\bar{y} = [\boldsymbol{C}(s\mathbf{1} - \boldsymbol{A})^{-1}\boldsymbol{B} + \boldsymbol{D}]\bar{x} + \boldsymbol{C}(s\mathbf{1} - \boldsymbol{A})^{-1}\mathfrak{v}(0) \tag{12.2-45}$$

Równania (12.2-44) i (12.2-45) stanowią ogólną postać rozwiązania równań stanu układu właściwego SLS w dziedzinie zespolonej.

Zastosowanie przekształcenia Laplace'a umożliwia, jak zwykle, algebraizację problemu. Unika się tym samym trudności obliczeniowych występujących przy rozwiązywaniu równań stanu w dziedzinie czasu, związanych głównie z koniecznością obliczenia całek z funkcji macierzowych we wzorach (12.2-18) i (12.2-19) oraz z obliczaniem macierzy $e^{\boldsymbol{A}t}$. Wyznaczenie w formie jawnej zespolonych rozwiązań równań stanu sprowadza się w istocie rzeczy do prostych operacji macierzowych, które należy wykonać zgodnie z algorytmem określonym równaniami (12.2-44) i (12.2-45). Jedyną trudnością jest tu obliczenie macierzy odwrotnej $(s\mathbf{1} - \boldsymbol{A})^{-1}$. Na zakończenie procedury obliczeniowej należy oczywiście przejść do dziedziny czasu, wykonując odwrotne przekształcenie Laplace'a wektorów $\bar{\mathfrak{v}}$ i $\bar{y}$.

---

1) Oznacza to, że $\det(s\mathbf{1} - \boldsymbol{A}) \not\equiv 0$ – por. p. C i równanie (12.2-48).

B. Obliczanie macierzy $(s\mathbf{1} - A)^{-1}$. Macierz odwrotną do macierzy $s\mathbf{1} - A$ możemy wyznaczyć, korzystając z dobrze znanego wzoru:

$$(s\mathbf{1} - A)^{-1} = \frac{\operatorname{adj}(s\mathbf{1} - A)}{\det(s\mathbf{1} - A)} \tag{12.2-46}$$

gdzie adj $(s\mathbf{1} - A)$ jest macierzą dołączoną macierzy $s\mathbf{1} - A$. Wyznaczenie macierzy dołączonej dla $n > 3$ jest jednak bardzo pracochłonne. W literaturze znanych jest kilka innych, mniej pracochłonnych metod wyznaczania macierzy $(s\mathbf{1} - A)^{-1}$ (por. np. [4], str. 362). Jedną z nich, umożliwiającą obliczenie macierzy $(s\mathbf{1} - A)^{-1}$ za pomocą potęg macierzy A stopnia nie większego niż $n - 1$, przedstawiamy poniżej (por. [22], str. 321).

Oznaczmy:

$$F = (s\mathbf{1} - A)^{-1}$$

i pomnóżmy obie strony tej równości lewostronnie przez $s\mathbf{1} - A$. Otrzymamy wówczas:

$$sF = AF + \mathbf{1}$$

Pomnóżmy następnie obie strony otrzymanej równości lewostronnie przez kolejne potęgi $(s\mathbf{1} + A)^k$, $k = 1, ..., n - 1$. W wyniku dostajemy ciąg równości:

$$\begin{aligned} F &= F \\ sF &= AF + \mathbf{1} \\ s^2F &= A^2F + A + s\mathbf{1} \\ s^3F &= A^3F + A^2 + sA + s^2\mathbf{1} \\ &\dots\dots\dots\dots\dots\dots \\ s^nF &= A^nF + A^{n-1} + sA^{n-2} + \dots + s^{n-2}A + s^{n-1}\mathbf{1} \end{aligned}$$

Z kolei pomnóżmy pierwszą równość ciągu przez współczynnik a_0 równania charakterystycznego (12.2-28), drugą przez współczynnik a_1 itd. i zsumujmy stronami. Otrzymamy:

$$\left(\sum_{k=0}^{n} a_k s^k\right)F = \left(\sum_{k=0}^{n} a_k A^k\right)F + \sum_{k=1}^{n} a_k A^{k-1} + s\sum_{k=2}^{n} a_k A^{k-2} + \\ + \dots + s^{n-2}\sum_{k=n-1}^{n} a_k A^{k-n+1} + s^{n-1}\mathbf{1}, \qquad a_n = 1$$

Biorąc pod uwagę, że pierwszy składnik prawej strony jest równy zeru, mamy ostatecznie:

$$F = (s\mathbf{1} - A)^{-1} = \frac{\sum_{j=0}^{n-1} s^j \sum_{k=1+j}^{n} a_k A^{k-j-1}}{\sum_{k=0}^{n} a_k s^k} = \frac{\sum_{j=0}^{n-1} s^j \sum_{k=1+j}^{n} a_k A^{k-j-1}}{\det(s\mathbf{1} - A)}, \quad a_n = 1 \tag{12.2-47}$$

Tak więc, aby wyznaczyć macierz odwrotną $(s\mathbf{1} - A)^{-1}$ na podstawie wzoru (12.2-47), wystarczy obliczyć uprzednio współczynniki równania charakterystycznego macierzy A i jej potęgi stopnia co najwyżej $n - 1$.

Macierz odwrotną $F = (s\mathbf{1} - A)^{-1}$ można także wyznaczyć, korzystając np. z właściwości (12.2-15), tj. dokonując przekształcenia Laplace'a macierzy e^{At}. Metoda ta jest jednak uciążliwa obliczeniowo, wymaga bowiem wcześniejszego obliczenia macierzy e^{At}.

Przykład 12.2-3. Rozważymy ponownie układ z rys. 12.1-4. Równania stanu tego układu zostały sformułowane w przykładzie 12.1-2 i rozwiązane w dziedzinie czasu w przykładzie 12.2-1. Przyjmując te same dane liczbowe, wyznaczymy ponownie wektor wyjść, korzystając z rozwiązania zespolonego (12.2-45).

Rozpoczniemy od obliczenia macierzy $(s\mathbf{1} - A)^{-1}$. Znajdujemy współczynniki wielomianu charakterystycznego macierzy stanu A: $a_3 = 1, a_2 = 6, a_1 = 11, a_0 = 6$. Obliczamy z kolei kwadrat macierzy stanu:

$$A^2 = \begin{bmatrix} -11 & -6 & 0 \\ 60 & 26 & 10 \\ 0 & 1 & -1 \end{bmatrix}$$

Podstawiając następnie te wyniki do wzoru (12.2-47), otrzymujemy:

$$(s\mathbf{1} - A)^{-1} = \frac{(a_1\mathbf{1} + a_2A + A^2) + s(a_2\mathbf{1} + A) + s^2\mathbf{1}}{s^3 + a_2s^2 + a_1s + a_0} =$$

$$= \frac{1}{s^3 + 6s^2 + 11s + 6}\begin{bmatrix} s(s+6) & s & -(s+6) \\ -10s & s^2+1 & 10 \\ s+6 & 1 & s^2+6s+10 \end{bmatrix}$$

Uwzględniając we wzorze (12.2-45) zerowe warunki początkowe, możemy już teraz obliczyć wektor wyjść $\bar{y}$:

$$\bar{y} = [\bar{i}, \bar{i}_{C_1}, \bar{i}_L, \bar{i}_{C_1}]^T = [C(s\mathbf{1} - A)^{-1}B + D]\bar{x} =$$

$$= \left\{\frac{1}{s^3 + 6s^2 + 11s + 6}\begin{bmatrix} 0 & -\frac{3}{5} & 0 \\ -1 & -\frac{3}{5} & 0 \\ 1 & 0 & 0 \\ 1 & 0 & 0 \end{bmatrix}\begin{bmatrix} s(s+6) & s & -(s+6) \\ -10s & s^2+1 & 10 \\ s+6 & 1 & s^2+6s+10 \end{bmatrix}\begin{bmatrix} 0 & 0 \\ 6 & 0 \\ 0 & 1 \end{bmatrix} + \right.$$

$$\left. + \begin{bmatrix} \frac{3}{5} & 0 \\ \frac{3}{5} & 0 \\ 0 & 0 \\ 0 & 1 \end{bmatrix}\right\}\begin{bmatrix} 1 \\ 1 \end{bmatrix} = \frac{1}{s^3 + 6s^2 + 11s + 6}\begin{bmatrix} \frac{3}{5}(s^3 + 11s - 10) \\ \frac{1}{5}(3s^3 + 8s) \\ 5s - 6 \\ s^3 + 6s^2 + 16s \end{bmatrix}$$

Po obliczeniu odwrotnych transformat Laplace'a otrzymujemy:

$$y(t)=\begin{bmatrix} i \\ i_{C_1} \\ i_L \\ i_{C_2} \end{bmatrix}=\begin{bmatrix} -\frac{33}{5}e^{-t}+24e^{-2t}-21e^{-3t}+\frac{3}{5}\delta(t) \\ -\frac{11}{10}e^{-t}+8e^{-2t}-\frac{21}{2}e^{-3t}+\frac{3}{5}\delta(t) \\ -\frac{11}{2}e^{-t}+16e^{-2t}-\frac{21}{2}e^{-3t} \\ -\frac{11}{2}e^{-t}+16e^{-2t}-\frac{21}{2}e^{-3t}+\delta(t) \end{bmatrix}$$

a więc identyczny rezultat, jak w przykładzie 12.2-1.

C. Wielomian charakterystyczny układu. *Wielomianem charakterystycznym $M(s)$ układu* SLS nazywamy wyznacznik:

$$M(s)=\det(s\mathbf{1}-A)=\begin{vmatrix} s-A_{11} & -A_{12} & \dots\dots & A_{1n} \\ -A_{21} & s-A_{22} & \dots\dots & -A_{2n} \\ \dots & \dots\dots & \dots\dots & \dots \\ -A_{n1} & -A_{n2} & \dots\dots & s-A_{nn} \end{vmatrix}=$$

$$=s^n+a_{n-1}s^{n-1}+\ldots+a_1 s+a_0 \tag{12.2-48}$$

Wielomian charakterystyczny układu jest zatem wielomianem zmiennej s stopnia n o współczynniku przy najwyższej potędze tej zmiennej $a_n = 1$. Jest on identyczny (przy podstawieniu $s = \lambda$) z wielomianem charakterystycznym macierzy stanu A (por. wzór (12.2-28) i przypis na str. 500). Wynika stąd ważny wniosek:

Wartości własne macierzy stanu układu są równe pierwiastkom jego wielomianu charakterystycznego.

Wielomian $M(s)$ stanowi bardzo ważną charakterystykę układu, decydującą o wielu jego właściwościach. Analiza właściwości układu na podstawie jego wielomianu charakterystycznego ma tym większe znaczenie, że jest on niezmienniczy względem liniowej transformacji wektora stanu w przestrzeni stanu. Aby przybliżyć Czytelnikowi to stwierdzenie, musimy przerwać główny tok rozważań i sięgnąć do kilku podstawowych faktów z algebry macierzy.

Rozważmy układ, w którym został wyróżniony zbiór zmiennych stanu $v_1, \ldots, v_n$, reprezentowany wektorem stanu $\boldsymbol{v} = [v_1, \ldots, v_n]^T$. Jak stwierdziliśmy w p. 12.1.2-A, nie jest to jedyny możliwy wybór. Ogólnie rzecz biorąc, każdy zbiór niezależnych kombinacji liniowych zmiennych $v_1, \ldots, v_n$ będzie nowym zbiorem zmiennych stanu. Taka zamiana zmiennych stanu odpowiada liniowej transformacji wektora $\boldsymbol{v}$ w nowy wektor $\hat{\boldsymbol{v}}$:

$$\hat{\boldsymbol{v}} = \boldsymbol{P}\boldsymbol{v} \tag{12.2-49}$$

gdzie P jest pewną nieosobliwą macierzą transformującą o wymiarach $n \times n$. Zachodzi przy tym relacja odwrotna:

$$v = P^{-1}\hat{v} \tag{12.2-50}$$

W wyniku takiej zamiany zmiennych stanu równanie stanu układu (12.2-1) przekształca się w równanie:

$$\dot{\hat{v}} = P\dot{v} = PAv + PBx = PAP^{-1}\hat{v} + PBx = \hat{A}\hat{v} + \hat{B}x \tag{12.2-51}$$

gdzie:

$$\hat{A} = PAP^{-1} \tag{12.2-52}$$

jest nową macierzą stanu.

Zbadajmy wielomian charakterystyczny układu opisanego równaniem stanu (12.2-51). Ponieważ macierzą stanu jest teraz macierz $\hat{A}$, zatem:

$$\begin{aligned}\hat{M}(s) &= \det(s\mathbf{1} - \hat{A}) = \det(sPP^{-1} - PAP^{-1}) = \det[P(s\mathbf{1} - A)P^{-1}] = \\ &= \det P \cdot \det(s\mathbf{1} - A) \cdot \det P^{-1} = \det(s\mathbf{1} - A) = M(s)\end{aligned} \tag{12.2-53}$$

gdzie uwzględniliśmy, że $PP^{-1} = \mathbf{1}$, $\det(P_1P_2) = \det P_1 \cdot \det P_2$ oraz $\det P^{-1} = (\det P)^{-1}$. Równość (12.2-53) dowodzi, że *wielomian charakterystyczny układu jest niezmienniczy względem wyboru zmiennych stanu*. Wynika stąd dalszy wniosek:

Wartości własne macierzy stanu (pierwiastki równania charakterystycznego układu) są niezależne od wyboru zmiennych stanu.

Przykład 12.2-4. Wielomian charakterystyczny układu z rys. 12.1-3 ma postać (por. przykład 12.1-1):

$$M(s) = s^2 + \frac{R}{L}s + \frac{1}{LC}$$

Wielomianem charakterystycznym układu z rys. 12.1-4 przy przyjętych w przykładach 12.2-1 i 12.2-3 danych liczbowych jest:

$$M(s) = s^3 + 6s^2 + 11s + 6$$

Wielomian ten ma trzy różne pierwiastki rzeczywiste $s_1 = -1$, $s_2 = -2$, $s_3 = -3$, równe wartościom własnym macierzy stanu układu obliczonym w przykładzie 12.2-1.

D. Macierz transmitancji układu. Z równania zespolonego wyjścia (12.2-45) wynika wprost wyrażenie na *macierz transmitancji* $H(s)$ układu właściwego SLS, tj. macierz wiążącą wektor wyjść $\bar{y}$ i wektor wejść $\bar{x}$:

$$\bar{y} = H(s)\bar{x} \tag{12.2-54}$$

przy zerowych warunkach początkowych $v(0) = \mathbf{0}$. Porównując równania (12.2-54) i (12.2-45), otrzymujemy:

$$H(s) = C(s\mathbf{1} - A)^{-1}B + D \tag{12.2-55}$$

Macierz $\boldsymbol{H}(s)$ jest macierzą o wymiarach $m \times r$, a jej element $H_{ij}(s)$ jest transmitancją między sygnałem wejściowym x_j a sygnałem wyjściowym y_i i jest równy stosunkowi $\bar{y}_i/\bar{x}_j$, przy założeniu zerowych pozostałych sygnałów wejściowych i zerowych warunków początkowych. Zachodzi przy tym oczywiście zależność:

$$\boldsymbol{H}(s) = \mathscr{L}[\boldsymbol{h}(t)], \qquad H_{ij}(s) = \mathscr{L}[h_{ij}(t)] \tag{12.2-56}$$

gdzie $\boldsymbol{h}(t)$ jest macierzą odpowiedzi impulsowych układu określoną wzorem (12.2-23) (por. także właściwość (12.2-15) macierzy $e^{\boldsymbol{A}t}$).

Ponieważ stopień wielomianu macierzowego występującego w liczniku wzoru (12.2-47) jest równy co najwyżej $n-1$, zatem elementy macierzy $(s\mathbf{1}-\boldsymbol{A})^{-1}$ są funkcjami wymiernymi zmiennej s o mianownikach równych wielomianowi charakterystycznemu $M(s)$ i licznikach, będących wielomianami zmiennej s stopnia nie większego niż $n-1$. Tę samą właściwość ma macierz $\boldsymbol{C}(s\mathbf{1}-\boldsymbol{A})^{-1}\boldsymbol{B}$, powstaje ona bowiem w wyniku lewostronnego i prawostronnego mnożenia macierzy $(s\mathbf{1}-\boldsymbol{A})^{-1}$ przez macierze liczbowe. Macierz transmitancji $\boldsymbol{H}(s)$, w której dochodzi dodatkowo składnik $\boldsymbol{D}$, jest natomiast macierzą funkcji wymiernych:

$$\boldsymbol{H}(s) = [H_{ij}(s)] = \left[\frac{L_{ij}(s)}{M(s)}\right] \tag{12.2-57}$$

których liczniki $L_{ij}(s)$ są stopnia nie większego niż n.

Ta sama argumentacja prowadzi do wniosku, że macierz:

$$\boldsymbol{G}(s) = \boldsymbol{C}(s\boldsymbol{I}-\boldsymbol{A})^{-1} = \left[\frac{N_{ij}(s)}{M(s)}\right] \tag{12.2-58}$$

występująca w drugim członie wzoru (12.2-45) i wiążąca wektor warunków początkowych z wektorem wyjść przy zerowym wektorze wejść, jest macierzą o wymiarach $m \times n$ funkcji wymiernych, których liczniki $N_{ij}(s)$ są stopnia nie większego niż $n-1$.

Posługując się macierzami $\boldsymbol{H}(s)$ i $\boldsymbol{G}(s)$, możemy zapisać wzór (12.2-45) w postaci:

$$\bar{\boldsymbol{y}} = \boldsymbol{H}(s)\bar{\boldsymbol{x}} + \boldsymbol{G}(s)\boldsymbol{v}(0) \tag{12.2-59}$$

Uwaga. Osobnego komentarza wymaga sytuacja, kiedy możliwe jest wystąpienie wspólnych czynników w licznikach i w mianowniku elementów macierzy (12.2-57) i (12.2-58), a więc sytuacja, gdy możliwe jest dokonanie odpowiednich skróceń. Jeśli wielomian charakterystyczny $M(s)$ pokrywa się z wielomianem minimalnym $\varphi(s)$ (por. p. 12.2.1-H), to takie skrócenia mogą wystąpić tylko w niektórych elementach macierzy $(s\boldsymbol{I}-\boldsymbol{A})^{-1}$ i, w konsekwencji, tylko w niektórych elementach macierzy (12.2-57) i (12.2-58). Wspólnym mianownikiem wszystkich elementów macierzy (12.2-57) i (12.2-58) jest wówczas wielomian charakterystyczny $M(s)$.

Inaczej wygląda sprawa w przypadku, gdy wielomian minimalny $\varphi(s)$ jest stopnia niższego niż wielomian charakterystyczny $M(s)$. Z właściwości 2, p.12.2.1-H, oraz ze wzoru (12.2-46) wynika, że w takim przypadku w s z y s t k i e niezerowe elementy macierzy $(s\mathbf{1} - \boldsymbol{A})^{-1}$ mają wspólne czynniki z wielomianem $M(s)$. W rezultacie, po skróceniach, wspólnym mianownikiem w s z y s t k i c h elementów macierzy (12.2-46), a więc także wspólnym mianownikiem w s z y s t k i c h elementów macierzy (12.2-57) i (12.2-58), jest wielomian minimalny $\varphi(s)$ (por. przykład 12.3-1).

Przykład 12.2-5. Macierz transmitancji układu rozważanego w przykładach 12.2-1 – 12.2-4 ma postać:

$$\boldsymbol{H}(s) = \boldsymbol{C}(s\mathbf{1} - \boldsymbol{A})^{-1}\boldsymbol{B} + \boldsymbol{D} = \frac{1}{s^3 + 6s^2 + 11s + 6}\begin{bmatrix} \frac{3}{5}(s^3 + 11s) & -6 \\ \frac{3}{5}(s^3 + s) & s \\ 6s & -(s+6) \\ 6s & s^3 + 6s^2 + 10s \end{bmatrix}$$

W tym przypadku liczniki transmitancji nie zawierają wspólnych czynników z wielomianem $M(s)$, a więc mianownikiem wszystkich transmitancji jest wielomian charakterystyczny układu.

Macierzą $\boldsymbol{G}(s)$ dla tego układu jest macierz:

$$\boldsymbol{G}(s) = \boldsymbol{C}(s\mathbf{1} - \boldsymbol{A})^{-1} = \frac{1}{s^3 + 6s^2 + 11s + 6}\begin{bmatrix} 6s & -\frac{3}{5}(s^2 + 1) & -6 \\ -s^2 & -\frac{3}{5}s^2 - s - \frac{3}{5} & s \\ s^2 + 6s & s & -(s+6) \\ s^2 + 6s & s & -(s+6) \end{bmatrix}$$

E. Macierz transmitancji układu w przypadku ogólniejszym. Rozważmy jeszcze przypadek układu niewłaściwego, w którego równaniu wyjścia występują składniki proporcjonalne do pochodnych wektora wejść $\boldsymbol{x}$ – równanie (12.1-9). Załóżmy, dla prostoty rozważań, że w równaniu wyjścia występuje tylko składnik proporcjonalny do pierwszej pochodnej wektora wejść:

$$\boldsymbol{y} = \boldsymbol{C}\boldsymbol{v} + \boldsymbol{D}\boldsymbol{x} + \boldsymbol{D}_1\dot{\boldsymbol{x}} \qquad (12.2\text{-}60)$$

Dokonując przekształcenia Laplace'a obu stron tego równania[1] i uwzględniając rozwiązanie (12.2-44) dla wektora stanu, otrzymujemy równanie wyjścia w postaci:

$$\bar{\boldsymbol{y}} = [\boldsymbol{C}(s\mathbf{1} - \boldsymbol{A})^{-1}\boldsymbol{B} + \boldsymbol{D} + s\boldsymbol{D}_1]\bar{\boldsymbol{x}} + \boldsymbol{C}(s\mathbf{1} - \boldsymbol{A})^{-1}\boldsymbol{v}(0) \qquad (12.2\text{-}61)$$

będącej uogólnieniem równania (12.2-45). Wynika stąd, że w tym przypadku macierz transmitancji:

$$\boldsymbol{H}(s) = \boldsymbol{C}(s\mathbf{1} - \boldsymbol{A})^{-1}\boldsymbol{B} + \boldsymbol{D} + s\boldsymbol{D}_1 \qquad (12.2\text{-}62)$$

---

[1] Pochodną $\dot{\boldsymbol{x}}$ traktujemy tu jako pochodną dystrybucyjną – por. p. 6.3.1-C w tomie II oraz p. 9.1.2-D. Dlatego w zapisie równania (12.2-60) nie występuje w sposób jawny wektor $\boldsymbol{x}(0)$.

jest macierzą funkcji wymiernych (12.2-57), których liczniki $L_{ij}(s)$ mogą być wielomianami stopnia $n+1$, a więc stopnia wyższego od stopnia n mianownika, przy czym co najmniej jeden z tych liczników jest wielomianem stopnia $n+1$ (w przeciwnym przypadku $\boldsymbol{D}_1 = \boldsymbol{0}$ wbrew założeniu).

Przykład 12.2-6. Przy przyjęciu prądu i_{C_2} jako zmiennej wyjściowej w układzie niewłaściwym rozważanym w przykładzie 12.1-3 (rys. 12.1-5), transmitancja $H(s) = \bar{i}_{C_2}/\bar{e}$ ma postać:

$$H(s) = \frac{C_1 C_2}{(1-\alpha)C_2 + C_1} \frac{s^2}{s + \dfrac{1}{R[(1-\alpha)C_2 + C_1]}}$$

a więc jej licznik ma stopień o jeden wyższy niż stopień mianownika.

Podobnie (szczegóły pomijamy), gdyby w równaniu (12.1-9) występowały składniki proporcjonalne do wyższych pochodnych wektora wejść $\boldsymbol{x}$ (np. do $\boldsymbol{x}^{(k)}$), liczniki $L_{ij}(s)$ elementów macierzy $\boldsymbol{H}(s)$ mogłyby być (i co najmniej jeden z nich byłby) wielomianami stopnia $n+k$.

Wynika stąd następujący ważny wniosek:

Macierz transmitancji $\boldsymbol{H}(s)$ układu SLS jest wtedy i tylko wtedy macierzą funkcji wymiernych (12.2-57), *których liczniki są wielomianami stopnia nie większego niż stopień mianownika, kiedy układ jest układem właściwym, tzn. jego równania stanu mają postać* (12.1-7).

12.3. STABILNOŚĆ UKŁADÓW SLS

W punkcie 9.3 omówiliśmy zagadnienie stabilności liniowego układu transmisyjnego. Kontynuując prezentację obszernej tematyki stabilności układów liniowych, zajmiemy się teraz *stabilnością układów SLS.*

Punktem wyjścia do rozważań będzie opis układu SLS za pomocą równań stanu. Jak już wspomnieliśmy we wstępie, jedną z istotnych zalet tego opisu jest możliwość ogólnego ujęcia i rozwiązania w jego ramach zagadnienia stabilności układu SLS. Wychodząc od opisu za pomocą równań stanu, możemy spojrzeć na problem stabilności układu w kategoriach globalnych. Może się bowiem zdarzyć, że przy wyróżnionym ograniczonym w przedziale $\langle 0, +\infty)$ pobudzeniu (wejściu) $x(t)$, jeden sygnał (wyjście) $y_1(t)$ występujący w układzie będzie ograniczony, a inny sygnał $y_2(t)$ będzie w tym przedziale nieograniczony (por. definicję w p. 9.3.1-A). Oznacza to, że droga transmisji sygnału od wejścia $x(t)$ do wyjścia $y_1(t)$ będzie stabilna (odpowiadający jej układ transmisyjny będzie stabilny), a jednocześnie droga transmisji sygnału od wejścia $x(t)$ do wyjścia $y_2(t)$ będzie niestabilna (odpowiadający jej układ transmisyjny będzie niestabilny). Zachowanie układu jako całości będzie więc niestabilne. Oznacza to zarazem, że stabilność układu transmisyjnego, wyróżnionego w danym układzie SLS przez wybór określonego wejścia i określonego wyjścia, nie przesądza jeszcze o stabilności tego układu. W przeciwieństwie do opisu transmisyjnego, opis za pomocą równań stanu daje możliwość rozstrzygania o stabilności całego układu SLS.

Opis układu SLS za pomocą równań stanu umożliwia ponadto zbadanie stabilności *układów autonomicznych*. Aby wyjaśnić znaczenie tego stwierdzenia, nawiążemy do ujęcia zagadnienia stabilności w konwencji przyczynowo-skutkowej (por. wstęp do rozdziału 9). Jak wiemy, przyczyną pojawienia się sygnałów w układzie mogą być albo pobudzenia zewnętrzne, tj. sygnały wejściowe doprowadzone do układu z zewnątrz, albo też zgromadzona w nim w chwili początkowej energia, której zasoby są określone przez warunki początkowe. Jeżeli założymy, że układ jest autonomiczny, tzn. że jedyną przyczyną występowania w nim sygnałów są niezerowe warunki początkowe, natomiast doprowadzone do niego sygnały wejściowe są tożsamościowo równe zeru (wektor wejść $\boldsymbol{x} \equiv \mathbf{0}$), możemy sformułować zagadnienie stabilności układu w odniesieniu do warunków początkowych. Tak rozumiana stabilność układu jest nazywana *stabilnością względem warunków początkowych*. Różnice między pojęciami stabilności układu SLS względem pobudzenia i stabilności względem warunków początkowych ilustruje rys. 12.3-1.

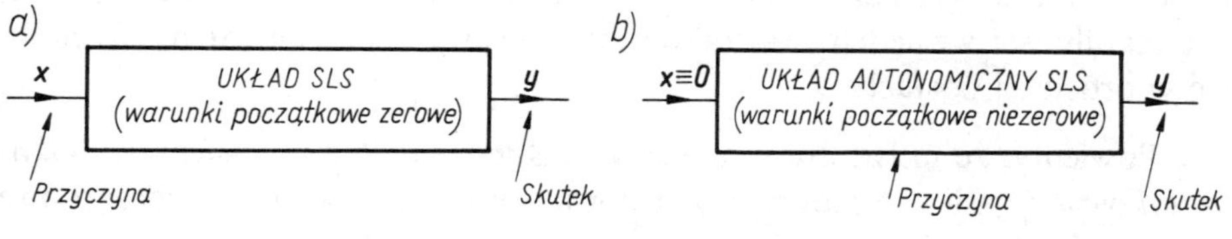

Rys. 12.3-1

12.3.1. Stabilność względem warunków początkowych

Dalsze rozważania wygodnie jest prowadzić, posługując się znormalizowanymi (bezwymiarowymi) wielkościami. W tym celu każde napięcie u, prąd i, siłę elektromotoryczną e, wydajność prądową j itd., znormalizujemy względem odpowiadających im wielkości jednostkowych, tzn. wprowadzimy wielkości znormalizowane: $\tilde{u} = \dfrac{u}{U_0}$, gdzie $U_0 = 1$ V, $\tilde{i} = \dfrac{i}{I_0}$, gdzie $I_0 = 1$ A, $\tilde{e} = \dfrac{e}{E_0}$, gdzie $E_0 = 1$ V, $\tilde{j} = \dfrac{j}{J_0}$, gdzie $J_0 = 1$ A, itd.

Rozpatrzmy układ autonomiczny SLS (rys. 12.3-1b) i załóżmy, że jako wektor zmiennych stanu w tym układzie wybieramy wektor $\boldsymbol{v} = [v_1, \ldots, v_n]^T$ prądów w niezależnych indukcyjnościach i napięć na niezależnych pojemnościach, bądź też ich odpowiednich kombinacji liniowych. Wektorowi temu odpowiada znormalizowany wektor stanu $\tilde{v} = [\tilde{v}_1, \ldots, \tilde{v}_n]^T$. Wprowadźmy *długość (normę) wektora* $\tilde{v}$ określoną zależnością[1]:

$$\|\tilde{v}\| = \sqrt{\tilde{v}_1^2 + \ldots + \tilde{v}_n^2} \tag{12.3-1}$$

A. Definicje. Powiemy, że układ autonomiczny jest *stabilny względem warunków początkowych*, jeśli przy dostatecznie małej długości wektora $\tilde{v}$ w chwili początkowej $t = 0$ jego długość w przedziale czasu $(0, +\infty)$ jest dowolnie mała, to znaczy:

$$\bigwedge_{\varepsilon > 0} \bigvee_{\delta > 0} \|\tilde{v}(0)\| < \delta \Rightarrow \sup_{(0, +\infty)} \|\tilde{v}(t)\| < \varepsilon \tag{12.3-2}$$

Tak sformułowana definicja stabilności układu autonomicznego względem warunków początkowych ma charakter ogólny i dotyczy nie tylko układów SLS, ale także układów autonomicznych, dla których „skutek" (sygnały tworzące wektor zmiennych stanu) niekoniecznie zależy liniowo od „przyczyny" (warunki początkowe). W przypadku autonomicznych układów SLS zależność ta jest liniowa i sformułowanie: „dostatecznie mała przyczyna wywołuje dowolnie mały skutek" jest równoważne sformułowaniu: „ograniczona przyczyna wywołuje ograniczony skutek". Dla autonomicznych układów SLS definicję stabilności względem warunków początkowych można zatem sformułować w prostszej postaci.

Powiemy, że układ autonomiczny SLS jest *stabilny względem warunków początkowych*, jeśli z ograniczoności normy wektora $\tilde{v}$ w chwili początkowej $t = 0$ wynika ograniczoność jego normy w przedziale $(0, +\infty)$, to znaczy:

$$\|\tilde{v}(0)\| < \infty \Rightarrow \sup_{(0, +\infty)} \|\tilde{v}(t)\| < \infty \tag{12.3-3}$$

Układ autonomiczny SLS, który nie spełnia definicji (12.3-3) jest układem *niestabilnym względem warunków początkowych.*

Powiemy, że układ autonomiczny SLS jest *stabilny asymptotycznie*, jeśli jest stabilny względem warunków początkowych w sensie definicji (12.3-3), a ponadto:

$$\lim_{t \to \infty} \|\tilde{v}(t)\| = 0 \tag{12.3-4}$$

[1] Tak określona norma jest tożsama ze zwykłym pojęciem długości wektora w n-wymiarowej przestrzeni euklidesowej. Dalsze rozważania pozostaną słuszne także przy innym sposobie normowania wektora $\tilde{v}$, np. jeśli przyjmiemy $\|\tilde{v}\| = |\tilde{v}_1| + \ldots + |\tilde{v}_n|$ lub $\|\tilde{v}\| = \max_i |\tilde{v}_i|$.

Uwaga. W teorii stabilności *punktem równowagi* układu autonomicznego SLS opisanego równaniem stanu:

$$\frac{d\hat{v}}{dt} = A\hat{v} \tag{12.3-5}$$

jest nazywane każde rozwiązanie $\hat{v}$, dla którego:

$$A\hat{v} = \mathbf{0} \tag{12.3-6}$$

(por. np. [22], str. 435, [11], str. 306)[1]. Rozwiązanie zerowe: $\hat{v} = \mathbf{0}$ jest oczywiście punktem równowagi, przy czym, jeśli macierz stanu A jest nieosobliwa, to $\hat{v} = \mathbf{0}$ jest jedynym punktem równowagi równania (12.3-5).

Posługując się pojęciem punktu równowagi, można sformułować podane przez nas definicje stabilności i stabilności asymptotycznej względem warunków początkowych w następującej, równoważnej postaci.

Punkt równowagi $\hat{v} = \mathbf{0}$ nazywamy *stabilnym*, jeśli jest spełniony warunek definicyjny (12.3-2). Jeśli ponadto zachodzi warunek (12.3-4), to punkt równowagi $\hat{v} = \mathbf{0}$ jest *asymptotycznie stabilny*.

Zagadnienia związane z badaniem stabilności punktów równowagi układów opisywanych równaniami różnych typów należą do podstawowych problemów teorii stabilności. Mają one także istotne znaczenie w teorii sterowania.

B. Warunki stabilności autonomicznego układu SLS. Rozwiązanie w dziedzinie czasu równania stanu autonomicznego układu SLS wynika z ogólnej postaci rozwiązania równania stanu układu SLS (12.2-18), przy podstawieniu w nim $x \equiv \mathbf{0}$, i przybiera postać:

$$v(t) = e^{At} v(0) \tag{12.3-7}$$

gdzie $v(t) = [v_1(t), \ldots, v_n(t)]^T$ jest wektorem zmiennych stanu, zaś A jest macierzą stanu układu. Odpowiadające mu rozwiązanie w dziedzinie zespolonej:

$$\bar{v} = (s\mathbf{1} - A)^{-1} v(0) \tag{12.3-8}$$

wynika z rozwiązania ogólnego (12.2-44). Z rozwiązań (12.3-7) i (12.3-8) wnioskujemy, że o stabilności autonomicznego układu SLS względem warunków początkowych decyduje wyłącznie macierz A. Na rozwiązania te powołamy się w dowodach twierdzeń ustalających warunki stabilności autonomicznego układu SLS względem warunków początkowych.

---

[1] Analogicznie określa się punkty równowagi nieliniowego równania stanu (por. pierwsze równanie (12.1-5)):

$$\dot{v} = f(v; \mathbf{0})$$

a mianowicie jako rozwiązania równania: $f(v; \mathbf{0}) = \mathbf{0}$.

TWIERDZENIE 12.3-1

Warunkiem dostatecznym stabilności autonomicznego układu SLS względem warunków początkowych jest, aby jego wielomian charakterystyczny $M(s)$[1] *nie miał pierwiastków leżących w prawej półpłaszczyźnie* $\operatorname{Re} s > 0$, *ani pierwiastków wielokrotnych leżących na osi urojonej* $\operatorname{Re} s = 0$.

Dowód. Ponieważ wielomian charakterystyczny $M(s)$ układu jest niezmienniczy względem wyboru zmiennych stanu (por. p. 12.2.2-C), wystarczy wykazać słuszność twierdzenia przy dowolnym wyborze zmiennych stanu. Załóżmy, że jako wektor stanu wybraliśmy wektor $v(t) = [v_1(t), \ldots, v_n(t)]^T$, któremu odpowiada wektor znormalizowany $\tilde{v}(t) = [\tilde{v}_1(t), \ldots, \tilde{v}_n(t)]^T$. Zauważmy, że długość wektora $\tilde{v}(t)$ będzie ograniczona w przedziale $(0, +\infty)$ wtedy i tylko wtedy, kiedy wszystkie jego składowe $\tilde{v}_i(t)$ lub, co jest równoważne, wszystkie zmienne stanu $v_i(t)$, $i = 1, \ldots, n$, będą w tym przedziale ograniczone. Aby sformułować warunki stabilności autonomicznego układu SLS względem warunków początkowych, wystarczy zatem, zgodnie z definicją (12.3-3), sformułować warunki ograniczoności w przedziale $(0, +\infty)$ elementów $v_i(t)$ wektora stanu, przy założeniu ich skończonych wartości w chwili $t = 0$.

Rozważmy w tym celu macierz $\boldsymbol{F} = (s\boldsymbol{1} - \boldsymbol{A})^{-1}$ występującą w rozwiązaniu (12.3-8). Ze wzoru (12.2-47) wynika, że wszystkie elementy tej macierzy są funkcjami wymiernymi właściwymi o wspólnym mianowniku $M(s)$, tzn.:

$$\boldsymbol{F} = (s\boldsymbol{1} - \boldsymbol{A})^{-1} = \left[\frac{F_{ij}(s)}{M(s)}\right], \quad f_{ij} - n < 0 \tag{12.3-9}$$

gdzie $f_{ij} = \operatorname{st} F_{ij}(s)$, $n = \operatorname{st} M(s)$, $i, j = 1, \ldots, n$. Z rozwiązania (12.3-8) wynika z kolei, że przy założeniu skończonych wartości początkowych zmiennych stanu, każdy element $\bar{v}_i$ zespolonego wektora stanu $\bar{v}$ jest również funkcją wymierną właściwą o mianowniku $M(s)$:

$$\bar{v}_i = \frac{\sum_{j=1}^{n} F_{ij}(s) v_j(0)}{M(s)} = \frac{F_i(s)}{M(s)}, \quad f_i - n < 0 \tag{12.3-10}$$

gdzie $f_i = \operatorname{st} F_i(s)$, $i = 1, \ldots, n$. Funkcje $\bar{v}_i$ spełniają zatem założenia twierdzenia 9.2-1 i, zgodnie z p. 5 tego twierdzenia, zmienne stanu $v_i(t) = \mathscr{L}^{-1}[\bar{v}_i]$ są ograniczone w przedziale $(0, +\infty)$, jeśli wielomian charakterystyczny $M(s)$ nie ma pierwiastków leżących w prawej półpłaszczyźnie $\operatorname{Re} s > 0$, ani pierwiastków wielokrotnych leżących na osi urojonej $\operatorname{Re} s = 0$.

W ogólnym przypadku warunki sformułowane w twierdzeniu 12.3-1 są tylko warunkami d o s t a t e c z n y m i stabilności względem warunków początkowych. Może się bowiem zdarzyć (w przypadku, gdy $\varphi(s) \neq M(s)$), że wielomian charakterystyczny $M(s)$ ma pierwiastek wielokrotny na osi urojonej, np. dla $s = 0$, a wielomian minimalny ma w tym punkcie tylko pierwiastek pojedynczy. Zgodnie z uwagą z p. 12.2.2-D, wspólnym mianownikiem wszystkich elementów macierzy (12.3-9) jest wówczas wielomian minimalny $\varphi(s)$ i jego pierwiastki decydują o stabilności lub niestabilności układu.

---

[1] Zakładamy przy tym, że wielomian minimalny jest identyczny z wielomianem charakterystycznym, tzn. $\varphi(s) \equiv M(s)$.

Twierdzenie 12.3-1 można zatem sformułować również w następującej, zmodyfikowanej postaci określającej warunki konieczne i dostateczne stabilności autonomicznego układu SLS względem warunków początkowych.

TWIERDZENIE 12.3-2

Warunkiem koniecznym i dostatecznym stabilności układu autonomicznego SLS względem warunków początkowych jest, aby wielomian minimalny $\varphi(s)$ *nie miał pierwiastków leżących w prawej półpłaszczyźnie* $\mathrm{Re}\, s > 0$, *ani pierwiastków wielokrotnych leżących na osi urojonej* $\mathrm{Re}\, s = 0$.

Przykład 12.3-1. Rozważmy układ autonomiczny SLS o macierzy stanu:

$$A = \begin{bmatrix} -1 & 2 & -3 \\ 0 & 0 & 0 \\ 0 & 0 & 0 \end{bmatrix}$$

Wielomian charakterystyczny:

$$M(s) = \det(s\mathbf{1} - A) = \begin{vmatrix} s+1 & -2 & 3 \\ 0 & s & 0 \\ 0 & 0 & s \end{vmatrix} = s^2(s+1)$$

ma pierwiastek podwójny dla $s = 0$. Macierz dołączona ma postać:

$$\mathrm{adj}(s\mathbf{1} - A) = \begin{bmatrix} s^2 & 2s & -3s \\ 0 & s(s+1) & 0 \\ 0 & 0 & s(s+1) \end{bmatrix}$$

a jej elementy mają największy wspólny dzielnik:

$$d(s) = s$$

Zgodnie ze wzorem (12.2-39) wielomian minimalny:

$$\varphi(s) = \frac{M(s)}{d(s)} = s(s+1)$$

spełnia warunki twierdzenia 12.3-2, rozpatrywany układ jest zatem stabilny względem warunków początkowych.

Zgodnie ze wzorem (12.2-46) macierz odwrotna:

$$(s\mathbf{1} - A)^{-1} = \frac{\mathrm{adj}(s\mathbf{1} - A)}{M(s)} = \frac{1}{s^2(s+1)} \begin{bmatrix} s^2 & 2s & -3s \\ 0 & s(s+1) & 0 \\ 0 & 0 & s(s+1) \end{bmatrix} =$$

$$= \begin{bmatrix} \dfrac{1}{s+1} & \dfrac{2}{s(s+1)} & -\dfrac{3}{s(s+1)} \\ 0 & \dfrac{1}{s} & 0 \\ 0 & 0 & \dfrac{1}{s} \end{bmatrix}$$

przy czym wspólnym mianownikiem wszystkich jej elementów jest wielomian minimalny $\varphi(s)$.

TWIERDZENIE 12.3-3

Warunkiem koniecznym i dostatecznym stabilności asymptotycznej autonomicznego układu SLS względem warunków początkowych jest, aby jego wielomian charakterystyczny $M(s)$ był wielomianem Hurwitza.

Dowód tego twierdzenia jest analogiczny do dowodu twierdzenia 12.3-1. Z równości (12.3-10) oraz właściwości funkcji wymiernych (por. p. 6.2.3-B w tomie II) wynika, że $v_i(t) \to 0$, $i = 1, 2, \ldots, n$, przy $t \to +\infty$, wtedy i tylko wtedy, kiedy mianownik $M(s)$ ma wszystkie pierwiastki leżące w półpłaszczyźnie $\text{Re}\, s < 0$, a więc jest wielomianem Hurwitza.

Zauważmy, że rozwiązania równania wyjścia autonomicznego układu SLS zarówno w dziedzinie czasu, jak i w dziedzinie zespolonej, otrzymuje się z odpowiadających im rozwiązań równań stanu w wyniku mnożenia lewostronnego przez macierz liczbową C. Ograniczoność w przedziale $(0, +\infty)$ zmiennych stanu $v_i(t)$ zapewnia zatem ograniczoność w tym przedziale wszystkich sygnałów występujących w układzie. Podobna argumentacja prowadzi do wniosku, że jeśli autonomiczny układ SLS jest stabilny asymptotycznie, to wszystkie występujące w nim sygnały dążą do zera przy $t \to \infty$.

Rozważmy teraz przypadek autonomicznego układu SLS zbudowanego tylko z elementów pasywnych, a więc układu pasywnego (SLSP) (por. p. 2.1.8-F w tomie I). Załóżmy, że wektor stanu v został wybrany jako wektor napięć na niezależnych pojemnościach i prądów w niezależnych indukcyjnościach. Wektor wartości początkowych $v(0)$ określa zatem całkowity zasób energii zgromadzonej w układzie w chwili początkowej $t = 0$. Wobec braku dopływu do układu energii z zewnątrz oraz wobec założenia o pasywności wszystkich elementów układu, energia ta nie może wzrastać w czasie. Oznacza to, że każda zmienna stanu $v_i(t)$ musi być ograniczona dla $t > 0$. Wynika stąd następujące twierdzenie (por. p. 10.3.1-D).

TWIERDZENIE 12.3-4

Układ autonomiczny SLS zbudowany tylko z elementów pasywnych (układ SLSP) jest układem stabilnym względem warunków początkowych.

Zwracamy uwagę, że z wyjątkiem wydzielonej klasy idealnych układów bezstratnych (por. p. 2.1.8-C w tomie I), istniejące realnie układy SLSP są układami stratnymi, a więc takimi, w których zgromadzona w chwili $t = 0$ energia początkowa określona przez wektor $v(0)$ ulega rozproszeniu w czasie (zamiana na ciepło wskutek występowania strat). W konsekwencji $v(t) \to 0$ dla $t \to +\infty$ i układy takie są asymptotycznie stabilne względem warunków początkowych.

Z twierdzenia 12.3-4 wynika, że zagadnienie badania stabilności układów SLS względem warunków początkowych jest nietrywialne jedynie dla układów zawierających elementy aktywne.

C. Przykłady. Pojęcia: stabilności układu względem warunków początkowych i stabilności asymptotycznej zilustrujemy kilkoma przykładami.

Przykład 12.3-2. Układy autonomiczne pokazane na rys. 12.3-2a i b są układami pasywnymi, są zatem stabilne względem warunków początkowych. Można łatwo sprawdzić, że układ z rys. 12.3-2b jest ponadto stabilny asymptotycznie.

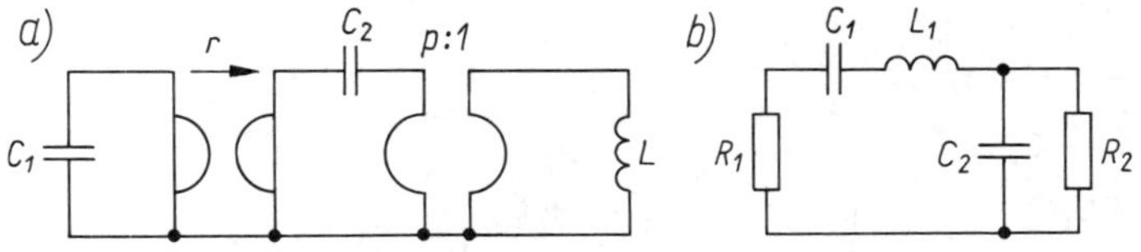

Rys. 12.3-2

Przykład 12.3-3. Zbadamy stabilność względem warunków początkowych układu autonomicznego z rys. 12.3-3 w zależności od rzeczywistego parametru β.

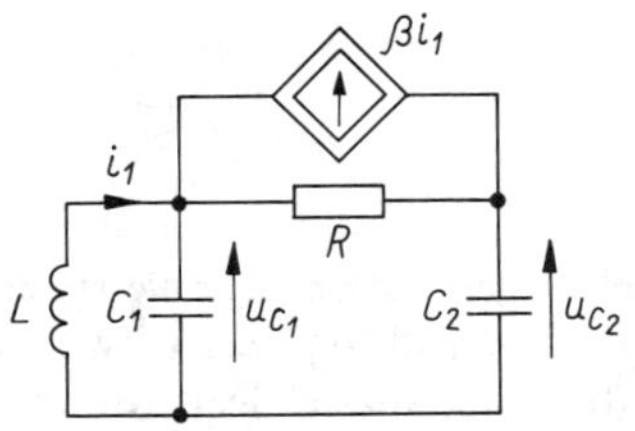

Rys. 12.3-3

Jako zmienne stanu przyjmiemy prąd w indukcyjności i_1 oraz napięcia na pojemnościach u_{C_1} i u_{C_2}. Równania stanu układu mają wówczas postać:

$$\frac{di_1}{dt} = -\frac{1}{L}u_{C_1}, \qquad \frac{du_{C_1}}{dt} = \frac{1-\beta}{C_1} - \frac{u_{C_1}}{RC_1} + \frac{u_{C_2}}{RC_1}, \qquad \frac{du_{C_2}}{dt} = \frac{\beta}{C_2} + \frac{u_{C_1}}{RC_2} - \frac{u_{C_2}}{RC_2}$$

Na ich podstawie wyznaczamy macierz stanu $\boldsymbol{A}$, macierz $s\mathbf{1} - \boldsymbol{A}$ oraz wielomian charakterystyczny $M(s)$:

$$\boldsymbol{A} = \begin{bmatrix} 0 & -\frac{1}{L} & 0 \\ \frac{1-\beta}{C_1} & -\frac{1}{RC_1} & \frac{1}{RC_1} \\ \frac{\beta}{C_2} & \frac{1}{RC_2} & -\frac{1}{RC_2} \end{bmatrix}, \qquad s\mathbf{1} - \boldsymbol{A} = \begin{bmatrix} s & \frac{1}{L} & 0 \\ \frac{\beta-1}{C_1} & s+\frac{1}{RC_1} & -\frac{1}{RC_1} \\ -\frac{\beta}{C_2} & -\frac{1}{RC_2} & s+\frac{1}{RC_2} \end{bmatrix}$$

$$M(s) = s^3 + \frac{C_1 + C_2}{RC_1C_2}s^2 + \frac{1-\beta}{LC_1}s + \frac{1}{RC_1C_2L}$$

Zakres wartości parametru β, dla których wielomian $M(s)$ jest wielomianem Hurwitza, wyznaczymy, stosując kryterium Hurwitza-Liénarda (p. 9.3.2-B). Z warunku dodatniości współczynników wielomianu otrzymujemy $\beta < 1$. Macierz Hurwitza ma postać:

$$H_3 = \begin{bmatrix} \dfrac{C_1 + C_2}{RC_1C_2} & 1 & 0 \\ \dfrac{1}{RC_1C_2L} & \dfrac{1-\beta}{LC_1} & \dfrac{C_1 + C_2}{RC_1C_2} \\ 0 & 0 & \dfrac{1}{RC_1C_2L} \end{bmatrix}$$

a zatem:

$$\Delta_2 = \begin{vmatrix} \dfrac{C_1 + C_2}{RC_1C_2} & 1 \\ \dfrac{1}{RC_1C_2L} & \dfrac{1-\beta}{LC_1} \end{vmatrix} = \frac{1}{RC_1C_2L}\left[\frac{C_1 + C_2}{C_1}(1-\beta) - 1\right] > 0$$

skąd wnioskujemy, iż wielomian $M(s)$ ma wszystkie pierwiastki położone w lewej półpłaszczyźnie $\mathrm{Re}\, s < 0$ dla:

$$\beta < \frac{C_2}{C_1 + C_2}$$

Dla tego zakresu parametru β układ jest asymptotycznie stabilny. Jak można łatwo sprawdzić, jedyną wartością parametru β, dla której wielomian ma dwa pierwiastki sprzężone leżące na osi urojonej, jest $\beta = C_2/(C_1 + C_2)$ (trzeci pierwiastek leży wówczas w lewej półpłaszczyźnie). Zatem warunkiem koniecznym i dostatecznym stabilności układu względem warunków początkowych jest, aby:

$$\beta \leqslant \frac{C_2}{C_1 + C_2}$$

Przykład 12.3-4. Zbadamy stabilność względem warunków początkowych układu SLS o macierzy stanu:

$$A = \begin{bmatrix} \alpha & 0 & 0 \\ 0 & 2\beta & 1 \\ 2 & -1 & -2 \end{bmatrix}$$

Wielomian charakterystyczny:

$$M(s) = \det(s\mathbf{1} - A) = (s - \alpha)[s^2 + 2(1-\beta)s + 1 - 4\beta]$$

ma pierwiastki:

$$s_1 = \alpha, \quad s_{2,3} = \beta - 1 \pm \sqrt{\beta(\beta + 2)}$$

Wynika stąd, że parametr α winien spełniać warunek $\alpha \leqslant 0$. Dyskusję zakresu parametru β podzielimy na dwa przypadki. Dla $-2 < \beta < 0$ pierwiastki $s_{2,3}$ są zespolone sprzężone o ujemnej części rzeczywistej, leżą zatem w obszarze $\mathrm{Re}\, s < 0$. Dla $\beta \leqslant -2$ lub $\beta \geqslant 0$ pierwiastki te są rzeczywiste, wystarczy więc rozwiązać nierówność:

$$s_2 = \beta - 1 + \sqrt{\beta(\beta + 2)} \leqslant 0$$

Nierówność ta jest spełniona dla $\beta \leqslant -2$ oraz dla $0 \leqslant \beta \leqslant \frac{1}{4}$, przy czym $s_2 = 0$ dla $\beta = \frac{1}{4}$. Tak więc układ jest stabilny względem warunków początkowych dla $\alpha \leqslant 0$ i $\beta < \frac{1}{4}$ lub dla $\alpha < 0$ i $\beta \leqslant \frac{1}{4}$. Układ jest stabilny asymptotycznie dla $\alpha < 0$ i $\beta < \frac{1}{4}$.

12.3.2. Stabilność względem pobudzenia

Rozpatrzymy z kolei przypadek, kiedy sygnały występujące w układzie są wywołane jedynie działaniem wektora pobudzeń zewnętrznych $\boldsymbol{x}(t)$, natomiast warunki początkowe w chwili $t = 0$ są równe zeru, tj. $\boldsymbol{v}(0) = \boldsymbol{0}$. Analizować będziemy zachowanie dla $t \geqslant 0$ wektora stanu $\boldsymbol{v}(t)$ (skutek) w zależności od pobudzenia $\boldsymbol{x}(t)$ (przyczyna).

A. Definicje. Powiemy, że układ jest *stabilny względem pobudzenia*, jeśli:

$$\bigwedge_{\varepsilon > 0} \bigvee_{\delta > 0} \sup_{\langle 0, +\infty)} \|\tilde{\boldsymbol{x}}(t)\| < \delta \Rightarrow \sup_{\langle 0, +\infty)} \|\tilde{\boldsymbol{v}}(t)\| < \varepsilon \tag{12.3-11}$$

Podobnie jak poprzednio, definicja ta obejmuje nie tylko układy SLS. Dla układów SLS jest ona równoważna następującej, prostszej definicji.

Powiemy, że układ SLS jest *stabilny względem pobudzenia*, jeśli:

$$\sup_{\langle 0, +\infty)} \|\tilde{\boldsymbol{x}}(t)\| < \infty \Rightarrow \sup_{\langle 0, +\infty)} \|\tilde{\boldsymbol{v}}(t)\| < \infty \tag{12.3-12}$$

Układ SLS, który nie spełnia definicji (12.3-12), jest układem *niestabilnym względem pobudzenia.*

B. Warunki stabilności układu SLS względem pobudzenia. Przy założeniu zerowych warunków początkowych i pobudzeniu $\boldsymbol{x}(t)$ rozwiązania ogólne (12.2-18) i (12.2-44) równania stanu układu SLS przybierają odpowiednio postacie:

$$\boldsymbol{v}(t) = \int_0^t e^{\boldsymbol{A}(t-t')} \boldsymbol{B}\boldsymbol{x}(t')\,dt' \tag{12.3-13}$$

$$\bar{\boldsymbol{v}} = (s\boldsymbol{1} - \boldsymbol{A})^{-1} \boldsymbol{B}\bar{\boldsymbol{x}} \tag{12.3-14}$$

Wynika stąd, że o stabilności względem pobudzenia decyduje nie tylko macierz $\boldsymbol{A}$, lecz także macierz $\boldsymbol{B}$. Ustalenie warunków koniecznych i dostatecznych stabilności jest w tym przypadku trudne. Można natomiast łatwo sformułować warunek dostateczny.

TWIERDZENIE 12.3-5

Jeśli wielomian charakterystyczny $M(s)$ układu SLS jest wielomianem Hurwitza, to układ ten jest stabilny względem pobudzenia.

Dowód. Długości wektorów $\tilde{x}(t)$ i $\tilde{v}(t)$ są ograniczone w przedziale $\langle 0, +\infty)$ wtedy i tylko wtedy, kiedy wszystkie ich elementy, tj. sygnały znormalizowane $\tilde{x}_k(t)$, $\tilde{v}_i(t)$ i zarazem, co jest równoważne, sygnały nieznormalizowane $x_k(t)$, $v_i(t)$, $k = 1, ..., r$, $i = 1, ..., n$ są w tym przedziale ograniczone. Wystarczy zatem wykazać, że jeśli wielomian $M(s)$ jest wielomianem Hurwitza, to z ograniczoności pobudzeń $x_k(t)$ w przedziale $\langle 0, +\infty)$ wynika ograniczoność zmiennych stanu $v_i(t)$ w tym przedziale.

Zgodnie ze wzorem (12.3-9) oraz rozwiązaniem (12.3-14) transformatę Laplace'a składowej $v_i(t)$ wektora stanu można zapisać w postaci:

$$\bar{v}_i = \sum_{k=1}^{r} \sum_{j=1}^{n} \frac{F_{ij}(s) b_{jk}}{M(s)} \bar{x}_k = \sum_{k=1}^{r} \frac{P_{ik}(s)}{M(s)} \bar{x}_k = \sum_{k=1}^{r} H_{ik}(s) \bar{x}_k \tag{12.3-15}$$

gdzie $\bar{x}_k$ są transformatami Laplace'a pobudzeń $x_k(t)$, natomiast b_{jk}, $j = 1, ..., n$ $k = 1, ..., r$ są elementami macierzy $\boldsymbol{B}$.

Relacje między pobudzeniami $x_k(t)$ a zmiennymi stanu $v_i(t)$ możemy teraz rozpatrzeć w konwencji „wejście-wyjście" i, zgodnie ze wzorem (12.3-15), funkcje $H_{ik}(s)$ traktować jako transmitancje układu o wejściu $x_k(t)$ i wyjściu $v_i(t)$. Z uwagi na liniowość układu zmienna stanu $v_i(t)$ jest sumą składowych $v_{ik}(t)$ wywołanych działaniem każdego z pobudzeń $x_k(t)$ z osobna. Ponieważ wielomiany $F_{ij}(s)$ są stopnia co najwyżej $n-1$, ich kombinacje liniowe $P_{ik}(s)$ występujące w licznikach transmitancji $H_{ik}(s)$ są również wielomianami stopnia co najwyżej $n-1$, a więc transmitancje te są funkcjami wymiernymi właściwymi o wspólnym mianowniku $M(s)$. Każda z transmitancji $H_{ik}(s)$ spełnia tym samym założenia twierdzenia 9.3-2 i, zgodnie z treścią tego twierdzenia, warunek, aby mianownik $M(s)$ był wielomianem Hurwitza, jest warunkiem dostatecznym ograniczoności składowych $v_{ik}(t)$ w przedziale $\langle 0, +\infty)$ przy warunku ograniczoności w tym przedziale pobudzeń $x_k(t)$. Ponieważ skończona suma sygnałów ograniczonych jest ograniczona, jest to zarazem warunek dostateczny ograniczoności w przedziale $\langle 0, +\infty)$ zmiennej stanu $v_i(t)$. Stosując identyczną argumentację w stosunku do pozostałych zmiennych stanu, dochodzimy do wniosku, że warunkiem dostatecznym ograniczoności każdej składowej wektora stanu, a zarazem stabilności układu SLS względem pobudzenia jest, aby wielomian charakterystyczny układu $M(s)$ był wielomianem Hurwitza.

Na podstawie dotychczasowych rozważań możemy sformułować następujące wnioski. Jeśli autonomiczny układ SLS jest stabilny względem warunków początkowych, to po doprowadzeniu do niego pobudzeń $\boldsymbol{x}(t)$ układ nie musi być stabilny względem pobudzenia. Wniosek ten jest bezpośrednim następstwem twierdzeń 12.3-1 i 12.3-5. Nie zachodzi również implikacja odwrotna, tzn. stabilność układu SLS względem pobudzenia nie pociąga za sobą stabilności względem warunków początkowych układu autonomicznego powstałego po odłączeniu pobudzeń. Z porównania twierdzeń 12.3-3 i 12.3-5 wynika natomiast, że układ SLS pozostanie stabilny względem pobudzenia, jeśli odpowiadający mu układ autonomiczny jest stabilny asymptotycznie względem warunków początkowych.

C. Stabilność układu transmisyjnego SLS względem pobudzenia. Zgodnie z p. B, badanie stabilności układu SLS względem pobudzenia sprowadzało się do badania ograniczoności zmiennych stanu $v_i(t)$ przy założeniu ograniczoności sygnałów wejściowych $x_k(t)$ i przy założeniu zerowych warunków początkowych. Z reguły jednak interesuje nas w układzie zachowanie się sygnałów wyjściowych, tj. elementów wektora $\boldsymbol{y}(t)$. Dla odróżnienia od przypadku rozpatrywanego w p. B, mówimy wówczas o stabilności układu transmisyjnego SLS względem pobudzenia. W przypadku układu właściwego SLS, z rozwiązania ogólnego (12.2-45) i wzoru (12.2-55) wynika, że przy zerowych warunkach początkowych i-ty element $\bar{y}_i$ wektora transformat wyjść $\bar{\boldsymbol{y}}$ można zapisać w postaci (por. także wzór (12.2-57)):

$$\bar{y}_i = \sum_{j=1}^{r} H_{ij}(s)\bar{x}_j = \sum_{j=1}^{r} \frac{L_{ij}(s)}{M(s)} \bar{x}_j \tag{12.3-16}$$

gdzie $H_{ij}(s)$, $i = 1, \ldots, m$, $j = 1, \ldots, r$, są elementami macierzy transmitancji $\boldsymbol{H}(s)$ układu, przy czym liczniki $L_{ij}(s)$ są wielomianami stopnia nie większego niż n. Wynika stąd (por. twierdzenie 9.3-2), że warunek dostateczny stabilności układu właściwego SLS względem pobudzenia (wielomian $M(s)$ jest wielomianem Hurwitza) jest zarazem warunkiem dostatecznym ograniczoności wszystkich zmiennych występujących w tym układzie. Wynika stąd następujące twierdzenie, będące rozszerzoną wersją twierdzenia 9.3-2 z p. 9.3.1-B.

TWIERDZENIE 12.3-6

Jeśli wielomian charakterystyczny $M(s)$ układu właściwego SLS jest wielomianem Hurwitza, to układ ten, rozpatrywany jako układ transmisyjny, jest stabilny względem pobudzenia.

Zwracamy uwagę, że twierdzenie to przestaje być słuszne dla układu SLS, który nie jest układem właściwym. Wówczas bowiem (por. p. 12.2.2-E) co najmniej jedna z transmitancji $L_{ij}(s)/M(s)$ ma licznik stopnia wyższego niż mianownik i nie jest spełniony warunek (9.3-4) twierdzenia 9.3-2.

Uwaga. Warto podkreślić różnicę występującą w sformułowaniach twierdzenia 9.3-2 oraz twierdzeń 12.3-5 i 12.3-6. Dla układu transmisyjnego o jednym wejściu i jednym wyjściu (twierdzenie 9.3-2) warunek konieczny i dostateczny stabilności względem pobudzenia wymagał, przy spełnieniu nierówności (9.3-4), aby bieguny transmitancji $H(s)$ leżały w półpłaszczyźnie $\mathrm{Re}\, s < 0$. W przypadkach, których dotyczą twierdzenia 12.3-5 i 12.3-6, warunek, aby wielomian charakterystyczny $M(s)$ był wielomianem Hurwitza jest jedynie warunkiem dostatecznym stabilności układu SLS (układu transmisyjnego SLS) względem pobudzenia. W przypadkach tych nie ma bowiem gwarancji, że transmitancje $P_{ik}(s)/M(s)$ lub $L_{ij}(s)/M(s)$ są funkcjami nieskracalnymi. Może się, na przykład, zdarzyć, że wielomian charakterystyczny $M(s)$ ma pojedynczy pierwiastek rzeczywisty $s = \alpha$ leżący w prawej półpłaszczyźnie (i pozostałe pierwiastki leżące w obszarze $\mathrm{Re}\, s < 0$). Jeśli teraz układ wartości liczbowych macierzy $\boldsymbol{A}$ i $\boldsymbol{B}$ (twierdzenie 12.3-5) lub macierzy $\boldsymbol{A}$, $\boldsymbol{B}$, $\boldsymbol{C}$ i $\boldsymbol{D}$ (twierdzenie 12.3-6) jest taki, że w rozkładzie na czynniki wszystkich liczników $P_{ik}(s)$ lub $L_{ij}(s)$ wystąpi ten sam czynnik $s - \alpha$, to czynniki te skrócą się z czynnikiem $s - \alpha$ w mianowniku $M(s)$. W konsekwencji układ byłby stabilny względem pobudzenia, mimo że wielomian charakterystyczny $M(s)$ nie jest wielomianem Hurwitza (por. przykład 12.3-7).

D. Przykłady

Przykład 12.3-5. Wielomian charakterystyczny szeregowego obwodu rezonansowego *RLC* (przykład 12.1-1, rys. 12.1-3):

$$M(s) = s^2 + \frac{R}{L}s + \frac{1}{LC}$$

jest wielomianem Hurwitza. Obwód ten jest zatem stabilny względem pobudzenia.

W przypadku, gdy $R = 0$ (idealny obwód rezonansowy bez strat) wielomian charakterystyczny:

$$M(s) = s^2 + \frac{1}{LC}$$

ma dwa pierwiastki zespolone sprzężone $s_{1,2} = \pm j\omega_0$, gdzie $\omega_0 = 1/\sqrt{LC}$, leżące na osi urojonej $\operatorname{Re} s = 0$. Wielomian $M(s)$ nie jest więc wielomianem Hurwitza i tym samym obwód idealny nie jest stabilny względem pobudzenia. Przykładem ograniczonego pobudzenia, powodującego nieograniczone narastanie sygnałów w obwodzie, jest pobudzenie idealnym sinusoidalnym źródłem napięciowym (rys. 12.1-3) o sile elektromotorycznej $e = E_m \sin \omega t$, którego pulsacja ω jest równa pulsacji rezonansowej obwodu ω_0. Wówczas bowiem, jak można łatwo sprawdzić, transformaty Laplace'a wszystkich sygnałów wewnętrznych obwodu będą miały podwójne bieguny w punktach $s_{1,2} = \pm j\omega_0$.

Podobnie jak w przypadku zagadnienia stabilności układu transmisyjnego, układ SLS, którego wielomian charakterystyczny ma pojedyncze pierwiastki leżące na osi urojonej i pozostałe pierwiastki leżące w lewej półpłaszczyźnie, możemy nazwać układem na granicy stabilności względem pobudzenia (por. p. 9.3.1-C). Układ taki jest jednak, zgodnie z definicją (12.3-8), układem niestabilnym względem pobudzenia, mimo że jego niestabilne zachowanie może być wywołane jedynie przy szczególnym doborze sygnałów wejściowych. W tym sensie układ rezonansowy *LC* bez strat jest układem SLS na granicy stabilności względem pobudzenia.

Przykład 12.3-6. Zbadamy, dla jakich wartości rzeczywistego parametru β układ z rys. 12.3-4 jest stabilny względem pobudzenia.

Przy wyborze prądów w indukcyjnościach i_{L_1}, i_{L_2} oraz napięcia na pojemności u_C jako zmiennych stanu, układ jest opisany równaniem stanu:

$$\begin{bmatrix} \frac{di_{L_1}}{dt} \\ \frac{di_{L_2}}{dt} \\ \frac{du_C}{dt} \end{bmatrix} = \begin{bmatrix} 0 & 0 & \frac{1}{L_1} \\ 0 & -\frac{R}{L_2} & \frac{1}{L_2} \\ -\frac{1}{C} & -\frac{1-\beta}{C} & 0 \end{bmatrix} \begin{bmatrix} i_{L_1} \\ i_{L_2} \\ u_C \end{bmatrix} + \begin{bmatrix} 0 \\ 0 \\ \frac{\beta}{RC} \end{bmatrix} e$$

na podstawie którego wyznaczamy wielomian charakterystyczny:

$$M(s) = s^3 + \frac{R}{L_2}s^2 + \left(\frac{1}{L_1C} + \frac{1}{L_2C}(1-\beta)\right)s + \frac{R}{L_1L_2C}$$

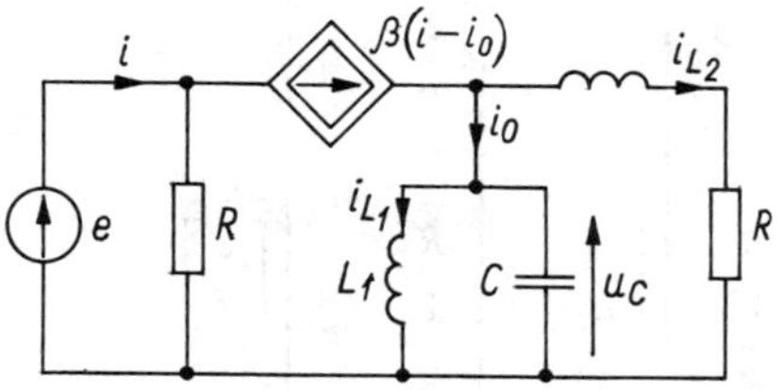

Rys. 12.3-4

Zakres wartości parametru β, dla których wielomian $M(s)$ jest wielomianem Hurwitza, wyznaczymy, stosując kryterium Routha (p. 9.3.2-D). Tablica Routha ma postać:

A	1	$\frac{1}{L_1C}+\frac{1}{L_2C}(1-\beta)$
B	$\frac{R}{L_2}$	$\frac{R}{L_1L_2C}$
C	$\frac{1}{L_2C}(1-\beta)$	
D	$\frac{R}{L_1L_2C}$	

Stąd wynika, że warunkiem dostatecznym stabilności układu względem pobudzenia jest $\beta < 1$.

Przykład 12.3-7. Przeprowadzimy analizę układu SLS pokazanego na rys. 12.3-5 i zbadamy jego stabilność względem pobudzenia. Jako zmienne stanu przyjmiemy napięcia na pojemnościach u_1, u_2, a jako zmienne wyjściowe prądy w gałęziach układu i_1, i_2, i_3, i_4. Parametr k źródła sterowanego jest liczbą rzeczywistą.

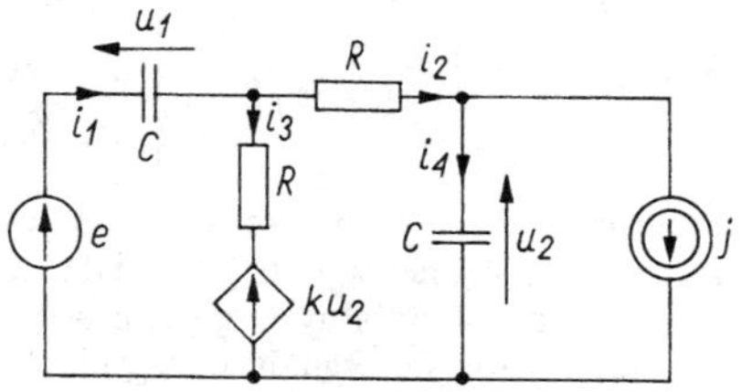

Rys. 12.3-5

Układ opisują następujące równania stanu (zachęcamy Czytelnika do ich samodzielnego wyprowadzenia):

$$\begin{bmatrix} \frac{du_1}{dt} \\ \frac{du_2}{dt} \end{bmatrix} = \begin{bmatrix} -\frac{2}{RC} & -\frac{(k+1)}{RC} \\ -\frac{1}{RC} & -\frac{1}{RC} \end{bmatrix} \begin{bmatrix} u_1 \\ u_2 \end{bmatrix} + \begin{bmatrix} \frac{2}{RC} & 0 \\ \frac{1}{RC} & -\frac{1}{C} \end{bmatrix} \begin{bmatrix} e \\ j \end{bmatrix}$$

$$\begin{bmatrix} i_1 \\ i_2 \\ i_3 \\ i_4 \end{bmatrix} = \begin{bmatrix} -\frac{2}{R} & -\frac{k+1}{R} \\ -\frac{1}{R} & -\frac{1}{R} \\ -\frac{1}{R} & -\frac{k}{R} \\ -\frac{1}{R} & -\frac{1}{R} \end{bmatrix} \begin{bmatrix} u_1 \\ u_2 \end{bmatrix} + \begin{bmatrix} \frac{2}{R} & 0 \\ \frac{1}{R} & 0 \\ \frac{1}{R} & 0 \\ \frac{1}{R} & -1 \end{bmatrix} \begin{bmatrix} e \\ j \end{bmatrix}$$

Macierze $\boldsymbol{A}$, $\boldsymbol{B}$, $\boldsymbol{C}$, $\boldsymbol{D}$ mają zatem postacie:

$$\boldsymbol{A} = \alpha \begin{bmatrix} -2 & -(k+1) \\ -1 & -1 \end{bmatrix}, \quad \boldsymbol{B} = \alpha \begin{bmatrix} 2 & 0 \\ 1 & -R \end{bmatrix}, \quad \boldsymbol{C} = \frac{1}{R} \begin{bmatrix} -2 & -(k+1) \\ -1 & -1 \\ -1 & -k \\ -1 & -1 \end{bmatrix}, \quad \boldsymbol{D} = \frac{1}{R} \begin{bmatrix} 2 & 0 \\ 1 & 0 \\ 1 & 0 \\ 1 & -R \end{bmatrix}$$

gdzie przyjęto oznaczenie $\alpha = 1/RC$.

Na podstawie macierzy $\boldsymbol{A}$ wyznaczamy wielomian charakterystyczny układu:

$$M(s) = s^2 + 3\alpha s + (1-k)\alpha^2$$

Stąd wynika, że warunkiem dostatecznym stabilności układu względem pobudzenia jest, aby $k < 1$.

Pokażemy teraz, że nie jest to warunek konieczny. Załóżmy, na przykład, że $k = 5$ oraz $j = \frac{e}{3R}$. Wielomian charakterystyczny dla $k = 5$ przybiera postać:

$$M(s) = s^2 + 3\alpha s - 4\alpha^2 = (s-\alpha)(s+4\alpha)$$

a więc ma pierwiastek $s_2 = \alpha$ leżący w prawej półpłaszczyźnie $\operatorname{Re} s > 0$. Nie oznacza to jednak, że układ będzie zachowywać się niestabilnie. Istotnie, przy przyjętych pobudzeniach rozwiązanie równania stanu w dziedzinie zespolonej ma postać:

$$\bar{v} = (s\mathbf{1} - \boldsymbol{A})^{-1} \boldsymbol{B}\bar{x} = \frac{1}{(s-\alpha)(s+4\alpha)} \begin{bmatrix} s+\alpha & -6\alpha \\ -\alpha & s+2\alpha \end{bmatrix} \begin{bmatrix} 2\alpha & 0 \\ \alpha & -\alpha R \end{bmatrix} \begin{bmatrix} \bar{e} \\ \frac{\bar{e}}{3R} \end{bmatrix}$$

$$= \frac{\alpha}{(s-\alpha)(s+4\alpha)} \begin{bmatrix} 2(s-\alpha) \\ \frac{2}{3}(s-\alpha) \end{bmatrix} \bar{e} = \begin{bmatrix} \frac{2\alpha\bar{e}}{s+4\alpha} \\ \frac{2}{3}\frac{\alpha\bar{e}}{(s+4\alpha)} \end{bmatrix}$$

z której wynika, że składowe wektora stanu $v(t)$, tj. napięcia na pojemnościach, będą ograniczone w przedziale $\langle 0, +\infty)$ dla każdej ograniczonej w tym przedziale siły elektromotorycznej e. Tak więc przy przyjętych parametrach układ jest stabilny względem pobudzenia. Ograniczone w przedziale $\langle 0, +\infty)$ będą także wszystkie pozostałe sygnały występujące w układzie. Czytelnik zechce sprawdzić, że np. przy założeniu jednostkowej siły elektromotorycznej $e = E\mathit{1}(t)$ wektor wyjść układu ma postać:

$$y(t) = \begin{bmatrix} i_1(t) \\ i_2(t) \\ i_3(t) \\ i_4(t) \end{bmatrix} = \mathscr{L}^{-1}[\bar{y}] = \mathscr{L}^{-1}[\boldsymbol{C}\bar{v} + \boldsymbol{D}\bar{x}] = \frac{E}{3R} \begin{bmatrix} 6e^{-4\alpha t} \\ 1 + 2e^{-4\alpha t} \\ -1 + 4e^{-4\alpha t} \\ 2(-1 + 2e^{-4\alpha t}) \end{bmatrix} \mathit{1}(t)$$

Zauważmy, że gdyby pobudzenia były dobrane tak, że $j \neq \frac{e}{3R}$, w elementach wektora $\bar{v}$ nie wystąpiłby czynnik $s - \alpha$ wspólny z wielomianem charakterystycznym $M(s)$ i układ byłby niestabilny względem pobudzenia.

Zadania do rozdziału 12

Zadanie 12.1. Określić rzędy układów przedstawionych na rys. 12.1-2.

Odp.: a) $n = 3$; b) $n = 3$; c) $n = 2$; d) $n = 2$

Zadanie 12.2. Określić rząd układu pokazanego na rys. Z-12.2. Wskazać odpowiedni zbiór zmiennych stanu.

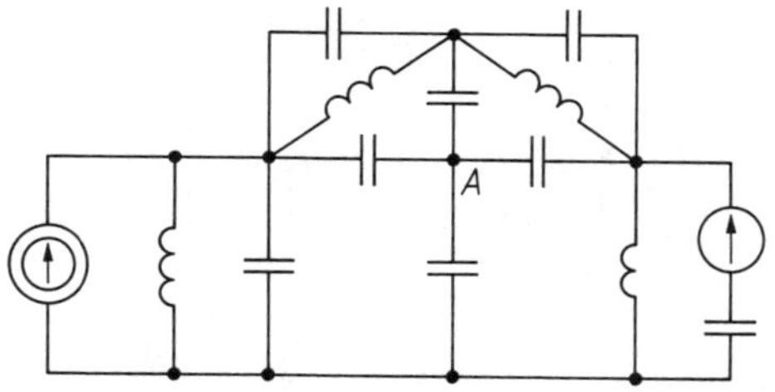

Rys. Z-12.2

Odp.: $n = 8$; np. prądy we wszystkich indukcyjnościach i napięcia na pojemnościach w gałęziach incydentnych z węzłem A.

Zadanie 12.3. Dla jakiej wartości parametru r dla układu z rys. Z-12.3 nie można sformułować równań stanu w postaci normalnej?

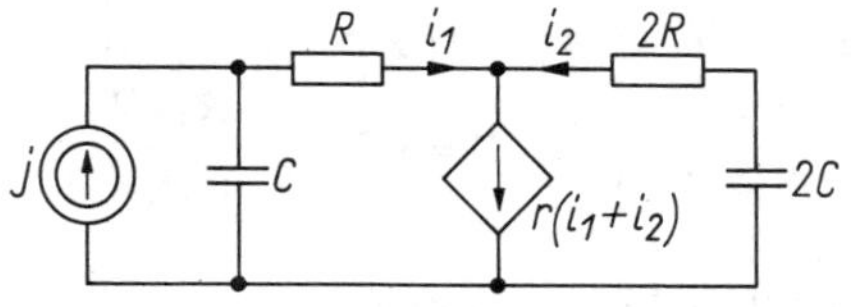

Rys. Z-12.3

Odp.: $r = \frac{2}{3} R$

Zadanie 12.4. Wyznaczyć macierze $\boldsymbol{A}$, $\boldsymbol{B}$ dla układu pokazanego na rys. Z-12.4. Jako zmienne stanu przyjąć napięcie u na pojemności C oraz prąd i w indukcyjności L.

Odp.: $$\boldsymbol{A} = \begin{bmatrix} -\frac{R}{2L} & \frac{1}{2L} \\ -\frac{1+\alpha}{2C} & -\frac{1-\alpha}{2RC} \end{bmatrix}, \quad \boldsymbol{B} = \begin{bmatrix} \frac{R}{2L} \\ \frac{1-\alpha}{2C} \end{bmatrix}$$

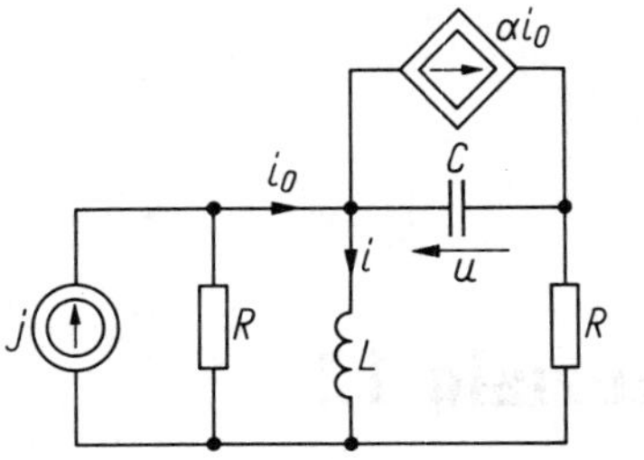

Rys. Z-12.4

Zadanie 12.5. Wyznaczyć macierze A, B, C, D dla układu pokazanego na rys. Z-12.5. Jako zmienne stanu przyjąć napięcia u_{C_1} i u_{C_2} na pojemnościach C_1 i C_2 oraz prąd i_L w indukcyjności L, zaś jako zmienną wyjściową napięcie u na oporze R_3.

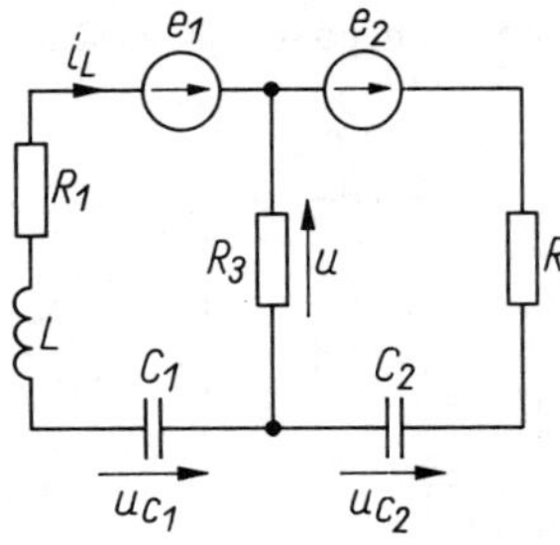

Rys. Z-12.5

Odp.: $$A = \begin{bmatrix} 0 & 0 & \frac{1}{C_1} \\ 0 & -\frac{1}{(R_2+R_3)C_2} & \frac{R_3}{(R_2+R_3)C_2} \\ -\frac{1}{L} & -\frac{R_3}{(R_2+R_3)L} & -\frac{R_1R_3+R_2(R_1+R_3)}{(R_2+R_3)L} \end{bmatrix}, \quad B = \begin{bmatrix} 0 & 0 \\ 0 & \frac{1}{(R_2+R_3)C_2} \\ \frac{1}{L} & \frac{R_3}{(R_2+R_3)L} \end{bmatrix}$$

$$C = \begin{bmatrix} 0 & \frac{R_3}{R_2+R_3} & \frac{R_2R_3}{R_2+R_3} \end{bmatrix}, \quad D = \begin{bmatrix} 0 & \frac{-R_3}{R_2+R_3} \end{bmatrix}$$

Zadanie 12.6. Macierz stanu układu SLS ma postać:

$$A = \begin{bmatrix} 3 & 0 & 0 \\ 0 & -2 & 1 \\ 0 & 4 & 1 \end{bmatrix}$$

Obliczyć macierz e^{At}, a następnie na jej podstawie wyznaczyć wektor stanu $v(t)$ dla $t > 0$, przy założeniu, że $v(0) = [1, 1, 1]^T$.

Odp.: $$e^{At} = \frac{1}{5}\begin{bmatrix} 5e^{3t} & 0 & 0 \\ 0 & e^{2t}+4e^{-3t} & e^{2t}-e^{-3t} \\ 0 & 4(e^{2t}-e^{-3t}) & 4e^{2t}+e^{-3t} \end{bmatrix}, \quad v(t) = \frac{1}{5}\begin{bmatrix} 5e^{3t} \\ 2e^{2t}+3e^{-3t} \\ 8e^{2t}-3e^{-3t} \end{bmatrix}$$

Zadanie 12.7. Korzystając ze wzoru (12.2-23) i przyjmując jako zmienne wyjściowe prądy w gałęziach, wyznaczyć macierz odpowiedzi impulsowych układu z rys. Z-12.7.

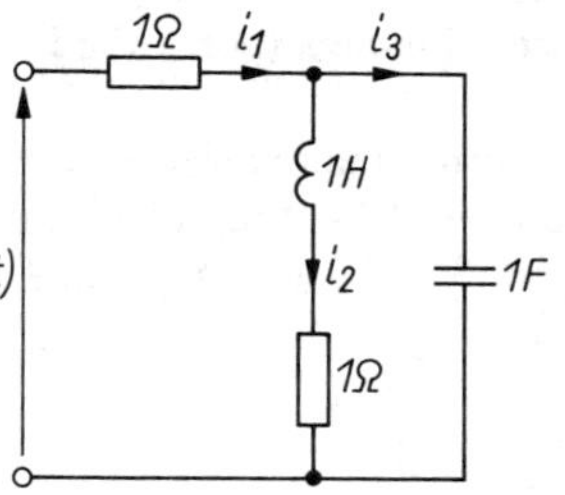

Rys. Z-12.7

Odp.: $h(t) = \begin{bmatrix} \delta(t) - e^{-t}\cos t\,\mathbf{1}(t) \\ e^{-t}\sin t\,\mathbf{1}(t) \\ \delta(t) - [e^{-t}\cos t + e^{-t}\sin t]\,\mathbf{1}(t) \end{bmatrix}$

Zadanie 12.8. Układ SLS jest opisany równaniem stanu $\dot{v} = Av + Bx$, gdzie:

$$A = \begin{bmatrix} -1 & 0 & 0 \\ 0 & -\alpha & -1 \\ 0 & \beta & 0 \end{bmatrix}, \quad B = \begin{bmatrix} 1 \\ 1 \\ 0 \end{bmatrix}$$

Wyznaczyć wielomian charakterystyczny układu w zależności od rzeczywistych parametrów α oraz β. Zakładając, że przed chwilą $t = 0$ w układzie nie była zgromadzona energia i przyjmując $\alpha = 2$, $\beta = 1$, wyznaczyć wektor stanu v, jeśli $x = x = \mathbf{1}(t)$.

Odp.: $M(s) = s^3 + (\alpha + 1)s^2 + (\alpha + \beta)s + \beta$; Dla $\alpha = 2$, $\beta = 1$ i $x = \mathbf{1}(t)$:

$$v = \begin{bmatrix} (1 - e^{-t})\mathbf{1}(t) \\ te^{-t}\mathbf{1}(t) \\ [1 - (1 + t)e^{-t}]\,\mathbf{1}(t) \end{bmatrix}$$

Zadanie 12.9. Układ SLS jest opisany równaniami stanu $\dot{v} = Av + Bx$, $y = Cv + Dx$, gdzie:

$$A = \begin{bmatrix} -5 & -4 & 2 \\ 3 & 3 & -2 \\ 0 & 2 & -2 \end{bmatrix}, \quad B = \begin{bmatrix} -1 & 0 \\ 1 & 0 \\ 0 & 2 \end{bmatrix}, \quad C = \begin{bmatrix} 1 & 1 & 0 \\ 0 & -1 & \frac{1}{2} \end{bmatrix}, \quad D = \begin{bmatrix} 0 & 0 \\ 0 & -1 \end{bmatrix}$$

Wyznaczyć macierz transmitancji $H(s)$ układu. W rozwiązaniu skorzystać ze wzoru (12.2-55).

Odp.: $H(s) = \begin{bmatrix} \dfrac{1}{(s+1)^2} & -\dfrac{4}{(s+1)^2(s+2)} \\ -\dfrac{1}{s+1} & -\dfrac{(s-1)(s+3)}{(s+1)(s+2)} \end{bmatrix}$

Zadanie 12.10. Dla jakich wartości rzeczywistego parametru α układ z rys. Z-12.4 jest stabilny względem warunków początkowych?

Odp.: $\alpha < 1 + \dfrac{R^2C}{L}$

Zadanie 12.11. Wyznaczyć wielomian charakterystyczny układu z zad. Z-12.6 i wykazać, że układ ten jest niestabilny.

Odp.: Wielomian charakterystyczny $M(s) = s^3 - 2s^2 - 9s + 18$ nie spełnia warunku koniecznego, aby był on wielomianem Hurwitza (por. twierdzenie 9.3-3).

Zadanie 12.12. Przyjmując jako zmienne stanu napięcia na pojemnościach, a jako wejście napięcie u_1, zapisać równanie stanu układu z rys. 9.3-4. Sprawdzić, że warunkiem dostatecznym jego stabilności względem pobudzenia jest, aby $k < 3$ (por. przykład 9.3-9).

Odp.:

$$\dot{v} = \frac{1}{\tau}\begin{bmatrix} k-2 & 1 & 0 \\ 1-k & -1 & 0 \\ k & 0 & -2 \end{bmatrix} v + \frac{1}{\tau}\begin{bmatrix} 1 \\ 0 \\ 0 \end{bmatrix} u_1$$

Zadanie 12.13. Zbadać stabilność układu rozważanego w zadaniu 12.8.

Odp.: Układ jest stabilny względem warunków początkowych dla $\alpha > 0$ oraz $\beta > 0$. Są to zarazem warunki dostateczne jego stabilności względem pobudzenia.

Rozdział 13

LINIE DŁUGIE

W punkcie 1.4 w tomie I omówiliśmy pojęcie *quasi-stacjonarności pola elektromagnetycznego* i, w szczególności, fundamentalne znaczenie warunku quasi-stacjonarności pola dla teorii obwodów. Zwracaliśmy uwagę, że pojęcie elementu skupionego, a więc także cała teoria obwodów zbudowanych z elementów skupionych, mają sens tylko wówczas, gdy jest spełniony (z wystarczającym przybliżeniem) *warunek quasi-stacjonarności.*

Spełnienie warunku quasi-stacjonarności jest w praktyce zagwarantowane (por. p. 1.4-D), jeśli wymiary geometryczne rozpatrywanego układu i jego otoczenia (mierzone pewną umowną rozpiętością geometryczną l) są dużo mniejsze od ćwiartki najkrótszej długości fali λ, odpowiadającej maksymalnej częstotliwości sygnału w układzie. Przypominamy – por. wzory (1.4-12) i (1.4-13), że jeśli:

$$l \ll \frac{\lambda}{4}$$

to uważamy, że warunek quasi-stacjonarności jest spełniony, oraz jeśli:

$$l \sim \frac{\lambda}{4}, \quad l > \frac{\lambda}{4}$$

to warunek ten nie jest spełniony.

Przy niespełnieniu warunku quasi-stacjonarności zasadniczego znaczenia nabierają efekty związane z propagacją fali elektromagnetycznej rozchodzącej się z prędkością:

$$c = \frac{1}{\sqrt{\varepsilon\mu}}$$

przy czym: $\varepsilon\mu \neq 0$. W każdym punkcie obszaru zajmowanego przez układ i w każdej chwili natężenia: *pola elektrycznego* $\boldsymbol{E}$ i *pola magnetycznego* $\boldsymbol{H}$ są związane *równaniami Maxwella* (por. dodatek 1 w tomie I). Ogólnymi metodami opisu i badania układów nie spełniających warunku quasi-stacjonarności są *metody teorii pola elektromagnetycznego.*

Zwracaliśmy jednak uwagę (por. p. 1.4-K w tomie I), że w pewnych przypadkach szczególnych, mimo niespełnienia warunku quasi-stacjonarności, możliwe jest rozszerzenie teorii obwodów na *obwody rozłożone* (*obwody o parametrach rozłożonych*). W obwodach takich (por. p. 1.2.4-D w tomie I) prądy i napięcia zależą nie tylko od czasu t, ale także od położenia punktu w przestrzeni (na płaszczyźnie, na osi), w którym są one określane. Jest to podstawowa cecha odróżniająca obwody rozłożone od obwodów skupionych.

Wszystkie dotychczasowe rozważania (rozdziały 1-12) dotyczyły elementów i obwodów skupionych. Ostatni, trzynasty rozdział poświęcamy obwodom rozłożonym, głównie najważniejszemu reprezentantowi tej kategorii obwodów – *liniom długim*. Tematyka linii długich leży na pograniczu zagadnień obwodowych i polowych i bywa także rozpatrywana w podręcznikach teorii pola elektromagnetycznego (por. np. [19]).

13.1. LINIA DŁUGA I JEJ RÓWNANIA

W tym punkcie omówimy najważniejsze zagadnienia dotyczące możliwości wprowadzenia opisu obwodowego linii długiej, a więc układu nie spełniającego warunku quasi-stacjonarności, a także dokonamy weryfikacji tego opisu na podstawie teorii pola elektromagnetycznego.

13.1.1. Opis obwodowy linii długiej

Przedstawimy koncepcję obwodu rozłożonego oraz pokażemy, w jaki sposób dochodzimy do pojęcia linii długiej i jej równań.

A. Koncepcja obwodu rozłożonego. Jak już wspomnieliśmy, w pewnych przypadkach, przy szczególnej konfiguracji geometrycznej układu przewodników z prądem, istnieje możliwość poprawnego opisu układu przy użyciu modelu obwodowego, mimo że układ, jako całość, nie spełnia już warunku quasi-stacjonarności pola. Występuje to np. wówczas, gdy wymiary układu w jednym kierunku (np. wzdłuż osi x) są znacznie większe niż wymiary w innych kierunkach (tzn. wzdłuż pozostałych osi: y i z). Przy odpowiednim doborze zakresu częstotliwości najdłuższy wymiar $l_x = l_{max}$ może być wówczas większy niż $\lambda/4$, a więc warunek quasi-stacjonarności będzie naruszony, podczas gdy pozostałe wymiary l_y, l_z mogą być znacznie mniejsze niż $\lambda/4$. Sytuację taką można scharakteryzować w skrócie mówiąc, że „warunek quasi-stacjonarności jest naruszony tylko przez jeden wymiar".

W rozważanym przypadku nie można już pominąć opóźnień i, w konsekwencji, ruchu falowego energii w kierunku x. Jeśli przewodnik lub przewodniki z prądem są równoległe do osi x, wzdłuż tych przewodników będzie się rozchodzić fala elektromagnetyczna, powodując m.in. zależność prądu w przewodach i napięć między przewodami od współrzędnej x. Możliwe jest wówczas przyjęcie modelu takiego układu w postaci *obwodu rozłożonego*, tj. takiego obwodu, którego parametry są *rozłożone* wzdłuż osi x.

B. Dwuprzewodowa linia przesyłowa. Aby dokładniej sprecyzować omówione w p. A pojęcie obwodu rozłożonego, rozważmy dwuprzewodową, symetryczną linię przesyłową, zbudowaną z dwóch jednakowych przewodów cylindrycznych (rys. 13.1-1) o długości l, średnicy przewodów $2a$ i odległości między przewodami d, umieszczonych w ośrodku dielektrycznym (np. w powietrzu). Zakładamy, że: $2a < d$, $d \ll l$, oraz przyjmujemy, że sygnały występujące w linii przesyłowej (prądy i napięcia) są sinusoidalnie zmienne w czasie z częstotliwością f, dla której:

$$l \geqslant \frac{\lambda}{4}, \quad d \ll \frac{\lambda}{4} \tag{13.1-1}$$

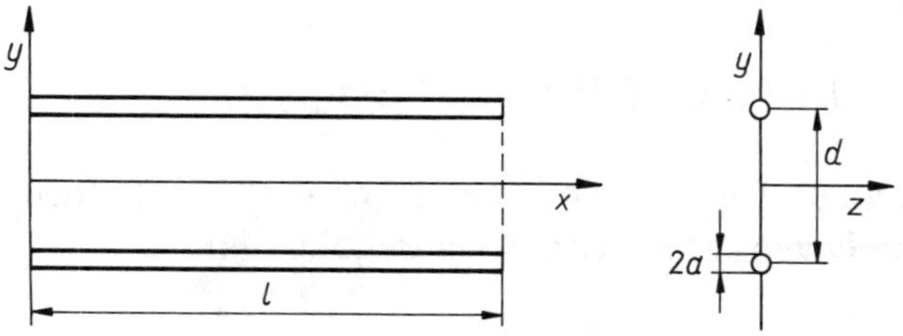

Rys. 13.1-1

Warunek quasi-stacjonarności nie jest spełniony, mamy tu jednak do czynienia ze wspomnianym w p. A naruszeniem tego warunku tylko przez jeden wymiar linii przesyłowej – jej długość l. W konsekwencji w linii wystąpi zjawisko fali elektromagnetycznej rozchodzącej się w kierunku osi x, tj. wzdłuż linii, które powoduje, że prąd i w przewodach[1)] oraz napięcie u między przewodami (rys. 13.1-2) są funkcjami nie tylko czasu t, ale i współrzędnej x:

$$i = i(x,t), \quad u = u(x,t) \tag{13.1-2}$$

W celu ustalenia modelu obwodowego linii przesyłowej, w której prąd i napięcie zależą od współrzędnej x, konieczne jest przyjęcie założenia, że para-

[1)] Przyjmujemy, że w każdym punkcie x linii prąd w drugim przewodzie jest taki sam co do wartości i przeciwnie skierowany (por. p. D).

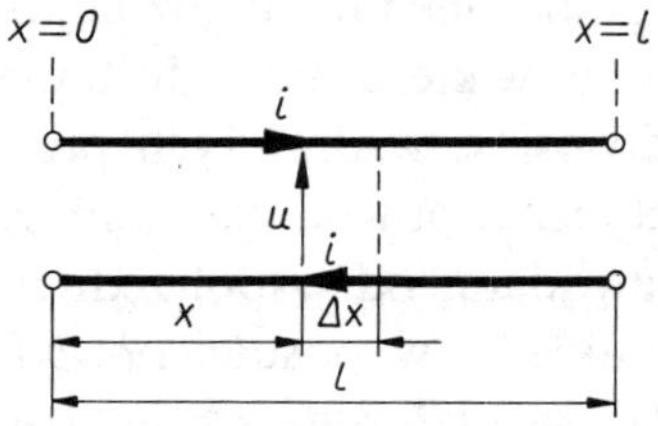

Rys. 13.1-2

metry elektryczne linii są *rozłożone* wzdłuż osi x, tj. wzdłuż linii. Możemy przyjąć, że linia charakteryzuje się następującymi parametrami rozłożonymi wzdłuż linii:

– *oporem R na jednostkę długości linii*, reprezentującym wszelkie straty cieplne w obu przewodach linii;

– *indukcyjnością L na jednostkę długości linii*, reprezentującą pole magnetyczne obu przewodów linii;

– *pojemnością C na jednostkę długości linii*, reprezentującą pole elektryczne w dielektryku między przewodami linii;

– *upływnością G na jednostkę długości linii*, reprezentującą ewentualne straty cieplne w dielektryku.

Parametry te, zwane *parametrami jednostkowymi* linii, mają odpowiednio wymiary:

$$R\,[\Omega/\text{m}],\quad L\,[\text{H/m}],\quad C\,[\text{F/m}],\quad G\,[\text{S/m}] \tag{13.1-3}$$

odgrywają zatem rolę *gęstości* poszczególnych wielkości (oporu, indukcyjności, pojemności i upływności) na jednostkę długości linii.

C. Linia koncentryczna. Analogiczne rozumowanie można przeprowadzić w odniesieniu do linii koncentrycznej (kabla koncentrycznego, rys. 13.1-3). Linię taką tworzą dwa współosiowe przewody: wewnętrzny cylindryczny o średnicy $2a$ (zwany *rdzeniem*) i zewnętrzny o kształcie wydrążonego walca o wewnętrznej średnicy $2d$ (zwany *płaszczem*). Przestrzeń między przewodami jest wypełniona dielektrykiem.

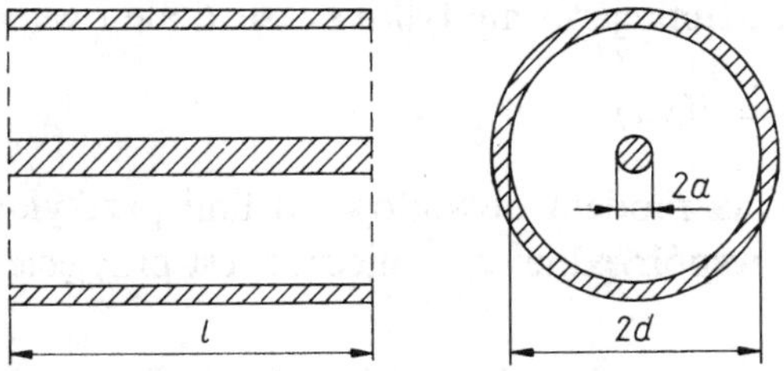

Rys. 13.1-3

Przyjmując: $a < d$, $d \ll l$, oraz zakładając spełnienie nierówności (13.1--1), możemy również i w tym przypadku przedstawiać umownie linię koncentryczną w postaci pokazanej na rys. 13.1-2. Wzdłuż linii (tj. w kierunku osi x) może rozchodzić się fala elektromagnetyczna, a więc prąd i napięcie będą wyrażone, jak poprzednio, zależnościami (13.1-2). Możemy zatem również mówić o parametrach jednostkowych (13.1-3) linii koncentrycznej, mających charakter parametrów rozłożonych wzdłuż linii.

Wynika stąd, że niezależnie od sposobu realizacji linii przesyłowej[1] można, przy spełnieniu nierówności (13.1-1), posługiwać się modelem linii przedstawionym na rys. 13.1-2, przyjmując, że prąd i napięcie wyrażają się zależnościami (13.1-2).

D. Równania linii długiej. Wobec drugiej nierówności (13.1-1) można przyjąć, że dostatecznie mały odcinek linii o długości Δx (rys. 13.1-2) spełnia warunek quasi-stacjonarności, można zatem przedstawić go w postaci układu skupionego.

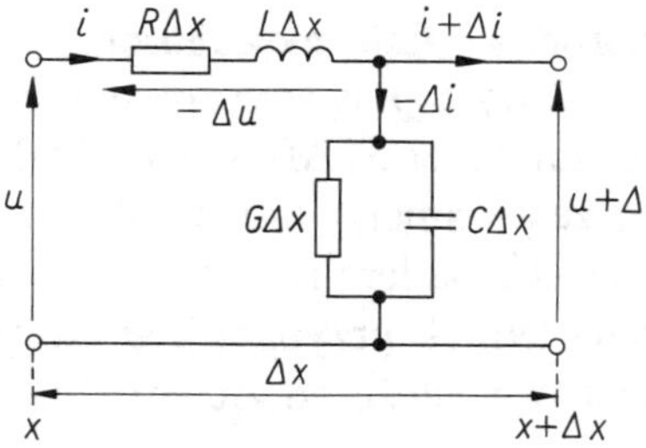

Rys. 13.1-4

Przyjmijmy przybliżony model odcinka linii o długości Δx w postaci czwórnika skupionego, przedstawionego na rys. 13.1-4. W czwórniku tym występują elementy skupione: $R\Delta x$, $L\Delta x$, $C\Delta x$, $G\Delta x$, gdzie: R, L, C, G są wartościami parametrów jednostkowych w punkcie x linii. Oznaczając przez: $u = u(x,t)$, $i = i(x,t)$ napięcie i prąd na zaciskach pierwotnych czwórnika z rys. 13.1-4, możemy napisać następujące równania wynikające z praw Kirchhoffa:

$$\left.\begin{aligned} -\Delta u &= R\Delta x i + L\Delta x \frac{\partial i}{\partial t} \\ -\Delta i &= G\Delta x (u + \Delta u) + C\Delta x \frac{\partial (u + \Delta u)}{\partial t} \end{aligned}\right\} \qquad (13.1\text{-}4)$$

Przy: $\Delta x \to 0$ mamy także: $\Delta u \to 0$, $\Delta i \to 0$. Dzieląc zatem równania (13.1-4) stronami przez Δx i przechodząc do granicy przy $\Delta x \to 0$, otrzymujemy równania[2]:

---

[1] W technice mikrofalowej stosuje się np. także *linie paskowe*.

[2] Model odcinka Δx linii przyjęty na rys. 13.1-4 nie jest modelem jedynym. Jak można jednak łatwo sprawdzić (por. zad. 13.2), równania (13.1-5) nie zależą od szczegółów schematu zastępczego odcinka Δx linii, jeśli tylko schemat ten w sposób prawidłowy uwzględnia wszystkie parametry linii (opór i indukcyjność – w gałęziach podłużnych, pojemność i upływność – w gałęziach poprzecznych).

$$\left.\begin{aligned} -\frac{\partial u}{\partial x} &= Ri + L\frac{\partial i}{\partial t} \\ -\frac{\partial i}{\partial x} &= Gu + C\frac{\partial u}{\partial t} \end{aligned}\right\} \tag{13.1-5}$$

jakie spełniają napięcie $u = u(x,t)$ oraz prąd $i = i(x,t)$ w każdym punkcie x linii ($0 \leqslant x \leqslant l$) i w każdej chwili t.

Równania (13.1-5) nazywamy *równaniami linii długiej*, a linię przesyłową opisywaną tymi równaniami – *linią długą*. Równania (13.1-5) tworzą układ dwóch liniowych równań różniczkowych cząstkowych rzędu pierwszego.

Przedstawione rozumowanie prowadzi do ważnej interpretacji.

Linię długą można rozpatrywać jako przypadek graniczny połączenia łańcuchowego czwórników skupionych, stanowiących modele dostatecznie krótkich odcinków linii, gdy długość tych odcinków zmierza do zera (a ich liczba rośnie nieograniczenie).

E. Linia długa jednorodna i linia niejednorodna. Parametry jednostkowe linii, tj. wielkości R, L, C, G występujące w równaniach (13.1-5) są zazwyczaj stałe, tzn. nie zależą od zmiennej x. Mówimy w takim przypadku, że linia długa jest *jednorodna* oraz że parametry linii są *równomiernie rozłożone*. Układ równań (13.1-5) jest wówczas układem równań o stałych współczynnikach.

W praktyce występują jednak przypadki, w których – wszystkie lub niektóre – parametry jednostkowe zależą od zmiennej x, np.:

$$L = L(x), \quad C = C(x)$$

Może to mieć miejsce na przykład wówczas, gdy wraz ze współrzędną x zmienia się geometria przewodów (por. zad. 13.3) lub zmieniają się właściwości dielektryka. W takim przypadku mówimy o *niejednorodnej linii długiej*. Układ równań (13.1-5) jest wówczas układem równań o zmiennych współczynnikach, zależnych od zmiennej x.

Dalsze rozważania ograniczymy do najważniejszego w praktyce przypadku *jednorodnej linii długiej*.

Uwaga. We współczesnej technice mikrofalowej występują także obwody nieliniowe o stałych rozłożonych. Nieliniowość w linii długiej jest zwykle wprowadzana przez nieliniową indukcyjność rozłożoną lub nieliniową pojemność rozłożoną. Równania takiej *nieliniowej linii długiej* mogą być napisane w postaci:

$$\left.\begin{aligned} -\frac{\partial u}{\partial x} &= Ri + \frac{\partial \psi}{\partial t} \\ -\frac{\partial i}{\partial x} &= Gu + \frac{\partial q}{\partial t} \end{aligned}\right\} \tag{13.1-6}$$

gdzie:

$$\psi = f_L(i), \quad q = f_C(u)$$

są odpowiednio: jednostkowym strumieniem skojarzonym i jednostkowym ładunkiem (na jednostkę długości linii). Dla przypadku liniowego mamy: $\psi = Li$, $q = Cu$ i równania (13.1-6) sprowadzają się do równań (13.1-5).

F. Równanie telegraficzne. Przy założeniu, że linia długa jest jednorodna, z układu równań (13.1-5) można otrzymać równania osobno dla napięcia u oraz dla prądu i. Różniczkując pierwsze równanie (13.1-5) względem x oraz uwzględniając drugie równanie otrzymujemy:

$$-\frac{\partial^2 u}{\partial x^2} = R\frac{\partial i}{\partial x} + L\frac{\partial^2 i}{\partial t \partial x} = -RGu - RC\frac{\partial u}{\partial t} + L\frac{\partial^2 i}{\partial t \partial x}$$

Różniczkując drugie równanie (13.1-5) względem t:

$$-\frac{\partial^2 i}{\partial x \partial t} = G\frac{\partial u}{\partial t} + C\frac{\partial^2 u}{\partial t^2}$$

możemy z poprzedniego równania wyrugować drugą pochodną mieszaną[1]. Otrzymujemy ostatecznie równanie dla napięcia u:

$$\frac{\partial^2 u}{\partial x^2} = RGu + (RC + GL)\frac{\partial u}{\partial t} + LC\frac{\partial^2 u}{\partial t^2} \tag{13.1-7}$$

zwane *równaniem telegraficznym.*

W analogiczny sposób otrzymujemy identyczne równanie dla prądu i:

$$\frac{\partial^2 i}{\partial x^2} = RGi + (RC + GL)\frac{\partial i}{\partial t} + LC\frac{\partial^2 i}{\partial t^2} \tag{13.1-8}$$

Równanie (13.1-7) jest liniowym równaniem różniczkowym cząstkowym rzędu drugiego o stałych współczynnikach. Przy założeniu $LC \neq 0$ jest to równanie *typu hiperbolicznego* (por. np. [39], str. 161).

G. Linia długa bez strat. Rozpatrzmy przypadek *linii długiej bez strat*, tj. linii długiej, dla której przyjmujemy:

$$R = 0 \wedge G = 0 \tag{13.1-9}$$

Z równań (13.1-7) i (13.1-8) otrzymujemy wówczas:

$$\frac{\partial^2 u}{\partial x^2} - \frac{1}{v^2}\frac{\partial^2 u}{\partial t^2} = 0 \tag{13.1-10}$$

$$\frac{\partial^2 i}{\partial x^2} - \frac{1}{v^2}\frac{\partial^2 i}{\partial t^2} = 0 \tag{13.1-11}$$

---

[1] Jak wiadomo (por. np. [38], str. 32), przy założeniu ciągłości druga pochodna mieszana funkcji dwóch zmiennych nie zależy od kolejności różniczkowania.

gdzie oznaczono:

$$v \stackrel{\Delta}{=} \frac{1}{\sqrt{LC}} \tag{13.1-12}$$

Równanie (13.1-10) jest *równaniem fali płaskiej* (lub, inaczej, *równaniem struny*, por. [39], str. 172). Wynika stąd od razu, że *w linii długiej bez strat w kierunku osi x rozchodzi się płaska fala elektromagnetyczna z prędkością określoną wzorem* (13.1-12) (np. [39], str. 177).

Uwaga. Podobnie jak w zakresie obwodów o stałych skupionych, celowe jest rozważanie zarówno linii długich ze stratami ($R > 0$ lub $G > 0$), jak i linii długich bez strat ($R = 0$ oraz $G = 0$), stanowiących odpowiednik obwodów reaktancyjnych. Inaczej natomiast wygląda sprawa z pozostałymi parametrami jednostkowymi linii długiej: L i C. Założenie $L = 0$ lub $C = 0$ prowadzi bowiem do warunku $LC = 0$, który zmienia typ równania (13.1-7) z hiperbolicznego na paraboliczny. Konsekwencją tego byłby brak zjawiska ruchu falowego wzdłuż linii, stanowiącego podstawową cechę fizyczną układów, których modelem ma być linia długa. Z tego względu, w przeciwieństwie do obwodów o stałych skupionych, gdzie w pełni sensowne jest rozważanie obwodów o jednym tylko typie reaktancji, dla linii długich będziemy zawsze przyjmować $LC \neq 0$.

W ostatnich latach w związku z rozwojem mikroelektroniki dużego znaczenia nabrały układy o stałych rozłożonych *RC* (lub *RCG*) bez indukcyjności, mające jednak inne właściwości i zastosowania niż linie długie.

13.1.2. Związki opisu obwodowego z opisem polowym

A. Obraz polowy zjawisk w linii długiej. Jak wynikało z rozważań z p. 13.1.1-G, w linii długiej bez strat rozchodzi się płaska fala elektromagnetyczna w kierunku osi x. W kategoriach teorii pola elektromagnetycznego mówimy, że jest to *podstawowy rodzaj rozkładu pola* odpowiadający tzw. *fali TEM* [1)] (por. np. [19], p. 7.4). Fala taka charakteryzuje się zerowymi współrzędnymi wektorów $\boldsymbol{E}$ oraz $\boldsymbol{H}$ w kierunku rozchodzenia się fali, tzn.:

$$E_x = 0, \quad H_x = 0 \tag{13.1-13}$$

Na rysunku 13.1-5 są pokazane rozkłady linii pól wektorowych $\boldsymbol{E}$ oraz $\boldsymbol{H}$ w linii długiej bez strat w płaszczyźnie prostopadłej do osi x: a) w przypadku symetrycznej linii dwuprzewodowej, b) w przypadku linii koncentrycznej. Wobec zależności (13.1-13) w każdym punkcie płaszczyzny przekroju $x = \text{const}$ *wektor Poyntinga* (por. np. [19], str. 58):

$$\boldsymbol{P} = \boldsymbol{E} \times \boldsymbol{H} \tag{13.1-14}$$

jest prostopadły do płaszczyzny przekroju, co oznacza, że ruch falowy energii elektromagnetycznej odbywa się w kierunku osi x, tzn. wzdłuż linii.

Przewody linii odgrywają zatem rolę określającą kierunek rozchodzenia się fali. Całe pole elektromagnetyczne koncentruje się w dielektryku, przy czym w przypadku linii koncentrycznej (rys. 13.1-5b) jest ono całkowicie zlokalizowane w obszarze ograniczonym przez przewód zewnętrzny (płaszcz) linii.

---

1) Skrót angielskiej nazwy *transverse electromagnetic*.

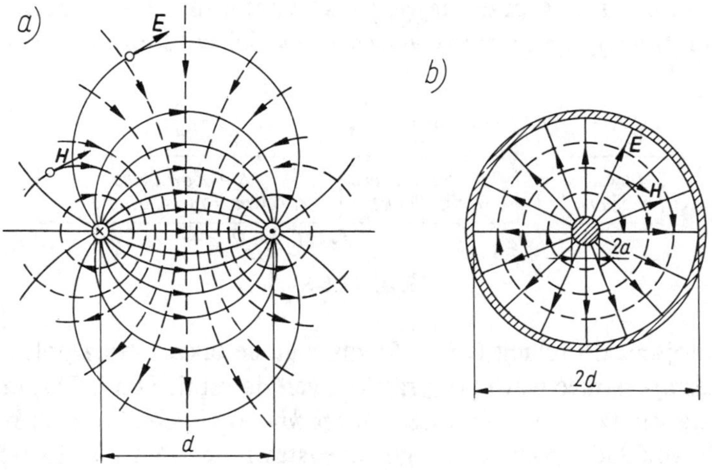

Rys. 13.1-5

Obraz polowy zjawisk nieco komplikuje się w przypadku linii długiej ze stratami, gdy $R \neq 0$. Wobec skończonej przewodności właściwej przewodów istnieje teraz wewnątrz przewodów pole elektryczne $\boldsymbol{E}$, które ma niezerową współrzędną E_x w kierunku przepływu prądu. Wobec ciągłości składowej stycznej wektora na granicy dwóch ośrodków, również w dielektryku będzie występować niezerowa współrzędna E_x. W przewodach, wobec niezerowego pola $\boldsymbol{E}$, będzie również występować pole magnetyczne $\boldsymbol{H}$, przy czym zarówno w przewodach, jak i w dielektryku mamy nadal $H_x = 0$. Ze względu na istnienie niezerowej współrzędnej E_x linie pola $\boldsymbol{E}$ nie leżą już w płaszczyznach $x = \text{const}$, lecz „wyginają się" w kierunku ruchu energii. Przy założeniu dostatecznie małych strat[1)] obraz falowy zjawisk nie ulega istotnym zmianom. Nadal występuje ruch falowy energii elektromagnetycznej w kierunku osi x z tym, że rozchodząca fala nie jest już falą płaską i jest tłumiona w kierunku jej rozchodzenia się.

B. Zakres słuszności równań linii długiej. Istotnym założeniem, przy którym możliwe było wyprowadzenie równań linii długiej na podstawie modelu skupionego odcinka o długości Δx linii (rys. 13.1-2), był warunek, aby $d \ll \lambda/4$, tzn., aby naruszenie warunku quasi-stacjonarności następowało tylko przez długość l. Ze wzrostem częstotliwości f maleje długość fali λ i przy pewnej częstotliwości:

$$d \sim \frac{\lambda}{4} \tag{13.1-15}$$

równania linii długiej przestają obowiązywać! Praktycznie przestaje wówczas być możliwy opis obwodowy zjawisk zachodzących w linii.

---

1) Takie założenie przyjmujemy praktycznie zawsze.

Na rysunku 13.1-6 przedstawiono schematycznie zakres obowiązywania równań linii długiej, ograniczony w częstotliwości od dołu i od góry.

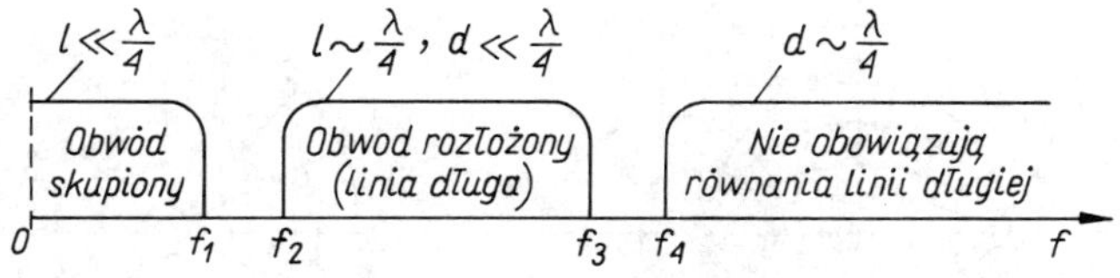

Rys. 13.1-6

Przy dojściu do relacji (13.1-15) zmienia się także obraz polowy zjawisk w linii. Przestają istnieć warunki, przy których powstaje fala TEM, mogą natomiast powstawać tzw. *rodzaje wyższych rzędów*, o zupełnie innych rozkładach pola niż dla rozkładu podstawowego przedstawionego na rys. 13.1-5. Wektor Poyntinga (13.1-14) nie musi być równoległy do osi x i energia elektromagnetyczna może rozchodzić się także w innych kierunkach. W przypadku linii dwuprzewodowej oznacza to możliwość promieniowania energii w przestrzeń, w przypadku linii koncentrycznej – rozchodzenie się fali w wyniku kolejnych odbić od płaszcza i rdzenia – lub w ogóle brak możliwości ruchu falowego (por. np. [19], str. 169).

C. Parametry jednostkowe linii długiej. Można wykazać (por. np. [30], str. 79, 84, 149-151), że w przypadku linii długiej bez strat (tzn. przy założeniu, że pole elektromagnetyczne jest całkowicie zlokalizowane w dielektryku), parametry jednostkowe wyrażają się następującymi wzorami:

– dla symetrycznej linii dwuprzewodowej (rys. 13.1-1):

$$L = \frac{\mu_0}{\pi} \ln \frac{d}{a} \quad \left[\frac{\mathrm{H}}{\mathrm{m}}\right] \tag{13.1-16}$$

$$C = \frac{\pi\varepsilon}{\ln \dfrac{d}{a}} \quad \left[\frac{\mathrm{F}}{\mathrm{m}}\right], \qquad d \gg 2a \tag{13.1-17}$$

– dla linii koncentrycznej (rys. 13.1-3):

$$L = \frac{\mu_0}{2\pi} \ln \frac{d}{a} \quad \left[\frac{\mathrm{H}}{\mathrm{m}}\right] \tag{13.1-18}$$

$$C = \frac{2\pi\varepsilon}{\ln \dfrac{d}{a}} \quad \left[\frac{\mathrm{F}}{\mathrm{m}}\right] \tag{13.1-19}$$

przy czym w obu przypadkach:

$$\varepsilon = \varepsilon_r \varepsilon_0 \tag{13.1-20}$$

gdzie ε_r jest względną przenikalnością elektryczną dielektryka (dla powietrza $\varepsilon_r = 1$) i podobnie:

$$\mu = \mu_r \mu_0 \tag{13.1-21}$$

(przyjmujemy $\mu_r = 1$) oraz:

$$\mu_0 = 4\pi 10^{-7}\ \frac{\mathrm{H}}{\mathrm{m}}, \quad \varepsilon_0 = \frac{1}{36\pi} 10^{-9}\ \frac{\mathrm{F}}{\mathrm{m}} \tag{13.1-22}$$

są odpowiednio: przenikalnością magnetyczną i przenikalnością elektryczną próżni.

Prędkość rozchodzenia się fali w linii długiej bez strat jest określona wzorem (13.1-12), z którego, po uwzględnieniu wzorów (13.1-16) i (13.1-17) lub (13.1-18) i (13.1-19), otrzymujemy dla obu typów linii:

$$v = \frac{1}{\sqrt{LC}} = \frac{1}{\sqrt{\varepsilon \mu_0}} = \frac{c}{\sqrt{\varepsilon_r}} \tag{13.1-23}$$

gdzie

$$c = \frac{1}{\sqrt{\varepsilon_0 \mu_0}} = 3 \cdot 10^8\ \frac{\mathrm{m}}{\mathrm{s}} \tag{13.1-24}$$

jest prędkością fali elektromagnetycznej (światła) w próżni.

Uwaga 1. Uwzględniając wartości liczbowe (13.1-22), zależności (13.1-16)–(13.1-19) można przepisać w postaci dogodniejszej do obliczeń:

– dla symetrycznej linii dwuprzewodowej:

$$L = 0{,}4 \ln \frac{d}{a} \left[\frac{\mu\mathrm{H}}{\mathrm{m}}\right], \quad C = 27{,}8 \frac{\varepsilon_r}{\ln \frac{d}{a}} \left[\frac{\mathrm{pF}}{\mathrm{m}}\right] \tag{13.1-25}$$

– dla linii koncentrycznej:

$$L = 0{,}2 \ln \frac{d}{a} \left[\frac{\mu\mathrm{H}}{\mathrm{m}}\right], \quad C = 55{,}5 \frac{\varepsilon_r}{\ln \frac{d}{a}} \left[\frac{\mathrm{pF}}{\mathrm{m}}\right] \tag{13.1-26}$$

Uwaga 2. Wzory (13.1-17) i (13.1-19) dla pojemności jednostkowej C pozostają słuszne bez zmian dla linii długiej ze stratami. Jeśli chodzi o indukcyjność jednostkową L, to dla linii długiej ze stratami o skończonej przewodności właściwej przewodów należy, teoretycznie biorąc, uwzględnić również pole magnetyczne wewnątrz przewodów. Indukcyjność jednostkowa L może być w takim przypadku przedstawiona w postaci sumy:

$$L = L_w + L_z \tag{13.1-27}$$

gdzie L_w – indukcyjność wewnętrzna (jednostkowa) związana ze strumieniem magnetycznym wewnątrz przewodów; L_z – indukcyjność zewnętrzna (jednostkowa) związana ze strumieniem magnetycznym w dielektryku.

Indukcyjność zewnętrzna L_z wyraża się tymi samymi wzorami (13.1-16) lub (13.1-18), którymi dla linii bez strat jest określona całkowita indukcyjność jednostkowa. Indukcyjność wewnętrzna L_w zależy w decydującym stopniu od rozkładu linii prądu w przewodniku. Ze wzrostem częstotliwości, wskutek zjawiska naskórkowości (por. np. [19], str. 50, [30], str. 399), linie prądu skupiają się przy powierzchni przewodnika, powodując gwałtowne zmniejszanie się wewnętrznego strumienia magnetycznego. W efekcie, ze wzrostem częstotliwości f maleje do zera indukcyjność wewnętrzna L_w (mniej więcej jak $1/\sqrt{f}$). Z tego względu, szczególnie dla większych częstotliwości, przyjmuje się z reguły:

$$L = L_z \tag{13.1-28}$$

oraz, w konsekwencji, stosuje się wzory (13.1-16) lub (13.1-18).

Wielkość:

$$R_0 = \sqrt{\frac{L}{C}} \tag{13.1-29}$$

będziemy nazywać *oporem charakterystycznym linii długiej*. Biorąc pod uwagę zależności (13.1-16)–(13.1-19) oraz uwzględniając, że:

$$\frac{1}{\pi}\sqrt{\frac{\mu_0}{\varepsilon_0}} = 120\ \Omega$$

otrzymujemy dla symetrycznej linii dwuprzewodowej:

$$R_0 = \frac{120}{\sqrt{\varepsilon_r}} \ln\frac{d}{a} \quad [\Omega] \tag{13.1-30}$$

oraz dla linii koncentrycznej:

$$R_0 = \frac{60}{\sqrt{\varepsilon_r}} \ln\frac{d}{a} \quad [\Omega] \tag{13.1-31}$$

W przeciwieństwie do parametrów L i C, które zależą od wymiarów geometrycznych linii i, praktycznie biorąc, nie zależą od częstotliwości, parametry rezystancyjne R i G w decydującym stopniu zależą od częstotliwości oraz od konstrukcji rzeczywistej linii przesyłowej, właściwości dielektryka itp. Zależnościami tymi nie będziemy zajmować się (por. np. [30], str. 400, [24], str. 179-180).

13.2. STAN USTALONY PRZY POBUDZANIU SINUSOIDALNYM

Podobnie jak w przypadku układów skupionych (rozdział 4 w tomie II), zajmiemy się najpierw omówieniem zagadnień związanych z zachowaniem się linii długiej w stanie ustalonym przy pobudzaniu sinusoidalnym. Przyjęcie założenia, że w każdym punkcie x linii długiej napięcie $u(x,t)$ i prąd $i(x,t)$ zmieniają się w czasie sinusoidalnie z tą samą pulsacją, umożliwia zastosowanie metody amplitud zespolonych do analizy zjawisk w linii długiej.

Zagadnienia związane ze stanami nieustalonymi w linii długiej, w tym zjawiska propagacji fali w linii, zostaną omówione w p. 13.3.

13.2.1. Opis linii długiej w stanie ustalonym

Będziemy rozważać linię długą opisaną równaniami (13.1-5) przy założeniu, że jest to linia jednorodna (p. 13.1.1-E), tzn., że parametry jednostkowe R, L, G, C są stałe.

A. Równania linii długiej dla stanu ustalonego. Przyjmijmy, że w każdym punkcie x linii długiej (rys. 13.1-2) napięcie $u(x,t)$ i prąd $i(x,t)$ są sinusoidalnie zmienne w czasie z tą samą pulsacją ω. Założenie to odpowiada przypadkowi, kiedy w linii długiej powstaje stan ustalony przy pobudzaniu z zewnątrz sygnałem sinusoidalnym o pulsacji ω. O warunkach powstawania takiego stanu ustalonego będzie mowa w p. 13.3.2-D.

Dla ustalonego punktu x linii długiej możemy zatem napisać:

$$\left.\begin{aligned} u &= U_m \cos(\omega t + \varphi) = \mathrm{Re}[U \mathrm{e}^{\mathrm{j}\omega t}] \\ i &= I_m \cos(\omega t + \psi) = \mathrm{Re}[I \mathrm{e}^{\mathrm{j}\omega t}] \end{aligned}\right\} \tag{13.2-1}$$

gdzie:

$$U = U_m \mathrm{e}^{\mathrm{j}\varphi}, \quad I = I_m \mathrm{e}^{\mathrm{j}\psi}$$

są zespolonymi amplitudami napięcia i prądu w punkcie x.

Dla różnych punktów x linii długiej ($0 \leqslant x \leqslant l$) reprezentacje zespolone napięcia i prądu mają również postać (13.2-1) z tym, że zarówno amplitudy, jak i fazy początkowe będą, ogólnie rzecz biorąc, funkcjami x, tzn.:

$$U_m = U_m(x), \quad I_m = I_m(x), \quad \varphi = \varphi(x), \quad \psi = \psi(x)$$

lub inaczej:

$$U = U(x) = U_m(x)\,\mathrm{e}^{\mathrm{j}\varphi(x)}, \quad I = I(x) = I_m(x)\,\mathrm{e}^{\mathrm{j}\psi(x)} \tag{13.2-2}$$

Oznacza to, że przy przyjętym założeniu napięcie i prąd w dowolnym punkcie x linii długiej ($0 \leqslant x \leqslant l$) i w dowolnej chwili t możemy wyrazić w postaci

$$\left.\begin{aligned} u(x,t) &= \mathrm{Re}\left[U(x)\,\mathrm{e}^{\mathrm{j}\omega t}\right] \\ i(x,t) &= \mathrm{Re}\left[I(x)\,\mathrm{e}^{\mathrm{j}\omega t}\right] \end{aligned}\right\} \tag{13.2-3}$$

Na rysunku 13.2-1 zamiast wartości chwilowych u, i zaznaczyliśmy zespolone amplitudy napięcia i prądu: $U(x)$, $I(x)$.

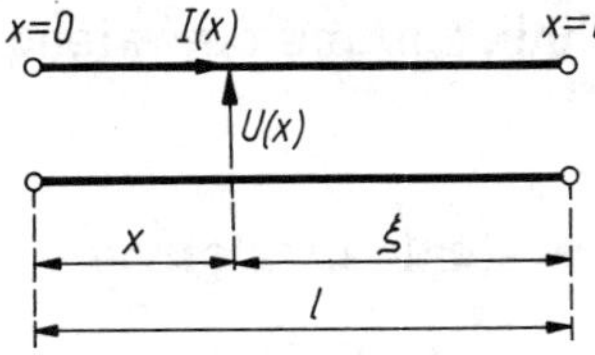

Rys. 13.2-1

Zależności (13.2-3) są w pełni analogiczne do zależności (4.3-2) i (4.3-3) w tomie II, słusznych dla obwodów skupionych. Różnica polega jedynie na tym, że w obwodzie skupionym zespolone amplitudy U, I są l i c z b a m i, a w linii długiej (tj. w obwodzie rozłożonym) są f u n k c j a m i z m i e n n e j x.

Podstawiając wzory (13.2-3) do równań (13.1-5) otrzymujemy:

$$-\mathrm{Re}\left[\frac{\mathrm{d}U(x)}{\mathrm{d}x}\,\mathrm{e}^{\mathrm{j}\omega t}\right] = \mathrm{Re}\left[(R+\mathrm{j}\omega L)I(x)\,\mathrm{e}^{\mathrm{j}\omega t}\right]$$

$$-\mathrm{Re}\left[\frac{\mathrm{d}I(x)}{\mathrm{d}x}\,\mathrm{e}^{\mathrm{j}\omega t}\right] = \mathrm{Re}\left[(G+\mathrm{j}\omega C)U(x)\,\mathrm{e}^{\mathrm{j}\omega t}\right]$$

a stąd, zgodnie z twierdzeniem z p. 4.2.1-D w tomie II:

$$\left.\begin{aligned} -\frac{\mathrm{d}U(x)}{\mathrm{d}x} &= (R+\mathrm{j}\omega L)\,I(x) \\ -\frac{\mathrm{d}I(x)}{\mathrm{d}x} &= (G+\mathrm{j}\omega C)U(x) \end{aligned}\right\} \tag{13.2-4}$$

Są to *równania linii długiej dla stanu ustalonego przy pobudzaniu sinusoidalnym*. Zwracamy uwagę, że równania (13.2-4) są równaniami różniczkowymi zwyczajnymi względem zespolonych amplitud $U(x)$, $I(x)$, co jest konsekwencją zależności tych amplitud od zmiennej x. Dla obwodu skupionego analogiczne równania byłyby równaniami algebraicznymi.

B. Rozwiązania ogólne. Równania (13.2-4) stanowią układ dwóch równań różniczkowych zwyczajnych rzędu pierwszego, ich rozwiązanie ogólne zależeć będzie zatem od dwóch stałych dowolnych. Aby rozwiązanie to znaleźć, wyznaczymy najpierw równania dla $U(x)$ oraz $I(x)$ z osobna. Różniczkując pierwsze równanie (13.2-4) i uwzględniając drugie, otrzymujemy:

$$\frac{\mathrm{d}^2 U(x)}{\mathrm{d}x^2} - (R + \mathrm{j}\omega L)(G + \mathrm{j}\omega C)\, U(x) = 0$$

lub:

$$\frac{\mathrm{d}^2 U(x)}{\mathrm{d}x^2} - \gamma^2 U(x) = 0 \tag{13.2-5}$$

gdzie oznaczyliśmy:

$$\gamma \overset{\Delta}{=} \sqrt{(R + \mathrm{j}\omega L)(G + \mathrm{j}\omega C)} \tag{13.2-6}$$

W analogiczny sposób otrzymujemy równanie dla prądu $I(x)$:

$$\frac{\mathrm{d}^2 I(x)}{\mathrm{d}x^2} - \gamma^2 I(x) = 0 \tag{13.2-7}$$

Rozwiązania równań (13.2-5) i (13.2-7) mają postać:

$$\left.\begin{aligned} U(x) &= A_1 \mathrm{e}^{-\gamma x} + A_2 \mathrm{e}^{\gamma x} \\ I(x) &= B_1 \mathrm{e}^{-\gamma x} + B_2 \mathrm{e}^{\gamma x} \end{aligned}\right\} \tag{13.2-8}$$

gdzie A_1, A_2, B_1, B_2 są stałymi zespolonymi. Zależności (13.2-8) powinny jednak określać rozwiązanie ogólne równań (13.2-4), a zatem tylko dwie spośród tych stałych mogą być stałymi dowolnymi. Dla uzyskania związków między stałymi A_1, A_2, B_1, B_2 należy zażądać, aby funkcje (13.2-8) spełniały układ równań (13.2-4). Podstawiając funkcje (13.2-8) np. do pierwszego równania (13.2-4), otrzymujemy równanie tożsamościowe:

$$A_1 \gamma \mathrm{e}^{-\gamma x} - A_2 \gamma \mathrm{e}^{\gamma x} \equiv B_1(R + \mathrm{j}\omega L)\mathrm{e}^{-\gamma x} + B_2(R + \mathrm{j}\omega L)\mathrm{e}^{\gamma x}$$

które winno być spełnione dla każdego x[1]. Z porównania współczynników przy $\mathrm{e}^{-\gamma x}$ i $\mathrm{e}^{\gamma x}$ wynika, że:

$$\left.\begin{aligned} A_1 \gamma &= B_1(R + \mathrm{j}\omega L) \\ -A_2 \gamma &= B_2(R + \mathrm{j}\omega L) \end{aligned}\right\} \tag{13.2-9}$$

---

[1] Można łatwo sprawdzić, że jeśli jedno z równań (13.2-4) jest spełnione tożsamościowo przez funkcje (13.2-8), to również drugie równanie jest spełnione tożsamościowo. Podstawienie funkcji (13.2-8) do drugiego równania (13.2-4) nie prowadzi zatem do nowych związków.

Jako stałe dowolne możemy zatem przyjąć albo A_1 i A_2, albo B_1 i B_2, a wartości pozostałych dwóch stałych wyznaczyć ze związków (13.2-9).

Przyjmijmy za dowolne stałe A_1 i A_2. Ze związków (13.2-9) otrzymujemy wówczas:

$$B_1 = A_1 \frac{\gamma}{R + \mathrm{j}\omega L}, \quad B_2 = -A_2 \frac{\gamma}{R + \mathrm{j}\omega L} \tag{13.2-10}$$

lub:

$$B_1 = \frac{A_1}{Z_f}, \quad B_2 = -\frac{A_2}{Z_f} \tag{13.2-11}$$

gdzie przez Z_f oznaczono:

$$Z_f \triangleq \sqrt{\frac{R + \mathrm{j}\omega L}{G + \mathrm{j}\omega C}} \tag{13.2-12}$$

Podstawiając związki (13.2-10) do funkcji (13.2-8) otrzymujemy:

$$U(x) = A_1 \mathrm{e}^{-\gamma x} + A_2 \mathrm{e}^{\gamma x} \tag{13.2-13}$$

$$I(x) = \frac{1}{Z_f}(A_1 \mathrm{e}^{-\gamma x} - A_2 \mathrm{e}^{\gamma x}) \tag{13.2-14}$$

Są to *rozwiązania ogólne* równań linii długiej (13.2-4) dla stanu ustalonego przy pobudzaniu sinusoidalnym. Rozwiązania te zależą od dwóch stałych dowolnych A_1, A_2, które mogą być wyznaczone z *warunków brzegowych* dla zacisków linii długiej, tj. dla $x = 0$ i dla $x = l$ (będzie o tym mowa w p. 13.2.3--A). Warunki te są, z reguły, zadawane dla napięcia, co uzasadnia wybór A_1, A_2 jako stałych dowolnych.

Współczynniki γ i Z_f, określone wzorami (13.2-6) i (13.2-12), noszą odpowiednio nazwy: *współczynnika przenoszenia* (*falowego*) lub *współczynnika propagacji* oraz *impedancji falowej* linii długiej. Łącznie są one nazywane *parametrami falowymi* linii długiej[1].

C. Jednoznaczność określenia parametrów γ i Z_f. Współczynnik przenoszenia γ jest określony wzorem (13.2-6) jako pierwiastek kwadratowy z liczby zespolonej. Pierwiastek ten, jak wiadomo, ma dwie wartości różniące się znakiem: $+\gamma$ i $-\gamma$, przy czym z zapisu (13.2-6) nie wynika, o którą z tych wartości chodzi. Dla jednoznaczności określenia współczynnika przenoszenia γ jest potrzebna zatem dodatkowa umowa.

---

[1] Są one nazywane także (np. w teorii pola elektromagnetycznego, por. [19]) *parametrami charakterystycznymi.*

Zauważmy, że wyrażenie pod pierwiastkiem we wzorze (13.2-6) jest iloczynem dwóch liczb zespolonych o nieujemnych częściach rzeczywistych i dodatnich częściach urojonych. Ich iloczyn jest zatem liczbą zespoloną leżącą w pierwszej lub drugiej ćwiartce. Istnieje zatem pierwiastek kwadratowy (13.2-6) leżący w pierwszej ćwiartce. Przyjmiemy umowę, że przez γ, gdzie:

$$\gamma = \alpha + \mathrm{j}\beta \tag{13.2-15}$$

będziemy oznaczać ten pierwiastek (13.2-6), dla którego:

$$\alpha \geqslant 0, \quad \beta > 0 \tag{13.2-16}$$

Wielkości: $\alpha = \mathrm{Re}\gamma$, $\beta = \mathrm{Im}\gamma$ noszą odpowiednio nazwy: *współczynnika tłumienia* i *współczynnika przesunięcia*.

Umowa co do wyboru wartości γ umożliwia od razu jednoznaczne określenie wartości Z_f. Z porównania wzorów (13.2-10) i (13.2-11) wynika bowiem, że:

$$Z_f = \frac{R + \mathrm{j}\omega L}{\gamma}$$

Wynika stąd, wobec nierówności (13.2-16), że jako wartość Z_f należy przyjmować tę wartość pierwiastka (13.2-12), dla której:

$$\mathrm{Re}\, Z_f > 0 \tag{13.2-17}$$

W dalszym tekście, już bez osobnego podkreślania, będziemy zawsze przestrzegać przyjętych tu ustaleń, określonych zależnościami (13.2-15) – (13.2-17).

D. Interpretacja falowa rozwiązań ogólnych. Rozwiązania ogólne (13.2-13) i (13.2-14) możemy przedstawić w postaci:

$$\left.\begin{aligned} U(x) &= U^+(x) + U^-(x) \\ I(x) &= I^+(x) + I^-(x) \end{aligned}\right\} \tag{13.2-18}$$

gdzie:

$$U^+(x) = A_1\,\mathrm{e}^{-\gamma x}, \quad U^-(x) = A_2\,\mathrm{e}^{\gamma x} \tag{13.2-19}$$

$$I^+(x) = \frac{U^+(x)}{Z_f} = \frac{A_1}{Z_f}\,\mathrm{e}^{-\gamma x}, \quad I^-(x) = -\frac{U^-(x)}{Z_f} = -\frac{A_2}{Z_f}\,\mathrm{e}^{\gamma x} \tag{13.2-20}$$

Omówimy teraz interpretację falową składników $U^+(x)$ i $U^-(x)$ (i analogicznie $I^+(x)$ i $I^-(x)$), słuszną dla dowolnych niezerowych wartości stałych A_1 i A_2.

Rozpatrzmy najpierw składnik:

$$U^+(x) = A_1\,\mathrm{e}^{-\gamma x} = A_1\,\mathrm{e}^{-\alpha x}\,\mathrm{e}^{-\mathrm{j}\beta x} \tag{13.2-21}$$

Przyjmując, że $A_1 = |A_1|\,\mathrm{e}^{\mathrm{j}\varphi_1}$ możemy przedstawić przebieg czasowy napięcia odpowiadający zespolonej amplitudzie (13.2-21) w postaci:

$$u^+(x,t) = \mathrm{Re}[U^+(x)\,\mathrm{e}^{\mathrm{j}\omega t}] = \mathrm{Re}[A_1\,\mathrm{e}^{-\alpha x}\,\mathrm{e}^{\mathrm{j}(\omega t - \beta x)}] =$$

$$= |A_1|\,\mathrm{e}^{-\alpha x}\cos(\omega t - \beta x + \varphi_1) \tag{13.2-22}$$

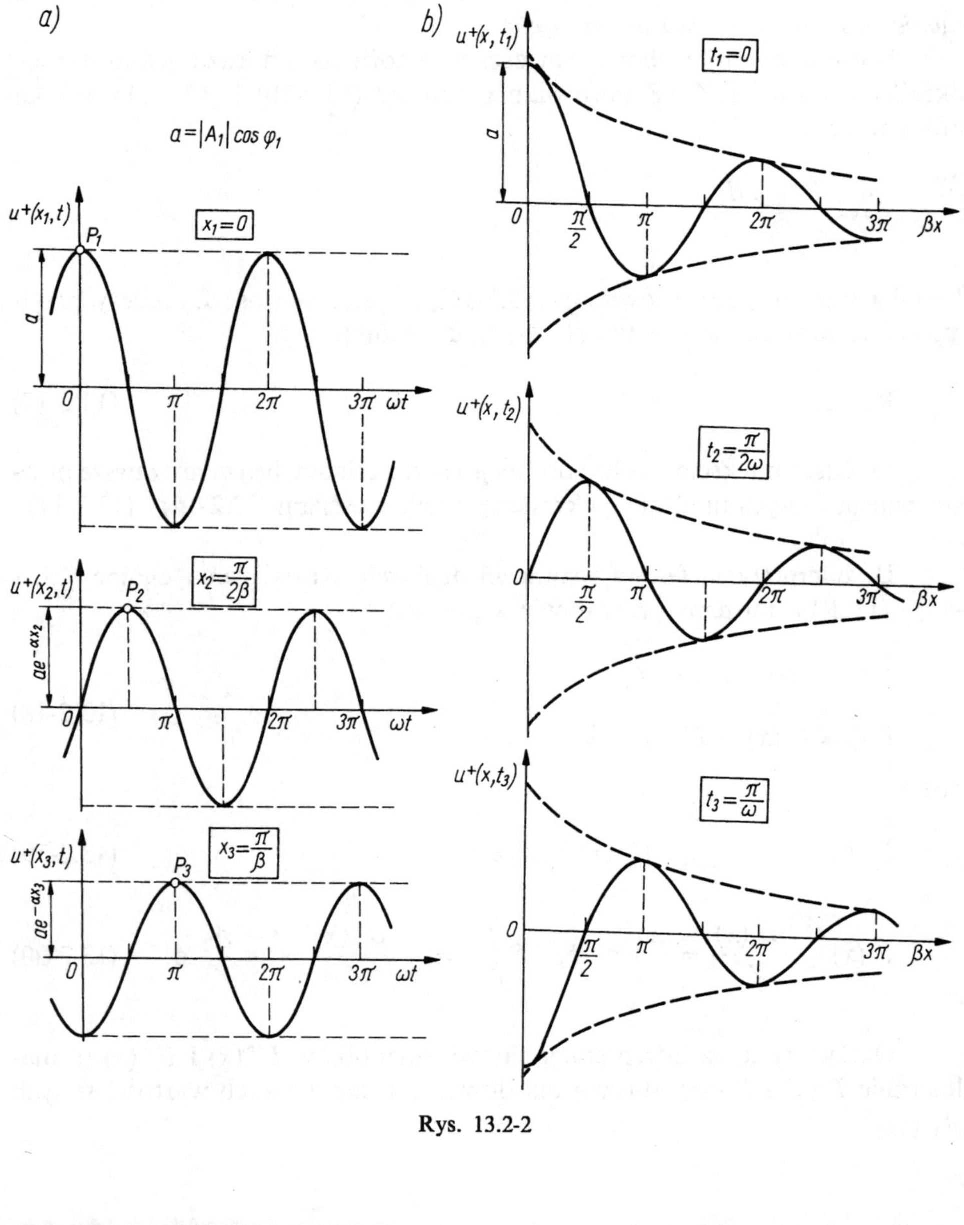

Rys. 13.2-2

Na rysunku 13.2-2 przedstawiono przebiegi napięcia (13.2-22) w funkcji czasu w różnych punktach x linii długiej (rys. 13.2-2a) oraz rozkłady tego napięcia wzdłuż linii długiej (tj. wykresy napięcia w funkcji zmiennej x) dla różnych chwil t (rys. 13.2-2b). Jak widzimy, ze wzrostem x amplituda $|A_1| e^{-\alpha x}$ sygnału (13.2-22) maleje wykładniczo (przy $\alpha > 0$). Zmienia się także jego faza.

Rozważmy teraz położenie *punktów ekwifazowych* sygnału (13.2-2), tj. takich punktów (x,t) w przestrzeni dwuwymiarowej, dla których:

$$\omega t - \beta x + \varphi_1 = \text{const} \tag{13.2-23}$$

Zachowanie równości (13.2-23) wymaga, aby ze wzrostem t wzrastała również współrzędna x. Oznacza to, że z upływem czasu punkty ekwifazowe przesuwają się w kierunku wzrastających wartości x.

Jeśli w chwili t_1 punkt o fazie (13.2-23) sygnału (13.2-22) znajdował się w położeniu x_1, to w chwili $t_2 > t_1$ znajduje się on w położeniu $x_2 > x_1$, przy czym:

$$\omega t_1 - \beta x_1 + \varphi_1 = \omega t_2 - \beta x_2 + \varphi_2$$

Równość ta umożliwia wyznaczenie prędkości rozchodzenia się punktów ekwifazowych, czyli *prędkości fazowej v*, mamy bowiem:

$$\frac{x_2 - x_1}{t_2 - t_1} = \frac{\omega}{\beta}$$

a więc:

$$v = \frac{\omega}{\beta} \tag{13.2-24}$$

Prędkości fazowej (13.2-24) odpowiada długość fali λ w linii długiej (rys. 13.2-2b):

$$\lambda = \frac{v}{f} = \frac{2\pi}{\beta} \tag{13.2-25}$$

Rozważania te prowadzą do następującego wniosku:

Składnik $u^+(x,t)$ przedstawia falę napięcia o przebiegu sinusoidalnym w czasie, rozchodzącą się w kierunku wzrastających x z prędkością fazową v, określoną zależnością (13.2-24). *Fala ta jest tłumiona wykładniczo w kierunku swego ruchu (tj. ze wzrostem x), a w przypadku granicznym braku tłumienia* ($\alpha = 0$) *rozchodzi się bez zmiany amplitudy.*

Rozważmy teraz drugi składnik pierwszego wzoru (13.2-18), tzn.:

$$U^-(x) = A_2 e^{\gamma x} = A_2 e^{\alpha x} e^{j\beta x}$$

Wprowadźmy odległość ξ liczoną od prawego końca linii długiej (rys. 13.2-1), przy czym $x + \xi = l$, a więc:

$$x = l - \xi \tag{13.2-26}$$

Uwzględniając wzór (13.2-26) otrzymujemy:

$$U^-(x) = A_2\,\mathrm{e}^{\alpha(l-\xi)}\,\mathrm{e}^{\mathrm{j}\beta(l-\xi)} = A_2'\,\mathrm{e}^{-\alpha\xi}\,\mathrm{e}^{-\mathrm{j}\beta\xi} \tag{13.2-27}$$

oraz:

$$u^-(x,t) = \mathrm{Re}[U^-(x)\,\mathrm{e}^{\mathrm{j}\omega t}] = \mathrm{Re}[A_2'\,\mathrm{e}^{-\alpha\xi}\,\mathrm{e}^{\mathrm{j}(\omega t - \beta\xi)}] =$$

$$= |A_2'|\,\mathrm{e}^{-\alpha\xi}\cos(\omega t - \beta\xi + \varphi_2) \tag{13.2-28}$$

gdzie:

$$A_2' = A_2\,\mathrm{e}^{\gamma l} = |A_2'|\,\mathrm{e}^{\mathrm{j}\varphi_2}$$

jest nadal stałą dowolną.

Porównanie wzorów (13.2-21) i (13.2-27) oraz (13.2-22) i (13.2-28), z uwzględnieniem zależności (13.2-26), prowadzi od razu do następującej interpretacji:

Składnik $u^-(x,t)$ przedstawia falę napięcia o przebiegu sinusoidalnym w czasie, rozchodzącą się w kierunku malejących x (wzrastających ξ) z prędkością fazową v, określoną wzorem (13.2-24). *Fala ta jest tłumiona w kierunku swego rozchodzenia się (tj. ze wzrostem ξ, czyli z maleniem x), a w przypadku granicznym braku tłumienia ($\alpha = 0$) rozchodzi się bez zmiany amplitudy.*

Dokładnie taką samą interpretację falową można przypisać składnikom: $I^+(x)$, $I^-(x)$ w drugim wzorze (13.2-18) i odpowiadającym im funkcjom czasu:

$$i^+(x,t) = \mathrm{Re}[I^+(x)\,\mathrm{e}^{\mathrm{j}\omega t}] = \mathrm{Re}\left[\frac{A_1}{Z_f}\,\mathrm{e}^{-\alpha x}\,\mathrm{e}^{\mathrm{j}(\omega t - \beta x)}\right]$$

$$i^-(x,t) = \mathrm{Re}[I^-(x)\,\mathrm{e}^{\mathrm{j}\omega t}] = \mathrm{Re}\left[-\frac{A_2}{Z_f}\,\mathrm{e}^{\alpha x}\,\mathrm{e}^{\mathrm{j}(\omega t + \beta x)}\right]$$

Zgodnie z podaną interpretacją składniki: $u^+(x,t)$, $i^+(x,t)$ nazywamy napięciem i prądem *fali docelowej*, natomiast składniki: $u^-(x,t)$, $i^-(x,t)$ – napięciem i prądem *fali powrotnej*. Ze wzorów (13.2-18) wynika przy tym, że:

$$\left.\begin{aligned} u(x,t) &= u^+(x,t) + u^-(x,t) \\ i(x,t) &= i^+(x,t) + i^-(x,t) \end{aligned}\right\} \tag{13.2-29}$$

a zatem *napięcie (prąd) w linii długiej jest sumą napięć (prądów) fali docelowej i fali powrotnej.*

W praktyce często zamiast np. mówić „napięcie (prąd) fali docelowej" mówimy po prostu „fala docelowa", przy czym nazwy tej używa się zarówno w odniesieniu do funkcji czasu $u^+(x,t)$, $i^+(x,t)$, jak i amplitud zespolonych $U^+(x)$, $I^+(x)$. W analogicznym znaczeniu używa się także nazwy „fala powrotna".

Ze wzorów (13.2-20) wynika wprost ważna zależność[1]:

$$Z_f = \frac{U^+(x)}{I^+(x)} = -\frac{U^-(x)}{I^-(x)} \tag{13.2-30}$$

która orzeka, że *w dowolnym punkcie x linii długiej stosunek napięcia $U^+(x)$ do prądu $I^+(x)$ fali docelowej jest równy impedancji falowej Z_f*. Dotyczy to także, ale ze znakiem minus, stosunku napięcia $U^-(x)$ do prądu $I^-(x)$ fali powrotnej.

E. Druga postać rozwiązań ogólnych. Często dogodnie jest przedstawiać rozwiązania ogólne (13.2-13) i (13.2-14) w innej postaci. Uwzględniając, że:

$$e^{-\gamma x} = \mathrm{ch}\gamma x - \mathrm{sh}\gamma x, \quad e^{\gamma x} = \mathrm{ch}\gamma x + \mathrm{sh}\gamma x$$

możemy zastąpić we wzorach (13.2-13) i (13.2-14) funkcje wykładnicze funkcjami hiperbolicznymi:

$$\left.\begin{aligned} U(x) &= (A_1 + A_2)\,\mathrm{ch}\gamma x + (A_2 - A_1)\,\mathrm{sh}\gamma x \\ I(x) &= -\frac{1}{Z_f}[(A_2 - A_1)\,\mathrm{ch}\gamma x + (A_1 + A_2)\,\mathrm{sh}\gamma x)] \end{aligned}\right\}$$

Wprowadzając nowe stałe dowolne A, B, określone wzorami:

$$A = A_1 + A_2, \quad B = A_2 - A_1 \tag{13.2-31}$$

otrzymujemy drugą postać rozwiązań ogólnych równań (13.2-4) linii długiej:

$$U(x) = A\,\mathrm{ch}\gamma x + B\,\mathrm{sh}\gamma x \tag{13.2-32}$$

$$I(x) = -\frac{1}{Z_f}(A\,\mathrm{sh}\gamma x + B\,\mathrm{ch}\gamma x) \tag{13.2-33}$$

Przy spełnieniu równości (13.2-31) prawe strony wzorów (13.2-13) i (13.2-32) oraz (13.2-14) i (13.2-33) są tożsamościowo sobie równe.

F. Linia długa jako czwórnik. Załóżmy, że interesować nas teraz będą napięcia i prądy tylko na zaciskach linii długiej (tj. dla $x = 0$ i $x = l$) oraz związki między nimi. Oznacza to, że będziemy rozpatrywać czwórnik

[1] Zależność (13.2-30) bywa niekiedy traktowana jako zależność definiująca impedancję falową (por. np. [19], str. 152).

(o stałych rozłożonych) utworzony przez linię długą, o wielkościach zaciskowych (rys. 13.2-3):

$$U_1 = U(0), \quad I_1 = I(0), \quad U_2 = U(l), \quad I_2 = I(l) \tag{13.2-34}$$

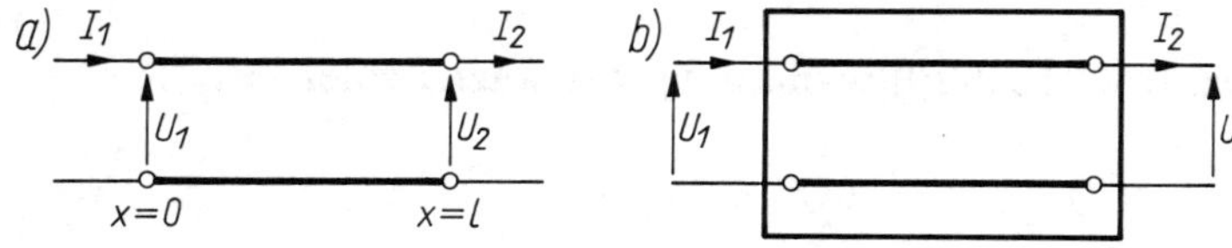

Rys. 13.2-3

Załóżmy, że znane są wartości U_1, I_1 na zaciskach pierwotnych tego czwórnika. Z równań (13.2-32) i (13.2-33) po podstawieniu $x = 0$ dostajemy:

$$A = U_1, \quad B = -Z_f I_1$$

Uwzględniając wartości tych stałych w równaniach (13.2-32) i (13.2-33), otrzymujemy:

$$\left.\begin{aligned} U(x) &= U_1 \operatorname{ch}\gamma x - Z_f I_1 \operatorname{sh}\gamma x \\ I(x) &= -\frac{U_1}{Z_f} \operatorname{sh}\gamma x + I_1 \operatorname{ch}\gamma x \end{aligned}\right\}$$

skąd, po podstawieniu $x = l$, dostajemy:

$$\left.\begin{aligned} U_2 &= U_1 \operatorname{ch}\gamma l - Z_f I_1 \operatorname{sh}\gamma l \\ I_2 &= -\frac{U_1}{Z_f} \operatorname{sh}\gamma l + I_1 \operatorname{ch}\gamma l \end{aligned}\right\}$$

Rozwiązując te równania względem U_1 i I_1, otrzymujemy *równania łańcuchowe linii długiej*:

$$\left.\begin{aligned} U_1 &= U_2 \operatorname{ch}\gamma l + Z_f I_2 \operatorname{sh}\gamma l \\ I_1 &= \frac{U_2}{Z_f} \operatorname{sh}\gamma l + I_2 \operatorname{ch}\gamma l \end{aligned}\right\}$$

Macierz łańcuchowa A linii długiej jest zatem określona wzorem:

$$A = \begin{bmatrix} \operatorname{ch}\gamma l & Z_f \operatorname{sh}\gamma l \\ \dfrac{1}{Z_f} \operatorname{sh}\gamma l & \operatorname{ch}\gamma l \end{bmatrix} \tag{13.2-35}$$

Macierz ta spełnia warunki:

$$\det A = 1, \quad a_{11} = a_{22}$$

będące warunkami symetrii czwórnika (por. tabl. 8.8). Oznacza to, że *czwórnik utworzony przez linię długą jest czwórnikiem symetrycznym.*

Jeśli porównamy macierz (13.2-35) z macierzą łańcuchową (8.6-45) skupionego czwórnika symetrycznego, wyrażoną przez jego parametry falowe (por. p. 8.6.1-I), zauważamy, że macierze te mają identyczną postać, jeśli przyjąć $g = \gamma l$.

Współczynnik przenoszenia γ linii długiej, określony wzorem (13.2-6), jest współczynnikiem jednostkowym (na jednostkę długości linii, por. p. 13.1.2-C), o wymiarze [1/m]. Współczynnik przenoszenia odcinka linii długiej o długości l jest zatem równy iloczynowi γl.

Parametry falowe Z_f, γ linii długiej mają wyraźną interpretację fizyczną związaną z ruchem falowym. O interpretacji parametrów α, β ($\gamma = \alpha + j\beta$) oraz Z_f była już częściowo mowa w p. D. Do spraw związanych z parametrami falowymi będziemy jeszcze wielokrotnie powracać w dalszym tekście.

Jak już wspominaliśmy w rozdziale 8 (por. p. 8.6.1), na parametrach falowych linii długiej jest wzorowany opis falowy czwórnika skupionego. Mimo daleko idących podobieństw formalnych nie wolno jednak zapominać, że – w przeciwieństwie do linii długiej – w czwórniku skupionym nie występują zjawiska falowe.

13.2.2. Nieskończona linia długa

Niekiedy celowe jest rozważanie równań (13.2-4) linii długiej i ich rozwiązań (13.2-13) i (13.2-14) w przedziale $x \in \langle 0, +\infty)$ jednostronnie nieograniczonym. Przypadek taki odpowiada *nieskończonej linii długiej*, którą można uważać za przypadek graniczny linii o skończonej długości l, gdy $l \to \infty$. Na schematach nieskończoną linię długą będziemy wyróżniać, nie rysując jej prawych zacisków (rys. 13.2-4a).

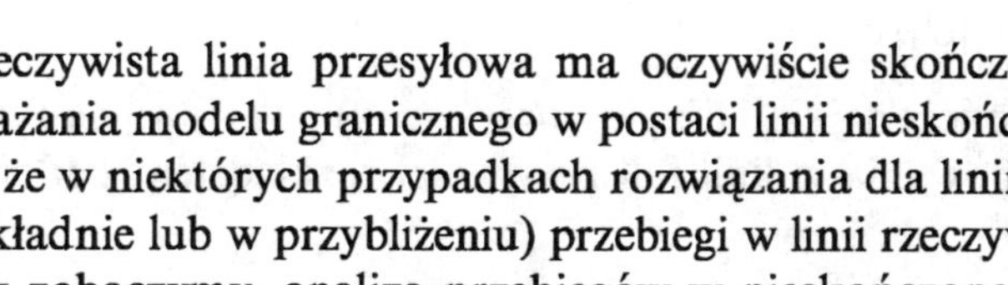

Rys. 13.2-4

Każda rzeczywista linia przesyłowa ma oczywiście skończoną długość. Celowość rozważania modelu granicznego w postaci linii nieskończonej polega jednak na tym, że w niektórych przypadkach rozwiązania dla linii nieskończonej opisują (dokładnie lub w przybliżeniu) przebiegi w linii rzeczywistej, a więc skończonej. Jak zobaczymy, analiza przebiegów w nieskończonej linii długiej jest przy tym znacznie prostsza niż w przypadku linii o skończonej długości.

A. Rozwiązania nieskończonej linii długiej. Rozważmy rozwiązania ogólne (13.2-13) i (13.2-14) równań linii długiej. W przypadku linii nieskończonej

$x \in \langle 0, +\infty)$ dochodzimy do wniosku, że we wzorach (13.2-13) i (13.2-14) należy przyjąć wartość stałej A_2 równą zeru:

$$A_2 = 0 \tag{13.2-36}$$

W przeciwnym bowiem przypadku dla $\alpha > 0$ mielibyśmy przy $x \to +\infty$:

$$|U^-(x)| = |A_2| \mathrm{e}^{\alpha x} \to \infty, \quad |I^-(x)| = \left|\frac{A_2}{Z_f}\right| \mathrm{e}^{\alpha x} \to \infty$$

a to oznaczałoby, że amplitudy: napięcia $|U(x)|$ i prądu $|I(x)|$ narastałyby nieograniczenie przy wzroście x.

Cechą nieskończonej linii długiej jest zatem brak w linii fali powrotnej[1].

Przy warunku (13.2-36) rozwiązania ogólne (13.2-13) i (13.2-14) redukują się zatem do postaci:

$$U(x) = A_1 \mathrm{e}^{-\gamma x}, \qquad I(x) = \frac{A_1}{Z_f} \mathrm{e}^{-\gamma x}$$

lub, po uwzględnieniu oznaczeń (13.2-34) (por. rys. 13.2-4b):

$$\left.\begin{aligned} U(x) &= U_1 \mathrm{e}^{-\gamma x} \\ I(x) &= \frac{U_1}{Z_f} \mathrm{e}^{-\gamma x} = I_1 \mathrm{e}^{-\gamma x} \end{aligned}\right\} \tag{13.2-37}$$

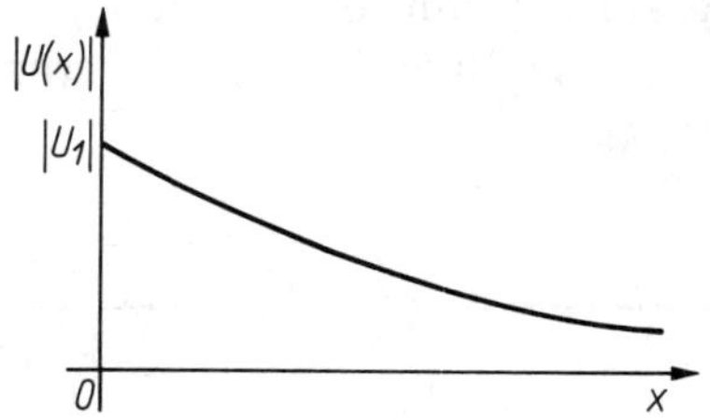

Rys. 13.2-5

Rozkład amplitudy napięcia (tj. wykres amplitudy $|U(x)|$ w funkcji x):

$$|U(x)| = |U_1| \mathrm{e}^{-\alpha x}$$

wzdłuż nieskończonej linii długiej (przy $\alpha > 0$) pokazano na rys. 13.2-5. Wskutek niewystępowania w linii fali powrotnej rozkład ten (podobnie jak *rozkład*

---

[1] Do tego wniosku i warunku (13.2-36) można także dojść w drodze innego rozumowania. W jednorodnej linii długiej pobudzanej na lewych zaciskach (tj. dla $x = 0$) fala powrotna może powstać tylko wskutek odbicia fali docelowej na prawych zaciskach, których linia nieskończona nie ma. Ponadto, przy $\alpha > 0$, napięcie prąd fali docelowej zmierzają do zera przy nieograniczonym wzroście x.

amplitudy prądu) jest opisany funkcją monotoniczną. Mówimy, że jest to *rozkład typu fali bieżącej* lub że w linii długiej występuje *fala bieżąca.*

B. Impedancja wejściowa nieskończonej linii długiej. Z zależności (13.2-37) wynika (por. wzór (13.2-30)), że w każdym punkcie $x \geqslant 0$ linii nieskończonej:

$$\frac{U(x)}{I(x)} = Z_f \tag{13.2-38}$$

co jest konsekwencją niewystępowania fali powrotnej.

Impedancja wejściowa linii długiej jest definiowana jako:

$$Z_{we} \overset{\Delta}{=} \frac{U_1}{I_1} \tag{13.2-39}$$

Z zależności (13.2-38) dla $x = 0$ wynika, że w przypadku linii nieskończonej:

$$Z_{we} = Z_f \tag{13.2-40}$$

a więc *impedancja wejściowa nieskończonej linii długiej jest równa jej impedancji falowej.*

Właściwość ta umożliwia wyznaczenie bez trudu napięcia U_1 i/lub prądu I_1 na początku $x = 0$ linii nieskończonej w zależności od parametrów źródła (np. napięciowego, rys. 13.2-4b) dołączonego do zacisków linii. Z równania:

$$E = Z_1 I_1 + U_1$$

dostajemy po uwzględnieniu wzorów (13.2-39) i (13.2-40):

$$U_1 = \frac{EZ_f}{Z_1 + Z_f}, \qquad I_1 = \frac{E}{Z_1 + Z_f}$$

13.2.3. Linia długa o skończonej długości

Rozważymy teraz realnie występujący w praktyce przypadek linii długiej o skończonej długości l. Będziemy przyjmować, że linia długa pracuje w układzie przedstawionym na rys. 13.2-6. W układzie tym źródło harmoniczne o sile elektromotorycznej E, pulsacji ω i impedancji wewnętrznej Z_1 jest dołączone

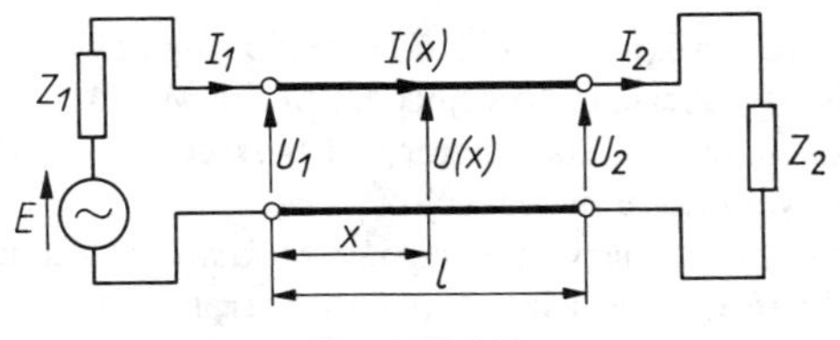

Rys. 13.2-6

do zacisków pierwotnych ($x = 0$) linii długiej. Do zacisków wtórnych ($x = l$) jest natomiast dołączone obciążenie o impedancji Z_2. Przyjmujemy na razie, że obie wielkości Z_1, Z_2 są impedancjami dwójników SLSB[1].

A. Wyznaczenie stałych z warunków brzegowych. Wartości stałych A_1 i A_2 w rozwiązaniach ogólnych (13.2-13) i (13.2-14) możemy wyznaczyć z *warunków brzegowych*, określonych przez równania dwójników dołączonych do początku $x = 0$ i końca $x = l$ rozpatrywanej linii długiej.

Na podstawie rys. 13.2-6 otrzymujemy od razu dla $x = 0$:

$$E = Z_1 I_1 + U_1$$

oraz dla $x = l$:

$$U_2 = Z_2 I_2$$

Zgodnie z równaniami (13.2-13) i (13.2-14) wartości U_1, I_1, U_2, I_2 możemy wyrazić w zależności od stałych A_1, A_2:

$$U_1 = U(0) = A_1 + A_2, \qquad I_1 = I(0) = \frac{A_1 - A_2}{Z_f}$$

$$U_2 = U(l) = A_1 \mathrm{e}^{-\gamma l} + A_2 \mathrm{e}^{\gamma l}, \qquad I_2 = I(l) = \frac{A_1 \mathrm{e}^{-\gamma l} - A_2 \mathrm{e}^{\gamma l}}{Z_f}$$

co prowadzi do układu dwóch równań liniowych względem niewiadomych A_1, A_2 o następującej postaci:

$$A_1(Z_1 + Z_f) - A_2(Z_1 - Z_f) = EZ_f$$

$$-A_1(Z_2 - Z_f)\mathrm{e}^{-\gamma l} + A_2(Z_2 + Z_f)\mathrm{e}^{\gamma l} = 0$$

Wprowadzając oznaczenia[2]:

$$\Gamma_1 \triangleq \frac{Z_1 - Z_f}{Z_1 + Z_f}, \qquad \Gamma_2 \triangleq \frac{Z_2 - Z_f}{Z_2 + Z_f} \tag{13.2-41}$$

[1] Może się jednak zdarzyć (por. p. 13.2.6-D), że do rozpatrywanej linii długiej jest dołączony odcinek innej linii długiej, obciążony dwójnikiem SLSB. W takim przypadku impedancja Z_2 jest impedancją dwójnika liniowego, stacjonarnego i bezźródłowego, ale nie koniecznie skupionego. Podobna uwaga dotyczy także impedancji Z_1.

[2] Współczynniki Γ_1, Γ_2 są nazywane *współczynnikami odbicia* lub *współczynnikami niedopasowania*: pierwotnym i wtórnym. O ich znaczeniu i interpretacji będziemy mówić wielokrotnie w dalszym tekście, m.in. w p. E (por. także p. 8.6.1-M i wzór (8.6-57)).

równania te możemy przepisać jako:

$$A_1 - \Gamma_1 A_2 = \frac{EZ_f}{Z_1 + Z_f}$$

$$-\Gamma_2 e^{-2\gamma l} A_1 + A_2 = 0$$

Rozwiązania tych równań mają postać (szczegóły obliczeniowe pomijamy):

$$\left.\begin{aligned} A_1 &= \frac{EZ_f}{Z_1 + Z_f} \frac{1}{1 - \Gamma_1 \Gamma_2 e^{-2\gamma l}} \\ A_2 &= \frac{EZ_f}{Z_1 + Z_f} \frac{\Gamma_2 e^{-2\gamma l}}{1 - \Gamma_1 \Gamma_2 e^{-2\gamma l}} \end{aligned}\right\} \tag{13.2-42}$$

Podstawiając otrzymane wartości stałych A_1, A_2 do równań (13.2-13) i (13.2-14) dostajemy wzory dla napięcia i prądu w linii długiej pracującej w układzie z rys. 13.2-6:

$$U(x) = \frac{EZ_f}{Z_1 + Z_f} \frac{e^{-\gamma x} + \Gamma_2 e^{-\gamma(2l - x)}}{1 - \Gamma_1 \Gamma_2 e^{-2\gamma l}} \tag{13.2-43}$$

$$I(x) = \frac{E}{Z_1 + Z_f} \frac{e^{-\gamma x} - \Gamma_2 e^{-\gamma(2l - x)}}{1 - \Gamma_1 \Gamma_2 e^{-2\gamma l}} \tag{13.2-44}$$

dla: $0 \leqslant x \leqslant l$.

Zależności (13.2-43) i (13.2-44) możemy doprowadzić do prostszej postaci, wprowadzając zamiast parametrów źródła: E, Z_1 napięcie U_1 na początku linii długiej. Z równania (13.2-43) dla $x = 0$ otrzymujemy bowiem:

$$U_1 = \frac{EZ_f}{Z_1 + Z_f} \frac{1 + \Gamma_2 e^{-2\gamma l}}{1 - \Gamma_1 \Gamma_2 e^{-2\gamma l}}$$

Uwzględniając ten wynik we wzorach (13.2-43) i (13.2-44) dostajemy:

$$\left.\begin{aligned} U(x) &= U_1 \frac{e^{-\gamma x} + \Gamma_2 e^{-\gamma(2l - x)}}{1 + \Gamma_2 e^{-2\gamma l}} \\ I(x) &= \frac{U_1}{Z_f} \frac{e^{-\gamma x} - \Gamma_2 e^{-\gamma(2l - x)}}{1 + \Gamma_2 e^{-2\gamma l}} \end{aligned}\right\} \tag{13.2-45}$$

Zwracamy uwagę Czytelnika, że we wzorach (13.2-45) nie występuje współczynnik odbicia Γ_1. Wynika to stąd, że wzory (13.2-45) można rozpatrywać jako przypadek szczególny zależności (13.2-43) i (13.2-44) przy zasilaniu linii długiej z idealnego źródła napięciowego ($Z_1 = 0$, $\Gamma_1 = -1$, $E = U_1$), por. rys. 13.2-6.

B. Druga postać rozwiązań. Wyrażenia dla napięcia i prądu w linii długiej z rys. 13.2-6 można również przedstawić w innej postaci, posługując się rozwiązaniami ogólnymi (13.2-32) i (13.2-33), zamiast rozwiązań (13.2-13) i (13.2-14), i wyznaczając z warunków brzegowych dla $x = 0$ oraz $x = l$ wartości stałych A, B.

Postępując w sposób analogiczny jak w p. A, otrzymamy w rezultacie drugą postać rozwiązań linii długiej z rys. 13.2-6 (szczegóły przekształceń pomijamy):

$$U(x) = E \frac{Z_2 \operatorname{ch}\gamma(l-x) + Z_f \operatorname{sh}\gamma(l-x)}{(Z_1 + Z_2)\operatorname{ch}\gamma l + \left(Z_f + \dfrac{Z_1 Z_2}{Z_f}\right)\operatorname{sh}\gamma l} \tag{13.2-46}$$

$$I(x) = \frac{E}{Z_f} \frac{Z_f \operatorname{ch}\gamma(l-x) + Z_2 \operatorname{sh}\gamma(l-x)}{(Z_1 + Z_2)\operatorname{ch}\gamma l + \left(Z_f + \dfrac{Z_1 Z_2}{Z_f}\right)\operatorname{sh}\gamma l} \tag{13.2-47}$$

Podstawiając $x = 0$ we wzorze (13.2-46) otrzymujemy:

$$U_1 = E \frac{Z_2 \operatorname{ch}\gamma l + Z_f \operatorname{sh}\gamma l}{(Z_1 + Z_2)\operatorname{ch}\gamma l + \left(Z_f + \dfrac{Z_1 Z_2}{Z_f}\right)\operatorname{sh}\gamma l}$$

Wzór ten umożliwia uproszczenie zależności (13.2-46) i (13.2-47) przez wprowadzenie napięcia U_1 zamiast parametrów źródła: E, Z_1. Otrzymujemy, analogicznie do (13.2-45), następujące wzory:

$$\left.\begin{aligned} U(x) &= U_1 \frac{Z_2 \operatorname{ch}\gamma(l-x) + Z_f \operatorname{sh}\gamma(l-x)}{Z_2 \operatorname{ch}\gamma l + Z_f \operatorname{sh}\gamma l} \\ I(x) &= \frac{U_1}{Z_f} \frac{Z_f \operatorname{ch}\gamma(l-x) + Z_2 \operatorname{sh}\gamma(l-x)}{Z_2 \operatorname{ch}\gamma l + Z_f \operatorname{sh}\gamma l} \end{aligned}\right\} \tag{13.2-48}$$

które można również otrzymać jako przypadki szczególne zależności (13.2-46) i (13.2-47) przy: $Z_1 = 0$, $E = U_1$.

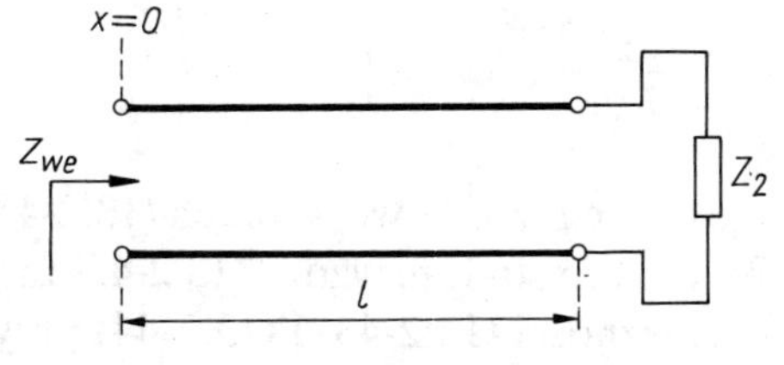

Rys. 13.2-7

C. Impedancja wejściowa linii długiej. Rozpatrzmy linię długą o długości l obciążoną dwójnikiem o impedancji Z_2 (rys. 13.2-7). Impedancja wejściowa Z_{we} linii długiej, zdefiniowana wzorem (13.2-39), jest impedancją dwójnika utworzonego przez odcinek linii długiej z dołączoną do zacisków wtórnych impedancją obciążenia Z_2[1].

Podstawiając $x = 0$ do wzorów (13.2-45) i dzieląc U_1 przez I_1, otrzymujemy:

$$Z_{we} = Z_f \frac{1 + \Gamma_2 \mathrm{e}^{-2\gamma l}}{1 - \Gamma_2 \mathrm{e}^{-2\gamma l}} \tag{13.2-49}$$

Postępując analogicznie w odniesieniu do wzorów (13.2-48), otrzymujemy drugą postać wzoru określającego impedancję wejściową linii długiej z rys. 13.2-7:

$$Z_{we} = Z_f \frac{Z_2 \operatorname{ch}\gamma l + Z_f \operatorname{sh}\gamma l}{Z_f \operatorname{ch}\gamma l + Z_2 \operatorname{sh}\gamma l} = Z_f \frac{Z_2 + Z_f \operatorname{th}\gamma l}{Z_f + Z_2 \operatorname{th}\gamma l} \tag{13.2-50}$$

D. Przypadek dopasowania falowego. Rozpatrując linię długą o skończonej długości l, pracującą w układzie z rys. 13.2-6, możemy sformułować ważne pytanie: przy jakich warunkach w rozpatrywanej linii długiej nie występuje fala powrotna?

Odpowiedź na to pytanie jest prosta. Zgodnie z zależnościami (13.2-19) i (13.2-20) warunkiem, aby w linii długiej nie występowała fala powrotna, jest:

$$A_2 = 0$$

Na podstawie wzorów (13.2-42) wnioskujemy, że warunek ten jest spełniony wtedy i tylko wtedy, kiedy:

$$\Gamma_2 = 0 \tag{13.2-51}$$

a więc (por. wzory (13.2-41)), kiedy:

$$Z_2 = Z_f \tag{13.2-52}$$

Mówimy wówczas, że *linia długa jest dopasowana falowo* lub że na zaciskach wtórnych linii długiej panuje *stan dopasowania falowego*.

---

[1] Odcinek linii długiej jest czwórnikiem symetrycznym (p. 13.2.1-F), impedancja wejściowa Z_{we} nie zależy zatem od tego, czy obciążenie Z_2 jest dołączone do zacisków wtórnych (impedancja Z_{we} jest wówczas określana na zaciskach pierwotnych), czy przeciwnie (por. p. 8.2.2-B). Stąd rezygnujemy od razu z odróżnienia w przypadku linii długiej impedancji wejściowej pierwotnej Z_p od impedancji wejściowej wtórnej Z_w, stosując oznaczenie Z_{we}.

Zgodnie z zależnościami (13.2-43) i (13.2-44) oraz (13.2-45) otrzymujemy przy warunku (13.2-51):

$$\left.\begin{aligned} U(x) &= \frac{EZ_f}{Z_1 + Z_f}\,\mathrm{e}^{-\gamma x} = U_1\,\mathrm{e}^{-\gamma x} \\ I(x) &= \frac{E}{Z_1 + Z_f}\,\mathrm{e}^{-\gamma x} = I_1\,\mathrm{e}^{-\gamma x} \end{aligned}\right\} \tag{13.2-53}$$

a więc rozwiązania identyczne z rozwiązaniami (13.2-37) dla nieskończonej linii długiej. W obu bowiem przypadkach postać wyrażeń dla napięcia i prądu w linii długiej jest konsekwencją niewystępowania w linii fali powrotnej.

Rozkład amplitudy napięcia (13.2-53) jest zatem taki, jak na rys. 13.2-5 (rozkład typu fali bieżącej), z ograniczeniem $0 \leqslant x \leqslant l$.

W przypadku dopasowania falowego (wzory (13.2-51) i (13.2-52)) mamy na podstawie zależności (13.2-49) lub (13.2-50):

$$Z_{we} = Z_f \tag{13.2-54}$$

a więc *impedancja wejściowa linii długiej dopasowanej falowo jest równa impedancji falowej.*

Uwaga. Praktyczne możliwości spełnienia warunku dopasowania falowego (13.2-52) wymagają komentarza. Jeśli Z_2 jest impedancją dwójnika SLSB, to $Z_2 = Z_2(\mathrm{j}\omega)$ jest funkcją wymierną zmiennej $\mathrm{j}\omega$. Zgodnie ze wzorem (13.2-12) impedancja falowa Z_f jest w ogólnym przypadku funkcją niewymierną zmiennej $\mathrm{j}\omega$. Jeżeli nie zachodzi żaden z przypadków szczególnych (będzie o nich mowa w p. 13.2.4-C,E), to równość (13.2-52) może zachodzić tylko dla ustalonej (ustalonych) wartości pulsacji ω. Do poruszonej tu kwestii powrócimy w p. 13.2.4-C i w p. 13.2.5-C.

E. Linia długa w przypadku $Z_2 \neq Z_f$. Przy $Z_2 \neq Z_f$, $\Gamma_2 \neq 0$, tzn. przy niespełnieniu warunku (13.2-52), mamy również $A_2 \neq 0$ i w linii długiej występuje – obok fali docelowej – również fala powrotna. Postaramy się teraz wyjaśnić, jaką rolę w powstawaniu fali powrotnej odgrywa współczynnik odbicia Γ_2.

Z zależności (13.2-19) i (13.2-20) wynika, że w dowolnym punkcie x linii długiej:

$$\frac{U^-(x)}{U^+(x)} = -\frac{I^-(x)}{I^+(x)} = \frac{A_2}{A_1}\,\mathrm{e}^{2\gamma x}$$

Dla linii długiej z rys. 13.2-6 mamy na podstawie wzorów (13.2-42):

$$\frac{A_2}{A_1} = \Gamma_2\,\mathrm{e}^{-2\gamma l}$$

a stąd:

$$\frac{U^-(x)}{U^+(x)} = -\frac{I^-(x)}{I^+(x)} = \Gamma_2 e^{-2\gamma(l-x)} \tag{13.2-55}$$

Wzór (13.2-55) określa stosunek napięcia (prądu) fali powrotnej do napięcia (prądu) fali docelowej w dowolnym punkcie $x \in \langle 0, l \rangle$ linii długiej.

Zgodnie ze wzorem (13.2-55) dla końca $x = l$ linii długiej otrzymujemy:

$$\frac{U_2^-}{U_2^+} = -\frac{I_2^-}{I_2^+} = \Gamma_2 \tag{13.2-56}$$

gdzie oznaczyliśmy:

$$U_2^- = U^-(l), \quad U_2^+ = U^+(l), \quad I_2^- = I^-(l), \quad I_2^+ = I^+(l) \tag{13.2-57}$$

przy czym dla $x = l$:

$$U_2 = U_2^+ + U_2^-, \quad I_2 = I_2^+ + I_2^- \tag{13.2-58}$$

Jak wiemy (p. D), w przypadku dopasowania falowego ($\Gamma_2 = 0$) nie powstaje fala powrotna. Z fizycznego punktu widzenia oznacza to, że cała energia doprowadzona do obciążenia Z_2 przez falę docelową zostaje przez to obciążenie pobrana i żadna jej część nie wraca do linii w postaci fali powrotnej.

Jeśli $\Gamma_2 \neq 0$, obraz zjawisk wygląda inaczej. Na końcu $x = l$ linii długiej powstaje fala powrotna w wyniku odbicia się części (lub całości) energii doprowadzonej przez falę docelową, przy czym zależności ilościowe (amplitudowe i fazowe) mechanizmu odbicia są określone przez wartość współczynnika Γ_2.

Z zależności (13.2-56) wynika w szczególności, że *stosunki amplitud napięć i prądów fali powrotnej i fali docelowej na końcu $x = l$ linii długiej są takie same, a ich fazy – przeciwne. Są one określone odpowiednio przez* $|\Gamma_2|$ *i* arg Γ_2.

Uwaga. Omówiliśmy interpretację współczynnika odbicia Γ_2 i jego znaczenie przy powstawaniu fali powrotnej w linii długiej z rys. 13.2-6, nie zajmowaliśmy się natomiast współczynnikiem odbicia Γ_1. Jego rola przy zasilaniu linii długiej na zaciskach pierwotnych i przy założeniu, że układ znajduje się w stanie ustalonym, jest niewidoczna. Fala docelowa istnieje w linii długiej wskutek działania źródła na zaciskach pierwotnych $x = 0$ i wartość współczynnika Γ_1 może jedynie wpływać na wartości $U(x)$ i $I(x)$ – por. wzory (13.2-43) i (13.2-44).

Znaczenie współczynnika Γ_1 (analogiczne do znaczenia współczynnika Γ_2) staje się natomiast istotne, kiedy rozważa się mechanizm dochodzenia do stanu ustalonego w linii długiej, a więc w stanie nieustalonym (por. p. 13.3.2-C).

F. Współczynnik fali stojącej. Duże znaczenie praktyczne przy badaniu rozkładów amplitud napięcia i prądu wzdłuż linii długiej ma *współczynnik fali stojącej* ρ (w skrócie: WFS) określony następująco:

$$\rho \overset{\Delta}{=} \frac{|U^+(x)| + |U^-(x)|}{|U^+(x)| - |U^-(x)|} = \frac{|I^+(x)| + |I^-(x)|}{|I^+(x)| - |I^-(x)|} \tag{13.2-59}$$

Uwzględniając wzór (13.2-55), otrzymujemy:

$$\rho = \frac{1 + \dfrac{|U^-(x)|}{|U^+(x)|}}{1 - \dfrac{|U^-(x)|}{|U^+(x)|}} = \frac{1 + |\Gamma_2| e^{-2\alpha(l-x)}}{1 - |\Gamma_2| e^{-2\alpha(l-x)}} \tag{13.2-60}$$

Dla końca $x = l$ linii długiej otrzymujemy :

$$\rho = \frac{1 + |\Gamma_2|}{1 - |\Gamma_2|} \tag{13.2-61}$$

Dla linii długiej dopasowanej falowo mamy $\Gamma_2 = 0$ i, w konsekwencji $\rho = 1$.

G. Przykład. Rozpatrzymy teraz przykład ilustrujący omówione poprzednio zależności dla linii o skończonej długości, pracującej w układzie z rys. 13.2-6. Przykłady dotyczące linii długiej bez strat omówimy w p. 13.2.6-D.

Przykład 13.2-1. Rozważymy linię długą o parametrach jednostkowych $R = 1{,}2\ \Omega/\text{m}$, $L = 0{,}4\ \mu\text{H/m}$, $G = 0{,}3\ \mu\text{S/m}$, $C = 40\ \text{pF/m}$ i długości $l = 10$ m, pobudzaną ze źródła sinusoidalnego o sile elektromotorycznej $e = E_m \sin 2\pi f t$, $E_m = 10$ V, $f = 1$ MHz i impedancji wewnętrznej $Z_1 = 70\ \Omega$ oraz obciążonej dwójnikiem o impedancji Z_2 (rys. 13.2-6). Wyznaczymy przebiegi napięć i prądów na zaciskach pierwotnych i wtórnych linii w dwóch przypadkach: dla $Z_2 = Z_f$ (tj. w stanie jej dopasowania falowego) i dla $Z_2 = 70\ \Omega$.

Obliczamy najpierw parametry falowe linii: współczynnik przenoszenia falowego γ (wzór (13.2-6)) i impedancję falową Z_f (wzór (13.2-12)):

$$\gamma = 26{,}4\, e^{j77°12'} \cdot 10^{-3}\ 1/\text{m}, \qquad Z_f = 105\, e^{-j12°44'}\ \Omega$$

oraz: współczynnik tłumienia i współczynnik przesunięcia:

$$\alpha = 5{,}85 \cdot 10^{-3}\ \text{Np/m}, \qquad \beta = 25{,}7 \cdot 10^{-3}\ \text{rad/m}$$

Jeśli linia jest dopasowana falowo (p. D), wtórny współczynnik odbicia (drugi ze wzorów (13.2-41)) $\Gamma_2 = 0$, a impedancja wejściowa (wzory (13.2-39) i (13.2-49)) jest równa impedancji falowej: $Z_{we} = Z_f$ (por. także wzory (13.2.-52) i (13.2-54) w p. D). Z dzielnika napięcia obliczamy napięcie U_1 na zaciskach pierwotnych linii:

$$U_1 = E \frac{Z_f}{Z_1 + Z_f} = 10 \frac{105\, e^{-j12°44'}}{70 + 105\, e^{-j12°44'}} = 6{,}04 e^{-j5°7'}\ \text{V}$$

a następnie prąd:

$$I_1 = \frac{U_1}{Z_f} = \frac{6{,}04\, e^{-j5°7'}}{105\, e^{-j12°44'}} = 57{,}5\, e^{j7°37'}\ \text{mA}$$

W stanie dopasowania falowego występuje tylko fala docelowa i napięcie oraz prąd wtórny obliczamy z prostych zależności (13.2-53) przy podstawieniu $x = l$:

$$U_2 = U_1 e^{-\gamma l} = U_1 e^{-\alpha l} e^{-j\beta l} = 6{,}04\, e^{-j5°7'} 0{,}943\, e^{-j14°43'} = 5{,}69\, e^{-j19°50'}\ \text{V}$$

$$I_2 = I_1 e^{-\gamma l} = U_2/Z_f = 54{,}2\, e^{-j7°6'}\ \text{mA}$$

Otrzymujemy zatem: $u_1 = 6{,}04\sin(2\pi 10^6 t - 5°7')$ [V], $i_1 = 57{,}5\sin(2\pi 10^6 t + 7°37')$ [mA], $u_2 = 5{,}69\sin(2\pi 10^6 t - 19°50')$ [V], $i_2 = 54{,}2\sin(2\pi 10^6 t - 7°6')$ [mA].

W przypadku gdy $Z_2 = 70\ \Omega$, a więc gdy linia nie jest dopasowana falowo, obliczenia są bardziej skomplikowane. Zgodnie ze wzorem (13.2-41) obliczamy wtórny współczynnik odbicia:

$$\Gamma_2 = \frac{Z_2 - Z_f}{Z_2 + Z_f} = 0{,}23\,\mathrm{e}^{\mathrm{j}136°40'}$$

i, uwzględniając ten wynik we wzorze (13.2-49), obliczamy impedancję wejściową:

$$Z_{we} = Z_f \frac{1 + \Gamma_2 \mathrm{e}^{-2\gamma l}}{1 - \Gamma_2 \mathrm{e}^{-2\gamma l}} = 93{,}4\,\mathrm{e}^{\mathrm{j}9°28'}\ \Omega$$

Znając wartość impedancji wejściowej, możemy już, podobnie jak poprzednio, obliczyć napięcie i prąd na początku linii:

$$U_1 = E\frac{Z_{we}}{Z_1 + Z_{we}} = 5{,}73\,\mathrm{e}^{\mathrm{j}4°3'}\ \mathrm{V}$$

$$I_1 = \frac{U_1}{Z_{we}} = 61{,}3\,\mathrm{e}^{-\mathrm{j}5°25'}\ \mathrm{mA}$$

Napięcie na końcu linii obliczamy z zależności ogólnej (pierwszy ze wzorów (13.2-45)), podstawiając w niej $x = l$:

$$U_2 = U_1 \frac{(1 + \Gamma_2)\mathrm{e}^{-\gamma l}}{1 + \Gamma_2 \mathrm{e}^{-2\gamma l}} = 4{,}77\,\mathrm{e}^{-\mathrm{j}11°39'}\ \mathrm{V}$$

$$I_2 = \frac{U_2}{Z_2} = 68{,}1\,\mathrm{e}^{-\mathrm{j}11°39'}\ \mathrm{mA}$$

Tak więc: $u_1 = 5{,}73\sin(2\pi 10^6 t + 4°5')$ [V], $i_1 = 61{,}3\sin(2\pi 10^6 t - 5°25')$ [mA], $u_2 = 4{,}77\sin(2\pi 10^6 t - 11°39')$ [V], $i_2 = 68{,}1\sin(2\pi 10^6 t - 11°39')$ [mA].

13.2.4. Parametry falowe linii długiej

Parametry falowe γ i Z_f linii długiej są określone wzorami (13.2-6) i (13.2-12), przy czym, zgodnie ze wzorami (13.2-15) i (13.2-16):

$$\gamma = \alpha + \mathrm{j}\beta, \qquad \alpha \geqslant 0, \qquad \beta > 0$$

Ze współczynnikiem przesunięcia β jest ściśle związana prędkość fazowa v w linii długiej, określona wzorem (13.2-24), a także *prędkość grupowa* v_g, o której będzie mowa w p. B.

Wszystkie te wielkości zależą od wartości parametrów jednostkowych linii długiej: L, C, R, G (por. p. 13.1.2-C) oraz pulsacji ω. W tym punkcie interesować nas będą zależności tych wielkości od pulsacji (i ich konsekwencje praktyczne), a także możliwości takiego doboru parametrów jednostkowych L, C, R, G, aby wielkości te (lub niektóre z nich) były niezależne od pulsacji ω.

A. Zniekształcenia amplitudowe i fazowe. Rozważmy linię długą o ustalonych parametrach jednostkowych L, C, R, G i długości l, przyjmując, odmiennie niż dotychczas, że w linii długiej rozchodzą się jednocześnie fale odpowiadające różnym częstotliwościom. W stanie ustalonym, zgodnie z zasadą superpozycji, napięcie i prąd w linii długiej są sumami odpowiednich składników sinusoidalnie zmiennych w czasie o różnych pulsacjach.

Rozważmy przypadek najprostszy, przyjmując, że w linii długiej rozchodzą się dwie fale sinusoidalne o pulsacjach ω_1 i ω_2, przy czym są to tylko fale docelowe poruszające się w kierunku wzrastających x. Zgodnie z zasadą superpozycji i wynikami z p. 13.2.1-D możemy przyjąć, że:

$$u(x,t) = u'(x,t) + u''(x,t) \tag{13.2-62}$$

przy czym:

$$\left.\begin{aligned} u'(x,t) &= |U'|\,\mathrm{e}^{-\alpha_1 x}\cos(\omega_1 t - \beta_1 x + \varphi') \\ u''(x,t) &= |U''|\,\mathrm{e}^{-\alpha_2 x}\cos(\omega_2 t - \beta_2 x + \varphi'') \end{aligned}\right\} \tag{13.2-63}$$

gdzie:

$$\gamma_1 = \alpha_1 + \mathrm{j}\beta_1 = \gamma|_{\omega=\omega_1}, \qquad \gamma_2 = \alpha_2 + \mathrm{j}\beta_2 = \gamma|_{\omega=\omega_2}$$

Fale te rozchodzą się z prędkościami fazowymi (por. wzór (13.2-24)):

$$v_1 = \frac{\omega_1}{\beta_1}, \quad v_2 = \frac{\omega_2}{\beta_2}$$

Na początku $x = 0$ linii długiej fazy drgań sygnałów (13.2-63) wynoszą odpowiednio: $\omega_1 t + \varphi'$ oraz $\omega_2 t + \varphi''$. Na końcu $x = l$ fazy te stają się równe:

$$\omega_1\left(t - \frac{l}{v_1}\right) + \varphi', \quad \omega_2\left(t - \frac{l}{v_2}\right) + \varphi''$$

zaś amplitudy napięć (13.2-63) są (w porównaniu do amplitud dla $x = 0$) stłumione odpowiednio $\mathrm{e}^{-\alpha_1 l}$ i $\mathrm{e}^{-\alpha_2 l}$ razy.

Jeśli zatem $\alpha_1 \neq \alpha_2$, to fale o pulsacjach ω_1 i ω_2 są inaczej tłumione przez linię długą. Mówimy wówczas, że linia długa wprowadza *zniekształcenia amplitudowe*, stosunek amplitud składowych sinusoidalnych na końcu linii jest bowiem inny niż na jej początku. Wynika stąd, że warunkiem, aby linia długa nie wprowadzała tak rozumianych zniekształceń amplitudowych, jest:

$$\alpha = \mathrm{const} \tag{13.2-64}$$

tj. *warunek niezależności współczynnika tłumienia α od pulsacji ω.*

Podobnie, jeśli $v_1 \neq v_2$, to relacje między fazami składowych sinusoidalnych na początku i na końcu linii długiej są różne. Mówimy wówczas, że linia długa wprowadza *zniekształcenia fazowe*. Warunkiem, aby linia długa nie wprowadzała tak rozumianych zniekształceń fazowych jest zatem:

$$v = \text{const} \tag{13.2-65}$$

tj. *warunek niezależności prędkości fazowej v od pulsacji ω.*

Wobec zależności (13.2-24) warunek (13.2-65) jest równoważny warunkowi, aby współczynnik przesunięcia β był proporcjonalny do pulsacji ω:

$$\beta = k\omega, \quad k \in \mathcal{R}^+ \tag{13.2-66}$$

Uwaga. Kwestię zniekształceń wprowadzanych przez linię długą traktujemy tu, z konieczności, fragmentarycznie. Nasze rozważania ograniczamy na razie do stanu ustalonego przy pobudzaniu sinusoidalnym. Jak zobaczymy w p. 13.3, w przypadku rozchodzenia się w linii długiej sygnału o dowolnym kształcie, naruszenie warunku (13.2-64) lub (13.2-65) prowadzi do zmiany kształtu sygnału w miarę jego rozchodzenia się wzdłuż linii długiej.

B. Prędkość grupowa. Rozpatrzmy jeszcze przypadek rozchodzenia się wzdłuż linii długiej napięcia określonego wzorami (13.2-62) i (13.2-63) przy założeniach:

$$\alpha_1 = \alpha_2 = \alpha, \qquad |U'| = |U''| = |U|, \qquad \varphi' = \varphi'' = 0$$

Otrzymujemy wówczas:

$$u(x,t) = 2|U|\,e^{-\alpha x}\cos\left(\frac{\omega_1 - \omega_2}{2}t - \frac{\beta_1 - \beta_2}{2}x\right)\cos\left(\frac{\omega_1 + \omega_2}{2}t - \frac{\beta_1 + \beta_2}{2}x\right)$$

Wprowadzając oznaczenia:

$$\Delta\omega = \omega_1 - \omega_2, \qquad \Delta\beta = \beta_1 - \beta_2$$

i przyjmując, że różnica $\Delta\omega$ jest dostatecznie mała, możemy uważać napięcie $u(x,t)$ za sygnał o pulsacji $(\omega_1 + \omega_2)/2$ i o m o d u l o w a n e j amplitudzie zmieniającej się w czasie zgodnie z wolnozmiennym sygnałem:

$$\cos\left(\frac{\Delta\omega}{2}t - \frac{\Delta\beta}{2}x\right) \tag{13.2-67}$$

Napięcie $u(x,t)$ będzie rozchodzić się wzdłuż linii długiej z prędkością fazową:

$$v = \frac{\omega}{\beta}, \qquad \omega = \frac{\omega_1 + \omega_2}{2}, \qquad \beta = \frac{\beta_1 + \beta_2}{2}$$

ale zmiany amplitudy tego napięcia (tzw. *obwiednia modulacji*) mogą rozchodzić się wzdłuż linii długiej z inną prędkością, zwaną *prędkością grupową v_g*.

Prędkość grupowa v_g jest zatem prędkością zmian fazy wyrażenia (13.2-67) i równa się $\Delta\omega/\Delta\beta$. Przy $\Delta\omega \to 0$ (wówczas również $\Delta\beta \to 0$) otrzymujemy:

$$v_g \triangleq \frac{d\omega}{d\beta} \tag{13.2-68}$$

Jeśli prędkość fazowa v jest niezależna od pulsacji, tzn. jeśli zachodzi proporcjonalność (13.2-66), to wówczas również $v_g = \text{const}$ i przy tym $v = v_g$. Mówimy wtedy, że w linii długiej nie występuje *dyspersja.*

Jeśli natomiast prędkość fazowa zależy od pulsacji, to również prędkość grupowa zależy od ω i, na ogół, $v \neq v_g$. Mówimy wówczas, że w linii długiej występuje *zjawisko dyspersji.*

Z przeprowadzonych w p. A i B rozważań wynika, jak ważna jest w praktyce możliwość osiągnięcia (choćby w przybliżeniu lub w pewnym zakresie pulsacji) niezależności od ω parametrów α i v.

C. Linia długa niezniekształcająca. Jeśli parametry jednostkowe linii długiej spełniają proporcję:

$$\frac{R}{L} = \frac{G}{C} \tag{13.2-69}$$

przy $LC \neq 0$, to mówimy, że jest to *linia długa niezniekształcająca.*

Przy warunku (13.2-69) wzory (13.2-6) i (13.2-12) przybierają postać:

$$\gamma = \sqrt{(R + j\omega L)(G + j\omega C)} = \sqrt{LC}\sqrt{\left(\frac{R}{L} + j\omega\right)\left(\frac{G}{C} + j\omega\right)} =$$

$$= \sqrt{LC}\left(\frac{R}{L} + j\omega\right) = \sqrt{RG} + j\omega\sqrt{LC}$$

$$Z_f = \sqrt{\frac{R + j\omega L}{G + j\omega C}} = \sqrt{\frac{L}{C}}\sqrt{\frac{\frac{R}{L} + j\omega}{\frac{G}{C} + j\omega}} = \sqrt{\frac{L}{C}}$$

Dla linii długiej niezniekształcającej mamy zatem:

$$\alpha = \sqrt{RG}, \quad \beta = \omega\sqrt{LC}, \quad v = v_g = \frac{1}{\sqrt{LC}}, \quad Z_f = R_0 = \sqrt{\frac{L}{C}} \tag{13.2-70}$$

Z zależności (13.2-70) wynika, że w linii długiej niezniekształcającej (zgodnie z jej nazwą) nie występują ani zniekształcenia amplitudowe ($\alpha = \text{const}$), ani zniekształcenia fazowe (zjawisko dyspersji), bowiem:

$v = v_g = \text{const}$. Ponadto impedancja falowa Z_f jest rzeczywista i nie zależy od pulsacji ω, co umożliwia łatwe uzyskanie dopasowania falowego w szerokim pasmie częstotliwości (por. uwagę w p. 13.2.3-D).

Jako przypadek szczególny linii długiej niezniekształcającej można traktować linię długą bez strat (por. p. 13.1.1-G), dla której:

$$R = 0 \wedge G = 0 \tag{13.2-71}$$

Dla linii długiej bez strat pozostają słuszne wzory (13.2-70) oraz wynikające z nich wnioski, z tym, że w linii długiej bez strat nie występuje tłumienie fali i współczynnik tłumienia:

$$\alpha = 0$$

Uwaga. Jeśli nie jest możliwe przyjęcie (choćby w przybliżeniu) równości (13.2-71), to warunek (13.2-69) jest trudny do spełnienia w praktyce. Dla wszystkich realizacji praktycznych linii przesyłowych ze stratami zachodzi bowiem nierówność:

$$\frac{R}{L} > \frac{G}{C} \tag{13.2-72}$$

przy czym iloraz R/L może być o kilka rzędów wielkości większy od ilorazu G/C (np. w przykładzie 13.2-1 mamy $R/L = 400\ G/C$). Dla poprawy tej relacji i zbliżenia jej do równości (13.2-69) stosuje się w niektórych realizacjach technicznych zabiegi zmierzające do zwiększenia indukcyjności linii.

D. Przypadek ogólny linii długiej. Rozpatrzymy teraz zależność od pulsacji ω wielkości: α, β, v, v_g, Z_f w przypadku ogólnym, tzn. w przypadku, kiedy między parametrami jednostkowymi linii długiej nie zachodzi żadna zależność upraszczająca, np. równość (13.2-69) lub (13.2-71). Przyjmujemy ponadto, że wartości parametrów jednostkowych nie zależą od pulsacji (por. p. 13.1.2-C).

Z zależności (13.2-6) i (13.2-15) otrzymujemy po przekształceniach (szczegóły obliczeń pomijamy):

$$\left.\begin{aligned} \alpha &= \sqrt{\frac{1}{2}\sqrt{(R^2+\omega^2L^2)(G^2+\omega^2C^2)}+\frac{1}{2}(RG-\omega^2LC)} \\ \beta &= \sqrt{\frac{1}{2}\sqrt{(R^2+\omega^2L^2)(G^2+\omega^2C^2)}-\frac{1}{2}(RG-\omega^2LC)} \end{aligned}\right\} \tag{13.2-73}$$

Zbadajmy (w przybliżeniu) zależność α, β od ω[1]. Dla $\omega = 0$ mamy:

$$\alpha|_{\omega=0} = \alpha_0 = \sqrt{RG}\,, \qquad \beta|_{\omega=0} = 0$$

[1] Musimy jednak pamiętać (por. p. 13.1.2.-B i rys. 13.1-6), że otrzymane w sposób formalny wyniki takiej analizy będą w rzeczywistości słuszne tylko w zakresie obowiązywania równań linii długiej, a więc w ograniczonym zakresie pulsacji.

Przy $\omega \to \infty$ dostajemy:

$$\lim_{\omega \to \infty} \alpha = \alpha_\infty = \frac{1}{2}\left(R\sqrt{\frac{C}{L}} + G\sqrt{\frac{L}{C}}\right)$$

przy czym $\beta \to \infty$. Z zależności (13.2-73) wynika, że:

$$\alpha^2 - RG = \beta^2 - \omega^2 LC$$

a stąd:

$$\beta - \omega\sqrt{LC} = \frac{\alpha^2 - RG}{\beta + \omega\sqrt{LC}} \to 0 \tag{13.2-74}$$

przy $\omega \to \infty$. Oznacza to, że funkcja $\beta = f(\omega)$ ma asymptotę ukośną o równaniu $\omega\sqrt{LC}$, przy czym $\beta \geqslant \omega\sqrt{LC}$, ponieważ $\alpha \geqslant \alpha_0 = \sqrt{RG}$ (proponujemy Czytelnikowi wykazanie tej nierówności). Typowa zależność α i β od pulsacji ω jest przedstawiona na rys. 13.2-8 a,b.

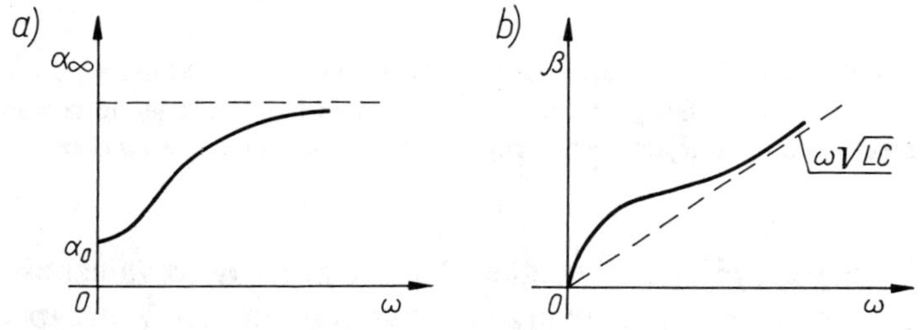

Rys. 13.2-8

Rozpatrzmy teraz prędkość fazową v (wzór (13.2-24)) i prędkość grupową v_g (wzór (13.2-68)). Na podstawie drugiego wzoru (13.2-73) otrzymujemy (szczegóły pomijamy):

$$\lim_{\omega \to 0} v = \lim_{\omega \to 0} v_g = v_0 = \frac{2\sqrt{RG}}{RC + GL}$$

Podobnie, z zależności granicznej (13.2-74), wnioskujemy, że:

$$\lim_{\omega \to \infty} v = \lim_{\omega \to \infty} v_g = \frac{1}{\sqrt{LC}}$$

przy czym (por. wykres z rys. 13.2-8b):

$$\frac{d\omega}{d\beta} \geqslant \frac{\omega}{\beta}$$

a więc $v_g \geqslant v$. Przybliżoną zależność v i v_g od pulsacji ω przedstawiono na rys. 13.2-9.

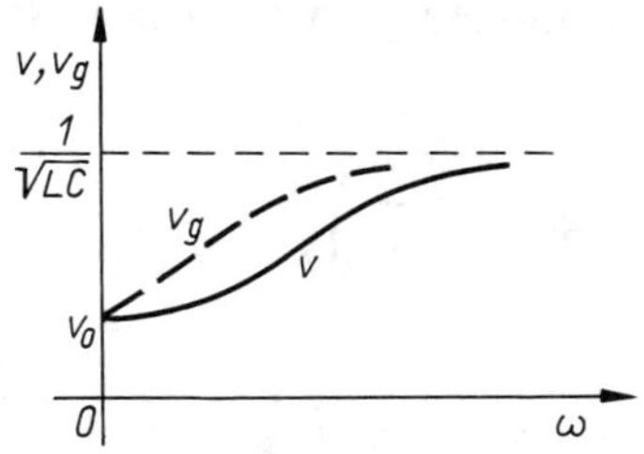

Rys. 13.2-9

Oznaczając:

$$Z_f = |Z_f| e^{j\varphi_z}$$

otrzymujemy zgodnie ze wzorem (13.2-12):

$$|Z_f| = \sqrt[4]{\frac{R^2 + \omega^2 L^2}{G^2 + \omega^2 C^2}}, \qquad \varphi_z = -\frac{1}{2}\left(\operatorname{arctg}\frac{R}{\omega L} - \operatorname{arctg}\frac{G}{\omega C}\right)$$

przy czym, zgodnie z warunkiem (13.2-17), mamy $\operatorname{Re} Z_f > 0$. Jeśli jest spełniona nierówność (13.2-72), to $\varphi_z \leqslant 0$ i, w konsekwencji, $\operatorname{Im} Z_f \leqslant 0$.

Dla $\omega = 0$ i dla $\omega \to \infty$ otrzymujemy:

$$Z_f|_{\omega=0} = \sqrt{\frac{R}{G}}, \qquad \varphi_z|_{\omega=0} = 0$$

$$\lim_{\omega\to\infty} |Z_f| = \sqrt{\frac{L}{C}}, \qquad \lim_{\omega\to\infty} \varphi_z = 0$$

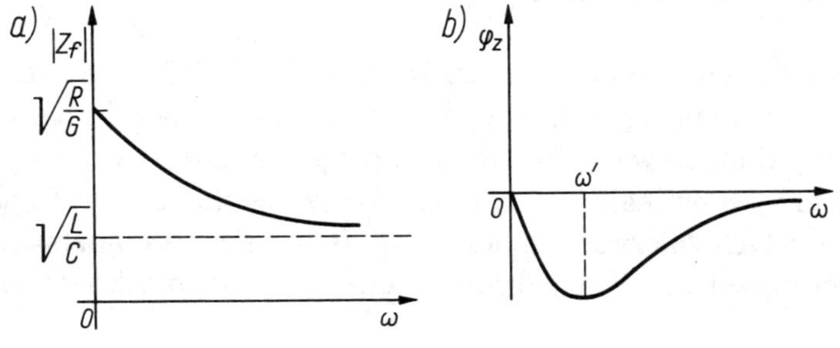

Rys. 13.2-10

Na rysunku 13.2-10a, b przedstawiono wykresy $|Z_f|$ i φ_z w funkcji pulsacji ω.

E. Zależności przybliżone dla dużych pulsacji. Z dyskusji przeprowadzonej w p. D wynika (por. wykresy na rys. 13.2-8–13.2-10), że dla dostatecznie dużych wartości pulsacji ω można przyjmować następujące wartości przybliżone:

$$\left.\begin{aligned} &\alpha \cong \alpha_\infty = \frac{1}{2}\left(R\sqrt{\frac{C}{L}} + G\sqrt{\frac{L}{C}}\right), \qquad \beta \cong \omega\sqrt{LC} \\ &v \cong v_g \cong \frac{1}{\sqrt{LC}}, \qquad Z_f \cong R_0 = \sqrt{\frac{L}{C}} \end{aligned}\right\} \tag{13.2-75}$$

Jest to tzw. *przybliżenie mikrofalowe.*

Do zależności (13.2-75) można również dojść bezpośrednio, wychodząc ze wzorów definicyjnych (13.2-6) i (13.2-12) dla parametrów γ i Z_f, przyjmując w nich:

$$R \ll \omega L, \qquad G \ll \omega C \tag{13.2-76}$$

(proponujemy Czytelnikowi przeprowadzenie odpowiednich obliczeń). Z nierówności (13.2-76) wynika, że zakres słuszności wzorów (13.2-75) powinien być określany łącznie przez warunek dostatecznie dużych pulsacji i warunek dostatecznie małych strat. Oznacza to także, iż odstępstw od zależności (13.2-75) można spodziewać się dla małych częstotliwości i/lub dla bardzo dużych strat.

W przeważającej liczbie spotykanych w praktyce przypadków można jednak przyjmować zależności (13.2-75). Szczególnego znaczenia nabiera także przypadek, kiedy – wobec nierówności (13.2-76) – można w ogóle pominąć wpływ strat, przyjmując: $R \cong 0$, $G \cong 0$. Wynika stąd duże znaczenie (także praktyczne) linii długiej bez strat.

13.2.5. Linia długa bez strat

Wszystkie zależności wyprowadzone w p. 13.2.3, a także wynikające z nich wnioski, mają charakter ogólny i są słuszne niezależnie od wartości parametrów jednostkowych linii długiej oraz jej parametrów falowych. W ważnym – jak już wspominaliśmy – przypadku szczególnym *linii długiej bez strat* wiele spośród tych zależności znacznie upraszcza się, co umożliwia wyraźniejszą ich interpretację, a także sformułowanie nowych wniosków i właściwości.

A. Rozwiązania dla linii długiej bez strat. Rozważmy ponownie układ z rys. 13.2-6 przyjmując, że występująca w nim linia długa jest linią bez strat, a więc linią długą, dla której:

$$\alpha = 0, \quad \gamma = \mathrm{j}\beta, \quad \beta = \frac{\omega}{v} = \omega\sqrt{LC}, \quad Z_f = R_0 = \sqrt{\frac{L}{C}} \tag{13.2-77}$$

Zauważmy, że wzory (13.2-43), (13.2-44) i (13.2-45) nie zmieniają w sposób istotny swojej postaci przy uwzględnieniu równości (13.2-77). Inna sytuacja ma natomiast miejsce w przypadku drugiej postaci rozwiązań, tj. zależności (13.2-46), (13.2-47) i (13.2-48). Występujące w tych wzorach funkcje hiperboliczne przechodzą w funkcje trygonometryczne, mamy bowiem:

$$\mathrm{ch}\,\mathrm{j}\beta l = \cos\beta l, \qquad \mathrm{sh}\,\mathrm{j}\beta l = \mathrm{j}\sin\beta l$$

W konsekwencji wzory te przybierają postać:

$$U(x) = E\frac{Z_2\cos\beta(l-x) + \mathrm{j}Z_f\sin\beta(l-x)}{(Z_1+Z_2)\cos\beta l + \mathrm{j}\left(Z_f + \dfrac{Z_1Z_2}{Z_f}\right)\sin\beta l} \tag{13.2-78}$$

$$I(x) = \frac{E}{Z_f}\frac{Z_f\cos\beta(l-x) + \mathrm{j}Z_2\sin\beta(l-x)}{(Z_1+Z_2)\cos\beta l + \mathrm{j}\left(Z_f + \dfrac{Z_1Z_2}{Z_f}\right)\sin\beta l} \tag{13.2-79}$$

lub:

$$\left.\begin{aligned} U(x) &= U_1\frac{Z_2\cos\beta(l-x) + \mathrm{j}Z_f\sin\beta(l-x)}{Z_2\cos\beta l + \mathrm{j}Z_f\sin\beta l} \\ I(x) &= \frac{U_1}{Z_f}\frac{Z_f\cos\beta(l-x) + \mathrm{j}Z_2\sin\beta(l-x)}{Z_2\cos\beta l + \mathrm{j}Z_f\sin\beta l} \end{aligned}\right\} \tag{13.2-80}$$

przy czym $Z_f = \sqrt{L/C}$ jest liczbą rzeczywistą.

Prawe strony wzorów (13.2-78)–(13.2-80) nie zmienią się, jeśli za x podstawimy $x + k\cdot\lambda$ (k – liczba całkowita), gdzie:

$$\lambda = \frac{2\pi}{\beta} \tag{13.2-81}$$

jest, zgodnie ze wzorem (13.2-25), długością fali, jaka powstaje w linii długiej. Oznacza to, że:

$$\left.\begin{aligned} U(x) &= U(x+k\lambda) \\ I(x) &= I(x+k\lambda) \end{aligned}\right\} \tag{13.2-82}$$

a więc *funkcje $U(x)$, $I(x)$ są funkcjami okresowymi o okresie λ*, a rozkłady amplitud napięcia i prądu wzdłuż linii długiej o określonej długości l będą fragmentami wykresów tych funkcji okresowych, odpowiadającymi przedziałowi $0 \leqslant x \leqslant l$.

W wielu przypadkach napięcie U i prąd I w linii długiej bez strat dogodnie jest rozpatrywać nie jako funkcje zmiennych x i l, lecz jako funkcje zmiennych βx i βl – por. wzory (13.2-78)–(13.2-80). Napięcie i prąd wyrażają się wówczas funkcjami okresowymi o okresie:

$$\beta\lambda = 2\pi$$

a rolę długości geometrycznej l linii długiej odgrywa mierzona w radianach wielkość βl, zwana *długością kątową* linii długiej.

B. Impedancja wejściowa linii długiej bez strat. Zależności (13.2-49) oraz (13.2-50) dla linii długiej bez strat obciążonej dwójnikiem o impedancji Z_2 (rys. 13.2-7) przybierają postać:

$$Z_{we} = Z_f \frac{1 + \Gamma_2 e^{-j2\beta l}}{1 - \Gamma_2 e^{-j2\beta l}} \tag{13.2-83}$$

lub:

$$Z_{we} = Z_f \frac{Z_2 \cos\beta l + jZ_f \sin\beta l}{Z_f \cos\beta l + jZ_2 \sin\beta l} = Z_f \frac{Z_2 + jZ_f \mathrm{tg}\beta l}{Z_f + jZ_2 \mathrm{tg}\beta l} \tag{13.2-84}$$

Wynika stąd, że impedancja wejściowa linii długiej bez strat, rozpatrywana jako funkcja długości kątowej βl, jest funkcją okresową o okresie π:

$$Z_{we}(\beta l) = Z_{we}(\beta l + k\pi)$$

C. Przypadek dopasowania falowego. W przeciwieństwie do przypadku ogólnego linii długiej ze stratami (por. uwagę w p. 13.2.3-D), dopasowanie falowe linii długiej bez strat jest łatwe do realizacji, polega bowiem na obciążeniu linii długiej oporem równym $\sqrt{L/C}$, tzn.

$$Z_2 = Z_f = \sqrt{\frac{L}{C}}$$

Zależności (13.2-53), słuszne dla dopasowania falowego (a więc braku fali powrotnej), przybierają dla linii długiej bez strat ($\gamma = j\beta$) postać:

$$\left.\begin{aligned} U(x) &= \frac{EZ_f}{Z_1 + Z_f} e^{-j\beta x} = U_1 e^{-j\beta x} \\ I(x) &= \frac{E}{Z_1 + Z_f} e^{-j\beta x} = I_1 e^{-j\beta x} \end{aligned}\right\} \tag{13.2-85}$$

Wynika stąd, że *w linii długiej bez strat dopasowanej falowo amplitudy napięcia i prądu są stałe wzdłuż linii* (rys. 13.2-11). Ze zmianą x zmieniają się jedynie ich fazy.

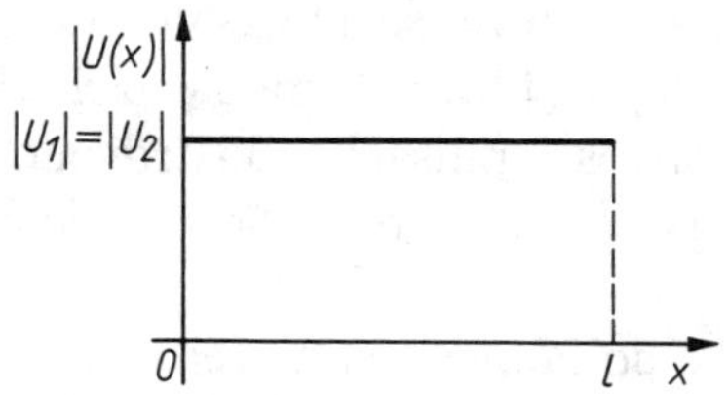

Rys. 13.2-11

Impedancja wejściowa Z_{we} linii długiej dopasowanej falowo jest równa impedancji falowej Z_f (por. p. 13.2.3-D i wzór (13.2-54)). Ta sama właściwość przysługuje oczywiście linii długiej bez strat.

D. Linia ćwierćfalowa i linia półfalowa. Przez odpowiedni dobór długości linii długiej bez strat uzyskuje się linię o szczególnych właściwościach.

Rozważmy odcinek linii długiej bez strat o długości l, obciążony dwójnikiem o impedancji Z_2 (rys. 13.2-7).

Jeśli:

$$l = \frac{\lambda}{4} + k\frac{\lambda}{2}, \qquad \beta l = \frac{\pi}{2} + k\pi, \qquad k = 0, 1, \ldots \tag{13.2-86}$$

to mówimy, że linia jest *linią ćwierćfalową*.

Jeśli natomiast:

$$l = k\frac{\lambda}{2}, \qquad \beta l = k\pi, \qquad k = 1, 2, \ldots \tag{13.2-87}$$

to taką linię nazywamy *linią półfalową*.

Dla linii ćwierćfalowej mamy $\cos\beta l = 0$, z zależności (13.2-84) otrzymujemy zatem:

$$Z_{we} = \frac{Z_f^2}{Z_2} \tag{13.2-88}$$

Podobnie, dla linii półfalowej $\sin\beta l = 0$, a więc z zależności (13.2-84) dostajemy:

$$Z_{we} = Z_2 \tag{13.2-89}$$

Zgodnie z trzecim wzorem (13.2-77) mamy:

$$\beta l = \frac{\omega l}{v} \tag{13.2-90}$$

Oznacza to, że długość kątowa βl linii długiej jest proporcjonalna nie tylko do długości geometrycznej l, ale także do pulsacji ω. Przy ustalonej długości l równości (13.2-86) lub (13.2-87) można osiągnąć przez odpowiedni dobór pulsacji. Oznacza to, że *właściwości linii ćwierćfalowej i linii półfalowej są właściwościami selektywnymi.* Równości (13.2-86) i (13.2-87), a w konsekwencji również zależności (13.2-88) i (13.2-89), mogą zachodzić (przy ustalonym l) tylko dla dyskretnych wartości pulsacji. Odstrojenie od właściwej wartości ω powoduje, że linia długa bez strat traci właściwość ćwierćfalowości lub półfalowości.

Linie ćwierćfalowe i półfalowe mają szerokie zastosowania praktyczne. O niektórych z nich będzie mowa w p. 13.2.6.

E. Współczynnik fali stojącej i współczynniki odbicia. Dla linii długiej bez strat ($\alpha = 0$) współczynnik fali stojącej, określony wzorami (13.2-59) i (13.2-60), nie zależy od x i jest równy:

$$\rho = \frac{1 + |\Gamma_2|}{1 - |\Gamma_2|} \tag{13.2-91}$$

Można ponadto łatwo sprawdzić, że dla linii bez strat (a także w każdym przypadku, w którym impedancja falowa Z_f jest rzeczywista) współczynniki odbicia Γ_1, Γ_2, określone wzorami (13.2-41) spełniają nierówności:

$$|\Gamma_1| \leqslant 1, \qquad |\Gamma_2| \leqslant 1 \tag{13.2-92}$$

Wynika stąd, że dla linii długiej bez strat współczynnik fali stojącej (13.2-91) może przybierać wartości $\rho \in \langle 1, +\infty)$.

13.2.6. Dyskusja rozwiązań linii długiej bez strat przy różnych obciążeniach

W tym punkcie rozważymy bardziej szczegółowo charakter zmienności napięcia $U(x)$ i prądu $I(x)$ wzdłuż linii długiej bez strat, pracującej w układzie z rys. 13.2-6, przy różnych impedancjach obciążenia Z_2. Będziemy zajmować się także zależnością impedancji wejściowej Z_{we} (rys. 13.2-7) od długości kątowej linii długiej, przy danej impedancji Z_2.

Analogiczne zagadnienia dla przypadku linii długiej ze stratami zostaną omówione w skrócie w p. 13.2-7.

A. Linia długa rozwarta na końcu. Załóżmy, że (rys. 13.2-12):

$$Z_2 = \infty \qquad (Y_2 = 0) \tag{13.2-93}$$

a więc zgodnie ze wzorami (13.2-41) oraz (13.2-56):

$$\Gamma_2 = 1, \qquad \frac{U_2^-}{U_2^+} = 1, \qquad \frac{I_2^-}{I_2^+} = -1 \tag{13.2-94}$$

oraz:

$$U_2 = U_2^+ + U_2^- = 2U_2^+, \qquad I_2 = I_2^+ + I_2^- = 0$$

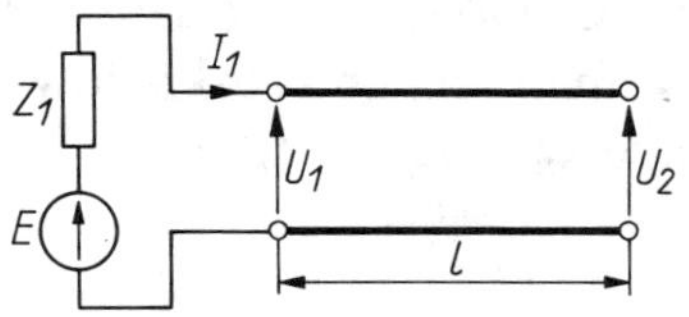

Rys. 13.2-12

Oznacza to, że *na rozwartym końcu linii długiej następuje całkowite odbicie fali docelowej*, przy czym:

– napięcie fali powrotnej U_2^- ma taką samą amplitudę i fazę jak napięcie fali docelowej U_2^+;

– prąd fali powrotnej I_2^- ma taką samą amplitudę jak prąd fali docelowej I_2^+, ale fazy tych prądów są przeciwne[1].

Wobec założenia (13.2-93) wzory (13.2-78) i (13.2-79) przybierają postać:

$$\left.\begin{aligned} U(x) &= E\frac{Z_f\cos\beta(l-x)}{Z_f\cos\beta l + \mathrm{j}Z_1\sin\beta l} \\ I(x) &= E\frac{\mathrm{j}\sin\beta(l-x)}{Z_f\cos\beta l + \mathrm{j}Z_1\sin\beta l} \end{aligned}\right\} \tag{13.2-95}$$

Podstawiając $x = l$ w pierwszym wzorze (13.2-95) dostajemy:

$$U_2 = E\frac{Z_f}{Z_f\cos\beta l + \mathrm{j}Z_1\sin\beta l} \tag{13.2-96}$$

Wzory (13.2-95) można znacznie uprościć, uzależniając $U(x)$ i $I(x)$ od napięcia U_2 na końcu linii długiej. Po uwzględnieniu zależności (13.2-96) otrzymujemy:

$$U(x) = U_2\cos\beta\xi, \qquad I(x) = \mathrm{j}\frac{U_2}{Z_f}\sin\beta\xi \tag{13.2-97}$$

gdzie $\xi = l - x$ jest odległością liczoną od rozwartego końca linii długiej.

Zależności (13.2-97) można rozpatrywać bądź jako funkcje zmiennej x (lub βx), bądź jako funkcje zmiennej ξ (lub $\beta\xi$). Na rysunku 13.2-13 przedstawiono wykresy amplitud napięcia i prądu (tj. modułów wielkości (13.2-97)), zaznaczając na nim obie osie odciętych.

Rozkłady amplitud napięcia i prądu przedstawione na rys. 13.2-13 są *rozkładami typu fali stojącej*, przy czym fala stojąca prądu jest przesunięta wzdłuż linii o $\lambda/4$ (tj. o $\pi/2$ w mierze kątowej) względem fali stojącej napięcia.

---

[1] Zależności (13.2-94) oraz wynikające z nich wnioski są konsekwencją jedynie założenia o rozwarciu zacisków wtórnych. Są one zatem słuszne niezależnie od tego, czy rozpatrywana linia długa jest linią bez strat, czy ze stratami (p. 13.2.7). Uwaga ta odnosi się także do linii zwartej na końcu (p. B) i konsekwencji zależności (13.2-100).

Odległości między sąsiednimi maksimami (inaczej *strzałkami*), a minimami (punktami zerowymi lub *węzłami*) dla obu rozkładów wynoszą $\lambda/4$ w odległości $x(\xi)$, względnie $\pi/2$ w mierze kątowej βx $(\beta\xi)$.

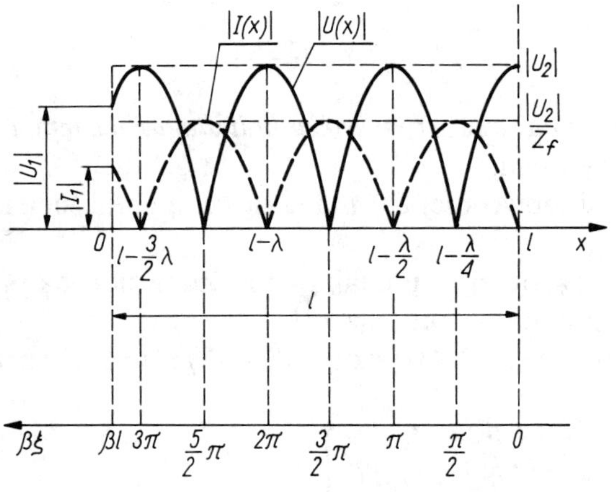

Rys. 13.2-13

Wykresy z rys. 13.2-13 mają cechę uniwersalności ze względu na długość l linii długiej. Są one rysowane od końca $x = l$ linii, należy zatem nanieść na nie początek $x = 0$ linii i ograniczyć się do tej części wykresów, która „zmieści się" w przedziale $0 \leqslant x \leqslant l$.

Uwzględniając równość (13.2-93) we wzorze (13.2-84), otrzymujemy impedancję wejściową Z_{we} linii długiej bez strat rozwartej na końcu:

$$Z_{we} = \mathrm{j}X_{we}, \qquad X_{we} = -Z_f \operatorname{ctg}\beta l \tag{13.2-98}$$

Wykres reaktancji X_{we} w funkcji βl jest przedstawiony na rys. 13.2-14. W punktach:

$$\beta l = \frac{\pi}{2} + k\pi$$

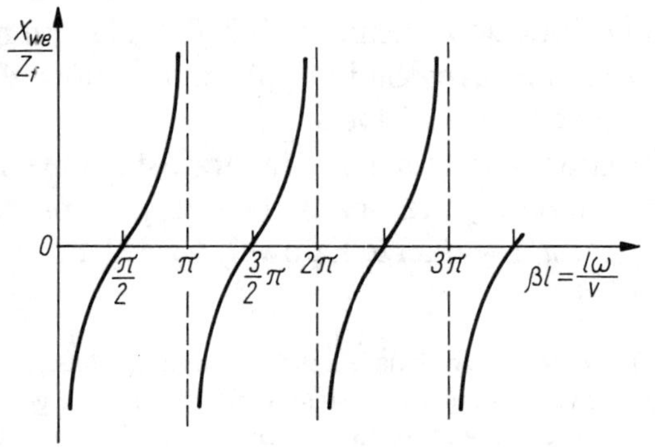

Rys. 13.2-14

(linia długa ćwierćfalowa) mamy $Z_{we} = 0$. Są to zatem punkty odpowiadające *rezonansowi szeregowemu*. Podobnie w punktach:

$$\beta l = k\pi$$

(linia długa półfalowa) mamy $Z_{we} = \infty$, co odpowiada *rezonansowi równoległemu*.

B. Linia długa zwarta na końcu. Dla linii długiej zwartej na końcu (rys. 13.2-15):

$$Z_2 = 0 \tag{13.2-99}$$

a więc zgodnie ze wzorami (13.2-41) i (13.2-56):

$$\Gamma_2 = -1, \qquad \frac{U_2^-}{U_2^+} = -1, \qquad \frac{I_2^-}{I_2^+} = 1 \tag{13.2-100}$$

oraz:

$$U_2 = U_2^+ + U_2^- = 0, \qquad I_2 = I_2^+ + I_2^- = 2I_2^+$$

Oznacza to, że *na zwartym końcu linii długiej następuje całkowite odbicie fali docelowej*, przy czym:

– prąd fali powrotnej I_2^- ma taką samą amplitudę i fazę jak prąd fali docelowej I_2^+;

– napięcie fali powrotnej U_2^- ma taką samą amplitudę jak napięcie fali docelowej U_2^+, ale fazy tych napięć są przeciwne.

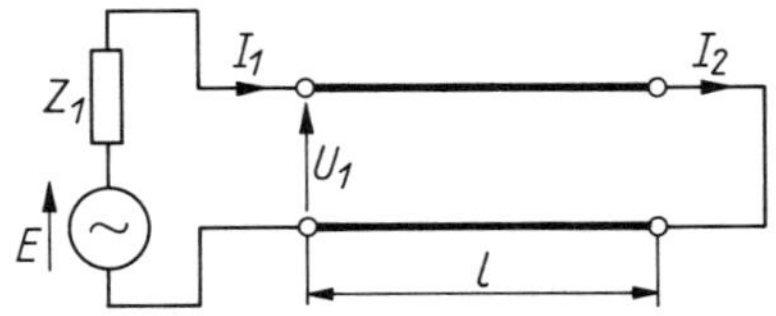

Rys. 13.2-15

Przy założeniu (13.2-99) wzory (13.2-78) i (13.2-79) przybierają postać:

$$\left.\begin{aligned} U(x) &= E\,\frac{\mathrm{j}Z_f \sin\beta(l-x)}{Z_1\cos\beta l + \mathrm{j}Z_f\sin\beta l} \\ I(x) &= E\,\frac{\cos\beta(l-x)}{Z_1\cos\beta l + \mathrm{j}Z_f\sin\beta l} \end{aligned}\right\} \tag{13.2-101}$$

Podstawiając $x = l$ w drugim wzorze (13.2-101) dostajemy:

$$I_2 = E\,\frac{1}{Z_1\cos\beta l + \mathrm{j}Z_f\sin\beta l} \tag{13.2-102}$$

Po uwzględnieniu tej zależności we wzorach (13.2-101) otrzymujemy:

$$U(x) = \mathrm{j}Z_f I_2 \sin\beta\xi, \qquad I(x) = I_2 \cos\beta\xi \tag{13.2-103}$$

gdzie $\xi = l - x$.

Analogicznie zatem jak w przypadku linii długiej rozwartej na końcu (p. A), wzory (13.2-103) uzależniają $U(x)$ i $I(x)$ od prądu I_2 na końcu linii.

Zależności (13.2-103) mają charakter dualny względem zależności (13.2-97). Wykresy modułów funkcji (13.2-103) mają również charakter fal stojących. Są to takie same wykresy jak dla linii długiej rozwartej na końcu (rys. 13.2-13), z tym, że zostają zamienione miejscami napięcie i prąd (rys. 13.2-16). Wszystkie wnioski wynikające z tych wykresów, omówione w p. A dla linii długiej rozwartej na końcu, odnoszą się również do omawianego przypadku – z uwzględnieniem wspomnianej zamiany.

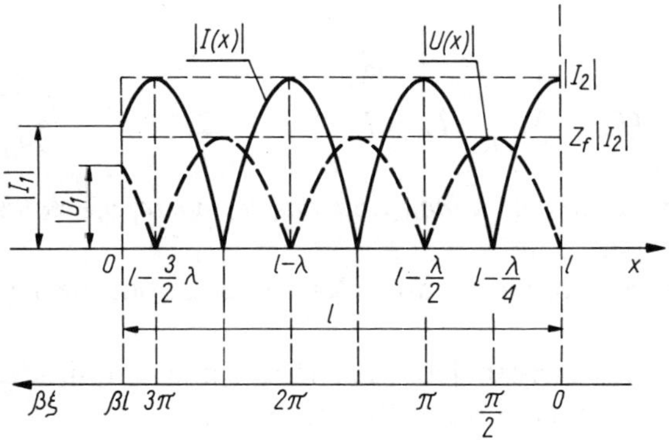

Rys. 13.2-16

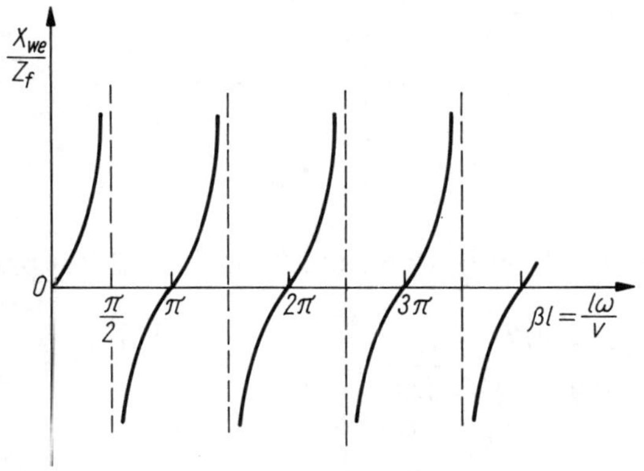

Rys. 13.2-17

Uwzględniając równość (13.2-99) we wzorze (13.2-84), otrzymujemy impedancję wejściową Z_{we} linii długiej bez strat zwartej na końcu:

$$Z_{we} = \mathrm{j}X_{we}, \qquad X_{we} = Z_f \operatorname{tg}\beta l \tag{13.2-104}$$

Wykres reaktancji X_{we} w funkcji βl jest przedstawiony na rys. 13.2-17. Czytelnik bez trudu zauważy podobieństwa i różnice w porównaniu z wykresem z rys. 13.2-14.

C. Linia długa przy dowolnym obciążeniu. Rozważmy teraz linię długą bez strat obciążoną dwójnikiem o impedancji Z_2 (rys. 13.2-6) przy założeniu, że: $Z_2 \neq \infty$, $Z_2 \neq 0$ (przypadki graniczne: $Z_2 = \infty$ i $Z_2 = 0$ zostały rozpatrzone w p. A i B).

Uwzględniając we wzorach (13.2-43) i (13.2-44), że $\gamma = \mathrm{j}\beta$, i podstawiając $x = l$ dostajemy:

$$\left.\begin{aligned} U_2 &= \frac{EZ_f}{Z_1 + Z_f} \frac{(1 + \Gamma_2)\mathrm{e}^{-\mathrm{j}\beta l}}{1 - \Gamma_1 \Gamma_2 \mathrm{e}^{-\mathrm{j}2\beta l}} \\ I_2 &= \frac{E}{Z_1 + Z_f} \frac{(1 - \Gamma_2)\mathrm{e}^{-\mathrm{j}\beta l}}{1 - \Gamma_1 \Gamma_2 \mathrm{e}^{-\mathrm{j}2\beta l}} \end{aligned}\right\} \tag{13.2-105}$$

Podstawiając te wyrażenia do wzorów (13.2-43) i (13.2-44), otrzymujemy:

$$\left.\begin{aligned} U(x) &= \frac{U_2}{1 + \Gamma_2} [\mathrm{e}^{\mathrm{j}\beta(l-x)} + \Gamma_2 \mathrm{e}^{-\mathrm{j}\beta(l-x)}] \\ I(x) &= \frac{I_2}{1 - \Gamma_2} [\mathrm{e}^{\mathrm{j}\beta(l-x)} - \Gamma_2 \mathrm{e}^{-\mathrm{j}\beta(l-x)}] \end{aligned}\right\} \tag{13.2-106}$$

lub:

$$\left.\begin{aligned} U(x) &= U_2^+ [\mathrm{e}^{\mathrm{j}\beta(l-x)} + \Gamma_2 \mathrm{e}^{-\mathrm{j}\beta(l-x)}] \\ I(x) &= I_2^+ [\mathrm{e}^{\mathrm{j}\beta(l-x)} - \Gamma_2 \mathrm{e}^{-\mathrm{j}\beta(l-x)}] \end{aligned}\right\} \tag{13.2-107}$$

gdzie uwzględniono zależności (13.2-56) i (13.2-58).

Oznaczając:

$$\Gamma_2 = |\Gamma_2| \mathrm{e}^{\mathrm{j}\theta} \tag{13.2-108}$$

oraz wprowadzając odległość $\xi = l - x$ od końca linii długiej, możemy po prostych przekształceniach otrzymać ze wzorów (13.2-107) następujące zależności dla amplitud:

$$\left.\begin{aligned} \left|\frac{U(x)}{U_2^+}\right| &= \sqrt{1 + |\Gamma_2|^2 + 2|\Gamma_2|\cos(2\beta\xi - \theta)} \\ \left|\frac{I(x)}{I_2^+}\right| &= \sqrt{1 + |\Gamma_2|^2 - 2|\Gamma_2|\cos(2\beta\xi - \theta)} \end{aligned}\right\} \tag{13.2-109}$$

Wielkości wyrażone wzorami (13.2-109) osiągają wartości ekstremalne w punktach, w których:

$$\cos(2\beta\xi - \theta) = \pm 1$$

Wynika stąd, że w punktach:

$$\beta\xi = \frac{\theta}{2} + k\pi, \qquad k = 0, 1, 2, \ldots \tag{13.2-110}$$

występują maksima amplitudy napięcia i minima amplitudy prądu, zaś w punktach:

$$\beta\xi = \frac{\theta}{2} + \frac{\pi}{2} + k\pi, \qquad k = 0, 1, 2, \ldots \tag{13.2-111}$$

mamy przeciwnie: minima amplitudy napięcia i maksima amplitudy prądu.

Wartości ekstremalne są odpowiednio równe:

$$\left.\begin{aligned} \left|\frac{U(x)}{U_2^+}\right|_{max} &= \left|\frac{I(x)}{I_2^+}\right|_{max} = 1 + |\Gamma_2| \\ \left|\frac{U(x)}{U_2^+}\right|_{min} &= \left|\frac{I(x)}{I_2^+}\right|_{min} = 1 - |\Gamma_2| \end{aligned}\right\} \tag{13.2-112}$$

(zgodnie z (13.2-92) mamy $|\Gamma_2| \leqslant 1$). Oznaczając:

$$\left.\begin{aligned} U_{max} &= |U(x)|_{max}, \qquad I_{max} = |I(x)|_{max} \\ U_{min} &= |U(x)|_{min}, \qquad I_{min} = |I(x)|_{min} \end{aligned}\right\} \tag{13.2-113}$$

otrzymujemy na podstawie związków (13.2-112):

$$\frac{U_{max}}{U_{min}} = \frac{I_{max}}{I_{min}} = \frac{1 + |\Gamma_2|}{1 - |\Gamma_2|} = \rho \tag{13.2-114}$$

Oznacza to, że *w linii długiej bez strat stosunek wartości maksymalnej amplitudy napięcia (prądu) do wartości minimalnej amplitudy napięcia (prądu) jest równy współczynnikowi fali stojącej* ρ.

Zanim omówimy rozkłady amplitud napięcia i prądu określone wzorami (13.2-109) przy dowolnym obciążeniu Z_2, a więc przy założeniu (13.2-108), rozważymy ważny w praktyce przypadek szczególny, kiedy $Z_2 = R_2$. Mamy wówczas albo:

$$\text{a)}\ R_2 > Z_f, \qquad \Gamma_2 > 0, \qquad \theta = 0 \tag{13.2-115}$$

albo:

$$\text{b)}\ R_2 < Z_f, \qquad \Gamma_2 < 0, \qquad \theta = \pi \tag{13.2-116}$$

W przypadku a) na końcu linii długiej występuje maksimum amplitudy napięcia i minimum amplitudy prądu. Na rysunku 13.2-18a,b są przedstawione rozkłady amplitud napięcia i prądu w linii długiej przy założeniu (13.2-115). Dla porównania na rys. 13.2-18a pokazano także rozkład amplitudy napięcia dla przypadku granicznego $R_2 = \infty$ (p. A, rys. 13.2-13).

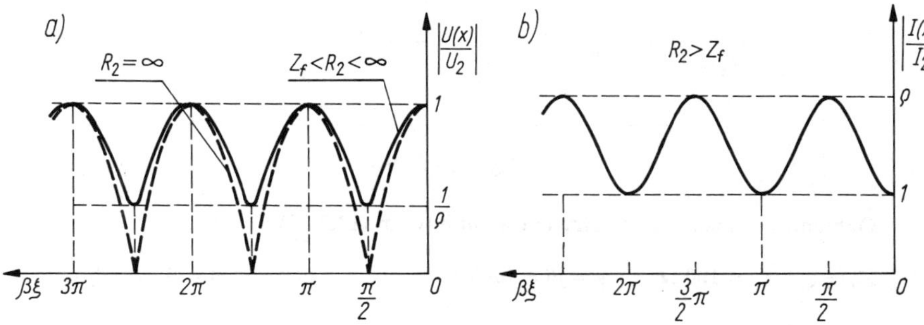

Rys. 13.2-18

W przypadku b) na końcu linii długiej występuje minimum amplitudy napięcia i maksimum amplitudy prądu. Rozkłady amplitud napięcia i prądu są analogiczne jak w przypadku a), z zamianą miejscami napięcia i prądu. Wykres z rys. 13.2-18a staje się dla przypadku b) wykresem funkcji $|I(x)/I_2|$ (przypadek graniczny $R_2 = 0$), a wykres z rys. 13.2-18b – wykresem funkcji $|U(x)/U_2|$.

Przy $R_2 = Z_f$ (dopasowanie falowe) mamy $\rho = 1$ i rozkłady amplitud napięcia i prądu są stałe wzdłuż linii długiej:

$$\left|\frac{U(x)}{U_2}\right| = 1, \qquad \left|\frac{I(x)}{I_2}\right| = 1$$

Powróćmy teraz do przypadku obciążenia dwójnikiem o dowolnej impedancji Z_2. Charakter rozkładów amplitud napięcia i prądu wzdłuż linii długiej pozostaje taki sam z tym, że dla $\theta \neq 0$, $\theta \neq \pi$ na końcu linii długiej nie występuje ani ekstremum napięcia ani ekstremum prądu. Rozkłady amplitud napięcia i prądu dla $\theta > 0$ są pokazane na rys. 13.2-19.

D. Przykłady. Rozpatrzymy teraz kilka przykładów ilustrujących zależności zachodzące w liniach długich bez strat.

Przykład 13.2-2. Rozpatrzymy linię długą bez strat o parametrach jednostkowych $L = 0{,}1$ μH/m, $C = 10$ pF/m i długości l, pobudzaną ze źródła sinusoidalnego o sile elektromotorycznej $e = E_m \sin 2\pi ft$, $E_m = 10$ V, $f = 100$ MHz i impedancji wewnętrznej Z_1 oraz rozwartą na końcu. Wyznaczymy przebiegi napięć i prądów na początku i na końcu linii, przyjmując: $l = 3{,}75$ m, $Z_1 = Z_2 = 70$ Ω.

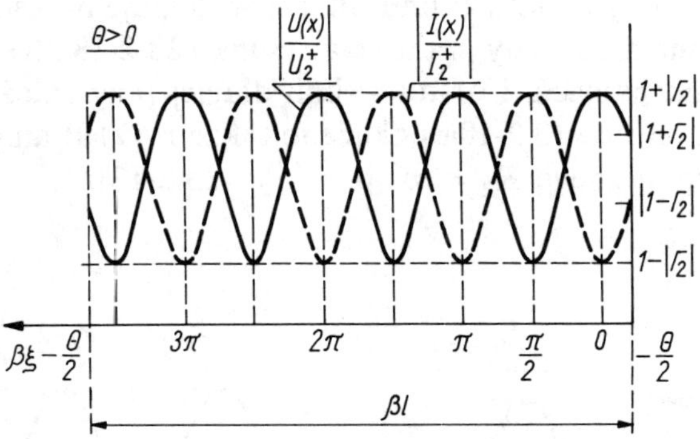

Rys. 13.2-19

Obliczamy najpierw parametry falowe linii (wzór (13.2-77)):

$$Z_f = \sqrt{L/C} = 100\ \Omega, \qquad \gamma = \mathrm{j}\beta = \mathrm{j}\omega\sqrt{LC} = \mathrm{j}0{,}2\pi\ \mathrm{Np/m}, \qquad \beta = 0{,}2\pi\ \mathrm{rad/m}$$

oraz jej długość kątową:

$$\beta l = \frac{3}{4}\pi$$

W linii powstaje fala o długości $\lambda = 2\pi/\beta = 10$ m, a więc $l = \frac{3}{8}\lambda$.

Linia jest rozwarta na końcu, a więc korzystamy z zależności podanych w p. D. Obliczamy kolejno: impedancję wejściową linii (wzór (13.2-98)):

$$Z_{we} = -\mathrm{j}\,Z_f \mathrm{ctg}\,\beta l = \mathrm{j}100\ \Omega$$

napięcie na początku linii:

$$U_1 = E\frac{Z_{we}}{Z_1 + Z_{we}} = 10\,\frac{\mathrm{j}100}{70 + \mathrm{j}100} = 8{,}19\,\mathrm{e}^{\mathrm{j}35^\circ}\ \mathrm{V}$$

oraz prąd na początku linii:

$$I_1 = \frac{U_1}{Z_{we}} = \frac{8{,}19\,\mathrm{e}^{\mathrm{j}35^\circ}}{\mathrm{j}100} = 81{,}9\,\mathrm{e}^{-\mathrm{j}55^\circ}\ \mathrm{mA}$$

Napięcie na końcu linii obliczamy ze wzoru (13.2-97) przy podstawieniu $x = l$:

$$U_2 = \frac{U_1}{\cos\beta l} = 11{,}58\,\mathrm{e}^{-\mathrm{j}145^\circ}\ \mathrm{V}$$

Na końcu linii występuje oczywiście maksimum amplitudy napięcia.

Ostatecznie otrzymujemy: $u_1 = 8{,}19\sin(2\pi 10^8 t + 35^\circ)$ [V], $i_1 = 81{,}9\sin(2\pi 10^8 t - 55^\circ)$ [mA], $u_2 = 11{,}58\sin(2\pi 10^8 t - 145^\circ)$ [V], $i_2 \equiv 0$. Czytelnik zechce samodzielnie wyznaczyć odległość od początku linii, dla której napięcie będzie tożsamościowo równe zeru.

Przykład 13.2-3. Rozważymy ponownie linię długą bez strat z przykładu 13.2-2 w przypadku, gdy jest ona dopasowana falowo ($\Gamma_2 = 0$), a pozostałe parametry linii i źródła pobudzającego pozostają bez zmian. Impedancja wejściowa linii dopasowanej falowo jest równa impedancji falowej (wzór (13.2-54)), mamy zatem:

$$U_1 = E\frac{Z_f}{Z_1 + Z_f} = 10\frac{100}{70 + 100} = 5{,}88 \text{ V}, \qquad I_1 = \frac{U_1}{Z_f} = 58{,}8 \text{ mA}$$

Zgodnie ze wzorami (13.2-85) amplitudy napięcia i prądu są stałe wzdłuż linii, a fazy napięcia i prądu na końcu linii są opóźnione względem faz napięcia i prądu na początku linii o długość kątową $\beta l = \frac{3}{4}\pi$. Otrzymujemy zatem: $u_1 = 5{,}88\sin(2\pi 10^8 t)$ [V], $i_1 = 58{,}8\sin(2\pi 10^8 t)$ [mA], $u_2 = 5{,}88\sin(2\pi 10^8 t - 135°)$ [V] oraz $i_2 = 58{,}8\sin(2\pi 10^8 t - 135°)$ [mA]. Czytelnik zechce samodzielnie wyznaczyć odległość od początku linii, dla której opóźnienie w fazie napięcia i prądu będzie równe $\pi/2$.

Przykład 13.2-4. Rozważymy raz jeszcze linię długą bez strat z przykładu 13.2-2, przyjmując $l = 7{,}5$ m i pozostawiając pozostałe parametry linii, źródła pobudzającego i obciążenia bez zmian.

W tym przypadku linia jest linią ćwierćfalową, bowiem $l = \frac{3}{4}\lambda$, $\beta l = \frac{3}{2}\pi$ (por. wzór (13.2-86)). Impedancja wejściowa linii ćwierćfalowej jest określona wzorem (13.2-88), mamy więc:

$$Z_{we} = \frac{Z_f^2}{Z_2} = \frac{100}{7}\ \Omega, \qquad U_1 = E\frac{Z_f^2}{Z_1 Z_2 + Z_f^2} = 6{,}71 \text{ V}, \qquad I_1 = \frac{U_1}{Z_{we}} = 47 \text{ mA}$$

Napięcie i prąd na końcu linii obliczamy ze wzorów ogólnych (13.2-80) dla linii bezstratnej przy podstawieniu $x = l$ i $\beta l = \frac{3}{2}\pi$. Otrzymujemy:

$$U_2 = U_1\frac{Z_2}{Z_2\cos\beta l + jZ_f\sin\beta l} = jU_1\frac{Z_2}{Z_f} = 4{,}7\,e^{j90°}\ [\text{V}]$$

$$I_2 = \frac{U_2}{Z_2} = 67{,}1\,e^{j90°}\ [\text{mA}]$$

i ostatecznie: $u_1 = 6{,}71\sin(2\pi 10^8 t)$ [V], $i_1 = 47\sin(2\pi 10^8 t)$ [mA], $u_2 = 4{,}7\sin(2\pi 10^8 t + 90°)$ [V] oraz $i_2 = 67{,}1\sin(2\pi 10^8 t - 90°)$ [mA].

Przykład 13.2-5. Na zakończenie rozpatrzymy nieco odmienny przykład. Rozważmy układ linii długich pokazany na rys. 13.2-20a, złożony z linii bezstratnych l_1, l_2 oraz linii stratnej l_3 o współczynniku tłumienia α. Układ jest pobudzany ze źródła o sile elektromotorycznej $e = E_m\sin 2\pi ft$, a linie l_1 i l_3 są dopasowane falowo. Obliczymy amplitudy napięć u_2, u_3, u_4 i wyznaczymy rozkład amplitudy napięcia wzdłuż linii l_1, l_2, l_3 dla następujących danych: $E_m = 100$ V, $R_2 = 100\ \Omega$, $Z_{f1} = 50\ \Omega$, $Z_{f3} = 400\ \Omega$, $\alpha = 2\ln 2$ 1/m, $\lambda = 1$ m.

Linia l_3 jest dopasowana falowo, a więc $R_4 = Z_{f3}$ i $Z_{we3} = Z_{f3}$. Linia l_2 jest linią ćwierćfalową obciążoną impedancją Z_{f3}, zatem $Z_{we2} = Z_{f2}^2/Z_{f3}$. Aby linia l_1 była dopasowana falowo, musi zachodzić warunek:

$$\frac{R_2 Z_{we2}}{R_2 + Z_{we2}} = \frac{R_2\dfrac{Z_{f2}^2}{Z_{f3}}}{R_2 + \dfrac{Z_{f2}^2}{Z_{f3}}} = Z_{f1}$$

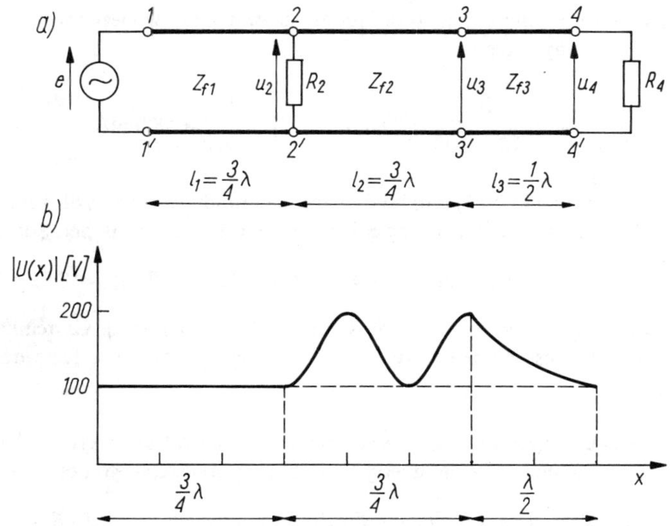

Rys. 13.2-20

Stąd wyznaczamy:

$$Z_{f2} = \sqrt{\frac{R_2 Z_{f3} Z_{f1}}{R_2 - Z_{f1}}} = 200\ \Omega$$

Ponieważ linia l_1 jest dopasowana falowo, amplituda napięcia wzdłuż niej jest stała. Mamy zatem:

$$|U_2| = E_m = 100\ \mathrm{V}$$

Z kolei linia l_2 jest obciążona dwójnikiem o impedancji rzeczywistej $Z_{we2} = 2Z_{f2}$ (przypadek (13.2-115)), a więc wtórny współczynnik odbicia dla tej linii ma wartość $\Gamma_2 = 1/3$, a WFS – wartość $\rho = 2$ (por. wzory (13.2-41) i (13.2-61)). Na końcu linii występuje maksimum amplitudy napięcia, zatem zgodnie ze wzorem (13.2-114) mamy:

$$|U_3| = \rho |U_2| = 200\ \mathrm{V}$$

Linia stratna l_3 jest dopasowana falowo, zatem zachodzi dla niej zależność (pierwszy ze wzorów (13.2-53)):

$$|U_4| = |U_3|\, \mathrm{e}^{-\alpha l_3} = 200\, \mathrm{e}^{-2\ln 2 \cdot 0{,}5} = 100\ \mathrm{V}$$

Rozkład amplitudy napięcia wzdłuż układu linii jest pokazany na rys. 13.2-20b.

13.2.7. Rozkłady amplitudy napięcia i amplitudy prądu w linii długiej ze stratami

Postaramy się teraz pokazać, czym będą różnić się rozkłady amplitudy napięcia i amplitudy prądu wzdłuż linii długiej ze stratami w porównaniu z analogicznymi rozkładami dla linii długiej bez strat (p. 13.2-6)[1].

---

[1] Nasze rozważania ograniczymy do zwrócenia uwagi na najważniejsze różnice (i podobieństwa), odsyłając Czytelnika pragnącego szerzej zapoznać się z tematem do literatury (np. [24], p. 3.6).

A. Metodyka wyznaczania rozkładów amplitud napięcia i prądu. Przy dowolnej impedancji Z_2 obciążenia (rys. 13.2-6) słuszne są zależności (13.2-18) i (13.2-55). Możemy zatem napisać:

$$|U^+(x)| - |U^-(x)| \leqslant |U(x)| \leqslant |U^+(x)| + |U^-(x)|$$

$$|I^+(x)| - |I^-(x)| \leqslant |I(x)| \leqslant |I^+(x)| + |I^-(x)|$$

i poszukiwać takich punktów linii długiej, w których $|U(x)|$ i $|I(x)|$ i osiągają wartości największe i najmniejsze, tzn. w których:

$$|U(x)| = |U^+(x)| \pm |U^-(x)|, \qquad |I(x)| = |I^+(x)| \pm |I^-(x)| \tag{13.2-117}$$

Zgodnie ze wzorami (13.2-55) i (13.2-108):

$$\frac{U^-(x)}{U^+(x)} = -\frac{I^-(x)}{I^+(x)} = |\Gamma_2| \mathrm{e}^{-2\alpha\xi} \mathrm{e}^{-\mathrm{j}(2\beta\xi - \theta)} \tag{13.2-118}$$

Moduł sumy dwóch liczb zespolonych jest równy sumie (różnicy) modułów tych liczb, jeśli stosunek tych liczb jest liczbą dodatnią (ujemną). Oznacza to, że równości (13.2-117) są spełnione w punktach, w których:

$$\mathrm{e}^{-\mathrm{j}(2\beta\xi - \theta)} = 1$$

tzn. w punktach określonych wzorem (13.2-110) oraz wówczas, gdy:

$$\mathrm{e}^{-\mathrm{j}(2\beta\xi - \theta)} = -1$$

tj. w punktach określonych wzorem (13.2-111).

Biorąc pod uwagę, że:

$$\left.\begin{aligned} |U^+(x)| &= |U_2^+| \mathrm{e}^{\alpha\xi}, \qquad |U^-(x)| = |U_2^-| \mathrm{e}^{-\alpha\xi} \\ |I^+(x)| &= |I_2^+| \mathrm{e}^{\alpha\xi}, \qquad |I^-(x)| = |I_2^-| \mathrm{e}^{-\alpha\xi} \end{aligned}\right\} \tag{13.2-119}$$

oraz:

$$|U^+(x)| = |Z_f|\,|I^+(x)|, \qquad |U^-(x)| = |Z_f|\,|I^-(x)|$$

możemy po wykreśleniu funkcji (13.2-119) wyznaczyć w punktach (13.2-110) i (13.2-111) maksima i minima $|U(x)|$ i $|I(x)|$ przez dodanie lub odjęcie wartości funkcji (13.2-119) w tych punktach.

B. Linia rozwarta i linia zwarta. Dla linii długiej rozwartej na końcu (rys. 13.2-12) słuszne są zależności (13.2-94), przy czym $\theta = 0$. W punktach:

$$\beta\xi = k\pi, \qquad k = 0, 1, \ldots \tag{13.2-120}$$

mamy maksima napięcia i minima prądu:

$$|U(x)| = |U^+(x)| + |U^-(x)|, \qquad |I(x)| = |I^+(x)| - |I^-(x)|$$

w punktach:

$$\beta\xi = \frac{\pi}{2} + k\pi, \qquad k = 0, 1, \ldots \tag{13.2-121}$$

występują natomiast minima napięcia i maksima prądu.

Rozkłady amplitud napięcia i prądu wzdłuż linii długiej ze stratami rozwartej na końcu są przedstawione na rys. 13.2-21.

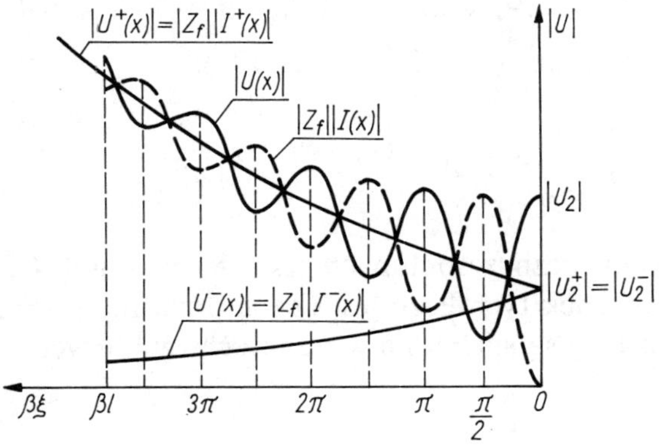

Rys. 13.2-21

Dla linii długiej zwartej na końcu (rys. 13.2-15) słuszne są zależności (13.2-100), przy czym $\theta = \pi$. Wynika stąd, że w punktach (13.2-120) występują minima napięcia i maksima prądu, zaś w punktach (13.2-121) – maksima napięcia i minima prądu. Wykresy napięcia i prądu zostają zatem zamienione miejscami w porównaniu z przypadkiem linii długiej rozwartej na końcu.

Proponujemy Czytelnikowi dokonanie takiej zmiany oznaczeń na rys. 13.2-21, aby odpowiadał on linii długiej zwartej na końcu.

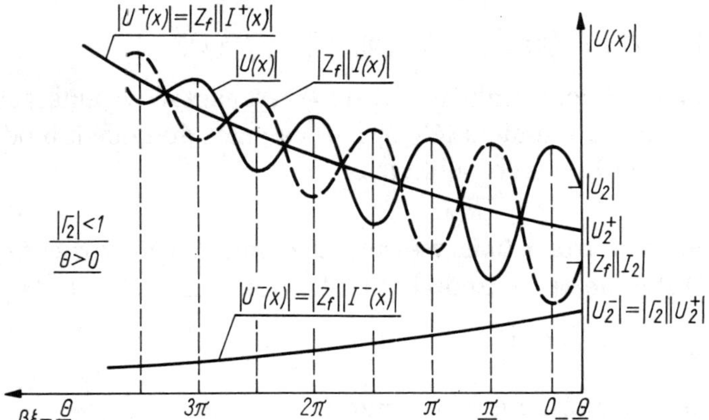

Rys. 13.2-22

C. Przypadek dowolnego obciążenia. W przypadku dowolnej impedancji Z_2 obciążenia charakter rozkładów amplitud napięcia i prądu w linii długiej pozostaje taki sam, z tym, że dla $\theta \neq 0$, $\theta \neq \pi$ na końcu linii długiej nie występuje ani ekstremum napięcia, ani ekstremum prądu (analogia do przypadku linii długiej bez strat, rys. 13.2-19).

Na rysunku 13.2-22 przedstawiono rozkłady amplitud napięcia i prądu, przyjmując dla ustalenia uwagi: $|\Gamma_2| < 1$, $\theta > 0$.

13.3. LINIA DŁUGA PRZY POBUDZANIU DOWOLNYM

Zajmiemy się teraz omówieniem właściwości linii długiej w przypadku pobudzania dowolnym sygnałem określonym dla $t \geqslant 0$. Będziemy zatem zakładać, że napięcie $u(x,t)$ oraz prąd $i(x,t)$ są funkcjami dwóch zmiennych x, t określonymi dla $t \geqslant 0$ oraz dla $0 \leqslant x \leqslant l$ (linia długa o skończonej długości) lub dla $x \geqslant 0$ (linia długa nieskończona). Stosując metodę przekształcenia Laplace'a, omówimy warunki rozchodzenia się wzdłuż linii długiej sygnałów o dowolnym, w zasadzie, kształcie, określonych dla $t \geqslant 0$, a w tym także zagadnienia stanów nieustalonych w linii długiej i powstawania stanu ustalonego.

13.3.1. Opis linii długiej przy pobudzaniu dowolnym

Będziemy rozważać jednorodną linię długą (rys. 13.1-2) o równaniach (13.1-5) przy założeniu, że napięcie i prąd w linii długiej:

$$u = u(x,t), \qquad i = i(x,t)$$

są funkcjami określonymi dla $t \geqslant 0$ i mającymi transformaty Laplace'a:

$$\left.\begin{aligned} \bar{u} = \bar{u}(x, s) = \mathscr{L}[u(x,t)] = \int_0^\infty \mathrm{e}^{-st} u(x,t)\mathrm{d}t \\ \bar{i} = \bar{i}(x, s) = \mathscr{L}[i(x,t)] = \int_0^\infty \mathrm{e}^{-st} i(x,t)\mathrm{d}t \end{aligned}\right\} \tag{13.3-1}$$

Całkowanie we wzorach (13.3-1) dokonuje się (analogicznie jak w przypadku funkcji jednej zmiennej) względem t w przedziale $(0, +\infty)$[1]. Transfor-

[1] Mówimy, że jest to *przekształcenie Laplace'a względem zmiennej t*. W przypadku funkcji dwóch zmiennych x, t możliwe jest także stosowanie przekształcenia Laplace'a względem zmiennej x, a także *podwójnego przekształcenia Laplace'a*:

$$\bar{f}(q,s) = \mathscr{L}^2[f(x,t)] = \int_0^\infty\int_0^\infty \mathrm{e}^{-qx}\mathrm{e}^{-st} f(x,t)\,\mathrm{d}x\mathrm{d}t$$

jednocześnie względem obu zmiennych x, t (por. np. [25], str. 559).

W dalszym tekście będziemy posługiwać się tylko przekształceniem Laplace'a o postaci (13.3-1).

maty (13.3-1) są zatem nie tylko funkcjami zmiennej zespolonej s, ale także zmiennej x, odgrywającej rolę parametru w procesie całkowania.

A. Równania operatorowe linii długiej. Zastosowanie przekształcenia Laplace'a o postaci (13.3-1) do równań (13.1-5) umożliwia otrzymanie *równań operatorowych linii długiej* (*równań transformat*, równań w dziedzinie zmiennej zespolonej s) w sposób analogiczny, jak to robiliśmy w rozdziale 6 w tomie II w odniesieniu do obwodów skupionych (por. p. 6.2.1-D).

Stosując przekształcenie Laplace'a do równań (13.1-5) linii długiej, będziemy korzystać z następujących dwóch zależności:

$$\mathscr{L}[u_t(x,t)] = s\bar{u}(x, s) - u(x,0) \tag{13.3-2}$$

$$\mathscr{L}[u_x(x,t)] = \frac{\mathrm{d}\bar{u}(x, s)}{\mathrm{d}x} \tag{13.3-3}$$

gdzie oznaczono:

$$u_t(x,t) = \frac{\partial u}{\partial t}, \qquad u_x(x,t) = \frac{\partial u}{\partial x}$$

Zależność (13.3-2) jest dokładnym odpowiednikiem wzoru (6.1-65) w tomie II dla funkcji jednej zmiennej. Składnik $u(x,0)$ odpowiada wartości początkowej dla $t = 0$.

Wzór (13.3-3) wynika z faktu, że różniczkowanie i całkowanie odbywają się względem różnych zmiennych, co przy pewnych założeniach regularnościowych (szczegóły pomijamy, por. np. [25], str. 562-563) prowadzi do wyniku:

$$\int_0^\infty e^{-st} \frac{\partial u(x,t)}{\partial x} \mathrm{d}t = \frac{\partial}{\partial x} \int_0^\infty e^{-st} u(x,t) \mathrm{d}t = \frac{\partial \bar{u}(x, s)}{\partial x}$$

Z uwagi na to, że w równaniach transformat wystąpią tylko pochodne względem x, pochodną we wzorze (13.3-3) zapisujemy jako pochodną zwyczajną.

Dokonując przekształcenia Laplace'a równań (13.1-5) linii długiej, otrzymujemy, zgodnie ze wzorami (13.3-2) i (13.3-3):

$$\left.\begin{aligned} -\frac{\mathrm{d}\bar{u}}{\mathrm{d}x} &= (R + sL)\bar{i} - Li_0(x) \\ -\frac{\mathrm{d}\bar{i}}{\mathrm{d}x} &= (G + sC)\bar{u} - Cu_0(x) \end{aligned}\right\} \tag{13.3-4}$$

gdzie $\bar{u}$, $\bar{i}$ są transformatami Laplace'a (13.3-1) oraz:

$$u_0(x) \stackrel{\Delta}{=} u(x,0), \qquad i_0(x) \stackrel{\Delta}{=} i(x,0) \tag{13.3-5}$$

są funkcjami określonymi dla $0 \leqslant x \leqslant l$, stanowiącymi *warunki początkowe* w linii długiej. Równania (13.3-4) są *równaniami operatorowymi* (*równaniami transformat*) linii długiej.

Przy założeniu, że warunki początkowe są zerowe:

$$u_0(x) \equiv 0, \qquad i_0(x) \equiv 0 \tag{13.3-6}$$

równania (13.3-4) przybierają postać:

$$-\frac{\mathrm{d}\bar{u}}{\mathrm{d}x} = (R + sL)\bar{i}, \qquad -\frac{\mathrm{d}\bar{i}}{\mathrm{d}x} = (G + sC)\bar{u} \tag{13.3-7}$$

w pełni analogiczną do równań (13.2-4) dla stanu ustalonego przy pobudzaniu sinusoidalnym. Dokonując takich samych przekształceń, jak w p. 13.2.1-B, otrzymujemy odrębne równania dla transformaty napięcia $\bar{u} = \bar{u}(x, s)$ i transformaty prądu $\bar{i} = \bar{i}(x, s)$:

$$\left.\begin{aligned} &\frac{\mathrm{d}^2\bar{u}}{\mathrm{d}x^2} - \gamma^2\bar{u} = 0 \\ &\frac{\mathrm{d}^2\bar{i}}{\mathrm{d}x^2} - \gamma^2\bar{i} = 0 \end{aligned}\right\} \tag{13.3-8}$$

gdzie:

$$\gamma \overset{\Delta}{=} \sqrt{(R + sL)(G + sC)} \tag{13.3-9}$$

jest *współczynnikiem przenoszenia* linii długiej (por. wzór (13.2-6)).

B. Rozwiązania ogólne. Postępując w sposób opisany w p. 13.2.1-B, dochodzimy do *rozwiązań ogólnych* równań (13.3-7):

$$\left.\begin{aligned} &\bar{u}(x, s) = A_1(s)\,\mathrm{e}^{-\gamma x} + A_2(s)\,\mathrm{e}^{\gamma x} \\ &\bar{i}(x, s) = \frac{1}{Z_f}[A_1(s)\,\mathrm{e}^{-\gamma x} - A_2(s)\,\mathrm{e}^{\gamma x}] \end{aligned}\right\} \tag{13.3-10}$$

gdzie: $A_1 = A_1(s)$, $A_2 = A_2(s)$ są dowolnymi funkcjami zmiennej s, wyznaczanymi z warunków brzegowych dla $x = 0$ i $x = l$ oraz:

$$Z_f \overset{\Delta}{=} \sqrt{\frac{R + sL}{G + sC}} \tag{13.3-11}$$

jest *impedancją falową* linii długiej (por. wzór (13.2-12)).

Rozwiązania ogólne (13.2-10) można także przedstawić w drugiej postaci (przekształcenia jak w p. 13.2.1-E):

$$\left.\begin{aligned} &\bar{u}(x, s) = A(s)\,\mathrm{ch}\gamma x + B(s)\,\mathrm{sh}\gamma x \\ &\bar{i}(x, s) = -\frac{1}{Z_f}[A(s)\,\mathrm{sh}\gamma x + B(s)\,\mathrm{ch}\gamma x] \end{aligned}\right\} \tag{13.3-12}$$

gdzie:

$$A(s) = A_1(s) + A_2(s), \qquad B(s) = A_2(s) - A_1(s)$$

(por. wzory (13.2-31)–(13.2-33)).

C. Przypadek niezerowych warunków początkowych. Rozwiązania ogólne dla przypadku dowolnych warunków początkowych (13.3-5) mają skomplikowaną postać i są mało przydatne w praktyce (Czytelnik może je znaleźć w [25], str. 590-591). Nasze rozważania nad niezerowymi warunkami początkowymi ograniczymy do przypadku mającego znaczenie praktyczne, kiedy:

$$u_0(x) = U_0, \qquad i_0(x) = 0 \tag{13.3-13}$$

Równania (13.3-4) przybierają wówczas postać:

$$-\frac{\mathrm{d}\bar{u}}{\mathrm{d}x} = (R + sL)\bar{i}, \qquad -\frac{\mathrm{d}\bar{i}}{\mathrm{d}x} = (G + sC)\bar{u} - CU_0 \tag{13.3-14}$$

W konsekwencji, zamiast równań (13.3-8) dostajemy równania:

$$\left.\begin{aligned} &\frac{\mathrm{d}^2\bar{u}}{\mathrm{d}x^2} - \gamma^2\bar{u} = -(R + sL)CU_0 \\ &\frac{\mathrm{d}^2\bar{i}}{\mathrm{d}x^2} - \gamma^2\bar{i} = 0 \end{aligned}\right\} \tag{13.3-15}$$

Łatwo sprawdzić (szczegóły pozostawiamy Czytelnikowi), że rozwiązania ogólne równań (13.3-15), spełniające równania (13.3-14), mają postać:

$$\left.\begin{aligned} &\bar{u}(x, s) = A_1(s)\,\mathrm{e}^{-\gamma x} + A_2(s)\,\mathrm{e}^{\gamma x} + \frac{CU_0}{G + sC} \\ &\bar{i}(x, s) = \frac{1}{Z_f}[A_1(s)\,\mathrm{e}^{-\gamma x} - A_2(s)\,\mathrm{e}^{\gamma x}] \end{aligned}\right\} \tag{13.3-16}$$

gdzie, analogicznie jak w p. B, $A_1 = A_1(s)$, $A_2 = A_2(s)$ są dowolnymi funkcjami zmiennej s, wyznaczanymi z warunków brzegowych dla $x = 0$ i $x = l$. Współczynnik przenoszenia γ i impedancja falowa Z_f są określone wzorami (13.3-9) i (13.3-11).

D. Komentarze. W p. 6.2.2-C w tomie II wskazaliśmy na izomorfizm równań w dziedzinie zespolonej układów SLS w stanie ustalonym przy pobudzaniu sinusoidalnym (metoda amplitud zespolonych) i przy pobudzaniu dowolnym dla $t \geqslant 0$ przy zerowych warunkach początkowych (metoda przekształcenia Laplace'a). Szczegółowe porównanie tych dwóch przypadków zostało przedstawione na rys. 6.2-8.

Zauważamy bez trudu, że sformułowana w p. 6.2.2-C zasada izomorfizmu wymienionych równań stosuje się bez zmian do przypadku linii długiej, będącej układem rozłożonym, liniowym i stacjonarnym.

Równania zespolone linii długiej dla stanu ustalonego przy pobudzaniu sinusoidalnym, zapisane względem zespolonych amplitud $U(x)$, $I(x)$, są izomorficzne (równokształtne) z równaniami zespolonymi linii długiej przy pobudzaniu dowolnym dla $t \geqslant 0$ i zerowych warunkach początkowych, zapisanymi względem transformat $\bar{u}(x, s)$, $\bar{i}(x, s)$. Zachowana jest przy tym odpowiedniość wielkości:

$$U(x),\ I(x),\ E \leftrightarrow \bar{u}(x, s),\ \bar{i}(x, s),\ \bar{e}(s), \qquad j\omega \leftrightarrow s \tag{13.3-17}$$

Sformułowana powyżej zasada oraz odpowiedniość (13.3-17) umożliwiają wykorzystanie do analizy zjawisk w linii długiej pobudzanej sygnałami określonymi dla $t \geqslant 0$ przy zerowych warunkach początkowych wielu zależności wyprowadzonych w p. 13.2, już bez dodatkowych uzasadnień[1].

E. Parametry falowe linii długiej. Rozważmy jeszcze raz parametry falowe linii długiej γ, Z_f, będące w ogólnym przypadku funkcjami niewymiernymi zmiennej zespolonej s, określonymi wzorami (13.3-9) i (13.3-11).

Podobnie jak w p. 13.2.1-C (por. wzory (13.2-15) i (13.2-16)), przez γ rozumiemy tę wartość pierwiastka (13.3-9), dla której:

$$\mathrm{Re}\,\gamma \geqslant 0 \qquad \text{dla} \qquad \mathrm{Re}\,s \geqslant 0 \tag{13.3-18}$$

Wobec zależności:

$$Z_f = \frac{R + sL}{\gamma}$$

prowadzi to do wniosku, że również:

$$\mathrm{Re}\,Z_f \geqslant 0 \qquad \text{dla} \qquad \mathrm{Re}\,s \geqslant 0 \tag{13.3-19}$$

Oznacza to, że *parametry falowe γ, Z_f, określone wzorami* (13.3-9) *i* (13.3-11), *są niewymiernymi funkcjami rzeczywistymi dodatnimi zmiennej s* (por. p. 10.1.1).

Powstaje istotne pytanie, przy jakich warunkach funkcje (13.3-9) i (13.3-11) stają się funkcjami wymiernymi zmiennej s.

Wprowadzając oznaczenia:

$$\delta \overset{\Delta}{=} \frac{1}{2}\left(\frac{R}{L} + \frac{G}{C}\right), \qquad \sigma \overset{\Delta}{=} \frac{1}{2}\left(\frac{R}{L} - \frac{G}{C}\right) \tag{13.3-20}$$

---

[1] Szczegółowe uzasadnienie tych zależności może Czytelnik znaleźć w książkach poświęconych zastosowaniom rachunku operatorowego, np. [13], [25].

wzory (13.3-9) i (13.3-11) możemy przekształcić do postaci:

$$\gamma = \frac{1}{v}\sqrt{(s+\delta)^2 - \sigma^2}, \qquad Z_f = R_0 \frac{\sqrt{(s+\delta)^2 - \sigma^2}}{s+\delta-\sigma}$$

gdzie:

$$v = \frac{1}{\sqrt{LC}}, \qquad R_0 = \sqrt{\frac{L}{C}} \tag{13.3-21}$$

Wobec założenia $LC \neq 0$, warunkiem koniecznym i dostatecznym, aby obie wielkości γ, Z_f wyrażały się funkcjami wymiernymi zmiennej s, jest warunek, aby $\sigma = 0$, tzn. aby:

$$\frac{R}{L} = \frac{G}{C} \tag{13.3-22}$$

(linia długa niezniekształcająca, por. p. 13.2.4-C). Przy warunku (13.3-22) otrzymujemy:

$$\gamma = \frac{1}{v}(s+\delta), \qquad Z_f = R_0 = \sqrt{\frac{L}{C}} \tag{13.3-23}$$

W przypadku szczególnym linii długiej bez strat, tj. przy: $R = 0$, $G = 0$, mamy ponadto $\delta = 0$, a zatem:

$$\gamma = \frac{s}{v}, \qquad Z_f = R_0 = \sqrt{\frac{L}{C}} \tag{13.3-24}$$

13.3.2. Linia długa o skończonej długości

Rozważymy teraz linię długą pracującą w układzie z rys. 13.3-1 przy zerowych warunkach początkowych, przy czym:

$$Z_1 = Z_1(s), \qquad Z_2 = Z_2(s), \qquad \bar{e} = \bar{e}(s) = \mathscr{L}[e(t)]$$

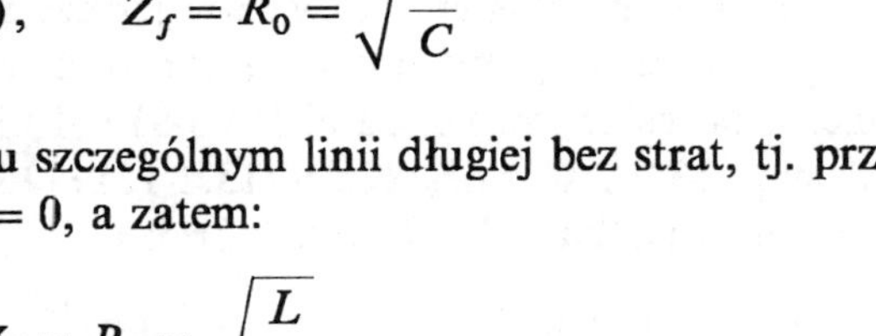

Rys. 13.3-1

A. Rozwiązania przy zadanych warunkach brzegowych. Zgodnie z uwagami z p. 13.3.1-D rozwiązania dla warunków brzegowych (rys. 13.3-1):

$$\bar{e} = Z_1\bar{i}_1 + \bar{u}_1, \qquad \bar{u}_2 = Z_2\bar{i}_2$$

mają postać (por. wzory (13.2-43) i (13.2-44)):

$$\left.\begin{aligned} \bar{u}(x,s) &= \frac{\bar{e}(s)Z_f}{Z_1+Z_f}\,\frac{\mathrm{e}^{-\gamma x}+\Gamma_2\,\mathrm{e}^{-\gamma(2l-x)}}{1-\Gamma_1\Gamma_2\,\mathrm{e}^{-2\gamma l}} \\ \bar{i}(x,s) &= \frac{\bar{e}(s)}{Z_1+Z_f}\,\frac{\mathrm{e}^{-\gamma x}-\Gamma_2\,\mathrm{e}^{-\gamma(2l-x)}}{1-\Gamma_1\Gamma_2\,\mathrm{e}^{-2\gamma l}} \end{aligned}\right\} \tag{13.3-25}$$

lub:

$$\left.\begin{aligned} \bar{u}(x,s) &= \bar{u}_1\,\frac{\mathrm{e}^{-\gamma x}+\Gamma_2\,\mathrm{e}^{-\gamma(2l-x)}}{1+\Gamma_2\,\mathrm{e}^{-2\gamma l}} \\ \bar{i}(x,s) &= \frac{\bar{u}_1}{Z_f}\,\frac{\mathrm{e}^{-\gamma x}-\Gamma_2\,\mathrm{e}^{-\gamma(2l-x)}}{1+\Gamma_2\,\mathrm{e}^{-2\gamma l}} \end{aligned}\right\} \tag{13.3-26}$$

gdzie uwzględniono, że:

$$\bar{u}_1 = \bar{u}(0,s) = \frac{\bar{e}(s)Z_f}{Z_1+Z_f}\,\frac{1+\Gamma_2\,\mathrm{e}^{-2\gamma l}}{1-\Gamma_1\Gamma_2\,\mathrm{e}^{-2\gamma l}} \tag{13.3-27}$$

przy czym współczynniki odbicia Γ_1, Γ_2 są określone wzorami (13.2-41).

Rozwiązaniom (13.3-25) i (13.3-26) można by także nadać inną postać, korzystając ze wzorów ogólnych (13.3-12). Prowadziłoby to do zależności (13.2-46) i (13.2-47) z odpowiednią zamianą symboli, określoną przez (13.3-17).

B. Przypadek dopasowania falowego. Jeśli: $Z_2 = Z_f$ (dopasowanie falowe, por. p. 13.2.3-D), to:

$$\Gamma_2 = 0$$

i rozwiązania (13.3-25) i (13.3-26) redukują się do postaci:

$$\left.\begin{aligned} \bar{u}(x,s) &= \frac{\bar{e}(s)Z_f}{Z_1+Z_f}\,\mathrm{e}^{-\gamma x} = \bar{u}_1\,\mathrm{e}^{-\gamma x} \\ \bar{i}(x,s) &= \frac{\bar{e}(s)}{Z_1+Z_f}\,\mathrm{e}^{-\gamma x} = \bar{i}_1\,\mathrm{e}^{-\gamma x} \end{aligned}\right\} \tag{13.3-28}$$

Identyczną postać mają również wyrażenia dla transformat napięcia i prądu w przypadku *nieskończonej linii długiej.*

W każdym punkcie x linii długiej dopasowanej falowo:

$$\frac{\bar{u}(x,s)}{\bar{i}(x,s)} = Z_f$$

C. Rozchodzenie się fal w linii długiej bez strat. Zależności (13.3-25) i (13.3-26) umożliwiają uzyskanie przejrzystej interpretacji zjawisk falowych w linii długiej bez strat. Możliwość sformułowania takiej interpretacji w przypadku braku strat wiąże się z uproszczeniami wprowadzanymi przez wzory (13.3-24)[1].

Przepiszmy pierwszy ze wzorów (13.3-25) w postaci[2]:

$$\bar{u}(x, s) = \bar{u}_0(s)\,\frac{e^{-s\frac{x}{v}} + \Gamma_2 e^{-s\frac{2l-x}{v}}}{1 - \Gamma_1\Gamma_2 e^{-2s\frac{l}{v}}} \tag{13.3-29}$$

gdzie oznaczyliśmy:

$$\bar{u}_0(s) = \frac{\bar{e}(s)Z_f}{Z_1 + Z_f} \tag{13.3-30}$$

przy czym z porównania z wzorami (13.3-28) wynika, że: $\bar{u}_0 = \bar{u}_1$ w przypadku dopasowania falowego.

Załóżmy, że impedancje: $Z_1 = Z_1(s)$, $Z_2 = Z_2(s)$ są impedancjami pasywnych dwójników SLS. Są one zatem funkcjami wrd (por. p. 10.1.2-C), a więc spełniają warunki: $\mathrm{Re}\, Z_1(s) \geqslant 0$, $\mathrm{Re}\, Z_2(s) \geqslant 0$ dla $\mathrm{Re}\, s \geqslant 0$. Wobec drugiej równości (13.3-24) funkcje $Z_1(s)/Z_f$, $Z_2(s)/Z_f$ też są funkcjami wrd i łatwo sprawdzić, że:

$$|\Gamma_1| = |\Gamma_1(s)| \leqslant 1, \qquad |\Gamma_2| = |\Gamma_2(s)| \leqslant 1$$

dla $\mathrm{Re}\, s \geqslant 0$.

Dla $\mathrm{Re}\, s \geqslant \varepsilon > 0$ mamy także $\left| e^{-2s\frac{l}{v}} \right| < 1$, a więc w tym obszarze:

$$\left| \Gamma_1\Gamma_2 e^{-2s\frac{l}{v}} \right| < 1$$

Funkcję (13.3-29) możemy zatem rozwinąć w szereg geometryczny:

$$\begin{aligned} \bar{u}(x,s) &= \bar{u}_0(s)\left[e^{-s\frac{x}{v}} + \Gamma_2 e^{-s\frac{2l-x}{v}} \right] \sum_{k=0}^{\infty} \Gamma_1^k \Gamma_2^k e^{-2ks\frac{l}{v}} = \\ &= \bar{u}_0(s)\left[e^{-s\frac{x}{v}} + \Gamma_2 e^{-s\frac{2l-x}{v}} + \Gamma_1\Gamma_2 e^{-s\frac{2l+x}{v}} + \Gamma_1\Gamma_2^2 e^{-s\frac{4l-x}{v}} + \ldots \right] \end{aligned} \tag{13.3-31}$$

---

[1] Mechanizm rozchodzenia się fal w linii długiej ze stratami jest podobny, jednak znacznie trudniejszy do wyjaśnienia na drodze formalnej, tj. na podstawie wzorów (13.3-25) i (13.3-26), por. p. D.

[2] Dyskusję i wynikające z niej wnioski przeprowadzamy w odniesieniu do napięcia $u(x,t)$ i jego transformaty $\bar{u}(x,s)$. Wnioski dotyczące prądu $i(x,t)$ są takie same, nie będziemy więc ich powtarzać.

lub:

$$\bar{u}(x,s) = \sum_{k=1}^{\infty} \bar{w}_k(x,s) \tag{13.3-32}$$

gdzie oznaczyliśmy:

$$\left.\begin{aligned}
\bar{w}_1(x,s) &= \bar{u}_0(s)\,\mathrm{e}^{-s\frac{x}{v}} \\
\bar{w}_2(x,s) &= \bar{u}_0(s)\,\Gamma_2\,\mathrm{e}^{-s\frac{2l-x}{v}} = \bar{w}_1(l,s)\,\Gamma_2\,\mathrm{e}^{-s\frac{l-x}{v}} \\
\bar{w}_3(x,s) &= \bar{u}_0(s)\,\Gamma_1\Gamma_2\,\mathrm{e}^{-s\frac{2l+x}{v}} = \bar{w}_2(0,s)\,\Gamma_1\,\mathrm{e}^{-s\frac{x}{v}} \\
\bar{w}_4(x,s) &= \bar{u}_0(s)\,\Gamma_1\Gamma_2^2\,\mathrm{e}^{-s\frac{4l-x}{v}} = \bar{w}_3(l,s)\,\Gamma_2\,\mathrm{e}^{-s\frac{l-x}{v}} \\
&\dots\dots\dots\dots\dots\dots\dots\dots \\
&\dots\dots\dots\dots\dots\dots\dots\dots
\end{aligned}\right\} \tag{13.3-33}$$

i tak dalej.

Występujące w transformatach $\bar{w}_k(x,s)$ czynniki wykładnicze są powodem (zgodnie ze wzorem (6.1-71) w tomie II) występowania opóźnień odpowiednich przebiegów czasowych:

$$w_k(x,t) = \mathscr{L}^{-1}[\bar{w}_k(x,s)]$$

w rozwinięciu:

$$u(x,t) = \sum_{k=1}^{\infty} w_k(x,t) \tag{13.3-34}$$

Zgodnie ze wzorami (13.3-33) otrzymujemy:

$$\begin{aligned}
w_1(x,t) &= 0 \qquad \text{dla } t < \frac{x}{v} \\
w_2(x,t) &= 0 \qquad \text{dla } t < \frac{2l-x}{v} \\
w_3(x,t) &= 0 \qquad \text{dla } t < \frac{2l+x}{v} \\
w_4(x,t) &= 0 \qquad \text{dla } t < \frac{4l-x}{v} \\
&\dots\dots\dots\dots \\
&\dots\dots\dots\dots
\end{aligned}$$

i tak dalej.

Oznacza to, że przy założeniu $\Gamma_1 \Gamma_2 \neq 0$ otrzymujemy:

$$u(x,t) = w_1(x,t) \qquad \text{dla } t < \frac{l}{v}$$

$$u(x,t) = w_1(x,t) + w_2(x,t) \qquad \text{dla } t < \frac{2l}{v}$$

$$u(x,t) = w_1(x,t) + w_2(x,t) + w_3(x,t) \qquad \text{dla } t < \frac{3l}{v}$$

lub, ogólnie:

$$u(x,t) = \sum_{k=1}^{n} w_k(x,t) \qquad \text{dla } t < \frac{nl}{v} \tag{13.3-35}$$

Poszczególne składniki wzoru (13.3-35) mają wyraźną interpretację falową. Zgodnie z pierwszym wzorem (13.3-33):

$$w_1(x,t) = u_0\left(t - \frac{x}{v}\right) 1\left(t - \frac{x}{v}\right) \tag{13.3-36}$$

Podobnie możemy przedstawić drugi składnik wzoru (13.3-35):

$$w_2(x,t) = \begin{cases} 0, & t < \dfrac{l}{v} \\ f_1\left(t - \dfrac{\xi}{v}\right) 1\left(t - \dfrac{\xi}{v}\right), & t > \dfrac{l}{v} \end{cases} \tag{13.3-37}$$

gdzie $\xi = l - x$ oraz:

$$f_1(t) = \mathscr{L}^{-1}[\bar{w}_1(l,s)\Gamma_2] = \mathscr{L}^{-1}\left[\bar{u}_0(s)\Gamma_2 \mathrm{e}^{-s\frac{l}{v}}\right]$$

a także dalsze składniki wzoru (13.3-35).

Zależności (13.3-36) i (13.3-37) umożliwiają ustalenie wyraźnej interpretacji falowej zjawisk zachodzących w rozpatrywanej linii długiej.

Przyjmijmy np., że funkcja $u_0(t)$ ma kształt przedstawiony na rys. 13.3-2. Na rysunku 13.3-3a są pokazane rozkłady napięcia (13.3-36) w funkcji

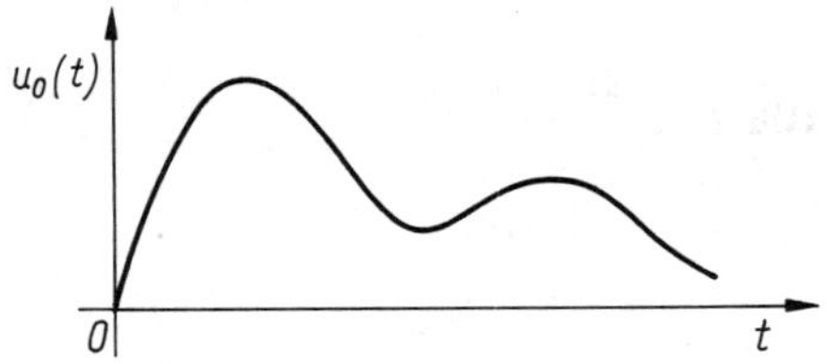

Rys. 13.3-2

x ($x \leqslant l$) w różnych chwilach t. Z rys. 13.3-3a, a także bezpośrednio ze wzoru (13.3-36) wynika, że składnik $w_1(x,t)$ reprezentuje falę rozchodzącą się w kierunku wzrastających x z prędkością v. Fala ta rozchodzi się bez zniekształceń i w każdym ustalonym punkcie x linii długiej przebieg napięcia (13.3-36) w czasie t ma taki sam kształt, jest jedynie opóźniony o czas x/v potrzebny na dojście czoła fali do punktu x (rys. 13.3-3b).

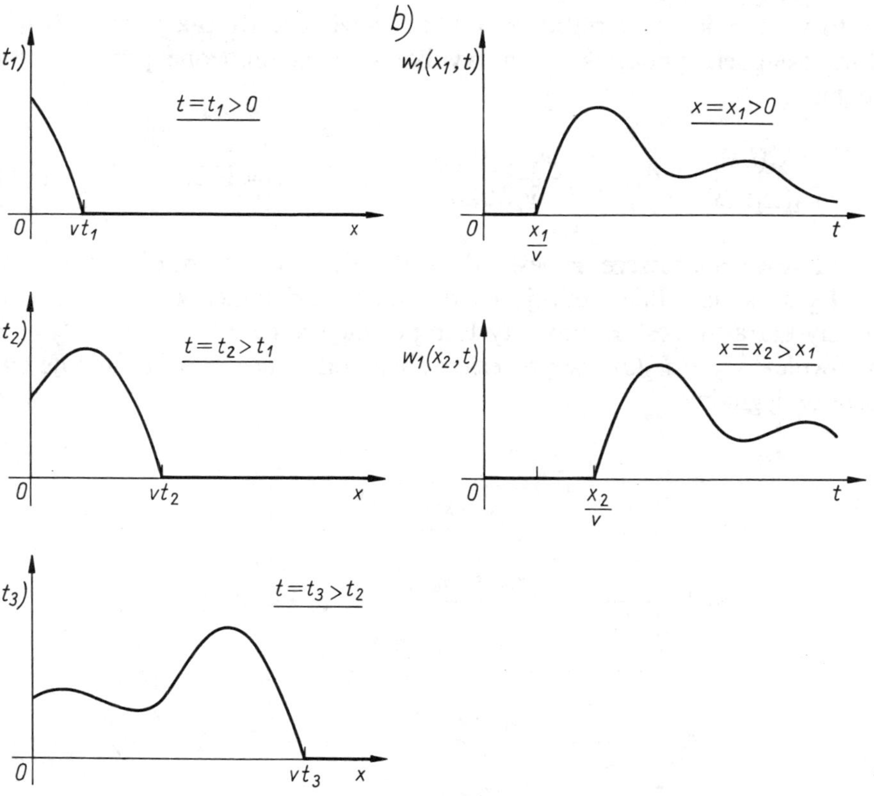

Rys. 13.3-3

W chwili $t = l/v$ czoło fali (13.3-36) osiąga koniec linii $x = l$ i przy $\Gamma_2 \neq 0$ następuje zjawisko odbicia. Dla czasów $t > l/v$ pojawia się drugi składnik (13.3-37) napięcia, reprezentujący falę rozchodzącą się w kierunku malejących x (wzrastających ξ) z prędkością v, również bez żadnych zniekształceń. W chwili $t = 2l/v$ czoło tej drugiej fali osiąga początek $x = 0$ linii długiej i, jeśli $\Gamma_1 \neq 0$, następuje kolejne odbicie (por. trzeci wzór (13.3-33)). Dla $t > 2l/v$ pojawia się w linii długiej trzeci składnik $w_3(x,t)$ napięcia $u(x,t)$, reprezentujący falę rozchodzącą się w kierunku wzrastających x, i zjawiska powtarzają się. Przy $\Gamma_1\Gamma_2 \neq 0$ następują kolejne odbicia od obu końców linii i z upływem czasu napięcie (13.3-35) zawiera coraz więcej składników $w_k(x,t)$, zwanych *falami wędrującymi.*

Mechanizm powstawania fal wędrujących łatwo jest zilustrować także w dziedzinie transformat, na podstawie wzorów (13.3-33).

Prześledźmy schemat przedstawiony na rys. 13.3-4, na którym linia długa jest przedstawiona symbolicznie. Ze schematu tego, a także ze wzorów (13.3-33) wynika rola współczynników odbicia Γ_1, Γ_2 w procesie kolejnych odbić fal wędrujących. Jeśli transformata fali wędrującej, która osiągnęła koniec $x = l$ linii, jest równa np. $\bar{w}_1(l,s)$, to w wyniku odbicia powstaje kolejna fala wędrująca, która dla $x = l$ ma transformatę $\Gamma_2 \bar{w}_1(l,s)$. Analogiczne zjawisko występuje na początku $x = 0$ linii, gdzie transformaty fal wędrujących, które osiągnęły początek, są w wyniku odbicia mnożone przez Γ_1. Mamy zatem:

$$\frac{\bar{w}_{2k}(l,s)}{\bar{w}_{2k-1}(l,s)} = \Gamma_2, \qquad \frac{\bar{w}_{2k-1}(0,s)}{\bar{w}_{2k}(0,s)} = \Gamma_1, \qquad k = 1, 2, \ldots \tag{13.3-38}$$

Zauważmy jeszcze, że jeśli: $Z_1 = R_1$, $Z_2 = R_2$, to współczynniki odbicia Γ_1, Γ_2 są stałe i fale wędrujące odbijają się od końców $x = 0$ i $x = l$ bez zmiany kształtu. Jeśli któraś z tych impedancji jest funkcją s, np. $Z_2 = Z_2(s)$, to również: $\Gamma_2 = \Gamma_2(s)$ i w procesie odbicia od końca $x = l$ następuje zmiana kształtu sygnału.

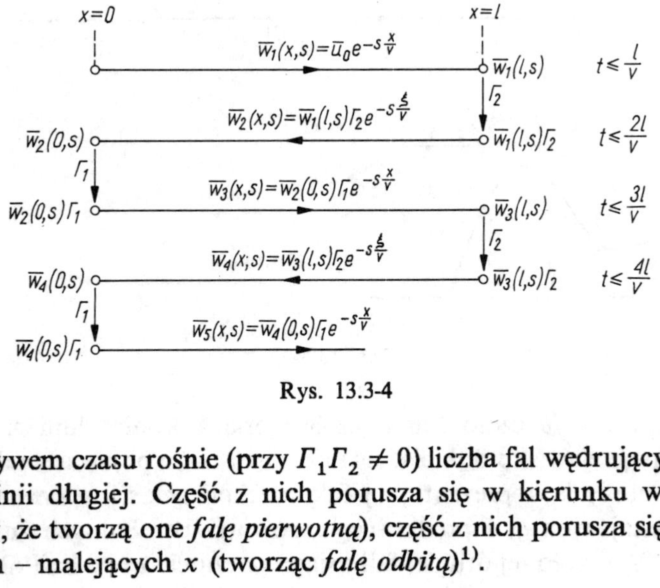

Rys. 13.3-4

Z upływem czasu rośnie (przy $\Gamma_1 \Gamma_2 \neq 0$) liczba fal wędrujących występujących w linii długiej. Część z nich porusza się w kierunku wzrastających x (mówimy, że tworzą one *falę pierwotną*), część z nich porusza się w kierunku przeciwnym – malejących x (tworząc *falę odbitą*)[1].

---

[1] Nazwy: *fala pierwotna* i *fala odbita* sugerują, zgodnie z przyjętym w p. A założeniem, że linia długa jest pobudzana na zaciskach pierwotnych i obciążona na zaciskach wtórnych (rys. 13.3-1).

Zwracamy uwagę, że w rozważanich dotyczących stanu ustalonego w linii długiej (p. 13.2.1-D) używaliśmy odpowiednio nazw: *fala docelowa* i *fala powrotna* (por. także p. D).

Przy pobudzaniu linii długiej na zaciskach $x = 0$ (rys. 13.3-1) fala odbita występuje w przypadku $\Gamma_2 \neq 0$ i nie występuje przy dopasowaniu falowym po stronie wtórnej $\Gamma_2 = 0$. Współczynnik odbicia Γ_1 decyduje tylko o tym, czy kolejne fale wędrujące odbijają się od początku $x = 0$ linii (jeśli $\Gamma_1 \neq 0$), czy też odbicie nie następuje ($\Gamma_1 = 0$, dopasowanie falowe po stronie pierwotnej), nie ma natomiast wpływu na występowanie lub niewystępowanie fali pierwotnej (fala pierwotna istnieje wskutek pobudzania po stronie pierwotnej).

Wynika stąd także następujący ważny wniosek.

Rozwinięcia w szeregi (13.3-32) *i* (13.3-34) *zawierają nieskończoną liczbę składników (w linii długiej występuje nieskończenie wiele fal wędrujących), jeśli* $\Gamma_1\Gamma_2 \neq 0$, *i zawierają skończoną ich liczbę (występuje skończona liczba fal wędrujących), jeśli* $\Gamma_1\Gamma_2 = 0$, *tzn. jeśli występuje dopasowanie falowe na którymś z końców linii długiej.*

W przypadku dopasowania falowego liczba składników we wzorach (13.3-32) i (13.3-34) redukuje się do jednego przy $\Gamma_2 = 0$ i do dwóch, przy $\Gamma_1 = 0$, $\Gamma_2 \neq 0$.

D. Stan ustalony w linii długiej. Przeprowadzone w p. C rozważania nad mechanizmem powstawania i rozchodzenia się fal wędrujących w linii długiej pozwalają na wyjaśnienie procesu powstawania stanu ustalonego.

Przede wszystkim ustalmy, na ile zmieniłby się opisany w p. C mechanizm zjawisk, gdyby rozważać go w przypadku linii długiej ze stratami[1)]. Zjawiska związane z występowaniem fal wędrujących i ich kolejnymi odbiciami od końców linii przy $\Gamma_1\Gamma_2 \neq 0$ nie ulegają zasadniczym zmianom. Fale wędrujące ulegają jednak zniekształceniom w trakcie rozchodzenia się wzdłuż linii długiej; podlegają one tłumieniu oraz może ulegać zmianie kształt sygnałów w czasie (w przypadku kiedy nie zachodzą zależności (13.3-22) i (13.3-23)).

Tłumienie powoduje, że np. przy pobudzaniu ze źródła harmonicznego włączonego do linii długiej w chwili $t = 0$, z upływem czasu fale wędrujące będą (także wskutek kolejnych odbić) zanikać do zera. Po dostatecznie dużym czasie od chwili włączenia źródła fala pierwotna i fala odbita przestaną praktycznie ulegać zmianom, a napięcie i prąd w każdym punkcie x linii długiej będą zmieniać się w czasie sinusoidalnie z pulsacją ω równą pulsacji źródła. Możemy wówczas uznać, że w linii długiej występuje *stan ustalony*, a falę pierwotną i falę odbitą nazwać dla odróżnienia odpowiednio: *falą docelową* i *falą powrotną*.

Krótkiego komentarza wymaga jeszcze pojęcie *stanu ustalonego w linii długiej bez strat* (p. 13.2.5 i 13.2.6). Znaczenie tego pojęcia jest analogiczne do wyjaśnionego w p. 6.3.3-D w tomie II pojęcia stanu ustalonego w układzie skupionym bez strat (w układzie reaktancyjnym). Elementem niezbędnym, umożliwiającym dojście układu do stanu ustalonego, są straty powodujące

---

1) Ograniczamy się, z konieczności, tylko do uwag jakościowych.

zanikanie w czasie efektów komutacji. Stan ustalony w bezstratnej linii długiej należy zatem rozumieć dokładnie według schematu przestawionego na str. 390 w tomie II, tzn. jako stan uzyskany ze stanu ustalonego w linii długiej ze stratami, gdy straty dążą do zera ($R \to 0$, $G \to 0$).

13.3.3. Przykłady i komentarze

Rozpatrzymy teraz kilka przykładów, które będą stanowić ilustrację zjawisk zachodzących w linii długiej bez strat. Pozwolą one także na wskazanie możliwości zastosowań linii długiej np. do kształtowania impulsów (por. np. [21], p. 3.3).

Metoda, jaką będziemy stosować w analizie konkretnych przykładów, będzie oparta na wykorzystaniu zależności (13.3-25) oraz możliwości rozwinięcia w szereg (13.3-31). Będzie to zatem *metoda fal wędrujących*[1)], szczególnie przydatna w przypadku pobudzania linii długiej ze źródła napięcia (lub prądu) stałego.

A. Linia długa bez strat przy zerowych warunkach początkowych. Rozpatrzymy przykłady, w których bezpośrednio możemy skorzystać z zależności (13.3-25) i rozwinięcia (13.3-31).

Przykład 13.3-1. Rozważmy przypadek włączenia źródła napięciowego o stałej sile elektromotorycznej E i oporze wewnętrznym R_1 do linii długiej bez strat rozwartej na końcu (rys. 13.3-5), a więc spełniającej warunek $\Gamma_2 = 1$.

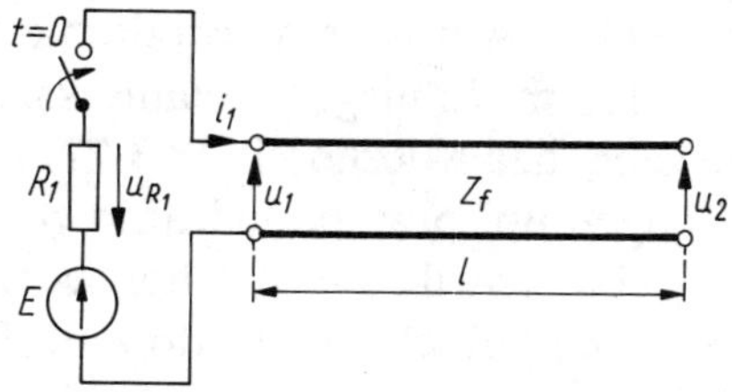

Rys. 13.3-5

Zgodnie ze wzorem (13.3-30) mamy:

$$\bar{u}_0(s) = k\frac{E}{s}, \qquad u_0(t) = kE\,1(t) \tag{13.3-39}$$

gdzie współczynnik:

$$k = \frac{Z_f}{R_1 + Z_f} < 1 \tag{13.3-40}$$

---

1) Druga metoda (zwana *metodą fal stojących*), jaką można również stosować w tych przypadkach, polega na wykorzystaniu rozwiązań ogólnych o postaci (13.3-12). Przykłady zastosowań tej metody Czytelnik znajdzie w literaturze (np. [13], [25]).

Rozpatrzmy najpierw przypadek dopasowania falowego na zaciskach pierwotnych, tzn. przypadek $R_1 = Z_f$. Wówczas: $k = 1/2$, $\Gamma_1 = 0$ i wzory (13.3-25) redukują się do postaci:

$$\left.\begin{aligned} \bar{u}(x,s) &= \bar{u}_0(s)\left(e^{-s\frac{x}{v}} + e^{-s\frac{2l-x}{v}}\right) \\ \bar{i}(x,s) &= \frac{\bar{u}_0(s)}{Z_f}\left(e^{-s\frac{x}{v}} - e^{-s\frac{2l-x}{v}}\right) \end{aligned}\right\}$$

Otrzymujemy stąd bezpośrednio:

$$\left.\begin{aligned} u(x,t) &= \frac{E}{2}\left[1\left(t-\frac{x}{v}\right) + 1\left(t-\frac{2l-x}{v}\right)\right] \\ i(x,t) &= \frac{E}{2Z_f}\left[1\left(t-\frac{x}{v}\right) - 1\left(t-\frac{2l-x}{v}\right)\right] \end{aligned}\right\} \tag{13.3-41}$$

Ze wzorów (13.3-41) otrzymujemy dla $x = 0$:

$$u_1(t) = u(0,t) = \frac{E}{2}\left[1(t) + 1\left(t-\frac{2l}{v}\right)\right]$$

$$i_1(t) = i(0,t) = \frac{E}{2Z_f}\left[1(t) - 1\left(t-\frac{2l}{v}\right)\right]$$

oraz dla końca $x = l$ linii długiej:

$$u_2(t) = u(l,t) = E1\left(t-\frac{l}{v}\right), \qquad i_2(t) = i(l,t) = 0$$

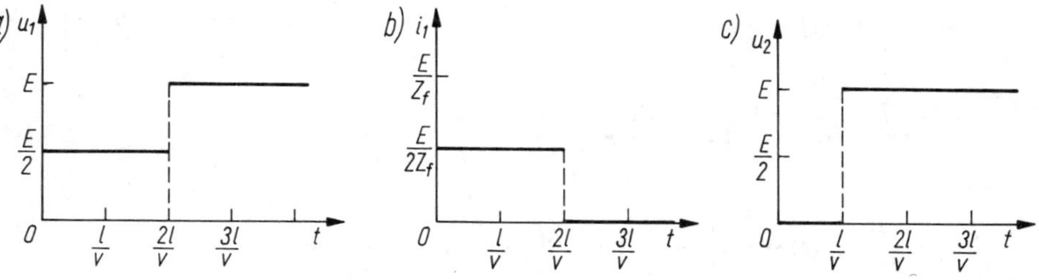

Rys. 13.3-6

Przebiegi tych wielkości pokazano na rys. 13.3-6a,b,c. Ponieważ $u_{R_1} = R_1 i_1$, zatem napięcie na oporze R_1 ma kształt impulsu prostokątnego, przedstawionego na rys. 13.3-6b. Czas trwania tego impulsu można regulować długością l linii długiej.

Przykład 13.3-2. Rozważmy ponownie układ z rys. 13.3-5, przyjmując $R_1 = 3Z_f$. Mamy wówczas: $\Gamma_1 = 1/2$, $\Gamma_2 = 1$ oraz $k = 1/4$.

Transformaty napięcia i prądu wzdłuż linii długiej wyrażają się teraz wzorami:

$$\left.\begin{aligned}\bar{u}(x,s) &= \bar{u}_0(s)\frac{e^{-s\frac{x}{v}}+e^{-s\frac{2l-x}{v}}}{1-\frac{1}{2}e^{-s\frac{2l}{v}}}\\ \bar{i}(x,s) &= \frac{\bar{u}_0(s)}{Z_f}\frac{e^{-s\frac{x}{v}}-e^{-s\frac{2l-x}{v}}}{1-\frac{1}{2}e^{-s\frac{2l}{v}}}\end{aligned}\right\} \tag{13.3-42}$$

Po rozwinięciu w szeregi wyrażeń (13.3-42) otrzymujemy:

$$\left.\begin{aligned}\bar{u}(x,s) &= \bar{u}_0(s)\left[e^{-s\frac{x}{v}}+e^{-s\frac{2l-x}{v}}+\frac{1}{2}e^{-s\frac{2l+x}{v}}+\frac{1}{2}e^{-s\frac{4l-x}{v}}+\frac{1}{4}e^{-s\frac{4l+x}{v}}+\ldots\right]\\ \bar{i}(x,s) &= \frac{\bar{u}_0(s)}{Z_f}\left[e^{-s\frac{x}{v}}-e^{-s\frac{2l-x}{v}}+\frac{1}{2}e^{-s\frac{2l+x}{v}}-\frac{1}{2}e^{-s\frac{4l-x}{v}}+\frac{1}{4}e^{-s\frac{4l+x}{v}}-\ldots\right]\end{aligned}\right\} \tag{13.3-43}$$

a stąd:

$$u(x,t) = \frac{E}{4}\left[\mathit{1}\left(t-\frac{x}{v}\right)+\mathit{1}\left(t-\frac{2l-x}{v}\right)+\frac{1}{2}\mathit{1}\left(t-\frac{2l+x}{v}\right)+\frac{1}{2}\mathit{1}\left(t-\frac{4l-x}{v}\right)+\right.$$
$$\left.+\frac{1}{4}\mathit{1}\left(t-\frac{4l+x}{v}\right)+\frac{1}{4}\mathit{1}\left(t-\frac{6l-x}{v}\right)+\ldots\right] \tag{13.3-44}$$

przy czym w wyrażeniu dla prądu $i(x,t)$ wystąpią znaki „—" w co drugim wyrazie rozwinięcia.

Dla $x = 0$ otrzymujemy:

$$u_1(t) = \frac{E}{4}\left[\mathit{1}(t)+\mathit{1}\left(t-\frac{2l}{v}\right)+\frac{1}{2}\mathit{1}\left(t-\frac{2l}{v}\right)+\frac{1}{2}\mathit{1}\left(t-\frac{4l}{v}\right)+\frac{1}{4}\mathit{1}\left(t-\frac{4l}{v}\right)+\ldots\right]=$$
$$=\frac{E}{4}\left[\mathit{1}(t)+\frac{3}{2}\mathit{1}\left(t-\frac{2l}{v}\right)+\frac{3}{4}\mathit{1}\left(t-\frac{4l}{v}\right)+\frac{3}{8}\mathit{1}\left(t-\frac{6l}{v}\right)+\ldots\right] \tag{13.3-45}$$
$$i_1(t) = \frac{E}{4Z_f}\left[\mathit{1}(t)-\frac{1}{2}\mathit{1}\left(t-\frac{2l}{v}\right)-\frac{1}{4}\mathit{1}\left(t-\frac{4l}{v}\right)-\frac{1}{8}\mathit{1}\left(t-\frac{6l}{v}\right)+\ldots\right]$$

Przebiegi napięcia i prądu na początku $x = 0$ linii długiej są przedstawione na rys. 13.3-7a,b.

Napięcie $u_2(t)$ na końcu $x = l$ linii długiej:

$$u_2(t) = \frac{E}{2}\left[\mathit{1}\left(t-\frac{l}{v}\right)+\frac{1}{2}\mathit{1}\left(t-\frac{3l}{v}\right)+\frac{1}{4}\mathit{1}\left(t-\frac{5l}{v}\right)+\ldots\right] \tag{13.3-46}$$

Jego przebieg jest przedstawiony na rys. 13.3-8.

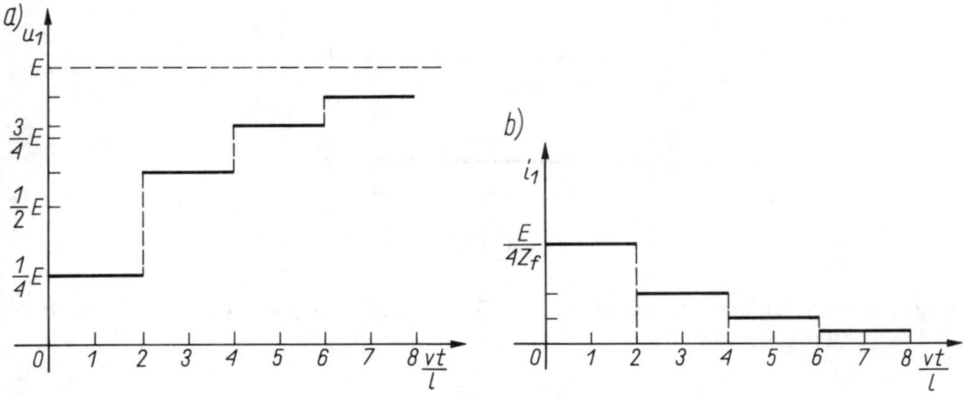

Rys. 13.3-7

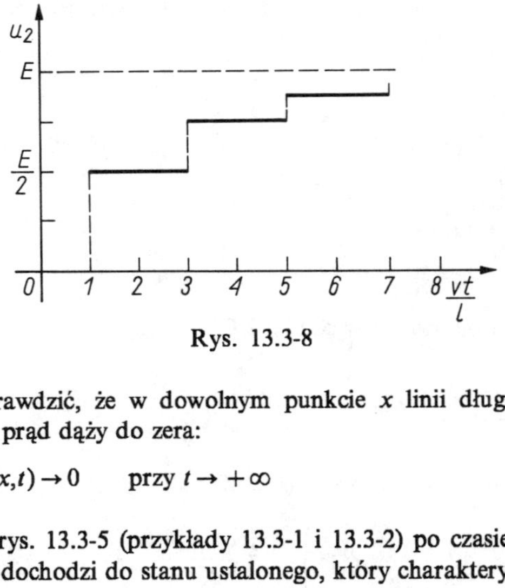

Rys. 13.3-8

Można łatwo sprawdzić, że w dowolnym punkcie x linii długiej przy $t \to \infty$ napięcie (13.3-43) dąży do E, zaś prąd dąży do zera:

$$u(x,t) \to E, \qquad i(x,t) \to 0 \qquad \text{przy } t \to +\infty$$

Uwaga. Układ z rys. 13.3-5 (przykłady 13.3-1 i 13.3-2) po czasie dostatecznie dużym od chwili dołączenia źródła dochodzi do stanu ustalonego, który charakteryzuje się zależnościami:

$$u(x,t) = E, \qquad i(x,t) = 0$$

dla $0 \leqslant x \leqslant l$. Rozpatrywana linia długa jest linią bez strat, układ z rys. 13.3-5 zawiera jednak opór R_1 i jako całość nie jest układem bezstratnym.

Zwracamy jeszcze uwagę Czytelnika na różnice w dochodzeniu do stanu ustalonego w przykładach 13.3-1 i 13.3-2. W przypadku $R_1 \neq Z_f$ stan ustalony następuje po czasie teoretycznie nieskończenie wielkim (jak w każdym układzie SLS, por. p. 2.2.2-B w tomie I), podczas gdy przy $R_1 = Z_f$ układ dochodzi do stanu ustalonego po czasie skończonym (por. końcowy wniosek w p. 13.3.2-C), co nie byłoby możliwe w układzie skupionym (w układzie SLS).

Przykład 13.3-3. Rozpatrzmy teraz przypadek włączenia źródła napięciowego o sile elektromotorycznej $e = e(t)$ i oporze wewnętrznym R_1 do linii długiej bez strat obciążonej oporem R_2 (rys. 13.3-9).

Rozważmy najpierw przypadki najprostsze, kiedy na którymś z końców linii długiej występuje dopasowanie falowe. Jeśli:

$$R_2 = Z_f, \qquad \Gamma_2 = 0$$

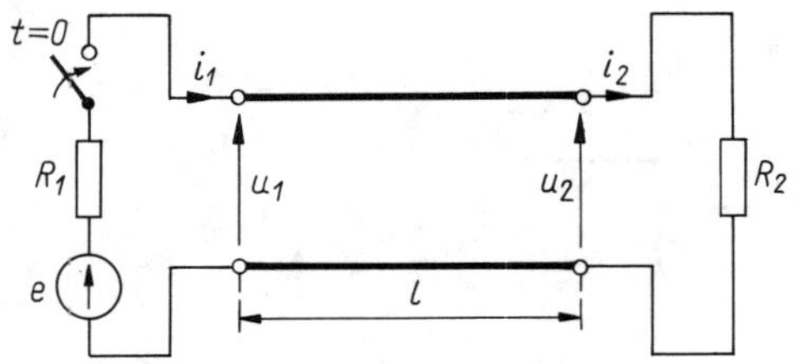

Rys. 13.3-9

to zgodnie z wcześniejszymi rozważaniami (p. 13.3.2-B) w linii długiej występuje tylko fala pierwotna i na podstawie wzorów (13.3-28) mamy:

$$\bar{u}(x,t) = k\bar{e}(s)\,\mathrm{e}^{-s\frac{x}{v}}, \qquad \bar{i}(x,t) = \frac{k}{Z_f}\bar{e}(s)\,\mathrm{e}^{-s\frac{x}{v}}$$

gdzie współczynnik k jest określony wzorem (13.3-40). Otrzymujemy zatem zależności dla $0 \leqslant x \leqslant l$:

$$\left.\begin{aligned} u(x,t) &= ke\left(t-\frac{x}{v}\right)1\left(t-\frac{x}{v}\right) \\ i(x,t) &= \frac{k}{Z_f}e\left(t-\frac{x}{v}\right)1\left(t-\frac{x}{v}\right) \end{aligned}\right\} \tag{13.3-47}$$

których interpretacja była omówiona w p. 13.3.2-C.

Jeśli natomiast:

$$R_1 = Z_f, \qquad \Gamma_1 = 0$$

oraz $R_2 \neq Z_f$, wówczas, zgodnie z wzorami (13.3-25):

$$\left.\begin{aligned} \bar{u}(x,s) &= \frac{1}{2}\bar{e}(s)\left[\mathrm{e}^{-s\frac{x}{v}} + \Gamma_2\,\mathrm{e}^{-s\frac{2l-x}{v}}\right] \\ \bar{i}(x,s) &= \frac{1}{2Z_f}\bar{e}(s)\left[\mathrm{e}^{-s\frac{x}{v}} - \Gamma_2\,\mathrm{e}^{-s\frac{2l-x}{v}}\right] \end{aligned}\right\}$$

gdzie Γ_2 jest liczbą rzeczywistą różną od zera. Przechodząc do dziedziny czasu, otrzymujemy dla $0 \leqslant x \leqslant l$:

$$\left.\begin{aligned} u(x,t) &= \frac{1}{2}\left[e\left(t-\frac{x}{v}\right)1\left(t-\frac{x}{v}\right) + \Gamma_2 e\left(t-\frac{2l-x}{v}\right)1\left(t-\frac{2l-x}{v}\right)\right] \\ i(x,t) &= \frac{1}{2Z_f}\left[e\left(t-\frac{x}{v}\right)1\left(t-\frac{x}{v}\right) - \Gamma_2 e\left(t-\frac{2l-x}{v}\right)1\left(t-\frac{2l-x}{v}\right)\right] \end{aligned}\right\} \tag{13.3-48}$$

Podkreślamy, że we wzorach (13.3-47) i (13.3-48) siła elektromotoryczna $e = e(t)$ jest d o w o l n ą funkcją czasu.

Przyjmując np.: $e = E_m \sin\omega t$, $\Gamma_2 = 1/2$ oraz dobierając pulsację ω i długość l linii długiej tak, aby:

$$\frac{l}{v} = \frac{\pi}{\omega}$$

dostajemy z (13.3-48):

$$u(x,t) = \frac{E_m}{2}\left[\sin\omega\left(t - \frac{x}{v}\right)\mathbf{1}\left(t - \frac{x}{v}\right) + \frac{1}{2}\sin\omega\left(t + \frac{x}{v}\right)\mathbf{1}\left(t - \frac{2l - x}{v}\right)\right] \tag{13.3-49}$$

Przebieg napięcia (13.3-49) na początku $x = 0$ linii długiej:

$$u_1(t) = \frac{E_m}{2}\left[\sin\omega t\,\mathbf{1}(t) + \frac{1}{2}\sin\omega t\,\mathbf{1}\left(t - \frac{2\pi}{\omega}\right)\right]$$

jest przedstawiony na rys. 13.3-10.

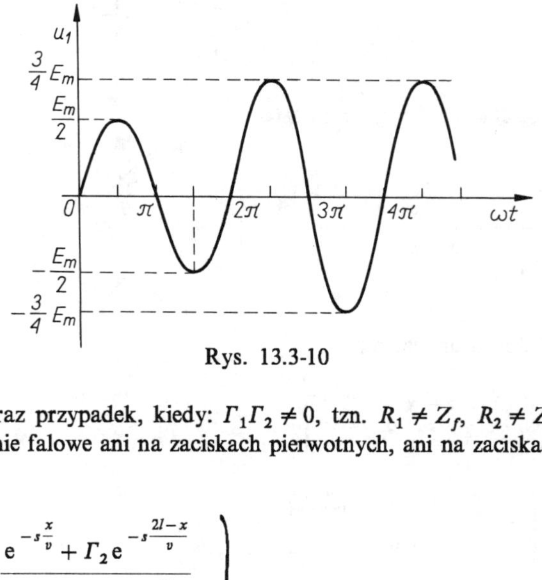

Rys. 13.3-10

Rozważmy teraz przypadek, kiedy: $\Gamma_1\Gamma_2 \neq 0$, tzn. $R_1 \neq Z_f$, $R_2 \neq Z_f$, a więc kiedy nie występuje dopasowanie falowe ani na zaciskach pierwotnych, ani na zaciskach wtórnych. Mamy wówczas:

$$\left.\begin{aligned} \bar{u}(x,s) &= \bar{u}_0(s)\,\frac{e^{-s\frac{x}{v}} + \Gamma_2 e^{-s\frac{2l-x}{v}}}{1 - \Gamma_1\Gamma_2 e^{-s\frac{2l}{v}}} \\ \bar{i}(x,s) &= \frac{\bar{u}_0(s)}{Z_f}\,\frac{e^{-s\frac{x}{v}} - \Gamma_2 e^{-s\frac{2l-x}{v}}}{1 - \Gamma_1\Gamma_2 e^{-s\frac{2l}{v}}} \end{aligned}\right\} \tag{13.3-50}$$

gdzie:

$$\bar{u}_0(s) = k\bar{e}(s), \qquad k = \frac{Z_f}{R_1 + Z_f}$$

Zauważamy bez trudu, że zależności (13.3-50) i (13.3-42) różnią się tylko wartościami współczynników liczbowych, przy czym Γ_1, Γ_2 są liczbami rzeczywistymi spełniającymi nierówności: $|\Gamma_1| < 1$, $|\Gamma_2| < 1$ dla skończonych i niezerowych wartości oporów R_1, R_2. Oznacza to, że rozwinięcia w szeregi geometryczne transformat (13.3-50) będą miały postać (13.3-43) z innymi tylko współczynnikami liczbowymi.

Przykład 13.3-4. Rozważmy jeszcze przypadek, w którym obciążeniem linii długiej jest impedancja:

$$Z_2 = \frac{1}{sC_2}$$

zależna od s (rys. 13.3-11). Przyjmiemy dla uproszczenia, że: $R_1 = Z_f$, a więc $\Gamma_1 = 0$, oraz że: $e(t) = E$.

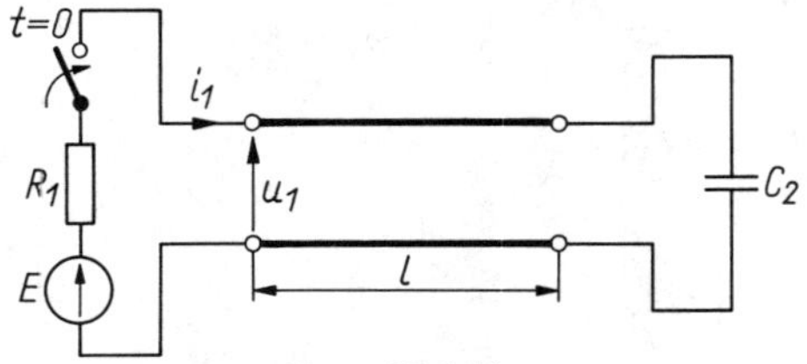

Rys. 13.3-11

Współczynnik odbicia Γ_2 przybiera postać:

$$\Gamma_2 = \frac{\dfrac{1}{sC_2} - Z_f}{\dfrac{1}{sC_2} + Z_f} = -\frac{s-\alpha}{s+\alpha}, \qquad \alpha = \frac{1}{Z_f C_2} \tag{13.3-51}$$

Ze wzorów (13.3-25) dostajemy zatem:

$$\bar{u}(x,s) = \frac{E}{2s}\left[\mathrm{e}^{-s\frac{x}{v}} - \frac{s-\alpha}{s+\alpha}\,\mathrm{e}^{-s\frac{2l-x}{v}}\right]$$

$$\bar{i}(x,s) = \frac{E}{2Z_f s}\left[\mathrm{e}^{-s\frac{x}{v}} + \frac{s-\alpha}{s+\alpha}\,\mathrm{e}^{-s\frac{2l-x}{v}}\right]$$

Rozkładając na ułamki proste:

$$\frac{s-\alpha}{s(s+\alpha)} = -\frac{1}{s} + \frac{2}{s+\alpha}$$

wzory te możemy przepisać w postaci:

$$\bar{u}(x,s) = \frac{E}{2}\left[\frac{1}{s}\mathrm{e}^{-s\frac{x}{v}} + \left(\frac{1}{s} - \frac{2}{s+\alpha}\right)\mathrm{e}^{-s\frac{2l-x}{v}}\right]$$

$$\bar{i}(x,s) = \frac{E}{2Z_f}\left[\frac{1}{s}\mathrm{e}^{-s\frac{x}{v}} - \left(\frac{1}{s} - \frac{2}{s+\alpha}\right)\mathrm{e}^{-s\frac{2l-x}{v}}\right]$$

co prowadzi do następujących zależności w dziedzinie czasu:

$$u(x,t) = \frac{E}{2}\left\{1\left(t-\frac{x}{v}\right)+\left[1-2e^{-\alpha\left(t-\frac{2l-x}{v}\right)}\right]1\left(t-\frac{2l-x}{v}\right)\right\}$$

$$i(x,t) = \frac{E}{2Z_f}\left\{1\left(t-\frac{x}{v}\right)-\left[1-2e^{-\alpha\left(t-\frac{2l-x}{v}\right)}\right]1\left(t-\frac{2l-x}{v}\right)\right\}$$

Dla $x = 0$ otrzymujemy stąd:

$$u_1(t) = \frac{E}{2}\left\{1(t)+\left[1-2e^{-\alpha\left(t-\frac{2l}{v}\right)}\right]1\left(t-\frac{2l}{v}\right)\right\}$$

$$i_1(t) = \frac{E}{2Z_f}\left\{1(t)-\left[1-2e^{-\alpha\left(t-\frac{2l}{v}\right)}\right]1\left(t-\frac{2l}{v}\right)\right\}$$

Przebiegi napięcia $u_1(t)$ i prądu $i_1(t)$ są pokazane na rys. 13.3-12a, b. Warto zwrócić uwagę na skok napięcia u_1 i skok prądu i_1, jakie występują w chwili $t = 2l/v$. Przez odpowiedni dobór wartości współczynnika α można uzyskać „szpilkowy" charakter impulsu[1)].

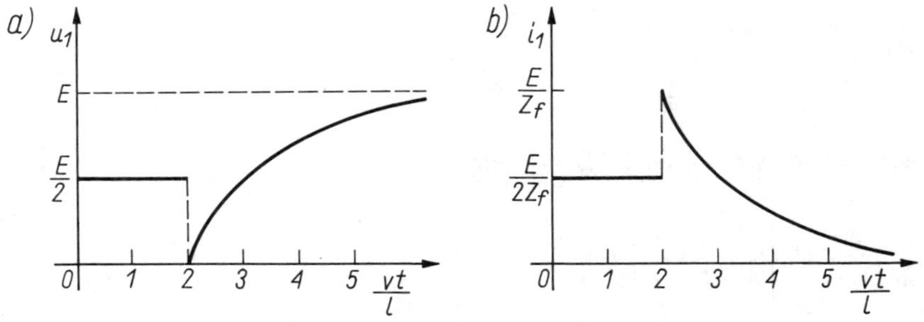

Rys. 13.3-12

B. Linia długa bez strat przy niezerowym warunku początkowym. Rozpatrzmy teraz przykład ilustrujący zjawiska w linii długiej bez strat z niezerowym warunkiem początkowym (p. 13.3.1-C).

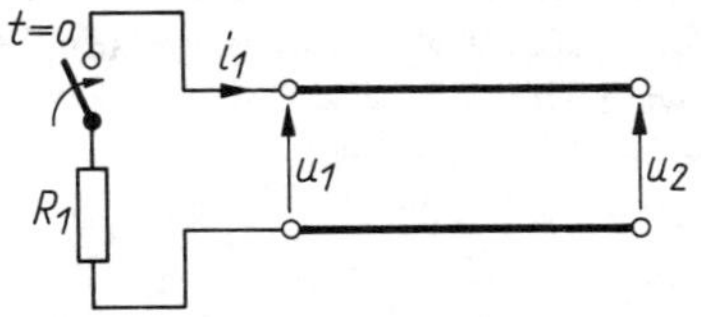

Rys. 13.3-13

Przykład 13.3-5. Rozpatrzmy linię długą bez strat rozwartą na końcu $x = l$, naładowaną do napięcia U_0 (rys. 13.3-13) (tzn. przy warunkach początkowych (13.3-13)), która, począwszy od chwili $t = 0$, rozładowuje się przez opór R_1.

1) Analiza zjawisk w układzie z rys. 13.3-11 przy $R_1 = 0$ (przypadek znacznie trudniejszy, bowiem $\Gamma_1 \neq 0$) jest podana np. w [25], str. 631, [13], str. 93.

Zgodnie z zależnościami (13.3-16) otrzymujemy:

$$\left.\begin{aligned}\bar{u}(x,s) &= A_1 e^{-s\frac{x}{v}} + A_2 e^{s\frac{x}{v}} + \frac{U_0}{s} \\ \bar{i}(x,s) &= \frac{1}{Z_f}\left(A_1 e^{-s\frac{x}{v}} - A_2 e^{s\frac{x}{v}}\right)\end{aligned}\right\} \tag{13.3-52}$$

przy czym funkcje: $A_1 = A_1(s)$, $A_2 = A_2(s)$ wyznaczamy z warunków brzegowych dla $x = 0$ i $x = l$:

$$\bar{u}(0,s) = -R_1 \bar{i}(0,s), \qquad \bar{i}(l,s) = 0$$

to znaczy z równań:

$$\left(A_1 + A_2 + \frac{U_0}{s}\right) = -\frac{R_1}{Z_f}(A_1 - A_2)$$

$$A_1 e^{-s\frac{l}{v}} - A_2 e^{s\frac{l}{v}} = 0$$

Rozwiązania tych równań mają postać (szczegóły pomijamy):

$$A_1 = -\frac{U_0}{s}\frac{Z_f}{R_1 + Z_f}\frac{1}{1 - \Gamma_1 e^{-s\frac{2l}{v}}}, \qquad A_2 = e^{-s\frac{2l}{v}} A_1$$

Po podstawieniu do wzorów (13.3-52) dostajemy:

$$\left.\begin{aligned}\bar{u}(x,s) &= \frac{U_0}{s}\left[1 - k\frac{e^{-s\frac{x}{v}} + e^{-s\frac{2l-x}{v}}}{1 - \Gamma_1 e^{-s\frac{2l}{v}}}\right] \\ \bar{i}(x,s) &= -k\frac{U_0}{s}\frac{e^{-s\frac{x}{v}} - e^{-s\frac{2l-x}{v}}}{1 - \Gamma_1 e^{-s\frac{2l}{v}}}\end{aligned}\right\} \tag{13.3-53}$$

gdzie k jest współczynnikiem określonym wzorem (13.3-40). Przyjmując np. $R_1 = 3Z_f$, mamy: $\Gamma_1 = 1/2$, $k = 1/4$ i możemy skorzystać z wyników przykładu 13.3-2. Z porównania zależności (13.3-53) i (13.3-42) wynika bowiem, że:

$$u(x,t) = U_0 \mathbf{1}(t) - u'(x,t)$$

$$i(x,t) = -i'(x,t)$$

gdzie przez $u'(x,t)$, $i'(x,t)$ oznaczono napięcie i prąd w układzie z rys. 13.3-5 (przykład 13.3-2) przy: $E = U_0$.

Wynika stąd np., że:

$$u_1(t) = U_0 - u_1'(t), \qquad u_2(t) = U_0 - u_2'(t) \tag{13.3-54}$$

gdzie: $u_1'(t)$, $u_2'(t)$ są napięciami określonymi zależnościami (13.3-45) i (13.3-46). Przebiegi napięć (13.3-54) są przedstawione na rys. 13.3-14a, b.

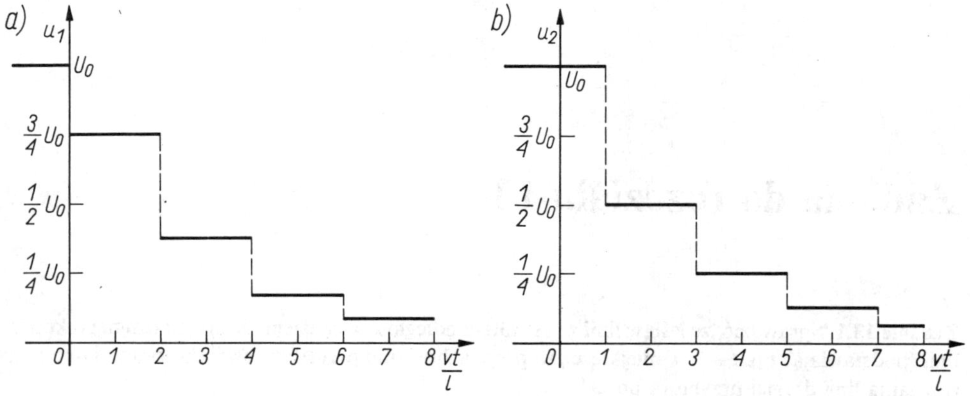

Rys. 13.3-14

C. Komentarze i wnioski. Na podstawie rozważań przedstawionych w p. 13.3.2 oraz przykładów z p. A, B można sformułować kilka spostrzeżeń i wniosków ogólnych.

Analiza zjawisk zachodzących w linii długiej dla $t \geqslant 0$ ogromnie upraszcza się, jeśli można przyjąć, że rozpatrywana linia długa jest linią bez strat. Założenie to jest w praktyce dopuszczalne, zwłaszcza jeśli długość l odcinka linii długiej jest niezbyt duża. W przypadku linii długiej bez strat istnieje realna możliwość uzyskania dopasowania falowego, co prowadzi do skończonej liczby fal wędrujących w linii długiej. Przy $Z_1 = R_1$ i $Z_2 = R_2$ współczynniki odbicia są rzeczywiste i sygnały podlegające odbiciom od końców linii długiej nie ulegają zniekształceniom. Istnieje możliwość wykorzystania układów z linią długą bez strat do odpowiedniego formowania impulsów (np. [21]).

Zjawiska zachodzące w linii długiej dla $t \geqslant 0$ komplikują się zasadniczo, jeśli nie można przyjmować założenia: $R = 0$, $G = 0$. Przy spełnieniu warunku (13.3-22) (linia długa niezniekształcająca) straty w linii powodowałyby tylko tłumienie fal wędrujących bez zmiany ich kształtu. Jak jednak wiemy (por. p. 13.2.4-C), warunek (13.3-22) w praktyce nie zachodzi. W przypadku ogólnym linii długiej ze stratami oprócz tłumienia fal wędrujących występują zniekształcenia ich postaci, a także zniekształcenia w procesie odbić od końców linii długiej. Nie występuje również praktycznie możliwość uzyskania dopasowania falowego, a pomijanie fali powrotnej jest (w ograniczonym zakresie) dopuszczalne tylko przy założeniu, że długość l jest dostatecznie duża (nieskończona linia długa, por. np. [25], p. 7.3.1).

Uwagi te raz jeszcze potwierdzają znaczenie (teoretyczne i praktyczne) przypadku, w którym możliwe jest pominięcie strat w linii długiej.

Zadania do rozdziału 13

Zadanie 13.1. Sprawdzić, że jeśli w linii z rys. 13.1-2 odległość x będziemy liczyć od drugiego końca linii (podstawiając np. $l - x$ w miejsce x), to przy zachowaniu przyjętych zwrotów prądu i napięcia równania linii długiej przybiorą postać:

$$\frac{\partial u}{\partial x} = Ri + L\frac{\partial i}{\partial t}, \quad \frac{\partial i}{\partial x} = Gu + C\frac{\partial u}{\partial t}$$

Zadanie 13.2. Sprawdzić, że przyjmując, zamiast schematu zastępczego odcinka Δx linii z rys. 13.1-4, dowolny ze schematów przedstawionych na rys. Z-13.2, otrzymujemy przy przejściu granicznym $\Delta x \to 0$ równania linii długiej (13.1-5).

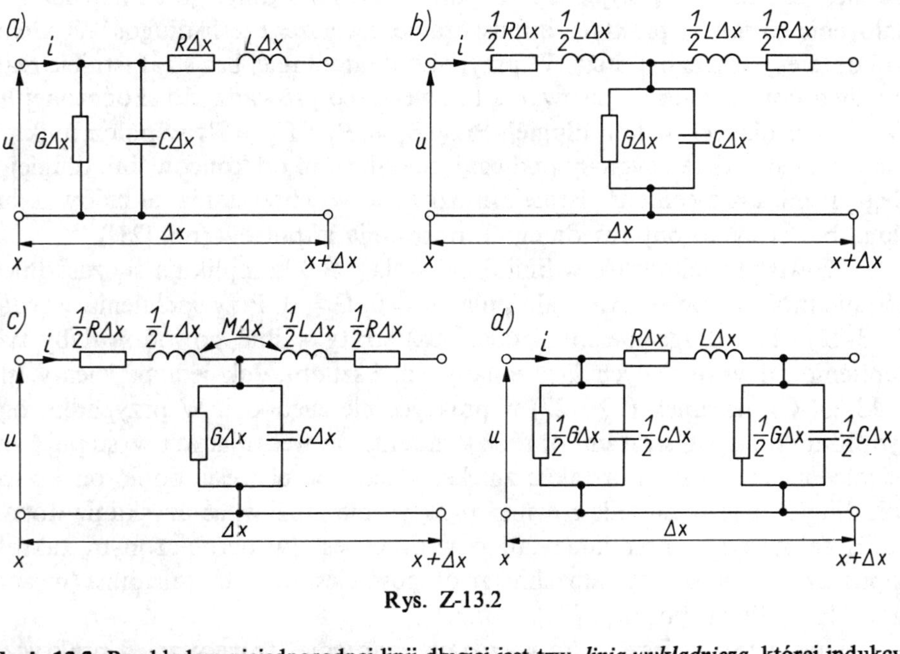

Rys. Z-13.2

Zadanie 13.3. Przykładem niejednorodnej linii długiej jest tzw. *linia wykładnicza*, której indukcyjność jednostkowa L i pojemność jednostkowa C zmieniają się w funkcji x według zależności:

$$L = L_0 e^{\delta x}, \qquad C = C_0 e^{-\delta x}, \qquad \delta > 0$$

Wykazać, że przy założeniu braku strat ($R = 0$, $G = 0$) napięcie u i prąd i w linii wykładniczej spełniają równania:

$$\frac{\partial^2 u}{\partial x^2} - \delta\frac{\partial u}{\partial x} - L_0 C_0 \frac{\partial^2 u}{\partial t^2} = 0, \qquad \frac{\partial^2 i}{\partial x^2} + \delta\frac{\partial i}{\partial x} - L_0 C_0 \frac{\partial^2 i}{\partial t^2} = 0$$

Zadanie 13.4. Linia dwuprzewodowa jest utworzona z przewodów ferromagnetycznych. Nieliniową zależność strumienia magnetycznego od prądu wewnątrz przewodów można uwzględnić w przybliżeniu, przyjmując w pierwszym równaniu (13.1-6):

$$\psi = Li + \alpha i^3, \qquad L, \alpha = \text{const.}$$

Zakładając, że nieliniowość oraz straty w linii są małe (tzn. zakładając, że współczynniki: α, R, G są rzędu małego parametru ε), wyznaczyć uproszczoną postać równań dla prądu i w linii, ograniczając się w nim tylko do wyrazów rzędu ε.

Odp.: $$\frac{\partial^2 i}{\partial x^2} = LC\frac{\partial^2 i}{\partial t^2} + (RC + GL)\frac{\partial i}{\partial t} + \alpha C\frac{\partial^2 i^3}{\partial t^2}$$

Zadanie 13.5. Wyznaczyć orientacyjny zakres częstotliwości, w którym dwuprzewodową linię przesyłową o wymiarach $l = 1$ km, $d = 3$ cm można uważać za linię długą o równaniach (13.1-5).
Wskazówka: Przyjąć: $\lambda_{max}/4 \cong l$, $\lambda_{min}/4 \cong d$.

Odp.: 75 kHz $< f <$ 2,5 GHz

Zadanie 13.6. Obliczyć indukcyjność jednostkową L, pojemność jednostkową C oraz opór charakterystyczny R_0 (wzór (13.1-29)) linii koncentrycznej o wymiarach $2a = 2$ cm, $2d = 10$ cm. Linia jest wypełniona dielektrykiem o względnej przenikalności elektrycznej $\varepsilon_r = 2{,}5$.

Odp.: $L = 0{,}32$ μH/m, $C = 86$ pF/m, $R_0 = 61$ Ω.

Zadanie 13.7. Obliczyć prędkość rozchodzenia się fali w linii z zad. 13.6 przy założeniu braku strat.

Odp.: $v = 1{,}9\cdot 10^8$ m/s.

Zadanie 13.8. Dla częstotliwości $f = 100$ kHz prędkość fazowa w linii wynosi $v = 2\cdot 10^8$ m/s. Obliczyć współczynnik przesunięcia tej linii oraz długość fali λ w linii.

Odp.: $\beta = \pi\cdot 10^{-3}$ rad/m, $\lambda = 2$ km.

Zadanie 13.9. Wyznaczyć z warunków brzegowych dla $x = 0$ i $x = l$ (rys. 13.2-6) wartości stałych A, B w rozwiązaniach (13.2-32) i (13.2-33).

Odp.: $$A = E\frac{Z_2\operatorname{ch}\gamma l + Z_f\operatorname{sh}\gamma l}{(Z_1 + Z_2)\operatorname{ch}\gamma l + \left(Z_f + \dfrac{Z_1 Z_2}{Z_f}\right)\operatorname{sh}\gamma l}$$

$$B = -E\frac{Z_f\operatorname{ch}\gamma l + Z_2\operatorname{sh}\gamma l}{(Z_1 + Z_2)\operatorname{ch}\gamma l + \left(Z_f + \dfrac{Z_1 Z_2}{Z_f}\right)\operatorname{sh}\gamma l}$$

Zadanie 13.10. Wyznaczyć wartość pulsacji ω' (rys.13.2-10b), dla której $\varphi_z = \arg Z_f$ osiąga wartość minimalną, oraz obliczyć wartość $\varphi_z|_{\omega=\omega'}$.

Odp.: $$\omega' = \sqrt{\frac{RG}{LC}}, \qquad \varphi_z|_{\omega=\omega'} = -\operatorname{arctg} k + \frac{\pi}{4}, \qquad k = \sqrt{\frac{RC}{GL}} > 1$$

Zadanie 13.11. Obliczyć najmniejszą częstotliwość f_0, przy której linia o długości $l = 250$ m i prędkości fazowej $v = 2\cdot 10^8$ m/s jest linią ćwierćfalową.

Odp.: $f_0 = 200$ kHz.

Zadanie 13.12. Wykazać, że w linii dopasowanej falowo, pracującej w stanie ustalonym przy pobudzaniu sinusoidalnym, moc czynna wydzielana w linii wyraża się wzorem:

$$P = \frac{|U_1|^2 \mathrm{Re} Z_f}{2|Z_f|^2}(1 - e^{-2\alpha l})$$

Zadanie 13.13. Wykazać, że w linii bez strat:

$$U_{max} = \sqrt{2 Z_f P_2 \rho}, \qquad I_{max} = \sqrt{\frac{2P_2\rho}{Z_f}}$$

gdzie P_2 jest mocą czynną wydzielaną w obciążeniu Z_2, a ρ jest współczynnikiem fali stojącej.

Zadanie 13.14. Odwracalny czwórnik 11′22′ o znanej przekładni impedancyjnej p i współczynniku przenoszenia falowego g pracuje w stanie ustalonym przy pobudzaniu ze źródła $e = E_m \sin \omega t$ w układzie pokazanym na rys. Z-13.14. Czwórnik jest dopasowany falowo na zaciskach 22′, a źródło e, Z_1 oddaje do układu moc czynną równą swojej mocy dysponowanej. W stratnej linii l_3 o impedancji falowej Z_{f3} nie występuje fala powrotna. Linia l_4 jest bezstratną linią ćwierćfalową o impedancji falowej Z_{f4}. Obliczyć wartości C_3, R_4 oraz amplitudę napięcia u_2, przyjmując następujące dane: $E_m = 10\sqrt{2}$ V, $\omega = 10^9$ rad/s, $p = \sqrt{2}$, $g = \ln 2$, $Z_{f3} = 50(1 - j1)$ Ω, $Z_{f4} = 50$ Ω.

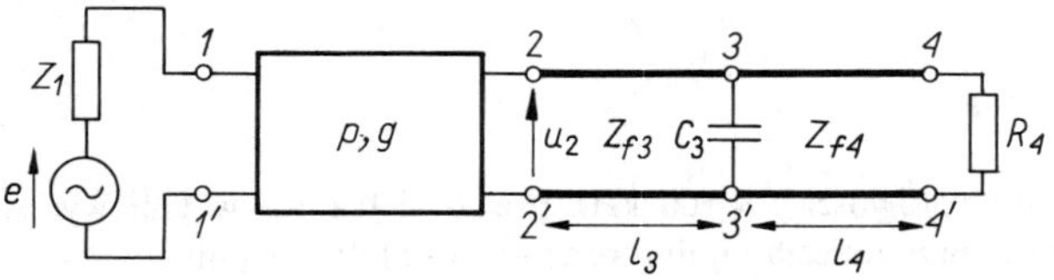

Rys. Z-13.14

Odp.: $R_4 = 25$ Ω, $C_3 = 10$ pF, $|U_2| = 5\sqrt{2}$ V.

Zadanie 13.15. Dany jest układ linii długich bezstratnych pobudzany ze źródła sinusoidalnego $e = E_m \cos \omega t$, $E_m = 10$ V, $\omega = 1/3 \cdot 10^8$ rad/s i obciążony dwójnikiem o impedancji $Z_2 = Z_f(1 - j1)$ (rys. Z-13.15). Dobrać impedancję falową Z_f i pojemność C tak, aby w linii l_1 o impedancji falowej $Z_{f1} = 50$ Ω nie wystąpiła fala powrotna. Obliczyć amplitudy napięć u_1, u_2, u_3, u_4, u_5.

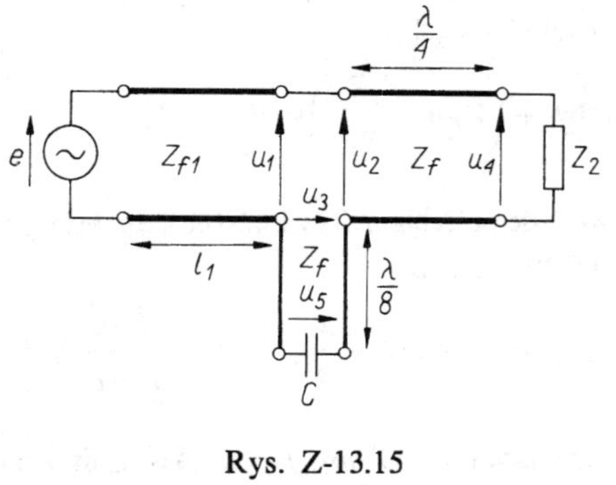

Rys. Z-13.15

Odp.: $Z_f = 100$ Ω, $C = 0{,}1$ nF,
$|U_1| = E_m = 10$ V, $|U_2| = 10\sqrt{2}$ V, $|U_3| = 10$ V, $|U_4| = 20$ V, $|U_5| = 15\sqrt{2}$ V.

Zadanie 13.16. Układ trzech bezstratnych powietrznych linii długich z rys. Z-13.16a o tej samej prędkości fazowej $c = 3 \cdot 10^8$ m/s jest pobudzany z rzeczywistego źródła sinusoidalnego o sile elektromotorycznej $e = E_m \sin 2\pi f t$, amplitudzie $E_m = 100$ V, częstotliwości f oraz oporze wewnętrznym $R_w = 100\ \Omega$. Układ jest obciążony oporem $4R = 800\ \Omega$. Dobrać najmniejsze długości linii l_1 i l_2 oraz impedancję falową Z_{f1} linii l_1, przy których dla częstotliwości $f = f_0 = 100$ MHz linia l o długości $l = 1{,}5$ m i impedancji falowej $Z_f = 100\ \Omega$ jest dopasowana falowo na zaciskach 22′, natomiast dla częstotliwości $f = 2f_0 = 200$ MHz jest zwarta na zaciskach 22′. Dla tak wyznaczonych parametrów obliczyć amplitudy napięć $|U_1|$, $|U_2|$, $|U_3|$ oraz wykreślić rozkłady amplitudy napięcia wzdłuż wszystkich linii dla częstotliwości $f = f_0$.

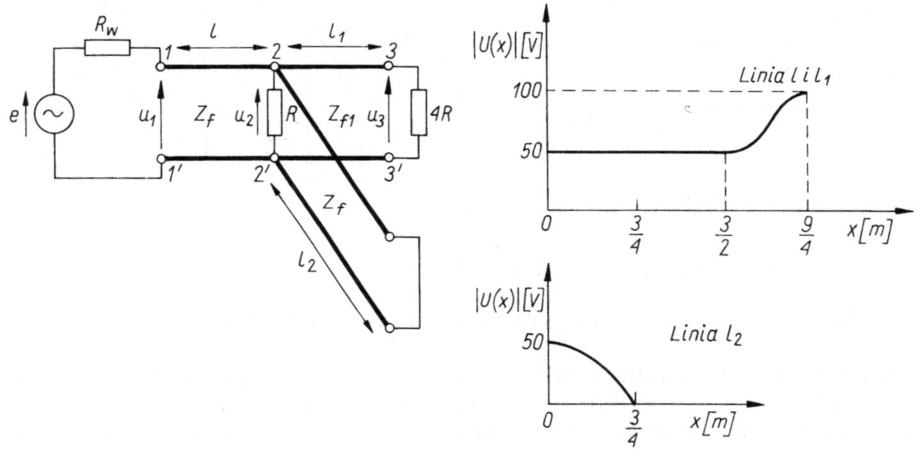

Rys. Z-13.16

Odp.: $l_{1\min} = l_{2\min} = 0{,}75$ m, $Z_{f1} = 400\ \Omega$, $|U_1| = |U_2| = 50$ V, $|U_3| = 100$ V;
Rozkłady amplitudy napięcia są przedstawione na rys. Z-13.16b.

Zadanie 13.17. Układ linii z rys. Z-13.17a jest pobudzany z rzeczywistego źródła sinusoidalnego o sile elektromotorycznej $e = E_m \sin\omega t$, amplitudzie $E_m = 16$ V, pulsacji $\omega = 2\dfrac{\text{Grad}}{\text{s}}$ oraz oporze wewnętrznym $R_w = 100\ \Omega$. Linie l_1 i l_2 są liniami bezstratnymi o tej samej impedancji falowej $Z_f = 75\ \Omega$. Dla jakich wartości elementów R i C dwójnik na prawo od zacisków 11′ jest dopasowany do źródła na maksimum mocy czynnej. Dla tych wartości elementów wykreślić rozkłady amplitudy napięcia wzdłuż obu linii.

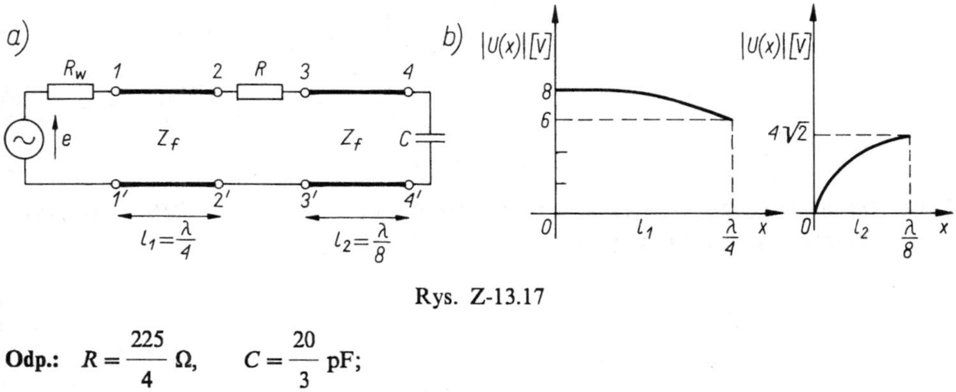

Rys. Z-13.17

Odp.: $R = \dfrac{225}{4}\ \Omega$, $\quad C = \dfrac{20}{3}$ pF;

Rozkłady amplitudy napięcia są przedstawione na rys. Z-13.17b.

Zadanie 13.18. Bezstratna linia długa o długości $l = 0,75\lambda$ pracuje w stanie ustalonym przy pobudzaniu ze źródła sinusoidalnego o amplitudzie E_m i oporze wewnętrznym równym impedancji falowej Z_f linii (rys. Z-13.18a). Przy otwartym kluczu K zmierzono amplitudy: napięcia u_2 i prądu i_1, otrzymując odpowiednio wartości: 10 V i 0,2 A. Przy zamkniętym kluczu K współczynnik fali stojącej w linii wynosi $\rho = 3$, przy czym amplituda napięcia na końcu linii jest mniejsza niż na jej początku. Wyznaczyć wartości Z_f, E_m, R oraz wykreślić rozkłady amplitudy napięcia wzdłuż linii dla obu położeń klucza K.

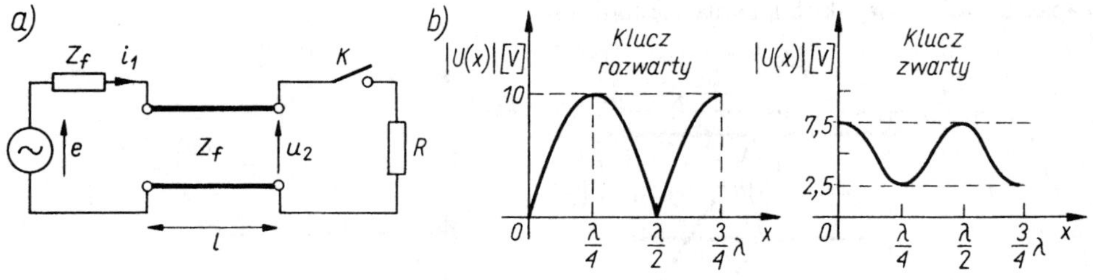

Rys. Z-13.18

Odp.: $Z_f = 50\ \Omega$, $E_m = 10$ V, $R = \frac{50}{3}\ \Omega$;

Rozkłady amplitudy napięcia są przedstawione na rys. Z-13.18b.

Zadanie 13.19. W układzie przedstawionym na rys. Z-13.19a dla $t < 0$ panował stan ustalony, przy czym kondensator C_1 był nienaładowany. Linia długa jest linią ze stratami, niezniekształcającą i dopasowaną falowo. Parametry jednostkowe L, C linii oraz jej współczynnik tłumienia α są znane. Wyznaczyć pozostałe parametry jednostkowe linii oraz wyznaczyć i wykreślić (z zachowaniem skali) przebiegi napięć u_1 i u_2. Przyjąć dane: $L = 2\ \mu$H/m, $C = 50$ pF/m, $\alpha = 3$ Np/km, $l = 100$ m, $E = 10$ V, $C_1 = 5$ nF.

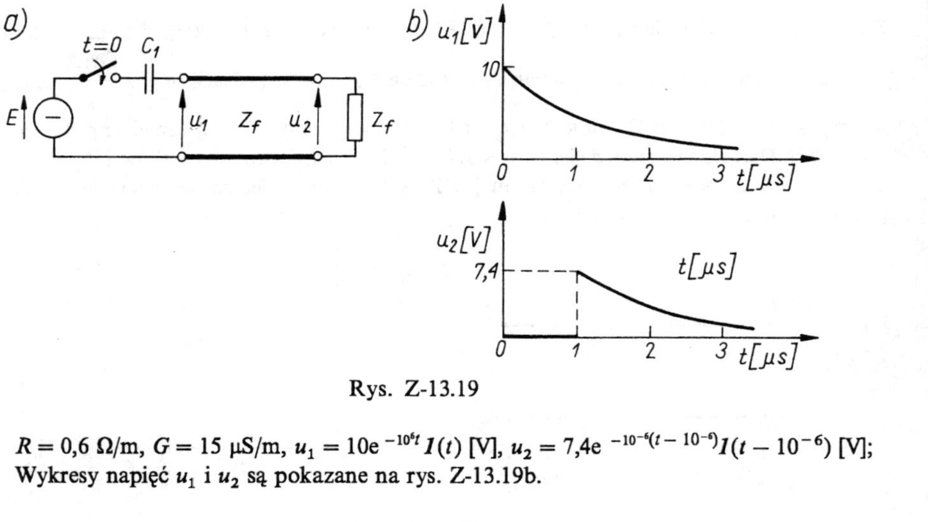

Rys. Z-13.19

Odp.: $R = 0,6\ \Omega$/m, $G = 15\ \mu$S/m, $u_1 = 10e^{-10^6 t} 1(t)$ [V], $u_2 = 7,4e^{-10^{-6}(t-10^{-6})} 1(t-10^{-6})$ [V];
Wykresy napięć u_1 i u_2 są pokazane na rys. Z-13.19b.

Dodatek 5

Normalizacja impedancyjna i normalizacja częstotliwościowa

W przykładach i zadaniach rozpatrywanych w rozdziałach 8, 9, 12, a zwłaszcza w rozdziale 10, występowały układy (dwójniki, czwórniki) o wartościach elementów R, L, C nie odpowiadających wartościom występującym w praktyce. Z przypadkami takimi mieliśmy do czynienia zwłaszcza wówczas, gdy rozważaliśmy realizację układu o z góry założonej immitancji, transmitancji lub macierzy immitancyjnej.

W dodatku tym pokażemy, jak we wspomnianych przypadkach można zmieniać wartości elementów, dostosowując je do wymagań praktycznych. Służą do tego celu metody: *normalizacji impedancyjnej* i *normalizacji częstotliwościowej*.

A. Normalizacja impedancyjna. Rozważmy układ N_0 (dwójnik lub czwórnik) zbudowany z elementów SLSB i przekształćmy go w układ N w taki sposób, że impedancja każdego elementu w układzie N_0 zostaje pomnożona przez stałą $k \in \mathscr{R}^+$. Jeśli elementy układu N_0 oznaczymy przez: R_0, L_0, C_0, r_0 (stała żyracji lub współczynnik ŹNSP), g_0 (współczynnik ŹPSN), to przejście do układu N polega na następujących przekształceniach:

$$\left.\begin{array}{ll} \underline{N_0} & \underline{\to N} \\ R_0 & \to R = kR_0 \\ L_0 & \to L = kL_0 \\ C_0 & \to C = \dfrac{C_0}{k} \\ M_0 & \to M = kM_0 \\ r_0 & \to r = kr_0 \\ g_0 & \to g = \dfrac{g_0}{k} \end{array}\right\} \tag{D5-1}$$

Przejście od układu N_0 do układu N zgodnie z przekształceniami (D5-1) nazywamy *normalizacją impedancyjną*.

Załóżmy teraz, że układ N_0 jest dwójnikiem o impedancji $Z_0(s)$ i admitancji $Y_0(s)$. *Układ N otrzymany z układu N_0 w wyniku przekształceń* (D5-1) *jest dwójnikiem o impedancji $Z(s)$ i admitancji $Y(s)$, przy czym*:

$$Z(s) = kZ_0(s), \qquad Y(s) = \frac{1}{k} Y_0(s) \tag{D5-2}$$

Rozpatrzmy przypadek, kiedy układ N_0 jest czwórnikiem o macierzach immitancyjnych:

$$\boldsymbol{Z}_0 = \begin{bmatrix} z_{11}^0 & z_{12}^0 \\ z_{21}^0 & z_{22}^0 \end{bmatrix}, \qquad \boldsymbol{Y}_0 = \begin{bmatrix} y_{11}^0 & y_{12}^0 \\ y_{21}^0 & y_{22}^0 \end{bmatrix} \tag{D5-3}$$

i transmitancjach (por. tabl. 8.3):

$$H_u^0 = \frac{z_{21}^0}{z_{11}^0} = -\frac{y_{21}^0}{y_{22}^0}, \qquad H_i^0 = \frac{z_{21}^0}{z_{22}^0} = -\frac{y_{21}^0}{y_{11}^0}, \qquad H_{iu}^0 = z_{21}^0,$$

$$H_{ui}^0 = -y_{21}^0 \tag{D5-4}$$

W wyniku przekształceń (D5-1) otrzymujemy czwórnik N, którego wszystkie parametry impedancyjne zostają pomnożone przez k, zaś wszystkie parametry admitancyjne – podzielone przez k.

Oznacza to, że *czwórnik N otrzymany z czwórnika N_0 w wyniku przekształceń* (D5-1) *ma macierze immitancyjne*:

$$\boldsymbol{Z} = k\boldsymbol{Z}_0, \qquad \boldsymbol{Y} = \frac{1}{k}\boldsymbol{Y}_0 \tag{D5-5}$$

oraz transmitancje:

$$H_u = H_u^0, \qquad H_i = H_i^0, \qquad H_{iu} = kH_{iu}^0, \quad H_{ui} = \frac{1}{k} H_{ui}^0, \tag{D5-6}$$

Z rozważań tych wynikają następujące właściwości normalizacji impedancyjnej.

1. Normalizacja impedancyjna nie zmienia położenia ani zer, ani biegunów żadnej z funkcji układowych.

2. Normalizacja impedancyjna nie zmienia bezwymiarowych funkcji układowych (transmitancji H_u, H_i), zmienia natomiast funkcje układowe o wymiarze [Ω] (mnożąc je przez stałą k) i funkcje układowe o wymiarze [S] (dzieląc je przez stałą k).

3. Właściwości układu N po normalizacji impedancyjnej zostają zachowane również wtedy, kiedy układ N_0 zawiera elementy nie mające opisu immitancyjnego (ŹNSN, ŹPSP, transformatory idealne), pod warunkiem że parametry tych elementów nie ulegną zmianie przy przejściu od układu N_0 do układu N.

B. Normalizacja częstotliwościowa. Rozważmy ponownie układ N_0 (dwójnik lub czwórnik) zbudowany z elementów SLSB i przekształćmy go w układ N w taki sposób, że wszystkie immitancje zależne od s w układzie N_0 przechodzą w immitancje zależne od as w układzie N, gdzie $a \in \mathscr{R}^+$. Oznacza to, że przy przejściu od układu N_0 do układu N:

– nie ulegają zmianie opory, stałe żyracji, przekładnie transformatorów idealnych, współczynniki źródeł sterowanych;
– indukcyjności i pojemności L_0, C_0, M_0 układu N_0 przekształcają się następująco:

$$\begin{array}{ll} \multicolumn{2}{c}{N_0 \to N} \\ \hline L_0 & \to L = aL_0 \\ C_0 & \to C = aC_0 \\ M_0 & \to M = aM_0 \end{array} \Bigg\} \qquad \text{(D5-7)}$$

Mówimy wówczas o *normalizacji częstotliwościowej.*

Przy normalizacji częstotliwościowej wszystkie funkcje układowe zmiennej s przechodzą w funkcje układowe zmiennej as:

$$\begin{array}{ll} \multicolumn{2}{c}{N_0 \to N} \\ \hline Z_0(s) & \to Z(s) = Z_0(as) \\ Y_0(s) & \to Y(s) = Y_0(as) \\ H^0(s) & \to H(s) = H^0(as) \\ \mathbf{Z}_0(s) & \to \mathbf{Z}(s) = \mathbf{Z}_0(as) \\ \mathbf{Y}_0(s) & \to \mathbf{Y}(s) = \mathbf{Y}_0(as) \end{array} \Bigg\} \qquad \text{(D5-8)}$$

Wynikają stąd następujące wnioski dotyczące normalizacji częstotliwościowej.

1. Normalizacja częstotliwościowa zmienia położenie zer i biegunów funkcji układowych. Jeśli s_0 było zerem (biegunem) funkcji układowej układu N_0, to $s = s_0/a$ jest zerem (biegunem) odpowiedniej funkcji układowej układu N.

2. Normalizacja częstotliwościowa zmienia charakterystyki częstotliwościowe: $A_0(\omega)$, $\varphi_0(\omega)$, $P_0(\omega)$, $Q_0(\omega)$ układu N_0 (por. p. 9.4.1) na charakterystyki:

$$A(\omega) = A_0(a\omega), \quad \varphi(\omega) = \varphi_0(a\omega), \quad P(\omega) = P_0(a\omega), \quad Q(\omega) = Q_0(a\omega) \qquad \text{(D5-9)}$$

układu N.

W wielu zastosowaniach praktycznych stosuje się oba rodzaje normalizacji.

C. Przykłady

Przykład D.5-1. Rozważmy dwójnik *RC* o impedancji (por. przykład 10.1-15):

$$Z_0(s) = \frac{(s+2)(s+5)}{(s+1)(s+3)} \quad [\Omega] \tag{D5-10}$$

Jego realizacje kanoniczne szeregowa i równoległa są przedstawione na rys. 10.1-30a i odpowiednio 10.1-30b. Dokonując normalizacji impedancyjnej tego dwójnika przy współczynniku normalizacji $k = 10^4$, otrzymujemy dwójnik, którego odpowiednie realizacje kanoniczne są pokazane na rys. D5-1a, b. Wartości elementów tych realizacji obliczamy zgodnie z regułami D5-1. Impedancja $Z(s)$ dwójnika znormalizowanego różni się od impedancji $Z_0(s)$ dwójnika nieznormalizowanego jedynie mnożnikiem 10^4 (por. wzory (D5-2)), nie zmieniają się natomiast w wyniku normalizacji zera i bieguny impedancji $Z_0(s)$.

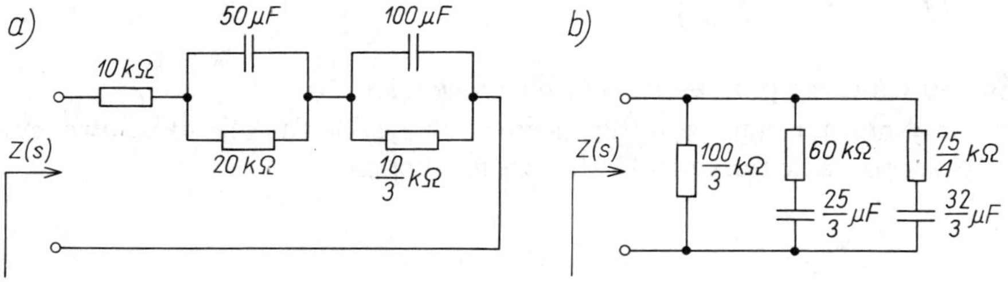

Rys. D5-1

Przykład D.5-2. Należy zrealizować dwójnik N_0 o impedancji $Z_0(s)$ określonej wzorem:

$$Z_0(s) = 10^{-3}\frac{s^5 + 6\cdot 10^{12}s^3 + 8\cdot 10^{24}s}{s^4 + 4\cdot 10^{12}s^2 + 3\cdot 10^{24}} \quad [\Omega] \tag{D5-11}$$

Impedancja (D5-11) jest funkcją reaktancyjną, a więc poszukiwany dwójnik jest dwójnikiem *LC*. Dokonując normalizacji impedancyjnej dwójnika N_0 przy współczynniku normalizacji $k = 10^{-3}$ i jednocześnie normalizacji częstotliwościowej przy współczynniku normalizacji $a = 10^6$, otrzymujemy dwójnik znormalizowany N o impedancji:

$$Z(s) = \frac{s^5 + 6s^3 + 8s}{s^4 + 4s^2 + 3} \quad [\Omega] \tag{D5-12}$$

Realizacja dwójnika N o impedancji (D5-12) była rozpatrzona w przykładzie 10.1-10 i jest przedstawiona na rys. 10.1-15a w postaci kanonicznej szeregowej oraz na rys. 10.1-15b w postaci kanonicznej równoległej. Postacie te wyznacza się w sposób znacznie prostszy w porównaniu z realizacjami bezpośrednimi dwójnika N_0 na podstawie jego impedancji (D5-11), w pierwszym przypadku operujemy bowiem prostymi liczbami. Przejście do realizacji dwójnika N_0 otrzymuje się w wyniku ponownych normalizacji (denormalizacji) impedancyjnej i częstotliwościowej dwójnika N o współczynnikach normalizacji $k' = 10^3$ i odpowiednio $a' = 10^{-6}$. Otrzymane w wyniku tego przejścia dwójniki są przedstawione na rys. D5-2a (realizacja kanoniczna szeregowa) i rys. D5-2b (realizacja kanoniczna równoległa). Wartości elementów tych dwójników zostały wyznaczone na podstawie wartości elementów dwójników z rys. 10.1-15a, b po ich przeskalowaniu zgodnie z regułami (D5-1) i (D5-7).

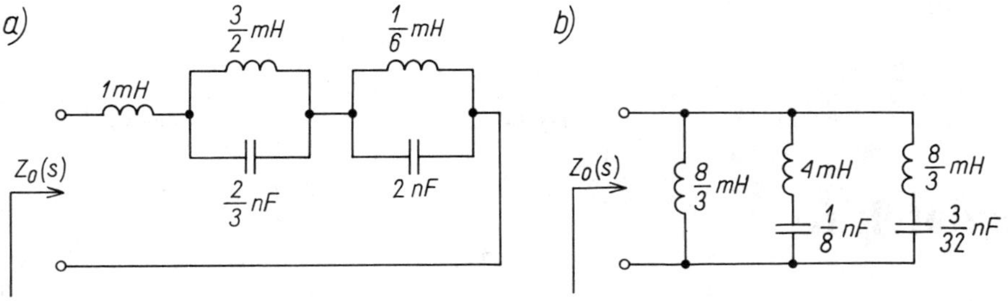

Rys. D5-2

Przykład D.5-3. Należy znaleźć realizację czwórnika N_0, którego transmitancja napięciowa jest opisana funkcją:

$$H_u^0(s) = \frac{s^2 + 10^6 s}{s^2 + 25 \cdot 10^5 s + 10^{11}} \quad \left[\frac{\mathrm{V}}{\mathrm{V}}\right] \tag{D5-13}$$

Funkcja (D5-13) spełnia warunki twierdzenia 10.3-3 oraz warunki (10.3-38) twierdzenia Fialkowa-Gersta, a więc może być zrealizowana jako transmitancja napięciowa czwórnika *RLC* o strukturze trójnikowej. Aby znaleźć ten czwórnik, dokonajmy transformacji impedancyjnej, przyjmując $k = 10^{-3}$, i jednocześnie transformacji częstotliwościowej, przyjmując $a = 10^6$. W wyniku transformacji impedancyjnej transmitancja $H_u^0(s)$ czwórnika N_0 nie zmieni swojej postaci (por. reguły (D5-6)), natomiast w wyniku transformacji częstotliwościowej zostanie przekształcona w funkcję (por. reguły (D5-8)):

$$H_u(s) = \frac{s^2 + s}{s^2 + 2{,}5s + 0{,}1} \quad \left[\frac{\mathrm{V}}{\mathrm{V}}\right] \tag{D5-14}$$

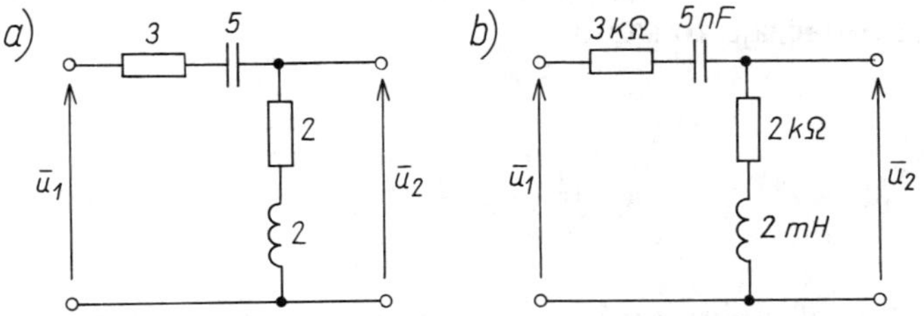

Rys. D5-3

Jak można łatwo sprawdzić, czwórnik N o transmitancji (D5-14) może być, na przykład, zrealizowany w postaci pokazanej na rys. D5-3a. Dokonując, podobnie jak w przykładzie D5-2, normalizacji odwrotnych i przeskalowując wartości elementów czwórnika z rys. D5-3a zgodnie z regułami (D5-1) i (D5-7), znajdujemy już bez trudu poszukiwany czwórnik N_0 (rys. D5-3b).

Dodatek 6

Niektóre wiadomości dotyczące macierzy i form hermitowskich

A. Macierz:

$$a = [a_{ik}]_{n \times n}, \qquad a_{ik} \in \mathscr{Z} \tag{D6-1}$$

nazywamy *macierzą hermitowską*, jeśli:

$$a_{ik}^* = a_{ki} \tag{D6-2}$$

to znaczy:

$$\boldsymbol{a}^{*T} = \boldsymbol{a} \tag{D6-3}$$

Jeśli $a_{ik} \in \mathscr{R}$, to oczywiście $a_{ik}^* = a_{ik}$ i nazwy: macierz symetryczna i macierz hermitowska oznaczają to samo.

Macierze:

$$\boldsymbol{a}_H \stackrel{\Delta}{=} \frac{1}{2}(\boldsymbol{a} + \boldsymbol{a}^{*T}), \qquad \boldsymbol{a}_{SH} \stackrel{\Delta}{=} \frac{1}{2}(\boldsymbol{a} - \boldsymbol{a}^{*T}) \tag{D6-4}$$

nazywamy odpowiednio: *częścią hermitowską* i *częścią skośnie-hermitowską* macierzy $\boldsymbol{a}$, przy czym:

$$\boldsymbol{a} = \boldsymbol{a}_H + \boldsymbol{a}_{SH} \tag{D6-5}$$

Część hermitowska macierzy $\boldsymbol{a}$ określonej wzorem (D6-1) jest macierzą hermitowską, mamy bowiem:

$$\boldsymbol{a}_H^{*T} = \frac{1}{2}(\boldsymbol{a}^{*T} + \boldsymbol{a}) = \boldsymbol{a}_H$$

Zgodnie ze wzorem (D6-2) elementy a_{kk} przekątnej głównej macierzy hermitowskiej (a więc także elementy przekątnej głównej części hermitowskiej dowolnej macierzy kwadratowej $\boldsymbol{a}$) są rzeczywiste: $a_{kk} \in \mathscr{R}$.

B. Niech macierz $\boldsymbol{a}$ określona wzorem (D6-1) oznacza macierz hermitowską oraz:

$$\boldsymbol{x} = [x_1, x_2, \ldots, x_n]^T, \qquad x_k \in \mathscr{Z} \tag{D6-6}$$

oznacza dowolny wektor zespolony. Wyrażenie:

$$f \stackrel{\Delta}{=} \boldsymbol{x}^{*T} \boldsymbol{a} \boldsymbol{x} = \sum_{k=1}^{n} \sum_{i=1}^{n} a_{ik} x_i x_k^* \tag{D6-7}$$

nazywamy *formą hermitowską* o macierzy $\boldsymbol{a}$. O macierzy $\boldsymbol{a}$ mówimy wówczas, że jest *macierzą formy hermitowskiej* (D6-7).

Jeżeli macierz $\boldsymbol{a}$ jest macierzą symetryczną o elementach rzeczywistych $a_{ik} \in \mathscr{R}$ oraz wektor $\boldsymbol{x}$ jest dowolnym wektorem rzeczywistym, $x_i \in \mathscr{R}$, to wyrażenie (D6-7) nazywamy *formą kwadratową* o macierzy $\boldsymbol{a}$ (mamy wówczas $\boldsymbol{x}^* = \boldsymbol{x}$).

Wartości formy hermitowskiej (D6-7) są rzeczywiste dla każdego zespolonego wektora $\boldsymbol{x}$, bowiem wobec równości (D6-3) mamy (f jest skalarem):

$$f^* = (\boldsymbol{x}^{*T} \boldsymbol{a} \boldsymbol{x})^{*T} = \boldsymbol{x}^{*T} \boldsymbol{a}^{*T} \boldsymbol{x} = f$$

Forma (D6-7) jest *dodatnio określona*, jeśli dla każdego wektora $\boldsymbol{x} \neq \boldsymbol{0}$ jej wartość jest dodatnia, tzn.:

$$f > 0$$

Forma (D6-7) jest *dodatnio półokreślona*, jeśli dla każdego wektora $\boldsymbol{x}$ jej wartość jest nieujemna, tzn.:

$$f \geqslant 0$$

Macierz hermitowską $\boldsymbol{a}$ nazywamy *dodatnio określoną* lub *dodatnio półokreśloną* i piszemy:

$$\boldsymbol{a} > 0 \qquad \text{lub} \qquad \boldsymbol{a} \geqslant 0 \tag{D6-8}$$

jeśli forma (D6-7) jest odpowiednio: dodatnio określona lub dodatnio półokreślona.

Minorem głównym macierzy $\boldsymbol{a}$ określonej wzorem (D6-1) nazywamy wyznacznik każdej macierzy powstałej z macierzy $\boldsymbol{a}$ przez skreślenie k wierszy, $k = 0, 1, \ldots, n-1$, i k kolumn o tych samych numerach. Wyznacznik jest więc też minorem głównym ($k = 0$).

Kwestię, czy dana macierz $\boldsymbol{a}$ jest dodatnio półokreślona (dodatnio określona), rozstrzyga następujące twierdzenie (por. np. [20]).

Macierz hermitowska $\boldsymbol{a}$ *jest dodatnio półokreślona* (*dodatnio określona*) *wtedy i tylko wtedy, kiedy wszystkie jej minory główne są nieujemne* (*dodatnie*).

Wynika stąd, że macierz o wymiarach 2×2:

$$\boldsymbol{a} = \begin{bmatrix} a_{11} & a_{12} \\ a_{21} & a_{22} \end{bmatrix} \tag{D6-9}$$

jest wtedy i tylko wtedy macierzą hermitowską dodatnio półokreśloną, kiedy:

$$a_{11} \geqslant 0, \quad a_{22} \geqslant 0, \quad a_{11}a_{22} - a_{12}a_{21} \geqslant 0, \quad a_{12} = a_{21}^* \tag{D6-10}$$

C. Rozpatrzmy teraz wyrażenie (D6-7), przyjmując, że $\boldsymbol{a}$ jest dowolną macierzą kwadratową (D6-1). Macierz $\boldsymbol{a}$ możemy przedstawić w postaci (D6-5), a stąd:

$$f = \boldsymbol{x}^{*T}\boldsymbol{a}\boldsymbol{x} = \boldsymbol{x}^{*T}\boldsymbol{a}_H\boldsymbol{x} + \boldsymbol{x}^{*T}\boldsymbol{a}_{SH}\boldsymbol{x} = f_1 + f_2 \tag{D6-11}$$

gdzie:

$$f_1 = \boldsymbol{x}^{*T}\boldsymbol{a}_H\boldsymbol{x}$$

jest formą hermitowską, a więc $f_1 \in \mathcal{R}$. Drugi składnik f_2 ma następującą właściwość:

$$f_2^* = (\boldsymbol{x}^{*T}\boldsymbol{a}_{SH}\boldsymbol{x})^{*T} = \boldsymbol{x}^{*T}\boldsymbol{a}_{SH}^{*T}\boldsymbol{x} = -\boldsymbol{x}^{*T}\boldsymbol{a}_{SH}\boldsymbol{x} = -f_2 \tag{D6-12}$$

zgodnie bowiem z drugim wzorem (D6-4) mamy:

$$\boldsymbol{a}_{SH}^{*T} = -\boldsymbol{a}_{SH} \tag{D6-13}$$

Oznacza to, że wartości $f_2 = \boldsymbol{x}^{*T}\boldsymbol{a}_{SH}\boldsymbol{x}$ są urojone, a zatem:

$$\mathrm{Re} f = \mathrm{Re}[\boldsymbol{x}^{*T}\boldsymbol{a}\boldsymbol{x}] = \mathrm{Re}[\boldsymbol{x}^{*T}\boldsymbol{a}_H\boldsymbol{x}] \tag{D6-14}$$

D. Czytelnika pragnącego dokładniej zapoznać się z poruszonymi tu zagadnieniami odsyłamy do literatury (np. [20], str. 337-366).

Literatura

[1] Bode H.W.: *Network Analysis and Feedback Amplifier Design.* Van Nostrand, Princeton 1945.

[2] Chen W.K.: *Applied Graph Theory – Graphs and Electrical Networks.* North-Holland, N.Y. 1976.

[3] Chua L.O., Desoer C.A., Kuh E.S.: *Linear and Nonlinear Circuits.* Mc Graw-Hill, N.Y. 1987.

[4] Chua L.O., Pen-Min Lin: *Komputerowa analiza układów elektronicznych.* WNT, Warszawa 1981.

[5] Deo N.: *Teoria grafów i jej zastosowania w technice i informatyce.* PWN, Warszawa 1980.

[6] Desoer C.A., Kuh E.S.: *Basic Circuit Theory.* Mc Graw-Hill, N.Y. 1969.

[7] Filipkowski A.: *Układy elektroniczne analogowe i cyfrowe.* Wyd. 4. WNT, Warszawa 2004.

[8] Golde W.: *Układy elektroniczne* t.1. WNT, Warszawa 1970.

[9] Golde W., Norek C., Paszkowski S.: *Zarys teorii aproksymacji i jej zastosowań w elektronice.* PWN, Warszawa-Wrocław 1958.

[10] Guziński A.: *Liniowe elektroniczne układy analogowe.* WNT, Warszawa 1993.

[11] Kaczorek T.: *Wektory i macierze w automatyce i elektrotechnice.* Wyd. 2. WNT, Warszawa 1998.

[12] Kaczorek T.: *Teoria sterowania i systemów.* PWN, Warszawa 1993.

[13] Kontorowicz M.I.: *Rachunek operatorowy i procesy w układach elektrycznych.* WNT, Warszawa 1968.

[14] Kończykowska A., Wojciechowski J.: *Podstawy topologicznych metod analizy układów elektrycznych.* PWN, Warszawa-Wrocław 1983.

[15] Kudrewicz J.: *Częstotliwościowe metody w teorii nieliniowych układów dynamicznych.* WNT, Warszawa 1970.

[16] Kulikowski J.L.: *Zarys teorii grafów.* PWN, Warszawa 1986.

[17] Lagasse J.: *Teoria obwodów elektrycznych.* WNT, Warszawa 1965.

[18] Mason S.J., Zimmermann H.J.: *Electronic Circuits, Signals, and Systems*. J. Wiley, N.Y. 1960 (lub tłumaczenie rosyjskie, Moskwa 1963).

[19] Morawski T., Gwarek W.: *Teoria pola elektromagnetycznego*. WNT, Warszawa 1985.

[20] Mostowski A., Stark M.: *Elementy algebry wyższej*. PWN, Warszawa 1972.

[21] Nowakowski W.: *Układy impulsowe*. WKiŁ, Warszawa 1982.

[22] Ogata K.: *Metody przestrzeni stanów w teorii sterowania*. WNT, Warszawa 1974.

[23] Ogrodzki J.: *Komputerowa analiza układów elektronicznych*. PWN, Warszawa 1994.

[24] Osiowski J.: *Teoria obwodów* t. II. WNT, Warszawa 1971.

[25] Osiowski J.: *Zarys rachunku operatorowego*. WNT, Warszawa 1981.

[26] Papoulis A.: *Obwody i układy*. WKiŁ, Warszawa 1988.

[27] de Piañ L.: *Linear Active Network Theory*. Prentice-Hall, Englewood Cliffs, N.J. 1962 (lub tłumaczenie rosyjskie, Moskwa 1967).

[28] Seshu S., Reed M.B.: *Linear Graphs and Electrical Networks*. Addison-Wesley, Reading, Massachusetts 1961 (lub tłumaczenie rosyjskie, Moskwa 1971).

[29] Szabatin J.: *Podstawy teorii sygnałów*. WKŁ, Warszawa 2004.

[30] Szulkin P., Pogorzelski S.: *Podstawy teorii pola elektromagnetycznego*. WNT, Warszawa 1964.

[31] Tadeusiewicz M.: *Metody komputerowej analizy stałoprądowej nieliniowych układów elektronicznych*. WNT, Warszawa 1991.

[32] Temes G.C., Mitra S.K.: *Teoria i projektowanie filtrów*. WNT, Warszawa 1978.

[33] Titchmarsh E.C.: *Introduction to the Theory of Fourier Integral*. Clarendon Press, Oxford 1948.

[34] Turowicz A.: *Geometria zer wielomianów*. PWN, Warszawa 1967.

[35] Weinberg L.: *Network Analysis and Synthesis*. Mc Graw-Hill, N.Y. 1962.

[36] Wojnar A.: *Teoria sygnałów*. WNT, Warszawa 1988.

[37] Zemanian A.H.: *Teoria dystrybucji i analiza transformat*. PWN, Warszawa 1969.

[38] Żakowski W., Kołodziej W.: *Matematyka*, cz. II. Wyd. 5. WNT, Warszawa 2003.

[39] Żakowski W., Leksiński W.: *Matematyka*, cz. IV. Wyd. 11. WNT, Warszawa 2001.

[40] Рыжик И.М., Градштейн И.С.: Таблицы интегралов, сумм, рядов и произхведений, ГИТТЛ, Москва 1951.

Skorowidz

WYDAWNICTWA NAUKOWO-TECHNICZNE
00-048 Warszawa, Mazowiecka 2/4
TEL./FAX 826-82-93

Zamawiam za zaliczeniem pocztowym następujące książki:

- *Białasiewicz J.T.*: **Falki i aproksymacje** 39,00 zł ... egz.
- *Bielecki Z., Rogalski A.*: **Detekcja sygnałów optycznych** 26,00 zł ... egz.
- *De Micheli G.*: **Synteza i optymalizacja układów cyfrowych** 60,00 zł ... egz.
- *Kacprzyk J.*: **Wieloetapowe sterowanie rozmyte** 43,00 zł ... egz.
- **Podstawy teorii sterowania.** *Praca zbiorowa* 43,00 zł ... egz.
- *Prince B.*: **Nowoczesne pamięci półprzewodnikowe. Architektura i organizacja układów pamięci DRAM i SRAM** 30,50 zł ... egz.
- *Rusek M., Pasierbiński J.*: **Elementy i układy elektroniczne w pytaniach i odpowiedziach** 48,00 zł ... egz.
- *Skahill K.*: **Język VHDL. Projektowanie programowalnych układów logicznych** 85,00 zł ... egz.
- *Tieze U., Schenk Ch.*: **Układy półprzewodnikowe** 63,00 zł ... egz.
- *Wiatr K.*: **Akcelacja obliczeń w systemach wizyjnych** 75,00 zł ... egz.

Seria „Podręczniki akademickie. Elektronika. Informatyka. Telekomunikacja"

- *Antoszkiewicz K., Nosal Z.*: **Zbiór zadań z układów elektronicznych liniowych** 32,00 zł ... egz.
- *Baranowski J., Czajkowski G.*: **Układy elektroniczne. Część II – Układy analogowe nieliniowe i impulsowe** 44,00 zł ... egz.
- *Baranowski J., Kalinowski B., Nosal Z.*: **Układy elektroniczne. Część III – Układy i systemy cyfrowe** 39,00 zł ... egz.
- *Filipkowski A.*: **Układy elektroniczne analogowe i cyfrowe** 59,00 zł ... egz.
- *Hennel J.*: **Podstawy elektroniki półprzewodnikowej** 27,00 zł ... egz.
- *Jajszczyk A.*: **Wstęp do telekomutacji** 55,00 zł ... egz.
- *Kudrewicz J.*: **Nieliniowe obwody elektryczne. Teoria i symulacja komputerowa** 15,00 zł ... egz.
- *Morawski T., Gwarek W.*: **Pola i fale elektromagnetyczne** 21,00 zł ... egz.
- *Majewski W.*: **Układy logiczne** 29,00 zł ... egz.
- *Niedźwiedzki M., Rasiukiewicz M.*: **Nieliniowe elektroniczne układy analogowe** 9,00 zł ... egz.
- *Nosal Z., Baranowski J.*: **Układy elektroniczne. Część I – Układy analogowe i liniowe** 40,00 zł ... egz.
- *Osiowski J., Szabatin J.*: **Podstawy teorii obwodów. Tom I** 43,00 zł ... egz.
- *Osiowski J., Szabatin J.*: **Podstawy teorii obwodów. Tom 2** 40,00 zł ... egz.
- **Przykłady analizy nieliniowych układów elektronicznych. Część I – Nieliniowe układy operacyjne i generatory drgań sinusoidalnych.** *Praca zbiorowa* 13,50 zł ... egz.
- **Zbiór zadań z układów elektronicznych nieliniowych i impulsowych.** *Praca zbiorowa* 37,00 zł ... egz.

Seria „Układy i systemy elektroniczne"

- *Dobrowolski J.A.*: **Monolityczne mikrofalowe układy scalone. Modelowanie, projektowanie, pomiary** 25,00 zł ... egz.
- *Wawryn K.*: **Układy z przełączanymi prądami** 16,50 zł ... egz.
- *Zarzycki J.*: **Cyfrowa filtracja ortogonalnych sygnałów losowych** 23,00 zł ... egz.

Seria: KLASYKA INFORMATYKI

- *Abelson H., Sussman G.J., Sussman J.*: **Struktura i interpretacja programów komputerowych** 85,00 zł ... egz.
- *Aho A.V., Sethi R., Ulman J.D.*: **Kompilatory. Reguły, metody i narzędzia** 160,00 zł ... egz.
- *Ben-Ari M.*: **Logika matematyczna w informatyce** 55,00 zł ... egz.
- *Bentley J.*: **Perełki oprogramowania** 65,00 zł ... egz.
- *Cormen T., Leiserson Ch., Rivest R., Stein C.*: **Wprowadzenie do algorytmów** 140,00 zł ... egz.
- *Garcia-Molina H., Ullman J.D., Widom J.*: **Implementacja systemów baz danych** 70,00 zł ... egz.
- *Garcia-Molina H., Ullman J.D., Widom J.*: **Systemy baz danych** 165,00 zł ... egz.
- *Goldberg D.E.*: **Algorytmy genetyczne i ich zastosowania** 49,00 zł ... egz.
- *Kernighan B.W., Ritchie D.M.*: **Język Ansi C** 48,00 zł ... egz.
- *Knuth D.E.*: **Sztuka programowania** 310,00 zł ... kpl.
  T. 1 – Algorytmy podstawowe
  T. 2 – Algorytmy seminumeryczne
  T. 3 – Sortowanie i wyszukiwanie